Nr. 38
S. 13641—14012

1962
19. September

Chemisches Zentralblatt

Vollständiges Repertorium für alle Zweige der reinen und angewandten Chemie

1830 gegründet. 1897—1945 von der Deutschen Chemischen Gesellschaft fortgeführt. Im Auftrage der Deutschen Akademie der Wissenschaften zu Berlin, der Chemischen Gesellschaft in der DDR, der Akademie der Wissenschaften zu Göttingen und der Gesellschaft Deutscher Chemiker (in der BRD)

herausgegeben von Prof. Dr. Heinrich Bertsch und Prof. Dr. Dr. h. c. Wilhelm Klemm

133. Jahrgang

1962

Chefredakteure: Dr. Eugen Klever und Dr. Willi Barz

Akademie-Verlag GmbH., Berlin — Verlag Chemie, GmbH., Weinheim/Bergstr.

Inhalt

Chemisches Zentralblatt

1962 **Bibliographien** Nr. 38

Neue Bücher

A. Allgemeine, physikalische und anorganische Chemie

Albert Bruylants, Joseph C. Jungers et Joris Verhulst, Chimie génerale. 2 vol. I: Chimie théorique. II: Chimie minérale. Louvain: Libr. universitaire; Paris: Dunod. 1961. I: (VIII + 495 S. m. Abb., Diagr. u. Tab.) II: (IX + 502 S. m. Abb., Diagr. u. Tab.)

Philip John Durrant and Beryl Durrant, Introduction to advanced inorganic chemistry. London: Longmans. 1962. (XV + 1171 S. m. 8 Taf., Tab. u. Diagr.) 95 s.

George David Parkes and John Malthouse Harrison, Basic physical and inorganic chemistry. London: Longmans. 1962. (X + 479 S. m. 8 Taf., Tab. u. Diagr.) 25 s.

Gmelins Handbuch der anorganischen Chemie. 8., völlig neu bearb. Aufl. System-Nr. 28: Calcium. Teil B. Lfg. 3: Schluß der Verbindungen. Chemisches Verhalten des Calcium-Ions. Nachweis u. Best. von Calcium, Strontium u. Barium. Herausgeg. vom Gmelin-Institut für Anorgan. Chemie u. Grenzgebiete in der Max-Planck-Gesellschaft zur Förderung der Wissenschaften. Weinheim/Bergstr.: Verl. Chemie. 1961. (LXII + 912 S. m. 133 Abb.) 4°. DM 568,—.

Gmelins Handbuch der anorganischen Chemie. 8., völlig neu bearb. Aufl. Syst.-Nr. 58. Kobalt. Teil A, Erg.-Bd. Herausgeg. vom Gmelin-Institut für Anorganische Chemie u. Grenzgebiete in der Max-Planck-Gesellschaft zur Förderung der Wissenschaften. Weinheim/Bergstr.: Verl. Chemie. 1961. (LXXII + 886 S. m. 188 Abb.) 4°. DM 556,—.

A_1. Kernphysik und Kernchemie

—, Radioisotopes in the physical sciences and industry: proceedings of the Conference on the Use of Radioisotopes in the Physical Sciences and Industry held by the International Atomic Energy Agency, with the cooperation of the United Nations Educational, Scientific and Cultural Organization, at Copenhagen, 6—17, September 1960. Vol. 1. Vienna: I. A. E.; London: H. M. S. O. 1962. 1: (542 S. m. Abb., Tab. u. Diagr.) 2: (555 S. m. Abb., Tab. u. Diagr.)

—, Criticality control in chemical and metallurgical plant: Karlsruhe Symposium, 1961. Paris: Organisation for Economic Co-operation and Development, European Nuclear Energy Agency; London: H. M. S. O. 1961. (3 + 624 S. m. Abb., Tab. u. Diagr.) 63 s.

F. Pharmazeutische Chemie. Desinfektion

H. Auterhoff, Lehrbuch der Pharmazeutischen Chemie. Stuttgart: Wissenschaftliche Verlagsgesellschaft. 1962. (XII + 464 S.) 8°. DM 45,—.

Harry Beckman, ed., The year book of drug therapy 1961—1962 year book series. Chicago: Year Bk. Med. Pubs. 1962. (597 S.) $ 8.50.

K. Bodendorf, Kurzes Lehrbuch der pharmazeutischen Chemie. Sechste verb. Aufl. Berlin, Göttingen, Heidelberg: Springer-Verl. 1962. (VIII + 504 S.) 8°. DM 37,50.

Jakob Büchi, Grundlagen der Arzneimittelforschung und der synthetischen Arzneimittel. Basel, Stuttgart: Birkhäuser Verl. 1962. (ca. 800 S. m. ca. 80 Abb.) ca. sfr. 90,—.

N. P. Buu-Hoi u. a., Fortschritte der Arzneimittelforschung. Vol. 3. Basel, Stuttgart: Birkhäuser. 1961. (563 S.) 8°. DM 90,—.

Alice C. Cook, A mathematical guide to dosage and solutions. 2nd edit. Philadelphia: Saunders. 1962. (237 S. m. Abb.) $ 3.—.

Ernst Jucker, ed., Fortschritte der Arzneimittelforschung. Vol. 4. Basel, Stuttgart: Birkhäuser Verl. 1962. (ca. 600 S.) ca. sfr 100,—.

Walter Modell, ed., Drugs of choice, 1962—1963. St. Louis: Mosby. 1962. (941 S.) $ 14.50.

Varro E. Tyler jun., Experimental pharmacognosy. 3rd edit. Minneapolis: Burgess. 1962. (105 S. m. Abb.) $ 3.25.

—, American drug index, 1962. Philadelphia: Lippincott. 1962. (840 S.) $ 6.75.

G. Analyse. Laboratorium

Robert G. Breene jun., The shift and shape of spectral lines. New York: Pergamon. 1961. (323 S. m. Abb.) $ 15.—.

Bruno Hampel, Absorptionsspektroskopie im ultravioletten und sichtbaren Spektralbereich. Braunschweig: Vieweg & Sohn. 1962. (109 S. m. 40 Abb. u. Taf.) 8°. DM 16,80.

Jaroslav Heyrovský, Bibliography of Publications Dealing with the Polarographic Method in 1959. Praha: Nakladatelstvi Československé akademie věd. 1961. (94 S.) Kčs 6,30.

Jaroslav Heyrovský, Bibliography of Publications Dealing with the Polarographic Method in 1960. Praha: Nakladatelstvi Československé akademie věd. 1962. (101 S.) Kčs 6,50.

—, Spektralbestimmungen seltener und zerstreuter Elemente (in Mineralien, Gesteinen, Böden, Pflanzen und Mineralwässern). Moskau: Verl. der Akad. der Wiss. der UdSSR. 1962. (240 S. m. Zeichng.; 1 Bl. Abb.) 1 Rbl. 22 Kop. [Russ.]

H I. Allgemeine chemische Technologie

Brian Reginald Thomas Frost und **Malcolm Burnham Waldron**, Reaktorwerkstoffe. Braunschweig: Vieweg. 1962. (VIII + 93 S. m. 25 Abb.) 8° = Kerntechnik in Einzeldarstellungen. Bd. 7. DM 10,80.

III. Elektrotechnik

Lloyd P. Hunter, ed., Handbook of semiconductor electronics. 2nd edit. New York: McGraw-Hill. 1962. $ 18.50.

VII. Agrikulturchemie. Schädlingsbekämpfung

—, Stand und Leistung agrikulturchemischer und agrarbiologischer Forschung. 8. Frankfurt/M.: Sauerländer. 1961. (VII + 158 S. m. Abb.) 8° = Landwirtschaftliche Forschung. Sonderheft 15. DM 27,50.

VIII. Metallurgie. Korrosion

W. A. Butalow, Technologie der Metalle. 3. verb. u. vervollst. Ausg. Moskau: Metallurgisdat. 1962. (512 S. m. Abb.) 1 Rbl. 71 Kop. [Russ.]

Konstantin Borisovich Lebedev, The chemistry of rhenium. London: Butterworths. 1962. (X + 105 S. m. Tab. u. Diagr.) 42 s.

R. E. Smallman, Modern physical metallurgy. London: Butterworths. 1962. (XII + 387 S. m. Abb., Tab. u. Diagr.) 50 s.

Ja. M. Sterlin, Metallurgie des Urans (Lehrbuch für Hochschulen der UdSSR, Fachrichtung Metallurgie). Moskau: Gossatomisdat. 1962. (419 S. m. Abb.) 1 Rbl. 15 Kop. [Russ.]

—, Korrosionsschutz durch Legieren. Bericht über die Diskussionstagung Korrosionsschutz durch Legieren in Frankfurt/M. am 2. und 3. März 1961. Weinheim/Bergstr.: Verl. Chemie. 1962. (VIII + 87 S. m. 128 Abb. u. 15 Tab.) DM 20,—.

XI. b) Plaste (Kunstharze, Plastische Massen)

Walter Bucksch und **Herbert Briefs**, Preßwerkzeuge in der Kunststofftechnik. 2., verb. Aufl. Berlin, Göttingen, Heidelberg: Springer. 1962. (VIII + 213 S. m. 230 Abb.) 8° = Chemie, Physik und Technologie der Kunststoffe in Einzeldarstellungen. 4. DM 36,—.

Walter Brenner, High-temperature plastics. New York: Reinhold. 1962. (231 S. m. Abb.) $ 7,95.

William F. Christopher, Polycarbonates. New York: Reinhold. 1962. (182 S. m. Abb.) $ 7.95.

Karl August Wolf, Hrsg., Struktur und physikalisches Verhalten der Kunststoffe. Berlin, Göttingen, Heidelberg: Springer. 1962. (XV + 974 S. m. 582 Abb.) 4° = Kunststoffe Bd. 1 = Chemie, Physik und Technologie der Kunststoffe in Einzeldarstellungen. 6. DM 168,—.

XV. Gärungsindustrie

Walter Brogsitter, Spirituosen Jahrbuch. 1962. Jahrgang 13. Berlin: Versuchs- und Lehranstalt für Spiritusfabrikation. 1961. (584 S.) 8°. DM 8,80.

—, European Brewery Convention, Congress. Proceedings 1961. Vienna, Amsterdam: Elsevier; London: Van Nostrand. 1961. (XI + 460 S. m. Abb., Taf., Tab. u. Diagr.) 70 s.

XVII. Fette. Seifen. Wasch- und Reinigungsmittel. Wachse. Bohnermassen usw.

Gerhard Gawalek, Wasch- und Netzmittel. Berlin: Akademie-Verl. 1962. (232 S. m. 31 Abb. u. 3 Tab.) 8° = WTB. Wissenschaftliche Taschenbücher. Reihe Chemie, Bd. 2. DM 12,50.

XXI. Leder. Gerbstoffe

Fred O'Flaherty and others, The chemistry and technology of leather. Vol. 3: Process control of leather quality. New York: Reinhold; London: Chapman & Hall. 1962. (IX + 518 S. m. Abb., Tab. u. Diagr.) = American Chemical Society. Monographs no. 134. 6 £.

Ausgewertete Bibliographie-Fachzeitschriften

Belgien	Bibliographie de Belgique — Belgische Bibliographie
ČSSR	Bulletin — Die Neuesten Forschungsergebnisse der Tschechoslowakischen Wissenschaft
	Nové Knihy (Neue Bücher)
	Novinky (Neuheiten)
Dänemark	Danske Bogmarked
Deutschland	Börsenblatt für den Deutschen Buchhandel — Frankfurter Ausgabe
	Börsenblatt für den Deutschen Buchhandel — Leipziger Ausgabe
	Deutsche Bibliographie. Wöchentliches Verzeichnis. Ausgabe II. [Frankfurt/Main]
	Deutsche Nationalbibliographie. Reihe A: Neuerscheinungen des Buchhandels [Leipzig]
England	British Books (Incorporating the Publishers Circular & Booksellers Record)
	British National Bibliography
Frankreich	Bibliographie de la France
Italien	Bibliografia Nazionale Italiana
Japan	Nōhon Shūhō (Current Publications)
Niederlande	Nieuwsblad voor de Boekhandel
Österreich	Österreichische Bibliographie
Schweiz	Schweizer Buch. Serie A und Serie B
UdSSR	Bücherverzeichnis des Jahres (Книжная летопись)
	Neue Bücher (Новые книги)
USA	Publishers' Weekly

Namenregister

Patentregister

	Nr.	Seite
Belg.P.	561970*	13972
Belg.P.	561998*	13972
Belg.P.	562107*	13972
Belg.P.	562179*	13874
Belg.P.	562180*	13874
Belg.P.	562481*	13972
Belg.P.	562542*	13958
Belg.P.	562623*	13972
Belg.P.	562893*	13957
Belg.P.	563008*	13874
Belg.P.	563058*	13958
Belg.P.	563588*	13908
Belg.P.	565424*	13957
Belg.P.	565822*	13875
Belg.P.	568958*	13874
Belg.P.	569140*	13958
Belg.P.	569321*	13958
Belg.P.	569789*	13959
Belg.P.	570127*	13959
Belg.P.	570254*	13959

Canadische Patente
(Can.P.)

	Nr.	Seite
Can.P.	551234	14006
Can.P.	551331	13952
Can.P.	551567	13990
Can.P.	551712	13999
Can.P.	551876	13866
Can.P.	551883	14005
Can.P.	552079	14006
Can.P.	552116	13953
Can.P.	552267	13947
Can.P.	552444	13940
Can.P.	552820	14006
Can.P.	552824	13870
Can.P.	553716	13952
Can.P.	554203	13907
Can.P.	554204	13907
Can.P.	554205	13907
Can.P.	556719*	13874
Can.P.	557025*	13874
Can.P.	557069*	13875
Can.P.	557116*	13874
Can.P.	557175*	13875
Can.P.	557236	13995
Can.P.	557278*	13875
Can.P.	557301*	13875
Can.P.	557302*	13875
Can.P.	557338*	13875
Can.P.	557347*	13874
Can.P.	557389*	13875
Can.P.	557390*	13875
Can.P.	557419*	13875
Can.P.	557570*	13874
Can.P.	557695*	13874
Can.P.	557704*	13875
Can.P.	557726*	13874
Can.P.	557754*	13875
Can.P.	557755*	13874
Can.P.	557756*	13875
Can.P.	557766*	13874
Can.P.	557779*	13875
Can.P.	557780*	13875
Can.P.	557784*	13874
Can.P.	558015*	13874
Can.P.	558019*	13874
Can.P.	558020*	13875
Can.P.	558263*	13874
Can.P.	558264*	13874
Can.P.	558300*	13874
Can.P.	559022*	13875
Can.P.	559047*	13875

Englische Patente
(E.P.)

	Nr.	Seite
E.P.	791599	13867
E.P.	800563	13941
E.P.	801710	13952
E.P.	816031	13896
E.P.	824442	13942
E.P.	824614*	13875
E.P.	826289	13964
E.P.	826495*	13973
E.P.	827365*	13976
E.P.	827461*	13972
E.P.	827462*	13972
E.P.	827620*	13972
E.P.	828830*	13972
E.P.	829098*	13972
E.P.	829127*	13972
E.P.	830419*	13907
E.P.	830900	13900
E.P.	830974*	13972
E.P.	831089*	13972
E.P.	831806*	13972
E.P.	832024*	13972
E.P.	832141	13942
E.P.	832505*	13972
E.P.	834355*	13972
E.P.	834356*	13972
E.P.	834458*	14010
E.P.	834513*	13974
E.P.	835464*	13974
E.P.	835466*	13973
E.P.	835640*	13972
E.P.	835962	13944
E.P.	836305*	13973
E.P.	838325*	13972
E.P.	838691*	13958
E.P.	839130*	13958
E.P.	840153*	13972
E.P.	840326*	13957
E.P.	840778*	13973
E.P.	840831	13944
E.P.	841169*	13957
E.P.	841805*	13973
E.P.	842714*	13897
E.P.	843063*	13959
E.P.	844008*	13971
E.P.	844315*	13972
E.P.	844687*	13897
E.P.	847069	13899
E.P.	848153*	13972
E.P.	848331	13899
E.P.	851059*	13971
E.P.	851511	13900
E.P.	853266	13941
E.P.	853852	13899
E.P.	855546*	13957
E.P.	857270	13955
E.P.	858590*	13959
E.P.	858860	13999
E.P.	858958	13935
E.P.	859015*	13958
E.P.	859263*	13938
E.P.	860127	13900
E.P.	860279*	13959
E.P.	860441*	13958
E.P.	860911	13942
E.P.	861242	13937
E.P.	861505*	13972
E.P.	861854	13967
E.P.	862228	14006
E.P.	862919	13937
E.P.	863248	13946
E.P.	863286*	13938
E.P.	863541	13906
E.P.	863714*	13973
E.P.	864228*	13957
E.P.	864275*	13973
E.P.	864276*	13959
E.P.	864350*	13973
E.P.	864433*	13920
E.P.	864495	13936
E.P.	864618	13906
E.P.	864758*	13988
E.P.	864811	13936
E.P.	865086*	14011
E.P.	865288*	13907
E.P.	865323	13938
E.P.	865331	13895
E.P.	865398*	13907
E.P.	865409*	13958
E.P.	866335*	13958
E.P.	866337*	13907
E.P.	866625*	13962
E.P.	866740*	13974
E.P.	866767*	13959
E.P.	866839	13936
E.P.	867303	13938
E.P.	867387	13936
E.P.	867521*	13957
E.P.	867560	13938
E.P.	867871	13906
E.P.	867966	13946
E.P.	868087	13937
E.P.	868112	13937
E.P.	868492*	13957
E.P.	868561	13936
E.P.	868580	13946
E.P.	868604*	13974
E.P.	868898	13937
E.P.	868935*	13957
E.P.	868958	13873
E.P.	868993	13898
E.P.	869115*	13973
E.P.	869298*	13973
E.P.	869433	13938
E.P.	869481	13937
E.P.	869549*	13957
E.P.	869606*	13974
E.P.	869631*	13958
E.P.	869690	13936
E.P.	869953	13936
E.P.	869966	13896
E.P.	870081*	13991
E.P.	872763*	13900
E.P.	873309*	13905
E.P.	873516*	13995
E.P.	873665*	13974
E.P.	873832*	13897
E.P.	874151*	13957
E.P.	874862*	13900
E.P.	875764*	14011
E.P.	877970*	13897
E.P.	879233*	13976
E.P.	883982*	13920

Französische Patente
(F.P.)

	Nr.	Seite
F.P.	72800	13940
F.P.	1150267	14005
F.P.	1154891	13991
F.P.	1156144	13991
F.P.	1156191	13990
F.P.	1174238	14000
F.P.	1176678*	13957
F.P.	1177761*	13957
F.P.	1179045*	13958
F.P.	1182005*	13958
F.P.	1182006*	13959
F.P.	1186861*	13958
F.P.	1188642*	13958
F.P.	1190220*	13957
F.P.	1191542*	13958
F.P.	1193706*	13958
F.P.	1197035	14007
F.P.	1199313*	13958
F.P.	1200679*	13959
F.P.	1201252*	13958
F.P.	1202584	13937
F.P.	1205252*	13908
F.P.	1206244*	14011
F.P.	1208125*	13973
F.P.	1209689	13940
F.P.	1210556	13940
F.P.	1212817*	13908
F.P.	1212887	13961
F.P.	1213247*	13907
F.P.	1214657*	13908
F.P.	1216397	13971
F.P.	1217315	13956
F.P.	1218887	13911
F.P.	1219592*	13907
F.P.	1220771	13943
F.P.	1220805	13873
F.P.	1220963	13867
F.P.	1221027	13867
F.P.	1221361	13943
F.P.	1221557*	13908
F.P.	1221917*	13920
F.P.	1221987*	13908
F.P.	1222215*	13908
F.P.	1222428*	13908
F.P.	1222447*	13908
F.P.	1222460	13943
F.P.	1222998	13943
F.P.	1223009	13943
F.P.	1223037	13956
F.P.	1223300	13873
F.P.	1223405	13945
F.P.	1223541	13866
F.P.	1223773	13951
F.P.	1224115	13942
F.P.	1225121	13894
F.P.	1225155	13950
F.P.	1225352	13953
F.P.	1225419	13945
F.P.	1225439	13953
F.P.	1225472	13947
F.P.	1226215	13947
F.P.	1227411	13936
F.P.	1228428	13947
F.P.	1228429	13944
F.P.	1228460	13948
F.P.	1228727	13871
F.P.	1230199	13899
F.P.	1238578*	13920
F.P.	1243411*	14010
F.P.	1245256	13956
F.P.	1246071*	13995

Holländische Patente
(Holl.P.)

	Nr.	Seite
Holl.P.	97734*	13960
Holl.P.	97888*	13960
Holl.P.	98488	13999
Holl.P.	98512*	13920
Holl.P.	98534*	13959
Holl.P.	98542*	13959
Holl.P.	98545*	13938
Holl.P.	98577*	13911
Holl.P.	98648*	13920
Holl.P.	99028*	13920
Holl.P.	99084*	13959
Holl.P.	99619*	13900
Holl.P.	99676*	13907
Holl.P.	99686*	13897
Holl.P.	99824*	13938
Holl.P.	99836*	13962
Holl.P.	99847*	13960
Holl.P.	99855*	13958
Holl.P.	99858*	13897
Holl.P.	99865*	13897
Holl.P.	99873*	13962
Holl.P.	99887*	13938
Holl.P.	99963*	13957

Indische Patente
(Ind.P.)

	Nr.	Seite
Ind.P.	61064	13968
Ind.P.	62134	13956
Ind.P.	62757*	13959
Ind.P.	62985	14005
Ind.P.	64398	13918
Ind.P.	64532*	13875

Chemisches Zentralblatt

1962 Nr. 38 19. September

A. Allgemeine, physikalische und anorganische Chemie

Über die Wechselwirkung eines durch drei Zustandsklassen gekennzeichneten Systems mit seiner Umgebung. H. Baur. (Z. Naturforsch. **17a.** 321—26. April 1962. Ziegelhausen über Heidelberg.) (Dt.)

Darst. der Eigg. der zweistelligen, totalreflexiven Übergangsrelationen, die in einer Menge von 3 Elementen gegeben sind. Die Übergangsrelationen oder Wechselwrkg.-Typen des betrachteten Syst. bilden einen komplementären, nichtdistributiven Verband, dessen Struktur eine Ähnlichkeit mit der Struktur der derzeit gesicherten Elementarteilchen aufweist. CH. WEISKE. 10□

Über das Anregungsspektrum eines Teilchensystems in einem äußeren Feld. W. M. Jeleonski. (Журнал Экспериментальной и Теоретической Физики [J. exp. theoret. Physik] **40.** 1143—47. April 1961. Uraler Polytechn. Inst.) (Russ.; Auszug: Engl.)

Ein Syst. von Teilchen in Wechselwrkg. in einem äußeren Feld wird behandelt. Aus den linearisierten HARTREE-Gleichungen werden das Anregungsspektrum definiert u. der Zerfall der individuellen Anfangsanregung abgeleitet. Für das kollektive Anregungsspektrum werden die Quantendispersionsbeziehung u. ihr klass. Analogon behandelt. M. WIEDEMANN. 10□

Albert Bruylants, Joseph C. Jungers et Joris Verhulst, Chimie générale. 2 vol. I: Chimie théorique. II: Chimie minérale. Louvain: Libr. universitaire; Paris: Dunod. 1961. I: (VIII + 495 S. m. Abb.; Diagr. u. Tab.) II: (IX + 502 S. m. Abb., Diagr. u. Tab.)

Philip John Durrant and Beryl Durrant, Introduction to advanced inorganic chemistry. London: Longmans. 1962. (XV + 1171 S. m. 8 Taf., Tab. u. Diagr.) 95 s.

George David Parkes and John Malthouse Harrison, Basic physical and inorganic chemistry. London: Longmans. 1962. (X + 479 S. m. 8 Taf., Tab. u. Diagr.) 25 s.

Gmelins Handbuch der anorganischen Chemie. 8., völlig neu bearb. Aufl. System-Nr. 28: Calcium. Teil B. Lfg. 3: Schluß der Verbindungen. Chemisches Verhalten des Calcium-Ions. Nachweis u. Bestimmungen von Calcium, Strontium u. Barium. Herausgeg. vom Gmelin-Institut für Anorgan. Chemie u. Grenzgebiete in der Max-Planck-Gesellschaft zur Förderung der Wissenschaften. Weinheim/Bergstr.: Verl. Chemie. 1961. (LXII + 912 S. m. 133 Abb.) 4°. DM 568,—.

Gmelins Handbuch der anorganischen Chemie. 8., völlig neu bearb. Aufl. Syst.-Nr. 58. Kobalt. Teil A, Erg.-Bd. Herausgeg. vom Gmelin-Institut für Anorganische Chemie u. Grenzgebiete in der Max-Planck-Gesellschaft zur Förderung der Wissenschaften. Weinheim/Bergstr.: Verl. Chemie. 1961. (LXXII + 886 S. m. 188 Abb.) 4°. DM 556,—.

A_1. Kernphysik und Kernchemie

Totale Absorptionsrate von Myonen in Kohlenstoff. F. Russell Stannard. (Physic. Rev. Letters **4.** 523—24. 15/5. 1960. Berkeley, Calif., Univ. of California, Lawrence Radiat. Labor.) (Engl.)

Vf. bestimmte aus Beobachtungen von 2519 in einer Propan-Blasenkammer gebremsten Myonen die Gesamtabsorptionsrate von Myonen in C zu $(0{,}36 \pm 0{,}04) \cdot 10^5\ s^{-1}$, wobei eine Zerfallslebensdauer von $2{,}22 \cdot 10^{-6}$ s angenommen wurde. Eine Kombination mit einem anderen experimentellen Ergebnis liefert ein Mittel von $(0{,}40 \pm 0{,}03) \cdot 10^5\ s^{-1}$ in guter Übereinstimmung mit der Theorie, die $0{,}41 \cdot 10^5\ s^{-1}$ voraussagt. D. JÖRCHEL. 90□

Über den $e^+ + e^- \rightarrow \pi^0 + \gamma$-Prozeß. G. Furlan. (Nuovo Cimento [10] **19.** 840—43. 16/2. 1961. Trieste, Univ., Ist. di Fis., Ist. Naz. di Fis. Nucl.) (Engl.)

Der Wrkg.-Querschnit für den Prozeß $e^+ + e^- \rightarrow \pi^0 + \gamma$ wird in Abhängigkeit von der Elektronenenergie berechnet u. maximal für 220 MeV $2 \cdot 10^{-34}\ cm^2$ erhalten. Dieser Prozeß wird schwer (durch die Erfassung von 3γ-Strahlen) nachweisbar sein. M. WIEDEMANN. 90□

Beteiligung von π^0-Mesonen bei elektromagnetischen Prozessen. W. N. Baijer und W. W. Ssokolow. (Журнал Экспериментальной и Теоретической Физики [J. exp. theoret. Physik] **40.** 1233—34. April 1961.) (Russ.)

Es werden elektromagnet. Rkk. diskutiert, bei denen Pionen entstehen. Anschließend wird auf elektromagnet. Prozesse eingegangen, die auch über π^0 verlaufen können, z. B. $e^+ + e^- \rightarrow 3\gamma$ u. $e + \gamma \rightarrow e + 2\gamma$. Wrkg.-Querschnitte werden abgeschätzt. M. WIEDEMANN. 90□

Einige Betrachtungen über die Pion–Nucleon-Streuung bei niedriger Energie. Kin-ichi Ishida. (Progr. theoret. Physics [Kyoto] **24.** 980—90. Nov. 1960. Yamagata, Univ., Fac. of Liberal Arts and Sci.) (Engl.) — Vgl. C. **1961.** 15637.

Unter Verw. der nichtsubstrahierten Dispersionsgleichungen von Chew u. Mitarbeitern, die neu interpretiert werden, wird der Einfl. der Pion–Pion-Wechselwrkg. auf die Pion–Nucleon-Streuung diskutiert, Dispersionsbeziehungen für die Vorwärtsstreuamplitude bei Pionen an Nucleonen werden abgeleitet. M. Wiedemann. 90□

Suche nach der Resonanz bei der π–π-Wechselwirkung in der π-N-Streuung bei 0,96 GeV. J. G. Rushbrooke und D. Radojičić. (Physic. Rev. Letters **5.** 567—70. 15/12. 1960. Cambridge, Cavendish Labor.) (Engl.)

Die Aufnahmen der Wechselwrkg. in einer H_2-Blasenkammer, die dem 0,96-GeV-π^--Bündel ausgesetzt war, wurden abgetastet u. 110 Rkk. $\pi^- + p \rightarrow p + \pi^- + \pi^0$ analysiert. Die Energiespektren der Protonen wurden ermittelt. Es wurden vorläufige Schlüsse auf eine Resonanz bei der π–π-Wechselwrkg. gezogen. M. Wiedemann. 90□

Beweis der Pion–Pion-Wechselwirkungen aus der s-Wellen-Pion–Nucleon-Streuung. J. Hamilton, P. Menotti, T. D. Spearman und W. S. Woolcock. (Nuovo Cimento [10] **20.** 519—28. 1/5. 1961. London, Univ. Coll., Dep. of Phys.) (Engl.)

Die s-Wellen-Partialamplituden für die N–π-Streuung werden in einem unphysikal. Bereich angepaßt, so daß der Energiebereich, über den der Beitrag von $\pi + \pi \rightarrow N + \overline{N}$ geprüft werden kann, erweitert wird. Beiträge ergeben sich im Zustand mit dem Isospin $T = 0$ u. $T = 1$, die erste Amplitude ist groß, die zweite kleiner als bisher angenommen. M. Wiedemann. 90□

Einige Isotopenbeziehungen für die Reaktionen vom Typ πN → $\pi\pi$N. W. N. Strelzow. (Журнал Экспериментальной и Теоретической Физики [J. exp. theoret. Physik] **40.** 1140—42. April 1961. Verein. Inst. für Kernforsch.) (Russ.; Auszug: Engl.)

Die experimentellen Daten über Rkk. vom Typ $\pi N \rightarrow \pi\pi N$ im Bereich 0,96—1,85 GeV werden mittels Isotopenbeziehungen vom Standpunkt einer $\pi\pi$-Resonanz-Wechselwrkg. analysiert. Es ergeben sich keine Hinweise für das Vorliegen einer solchen in einem Zustand mit bestimmten $T_{\pi\pi}$. M. Wiedemann. 90□

Matrixelement der Reaktion $\pi + N \rightarrow \pi + \pi + N$ bei niedrigen Energien. O. I. Sawjalow und W. P. Pawlow. (Доклады Академии Наук СССР [Ber. Akad. Wiss. UdSSR] **139.** 79—82. 1/7. 1961. Mathemat. Inst. der Akad. der Wiss. der UdSSR.) (Russ.)

Das Matrixelement der Rkk. $\pi^- + p \rightarrow \pi^- + \pi^+ + n$, $\rightarrow 2\pi^0 + n$, $\rightarrow \pi^- + \pi^0 + p$ wird ermittelt. Kinematik, analyt. Eigg. u. Unitaritätsbedingung werden behandelt. M. Wiedemann. 90□

Über die Streuung von K-Mesonen an Nucleonen bei großen Drehimpulsen. Ju. P. Nikitin. (Журнал Экспериментальной и Теоретической Физики [J. exp. theoret. Physik] **40.** 1856—58. Juni 1961.) (Russ.; Auszug: Engl.)

Es wird nur der Zweipionenaustausch betrachtet u. so die periphere KN-Streuung untersucht; die Phasenverschiebungen werden durch die K-Pion-Kopplungs-Konst. ausgedrückt. Eine Prüfung der experimentellen Daten würde über diese Wechselwrkg. Aufschluß geben. M. Wiedemann. 90□

Einfang von K^--Mesonen aus Bahnen mit hohem S in Helium. T. B. Day und G. A. Snow. (Physic. Rev. Letters **5.** 112—14. 1/8. 1960. College Park, Md., Univ. of Maryland, Dep. of Phys.) (Engl.) — Vgl. C. **1962.** 371.

Die Prozesse, die sich nach dem Abbremsen von K^- in einer Blasenkammer mit fl. He abspielen, werden qual. behandelt. Die Häufigkeit des S-Zustand-Einfangs über den mol. Stark-Effekt wird berechnet u. mit anderen Prozessen verglichen. M. Wiedemann. 90□

Zerfall des Hyper-^{5}He. R. D. Hill. (Nuovo Cimento [10] **8.** 459—62. 1/5. 1958. Urbana, Ill., Univ. of Illinois, Phys. Dep.) (Engl.)

Neun Fälle des Zerfalls von ${}^5_\Lambda$He wurden untersucht u. folgende Mittelwerte gefunden: Energie des ^{4}He 3,55 ± 1,15 MeV, Energie des ^{1}H 6,34 ± 1,91 MeV u. des Pions 24,5 ± 3,3 MeV, Winkel zwischen ^{4}He u. π^- 150 ± 12,5° u. zwischen ^{4}He u. ^{1}H 145 ± 11°. Der Einfl. der starken Spin-Bahn-Kopplung des ^{4}He–^{1}H-Zustands auf den Zerfall wird diskutiert. M. Wiedemann. 90□

Mögliche Beziehung zwischen Strangeness und Parität. Feza Gürsey. (Physic. Rev. Letters **1.** 98—100. 1/8. 1958. Upton, N.Y., Brookhaven Nat. Labor.) (Engl.)

Vf. zeigt, daß eine Verknüpfung zwischen Strangeness u. Parität in einer Weise angenommen werden kann, daß Voraussagen über die relativen Paritäten der stark wechselwirkenden Teilchen möglich sind. Die Betrachtung von 4 Arten von Spinorfeldern (YANG u. TIOMNO, C. **1952.** 5362) in bezug auf ihr Verh. gegenüber der Parität P liefert offenbar die Verallgemeinerung der Paritätsoperation ($P^2 = \pm 1$), welche zur Aufstellung einer Eins-zu-Eins-Korrespondenz zwischen der Isotopenparität u. der Raumparität der Ladungsmultipletts erforderlich ist. Das führt auf entgegengesetzte Paritäten für Λ u. $\vec{\Sigma}$ als auch für N u. Ξ bei den Baryonen sowie für K u. $\overline{K}$ bei den Mesonen. D. JÖRCHEL. 90□

Zur Theorie der Dirac-Teilchen mit orientiertem Spin. A. Sokolow und B. Kerimow. (Ann. Physik [7] **2.** 46—53. 1958. Moskau, Staatl. Univ., Phys. Fak.) (Dt.)

Vff. zeigen, daß die Erscheinungen, die mit der Nichterhaltung der Parität bei schwacher Wechselwrkg. zusammenhängen, mit Hilfe von DIRAC-Gleichungen unter Berücksichtigung der Spinorientierung untersucht werden können. Nach der Theorie der DIRAC-Teilchen mit orientiertem Spin lassen sich die Eigg. des Neutrinos u. des Antineutrinos auf 2 Arten beschreiben: 1. s (= doppelte Projektion des Spins auf die Bewegungsrichtung des Teilchens) $= \pm 1$, ε (= Vorzeichen der Energie) $= 1$ u. 2. $s = \mp 1$, $\varepsilon = -1$. Ident. Ergebnisse u. kombinierte Invarianz folgen nur für verschwindende Ruhmasse. D. JÖRCHEL. 90□

Symmetrie zwischen Myon und Elektron. N. Cabibbo und R. Gatto. (Physic. Rev. Letters **5.** 114—16. 1/8. 1960. Roma, Univ., Ist. di Fis. e Labor. Naz. di Frascati.) (Engl.)

Es wird eine formale Operation der Myon–Elektron-Symmetrie definiert, die Gesamt-LAGRANGE-Funktion wird in entsprechender Form geschrieben. Die Symmetrie kann nur in der Zweineutrinotheorie erfüllt werden. Die Beziehung zwischen dieser Symmetrie u. dem Prinzip, das die Transformation von Myonen in Elektronen verbietet, wird dargelegt. M. WIEDEMANN. 90□

Einige Bemerkungen über das Fermi-Yang-Modell. Yasusi Ataka. (Progr. theoret. Physics [Kyoto] **24.** 218—20. Juli 1960. Osaka, Kiuki Univ., Dep. of Phys.) (Engl.)

Durch Anwendung des FERMI-YANG-Modells, bei dem Pionen als gebundene N–$\overline{N}$-Zustände u. Nucleonen durch N oder gebundene N–N–$\overline{N}$-Zustände dargestellt u. FERMI-Wechselwrkg. zwischen Elementarteilchen durch stat. Potentiale kurzer Reichweite ersetzt werden, werden Pion–Pion- u. K–Nucleon-Potentiale diskutiert. M. WIEDEMANN. 90□

Resonanzerscheinungen bei der intermediären Bosonentheorie. P. T. Matthews und A. Salam. (Nuovo Cimento [10] **19.** 837—39. 16/2. 1961. London, Imp. Coll., Dep. of Phys.) (Engl.)

Vff. schlagen ein Experiment mit Neutrinos vor, das mit Protonenbeschleunigern mittlerer Energie ausgeführt werden kann, u. führen zu diesem Problem einige Berechnungen durch. H. SCHROEDER. 90□

Experimenteller Nachweis des freien Neutrinos. Lajos Keszthelyi. (Fizikai Szemle [Physik. Rdsch.] **11.** 47—50. Febr. 1961. Budapest, Zentralforsch.-Inst. für Physik.) (Ung.)

Schwierigkeiten des Problems u. Wiedergabe der Verss. von REINES u. COWAN. J. PLANK. 90

Nucleonenspektrum in der Theorie der starken Kopplung. L. Landovitz und B. Margolis. (Physic. Rev. Letters **1.** 206—07. 15/9. 1958. Princeton, N.J., Inst. for Advanced Study; New York, N.Y., Columbia Univ., Phys. Dep.) (Engl.)

Die von PAULI u. DANCOFF (Physic. Rev. [2] **62.** [1942.] 85) vorgeschlagene symm. pseudoskalare Mesonentheorie der starken Kopplung sagt ein Syst. von gebundenen Rotations- oder isobaren Zuständen für das Nucleon voraus, für welche Drehimpuls j u. Isotopenimpuls t gleich sind. Diese Zustände haben Anregungsenergien der Ordnung $1/g^2$ in der Kopplungs-Konst. g. Der niedrigste Zustand mit $j = t = 1/2$ stellt das physikal. Nucleon dar. Obwohl nun das Nucleon keine gebundenen angeregten Zustände hat, haben die 1. Resonanz bei der π-Streuung u. die Photoerzeugung von Pionen dieselben Quantenzahlen. Vff. zeigen mit Hilfe der PAULI-DANCOFF-Theorie, daß auch Zustände der Ordnung g^0 in der Kopplungs-Konst. existieren, für die nicht notwendig $j = t$ zu sein braucht. D. JÖRCHEL. 90□

Das Nucleon–Nucleon-Potential in der Quantenfeldtheorie. 1. Mitt. R. Cirelli und G. Stabilini. (Suppl. Nuovo Cimento Nr. 2 (zu [10] **20**). 157—220. 1961. Milano, Univ., Ist. di Sci. Fis.; Ist. Naz. di Fis. Nucl.) (Engl.)

Krit. Bericht über die Ergebnisse der Mesonenfeldtheorien zum Zweinucleonenproblem. H. LAUE. 90□

Physikalische Einnucleon- und Zweinucleon-Wellenfunktionen in der Theorie der festen Quelle. J. Mandelbrojt. (Nuovo Cimento [10] **20.** 366—74. 16/4. 1961. Geneva, CERN.) (Engl.)

Es wird eine Näherung der physikal. Einnucleon- u. Zweinucleon-Wellenfunktionen unter der Annahme einer festen Quelle ohne Störungsbehandlung gegeben. Die wahrscheinlichen Werte der Operatoren können in expliziter geschlossener Form berechnet werden. M. Wiedemann. 90□

Ein Proton-Proton-Potential. Tetsuo Hamada. (Progr. theoret. Physics [Kyoto] **24.** 220—22. Juli 1960. Sydney, Univ., School of Phys., The Daily Telegraph Theoret. Dep.) (Engl.) — Vgl. C. **1961.** 18207.

Es wird ein energieunabhängiges Potential aufgestellt, daß mit den p–p-Streudaten vereinbar ist. Dabei wird ein Einpion-Austauschschweif angenommen. Ein Vgl. mit experimentellen Daten bei 95, 145 u. 310 MeV wird durchgeführt. M. Wiedemann. 90□

Phasenverschiebungsanalyse der p–p-Streuung bei der Energie von 95 MeV. W. A. Borowikow, I. M. Gelfand, A. F. Graschin und I. Ja. Pomerantschuk. (Журнал Экспериментальной и Теоретической Физики [J. exp. theoret. Physik] **40.** 1106—11. April 1961.) (Russ.; Auszug: Engl.)

Es wird eine Fünf-Parameteranalyse der experimentellen Daten über die p–p-Streuung bei 95 MeV durchgeführt, wobei Wrkg.-Querschnitt, Polarisation u. Depolarisation berücksichtigt werden. Es wird ein breites Lösungsgebiet erhalten, das den lokalen Meth. unzugänglich ist u. in zwei kleine Bereiche aufgeteilt wird, wobei Daten bei den Energien 150, 210 u. 310 MeV herangezogen werden. M. Wiedemann. 90□

p–p-Phasenverschiebungslösungen und der Depolarisationsstreuparameter bei 210 MeV. Kazo Gotow und Ernst Heer. (Physic. Rev. Letters **5.** 111—12. 1/8. 1960. Rochester, N.Y., Univ., Dep. of Phys. and Astron.) (Engl.)

Das Nucleon–Nucleon-Streuexperiment bei 210 MeV wurde erweitert u. der Depolarisationsparameter D bestimmt. Das zu 90% polarisierte Protonenbündel wurde an einem sek. Target aus fl. H_2 in die Ebene der ersten polarisierenden Streuung gestreut. Die zur Streuebene senkrechte Polarisation wurde mittels eines Polarimeters bestimmt, das aus einem tert. C-Target u. einem Paar von Dreifach-Teleskopen bestand. Es ergab sich $D(30^0) = 0{,}19 \pm 0{,}02$ u. $D(60^0) = 0{,}33 \pm 0{,}03$. M. Wiedemann. 90□

Unelastische Wechselwirkungen von 9-GeV-Protonen mit Nucleonen. Schu-Fen Wan, T. Wischki, I. M. Gramenitzki, W. G. Grischin, N. Dalchashaw, R. M. Lebedew, A. A. Nomofilow, M. I. Podgoretzki und W. N. Strelzow. (Журнал Экспериментальной и Теоретической Физики [J. exp. theoret. Physik] **39.** 957—60. Okt. 1960. Verein. Inst. für Kernforsch.) (Russ.; Auszug: Engl.)

Aus der Abtastung eines Emulsionsstapels, der im 9-GeV-Protonenbündel exponiert wurde, ergibt sich, daß die Winkel- u. Energieverteilungen sek. Protonen u. π-Mesonen aus (p, p)- u. (p, n)-Wechselwrkg. nahezu unabhängig von der Zahl der geladenen Teilchen sind. K.-E. Seyb. 90□

Photoemulsionsuntersuchung der Wechselwirkung von 8,7-GeV-Protonen mit quasifreien Nucleonen. K. I. Alexejewa, G. B. Shdanow, Je. A. Samtschailowa, M. I. Tretjakowa und M. N. Schtscherbakowa. (Журнал Экспериментальной и Теоретической Физики [J. exp. theoret. Physik] **40.** 1625—37. Juni 1961. Physik. Lebedew-Inst. der Akad. der Wiss. der UdSSR.) (Russ.; Auszug: Engl.)

Photoemulsionen wurden den 8,7-GeV-Protonen ausgesetzt u. ca. 330 Sterne analysiert. Es wurden Winkel- u. Impulsverteilung von Protonen u. Pionen in Sternen mit nicht mehr als einer grauen u. nicht mehr als einer schwarzen Zacke untersucht. Die meisten derartigen Sterne können als unelast. Wechselwrkg. von Protonen mit freien oder quasifreien Nucleonen des Kernes gedeutet werden, solche Wechselwrkg. machen ca. 25% aller unelast. aus. Meist handelt es sich um periphere Stöße, nur ca. 20% können nicht auf diese Weise gedeutet werden. M. Wiedemann. 90□

Spinabhängigkeit der Streuung hochenergetischer Protonen. T. T. Thwaites. (Ann. Physics **12.** 56—67. Jan. 1961. Rochester, N.Y., Univ., Dep. of Phys. and Astron.) (Engl.)

Vf. führte Messungen der elast. Streuung polarisierter Protonen mit $E_p = 200$ MeV an ^{14}N in dem vorwärtsgerichteten Maximum der Wrkg.-Querschnitte durch u. verglich die erhaltenen Werte mit den an ^{12}C unter gleichen Bedingungen erhaltenen Werten. Die experimentelle Anordnung ist schemat. dargestellt; die gemessenen differentiellen Wrkg.-Querschnitte u. Polarisationen für ^{14}N u. ^{12}C bei $E_p = 200$ MeV wurden tabelliert. Es konnte kein schlüssiger Beweis für eine Abhängigkeit des Kernspins von der Streuung gefunden werden. H. Schroeder. 90□

Die elastische Streuung von Nucleonen an ^{4}He. M. I. Ali und A. Q. Sarker. (Pakistan J. sci. Res. **12.** 1—19. Jan. 1960. Dacca, Univ., Dep. of Phys.) (Engl.)

Auf der Basis des Kernschalenmodells wird unter der Annahme einer Potentialmulde von 32 bzw. 36 MeV u. einer Spin–Bahn-Wechselwrkg. der differentielle elast. Streuquerschnitt für Nucleonen von 5,78—17,84 MeV an ^{4}He-Kernen u. die Polarisation der gestreuten Teilchen ermittelt. Die Ergebnisse sind graph. wiedergegeben. Die Übereinstimmung mit den experimentellen Daten ist befriedigend. M. WIEDEMANN. 90□

Die Polarisation von Deuteronen und Teilchen beliebigen Spins. 1. Mitt. L. J. B. Goldfarb. (Nuclear Physics [Amsterdam] **7.** 622—42. Aug. 1958. Manchester, Univ., Dep. of Theoret. Phys.) (Engl.) — 2. vgl. C. **1960.** 15981.

Vf. leitet allg. Formeln für die Polarisation von Teilchen mit beliebigem Spin, welche bei Kernstreu- oder Rk.-Prozessen emittiert werden, sowie für die Winkelverteilungen bei diesen Prozessen ab, wobei die einfallenden Teilchen beliebigen Spins polarisiert sein können. Die Ergebnisse werden auf die elast. Streuung von Deuteronen an ^4He angewendet; es ergibt sich die Ggw. einer engen Resonanz bei einer Deuteronen-Labor.-Energie von 1,069 MeV, die einem wohldefinierten Zwischenzustand mit einem eindeutigen Satz von Quantenzahlen für die Anfangs- u. Endzustände zugeschrieben wird. Ferner wird die Polarisation von an spinlosen Kernen elast. gestreuten Deuteronen berechnet. Die Polarisation läßt sich durch einen 2. Streuprozeß an denselben Kernen oder unter Verw. der ^{4}He-Streuung als „Analysator" messen. D. JÖRCHEL. 90□

Neue relative Nuclidenmassen. L. A. König, J. H. E. Mattauch und A. H. Wapstra. (Nuclear Physics [Amsterdam] **31.** 1—17. März 1962. Mainz, MPI für Chem.; Amsterdam, Inst. voor Kernphys. Onderz.) (Engl.)

Wiedergabe der experimentellen Daten u. der angewandten Verff. zur Berechnung einer Anzahl relativer Nuclidenmassen mit ausführlichem Literaturverzeichnis.

GERHARD SCHMIDT. 95□

Tabelle der Nuclidenmassen 1961. L. A. König, J. H. E. Mattauch und A. H. Wapstra. (Nuclear Physics [Amsterdam] **31.** 18—42. März 1962.) (Engl.) — Vgl. vorst. Referat.

Wiedergabe der l. c. sich ergebenden neuen Nuclidenmassen mit einer Anzahl neuer oder geänderter sek. Nuclidenmassen. GERHARD SCHMIDT. 95□

Isotopenmasse und Bindungsenergie von Kernen im Bereich von Strontium bis Ruthenium. R. A. Demirchanow, W. W. Dorochow und M. I. Dskuja. (Журнал Экспериментальной и Теоретической Физики [J. exp. theoret. Physik] **40.** 1572 bis 1582. Juni 1961.) (Russ.; Auszug: Engl.)

Mittels eines doppelfokussierenden Massenspektrographen mit einem Auflösungsvermögen von 50000—60000 wurden im Bereich $84 < A < 104$ die Massen von 25 stabilen u. 39 radioakt. Nucliden bestimmt. Hierzu wurden 60 Massendubletts ausgemessen, meist wurden KW-Stoffe benutzt. Ferner wurden die Bindungsenergie je Nucleon, die Bindungsenergie des letzten Neutrons u. des letzten Protons sowie Neutron- u. Proton-Paar-Bldg.-Energien berechnet. Die Existenz der mag. Zahl bei $N = 50$ wurde bestätigt, Hinweise auf eine Unterschale mit $Z = 40$ gefunden. M. WIEDEMANN. 95□

Messung der (p, n)-Schwellen bei den Molybdänisotopen zur Ergänzung der Systematik der Massendifferenzen der Molybdän-Technetium-Isobare. Claudine Latapie, Christiane Levi, Lily Papineau und Noelle Saunier. (C. R. hebd. Séances Acad. Sci. **245.** 672—75. 5/8. 1957.) (Franz.)

Die Schwelle der (p, n)-Rk. wurde an den abgetrennten Mo-Isotopen mit den Massen 94, 95, 96, 97, 98 u. 100 zu > 4,8, 2,47, 3,75, 2,95, 3,25 bzw. 3,20 MeV bestimmt. Hieraus werden Schlüsse auf die Auffüllung der einzelnen Schalen gezogen, der Abstand der Teilchenniveaus $d_{5/2}—g_{7/2}$ ist stets > 1 MeV. Die Bindungsenergie des letzten Neutrons des Mo sowie die des 43. Protons des Tc-Isobars werden ermittelt. M. WIEDEMANN. 95□

Eine halbempirische Formel für den Kernradius. L. R. B. Elton. (Nuclear Physics [Amsterdam] **5.** 173—78. Jan. (1) 1958. London, King's Coll., Wheatstone Labor.) (Engl.)

Unter den Annahmen, daß die Proton- u. Neutronverteilungen in einem Kern dieselben sind u. die zentrale Dichte der Kernmaterie konst. u. von der Massenzahl A unabhängig ist, konnten die Daten über Negatron- u. Protonstreuung durch Kerne gut wiedergegeben werden. Für Kerne von ^{12}C bis ^{209}Bi wurden Kernradien berechnet.

M. WIEDEMANN. 95□

Ladungsverteilung in ^{9}Be. Y. R. Waghmare. (Progr. theoret. Physics [Kyoto] **24.** 681—83. Sept. 1960. Ahmedabad, Phys. Res. Labor.) (Engl.)

Vf. berechnet die Elektronenstreuung von ^{9}Be auf der Basis des FERMI-Modells. Das Modell der Ladungsverteilung einschließlich der Effekte möglicher Quadrupolverzerrung beschreibt den beobachteten Streuquerschnitt von ^{9}Be für 300-MeV-Elektronen befriedigend. P. SCHARNER. 95□

Obere Grenze des magnetischen Moments von ^{6}He. E. D. Commins und P. Kusch. (Physic. Rev. Letters **1.** 208—09. 15/9. 1958. New York, N.Y., Columbia Univ., Dep. of Phys.) (Engl.)

Aus einem Experiment vom STERN-GERLACH-Typ fanden Vff. als wahrscheinlichsten Wert des magnet. Moments von ^{6}He 0,09 Kernmagnetonen, die obere Grenze liegt bei 0,16 Kernmagnetonen. Allerdings ist der Wert 0 wesentlich wahrscheinlicher als der Wert 0,16. Da es schwierig ist, ein Modell von ^{6}He mit einem Spin u. mit einem Moment von nur 0,16 Kernmagnetonen zu konstruieren, wird gefolgert, daß der Spin des ^{6}He-Kerns in Übereinstimmung mit theoret. Erwartungen 0 sein dürfte. D. JÖRCHEL. 95□

Quadrupolmoment von ^{21}Ne. G. M. Grosof, P. Buck, W. Lichten und I. I. Rabi. (Physic. Rev. Letters **1.** 214—15. 15/9. 1958. New York, N.Y., Columbia Univ., Dep. of Phys.) (Engl.)

Vff. bestimmten die Hyperfeinstrukturintervalle im metastabilen $(2\ p)^5(3\ s)$, $^3P_2$-Zustand von ^{21}Ne nach einer Atomstrahl-Resonanz-Meth. u. leiten aus den Ergebnissen ein Quadrupolmoment von $(+\ 0{,}093 \pm 0{,}010)\cdot 10^{-24}$ cm^2 ab. Es ist bemerkenswert, daß dieser Wert innerhalb der Meßfehler mit dem Quadrupolmoment des „beinahe"-Spiegelkerns ^{23}Na von $(+\ 0{,}100 \pm 0{,}011)\cdot 10^{-24}$ cm^2 übereinstimmt. D. JÖRCHEL. 95□

Spins des Kerngrundzustandes von Thallium-198 und -201. I. Lindgren, C. M. Johansson und S. Axensten. (Physic. Rev. Letters **1.** 473—74. 15/12. 1958. Uppsala, Sweden, Univ. of Uppsala, Inst. of Phys.) (Engl.)

Nach der Atomstrahlresonanz-Meth. wurden die Spins des Kerngrundzustandes von ^{198}Tl (5,3 Std.) zu $I = 2$ u. von ^{201}Tl (3,0 Tage) zu $I = 1/2$ bestimmt. Der Spin von ^{198}Tl bestätigt die Zerfallsschemata von ^{198}*Pb* u. des isomeren 1,8-h-Zustandes von ^{198}Tl mit dem Spin $I = 7$. D. JÖRCHEL. 95□

Kernspins von sechs Goldisotopen mit Neutronendefizit. W. Bruce Ewbank, Lawrence L. Marino, William A. Nierenberg, Howard A. Shugart und Henry B. Silsbee. (Physic. Rev. [2] **120.** 1406—10. 15/11. 1960. Berkeley, Calif., Univ. of California, Lawrence Radiat. Labor. and Dep. of Phys.) (Engl.)

Nach Atomstrahl-Magnetresonanz-Meth. messen Vff. den Kernspin von ^{191}Au (3,0 h), ^{192}Au (4,8 h), ^{193}Au (17,5 h), ^{194}Au (39 h), ^{195}Au (190 d) u. ^{196}Au (5,6 d) zu $I = 3/2$, 1, 3/2, 1, 3/2 bzw. 2. Die Au-Isotope werden durch Beschuß von Pt- u. Ir-Targets hergestellt. GERHARD SCHMIDT. 95□

Hyperfeinstruktur von Americium-241. Richard Marrus, William A. Nierenberg und Joseph Winocur. (Physic. Rev. [2] **120.** 1429—35. 15/11. 1960. Berkeley, Calif., Univ. of California, Lawrence Radiat. Labor.) (Engl.)

Atomstrahlmessungen an ^{241}Am bestätigen, daß der Kernspin $J = 5/2$ ist, u. ergeben, daß der elektron. Grundzustand durch einen Drehimpuls $J = 7/2$ u. einen LANDÉ-Aufspaltungsfaktor $g_J = -1{,}9371(10)$ charakterisiert ist. Die M1- u. E2-Hyperfeinstruktur-Kopplungs-Konst. ergaben sich zusätzlich zu $A = \pm 17{,}144(8)$ bzw. $B = \mp 123{,}82(10)$ MHz. Hierbei wird angenommen, daß diese Werte aus einem Zustand stammen, der prim. aus dem ^8S-Term der HUNDschen Regel der Konfiguration $(5f)^7(7s)^2$ gebildet wird. Die Beimischungen zu den gemessenen g_J-, A- u. B-Werten aus anderen Termen werden erörtert. GERHARD SCHMIDT. 95□

Über den Mechanismus von Kernreaktionen. U. Facchini. (Energia nucleare **6.** 441—57. Juli 1959. Torino, Univ., Ist. di Fis.; Milano, CISE.) (Ital.)

Vortrag über den Stand der Forschung, bes. bzgl. der Kernstruktur. — 38 Literaturangaben. R. K. MÜLLER. 103□

Einzelnes und mehrfaches Stripping von α-Teilchen. M. El Nadi. (Physic. Rev. [2] **120.** 1360—69. 15/11. 1960. New Haven, Conn., Yale Univ., Sloane Phys. Labor.) (Engl.) — Vgl. C. **1961.** 370.

Unter der Annahme, daß der Strippingprozeß hauptsächlich an der Kernoberfläche stattfindet, werden Ausdrücke für die differentiellen Querschnitte der Prozesse abgeleitet, bei denen 1, 2 oder 3 Nucleonen von einem einfallenden α-Teilchen durch den Targetkern abgestreift werden. Die abgeleiteten Formeln u. experimentellen Daten stimmen für die (^{3}He, p)- u. (α, p)-Rkk. befriedigend überein. GERHARD SCHMIDT. 103□

Mechanismus von Übertragungsreaktionen mit schweren Ionen. A. Zucker. (Physic. Rev. Letters **4.** 21—23. 1/1. 1960. Oak Ridge, Tenn., Oak Ridge Nat. Labor.) (Engl.) — Vgl. C. **1961.** 17464.

Vf. gibt eine Übersicht über bekanntgewordene Übertragungs-Rkk. mit schweren Ionen u. diskutiert den Mechanismus einiger Rkk. (z. B. $^{16}O + Sn \rightarrow {}^{17}F^* + In$, $^{17}F^* \rightarrow {}^{13}N + \alpha$; $^{16}O + Sn \rightarrow Sn + {}^{11}C + \alpha$). H. SCHROEDER. 103□

(p, d)-Reaktion und unelastische Streuung von Protonen an ^{9}Be. O. F. Nemetz, L. Ss. Ssaltykow und M. W. Ssokolow. (Журнал Экспериментальной и Теоретической Физики [J. exp. theoret. Physik] **38.** 1663—64. Juni 1960. Physik. Inst. der Akad. der Wiss. der UkrainSSR.) (Russ.; Auszug: Engl.)

Ein Be-Target wird mit 6,8-MeV-Protonen beschossen. Die Winkelverteilungen gestreuter Protonen u. Deuteronen aus der Rk. ^{9}Be(p, d)^{8}Be werden mit einem Scintillationsspektrometer gemessen. Die Ergebnisse werden mit theoret. berechneten Verteilungen verglichen. K.-E. Seyb. 103□

Winkelverteilungen der Neutronen aus der Reaktion $^9Be(d, n)^{10}B$. Richard Bardes und George E. Owen. (Physic. Rev. [2] **120.** 1369—74. 15/11. 1960. Baltimore, Md., Johns Hopkins Univ.) (Engl.)

Mit einem speziell entwickelten Protonenrückstoßspektrometer untersuchen Vff. die Winkelverteilungen der Neutronen zum Grundzustand u. zum ersten angeregten Zustand von ^{10}B in der Rk. $^9Be(d,n)^{10}B$ bei Energien von 1,41, 1,88 u. 2,35 MeV der einfallenden Deuteronen. Die Deuteronen werden im 3-MeV-Van de Graff beschleunigt, das Spektrometer mit CsJ(Tl)-Kristalldetektor arbeitet in dem untersuchten Neutronenenergiebereich mit einer Auflösung in der Größenordnung von 7%. Die Analyse der Daten nach dem Mechanismus der direkten Wechselwrkg. zeigt, daß die Ergebnisse mit einer Interpretation im Einklang sind, wonach die Mehrzahl der Neutronen, die bei Beschußenergien unterhalb der Coulomb-Schwelle emittiert worden sind, aus dem ^9Be-Targetkern stammt. Gerhard Schmidt. 103□

Das Populationsverhältnis der Zustände von ^{12}C bei 4,433 und 7,656 MeV aus der Reaktion $^9Be(\alpha, n)^{12}C$ und die Parameter des 7,656-MeV-Niveaus. N. H. Gale und J. B. Garg. (Nuovo Cimento [10] **19.** 742—51. 16/2. 1961. Manchester, Univ., Physic. Labor.) (Engl.)

Vff. untersuchten die Rk. $^9Be(\alpha, n)$ ^{12}C mit einem gepulsten Neutronenbündel–Flug–Zeit-Spektrometer bei $E_\alpha = 5{,}53$, 5,76 u. 5,97 MeV. Die Winkelverteilungen der zum Grundzustand u. den ersten beiden angeregten Niveaus von ^{12}C führenden Neutronengruppen wurden gemessen. Es ergaben sich folgende Neutronenpopulationsverhältnisse: (E_α; n_1/n_0; n_0/n_2; n_1/n_2) 5,53, 8,1 ± 0,5, 1,3 ± 0,1, 10,2 ± 0,8; 5,76, 8,1 ± 0,5, 1,4 ± 0,1, 11,3 ± 0,8; 5,97, 6,9 ± 0,5, 1,6 ± 0,1, 10,7 ± 0,8. H. Schroeder. 103□

Differentielle Querschnitte der Reaktionen $^9Be(^7Li, \alpha)^{12}B$ und $^9Be(^6Li, \alpha)^{11}B$. Russell K. Hobbie, C. W. Lewis und J. M. Blair. (Physic. Rev. [2] **124.** 1506—12. 1/12. 1961. Minneapolis, Minn., Univ. of Minnesota, School of Phys.) (Engl.) — Vgl. Leigh u. Blair, C. **1961.** 10056.

Mit gleicher Vers.-Anordnung wie l. c. bestimmen Vff. die differentiellen Querschnitte für α-Teilchen aus den Rkk. $^9Be(^6Li, \alpha)^{11}B$ u. $^9Be(^7Li, \alpha)^{12}B$. Diese Rkk. werden für die Grundzustände, die ersten 7 angeregten Zustände von ^{11}B u. die ersten 4 angeregten Zustände von ^{12}B untersucht. Die abs. Querschnitte werden durch Vgl. mit der Rutherford-Streuung gemessen. Die an dünnen selbsttragenden Be-Folien (60—100 $\mu g/cm^2$) durchgeführten Messungen verwenden Beschußenergien von 3,3—3,75 MeV. Gerhard Schmidt. 103□

Kernreaktionen durch Stickstoff auf Bor und Sauerstoff. H. L. Reynolds, D. W. Scott und A. Zucker. (Physic. Rev. [2] **102.** 237—41. 1/4. 1956. Oak Ridge, Tenn., Oak Ridge Nat. Labor.) (Engl.)

Gepreßtes B-Pulver oder TiO_2 (für O) wurde mit energiereichen N-Ionen bestrahlt. Durch Messung der Zerfallsraten wurden folgende Rkk. nachgewiesen: $^{10}B(^{14}N, ^{15}O)^9Be$, $^{10}B(^{14}N, ^{13}N)^{11}B$, $^{10}B(^{14}N, ^{11}C)^{13}C$, $^{10}B(^{14}N, ^{18}F)^6Li$, $^{11}B(^{14}N, p)^{24}Na$, $^{16}O(^{14}N, 2p)^{28}Al$ u. $^{16}O(^{14}N, ^{18}F)^{12}C$. Die Ausbeuten wurden bestimmt u. die Wrkg.-Querschnitte in Abhängigkeit von der Energie (6—44 MeV) berechnet. M. Wiedemann. 103□

Einige Energieniveaus von ^{21}F und ^{25}Na. S. Hinds, H. Marchant und R. Middleton. (Nuclear Physics [Amsterdam] **31.** 118—27. März 1962. Aldermaston, Berks., Atom. Weapons Res. Establ.) (Engl.)

Vff. untersuchen die Rk. $^{19}F(t, p)^{21}F$ durch magnet. Analyse, die Anregungsenergien von 19 Zuständen werden bestimmt. Die Tritonen werden im Van de Graaff bis zu Energien von 6 MeV beschleunigt. Der Q-Wert der obigen Rk. ergibt sich zu 6,219 ± 0,012 MeV, was im Einklang mit ^{21}F bei einem Massenüberschuß von —0,045 ± 0,012 MeV ist. Unter Verw. der Rkk. $^{23}Na(t, p)^{25}Na$ u. $^{26}Mg(t, \alpha)^{25}Na$ werden Anregungsenergien von 26 Zuständen von ^{25}Na gemessen. Der Q-Wert der ersteren Rk. ergibt sich zu 7,492 ± 0,012, der Q-Wert der letzteren zu 5,664 ± 0,012 MeV. Beide Q-Werte sind mit einem ^{25}Na-Massenüberschuß von —9,357 ± 0,008 MeV (in der ^{12}C-Skala) im Einklang. Gerhard Schmidt. 103□

Die Reaktionen $^{27}Al \rightarrow ^{24}Na$, $^{59}Co \rightarrow ^{56}Mn$, $^{31}P \rightarrow ^{24}Na$ im Gebiet der Energie der γ-Quanten bis zu 260 MeV. A. N. Gorbunow, F. P. Denissow und W. A. Kolotuchin. (Журнал Экспериментальной и Теоретической Физики [J. exp. theoret. Physik] **38.** 1084—87. April 1960. Physik. Lebedew-Inst. der Akad. der Wiss. der UdSSR.) (Russ.; Auszug: Engl.)

Die Bldg. von ^{24}Na u. ^{56}Mn beim Beschuß von Al-, Co- u. P-Targets mit Bremsstrahlung wird in Abhängigkeit von der Energie untersucht. Die abs. Querschnitte werden durch Vgl. mit der Rk. $^{12}C(\gamma, n)^{11}C$ bestimmt. Die Form der Anregungsfunktionen zeigt, daß Photonen mit mehr als 60—80 MeV Energie nicht vom ganzen Kern, sondern von Nucleonengruppen im Kern adsorbiert werden. K.-E. SEYB. 103□

Photoneutronenquerschnitte von Kobalt und Mangan. P. A. Flournoy, R. S. Tickle und W. D. Whitehead. (Physic. Rev. [2] **120.** 1424—28. 15/11. 1960. Charlottesville, Va., Univ. of Virginia.) (Engl.)

Vff. messen die totalen Photoneutronenausbeuten von ^{55}Mn u. ^{59}Co vom Schwellenwert bis zu angenähert 30 MeV. Die Analyse dieser Daten unter Verw. der LEISS-PENFOLD-Matrix ergibt, daß die Querschnitte beider Nuclide eine Aufspaltung im Riesenresonanzbereich in Übereinstimmung mit den Vorhersagen des klass. hydrodynam. Modells zeigen. Die ^{55}Mn-Peaks treten bei Energien von 16,8 $\pm$ 0,25 u. 19,75 $\pm$ 0,25 MeV entsprechend Querschnitten von 90 bzw. 77 mbarn auf. Die ^{59}Co-Maxima treten bei 16,75 $\pm$ 0,25 u. 18,75 $\pm$ 0,25 MeV mit Querschnitten von 109 bzw. 92 mbarn auf. Die Querschnitte $\sigma(\gamma, n) + \sigma(\gamma, 2n) + \sigma(\gamma, np) + \cdots$, bis 25 MeV integriert, sind 627 MeV·mbarn für ^{55}Mn u. 709 MeV·mbarn für ^{59}Co. Die BREIT-WIGNER-Resonanzlinien werden mit beiden Querschnitten u. den intrinsiken Quadrupolmomenten abgestimmt.

GERHARD SCHMIDT. 103□

Bestimmung der Koeffizienten der Fluorescenz der K-Röntgenstrahlen von ^{51}V, ^{55}Mn, ^{65}Cu, ^{71}Ga. A. A. Konstantinow, I. A. Ssokolowa und T. Je. Ssasonowa. (Известия Академии Наук СССР, Серия Физическая [Nachr. Akad. Wiss. UdSSR, physik. Ser.] **25.** 228—32. Febr. 1961.) (Russ.)

Die Fluorescenz-Koeff. wurden durch Absolutmessuung der Zahl der K-AUGER-Elektronen u. der K-Röntgenquanten der Quellen bestimmt. Hierzu wurden die Isotope ^{51}*Cr*, ^{55}*Fe*, ^{65}*Zn* u. ^{71}*Ge* im Vakuum auf eine mit Al überzogene Perchlorvinylschicht aufgedampft. Da die AUGER-Elektronen, deren Spektren bestimmt wurden, 5—10 keV besitzen, muß die Eigenabsorption vermieden werden Verwendet wurden 4-π-Proportionalzähler. Es wurden folgende Koeff. bestimmt: ^{51}V 0,23 $\pm$ 0,02, ^{55}Mn 0,27 $\pm$ 0,02, ^{65}Cu 0,42 $\pm$ 0,02 u. ^{71}Ga 0,47 $\pm$ 0,02. M. WIEDEMANN. 103□

Der Zerfall von ^{78}Br. R. Rikmenspoel und D. M. van Patter. (Nuclear Physics [Amsterdam] **24.** 494—99. Mai 1961. Swarthmore, Pa., Bartol Res. Foundat. of Franklin Inst.) (Engl.)

Vff. bestrahlten auf 97% angereichertes ^{78}*Se* mit Protonen, um den Zerfall von ^{78}Br zu untersuchen. Die Protonenschwellenenergie der Rk. $^{78}Se(p, n)^{78}Br$ wurde nach der Meth. des Verhältnisses der langsamen zu den schnellen Neutronen zu 4,40 $\pm$ 0,01 MeV gefunden. Die Reproduzierbarkeit der Werte betrug für $E_p = 4{,}42$ bis 5,40 MeV $\pm$ 2,5%. Bei Bestrahlungen mit Protonen mit $E_p \geq 4{,}40$ MeV wurde eine Vernichtungsstrahlung mit einer Halbwertszeit von $t_{1/2} = 6{,}5 \pm 0{,}1$ Min. gefunden. E_{max} des β^+-Spektrums von ^{78}Br wurde in Übereinstimmung mit der Berechnung aus der Schwellenenergie der Rk. $^{78}Se(p, n)$ zu 2,54 $\pm$ 0,01 MeV bestimmt. Die gemessene γ-Strahlung mit $E_\gamma = 0{,}613 \pm 0{,}003$ MeV u. einer Intensität von 0,14 $\pm$ 0,015 aller Positronenzerfälle entspricht dem bekannten 1. (2$^+$) Niveau von ^{78}Se. Eine Anregung des 2. (2$^+$) Niveaus bei 1,31 MeV wurde nicht beobachtet u. erfolgt höchstens zu $\leq$0,4% aller Zerfälle mit log $ft \geq 5{,}9$. Aus den Ergebnissen ergibt sich für den Grundzustand von ^{78}Br Spin u. Parität 1$^+$.

H. SCHROEDER. 103□

Eine Neubestimmung der Halbwertszeit von ^{87}Rb. E. Huster. (Nat. Acad. Sci. — Nat. Res. Council, Publ. Nr. **19.** 195—202. 31/7. 1956. Marburg, Univ., Physik. Inst.) (Engl.)

Zur Best. der Halbwertszeit von ^{87}Rb wurde die Aktivität eines ^{87}RbCl-Präp. (auf eine versilberte Zaponfolie aufgedampfte RbCl-Schicht) in einem 4-π-Zählrohr gemessen. Die Neubest. (alter Wert $6{,}3 \cdot 10^{10}$ a) ergab $T_{1/2} = (4{,}1 - 4{,}6) \cdot 10^{10}$ a.

W. BETCKE. 103□

Isospinerhaltung beim β-Zerfall von ^{44}Sc, ^{95}Zr und ^{95}Nb. Lloyd G. Mann, Stewart D. Bloom und Richard J. Nagle. (Nuclear Physics [Amsterdam] **30.** 636 bis 643. März 1962. Livermore, Calif., Univ. of California, Lawrence Radiat. Labor.) (Engl.)

Vff. bestimmen die Winkelkorrelationen zwischen β-Strahlen u. zirkularpolarisierten γ-Strahlen im Falle von ^{44}Sc, ^{95}Zr u. ^{95}Nb. Das Ergebnis für ^{44}Sc zeigt an, daß das FERMI-Matrixelement sehr klein oder Null ist. Im Falle von ^{95}Zr wird volle Übereinstimmung mit den Ergebnissen von APPEL u. SCHOPPER (C. **1958.** 14216) erhalten. Die von Vff. gewählte Interpretation erfordert, daß mindestens einer der fraglichen angeregten Zustände in ^{95}Nb den Spin 7/2 hat (vorzugsweise der 726-keV-Zustand). Die Übereinstimmung zwischen der Theorie u. der Messung ist in diesem Falle gegeben u. erfordert nahezu keine Mischung bei einer der auftretenden Strahlungen. ^{95}Nb zerfällt über einen reinen GAMOW-TELLER-Übergang ($\Delta J = 1$), dem ein nahezu reiner M1-Strahlungsübergang folgt. Der Spin des Niveaus bei 762 keV in ^{95}*Mo* ist 7/2 u. die Spins von ^{44}Sc u. des Niveaus bei 1,66 MeV in ^{44}*Ca* sind endgültig 2. GERHARD SCHMIDT. 103□

Messung der Zahl der γ-Quanten beim ^{99}Mo-Zerfall. A. N. Ssilantjew. (Известия Академии Наук СССР, Серия Физическая [Nachr. Akad. Wiss. UdSSR, physik. Ser.] **25.** 270—71. Febr. 1961. Chlopin-Strahlungsinst. der Akad. der Wiss. der UdSSR.) (Russ.)

Eine ^{99}Mo-Schicht befand sich auf Kollodium in einem 4-π-β-Zähler. Die Zahl der γ-Quanten je Zerfall wurde durch 4-π–β-γ-Koinzidenz ermittelt. In % ergab sich für eine γ-Energie (in keV) von 140 85%, 180 4%, 750 13%, ferner 4% von 140 keV, die nicht mit β-Strahlung in Koinzidenz ist, u. eine 920-keV-Linie, die wahrscheinlich die Summe von 180 u. 740 keV ist. M. WIEDEMANN. 103□

Messung der Zahl der γ-Quanten beim ^{140}Ba- und ^{144}Pr-Zerfall. B. Ss. Kusnetzow und A. N. Ssilantjew. (Известия Академии Наук СССР, Серия Физическая [Nachr. Akad. Wiss. UdSSR, physik. Ser.] **25.** 272—73. Febr. 1961.) (Russ.)

Mittels 4-π-β-γ-Koinzidenz wurde die γ-Quantenzahl je Zerfall bei ^{140}Ba u. ^{144}Pr bestimmt. Das erste Präp. enthielt nur 3% ^{140}La. Gefunden wurden bei ^{140}Ba Linien mit folgenden Energien (in keV) u. relativen Intensitäten: 30 0,16; 160 0,05; 430 0,05 u. 537 0,25. Der 30-keV-Übergang dürfte vom M1-Typ sein. Bei ^{144}Pr wurden 0,012 γ-Quanten von 695 keV je Zerfall gefunden. M. WIEDEMANN. 103□

Messung der Zirkularpolarisation der den β-Zerfall von ^{147}Nd begleitenden γ-Quanten. A. A. Petuschkow und I. W. Esstulin. (Журнал Экспериментальной и Теоретической Физики [J. exp. theoret. Physik] **40.** 72—75. Jan. 1961. Moskau, Inst. für Kernphysik, Inst. für allg. u. anorgan. Chemie der Akad. der Wiss. der UdSSR.) (Russ.; Auszug: Engl.)

Durch COMPTON-Streuung an polarisierten Elektronen in einem Metallzylinder werden die 530-keV-γ-Strahlen von ^{147}Nd zirkular polarisiert u. mit einem Scintillationsspektrometer mit NaJ(Tl)-Kristall in Koinzidenz mit β-Strahlen (Scintillationszähler mit Anthracenkristall) gemessen. Der Asymmetrie-Koeff. beträgt $A = -0{,}093 \pm 0{,}15$. Daraus ergibt sich für das betreffende Niveau von ^{147}Pm der Spin $j = 7/2$ u. als Übergangstyp eine Mischung von E2 + M1 im Verhältnis $E2/M1 = +1{,}75 \pm 0{,}15$.
K.-E. SEYB. 103□

Das Zerfallsschema von ^{159}Dy. R. C. Greenwood und E. Brannen. (Physic. Rev. [2] **120.** 1411—14. 15/11. 1960. London, Ontario, Univ. of West. Ontario.) (Engl.)

Vff. zeigen, daß der Elektroneneinfangszerfall von ^{159}Dy merklich nur zum 58-keV-Zustand u. Grundzustand von ^{159}*Tb* mit Verzweigungsverhältnissen von 37 bzw. 63% führt. Der innere Konversions-Koeff. (K-Strahlung) des 58-keV-Übergangs ergibt sich zu $\alpha_K = 8{,}5\ (-1{,}2, +0{,}7)$, was im Einklang mit überwiegend M1-Übergang mit der Möglichkeit einer E 2-Mischung ist. Das Bahnelektroneneinfangverhältnis zum 58-keV-Zustand von ^{159}Tb wird zu $P_{LM...}/P_K = 0{,}17 \pm 0{,}15$ erhalten. Aus diesem Wert wird eine Mindestzerfallsenergie zum Grundzustand von ^{159}Tb mit 230 keV angesetzt. Die obere Grenze bei Übergängen zu den 138- u. 364-keV-Zuständen von ^{159}Tb wird zu 0,1% angenommen. Spin u. Parität von $3/2^-$ werden dem Grundzustand von ^{159}Dy aus einer Betrachtung von log *ft*-Werten zugeordnet. Eine obere Grenze von 450 keV wird für die Zerfallsenergie zum Grundzustand von ^{159}Tb angesetzt. GERHARD SCHMIDT. 103□

Untersuchung des Zerfallschemas von ^{166}Dy. L. I. Russinow, A. W. Borowikow, W. Ss. Gwosdew, G. D. Porssew, Ss. L. Ssacharow und Ju. L. Chasow. (Журнал Экспериментальной и Теоретической Физики [J. exp. theoret. Physik] **39.** 1529—33. Dez. 1960. Leningrad, Physiko-techn. Inst. der Akad. der Wiss. der UdSSR.) (Russ.; Auszug: Engl.)

Mit einem SIEGBAHN-β-Spektrometer wird das Spektrum der inneren Konversion beim Zerfall von ^{166}Dy untersucht. Die Charakteristika der γ-Übergänge (28, 54,2 u. 82,5 keV) in ^{166}*Ho* werden bestimmt. Ein Schema der unteren Niveaus wird aufgestellt.
K.-E. SEYB. 103□

Über die langlebigen Lutetiumisotope. W. A. Romanow, M. G. Iodko und W. W. Tutschkewitsch. (Журнал Экспериментальной и Теоретической Физики [J. exp. theoret. Physik] **38.** 1019—26. April 1960. Leningrad, Physiko-techn. Inst. der Akad. der Wiss. der UdSSR.) (Russ.; Auszug: Engl.)

Aus einem Ta-Target, das mit 660-MeV-Protonen beschossen wurde, werden langlebige Lu-Isotope abgetrennt. Der weiche Bereich des Konversionsspektrums bis 250 keV wird mit einem Spektrometer mit doppelter Fokussierung gemessen. Die relativen Intensitäten der Linien werden bestimmt u. die Übergangscharakteristika analysiert. Im Spektrum von ^{174}Lu werden Übergänge beobachtet, die einem Isomer von ca. 90 Tagen Halbwertszeit zugeordnet werden. K.-E. Seyb. 103□

Der Zerfall von ^{177}Lu zu ^{177}Hf. M. S. El-Nesr und E. Bashandy. (Nuclear Physics [Amsterdam] **31.** 128—38. März 1962. Uppsala, Univ., Inst. of Phys.) (Engl.)

Vff. untersuchen den β-Zerfall von ^{177}Lu, 4 β-Gruppen mit maximalen Energien von 496,8 $\pm$ 1,7, 385 $\pm$ 2, 249 $\pm$ 4 u. 174 $\pm$ 3 keV werden gefunden. Die relativen Intensitäten werden zu 90 $\pm$ 4, 2,95 $\pm$ 0,05, 0,31 $\pm$ 0,06 u. 6,72 $\pm$ 0,25% bestimmt. β-γ-Koinzidenzen werden zwischen dem zweiten β-Zweig u. dem 113-keV-γ-Strahl sowie zwischen dem vierten β-Zweig u. dem 208-keV-γ-Strahl aufgezeichnet. Die Kurie-Darst. aus den Koinzidenzmessungen zeigen maximale Energien von 384 $\pm$ 2 u. 175 $\pm$ 1,0 keV. Die zwischen dem 250-keV-β- u. dem β-Background gefundenen Koinzidenzen bestätigen die Existenz einer neuen β-Gruppe mit niedriger Intensität. Der L-Konversions-Koeff. des 113-keV-γ-Überganges wird nach der Koinzidenztechnik zu 1,102 $\pm$ 0,110 bestimmt. Das Mischungsverhältnis δ^2 = E2/M1 des 113-keV-γ-Strahls wird berechnet u. mit den Ergebnissen aus Winkelkorrelationsmessungen verglichen.
Gerhard Schmidt. 103□

Interpretation der Isomeren-Querschnittsverhältnisse für (n, γ)- und (γ, n)-Reaktionen. J. R. Huizenga und R. Vandenbosch. (Physic. Rev. [2] **120.** 1305 bis 1312. 15/11. 1960. Argonne, Ill., Argonne Nat. Labor.) (Engl.)

Vff. vergleichen die relative Wahrscheinlichkeit der Bldg. jedes Terms eines Paares isomerer Zustände mit theoret. Vorhersagen, um daraus einige Kernparameter zu bestimmen. Für (γ, n)-Rkk. geben die Berechnungen die Energieabhängigkeit der experimentell beobachteten Querschnittsverhältnisse wieder. Gerhard Schmidt. 103□

Isomeren-Querschnittsverhältnisse für Reaktionen, die das Isomerenpaar $^{197,\,197m}$Hg erzeugen. R. Vandenbosch und J. R. Huizenga. (Physic. Rev. [2] **120.** 1313—18. 15/11. 1960.) (Engl.) — Vgl. vorst. Referat.

Vff. bestimmen Anregungsfunktionen u. Querschnittsverhältnisse der Isomere für die Rkk. ^{197}Au (p, n) u. ^{197}Au (d, 2n). Entsprechende Querschnittsverhältnisse werden auch für die Rkk. ^{196}Hg (n, γ), ^{196}Hg (d, p), ^{198}Hg (n, 2n), ^{198}Hg (α, αn) u. *Pt* (α, xn) bestimmt. Solche Rkk., bei denen die Comprundkern-Bldg. überwiegt, werden nach einem statist. Modell behandelt. Bei dieser Bldg. wird der Compoundzustand durch Drehimpuls u. Anregungsenergien charakterisiert. Die durchgeführte Analyse liefert einen Wert von 4 $\pm$ 1 für den Parameter σ, der die Abhängigkeit der Kernniveaudichte vom Drehimpuls wiedergibt. Gerhard Schmidt. 103□

Über Reaktionen, die zur Bildung des Isomeren ^{205m}Pb führen. W. L. Glagolew, A. M. Morosow und P. A. Jampolski. (Журнал Экспериментальной и Теоретической Физики [J. exp. theoret. Physik] **39.** 1621—24. Dez. 1960. Inst. für chem. Phys. der Akad. der Wiss. der UdSSR.) (Russ.; Auszug: Engl.)

Durch Beschuß von *Tl*-Targets verschiedener Isotopen-Zus. mit Protonen verschiedener Energie wird festgestellt, daß das ^{205m}Pb-Isomer durch die Rk. ^{205}Tl (n, p) erzeugt wird. Der Erzeugungsquerschnitt beträgt bei E_p = 19,2 MeV $\sim$20 mbarn. Beim Beschuß von Pb mit 14,7-MeV-Neutronen entsteht das gleiche Isomer durch (n, 2n)-Rk. mit σ = 1,1 $\pm$ 0,2 barn. Durch γ-Scintillationsspektrometrie wird nur eine Linie von 0,94 MeV mit $T_{1/2}$ = 5,0—5,2 ms nachgewiesen. K.-E. Seyb. 103□

Monoenergetische Positronen in ^{205}Bi. C. F. Perdrisat, H. J. Leisi und J. H. Brunner. (Nuclear Physics [Amsterdam] **31.** 157—59. März 1962. Zürich, ETH.) (Engl.)

Vff. bestimmen die K-Positronenlinie des 1863-keV-E1-Überganges von ^{205}*Pb* (Fehler der Linienintensität 30%). Das Verzweigungsverhältnis für diesen Prozeß ist 2,7 $\cdot$ 10^{-6} Positronen/γ-Übergang. Unter Annahme des von Stockendal (Ark. Fysik **17.** Nr. 33. [1960.] 553) vorgeschlagenen Zerfallsschemas wird die mittlere Lebensdauer des 2566-keV-Niveaus zu 1,8 $\cdot$ 10^{-16} s bestimmt. Eine obere Grenze für die K-Positronenlinie des 1906-keV-E1-Überganges ergibt sich zu $<$1,2 $\cdot$ 10^{-5} Positronen/γ-Übergang.
Gerhard Schmidt. 103□

Monoenergetische Positronen in ^{152}Eu. C. F. Perdrisat, H. J. Leisi, J. H. Brunner und L. Piaggio. (Nuclear Physics [Amsterdam] **31.** 160—62. März 1962.) (Engl.) — Vgl. vorst. Referat.

Mit einem Magnetlinsenspektrometer mit einer Auflösung von 2% für 500-keV-Elektronen suchen Vff. nach monoenerget. K-Positronen des 1409-keV-Überganges in ^{152}*Sm*. Hierbei wird ein Verhältnis von (1,1 $\pm$ 0,5) $\cdot$ 10^{-7} Positronen/γ-Strahl gefunden. Aus einer festgesetzten oberen Grenze von 2 $\cdot$ 10^{-7} Positronen/γ-Strahl schließen Vff., daß die mittlere Lebensdauer des Niveaus bei 1531 keV $\geq$0,7 $\cdot$ 10^{-14} s ist.
Gerhard Schmidt. 103□

Polarisation von RaE-Elektronen. H. Wegener, H. Bienlein und H. v. Issendorff. (Physic. Rev. Letters **1.** 460—61. 15/12. 1958. Erlangen, Univ., Physikal. Inst.) (Engl.) — Vgl. C. **1962.** 6288.

Vff. bestimmten durch Mott-Streuung den Grad der longitudinalen Polarisation von RaE-Elektronen zu $P/(-v/c) = 0{,}69 \pm 0{,}04$, $0{,}75 \pm 0{,}04$, $0{,}75 \pm 0{,}04$ bzw. $0{,}66 \pm 0{,}06$ für $E_{kin} = 120$, 155, 209 bzw. 290 keV. Die Werte sind nahezu unabhängig u. etwas größer als eine in der Literatur angegebene obere Grenze der möglichen Werte, welche aus der „besten Anpassung" des RaE-Spektrums berechnet wurden. Vff. zeigen jedoch, daß das Spektrum auch mit Parametern anpaßbar ist, welche einen höheren Polarisationsgrad als die in der Literatur angegebene obere Grenze umfassen. D. Jörchel. 103□

α-Aktivitäten von Nucliden im Kernladungszahlenbereich 80—83. Wilhelm Forsling. (Ark. Fysik **19.** 369—74. 1961. Stockholm, Nobel Inst. of Phys.) (Engl.)

Vf. bestrahlte *W*-, *Re*-, *Os*- u. *Ir*-Proben mit C-Ionen im 225-cm-Cyclotron u. erhielt eine große Anzahl leichter Nuclide, hauptsächlich von *Hg*, *Tl*, *Pb* u. *Bi*. Es konnten einige α-Aktivitäten gemessen werden, ohne daß eine eindeutige Zuweisung zu Nucliden erfolgen konnte. H. Schroeder. 103□

Energieverteilung der Spaltstücke der Dreifachspaltung von ^{235}U. W. N. Dmitrijew, L. W. Draptschinski, K. A. Petrshak und Ju. F. Romanow. (Журнал Экспериментальной и Теоретической Физики [J. exp. theoret. Physik] **39.** 556—62. Sept. 1960. Strahleninst. der Akad. der Wiss. der UdSSR.) (Russ.; Auszug: Engl.) — Vgl. C. **1961.** 8546.

Mit einer dreifachen Ionisationskammer mit 2 Sammelelektroden für Spaltfragmente u. einer für α-Teilchen werden Dreifachspaltungen von ^{235}U untersucht. In der α-Kammer werden nur α-Teilchen von 10—24 MeV registriert. Die Anordnung ist vom Einfl. der Winkelkorrelation zwischen Spaltfragmenten u. α-Teilchen unabhängig. Die Ergebnisse zeigen, daß bei der Dreifachspaltung die gleiche Massenverteilung wie bei der Zweifachspaltung vorliegt. Die summare kinet. Energie der Prodd. der Zweifachspaltung ist gleich groß wie die der beiden Fragmente der Dreifachspaltung plus der α-Energie. K.-E. Seyb. 103□

Über die Erzeugung von ^{7}Be, ^{28}Mg und ^{66}Ni bei der Spaltung von ^{235}U mit langsamen Neutronen. J. C. Roy. (Canad. J. Physics **39.** 315—25. Febr. 1961. Chalk River, Ontario, Canada, Atom. Energy of Canada Ltd., Res. Chem. Branch.) (Engl.)

Vf. bestimmte die Ausbeuten von ^{7}Be, ^{28}Mg u. ^{66}Ni bei der Spaltung des ^{235}U mit langsamen Neutronen. Folgende Werte wurden gefunden: $^{7}Be < 3 \cdot 10^{-7}\%$, $^{28}Mg < 4{,}2 \cdot 10^{-9}\%$ u. ^{66}Ni $2{,}0 \pm 1{,}0 \cdot 10^{-8}\%$. Die Spalt-Prod.-Nuclide wurden radiochem. abgetrennt, die Verff. eingehend beschrieben. H. Schroeder. 103□

Zur Theorie der Kernspaltung. W. Brunner und H. Paul. (Mber. dtsch. Akad. Wiss. Berlin **2.** 732—34. 1960. Kernphysik. Inst. der Dtsch. Akad. der Wiss., Forschungsgemeinsch.) (Dt.) — Vgl. C. **1962.** 2621.

Vff. versuchen, die Asymmetrie der Massenverteilung bei der Spaltung von ^{235}U durch die Vorstellung einer schalenstrukturabhängigen Deformation der Bruchstücke „im Augenblick" ihrer Trennung zu erklären u. geben eine Formel zur Berechnung an. H. Schroeder. 103□

Trennung durch Verflüchtigung der durch Spallation in einem Goldtarget gebildeten radioaktiven Isotope von Quecksilber, Platin, Iridium, Osmium und Rhenium. Jean Merinis und Georges Bouissières. (Analytica chim. Acta [Amsterdam] **25.** 498—504. Nov. 1961. Paris, Inst. du Radium, Labor. Curie; Orsay, Labor. de Phys. Nucl.) (Franz.)

Vff. beschreiben ein Verf. zur Trennung der Isotope von Hg, Pt, Ir, Os u. Re, die durch Protonenbeschuß von 150 MeV in Au-Targets gebildet werden. Es beruht auf einer Fraktionierung dieser Elemente oder ihrer Chloride durch Sublimation u. Kondens. in einem Rohr, das ein Temp.-Gefälle aufweist. In ein Cu-Rohr von 90 cm Länge, das am einen Ende im elektr. Ofen erhitzt, am anderen durch eine Cu-Kühlschlange mit W. auf 10° gekühlt wird u. dessen Mittelteil wärmeisoliert ist, wird ein Quarzrohr eingeführt, an das am gekühlten Ende ein in einer Kühlmischung (— 15°) befindliches U-Rohr anschließt. Die bestrahlten Au-Targets werden am heißesten Punkt des SiO_2-Rohres deponiert. Beim Erwärmen auf 700° im Ar- oder O_2-Strom (0,2 ml/s) dest. zunächst Hg ab u. kondensiert in einer Entfernung von 80 cm wieder im Rohr. Bei 270° in einem Cl_2-Strom bilden dann Au sowie Os u. Re flüchtige Chloride, die sich im Rohr in der Reihenfolge ihrer sinkenden Kondens.-Temp. niederschlagen. Erhöht man schließlich die Ofen-Temp. auf 100°, so lassen sich die Chloride der anderen Elemente, bes. die von Pt, Ir u. W, trennen. Analysiert werden die Isotope durch Aktivitätsmessungen in den einzelnen Bereichen des Rohres. Folgende Isotope entstehen: ^{195}Hg, ^{195}Au, ^{196}Au, ^{188}Pt, ^{189}Ir,

^{190}Ir, ^{192}Ir, ^{185}Os u. ^{183}Re. Die Entfernungen der kondensierten Isotope vom Aufheizpunkt im Rohr betragen für Hg 80 (cm), Os 50, Re 80—85, Pt 40 u. Ir 23—24. H. Fries. 104□

Die Arbeit mit radioaktiven Isotopen. H. Koblanck. (Chem. Rdsch. [Solothurn] **13.** 425—27. 1/9. 1960. Frankfurt/M.) (Dt.)

Zusammenfassender Überblick über die Anwendung radioakt. Isotope, speziell Umfang der Anwendung u. erzielte Kosteneinsparungen in verschiedenen Ländern, Zusammenarbeit der europäischen Länder, Probleme der Strahlenüberwachung sowie der Abfallbeseitigung. H. Schirrwitz. 106□

Brennstoffcyclen und Reaktortypen. J. V. Dunworth. (Proc. int. Conf. peaceful Uses Atomic Energy **3.** 14—18. 1955.) (Engl.)

Vf. geht von der Kritikalitätsbedingung für Reaktoren aus u. gibt eine vereinfachte u. angenäherte Berechnung der erreichbaren Konversionsfaktoren von Reaktoren mit natürlichem u. angereichertem U. W. Reusse. 110□

Übersicht über Spaltstoffcyclen und Reaktortypen. Alvin M. Weinberg. (Proc. int. Conf. peaceful Uses Atomic Energy **3.** 19—25. 1955. Oak Ridge Nat. Labor.) (Engl.) W. Reusse. 110□

Niederschlagskontrolle zur Überwachung von Brennstoffschäden. A. C. Lapsley. (Nucleonics **45.** 74—75. Mai 1961. Aiken, S. C., E. I. du Pont de Nemours & Co.) (Engl.)

Die radioakt. Abfall-Prodd. werden aus dem Reaktor im He-Strom abgetrieben u. durch eine Kammer geleitet, durch die ein geladener Draht gezogen wird. Die an dem Draht niedergeschlagenen Spalt-Prodd. werden laufend radioskop. untersucht. W. Betcke. 110□

Die Ermittlung von Schadensstellen in den Spaltstoffhülsen von gasgekühlten Reaktoren. Jacques Labeyrie und André Roguin. (Proc. int. Conf. peaceful Uses Atomic Energy **3.** 86—90. 1955. France, AEC.) (Engl.)

Die Möglichkeiten u. Erscheinungsformen von Schadensstellen an den Hülsen der Spaltstoffelemente werden analysiert, bes. wird die Vergiftung gasförmiger Kühlmittel durch austretende akt. Stoffe erörtert. Es wird eine elektrostat. Trennvorr. für die Abtrennung von suspendierten radioakt. Teilchen aus dem Kühlgas u. ihre Messung mittels eines Geiger-Zählers gezeigt. In einer prakt. Ausführungsform werden an einem luftgekühlten Reaktor 5% der Kühlluft aus den 2600 Kühlkanälen laufend kontrolliert. Die Anordnung ist meßtechn. so getroffen, daß sowohl der Nachw. eines Lecks in einer oder mehreren Hülsen als auch die Feststellung des Ortes dieses Lecks möglich ist. W. Reusse. 110□

Durch Bündelströme in Zirkularbeschleunigern angeregte Felder. J. van Bladel. (Nuclear Instruments Methods [Amsterdam] **8.** 1—10. 1960. Midwestern Univ. Res. Assoc.; Madison, Wis., Univ. of Wisconsin, Dep. of Electr. Engng.) (Engl.)

Vf. leitet allg. Formeln für die elektr. u. magnet. Felder in einem Zirkularbeschleuniger beliebigen Querschnitts ab. Es werden sowohl stetige als auch stufenweise Übergänge betrachtet. Gerhard Schmidt. 112□

Raumladungseffekte in zylindrischen Bündeln mit gleichförmiger Beschleunigung. C. D. Moak. (Nuclear Instruments Methods [Amsterdam] **8.** 19—22. 1960. Harwell, Berks., A.E.R.E.) (Engl.)

Rechner. Ableitung der Profile zylindr. Bündel geladener Teilchen bei Beschleunigung für eine große Anzahl von Bündelintensitäten, Konfigurationen u. Energien für den Fall, daß das austretende Bündel parallel ist. Gerhard Schmidt. 112□

Feldstabilisierung in einem Synchrotron mit einem mit Gleich- und Wechselstrom erregten Magneten. G. Ghigo und I. F. Quercia. (Nuclear Instruments [Amsterdam] **1.** 57—61. März 1957. Roma, Ist. Naz. di Fis. Nucl., Sez. Acceleratore.) (Engl.)

Die Form des Magnetfeldes eines Elektronensynchrotrons ist gegen Teilcheninjektionen sehr empfindlich. Wird die Maschine mit Wechselstrom betrieben, der einem Gleichstrom überlagert wird, so ist die Form des Feldes bei Teilcheninjektion abhängig von den Maximalwerten des Gleich- u. des Wechselstromes. Vff. glauben Beweise dafür zu haben, daß das Feld nur auf die Differenz der Maximalwerte reagiert u. beschreiben einen App., der diese Differenz konst. hält, indem der Gleichstrom gesteuert wird. M. Guerlin. 112□

Fein-Zeitstruktur von Bündeln des Protonensynchrotrons in Birmingham. N. E. Booth und G. W. Hutchinson. (Nuclear Instruments [Amsterdam] **1.** 80—85. März 1957. Birmingham, Univ., Dep. of Phys.) (Engl.)

Die Hochfrequenzzeitstruktur von Bündeln, die durch innere Targets im Protonensynchrotron gestreut wurden, sind mit einer verzögerten Selbstkoinzidenztechnik untersucht worden. Der Bündelungsgrad aller im allg. für Zähler-Vers. benutzten Bündel wurde bestimmt. Außerdem wird eine Meth. beschrieben, die Impulsdauer („burst length") zu erhöhen. Die Zerstörung der Hochfrequenzstruktur wird diskutiert.

M. Guerlin. 112□

Röntgenröhre mit Bremsstrahlung von ^{90}Sr(^{90}Y). Al. Sanielevici, V. Voljin und M. Corbasca. (Rev. Univ. „C. I. Parhon" Politehnicii Bucureşti, Ser. Ştinţ. Naturii **1958.** Nr. 19. 39—42. Fac. de mat. şi fiz., Cat. de struct. mat.) (Rum.; Auszug: Franz.)

Für die Radiographie von Stücken aus leichtem Material wird eine Röntgenröhre beschrieben, bei der die Bremsstrahlung von ^{90}Sr (^{90}Y) ein Elektronenbündel liefert u. ein Pb-Plättchen als Antikathode dient. Bei einer Aktivität von 1—3,5 mc ist eine Exposition von ½—2 Std. erforderlich. Die Röhre kann zur Eichung von γ-Scintillationsspektrometern verwendet werden. R. K. Müller. 112□

Die als ein Spektrometer für Neutronen niedriger Energie verwendete H_2-Blasenkammer und die Anwendung dieser Technik auf die Bestimmung des Panofsky-Verhältnisses. M. Pyka. (Suppl. del Nuovo Cimento Nr. 1 (zu [10] 23). 112—31. 1962. Chicago, Ill., Univ. of Chicago, Enrico Fermi Inst. for Nucl. Stud., Dep. of Phys.) (Engl.)

Vf. verwendet eine H_2-Blasenkammer als ein Neutronenspektrometer für die 8,9-MeV-Neutronen, die beim Einfang von π^--Mesonen durch Protonen emittiert werden. Das Neutronenenergiespektrum zeigt einen scharfen Peak (volle Breite beim halben Maximum $\sim$0,7 MeV) bei der korrekten Energie. Für das Panofsky-Verhältnis wird der Wert für 1,53 $\pm$ 0,10 erhalten. Die Analyse des Neutronenenergiespektrums liefert für die Masse des π^--Mesons (273,0 $\pm$ 0,8) m_e. Das Verf. läßt sich auf Neutronenenergien bis herab zu $\sim$3 MeV anwenden. Gerhard Schmidt. 112□

Die Messung schwacher β-Strahlung mit einer neuartigen Geiger-Müller-Zählrohranordnung. M. Marxen. (Elektron. Rdsch. **14.** 55—57. Febr. 1960. Valvo, G. m. b. H.) (Dt.)

Zur Messung schwacher β-Aktivitäten ist es erforderlich, Schwankungen u. Unsicherheiten des Backgrounds weitgehend zu eliminieren. Dazu wird ein sehr kurzes β-Zählrohr in der Hohlanode eines Schutzzählrohres stationiert; durch Antikoinzidenzschaltung können Mesonenimpulse ausgeschieden werden. Bei dieser Anordnung wird der Background auf Werte <1 Impuls/Min. gesenkt. H. Schirrwitz. 112□

Zweikristallspektrometer und seine Verwendung bei der Untersuchung der (p, γ)-Reaktion. Ju. P. Antufjew, W. Ju. Gontschar, Je. G. Kopanetz, A. N. Lwow und Ss. P. Zytko. (Известия Академии Наук СССР, Серия Физическая [Nachr. Akad. Wiss. UdSSR, physik. Ser.] **25.** 261—64. Febr. 1961. Physik.-techn. Inst. der Akad. der Wiss. der UkrainSSR.) (Russ.)

Es wird ein Spektrometer mit 2 NaJ (Tl)-Kristallen von 70 mm Ø u. 60 bzw. 40 mm Höhe beschrieben, dessen Blockschema so gestaltet ist, daß es als Koinzidenz- sowie Summenspektrometer dienen kann. Zur Eichung dienten die γ-Strahlung von ^{60}Co u. die Rk. ^{27}Al (p, γ) ^{28}Si mit Resonanzprotonen von 993,3 keV. M. Wiedemann. 112□

Mikrocalorimetrische Bestimmung der Charakteristica eines radioaktiven Elementes. Yves Ozias, Henry Roux, Pierre Boivinet und Edouard Calvet. (C. R. hebd. Séances Acad. Sci. **253.** 2944—45. 18/12. 1961. Marseille, C.N.R.S., Labor. de l'Inst. de Microcalorimétr. et de Thermogenèse.) (Franz.)

Die messende Verfolgung des radioakt. Zerfalls mit Hilfe eines kompensierten Differentialmikrocalorimeters nach Calvet wird beschrieben. Für ^{32}P u. ^{35}S wurde die Halbwertszeit zu 14,3 ($\pm$ 0,5%) bzw. 87,1 ($\pm$ 1%) Tagen, die mittlere β-Energie unter Vernachlässigung der Bremsstrahlung zu 0,690 bzw. 0,058 MeV gefunden.

A. Blaschette. 112□

—, Radioisotopes in the physical sciences and industry: proceedings of the Conference on the Use of Radioisotopes in the Physical Sciences and Industry held by the International Atomic Energy Agency, with the cooperation of the United Nations Educational, Scientific and Cultural Organization, at Copenhagen, 6—17, September 1960. Vol. 1. Vienna: I. A. E.; London: H.M.S.O. 1962. 1: (542 S. m. Abb., Tab. u. Diagr.) 2: (555 S. m. Abb., Tab. u. Diagr.)

—, Criticality control in chemical and metallurgical plant: Karlsruhe Symposium, 1961. Paris: Organisation for Economic Co-operation and Development, European Nuclear Energy Agency; London: H. M. S. O. 1961. (3+624 S. m. Abb., Tab. u. Diagr.) 63 s.

A$_2$. Optisches Verhalten der Materie

Neutrinoemission aus der Strahlung des schwarzen Körpers bei hohen Sterntemperaturen. Hong-Yee Chiu und P. Morrison. (Physic. Rev. Letters **5.** 573—75. 15/12. 1960. Princeton, N. J., Inst. for Advanc. Study.; Ithaca, N. Y., Cornell Univ.) (Engl.)

Unter den Neutrinoemissionsprozessen sind bei 10^9 °K die wichtigsten: $e^- + e^+ \rightarrow \nu + \bar{\nu}, \gamma + \gamma \rightarrow \nu + \bar{\nu}, \rightarrow \gamma + \nu + \bar{\nu}$. Die Energieverluste werden ermittelt. Der Neutrinoverlust eines Sterns ergibt keine Senkung der Temp. wohl aber eine Kontraktion. Supernovae sollten sich durch eine Emission von ca. 10^{53} Neutrinos von 1 MeV im Mittel je Sek. bei $5 \cdot 10^9$ °K ankündigen, was nachweisbar sein sollte. M. Wiedemann. 113□

Untersuchung des kontinuierlichen Untergrundes des Sonnenspektrums. Roger Peyturaux. (Ann. Astrophysique **24.** 258—60. Mai/Juni 1961. Paris, Inst. d'Astrophysique.) (Franz.)

Es wird die Konstruktion eines schwarzen Körpers beschrieben, der die Unters. des Sonnenspektrums durch Vgl.-Messungen erlauben soll. Binnen 15 Min. können 2600°K erreicht werden. Das Heizelement besteht aus Ta, die Dimensionen des Hohlkörpers sind: Ø 10 mm, Länge 30 mm u. Ø der Öffnung 2 mm. Die Anordnung ist skizziert. M. Wiedemann. 113□

Verallgemeinerter Bahndrehimpuls und der n-fach entartete quantenmechanische Oscillator. 1. Mitt. **Der zweifach entartete Oscillator.** James D. Louck und Wave H. Shaffer. (J. molecular Spectroscopy **4.** 285—97. April 1960. Columbus, Ohio, Ohio State Univ.) (Engl.)

Best. der Eigenwerte u. Eigenfunktionen für das zweifach entartete quantenmechan. Oscillatorproblem mit Hilfe eines Operator-Verfahrens. Das Verf. führt automat. zur Best. der nichtverschwindenden Matrixelemente der Cartes. Koordinaten u. konjugierten linearen Impulse des Oscillators. J.-M. Spaeth. 114□

Verallgemeinerter Bahndrehimpuls und der n-fach entartete quantenmechanische Oscillator. 2. Mitt. **Der n-fach entartete Oscillator.** James D. Louck. (J. molecular Spectroscopy **4.** 298—333. April 1960. Los Alamos, N. Mex., Univ. of California, Los Alamos Sci. Labor.) (Engl.) — 1. vgl. vorst. Referat.

Es wird ein Satz kommutierender generalisierter Drehimpulsoperatoren im n-dimensionalen Polarkoordinaten definiert u. ihre Eigenwerte u. Eigenfunktionen nach bekannten Meth. berechnet. Ebenfalls wird ein Satz generalisierter Drehimpulskomponenten definiert, u. es werden Beziehungen zur Best. ihrer nichtverschwindenden Matrixelemente angegeben. J.-M. Spaeth. 114□

Verallgemeinerter Bahndrehimpuls und der n-fach entartete quantenmechanische Oscillator. 3. Mitt. **Radialintegrale.** James D. Louck. (J. molecular Spectroscopy **4.** 334—41. April 1960.) (Engl.) — 2. vgl. vorst. Referat.

Die Radialgleichung des H-Atoms wird durch eine Transformation in die Radialgleichung eines zweifach entarteten Oscillators gelöst; die explizite Beziehung zwischen den H-Atom- u. Oscillator–Radial-Funktionen wird angegeben. Diese Beziehung kann verwendet werden zur Berechnung verschiedener 2-dimensionaler Oscillatorradialintegrale aus bekannten H-Atomradialintegralen oder umgekehrt. J.-M. Spaeth. 114□

Energieniveaus des asymmetrischen Rotators: ein verbessertes Berechnungsverfahren. J. M. Bennett, I. G. Ross und E. J. Wells. (J. molecular Spectroscopy **4.** 342—48. April 1960. Sydney, Australia, Univ. of Sydney, Dep. of Phys. and Phys. Chem.) (Engl.)

Der Quotient–Differenz-Algorithmus von Rutishauser wurde auf die Berechnung der Energie des asymm. Rotators angewandt. J.-M. Spaeth. 114□

Über eine experimentelle Methode zur Unterscheidung der verschiedenen Arten der Multipolstrahlung im Röntgenspektrum. 1. Mitt. **Verallgemeinerung des Reziprozitätstheorems für elektromagnetische Multipolstrahlungsquellen.** A. Rubinowicz. (Acta physica polon. **19.** 21—39. 1960. Warschau, Pol. Akad. der Wiss., Phys. Inst., u. Univ., Inst. für theoret. Phys.) (Dt.)

Das von Lorentz 1896 für elektr. u. magnet. Dipolstrahlung angegebene elektromagnet. Reziprozitätstheorem wird für Multipolstrahlungen beliebiger Ordnung verallgemeinert. Für die elektr. u. magnet. Dipol- sowie für die elektr. Quadrupolstrahlung werden Formeln angegeben, die die im verallgemeinerten Theorem auftretenden Entw.-Koeff. durch elektromagnet. Feldstärken u. ihre Ableitungen ausdrücken. Das Theorem ist anwendbar 1. für techn. Probleme, z. B. Ausbreitung von Radiowellen von Antennen endlicher Größe u. beliebiger Gestalt; 2. für physikal. Probleme wie Best. von Multipolquellen im Gebiet der Röntgenstrahlen; 3. Lösung exakter elektromagnet. Beugungsprobleme für beliebige Multipolquellen, wenn solche für elektr. u. magnet. Dipolquellen bekannt sind. E. Schulte. 116□

Berechnung der Wahrscheinlichkeiten des Auger-Effektes. M. A. Listengarten. (Известия Академии Наук СССР, Серия Физическая [Nachr. Akad. Wiss. UdSSR, physik. Ser.] **25.** 792—98. Juli 1961. Leningrad, Shdanow-Univ., Physik. Forschungsinst.) (Russ.) — Vgl. C. **1962.** 4070.

Für Kerne mit hohem Z wird die Intensität von K–LL-AUGER-Linien in relativist. Näherung berechnet u. mit den experimentellen Befunden verglichen.
M. WIEDEMANN. 116□

Frei–Frei-Kontinuum des Sauerstoffes. R. G. Breene jun. und Maria C. Nardone. (J. opt. Soc. America **50.** 1111–14. Nov. 1960. Philadelphia, Pa., General Electric Co., Missile and Space Vehicle Dep., Aerosci. Labor.) (Engl.)

An Sauerstoff wird eine Probeberechnung des Wrkg.-Querschnittes der frei–frei-Absorption (Bremsstrahlung) bei den Temp. 8000, 6000 u. 4000°K durchgeführt. Die Wellenfunktionen für das freie Elektron im Feld eines O-Atoms wurden unter der Annahme berechnet, daß kein Elektronenaustausch u. keine Kernpolarisation stattfindet. Eine Temp.-Abhängigkeit des Wkrg.-Querschnittes wurde im zur Berechnung benutzten Temp.-Bereich nicht festgestellt. Die Berechnung wurde außerdem noch unter der Voraussetzung einer mittleren Elektronen-Geschw. bei 8000°K durchgeführt. Trotz etwas geringerer Wellenlängenabhängigkeit unterscheidet sich das Ergebnis nicht wesentlich von den vorhergehenden Berechnungen. WOLFGANG KRÜGER. 116□

Bestimmung der Absorption analytischer Spektrallinien des Bogens und des Funkens. I. W. Podmoschenski und W. M. Schelemina. (Оптика и Спектроскопия [Optik u. Spektroskopie] **6.** 813–15. Juni 1959.) (Russ.)

Zur Best. der Selbstabsorption (SA) von Spektrallinien im Bogen- u. Funkenplasma wurde die Lichtquelle mittels eines achromat. Objektives u. eines Hohlspiegels von ihrem seitenrichtigen Bild durchstrahlt. Durch eine Blende an diesem Objektiv wird der Spektrographenspalt so beleuchtet, daß auf der Photoplatte untereinander die Spektren der Lichtquelle ohne u. mit zusätzlicher Durchstrahlung erscheinen. Lichtverluste, z. B. durch opt. Elemente können durch Messung des Schwärzungsunterschiedes (ΔS) in beiden Spektren für offensichtlich nicht absorbierte Linien hoher Terme berücksichtigt werden, so daß sich die SA der untersuchten Linien aus den zugehörigen ΔS-Werten leicht berechnen läßt. Messungen an den Linien *Si* I 2881,58 Å; *Cr* II 2677,16 Å u. *Ni* I 3414,77 Å bei Anregung von Stahlproben im Wechselstrombogen ergaben erhebliche SA bei Geh. über ca. 10,1%, die zu einem Anstieg der Eichkurve von nur 0,5 bei Geh. über ca. 1% führt. Im dazwischen liegenden Bereich sind die Eichkurven gekrümmt. Die als Vgl.-Linien oft benutzten Linien Fe II 2880,76 Å; Fe I 2936,9 Å u. Fe I 3413,13 Å besitzen im Funken starke SA. R. GERBATSCH. 118□

Vergleichende Untersuchung der metrologischen Eigenschaften der Spektrallinien von ^{206}Pb und ^{114}Cd. N. R. Batartschukowa. (Оптика и Спектроскопия [Optik u. Spektroskopie] **4.** 112–13. Jan. 1958. Forschungsinst. für Metrologie.) (Russ.)

Das Spektrum wird in einer elektrodenlosen Röhre aus Quarz bei 3–4 mg ^{206}Pb unter Ar von 1–2 mm Hg Druck mittels eines Generators von 180–200 MHz angeregt. Die Quelle wird auf 480–500° erhitzt. Durch Vgl. mit ^{114}Cd wird die Wellenlänge der einen Linie zu 5005,4301 Å auf $2 \cdot 10^{-4}$ Å genau bestimmt. Die Halbbreite liegt bei 0,035 cm^{-1} gegenüber dem theoret. Wert für die DOPPLER-Breite von 0,028 cm^{-1} bei 540°.
M. WIEDEMANN. 118□

Die Einwirkung von Druck auf die Spektren von Olivin und Granat. A. S. Balchan und H. G. Drickamer. (J. appl. Physics **30.** 1446–47. Sept. 1959. Urbana, Ill., Univ. of Illinois, Dep. of Chem. and Chem. Engng.) (Engl.)

Der Einfl. des Drucks auf die Absorptionskante von Olivin u. den Fe^{2+}-Peak von Granat wurde bis ca. 150000 at gemessen. In diesem Druckbereich verschiebt sich die Absorptionskante des Olivin nach rot um ca. 9%. Der Fe^{2+}-Peak des Granats verschiebt sich bei 170000 at zu höheren Energien um 700 cm^{-1}, entsprechend der zunehmenden Aufspaltung der d-Niveaus durch das Ligandenfeld. Dieser Befund stimmt mit früheren Ergebnissen an Übergangsmetallen überein. Bei Atmosphärendruck wurde der Temp.-Koeff. der Absorptionskante bis zu 327° gemessen. Über den gesamten Druckbereich ergibt sich eine lineare Rotverschiebung von $4{,}21 \cdot 10^{-4}$ eV/Grad. E. SCHULTE. 118□

Strahlungsbedingungen in der Tiefe eines Mediums mit Rayleigh-Streuung. G. W. Rosenberg. (Оптика и Спектроскопия [Optik u. Spektroskopie] **7.** 407–16. Sept. 1959.) (Russ.) — Vgl. C. **1960.** 7615.

In Gleichungen werden die Hauptcharakteristiken der Strahlungsbedingungen im Inneren eines Mediums mit RAYLEIGH-Streuung in Abhängigkeit von der spezif. Absorption u. der Depolarisation des Mediums behandelt. Die verschiedenen Meth. der Berechnung werden verglichen u. die durch Vernachlässigung der Polarisationseffekte entstehenden Fehler aufgezeigt. Die Anwendung der festgestellten Gesetzmäßigkeiten für spektroskop. Zwecke wird erörtert. R. K. MÜLLER. 119□

Unmittelbare Bestimmung der optischen Konstanten von Natrium und Kalium im Ultravioletten. Simone Robin und Stéphane Robin. (J. Physique Radium **20.** 918–19. Nov. 1959. Dakar, Fac. des Sci.) (Franz.)

Wegen der schwierigen theoret. Berechnung opt. Konst. wird die unmittelbare Best. der n- u. k-Werte von Na u. K mit Hilfe der Spektralphotometrie durchgeführt. Die Meth. bietet den Vorteil einfacher Messungen u. ist von der Gültigkeit einer Theorie unabhängig. Sie setzt zunächst die Kenntnis der Schichtdicke voraus, kann aber auch umgekehrt bei Kenntnis der n-Werte zur prakt. Schichtdicken-Best. benutzt werden. Bei der Temp. des fl. N_2 u. $5 \cdot 10^{-6}$ Torr werden nachst. Werte erhalten (Schichtdicke 0,1—1,0 μ; Meßbereich 1700—1900 Å für Na, 2500—2900 Å für K): n = 2,75 ± 0,5, k = 0,21 ± 0,05 für Na; n = 3,5 ± 0,6, k = 0,08 ± 0,01 für K. Es ist nicht möglich, eine Abhängigkeit der n-Werte von der Wellenlänge zu untersuchen. Meßunterschiede bei verschiedenen Schichtdicken scheinen auf Strukturveränderungen zurückzuführen zu sein. E. Jacobsohn. 119□

$M_{2,3}$-Absorptionsspektren der festen Elemente von Cr bis Ge. D. H. Tomboulian, D. E. Bedo und W. M. Neupert. (Physics Chem. Solids **3.** 282—302. 1957. Ithaca, N. Y., Cornell Univ.) (Engl.)

Vff. berichten über die Unterss. der Absorptionsspektren der Elemente von Cr bis Ge in der Nähe der $M_{2,3}$-Absorptionskante. Die Energieabhängigkeit der Massenabsorptions-Koeff. wird als Funktion der einfallenden Photonenenergie bis zu 30—60 eV unterhalb der Absorptionskante wiedergegeben. Im Bereich sek. Strukturen wird die Lage des Maximums des Absorptions-Koeff. mit Werten verglichen, die aus dem charakterist. Energieverlust von Elektronen beim Durchgang durch dünne Folien desselben Materials erhalten wurden. Die Meßergebnisse werden mit bekannten Daten verglichen u. diskutiert. G. M. Neumann. 119□

Optische Eigenschaften von bestrahlten LiF-Kristallen im extremen Ultraviolettbereich. Riso Kato, Shin-ichi Nakashima, Kaizo Nakamura und Yoichi Uchida. (J. physic. Soc. Japan **15.** 2111—12. Nov. 1960. Kyoto Univ., Fac. of Sci., Dep. of Phys.) (Engl.)

Die opt. Absorptionen von mit β- (0,9 MeV) oder γ-Strahlung (^{60}Co) bestrahlten LiF-Einkristallen wurden im UV-Spektralbereich bis zu 900 Å bei Raum-Temp. bestimmt. Die Intensitäten der Absorptionsbanden bei 11,1 u. 11,75 eV hängen empfindlich von der Vorbehandlung der Proben ab u. sind von Kristall zu Kristall verschieden. Die Existenz der 222 mμ-Bande hängt eng mit der 11,75-eV-Bande zusammen. Die Natur der 11,1-eV-Bande kann erst nach weiteren Verss. geklärt werden. Unter der Annahme, daß die Konz. der 11,1-eV-Zentren gleich der der F-Zentren ist, wurde die Oscillatorstärke der Bande auf ca. 0,25 geschätzt. Eine breite, bei Bestrahlung mit F-Strahlen verschwindende Absorption von 6—8,5 eV wird versuchsweise als eine V-Bande angesehen. P. Scharner. 119□

Die Erhöhung der F-Zentrenbildung bei der Röntgenbestrahlung von KCl-Kristallen mit Ca-Ionen-Dotierung. F. Fröhlich. (Z. Naturforsch. **17a.** 327—31. April 1962. Halle, Univ., Inst. für experiment. Phys.) (Dt.)

Der zeitliche Verlauf der durch Röntgenstrahlen bei Zimmer-Temp. hervorgerufenen F-Zentren-Bldg. in Ca-dotierten KCl-Kristallen wird durch einen analyt. Ausdruck wiedergegeben. Dieser Ausdruck stimmt formal mit dem für reine Kristalle gefundenen überein, führt jedoch neben den in reinen Kristallen wirksamen 2 Anionenleerstellenarten zur Annahme eines weiteren Anteiles von Anionenleerstellen, deren Konz. durch den Ca^{2+}-Geh. bestimmt ist, u. zu einer mit dem Ca^{2+}-Geh. zunehmenden Bldg.-Geschw. neuer Leerstellen während der Bestrahlung. Ch. Weiske. 119□

Anlassen von Fehlstellen und Farbzentren in unbestrahltem und im Reaktor bestrahltem Al_2O_3. Paul W. Levy. (Discuss. Faraday Soc. Nr. **31.** 118—29. 1961. Upton, N. Y., Brookhaven Nat. Labor., Phys. Dep.) (Engl.)

Von nach dem Verneuil-Verf. hergestellten Al_2O_3-Einkristallen, die transparent u. frei von inneren Spannungen waren, wird bei Raum-Temp. das opt. Absorptionsspektrum zwischen 6,16 u. 1,24 eV (200—1000 mμ) mit einem Beckman-DU-Spektrophotometer aufgenommen. Die Kristalle werden im Graphitreaktor bei 65 ± 5° bzw. 175 ± 25° u. mit verschiedenen ^{60}Co-γ-Quellen bei ca. 33° bestrahlt. Die opt. Absorption unbestrahlter Kristalle kann im untersuchten Spektralbereich durch Erhitzen auf 1800° (ca. 300 Min.) beseitigt werden. Nach verschiedenen Anlaßzeiten wird das Spektrum bis auf die Bande bei 3 eV durch γ-Bestrahlung wieder hervorgerufen. Das Ausbleichen ist der gesamten Temperzeit proportional, nicht jedoch der Anlaßzeit, die auf jede γ-Bestrahlung folgt. Demnach ist der Kristall durch die Hochtemp.-Behandlung in der Weise verändert worden, daß die Ladungsverteilung im Gleichgewicht ohne Defekte erreicht wird, die für die Absorptionsbanden nach γ-Bestrahlung verantwortlich sind. Wahrscheinlich werden durch die Wärmebehandlung Haftstellen eingeführt, die Ladungen in der Weise einfangen, daß sie nicht an der Bldg. von Farbzentren teilnehmen können. Während reaktorbestrahltes Al_2O_3 auf mindestens 730° erhitzt werden muß, um strahlungsinduzierte Farbzentren auszubleichen, findet schon bei tieferen Temp. ein partielles Ausbleichen aller Banden statt. Ein großer Teil der Intensität der unterhalb 730° ausgebleichten 6,02-eV-Bande kann durch γ-Bestrahlung wiederhergestellt werden; gleichzeitig erfolgt eine Intensitätsschwächung anderer Banden. Die durch Reaktorbestrahlung induzierte 6,02-eV-Bande wird in Stufen bei 70—340, 340—500 u. 500—730° abgebaut; für die 5,35 u. 4,85-eV-Banden liegen die Abbaustufen bei 100—370, 370—490 u. 490—730°. Für diese Banden wird die Andeutung von Unterstufen beobachtet.

HERBERT MÜLLER. 119□

Einige optische Konstanten des Korunds. L. D. Kisslowski. (Оптика и Спектроскопия [Optik u. Spektroskopie] **4.** 100—02. Jan. 1958. Opt. Wawilow-Inst.) (Russ.)

Im Bereich von 0,075—35,0 μ werden unter Benutzung einiger experimenteller Daten über Reflexions- u. Brechungs-Koeff. für Korund Brechungsindex n u. k ($n^* = n - ik$) berechnet u. mit experimentellen Befunden verglichen. Dabei werden Amplitude u. Phase der reflektierten Welle durch Amplitude u. Phase der erzwungenen Schwingung eines gedämpften Oscillators approximiert. M. WIEDEMANN. 119□

Über Wachstum und Absorption von manganaktivierten Korunden. W. Kleber. (Acta crystallogr. [Copenhagen] **13.** 1080. 10/12. **1960.** Berlin, Humboldt-Univ., Miner.-Petrograph. Inst.) (Dt.) — Vgl. C. **1961.** 14538.

Verss. über die Züchtung von Korundeinkristallen nach dem Verf. von VERNEUIL mit Zusätzen von Mn-Verbb. ergeben, daß das Mn nur zum geringen Teil als diadocher Ersatz des Al in das Korundgitter eingebaut wird. Es muß angenommen werden, daß bei dem Wachstum maganaktivierter Korunde Adsorptionsmischkristalle zwischen α-Al_2O_3 u. kub. Mn_2O_3 gebildet werden, was durch die Absorptionskurven der Mn-haltigen Korunde gestützt wird. Die gemessene Rotverschiebung der Absorptionskante mit zunehmendem Mn-Geh. kann mit einer Einlagerung von Mn_2O_3-Schichten in das Gitter des Korunds erklärt werden. Die Absorptionsbanden, deren Intensitäten mit wachsender Mn-Konz. linear zunehmen, lassen sich auch auf Grund der Termaufspaltung im Kristallfeld deuten, wobei das eingebaute Mn als dreiwertig angenommen werden muß. Bei Röntgenbestrahlung der manganaktivierten Einkristalle tritt in unmittelbarer Nähe der Mn^{3+}-Bande eine weitere Absorptionsbande auf, die wahrscheinlich mit der Bldg. von F-Zentren zusammenhängt. C. GOTTFRIED. 119

Untersuchungen an optischen Reflexions-Interferenzfiltern im nahen Ultraroten. Herbert Porsche. (Z. angew. Physik **11.** 382—95. Okt. 1959. München, Univ., I. Phys. Inst.) (Dt.)

Vf. vergleicht die nach HADLEY-DENNISON berechnete spektrale Reflexionskurve von Reflexionsinterferenzfiltern quant. mit der an Au-Schichten gemessenen Kurve im Bereich von 0,7—12 μ. Die Nullbedingung von SCHRÖDER wurde im allg. nicht erreicht, jedoch eine gute Übereinstimmung zwischen Rechnung u. Experiment gefunden. Es zeigt sich ferner, daß die DRUDEsche Bedingung $n \approx k$ auch im Bereich $\lambda > 10\ \mu$ nicht erfüllt ist. G. M. NEUMANN. 119□

Mißverständnis über den mittleren Brechungsindex. R. C. Emmons und R. M. Gates. (Bull. geol. Soc. America **68.** 1413. Okt. 1957. Madison, Wis., Univ. of Wisconsin.) (Engl.)

Bei der Best. des mittleren Brechungsindexes von opt. doppelbrechenden Kristallen können bei der Benutzung von Tabellen, wie sie SUBRAMANIAM (C. **1957.** 3211) anwendet, Mißverständnisse auftreten. E. SCHULTE. 119□

Lehrbuchirrtümer. 27. Mitt. **Das Kriterium für optische Isomerie.** H. Bradford Thompson. (J. chem. Educat. **37.** 530—31. Okt. 1960. St. Peter, Minn., Gustavus Adolphus Coll.) (Engl.)

Vf. zeigt, daß als einzige Regel für opt. Isomerie gilt, daß das Mol. mit seinem Spiegelbild nicht zur Deckung gebracht werden kann. Die Abwesenheit von Symmetrieflächen u./oder -zentren ist kein dieser Regel gleichzusetzendes Kriterium.

D. HOENE. 119□

Das optische Spektrum von Plutonium im Bereich von 1—2,5 μ. L. Bovey und E. B. M. Steers. (Spectrochim. Acta [London] **16.** 1184—99. 1960. Harwell, Berks., A.E.R.E., U.K.A.E.A. Res. Group, Chem. Div., Spectroscopy Group.) (Engl.)

Vff. berichten über eine App. zur Aufnahme von opt. Spektren im IR-Gebiet sowie über das damit aufgenommene Spektrum von Pu im Bereich von 1—2,5 μ. Die Wellenlängen u. Intensitäten werden tabellar. mitgeteilt. G. M. NEUMANN. 120□

Infrarot- und Raman-Spektren von $^{14}N_2O_4$ und $^{15}N_2O_4$. G. M. Begun und W. H. Fletcher. (J. molecular Spectroscopy **4.** 388—97. Mai 1960. Oak Ridge, Tenn., Oak Ridge Nat. Labor., Chem. Div.; Knoxville, Tenn., Univ. of Tennessee, Chem. Dep.) (Engl.)

Die IR-Spektren von gasförmigem u. fl. $^{15}N_2O_4$ im Bereich von 340—5500 cm^{-1} sowie die RAMAN-Spektren im fl. u. festen $^{15}N_2O_4$ wurden untersucht. Zur Ermittlung des Isotopeneffektes auf die Verschiebung der Linien wurden die entsprechenden Spektren des $^{14}N_2O_4$ ebenfalls aufgenommen. Die 11 akt. Frequenzen der Grundschwingungen werden beschrieben. Die Wellenzahlen des $^{14}N_2O_4$ der akt. Grundschwingungen liegen sämtlich höher als die der $^{15}N_2O_4$. Die Ergebnisse der Unterss. bestätigen das Vorliegen einer planaren symm. D_{2h}-Struktur in der fl. Phase. WOLFGANG KRÜGER. 120□

Das Raman-Spektrum von Antimontribromid. J. C. Evans. (J. molecular Spectroscopy **4.** 435—38. Mai 1960. Midland, Mich., Dow Chem. Co., Spectroscopy Labor.) (Engl.)

Das RAMAN-Spektrum des $SbBr_3$ in der festen u. fl. Phase sowie in CS_2- u. CCl_4-Lsgg. wurde untersucht. Aus Messungen der Depolarisation wurde eine Zuordnung der beobachteten Frequenzen durchgeführt. Mittels der aus der CCl_4-Lsg. bei 25° erhaltenen Fequenzen wurden die Kraft-Konst. der Potentialfunktion $2V = a[Q_{12}^2 + Q_{13}^2 + Q_{14}^2] + 2a'[Q_{12}Q_{13} + Q_{12}Q_{14} + Q_{13}Q_{14}] + \alpha r^2 [\delta_{23}^2 + \delta_{24}^2 + \delta_{34}^2] + 2\alpha' r[\delta_{23} \cdot \delta_{24} + \delta_{23}\delta_{34} + \delta_{24}\delta_{34}]$ berechnet: $a = 17{,}05 \cdot 10^4$ (dyn/cm), $a' = 0{,}96 \cdot 10^4$, $\alpha = 1{,}28 \cdot 10^4$ u. $0{,}09 \cdot 10^4$. Das aus der Lsg. erhaltene Spektrum entspricht dem für ein pyramidales Modell mit C_{3v}-Symmetrie erwarteten. Aus den Ergebnissen ergab sich keine Erklärung für einige Besonderheiten des IR-Spektrums des $SbBr_3$. WOLFGANG KRÜGER. 120□

Die physikalische Chemie von Organo-Zinn-Verbindungen. 2. Mitt. **Die IR-Spektren von Phenyl-Zinn-Verbindungen.** V. S. Griffiths und G. A. W. Derwish. (J. molecular Spectroscopy **5.** 148—69. Aug. 1960. London, Battersea Coll. of Technol., Chem. Dep.) (Engl.) — 1. vgl. C. **1960.** 15648.

Die IR-Absorptionsspektren der Homologenreihe $(C_6H_5)_nSnCl_{4-n}$ (n = 1—4) wurden im Gebiet von 3500—650 cm^{-1} im festen u. fl. Zustand sowie in CS_2 u. $CHCl_3$ aufgenommen. Eine versuchsweise Zuordnung der Schwingungsfrequenzen der Phenylgruppe wurde durchgeführt. Die β-C—H-Frequenzen der Verbb. zeigen einen Abfall der Elektronegativität des Sn-Atoms in der Reihe $(C_6H_5)_4Sn < (C_6H_5)_3SnCl < (C_6H_5)_2SnCl_2 < (C_6H_5)SnCl_3$. Die γ-C—H-Frequenzen sind gegenüber der elektr. Natur der Substituenten empfindlich. Zwischen den Phenylgruppen u. den Cl-Atomen sowie untereinander wurden keine Wechselwrkg. beobachtet. G. HELLER. 120□

Zweiphotonen-Übergänge zwischen den Niveaus der Feinstruktur des 1 S-Zustandes des Wasserstoffatoms. W. P. Demidow. (Астрономический Журнал [Astronom. J.] **38.** 1065—68. Nov./Dez. 1961.) (Russ.)

Die Wahrscheinlichkeiten für Zweiphotonenübergänge zwischen den Niveaus der Hyperfeinstruktur des Grundzustandes des H-Atoms in Ggw. sowie in Abwesenheit eines äußeren Feldes werden berechnet. Sie sind sehr klein u. können daher die radioastronom. Messungen auf 21 cm nicht beeinflussen. M. WIEDEMANN. 121□

Nullaufspaltungsregel beim Zeeman-Effekt der Kernquadrupolresonanz, Spin 9/2. Noriyoshi Inoue. (J. Sci. Hiroshima Univ., Ser. A **24.** 619—35. Dez. 1960. Hiroshima, Univ.) (Engl.)

Es wurden die Nullaufspaltungsstellen des Quadrupolkernresonanzspektrums des ^{209}Bi-Kernes von $BiCl_3$-Kristallen untersucht. Man fand, daß die Hauptachsen des Feldgradiententensors von der Form des Nullaufspaltungskegels bestimmt werden. Die Deutung erfolgte mittels der COHEN-ZEEMAN-Aufspaltungsparameter. Es werden explizite numer. Formeln der relativen Intensitäten für die Nullaufspaltungsstellen gegeben, die auf jeden halbzahligen integralen Spin u. auf willkürliche Werte der Asymmetrieparameter angewandt werden können. Eine größenordnungsmäßige Übereinstimmung mit numer. Berechnungen wurde experimentell bestätigt. J. M. SPAETH. 121□

Verbesserungen an einem NH_3-Maser. J. Bonanomi, J. De Prins, J. Herrmann und P. Kartaschoff. (Helv. physica Acta **30.** 492—94. 1957. Neuchâtel, Labor. Suisse de Rech. Horlogères et Inst. de l'Univ.) (Franz.) — Vgl. C. **1962.** 3718.

Anwendung einer Doppelkammer (beide Kammern durch ein Loch in der gemeinsamen Wand verbunden) red. den Einfl. der Abstimmung der Kammer, so daß die charakterist. Frequenz sehr scharf ist. Die Abhängigkeit der Oscillatorfrequenz von der Mol.-Zahl im Strahl u. von der Spannung des Fokalisators wird stark herabgesetzt durch die Verw. der Linie I = 3, K = 2. Vff. erhielten die Frequenz 22834185,46 kHz. U. SIGGEL. 121□

Abhängigkeit der Helligkeit der Elektroluminescenz von der Spannung. W. Ss. Trofimow. (Оптика и Спектроскопия [Optik u. Spektroskopie] **4.** 113—15. Jan. 1958. Physik. Inst. der Akad. der UdSSR.) (Russ.)

Die minimale Spannung, die zur Erregung der Elektroluminescenz benötigt wird, wurde an *ZnS* mit 10^4 g Atom *Cu*/Mol ZnS mittels einer aus Photomultiplier, Verstärker

u. Mikroamperemeter bestehenden Anordnung ermittelt. Es ergab sich $5 \cdot 10^4$ V/cm, was mit der Durchschlagsspannung von über $5 \cdot 10^5$ V/cm verglichen wird.
M. WIEDEMANN. 125☐

Luminescenz von mit Kupfer aktivierten Orthophosphaten vom Typ $ABPO_4$ (A = Ca, Sr oder Ba und B = Li, Na oder K). W. L. Wanmaker und H. L. Spier. (J. electrochem. Soc. **109.** 109—14. Febr. 1962. Eindhoven, N.V. Philips' Gloeilampenfabrieken, Light Div.) (Engl.)

Die Aktivierung der Orthophosphate vom Typ $ABPO_4$ mit Cu ergibt in einigen Fällen wirksame Phosphore. Die stärksten der auf diese Weise erzeugten Phosphore sind $SrLiPO_4$:Cu u. $BaLiPO_4$:Cu, die bei 2537 Å Anregung Emissionsmaxima von 4150 u. 4600 Å aufweisen. Ebenso werden die Eigg. von $Sr(Li, Na) PO_4:Cu$ u. $(Ca, Sr)LiPO_4:Cu$, $(Sr, Ba)LiPO_4:Cu$ untersucht. Die Röntgendiagramme der Verbb. sind wiedergegeben.
G. RUBAN. 125☐

Luminescenzspektren komplexer Uranylverbindungen. 1. Mitt. L. W. Wolodko und A. N. Ssewtschenko. (Оптика и Спектроскопия [Optik u. Spektroskopie] **4.** 40—46. Jan. 1958. Minsk, Beloruss. Lenin-Univ.) (Russ.)

Es wurden Kristalle komplexer Salze von Uranylnitrat mit Diäthyläther, Äthylacetat, Aceton, Nitromethan, Methanol u. Äthanol sowie solche von Uranylacetat mit Methyl-, Äthyl- u. Isopropylalkohol hergestellt u. bei —183° die Luminescenzspektren untersucht. Die Anregung der Fluorescenz erfolgte mittels einer Hg-Lampe. Zur Messung dienten ein Dreiprismen-Glasspektrograph u. Photoemulsionen. Die Spektren sind angegeben. Der Ersatz des Kristallwassers durch organ. Verbb. ändert die Feinstruktur der elektron. Spektren, die Zahl der Linien wächst. M. WIEDEMANN. 125☐

Luminescenzspektren komplexer Uranylverbindungen. 2. Mitt. L. W. Wolodko und A. N. Ssewtschenko. (Оптика и Спектроскопия [Optik u. Spektroskopie] **4.** 47—54. Jan. 1958. Minsk, Beloruss. Lenin-Univ.) (Russ.) — 1. vgl. vorst. Referat.

Die bei tiefen Temp. beobachtete Feinstruktur der Spektren rührt zum größeren Teil von Übergängen zwischen Energieniveaus des Kristallgitters u. zum kleineren von Übergängen zwischen Elektronen-Schwingungsniveaus des Uranylions her. Die Natur der Komplexpartner beeinflußt die Luminescenzspektren von Uranylnitrat u. -acetat.
M. WIEDEMANN. 125☐

A₃. Elektrizität. Magnetismus. Elektrochemie

Die Molekularstrahl-Methode. Jean-Claude Maire. (Bull. Soc. chim. France **1961.** 2476—90. Dez. 1961. Strasbourg, Inst. de Chim., Labor. de Chim. Org. Appl.) (Franz.)

Übersicht über die Herst. von Molekularstrahlen u. ihr Verh. im feldfreien Raum, im magnet. u. im elektr. Feld. — 230 Literaturangaben. A. BLASCHETTE. 130☐

Über die Ionisierung in Xenon–Helium-Gemischen durch relativistische Teilchen. T. Aggson und W. B. Fretter. (Suppl. del nuovo Cimento Nr. 1 (zu [10] **23**). 75—81. 1962. Berkeley, Calif., Univ. of California, Dep. of Phys.) (Engl.)

Unter Verw. einer Ionisationskammer im Strahlengang des Stanford-Linearbeschleunigers messen Vff. die durch relativist. Elektronen mit Energien zwischen 150 u. 550 MeV hervorgerufene Ionisation in H_2, He, Xe u. Xe–He-Gemischen. Die Messungen zeigen befriedigende Übereinstimmung mit der Theorie im Gegensatz zu den Ionisationsmessungen in Nebelkammern. GERHARD SCHMIDT. 131☐

Driftgeschwindigkeit von Elektronen in atomarem Wasserstoff. Mahendra Singh Sodha und Yatendra Pal Varshni. (Canad. J. Physics **37.** 1552—55. Dez. 1959. Chicago, Ill., Armour Res. Foundat.; Allahabad, India, Univ., Phys. Dep.) (Engl.)

Vf. leiten theoret. eine Formel für die Drift-Geschw. von Elektronen in atomarem H ab u. zeigen, daß sich die Geschw. bei hohen Temp. linear mit der Temp. ändert. Außerdem müssen unelast. Stöße von Elektronen mit H-Atomen berücksichtigt werden.
M. GUERLIN. 131☐

Berechnete Elektronenbeweglichkeit in Wasserstoff. A. E. D. Heylen. (Proc. physic. Soc. **76.** 779—82. 1/11. 1960. London, Queen Mary Coll., Electr. Engng. Dep.) (Engl.)

Unter Verwertung empir. u. halbempir. Formeln für die Stoßquerschnitte in H_2 u. die Abhängigkeit der mittleren Elektronenenergie vom Feldstärke:Druck-Verhältnis E/p wird eine Zahlenwertgleichung $\mu = 1{,}72 \cdot 10^{-2} [1 - 2{,}4 \cdot 10^{-2} \cdot (E/p)^{-0{,}71}]^{-1{,}75} (E/p)^{-0{,}53}$ für die Beweglichkeit μ abgeleitet (E ist in V/cm, p in Torr u. μ in $cm^2/V \cdot s$ einzusetzen).
F. LENZ. 131☐

Abtastendes Langmuir-Sondensystem für intensive Gasentladungen. H. W. Jones und P. A. H. Saunders. (J. sci. Instruments **37.** 457—59. Dez. 1960. Harwell, A.E.R.E.) (Engl.)

Beschreibung einer Sondenanordnung zur Messung der Elektronen-Temp. bis $2 \cdot 10^5$ ° K u. Ionen-Konz. bis $5 \cdot 10^{14}$ cm^{-3} in ZETA-Entladungen. Die Sonden-Vorspannung wird zur Vermeidung unerwünschter Bogenentladungen in Form von schnellen Sägezahnimpulsen angelegt. F. Lenz. 131□

Methoden für die Messung der Ladungskonzentration im Plasma mit der Resonanz-Hochfrequenzsonde. Ss. M. Lewitski und I. P. Schaschurin. (Журнал Технической Физики [J. techn. Physik] **31.** 436—**44.** April 1961.) (Russ.)

Zur Messung lokaler Ladungs-Konzz. in einem Plasma von 10^{10}—10^{13}/cm^3 wurde eine neue Sonde, eine Resonanzhochfrequenz-Sonde, verwendet. Das Resonanzschwingungs-Syst., ein kurzgeschlossener Doppelleiter, wurde in das Plasma eingeführt. Die Ergebnisse stimmen auf 5% mit den mit der Langmuir-Sonde erhaltenen überein. Das Verf. läßt sich auch auf ein quasi-stationäres u. nicht-stationäres Plasma anwenden. M. Wiedemann. 131□

Der longitudinale Druckgradient in Entladungsröhren. R. B. Cairns und K. G. Emeléus. (Proc. physic. Soc. **71.** Part. 4. 694—98. 1/4. 1958. Belfast, Queen's Univ., Phys. Dep.) (Engl.)

Vff. beschreiben Verss. in geometr. einfachen Entladungsröhren. Für Entladungen in *Ar* bzw. *He* werden die Druckdifferenzen als Funktion des Röhrenstromes bzw. des mittleren Gasdruckes gemessen. M. Guerlin. 131□

Bemerkung über das Kathodenglimmlicht. K. G. Emeléus. (Proc. physic. Soc. **73.** 822—24. 1/5. 1959. Belfast, Queen's Univ., Phys. Dep.) (Engl.)

Shepherd (C. **1960.** 2763) fand, daß das Kathodenglimmlicht der H$_\beta$-Linie einer H-Entladung nicht polarisiert war im Gegensatz zu Seeliger u. Handt [1929], die bei der Hg-Linie 4347 eine Polarisation beobachteten. Vf. diskutiert krit. die Möglichkeiten für diese Diskrepanz u. kommt zu dem Schluß, daß zwischen den Ergebnissen von Shepherd u. denen von Seeliger u. Handt keine eindeutigen Unstimmigkeiten bestehen, da die Kenntnis über die Eigg. des Kathodenglimmlichtes noch sehr lückenhaft ist. G. Lehmpfuhl. 131□

Über eine radioelektrische Methode zur Bestimmung der Atompolarisation. Jean-François Régnier. (C. R. hebd. Séances Acad. Sci. **246.** 2474—76. 28/4. 1958.) (Franz.)

Die Atompolarisation P_a von Gasen wird mit Hilfe einer radioelektr. Meth. durch Eichung der Kapazitäten mit Ar ($\varepsilon = n_\infty^2$) ermittelt. Die Empfindlichkeit des Verf. erlaubt, die beim Füllen u. Entleeren der Meßzelle auftretenden therm. Effekte nachzuweisen. Nachst. P_a-Werte wurden bei 25° u. 760 Torr erhalten. CH_4 0,080 ± 0,004; C_2H_6 0,090 ± 0,004; CO_2 0,817 ± 0,004. A. Blaschette. 132□

Zum Problem der Exoelektronenemission. Radko Seidl. (Czechoslov. J. Physics **9.** 597—605. 1959. Prag, Tschechoslowak. Akad. der Wiss., Inst. für techn. Physik.) (Dt.)

Für die beiden einfachsten Fälle der Exoelektronenemission, 1. daß die Elektronen direkt durch therm. Emission aus der Haftstelle entweichen, 2. daß ein innerer Prozeß, etwa der Übergang eines Elektrons einer Haftstelle in das Leitfähigkeitsband der Emission zuvorkommen kann, wird diskutiert, wie zuverlässig man durch Messung der Maxima T_m in der Glow-Kurve bei linearem Temp.-Anstieg mit der Zeit die Energietiefe ε der Haftstellen bestimmen kann. Es ist im allg. nicht ohne große Ungenauigkeiten möglich, ε einfach als proportional zu kT_m mit einer festen Proportionalitäts-Konst. anzunehmen. F. Lenz. 134□

Elektronenemission bei hohen Feldstärken unter der Einwirkung positiver Ionen. P. Kisliuk. (J. appl. Physics **30.** 51—55. Jan. 1959. Murray Hill, N.J., Bell Telephone Labor., Inc.) (Engl.)

Theoret. Unters. des Einfl. eines unmittelbar vor einer Metalloberfläche befindlichen positiven Ions auf die Feldemission von Elektronen. Auf der der Oberfläche abgewandten Seite des Ions entsteht ein Potentialsattel, der bei hinreichend hoher Feldstärke des angelegten Feldes u. hinreichend weiter Entfernung des Ions von der Oberfläche niedriger liegen kann als das Fermi-Niveau im Metall. Unter Vernachlässigung der Elektronen-Bildkraft wird derjenige von der angelegten Feldstärke abhängige krit. Ionenabstand berechnet, für den der Sattel die Tiefe des Fermi-Niveaus erreicht. Bei näheren Abständen oder schwächeren Feldern würde ein aus dem Metall ausgetretenes Elektron mit großer Wahrscheinlichkeit vom Ion eingefangen werden, dagegen bei Ionenabständen oberhalb des krit. entweichen u. als emittiert gezählt werden. Es wird vermutet, daß diese Erniedrigung der Potentialschranke durch ein einzelnes Ion zum Überschlag zwischen dicht beieinanderliegenden Elektroden u. bei hohen Drücken, d. h. bei Spannungen unter dem Minimum des PASCHENschen Gesetzes, wesentlich beiträgt, nicht dagegen zum Hochspannungsüberschlag im Vakuum. F. LENZ. 134□

Zener-Tunneleffekt bei Halbleitern. E. O. Kane. (Physics Chem. Solids **12.** 181—88. Jan. 1960. Schenectady, N.Y., General Electric Res. Labor.) (Engl.)

Vf. zeigt, daß die Gleichungen für den ZENER-Tunneleffekt durch die WANNIER-ADAMS-Transformation nicht wesentlich beeinflußt werden. Die Red. der Band-Kopplung wird durch eine Valenzelektronenpolarisation gedeutet. Berechnungen für den ZENER-Strom werden an einem einfachen 2-Bänder-Modell für *InSb* durchgeführt. Die Ergebnisse stimmen mit den Werten von KELDYSH bis auf einen numer. Faktor überein, der diskutiert wird. G. M. NEUMANN. 135□

Oberflächenempfindlichkeit der Gleichrichtung. V. G. Bhide. (Physics Chem. Solids **14.** 150—54. Juli 1960. Bombay, India, Phys. Dep., Inst. of Sci.) (Engl.)

Der Diffusions-Koeff. des *S* in *PbS* u. FeS_2 wird als Funktion der Temp. unter Anwendung der Ätz-Meth. untersucht. Das Eindringen des S in einen n-leitenden Kristall verändert die elektr. Parameter der Probe. Durch gesteuerte Schichtbehandlung ist es möglich, die für die Unters. des Photovolta-Effektes u. des Transistor-Verh. erforderliche Ladungsträger-Konz. zu erhalten. Beim PbS wird ein Photovolta-Effekt u. ein Transistor-Verh. mit einer Stromverstärkung von ca. 0,83 u. einer Spannungsverstärkung von über 4 beobachtet. Die gleichrichtenden Eigg. werden durch Behandlung von natürlichen u. künstlichen n-leitenden Kristallen nachgewiesen. Die Ergebnisse werden mit der Theorie u. mit Werten für Ge verglichen. Einfl. der Versetzungen, bes. der Schraubenversetzungen, auf die elektr. Eigg. werden speziell am SiC-Kristall untersucht u. auf die gleichrichtenden Eigg. bezogen. H. SCHIBILLA. 135□

Der magnetische Widerstandseffekt in kleinen Feldern bei plastisch verformtem n-Typ-Silicium. Koji Kamada. (J. physic. Soc. Japan **15.** 998—1005. Juni 1960. Shinagawa, Tokyo, Song Corp.) (Engl.)

An Si-Einkristallen vom n-Typ (dotiert mit P) werden nach plast. Verformung durch Druck die Änderung des elektr. Widerstandes im Magnetfeld (bis zu 6 kOe), der HALL-Effekt u. der elektr. Widerstand ohne Feld gemessen. Durch die plast. Verformung verschwindet die Symmetriebeziehung zwischen dem Relaxationszeit-Tensor u. dem Tensor der effektiven Massen. Das Ergebnis wird auf eine Streuung durch Versetzungen zurückgeführt, die die ursprüngliche Symmetrie des Relaxationszeit-Tensors beeinträchtigen. Auf der Grundlage einer sphär. Energieoberfläche wird die READsche Theorie zur Erklärung der magnet. Widerstandsänderung für den Fall ergänzt, daß das Magnetfeld parallel zu Versetzungslinien einwirkt. Abgeschätzt wird dabei die Versetzungsdichte, der Radius der zylinderförmigen Raumladungen um die Versetzung u. der Anteil an Gitterversetzungen, die Elektronen aufgenommen haben.

H. FAHLENBRACH. 135□

Metallausscheidungen in Silicium-p–n-Übergängen. A. Goetzberger und W. Shockley. (J. appl. Physics **31.** 1821—24. Okt. 1960. Mountain View, Calif., Shockley Transistor Unit of Clevite Transistor.) (Engl.)

Einige Metalle (z. B. Cu, Fe, Mn, Au) haben eine schädliche Wrkg. auf die Eigg. von Si-p–n-Übergängen, indem sie die Gegenstrom-Charakteristik abrunden. Die unerwünschten Gegenströme treten lokalisiert an Orten metall. Ausscheidungen auf u. hängen von der Gegenspannung V nach einem Potenzgesetz V^n mit n zwischen 3 u. 7 ab. Die Beseitigung der Metallausscheidungen gelingt durch Getterung mit glasigen B_2O_3- oder P_2O_5-Schichten weitgehend, dagegen ist eine Getterung mit Zn bzw. Ni weniger erfolgreich.

F. LENZ. 135□

Oberflächeneigenschaften von in Vakuum gereinigtem Silicium. J. T. Law. (Physics Chem. Solids **14.** 9—21. Juli 1960. Murray Hill, N.J., Bell Telephone Labor.) (Engl.)

Die elektr. u. Photoleitfähigkeit sowie die Änderung des Kontaktpotentials bei Licht-Einw. werden an einem aus der Schmelze gezogenen Si-Einkristall, der durch Beschuß mit positiven Ionen gereinigt wurde, gemessen. Das Fehlen eines p-leitenden Filmes nach solcher Reinigung wird hervorgehoben. Das Ausglühen nach der Beschießung wird als Funktion der Zeit bei verschiedenen Temp. gemessen. Die Änderung der Ladungsträger-Konz. wird nach verschiedenen Wärmebehandlungen aufgenommen. Änderungen der Leitfähigkeit, die durch Ar-Ionen bewirkt werden, lassen darauf schließen, daß bei gereinigtem Zustand das FERMI-Niveau ca. 0,1—0,2 eV über der Valenzbandkante liegt. Die Adsorption vom atomaren H verringert die Leitfähigkeit; gleichzeitig wird die Kontakt-Potentialdifferenz negativer u. deutet auf ein Absinken der Energiebänder an der Oberfläche hin. H. SCHIBILLA. 135□

Elektrische Eigenschaften von abgespalteten Germaniumoberflächen. D. R. Palmer, S. R. Morrison und C. E. Dauenbaugh. (Physics Chem. Solids **14**. 27—32. Juli **1960**. Hopkins, Minn., Honeywell Res. Center.) (Engl.)

Die Auswirkungen des O auf die elektr. Eigg. von abgespaltenen Ge-Oberflächen werden untersucht, indem der Feldeffekt, die elektr.- u. Photoleitfähigkeit gemessen werden. Nach der Abspaltung ist die Oberfläche p-leitender als der Gesamtkristall, dies Verh. ändert sich auch in einem Vakuum von ca. 10^{-9} mm Hg nicht. Wird die Oberfläche beim Vers.-Beginn der Einw. von O ausgesetzt, so wird sie p-leitender, geht aber bei konst. O_2-Druck allmählich in eine n-leitende Schicht über. Weitere Einfl. von erneuter Evakuierung auf die elektr. Leitung u. auf die Relaxation des Feldeffektes werden behandelt. Bei Oberflächen, die nicht durch Ar-Beschießung gereinigt wurden, tritt bei 15 mm Hg O_2-Druck eine p-Leitung ein. Die Ergebnisse werden im Hinblick auf die Acceptoren-Zustände an der Oberfläche u. die Donatoren-Zustände, die von dem aufgenommenen O abhängen u. eine langsame Relaxation des Feldeffektes bewirken, diskutiert. H. SCHIBILLA. 135□

Elektrische Eigenschaften von Chromsulfiden. Takahiko Kamigaichi, Kanichi Masumoto und Tadamiki Hihara. (J. physic. Soc. Japan **15**. 1355. Juli 1960. Hiroshima Univ., Dep. of Phys.) (Engl.)

Chromsulfide, CrS_x, aus den Elementen im Vakuum bei 1000° synthetisiert, weisen mit $1{,}0 \leq x \leq 1{,}13$ 2 Phasen auf (monoklin u. NiAs-Struktur), solche mit $1{,}14 \leq x \leq 1{,}20$ dagegen nur NiAs-Struktur. Die Verbb. mit $x \leq 1{,}12$ sind p-leitende Halbleiter. Ihre Leitfähigkeit steigt bei 300—500° um den Faktor 10^3 an. Die Verbb. mit $x \geq 1{,}13$ sind metall. Leiter. Für alle Proben ließ sich eine Überstruktur nachweisen. Bei Unters. des anomalen Leitfähigkeitsanstieges zeigt sich, daß für die Verb. mit $x = 1{,}0$ bei 570° eine reine NiAs-Struktur vorliegt ($a = 3{,}44$; $c = 5{,}63$ Å). Für $x = 1{,}17$ wurde bei 570° das Verschwinden der Überstruktur beobachtet. Die Verb. zeigt dann die NiAs-Struktur. P. JACOB. 135□

Elektrische Eigenschaften von Ag_2Te. G. E. Gottlieb, W. M. Kane, J. F. Walsh und C. Wood. (Physics Chem. Solids **15**. 183—85. Aug. 1960. Philadelphia, Pa., Philco Corp., Res. Div.) (Engl.)

Polykristallines β-Ag_2Te wurde aus den Elementen (99,999% Ag, 99,999% Te) in Kohlenstoff- oder Quarzgefäßen hergestellt. Weitere Zusätze von Ag bzw. Te über die stöchiometr. Zus. hinaus ergaben n-Typ bzw. p-Typ. Die HALL-Koeff. u. die elektr. Leitfähigkeit wurden im Temp.-Bereich von Raum-Temp. bis 55° an 5 verschiedenen Proben von β-Ag_2Te bestimmt. G. GATTOW. 135□

Verunreinigungs-Photoleitfähigkeit in InSb vom n-Typ. E. H. Putley. (Proc. physic. Soc. **76**. 802—05. 1/11. 1960. Great Malvern, Worcs., Royal Radar Establ.) (Engl.)

Experimentelle Untersuchung. Aus Messungen des HALL-Koeff. von n-InSb mit einer Störstellen-Konz. von einigen 10^{14} cm^{-3} bei Temp. zwischen 1,3 u. 30° K bei magnet. Flußdichten von 90—8000 Gauß folgen für die Ionisierungsenergie Werte von $7 \cdot 10^{-4}$ eV bei 8000 Gauß bis $3 \cdot 10^{-4}$ eV bei 4500 Gauß. Bei Bestrahlung mit Millimeterwellen von entsprechender Wellenlänge ist bei Temp. unter 1,5° K u. Flußdichten über 4000 Gauß deutlich ein Verunreinigungs-Photoeffekt nachzuweisen. F. LENZ. 135□

Elektrische und photoelektrische Eigenschaften von Antimonselenid und -sulfideinkristallen. 2. Mitt. **Elektrische und photoelektrische Eigenschaften von Antimonselenid.** A. F. Skubenko. (Український Фізичний Журнал [Ukrain. physik. J.] **6**. 40—47. Jan./Febr. 1961. Kiew, Univ.) (Ukrain.; Auszug: Engl.) — 1. vgl. Український Фізичний Журнал [Ukrain. physik. J.] **5**. [1960.] 781.

Einkristalle aus Sb_2Se_3 wurden gezüchtet u. die Temp.-Abhängigkeit der spektralen Photoempfindlichkeit von —110° bis +120° bestimmt. Das Maximum des Photostroms lag bei 970 mμ, die rote Grenze bei ca. 1050 mμ. Die Breite der verbotenen Zone ergab sich aus den photoelektr. Messungen bei Zimmer-Temp. zu 1,18 eV, aus Messungen der elektr. Leitfähigkeit zu 1,16 eV. Sie steigt mit fallender Temperatur. Der Photostrom ist bei Zimmer-Temp. nahezu konst., steigt dann stark an u. erreicht bei 50—55° ein Maximum. Die Struktur der Zone u. ebenso der Rekombinationsmechanismus dürfte komplex sein. M. WIEDEMANN. 135□

Durch Excitonen induzierte Photoleitfähigkeit in Cu_2O. J. H. Apfel und A. M. Portis. (Physics Chem. Solids **15**. 33—38. Aug. 1960. Berkeley, Calif., Univ., Dep. of Phys.) (Engl.)

Vff. beobachten eine Struktur in dem Photoleitungsspektrum von Cu_2O, die den bei der opt. Absorption auftretenden „gelben" Excitonenserien entspricht. Aus der Tatsache, daß die Photoleitung in den Excitonenspitzen anfangs durch Belichtung u.

dann durch Löschung angeregt wird, folgern Vff., daß bestimmte Elektronenprozesse mit der durch Excitonen induzierten Photoleitung zusammenhängen. Der wahrscheinlichste Mechanismus ist die Anregung lokalisierter Träger durch Excitonen. Das Experiment ist unzulänglich für den Nachw., daß die Excitonen beweglich sind. Ein Vgl. der Leitfähigkeitsmessungen an Cu_2O mit Gleichstrom u. Mikrowellen zeigt, daß die Leitung durch Barrieren begrenzt ist. G. RUBAN. 135□

Exciton-induzierte Photoleitfähigkeit von U-Zentren in einem KCl-Kristall. Masayasu Ueta und Masamitsu Hirai. (J. physic. Soc. Japan **15**. 1356—57. Juli 1960. Sendai, Tohoku Univ., Fac. of Sci., Dep. of Phys.) (Engl.)

Durch Messung der Photoleitfähigkeit eines U-Zentren enthaltenden KCl-Kristalls zeigen Vff., daß deren spektrale Änderung im Bereich von 170—240 mμ befriedigend mit der früher bestimmten Quantenausbeute der photochem. U → F-Umwandlung übereinstimmt. D. h., die Umwandlung eines U- in ein F-Zentrum durch das Exciton ist durch induzierte Ionisation des U-Zentrums verursacht. Bei längerer UV-Bestrahlung werden mehr als 50% der U-Zentren in F-Zentren umgewandelt. Im weißen Licht erfolgt Rückbldg., jedoch erreicht die Photoleitfähigkeit erst nach 30std. Erwärmen auf 200° den alten Wert. P. JACOB. 135□

Excitonenstrukturen in Alkalihalogeniden. Yukio Osaka. (J. physic. Soc. Japan **14**. 1685—90. Dez. 1959. Sendai, Tohoku Univ., Phys. Inst.) (Engl.)

Vf. analysiert Excitonenstrukturen in Alkalihalogeniden entsprechend den p^5d-Konfigurationen auf der Grundlage des „Übergangsmodells" für das Exciton. Das Intensitätsverhältnis der Absorptionsmaxima wird berechnet, u. qual. Vgl. mit experimentellen Ergebnissen werden gezogen. D. JÖRCHEL. 135□

Berechnung des Widerstandes kugelförmiger Hohlräume in Kupfer. M. Asdente und J. Friedel. (Physics Chem. Solids **11**. 115—19. Sept. 1959. Paris, Univ., Fac. des Sci.) (Franz.)

Vff. untersuchten theoret. die Diffusion von Leitungselektronen des Cu durch kugelförmige Hohlräume verschiedener Größe u. bestimmten den pro Leerstelle eingeführten Widerstand als Funktion der Anzahl der Leerstellen in diesen Hohlräumen. Diese Hohlräume werden durch quadrat. Potentiale dargestellt, deren Höhe berechnet wurde, um genau den Einfl. der abschirmenden Leitungselektronen zu bestimmen. Das einer Leerstelle zuzuschreibende ergänzende Widerstandsinkrement zeigte ein kleines Maximum für Hohlräume, die aus 2 Leerstellen bestehen u. nimmt langsam für größere Hohlräume ab. Dieses Widerstandsinkrement nimmt für 100 Leerstellen enthaltende Hohlräume um die Hälfte des Anfangswertes ab. Der effektive Diffusions-Wrkg.-Querschnitt ist in diesem Fall noch viel kleiner als der klass. Wrkg.-Querschnitt einer harten Kugel mit dem gleichen Radius. C. GOTTFRIED. 136

Über den Einfluß der Anisotropie auf die Eigenschaften von Supraleitern. B. T. Geilikman und W. S. Kressin. (Журнал Экспериментальной и Теоретической Физики [J. exp. theoret. Physik] **40**. 970—72. März 1961. Moskau, Pädagog. Inst.) (Russ.)

Vff. leiten eine allg. Formel für die Breite der Energielücke ab u. wenden sie auf die Fälle eines ellipsoidförmigen u. einer zylindr. FERMI-Fläche an. Für diese beiden Fälle wird auch die Wärmekapazität im supraleitenden Zustand berechnet.

G. KIRSCHSTEIN. 136□

Über die Herleitung der Energielücke in einem Supraleiter aus Messungen der Schalldämpfung. W. L. Pokrowski und W. A. Toponogow. (Журнал Экспериментальной и Теоретической Физики [J. exp. theoret. Physik.] **40**. 1112—14. April 1961. Inst. für Radiophys. u. Elektronik der Sibir. Abt. der Akad. der Wiss. der UdSSR.) (Russ.; Auszug: Engl.)

Beschreibung des Verf., zu dessen Anwendung die Form der FERMI-Fläche bekannt sein muß. G. KIRSCHSTEIN. 136□

Untersuchung der Zerstörung der Supraleitfähigkeit in dünnen Zinnfilmen. A. M. Koltschin, Ju. G. Michailow, N. M. Reinow, A. W. Rumjanzewa, A. P. Smirnow und W. N. Totubalin. (Журнал Экспериментальной и Теоретической Физики [J. exp. theoret. Physik] **40**. 1543—50. Juni 1961. Leningrad, Phys.-techn. Inst. der Akad. der Wiss. der UdSSR.) (Russ.; Auszug: Engl.)

In Sn-Filmen von 0,1—0,8 μ Dicke wurde die Supraleitung durch Stromimpulse verschiedener Form u. Intensität zerstört; dabei wirkt außer der JOULEschen Wärme auch die Wirbelstromwärme mit. Die Zeit für den Übergang in den normalen Zustand ist um so kürzer, je stärker die Impulse sind; Werte zwischen 40 u. 5 nsec wurden gemessen. Der Widerstand setzt schon vor dem steilen Anstieg ganz allmählich ein. Außer der therm. Hysterese bei der Rückkehr zur Supraleitung wurde auch eine Hysterese nicht-therm. Natur beobachtet. G. KIRSCHSTEIN. 136□

Symmetrie-Eigenschaften von zweidimensionalen Ising-Gittern. Itiro Syozi und Shigeo Naya. (Progr. theoret. Physics [Kyoto] **24**. 829—39. Okt. 1960. Ashiya, Hyogo, Maritime Techn. Coll.; Fuse, Osaka Kinki Univ., Dep. of Phys.) (Engl.)

Aus der Statistik der zweidimensionalen Ising-Gitter werden 2 Symmetrie-Eigg. untersucht. Dabei werden wichtige Aussagen bes. für Fälle erreicht, bei denen noch keine exakten Lösungen bekannt sind. Untersucht werden die Beziehungen bei Quadrat- u. Dreieckgittern, ferner bei Sechseck- u. verallgemeinerten Quadratgittern. In diesen Fällen werden Ausdrücke für die spontane Magnetisierung gefunden, die exakt gelten. Die für die Susceptibilität hergeleiteten Angaben können dagegen, bes. bei sehr hohen Temp., noch in Zweifel gezogen werden. Ebenso steht es mit den unterschiedlichen Ausdrücken für den Ferromagnetismus u. den Antiferromagnetismus. Es kann sein, daß alle diese Ansätze noch ergänzt werden müssen. H. Fahlenbrach. 137□

Über die Additivität der Fehler als Mittel für die Keimbildung von Elementarbereichen. A. Aharoni. (J. appl. Physics, Suppl. zu **32**. Nr. 3. 245 S—246 S. März 1961. Rehovoth, Israel, Weizmann Inst. of Sci., Dep. of Electron.) (Engl.)

Das theoret. Keimbildungsfeld ist allg. zu groß, selbst in Gebieten, wo die Konst. K der magnet. Kristallanisotropie Null ist, um experimentelle Beobachtungen an Elementarbereichen erklären zu können. Hier wird darüber diskutiert, inwieweit die Wrkg. mehrerer Keimbildungsbereiche sich additiv verhalten. Dazu werden 2 eindimensionale Fälle betrachtet. Im 1. Falle sind die Gebiete mit $K = 0$ period. über das ganze Material verteilt. Im 2. Fall sollen nur 2 solcher Ummagnetisierungs-Keim-Gebiete vorhanden sein. Für den period. Fall wird ein viel größeres Keimbildungsfeld als für den Fall 2 errechnet. In beiden Fällen beträgt die Reduzierung des Keimbildungsfeldes im Vgl. zum fehlerfreien Werkstoff nur eine Größenordnung. Sie ist nur wenig kleiner als für nur eine Fehlstelle der gleichen Größe. H. Fahlenbrach. 137□

Der Einfluß innerer magnetischer Kopplungen auf die Gestalt der Preisach-Funktionen hochpermeabler Materialien. Horst Girke. (Z. angew. Physik **12**. 502—08. Nov. 1960. Stuttgart, TH, Inst. für Nachrichtentechnik.) (Dt.)

Im sog. Preisach-Diagramm sind die durch Bloch-Wände getrennten Elementarbereiche ferromagnet. Werkstoffe als Rechteck-Hystereseschleifen mit den variablen Koerzitivkräften H_b u. den variablen Vorspannungen H_m aufzufassen, so daß eine sog. Preisach-Funktion γ (H_m, H_b) die jeweiligen Werkstoff- u. Magnetisierungs-Verhältnisse beschreibt. Entgegen den älteren Preisachschen Annahmen ist $\gamma(H_m, H_b)$ unsymm. zur H_b-Achse. Diese Unsymmetrien sollen durch Wechselwrkg. zwischen den Elementarbereichen zustande kommen, die durch ein inneres Magnetfeld H_i zu beschreiben sind. Dabei wird $H_i = CB/\mu_0$ (B = Induktion) angesetzt. Aus den Meßergebnissen läßt sich dann ein Näherungswert für die Konst. C ermitteln. Damit ist dann nicht nur die unsymm. Lage der gemessenen Preisach-Funktionen an sich, sondern auch die genaue Gestalt zu ermitteln. Messungen zur Bestätigung der formaltheoret. Auffassungen wurden an hochpermeablen Fe-Ni-Legg., bes. mit Ni-Geh. von 36 u. 75%, durchgeführt. H. Fahlenbrach. 137□

Über die Koerzitivkraft von zonengeschmolzenem Eisen. Albrecht Mager und Hans Hillmann. (Z. angew. Physik **13**. 171—72. April 1961. Hanau, Vakuumschmelze A.G.) (Dt.) — Vgl. C. **1961**. 12355.

Stabförmige Proben (6 mm ∅) aus gesintertem Carbonyleisen wurden im tiegellosen Zonenschmelz-Verf. unter H_2–Ar-Atmosphäre bei Zonen-Geschw. zwischen 0,3 u. 10 mm/min gereinigt. Anschließend wurden die Proben 10 Std. bei 880° nachgeglüht u. die Koerzitivkraft H_c gemessen. H_c nimmt mit abnehmender Zonen-Geschw. stark ab u. erreichte 20 mOe bei 0,3 mm/Minute. Nach mehrmaliger Anwendung des Zonenschmelz-Verf. auf die gleiche Probe wurde ein H_c-Wert von 16 mOe erhalten. Dieser Wert ist der kleinste H_c-Wert, der bisher bei Reineisen erreicht wurde. Die Ergebnisse bestätigen den starken Einfl. des Reinheitsgrades auf die magnet. Eigenschaften. H. Fahlenbrach. 137□

Einfluß der chemischen Zusammensetzung auf magnetische Eigenschaften der magnetisch weichen Stähle. Jiří Wozniak, Luděk Kodrle, Václav Foldyna und Tasilo Prnka. (Hutnické Listy **14**. 93—98. Febr. 1959. Ostrava, Vítkovické železárny k. Gottwalda, n. p.) (Tschech.)

Erläuterung der Literaturangaben über den Einfl. der chem. Zus. von weichen Stählen auf die magnet. Eigenschaften. Unter Benützung der Ergebnisse von Matz u. Peter (C. **1958**. 7251) an 102 Stählen wird statist. mittels vielfacher graph. Korrelation der Zusammenhang gesucht u. der Korrelationsfaktor 0,596 gefunden. Danach kann H_c aus der chem. Zus. berechnet werden. Für die Alterung beträgt der Korrelationsfaktor 0,944. H_c wird von C, Mn u. O_2 sowie durch feineres Korn erhöht, während die magnet. Alterung nur von der chem. Zus. bestimmt wird. J. Tůmová. 137□

Dauermagneteigenschaften von verformbaren Fe–Mn–Ti-Legierungen. Günther Rassmann und Otto Henkel. (Z. angew. Physik **13.** 169–70. April 1961. Dresden, Dtsch. Akad. der Wiss., Forsch.-Inst. für metall. Spezialwerkstoffe.) (Dt.)

Bei Unters. von verformbaren Fe–Mn–Ti-Legg. mit Mn-Geh. zwischen 12 u. 20% u. Ti-Geh. $< 2,3\%$ wurden nach einer Kaltverformung von 98% im Anschluß an eine Homogenisierung bei 1250° u. nach einer Anlaßbehandlung bei 525° H_c-Werte bis zu 300 A/cm u. B_r-Werte bis zu 1,0 Wb/cm² erreicht. Durch 2stufige Kaltverformungen mit Zwischenanlaß-Behandlungen konnten H_c-Werte bis zu 415 A/cm erhalten werden. Es wird gezeigt, daß die Dauermagnet-Eigg. dieser Legg. dem starken Ti-Einfl. zuzuschreiben sind. Bei kleinen Proben-Querschnitten werden bei den untersuchten Werkstoffen krawattenförmige Hystereseschleifen beobachtet. Diese Erscheinung wird auf den Einfl. einer reinferrit. Oberfläche zurückgeführt. Diese weichmagnet. Oberfläche bildet sich bei der Abschreckbehandlung u. wird durch die Anlaßbehandlung kaum magnet. geändert. H. FAHLENBRACH. 137☐

Verbesserte magnetische Eigenschaften von Eisen-Kobalt-Legierungen hohen Reinheitsgrades und Kobaltgehalten von 27–43%. Daniel S. Shull jun. (J. appl. Physics, Suppl. zu **32.** Nr. 3. 356 S–357 S. März 1961. East Pittsburgh, Westinghouse Electric Co., Materials Labor.) (Engl.)

Auf Grund der magnet. Verbesserungen der Supermendur-Leg. der Zus. 49 (%) Co, 49 Fe, 2 V durch erhöhten Reinheitsgrad u. Magnetfeld-Wärmebehandlung werden ähnliche Verss. auch an Legg. des Fe mit Co-Geh. von 27–43% u. zusätzlichen Cr- u. V-Geh. durchgeführt. Dabei wurden die magnet. Eigg., bes. die Ummagnetisierungsverluste, sowohl mit Gleichstrom als auch mit Wechselstrom der Frequenz 400 Hz durchgeführt. Die Kernverluste bei 400 Hz erreichen nahezu die niedrigen Werte des Supermendurs. H. FAHLENBRACH. 137☐

Permalloylegierungen mit Rechteckschleife. Friedrich Pfeifer. (Z. angew. Physik **13.** 177–80. April 1961. Hanau, Vacuumschmelze A.G.) (Dt.)

Für Fe–Ni–Mo-Legg. mit Ni-Geh. von 79% u. Mo-Geh. zwischen 0 u. 7% werden nach verschiedenen Anlaßbehandlungen mit u. ohne Magnetfeld die Werte der Remanenz, Koerzitivkraft u. Anfangspermeabilität gemessen. Diese Ergebnisse werden in einem Zustandsdiagramm zusammengestellt, aus dem man entnimmt, in welchem Anlaß-Temp.-Gebiet wahre Rechteckschleifen (mit Magnetfeldbehandlung) u. scheinbare (ohne Magnetfeldbehandlung) zu erreichen sind. Es wird versucht, das unterschiedliche Verh. mit den inneren Zustandsänderungen durch Nahordnung, K-Zustand u. Orientierungsüberstruktur in Zusammenhang zu bringen u. die damit zusammenhängenden Änderungen der Magnetostriktion, Kristallanisotropie u. der einachsigen Anisotropie zu erklären. H. FAHLENBRACH. 137☐

Einige Beobachtungen über die Domänenwände bei dünnen Schichten. Yasuo Gondō und Zenya Funatogawa. (J. physic. Soc. Japan **15.** 1126–27. Juni 1960. Yokohama, Yokohama Nat. Univ., Dep. of Phys.) (Engl.)

An *Permalloy*- (80% Ni)-Aufdampfschichten mit einachsigen Anisotropien werden bei Dicken zwischen 100 u. 4000 Å BITTERsche Streifen-Unterss. durchgeführt. Bei Dicken < 250 Å wurden NÉEL-Wände, bei den größten Dicken BLOCH-Wände beobachtet. Kreuzwände traten nur bei mittleren Schichtdicken zwischen 250 u. 1000–2500 Å auf. Mit wechselnder Träger-Temp. beim Aufdampfen (20–300°) verschieben sich die angegebenen Grenzen. Beim Aufdampfen auf Träger, die auf 300° erwärmt wurden, tritt bei einer Schichtdicke von ca. 1000 Å eine Anomalie der Wand-Koerzitivkraft auf, die durch eine sehr hohe magnetostat. Energie der Wand erklärt wird. Ferner wird der Einfl. von mechan. Schicht-Spannungen auf die Wandausbildungen diskutiert. Eine Bestätigung des Modells von HUBER, SMITH u. GOODENOUGH zur Erklärung der Kreuz-Wände wird durch Unterss. in transversalen Magnetfeldern gebracht. Bei kleinen transversalen Magnetfeldern bringen Drehprozesse in diesen Wänden die Hälfte der Kreuzwand zum Verschwinden. H. FAHLENBRACH. 137☐

Ein Hysteresegraph mit Kompensation der Scherung für dünne magnetische Schichten. M. J. Schindler. (Rev. sci. Instruments **32.** 862–64. Juli 1961. Harrison, N.J., Electron Tube Div., Radio Corp. of America.) (Engl.)

In Ergänzung zu Röntgenstrahl-Fluorescenz-Unterss. an *Fe–Ni*-Schichten mit Dicken zwischen 100 u. 100000 Å waren Messungen der magnet. Hystereseschleifen notwendig. Dazu wurde eine direkte Strom–Spannungs-Meßmeth. entwickelt, die bei einer Frequenz von 400 Hz arbeitet u. ferner mit einem Netzwerk versehen ist, welches die Scherung durch Entmagnetisierung zu kompensieren gestattet. Die Hystereseschleifen werden auf dem Bildschirm eines Oscillographen aufgezeichnet. Das Gerät dient zur schnellen, bes. qualitativen Beobachtung der magnet. Eigg. ein u. derselben Probe. H. FAHLENBRACH. 137☐

Über die physikalische Bedeutung der Formel von Kittel bei der ferromagnetischen Resonanz. Roger Vautier. (C. R. hebd. Séances Acad. Sci. **250.** 3801—03. 8/6. 1960. Bellevue, Seine-et-Oise, Labor. de Magnétisme et de Phys. du Solide.) (Franz.)

Vf. stellt Betrachtungen zur physikal. Interpretation der rechten Seite der Gleichung von KITTEL für das Resonanzfeld bei der ferromagnet. Resonanz $\omega/\gamma = H_r + (N - N_z)M$ an. J.-M. SPAETH. 137☐

Zur Theorie der Breite der Resonanzlinie von Ferriten. Svatopluk Krupička. (Československ. Časopis Fysiku **8.** 627. [Tschech.]; Czechoslov. J. Physics **8.** 613. 1958. [Engl.] Praha, Ústav techn. fys. Československ. akad. věd.)

Die Breite der Resonanzlinie ΔH, gebunden an die Valenzumlagerung $Fe^{2+} \longleftrightarrow Fe^{3+}$, führt u. a. zu der Schlußfolgerung, daß ΔH mit der zweiten Wurzel der Sättigungsmagnetisierung, mit der mittleren quadrat. Abweichung des effektiven Feldes der Austauschkräfte u. sinkender CURIE-Temp. ansteigt. Die graph. Auftragung der bei früheren Unterss. ermittelten Werte (vgl. C. **1959.** 702) zeigt zwar lineare Beziehungen, jedoch keine direkte Proportionalität, wie die Theorie verlangen würde.

J. TŮMOVÁ. 137☐

Einige Methoden und Ergebnisse bei der Untersuchung kubischer Ferrite. Kurt Hoselitz. (Z. angew. Physik **13.** 182—84. April 1961. Salfords, England, Mullard Res. Labor.) (Engl.)

Nach den Meth. von VERNEUIL u. von BRIDGMAN werden Einkristalle folgender kub. Ferrite hergestellt: $MnFe_2O_4$; $Mn_{0,87}Fe_{2,13}O_4$; $Mn_{1,318}Fe_{1,682}O_4$; $Co_{0,25}Mn_{0,75}Fe_2O_4$; Fe_3O_4; $Fe^{2+}Al^{3+}_{0,3}Fe^{3+}_{1,7}O_4$. Außerdem wurden noch Einkristalle einer Reihe von Granaten unter Verw. von PbO–PbF_2-Mischungen als Flußmittel erzeugt. Gemessen wurde die magnet. Anisotropie, das Resonanzfeld, die Linienbreite der Absorption, die Sättigungsmagnetisierung u. andere magnet. Größen. Mit diesen Ergebnissen wird versucht, Einblicke in die innere Ursache der Kristallanisotropie zu gewinnen.

H. FAHLENBRACH. 137☐

Ummagnetisierung an Rechteckferriten. Gerold Vogler. (Z. angew. Physik **13.** 185—87. April 1961. Jena, Inst. für magnet. Werkstoffe.) (Dt.)

An Hand eines stark vereinfachenden Modells für Rechteck-Ferrite wird abgeschätzt, unter welcher Bedingung eine bestimmte Keimkonfiguration an einer Korngrenze energet. günstig ist. Dabei wird als untere Grenze für die Feldstärke des irreversiblen Keimwachstums 6 Oe errechnet. Da solche Keime demnach nicht die Ummagnetisierung von Rechteck-Ferriten einleiten können, wird ein Mechanismus vorgeschlagen, bei dem die Ummagnetisierung von wenigen Zentren ausgeht u. wie eine Ketten-Rk. abläuft, so daß das äußere Magnetfeld nur als Hilfsfeld wirkt. H. FAHLENBRACH. 137☐

Orientierungsüberstruktur in Fe–Ni–Ferrit-Einkristallen. Rolf Wagner. (Z. angew. Physik **13.** 187—89. April 1961. Jena, Inst. für magnet. Werkstoffe.) (Dt.)

An Einkristallen der chem. Zus.: $Fe_{0,25}Ni_{0,75}Fe_2O_4$ wurde die Richtungs- u. Zeitabhängigkeit einer bei 300° magnet. induzierten einachsigen Anisotropie untersucht. Bei Anisotropie-Messungen in den (1 0 0)-, (1 1 0)- u. (1 1 1)-Ebenen des Kristalls stellte sich heraus, daß die Anisotropie am größten ist, wenn das induzierende Magnetfeld in Würfelkantenrichtung angelegt wird. Mit Hilfe der Theorien von NÉEL u. von TANIGUCHI kann aus den Meßergebnissen geschlossen werden, daß sich die bei der Orientierungs-Überstruktur bildenden Atompaare mit ihren magnet. wirksamen Achsen ausschließlich in Richtung der Würfelkanten des Spinellgitters ausrichten. Der Zeitablauf für den Auf- u. Abbau einer solchen einachsigen Anisotropie ergab sich unabhängig von der Richtung des angelegten Magnetfeldes. Bei Temp. zwischen 250 u. 330° wurde die Zeitabhängigkeit gemessen. Daraus ergibt sich eine Aktivierungsenergie zwischen 1,6 u. 1,9 eV, so daß der Zeitverlauf von der Diffusion der Ionen u. Leerstellen des Gitters maßgebend bestimmt wird. H. FAHLENBRACH. 137☐

Kristallchemische und magnetische Untersuchungen der Granatsysteme $M_3^{2+}Fe_2 \cdot Sn_3O_{12}$-$Y_3Fe_2Fe_3O_{12}$. S. Geller, R. M. Bozorth, M. A. Gilleo und C. E. Miller. (Physics Chem. Solids **12.** 111—18. Jan. 1960. Murray Hill, N.J., Bell Telephone Labor., Inc.) (Engl.)

Am Zweistoff-Syst. der beiden Komponenten $Ca_3Fe_2Sn_3O_{12}$ (CIS genannt) u. $Y_3Fe_2Fe_3O_{12}$ (YIG genannt) werden Röntgenbeugungs- u. magnetotherm. (1,3—300°K) Unterss. durchgeführt. Die beiden Komponenten sind lückenlos ineinander löslich. Da die Sn^{4+}-Ionen wegen ihres großen Vol. auf den Oktaederplätzen des Granatgitters eingebaut werden, steigt die Sättigungsmagnetisierung bei 0°K bei verd. Lsgg. von CIS in YIG an. Dabei wird bei 20 Mol.-% CIS ein maximales Mol.-Moment von 7,3 μ_B erreicht. Die μ_B-Konz.-Kurve weicht aber deutlich von den Vorhersagen eines einfachen Wechselwrkg.-Modells ab. Bei 33 Mol.-% CIS ist $\mu_B = 5{,}2$, bei 50 Mol.-% CIS = 1,2, obgleich die Sn^{4+}-Ionen nahezu alle auf den Oktaederplätzen sitzen. Bei 67 Mol.-% CIS sind 90% der Oktaederplätze mit Sn^{4+}-Ionen besetzt u. $\mu_B = 0{,}25$. Das magnet. Verh. kann daher nur durch eine Abnahme der Oktaederplatz-Wechselwrkg. mit zunehmendem CIS gedeutet werden, so daß die Tetraederplätze bei höheren CIS-Konzz. in zwei ferrimagnet. Untergruppen aufgespaltet werden. Verss. wurden auch an zwei Komponenten-Syst. ähnlicher Art durchgeführt, wobei im CIS Ca durch M = *Sr, Ba, Cd, Zn, Mn, Ni* oder *Mg* ersetzt ist. Für M = Sr besteht nur eine Löslichkeit bis zu 33 Mol.- % in YIG, für M = Ba nur höchstens 5 Mol.-%. Auch die anderen Granate sind nur sehr wenig in YIG löslich. H. FAHLENBRACH. 137□

Kristallchemische und magnetische Untersuchungen der Granatsysteme $\{YCa_2\}\cdot[M_2^{4+}](Fe_3)O_{12}$–$\{Y_3\}[Fe_2](Fe_3)O_{12}$, M = Zr oder Hf. S. Geller, R. M. Bozorth, C. E. Miller und D. D. Davis. (Physics Chem. Solids **13**. 28—32. Mai 1960.) (Engl.) — Vgl. vorst. Referat.

{ } bedeutet die Einnahme von Dodekaeder-, [ ] von Oktaeder- u. ( ) von Tetraederplätzen im Granatgitter. Das Zweikomponenten-Syst. mit M = Zr ist nach Ausweis der röntgenograph. Unterss. lückenlos ineinander löslich. Da das Zr^{4+}-Ion noch größer als das Sn^{4+}-Ion ist, ist in Ergänzung zu l. c. die Einnahme der Oktaederplätze durch Zr verständlich. Auch die Abhängigkeit des Molekularmomentes von der Konz. des $YCa_2\cdot Zr_2Fe_3O_{12}$ in YIG ist der des Syst. CIS–YIG sehr verwandt u. bestätigt das GILLEOsche Wechselwrkg.-Modell von Granaten. Bei den Granaten: $\{YCa_2\}[Zr_2](Fe_3)O_{12}$ u. $\{YCa_2\}\cdot[Zr_2](Me_{0,5}Fe_{2,5})O_{12}$ mit Me = Al u. Ga wird eine kleine spontane Magnetisierung beobachtet, die eine angenommene Aufspaltung der Tetraederplätze in zwei Untergitter belegt. Mit dem Granat $\{YCa_2\}[Hf_2](Fe_3)O_{12}$ werden die gleichen Ergebnisse wie mit dem Granat mit Zn^{4+} erzielt. Auch das Hf^{4+}-Ion bevorzugt die Oktaederplätze.
H. FAHLENBRACH. 137□

Variation des g-Faktors und der Breite ΔH_a der Absorptionskurve von mit Aluminium substituiertem Yttrium-Granat. André-Jean Berteaud, Gérard Villers und Jean Loriers. (C. R. hebd. Séances Acad. Sci. **250**. 3807—09. Bellevue, Seine-et-Oise, Labor. de Magnétisme et de Phys. du Solide.) (Franz.)

Der Einfl. auf g u. ΔH_a der Substituierung von Fe^{3+} durch Al^{3+} im Yttrium-Granat wird untersucht. Man erhält schwache ΔH_a für erhöhten Al-Geh., obwohl die Porosität noch unbedeutend ist. Man beobachtet bei 80°K ein Minimum von ΔH_a als Funktion des Al-Gehaltes. J.-M. SPAETH. 137□

Statistische Mechanik des antiferromagnetischen Schichtkristalls $FeCl_2$. Sigeo Yomosa. (J. physic. Soc. Japan **15**. 1068—76. Juni 1960. Kasihara, Nara, Nara Med. Coll., Dep. of Phys.) (Engl.)

Mit der BETHE-PEIERLS-Meth. wird eine statist. Theorie für das Spin-Syst. von $FeCl_2$ entwickelt. Das Ergebnis der Theorie wird mit den Experimenten an $FeCl_2$ für die antiferromagnet. Umwandlung u. ferner mit der Molekularfeld-Approximation verglichen. Die Korrelation geringer Reichweite verursacht dabei folgende Effekte: Abnahme der NÉEL-Temp., eine schnellere Zunahme der Untergitter-Magnetisierung mit abnehmender Temp. u. ein größeres krit. Magnetfeld bei der antiferromagnet. Umwandlung. Mit den experimentellen Werten für dieses krit. Feld konnten die Werte der beiden Austausch-Wechselwrkg.-Konst. der Untergitter abgeschätzt werden. Aus diesen Konst. kann mit der Theorie geschlossen werden, daß bei allen Temp. unterhalb des NÉEL-Punktes die antiferromagnet. Umwandlung eine Umwandlung erster Ordnung ist.
H. FAHLENBRACH. 137□

Bestimmung der Natur des fernen erdmagnetischen Feldes. E. R. Harrison. (Nature [London] **193**. 359. 27/1. 1962. Harwell, Berks., A.E.R.E.) (Engl.)

Vf. diskutiert eine Meth. zur Best. des erdmagnet. Feldes in einer Höhe von ca. 5 Erdradien mit Hilfe einer Wolke eines ionisierten Erdalkalimetalls.
G. M. NEUMANN. 137□

Magnetische Analysatoren der Emissionsspektren. Je. K. Sawoisski und W. A. Skorjupin. (Журнал Экспериментальной и Теоретической Физики [J. exp. theoret. Physik] **40**. 426—32. Febr. 1961.) (Russ., Auszug: Engl.)

Es wird die Möglichkeit der Anwendung der paramagnet. u. anderer Arten der magnet. Resonanz zur Unters. von Emissionsspektren betrachtet. Vff. berechnen die Dämpfungs-Koeff. für spiralförmige u. koaxiale Anordnungen, Empfindlichkeit, den Sättigungseffekt sowie die Grenzregistrier-Geschw. des Spektrums. Das beschriebene Schema der magnet. Analysatoren von Emissionsspektren (MAS) arbeitet nach folgenden Prinzipien: 1. Hoch- u. Niederfrequenzkompensation, 2. „Resonanz" MAS, 3. MAS für induzierte Strahlung u. Induktions-MAS. Die auf dem Kompensationsprinzip beruhende

Analysatoroperation wird experimentell geprüft. Das MAS-Oszillogramm von paramagnet. *$MnSO_4$* mit einem 3 cm-Signal sowie das Emissionsspektrum einer oszillator. Funkenentladung werden angegeben. U.-L. Rau. 137□

Bestimmung paramagnetischer Resonanzabsorption. K. E. Slevogt. (Fraunhofer-Ges. Förder. angew. Forsch. e. V., Beispiele angew. Forsch. **1957.** 14—16. Juni.) (Dt.)

Es wird ein Mikrowellenspektrometer beschrieben, das aus einer Brückenanordnung mit einem mag. T besteht. Die Entkoppelung zwischen Brücke u. Klystron-Generator wird durch ein veränderliches Dämpfungsglied oder durch eine Ferrit-Einwegleitung durchgeführt. Die Brückenzweige sind durch einen auswechselbaren Hohlraumresonator mit Meßprobe bzw. durch ein einstellbares Vergleichsnormal abgeschlossen. Mit diesem Gerät soll die paramagnet. Resonanzabsorption durch die Beobachtung des Zeeman-Effektes untersucht werden. Zur Erprobung wurde die Resonanz von Diphenylpikrylhydrazyl (10^{-7} Mol) mit einem Signal-Rausch-Verhältnis von mehr als 100 gemessen. H. Fahlenbrach. 137□

Elektronenspinresonanz-Absorption für polykristalline Substanzen. J. W. Searl, R. C. Smith und S. L. Wyard. (Proc. physic. Soc. **74.** 491—93. 1/10. 1959. London, Northampton Coll., Math. Dep.; Guy's Hospital, Med. School, Phys. Dep.) (Engl.)

Es werden exakte Berechnungen der Liniengestalt der Elektronenspinresonanz-Absorption für polykristalline Substanzen mit g-Wert-Anisotropie durchgeführt, wobei angenommen wird, daß bei Einkristallen die Absorptionskurven Lorentz-Kurven sind, die Linienbreite unabhängig vom Winkel θ ist u. c mit θ nach der Beziehung $c = (c_{\parallel}\ c_{\perp}) \cos^2\theta + c_{\perp}$ variiert (c = g bei Messung mit Frequenzänderung). J.-M. Spaeth. 137□

Hyperfeinaufspaltung der paramagnetischen Resonanz von Pr^{3+} in keramischem $LaAlO_3$. H. Gränicher, K. Hübner und K. A. Müller. (Helv. physica Acta **30.** 480—83. 1957. Zürich, ETH, Labor. für Festkörperphysik.) (Dt.)

Es treten 6 asymm. Resonanzlinien auf (Kernspin $^5/_2$). Vers.-Bedingungen: 4,2°K, Strahlung von $\lambda = 3{,}2$ cm. Pr in einer Mol.-Konz. von 10^3 u. $3 \cdot 10^3$ im $LaAlO_3$ (Perowskittyp, kub. mit trigonaler Deformation). Der $^3H_4$-Grundzustand des Pr^{3+}-Ions spaltet in 3 Singuletts u. 3 Dubletts auf. Die Analyse des tiefsten Dubletts zeigt, daß Resonanzabsorption nur durch die vom La^{3+} erzeugte Kristallgitterverzerrung zustande kommt. Nimmt man für diese eine Gauss-Verteilung mit bestimmter Halbwertsbreite an, so kann man den g-Faktor (g = 2,67) u. die Hyperfeinaufspaltungs-Konst. ($A = 0{,}119\ cm^{-1}$) berechnen. Aus deren Größe folgt, daß der Zustand $I_z = 4$ beim tiefsten Dublett größeren Anteil hat als z. B. beim Pr–Mg-Doppelnitrat u. daher der Kristallparameter $A_n^m\langle r^n\rangle$ im $LaAlO_3$ von üblichen Werten abweicht. U. Siggel. 137□

Protonmagnetische Resonanz des Eis-Einkristalls. Kiyoshi Kume und Ryosuke Hoshino. (J. physic. Soc. Japan **16.** 290—92. Febr. 1961. Tokyo, Univ., Inst. for Solid State Phys.; Sapporo, Hokkaido Univ., Fac. of Sci.; Dep. of Physics.) (Engl.)

Ein Eis-Einkristall wurde mit der protonenmagnet. Resonanz-Meth. bei —180° u. mit dem äußeren Feld unter verschiedenen Winkeln zur c-Achse untersucht. Die erhaltenen Kurven sind wiedergegeben. Die nach dem Pauling-Modell unter Verw. bekannter Daten berechneten Linienformen stimmten befriedigend mit den beobachteten Kurven überein. Eine Aussage über den Ordnungszustand der Protonen wurde nicht erhalten. G. Winkhaus. 137□

Konzentrationsabhängigkeit der magnetischen Abschirmung der ^{19}F-Kerne in den Systemen KHF_2–H_2O und KHF_2–KF–H_2O. I-zju Wan und F. I. Skripow. (Доклады Академии Наук СССР [Ber. Akad. Wiss. UdSSR] **136.** 58—60. 1/1. 1961. Leningrad, Univ., Physik. Forschungsinst.) (Russ.)

Die kernmagnet. Resonanz wird in den Syst. KHF_2–H_2O u. KHF_2–KF–H_2O in Abhängigkeit von der Konz. der Komponenten untersucht. Die chem. Verschiebung beträgt $\xi_{HF} = (6{,}03 \pm 0{,}03)\ 10^{-4}$ u. $\xi_{HF_2^-} = (5{,}81 \pm 0{,}03) \cdot 10^{-4}$. K.-E. Seyb. 137□

Untersuchung von Bortrifluoridkomplexen mit Hilfe der kernmagnetischen Resonanz. P. Diehl und J. Gränacher. (Helv. physica Acta **31.** 43—44. 15/2. 1958. Basel, Univ., Phys. Inst.) (Dt.) — Vgl. C. **1958.** 2935.

Das Syst. BF_3–Alkohol (A., Methanol) zeigt eine von der BF_3-Konz. abhängige Verschiebung der OH-Protonenresonanzlinie. Die Verschiebung hat ein ausgeprägtes Maximum für das Konz.-Verhältnis 2 Moll. Alkohol : 1 Mol BF_3, woraus auf die Existenz von *$BF_3 \cdot ROH$* (**I**) u. *$BF_3 \cdot 2\ ROH$* (**II**) (mit H-Brücke) geschlossen wird. Zwischen beiden Komplexen findet BF_3-Austausch statt. Die mittlere Verweilzeit τ im **II** bei Zimmer-Temp. ist $2{,}1 \cdot 10^{-3}$ Sek. u. im **I** $9 \cdot 10^{-5}$ Sekunden. Die Aktivierungsenergie des die Austausch-Geschw. bestimmenden Schritts ist 7 kcal/Mol. Im F-Spektrum des Syst. BF_3–H_2O wurden 4 Resonanzlinien gefunden, die den Verbb. *HBF_3OH, $HBF_2(OH)_2$*,

HBF(OH)$_3$ u. *HBF*$_4$ entsprechen. Der Austausch von F bei hoher BF_3-Konz. erfolgt rasch. Bei Zimmer-Temp. u. einer BF_3-Konz. von 11,4 Mol/Liter ist $\tau = 1,3 \cdot 10^{-3}$ Sekunden. CH. WEISKE. 137□

Kernmagnetische Resonanz von RbBr. Junkichi Itoh und Yukio Yamagata. (J. physic. Soc. Japan **14.** 225. Febr. 1959. Osaka, Univ., Dep. of Physics.) (Engl.) — Vgl. C. **1959.** 11608.

Paramagnet. chem. Verschiebungen σ (bezogen auf Resonanz in verd. wss. Lsg., vgl. C. **1960.** 5395) u. Spin–Gitter-Relaxationszeiten T_1 von ^{87}Rb u. ^{81}Br in krist. RbBr wurden bei Zimmer-Temp. bestimmt. Es wurde gefunden: Rb: (σ =) $1,6 \cdot 10^{-4}$; (T_1 =) 0,27 s; Br: $1,05 \cdot 10^{-4}$; 0,16 s. Aus den relativen Intensitäten der Resonanzen wurde geschlossen, daß nur $1/2 \longleftrightarrow -1/2$ Übergänge zu den Resonanzen beitragen. Die Linienbreite war gleich der Dipol-Breite; dies zeigt an, daß Kristallfehler im gleichen Maße für Rb u. Br stat. Quadrupol-Energien hervorrufen. Grundsätzliche Unterschiede zwischen der kernmagnet. Resonanz von Rb u. Br im RbBr-Kristall bestehen demnach nicht. G. WINKHAUS. 137□

Untersuchung der Elektronenspin-Dichteverteilungen in konjugierten Systemen mit Hilfe der KMR. R. E. Benson, D. R. Eaton, A. D. Josey und W. D. Phillips. (J. Amer. chem. Soc. **83.** 3714—16. 5/9. 1961. Wilmington, Del., E.I. du Pont de Nemours and Co., Central Res. Dep., Exp. Stat.) (Engl.)

An N substituierten Bis-[amino-(2)-troponiminato]-nickel (II)-Verbb., bes. *Bis-[1-(naphthyl-(2)-amino)-7-(naphthyl-(2)-imino)-1.3.5-cycloheptatrienato]-nickel(II)*, wurden Konjugierungseffekte u. Spindichteverteilungen untersucht. π-Elektronenspin-Dichten werden über N-, O- u. S-Atome, die konjugierte Syst. verknüpfen, weitergeleitet. Es hat sich gezeigt, daß beim Übertragen von Spindichten die —NH-Gruppierung ähnliche Effekte aufweist wie die —N=N-Gruppe, z. B. in Bis-[1-(p-benzolazophenylamino)-7-(p-benzolazophenylimino)-1.3.5-cycloheptatrienato]-nickel(II). O hemmt den Übergang; ähnliches gilt für S. A. DE MONTIGNY. 137□

Lösungen starker Elektrolyte. J. W. Smith. (Sci. Progr. **46.** 653—62. Okt. 1958. London, Bedford Coll.) (Engl.)

Übersicht über die Entw. der Theorien zur Behandlung der Gleichgewichte in Lsgg. von starken Elektrolyten. P. SCHARNER. 139□

Elektrochemische Untersuchungen über Ionenaustauschmembranen. 25. Mitt. **Darstellung von Natriumhydroxid und Chlorwasserstoffsäure durch Verwendung einer bipolaren Ionenaustauschmembran.** Nobuhiko Ishibashi und Kazuo Hirano. (J. electrochem. Soc. Japan **26.** E 8—E 11. 1958. Fukuoka, Kyushu Univ., Fac. of Engng., Dep. of Appl. Chem.; Nanyo-machi, Yamaguchi-ken, Toyo Soda Co., Ltd.) (Engl.) — 24. vgl. C. **1961.** 2897.

Vff. stellen bipolare Ionenaustauschmembranen (BP-Membranen) mit selektiver Durchlässigkeit für Kationen bzw. Anionen her u. verwenden diese zur gleichzeitigen Darst. von HCl u. NaOH durch Elektrolyse von NaCl-Lösungen. Die BP-Membran besteht aus Duolit C-20, Amberlite IRA-400 u. einem Vinylharz. Die äußeren (I, IV) der durch die Kationen-, BP- u. Anionenaustauschmembranen getrennten Kammern I–IV der Vers.-Zelle werden mit 0,1 bzw. 0,5 n NaCl-Lsg., die inneren (II, III) mit 0,1 bzw. 0,5 n NaCl-Lsg. (II + III) bzw. mit 0,1 oder 0,5 n HCl-Lsg. (II) u. 0,1 oder 0,5 n NaCl-Lsg. (III) beschickt. Bei Anlegen eines Stromes wandern Cl^--Ionen von I nach II, Na^+-Ionen von IV nach III, gleichzeitig OH^-- u. H^+-Ionen getrennt nach II bzw. III. HCl u. NaOH entstehen, wenn II u. III mit NaCl-Lsg. beschickt wurde. Bei Beschickung von II u. III mit HCl- bzw. NaOH-Lsg. nimmt ihre Konz. in diesen Kammern zu. Vff. berechnen Stromausbeuten, Überführungszahlen u. Diffusions-Koeff. in Abhängigkeit von der Konz. in I u. IV. Die Stromausbeute steigt mit zunehmender Stromdichte u. erreicht maximal einen Wert von ca. 55—60%, sie nimmt mit steigender Konz. in I u. IV beträchtlich ab. Dieser Abfall wird auf die nachlassende Wirksamkeit der Kationen- u. Anionenaustauschmembran (nicht der BP-Membran) u. auf die Erhöhung der Diffusions-Geschw. der einzelnen Komponenten zurückgeführt. Der Widerstand durch die BP-Membran ist stark abhängig von der Stromdichte, er erreicht bei Beginn der Wasserelektrolyse einen sehr hohen Wert. P. FRENZEL. 141□

Die Elektrodenkinetik bei der Abscheidung und Auflösung von Eisen. J. O'M. Bockris, D. Drazic und A. R. Despic. (Electrochim. Acta [London] **4.** 325—61. Aug. 1961. Philadelphia, Pa., Univ. of Pennsylvania, John Harrison Labor. of Chem.) (Engl.)

Vff. bestimmen mit einer galvanostat. Meth. die Geschw. der Fe-Abscheidung u. -Auflsg. in Abhängigkeit vom Elektrodenpotential (EP) bei konst. Elektrolyt-Zus., von der Fe^{2+}-Konz. c_{Fe} bei konst. pH-Wert, vom pH-Wert sowie von der Ggw. von SO_4^{2-}-, Cl^--, ClO_4^--, CH_3COO^-- u. NO_3^--Ionen bei konst. c_{Fe}. Weiterhin wird die Geschw. der H_2-Entw. in Abhängigkeit vom pH-Wert u. EP aus H_3O^+-haltigen Lsgg. u. W. bestimmt. Die Auswertung der erhaltenen Tafel-Geraden u. die Erörterung allg. kinet. Ausdrücke unter Berücksichtigung von Literaturdaten führt zu der Annahme, daß der wahrscheinlichste Rk.-Mechanismus für den Gesamtvorgang $Fe^{2+} + 2\,e_0^- \rightleftharpoons Fe$ durch $Fe + OH^- \rightleftharpoons FeOH + e_0^-$; $FeOH \rightleftharpoons FeOH^+ + e_0^-$; $FeOH^+ \rightleftharpoons Fe^{2+} + OH^-$ dargestellt werden kann. Den Einfl. der Anionen, außer von NO_3^-, erklären Vff. durch eine Änderung der für den Austausch Metall $\rightleftharpoons$ Ion freien Elektrodenoberfläche auf Grund spezif. Adsorptionsvorgänge. Der Unterschied der Aktivierungsenergie der H_2-Abscheidung an Fe aus H_3O^+ u. W. ist mit der Protonenentladung als geschwindigkeitsbestimmender Vorgang vereinbar. P. Frenzel. 141□

Gemeinsames und Besonderheiten in der Inhibition verschiedener Vorgänge an einer Metallelektrode (Nickel). 1. Mitt. O. Volk und H. Fischer. (Electrochim. Acta [London] **4.** 251—73. Aug. 1961. Karlsruhe, TH, Inst. für Phys. Chem. u. Elektrochem.) (Dt.)

Vff. ermitteln durch oscillograph. Best. der Spannungs- u. Stromdichteabhängigkeit der differentiellen Doppelschichtkapazität C u. ihrer Änderung in Ggw. organ. Inhibitoren die Belegungsdichte bei der Sorption der Inhibitoren an einer Ni-Elektrode bei der kathod. H_2-Abscheidung aus 0,1 n HCl. Untersucht wird die Wrkg. des Tetraäthylammonium- (**I**), β-Naphthochinolinium- (**II**), Acridinium- (**III**), N-Äthylchinoliniumions (**IV**) u. seiner Rk.-Prodd., von 2-Butindiol-1.4 (**V**), Propargylalkohol (**VI**), β-Naphthochinolin (**VII**) u. Acridin (**VIII**). Aus analogen Messungen bei der kathod. Abscheidung u. (teilweise) anod. Auflsg. von Ni lassen sich qual. Aussagen über Umfang u. Wrkg. der Oberflächeninhibitoren (OI) machen. Der Bedeckungsgrad Θ ist stark von der Spannung E u. der Stromdichte i sowie deutlich von der chem. Konstit. der Inhibitoren abhängig. Aus der Depression von C u. der Verschiebung des Ladungsnullpunktes in den kathod. bzw. anod. Bereich kann auf bevorzugte kathod. bzw. anod. Wrkg. der Inhibitoren geschlossen werden. Die bei der kathod. H_2-Abscheidung festgestellten Besonderheiten der Inhibitor-Wrkg. treten andeutungsweise auch bei der Abscheidung u. Auflsg. von Ni auf. Aus oscillograph. Messungen des Ohmschen Spannungsabfalles unmittelbar nach dem Ausschalten des Stromes ist der Umfang einer Elektrolytfilminhibition (EI) in Ggw. der Inhibitoren abzuschätzen. EI läßt sich bei der H_2-Abscheidung nur für **VII** u. **VIII** im Bereich hoher i-Werte nachweisen. Die EI vergrößert entsprechend die Konz.-Überspannung η. Einen weit größeren Einfl. auf η haben jedoch wirksame OI, indem sie die effektive Kathodenoberfläche auf einen geringen Bruchteil bzgl. der unbedeckten Oberfläche herabsetzen u. somit die wahre Stromdichte erheblich erhöhen. Als OI wirken **I—VIII**, **I** wird physikal. sorbiert, bei **V—VIII** ist allein Chemisorption, bei **II**, **III** u. **IV** physikal. u. Chemisorption festzustellen. P. Frenzel. 142□

Über einige Anwendungen der rotierenden Scheibenelektrode. Rolf Landsberg, Werner Geißler und Siegfried Müller. (Z. Chem. **1.** 169—74. 1961. Leuna-Merseburg, TH für Chem., Inst. für phys. Chem.) (Dt.)

Vff. bestimmen polarograph. mit der rotierenden Scheibe (Pt- bzw. Azobenzol-Graphit-Elektrode) als Indicatoranode die MnO_4^{2-}-Konz. bei der Zers. von MnO_4^- in KOH. Konz. u. Grenzstrom sind der Wurzel aus der Umdrehungs-Geschw. proportional. Die MnO_4^{2-}-Stufe ist reversibel. Zu Beginn ist die Rk. des MnO_4^- mit OH^- nach $MnO_4^- + OH^- \rightarrow MnO_4^{2-} + \cdot OH$ geschwindigkeitsbestimmend. Sehr kurze Zeit nach Rk.-Beginn erfolgt jedoch Rück-Rk. des MnO_4^{2-} mit den entstandenen OH-Radikalen, die prakt. zu einem vorgelagerten Gleichgewicht führt. Danach wird der anschließende Schritt, die Rk. zwischen OH^--Ionen u. OH-Radikalen nach $OH^- + \cdot OH \rightarrow O^- + H_2O$ oder nach $OH^- + \cdot OH \rightarrow O_2H^- + \cdot H$ geschwindigkeitsbestimmend. Aus den Grenzströmen bei der H_3O^+-Red. an der Azobenzol–Graphit-Elektrode wird der Diffusions-Koeff. des H^+-Ions in Abhängigkeit von der Konz. bestimmt. Die Grenzströme nehmen linear mit der Quadratwurzel aus der Ionenstärke ab. Bei der J^--Oxydation in 1 n KNO_3-Lsgg. an dieser Elektrode tritt eine Stufe auf, aus der sich der Diffusions-Koeff. der OH^--Ionen zu $4{,}45 \cdot 10^{-5}\ cm^2/s \pm 3\%$ berechnet. P. Frenzel. 142□

Polarographische Untersuchungen von Metallkomplexen. 5. Mitt. **Die Reihe der Tetramminkobalt(III)-Komplexe.** Nobufumi Maki, Yoichi Shimura und Ryutaro Tsuchida. (Bull. chem. Soc. Japan **32.** 833—37. Aug. 1959. Osaka, Univ., Dep. of Chem.) (Engl.) — 4. vgl. C. **1960.** 16666.

Die polarograph. Red. nachst. Co(III)-Komplexe wurde untersucht (Äthylendiamin = en; Anion von Glycin = gly; Alanin = alan; Oxalsäure = ox; Leucin = leuc): $NH_4[Co(NH_3)_4] \cdot 3\,H_2O$, *cis*-$[Co(NH_3)_4(OH_2)_2]_2(SO_4)_3 \cdot 3\,H_2O$, $[Co(NH_3)_6](ClO_4)_3$, *trans*-

[Co(NH_3)_4(NO_2)_2]ClO_4, cis-[Co(NH_3)_4(NO_2)_2]ClO_4, trans-[Co(NH_3)_4Cl_2]Cl, cis-[Co(NH_3)_4·Cl_2]Cl, [Co(NH_3)_4(JO_3)_2]JO_3·HJO_3, [Co(NH_3)_4en]_2(SO_4)_3·4 H_2O, [Co(NH_3)_4gly]SO_4·H_2O, [Co(NH_3)_4CO_3]_2SO_4·3 H_2O, [Co(NH_3)_4alan]SO_4, [Co(NH_3)_4ox]Cl, [Co(NH_3)_4leuc](ClO_4)_3 u. *[Co(NH_3)_6](ClO_4)_3*. Alle Verbb. ergaben Polarogramme mit 2 Red.-Stufen, die den Red.-Vorgängen Co(III) → Co (II) → Co(0) entsprachen. In der Reihe $Co(NH_3)_4X_2$ nahm die Stabilität gegen die polarograph. Red. in der Reihenfolge der Liganden JO_3^-, $Cl^- < NO_2^- < NH_3 < OH_2 < SO_3^{2-}$ u. in der Reihe $[Co(NH_3)_4Y]$ mit $leuc^- < ox^{2-} < alan^- < CO_3^{2-} < gly^- <$ en zu. E. MOISAR. 142□

Eine Untersuchung der Korrosion und der Passivzustände von Zink, Blei und Zinn im System Wasser–Sauerstoff–Stickstoff–Kohlendioxid. Rolf Uggla. (Suomalaisen Tiedeakatemian Toimituksia [Ann. Acad. Sci. fenni.], Sarja A. II **1959**. Nr. 97. 1–74. Helsinki, Finland, Inst. of Technol., Labor. of Phys. Chem.) (Engl.)

Vf. untersucht die Korrosion u. Passivierung von Zn, Pb u. Sn im Syst. H_2O–CO_2–N_2–O_2 bis zu extrem niedrigen Drücken ($< 10^{-6}$ Torr). Zur Entfernung des physikal. u./oder chem. gebundenen O wird H_2 über die auf etwas über den F. erhitzten Proben geleitet u. dann evakuiert. Danach gießt man die geschmolzenen Proben direkt in die korrodierende Lsg. ein. Die durch Korrosion in Lsg. gegangene Metallmenge wird konduktometr. bestimmt. Das mittlere Löslichkeits-Prod. von $PbCO_3$ im Syst. H_2O–CO_2 bei einem CO_2-Druck von ca. 1 at beträgt $0{,}580 \cdot 10^{-13}$ bei 25° u. $0{,}798 \cdot 10^{-13}$ bei 30°, die hieraus berechneten thermodynam. Werte betragen $\Delta G = -150{,}1$ (kcal/Mol) u. $\Delta H = -172{,}7$ bei 25°. Mit Hilfe des DEBYE-HÜCKELschen Grenzgesetzes u. der ONSAGER-Gleichung werden pH-Wert, Me^{2+}-Konz. u. die Gleichgewichts-Konst. aus der spezif. Leitfähigkeit berechnet. Vf. untersucht die auftretenden Passivzustände (Deckschicht- u. Adsorptionspassivität) sowie die Abhängigkeit der Korrosions-Geschw. im Gleichgewicht von der Temp., dem O_2-, CO_2- u. N_2-Druck, pH-Wert u. der Me^{2+}-Konzentration. Die Korrosions-Prodd. werden durch DEBYE-SCHERRER-Aufnahmen u. mkr. untersucht. Vf. erörtert die Rk.-Mechanismen in Abhängigkeot von den Vers.-Variablen.

P. FRENZEL. 143□

A₄. Thermodynamik. Thermochemie

Über zwei Grenzfälle des thermodynamischen Gleichgewichts. W. K. Ssementschenko. (Известия Академии Наук СССР, Отделение Химических Наук [Nachr. Akad. Wiss. UdSSR, Abt. chem. Wiss.] **1959**. 368. Febr. Kurnakow-Inst. für allg. u. anorg. Chem. der Akad. der Wiss. der UdSSR.) (Russ.)

Thermodynam. Gleichgewichte sind beständig, wenn die zweite Ableitung der Energie positiv ist. Vf. untersucht die sich für die Größen T, p, S, v u. H, S, B (magnet. Induktion) ergebenden Folgerungen. D. HOENE. 146□

Transporteigenschaften polarer Gase. L. Monchick und E. A. Mason. (J. chem. Physics 35. 1676–97. Nov. 1961. Silver Spring, Md., Johns Hopkins Univ., Appl. Phys. Labor.; College Park, Md., Univ. of Maryland, Inst. for Mol. Phys.) (Engl.)

Es wird ein Modell für die Berechnung der Viscosität, der Diffusion, der Thermodiffusion u. des Translationsanteils der Wärmeleitfähigkeit verd. polarer Gase vorgeschlagen. Dabei wird vorausgesetzt, daß die Verzerrung der Mol.-Flugbahn zwischen zwei Zusammenstößen infolge Austausch von innerer Rotationsenergie vernachlässigbar ist, u. daß die relative Orientierung zweier stoßender Dipol-Moll. in der Umgebung des kleinsten Abstandes unveränderlich ist. Quanteneffekte bleiben unberücksichtigt. Bei diesem Modell behält die CHAPMAN-ENSKOG-Theorie ihre übliche Form, doch müssen die auftretenden Stoßintegrale über alle beim Stoß möglichen relativen Orientierungen gemittelt werden. Die Stoßintegrale werden für das STOCKMAYER (12–6–3)-Potential $\varphi(r) = 4\,\varepsilon_0[(\sigma_0/r)^{12} - (\sigma_0/r)^6 + \delta\,(\sigma_0/r)^3]$ im Bereich $kT/\varepsilon_0 = 0$ bis 100 u. $\delta = -2{,}5$ bis $+2{,}5$ berechnet u. über alle Orientierungen gemittelt. Es werden genügend Werte tabelliert, so daß der Konvergenzfehler der theoret. Ausdrücke von CHAPMAN u. ENSKOG kein Problem darstellt. Experimentelle Viscositäten u. Dipolmomente nachst. polarer Gase gestatten die Berechnung der Potentialparameter ε_0, σ_0 u. δ für: H_2O, NH_3, HCl, HBr, HJ, SO_2, H_2S, $NOCl$, $CHCl_3$, CH_2Cl_2, CH_3Cl, CH_3Br, C_2H_5Cl, CH_3OH, C_2H_5OH, *n*-C_3H_7OH, *iso*-C_3H_7OH, $(CH_3)_2O$, $(C_2H_5)_2O$, $(CH_3)_2CO$, CH_3COOCH_3, $CH_3COOC_2H_5$. Für H_2O, NH_3, $CHCl_3$, CH_3Cl, C_2H_5Cl, CH_3OH u. $(CH_3)_2CO$ werden die Parameter weniger befriedigend auch aus den zweiten Virial-Koeff. erhalten. Mit Hilfe der Parameter lassen sich andere Transport-Eigg. sowie Dispersions- u. Induktionskräfte berechnen. Die Übereinstimmung zwischen berechneten u. experimentellen Werten entspricht etwa der des LENNARD-JONES (12–6)-Modells für unpolare Gase. A. BLASCHETTE. 149□

Zur Verdampfung flüssiger Metalle unter vermindertem Druck. Bernhard Ilschner und Jean Humbert. (Z. Metallkunde **51.** 626—32. Nov. 1960. Essen, Forsch.-Anst. der Fa. Friedrich Krupp.) (Dt.)

Messungen bei der Verdampfung von Ag u. Al ergaben das Vorliegen von 2 Bereichen. Unterhalb eines Restgaspartialdruckes bei gutem Vakuum ist die Verdampfungs-Geschw. druckunabhängig, oberhalb dieses Druckes fällt die Verdampfungs-Geschw. mit einem Potenzgesetz ab. Diese Erscheinung ist durch die gemeinsame Wrkg. von Gasdiffusion u. freier Konvektion bedingt u. wird durch die Tiegelwände beeinflußt. Unter der Einw. der Streuprozesse geht die Strahlformung, die sich im Hochvakuum bei nur teilweise gefülltem Tiegel ausbildet, bei steigendem Gasdruck zunächst zurück, kann aber bei noch höherem Druck als Folge der temperaturbedingten Konvektion wieder zunehmen. Die Höhe des Restpartialgrenzdruckes u. der Exponent des Potenzgesetzes hängen von den Atom-Eigg. wie Stoßquerschnitt u. Masse ab. F. Vier. 150□

Über Zustandsdiagramme ternärer flüssiger Systeme, welche zwei binäre Entmischungen mit niedrigen kritischen Lösungstemperaturen enthalten. 3. Mitt. Je. F. Shurawlew. (Журнал Общей Химии [J. allg. Chem.] **30** (92). 1061—69. April 1960. Perm, Univ.) (Russ.) — 2. vgl. Журнал Общей Химии [J. allg. Chem.] **30** (92). [1960.] 12.

Vf. diskutiert die möglichen Typen von Phasendiagrammen tern. Syst. mit zwei bin. Entmischungen mit niedrigen krit. Lsg.-Temp. u. mit einem dritten homogenen Syst., in dem chem. Wechselwrkg. der Komponenten auftreten kann. Die verschiedenen Typen werden in Diagrammen aufgezeigt u. ihre Existenzbedingungen besprochen. D. Hoene. 150□

Über die Temperaturfunktion der Molwärmen. Hans Faltin. (Wiss. Z. Techn. Hochschule Dresden **9.** 1167—72. 1959/60. Inst. für Thermodynamik u. therm. Strömungsmaschinen.) (Dt.)

Obwohl es theoret. möglich ist, die Molwärmen mehratomiger Gase mittels der charakterist. Temp. zu berechnen, wird für techn. Berechnungen eine Berechnung über Potenzreihen vorgezogen. Bisher wurden diese Reihen nach dem 2. Glied abgebrochen. Vf. berechnet nun 3-, 4- u. 5gliedrige Potenzreihen für die Mol-Wärmen folgender Gase: H_2, O_2, N_2, NO, CO, *Luft*, Cl_2, HCl, H_2O, CO_2, N_2O, CS_2, H_2S, SO_2, NH_3, CH_4, C_2H_6, C_3H_8, C_4H_{10}, C_2H_4, C_3H_6, C_4H_8, C_2H_2, CF_2Cl_2, C_6H_6. Die Koeff. der Potenzreihen werden neben dem gültigen Temp.-Bereich angegeben. Für N_2, CO_2 u. CH_4 werden die Ergebnisse mit denen anderer Autoren verglichen. D. Hoene. 151□

Elektromagnetisches Stoßwellenrohr zur Erzeugung einer gut geformten Stoßwelle geringer Dämpfung. P. R. Smy. (Nature [London] **193.** 969—70. 10/3. 1962. Vancouver, Univ. of British Columbia, Phys. Dep.) (Engl.)

Vf. beschreibt ein elektromagnet. Stoßwellenrohr, das Stoßwellen geringer Dämpfung erzeugen kann. Mit dieser Anordnung wurden in Ar Stoß-Geschw. von 10^5—10^6 cm/s mit Spannungen von 2—20 kV erreicht bei einer zeitlichen Reproduzierbarkeit von $\pm$ 5 μs in 1 m Entfernung. G. M. Neumann. 159□

Physikalische Grundlagen der technischen Anwendung der Molekularakustik kleiner Amplituden. W. F. Nosdrew. (Forsch. Gebiete Ingenieurwes., Ausg. B **26.** 101—07. 1960. Moskau.) (Dt.)

Übersicht über Prinzip u. Anwendung von Ultraschallmessungen mit kleinen Amplituden zur Überwachung u. Kontrolle verfahrenstechn. Prozesse. Es werden neue, in die Fertigung z. T. eingeführte Geräte zur Best. der Kompressibilität u. spezif. Wärme, der Temp. von Gasen u. Fll., der Schubviscosität, zur Best. von Beimischungen in Fll. u. Gasen u. zur Best. des Sättigungsdruckes u. des Kristallisationsbeginns von Paraffinen beschrieben. An letzteren könnte man eine höhere Genauigkeit erzielen, wenn man statt der Amplitude den Absorptions-Koeff. mißt u. vorher — wie allg. zu empfehlen — die Abhängigkeit der Genauigkeit von der Wellenlänge untersucht. — 36 Literaturzitate. R. Junge. 159□

Theorie der Ultraschalldämpfung in Metallen und magneto-akustische Schwingungen. A. B. Pippard. (Proc. Roy. Soc. [London], Ser. A **257.** 165—93. 6/9. 1960. Cambridge, Univ., Cavendish Labor.) (Engl.)

Vf. analysierte die Dämpfung einer Ultraschallwelle infolge direkter Wechselwrkg. mit den Leitungselektronen in einem Metall, u. zwar ohne jede Annahme über die Form der Fermi-Oberfläche. Die erhaltenen Ausdrücke waren qual. denen ähnlich, die von anderen Seiten für das Modell des freien Elektrons erhalten worden waren: die Dämpfung strebt einem konst. Endwert zu, wenn die freie Weglänge des Elektrons unendlich wird. Die Analyse wurde hierauf auf den Einfl. eines transversalen Magnetfeldes auf diese

Dämpfung ausgedehnt, u. zwar für den Grenzfall, daß die freie Weglänge lang ist im Vgl. zu den Parametern der Elektronenbahnen. C. GOTTFRIED. 159

Beitrag zur Untersuchung der Fortpflanzung longitudinaler Ultraschallwellen in heterogenen Medien. Marie-Louise Gaulard. (Ann. Physique [13] 6. 427—66. März/April 1961. Nancy, École Nat. Supérieure d'Electricité et de Mécan.) (Franz.)

Vf. untersuchte zuerst die Ultraschallabsorption in einem lothringischen *Eisenerz* bei den Frequenzen 1,1 MHz u. 50 kHz. Aus den Messungen ergab sich, daß die Ultraschallabsorption bei 1,1 MHz sehr viel stärker ist als bei 50 KHz, in Übereinstimmung mit Beobachtungen von anderer Seite, daß die Absorption mit der Frequenz zunimmt. In einer weiteren Vers.-Reihe wurde die Ultraschallabsorption an einem *Portlandzement* u. einem *Schmelzzement* während der Verfestigung bei einer Frequenz von 1,1 MHz gemessen. Parallel mit diesen Verss. wurden laufend während der Verfestigung die Druck- u. Zugfestigkeiten ermittelt. Auch in diesem Fall konnte eine direkte Beziehung zwischen den mechan. Eigg. u. der Fortpflanzung der Ultraschallwellen im Zement nachgewiesen werden. Die Absorptions-Unterss. liefern daher Anzeichen für die Qualität der intergranularen Bindungen, d. h. für die Elastizität der Matrix. Schließlich wurden noch Messungen an einem *Stahl* durchgeführt, dessen Korngrößen durch entsprechende Wärmevorbehandlung zwischen 0,0029 u. 0,0286 cm lagen. Verwendete Frequenzen waren 2, 4 u. 6 MHz. In diesem Fall war bei der Ultraschallabsorption maßgebend, ob die Korngröße kleiner oder größer als die Wellenlänge des Ultraschalls war. Die Vers.-Ergebnisse sind graph. wiedergegeben. C. GOTTFRIED. 159

A₅. Kolloidchemie. Grenzschichtforschung

Bestätigung des Exponentialgesetzes für die Abstände periodischer Fällungen im Bleijodat-System. Prem Behari Mathur und C. L. Sanghi. (J. Indian chem. Soc. **36.** 683—84. 1959. Pilani, Rajasthan, Birla Coll. of Sci., Dep. of Chem.) (Engl.)

In Reagenzgläsern wurden aus mit 0,02—0,04m KJO_3-Lsg. vermischtem 1%ig. Agar-Agar-Gel durch Überschichten von 5 ml 5- oder 10%ig. $Pb(NO_3)_2$- oder -acetat-Lsg. innerhalb von 5 Tagen bei 12—13° LIESEGANGsche Ringe erzeugt, deren Abstände X_i von der Grenzfläche der 1956 vom Vf. entwickelten Gleichung folgen: $\log (X_n - X_{n-1}) =$ Konst. $+ \alpha X_n$, wobei α = Konstante. R. JUNGE. 164□

Das axialsymmetrische Fließen einer viscosen Flüssigkeit zwischen zwei unendlichen rotierenden Platten. G. N. Lance und M. H. Rogers. (Proc. Roy. Soc. [London], Ser. A. **266.** 109—21. 27/2. 1962. Winfrith, Dorset, A.E.E., U.K.A.E.A.; Bristol, Univ.) (Engl.)

Vff. berichten über eine numer. Unters. der Ähnlichkeitslösungen der NAVIER-STOKESschen Gleichungen, die das stationäre axialsymm. Fließen einer inkompressiblen viscosen Fl. zwischen zwei unendlichen rotierenden Platten beschreiben. Es zeigt sich, daß bei großen REYNOLDSschen Zahlen die Hauptmenge der Fl. sich in einem Zustand starrer Rotation für prakt. alle Verhältnisse der Winkel-Geschw. der beiden rotierenden Platten befindet. Rotiert nur eine Platte oder rotieren beide im gleichen Drehsinn, so müssen Randeffekte berücksichtigt werden. Andererseits ergeben die Berechnungen im Fall einer gegensinnigen Rotation Effekte, die prakt. jedoch nicht auftreten. G. M. NEUMANN. 172□

Der Ladungseffekt bei der Sedimentation. Jack H. Tremaine und Max A. Lauffer. (J. physic. Chem. **64.** 568—73. 18/5. 1960. Pittsburgh, Pa., Univ. of Pittsburgh, Dep. of Biophys.) (Engl.)

Mit dem „*Southern bean*"-*Mosaikvirus* (*SBMV*) wurden eingehende Verss. zur Unters. des Ladungseffektes bei der Sedimentation unternommen. Dieses Material wurde gewählt, weil dessen Teilchen annähernd sphär. sind, es verhältnismäßig stabil ist, eine relativ große Sedimentations-Geschw. hat u. ohne bes. Schwierigkeiten in reiner Form darzustellen ist. Untersucht werden die durch pH-, Ionenladungs- u. Konz.-Änderungen hervorgerufenen Effekte auf die Sedimentationsgeschwindigkeit. Zur weiteren Kennzeichnung wurden Messungen der elektrophoret. Beweglichkeit u. Valenz durchgeführt. Die Meßergebnisse werden auf Grundlage der den Ladungseffekt behandelnden Theorien ausgewertet. Mit der am besten bekannten Gleichung von TISELIUS [1932] errechnen sich Zahlenwerte für den Effekt, die erheblich unter den experimentell ermittelten liegen. Lediglich die lineare Zunahme des Ladungseffektes mit der *SBMV*-Konz. stimmt mit der theoret. Vorhersage überein. Nach der Theorie von BOOTH (C. **1955.** 7854) errechnet sich ebenfalls ein viel zu geringer Ladungseffekt. Außerdem stimmen die nach der Theorie erhaltenen Werte für die Änderung des Ladungseffektes mit der Konz. des koll. Materials nicht mit den Vers.-Ergebnissen überein. W. HEIN. 174□

Bestimmung der spezifischen Oberfläche von Marmorpulver durch isotopen Ionenaustausch. B. V. Enüstün. (Commun. Fac. Sci. Univ. Ankara, Sér. A **10.** Nr. 1. 26—33. 1959. Ankara, Univ., Dep. of Phys. Chem.) (Engl.)

Vff. bestimmt die Oberfläche von Marmorpulver mit Hilfe der PANETHschen Isotopenaustausch-Meth. unter Verw. von ^{45}Ca (spezif. Oberfläche: $2{,}1 \cdot 10^4$ cm^2/g) u. durch Adsorption von Methylenblau (spezif. Oberfläche: $3{,}3 \cdot 10^4$ cm^2/g).

H. SCHROEDER. 176□

Austauscheigenschaften der Ammoniumsalze von 12-Heteropolysäuren. 3. Mitt. Die Sorption von Strontium und Yttrium an Ammoniumwolframatophosphat und ihre Trennung von Cäsium. J. Krtil. (J. inorg. nuclear Chem. **22.** 247—51. Dez. 1961, herausgeg. Febr. 1962. Řež u Prahy, Czechoslovak Acad. of Sci., Inst. of Nucl. Res.) (Engl.) — 2. vgl. J. inorg. nuclear Chem. **19.** [1961.] 298.

Die stat. u. dynam. Sorption u. Elution von Sr u. Y an Ammoniumwolframatophosphat (abgekürzt NH_4PW) als Ionenaustauscher wurden untersucht u. die Bedingungen für die Trennung von Sr u. Y von Cs bestimmt. Bei der stat. Sorption trägerfreien ^{90}Sr u. ^{90}Y als Indicatoren an NH_4PW erhält man 100%ig. Absorption von ^{90}Sr zwischen pH 2,1 u. 3,3; in Ggw. anderer Ionen liegt zwischen pH 2,5 u. 3 das Maximum mit 0,25 Mol Sr/Mol NH_4PW. ^{90}Y wird am stärksten bei pH 1 adsorbiert. ^{137}Cs wird viel stärker angelagert (1,8 Mol Cs/Mol NH_4PW). Die dynam. Sorption erfolgt an NH_4PW, frisch gefällt auf Asbest. Die Trennung Sr/Y erfolgt durch Sorption aus neutraler Lsg. u. Elution mit 0,3m NH_4NO_3, dann mit 6m HNO_3; die Trennung von Sr u. Y von Cs gelingt durch Sorption aus neutraler oder saurer Lsg. u. Elution mit 3 oder 6n HCl oder HNO_3 u. anschließend mit 6 oder 10n NH_4NO_3-Lösung. G. HELLER. 176□

Präparative Gaschromatographie. 3. Mitt. Ernst Bayer, K. P. Hupe und H. G. Witsch. (Angew. Chem. **73.** 525—30. 7/8. 1961. Karlsruhe, TH, Inst. für organ. Chem.) (Dt.) — 2. vgl. Z. analyt. Chem. **181.** [1961.] 384; vgl. C. **1960.** 10328.

Grundsätzlich bestehen nach Vff. keine Schwierigkeiten, das zunächst für analyt. Zwecke entwickelte Verf. der Gaschromatographie auf die Trennung präparativer Mengen auszudehnen. Eingehend wird die von Vff. entwickelte Trennsäule (Ø 10,1 cm) mit dazugehöriger Dosiereinrichtung, dem Verdampferaggregat u. dem Abscheider beschrieben. Als Trennfll. eignen sich neben Dinonylphthalat u. Apiezon M bes. Äthylenglykol-bis-[propionitriläther] u. Reoplex. — Anwendungsbeispiele. CH. WEISKE. 177□

Kationenaustauscher aus einheimischen Kohlen. D. Hadži und S. Lapanje. (Vestnik sloven. kem. Društva **6.** 71—75. 1959. Ljubljana, Kem. inšt. Borisa Kidriča.) (Slowen.)

Durch Behandlung von jugoslaw. Kohlen mit konz. H_2SO_4 oder Oleum werden Kationenaustauscher mit 8—9% S u. guter Austauschkapazität erhalten.

R. K. MÜLLER. 177□

A_6. Strukturforschung

Bemerkungen über eine nicht statistische Annäherung an das F-Phasenproblem. Tor Löfgren. (Acta crystallogr. [Copenhagen] **14.** 434—36. 10/4. 1961. Uppsala, Univ., Inst. of Chem.) (Engl.) C. GOTTFRIED. 181

Eine nicht statistische Ableitung einiger Intensitätsgesetze. Die Nichtvorhersagbarkeit von P(E), N(z) und so weiter. Tor Löfgren. (Acta crystallogr. [Copenhagen] **14.** 436—38. 10/4. 1961.) (Engl.) — Vgl. vorst. Referat. C. GOTTFRIED. 181

Präzisionsmessung der Gitterparameter von polykristallinen Proben: Druckfehler in den „International Tables for X-ray Crystallography“. W. Parrish und A. J. C. Wilson. (Acta crystallogr. [Copenhagen] **14.** 439. 10/4. 1961. Cardiff, Univ. Coll.; Irvington-on-Hudson, Philips Labor.) (Engl.)

Es wird auf einen Druckfehler in dem 2. Band, Seite 221, Tafel 4, 7, 3 hingewiesen.

C. GOTTFRIED. 181

Zuverlässigkeitsfaktor und Koeffizient der Wärmebewegung. J. Gaultier und C. Hauw. (Acta crystallogr. [Copenhagen] **14.** 438—39. 10/4. 1961. Bordeaux, Univ., Fac. des Sci., Labor. de Minér. et des Rayons X.) (Engl.) C. GOTTFRIED. 181

Kritische Perkolationswahrscheinlichkeiten (Bindungsproblem). V. A. Vyssotsky, S. B. Gordon, H. L. Frisch und J. M. Hammersley. (Physic. Rev. [2] **123.** 1566—67. 1/9. 1961. Murray Hill, N.J., Bell Telephone Labor.; Oxford, Univ. of Oxford.) (Engl.)

Monte-Carlo-Abschätzungen der krit. Perkolationswahrscheinlichkeiten hinsichtlich des „Bindungsproblems“ werden für zwei- u. dreidimensionale Gitter aufgestellt.

Die Übereinstimmung zwischen Monte-Carlo-Abschätzung u. der nach Domb u. Sykes aus der Reihen-Entw. für mittlere Cluster-Größe erhaltenen Abschätzung ist befriedigend. H. Newesely. 181 □

Kritische Perkolationswahrscheinlichkeiten (Gitterstellenproblem). H. L. Frisch, E. Sonnenblick, V. A. Vyssotsky und J. M. Hammersley. (Physic. Rev. [2] **124.** 1021—22. 15/11. 1961.) (Engl.) — Vgl. vorst. Referat.

Für mehrere zwei- u. dreidimensionale Kristallgitter werden Monte-Carlo-Näherungen für die krit. Perkolations- (Durchdringungs-) Wahrscheinlichkeiten beim Gitterstellenproblem gegeben. Es wird auf den Zusammenhang mit der krit. Konz. von magnet. Elementen bei gewissen Modellen von statist. (magnet. verd.) ferromagnet. Kristallen hingewiesen. (Vgl. Elliot u. Mitarbeiter, C. **1961.** 18219.) H. Laue. 181 □

Inhomogene Magnetfelder zur Fokussierung auseinandergehender Bündel geladener Teilchen. W. R. Ssaulit und W. A. Unt. (Вестник Ленинградского Университета, Серия Физики и Химии [Nachr. Leningrader Univ.] **15.** Nr. 10. [Ser. Physik Chem.] Nr. 2. 28—33. 1960. Leningrad, Shdanow-Univ., Physikal. Inst.) (Russ.; Auszug: Engl.) — Vgl. C. **1955. 3792.**

Fortsetzung der l. c. begonnenen Unterss. über die ideale, d. h. aberrationsfreie, Fokussierung eines ebenen Büschels geladener Teilchen. Eine Klasse von Magnetfeldern wird angegeben, für welche die Lösung der l. c. aufgestellten Gleichungen ohne numer. Integrationen möglich ist. F. Lenz. 181 □

Ein zweistufiges, permanentmagnetisches Projektivsystem für Elektronenmikroskope. B. v. Borries und G. Langner. (Z. wiss. Mikroskop. mikroskop. Techn. **64.** 30—37. Nov. 1958. Düsseldorf, Rhein.-Westfäl. Inst. für Übermikroskopie.) (Dt.)

Beschreibung eines zweilinsigen magnetostat. Syst., das als elektronenmkr. Projektiv verwendet werden kann. Die Regelung der Linsenstärke geschieht durch axiale Verschiebung von Polschuhteilen aus Weicheisen, mit welchen man die magnet. Flußspalte öffnen oder kurzschließen kann. Durch diese Regelung kann die Vergrößerung bei 50 kV Strahlspannung u. einem Permanentmagnet mit 1775 A-Windungen zwischen 800- u. ca. 40fach bei 330 mm Bildentfernung kontinuierlich geregelt werden. Die Verzeichnung Δ r/r liegt für hohe Vergrößerungen bei ca. 3% u. hat bei niedrigen Vergrößerungen einen Maximalwert von ca. 12%. Das beschriebene Projektiv soll als Vergrößerungs-Syst. für das Spiegelreflexionsmikroskop nach Bartz, Weissenberg u. Wiskott verwandt werden. F. Lenz. 181 □

Elektroneninterferenzen an mehreren künstlich hergestellten Feinspalten. Claus Jönsson. (Z. Physik **161. 454**—74. 1961. Tübingen, Univ., Inst. für Angew. Phys.) (Dt.)

Um einen schmalen KW-Stoff-Polymerisationsstreifen (PS) von sehr geringer elektr. Leitfähigkeit zu erzeugen, wird eine auf Glas aufgedampfte Ag-Schicht von 200 Å Dicke im Vakuum (10^{-4} Torr) ca. 2. Min. lang mit einer elektronenopt. hergestellten Elektronensonde (0,5 μ breit, 50 μ lang) von 50 kV Beschleunigungsspannung bestrahlt. Auf der Ag-Schicht wird in einem sauren Cu^{2+}-Bad elektrolyt. ein Nd. von 0,5 μ Dicke aufwachsen gelassen, so daß die bestrahlten Gebiete frei bleiben. Durch Abziehen dieser aufgewachsenen Cu-Schicht von der Glasplatte gelingt es, materiefreie Spalte von 0,3 μ Breite herzustellen. Es lassen sich auch 2—5 Spalte in einem Abstand von minimal 1—2 μ erzeugen, indem die entsprechende Anzahl von PS nebeneinander gedruckt wird. Eine Beugungsanlage zur Beobachtung der Interferenzerscheinungen von 50 kV-Elektronen u. eine Einrichtung zur Registrierung der Beugungserscheinung auf Photoplatten werden ausführlich beschrieben. — Vf. konnte zeigen, daß die von der Lichtoptik her bekannten Beugungserscheinungen an mehreren Spalten in entsprechender Weise auch mit Elektronenwellen beobachtet werden können. G. Gattow. 181 □

Darstellung dünner Blättchen für die Untersuchung von Metallen im Durchstrahlungselektronenmikroskop. M. F. Longinow und W. A. Swerewa. (Заводская Лаборатория [Betriebs-Lab.] **27.** 559—61. 1961. Tscheljabinsk, Wiss. Forsch.-Inst. für Metallurg.) (Russ.)

Vff. beschreiben eine Meth. zur Herst. von metall. Proben auf elektrolyt. Wege für die Unters. im Elektronenmikroskop. Man erhält auf diese Weise gleichmäßig dünne Blättchen von 100—200 Å Dicke. Die Meth. wird auf die Unters. von C-Stählen, Bau- u. Transformatoren- u. nichtrostenden Stählen angewandt. D. Hoene. 181 □

Orientierung von Germanium- und Siliciumeinkristallen mittels optischer Methode. Helmar Frank. (Českoslov. Časopis Fysiku **8.** 614—17. 1958. Praha, Výzk. ústav pro elektrotechn. fys.) (Tschech.)

Die rasche Orientierung von Ge- sowie Si-Einkristallen u. -Plättchen in die Richtungen (1 1 1) bzw. (1 0 0) wird durch die Reflexion eines konvergenten Lichtstrahles (auf einen weißen Schirm) von den geätzten Flächen durchgeführt. Ätzung des Ge:

Ätzmittel WAg: 20 ml HNO_3 + 40 ml HF + 2 g $AgNO_3$ + 40 ml W; Ätzung des Si in 10% KOH bei 70°. Eine einfache Vorr. erlaubt Serienarbeit; das Ankleben des Plättchens u. die Orientierung dauert nicht länger als 1—2 Minuten. J. TŮMOVÁ. 181 □

Das Ermitteln der Netzebenenabstände und die Korrektur der Intensitäten von Röntgeninterferenzen mit einem neuartigen Geiger-Zählrohr-Goniometer. F. Khol. (Bergakademie [Freiberg] **12.** 703—05. Dez. 1960. Prag, Staatsforsch.-Inst. für Material u. Technol.) (Dt.)

Durch Benutzung einer senkrechten Korrekturblende wird die Intensitäts-Best. der einzelnen Interferenzen mit einem Zählrohrgoniometer nach SEEMANN-BOHLIN ermöglicht. — Verw. eines neuen Meßgoniometers erlaubt die Ermittlung der d_{hkl}-Werte auf direktem Wege. Die erzielte Genauigkeit einer solchen Netzebenenermittlung ist besser als die in den HANAWALT-Tabellen wiedergegebene. H. MOENKE. 181 □

Die kanadische Standard-„free-air"-Kamera für Röntgenstrahlen mittlerer Härte. W. H. Henry und C. Garrett. (Canad. J. Physics **38.** 1677—89. Dez. 1960. Ottawa, Canada, Nat. Res. Council, Div. of Appl. Phys.) (Engl.)

Beschreibung der Ionisationskammer zur abs. Messung der Expositionsdosis von Röntgenstrahlen unter 500 kV. Auch der Anteil der an der Luft u. der Eintrittsblende gestreuten Strahlung wird gemessen. H. LINDBERG. 181 □

Dynamischer Jahn-Teller-Effekt in Molekülen mit einer vierzähligen Symmetrieachse. M. S. Child. (Molecular Physics **3.** 601—03. Nov. 1960. Cambridge, Univ., Chem. Labor.) (Engl.)

Theoret. Untersuchung. C. GOTTFRIED. 182

Vergleich von theoretischen Berechnungen an zweiatomigen Molekülen mit dem Experiment. Ernest R. Davidson. (J. chem. Physics **34.** 1240—42. April 1961. Bloomington, Ind., Indiana Univ., Chem. Dep.) (Engl.)

Es wird eine Meth. zur numer. Berechnung der Schwingungs-Rotations-Termniveaus aus einer Potentialkurve angeführt. Bei dieser Meth. wird die Potentialkurve durch eine Stufenfunktion angenähert, deren genaue Eigenwerte durch Iterations-Meth. gewonnen werden. Die Genauigkeit der Meth. wird durch die Berechnung der Termniveaus für ein MORSE-Potential sowie für den Grundzustand von H_2 demonstriert. CLAUS FISCHER. 182 □

F–G-Matrixelemente für pyramidale XY_2Z-Moleküle. P. Babu Rao und K. Sreeramamurty. (Indian J. Physics Proc. Indian Assoc. Cultivat. Sci. **34** (**43**). 434—37. Sept. 1960. Tirupati, Univ. Coll., Phys. Dep.) (Engl.)

Mathemat. Ableitung. P. SCHARNER. 182 □

Bestimmung der Kraftkonstanten des Uranylions nach der F–G-Matrixmethode von Wilson. K. V. Narasimham. (Indian J. Physics Proc. Indian Assoc. Cultivat. Sci. **34** (**43**). 432—33. Sept. 1960. Chromepet, Madras, Madras Inst. of Technol., Appl. Phys. Dep.) (Engl.)

Die Kraft-Konst. des UO_2^{2+}-Ions im Cs-Uranylnitrat wurden nach der Meth. von WILSON a) für die gewinkelte u. b) für die lineare Struktur (C_{2v} u. $D_{\infty h}$) aus den Daten für die Schwingungsfrequenzen, Bindungslänge u. -winkel von DIEKE u. DUNCAN (C. **1950.** I. 158) bzw. FERIGLE u. MEISTER (C. **1954.** 4328) berechnet: f_d (O–U-Valenzschwingung) a) +6,97 ($\cdot 10^5$ dyn/cm); b) +7,49. — f_{dd} (Wechselwrkg. zwischen beiden Bindungen) —0,77; —0,12. f_α (O–U–O-Deformationsschwingung) +0,47; +0,20. — $f_{d\alpha}$ (Wechselwrkg. zwischen Bindung u. Winkel) —2,31; 0. P. SCHARNER. 182 □

Liganden-Feld von Chrom(III)-Ionen im Korundgitter. J. Graham und D. E. Scaife. (Nature [London] **192.** 161—63. 14/10. 1961. Melbourne, Commonwealth Sci. and Ind. Res. Org.) (Engl.)

Die Daten der Absorptionsspektren von Al_2O_3-Cr_2O_3-Mischkristallen werden mit der Kristallfeldtheorie verglichen. Es zeigt sich, daß der RACAH-Parameter B nicht über das ganze Mischungsgebiet konst. sein kann, sondern annähernd linear mit abnehmendem Cr_2O_3-Geh. bzw. mit zunehmendem Δ abnimmt. Die Zunahme des Kristallfeldes Δ mit abnehmendem Cr_2O_3-Geh. läßt sich mit einer Abnahme der Metall–Ligand-Entfernung deuten, die Zunahme des RACAH-Parameters B dagegen ist anomal. Nimmt man aber eine direkte Kationenkopplung, d. h. eine Überlappung der d-Schalen bei der Bldg. des antiferromagnet. Ordnungszustandes dieser Strukturen an, so läßt sich die Abnahme von B mit steigendem Cr-Geh. durch eine wachsende Kation–Kation-Wechselwrkg. erklären. G. M. NEUMANN. 182 □

Die Elektronenkonfiguration von Ferrocen und analogen Verbindungen. J. Kragten. (Chem. Weekbl. **54.** 337—44. 28/6. 349—52. 5/7. 1958.) (Niederl.)

Übersicht über Darst. u. Eigg. von *Ferrocen* (**I**), *Nickelocen* (**II**) u. *Ruthenocen* (**III**) sowie von $(C_6H_6)_2Cr$ (**IV**), $C_5H_5Co(CO)_2$ (**V**) u. einer Reihe analoger Verbindungen. Vf.

diskutiert ausführlich die Wellenfunktionen des Pentadienylradikals u. des Fe-Atoms von **I**, Bindungszustand u. Symmetrie von **I** sowie die Schwingungsspektren (Tabelle) von **I**—**III**. Vf. schlägt eine von der herkömmlichen Kr-Konfiguration abweichende Elektronenkonfiguration für **I** vor, die in besserem Einklang mit experimentellen Befunden ist u. auch auf analoge Verb.-Reihen, wie z. B. die *Bis-cyclopentadienyl-* u. *Bis-indenyl*-Verbb. der Übergangsmetalle Ni, Co, Fe, Mn, Cr, V u. Ru sowie auf **IV**, **V** u. analoge Verbb., angewandt werden kann. — 28 Literaturhinweise. G. KIRSTEN. 182□

Zerstörung zweiatomiger Bindungen durch Druck. B. J. Alder und R. H. Christian. (Physic. Rev. Letters **4.** 450—52. 1/5. 1960. Livermore, Calif., Univ. of California, Lawrence Radiat. Labor.) (Engl.)

Vff. untersuchten mittels Einstoß-Verss. an J_2 die Erscheinung der Zerstörung des Richtungscharakters der chem. Bindung durch Druck, wobei als Kriterium ein Phasenübergang erster Ordnung, die Umwandlung des zweiatomigen Mol.-Kristalls in ein einatomiges Molekül durch Delokalisierung der Elektronen, benutzt wurde. Die aus der experimentellen Abhängigkeit der Stoß-Geschw. von der Teilchen-Geschw. ermittelte HUGONIOTsche Zustandsgleichung für J_2 zeigt einen Übergang bei ca. 0,7 Mb u. einem relativen Vol. von 0,53. Aus der Theorie folgt weiter, daß die Temp. am Übergangspunkt nahezu 1 eV beträgt u. daß der Raum-Temp.-Übergang bei ca. 0,3 Mb u. dem relativen Vol. 0,53 stattfindet. Weitere Unterss. galten dem Verh. von J_2 bei Doppelstoß-Verss. sowie der Abschätzung der Effekte an H_2. D. JÖRCHEL. 182□

Oberflächenstruktur und innere Struktur von Glas. Maurice Navez und Claude Sella. (C. R. hebd. Séances Acad. Sci. **250.** 4325—27. 2 Tafeln. 27/6. 1960. Paris, Co. Saint-Gobain, Labor. de Rech.; Bellevue, Seine-et-Oise, Centre Nat. de Rech. Sci., Labor. des Rayons X.) (Franz.)

Elektronenmkr. Unters. von zur Kontrasterhöhung mit Pt–Ir bedampften Oberflächen. C-Abdrucke der zu untersuchenden Oberflächen werden als Durchstrahlungsobjekte untersucht. Die innere Struktur wird an unter dem Vakuum frisch gebrochenen u. bedampften Bruchflächen studiert, die äußere Struktur an polierten Glasoberflächen. Die Abdrucke der inneren Struktur zeigen eine grobe Granulation mit bei verschiedenen industriellen Glassorten verschiedener Körnigkeit der Größenordnung 100 Å. Bei Borosilicatgläsern ist eine deutliche Phasentrennung zu beobachten. Ob es sich bei der Granulation der inneren Struktur ebenfalls um eine Erscheinung der Phasentrennung handelt, kann aus den bisherigen Beobachtungen nicht entschieden werden. Die äußere Struktur zeigt die Granulation der inneren auf glatten Flächen nicht, sondern nur an Kratzern u. Unebenheiten. F. LENZ. 186□

Feststellung der Inhomogenität der Verteilung von Verunreinigungen in Siliciumeinkristallen. M. G. Milwidski und A. W. Berkowa. (Заводская Лаборатория [Betriebs-Lab.] **27.** 557—59. 1961. Forsch.- u. Projektierungs-Inst. der Ind. der Seltenen Metalle.) (Russ.)

Vff. beschreiben ein Verf. zum Sichtbarmachen der Verunreinigungsverteilungen in Si-Einkristallen durch anod. Ätzen. n-Si wird in einem Elektrolyten HF (48%) :CH_3COOH (Eisessig) = 1 : 1 bei der Stromdichte 10 mA/cm² 2—5 Min. mit anschließender Bearbeitung in einer Lsg. von HF (48%): HNO_3 (58%) = 1 : 4 20—30 Sek. geätzt. p-Si wird im gleichen Elektrolyten mit 45—50 mA/cm² 4—6 Min. geätzt. Die Nachbehandlung erfolgt in HF (48%) : HNO_3 (58%) = 8 : 1,5 für 10—15 Sekunden. Verd. HF (6 u. 16%) wurde ebenfalls auf ihre Wirksamkeit bei anod. Ätzen untersucht. Die Verunreinigungen ordnen sich in Spiralen u. Wachstumsstreifen an. D. HOENE. 190□

Über die Lamellenstruktur von aus der Gasphase gebildeten Natriumchlorid-Kristallen. György Turchányi, Tünde Horváth und Imre Tarján. (Magyar fizik. Folyóirat [Ung. physik. Z.] **9.** 349—53. Sept. 1961. Budapest, Medizin. phys. Inst.) (Ung.)

Bei der Wärmebehandlung getrennt übereinanderliegender NaCl-Plättchen entstehen bei 600—800° in übersätt. NaCl-Dampf konzentr. oder polygonale Oberflächenstrukturen. Das Aufdampfen vom unteren Plättchen aus auf die untere Fläche des darüberliegenden Plättchens wurde mit Hilfe von ^{24}NaCl bewiesen. Allerdings hängt die Ausbldg. der Oberflächenstruktur weniger von der Temp. als von der Kondens.-Geschw. ab. Ein Zusammenhang zwischen der Oberflächenstruktur u. dem Gefüge der Plättchen konnte nicht gefunden werden. J. PLANK. 190

Ein Verfahren zur Erhitzung von Alkalihalogeniden und anderen Festkörpern in Dämpfen kontrollierten Druckes. C. Z. van Doorn. (Rev. sci. Instruments **32.** 755—56. Juni 1961. Eindhoven, Philips Gloeilampenfabr., Philips Res. Labor.) (Engl.)

Bei dem beschriebenen Verf. wird ein Ni-Rohr in einem Ofen im unteren Teil erhitzt, so daß ein auf seinen Boden gebrachtes Metall verdampft. Da der obere Rohrteil gekühlt wird, kondensiert es dort wieder u. ein Kreislauf bildet sich aus. Über eine Öffnung am oberen Rohrende kann mit N_2 geflutet oder ein definierter Druck eingestellt werden. Der Alkalihalogenidkristall wird in den Metalldampf eingehängt u. kann nach Einstellung des Gleichgewichtes schnell in ein Abschreck-Bad übergeführt werden. Es gelingt so reproduzierbare Anfärbung zu erreichen. Das Verf. eignet sich für alle Stoffe niederen Dampfdruckes am Tripelpunkt, so Na, K, Rb, Cs, Zn, Cd, Hg, S, Se, Te u. P (gelb). R. Ristow. 190□

Einfluß einiger Phosphate auf Kristallisation und Habitus von Strontiumsulfat. Masaji Miura, Sadaichi Otani, Minekazu Kodama und Kozo Shinagawa. (J. physic. Chem. **66.** 252—55. Febr. 1962. Hiroshima, Japan, Hiroshima Univ., Fac. of Sci., Dep. of Chem.) (Engl.)

Na-Di- u. Triphosphate hemmen die Kristallisation von $SrSO_4$. *Na-Trimetaphosphat* u. *Orthophosphat* zeigen keinen meßbaren Einfluß. Die Beeinflussung des Kristallwachstums durch die Phosphate wird konduktometr. verfolgt u. auf Adsorption an der Kristalloberfläche zurückgeführt. Die Größe der Kristalloberfläche wird durch Adsorption von Stearinsäure aus Bzl.-Lsg. nach der BET-Meth. bestimmt. Die Adsorption 6 verschiedener Phosphate an $SrSO_4$ wird mittels ^{32}P gemessen. Adsorption von Di- u. Triphosphat wächst stark mit deren Konz. an. Die unterschiedliche Adsorption wird in Beziehung gesetzt zur Löslichkeit der entsprechenden Phosphate u. ihrer Fähigkeit mit Sr Komplexe zu bilden. W. Franke. 190□

Kristallisation an einem Keim aus geschmolzener Salzlösung durch die Temperaturdifferenz-Methode. G. F. Reynolds und H. J. Guggenheim. (J. physic. Chem. **65.** 1655—57. Sept. 1961. Murray Hill, N.J., Bell Telephone Labor., Inc.) (Engl.)

Die Kristallisation von $CoFe_2O_4$ (I) wurde aus einer I-gesätt. Na-Tetraborat-Schmelze in einem vertikalen elektr. Ofen folgendermaßen durchgeführt: Der Kristallkeim ist an einem im oberen Teil des zylindr. Schmelztiegels befindlichen Pt-Rührstab befestigt, was die Wrkg. von Wärmeströmungen vermindert. Der untere Teil des Tiegels, in dem sich die Nährsubstanz befindet, hat gegenüber der Schmelze einen ziemlich scharfen Temp.-Gradienten von bis zu 80°, was durch innerhalb u. außerhalb des Tiegels angeordnete Pt-Bleche erreicht wird. Zur Temp.-Messung innerhalb des Tiegels in verschiedenen Höhen dient ein in einem Pt-Rohr laufendes Thermoelement. Die Heizwicklung ist in zahlreiche kurze Abschnitte unterteilt. Die Isolation besteht aus Al_2O_3-Faser, am Boden aus einem Al_2O_3-Block. Innerhalb von 2—20 Std. bei Temp.-Differenzen von 10—50° wurden zwischen 1100 u. 1200° mit einer mittleren Wachstums-Geschw. von 5 Gew.-% pro Std. I-Kristalle von 1—1,5 cm größter Länge (≙ ca. Doppeltes der Keimlänge) erhalten, die in Stufen parallel zu den (1 1 1)-Oktaederflächen gewachsen waren. Bei spontaner Keim-Bldg. am Rührstab entstanden regelmäßige Oktaeder mit glatten (1 1 1)-Flächen. R. Junge. 190□

Ordnung und Fehlordnung. 1. Mitt. **Theorie der Packungsfehler und Beugungsmaxima.** Helen D. Megaw. (Proc. Roy. Soc. [London], Ser. A **259.** 59—78. 22/11. 1960. Cambridge, Univ., Cavendish Labor., Crystallograph. Labor.) (Engl.) — Vgl. C. **1961.** 12756.

Vf. führt zunächst aus, daß man zwischen 2 Arten von Fehlordnung unterscheiden muß, u. zwar „unit-celldisorder“ u. „lattice disorder“. Nur die letztere bedingt Verschiebung der Beugungsmaxima. Es wird hierauf theoret. die Lage, der Beugungsmaxima untersucht, die ein Kristall mit einem dreidimensionalen Syst. von Packungsfehlern erzeugt, u. zwar für die beiden extremen Fälle, daß ihre Verteilung vollkommen regulär oder vollkommen regellos ist. Es kann gezeigt werden, daß die Lage der Beugungsmaxima in einem Gitter mit Packungsfehlern berechnet werden kann auf Grund der Kenntnis der Gleitvektoren u. der Fehlerwahrscheinlichkeiten in dem dreidimensionalen System. Man braucht keine Annahmen zu machen über die Natur der Atomanordnungen, die die Gleitvektoren bestimmen; andererseits kann man jedoch auch keinerlei Angaben über die Natur der Atomanordnungen auf Grund der experimentellen Bestimmungen der Lagen allein machen. C. Gottfried. 190

Dynamisches Verhalten von Versetzungen in anisotropen Medien. L. J. Teutonico. (Physic. Rev. [2] **124.** 1039—45. 15/11. 1961. Farmingdale, N.Y., Republic Aviation Corp., Materials Dev. Labor.) (Engl.)

Es wird die Dynamik von sich gleichförmig bewegenden Versetzungen in anisotropen Medien für Kristall-Syst. betrachtet, bei denen Kanten- u. Schraubenkomponenten getrennt betrachtet werden können. Es werden Ausdrücke für die kinet. u. potentielle Energie von Kanten- wie auch Schraubenversetzungen erhalten. Schraubenversetzungen verhalten sich bei allen Geschw. bis zur Grenz-Geschw. normal. Kantenversetzungen haben ein anomales dynam. Verhalten. Es scheint, daß es im allg. einen

Geschw.-Bereich gibt, in dem die Scherkraft auf die Schiebungsfläche negativ ist u. in dem sich Kantenversetzungen gleichen Vorzeichens eher anziehen als abstoßen. In einem isotropen Material ist die obere Grenze dieses Geschw.-Bereichs die Geschw. des Scherschalls; die untere Grenze ist die RAYLEIGH-Wellen-Geschw., die nie kleiner als 0,69 der Geschw. des Scherschalls sein kann. Im anisotropen Fall ist es für die Grenz-Geschw. möglich, kleiner als die entsprechende Scherwellen-Geschw. zu sein; auch die Schwelllen-Geschw. für anomales dynam. Verh. kann jede Geschw. zwischen 0 u. der Scherwellen-Geschw. sein. Eine Kantenversetzung in einem hexagonalen Kristall wird genauer diskutiert. H. LAUE. 190□

Untersuchung der Fehler eines Einkristalls mit Hilfe der Lichtstreuung. Lucienne Taurel. (J. Physique Radium **20.** 919—20. Nov. 1959. Paris, Sorbonne, Labor. des Rech. Phys.) (Franz.)

An Stelle der üblichen Meth., an einer durch Spaltung erhaltenen Lamelle Ätzfiguren zu untersuchen, wird eine einfachere Meth. vorgeschlagen, bei der die Fläche nicht durch Polieren oder Spaltung verändert ist u. die auf die Unters. eines geeigneten Ätzmittels verzichten kann. Sie ist zumal für solche Fälle geeignet, wo im Laufe des Kristallwachstums Verunreinigungen an Gitterfehlstellen (Korngrenzen) festgelegt sind. Hierbei wird unter sorgfältiger Vermeidung von Fremdlicht im Mikroskop die Streuung eines schwachen Lichtstrahls an den Fehlstellen des Kristalls beobachtet. Als Beispiel werden Aufnahmen von KJ-Kristallen mitgeteilt. E. JACOBSOHN. 190□

Schwellenenergie für Gitterverschiebungen in α-Al_2O_3. George W. Arnold und W. Dale Compton. (Physic. Rev. Letters **4.** 66—68. 15/1. 1960. Washington, D.C., U.S. Naval Res. Labor.) (Engl.)

Vff. bestrahlten 0,0635 cm dicke Proben von α-Al_2O bei 77 °K mit 2-MeV-Elektronen (Probe I) u. untersuchten hieraufohne Aufwärmen der Probe die aus der Bestrahlung sich ergebende opt. Absorption. Weiterhin wurde eine gleiche Probe mit schnellen Neutronen (Probe II) bei der Reaktor-Temp. bestrahlt. Bei II wurden Absorptionsbanden bis 205; 230 u. 255 mμ, bei I nur eine Bande bei 205 mμ gefunden. Die Absorption an der langwelligen Seite des 205 mμ-Bandes von I blieb beim Erwärmen der Probe auf Zimmer-Temp. aus, während gleichzeitig die Absorption bis 205 mμ etwas zunahm; kein Ausbleichen fand statt, wenn die Proben nach der Bestrahlung bei 77 °K belassen wurden. Mit zunehmendem Elektronenfluß wächst die 205 mμ-Bande zuerst sehr schnell, worauf lineares Wachstum erfolgt. Es konnte keine Abhängigkeit der Geschw. von der kristallograph. Orientierung mit Bezug auf den Elektronenstrahl festgestellt werden. Es wurde hierauf die Bldg. der 205 mμ-Banden als Funktion der Elektronenenergie bei einem einfallenden konst. Elektronenfluß von $0{,}945 \cdot 10^{17}$ e/cm² bestimmt. Die in der Probe absorbierte Energie E' wurde aus dem Bremsvermögen eines Materials mit der effektiven Atomzahl $Z = 11$ u. mit Hilfe der Theorie der Mehrfachstreuung erhalten. Bis die Energie der verlangsamten Elektronen unter die Schwellenenergie fällt, können Verschiebungen der Atome auftreten. Als Größe α definieren Vff. hierauf das Verhältnis von gemessener opt. Dichte zu korrigierter Weglänge. α läßt sich deuten als die Anzahl von Zentren, die pro cm² u. pro Einheit der Weglänge des Elektrons gebildet werden, während das Elektron Defekte erzeugt. Trägt man α bei verschiedenen effektiven Energien gegen den α-Wert bei 1,77 MeV graph. auf u. vergleicht mit den berechneten totalen Wirkungsquerschnitten für Al u. O, dann läßt sich nicht eindeutig feststellen, ob die 205 mμ-Absorption durch Al- oder O-Verschiebungen erzeugt wird. Es ist jedoch wahrscheinlich, daß die Al-Verschiebungen in Frage kommen, da sie leichter beweglich sind als die dichter gepackten O-Atome. C. GOTTFRIED. 190

Gleichgewichtsform eines Stufenversetzungsbogens bei Leerstellenübersättigung. G. Saada. (Acta metallurg. [New York] **7.** 367—73. Juni 1959. Paris, Centre de Rech. Métallurg., l'Ecole des Mines.) (Franz.)

Theoret. Unters. der möglichen Form eines Versetzungsbogen im Gleichgewicht mit Leerstellenübersättigung. Bei der angewendeten Meth. wird berücksichtigt, daß Versetzungen durch Sprünge aus ihrer Gleitebene aufsteigen. Die Form der Bögen hängt bei Normaltemp. stark von der Kristallstruktur ab. Bei sehr hoher Temp. (kt ca. 0,1 eV) nähert sich die Versetzungsform einem Kreisbogen. In allen Fällen ist der mittlere Krümmungsradius von gleicher Größenordnung wie der von BARDEEN u. HERRING (Imperfections in nearly perfect Crystals, 1952) angegebene. Weiter wird die Bldg. von Spiralen erörtert. CH. WEISKE. 190□

Phasenübergänge zwischen verschiedenen Eismodifikationen. R. H. Beaumont, H. Chihara und J. A. Morrison. (J. chem. Physics **34.** 1456—57. April 1961. Ottawa, Nat. Res. Council, Div. of Pure Chem.) (Engl.)

Glasartiges Eis entsteht bei langsamer Kondens. von Wasserdampf an einer Oberfläche der Temp. < 135 °K. Der Übergang von glasartigem zu kub. Eis erfolgt im

Temp.-Bereich 140—156°K mit einer Energieabgabe von 12 cal/g. Das kub. Eis geht bei ca. 200°K in gewöhnliches hexagonales Eis über, die hierbei auftretende Energieänderung ($<$ 1,5 cal/g) konnte nicht gemessen werden. Wenn die Kondens.-Geschw. des Wasserdampfes groß ist bzw. die Kondens.-Temp. mehr als 135°K beträgt, entsteht kub. oder hexagonales Eis. Röntgenograph. u. therm. Messungen stimmten sehr gut überein.

CLAUS FISCHER. 190□

Übergang zur Tieftemperaturphase bei Colemanit. A. Perloff und S. Block. (Amer. Mineralogist **45.** 229. Jan./Febr. 1960. Washington, D.C., Nat. Bur. of Standards.) (Engl.)

Durch Einkristallaufnahmen bei Zimmer-Temp. u. —30° wurde die Tieftemp.-Modifikation von *Colemanit* nachgewiesen. Sie besitzt die Raumgruppe $P\,2_1$ statt $P\,2_1/a$. Der Übergang tritt in der Nähe von 0° ein u. ist spontan reversibel.

J.-E. HILLER. 190□

Über die Elementarzelle von Mallinckrodts UO_3. P. M. de Wolff. (Acta crystallogr. [Copenhagen] **14.** 322—23. 10/3. 1961. Delft, TH, Labor. für Techn. Phys.) (Engl.)

Vf. interpretiert die von CONNOLLOY (vgl. C. **1961.** 13455) gegebenen Daten für MALLINCKRODTS UO_3 neu. Danach krist. die Verb. pseudomonoklin-tetragonal bzw. innenzentriert mit $a = b = 6{,}90$ (Å); $c = 19{,}92$; $\alpha = \beta = 90°$; $\gamma = 90{,}57°$. $Z = 16$. Raumgruppe $I\,4_1/a\,m\,d$.

H. MOENKE. 195□

Zur Struktur der Chalkogenidhalogenide des Indiums. Harry Hahn und Walter Nickels. (Z. anorg. allg. Chem. **314.** 307—20. März 1962. Würzburg, Univ., Chem. Inst., Abt. für anorg. Chem.) (Dt.) — Vgl. C. **1962.** 11843.

Vff. stellten durch Tempern u. Sublimation Einkristalle folgender Verbb. dar: *InSeCl* (**I**), gelbe Plättchen; *InSeBr* (**II**), braune Plättchen; *InSeJ* (**III**), gelbe Nadeln; *InTeCl* (**IV**), rotbraune Säulen; *InTeBr* (**V**), gelbbraune Plättchen u. *InTeJ* (**VI**), rotbraune Plättchen. Zwischen den pyknometr. erhaltenen u. den röntgenograph. berechneten Dichten wurden z. T. erhebliche Unterschiede erhalten, die z. T. auf die Einw. von Luftfeuchtigkeit u. z. T. auf die Feinheit der Präpp. zurückgeführt wurden. Drehkristallaufnahmen von **I** u. **II** ergaben $CdCl_2$-Typ, hexagonal, D_{3h}^5–R 3 m, wobei die Chalkogen- u. Halogenatome statist. auf den Nichtmetallagen verteilt sind. Durch Vergl. der Pulverdiagramme von **I** u. **II** mit denen von *InSCl* u. *InSBr* wurde auf gleichen Gittertyp u. Raumgruppe für letztere geschlossen. InSCl: $a = 3{,}72_8$ (Å), $c = 17{,}7_8$; InSBr: $a = 3{,}82_0$, $c = 18{,}5_9$; **I**: $a = 3{,}86_0$, $c = 18{,}5_8$; **II**: $a = 3{,}93_5$, $c = 19{,}1_3$; **III** u. *InSJ* zeigten ähnliche Pulverdiagramme. Drehkristallaufnahmen von **III** ergaben tetragonales Gitter unbekannten Strukturtyps ($n = 32$). InSJ: $a = 18{,}2_8$(?), $c = 9{,}6_9$(?); **III**: $a = 18{,}7_0$, $c = 10{,}1_5$. Für **IV**, **V** u. **VI** wurde auf Grund von Drehkristall- u. Goniometeraufnahmen nach SCHIEBOLD-SAUTER monokline Symmetrie ermittelt. **V** u. **VI** sind isotyp. **IV**: $a = 7{,}1_3$, $b = 14{,}0_7$, $c = 7{,}4_2$, $\beta = 92{,}1°$; **V**: $a = 7{,}0_4$, $b = 7{,}6_1$, $c = 8{,}3_8$, $\beta = 95{,}6°$; **VI**: $a = 7{,}4_4$, $b = 7{,}7_3$, $c = 8{,}4_2$, $\beta = 94{,}3°$. Bei den Verbb. mit S u. Se zeigt In die Koordinationszahl 6, sie sinkt beim Te auf 4, was durch ein Ansteigen des homöopolaren Bindungsanteils bedingt ist.

K. HUSTE. 195□

Untersuchung von zwei Germanaten vom Granattyp. A. Durif und G. Maupin. (Acta crystallogr. [Copenhagen] **14.** 440—41. 10/4. 1961. Grenoble, Inst. Fourier, Labor. d'Electrostat. et de Phys. du Métal.) (Franz.)

Vff. stellten eine Reihe von Verbb. der allg. Form $Ge_{3-x}Sn_{2+x}CaNa_2O_{12}$ u. $Ge_{3-x}Ti_{2+x}CaNa_2O_{12}$ dar, u. zwar durch Erhitzen von Ge-, Sn- bzw. Ti-Oxiden mit Na- u. Ca-Carbonat auf 900° bei der Ti-Verb. u. auf 1050° bei der Sn-Verbindung. Pulveraufnahmen zeigten, daß nur Proben mit $x = 0$ einer eindeutigen Granatphase entsprachen. Die Gitter-Konst. für $Ge_3Sn_2CaNa_2O_{12}$ u. $Ge_3Ti_2CaNa_2O_{12}$ sind $a = 12{,}430$ bzw. 12,359 Å. Intensitätsberechnungen ergaben die folgende Atomverteilung: 24 Ge in 24 (d); 16 Ti (Sn) in 16 (a); 16 Na + 8 Ca in 24 (c) u. 96 O in 96 (h) mit $x = 0{,}035$; $y = 0{,}050$; $z = 0{,}645$.

C. GOTTFRIED. 195

Untersuchungen im System Nickel-Selen. Joh.-E. Hiller und W. Wegener. (Neues Jb. Mineralog., Abh. **94.** 1147—59. Juli 1960. Stuttgart, TH, Inst. für Miner. u. Kristallchem.; Berlin-Dahlem, Bundesanstalt für Materialprüf.) (Dt.)

Im Syst. Ni–Se wurden durch Erhitzen der Elemente auf 225—250° als neue Phasen gefunden: *Ni_3Se_2*, rhomboedr. mit der Raumgruppe D_3^7–R 32, $a = 4{,}2375$ Å, $\alpha = 90°42'$; $Z = 1$; $D_{röntg.}$ 7,287, D_{pykn} 7,20. *γ-NiSe*, rhomboedr. mit Milleritgitter, $a = 5{,}8834$ Å, $\alpha = 116°31'$; $Z = 3$; $D_{röntg.}$ 7,114. Die Umwandlungs-Temp. γ-NiSe–β-NiSe liegt bei ca. 320°. *Ni_3Se_4* monoklin-prismat. mit Raumgruppe C_{2h}^3–C 2/m, $a_0 = 12{,}15$, $b_0 = 3{,}633$, $c_0 = 10{,}45$ Å, $\beta = 149°22'$, $Z = 2$. Punktlagen u. Parameter von Ni_3Se_2 u. Ni_3Se_4 wurden bestimmt. Die Phasengrenzen aller Verbb. des Syst. wurden festgelegt.

J.-E. HILLER. 195□

Mischphasenpigmente mit Rutil-Struktur. F. Hund. (Angew. Chem. **74.** 23—27. 7/1. 1962. Krefeld-Uerdingen, Farbenfabriken Bayer A.-G., Forsch.-Labor. für Anorg. Pigmente.) (Dt.)

Es wurden bunte u. unbunte Pigmente mit Rutilstruktur durch heterotype Mischphasen-Bldg. dargestellt. Als Wirtsgitter wurden im Rutilgitter kristallisierende Dioxide (TiO_2, SnO_2) oder Difluoride der allg. Formel AB_2 (A = Mg, Mn, Fe, Co, Ni, Pd, Zn) gewählt, in die Metalloxide u. -fluoride von anderer Struktur eingebaut werden können, wenn deren mittlere statist. Kationenradien zwischen 0,55 u. 0,98 (bei Einzelradien von 0,46—0,98 Å) liegen u. wenn deren relative Mengen zueinander so gewählt werden, daß das durch die Wirtsgitter vorgegebene Verhältnis Kationen : Anion von 1 : 2 unter Erhaltung der Elektroneutralität nicht verändert wird. Im einzelnen wurden eingebaut durch Erhitzen der Wirtskomponenten mit bis zu 70—80 Gew.-% der Gastkomponenten: $Me^IMe_3^VO_8$, $Me^IMe_2^VO_5F$, $Me^{II}Me_2^VO_6$, $Me^{III}Me^VO_4$, $Me_2^IMe_3^{VI}O_{10}$, $Me^IMe^{VI}O_3F$, $Me^{II}Me^{VI}O_4$, $Me_2^{III}Me^{VI}O_6$, $Me^IMe^{III}F_4$, $Me_2^IMe_3^{III}F_9O$, $Me^{II}Me^{III}F_3O$, $Me_2^{III}Me^{III}F_3O_3$; Me^I=Li, Cu, Na; Me^{II} = Mg, Zn, Mn, Fe, Co, Ni, V, Cu, Pd; Me^{III} = Al, Ga, Ti, As, Sb, V, Nb, Ta, Cr, Mn, Fe, Rh, Sn, In; Me^V As, Sb, Bi, V, Nb, Ta; Me^{VI} Mo, W, U, Te.

Ch. Weiske. 195□

Untersuchungen radioaktiver Verbindungen. 10. Mitt. **Die Synthese und Kristallographie von Brannerit.** J. E. Patchett und E. W. Nuffield. (Canad. Mineralogist **6.** 483—90. 1960. Toronto, Univ.) (Engl.)

Es wurden Precessions- u. Weissenberg-Aufnahmen eines synthet. Einkristalls ausgewertet. Ergebnis: monokline Symmetrie mit a = 9,87 (Å); b = 3,76; c = 6,95; β = 119° 30'. $D_{exp.}$ 6,35 (g/cm³); $D_{ber.}$ 6,36. Z = 2. Raumgruppe C 2/m.

H. Moenke. 195□

Struktur und Korngrenzenenergie in Metallen. K. A. Ossipow. (Доклады Академии Наук СССР [Ber. Akad. Wiss. UdSSR] **128.** 284—87. 11/9. 1959. Akad. der Wiss. der UdSSR, Baikow-Inst. für Metallurg.) (Russ.)

Vf. untersucht an kub.-raumzentrierten u. kub.-flächenzentrierten Metallen die Übereinstimmung der Werte E u. q (E = Korngrenzenenergie u. q = Aktivierungsenergie für Prozesse, die zur Entstehung von thermodynam. instabilen Atomen in Kristallen führen). E wird für kub.-flächenzentrierte Metalle in Abhängigkeit vom Winkel Θ der Korngrenzenverzerrung dargestellt. Für Θ (im Bogenmaß) = 1 hat E ein Maximum. E u. q stimmen für Ag, Au, Cr, Cu, Mo, Ni, Pb, Pt u. W ungefähr überein, lediglich Al macht eine Ausnahme. Am Beispiel der Aktivierungsenergie für die Selbstdiffusion von Ni u. des Krongrenzenwachstums von Pb werden E u. q speziell betrachtet.

D. Hoene. 197□

Weitere Versuche zur Strahlenbeeinflussung von Metallen. Erich Schmid und Karl Lintner. (Z. Metallkunde **51.** 615—20. Nov. 1960. Wien, Univ.) (Dt.)

An α-bestrahlten *Al-* u. *Cu*-Proben wurden elektr. Leitfähigkeit u. Hall-Effekt untersucht. Bei Al nahm die Leitfähigkeit prozentual viel stärker als bei Cu ab. Ebenso wurde die Hall-Konst. bei Al viel stärker herabgesetzt. Bei Cu schien bei kleineren Bestrahlungsdosen die Hall-Konst. zuerst anzusteigen u. erst später abzunehmen. Bei Al nahm die Zahl der Elektronen durch die Bestrahlung prozentual nur wenig ab, ihre Beweglichkeit dagegen erheblich mehr, wie Berechnungen auf Grund eines Zweibändermodells ergaben. Dagegen nahm die Zahl der Defekt-Elektronen sehr stark ab, weniger ihre Beweglichkeit. Bei der Bestrahlung von *Zn*-Kristallen ergab sich, daß Kristalle, deren Längsachse nahe der hexagonalen Achse liegt, einen sehr viel stärkeren relativen Widerstandsanstieg durch die Bestrahlung erfahren als Kristalle mit Längsachsen nahezu in der Basisfläche. Bei weißem *Sn* wurde durch α-Beschuß eine Änderung des Sprungpunktes für den Eintritt von Supraleitung beobachtet, die für eine bestimmte Konz. von Störstellen weit die an Sn-Mischkristallen gleicher Konz. an Fremdmetallen übertrifft. An *Cr-Stählen* wurde die Beeinflussung der Austenit-Martensit-Umwandlung durch Neutronenstrahlen untersucht. Von bestimmten Dosen an aufwärts wurde eine Aktivierung der Umwandlung beobachtet. Bei weiterer Erhöhung der Dosis tritt ein Stabilisierungseffekt des Restaustenits auf, der die Aktivierung der Umwandlung überlagert.

F. Vier. 197□

Sekundäre Rekristallisation in metallischen Doppel- und Mehrfachschichten. Hans Günter Baer. (Z. Metallkunde **51.** 650—55. Nov. 1960. Hanau, Vacuumschmelze A.G.) (Dt.)

An verschiedenen Doppel- u. Mehrfachschichten, bei denen *Fe, Cr, Ni* u. *Cu* verwendet wurden, z. T. mit Zusätzen von *Si*, wird gezeigt, daß bei der sek. Rekristallisation Kristalle des einen Metalls in die Matrix des anderen hinein- u. hindurchwachsen. Metalle, die nicht zur sek. Rekristallisation neigen, können durch den Partner dazu gebracht werden.

F. Vier. 197□

Einige Gesichtspunkte im Hinblick auf das Wachstum von Diffusionsschichten in binären Systemen. G. V. Kidson. (J. nuclear Mater. [Amsterdam] **3.** 21—29. Jan. 1961. Chalk River, Ontario, Canada, Atomic Energy of Canada, Ltd., Res. Metallurg. Branch.) (Engl.)

Es wird gezeigt, daß die Anwendung des 1. FICKschen Gesetzes auf mehrphasige Diffusionszonen bin. Metall-Syst. zu einfachen, aber genauen Ausdrücken führt, die die Lage der Grenzflächen als Funktion der Zeit u. der Temp. beschreiben. Es werden Zwei- u. Dreiphasen-Syst. behandelt u. die Ergebnisse auf n-phasige Syst. verallgemeinert. Das Temp.-Verh. der Geschw.-Konst. wird untersucht. Die Bedingungen, unter denen die Phasen bis zu beobachtbarer Schichtdicke in der Diffusionszone anwachsen, werden definiert. W. BETCKE. 197□

Entmischungsvorgänge im System Aluminium–Silber. Reinhold Baur und Volkmar Gerold. (Z. Metallkunde **52.** 671—76. Okt. 1961. Stuttgart, MPI für Metallforsch.) (Dt.)

Die Unters. der Röntgen-Kleinwinkelstreuung mit einem Zählrohr erlaubt quant. Aussagen über die Entmischungsvorgänge in Al–Ag-Legierungen. Bereits während des Abschreckvorganges entstehen kugelförmige Entmischungszonen, die wenige Minuten darauf bei Raum-Temp. einen Zustand erreichen, der einer vollständigen Entmischung der Leg. in Ag-reiche Zonen u. eine Ag-arme Umgebung entspricht. Die dabei auftretenden Ag-Konzz. werden von einer metastabilen Mischungslücke beschrieben, deren krit. Punkt bei ca. 450° liegt. Bei jeder Auslagerungs-Temp. stellen sich die Ag-Konzz. entsprechend dieser Mischungslücke in relativ kurzer Zeit ein. Bei dem nachfolgenden Wachstumsprozeß verringert sich die Zahl Nz der Zonen, während ihr Radius R_1 sich von ca. 10 bis zu 70 Å vergrößert. Der isotherme Wachstumsprozeß wurde im Temp.-Bereich von 23—300° quant. verfolgt, wobei ein einheitliches Wachstumsgesetz gefunden wurde. Aus der Temp.-Abhängigkeit der Rk.-Konst. k folgt eine einheitliche Aktivierungsenergie von 22,5 kcal/Mol im gesamten untersuchten Temp.- u. Konz.-Bereich (6—12 Atom-% Ag). Ein Vgl. des Wachstums bei verschiedenen Legg. zeigt, daß bei gleicher Auslagerungszeit u. -Temp. überall die gleiche Zahl N_z von Entmischungszonen vorhanden ist. H. HOCHSTEIN. 197□

Die Struktur der σ-Phase Nb_2Al. P. J. Brown und J. B. Forsyth. (Acta crystallogr. [Copenhagen] **14.** 362—64. 10/4. 1961. Cambridge, England, Cavendish Labor., Crystallogr. Labor.) (Engl.)

Die σ-Phasen-Struktur des Nb_2Al wurde bestätigt. Zur Struktur-Best. wurden Einkristallaufnahmen hergestellt; die Best. der Atomparameter erfolgte über FOURIER- u. Differenz-Synthesen. Die Gitter-Konst. sind a = 9,943, c = 5,186 Å; Zellinhalt $Nb_{20}Al_{10}$, Raumgruppe $P4_2nm$. Die Atome haben folgende Punktlagen u. Koordinaten: Al_1: 2 (a), (x =) 0, (y =) 0, (z =) 0; Al_2: 8 (i), 0,0665, 0,2615, 0; Nb_1: 8 (i), 0,5350, 0,1280, 0; Nb_2: 4 (g), 0,3965, —0,3965, 0; Nb_3: 0,3180, 0,3180, 0,2520. Die Atomabstände betragen: Al–Al: 2,712, Al–Nb: 2,895, Nb–Nb: 3,040 Å. Die Struktur hat starke Ähnlichkeit mit der σ-Phase CoCr (vgl. C. **1960.** 11221). HEINZ HESS. 197□

Untersuchung der Ordnungseinstellung von $CuAu_3$ durch Messen des Gitterparameters und des Widerstandes. P. Wright und K. F. Goddard. (Acta metallurg. [New York] **7.** 757—61. Dez. 1959. Bangor, Univ. Coll. of North Wales.) (Engl.) — Vgl. C. **1959.** 8045.

Vff. berichten zunächst über Messungen des elektr. Widerstandes von Drähten der Zus. $CuAu_3$ (74,40 Atom-% Au), die bei Temp. bis 400° kurz angelassen, dann aber innerhalb weniger Sek. abgeschreckt worden waren. Zur Messung des Gitterparameters wurde die gepulverte Leg. 15 Min. auf 893° erhitzt u. in fl. Luft abgeschreckt. Die Legg. wurden hierauf nochmals bei Temp. zwischen 165 u. 224° angelassen u. abgeschreckt. Dann wurden die Gitterparameter bestimmt. Aus beiden Messungen ergab sich in Übereinstimmung mit der Vorhersage von COWLEY (vgl. C. **1950.** II. 2653), daß die krit. Temp. bei ca. 190° liegt. Nach COWLEYs Ordnungstheorie gilt für die krit. Temp. T_c folgende Beziehung: $T_c = 3/2k\,(V_1 - 3/2\,V_2 + \cdots)$, wo V_1, V_2 usw., die die Ordnung bestimmenden Wechselwrkg.-Energien von Atompaaren, die durch die kürzesten Abstände getrennt sind, bedeuten. Mit T_c = 190° folgt V_1 = 269 k, V_2 = —26,9 k, V_3 = 0. Die Möglichkeit einer linearen Beziehung zwischen dem Gitterparameter u. dem Nahordnungsparameter oder der Konfigurationsenergie wird geprüft.
C. GOTTFRIED. 197

Zur Kenntnis der Systeme Uran–Zirkonium (Hafnium, Niob, Tantal)–Kohlenstoff. F. Benesovsky und E. Rudy. (Planseeber. Pulvermetallurgie **9.** 65—76. April 1961. Reutte/Tirol, Metallwerk Plansee A.G.) (Dt.) — Vgl. C. **1961.** 13834.

UC ist ein geeigneter Brennstoff für graphitmoderierte Hochtemp.-Reaktoren. Bei hohen Temp. reagiert es aber mit Graphit unter Bldg. C-reicherer Carbide. Auf

Grund röntgenograph. Unterss. der Teil-Syst. UC–MeC–C (Me = Zr, Hf, Nb, Ta) konnte gezeigt werden, daß in allen Syst. ausgedehnte Zweiphasenbereiche (U, Me)C + C bestehen. Der beständige B1-Mischkristall enthält bei 1700° im Syst. UC–ZrC: 30 Mol-% UC, UC—HfC: 14 Mol-% UC. UC—NbC: 28 Mol.-% UC u. UC–TaC: 23 Mol.-% UC. Bei hohen Temp. verschieben sich die Grenzen etwas nach der UC-Seite. Die Carbide U_2C_3 u. UC_2 vermögen fast keine Zweitmetalle aufzunehmen. Auf Grund thermodynam. Berechnungen unter Benutzung der bekannten UC-Werte wurde für die freie Bldg.-Energie des UC_2 ein Wert von $-17 \pm 2{,}5$ kcal ermittelt. Die große Fehlerbreite ist auf die Unsicherheit beim UC-Wert zurückzuführen. H. HOCHSTEIN. 197□

Untersuchung über die ferritischen Korngrenzen in Eisen und kohlenstoffarmen Stählen. Ivan Hrivňák. (Hutnické Listy **15.** 432—41. Juni 1960. [Tschech.] Metal Treatment Drop Forging **28.** 133—43. April 1961. (Engl.) Bratislava, Výzk. ústav zvárač.)

Elektronenmkr. Unters. der Ferritgrenzen von 3 C-Stählen mit 0,07% C (50 Jahre alt), 0,115% C u. reinem Fe (C < 0,03%). Es wurde elektrolyt. poliert ($HClO_4/CH_3COOH$/W; 25 V; 1 Min.) u. mit 3,5% HNO_3 in A. geätzt. Die Grenzen mit mehrfachen Konturen sind geneigte ($\vartheta > 35^0$) oder gewundene Grenzen; die Trennung der Grenze nach der Winkelgröße ist nur formell. Die gewundenen Grenzen sind Folgen eines kombinierten Syst. von Versetzungen in der Größenordnung von 100 Å. Vf. betrachtet das MOTTsche Modell als unwahrscheinlich. Es ist jedoch möglich, daß die Stufen ein gewisses Maß des Versetzungs-Syst. bilden, welches mit Hilfe der COTTRELL-Atmosphäre sichtbar gemacht werden kann. — 28 Literaturangaben. J. TŮMOVÁ. 197□

Die Kristallographie der martensitischen Umwandlungen. B. A. Bilby und J. W. Christian. (J. Iron Steel Inst. **197.** 122—31. Febr. 1961. Sheffield, Univ.; Oxford, Univ.) (Engl.) — Vgl. C. **1962.** 9633.

Zusammenfassender Überblick über die Entwicklung der neueren Theorien der Kristallographie der martensit. Umwandlungen. — 64 Literaturzitate (bis 1960). C. GOTTFRIED. 197

Martensitische Keimbildung. Cornelis Antonius Verbraak. (Z. Metallkunde **51.** 646—49. Nov. 1960. Delft, TH, Labor. für Phys. Chem. u. Inst. für Metallforsch. T.N.O.) (Dt.)

Eine in *Cu* hergestellte scharfe (1 1 2) [1 1 1]-Walztextur führte nach Rekristallisation zur Bldg. der Würfellage u. zweier (2 1 0) [0 0 1]-Komponenten. Dabei wurde festgestellt, daß vor der endgültigen sek. Rekristallisation der Würfellage zuerst eine Zwischentextur mit einer (1 1 1) [1 1 2]-Lage gebildet wird. Diese Erscheinungen werden durch eine ROWLAND-Transformation erklärt. Die Rekristallisationskeime können dann durch Neuaufbau des Gitters durch einen martensitähnlichen Umklappvorgang gebildet werden. Dabei spielt die Elimination von Zwillingsgrenzen eine entscheidende Rolle. Ein Versetzungsmodell dieses Keim-Bldg.-Mechanismus wird vorgeschlagen, wobei ein stufenweises Wachstum des Keimes möglich ist. Jeder Stufe liegt eine Rk. zwischen 2 Halbversetzungen zugrunde. F. VIER. 197□

Erzeugung von Eiseneinkristallen durch das Zonenschmelzverfahren. Hans Hillmann und Albrecht Mager. (Z. Metallkunde **51.** 663—66. Nov. 1960. Hanau, Vacuumschmelze.) (Dt.)

Die Herst. von Fe-Einkristallen nach dem Zonenschmelz-Verf. wird beschrieben. Die Ergebnisse lassen den Schluß zu, daß die Orientierung der erhaltenen α-Einkristalle bereits durch den vorher gebildeten δ-Einkristall geprägt wird. F. VIER. 197□

Schnelle Beseitigung der inneren Spannungen in Gußeisenstücken durch Vibrieren. A. T. Balewsky, V. R. Draganov und R. Ch. Nikoloff. (Доклады Болгарской Академии Наук [C.R. Acad. bulg. Sci.] **12.** 545—47. Nov./Dez. 1959.) (Dt.)

Beim Vibrieren von bes. gußeisernen, innere Spannungen aufweisenden Proben wächst die anfänglich kleine Amplitude an, erreicht ein Maximum u. sinkt nach einer gewissen Zeit etwas ab, um einen Wert zu erreichen, der bei weiterem Vibrieren unverändert bleibt. Durch eine solche Behandlung werden die inneren Spannungen in den Gußstücken beseitigt. Geglühte, keine innere Spannungen besitzende Proben zeigen bei der Vibration eine wesentlich größere, sich nicht verändernde oder sich zunächst verringernde u. danach unverändert bleibende Amplitude. Innere Spannungen werden nur dann beseitigt, wenn beim Vibrieren die Probe eine geringe elast. Deformation erfährt. H. HOCHSTEIN. 200□

Zum plastischen Verhalten von Metallen unter Schalleinwirkung. Friedrich Blaha, Bertwin Langenecker und Dietrich Oelschlägel. (Z. Metallkunde **51.** 636—38. Nov. 1960. Wien, Univ., II. Phys. Inst.) (Dt.) — Vgl. C. **1960.** 12264.

Der Einfl. eines Ultraschallfeldes von 800 kHz u. 2 W/cm² Intensität auf den gesamten Verlauf der Spannungs-Dehnungs-Kurve von *Zn*-Einkristallen bis zur Bruchgrenze wird beschrieben. Entsprechend der Wrkg. einer Temp.-Erhöhung steigt die

Grenzabgleitung durch Beschallung an, dagegen verhält sich die Grenzschubspannung umgekehrt u. liegt bei beschallten Proben höher als bei unbeschallten. F. VIER. 200□

Pyramidales Gleiten. Bildung und Klettern von Versetzungsschleifen in fast vollkommenen Zinkkristallen. P. B. Price. (Philos. Mag. [8] **5.** 873—86. Sept. 1960. 12 Tafeln. Cambridge, Cavendish Labor., Phys. and Chem. of Solids.) (Engl.)

Dünne ($\simeq$ $^1/_2$ μ) Zn-Whiskers u. -Plättchen werden im Elektronenmikroskop zugverformt u. die entstandenen Versetzungen u. ihre Bewegung in Transmission direkt aufgenommen. Die einzelnen Verformungsmechanismen u. Versetzungstypen werden im Zusammenhang mit den makroskop. Spannungs-Dehnungs-Diagrammen diskutiert. J. TELTOW. 200□

Die röntgenographischen elastischen Konstanten für Gitterdehnungsmessungen an {400}-Netzebenen von reinem Kupfer. Carl-Otto Leiber und Eckard Macherauch. (Z. Metallkunde **51.** 621—25. Nov. 1960. Stuttgart, MPI für Metallforsch.) (Dt.)

Die Best. der „röntgenograph. elast. Konst." bei Metallen niederer Streckgrenze, deren Kenntnis für die genaue Ermittlung von Spannungen aus Gitterdehnungsmessungen mit Röntgenstrahlen Voraussetzung ist, wird beschrieben. Die Meth. geht von der linearen Superposition von Gast- u. Eigenspannungen 1. Art bei der Wiederbelastung im Zug-Vers. verfestigter Metallproben aus. Durch Messung der Dehnungsverteilung in 2 Ebenen des Dehnungsellipsoids einachsig verschieden stark zugbeanspruchter Vielkristallproben wird der vollständige Anisotropie-Einfl. auf mit Co-Strahlung an reinem Cu bestimmbare Gitterdehnungen (400-Interferenz) ermittelt. F. VIER. 200□

Geräuscheffekte in kristallinem Material. J. Kaiser. (Fraunhofer-Ges. Förder. angew. Forsch. E.V., Beispiele angew. Forsch. **1957.** **49**—54. Juni.) (Dt.)

Bei kristallinen Werkstoffen treten bei mechan. u. therm. Beanspruchung (z. B. auch beim Schmelzen u. Erstarren) innere Geräusche auf, die mit einer elektroakust. Anlage hohen Verstärkungsgrades an *Al*-, *Cu*-, *Zn*- u. *Sn*-Einkristallen u. -Polykristallen studiert wurden. Bei den Polykristallen wurden auch Unterss. bei verschiedenen Korngrößen durchgeführt. Mit diesen Unterss. konnte eindeutig bewiesen werden, daß die Geräusche zwei verschiedene Ursachen, die K- u. die G-Effekte, besitzen. Die K-Effekte geben dabei Erscheinungen an den Korngrenzen wieder. Sie fehlen bei den Einkristallen. Die G-Effekte spielen sich im Innern der Kristalle ab. H. FAHLENBRACH. 200□

Der Einfluß des Oberflächenzustandes auf die mechanischen Eigenschaften von Lithiumfluoridkristallen. A. R. C. Westwood. (Philos. Mag. [8] **5.** 981—90. Okt. 1960. Baltimore, Md., RIAS.) (Engl.)

Die Oberfläche der Spaltstücke wurde entweder durch Aufdampfen von Cr oder durch 1—3std. Temperung bei 600—700° in Kontakt mit MgO-Pulver (doppelte Umsetzung, Diffusionsschicht) verändert. Bes. die zweite Behandlung beeinflußt alle Stadien der nachfolgenden Druckverformung stark. Ätz-Verss. zeigen, daß die Oberflächenschicht einmal Versetzungsquellen an der Oberfläche unwirksam machen u. zweitens die Auswanderung von Versetzungen durch die Oberfläche verhindern kann. J. TELTOW. 200□

Bildung von Sprüngen in Eisplatten durch thermischen Schock. L. W. Gold. (Nature [London] **192.** 130—37. 14/10. 1961. Canada, Nat. Res. Council, Snow and Ice Sect.) (Engl.)

Vorläufige Mitt. über den Zusammenhang zwischen der Richtung der durch therm. Behandlung ausgelösten Sprung-Bldg. u. der kristallograph. Orientierung der Körner in Eisschichten. H. MOENKE. 200□

Die Nachahmung der Kriech- und Relaxationsvorgänge für Lehrzwecke. C. William Smith. (Bull. Virginia Polytechn. Inst. **54.** 3—28. Juni 1961. Virginia Polytechn. Inst., Engng. Exp. Stat.) (Engl.)

Die Grundzüge der Kriech- u. Relaxationsvorgänge werden erörtert. Ein halb empir. Verf. zur Extrapolation von Kriechwerten wird beschrieben. Aus den Kriechwerten lassen sich die Lastentspannungskurven vorher bestimmen. W. WESLY. 200□

A₇. Gleichgewichte. Kinetik

Metallkomplexbildung durch Phosphorverbindungen. 5. Mitt. **Temperaturabhängigkeit der Säurekonstanten und der Magnesiumkomplexbildungskonstanten.** Riyad R. Irani. (J. physic. Chem. **65.** 1463—65. Aug. 1961. St. Louis, Mo., Monsanto Chem. Co., Inorg. Chem. Div., Res. Dep.) (Engl.) — 4. vgl. J. physic. Chem. **65.** [1961.] 934; 1. vgl. C. **1961.** 5361.

Die drei sauren Dissoziations-Konst. (K_1, K_2, K_3) von *Polyphosphorsäuren*, $(HO)_2\cdot OP-(PO_3H)_n-OPO(OH)_2$, (PPS), n = 0—60, u. Imidophosphorsäuren wurden bei

Gesamtionenstärken von 0,1—1,0 u. Temp. von 0—65° durch Titration bestimmt. Nur die Dissoziation des 1. u. 2. H gibt sich durch definierte Knickpunkte auf den Titrationskurven zu erkennen. K_1 u. K_2 der PPS zeigen keine nennenswerte Temp.-Abhängigkeit; $K_1 : K_2$ nähert sich mit wachsendem n dem Wert 4. — Die Dissoziations-Konst. der *Imidodiphospharsäure* u. der *Diimidotriphosphorsäure* sind deutlich temperaturabhängig. Für die 1. Dissoziationsstufe liegen die ΔH-Werte bei —6,4 bzw. —4,5 kcal (gegenüber —1 bis 0 bei den PPS) u. für die 2. Stufe bei —3,2 bzw. +3,2 kcal. Die pK_1-, pK_2-, pK_3- u. pK_4-Werte (letzterer geschätzt) der PPS sind tabellar. aufgeführt. — Die Stabilitäts-Konst. der Komplexe des Mg mit *Pyro-* u. *Triphosphat* (L), MgL^{3-}, Mg_2L^- u. $MgHL^{2-}$, wurden in $(CH_3)_4NBr$-haltiger Lsg. der Gesamtionenstärke 1,0 bei pH 5,0—6,3 bei 25 u. 65° bestimmt. Die Temp.-Abhängigkeit der Konst. ist gering; die ΔH-Werte für die Komplex-Bldg. liegen bei 0 ± 1 kcal. W. BETCKE. 223□

Komplexe, die aus α-Hydroxyamidinen und Übergangsmetallionen gebildet werden. 1. Mitt. Dissoziationskonstanten der sauren Gruppe der Liganden. R. O. Gould und R. F. Jameson. (J. chem. Soc. [London] **1962.** 296—99. Jan. Dundee, Univ. of St. Andrews, Queen's Coll.) (Engl.) — Vgl. C. **1961.** 5372.

Vff. messen die Zers. der α-Hydroxyamidiniumionen von $HOC(C_6H_5)RC(NH)NH_2$ mit R = *H* (I), CH_3 (II) u. C_2H_5 (III) in bas. Lsg. bei 25° mit einer Glaselektrode. Die Geschw. der gemäß $OH^- + RC(NH_2)NH_2^+ \rightarrow NH_3 + RCONH_2$ verlaufenden Zers. zeigt eine Abhängigkeit 1. Ordnung von der OH^--Konz. mit Rk.-Geschw.-Konst. ($k \cdot 10^5\ s^{-1}$) von 18,0 für **I**, 8,4 (**II**) u. 8,1 (**III**). An Hand dieser Ergebnisse werden die Dissoziations-Konst. pK_1 (Amidiniumgruppe) u. pK_2 (α-Hydroxygruppe) bei einer Ionenstärke von 0,1 u. 25° für **I** zu 10,82 u. 12,52, **II** 10,96 u. 12,72, **III** 11,06 u. 12,86 (Fehler von $pK_1 = \pm 0{,}01$, $pK_2 = \pm 0{,}05$) berechnet. Die Rolle der schwach sauren OH-Gruppe der α-Hydroxyamidine bei der Bldg. der beständigen Komplexe mit Übergangsmetallionen wird diskutiert. U. SKURNIA. 223□

Metallkomplexe von Embelin. V. Venkateswarlu und Ch. Bheemasankara Rao. (Current Sci. [Bangalore] **29.** 136. April 1960. Waltair, Andhra Univ., Dep. of Chem.) (Engl.)

Embelin (**I**; 2.5-Dihydroxy-3-undecyl-p-benzochinon) bildet mit folgenden Metallen Komplexe, in denen das Metallatom an die Hydroxylgruppe gebunden ist (in Klammern pH-Bereich der Fällung, Mol-Verhältnis Metall:**I** des Komplexes u. Farbe desselben): *Al(III)* (4,0—5,0; 2:3; blauviolett), *Ba* (6,5—7,5; 1:1; schmutziggrün), *Be* (5,0—5,5; 1:1; rosa), *Bi(III)* (3,0—4,0; 2:3; grünschwarz), *Cd* (6,0—7,0; 1:1; blaugrün), *Ca* (6,0—7,0; 1:1; violett), *Ce(III)* (5,0—6,0; wechselnd; violett), *Cu(II)* (6,0—6,5; 1:1; braunviolett), *Co(II)* (6,0—7,0; 1:1; schwarzviolett), *Pb(II)* (6,0—6,5; 1:1; dunkelgrün), *Li* (>7,0; 2:1; violett), *Mg* (7,0—8,0; 1:1; tiefviolett), *Mn(II)* (7,0—7,5; 1:1; grauviolett), *Hg(II)* (2,0—3,0; —; orangegelb), *Ni(II)* (6,0—7,0; 1:1; tiefgrün), *K* (>7,0; 2:1; blaurosa), *Seltenerdmetalle* (>6,0; —; violett), *Ag(I)* (7,0; 2:1; schwarzviolett), *Na* (>7,0; 2:1; graupurpur), *Sr* (6,0—7,0; 1:1; violett), *Th(IV)* (0,4n Säure; wechselnd; violett), *Ti* (saure Lsg.; wechselnd; grün), *U(VI)* (6,0—6,5; —; violett), *Zr* (saure Lsg.; —; grün) u. *Zn* (6,5—7,5; 1:1; blauviolett). Fe^{3+} oxydiert **I** in saurer Lösung. G. KIRSTEN. 223□

Essigsäureanhydrid als nichtwässeriges ionisierendes Lösungsmittel. 3. Mitt. Potentiometrische Titrationen und Abschätzung des Ionenproduktes von essigsäurefreiem Essigsäureanhydrid aus Potentialmessungen. G. Jander und H. Surawski. (Z. Elektrochem., Ber. Bunsenges. physik. Chem. **65.** 527—30. 1961. Berlin, TU, Anorg.-Chem. Inst.) (Dt.) — 2. vgl. Z. Elektrochem., Ber. Bunsenges. physik. Chem. **65.** [1961.] 469; 1. vgl. C. **1962.** 1512.

Im Rahmen ihrer Unterss. über die Chemie in Essigsäureanhydrid berichten Vff. über Potentialmessungen, die nach der Meth. der gebremsten Vgl.-Elektrode mit prakt. verhinderter Diffusion durchgeführt wurden. Einige der bereits konduktometr. u. präparativ sichergestellten neutralisationsanalogen Umsetzungen zwischen basenanalogen Acetaten u. säureanalogen Acetyl-Verbb. wurden potentiometr. verfolgt, so die Titration von *K-Acetat* (**I**) mit *Acetylbromid* (**II**) bzw. von **II** mit **I**, von *Tl-Acetat* mit *Acetylchlorid* u. *-perchlorat* (**III**) sowie von **I** mit **III**. Aus EMK-Messungen verschieden konz. **I**-Lsgg. gegenüber dem reinen Lsgm. ergibt sich, daß die als Elektrodenmaterial verwendeten Golddrähte ebenso wie in wasserfreier Essigsäure konzentrationsrichtig auf lösungsmitteleigene Acetationen ansprechen. An Hand der NERNSTschen Gleichung läßt sich unter Berücksichtigung der Acetationenaktivität, die aus Leitfähigkeitsdaten für **I** folgt (vgl. 1. Mitt. C. **1962.** 1512), das Ionen-Prod. des Essigsäureanhydrids bei 20° zu $P = [Acetyl^+][Acetat^-] = 3 \cdot 10^{-15}$ größenordnungsmäßig abschätzen. R. GÜNTHER. 224□

Über die Kinetik der Phasenbildung in kondensierten Systemen. 3. Mitt. **Zur kritischen Übersättigung wässeriger Elektrolytlösungen.** M. Kahlweit. (Z. physik. Chem. [Frankfurt/M.] **28.** 245—49. Mai 1961. Göttingen, MPI für phys. Chem.) (Dt.) — 2. vgl. Z. physik. Chem. [Frankfurt/M.] **27.** [1961.] 80; 1. vgl. C. **1961.** 10851.

Gemessene krit. Übersättigungen wss. Elektrolyt-Lsgg. können wegen der Unkenntnis der freien Grenzflächenenergie zwischen Kristall u. gesätt. Lsg. nicht mit der Theorie verglichen werden. In Analogie zum STEFANschen Satz kann man jedoch versuchsweise die molare freie Grenzflächenenergie durch die letzte Lsg.-Wärme des betreffenden Stoffes ersetzen. Ein Vgl. mit dem Experiment ergab für 6 leichtlösl. Salze ($KCl, KBr, K_2SO_4, NH_4Cl, CuCl_2 \cdot 2\,H_2O, BaCl_2 \cdot 2\,H_2O$) befriedigende Übereinstimmung. Die sich daraus für die Praxis ergebende Regel wird formuliert. H. NEWESELY. 224□

Metalloxidalkoxid-Polymere. 3. Mitt. **Die Hydrolyse von sekundären und tertiären Alkoxiden des Zirkoniums.** D. C. Bradley und D. G. Carter. (Canad. J. Chem. **40.** 15—21. Jan. 1962. London, Birkbeck Coll., Dep. of Chem.) (Engl.) — 2. vgl. Canad. J. Chem. **39.** [1961.] 1818.

Zwecks Unters. ster. Einfl. auf die Hydrolyse von Zr-Alkoxiden verfolgen Vff. mit Hilfe der ebulliometr. Meth. die Änderung des durchschnittlichen Polymerisationsgrades in Abhängigkeit vom Hydrolysegrad an den Verbb. $Zr(OR)_4$, R = *Isopropyl* (**I**), *sek.-Butyl* (**II**), *tert.-Butyl* (**III**) u. *tert.-Amyl* (**IV**). Die Hydrolyse erfolgt durch Zugabe von steigenden Mengen W. zu den entsprechenden sd. Alkoholen als Rk.-Medium, die Bestandteile der Alkoxide sind. Bei der ähnlich verlaufenden Hydrolyse von **I** u. **II** wird die Bldg. des lösl. Solvates $Zr_2(OC_3H_7)_8 \cdot (C_3H_7OH)_2$, des unlösl., linearen Polymeren $Zr_2O_3(OC_3H_7)_2 \cdot (C_3H_7OH)_2$, das das koordinierte C_3H_7OH schon beim Trocknen abgibt, u. $Zr_2(OC_4H_9)_8 \cdot (C_4H_9OH)_2$ beobachtet. Die Hydrolyse von **III** verläuft unter Bldg. von krist. $Zr_2O_3(OC_4H_9)_2 \cdot (C_4H_9OH)_4$, das auch als $Zr_2(OH)_3(OC_4H_9)_5(C_4H_9OH)$ formuliert werden kann u. das bei 200° unter Disproportionierung in das unlösl. $Zr_3O_4(OC_4H_9)_4$ u. $Zr(OC_4H_9)_4$ übergeht. Bei der Hydrolyse von **IV** werden durch Zugabe entsprechender Mengen W., ½ std. Rückflußkochen, Abdestillieren des Lsgm. bei Zimmer-Temp. u. 0,1 mm Hg u. weiteres 1 std. Abpumpen des anhaftenden $C_5H_{11}OH$ viscose Fll., gummiartige u. glasige Prodd. der Zus. $ZrO_h(OC_5H_{11})_{4-2h}$ (h = Verhältnis H_2O:**IV**) erhalten. Vff. schließen, daß sich sämtliche Vers.-Ergebnisse mit den l. c. angenommenen Strukturmodellen für die Polymeren, die auf oktaedr. 6fach koordiniertem Zr basieren, erklären lassen, u. daß die Hydrolyse unvollständig verläuft. U. SKURNIA. 224□

Metalloxidalkoxid-Polymere. 4. Mitt. **Die Hydrolyse einiger Tantaloxide.** D. C. Bradley und H. Holloway. (Canad. J. Chem. **40.** 62—72. Jan. 1962.) (Engl.) — 3. vgl. vorst. Referat.

Analog zu vorst. Unterss. verfolgen Vff. die Hydrolyse von $Ta(OR)_5$, R = *Methyl, n-Propyl, n-Butyl* u. *sek.-Butyl*. Die polymere Struktur der Hydrolyse-Prodd. läßt sich mit den Strukturmodellen erklären, die auf der Annahme von 6fach koordiniertem Ta basieren u. die auch für die Oxidalkoxide des Ti u. Zr gelten. Der durchschnittliche Polymerisationsgrad (n) der gebildeten Tantaloxidalkoxide $TaO_x(OR)_{(5-2x)}$ wird über einen beträchtlichen Bereich des Hydrolysegrades (h) durch die einfache lineare Gleichung $n^{-1} = a - b\,h$ beschrieben. Aus den numer. Werten der Konst. a u. b kann jeweils auf die Gültigkeit der entsprechenden Strukturmodelle geschlossen werden. Die Zuordnung der gebildeten Hydrolyse-Prodd. zu den einzelnen, in früheren Mitt. abgeleiteten Strukturmodellen wird eingehend diskutiert; diese Strukturen scheinen eine fundamentale Bedeutung für die Metalloxidealkoxide im allg. zu haben.
U. SKURNIA. 224□

Untersuchungen über Mono- und Di-n-butylphosphorsäuren. 4. Mitt. **Die Extraktion von Uran(VI) aus wässerigen Nitratlösungen mit Di-n-butylphosphorsäure.** C. J. Hardy. (J. inorg. nuclear Chem. **21.** 348—58. Dez. 1961. Harwell, Didcot, Berks., A.E.R.E.) (Engl.) — 3. vgl. J. inorg. nuclear Chem. **17.** [1961.] 337; 1. vgl. C. **1960.** 15159.

Die Verteilung von U(VI) zwischen Lsgg. von Di-n-butylphosphorsäure (I) in verschiedenen organ. Lsgm. u. HNO_3-Lsgg. wurde als Funktion der I-, HNO_3-, NO_3^--, H^+-Konzz. u. der Lsgm.-Art untersucht. Der Verteilungs-Koeff. ($D_{U,\,organ./wss.}$) für U, der deutlich von der Natur des Lsgm. abhängt u. in der Folge Chlf. < Bzl. < Toluol < CCl_4 < Kerosin zunimmt, kann zur Dimerisations-Konst. der I in dem jeweiligen Lsgm. in Beziehung gesetzt werden. Die Abhängigkeit des D_U-Wertes von der HNO_3-Konz. in wss. Lsg. (C_{HNO_3}) ist recht verwickelt. D_U ist von 0,1—1 m HNO_3 u. > 8 m HNO_3 $C_{HNO_3}^{-1}$ u. von 3—6 m HNO_3 C_{HNO_3} direkt proportional, aber unabhängig von der NO_3^--Konz. in wss. HNO_3-$HClO_4$-Mischungen bei einer konst. Ionenstärke einer der beiden Säuren. Die sich aus diesen Beziehungen ergebenden Folgerungen werden in bezug auf den Extraktionsmechanismus u. die sich bildenden Komplextypen diskutiert. Ferner wird die U(VI)-Extraktion mit der anderer Kationen (Zr^{4+}, Bk^{4+}, Bk^{3+}, Ce^{4+}, Ce^{3+}, Y^{3+}, La^{3+}, Be^{2+}) mit ähnlichen Syst. [I–Chlf., I–Hexon, Di-2-äthylhexylphosphorsäure (II)–Hexan, II–Kerosin, II–Toluol] verglichen. W. HEIN. 224□

Untersuchungen über Mono- und Di-n-butylphosphorsäuren. 5. Mitt. Die Extraktion von Salpetersäure mit Di-n-butylphosphorsäure aus wässeriger Lösung und weitere Ergebnisse für die Verteilung von Di-n-butylphosphorsäure in wässerig-organischen Lösungsmittelsystemen. B. F. Greenfield und C. J. Hardy. (J. inorg. nuclear Chem. **21.** 359—65. Dez. 1961.) (Engl.) — **4.** vgl. vorst. Referat.

Die Verteilung von mit ^{32}P markierter *Di-n-butylphosphorsäure* (I) zwischen Toluol u. wss. HNO_3 wurde als Funktion der HNO_3-Konz. im Bereich von 0,5—12m für 0,1, 0,05 u. 0,5m I u. der I-Konz. im Bereich von 10^{-5} bis 0,5m für 1, 6 u. 10m HNO_3 untersucht. Für die Dimerisations-Konst. bzw. den Verteilungs-Koeff. des monomeren I in Toluol–1m HNO_3 ergibt sich $\log K_2 = 5{,}09$ bzw. $\log K_d = -0{,}70$. Die von einer 0,5m I-Lsg. in Toluol extrahierte HNO_3-Menge kann bis zu 12m HNO_3 in der wss. Phase durch die Beziehung $C_{HNO_3(organ.)} = 0{,}051 \cdot C_{HNO_3(undissoziiert,\,wss)}$ ausgedrückt werden. Vom nicht komplex gebundenen I sind ca. 20% u. vom I–HNO_3-Komplex ca. 40% hydratisiert. In einem 0,5m I–Kerosin–HNO_3-Syst. bildet sich bei Geh. der wss. Lsg. von >4m HNO_3 eine 3. Phase. Bei 12m HNO_3 hat diese 3. Phase die empir. Formel $I \cdot HNO_3 \cdot H_2O$. W. HEIN. 224□

Extraktion von Metallen der VIII. Gruppe durch langkettige Alkylamine. 2. Mitt. Systeme Kobalt(II)–Salzsäure. M. L. Good und S. E. Bryan. (J. inorg. nuclear Chem. **20.** 140—46. Nov. 1961. New Orleans, La., Louisiana State Univ., Dep. of Chem.) (Engl.) — 1. vgl. J. Amer. chem. Soc. **82.** [1960.] 5636.

Der Einfl. der HCl-Konz., des Amins u. des Lsgm. auf die Extrahierbarkeit von Co(II) aus salzsaurer Lsg. in Lsgg. von verschiedenen Aminen in einer Reihe von organ. Lsgm. wurde mit Hilfe der Technik der radioakt. Markierung mit ^{58}Co untersucht. Die Unters. erstreckte sich auf $C_{12-14}H_{25-29}NH_2$, Di-n-decyl-, Di-[2.2′-diäthylhexyl]-, Tri-n-hexyl-(I)- u. Tribenzylamin u. stark verzweigte sek. u. tert. aliphat. Amine. Die Extrahierbarkeit von Co(II) aus 2—12n HCl in die 0,2m Lsgg. der Amine in Chlf. u. Bzl. ist in Abhängigkeit von der HCl-Konz. dargestellt. Sie wächst mit zunehmender HCl-Konz., erreicht ein Maximum bei 8—10n HCl u. fällt dann wieder ab. In Bzl. ist sie beträchtlich größer als in $CHCl_3$. Zur Unters. des Lsgm.-Effekts wurde die Extrahierbarkeit von Co(II) aus 8,5n HCl in 0,2m Lsgg. von I in Chlf., $CHBr_3$, Trichloräthylen, Bromchlormethan, 1.2-Dichloräthan, Anisol, 1-Brom-3-chlorpropan, Nitrobenzol, Bromcyclohexan, 1-Brom-2-chloräthan (II) u. Bzl. untersucht. Auffällig sind die niedrigen Werte für Chlf. u. $CHBr_3$ (29,2%) gegenüber 91—99% bei den anderen Lsgm., die mit einer Einw. des Amins auf $CHCl_3$ bzw. $CHBr_3$ erklärt werden können. Ein Zusammenhang mit der DK der Lsgm. ergab sich nicht. Die Gleichgewichts-Konz. von Co(II) in wss. u. organ. Phase in Abhängigkeit von der Co(II)-Konz. (Extraktionsisothermen) sind für 8,5n HCl u. 0,2m Lsgg. von I in Chlf., C_2HCl_3, Bzl. u. II wiedergegeben. Das Gleichgewicht liegt bei II bei allen Co-Konzz. am weitesten, bei Chlf. am wenigsten weit auf der Seite der organ. Phase. — Lsgg. von I in unpolaren Lsgm. bilden mit HCl Dreiphasen-Syst., wobei sich das Co(II) zwischen den drei Phasen verteilt. Die Co-Konzz. in den 3 Phasen sind für n-Hexan u. CCl_4 in Abhängigkeit von der HCl-Konz. zwischen 1 u. 12n tabellar. aufgeführt. Die Übereinstimmung zwischen den Absorptionsspektren von Co(II) in konz. HCl u. in den organ. Phasen läßt erkennen, daß es auch in letzteren als $CoCl_4^{2-}$-Komplex vorliegen muß. Zum Vgl. sind die mol. Extinktions-Koeff. von Co(II) bei den Maxima 695, 660 u. 625 mμ in 12,2n HCl u. in Lsgg. von I in Bzl., Chlf. u. C_2HCl_3 angeführt. W. BETCKE. 224□

Gegenseitige Umwandlung von Boranen. 4. Mitt. Eine kinetische Untersuchung der Zersetzung von Tetraboran-10. G. L. Brennan und R. Schaeffer. (J. inorg. Nuclear Chem. **20.** 205—10. Dez. 1961. Bloomington, Ind., Indiana Univ., Dep. of Chem.) (Engl.) — 3. vgl. J. inorg. Nuclear Chem. **15.** [1960.] 190.

Die therm. Zers. von B_4H_{10} in Ggw. von CO als schwacher LEWIS-Base wurde bei 80—110°, 200 u. 400 Torr CO-Druck u. drei verschiedenen B_4H_{10}-Drücken untersucht. Die Rk. $B_4H_{10} + CO \rightarrow B_4H_8CO + H_2$ ist annähernd 1. Ordnung bzgl. B_4H_{10} u. annähernd nullter Ordnung bzgl. CO. Die Geschw.-Konst. beträgt 0,07 bei 80°, 1,07 bei 110°. Die Aktivierungsenergie ergibt sich zu 24600 cal, der Frequenzfaktor zu $1{,}21 \cdot 10^{14}$. Das Rk.-Prod. *Tetraborancarbonyl* ist eine bei Zimmer-Temp. spontan in verschiedene Borhydride u. CO zerfallende, an der Luft selbstentzündliche Fl., deren Dampfdruck bei —63,5° zu 1,1, bei —45,0° zu 4,2, bei 0,0° zu 69,4 Torr ermittelt wurde. Der Primärschritt der therm. Zers. ist $B_4H_{10} \rightarrow B_4H_8 + H_2$; in Ggw. von B_2H_6 wird B_5H_{11}, in Ggw. von CO B_4H_8CO gebildet. A. BLASCHETTE. 225□

Kinetik der Reduktion anorganischer Ionen durch Hydridoborat. 1. Mitt. **Hexacyanoferrat(III).** T. Freund. (J. inorg. nuclear Chem. **9.** 246—51. März 1959. San Diego, Calif., Convair Sci. Res. Labor.) (Engl.)

Die Kinetik der Rk. von BH_4^- (I) mit $[Fe(CN)_6]^{3-}$ (II) zu BO_2^- u. $[Fe(CN)_6]^{4-}$ (III) wurde in abgepufferter, wss. Lsg. spektralphotometr. untersucht. Die Geschw. der Konz.-Abnahme von II ist der Konz. von I u. H^+ proportional u. unabhängig von der II-Konz. mit einem normalen bimol. Häufigkeitsfaktor von $5{,}9 \cdot 10^{11}\, s^{-1}$ u. einer Aktivierungsenergie von 7,2 kcal. Die Geschw.-Konst. der I-Hydrolyse in Abwesenheit von II in Boratpuffer entspricht einem Häufigkeitsfaktor von $2 \cdot 10^{11}\, s^{-1}$. Der Rk.-Mechanismus wird unter Berücksichtigung der I-Hydrolyse diskutiert. Der aktivierte Komplex des die Geschw. bestimmenden Rk.-Schrittes ist $H^+BH_4^-$ für die Hydrolyse u. die Oxydation von I durch II. Als Zwischenprodd. werden teilweise hydrolysierte Hydridoborat-Verbb. u. für die Oxydations-Rk. 1- u. 2-Elektronenübergänge angenommen, z. B. $BH_2OH + II + H_2O \rightarrow BH(OH)_2^- + III + 2\,H^+$ oder $BH_2OH + 2\,II + H_2O \rightarrow BH(OH)_2 + 2\,III + 2\,H^+$. H_2-entwickelnde Rkk. verlaufen wahrscheinlich als 2-Elektronenübergänge; so entsteht bei der Hydrolyse von $NaBH_4$ mit D_2O über 90% HD. F. HUBER. 225☐

Der Mechanismus der Oxydation durch Wasserstoffatome in wässeriger Lösung. 1. Mitt. **Massetransport und Geschwindigkeitskonstanten.** Gideon Czapski, Joshua Jortner und Gabriel Stein. (J. physic. Chem. **65.** 956—60. Juni 1961. Jerusalem, Hebrew Univ., Dep. of Phys. Chem.) (Engl.)

Atomares H wird durch eine Hochfrequenzentladung (30 MHz) in H_2 von ca. 30 Torr erzeugt u. im H_2-Strom (150 Liter/min) bei 4° durch Scavenger-Lsgg. (Ag^+, Fe^{2+}) gepumpt. Für die Oxydation der Radikalfänger (Scavenger = S) durch H in solchen heterogenen Syst. werden kinet. Gleichungen für den Fall des ausschließlich diffusionsbestimmten Massetransports u. für erzwungene Konvektion abgeleitet. Dabei werden Rkk. erster Ordnung zwischen H u. S (H + S → Prodd.), die mit Rekombinations-Rkk. zweiter Ordnung konkurrieren ($2\,H \rightarrow H_2$) sowie schrittweise Scavenging-Rkk. ($H + S_1 \rightleftharpoons HS_1$; $HS_1 + S_2 \rightarrow$ Prodd.; $2\,H \rightarrow H_2$) behandelt. Durch homogenkinet. Berechnungen erhaltene Geschw.-Konst. sind nur um maximal eine Größenordnung kleiner als die wahren Werte. A. BLASCHETTE. 225☐

Der Mechanismus der Oxydation durch Wasserstoffatome in wässeriger Lösung. 2. Mitt. **Reaktionsmechanismen mit verschiedenen Radikalfängern.** Gideon Czapski, Joshua Jortner und Gabriel Stein. (J. physic. Chem. **65.** 960—64. Juni 1961.) (Engl.) — 1. vgl. vorst. Referat.

Für die Oxydation von Scavenger-Ionen in wss. Lsg. durch atomares H kommen zwei Mechanismen in Betracht: 1. $H + H^+(aq) \rightleftharpoons H_2^+(aq)$, $H_2^+(aq) + M^{n+} \rightarrow H_2 + M^{(n+1)+}$; 2. Bldg. eines Hydrids als Zwischenprodukt. Mechanismus 1 gilt für die Oxydation von J^- zu J_2. Frühere u. neuere Ergebnisse zeigen hingegen, daß bei der Oxydation von 0,001—0,2 m Fe^{2+}-Lsgg. bei pH 0,4—3,0 ausschließlich Mechanismus 2 in Frage kommt, da die Hydrid-Bldg. schneller als die relativ langsame Kombination von H u. $H^+(aq)$ verläuft: $Fe^{2+}(aq) + H \rightleftharpoons FeH^{2+}(aq)$, $FeH^{2+}(aq) + H^+(aq) \rightarrow Fe^{3+}(aq) + H_2$. Die vorst. (1. Mitt.) erhaltenen heterogenkinet. Ausdrücke werden auf diese Rk.-Folge angewandt. Die Geschw.-Konst. der Hydrid-Bldg. ergibt sich nach einem homogenen Ansatz zu ca. 10^4, nach einer heterogenen Berechnung zu ca. 10^5 Liter/Mol·s. FeH^{2+} ist wahrscheinlich ein Charge-transfer-Komplex $Fe^{3+}H^-$. Die strahlungs- u. photochem. Ergebnisse anderer Autoren werden diskutiert. A. BLASCHETTE. 225☐

Die Rolle der Wasserstoffatome bei der Zersetzung von Wasserstoffperoxid und in der Strahlenchemie des Wassers. Gideon Czapski, Joshua Jortner und Gabriel Stein. (J. physic. Chem. **65.** 964—66. Juni 1961.) (Engl.) — Vgl. vorst. Referate.

Die Rk. von 10^{-5} bis 10^{-4} m wss. H_2O_2-Lsgg. mit atomarem H (Bedingungen vgl. zweitvorst. Ref.) erfolgt mit einer im pH-Bereich 1—13 unveränderten Geschw.-Konst. k_1 = ca. 10^5 Liter/Mol·s. Als Mechanismus wird vorgeschlagen: $H + H_2O_2 \xrightarrow{k_1} H_2O + OH$, $OH + H_2 \rightarrow H + H_2O$ (unter Vernachlässigung anderer Rkk.). Ein Vgl. mit der Geschw.-Konst. der Rk. von H mit O_2 (10^8—10^9 Liter/Mol·s) bestätigt eine Hypothese von ALLEN u. Mitarbeitern (vgl. nachst. Ref.): Bei der Bestrahlung wss. Lsgg. treten Elektronen e(aq) u. H-Atome als „H-äquivalente" Primär-Prodd. auf. Die H-Atome reagieren in Ggw. von O_2 nicht mit H_2O_2, während die Geschw. der Rkk. von e(aq) mit H_2O_2 bzw. O_2 prakt. gleich groß sind. Bei der Bestrahlung neutraler Lsgg. erfolgt die Rk. $e(aq) + H_2O_2 \rightarrow OH + OH^-(aq)$, mit abnehmendem pH-Wert zunehmend die Rk.-Folge $e(aq) + H^+ \rightarrow H$, $H + H^+ \rightarrow H_2^+(aq)$. H_2^+ wird kinet. wirksam nur in stark sauren Lsgg., die keine weiteren Scavenger für e(aq) u. H enthalten. A. BLASCHETTE. 225☐

Beweis für das Auftreten zweier Arten von „H-Atomen" in der Strahlenchemie des Wassers. E. Hayon und A. O. Allen. (J. physic. Chem. **65.** 2181—85. Dez. 1961. Upton, Long Island, N.Y., Brookhaven Nat. Labor., Chem. Dep.) (Engl.) — Vgl. vorst. Ref. u. C. **1960.** 47.

Luftfreie wss. Lsgg. nachst. organ. Chlor-Verbb. wurden in einem breiten pH- u. Konz.-Bereich mit ^{60}Co-γ-Strahlung bestrahlt: *Monochloressigsäure* (I), α- u. *β-Chlorpropionsäure, 1.2-Dichloräthan, Methylchlorid, 1.3-Dichloraceton.* Die vorwiegenden Red.-Prodd. sind Cl^- u. H_2, deren Menge bis zu den höchsten Dosen ($1{,}26 \cdot 10^{22}$ eV/Liter) der Dosis proportional sind. Bei hoher Konz. des organ. Stoffs oder niedriger H^+-Konz. wird mehr Cl^- als H_2 gebildet, während in saurer Lsg. bei relativ niedriger Konz. der Chlor-Verb. die H_2-Bldg. überwiegt. Hieraus wird geschlossen, daß das durch Bestrahlung von W. prim. gebildete reduzierende Radikal H' (im allg. als H bezeichnet) mit den gelösten Stoffen vorwiegend zu Cl^- reagiert; es kann sich aber auch mit H^+ zu einem anderen reduzierenden Radikal H'' kombinieren, das auf die organ. Verbb. unter H_2-Bldg. einwirkt: $H' + ClRH \rightarrow Cl^- + RH\cdot$, $H' + H^+ \rightarrow H''$, $H'' + ClRH \rightarrow H^+ + Cl^- + RH\cdot$, $H'' + ClRH \rightarrow H_2 + ClR\cdot$. H' u. H'' werden nicht näher charakterisiert. Bes. die mit I erhaltenen Ergebnisse zeigen eine gute quant. Übereinstimmung mit diesem Mechanismus; dabei reagiert H' ca. 3,4mal schneller mit H^+ als mit I-Molekülen.
A. BLASCHETTE. 226☐

Die Blitzlichtphotolyse des Dichlormonoxid. F. H. C. Edgecombe, R. G. W. Norrish und B. A. Thrush. (Proc. Roy. Soc. [London], Ser. A **243.** 24—32. 10/12. 1957.) (Engl.)

Bei der Blitzlichtphotolyse (2800—3100 Å) von Cl_2O in großem Überschuß an Inertgas (N_2, CO_2) wurden neben den normalen Photolyse-Prodd. Cl_2 u. O_2 auch meßbare Mengen des ClO-Radikals als Zwischenprod. spektroskop. nachgewiesen. Nach der Blitzbelichtung verläuft die Rk. in drei Stufen: 1. bis ca. 100 μs rasche Abnahme des Cl_2O, während ClO seine maximale Konz. erreicht; 2. in den weiteren 10 ms: Abnahme des ClO bei sehr langsamer Abnahme von [Cl_2O] sowie erstes Auftreten von ClO_2; 3. 1—30 Sek.: [ClO_2] erreicht bei 1 Sek. ein Maximum, gefolgt von langsamer Abnahme. Die Analyse des Rk.-Verlaufs sowie Verss. über die chlorsensibilisierte photochem. Zers. von Cl_2O in SF_6 ergeben für den Rk.-Mechanismus folgendes Schema: 1. $Cl_2O + h\nu \rightarrow Cl + ClO$; 2. $Cl_2O + h\nu \rightarrow Cl + Cl + O$; 3. $Cl + Cl_2O \rightarrow Cl_2 + ClO + 26$ kcal; 4. $ClO + Cl_2O \rightarrow Cl + O_2 + Cl_2 + 17$ kcal; 5. $ClO + ClO \rightarrow Cl_2 + O_2 + 48$ kcal; 6. $ClO + Cl_2O \rightarrow ClO_2 + Cl_2 + 19$ kcal mit $k_3 > 4 \cdot 10^8$ Liter/Mol·s, $k_4 = 5{,}3 \cdot 10^4$ Liter/Mol·s, $k_5 = (2{,}4 \pm 0{,}4) \cdot 10^7$ Liter/Mol·s, $k_6 = 10^5$ Liter/Mol·s. M. SCHENK. 226☐

Photosynthese von Wasserstoffperoxid durch Kristall-Phosphore. V. A. Garten und K. Eppinger. (Solar Energy **5.** 77—82. Juli/Sept. 1961. Melbourne, Australia, Commonwealth Sci. and Ind. Res. Organiz.) (Engl.)

Die Photo-Synth. von H_2O_2 in Ggw. von *ZnO, CdS* oder bas. Zn-Carbonaten wird im Hinblick auf die Speicherung von Sonnenergie untersucht. Es wird gezeigt, daß eine maximale Quantenausbeute von 0,5 erreicht werden kann, wenn keine nichtleuchtenden Übergänge stattfinden u. die durch Reflexion u. Luminescenzprozesse verursachten Verluste von der einfallenden Energie abgezogen werden. Von den 2 benötigten Quanten zur Erzeugung von H_2O_2 wird eines verbraucht zur Anregung eines Elektrons, während das andere höchstwahrscheinlich benötigt wird, um ein negatives geladenes O_2- oder H_2O-Mol. von der Oberfläche des festen Katalysators zu lösen. J.-M. SPAETH. 227☐

Über die besondere Bedeutung der Ionen in der Katalyse. Alfons Krause. (Bull. Soc. Amis. Sci. Lettres Poznań, Sér. B **14.** 267—78. 1958. Poznań, Adam Mickiewicz Univ., Inst. für anorg. Chem.) (Dt.)

Zusammenfassende Arbeit mit den Kapiteln: Anorgan. Fermente, anorgan. Superfermente, Radikalstruktur der Katalysatoren, katalyt. Amphoterie, spezif. u. selektive, Wrkg. der Ionen, Konz. der Ionen auf der Trägeroberfläche u. Zahl der akt. Zentren, Beteiligung der Ionen an der Übertragung des Luftsauerstoffs, katalyt. Ionenantagonismus, Ionen als Gitterstabilisatoren, latente Strukturfehler des Gitters, katalyt. Mutation u. prakt. Aspekte. — 27 Literaturangaben. G. HELLER. 227☐

A_8. Präparative anorganische Chemie. Komplexverbindungen. Metallorganische Verbindungen

Zum Verlauf der Ozonisierung von Olefinen und der Ozonidspaltung. 4. Mitt. **Erfahrungen beim Bau eines Ozongenerators.** Günter Wagner. (J. prakt. Chem. [4] **13** (**285**). 99—105. Mai 1961. Berlin-Adlershof, Dt. Akad. der Wiss., Forsch.-Gemeinschaft, Inst. für Fettchem.) (Dt.) — 3. vgl. J. prakt. Chem. [4] **13** (**285**). [1961.] 157; 2. vgl. C. **1961.** 7175.

Vf. beschreibt einen Ozongenerator, zusammengesetzt aus 10 Röhren, die in bezug auf die Gasführung sowohl parallel als auch in Serie geschaltet werden können. Jede Ozonröhre besteht aus einem ca. 1 m langen Cu-Rohr von 15 mm ∅, das im Abstand von 2—4 mm von einem außen mit einer Al-Folie belegten Glasrohr umgeben ist. Zwischen Cu-Rohr u. Al-Belag wird eine Einphasenwechselspannung von 12—15 kV angelegt. Das O_2 strömt zwischen Glas- u. Cu-Rohr mit einer Geschw. von 30—240 Liter/h, wobei die Cu-Rohre von innen durch W. gekühlt werden. Vf. bestimmt die O_3-Ausbeuten in Abhängigkeit von der O_2-Strömungs-Geschw., Rk.-Temp., Gefäßdimensionen, Art des Dielektrikums u. der Außenelektroden (Al bzw. Cu). Die besten Ausbeuten erhält man mit einer Ozonröhre mit einem Dielektrikum aus Thüringer Glas von 1 mm Wandstärke u. einem Entladungsraumdurchmesser von 4 mm; sie beträgt im optimalen Spannungsbereich von 15 kV bei einem O_2-Durchsatz von 60 Liter/h bis zu 11 Vol.-% O_3.
M. SCHENK. 239 □

Struktur und Reaktionen von Distickstofftetroxid. J. W. Smith. (Sci. Progr. **45.** 653—63. Okt. 1957. London, Bedford Coll.) (Engl.)

Zusammenfassende Übersicht über neuere Arbeiten (bis 1957). — 24 Literaturzitate.
P. SCHARNER. 243 □

Einige chemische Reaktionen des Schwefelhexafluorids. J. R. Case und F. Nyman. (Nature [London] **193.** 473. 3/2. 1962. Northwich, Cheshire, Imp. Chem. Ind., Ltd., Res. Dep., Alkali Div.) (Engl.)

Vff. erörtern das chem. inerte Verh. von SF_6 (I) u. untersuchen die Rk. von I mit verschiedenen starken „fluorophilen" LEWIS-Säuren. Bei mäßiger Temp. erfolgt reduktiver Abbau mit wasserfreiem $AlCl_3$. Erhitzt man die Rk.-Partner in geschlossener Glasampulle 24 Std. lang auf 180—200°, so erfolgt 15%ig. Umsetzung zu AlF_3 (identifiziert durch Röntgenpulveraufnahmen), daneben entstehen Schwefelchloride u. Cl_2, jedoch keine S—F-Verbb. außer nicht umgesetztem I. Die Rk. zwischen I u. *SO_3* ist thermodynam. möglich: $I + 2\,SO_3 \rightarrow 3\,SO_2F_2$ (II) mit $\Delta G = -136$ kcal (bei 298°). Die Rk. verläuft bei 24std. Erhitzen der Rk.-Partner in geschlossener Glasampulle bei 250° unter 20%ig. Umsetzung zu II (IR-spektroskop. identifiziert). Einziges Nebenprod. ist *SiF_4*. Hiermit ist die erste Rk. des I gegeben, bei der die Sechswertigkeit des S im Rk.-Prod. erhalten bleibt. Zwischen I u. *BCl_3* wird bis zu 200° keine Rk. festgestellt. Vff. nehmen an, daß mit einem nucleophilen Reagens, wie einer starken LEWIS-Säure, im Übergangszustand Koordination mit einem F-Atom unter Bindung des einsamen Elektronenpaares erfolgt.
P. FRENZEL 253 □

Darstellung von Trimethylsilylazid. L. Birkofer, A. Ritter und P. Richter. (Angew. Chem. **74.** 293. 21/4. 1962. Köln, Univ., Inst. für Org. Chem.) (Dt.)

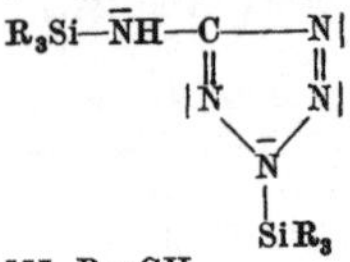

III $R = CH_3$

Trimethylsilylazid (I), $(CH_3)_3Si-\overline{N}=N=\overline{N}$, Kp. 92—93°, eine wasserklare, hydrolyseempfindliche, therm. aber bemerkenswert stabile Fl., bildet sich a) nach $3\,HN_3 + [(CH_3)_3Si]_2NH$ (II) $\rightarrow$ 2 I + NH_4N_3 (62% Ausbeute), b) durch Thermolyse von *1-Trimethylsilylamino-N-trimethylsilyltetrazol* (III) neben *Bis-[trimethylsilyl]-carbodiimid*, $(CH_3)_3Si-\overline{N}=C=\overline{N}-Si(CH_3)_3$. III, F. 69—70°, weiße Prismen, entsteht beim Kochen von 1-Aminotetrazol mit II (60%). U. WANNAGAT. 261 □

Beitrag zur Untersuchung der Siliciumhalbleiter. Vorl. Mitt. Traian D. Gheorghiu, Aurel Nicolau, Maria Bădănoiu und Fronea Bădulescu. (Comun. Acad. Republ. Populare romîne [București] **5.** 1257—61. Sept. 1955.) (Rumän.; Auszug: Franz.)

Zur Gewinnung von reinem Si wird Ferrosilicium (75—92% Si) mit Cl_2 bei einer Höchsttemp. von 600—700° in $SiCl_4$ (Kp. 57°, D. 1,48 g/cm³) übergeführt u. dieses mit reinem Zn-Dampf bei 950° reduziert. Die App. für beide Prozesse wird in Abb. mitgeteilt. Das Prod. besteht aus Kristallen von reinem Si im Gemisch mit Zn, SiO_2 u. $ZnCl_2$, das nach Behandlung mit HCl, H_2SO_4 u. HF Si hinterläßt. R. K. MÜLLER. 261

Gleichgewichtsuntersuchungen im System KCl–HCl–n-BuOH–H_2O. R. Blumberg, P. Lewi und P. Melzer. (Bull. Res. Council Israel, Sect. A. **9A.** 177—84. Nov. 1960. Haifa, Israel Min. Ind., Labors.) (Engl.)

Das Syst. KCl–HCl–n-Butanol–H_2O wurde bei 30° im 2-Phasenbereich untersucht. Ggw. von KCl fördert eine HCl-Anreicherung in der alkohol. Phase. Bei konst. KCl-Konz. wird mit steigendem HCl-Geh. der Wasser-Geh. der alkohol. Phase erhöht. Für KCl-Konzz. $\geq$5% stehen W. u. HCl in einem definierten Gleichgewicht, u. zwar beträgt das Verhältnis 5 Mol W. zu 1 Mol HCl. Die Ergebnisse werden graph. u. tabellar. mitgeteilt.
H.-G. MOSLÉ. 275 □

Untersuchungen im System Kalk–Phosphorsäure. Gerhard Trömel und Wolfdietrich Fix. (Arch. Eisenhüttenwes. **32.** 209—12. April 1961. Düsseldorf, MPI für Eisenforsch.) (Dt.)

Im Syst. $CaO-P_2O_5$ wurde im Bereich von 44—62% CaO der Verlauf der Liquiduslinie bestimmt. Zur Untersuchung wurden die therm. Analyse, Sättigungsschmelzen in Tiegeln aus 3 $CaO \cdot P_2O_5$ u. *4 CaO·P₂O₅*, Schmelz-Verss. im Erhitzungsmikroskop u. Röntgenpulveraufnahmen bis zu Temp. von 1500° benutzt. Der F. von *2 CaO·P₂O₅* wurde bei 1350° gefunden. 3 $CaO \cdot P_2O_5$ schmilzt bei 1810° u. die α–β-Umwandlung liegt bei 1110°. Oberhalb von 1470° besteht eine weitere Bldg.-Form, das *Super-α-3 CaO·P₂O₅*. Die Verb. 3 $CaO \cdot P_2O_5$ schmilzt inkongruent bei 1710°. H. HOCHSTEIN. 283□

Das Diagramm des binären Systems Kryolith–Aluminiumoxid. 1. Mitt. **Experimenteller Teil.** Maurice Rolin. (Bull. Soc. chim. France **1960.** 1201—03. Juni. Lyon, Inst. Nat. des Sci. Appl.) (Franz.) — Vgl. C. **1961.** 15294.

Das Schmelzdiagramm des Syst. $Na_3AlF_6-Al_2O_3$ wird für den Konz.-Bereich 0 bis 11 Gew.-% Al_2O_3 aufgenommen. Der eutekt. Punkt liegt bei 11,5% Al_2O_3 u. 960°. Die prim. u. sek. Kristallisations-Temp. werden mitgeteilt. Die Stufenbreite der eutekt. Kristallisation extrapoliert sich im Diagramm auf einen Al_2O_3-Geh. von 0%, während der Endpunkt der Sekundärkristallisation für 1% Al_2O_3 bei einer Temp. erscheint, die offensichtlich zu tief liegt. Unter Berücksichtigung dieses Widerspruchs kann die Existenz einer festen Lsg. im untersuchten Syst. nicht mit Sicherheit ausgeschlossen werden, doch ist ihr Geh. an Al_2O_3 sicher niedriger als 1%. A. BLASCHETTE. 294□

Das Diagramm des ternären System Kryolith–Aluminiumfluorid–Aluminiumoxid. Maurice Rolin. (Bull. Soc. chim. France **1961.** 1112—20. Juni.) (Franz.) — Vgl. vorst. Referat.

Das Diagramm des Syst. $Na_3AlF_6-AlF_3-Al_2O_3$ wird nochmals genau bestimmt, die möglichen Fehlerquellen, wie die langsame Auflösung des Al_2O_3 oder die Reinheit der Prodd., werden systemat. untersucht. Gegenüber dem von FENERTY u. HOLLINGSHEAD (J. electrochem. Soc. **107.** [1960.] 12. 993) bestimmten Diagramm zeigen sich einige Unterschiede. Die Temp. des bin. peritekt. Punktes liegt bei 729°, der eutekt. Punkt des bin. Syst. Chiolith–AlF_3 bei 684° mit 38,5% AlF_3. Außerdem wurde festgestellt, daß sich oberhalb von 25% AlF_3 die eutekt. Linie nicht in Richtung geringer Al_2O_3-Geh. krümmt. H. FRIES. 294□

Das Diagramm des binären Systems Kryolith–Calciumfluorid. Das Diagramm des ternären Systems Kryolith–Calciumfluorid–Aluminiumoxid. Maurice Rolin. (Bull. Soc. chim. France **1961.** 1120—25. Juni.) (Franz.) — Vgl. vorst. Referate.

Die Diagramme der Syst. $Na_3AlF_6-CaF_2$ u. $Na_3AlF_6-CaF_2-Al_2O_3$ wurden unter Ausschaltung möglicher Fehlerquellen, die vorher untersucht wurden, genau bestimmt. Es zeigte sich, daß das CaF_2 im Gegensatz zum Al_2O_3 im festen Kryolith sehr gut lösl. ist. Das Diagramm des bin. Syst. stimmt mit dem von FENERTY u. HOLLINGSHEAD ermittelten gut überein. Eine stärkere Abweichung der eutekt. Linie für $Na_3AlF_6-Al_2O_3$ im tern. Syst. wurde gegenüber dem Diagramm von FENERTY u. HOLLINGSHEAD festgestellt. Die Zus. des tern. eutekt. Gemisches wurde mit 76,1% Kryolith, 21% CaF_2 u. 2,9% Al_2O_3 ermittelt. Die entsprechende Temp. lag bei 933°. H. FRIES. 294□

Das ternäre Diagramm Kryolith–Aluminiumfluorid–Calciumfluorid. Maurice Rolin. (Bull. Soc. chim. France **1961.** 1351—54. Juli.) (Franz.) — Vgl. vorst. Referate.

Das Zustandsdiagramm des tern. Syst. $Na_3AlF_6-AlF_3-CaF_2$ wird mit einer Genauigkeit von $\pm 1°$ für AlF_3-Konzz. bis zu 40 u. CaF_2-Konzz. bis zu 10 Gew.-% mitgeteilt. A. BLASCHETTE. 294□

Das quaternäre Diagramm Kryolith–Aluminiumfluorid–Calciumfluorid–Aluminiumoxid. Maurice Rolin. (Bull. Soc. chim. France **1961.** 1404—07. Juli.) (Franz.) — Vgl. vorst. Referate.

Das Zustandsdiagramm des quatern. Syst. $Na_3AlF_6-AlF_3-CaF_2-Al_2O_3$ wird für CaF_2-Konzz. unterhalb 10 u. AlF_3-Konzz. unterhalb 20 Gew.-% mitgeteilt. A. BLASCHETTE. 294□

Künstliche Kristallisation vulkanischen Glases unter Bildung von Sodalith und einer Zeolith-Struktur. T. Sudo und M. Matsuoka. (Geochim. cosmochim. Acta [London] **17.** 1—5. Aug. 1959. Tokyo, Tokyo Univ. of Education, Fac. of Sci., Geol. and Mineralog. Inst.) (Engl.)

Bei Behandlung eines im Nordosten Japans vorkommenden glasigen Tuffs der ungefähren Zus. 69,31 (%) SiO_2, 12,10 Al_2O_3, 2,17 Fe_2O_3, 4,66 K_2O, 2,50 Na_2O, 7,7 H_2O mit NaCl/NaOH-Lsgg. in der Wärme werden je nach Dauer der Einw. u. Konz. krist. Prodd. vom Sodalith- oder Zeolith-Typ erhalten. Die Lsgg. haben Geh. von 10—40% NaCl u. 4—8% NaOH. Sodalith wird bevorzugt bei höheren Konzz. gebildet. Vff. nehmen katalyt. Wirksamkeit für NaOH an. P. JACOB. 294□

Hydrolyse der Aluminiumalkoxychelate. Václav Kugler. (J. Polymer Sci. **29.** 637—45. Juni 1958. Pardubice, Tschechosl., Forschungsinst. für synth. Harze u. Lacke.) (Dt.)

Acetessigester (AEEH) reagiert bei erhöhter Temp. mit $Al(OC_2H_5)_3$, wobei im wesentlichen eine OC_2H_5-Gruppe des Alkoholats durch das enol. AEE-Anion ersetzt wird. Unter Abdest. des A. entsteht eine lichtgelbe, viscose Fl., deren Zus. der Formel $Al(OC_2H_5)_2 \cdot$ AEE entspricht. Sie kristallisiert nicht, ist in organ. Lsgm. lösl. u. läßt sich bei 197—203° destillieren. Bei der Hydrolyse dieser Verb. in Xylol-Lsg. mit einer äquimolaren Menge W. bei Zimmer-Temp. wird die AEE-Gruppe nicht angegriffen, sondern es werden zunächst eine, bei höherer Temp. beide Äthoxygruppen abgespalten. Nach der Abdest. des A. u. des Xylols im Vakuum bleibt eine nach dem Erkalten feste, spröde, lichtgelbe harzige Substanz übrig, die in organ. Lsgm. lösl. ist. Bei der Hydrolyse des $Al(OC_2H_5)_2 \cdot$ AEE in PAe. bei 20° fällt dagegen eine weiße, nach dem Trocknen pulvrige Substanz aus, die in PAe. u. A. unlösl. ist, sich jedoch in Bzl. löst. Die Elementaranalyse ergab die wahrscheinliche Zus. $Al(OC_2H_5) \cdot$ AEE $\cdot$ (OH). Beim Schmelzen (F. 132°) gibt die Substanz A. ab u. geht in ein Prod. über, das in seinen Eigg. dem vorher beschriebenen entspricht. — Die Prodd. wurden vom Vf. „Aluminiumharze" genannt. Ihre prakt. Verwendbarkeit ist nicht ausgeschlossen. W. BETCKE. 294

Reaktionen von Titansäureorthoestern. 1. Mitt. **Reaktionen zwischen Tetraisopropoxytitan und Acetylbromid.** I. D. Verma und R. C. Mehrotra. (J. less-common Metals [Amsterdam] **1.** 263—68. Aug. 1959. Gorakhpur, India, Univ., Dep. of Chem.) (Engl.)

Die Rk. zwischen Tetraisopropoxytitan (I) u. CH_3COCl konnten Vff. auf CH_3COBr (II) übertragen u. erhielten hierbei in quant. Ausbeuten die Verbb. $Br_{4-x}Ti(OC_3H_7)_x$ (III) neben Essigsäureisopropylester (IV), der teilweise in III in Form einer Additions-Verb. gebunden wird. IV wird um so ausgeprägter gebunden, je größer das Verhältnis Br : Ti ist. So lassen sich für x = 0 u. 1 die Addukte sublimieren. Ti tauscht wie Zr die Liganden bes. leicht aus. Aus III u. höheren Alkoholen ROH oder ihren Estern läßt sich $Br_{4-x}Ti(OR)_x$ leicht darstellen. Lediglich tert.-Butanol bzw. tert.-Butylacetat bilden Zersetzungsprodukte.

Versuche (alle unter Feuchtigkeitsausschluß): *Triisopropoxytitanbromid* (**V**), Kp.$_{1,5}$ 100,5°, aus 5,4 g **II** u. 12 g **I** (Molverhältnis 1 : 1) in 47 g Bzl., 1std. Rückflußkochen bei 110°; hellgelbe, viscose Fl.; 13,06 g (Ausbeute). — *Triisopropoxytitanbromid-0.5-Isopropanol*, nach Zusatz von 30 ml Isopropanol (**VI**) zu 12,8 g **V** u. Rückflußkochen bei 90°; schwachgelbe Kristalle (11 g), die bei Dest. in **V** übergehen. — *Diisopropoxytitandibromid-0.5-Isopropylacetat*, aus **I** u. **II** (Molverhältnis 1 : 2) in Bzl., 2std. Rückflußkochen bei 90°, tiefrote Fl., aus der sich nadelförmige Kristalle abscheiden; gibt beim Lösen in **VI** *Diisopropoxytitandibromid-0.5-Isopropanol* (**VII**), gelbes, mikrokrist. Pulver, in kaltem W. lösl., gibt bei Dest. (85°/2,5 mm) *Diisopropoxytitandibromid* (**VIII**), schwachgelb, fest. 1,5 g **VIII** liefert bei Rk. mit 2,2 g **I** u. 13,9 g **VI** Triisopropoxytitanbromid-0.5-Isopropanol (2,8 g). — *Isopropoxytitantribromid-1-Isopropylacetat*, aus **I** u. **II** (1 : 3) in Bzl., brauner Festkörper, raucht an der Luft, lösl. in kaltem W.; sublimiert bei 105°/1 Torr zu tiefrotem Körper. — *Titantetrabromid-1-Isopropylacetat*, aus **I** u. **II** (1 : 4) in Bzl., tiefgefärbte Brocken, die bei 95°/1,5 Torr ein tiefrotes Sublimat geben, lösl. in W., feuchtigkeitsempfindlich; bildet mit **VI** bei 100° **VII**. — *Di-n-butoxytitandibromid-0.5-n-Butylacetat*, hellgelbes Pulver, aus 2,7 g **VIII** u. Überschuß von n-Butylacetat oder n-Butanol, gibt bei Dest. (120—30°/0,5 Torr) *Di-n-butoxytitandibromid*. — *Di-sek.-butoxytitandibromid-0.5-sek.-Butylacetat*, bzw. *Di-sek.-butoxytitandibromid* analog vorst. Verbindungen. H. BÜRGER. 321 □

Einige Untersuchungen in dem System Zirkoniumtetrafluorid–Wasser. T. N. Waters. (J. inorg. nuclear Chem. **15.** 320—28. Okt. 1960. Harwell, Berks., AERE, Chem. Div.) (Engl.)

ZrF_4 wurde mit 0—40%ig. wss. HF-Lsg. hydrolisiert; dabei wurden verschiedene Phasen der allg. Zus. $ZrF_4 \cdot xHF \cdot yH_2O$ erhalten (wobei x auch 0 sein kann). Außerdem wurden Proben aus ZrF_4 im Wasserdampf-HF-Gasstrom bei 100—450° gewonnen. Folgende Verbb. konnten identifiziert werden: $ZrF_4 \cdot 2\,HF \cdot 7\,H_2O$ (**I**), hexagonal, a = 8,86 u. c. = 5,04 (Å); $ZrF_4 \cdot HF \cdot 1{,}5\,H_2O$ (**II**), kub.-flächenzentriert, a = 5,43; $ZrF_4 \cdot HF \cdot 3\,H_2O$ (**III**), orthorhomb., a = 6,63; b = 8,07; c = 9,89 (Å). An $ZrF_4 \cdot 3\,H_2O$ (**IV**) wurden bei Einkristallaufnahmen erhalten: a = 5,94; b = 6,96; c = 7,55; $\alpha = 90{,}2°$; $\beta = 105°$ u. $\gamma = 118{,}9°$. **III** ergibt beim Trocknen eine neue, nicht zu identifizierende Verbindung. Das Gleiche gilt für die Hydrolyse-Prodd. von ZrF_4 in kochendem W. u. von ZrF_4 in Wasserdampf. Die Bindungsarten in den einzelnen Verbb. wurden diskutiert. H.-G. MOSLÉ. 322

Über drei vom Sulfid CrS gebildete und zur Reihe der Spinelle gehörende Verbindungen. Jean Flahaut, Louis Domange, Micheline Guittard und Said Fahrat. (C. R. hebd. Séances Acad. Sci. **253.** 1956—58. 30/10. 1961.) (Franz.)

CrS verbindet sich nur mit den Sulfiden der 3. Gruppe des Periodensystems. Von den dabei entstehenden Verbb. untersuchten Vff. die Thiospinelle $CrAl_2S_4$ (I), $CrGa_2S_4$ (II) u. $CrIn_2S_4$ (III). I wurde durch Überleiten von H_2S über ein Gemisch von metall. Al u. Cr bzw. CrS bei 1250—1300° dargestellt. Die Darst. von II u. III erfolgte durch 2std. Erhitzen von Ga_2S_3 bzw. In_2S_3 u. CrS auf 1300° in unter Vakuum verschlossenen SiO_2-Ampullen u. anschließendes Glühen bei 800°. Alle 3 Verbb. waren schwarz, veränderten sich nicht an der Luft, waren prakt. unlösl. in verd. HCl u. wurden ziemlich schnell von HNO_3 angegriffen. Die Röntgendiagramme zeigten die für Spinelle charakterist. Auslöschungen. Die Best. der Kationenverteilung war nur bei I u. III möglich, sie besitzen eine inverse Struktur mit Cr auf Oktaederplätzen. Für III wurde eine teilweise ungeordnete Struktur festgestellt. Eine Mischkristallreihe konnte zwischen In_2S_3 (IV) u. III entdeckt werden; dies kann man erklären, wenn man berücksichtigt, daß IV eine Hochtemp.-Form vom Spinelltyp mit a = 10,775 Å u. Kationlücken besitzt, die denen von III sehr ähnlich sind. H. Fries. 335□

Spektrophotometrische Untersuchung von Lösungen des Kaliumchrom(III)-sulfats. 2. Mitt. Änderung bei der Alterung. Miroslav Zikmund. (Chem. Zvesti **11.** 569—74. Okt. 1957. Bratislava, Odd. anorg. chém. Chem. ústavu Slov. akad. vied.) (Tschech.) — 1. vgl. C. **1960.** 1063.

Die Alterung von 1 m $KCr(SO_4)_2$-Lsgg., also das Gleichgewicht zwischen der grünen u. der violetten Form, wurde spektrophotometr. durch Vermessen der Absorption bei 5600—6100 Å zwischen 20—100° u. bis zu 20 Tagen Dauer verfolgt. Gleichzeitig wurde der Einfl. fremder Ionen durch Auflösen in n H_2SO_4, $HClO_4$ u. HNO_3 sowie der Einfl. des Zusatzes von $(NH_4)_2SO_4$ untersucht. — Die Alterung wird beschleunigt durch eine geringere Salz-Konz., durch steigendes pH, steigende Temp. u. höhere SO_4^{2-}-Konz. der Lösung. Ein vollständiger Übergang in die violette Form (Hexaquochrom(III)-Ionen) kann nur durch Störung des Gleichgewichts, z. B. durch Auskristallisieren dieser Form erreicht werden. J. Tůmová. 335□

Reaktion von Chrom(III)-Ionen mit Aminosäuren. Spektrophotometrische Untersuchungen der Chrom(III)-Komplexe von Lysin, Leucin und Asparaginsäure. A. Aziz Khan und Wahid U. Malik. (Current Sci. **29.** 135. April 1960. Aligarn, India, Muslim Univ., Dep. of Chem.) (Engl.)

Die bei der spektrophotometr. Titration von *Lysin* (I), *Leucin* (II) u. *Asparaginsäure* (III) mit wss. $CrCl_3$-Lsg. bei 88° auftretenden Absorptionsunterschiede werden bei 560 mμ gemessen. Die Meßergebnisse zeigen, daß $CrCl_3$ u. I bzw. II bei einer Konz. von 0,04 m 1 : 3-Komplexe, bei 0,0133 m 1 : 2-Komplexe u. bei 0,02 m 1 : 2- (für I) u. 1 : 3-Komplexe (für II) bilden. III bildet bei 0,02 m u. 0,0133 m 1 : 1-Komplexe. C. Kirsten. 335□

Komplexbildungsdaten für Solochrom-Violett R. 3. Mitt. Chrom-Farbstoff-Komplexe. E. Coates und B. Rigg. (Trans. Faraday Soc. **58.** 88—94. Jan. 1962. Bradford, Inst. of Technol., Dep. of Chem. Technol.) (Engl.) — 2. vgl. Trans. Faraday Soc. **57.** [1961.] 1637.

Solochromviolett R (2′-Hydroxy-5′-sulfophenylazo-2-naphthol; I) bildet mit $Cr(NO_3)_3$-Lsgg. 2 Komplexe, die spektrophotometr. u. polarograph. untersucht wurden. Der 1 : 1-Komplex (CrD) ist so stark, daß keine Gleichgewichtsdaten erhältlich sind. Die Gleichgewichtsdaten des 1 : 2-Komplexes (CrD_2) wurden in einem weiten Bereich von Ionenstärke u. Temp. bestimmt u. tabellar. mitgeteilt. I ist im Komplex dreizähnig. Der 1 : 1-Komplex enthält 3 Moll. komplex gebundenes W., das Säurefunktion besitzt. Bei 25° hat pK_1 den Wert 6,88; pK_2 9,82 u. pK_3 12,12. Der log Bldg.-Konst. $K_2^T(f) = [(CrD_2^{3-})/(CrD)(D^{3-})]\cdot[{}^fCrD^{3-}/{}^fCrD\cdot{}^fD^{3-}]$ hat bei 85° den Wert 17,05, Bldg.-Wärme $\Delta H = -6$ kcal/Mol, Bldg.-Entropie ca. −60 cal/Grad Mol. Die Darst. des 1 : 1-Komplexes erfolgt nach Drew u. Fairnbairn (J. chem. Soc. [London] **1939.** 823), die des 1 : 2-Komplexes durch Rk. stöchiometr. Mengen von 1 : 1-Komplex u. I u. 30 Min. langes Kochen in NaOH-Lsg. (2 Val/Mol I). Ein Teil der Lsg. wird durch Cellulosepulver (Whatman standard grade) chromatographiert. Hierbei läßt sich neben dem 1 : 2- der 1 : 1-Komplex oder freies I nachweisen. Je nach Ausfall der Probe wird mehr I oder 1 : 1-Komplex zugegeben u. wieder gekocht. Dies wird wiederholt, bis nur noch 1 : 2-Komplex nachweisbar ist. Verss. zur Darst. eines 1 : 3-Komplexes (CrD_3) blieben erfolglos. P. Sartori. 335□

Untersuchung der Rolle des Aluminiumchlorids als Aktivator bei den Verdrängungsreaktionen an Aromatenchromkomplexen. Fr. Hein und Kl. Kartte. (Z. anorg. allg. Chem. **307.** 52—69. 1960. Jena, Dt. Akad. der Wiss. zu Berlin, Arbeitsstelle für Komplexchemie.) (Dt.)

Die Unters. der bei den Verdrängungs-Rkk. an den Aromatenchrom(0)-Komplexen mit $AlCl_3$ entstehenden Zwischenprodd. ergab nach Redox-Rkk. Gemische von Diarylchrom(I)-tetrachloroaluminaten mit elementarem Al im Mol.-Verhältnis 3 : 1. Das Entstehen der Diarylchrom(I)-Kationen wurde durch Messung der Elektronenresonanz u. der magnet. Momente bestätigt. An diesen Zwischenprodd. war ein Ligandenaustausch durch Verdrängungs-Rkk. nicht möglich; erst bei einem $AlCl_3$-Überschuß ging er glatt vor sich. Die Wrkg. des $AlCl_3$ wurde nicht durch den Zustand des Cr[Cr(0) oder Cr(I)] beeinflußt. Jedoch ist für die Durchführung der Verdrängungs-Rkk. eine Minimalmenge an $AlCl_3$ (3facher Molüberschuß) erforderlich. Entsprechende Verhältnisse wurden für die Rkk. des $AlBr_3$ u. AlJ_3 mit den angegebenen Cr-Verbb. ermittelt. Verschiedene Cr-Al-Komplexe wurden isoliert.

Versuche: $(C_6H_6)(C_6H_5 \cdot C_6H_5)CrAlCl_4 \cdot {}^1/_2 C_6H_6$ (I), aus Benzoldiphenylchrom(0) u. $AlCl_3$ im Molverhältnis 1 : 2 in Bzl. entsteht olivgrüne Emulsion, die langsam schwarze Kristalle abscheidet; diese werden auf einer Extraktionsfritte mit CH_2Cl_2 unter N_2 extrahiert, eingeengt u. mit dem 4fachen Vol. Ketylbenzol versetzt; gelbbraune Nadeln, 81,5% (Ausbeute bzgl. Cr). — $(C_6H_5 \cdot C_6H_5)_2CrAlCl_4 \cdot {}^1/_4 C_6H_6 \cdot {}^1/_4 CH_2Cl_2$ aus Bis-[diphenyl]-chrom(0) u. $AlCl_3$ (im Überschuß) in Bzl. u. Ketylbenzol bzw. Ketyläther entstehen nach längerem Stehen schwarzbraune Kristalle; sie werden mit CH_2Cl_2 extrahiert u. es wird zur Lsg. das 4—5fache Vol. Bzl. gegeben; orangerote Kristalle, 95% (bzgl. Cr). — *Bis-[diphenyl]-chrom(I)-tetrachloroaluminat*, $C_{24}H_{20}AlCl_4Cr$, aus I, $AlCl_3$ u. Diphenyl bei 120° unter N_2, Aufnehmen mit Bzl.-Ae.-Gemisch u. Stehen im Eisschrank; orangerote Kristalle. — $C_{24}H_{20}AlBr_4Cr \cdot {}^1/_4 C_6H_6$ (II) aus Bis-[diphenyl]-chrom(0) in Bzl. durch Zufügen von $AlBr_3$ in Bzl. in einem Guß u. längeres Schütteln, Zugeben von Ae., sowie zweiwöchiges Stehen; orangerote Kristallschuppen, 92%. — $C_{24}H_{20}AlCrJ_4 \cdot {}^1/_4 C_6H_6$ analog II aus Bis-[diphenyl]-chrom(0) u. AlJ_3; es wurde jedoch nur ein Gemisch mit Al erhalten. H.-J. HARTMANN. 335□

Umsetzung von Bis-[diphenyl]-chrom(0) beziehungsweise Benzoldiphenylchrom(0) mit Borhalogeniden und Phosphortrichlorid. Fr. Hein und Kl. Kartte. (Z. anorg. allg. Chem. **307**. 89—96. 1960.) (Dt.) — Vgl. vorst. Referat.

Bei der Rk. von Diarylchrom(0)-Verbb. mit BF_3 u. BCl_3 entsteht im wesentlichen analog zur Rk. mit $AlCl_3$ ein Diarylchrom(I)-tetrahalogenoborat, wie durch Analyse u. Elektronenresonanzmessungen sichergestellt werden konnte. Daneben soll sich als Red.-Prod. weniger elementares B als gasförmige Subverbb. des Typs B_2X_4 (X = F, Cl) bilden. Die Reduzierbarkeit nimmt vom BF_3 zum BCl_3 zu, die red. Wrkg. vom Benzoldiphenylchrom(0) zum Bis-[diphenyl]-chrom(0) (I) ab. Aus I u. PCl_3 entstand in glatter Rk. Bis-[diphenyl]-chrom(I)-chlorid u. wahrscheinlich P_2Cl_4.

Versuche: *Bis-[diphenyl]-chrom(I)-tetrafluoroborat*, $C_{24}H_{20}BCrF_4$, a) aus I in Bzl. u. Durchleiten von BF_3 u. Umkristallisieren aus A.; b) analog a) jedoch Extrahieren des schwerlösl. Prod. mit CH_2Cl_2 u. Fällen aus der eingeengten Lsg. mit Bzl.; orangerote Kristalle. — *Bis-[diphenyl]-chrom(I)-tetrachloroborat*, $C_{24}H_{20}BCl_4Cr$, aus I u. BCl_3 in Bzl. oder in Pentan bei —20°; Abscheidung feiner orangefarbener Kristalle. — *Benzoldiphenylchrom(0)-tetrafluoroborat*, $C_{18}H_{16}BCrF_4$, aus Benzoldiphenylchrom(0) u. BF_4 in Bzl., gelborangefarbene Kristalle. — *Bis-[diphenyl]-chrom(I)-chlorid*, $C_{24}H_{20}ClCr$, aus I u. PCl_3 im Überschuß, rotes Öl, das beim Reiben kristallisiert; hellorangefarbenes Pulver. H.-J. HARTMANN. 335□

Überblick über die chemischen Probleme von Homogenreaktoren. C. H. Secoy. (Proc. int. Conf. peaceful Uses Atomic Energy **9**. 377—83. 1956. Oak Ridge Nat. Labor.) (Engl.)

Überblick über die Phasengleichgewichte der Syst. $UO_2(NO_3)_2$–H_2O, UO_2CrO_4–H_2O, UO_2F_2–H_2O, UO_2SO_4–H_2O (bei 25—250°) u. UO_2SO_4–H_2SO_4–H_2O. — 9 Literaturangaben. CH. WEISKE. 339□

Hydratwasser im System Fe–O. T. G. Owe Berg. (J. Amer. ceram. Soc. **44**. 131—35. März 1961. Long Beach, Calif., Douglas Aircraft Co., Materials Res. Group.) (Engl.)

Fe bzw. Fe–Fe_2O_3-Mischungen wurden in einem Tiegel auf 300—1100° erhitzt u. scharf getrocknetes O_2 darübergeleitet. Evtl. aus den Proben entweichendes H wurde an einem Kontakt verbrannt u. gebildetes bzw. aus den Proben entweichendes W. in $Mg(ClO_4)_2$ absorbiert. Die Wasserabgabe in Abhängigkeit von der Zeit wurde aufgetragen. Eindeutige Vers.-Ergebnisse wurden nicht erzielt. H.-G. MOSLÉ. 354□

Ermittlung der Gleichgewichte von Kohlenoxid–Kohlensäure-Gemischen mit dem γ-Mischkristall, mit Zementit und mit Graphit. Erich Scheil, Theodor Schmidt und Joachim Wünning. (Arch. Eisenhüttenwes. **32**. 251—60. April 1961. Stuttgart, MPI für Metallforsch.; Essen, Indugas G.m.b.H.) (Dt.)

Die CO/CO_2-Gleichgewichte mit dem γ-Mischkristall, mit Zementit u. mit Graphit wurden mit einer Vorr. gemessen, bei der der Einfl. der Thermodiffusion u. der CO-

Spaltung durch genügend hohe Gas-Geschw. ausgeschaltet wurde. Als Probenwerkstoffe diente im Vakuum umgeschmolzenes Elektrolyteisen, das auf 0,08 mm Stärke ausgewalzt war. Die CO/CO_2-Gleichgewichte mit Zementit wurden unmittelbar an Fe_3C-haltigen Fe-Proben bestimmt. Dagegen konnte das Gleichgewicht an Graphit nur an einem Graphitstab gemessen werden, da das C in den Reineisenproben nicht vollständig graphitisiert werden konnte. Die Zusammenfassung der CO/CO_2-Gleichgewichte des γ-Mischkristalls u. des Zementits bzw. Graphits ergab die beiden Sättigungslinien ES u. E′S″ im Fe–C-Diagramm. Die Graphitlinie läuft bei 1,98 Gew.-% in den Punkt E′. Der Punkt E auf der Zementitlinie liegt bei 2,02 Gew.-% C. Die maximale Löslichkeit des C im γ-Mischkristall liegt somit wesentlich höher, als bisher gemessen wurde. Für den Perlitpunkt S wurde dagegen die Zus. von 0,76 Gew.-% gefunden, die etwas unter den sonst angegebenen Werten liegt. Der F. des Ledeburiteutektikums wurde zu 1150° bestimmt. Die Möglichkeit eines Stabilitätswechsels zwischen Zementit u. Graphit ist zwar unwahrscheinlich, jedoch nicht vollständig ausgeschlossen, weil sich die Sättigungskurven bei ca. 1000° sehr nahe kommen. Bei der thermodynam. Auswertung der Vers.-Ergebnisse wurde der Aktivitätsverlauf des C im γ-Mischkristall mit einer Berechnung verglichen, die mit Hilfe von bestimmten Annahmen über den Aufbau des γ-Mischkristalls durchgeführt worden ist. Ferner wurde das Bldg.-Potential des Zementits berechnet. H. Hochstein. 354□

Kobaltcarbonylderivate des Tetrachlorkohlenstoffs und organischer 1.1.1-Trihalogenverbindungen: Trikobaltenneacarbonylkohlenstoff-Verbindungen. György Bor, László Markó und Bernadett Markó. (Chem. Ber. **95**. 333—40. 1962. Veszprém, Ungar. Erdöl- u. Erdgas Forsch.-Inst. MÁFKI.) (Dt.)

Durch Rk von Tetracarbonylcobaltat(—I)-Lsgg. mit CCl_4 in Methanol, A., Aceton, Tetrahydrofuran (THF) oder Pyridin erhielten Vff. $Co_3(CO)_9CCl$ (I). Bei der Umsetzung von $[Co(CO)_4]^-$ mit Bromoform in Aceton oder THF entsteht in ca. 18%ig. Ausbeute, mit Jodoform in 1—2%ig. Ausbeute $Co_3(CO)_9CH$, während mit Chlf. in ca. 20%ig. Ausbeute **I** gebildet wird. Die Rk. mit Benzotrichlorid führt zur Bldg. von $Co_3(CO)_9CC_6H_5$. Als Nebenprodd. bei der Herst. der Verbb. werden außerdem $Co_3(CO)_9C \cdot CO_2CH_3$ u. das dimere $[Co_3(CO)_9C]_2$ (II) erhalten, deren Zus. auch durch direkte Darst. bewiesen wurde. Alle Verbb. außer **II** bilden dunkelviolette, luftbeständige Kristalle, die in allen organ. Lsgm. sehr gut lösl. u. sublimierbar sind. Die IR-Spektren u. die Struktur der Verbb. werden diskutiert.

Versuche: $Co_3(CO)_9CCl$ (I), durch Lösen von 8,0 g $Co_2(CO)_8$ unter N_2 in 80 ml Aceton bzw. THF, 1—1½ std. Rühren bei 50°, Zugabe von 1,8 g CCl_4, ca. 2—3 std. Rühren bis zur Beendigung der Gas-Entw., Zusatz von 100 ml Hexan, Ausschütteln mit W., bis dieses nicht mehr rot gefärbt ist, Trocknen der Hexan-Lsg., Chromatographieren an einer frisch aktivierten (180°, 3 Std.) Silicagelsäule (200 cm Länge, 2,5 cm ⌀, Siebfraktion 0,09—0,18 mm), Eluieren mit Hexan, wobei die farbigen Fraktionen von jeweils 5—20 ml IR-spektroskop. kontrolliert werden, Einengen der **I** enthaltenden Fraktionen im Vakuum, Umkristallisieren bei —70° aus PAe. u. Vakuumsublimation bei 60—70° u. 3 Torr; schwarzviolette Kristalle; 49,3% (Ausbeute). — $Co_3(CO)_9CH$, aus einer wie vorst. dargestellten Lsg. von 0,0118 Mol $[Co(CO_4]^-$ u. 42,0 g $CHBr_3$ analog vorst. Verb.; schwarzviolette Kristalle; 18,6%. — $Co_3(CO)_9CCO_2CH_3$, aus einer Lsg. von 17,32 g $Co_2(CO)_8$ in 100 ml Methanol u. 10 ml CCl_4 durch Aufarbeiten wie bei **I**, wobei nach dem Eluieren mit n-Hexan die dunkle Zone mit Bzl. eluiert, die Benzol-Lsg. eingedampft u. der Rückstand aus n-Hexan umkrist. wird; dunkelviolettrote Kristalle; 5,7% (neben 37,9% **I**). — $[Co_3(CO)_9C]_2$ (II), a) durch Eluieren der bei der Darst. von **I** auftretenden braun-orangefarbenen Zone mit n-Hexan u. Eindampfen der Lsgg.; braune Kristalle; 1,3%; b) aus einer Lsg. von 9,0 g $Co_2(CO)_8$ in 90 ml THF u. 2,0 g Hexachloräthan in wenig THF durch ca. 2 std. Rühren bei 40°, Zugabe von 50—60 ml Hexan, 3—4 maliges Auswaschen mit schwach salzsaurem W., Trocknen, Einengen auf ca. 10—20 ml, Aufgeben auf eine Chromatographiersäule wie bei **I**, Eluieren mit Hexan, Einengen des Eluats der orangebraunen Zone auf wenige ml u. Auskristallisierenlassen durch Kühlen mit Trockeneis/Aceton; 1%. — $Co_3(CO)_9CC_6H_5$, aus einer aus 20,5 g $Co_2(CO)_8$ u. 20 g THF bereiteten $[Co(CO)_4]^-$-Lsg. u. 15,5 g Benzotrichlorid durch Aufarbeiten wie bei **I** (jedoch ohne Säulenchromatographie), mehrmaliges Sublimieren im Vakuum u. Umkristallisieren aus n-Hexan; schwarzbraune Kristalle; 36,1% (Rohausbeute). Gerhard Schulze. 355□

Potentiometrische Untersuchungen an Histamin und seinen Metallchelaten. 2. Mitt. **Die Cadmium- und Nickel-Chelate von Histamin in wäßrigen Lösungen.** S. N. Randolf von Schalien. (Suomen Kemistilehti B **32**. 148—53. 1959. Helsinki, Finland Inst. of Technol., Dep. of Chem.) (Engl.) — 1. vgl. Soumen Kemistilehti B **31**. [1958.] 372; 4. vgl. C. **1962**. 10762.

Im Temp.-Bereich 25—50° wurde die Dissoziation von Histamin sowie die Beständigkeit der 1 : 1-Chelate von Cd u. Ni mit Histamin in verd. KCl-Lsgg. potentiometr. untersucht. Die thermodynam. Dissoziations-Konst. u. die DEBYE-HÜCKEL-Konst. wurden bei 37° u. 50° bestimmt u. die thermodynam. Beständigkeits-Konst. der 1 : 1-Chelate bei 25°, 37° u. 50° tabellar. mitgeteilt. Aus diesen Größen wurden $-\Delta G^0$, $-\Delta H^0$ u. ΔS^0 für die Dissoziation u. Bldg. der 1 : 1-Chelate berechnet. Der Einfl. der Ionenstärke auf die Gleichgewichts-Konst. der Chelate u. die Temp.-Abhängigkeit der Beständigkeits-Konst. wurden näher untersucht. Das Verhältnis $\Delta H^0/p_{K_0}$ für die Imidazoldissoziation von Histamin war annähernd der NH_2-Dissoziation gleich (—1,19 u. —1,13 bei 25°). G. HELLER. 356□

Die Stabilität von Kobalt(II)- und Nickel-Komplexen der Brenzcatechin-3.5-disulfonsäure in wässeriger Lösung. Reino Näsänen. (Suomen Kemistilehti B **32.** 7—9. 1959. Helsinki, Univ., Inst. of Chem.) (Engl.)

Die Komplex-Bldg. zwischen Co bzw. Ni u. Brenzcatechin-3.5-disulfonsäure (H_4A) wurde pH-metr. durch Titration von $Co(ClO_4)_2$- bzw. $Ni(ClO_4)_2$-Lsg., im Gemisch mit einer Na_2H_2A-Lsg., gegen NaOH-Lsg. verfolgt. Die Titrationskurven lassen sich nicht allein durch die Bldg. von CoA^{2-}- bzw. NiA^{2-}-Komplexen erklären, sondern deuten auf das Vorhandensein von $CoHA^-$ bzw. $NiHA^-$ hin. Die Gleichgewichts-Konst. für die Rkk. (M = Co bzw. Ni): $M^{2+} + H_2A^{2-} \rightleftharpoons MA^{2-} + 2\,H^+$ u. $MA^{2-} + H^+ \rightleftharpoons MHA^-$ sowie die Stabilitäts-Konst. der Komplexe wurden berechnet. W. BETCKE. 356□

Zusammensetzung von Kupfer(II)-o-kresotato-Chelaten: Eine colorimetrische Untersuchung. S. C. Tripathi und Satya Prakash. (J. Indian chem. Soc. **35.** 139—43. Febr. 1958. Allahabad, Univ. of Allahabad, Chem. Labor.) (Engl.)

Mit Hilfe colorimetr. Unterss. bei 30° fanden Vff. beim Zusammengeben von Cu(II)-Ionen u. Mononatrium-o-kresotat im Verhältnis 1 : 1 bei pH 5,2 ein Farbmaximum, das sie einem 1 : 1-Komplex zuschreiben, in den Verhältnissen 1 : 2 u. 1 : 3 waren die Maxima bei pH 5,7; hierfür wird als 1 : 2-Komplex das [Bis-(o-kresotato)-kupfer(II)]$^{2-}$-Anion formuliert. Zwischen pH 5,7 u. 5,2 existieren Mischungen beider Komplexe. G. HELLER. 358□

Komplexsalze der höheren Fettsäuren. 5. Mitt. Simon Fişel. (Rev. Chim. [Bucarest] **2.** 313—16. 1957.) (Franz.) — **1.**—4. vgl. C. **1960.** 9825.

Die Additions-Verbb. (**A**) der Cu-Salze von Palmitin- (**I**) u. Stearinsäure (**II**) mit einer Anzahl aromat. u. heterocycl. Basen werden aus den Lsgg. der Komponenten durch Fällen mit A. dargestellt. Folgende Amine geben keine **A**, da sie sich in Ggw. von Cu-**I** bzw. -**II** zersetzen: *o-Toluidin, o-Anisidin, o-Chloranilin, Xylidin-(1.3.4)* u. *-(1.4.5), Dimethylanilin, α-* u. *β-Naphthylamin, o-, m-* u. *p-Phenylendiamin.*

Versuche: *Palmitinsäure* (**I**), *Cu-Salz*, durch allmähliches Zufügen von 25 g $Cu \cdot (NO_3)_2$ in 60%ig. A. zu einer alkohol. Lsg. von K-Palmitat bei 50—60°, Filtrieren des Nd., Waschen mit A. u. W. u. Umkristallisieren aus Dioxan u. Amylacetat; 27—30 g (Ausbeute). — *Stearinsäure* (**II**), *Cu-Salz*, analog vorst. Methode. — Durch Lösen von 0,5 g Cu-Palmitat in 1 g Amin auf dem Wasserbad, Zufügen von A., Abkühlen u. Filtrieren werden je 0,5—0,55 g folgender Cu-Palmitat-Additions-Verbb. erhalten (g = grasgrüne; o = olivgrüne, b = blaugrüne Kristalle; $X = C_{15}H_{31}COO^-$): *Anilin-*, $CuX_2 \cdot C_6H_5NH_2$, g; *m-Toluidin-*, $CuX_2 \cdot CH_3C_6H_4NH_2$, g; *p-Toluidin-*, $CuX_2 \cdot CH_3C_6H_4NH_2$, g; *p-Anisidin-*, $CuX_2 \cdot CH_3OC_6H_4NH_2$, o; *m-Chloranilin-*, $CuX_2 \cdot ClC_6H_4NH_2$, b; *p-Chloranilin-*, $CuX_2 \cdot ClC_6H_4NH_2$, b; *α-, β-* bzw. *γ-Picolin-*, $CuX_2 \cdot CH_3C_5H_4N$, b; *Chinolin-*, $CuX_2 \cdot C_9H_7N$, b; *Isochinolin-*, $CuX_2 \cdot C_9H_7N$, b. Desgleichen folgende Cu-Stearat-Additions-Verbb. ($Y = C_{17}H_{35}COO^-$): *Anilin-*, $CuY_2 \cdot C_6H_5NH_2$, g; *m-* bzw. *p-Toluidin-*, $CuY_2 \cdot CH_3C_6H_4NH_2$, g; *p-Anisidin-*, $CuY_2 \cdot CH_3OC_6H_4NH_2$, o; *m-* bzw. *p-Chloranilin-*, $CuY_2 \cdot ClC_6H_4NH_2$, b; *α-, β-* bzw. *γ-Picolin-*, $CuY_2 \cdot CH_3C_5H_4N$, b; *Chinolin-*, $CuY_2 \cdot C_9H_7N$, b; *Isochinolin-*, $CuY_2 \cdot C_9H_7N$, b. G. KIRSTEN. 358□

A₉. Mineralogische und geologische Chemie

Über den rhombischen Schnitt in Periklinzwillingen. S. Goldsztaub und H. Saucier. (Bull. Soc. franç. Minéralog. Cristallogr. **82.** 99—100. Jan./März 1959. Strasbourg, Fac. des Sci., Labor. de Minér. et de Pétrographie.) (Franz.)

Es werden die Beziehungen zwischen dem rhomb. Schnitt der Periklinzwillinge u. den Kristallwachstums-Geschw. behandelt. J.-E. HILLER. 372□

Das K/Cs-Verhältnis in einigen basischen Gesteinen. L. H. Ahrens und R. A. Edge. (Geochim. cosmochim. Acta [London] **25.** 91—94. Sept. 1961. Kapstadt, Univ., Dep. of Geochem.) (Engl.)

Angabe neuer Daten über K- u. Cs-Geh. von Basalten, Gabbros u. ähnlichen Gesteinen. Die meisten K/Cs-Werte liegen bei 7500. H. MOENKE. 378□

Silbergehalt von Eruptivgesteinen. H. Hamaguchi und R. Kuroda. (Geochim. cosmochim. Acta [London] **17.** 44—52. Tokyo, Tokyo Univ. of Educ., Fac. of Sci., Dep. of Chem.) (Engl.)

Der Durchschnitts-Geh. der Eruptivgesteine an Ag — von GOLDSCHMIDT 1937 mit 0,1 ppm angegeben — wurde für japanische Vork. zu 0,08 ppm bestimmt. Für die einzelnen Eruptiva wurden folgende Werte erhalten (in ppm): Granit 0,037, Granodiorit 0,050, Liparit 0,049, Quarzdiorit u. Diorit 0,053, Andesit 0,080, Basalt 0,11, Diabas 0,12, Gabbro 0,11. Die Geochemie u. die diadoche Ersetzbarkeit durch Kalium werden diskutiert. GERHARD WOLFF. 378□

Schwankung von Thorium und Uran in ausgewählten granitischen Gesteinen. John J. W. Rogers und Paul C. Ragland. (Geochim. cosmochim. Acta [London] **25.** 99—109. Sept. 1961. Houston, Tex., Rice Univ., Dep. of Geol.) (Engl.)

Zahlreiche nordamerikan. Granite wurden röntgenspektroskop. auf ihren Geh. an Th, U u. K untersucht. Die jeweils jüngeren granit. Gesteine der White Mountains u. der Oliverian-Serie enthalten mehr Th u. U als die älteren Gesteine; das Th/U-Verhältnis erhöht sich während des Ablaufes der Gesteinsbildung. Im Batholithen von Süd-Kalifornien bleibt dagegen das Th/U-Verhältnis konst., obwohl bei der magmat. Differentiation sowohl die Th-Geh. als auch die U-Konzz. zunehmen. Die Erhöhung von Th/U-Verhältnissen ist nach Ansicht der Vff. durch Oxydationsprozesse während der magmat. Differentiation zu erklären. H. MOENKE. 378□

Über die Entstehung algenähnlicher Formen und Kohle im Sudbury-Becken, Ontario. James E. Thomson. (Trans. Roy. Soc. Canada, Sect. IV [3] **54.** 65—75. Juni 1960.) (Engl.)

Die bekannten Sudbury-Erzkörper liegen in einem Kalkstein, der algenähnliche Gebilde enthält. Die Travertinähnlichkeit des Sedimentgesteins läßt auf organ. Entstehung des C schließen. Der Kalkstein soll das Prod. heißer Quellen sein. H. MOENKE. 378□

Messungen des Alters der Vallorcin-Granite (Schweiz). R. Chessex, F. de Montomollin, G. Ferrara und A. Longinelli. (Nature [London] **193.** 1279. 31/3. 1962. Lausanne, Inst. de Minér.; Pisa, Labor. di Geol. Nucl.) (Engl.)

Aus Vgl. verschiedener Meth. der Alters-Best. wurde das abs. Alter der porphyrit. Vallorcine-Granite zu $286 \pm 10 \cdot 10^6$ Jahren bestimmt. Den gleichen Wert ergab das Rb/Sr-Alter, gemessen an Biotiten dieses Gesteins. ERNST SCHULTE. 378□

Untersuchung der Schwefel-Isotopenzusammensetzung in Kohlen mit großem Schwefelgehalt. R. Kavčič. (Vestnik sloven. kem. Društva **5.** 7—11. Jan./Juni 1958. Ljubljana, Kemič. inst. „Boris Kidrič" Sloven. akad. znanosti in umetnosti.) (Tschech.)

Die Best. des Isotopenverhältnisses $^{32}S/^{34}S$ in Kohlenproben aus Raša (Jugoslawien), Tangorin seam (New South Wales, Australien) u. Assam (Indien) wurde durch Carbonisieren der Probe, Auffangen des H_2S als CdS, Überführen in Ag_2S, Verbrennen zu SO_2 u. Best. des Isotopenverhältnisses mit Hilfe des Massenspektrometers durchgeführt. Alle 3 Proben zeigen dasselbe $^{32}S/^{34}S$-Verhältnis in den Grenzen 22,6—22,9 $\pm$ 0,04; die jugoslaw. Kohle hat das $^{32}S/^{33}S$-Verhältnis 123,7 $\pm$ 1,0. Die Anreicherung des ^{32}S-Isotops wird durch die H_2S-Rk. mit organ. Verbb. unter Mitwirkung von Fe- u. Al-Oxiden als Katalysatoren erklärt. J. TŮMOVÁ. 378□

Über einen Sonderfall eines Schiefers mit Diaspor-Nadeln von Heas (Pyrenäen). M. Christophe Michel-Lévy. (Bull. Soc. franç. Minéralog. Cristallogr. **82.** 96—97. Jan./März 1959. Paris, Sorbonne, Labor. de Minér.-Cristallogr.) (Franz.)

Es wird ein Serizitschiefer beschrieben, der nadelige Aggregate von *Diaspor* enthält. Diese sind wahrscheinlich aus *Cordierit* entstanden. J.-E. HILLER. 380□

Wurmartiger Gibbsit in der Pensauken-Formation von New Jersey. William Lodding. (Amer. Mineralogist **45.** 228—29. Jan./Febr. 1960. New Brunswick, N.J., Rutgers State Univ.) (Engl.)

Aus der Gegend des South River, N.J., werden wurmartige Gebilde, die hauptsächlich aus *Gibbsit* bestehen u. durchschnittlich 0,5—2,0 mm, aber auch 6 mm, lang werden, beschrieben. Die Zus. beträgt: *Gibbsit* 87%, *Kaolinit* 6%, *Goethit* 5%, andere Minerale 2%. J.-E. HILLER. 380□

Identität von Calciumrinkit und Götzenit. Th. G. Sahama. (Amer. Mineralogist **45.** 221—24. Jan./Febr. 1960. Helsinki, Univ., Inst. of Geol.) (Engl.)

Durch Analyse u. röntgenograph. Unterss. wird festgestellt, daß Calciumrinkit u. Götzenit zur gleichen Species gehören. Götzenit ist einem reinen Endglied nahe. Sein Name sollte bevorzugt werden. J.-E. HILLER. 380□

Einschlüsse in Granat. A. K. Galwey und K. A. Jones. (Nature [London] **193.** 471—72. 3/2. 1962. Belfast, Queen's Univ., Dep. of Geol. and Dep. of Chem.) (Engl.)

Interpretation eigner u. fremder mkr. Unterss. über Zonarbau u. Einschlüsse in Granat aus metamorphen Gesteinen. W. FRANKE. 380□

Phasenbeziehungen von Kalifeldspat bei der Metamorphose. K. S. Heier. (J. Geology **65.** 468—79. Sept. 1957. Oxford.) (Engl.)

Eine Reihe von Kalifeldspaten aus metamorphen Bezirken in Norwegen werden röntgenograph. untersucht. Es wird gezeigt, daß der Übergang Orthoklas → Mikroklin nahe unterhalb (ca. 500°) des Übergangs Granulit- → Amphibolit-Facies erfolgt. Beide Umwandlungen, monoklin → triklin u. umgekehrt, kommen in der Natur vor. ERNST SCHULTE. 380□

Einige Beobachtungen über die chromhaltigen Peridotite und die Chromitlager in der West-Türkei. M. Atger. (Bull. Soc. franç. Minéralog. Cristallogr. **82.** 97—98. Jan./März 1959. Paris, Sorbonne, Labor. de Pétrogr.) (Franz.)

Vf. zeigt, daß die Chromitlager der West-Türkei gewisse Differentiationserscheinungen von *Chromit*, *Dunit* u. *Harzburgit* zeigen. J.-E. HILLER. 380□

Quantitativ-mineralogisch-petrographische Untersuchungen an den mitteldevonischen Roteisenerzen vom Büchenberg bei Elbingerode im Harz. Erich Knauer. (Beih. Z. Geol. **9.** 3—75. 1960. Berlin.) (Dt.)

Die Eisenerzlagerstätte vom Büchenberg bei Elbingerode/Harz wird ausführlich charakterisiert. Das Erz besteht aus Haematit, Siderit, Magnetit u. Fe-Chloriten, die Gangart aus Kalkspat u. Quarz. Ferner wurden gefunden: Stilpnomelan, Pyrit, Kupferkies, Markasit, Ilmenit, Anatas, Pyrolusit, Feldspat u. Anthraxolith. Anteile der Hauptmineralien in %: Haematit 11—13, Siderit 15—17, Magnetit 9—11, Fe-Silicate 7—9, Kalkspat 30—33 u. Quarz 22—24. H. MOENKE. 380□

Tonmineralogie: Die Tonmineralzusammensetzung von Böden und Tonen liefert das Verständnis für ihre Eigenschaften. Ralph E. Grim. (Science [Washington] **135.** 890—98. 16/3. 1962. Urbana, Ill., Univ., Dep. of Geol.) (Engl.)

Vf. diskutiert die Probleme bei der Unters. von Tonmineralien u. stellt fest, daß bei der Analyse von nicht verunreinigten Tonmineralien aus Sedimenten diese die Bldg.-Bedingungen des entsprechenden Sediments in gewissem Maße wiedergeben. ERNST SCHULTE. 380□

Mineralzusammensetzung einiger Uranerze aus dem Gebiet des South Alligator River im Nord-Territorium. I. M. Threadgold. (Commonwealth sci. ind. Res. Organizat., Australia, mineragraphic Invest., techn. Pap. **1960.** Nr. 2. 1—53. 8 Tafeln. Melbourne, C.S.I.R.O., Mineragraphic Invest.) (Engl.)

Die in den Minen von El Sherana, Palette u. Rock Hole geförderten prim. Uranerze bestehen aus massiver bis feinkörniger Pechblende mit geringen Geh. an Arsenopyrit, Pyrit, Markasit, Chalkopyrit, Gersdorffit, Galenit, Clausthalit, Niccolit u. Gold. Daneben wurden zwei Kobalt–Nickel-Arsenide, wahrscheinlich Kobalt-Rammelsbergit u. Safflorit, sowie ein Nickel-Selenid vom Linneit-Typ gefunden. Vf. gibt für die angeführten Mineralien kurze Beschreibungen, für die Pechblende u. die nicht identifizierten Co–Ni-Verbb. auch Analysenergebnisse u. d-Werte. An sek. Bldg. wurden gefunden: Rutherfordin, Curit, Masuyit, Autunit, Vandendriesscheit, Becquerelit, Torbernit, Phosphuranylit, Zeunerit, Saléeit, Renardit, Soddyit, Uranophan u. Uranopilit sowie sieben nicht identifizierte Verbindungen. Die erhaltenen kristallopt. u. röntgenograph. Daten werden mit Angaben anderer Autoren verglichen. P. JACOB. 380□

Oberflächentexturen von Sandkörnern: Anwendung der Elektronenmikroskopie. David Krinsley und Taro Takahashi. (Science [Washington] **135.** 923—25. 16/3. 1962. Flushing, N.Y., Queen's Coll., Dep. of Geol. and Geogr.; Alfred, N.Y., Alfred Univ., Coll. of Ceram.) (Engl.)

Von Quarz, der der Kugelmühlenzerkleinerung u. anderen Verff. unterworfen wurde, um äol. u. Strandbedingungen zu imitieren, wurden elektronenmkr. Aufnahmen gemacht u. diese mit natürlich gefrorenen Körnern verglichen. Die Übereinstimmung war gut. ERNST SCHULTE. 385□

Sandsteine des Lower Old Red der südlichen Britischen Inseln: Ein Analogon der Alpinen Molasse. J. R. L. Allen. (Nature [London] **193.** 1148—50. 24/3. 1962. Reading, Univ., Dep. of Geol. Sedimentol., Res. Labor.) (Engl.)

Sedimente des „Lower Old Red" der südlichen Brit. Inseln werden als Analogon der subalpinen Molasse beschrieben. Ähnliche Züge sind synorogene Ablagerung, exot. Gerölle, Wechsel von brack. nach fluviatil, vorwiegend mechan. Verwitterung im Hinterland, Cyclothemen durch erodierende u. sedimentierende, schnell verlagerte Durchflüsse. ERNST SCHULTE. 385□

Albitdiabase und Albitite in Enontekiö und Kittilä, Finnland. Kauko Meriläinen. (Bull. Commiss. géol. Finlande **1961**. Nr. 195. 1—75.) (Engl.)

Die Albitgesteine von Enontekiö u. Kittilä sind Differentiations-Prodd. eines Olivinbasaltmagmas. Die Differentiation wurde durch CO_2 u. H_2O gefördert. Der Albit wurde sowohl prim. gebildet als auch durch Epidotisierung von Plagioklas frei. Die Albitite entstanden nach den Albitdiabasen. H. MOENKE. 385□

Petrographische Untersuchung paläozoischer Magmatite aus dem Balatonhochland. Á. Juhász. (Magyar nemzeti Múzeum Természettudományi Múzeum Évkönyve [Ann. histor.-natur. Musei nat. hung.] **52**. 5—22. 1960. Budapest.) (Dt.)

Bericht über neue petrograph. Unterss. an den subvulkan., dynamometamorph beanspruchten Gesteinen des Balatonhochlandes. H. MOENKE. 385□

Petrographische Untersuchung des biotitischen Pyroxen-Andesits von Gyöngyöstarján. Cs. Ravasz. (Magyar nemzeti Múzeum Természettudományi Múzeum Évkönyve [Ann. histor.-natur. Musei nat. hung.] **52**. 23—32. 1960. Budapest.) (Engl.)

Polarisationsmkr. Analyse des tekton. beanspruchten Andesits der Mátra-Berge. H. MOENKE. 385□

Klima und verwitterte Karoo-Dolerite. H. H. Weinert. (Nature [London] **191**. 325—29. 22/7. 1961. Pretoria, Nat. Inst. for Road Res.) (Engl.)

Die Unterss. an verwitterten Karoo-Doleriten der Südafrikan. Union zeigen einen engen Zusammenhang des Verwitterungsgrades mit dem herrschenden Klima; bes. ist neben der Temp. die jeweilige Luftfeuchtigkeit bzw. Nd.-Menge in den verschiedenen Regionen ausschlaggebend. E. FRITZSCHE. 385□

Zwei bedeutende neue Vorkommen von Pleistozän-Ablagerungen entlang des Ohio River-Tals in Kentucky. Louis L. Ray. (J. Geology **65**. 542—45. 1 Tafel. Sept. 1957. U. S. Geol. Surv.) (Engl.)

Das erste Vork. besteht aus einer stratigraph. gut ausgebildeten Folge von 3 Lößformationen, Loveland, Farmdale u. Tazewell. Das zweite ist eine glaziale, stark verwitterte Grundmoräne, der vorläufig Kansan-Alter zugeordnet wird. ERNST SCHULTE. 385□

Die Altersbeziehung und der Ursprung von gewöhnlichem Sudbury-Breccien. E. C. Speers. (J. Geology **65**. 497—514. Sept. 1957. Lively, Ontario, Canada.) (Engl.)

Die Sudbury-Trümmergesteine wurden eingehend untersucht u. die Beziehungen zwischen ihnen u. den Onaping-Vulcaniten u. Ni-Einbrüchen dargelegt. Die chem. Analysen werden mit denen von anderen Breccie-Vork. verglichen u. sind tabelliert angegeben. Im Nach-Huron wird der Zentralkern des Vredefort-Granitdoms abwärts gestoßen worden sein, an seiner Spitze haben sich Vulkane gebildet, die, als sie explodierten, das Sudbury-Becken hinterließen. Dehnung der Kruste führte zu Dehnungsrissen; Erdbewegungen u. Vulkanismen verursachten das Trümmergestein, welches durch Fll., die die Trümmerzonen durchwanderten, seine heutige Formation erhielt. ERNST SCHULTE. 385□

Vulkanologie. Vulkane liefern einige unserer besten Anhaltspunkte zur Erkenntnis der Konstitution des Erdinneren. Gordon A. Macdonald. (Science [Washington] **133**. 673—79. 10/3. 1961. Honolulu, Univ. of Hawaii, Inst. of Geophys.) (Engl.)

Diskussion der Problematik der Vulkanforschung, ihrer Zielsetzung u. ihrer neueren Ergebnisse. H. MOENKE. 386□

Berechnung des chemischen Gleichgewichts in vulkanischen Systemen mit Hilfe von Rechenmaschinen. Emerson F. Heald und John J. Naughton. (Nature [London] **193**. 642—44. 17/2. 1962. Honolulu, Univ. of Hawaii, Dep. of Chem.) (Engl.)

Die Gleichgewichts-Zus. vulkan. Gase in Abhängigkeit von Druck u. Temp. wird aus thermodynam. Daten mit Hilfe einer elektron. Rechenmaschine bestimmt. Vgl. mit Gasproben vom Puu Puai, Hawaii, u. Deutung der beobachteten Abweichungen. W. FRANKE. 386□

Vorkommen von Skapolith in den vulkanischen Auswürflingen des Steinbruchs von Chuquet Genestoux (Puy-de-Dôme). J. T. Iiyama. (Bull. Soc. franç. Minéralog. Cristallogr. **82**. 95—96. Jan./März 1959. Paris, Sorbonne, Labor. de Minér. Cristallogr.) (Franz.)

Aus den vulkan. Auswürflingen von Chuquel Genestoux werden Skapolith u. Apatit beschrieben. J.-E. HILLER. 386□

Komplexe Nephelin–Kalsilit-Einsprenglinge in der Kabfumu Lava, Nyiragongo Gebiet, nördlich Kivu im Belgisch Kongo. Th. G. Sahama. (J. Geology **65**. 515—26. Sept. 1957. Helsinki, Finland, Univ., Inst. of Geol.) (Engl.)

In der Kabfumu-Lava enthält der perthit. Kern 2 Nephelinformen [59 u. 25 Mol-% Kalsilit (Ks)], d-Ks mit a_0 ca. 5,15 Å, o-Ks mit a_0 ca. 8,9 Å u. Spuren Tri-Ks mit a_0 ca. 15,3 Å. Beim Erhitzen auf 860° wird homogenes Tetra-Ks mit a_0 ca. 20,5 Å gebildet.

Bei ca. 1000° wandelt sich die Tetra-Ks-Phase in K-reichen Nephelin um. Die Phasenumwandlungen wurden opt., röntgenograph. u. mittels DTA untersucht; die d-Werte sind tabelliert angegeben. ERNST SCHULTE. 386 □

Kristallfraktionierung vom Skaergaard-Typ in neuen isländischen Magmen. G. R. Robson und J. Spector. (Nature [London] **193.** 1277—78. 31/3. 1962. Seismic. Res. Unit; Trinidad, Univ. Coll. of the West Indies, Soils Res. Sect.) (Engl.)

Bei der chem. Analyse von 12 Hauptelementen u. der spektrochem. von 14 Spurenelementen einer Gruppe von frischen basalt. Laven der isländ. Vulkane Eldgja u. Katla ergab sich, daß sich die Werte auf Geraden mit von Element zu Element verschiedener Steigung anordnen lassen. Sie sind denen ähnlich, die im Bereich von zu 70—80% verfestigten Skaergaard-Schmelzen erhalten wurden. ERNST SCHULTE. 386 □

Meteoritenfallfrequenz während der Altersperioden. R. Gallant. (Nature [London] **193.** 1273—74. 31/3. 1962. London.) (Engl.)

Vf. diskutiert die verschiedenen Ansichten über Meteoritenfall u. ist im Gegensatz zu PANETH der Meinung, daß Meteorite in der frühen bis späten quatern. Periode zur Erde gefallen sind. ERNST SCHULTE. 388 □

Rubidium-Strontium-Wechselbeziehung von drei Tektiten und ihren vermutlichen Mutterböden. W. H. Pinson jun. und C. C. Schnetzler. (Nature [London] **193.** 233—34. 20/1. 1962. Cambridge, Mass., MIT, Dep. of Geol. and Geophys.) (Engl.)

Die Hypothese, daß die Tektite Schmelzprodd. des örtlichen Materials, in dem sie gefunden wurden, seien, muß auf Grund des Vgl. der Sr–Rb-Verhältnisse von 7 Proben (Sande u. Moldavit von Nechov, Czechoslovakia; Tonsand der Wellborn Formation der Jackson Gruppe, Tex.; Bediasit von Grimes County, Tex.; toniger Sandstein u. Tektite von Empire, Ga.) fallen gelassen werden. Die Meßergebnisse sowie eine Teilanalyse von Bediasit sind angegeben. Durch Messungen der magnet. Susceptibilität von Tektiten u. den ihnen zugeordneten nichterhitzten u. geschmolzenen Gesteinen kommen FRIEDMAN u. Mitarbeiter (C. **1961.** 6432) ebenfalls zu dem Schluß, daß die Tektite nicht aus dem Muttergestein durch Erhitzen entstanden sein können. ERNST SCHULTE. 388 □

Ursprung lebensähnlicher Formen in kohlenstoffhaltigen Chondriten. Harold C. Urey. (Nature [London] **193.** 1119—22. 24/3. 1962. San Diego, La Jolla, Calif., Univ. of California, School of Sci. and Engng.) (Engl.)

Unter der Voraussetzung, daß die Mondoberfläche in Struktur u. Zus. den Steinmeteoriten ähnlich ist u. es in früherer Zeit Prozesse gegeben hat, die W. u. organ. Bestandteile der Erde mit dem Mond in Kontakt brachten u. daß Material vom Mond zur Erde gelangen kann, ist wahrscheinlich der Mond als Ursprung der organ. Formen in den Chondriten anzusehen. Die Bedingungen für Leben auf dem Mars u. planetar. Körpern zwischen Mars u. Jupiter lassen einen Ursprung von dort unwahrscheinlich erscheinen. Aus den Unterss. ergeben sich Gründe dafür, daß das Auftreten organ. Formen nicht nur aus Verunreinigungen des Materials nach Kontakt mit der Erde herrührt. ERNST SCHULTE. 388 □

Organische Partikel, eingebettet in Mineralien der kohlenstoffhaltigen Orgueil- und Ivuna-Chondriten. Bartholomew Nagy, George Claus und Douglas J. Hennessy. (Nature [London] **193.** 1129—33. 24/3. 1962. New York, N.Y., Fordham Univ., Dep. of Chem.; New York Univ., Med. Center.) (Engl.)

Chem., physikal., mikrobiolog. u. Dünnschliff-Unterss. ergaben, daß die mkr. kleinen Partikel in den Orgueil- u. Ivuna-Chondriten fossile organ. Strukturen sind u. nicht ird. mikrobiolog. Verunreinigungen oder Mineralien. Vff. sind der Ansicht, daß diese organ. Elemente wahrscheinlich Mikrofossilien des Ursprungkörpers der Meteorite sind. ERNST SCHULTE. 388 □

Komplexe organische Mikrostrukturen im Mokoia-Meteoriten. Michael H. Briggs und G. Barrie Kitto. (Nature [London] **193.** 1126—27. 24/3. 1962. Wellington, New Zealand, Victoria Univ. of Wellington, Dep. of Chem.) (Engl.)

Unterss. am Mokoia-Meteoriten ergaben, daß die organ. Mikrostrukturen entweder Prodd. partieller Auflösung von cellularen Formen oder Strukturen darstellen, die in ihrer Anhäufung als unmittelbare Vorläufer ird. Lebens erscheinen, also noch nicht organ. Ursprungs sind. Eine Unterscheidung, welche der beiden Möglichkeiten wahrscheinlicher ist, wurde nicht getroffen. ERNST SCHULTE. 388 □

Die Beziehung zwischen Paläotemperatur und Carbonatgehalt in einem Tiefsee-Bohrkern. Ralph Yalkovsky. (J. Geology **65.** 480—96. Sept. 1957. Montana State Univ.) (Engl.)

Der Bohrkern A 172-6 aus 4160 m Tiefe des östlichen Ausläufers der Beata Ridge wurde spektrochem. auf Haupt- u. Nebenelemente untersucht. Die Analysendaten sind für 11 Elemente tabelliert angegeben. Es konnte keine Beziehung zwischen Paläo-Temp. u. Carbonat-Geh. festgestellt werden. ERNST SCHULTE. 393 □

B. Allgemeine und theoretische organische Chemie

Elektronenwechselwirkung im Freies-Elektronennetzwerk-Modell für konjugierte Systeme. 1. Mitt. Theorie. Norman S. Ham und Klaus Ruedenberg. (J. chem. Physics **29.** 237. Juli 1958. Melbourne, Australia, C.S.I.R.O., Div. of Ind. Chem.; Ames, Iowa, Iowa State Coll., Inst. for Atomic Res.) (Engl.)

Berichtigung zu C. **1958.** 7068. A. BLASCHETTE. B 10

Zuordnung der Grundschwingungsfrequenzen und berechnete thermodynamische Funktionen von 1.1-Difluor-2.2-dibromäthylen. J. Rud Nielsen und Rose Theimer. (J. chem. Physics **30.** 103—04. Jan. 1959. Norman, Okla., Univ. of Oklahoma, Dep. of Phys.) (Engl.)

Auf Grund neuer Erkenntnisse werden die Grundschwingungsfrequenzen von *1.1-Difluor-2.2-dibromäthylen* erneut zugeordnet. Weiterhin werden die thermodynam. Funktionen $H^0 - H_0^0/T$, C_p^0, S^0 u. $-(F^0 - H_0^0)/T$ für den idealen Gaszustand bei 1 atm Druck u. den Temp. 350, 400, 500 u. 600° K berechnet. W. SCHRAMM. B 114□

Schwingungsspektren und Kraftkonstanten von Nitrilen. A. Tramer und K. L. Wierzchowski. (Bull. Acad. polon. Sci., Cl. III **5.** 335—41. 1957. Polish Acad. of Sci., Inst. of Phys.; Warsaw, Univ., Inst. of Inorg. Chem.) (Engl.)

Vff. berechneten die angenäherten Werte für die Kraft-Konst. u. Schwingungsfrequenzen von *Aceto-*, *Acrylo-*, *Methacrylo-*, *Crotono-*, *Isocrotononitril*, *Malodinitril* u. *Dicyan* (Tabelle). Die Kraft-Konst. der C—C-Bindung K_a beträgt bei den aliphat. Nitrilen 8,0, den ungesätt. Nitrilen 8,3 u. bei $(CN)_2$ 10,0, die Kraft-Konst. der C≡N-Bindung K_N fällt in der gleichen Folge von 28,0 über 27,5 auf 27,3, was auf die Änderung der Konjugation der C—C- mit den C≡N-Bindungen zurückgeführt wird. Die Schwingungen im Bereich 150—240 u. 500—750 cm^{-1} werden ebenen γ- u. ω-Schwingungen zugeordnet. W. SCHRAMM. B 114□

Absorptionsspektren von Nitroverbindungen. Weitere Lösungsmittelstörungen. H. E. Ungnade, E. D. Loughran und L. W. Kissinger. (J. physic. Chem. **64.** 1410—15. Okt. 1960. Los Alamos, N. Mex., Univ. of California, Los Alamos Sci. Labor.) (Engl.) — Vgl. C. **1958.** 2380.

Die Extinktions-Koeff. ε der Absorption um 280 mμ von *Nitromethan* (**I**, $Kp._{10}$ 48,0°; n_D^{25} 1,3813) u. *2.2-Dinitropropan* (**II**) in Lsgg. (0,05—0,0001 m) von Tri-n-butyl-, n-Butyl-, n-Hexyl-, Di-n-propyl-, Di-n-butyl-, Triäthylamin (**III**), $(C_4F_9)_3N$, Cyclohexan (**IV**), CCl_4, Dioxan, Dimethylformamid (**V**) u. Bzl. wurden bestimmt. Die ε-Werte werden durch Aminzusatz stark erhöht, wobei der Effekt in der Reihenfolge prim. < sek. < tert. zunimmt, die Differenzen innerhalb der gleichen Klasse der Amine sind jedoch gering. In sehr verd. Lsgg. (0,003—0,007 m) von **I** u. **III** in **IV** ist keinerlei Wechselwrkg. zu **I** u. **III** feststellbar. Da die Beeinflussung der ε-Werte durch **V** nur sehr gering ist, machen Vff. für den im Vgl. zu anderen Lsgm. ungewöhnlichen Effekt der Amine die effektive am Amin-N herrschende Elektronendichte u. die daraus resultierende Donator–Acceptor-Wechselwrkg. verantwortlich. Außer den ε-Werten der reinen Amine bei $\lambda = 260$, 270 u. 280 mμ sind die Frequenzen der $\nu_{as}(NO_2)$ u. $\nu_S(NO_2)$ von **I** u. **III** in CCl_4, Chlf., n-Butyl-, n-Hexyl-, Di-n-butyl-, Di-n-propyl-, Diisopropyl- u. Triäthylamin angegeben. U. UHLICH. B 118□

Spin-verbotene Übergänge im Elektronenspektrum von Acetaldehyd. R. A. Ford. (Spectrochim. Acta [London] **12.** 394—96. Okt. 1958. Redhill, Salfords, England, Mullard Res. Labor.) (Engl.)

Das UV-Spektrum von *Acetaldehyd* wurde im Bereich 20000—30000 cm^{-1} gemessen. Der Übergang bei 24000 cm^{-1} zeigt diffuse Feinstruktur, die geringe Intensität spricht für einen spinverbotenen Übergang (wahrscheinlich $^1A_1 \rightarrow {}^3A_2$).
W. SCHRAMM. B 118□

Das Absorptionsspektrum von Acrolein und Crotonaldehyd im nahen Ultraviolett. Kōzō Inuzuka. (Bull. chem. Soc. Japan **33.** 678—80. Mai 1960. Hakozaki, Tukuoka, Kyushu Univ., Fac. of Sci., Dep. of Chem.) (Engl.)

Acrolein (**I**) u. *Crotonaldehyd* (**II**) zeigen schwache Absorption im Bereich 33300 bis 25000 cm^{-1} in CCl_4-Lsg. u. im Dampfzustand. In A. ist die Absorption von **I** relativ zu der in CCl_4 um 400 cm^{-1} nach kürzeren Wellenlängen hin verschoben, die von **II** um 900 cm^{-1}, was für einen n-π^*-Übergang spricht. Die 0.0-Bande von **I** liegt bei 25873 cm^{-1} (**II** 26518), die Bandenprogressionen 1427 (**II** 1360), 1271 (**II** 1237) u. 498 cm^{-1} (**II** 450) werden der C=C-, C=O-Valenz- bzw. der Gerüstdeformationsschwingung im Anregungszustand zugeschrieben. Die Aufweitung der C=O-Bindung während des n-π^*-Übergangs wird zu 0,1 Å abgeschätzt. W. SCHRAMM. B 118□

Zur Rotationsanalyse der (20.16)-Bande des CN im Violettbereich. Guy Pannetier und Louis Marsigny. (C. R. hebd. Séances Acad. Sci. **254.** 1957—59. 12/3. 1962. Paris, Fac. des Sci., Centre d'Orsay, Labor. de Chim. gén.) (Franz.)

Bei Anregung in der Hochspannungsentladung (10 kV; 1,5 kVA) liefert CH_3CN um 3444 Å Banden, die durch Vgl. mit der errechneten Rotationsstruktur dem Übergang ($B^2\Sigma_u^+$–$X^2\Sigma_g^+$) des CN-Radikals zugeschrieben werden müssen. H. BÜRGER. B 118 □

Absorptionsspektren von Derivaten des Diphenylmethans und Diphenyläthans mit Nitro- und Aminogruppen in verschiedenen Kernen. W. A. Ismailski und W. A. Gluschenkow. (Доклады Академии Наук СССР [Ber. Akad. Wiss. UdSSR] **139.** 373—76. 11/7. 1961. Moskau, Pädagog. Lenin-Inst., Labor. für Farbstoffchem. u. Probleme der Farbigkeit.) (Russ.)

Es werden die Absorptionsspektren bei 220—520 mμ nachst. Verbb. aufgenommen: *p-Nitrodiphenylmethan* (F. 31°); *p'-Amino-Deriv.* (F. 98°; orangegelb); *p'-Dimethylamino-Deriv.* (F. 87°; orangegelb). *1-[p-Nitrophenyl]-2-phenyläthan* (F. 70—71°); *p'-Amino-Deriv.* (F. 138°; orangegelb) u. *p'-Dimethylamino-Deriv.* (F. 147°; orangegelb). Der Einfl. der Substituenten auf die Farbigkeit u. den Verlauf der Spektren in Bzl., A., n-Hexan, Anilin u. Dimethylanilin wird diskutiert. HELMUT SCHÄFER. B 118 □

Chemie mehrkerniger Verbindungen. 2. Mitt. **Das Verhalten einiger mehrkerniger Chinone in konzentrierter Schwefelsäure-Lösung und ihre Absorptionsspektren.** R. A. Durie und J. S. Shannon. (Austral. J. Chem. **11.** 168—88. Mai 1958. North Ryde, N.S.W., C.S.I.R.O., Coal Res. Sect.) (Engl.) — 1. vgl. C. **1960.** 4781.

Zur Unters. des Verkokungsmechanismus der Kohle werden mehrkernige Chinone als Modellsubstanzen verwendet. Die Elektronenabsorptionsspektren von *Dibenzanthron* (**I**), *16.17-Dimethoxy-* (**II**), *16.17-Diäthoxy-* (**III**), *16-Methoxy-17-äthoxy-* (**IV**), *16-Methoxy-17-hydroxy-* (**V**) u. *16-Äthoxy-17-hydroxydibenzanthron* (**VI**) wurden in Chlorbenzol u. Dioxan aufgenommen. Nichtebene Konfigurationen werden für **II**—**VI** vorgeschlagen, für **I** erwogen. **IV**—**VI** sind neue Küpenfarbstoffe. **V** entsteht durch Einw. von konz. H_2SO_4 auf **II** u. **IV**, **VI** analog aus **III**. **IV** wurde durch Methylierung von **V** dargestellt. Die Elektronenabsorptionsspektren von *Anthrachinon, 1-, 2-Amino-, 1.2-Diamino-, 1.4-, 1.5-* u. *1.8-Dimethoxyanthrachinon* in konz. H_2SO_4 werden mit denen von **I**, **II**, **V** u. **VI** verglichen. **IV**—**VI** stellen auf Grund ihrer IR-Spektren 16.17-disubstituierte Dibenzanthrone dar. UV- u. IR-Spektren sind angegeben. K. ZIELOFF. B 118

Chemie mehrkerniger Verbindungen. 3. Mitt. **Die Strukturen und Absorptionsspektren von 1.1'-Dianthrimid und Indanthron.** R. A. Durie und J. S. Shannon. (Austral. J. Chem. **11.** 189—99. Mai 1958. North Ryde, N.S.W., Coal Res. Section, C.S.I.R.O.) (Engl.) — 2. vgl. vorst. Referat.

Die Schwingungs- u. Elektronenabsorptionsspektren (in Chlorbenzol oder konz. H_2SO_4) von *Indanthron* (**I**), *1.1'-Dianthrimid* (**II**) u. *1.2.2'.1'-Anthrachinonazin* werden untersucht. Die Spektren von **I** u. **II** sprechen für die Tetraketoform an Stelle der von WYMAN (C. **1960.** 6445) vorgeschlagenen Enolform. K. ZIELOFF. B 118

Triplett-Singulett-Emission in flüssigen Lösungen. Phosphorescenz von Eosin. C. A. Parker und C. G. Hatchard. (Trans. Faraday Soc. **57.** 1894—1904. Nov. 1961. Holton Heath, Poole, Dorset, Admirality Materials Labor.) (Engl.)

Es wird ein hochempfindliches Spektrophosphorimeter beschrieben (Abb.), mit dem die Spektren sehr schwacher, langlebiger Emissionen aufgenommen werden können u. das Verhältnis der langlebigen Luminescenz zur Fluorescenz bis zu Werten von 10^{-5} gemessen wird. Es werden Unterss. mit Lsgg. von *Eosin* (**I**) in Glycerin u. A. innerhalb des Temp.-Gebietes von +70 bis —196° diskutiert u. die Vorteile der Meth. zur Best. des Singulett–Triplett-Übergangs u. der Triplettlöschung hervorgehoben. Phosphorescenz- u. verzögerte Fluorescenz–Emissions-Banden werden von **I** sogar in A. bei der hohen Temp. von 70° beobachtet. Die Quantenausbeute für die Triplett-Bldg. u. Aktivierungsenergien sowie Frequenzfaktoren für den Übergang Triplett → oberes Singulett werden bestimmt. Der Übergang vom Triplett- zum Grundzustand ist unabhängig von der Viscosität, solange die Lsg. kein starres Glas ist. Eine gewisse Wahrscheinlichkeit dafür, daß ein kleiner Teil der Triplett-Moll. durch direkten Zwischen-Syst.-Übergang aus einem oberen Schwingungsniveau des angeregten Singulettzustandes entsteht, ist vorhanden. H. SCHIBILLA. B 118 □

Photochromie von N-[Pyridyl-(3)]-sydnon. T. Mill, A. van Roggen und C. F. Wahlig. (J. chem. Physics **35.** 1139—40. Sept. 1961. Wilmington, Del., E. I. du Pont de Nemours and Co., Org. Chem. Dep., Exper. Stat.) (Engl.) — Vgl. GUTOWSKY u. Mitarbeiter, C. **1959.** 7409.

Bei UV-Bestrahlung von *N-[Pyridyl-(3)]-sydnon* (**I**)-Pulver wird das Reflexionsvermögen im gesamten Bereich des sichtbaren Lichtes herabgesetzt; es können jedoch

2 Absorptionsbanden unterschieden werden (graph. dargestellt). Die Bande im Bereich kürzerer Wellenlängen (B_k) ist mit der Elektronenspinresonanz (ESR) verbunden, wie durch Vgl. mit dem Verh. von N-Phenylsydnon bei UV-Bestrahlung gezeigt werden konnte, während die Bande im Bereich längerer Wellenlängen (B_l) für die zu beobachtende Blaufärbung verantwortlich ist. Weiterhin ergab UV-Bestrahlung bei -78^0 (in der Luft oder im Vakuum) keine sichtbare Farbänderung, u. im Vakuum konnte keine ESR-Absorption beobachtet werden. Aus Unterss. bei -30 bis -78^0 schließen Vff., daß für nachträgliche Entstehung von Farbe eine therm. Aktivierungsenergie von 11—13 kcal erforderlich ist, u. daß das Photo-Prod. farblos ist u. keine ESR-Absorption zeigt. Aus der therm. Verschiebung der B_l-Extinktion u. dem Zusammenhang zwischen ESR-Absorption u. B_k sowie aus dem Umstand, daß die Photochromie bei I nur im festen Zustand auftritt, folgern Vff., daß bei I die Photochromie durch Farbzentren analog denen bei Alkalihalogeniden hervorgerufen wird. Das Vorhandensein von Ladungsträgern konnte durch Beobachtung der Photoleitfähigkeit (hell/dunkel Gleichstromverhältnis ca. 2:3) u. mkr. nachgewiesen werden, jedoch zeigte sich keine Bewegung der Blaufärbung bei Zimmer-Temp. u. 1000 V/cm. Beim Erwärmen (wobei das Reflexionsvermögen in B_l teilweise zurückkehrt, während es in B_k weiterhin vermindert bleibt u. I eine braune Farbe erhält) kann das Auftreten eines kurzzeitigen Stroms beobachtet werden. Aus dem Vgl. der ESR-Spektren nach UV- bzw. 2 MeV-Elektronenbestrahlung läßt sich schließen, daß UV-Bestrahlung eher Farbzentren hervorruft als freie Radikale, die bei Elektronenbestrahlung entstehen. CH. ZECHEL. B 119

Richtungen der Übergangsmomente der Absorptionsbanden von Acridin-, Phenazin-, Phenoxazin- und Xanthenfarbstoffen aus Dichroismus und Fluorescenzpolarisation. Horst Jakobi und Hans Kuhn. (Z. Elektrochem., Ber. Bunsenges. physik. Chem. **66**. 46—53. Jan. 1962. Marburg, Univ., Phys.-Chem. Inst.) (Dt.)

Der Dichroismus gestreckter Folien, die die Farbstoffe vom Typus des Acridinorange enthalten, u. die Polarisation des Fluorescenzlichtes von Farbstoff-Lsgg. werden bestimmt. Dabei werden folgende Farbstoffe untersucht: *Acridinorange*, *Safranin T* (I), *3.6-Bis-[dimethylamino]-phenoxazinfarbstoff* (II), *Pyronin G* u. *Rhodamin B*. Für I u. II werden zu Vgl.-Zwecken auch die Absorptionsspektren in saurer Lsg. untersucht, um Näheres über die höheren Protonierungsstufen zu erfahren. Die Ergebnisse werden diskutiert. — 3.6-Bis-[dimethylamino]-phenazoxoniumperchlorat wurde durch Kondens. von m-Dimethylaminophenol mit p-Nitrosodimethylanilin·HCl in CH_3OH hergestellt. H. SCHIBILLA. B 119□

Anwendungen der Infrarotspektroskopie. H. W. Thompson. (Chem. and Ind. **1957**. 92—95. 26/1. Oxford, Phys. Chem. Labor.) (Engl.)

Einführender Vortrag (Apparatives, Analyse, Strukturaufklärung, Beziehungen zwischen chem. Konstit. u. IR-Intensitäten). W. SCHRAMM. B 120□

Infrarot- und Raman-Spektren von fluorierten Äthylenen. 9. Mitt. **1.1-Difluor-2-chlor-2-bromäthylen.** Rose Theimer und J. Rud. Nielsen. (J. chem. Physics **30**. 98—102. Jan. 1959. Norman, Okla., Univ. of Oklahoma, Dep. of Phys.) (Engl.) — 8. vgl. C. **1958**. 8577.

Das IR-Spektrum von gasförmigem u. das RAMAN-Spektrum von fl. $CF_2{=}CClBr$ ($Kp._{625}$ 38,0°) wurden aufgenommen u. die Grundschwingungsfrequenzen zugeordnet (Tabellen u. Abb.). Weiterhin werden die thermodynam. Funktionen $(H^0-H_0^0)/T$, C^0, S^0 u. $-(F^0-H_0^0)/T$ für den idealen Gaszustand bei 1 atm u. die Temp. 320, 400, 500, 600, 700 u. 800° berechnet. W. SCHRAMM. B 120□

Untersuchung der Additionsverbindungen von Lewis-Säuren. 8. Mitt. **Infrarotabsorptionsspektren der Additionsverbindungen von Aluminiumbromid mit Nitromethan und p-substituierten, aromatischen Nitroderivaten.** P. Gagnaux, D. Janjic und B. P. Susz. (Helv. chim. Acta **41**. 1322—32. 1/8. 1958. Genève, Univ., Labor. de chim. phys.) (Franz.) — 7. vgl. C. **1962**. 4121.

Es wurden die IR-Spektren nachst. 1:1-Addukte mit denen der reinen organ. Komponenten verglichen: *Nitromethan·$AlBr_3$* [F. 85° (Zers.)], *Nitrobenzol·$AlCl_3$* (F. 91°), *Nitrobenzol·$AlBr_3$* [2 Formen: F. 86 bzw. 165° (Zers.)], *Nitrobenzol·$TiCl_4$* (F. 81°), *p-tert.-Butylnitrobenzol·$AlBr_3$* (F. 124°), *p-Nitrotoluol·$AlBr_3$* [F. 88 bzw. 165° (Zers.)], *p-Chlornitrobenzol·$AlBr_3$* (F. 116°) u. *p-Dinitrobenzol·$AlBr_3$* [F. 125° (Zers.)]. Zusammenfassend wurde beobachtet, daß bei den Additions-Verbb. eine Erniedrigung der $\omega_s(NO_2)$ (bei 1350 cm^{-1}) um ca. 90—100 cm^{-1} eintrat. Außerdem wurde bei allen Addukten das Auftreten einer neuen starken Bande im Bereich von 600—660 cm^{-1}, die der O → Al-Bindung zugeschrieben wird, beobachtet. M. SCHÜLE. B 120□

Untersuchung der Additionsverbindungen von Lewis-Säuren. 9. Mitt. **Infrarot-Absorptionsspektren von Verbindungen, die aus Benzophenon und Acetophenon mit**

BF_3, $FeCl_3$, $ZnCl_2$ und $AlCl_3$ gebildet wurden und die Natur der Sauerstoff–Metall-Bindung. Bernard P. Susz und Pierre Chalandon. (Helv. chim. Acta **41.** 1332—41. 1/8. 1958.) (Franz.) — 8. vgl. vorst. Ref.; 11. vgl. C. **1961.** 4296.

Von folgenden Verbb. wurden die IR-Spektren aufgenommen: *Benzophenon* (**I**), dessen *1:1-Addukten* mit *BF_3* ($C_{13}H_{10}BF_3O$, Zers. ab 93°), *$FeCl_3$* ($C_{13}H_{10}Cl_3FeO$, Zers. ab 104°), *$AlCl_3$* ($C_{13}H_{10}AlCl_3O$, Zers. ab 128°) sowie von *Acetophenon* (**II**) u. dessen *1:1-Addukten* mit *$HgCl_2$*, *$ZnCl_2$* ($C_8H_8Cl_2OZn$; Zers. ab 135°), *BF_3* ($C_8H_8BF_3O$, Zers. ab 84°), *$FeCl_3$* ($C_8H_8Cl_3FeO$, Zers. ab 42°), *$TiCl_4$*, *$AlCl_3$ u. $AlBr_3$*. Zusammenfassend kann gesagt werden, daß in den Spektren der Addukte die ω(CO) um so stärker erniedrigt wird, je aktiver die LEWIS-Säure ist: z. B. bei **II** 18 cm^{-1} für $HgCl_2$ u. 130 cm^{-1} für $AlBr_3$. Im Fall von **I** ist die Erniedrigung etwas größer. Die ω_3-Frequenz wird dagegen etwas erhöht, u. zwar um 5 cm^{-1} ($HgCl_2$) bzw. 65 cm^{-1} ($AlCl_3$). Am Beispiel der Gruppierung O—BF_3 wird die Natur der O–Metall-Bindung diskutiert. Die von LEBEDEW (vgl. C. **1953.** 1310) vorgeschlagene ionisierte dimere Formulierung der Addukte konnte nicht bestätigt werden. M. SCHÜLE. B 120□

Dreiringabsorptionen in den Infrarotspektren von Verbindungen mit Tricyclen-Struktur. Michael Hanack und Heinz Eggensperger. (Liebigs Ann. Chem. **648.** 1—2. 11/12. 1961. Tübingen, Univ., Pharmazeut.-Chem. Inst.) (Dt.)

Die IR-Spektren nachst. Verbb. wurden in CS_2 u. CCl_4 aufgenommen u. Banden bei den angegebenen Frequenzen gefunden: *Tricyclen* [3076 u. 854 (cm^{-1})], *-säure* (3077; 847), *-säuremethylester* (3086; 844), *-säurechlorid* (3100; 845), *-säurefluorid* (3100; 845), *Tricyclol* (3077; 853), *Tricyclylmethyläther* (3077; 853), *Tricyclylchlorid* (3086; 840), *Isotricyclen* (3077; 827; 805), *Cyclocamphanon* (3077; 827; 803), *exo-* (3077; 848; 809), *endo-Cyclocamphanol* (3077; 823; 806), *Cyclocamphanylchlorid* (3077; 838; 812 bzw. 3086; 836; 812), *endo-Cyclocamphanylmethyläther* (3086; 832; 814). In Übereinstimmung mit PAASIVIRTA (C. **1960.** 766) wurde in keinem der Derivv. vom Tricyclen- u. Isotricyclentypus eine Absorption bei 1020 cm^{-1} gefunden. CH. ZECHEL. B 120□

Über Elektronenüberführungsbanden und die zwischenmolekulare Bindung durch intermolekulare Mesomerie. 24. Mitt. **Die Beeinflussung von Singulett–Triplett-Übergängen aromatischer Kohlenwasserstoffe durch Komplexbildung.** J. Czekalla und K. J. Mager. (Z. Elektrochem., Ber. Bunsenges. physik. Chem. **66.** 65—73. Jan. 1962. Würzburg, Univ., Inst. für Phys. Chem.) (Dt.) — 23. vgl. Z. Elektrochem., Ber. Bunsenges. physik. Chem. **66.** [1962.] 59; 20. vgl. C. **1962.** 5612.

Es werden die Phosphorescenzabklingzeiten u. -spektren der Donator–Acceptor-Komplexe von *3.6-Dichlor-*, *Tetrachlor-* u. *Tetrabromphthalsäureanhydrid* mit *Naphthalin*, *Phenanthren*, *Coronen*, *Durol* u. *Hexamethylbenzol* gemessen u. die Spektren analysiert. Aus den erhaltenen Daten ergibt sich eine Erhöhung der Singulett–Triplett-Übergangswahrscheinlichkeit durch die Komplex-Bldg. sowie eine parallel laufende Erniedrigung der Frequenzen der mit dem Elektronensprung gekoppelten RAMAN-akt. Schwingungen. Bei Variation des Acceptors nimmt die Größe dieser Effekte mit der Anzahl u. mit steigender Kernladungszahl der Halogensubstituenten zu (Z-Effekt); bei Variation des Donators ist sie im wesentlichen von der Ausdehnung des aromat. Syst. abhängig. Die gefundene Erhöhung der Singulett–Triplett-Übergangswahrscheinlichkeit ist um Zehnerpotenzen geringer als bei der Wechselwrkg. mit O. Trotzdem ergeben sich enge Parallelen zwischen beiden Einfl., die an Hand der für den O_2-Effekt entwickelten theoret. Anschauungen diskutiert werden. H. SCHIBILLA. B 125□

Das Massenspektrum der ungeladenen Bruchstücke bei Elektronenbeschuß von Molekülen. D. Beck und O. Osberghaus. (Z. Physik **160.** 406—19. 1960. Bonn, Univ., Phys. Inst.) (Dt.)

Beim Beschuß von Moll. im Gasraum (10^{-6} Torr) mit Elektronen (200 eV) entstehen ionisierte u. neutrale Bruchstücke. Die neutralen Fragmente können durch einen 2. Elektronenstoß ionisiert u. massenspektrometr. nachgewiesen werden. Appearancepotential (AP) u. Massenzahl genügen in vielen Fällen zur Identifizierung. Untersucht wurden die KW-Stoffe *Propan* (**I**) u. *n-Hexan* (**II**). Bei **I** ist eine nahezu vollständige qual. u. quant. Best. der neutralen Zerfalls-Prodd. möglich, so daß in Analogie zum normalen Massenspektrum der Ionen ein „Neutralspektrum" der ungeladenen Bruchstücke angegeben werden kann. Das gesamte Bruchstückspektrum von **I** kann innerhalb der Fehlergrenzen auf die stabilen Verbb. Propen (AP =) 9,81 $\pm$0,15; Propin 10,28 $\pm$0,1; Äthen 10,4 $\pm$0,3; Acetylen 17,56 $\pm$0,1; Methan 13,21 $\pm$0,1 u. H_2 15,35 $\pm$0,5 u. die Radikale CH_3 9,84 $\pm$0,1 u. H zurückgeführt werden. **II** wird bei neutralem Zerfall überwiegend in Bruchstücke mit 2 C-Atomen abgebaut. Wie bei **I** findet man außer stabilen Moll., deren Identifizierung bei den schwersten Bruchstücken auch mit Hilfe von AP-Messungen nicht möglich ist, einige Radikale: C_3H_7; C_3H_5 (AP =) 8,15 $\pm$0,1; C_2H_5 (in großer Konz.) 8,80 $\pm$0,05; C_2H_3 9,35 $\pm$0,15 V; CH_3. P. SCHARNER. B 131□

Massenspektren organischer Moleküle. 1. Mitt. Äthylester von Aminosäuren. K. Biemann, J. Seibl und F. Gapp. (J. Amer. chem. Soc. **83.** 3795—3804. 20/9. 1961. Cambridge, Mass., Massachusetts Inst. of Technol., Dep. of Chem.) (Engl.)

Die Arbeit enthält in graph. Wiedergabe die Massenspektren der Äthylester nachst. Aminosäuren (AS): *Asparaginsäure*, *^{15}N-Asparaginsäure*, *Phenylalanin*, *^{15}N-Phenylalanin* *α-, β-, γ-Aminobuttersäure*, *α-Aminoisobuttersäure*, *Glycin*, *Alanin*, *Norvalin*, *Valin*, *Norleucin*, *Leucin*, *Isoleucin*, *Prolin*, *L-Tyrosin* (F. 108—109°), *L-Tryptophan*, *DL-Serin*, *DL-Threonin*, *L-Hydroxyprolin*, *Glutaminsäure*, *L-Lysin*, *L-Cystein*, *Methionin*, *L-Histidin*. Die stärksten Peaks der Spektren lassen sich zur Struktur u. zu den funktionellen Gruppen der AS in Beziehung setzen. Aus einer eingehenden Interpretation der erhaltenen Spektren u. der Fragmentationsprozesse wird der Schluß gezogen, daß das Massenspektrum nicht nur eine schnelle Identifizierung von reinen AS erlaubt, sondern daß sich auch als Beimengungen vorhandene AS erkennen lassen. Individuelle Komponenten eines AS-Gemisches lassen sich ohne vorherige Trennung bestimmen, da das Spektrum des Gemisches die algebraische Summe der Spektren der Einzelindividuen ist. Hier ist die Aufnahme zweier Massenspektren bei 10 bzw. 70 eV nützlich. Schließlich läßt sich das Massenspektrum auch zur Struktur-Best. unbekannter AS verwenden. Die Äthylesterhydrochloride wurden aus vorst. AS nach FISCHER [1909] durch Rk. mit A./HCl erhalten; die freien Ester wurden aus den Hydrochloriden durch Ausäthern aus K_2CO_3–alkal. Lsg. erhalten. Ein Verf. zur Darst. kleinster Mengen der Äthylester wird beschrieben. R. CONRAD. B 131□

Freie Radikale durch Massenspektrometrie. 23. Mitt. Massenspektren von freien Benzyl- und $D_{2(\alpha,\alpha)}$-Benzylradikalen. R. F. Pottie und F. P. Lossing. (J. Amer. chem. Soc. **83.** 2634—36. 20/6. 1961. Ottawa, Canada, Nat. Res. Council, Div. of Pure Chem.) (Engl.) — 21. vgl. C. **1962.** 4120; 22. vgl. Canad. J. Chem. **39.** [1961.] 102.

Die durch therm. Zers. von Dibenzyl u. Tetradeuterodibenzyl $(C_6H_5CD_2)_2$ erzeugten freien Radikale *Benzyl* (**I**) u. *$D_{2(\alpha,\alpha)}$-Benzyl* (**II**) wurden nach Stoßionisation der freien Radikale massenspektrometr. untersucht. Die stärksten Peaks im Spektrum von **I** bei 50 eV entsprechen den in den Spektren von Toluol u. Dibenzyl gefundenen. Ebenso wird ein metastabiles Ion der Masse 46,4 gefunden, das dem Prozeß $C_7H_7 \rightarrow C_5H_5^+ + C_2H_2$ entstammt. Die Verteilung der H- u. D-Atome im Ion $C_5H_5^+$ im 50-eV-Spektrum von **II** zeigt, daß dieses Fragment-Ion aus einem $C_7H_7^+$-Ion entstanden ist, in dem die H- u. D-Atome des ursprünglichen Kerns u. der Seitengruppe völlig zufällig verteilt sind. Die Isotopenverteilung im $C_5H_5^+$-Fragment-Ion bleibt im wesentlichen unberührt von einer Erniedrigung der Elektronenenergie von 50 eV bis zu einem gerade oberhalb des Appearance-Potentials für die $C_5H_5^+$-Bldg. liegenden Betrag. R. CONRAD. B 131□

Dipolmoment-Werte und Hyperkonjugation. Ricardo De Carvalho Ferreira. (Nature [London] **188.** 848. 3/12. 1960. Rio de Janeiro, Brazil, Centro Bras. de Pesquisas Fis.) (Engl.)

Vf. weist darauf hin. daß aus Dipolmomentdaten allein auf das Vorliegen von Hyperkonjugation nicht sicher zu schließen ist. Unter Berücksichtigung der unterschiedlichen Elektronegativität des C-Atoms im sp^3- u. sp^2-Zustand lassen sich nach einem vom Vf. angegebenen (vgl. C. **1959.** 15272) Verf. Dipolmomente berechnen, die, wie z. B. beim *Toluol*, *Propylen* u. *Buten-(1)*, ausgezeichnet mit den gemessenen übereinstimmen. A. MASCHKE. B 132□

Änderung der dielektrischen Relaxation in sechs polaren Flüssigkeiten mit der Temperatur. J. Sobhanadri. (Indian J. Physics Proc. Indian Assoc. Cultivat. Sci. **33 (42).** 511—19. Dez. 1959. Waltair, India, Andhra Univ., Physics Dep.) (Engl.)

Vf. untersucht im Temp.-Bereich von 0—80° die Temp.-Abhängigkeit der dielektr. Relaxation in *Chlorbenzol*, *o-Chlortoluol*, *2.6-Dichlortoluol*, *Methyl-n-butyl-*, *Methyl-n-amyl-* u. *Methylphenylketon* in verd. n-Heptanlösung. Die Aktivierungsenergie der Dipolrelaxation für jede Fl. wird mit dem entsprechenden Wert für viscoses Fließen verglichen. Vf. erörtert die Ergebnisse bzgl. der EYRINGschen Theorie der abs. Rk.-Geschwindigkeiten. P. FRENZEL. B 132□

Eine Methode zur Bestimmung des Dipolmomentes und der Relaxationszeit aus Mikrowellenmessungen. K. V. Gopala Krishna. (Trans. Faraday Soc. **53.** 767—70. Juni 1957. Waltair, India, Andhra Univ., Microwave Labor.) (Engl.)

An verd. Lsgg. von *Nitrobenzol*, *Äthylbenzoat*, *Methylacetat*, *Benzophenon* u. *Aceton* in Bzl. wurde bei 28° die DK ε' u. der dielektr. Verlustfaktor ε'' bei $\lambda = 3{,}2$ cm (Meth. der stehenden Wellen) in Abhängigkeit von der Konz. bestimmt. Führt man die Auswertung, die auf der Gleichung von DEBYE für die komplexe DK [1929] beruht, unter der Annahme durch, daß bei kleiner Konz. $(\varepsilon_\infty - 1)/(\varepsilon_\infty + 2) =$ konst. u. $d_{12} = d_0 (1 + \alpha w)$ (d_0 = Dichte des Lsgm.), so erhält man durch graph. Meth. ohne Kenntnis der Dichte u. der Konz. die Relaxationszeiten u. ohne Messung der Dichte die Dipolmomente (in obiger Reihenfolge: 3,97; 1,80; 1,61; 2,86; 2,72), die jeweils mit bekannten Daten übereinstimmen. R. JUNGE. B 132□

Eine Untersuchung der Rotationsisomerie in Alkylnitriten durch kernmagnetische Resonanz. W. D. Phillips, C. E. Looney und C. P. Spaeth. (J. molecular Spectroscopy **1**. 35—42. Juli 1957. Wilmington, Del., E. I. du Pont de Nemours & Co., Exp. Stat., Chem. Dep.; Eastern Labor., Explosives Dep.) (Engl.)

Die protonenmagnet. Resonanzspektren von *n-Propyl-*, *n-Butyl-*, *Isobutyl-* (I), *Isoamyl-*, *Isopropylnitrit* (II) u. *1.4-Butylendinitrit* wurden im Temp.-Bereich —100 bis 20° untersucht. Bei Temp. unter —55° ist die Geschw. der Rotation um die O—N-Bindung auf weniger als 160 s^{-1} red. u. die getrennten Resonanzen der $—CH_2—ONO$-Protonen der cis- u. trans-Formen konnten beobachtet werden. Das Verhältnis der cis- zu den trans-Isomeren wird für die Temp. —100° u. 20° angegeben, es liegt für II bei 0,13, für *tert.-Butylnitrit* bei 0 u. für die anderen Nitrite zwischen 1,6 u. 2,3. ΔH der trans–cis-Umwandlung beträgt im allg. —130 cal. Berechnung der Barriere der inneren Rotation ergaben für I $\Delta F^{\neq} = 10$, *N.N-Dimethylnitrosamin* 25 u. *N.N-Dimethylformamid* 24 kcal/Mol. Die Verhältnisse der IR-Absorptions-Koeff. der cis/trans-Isomeren der Nitrite sind tabelliert. W. SCHRAMM. B 137□

Zum Radikalcharakter des Bis-dibenzo-[a.i]-fluorenylidens. Volker Franzen und Hans-Ingo Joschek. (Liebigs Ann. Chem. **648**. 63—68. 11/12. 1961. Heidelberg, MPI für Med. Forsch., Inst. für Chem.) (Dt.)

Die Messung auf der magnet. Waage gibt für *Bis-{dibenzo-*[α.i]*-fluorenyliden}* (I) bei Zimmer-Temp. eine mol. Susceptibilität von $-250 \cdot 10^{-6}$. Der aus den PASCALschen Atom- u. Strukturinkrementen berechnete Wert der diamagnet. Mol-Susceptibilität beträgt $-350 \cdot 10^{-6}$. Für die paramagnet. Susceptibilität ergibt sich somit ein Wert von $100 \cdot 10^{-6}$. Ca. 4% des KW-Stoffes liegen demnach in einer paramagnet. Form vor. I gibt in fester Substanz u. in Lsg. ein deutliches Signal bei Elektronenspin-Resonanz-Unterss.; der paramagnet. Anteil ergibt sich zu 6%, der g-Faktor liegt bei $2{,}0028 \pm 0{,}0003$. Bei —196° ist prakt. kein Paramagnetismus mehr nachweisbar. Die langwellige Absorptionsbande von I wird mit sinkender Temp. stärker; die Extinktionswerte erreichen nach dem Abkühlen u. Erwärmen wieder den Ausgangswert. Da das LAMBERT-BEERsche Gesetz erfüllt wird, kann es sich bei dem Temp.-Effekt nicht um ein Dissoziationsgleichgewicht handeln. Vff. folgern, daß mit sinkender Temp. der Radikalanteil bei I geringer wird u. berechnen aus der Temp.-Abhängigkeit des Gleichgewichts eine Energiedifferenz zwischen diamagnet. Grundzustand u. paramagnet. Biradikalform von ca. 4 kcal/Mol. Aus dem Vgl. dieses Wertes mit dem für die cis–trans-Isomerisierung von 2.2'-Diamino-bis-diphenylenäthylen (II, 25 kcal/Mol, vgl. KUHN u. Mitarbeiter, C. **1954**. 276) wird geschlossen, das II im Grundzustand weitgehend eben ist. Verss., das Gleichgewicht bei I durch UV-Licht zu beeinflussen, schlugen fehl. Der Anteil einer Radikalstruktur bei I konnte weiterhin dadurch nachgewiesen werden, daß in Ggw. von I die Autoxydation von Benzaldehyd inhibiert wird, wobei eine Konz.-Abhängigkeit nicht festgestellt werden konnte. Die Styrolpolymerisation wird ebenfalls inhibiert. Bei UV-Bestrahlung reagiert I in Toluol-Lsg. mit O_2. Gegen NO ist es beständig; dagegen reagiert es mit NO_2 momentan unter Entfärbung, jedoch tritt beim Erwärmen erneut die grüne Farbe auf. Vff. schätzen den Verdrehungswinkel (im Grundzustand) der Mol.-Hälften gegenüber dem ebenen Zustand auf ca. 30° ein. — *Bis-{dibenzo-*[a.i]*-fluororenyliden}* [I, $C_{42}H_{24}$, F. 345—348° (Zers., aus Toluol); aus Bis-[dibenzo-[a.i]-fluorenyl] durch 6 std. Kochen mit Ag-Acetat in Pyridin u. Stehen über Nacht. CH. ZECHEL. B 137□

Magnetochemische Untersuchung des Violanthren–Jod-Systems. Yoshio Matsunaga. (Bull. chem. Soc. Japan **28**. 475—79. Sept. 1955. Tokyo, Tokyo Univ., Fac. of Sci., Dep. of Chem.) (Engl.) — Vgl. C. **1954**. 11152.

Vf. bestimmte mit einer GOUY-Waage bei 20° die Mol-Susceptibilität (MS = $-\chi_M \cdot 10^6$) von *Benzanthron* (I; 143), I·*0,97 Br* (171), *Perylen* (II; 167), *1.6*(bzw. *7*)*-Dibromperylen* (II b; 216), II·*3,87 Br* (62), II·*2,67 J* (210), *Violanthren* (III; 304), III·*4,36 Br* (180) u. III·*4,00 J* (308). Die gemessenen u. beobachteten Werte für MS stimmen bei dem I·Br-Komplex u. II b annähernd überein, bei den anderen bestehen große Abweichungen. Die meisten der Komplexe, die diese Abweichungen zeigen, sind instabil, so zerfallen die Br-Komplexe spontan unter Bromierung des KW-Stoffes u. Entw. von HBr, der II·J-Komplex verliert langsam J_2 u. läßt II unverändert zurück. Nur der III·J-Komplex ist so stabil, daß die Änderung der Zus. mit der Zeit nicht berücksichtigt zu werden braucht. In diesem Syst. wurde die MS als Funktion der J_2-Konz. (0—67% J_2 im Komplex) bestimmt. Sie zeigt einen Knick bei einer Zus., die einem 1 : 2-Mol.-Komplex zwischen III u. J_2 entspricht. An diesem Punkt beträgt die Abweichung der berechneten von der beobachteten MS 35%. Diese starke Depression des Diamagnetismus wird auf eine teilweise Löschung des Diamagnetismus durch paramagnet. Beiträge freier Elektronen erklärt, die durch intermol. Ladungsübertragungen in diesem Komplex hervorgerufen werden. W. Schramm. B 137□

Säuredissoziationskonstanten alkoholischer Hydroxylgruppen von Hydroxycarbonsäuren: Weinsäure. M. T. Beck, B. Csiszár und P. Szarvas. (Nature [London] **188.** 846—47. 3/12. 1960. Szeged, Univ., Inst. of Inorg. and Anal. Chem.; Debrecen, L. Kossuth Univ., Inst. of Anorg. and Anal. Chem.) (Engl.)

Aus der Abnahme des Drehwertes von *Weinsäure* mit über 13 steigendem pH-Wert in NaOH- bzw. KOH-Lsg. leiten Vff. nach einer von ihnen modifizierten Meth. von Stearn u. Wheland (J. Amer. chem. Soc. **69.** [1947.] 2025) die Dissoziations-Konst. K_3 u. K_4 der alkohol. OH-Gruppen ab: in KOH-Lsg. K_3 1,13·10^{-14} u. K_4 2,54·10^{-16}; in NaOH-Lsg. K_3 1,45·10^{-14} u. K_4 3,23·10^{-16}. A. Maschke. B 139□

Potentiometrische Untersuchung einiger N-Trityl- und N-Benzylaminosäuren in nichtwäßrigem Medium. Maurice Legrand, Vladimir Delaroff und Paul Bolla. (Recueil Trav. chim. Pays-Bas **77.** 1026—33. Nov. 1958. Paris, Serv. de Rech. Roussel-Uclaf.) (Franz.)

Es wurden die Potentiale der Halbneutralisation von *Glutaminsäure, N-Tritylglutaminsäure* (*Triäthylaminsalz*), *Alanin, N-Benzyl-, N-Trityl-* [*Diäthylaminsalz* (*DAS*)], *N.N-Dibenzylalanin, Asparagin, N^{α}-Trityl-* (*DAS*), *N^{α}-Trityl-N^{γ}-benzylasparagin, Cystein* (*Hydrochlorid*), *S-Benzyl-, S.N-Ditritylcystein* (*DAS*), *Glutamin, N-Tritylglutamin* (*DAS*), *Glycin, N-Benzyl-* (*Hydrochlorid*), *N-Trityl-, N.N-Dibenzylglycin, Histidin, $N^{\alpha}.N^{\delta}$-Ditritylhistidin, Leucin, N-Benzyl-, N-Trityl-* (*DAS*), *N.N-Dibenzylleucin, Lysin* (*Dihydrochlorid*), *$N^{\alpha}.N^{\alpha}$-Dibenzyl-, $N^{\alpha}.N^{\varepsilon}.N^{\varepsilon}$-Tribenzyl-, N^{ε}-Trityl-, $N^{\alpha}.N^{\varepsilon}$-Ditrityllysin* (*DAS*), *Serin, N.N-Dibenzyl-, N-Tritylserin, Tryptophan, N-Benzyl-, N-Trityltryptophan, Tyrosin, O.N.N-Tribenzyltyrosin, Valin, N-Benzyl-, N.N-Dibenzylvalin, Lysylglutaminsäure, N^{ε}-Trityllysylglutaminsäurediäthylester* (*Dihydrochlorid*), *$N^{\alpha}.N^{\varepsilon}$-Ditrityllysylglutaminsäure, α-Glutamylleucin, N-Trityl-α-L-glutamylleucin* (*Dimethylester*), *L-Leucylglycin* u. *N-Trityl-L-leucylglycin* (*Äthylester*) in Propylenglykol/Chlf./Isopropanol (4 : 4 : 1) mit 1% Wasserzusatz bestimmt. Die Einführung einer oder zweier Benzylgruppen bzw. einer Tritylgruppe am α-ständigen NH_2 setzt den Potentialwert (gemessen mit Glaselektrode/Kalomelelektrode) um 30—70 bzw. 90—130 bzw. 80—160 mV herab. Neben dieser Basizitätsverminderung der NH_2-Gruppe wird ein ähnlicher Effekt von ca. 100 mV für die Carboxylgruppe beobachtet. α-NH_2-Substitution hat bei Diaminosäuren die gleiche Wrkg. wie bei Monoaminosäuren, während Mono- (bei *CH_3NH_2*) u. Dibenzylierung (bei *5-Methoxytryptamin*) der ω-ständigen NH_2-Gruppe Erniedrigungen von 80 bzw. 210 mV zur Folge hat. E. Moisar. B 139□

Dissoziationskonstanten der konjugierten Säuren von substituierten Benzylphenylketonen und der alkylsubstituierten Benzophenone. A. Fischer, B. A. Grigor, J. Packer und J. Vaughan. (J. Amer. chem. Soc. **83.** 4208—10. 20/10. 1961. Christchurch, New Zealand, Univ. of Canterbury, Dep. of Chem.) (Engl.)

Es werden spektrophotometr. die Dissoziations-Konst. K von konjugierten Säuren einer Anzahl von am Benzylrest substituierten Benzylphenylketonen [*p-CH_3-* (F. 95,5°; log K 6,86); *m-CH_3-* ($C_{15}H_{14}O$, Kp.$_{0,5}$ 126°, n_D^{25} 1,5865, dargestellt mit 70% Ausbeute; log K 6,89); *H-* (F. 56°; 6,92); *p-F-* [$C_{14}H_{11}FO$, F. 111° (A.); weiße Platten; 74%; 7,04]; *p-Cl-* (F. 136,5°; 7,07); *m-F-* (log K 7,07); *m-Cl-* (F. 43°; 7,11); *m-NO_2-* (F. 82°; 7,39)] u. von alkylsubstituierten Benzophenonen [*H-* (F. 48°; log K 6,18); *4-CH_3-* (F. 57°; 5,91); *4-$C(CH_3)_3$-* (Kp.$_4$ 189°, F. 31,5—35°; 6,02); *2.6-$(CH_3)_2$-* (6,57); *2.4.6-$(CH_3)_3$-* (Kp.$_{0,5}$ 136 bis 139°; 6,15) u. *4-tert.-Butyl-2.6-$(CH_3)_2$-* (F. 106—106,5°; 6,36)] in wss. H_2SO_4 bei 25° gemessen. Die Änderungen der Dissoziations-Konst. gehorchen der Hammett-Gleichung bei Verw. der induktiven Substituenten-Konst. σ^0. Bei den Benzophenonen nimmt log K in der Reihenfolge ab: H > 4-tert.-C_4H_9 > 4-CH_3. Die Genauigkeit der Messungen erlaubt jedoch nicht den Nachw. des erwarteten Effektes über die Hyperkonjugation der o-Methylgruppen. — *m-Fluorbenzylphenylketon*, $C_{14}H_{11}FO$, Kp.$_5$ 167—172°, F. 47° (Methanol), durch Zugabe von $SOCl_2$ zu m-Fluorphenylessigsäure u. 0,75std. Erhitzen unter Rückfluß auf dem Dampfbad, Entfernen des überschüssigen $SOCl_2$ im Vakuum, Zugabe von Bzl. u. dann $AlCl_3$ in kleinen Portionen innerhalb 3/4 Std. u. 1std. Kochen unter Rückfluß. — *2.6-Dimethylbenzophenon*, $C_{15}H_{14}O$, F. 64—64,5° (PAe.), Kp.$_{3,5}$ 150 bis 160°, durch langsame Zugabe von 2.6-Dimethylphenyl-MgJ [aus 1 g Mg u. 10 g 2.6-Dimethyljodbenzol (Kp.$_{0,2}$ 46°; n_D^{25} 1,5969)] in Ae. zu überschüssigem Benzoylchlorid in Ae. u. 14std. Erhitzen der Rk.-Mischung unter Rückfluß; 0,55 g. H. Schibilla. B 139□

Pyridin-1-oxide. 10. Mitt. pKa-Werte für einige 4-substituierte Nicotinsäure-1-oxide. John S. Driscoll, Wolfgang Pfleiderer und Edward C. Taylor. (J. org. Chemistry **26.** 5230—31. Dez. 1961. Princeton, N.J., Princeton Univ., Frick Chem. Labor.) (Engl.) — 9. vgl. J. org. Chemistry **26.** [1961.] 3796; 7. vgl. C. **1961.** 16831.

Die pK_a-Werte nachst. Nicotinsäure-1-oxide: *4-Amino-* [(pK_a) 3,98 ± 0,03]; *4-Hydroxy-* (3,08 ± 0,02); *4-Methoxy-* (2,88 ± 0,04); *4-Chlor-* (1,80 ± 0,1); *4-Nitro-* (I; 0,50 ± 0,1) sowie des *Nicotinsäure-1-oxids* (2,74 ± 0,03) wurden potentiometr. bzw. bei I spektrophotometr. für die Dissoziation vom neutralen Mol. relativ zum Monoanion bestimmt. Die erhaltenen Werte genügen der Hammett-Gleichung (ϱ = 2,347). Daraus schließen die Vff., daß die Ionisation der zwitterion. Form (II) gemessen wurde, da auf einen durch o-Substituenten hervorgerufenen Effekt die Hammett-Gleichung nicht anwendbar wäre. Im vorliegenden Fall addieren sich die Einfl. von m- u. p-Substituenten, wobei der des m-Substituenten stets gleich ist.

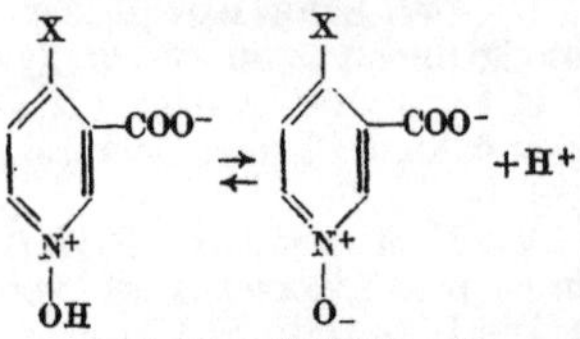

II (X = Substituent)

Ch. Zechel. B 139□

Die Basenstärke von 2.2'-Bipyridyl und 1.10-Phenanthrolin. I. R. Beattie und M. Webster. (J. physic. Chem. **66**. 115—16. Jan. 1962. London, Strand, King's Coll., Dep. of Chem.) (Engl.)

Vff. erhielten beim längeren Einleiten von HCl in eine Lsg. von *1.10-Phenanthrolin·H_2O* (I·H_2O, F. 94,5—95,5°) in Ae. einen Nd. mit einem HCl-Geh. von 2,59 Mol pro Mol Monohydrat. Dieser Nd. verlor bei 45° HCl u. ging in das I-*Monohydrat–Monohydrochlorid* [$C_{12}H_8N_2 \cdot H_2O \cdot HCl$, F. 173—176° (im geschlossenen Rohr)] über. Die gleiche Verb. wurde auch erhalten, wenn wasserfreies I in abs. Ae. mit HCl behandelt u. das Rk.-Prod. anschließend auf 45° unter Luftzutritt erwärmt wurde, während Entgasung des Rk.-Prod. im Vakuum ein I-*Hydrochlorid* der Zus. $C_{12}H_8N_2 \cdot 2{,}78$ HCl lieferte. Die IR-Spektren von I·H_2O in Ae. u. Bzl. zeigen, daß in Ae. das Monohydrat vollständig dissoziiert, in Bzl. dagegen nur teilweise. *2.2'-Bipyridyl* (II) kann anders als I aus W. wasserfrei auskrist. werden u. wird aus konz. wss. HCl oder durch Einleiten von HCl in die äther. Lsg. als *Dihydrochlorid* [$C_{10}H_8N_2 \cdot 2$ HCl, F. 200—235° (im geschlossenen Rohr)] erhalten. Aus wss. Lsg. mit ca. 1m HCl wurde dagegen das *Monohydrochlorid-Dihydrat* (II·HCl·2 H_2O, $C_{10}H_8N_2 \cdot HCl \cdot 2\,H_2O$, F. 44—45°) isoliert, das im Vakuum leicht in das wasserfreie *Hydrochlorid* (II-HCl) übergeht. II·HCl·2 H_2O u. II·HCl liegen wahrscheinlich cisoid vor. Die UV-Absorptionsmaxima vorst. Derivv. von II sowie von II selbst sind angegeben. Aus ihren Ergebnissen folgern Vff., daß die H-Bindung auf die Basenstärke von I einen Einfl. besitzt, für die von II jedoch von geringerer Bedeutung ist u. daß weiterhin, analog dem einfach protonierten I, die Ringe des II·HCl nicht koplanar sind.

H. Schibilla. B 139□

Polarographisches Verhalten von Nitro- und Nitrosoguanidin. Gerald C. Whitnack und E. St. Clair Gantz. (J. electrochem. Soc. **106**. 422—27. Mai 1959. China Lake, Calif., U. S. Naval Ordnance Test Stat., Gen. Res. Branch.) (Engl.)

Die polarograph. Red. von *Nitroguanidin* (I, F. 234—236°) u. *Nitrosoguanidin* (II) wurde im pH-Bereich 2,4—11,8 untersucht. In stark saurer Lsg. verläuft die Red. nach I → II → Hydroxylaminoguanidin (III) → Aminoguanidin (IV) mit Aufnahme von 4 bzw. 6 Elektronen. Im mittleren pH-Bereich ergaben coulometr. Messungen einen Red.-Verlauf mit n = 3 bzw. 5. Demnach verläuft die Red. in diesem Gebiet nicht eindeutig nach einem einfachen Schema. Es kann z. B. IV mit intermediär entstandenem II zu einer Tetrazen-Verb. reagieren. Andererseits kann ein Teil des als Zwischenprod. entstandenen III der Red.-Reihe durch Zerfall in Guanidin u. untersalpetrige Säure entzogen werden. Da sowohl I wie II amphoter reagieren, liegen sie je nach dem pH in verschiedenem Ionisationszustand vor u. geben daher Anlaß zu polarograph. Doppelstufen, deren pH-Abhängigkeiten entsprechend den protolyt. Gleichgewichten gegenläufig sind. II wurde durch Elektrolyse von I in größerem Maßstab mit 20% Ausbeute dargestellt. Bei Zusatz von Ni(II)-Salzen entstand in hervorragender Ausbeute der sehr beständige Ni-II-Komplex, aus dem II nicht quant. zurückerhalten werden konnte. E. Moisar. B 142□

Polarographische Untersuchung von Bis-[hydroperoxy]-steroiden. Maurice Legrand, Vladimir Delaroff und Madeleine Bimbad. (Recueil Trav. chim. Pays-Bas **77**. 1034—42. Nov. 1958. Paris, Serv. de Rech. Roussel-Uclaf.) (Franz.)

Vff. untersuchten in gepufferter, wss.-alkohol. Lsg. (pH 2,5—10,1) in Ggw. von Na-p-Toluolsulfonat als Trägerelektrolyt die polarograph. Red. von *21-Acetoxy-3.3-bis-[hydroperoxy]-pregnan-20-on* [F. 210°; $[\alpha]_D$ +100° (0,5%, Tetrahydrofuran)], *21-Acetoxy-3.3-bis-[hydroperoxy]-pregnan-11.20-dion, 3.3-Bis-[hydroperoxy]-Δ^4-pregnen-20-on, 21-Acetoxy-3.3-bis-[hydroperoxy]-Δ^4-pregnen-20-on, 3α-Acetoxy-17.17-bis-[hydroperoxy]-ätiocholan-11-on, 3α-Acetoxy-20.20-bis-[hydroperoxy]-pregnan* u. *3α-Acetoxy-20.20-bis-[hydroperoxy]-pregnan-11-on.* Die untersuchten Verbb. lieferten im pH-Bereich 5—8 im allg. 4 Stufen. Von denen entsprach die dritte (ca. —0,25 bis —0,45 V gegen gesätt. Kalomelelektrode) der Red. des Bis-hydroperoxids unter Rückbldg. des Ketons u. Abspaltung von H_2O_2, welches in der vierten Stufe (—1,15 bis —1,25 V) weiter red. wird.

E. MOISAR. B 142□

Thermische Ausdehnung von Triglycinsulfat. S. Ganesan. (Acta crystallogr. [Copenhagen] **15.** 81—87. 10/1. 1962. Bangalore, Indian Inst. of Sci., Dep. of Phys.) (Engl.) — Vgl. C. **1961.** 5744.

Die therm. Ausdehnung von kristallinem $(NH_2CH_2COOH)_3 \cdot H_2SO_4$, das ferroelektr. Verh. zeigt, wird sowohl unterhalb als auch oberhalb des CURIE-Punktes nach der interferrometr. Meth. untersucht. In allen untersuchten Richtungen findet am CURIE-Punkt eine abrupte Umkehr des Vorzeichens des Ausdehnungs-Koeff. statt. Die bei verschiedenen Erhitzungs- u. Abkühlungs-Geschw. durchgeführten Unterss. zeigen, daß keine therm. Hysteresis auftritt. Es wird gefunden, daß die Richtung der kürzesten H-Bindung in der Elementarzelle des Kristalls mit der Richtung maximaler Ausdehnung zusammenfällt.

G. RUBAN. B 148□

Die Druck–Volumen–Temperatur-Eigenschaften des Propins. S. P. Vohra, T. L. Kang, K. A. Kobe und J. J. McKetta. (J. chem. Engng. Data **7.** 150—55. Jan. 1962. Austin, Tex., Univ. of Texas, Dep. of Chem. Engng.) (Engl.)

Bei Temp. von 50—200° u. bei Drucken von 6—315 atm wird das P–V–T-Verh. von *Propin* (I) mit Hilfe einer BEATTIE-App. untersucht. Die krit. Konst. werden bestimmt. Dampfdrucke u. orthobare Dichte von 50° bis zur krit. Temp. werden gemessen, korrigiert u. zueinander in Beziehung gesetzt. Die experimentellen Ergebnisse für die Kompressibilität von gasförmigen **I** werden für verschiedene Probemengen tabellar. u. graph. dargestellt. Die P–V-Isotherme von fl. **I** sowie im krist. Gebiet von **I** werden ebenfalls tabellar. u. graph. wiedergegeben. Die Dampfdrucke u. die orthobaren Dichten sowie die krit. Konst. sind tabelliert.

H. SCHIBILLA. B 150□

Sättigungseigenschaften und Flüssigkeitskompressibilitäten von Benzol und n-Octan. J. F. Connolly und G. A. Kandalic. (J. chem. Engng. Data **7.** 137—39. Jan. 1962. Whiting, Ind., Amer. Oil Co., Res. and Dev. Dep.) (Engl.)

An reinem *Bzl.* (99,98 Mol-%) u. reinem *n-Octan*(I) (99,94 Mol-%) werden zwischen 130 u. 280° folgende Eigg. gemessen: Dampfdruck, gesätt. Dampf-Vol., gesätt. Fl.-Vol. u. Fl.-Kompressibilität. Aus den Sättigungs-Eigg. werden die Verdampfungswärmen für Bzl. von 160° bis zur krit. Temp. u. für **I** von 190° bis zur krit. Temp. abgeleitet.

H. SCHIBILLA. B 150□

Dampf–Flüssigkeits-Gleichgewichte bei 8 binären Mischungen. Howard E. Jones. (J. chem. Engng. Data **7.** 13—18. Jan. 1962. Wilmington, Del., E. I. du Pont de Nemours and Co., Inc., Polychem. Dep.) (Engl.)

Bei Normaldruck wird das Dampf–Fl.-Gleichgewicht nachst. Syst. bestimmt: 1. *Essigsäure* (**I**, Kp. 118,1°; n_D^{25} 1,3698)—*Essigsäureanhydrid* (**II**, Kp. 139,5°; n_D^{25} 1,3878); 2. **II**–*Methylendiacetat* (**III**, Kp. 170,0°, aus Paraformaldehyd u. **II**; n_D^{25} 1,4030); 3. *Cyclohexan* (**IV**, Kp. 80,7°; n_D^{25} 1,4234) — **II**; 4. *Aceton* (**V**, Kp. 56,1°; n_D^{25} 1,3561). — **II**; 5. **V**–*Pyridin* (**VI**, Kp. 115,3°; n_D^{25} 1,5073); 6) **IV–VI**; 7. **VI–II**; *1.3-Butadien–β-Chloropren.* Die Gleichgewichtskurven für die Syst. 1. u. 2. werden außerdem bei 100 mm Hg-Druck aufgenommen. Die bin. Syst. 3., 6. u. 8. weichen merklich vom idealen Verh. ab. Die übrigen zeigen nur relativ geringe oder gar keine Abweichungen. Für das Syst. 3. wird ein Azeotrop (93,5 Mol-% **IV**, Kp. 80,12) gefunden. Die Kp.-Diagramme u. die Aktivitäts-Koeff. der genannten Syst. werden aufgenommen. H. SCHIBILLA. B 150□

Dampf–Flüssigkeits-Gleichgewicht des Systems n-Hexadecan–Dibenzyl–Phenanthren bei 100 mm Hg absolut. L. E. McMakin jun. und Matthew van Winkle. (J. chem. Engng. Data **7.** 9—12. Jan. 1962. Austin, Tex., Univ. of Texas.) (Engl.)

Mit Hilfe der Best. des Kp. u. der DK werden die Zus. der bin. u. tern. Mischungen des Syst. *n-Hexadecan* (**I**, Kp. 286,8°)-*Dibenzyl* (**II**, F. 52°; Kp. 284,7°)-*Phenanthren* (**III**, F. 100,5°; Kp. 339,6°) gemessen. Die Korrelations-Konst. werden für die möglichen bin. u. tern. Mischungen zusammengestellt. Die entsprechenden Diagramme der Gleichgewichts-Kp. bei 100 mm Hg abs. werden aufgenommen. Die Aktivitäts-Koeff. werden für **I**, **II** u. **III** in den entsprechenden tern. Gemischen graph. dargestellt. Die CHAO-HOUGEN-Meth. für die Korrelation der Daten des isobaren Dampf–Fl.-Gleichgewichtes ergibt bei niedrigen Drucken gute Übereinstimmung zwischen den berechneten u. gemessenen Gleichgewichts-Dampf-Zusammensetzungen. Die Anwendbarkeit dieser Meth. wird diskutiert.

H. SCHIBILLA. B 150□

Vorausberechnung von Gleichgewichtsdaten eines speziellen Typs ternärer flüssiger Mischungen. Horst Schuberth. (Abh. dtsch. Akad. Wiss. Berlin, Kl. Chem., Geol. Biol. **1960.** Nr. 3. 1—82. 1961. Leipzig, Inst. für Verfahrenstechn. der org. Chem.) (Dt.)

Vf. bestimmte experimentell die Phasengleichgewichtsdaten für das tern. Syst. *n-Propylacetat/n-Butylacetat/W.* bei 100—150 Torr u. gibt eine Näherungsberechnung an, zu der nur der Dampfdruck der reinen Komponente u. dessen Temp.-Abhängigkeit sowie die Temp.-Abhängigkeit der bin. Mischungslücke bekannt sein muß. Die Meth. ist auf alle Syst. anwendbar, die aus 2 miteinander prakt. ideal mischbaren u. hinsichtlich einer dritten Komponente stark nichtideal mischbaren Substanz besteht. Es werden die theoret. Grundlagen sowie die verwendeten App. beschrieben. G. Talsky. B 150□

Die Verbrennungswärmen des Phenols und der drei Kresole. J. D. Cox. (Pure appl. Chem. **2.** 125—28. 1961. Teddington, Middlesex, U.K., Nat. Chem. Labor., D.S.I.R.) (Engl.)

Vf. ermittelte calorimetr. die Verbrennungswärmen $-\Delta H_c^0$ von *Phenol* (**I**), *o-* (**II**), *m-* (**III**) u. *p-Kresol* (**IV**), berechnete die Bldg.-Wärmen aus den Elementen mit Hilfe von Literaturwerten für CO_2 u. W. sowohl für den festen Zustand bzw. fl. ($-\Delta H_f^0$) als auch für den idealen Gaszustand bei 25° ($-\Delta H_f^*$), wobei im letzten Fall Literaturwerte für die latenten Sublimations- bzw. Verdampfungswärmen zugrundegelegt wurden. Nachst. Werte werden angegeben: **I** ($-\Delta H_c^0$ in kcal/Mol) 729,82 $\pm$ 0,07; ($-\Delta H_f^0$ in kcal/Mol) 39,44; ($-\Delta H_f^*$ in kcal/Mol) 23,03 $\pm$ 0,14. **II** 882,79 $\pm$ 0,10; 48,84; 30,67 $\pm$ 0,21. **III** 885,44; 46,19; 31,44 $\pm$ 0,26. **IV** 884,02 $\pm$ 0,07; 47,61; 29,94 $\pm$ 0,36. Mit Hilfe der ΔH_f^*-Werte berechnete Vf. die Resonanzenergien für **I** [44,7 (kcal/Mol)], **II** (44,2), **III** (45,0) u. **IV** (43,5). Die Differenzen zu den Werten von Bzl. bzw. Toluol werden diskutiert. Ch. Zechel. B 156□

Verbrennungswärmen von fünf Alkylphenylketonen. M. Colomina, C. Latorre und R. Perez-Ossorio. (Pure appl. Chem. **2.** 133—35. 1961. Madrid, Spain, Inst. de Quím. Fís.) (Engl.)

Nachst. Verbrennungs- ($-\Delta H_c^0$ für 25° in kcal/Mol) u. Bldg.-Wärmen (ΔH_f^0 für 25° in kcal/Mol) werden angegeben: *Methyl-* [($-\Delta H_c^0$) 991,62 $\pm$ 0,21; (ΔH_f^0) $-34,06 \pm 0,25$], *Äthyl-* (**I**, 1148,10 $\pm$ 0,25; $-39,95 \pm 0,30$), *Propyl-* (1305,29 $\pm$ 0,40; $-45,13 \pm 0,45$), *Isobutyl-* (**II**, 1460,17 $\pm$ 0,33; $-52,62 \pm 0,39$) u. *tert.-Butylphenylketon* (**III**, 1462,88 $\pm$ 0,54; $-49,91 \pm 0,60$). Aus dem Vgl. der Verbrennungswärmen der Alkylphenylketone mit den entsprechenden, von Prosen u. Mitarbeitern (J. Res. nat. Bur. Standards **36.** [1946.] 455) angegebenen Werten für fl. Alkylbenzole ziehen die Vff. folgende Schlüsse: a) Die Verbrennungswärmeninkremente je zur Kette hinzugefügter CH_2-Gruppe hat für die Fl. Methylphenylketon u. Methylbenzol den gleichen Wert von 156,5 kcal/Mol. Entsprechendes gilt für die Fll. Propylphenylketon u. Propylbenzol mit einem Wert von 154,9 kcal/Mol. b) Die Verbrennungswärmeninkremente je zur Kette hinzugefügter CH_2-Gruppe der Fll. Äthylphenylketon (157,2 kcal) u. Äthylbenzol (156,2 kcal) zeigen eine unerwartete Differenz. c) Es besteht eine beachtliche Differenz zwischen den Isomerisierungswärmen für den fl. Zustand bei 25° bei nachst. Rkk.: **II** $\rightarrow$ **III**, $-2,7$ kcal/Mol, jedoch Isobutyl- $\rightarrow$ tert.-Butylbenzol + 0,2 kcal/Mol. Schließlich konnte aus den hier gemessenen u. den von Springall u. White (C. **1955.** 8345) gefundenen Verbrennungswärmen für Benzylmethylketon (**IV**) die Isomerisierungswärme für die Rk.: **I** $\rightarrow$ **IV** zu $-3,6$ kcal/Mol berechnet werden. Ch. Zechel. B 156□

Mischungswärme von Kohlenstofftetrachlorid mit Furfurol. S. K. Jeun und Benjamin C.-Y. Lu. (Canad. J. Chem. **38.** 742—43. Mai 1960. Ottawa, Ontario, Univ. of Ottawa, Dep. of Chem. Engng.) (Engl.)

Die Mischungswärmen von CCl_4 mit *Furfurol* (**I**) wurden im ganzen Konz.-Bereich bei 27 u. 40° untersucht (Diagramm u. Tabellen). Die Mischungswärmen sind im ganzen Temp.-Bereich positiv. Der Temp.-Einfl. auf die Mischungswärme ist bei verdünnten **I**-Lsgg. zu vernachlässigen in konzentrierten **I**-Lsg. steigt die Mischungswärme mit der Temperatur. W. Schramm. B 156□

Darstellung eines mesomeren Phosphorradikals. Eugen Müller, Herbert Eggensperger und Klaus Scheffler. (Z. Naturforsch. **16 b.** 764—65. Nov. 1961. Tübingen, Univ., Chem. Inst.) (Dt.)

Vff. synthetisierten das *Diphenyl-[3.5-di-tert.-butyl-4-hydroxyphenyl]-phosphinsulfid* (**I**, F. 176,5—177,5, farblose, hexagonale Täfelchen aus CH_3OH). Das IR-Spektrum zeigt die für ster. gehinderte Phenole charaktrist. scharfe OH-Bande bei 2,75 μ (3640 cm^{-1}). Auch die P-Phenylschwingung bei 7 μ (1430 cm^{-1}) ist deutlich ausgeprägt. Beim Dehydrieren einer benzol. Lsg. von **I** mit alkal. $K_3Fe(CN)_6$-Lsg. oder mit PbO_2 entsteht eine intensive dunkelblaue Farbe, die an der Luft langsam verschwindet, unter N_2 jedoch einige Zeit haltbar ist. Das Elektronenresonanzspektrum dieses Radikals zeigt eine eindeutig zuzuordnende Hyperfeinstruktur von 2 Tripletts. Die Triplettaufspaltung von 2,0 Oe ist auf die Wechselwrkg. des freien Elektrons mit den Protonen in Metastellung des Phenylkerns zurückzuführen. Die Verdoppelung des Tripletts muß dem Kernspin des ^{31}P, I = ½, zugeschrieben werden. Die sehr große Phosphoraufspaltung von 15,3 Oe läßt 3 mesomere Formulierungen (Aroxyl-, Ketomethyl-, Triarylthiophosphylform) zu. Im IR-Spektrum ist die chinoide Bande bei 6 μ (1670 cm^{-1}) angedeutet.

CH. ZECHEL. B 182□

Einfache Berechnungen der Energieniveaus von aromatischen Kohlenwasserstoffen nach der Störungsmethode. Rama Bhattacharya und Sadhan Basu. (J. Chim. physique Physico-Chim. biol. **55.** 396—400. Mai 1958. Calcutta, Dep. of Chem., Univ. Coll. of Sci.) (Franz.)

In Erweiterung der Meth. von DEWAR (vgl. C. **1954.** 10672) berechneten Vff. die Bahn- u. Resonanzenergien sowie die Energien der π-Elektronen für einige aromat. Syst., indem sie von den Energieniveaus u. den Wellenfunktionen des entsprechenden offenkettigen Polyens ausgingen u. eine fiktive Bindung zwischen jeweils 2 C-Atomen des gleichen offenkettigen Mol. einführten. Nach dieser Störungs-Meth. 1. Ordnung werden die Energieniveaus ausgedrückt durch $E_n = E_n^0 + \int \Psi_m^0 H' \Psi'^0_n d\tau$, mit $\int \varphi_m H' \varphi_n d\tau = \beta$ (wenn die Bindungen zwischen m u. n eingeführt werden) bzw. = 0 im anderen Fall. Untersucht wurden folgenden Verbb.: C_6H_5—$(CH{=}CH)_n$—C_6H_5 mit n = *0, 1, 2, 3, 4, 5* sowie *Bzl., Naphthalin, Anthracen, Tetracen, Phenanthren, 1.2-Benzanthracen, Triphenylen, Pyren, Chrysen, Perylen, Acenaphthylen, Fulven, 3.4-Benzofulven* u. *Azulen.* Beim Vgl. der so erhaltenen Werte mit denen nach der LCAO–MO-Meth. erhaltenen zeigt sich im Falle der Biphenylpolyene, daß die nach der LCAO-Meth. (y) erhaltenen Werte für die Gesamtenergie der π-Elektronen mit den nach der Störungs-Meth. (x) erhaltenen gut übereinstimmen u. im Diagramm y(x) eine Gerade y = 0,6 + x ergeben. Für die nach beiden Meth. erhaltenen Resonanzenergien folgt die Übereinstimmung der Gleichung y = 0,79 + 0,93 x. Bei den Bahnenergien wird die Übereinstimmung um so besser, je komplexer das Mol. ist. Im Falle der polycycl. Aromaten wird die Übereinstimmung beider Meth. gegeben durch y = 0,7 + x für die Gesamtenergie der π-Elektronen, so daß in Verbindung mit obiger Gleichung für die KW-Stoffe allg. y = 0,65 + x gilt. Die Werte der nach beiden Verf. erhaltenen Resonanzenergien stimmen weniger gut überein, man erhält nur eine mittlere lineare Beziehung: y = 0,6 + x. Allg. wird festgestellt, daß die Übereinstimmung für die nicht symm. u. komplexen Moll. sehr eng u. die Störungs-Meth. gerade in diesen Fällen nützlich ist. J. RICHTER. B 182□

Das erste Beispiel eines aromatischen Silicium-Systems. Robert A. Benkeser, Richard F. Grossman und Garth M. Stanton. (J. Amer. chem. Soc. **83.** 5029. 20/12. 1961. West Lafayette, Ind., Purdue Univ., Dep. of Chem.) (Engl.)

Vf. beschreiben die Darst. von *1-Silacyclopentadien-(2.4)* [I, C_4H_6Si, Kp. 60—62°; aus 1.1-Dichlorsilacyclopentadien durch Red. mit $LiAlH_4$ in Dimethylcarbitol; n_D^{25} 1,4265; λ_{max} (in Ae.) 232 mμ (log ε 3,8); 60% Ausbeute; *Addukt mit Hexachlorcyclopentadien,* $C_9H_6Cl_6Si$, F. 35°] u. dessen Anion (II) durch Einw. von feinverteiltem K auf I in Tetrahydrofuran (T). Die Struktur von II wird durch NMR-Unters. gestützt. Mit Brombenzol (III) liefert II nach Entfernung von überschüssigem K durch Amalgamierung ein Gemisch von 1-Phenyl- u. 1.1-Diphenylsilacyclopentadien, wie durch katalyt. Hydrierung zu 1-Phenyl- bzw. 1.1-Diphenylsilacyclopentan nachgewiesen werden konnte. Die Rk. von I mit K verläuft in unpolaren Lsgm. langsam; das entstehende II ist unter diesen Bedingungen fast unlösl. u. weniger reaktionsfähig gegenüber III. Da unter entsprechenden Bedingungen *Divinylsilan* weder in Bzl. noch in T mit K nennenswert reagiert, halten Vff. die Resonanzstabilisierung des Anions II für eine Voraussetzung der Metallierung am Si-Atom. Das Absorptionsspektrum von II ähnelt dem des K-Salzes von Cyclopentadien stark. Tatsächlich ergibt eine LCAO–MO-Berechnung unter Einbeziehung der d-Bahnen des Si eine beträchtliche Resonanzstabilisierung. Vff. halten den Einbau eines Si-Atoms in aromat. Sechs- oder Siebenringe für möglich. CH. ZECHEL. B 182□

Eine neue kristalline Form der Laurinsäure. T. R. Lomer und R. M. Spanswick. (Acta crystallogr. [Copenhagen] **14.** 312—13. 10/3. 1961. Birmingham, Univ., Phys. Dep.) (Engl.)

Zur Nachprüfung der von LOMER (vgl. C. **1956.** 10429) bestimmten Zellendimensionen der γ-Form der *Laurinsäure* lösten Vff. eine kleine Menge der γ-Form in Ae. auf u. verdampften die Lsg. langsam zur Trockne. Der Rückstand bestand aus einem Gewirr von Fasern u. einigen kleinen Plättchen. Einige dieser Plättchen wurden mittels WEISSENBERG- u. Schwenkaufnahmen untersucht. Der übrige Rückstand wurde pulverisiert u. röntgenograph. untersucht. Diese Aufnahmen lieferten die von LOMER (vgl. l. c.) bestimmten Zellendimensionen. Die Einkristallaufnahmen führten zu einer triklinen Zelle mit den Abmessungen a = 7,45 (Å); b = 5,40; c = 17,5; α = 96°53′; β = 113° 8′ u. γ = 81°7′. Diese Zelle ist demnach verschieden von der der pulverisierten Fasern. Es wird gezeigt, daß zwischen den beiden Zellen eine einfache Beziehung besteht. Die trikline Zelle ist jedoch als eine neue Form der Laurinsäure anzusehen. C. GOTTFRIED. B 195

Kristallographische Daten für verschiedene niedere Polypeptide. Yoshio Sasada, Kiyoe Tanaka, Yoriko Ogawa und Masao Kakudo. (Acta crystallogr. [Copenhagen] **14.** 326. 10/3. 1961. Osaka, Univ., Inst. for Protein Res.) (Engl.)

Vff. untersuchten mittels Schwenk- u. WEISSENBERG-Aufnahmen *Benzyloxycarbonyl(Cbo)-glycyl-L-prolyl-L-leucylglycin* (I), $C_{23}H_{32}N_4O_7$, *Cbo-glycyl-L-prolyl-L-leucin* (II), $C_{21}H_{29}N_3O_6$, *Cbo-glycyl-L-prolin* (III), $C_{15}H_{18}N_2O_5$ u. *Cbo-glycin* (IV), $C_{10}H_{11}NO_4$. I u. II kristallisieren aus Methylalkohol in Nadeln, III aus Äthylacetat in rechtwinkligen Platten u. IV aus W. in Blöcken. Die Röntgenaufnahmen ergaben für I rhomb. Symmetrie, a = 13,62 [Å]; b = 27,58; c = 6,58; Raumgruppe $P\,2_1\,2_1\,2_1$; D. 1,30; Z = 4; II ist ebenfalls rhomb. u. hat a = 10,22; b = 22,18; c = 9,66; Raumgruppe u. Z wie I; D. 1,28. III hat tetragonale Symmetrie u. die Zellendimensionen a = 9,50 u. c = 35,16; Raumgruppe ist $P\,4_1\,2_1\,2$; D. 1,30; Z = 8. Monoklin krist. IV mit a = 11,56; b = 10,33; c = 9,22; β = 103,8°; Raumgruppe $P\,2_1/c$; D. 1,33; Z = 4. C. GOTTFRIED. B 195

Eine dreidimensionale Analyse der Kristallstruktur von m-Dinitrobenzol. J. Trotter. (Acta crystallogr. [Copenhagen] **14.** 244—50. 10/3. 1961. Glasgow, Univ., Chem. Dep.) (Engl.)

Gut ausgebildete Einkristalle von *m-Dinitrobenzol* in Form gelber, nach der c-Achse gestreckter Nadeln, wurden aus wss. A. erhalten. Die Aufnahmen ergaben rhomb. Symmetrie u. die Zellendimensionen a = 13,20 ± 0,03 [Å]; b = 13,97 ± 0,03; c = 3,80 ± 0,005. Raumgruppe ist C_{2v}^9–$P\,b\,n\,2_1$; Z = 4. Die Kristalle erwiesen sich als piezoelektrisch. Die Struktur wurde mit Hilfe von Elektronendichteprojektionen u. anschließenden Differenz-Synth. festgelegt. Die gefundenen Parameter sind: $C_{(1)}$: (x =) 0,1402; (y =) 0,3667; (z =) −0,0055; $C_{(2)}$: 0,1800; 0,4513; −0,1408; $C_{(3)}$: 2815; 0,4589; −0,1177; $C_{(4)}$: 0,3490; 0,3870; 0,0330; $C_{(5)}$: 0,2994; 0,3042; 0,1366; $C_{(6)}$: 0,1982; 0,2956; 0,1223; $N_{(1)}$: 0,0297; 0,3538; −0,0213; $N_{(2)}$: 0,3282; 0,5486; −0,2419; $O_{(1)}$: −0,0059; 0,2857; 0,1440; $O_{(2)}$: −0,0189; 0,4109; −0,1945; $O_{(3)}$: 0,2759; 0,6021; −0,4028; $O_{(4)}$: 0,4152; 0,5603; −0,1934. In dem Gitter ist der aromat. Ring innerhalb der Fehlergrenzen vollkommen eben; in der gleichen Ebene liegen die N-Atome. Dagegen weichen die O-Atome beträchtlich von dieser Ebene ab; in der Gruppe $N_{(1)}\,O_{(1)}\,O_{(2)}$ liegt $O_{(1)}$ unterhalb u. $O_{(2)}$ oberhalb der Ringebene in einem mittleren Abstand von 0,22 Å. Die NO_2-Gruppe ist demnach aus der Ringebene um die Bindung $C_{(1)}$—$N_{(1)}$ herausgedreht, wobei der Drehwinkel 11,8° beträgt. Ähnlich liegen $O_{(3)}$ u. $O_{(4)}$ in der Gruppe $N_{(2)}\,O_{(3)}\,O_{(4)}$ oberhalb bzw. unterhalb der Ringebene mit einem mittleren Abstand von 0,16 Å. Diese NO_2-Gruppe ist um die Bindung $C_{(3)}$–$N_{(2)}$ um einen Winkel von 9,6° aus der Ebene des Benzolringes herausgedreht. C. GOTTFRIED. B 195

Die Molekularstruktur und absolute Konfiguration von Jacobinbromhydrin. J. Fridrichsons, A. Mc L. Mathieson und D. J. Sutor. (Tetrahedron Letters [London] **1960.** Nr. 23. 35—37. Okt. Melbourne, C.S.I.R.O., Chem. Res. Labor., Div. of Chem. Phys. and Organic. Chem. Section.) (Engl.)

Jacobinbromhydrin, $C_{18}H_{26}BrNO_6$, kristallisiert aus A. in monoklinen Kristallen mit ½ Mol Kristallalkohol. Die Zellendimensionen sind a = $9{,}88_9$ (Å); b = 15,3; c = $14{,}63_4$; β = 112,7° bei −150°. Raumgruppe ist $P\,2_1$; Z = 2. Die 2 kristallograph. unabhängigen Moll. sind in erster Annäherung identisch. Die mit Hilfe dreidimensionaler Elektronendichteprojektionen durchgeführte Strukturanalyse bestätigte die von GEISSMANN (vgl. Austral. J. Chem. **12.** [1959.] 247) vorgeschlagene Konfiguration. Die Analyse lieferte einen unabhängigen Beweis für die abs. Konfiguration der *Retronecin*-Komponente u. definiert zum ersten Mal die relative innere u. abs. Konfiguration der *Jaconecsäure*-Komponente. Außerdem zeigte die Elektronendichteprojektion, daß die Jaconecsäurekomponente aus 2 Teilen besteht, deren C- u. O-Skelette ident. sind, in ihrer räumlichen Anordnung aber Antipoden sind. C. GOTTFRIED. B 195□

Das Selenosemicarbazid und seine Derivate. 5. Mitt. **Quantitative Untersuchung der Isomerisierung von Hydrazinselenocyanat.** R. Huls und M. Renson. (Bull. Soc. chim. belges **66.** 265—75. Mai/Juni 1957. Liège, Univ., Labor. de Chim. Organ.) (Franz.) — 4. vgl. C. **1962.** 2677.

Es wird eine Analysen-Meth. beschrieben, die es gestattet, das beim Erhitzen einer wss. Lsg. von *Hydrazinselenocyanat* (I) entstehende Rk.-Gemisch quant. zu untersuchen. Mit Hilfe dieser Meth. wird nachgewiesen, daß beim Erhitzen (95°) einer wss. aldehyd- bzw. ketonfreien Lsg. von I innerhalb der Analysengenauigkeit sich Selenosemicarbazid (II) nicht bildet, unabhängig von der Erhitzungsdauer (bis 213 Std.), während die Menge des abgeschiedenen Se mit der Erhitzungsdauer wächst (bis über 70%) u. stark pH abhängig ist. In Ggw. von Aceton scheint sich ein Gleichgewicht einzustellen, wobei in 0,5m Lsg. von I ca. 40% des nicht ausgefällten Se in der Form des Se-Semicarbazons vorliegt. Bei einer Erhitzungsdauer von mehr als 45 Std. nimmt die Ausbeute von II infolge Zers. wieder ab. W. PENN. B 225□

Mechanismus der Reaktion von Phenyljodosoverbindungen mit einigen β-Diketonen. O. Ja. Neiland und G. Ja. Wanag. (Доклады Академии Наук СССР [Ber. Akad. Wiss. UdSSR] **131.** 1351—54. 21/4. 1960. Riga, Polytechn. Inst.) (Russ.)

Bei der Rk. von Phenyljodosoacetat (I) mit Malonester, Acetylaceton, Acetessigester, Dibenzoylmethan, Indandion-(1.3) u. 2-Phenylindandion-(1.3) wurden keine Jodonium-Verbb., wie bei der Rk. von I mit Cyclohexandionen-(1.3) erhalten, sondern bei allen Rkk. *Jodbenzol.* Aus Dibenzoylmethan bzw. 2-Phenylindandion-(1.3) u. I wurden die entsprechenden Acetoxy-Verbb. erhalten: *Acetoxydibenzoylmethan,* $C_{17}H_{14}O_4$, F. 93—94°; 80% (Ausbeute). — *2-Acetoxy-2-phenylindandion-(1.3),* $C_{17}H_{12}O_4$, F. 164—165°; 47%; letzteres konnte auch aus 2-Brom-2-phenylindandion-(1.3) u. K-Acetat erhalten werden. In Ggw. von Pyridin liefern Acetylaceton, Acetessigester u. Dibenzoylmethan mit I die gelben, krist. *Enolatbetaine* (*EB*) der entsprechenden *Pyridinio-β-dicarbonyl-Verbb.* (vgl. nebenst. Struktur **A**): *Pyridinioacetylaceton-EB* (**II**), $C_{10}H_{11}NO_2$, F. 172—174°; 17%. — *Pyridinioacetessigsäureäthylester-EB* (**III**), $C_{11}H_{13}NO_3$, F. 114—119°; 24%. — *Pyridiniodibenzoylmethan-EB* (**IV**), $C_{20}H_{15}NO_2$, F. 212—214°; 67%. **II** u. **III** sind stark hygroskopisch. — Im Primärschritt dieser Rk. entstehen aus I u. den β-Dicarbonyl-Verbb. unter Abspaltung von Essigsäure C-Jodonium-Verbb., die in Ggw. von Pyridin heterolyt. zerfallen, wobei die vorst. EB entstehen. Der starke Unterschied in den Rkk. der Cyclohexandione-(1.3) u. der untersuchten Verbb. wird auf die unterschiedliche Struktur zurückgeführt, die sich in der sehr schnellen zweifachen Enolisierung der ersteren zeigt. Von den Verbb. **II**–**IV** wurden UV- (in neutraler u. in saurer Lsg.) u. IR-Spektren (in fester Form u. in Chlf.) aufgenommen. Im UV beobachtet man eine starke hypsochrome Verschiebung (20 mμ) der K-Bande des Enolatanions der EB gegenüber den freien β-Dicarbonylverbindungen. Im sauren Medium tritt eine starke Verschiebung des Maximums ein, die der undissoziierten Verb. zugeschrieben wird. Das Maximum der undissoziierten EB liegt um 10 mμ unter dem der entsprechenden β-Dicarbonyl-Verbb. u. fällt mit dem der trans-Enolester zusammen. **IV** zeigt im Gegensatz zu anderen Dibenzoyl-Verbb. nur ein Maximum im Gebiet von 250 mμ, hier tritt wahrscheinlich Zerfall ein. Im IR zeigen **II** u. **IV** keine Absorption im CO-Gebiet. **III** besitzt zwei Maxima bei 1718 u. 1654 cm^{-1}, Vff. schließen daraus auf eine Konz. der Ladung am C-Atom der Methylengruppe. M. Hänssgen. B 225□

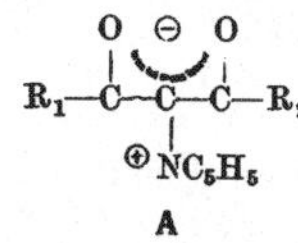

A

Dienon–Phenol-Umlagerung von Chinolen. 2. Mitt. Beitrag zur Klärung des Reaktionsmechanismus. W. Metlesics, F. Wessely und H. Budzikiewicz. (Tetrahedron [London] **6.** 345—54. Juni 1959. Wien, Univ., II. Chem. Inst.) (Dt.) — 1. vgl. C. **1956.** 9696.

Der Mechanismus der Dienon–Phenol-Umlagerung unter den Bedingungen der Thiele-Rk. bei Chinolacetaten (**A**) besteht in der Addition einer Lewis-Säure (z. B. CH_3CO^+) an das Carbonyl-O-Atom, wobei das gebildete mesomere Kation entweder durch interne Wanderung des Acetatrestes (Ac) von **A** an das positivierte C-Atom im Ring u. Abspaltung eines Protons (A) oder durch Aufnahme von Ac aus dem Lsgm. Acetanhydrid u. Abspaltung von HAc (B) in das aromat. Rk.-Prod. übergehen kann. Vff. prüfen den Mechanismus B durch Verw. von Diacetylsulfid (**II**) als Lösungsmittel. Bei Einw. von **II** auf *2-Methyl-o-chinolacetat* (**I**) u. *4-Methyl-p-chinolacetat* (**III**) in Ggw. von BF_3 wurde kein Thiophenol erhalten, was für den Mechanismus A spricht. Bei der Umsetzung von *2.3-Dimethyl-o-chinolacetat* (**IV**) mit **II** wurden jedoch nach Verseifung seines Diacetats 11% des 3.4-Dimethyl-5-hydroxythiophenols (**V**; F. 88—89°) erhalten, woraus geschlossen wird, daß auch eine externe Addition eines CH_3COS^--Ions als Konkurrenz-Rk. eintritt, die als 1.4-Addition verläuft. Der Dualismus von Chinolen u. **A** (Bldg. verschiedener Rk.-Prodd.) wird ausführlich diskutiert, wobei die Art der gebildeten Rk.-Prodd. als abhängig von den relativen Geschw. der Acetylierung der freien tert. OH-Gruppe, der Umlagerung des Chinols unter Wanderung des Alkyl- bzw. Arylrestes u. der externen Addition der Acetoxygruppe an das aus dem Chinol oder aus **A** durch Addition von CH_3CO^+ entstehende Kation angesehen wird. p-Chinole u. ihre Acetate ergeben auch bei der Einw. von Säuren verschiedene Rk.-Prodd., was durch die Konkurrenz zweier möglicher Rkk. erklärt wird. Es wird ein tabellar. Überblick über bisher durchgeführte Umlagerungen u. die dabei erhaltenen Rk.-Prodd. gegeben. In dieser Arbeit wurden folgende Prodd. erhalten [a) bei Rk. mit Acetanhydrid, b) mit **II**, c) Umlagerung unter Säure- bzw. BF_3-Katalyse]: **I** nach b) → 2.6-Dihydroxytoluol (85%) + Toluhydrochinon (**VI**; Spuren); **IV** nach b) → 2.3-Xylohydrochinon + **V** (wenig); *2.6-Dimethyl-o-chinolacetat* nach a) → 2.4-Dimethylresorcin (F. 110—111°); **III** nach a) → Kresorcin (**VII**), nach b) → wie a), nach c) → **VII** (Hauptmenge) + **VI**; *4-Methyl-p-chinol* nach a) → **VII** (80%) + **VI** (20%), nach b) → wie a) + 2-Methyl-5-hydroxythiophenol, nach c) → **VI**; *Mesityl-p-chinolacetat* nach a → Mesorcindiacetat (60%) + Verb. $C_{24}H_{28}O_6$ (Triacetat eines unbekannten Phenols; 20%); *Mesityl-p-chinol* nach a) → wie bei vorst. Verb.; *4-Phenyl-p-chinolacetat* nach a) → 2.4- (82%) + 2.5-Dihydroxydiphenyl (Spur). — *2.3-Dimethyl-4-hydroxythiophenol*, $C_8H_{10}OS$, F. 106°, aus 2.3-Dimethylphenolsulfonsäure-(4) durch Red. des Säurechlorids nach KARRER. C.-E. DÖRING. B 225

Über den Mechanismus der Bildung von 2-Phenyl-2-hydroxyindandion-(1.3) aus Benzalphthaliddibromid. L. A. Schtschukina. (Журнал Общей Химии [J. allg. Chem.] **31** (93). 3041—45. Sept. 1961. Inst. für biol. u. med. Chem. der Akad. der med. Wiss. der UdSSR.) (Russ.)

Bei der Synth. von *2-Phenyl-2-hydroxyindandion-(1.3)* (**I**) nach GABRIEL [1924] durch Umsetzen von 3-Brom-3-[α-brombenzyl]-phthalid (**II**) mit $NaOCH_3$ in Methanol fällt **I** nur in ca. 20%ig. Ausbeute an u. als Haupt-Prodd. werden *2-Phenylindandion*-(1.3) (**III**) u. *Benzil-o-carbonsäure* (**IV**) gebildet. Die Rk. wurde zur Klärung des Mechanismus eingehend untersucht. Als erster Schritt wird eine Addition von $NaOCH_3$ an die CO-Gruppe von **II** zu einem anion. Zwischenprod. angenommen, dessen ringgeöffnete tautomere Form unter Abspaltung des Bromidions in *α-Bromdesoxybenzoin-o-carbonsäuremethylester* (**V**) übergeht. **V** ließ sich isolieren; es kann in einer cycl. tautomeren Form vorliegen, deren Umwandlungen den weiteren Verlauf des Prozesses bestimmen. Substitution des Br gegen OH u. nachfolgende Abspaltung von Methanol führt zu **I**; unmittelbare Eliminierung von Methanol liefert dagegen *2-Phenyl-2-bromindandion-(1.3)* (**VI**). Das Halogen in **VI** ist äußerst reaktionsfähig: **VI** vermag **V** weiter zu *α.α-Dibromdesoxybenzoin-o-carbonsäuremethylester* (**VII**) zu halogenieren, wobei es selbst in **III** übergeht. Bei der Einw. von $NaOCH_3$ wird **VI** teilweise in **V** umgewandelt. **VII** wird durch wss. Alkali in **IV** übergeführt. Die angeführten Neben-Rkk. lassen sich vermeiden, wenn man **II** mit wss. NaOH in Dioxan umsetzt, wobei in kürzester Zeit 65% **I** anfallen. Die Richtigkeit des angenommenen Mechanismus wird durch die Beobachtung bestätigt, daß auch aus **V** mit NaOH in wss. Dioxan in hoher Ausbeute **I** gebildet wird. **VI** geht unter den gleichen Bedingungen in **III** u. **IV** über. Aus 2-Phenyl-2-chlorindandion-(1.3) (**VIII**) erhält man dagegen mit wss. NaOH in Dioxan **I** in 90%ig. Ausbeute, d. h. diese Rk. stellt das günstigste Verf. zur Synth. von **I** dar.

Versuche: *2-Phenyl-2-hydroxyindandion-(1.3)* (**I**), F. 190—192° (im Vakuum bei 3—5 mm; sonst F. 150—155°), a) durch Zugeben von **II** zu 2%ig. methanol. $NaOCH_3$ bei 0°, Zutropfen von Eiswasser u. 3std. Einleiten von CO_2 bei 0—2°; 20% (Ausbeute) [daneben 31% **III** u. 33% **IV**]; b) durch Zutropfen von wss. NaOH/Dioxan zu **II** in Dioxan bei 0—2° u. Filtrieren in gekühlte 10%ig. H_2SO_4; 64%; c) ebenso aus **V**; 70%; d) ebenso aus dem durch Chlorieren von **III** in alkal. Lsg. erhaltenen **VIII**; 90%. — *α-Bromdesoxybenzoin-o-carbonsäuremethylester* (**V**), $C_{16}H_{13}BrO_3$, F. 172—173° (A.), a) durch ½std. Stehen von **II** in 2%ig. methanol. $NaOCH_3$ bei 0°, Zers. mit 5%ig. H_2SO_4 u. Ausäthern; 32%; b) durch 48std. Stehen von Desoxybenzoin-o-carbonsäuremethylester mit Br_2 in Ae.; 72%. — *α.α-Dibromdesoxybenzoin-o-carbonsäuremethylester* (**VII**), $C_{16}H_{12}Br_2O_3$, F. 183° (Essigsäure), a) durch Zugeben von W. zu **V** in 2%ig. methanol. $NaOCH_3$ bei 0° nach ½ Std. u. 3std. Einleiten von CO_2; 24% [daneben durch Ansäuern mit 10%ig. H_2SO_4 45% **III**]; b) durch ½std. Stehen von **VI** in 2%ig. methanol. $NaOCH_3$ bei 0°; 41% [neben 43% **III**]. — *Benzil-o-carbonsäure* (**IV**), F. 140—141° (W.), durch 3std. Stehen von **VII** in wss.-alkohol. NaOH; 85%. — *2-Phenylindandion-(1.3)* (**III**), F. 145—146° (A.), a) durch ¼std. Erwärmen von **VI** mit KJ u. Eisessig auf 90°, Zugeben von W. u. Entfärben mit 0,1 n $NaHSO_3$; 90%; b) aus **VI** mit wss. NaOH/Dioxan; 41% [daneben 39% **IV**]. H.-E TOUSSAINT. B 225□

Die relativen Geschwindigkeiten der Inversion und des Austausches der $C_{(1)}$-Acetoxygruppe während der Anomerisierung acetylierter 2-Desoxy-D-glucose. Der Ionenmechanismus. William A. Bonner. (J. Amer. chem. Soc. **83**. 962—65. 20/2. 1961. Stanford, Calif., Stanford Univ., Dep. of Chem. and Chem. Engng.) (Engl.)

Am Beispiel früherer Unterss. der Anomerisierung der Pentacetyl-D-glucopyranosen wird gezeigt, daß die kinet. Daten (Geschw. der Inversion u. des Austausches der mit ^{14}C markierten Acetoxygruppe am C-1) nicht ausreichen, um zu entscheiden, ob die säurekatalysierte Anomerisierung acetylierter Aldopyranosen nach einem ion. S_N1- oder einem S_N2-Mechanismus erfolgt. Ursache dazu ist die mögliche Teilnahme der Acetoxygruppe am $C_{(2)}$ beim Anomerisierungsprozeß. Um diese auszuschließen, wurden die *anomeren 2-Desoxy-1.3.4.6-tetra-O-acetyl-D-glucosen* mit ^{14}C-markierter Acetoxygruppe am $C_{(1)}$ hergestellt u. unter variierten Bedingungen (in Essigsäure u. dem 1:1-Gemisch Essigsäure–Acetanhydrid bei 25°) die entsprechenden kinet. Daten bestimmt. In allen Fällen war die Geschw. des Austausches der $C_{(1)}$-Acetoxygruppe um einen Faktor von 1,8—3,7mal schneller als die Inversionsgeschwindigkeit. Diese Ergebnisse schließen einen S_N2-Mechanismus aus u. lassen einen ion. S_N1-Mechanismus zu.

Versuche: $^{14}C_{(CO)}$-*Essigsäureanhydrid* (I), Kp. 128—135°, aus $CH_3{}^{14}COONa$, Essigsäureanhydrid und H_2SO_4. — *1-O-[$^{14}C_{(CO)}$-Acetyl]-2-desoxy-3.4.6-tri-O-acetyl-α-D-glucopyranose* (II), F. 110,2—110,7°, durch Behandlung von 2,5 g 2-Desoxy-tetra-O-acetyl-β-D-glucopyranose mit I u. H_2SO_4; $[\alpha]_D^{25}$ + 110,3° (c = 0,9; $CHCl_3$); 1,80 g (Ausbeute). — *2-Desoxy-tetra-O-[$^{14}C_{(CO)}$-acetyl]-β-D-glucopyranose* (III), F. 92,2—93,0°, durch Acetylierung von 2-Desoxy-D-glucose mit I; $[\alpha]_D^{25}$ —3,04° (c = 1,0; $CHCl_3$).

REINHOLD BÖHM. B 225□

Der Mechanismus der Baeyer-Villiger-Reaktion von Benzaldehyden mit Perbenzoesäure. Yoshiro Ogata, Iwao Tabushi und Hiroyuki Akimoto. (J. org. Chemistry **26**. 4803—07. Dez. 1961. Kyoto, Japan, Kyoto Univ., Fac. of Engng., Dep. of Ind. Chem.) (Engl.)

Vff. bestimmen die Geschw.-Konst. $k \cdot 10^4$ u. die Aktivierungsenergie E_A für die BAEYER-VILLIGER-Oxydation von *p-Methoxy-* (I), $k_2^{40°}$ 21,0 [Liter Mol^{-1} sec^{-1}], E_A 8,9 [kcal·Mol^{-1}], *p-Methyl-* (II), $k_2^{40°}$ 7,0, E_A 10,6, *p-Chlor-* (III), $k_2^{40°}$ 2,8, E_A 7,5, *m-Nitro-* (IV), $k_2^{40°}$ 3,0, E_A 7,2, *p-Nitro-* (V), $k_2^{40°}$ 3,8, u. unsubstituiertem *Benzaldehyd* (VI), $k_2^{40°}$ 2,6, E_A 11,0, mit Perbenzoesäure (VII) in Benzol. Die Geschw.-Gleichung lautet $v = k_2$ [Aryl-CHO] **[VII]** + k_i [Aryl·CHO]^m **[VII]**^{n}, wobei der 2. Teil die induzierte Zers. des intermediären Peroxidadduktes berücksichtigt u. bes. bei **III**, $k_i^{40°}$ 1,7 [$Liter^2$ Mol^{-2} sec^{-1}], **IV**, $k_i^{40°}$ 1,9 u. **V**, $k_i^{40°}$ 13,4 größeren Einfl. besitzt. Die Wrkg. der Ausgangs-Konz. der Reaktanten u. der Zugabe von Nitro-, m-Dinitro- u. 1.3.5-Trinitrobenzol auf die Rk.-Geschw. wird ebenfalls untersucht. Das Verhältnis von entsprechendem Phenol zu entsprechender Benzoesäure im Rk.-Prod. beträgt bei *p-Hydroxybenzaldehyd* 78:22, **I** 34:66, **II** 26:74, **VI** 4:96 u. bei **V** 0:100. Vff. nehmen als geschwindigkeitsbestimmenden Schritt den Zerfall des intermediären Peroxid-Adduktes in Arylcarbonsäure bzw. Formiat sowie Benzoesäure an, dem die Addukt-Bldg. als Gleichgewicht vorgelagert ist. Als Mechanismus wird eine polare, radikal. Umlagerung diskutiert.

A. TREDE. B 225□

Ermittlung von Faktoren, die den Übergangszustand bei der Chromsäureoxydation von Alkoholen und ähnlichen Reaktionen bestimmen. Harold Kwart. (Suomen Kemistilehti A **34**. 173—80. 1961. Univ. of Delaware, Dep. of Chem.) (Engl.)

Vf. diskutiert auf Grund eigener Unterss. (vgl. C. **1960**. 1795) sowie der von ARCHER [z. B. an *Propanol-(2)* (k_H/k_D = 6,3), *Cyclohexanol* (k_H/k_D = 5,9), *endo-Norbornanol* (k_H/k_D = 4,6), *1-[p-Chlorphenyl]-* (k_H/k_D = 4,4) u. *1-[p-Methoxyphenyl]-äthanol* (k_H/k_D = 3,9); unveröffentlicht] als auch der Ergebnisse anderer Autoren den erheblichen Deuteriumisotopeneffekt bei in 1-Stellung deuterierten sek. Alkoholen während der Chromsäure-Oxydation. Er erklärt die Größe des beobachteten Isotopeneffektes als Folge sowohl der Nullpunktsenergie als auch von Aktivierungsentropie-Faktoren u. hält eine Erklärung auf Grund einer fast vollständig entwickelten Carbonylfunktion im Übergangszustand für unrichtig. Die beobachtete Beeinflussung der Rk.-Geschw. durch die Acidität des Mediums wurde an Hand von BUNNETTS ω-Kriterium (vgl. J. Amer. chem. Soc. **83**. [1961.] 4956) hinsichtlich der Rolle des W. im Übergangszustand überprüft; die Ergebnisse stützen die Annahme eines Mechanismus, bei dem im 1. Schritt schnelle Bldg. eines cycl. Chromsäureesters erfolgt u. im 2., langsamen Schritt der Ester bei annähernd gleichzeitiger Abspaltung eines Protons vom Carbinol-C-Atom u. Bruch der Cr—O-Bindung zerfällt.

CH. ZECHEL. B 225□

Mechanismus der Chromsäureoxydation. 3. Mitt. **Die Oxydation von Diolen.** Harold Kwart, J. A. Ford jun. und G. C. Corey. (J. Amer. chem. Soc. **84**. 1252—56. 5/4. 1962. Newark, Del., Univ. of Delaware, Dep. of Chem.) (Engl.) — Vgl. vorst. Referat.

Aus Unterss. der Chromsäure-Oxydation (CSO) nachst. Alkohole u. Diole bei 30° in 30%ig. wss. Essigsäure (ES; μ = 0,40; 0,25 m H^+) bzw. in wss. 1 m $HClO_4$ (PCS) schließen Vff., daß bezüglich der Konformations- u. Struktureffekte, die, wie gezeigt wird, die Reaktivität der Diole bei der CSO bestimmen, die von ROČEK (C. **1961**. 7175) u. FAVRE u. RICHER (C. **1961**. 18678) vertretene Deutung der Rk.-Geschw. der Diole bei der CSO zu falschen Schlüssen führt. Untersucht wurde die CSO von *cis-endo-* [die nachst. Rk.-Geschw.-Konst. k_2 (Mol^{-1} min^{-1}) in ES gemessen; berechnet für die Oxydation nur einer OH-Gruppe in einer Rk. Pseudo-1.-Ordnung], 11,1; *cis-exo-Norbornandiol-(2.3)*, 2.59; *endo-exo-*, 1,59; *exo-exo-*, 6,50; *endo-endo-*, 5,12; *exo-endo-Camphandiol-(2.3)*, 1,65; *5.5-Dimethyl-cis-cyclopentandiol-(1.2)*, 4,95; *cis-*, 0,88; *trans-Cyclopentandiol-(1.2)*, 0,17; *cis-*, 1,90; *trans-Cyclohexandiol-(1.2)*, 0,33; *Cyclohexanol*, 0,34; *Cyclopentanol*, 0,48; *7-Hydroxynorbornan*, 0,16; *α-*, 3,23; *β-Norborneol*, 1,30; *Isoborneol*, 16,6; *Borneol*, 8,46; *cis-*, 0,71; *trans-4-tert.-Butylcyclohexanol*, 0,28; *cis-*, 0,15; *trans-Cyclohexandiol-(1.3)*, 0,24, *trans-*, 1,90; *cis-5.5-Dimethylcyclohexandiol-(1.3)*, 0,18; *Propandiol-(1.3)*, 0,26; *2.2-Dimethyl-*, 0,54; *2.2-Diäthyl-*, 1,49; *2-Äthyl-2-n-butylpropandiol-(1.3)*, 1,58; *Norbor-*

nan-7-syn.2-exo-diol, 0,70; *-7-anti.2-exo-diol*, 0,50; *Neopentylalkohol*, 0,35; *Äthylenglykol*, (die nachst. Rk.-Geschw.-Konst. in PCS gemessen; berechnet wie vorst.) 0,078; *A.*, 0,45; *Propanol-(2)* ,0,31. Aus den erhaltenen Daten wird abgeleitet, daß cycl. Chromsäureester als Zwischenstufen der CSO von Diolen nur bei bestimmten Diol-Strukturen auftreten, nicht dagegen bei anderen. Die geometr. Voraussetzungen für die Bldg. derartiger cycl. Ester ähneln denen, die für die Borsäure-Komplexe mit Diolen erforderlich sind, woraus auf eine Analogie bei der Ester-Bldg. geschlossen wird. — *cis-5.5-Dimethylpentandiol-(1.2)*, $C_7H_{14}O_2$, Kp.$_{0,3}$ 73°, aus 5.5-Dimethylcyclopenten durch Rk. mit $KMnO_4$ in wss.-alkohol.-Lsg. in Ggw. von $MgSO_4 \cdot 7\,H_2O$; 59% Rohausbeute.

CH. ZECHEL. B 225□

Die Reaktionen von Hydroxylradikalen mit Kohlenwasserstoffen in wässeriger Lösung. T. Bérces und A. F. Trotman-Dickenson. (J. chem. Soc. [London] **1961**. 4281—84. Okt. Edinburgh, Univ.) (Engl.)

Durch Photolyse von H_2O_2 oder von HNO_3 erzeugte OH-Radikale reagieren in wss. Lsg. mit KW-Stoffen entsprechend $\cdot OH + RH \rightarrow R\cdot + H_2O$. Zur Entfernung der Alkylradikale wurde J_2 oder O_2 zugesetzt. Bei 17,5° wurden nachst. relative Reaktivitäten gefunden: *Methan* 0,42, *Äthan* 1, *Propan* 2,78, *Cyclopropan* 0,18, *n-Butan* 3,70, *Isobutan* 3,14. Die Aktivierungsenergien für die Rkk. betragen 1—2 kcal·Mol^{-1}. Die gemessenen relat. Reaktivitäten stimmen gut mit denen von Cl-Atomen in der Gasphase bei 25° für die gleichen KW-Stoffe überein. P. JACOB. B 225□

Kinetik der sauren Hydrolyse von Essigsäureanhydrid in Dioxan-Wasser-Mischungen. Jouko Koskikallio und Anja Ervasti. (Suomen Kemistilehti B **34**. 111—13. 1961. Oulu, Finland, Univ. of Oulu, Dep. of Chem.) (Engl.)

Vff. untersuchten die Hydrolyse von *Acetanhydrid* (I) in wss. Dioxan in Ggw. von Perchlor-, Schwefel- u. Salzsäure. Die Hydrolyse war in allen Verss. vollständig. Die Geschw.-Konst. bei Rk. in einer Lsg. mit einer weniger als das 10fache der Anfangs-Konz. an I betragenden Konz. an W. erhöhte sich während der Rk., was nicht auf Autokatalyse, sondern auf die Änderung der Wasser-Konz. während der Rk. zurückzuführen ist. Die beim Auftragen von log k gegen log $[H_2O]$ erhaltenen Kurven verlaufen für $HClO_4$, H_2SO_4 u. HCl in Mischungen mit einem oder mehr Mol. W. pro Liter sehr ähnlich, bei geringeren Wasser-Konz. verlaufen sie unterschiedlich. Mit abnehmendem Wasser-Geh. nimmt die Rk.-Geschw. bei $HClO_4$ als Katalysator zu, sie bleibt fast unverändert in Ggw. von H_2SO_4 u. nimmt ab bei Verw. von HCl. Die Kurve log k/log $[H_2O]$ ist in allen diesen Fällen annähernd linear bei Steigungen von —1,7; —0,1 bzw. +1,5. Diese Ergebnisse sind den bei der Hydrolyse von Diäthoxymethan erhaltenen sehr ähnlich u. lassen für beide Rkk. einen A1-Mechanismus vermuten. CH. ZECHEL. B 225□

Die säurekatalysierte Heterolyse von Amiden mit Alkyl-Stickstoff-Spaltung (A_{AL}). R. N. Lacey. (J. chem. Soc. [London] **1960**. 1633—39. April. Hedon, Hull, Distillers Co., Chem. Div.) (Engl.)

Harnstoffe, Thioharnstoffe, Amide u. Sulfonamide mit N-tert.-Alkylsubstituenten unterliegen in Ggw. starker Mineralsäuren einer Alkyl-N-Heterolyse: R'CONHR → $R'CONH_2$ + HOR. Untersucht wurde die Hydrolyse in sd. 30%ig. H_2SO_4 u. in 98%ig. H_2SO_4 bei 15—20° an folgenden N-tert.-Alkylamiden R'CONHR: *R = tert.-C_4H_9* bzw. *1.1.3.3-Tetramethylbutyl*; *R' = H, CH_3, CH_2Cl, C_6H_5, p-$CH_3OC_6H_4$, p-ClC_6H_4, p-$NO_2C_6H_4$, 3.5-$(NO_2)_2C_6H_3$*. Dabei ergaben mit 30% ig. H_2SO_4 die N-tert.-Butylderivv. tert.-Butylalkohol, die N-[1.1.3.3-Tetramethylbutyl]-amide „Diisobutene", wobei die Carbonsäureamide zu den entsprechenden Säuren hydrolysiert wurden. Die Hydrolyse von N-tert.-Alkylharnstoff- (bzw. -thioharnstoff) derivv. RNHCXNHR' (*R = tert.-C_4H_9* bzw. *1.1.3.3-Tetramethylbutyl, X = O* bzw. *S*; *R' = C_6H_5, Cyclohexyl*; sowie *N-Methyl-N'-tert.-butylthioharnstoff*) u. von *N-[tert.-Butyl]-* u. *N-[1.1.3.3-Tetramethylbutyl]-p-toluolsulfonamid* führte zum Ersatz der N-tert. Alkylgruppe durch H. Die Heterolyse der Alkylamide in 98%ig. H_2SO_4 bei Zimmer-Temp. verlief sehr rasch nach einem A_{AL}-1-Mechanismus: a) $R'CONHR + H^+ \rightleftharpoons R'CONH_2R^+$, b) $R'CONH_2R^+ \rightarrow R^+ + R'CONH_2$, wobei der 2. Schritt geschwindigkeitsbestimmend ist. Durch die Substituenten p-CH_3O, H, 3.5-$(NO_2)_2$, p-Cl, p-NO_2 in der Phenylgruppe wird die Rk.-Geschw. zunehmend verringert (untersucht am N-tert.-Butylbenzamid in 98%ig. H_2SO_4), ebenso wirken elektronegative Gruppen in R' hemmend auf die Rk.-Geschw. durch entsprechende Verschiebung des Gleichgew. a). — *N-Neopentylbenzamid* hydrolysiert unter diesen Bedingungen nicht.

Versuche: N-tert.-Alkylamide R'CONHR aus den Säurechloriden u. dem Alkylamin in 10%ig. wss. NaOH, Ausbeuten 80—90%: (R =) *tert.-C_4H_9*, (R' =) *CH_2Cl*, $C_6H_{12}ClNO$, F. 84°; *tert.-C_4H_9, p-$CH_3OC_6H_4$*, $C_{12}H_{17}NO_2$, F. 116°; *tert.-C_4H_9, p-ClC_6H_4*, $C_{11}H_{14}ClNO$, F. 138°; *tert.-C_4H_9, p-$NO_2C_6H_4$*, $C_{11}H_{14}N_2O_3$, F. 161°; *tert.-C_4H_9, 3.5-$(NO_2)_2$·*

C_6H_3, $C_{11}H_{13}N_3O_5$, F. 184°; *tert.-Octyl* (= *1.1.3.3-Tetramethylbutyl*), *CH_3*, $C_{10}H_{21}NO$, F. 100,5°; *tert.-Octyl, CH_2Cl*, $C_{10}H_{20}ClNO$, F. 63°; *tert.-Octyl, C_6H_5*, $C_{15}H_{23}NO$, F. 68,5°; *tert.-Octyl, p-$CH_3OC_6H_4$*, $C_{16}H_{25}NO_2$, F. 103°; *tert.-Octyl, p-ClC_6H_4*, $C_{15}H_{22}ClNO$, F. 107°; *tert.-Octyl, p-$NO_2C_6H_4$*, $C_{15}H_{22}N_2O_3$, F. 115,5°; *tert.-Octyl, p-3.5-$(NO_2)_2C_6H_3$*, $C_{15}H_{21}N_3O_5$, F. 126,5°. — *N-Neopentylbenzamid*, $C_{12}N_{17}NO$, F. 114°, aus Neopentylamin u. Benzoylchlorid. — *N-[tert.-Butyl]-p-toluolsulfonamid*, $C_{11}H_{17}NO_2S$, F. 113,5° (aus wss. A., Nadeln), aus p-Toluolsulfochlorid (I) in Bzl. u. tert.-Butylamin in 10%ig. wss. NaOH; 41% (Ausbeute). — *N-[1.1.3.3-Tetramethylbutyl]-p-toluolsulfonamid*, $C_{15}H_{25}NO_2S$, F. 133 bis 134° (aus wss. A. Nadeln), aus I u. 1.1.3.3-Tetramethylbutylamin; 57%.

M. SCHENK. B 225□

Über die Abhängigkeit der Reaktionsfähigkeit funktioneller Gruppen in Paraffinkohlenwasserstoffen von ihrer Stellung in der Molekel. 15. Mitt. **Hydrolysengeschwindigkeiten der N-Benzoyl-, N-Acetyl- und N-Benzalaminooctane.** Gerhard Geiseler, Friedrich Asinger und Günter Hennig. (Chem. Ber. **94**. 1008—15. 1961. Leuna-Werke, Organ. Abt.; Dresden, TH, Inst. für Organ. Chem.) (Dt.) — 14. vgl. ASINGER u. HALCOUR, C. **1962**. 5988.

Die Kinetik der Hydrolyse folgender Benzamidooctane in wss. H_2SO_4-Dioxan-Lsg. wurde titrimetr. zwischen 120 u. 160° bis zu wenigstens 25%ig. Umsatz verfolgt: *1-* [E in kcal/Mol] 21,8; [log A in s^{-1}] 7,30; [$\Delta S^{\neq}$ in cal/Mol·Grad] —27,7; *2-* 22,5; 7,13; —28,6; *3-* 24,0; 7,63; —26,2; *4-Benzamidooctan* 24,1; 7,62; —26,3. Die Unterschiede in den Rk.-Geschw. werden offenbar durch Änderung der E-Werte verursacht. Unter analogen Bedingungen wurde die Hydrolyse folgender Acetamidooctane zwischen 90 u. 140° untersucht: *1-* 20,2; 7,69; —25,9; *2-* 22,3; 8,00; —23,2; *3-* 22,4; 7,98; —24,6; *4-Acetamidooctan* 22,6; 8,12; —24,4. Bei den Benz- u. Acetamido-Verbb. reagiert das prim. Deriv. am schnellsten, die 3- u. 4-Isomeren am langsamsten u. etwa gleich schnell. Ferner wurde die Hydrolyse der N-Benzalaminooctane zwischen 10 u. 25° in Ggw. verd. Essigsäure in Dioxan kinet. verfolgt, die Rk. führt unter diesen Bedingungen aber zu einem Gleichgewicht, in dem die SCHIFFsche Base überwiegt. Die Lage des Gleichgewichts ist nur wenig von der Temp. abhängig. Folgende Daten wurden erhalten: *1-* (I) [Mol% im Gleichgewichts-Gemisch bei 20°] 63,5; [E] 6,38; [log A] 2,30; [$\Delta S^{\neq}$] —47,4; *2-* 63,0; 10,6; 5,12; —35,0; *3-* 74,0; 10,8; 5,63; —36,1; *4-Benzalaminooctan* 76,0; 10,75; 5,62; —36,5. Hinsichtlich der relativen Geschw. verhalten sich die Benzal-Verbb. wie die Benzoyl- u. Acetylamino-Verbb., die abweichenden Daten von I im Vgl. zu den anderen Benzal-Verbb. sind vielleicht mit Unterschieden im Rk.-Mechanismus zu erklären.

Versuche: *1-Aminooctan*, $Kp._{15}$ 70—71°, durch 24std. Schütteln von 1-Bromoctan mit fl. NH_3 bei Zimmer-Temp. im Autoklaven; $n_D^{24,5}$ 1,4298; 33% (Ausbeute). *Hydrochlorid*, $C_8H_{20}ClN$, F. 198°. *Pikrat*, $C_{14}H_{22}N_4O_7$, F. 110—111° (hellgelbe Nadeln aus Ae.). — *2-Aminooctan*, $Kp._{10}$ 53—54°, durch Zusatz von Na zu Methyl-n-hexylketoxim in sd. A.; $n_D^{24,5}$ 1,4240; 40%. *Hydrochlorid*, $C_8H_{20}ClN$, F. 92°. *Pikrat*, $C_{14}H_{22}N_4O_7$, F. 115—117° (hellgelbe Nadeln). — *3-Aminooctan*, $Kp._{16}$ 57—57,5°, durch Zutropfen von Octanon-(3)-oxim in Ae. zu einer Suspension von Li-Alanat in sd. abs. Ae., 3std. Kochen, Abkühlen mit Eis–NaCl u. Zutropfen von Eiswasser u. dann von halb-konz. H_2SO_4 unter Kühlung; n_D^{20} 1,4269; 66,7%. *Hydrochlorid*, $C_8H_{20}ClN$, F. 130°. *Pikrat*, $C_{14}H_{22}N_4O_7$, F. 116—117°. — *4-Aminooctan*, $Kp._{12}$ 54—55°, analog vorst. Amin; n_D^{20} 1,4261; 67%. *Hydrochlorid*, $C_8H_{20}ClN$, F. 199°. *Pikrat*, $C_{14}H_{22}N_4O_7$, F. 142—143°. — N-Benzoylaminooctane durch Zugabe von Benzoylchlorid zum Aminooctan in abs. Pyridin in einer Portion, 20—50std. Einw. bei Zimmer-Temp. u. Gießen auf Eis: *1-*, $C_{15}H_{23}NO$, F. 43,5—44° (verd. A.); 86%. — *2-*, F. 76,5°; 97,8%. — *3-*, F. 75°; 75%. — *4-*, F. 98,5°; 71%. — Acetylaminooctane durch Zugabe von Acetanhydrid zum Aminooctan unter Eiskühlung u. 24std. Stehen: *1-*, $C_{10}H_{21}NO$, $Kp._{17}$ 177—178°, F. 18—19° n_D^{25} 1,4508; 94,8%. — *2-*, F. 21,5°, $Kp._{17}$ 163—164°; n_D^{25} 1,4478; 93,3%. — *3-*, $Kp._{14}$ 156,5—157°, F. 50—51°; 93,5%. — *4-*, F. 72°, $Kp._{14}$ 157—158°; 94,2%. — N-Benzalaminooctane, durch Vereinigen der stöchiometr. Mengen von Amin mit Benzaldehyd u. 20std. Stehen in über 90%ig. Ausbeute: *1-*, $C_{15}H_{23}N$, $Kp._{15}$ 173—174°; n_D^{20} 1,5126. — *2-*, $Kp._{17}$ 163—164°; n_D^{20} 1,5090. — *3-*, $Kp._{17}$ 157—158°; n_D^{20} 1,5100. — *4-*, $Kp._{18}$ 157—158°; n_D^{20} 1,5103.

B. GNAUCK. B 225□

Mechanismus der Verdrängung durch das Hydroxylion an Benzylsulfoniumionen in wässeriger Lösung. C. Gardner Swain und Edward R. Thornton. (J. org. Chemistry **26**. 4808—09. Dez. 1961. Cambridge, Mass., Massachusetts Inst. of Technol., Dep. of Chem.) (Engl.)

Vff. bestimmen die Geschw.-Konst. u. den Isotopeneffekt (IE) = k_{32S}/k_{34S} für die Rk. von *p-Methyl-* (I; $C_{17}H_{22}O_3S_2$, F. 108—109°), $k_2^{60}\cdot10^5$ 1,10 [Mol·s^{-1}], IE 1,00956, *m-Chlor-* (II, $C_{16}H_{19}ClO_3S_2$, F. 114—115°), $k_2^{60}\cdot10^5$ 1,07, IE 1,00818, u. unsubstituiertes *Benzyldimethylsulfonium-p-toluolsulfonat* (III), $k_2^{60}\cdot10^5$ 0,68 IE 1,00934, mit NaOH in Wasser.

Als Rk.-Prodd. werden bei **I** p-Methyl- [F. 57—59° (Isooctan), 78,4% (Ausbeute)], bei **II** m-Chlor- (C_7H_7ClO, Kp.$_{0,22}$ 67—78°; 89%), bei **III** Benzylalkohol sowie Dimethylsulfid (**IV**) erhalten. Gegen die HAMMETTschen Substituenten-Konst. σ aufgetragen, ergeben die k-Werte eine Kurve mit einem Minimum, die IE-Werte eine Gerade mit negativem Anstieg. Die Rk. verläuft einstufig, durch Elektronendonatoren (bei **I**) wird die aufzuspaltende C—S-Bindung im Übergangszustand verlängert.

Versuche: *Benzyldimethylsulfonium-p-toluolsulfonat* (**III**), $C_{16}H_{20}O_3S_2$, F. 124 bis 124,8° (A.-Essigester), durch Zugabe von Benzyl-p-tosylat zum Überschuß von **IV**.

A. TREDE. B 225□

Untersuchungen des Mechanismus der Peroxidspaltung von Benzilen. Harold Kwart und Norman J. Wegemer. (J. Amer. chem. Soc. **83**. 2746—55. 20/6. 1961. Newark, Del., Univ. of Delaware, Dep. of Chem.) (Engl.)

Vff. untersuchen die Spaltung von *Benzil* (**I**) mit H_2O_2 in wss. 35%ig. tert.-Butanol bei 45° in einem weiten pH-Bereich. Die Rk. ist erster Ordnung in bezug auf **I** u. H_2O_2. Die Abhängigkeit von der OH-Ionen-Konz. ist im Bereich von pH 7,4—10,7 von der 1. Ordnung, außerhalb dieses Bereiches wird eine geringere Änderung der Rk.-Geschw. mit einem Wechsel des pH-Wertes beobachtet. Bei der Spaltung von **I** mit tert.-Butylhydroperoxid wird eine lineare Abhängigkeit der Rk.-Geschw. von der OH-Ionen-Konz. von pH 7,5 bis zu den höchsten pH-Werten beobachtet. Die Spaltung von **I** mit H_2O_2 verläuft 19mal schneller als mit tert.-Butylhydroperoxid u. 2000mal langsamer als mit Peressigsäure. Die Aktivierungsenergie, $\Delta H^{\neq}$, u. -entropie, $\Delta S^{\neq}$, der Spaltung von **I** mit H_2O_2 beträgt $\Delta H^{\neq}$ 4,4, $\Delta S^{\neq}$ —34,0 u. stimmt mit den entsprechenden Werten für die Spaltung von **I** mit CN^- gut überein. Die Geschw.-Konst. der Rk. von **I**, *4-Chlor-*, *4-Methoxy-* u. *4-Methoxy-4'-chlorbenzil* mit H_2O_2 stehen in linearer Abhängigkeit zu den HAMMETTschen σ-Werten, nicht zu den BROWNschen σ^+-Werten, die HAMMETTsche Rk.-Konst. ϱ hat den Wert 2,87. Aus diesen Befunden schließen Vff., daß in einem vorgelagerten Gleichgewicht ein Komplex zwischen **I** u. dem OOH-Anion gebildet wird, während im geschwindigkeitsbestimmenden Schritt Heterolyse seiner O—O-Bindung erfolgt.

A. TREDE. B 225□

Die Reaktion von Methylen mit Butadien-(1.3). Barbara Grzybowska, J. H. Knox und A. F. Trotman-Dickenson. (J. chem. Soc. [London] **1961**. 4402—05. Okt. Edinburgh, Univ., Chem. Dep.; Aberystwyth, Edward Davies Chem. Labor.) (Engl.)

Bei Photolyse von Keten (aus Acetanhydrid) oder CH_2N_2 (aus N-Methylnitrosourethan) gebildetes *Methylen* reagiert bei Drucken über 500 mm mit *Butadien-(1.3)* (aus Butadiensulfon) zu Vinylcyclopropan (**I**, 90% der Rk.-Prodd.), Pentadien-(1.4) (**II**, 1,6%), Isopren (**III**, 2,4%), cis-Pentadien-(1.3) (2.4%) u. trans-Pentadien-(1.3) (3,6%) durch Addition oder durch Einbau in C–H-Bindungen. **III** wird wahrscheinlich durch direkte Anlagerung gebildet, **II** durch Isomerisation von **I**. Bei niedrigen Drucken isomerisiert **I** zu ca. 50%. Vff. nehmen an, daß dieses Verh. in Zusammenhang steht mit einem durch die exotherme Bldg. verursachten elektron. angeregten Zustand von **I**.

P. JACOB. B 225□

Alkylierung von Anisol und Phenetol mit Isoamylenen. Je. A. Wiktorowa, N. I. Schuikin, G. Ss. Korosstelewa und N. G. Baranowa. (Известия Академии Наук СССР, Отделение Химических Наук [Nachr. Akad. Wiss. UdSSR, Abt. chem. Wiss.] **1961**. 1518—19. Aug. Moskau, Lomonossow-Univ.) (Russ.)

Die Alkylierung von Anisol (**I**) u. Phenetol (**II**) mit einem Isoamylen-Gemisch in Ggw. von $ZnCl_2$ auf Al_2O_3 bei 150—200° liefert *p-tert.-Amylanisol* (**III**) u. *p-tert.-Amylphenetol* (**IV**), daneben *2.4-Di-tert.-amylanisol* (**V**) u. *2.4-Di-tert.-amylphenetol* (**VI**). Die Alkylierung am Kationenaustauscher KU-1 bei 100° gibt geringere Ausbeuten. Die Spaltung der Ätherbindung mit HBr-Eisessig führt bei **V** u. **VI** auch zur Abspaltung der tert.-Amylgruppe in o-Stellung.

Versuche: Man erhitzt 0,32 Mol **I** (**II**), 0,4 Mol Isoamylen-Gemisch u. 3,6 g Katalysator (20% $ZnCl_2$ auf 80% Al_2O_3) 6 Std. im Autoklaven auf 150° (200°), wäscht mit Alkali u. W. u. destilliert: *p-tert.-Amylanisol* (**III**), Kp.$_5$ 82—84°; $D._4^{20}$ 0,9467; n_D^{20} 1,5045; 51% (Ausbeute). — *2.4-Di-tert.-amylanisol* (**IV**), $C_{17}H_{28}O$, Kp.$_5$ 106—109°; $D._4^{20}$ 0,9298; n_D^{20} 1,4960; 8%. — *p-tert.-Amylphenetol* (**V**), $C_{13}H_{20}O$, Kp.$_5$ 95—97°; $D._4^{20}$ 0,9315; n_D^{20} 1,5025; 47%. — *2.4-Di-tert.-amylphenetol* (**VI**), $C_{18}H_{30}O$, Kp.$_5$ 123 bis 126°; $D._4^{20}$ 0,9177; n_D^{20} 1,4950; 5%. — *p-tert.-Amylphenol*, Kp.$_{20}$ 142—142,5°, F. 92 bis 93° (PAe.), man erhitzt 22 g **II**—**VI** mit 100 g HBr/Eisessig 3½ Std. im Rohr auf 95 bis 100°.

HELMUT SCHÄFER. B 225□

Richtungseffekte naher und entfernter Gruppen bei der Addition von Reagentien an Doppelbindungen. H. B. Henbest, B. Nicholls, W. R. Jackson, R. A. L. Wilson, N. S. Crossley, M. B. Meyers und R. S. McElhinney. (Bull. Soc. chim. France **1960**. 1365—68. Juli. Belfast, Queen's Univ.) (Engl.) — Vgl. C. **1960**. 5128.

An Hand von früheren Arbeiten u. bisher unveröffentlichten Ergebnissen schaffen Vff. einen Überblick über die Beeinflussung von Additions-Rkk. an die C=C-Bindung durch Substituenten, die sich entweder an dem der C=C-Bindung benachbarten C-Atom oder noch weiter vom Rk.-Zentrum entfernt befinden. Behandelt wird die Hydroxylierung durch $KMnO_4$ oder OsO_4, die Epoxid-Bldg. durch Persäuren u. die Addition von Hg-Acetat. Unveröffentlichte Ergebnisse: In monocycl. Verbb. greifen Persäuren oft in trans-Stellung zu einem benachbarten Substituenten an, *3-Acetoxycyclohexen* gab 1β-Acetoxy-2α.3α-epoxycyclohexan, *3-Methoxycyclohexen* gab 2α.3α-Epoxy-1β-methoxycyclohexan; eine Allyl-OH-Gruppe führt zum Angriff auf der gleichen Seite des Rings, *3-Hydroxycyclohexen* gab cis-3-Hydroxy-1.2-epoxycyclohexan. Die Epoxydierung von 7-x-Cholesterylbenzoaten gab folgende Verhältnisse an Epoxiden: x = α-*OH* → 100% α-5.6-Epoxid u. 0% β-5.6-Epoxid; x = *H* → 66 u. 34; x = β-*OH* → 33 u. 67; x = α-CH_3 → 15 u. 85 u. x = α-CH_3, β-*OH* → 0 u. 100. Zur Unters. des Einfl. entfernter Substituenten wurde *$\Delta^{2.6}$-Dekahydroanthracen* (durch Red. von $\Delta^{2.6}$-Oktahydroanthrachinon mit Li in NH_3 u. Umsetzen mit Tosylchlorid in Pyridin zu 9.10-Ditosyloxy-$\Delta^{2.6}$-dekahydroanthracen u. dessen Red. mit $LiAlH_4$) hergestellt. Die Rk. mit Perlaurinsäure gibt zuerst das Monoepoxid u. dann in 98%ig. Ausbeute ein Gemisch der Diepoxide: in CH_3CN cis:trans = 54:46, in Cyclopentan 47:53. Die Gemische der cis- u. trans-Epoxide wurden chromatograph. getrennt, das höherschmelzende Isomere war das trans-Isomere, wie durch Red. u. anschließende Oxydation zu 2.6-Diketoperhydroanthracen (I, F. 214—215°, auch dargestellt auf dem Rk.-Weg: 2.6-Diäthoxyanthrachinon → 2.6-Diäthoxyanthracen → 2.6-Diäthoxy-$\Delta^{2.6.4a,9a.8a,10a}$-hexahydroanthracen → 2.6-Dioxo-$\Delta^{4a,10.10a,5}$-dekahydroanthracen → I) bewiesen wurde. Die Epoxidierung von 3-Oxo-Δ^4-steroiden mit alkal. H_2O_2 brachte die Ergebnisse: *Δ^4-Androsten-3-on* → α-:β-Epoxid-Verhältnis, 0:100; *Δ^4-Cholesten-3-on* → 0:100; *Δ^4-Cholen-3-on-24-ol* → 11:89; *17α-Brom-Δ^4-androsten-3-on* → 26:74; *Δ^4-Pregnen-3.20-dion* → 26:74; u. die 17-x-Δ^4-Androsten-3-one: x = α-*OH* → 27:73; x = β-*CN* → 28:72; x = β-$COOCH_3$ → 30:70; x = β-*OH* → 30:70; x = β-COO^- → 63:37. U. Uhlich. B 225□

Deborierung: Bildung von Phenylboronsäureanhydrid aus Diphenylhydroxyboran in Gegenwart von Amiden. Howard K. Zimmerman. (J. org. Chemistry **26.** 5214 bis 5215. Dez. 1961. College Station, Tex., Agric. and Mech. Coll. of Texas, Dep. of Chem.) (Engl.)

Aus *Diphenylhydroxyboran* (*Diphenylborinsäure*, **I**; aus 3 g B.B-Diphenylboroxazolidin durch Hydrolyse) wurde in sd. Toluol in Ggw. von wenig Acetamid oder Benzamid 1.3 bzw. 1,85 g Phenylboronsäureanhydrid (**II**; F. 214—216°, aus CCl_4) erhalten, das durch Umsetzung zu N-Äthyl-B-phenyl-diptychboroxazolidin (vgl. Weidmann u. Zimmerman jun., C. **1959.** **14106**) charakterisiert werden konnte. Bei Verw. von Phthalimid wurde **I** zu 11% in **II** umgewandelt, während im Lsgm. allein mit 44% Ausbeute Bis-[diphenylbor]-oxid (F. 116—118°, aus CCl_4) u. kein **II** entstand. Vf. vermutet, daß der erste u. wichtigste Schritt einer Deborierung die Anlagerung einer Lewis-Base an das B-Atom ist, daß also für ein Deborierungsreagens die Eig. einer Lewis-Base u. nicht das Oxydationsvermögen entscheidend ist. Die Wirksamkeit der verwendeten, schwach nucleophilen Amide zeigt, daß ihnen gegenüber die Diarylhydroxyborane beträchtlich empfindlicher sind als die Monoarylverbindungen. Ch. Zechel. B 225□

Pyrolytische cis-Eliminierungen. 2. Mitt. **Eliminierungen von axialen und äquatorialen Acetaten.** C. H. DePuy und R. W. King. (J. Amer. chem. Soc. **83.** 2743—46. 20/6. 1961. Ames, Iowa, Iowa State Univ., Dep. of Chem.) (Engl.) — 1. vgl. C. **1962.** 4873; vgl. auch C. **1961.** 8249.

Bei der Pyrolyse sowohl von *cis*- (*cis*-I, mit axialer Methylgruppe, cis bezogen auf die Stellungen der CH_3- u. C_4H_9-Gruppen) als auch von *trans-1-Methyl-4-tert.-butylcyclohexylacetat* (*trans*-I, mit äquatorialer Methylgruppe) bei 400° entsteht zu 23% 4-tert.-Butylmethylencyclohexan u. zu 77% 1-Methyl-4-tert.-butylcyclohexen-(1) (vgl. C. **1959.** 14681). Das Verhältnis der Geschw.-Konst. $k_{axial}/k_{äquatorial}$ beträgt bei 325° für trans-I: cis-I 0,70—0,71, bei 450° für *cis*: *trans-4-tert.-Butylcyclohexylacetat* (*cis*- bzw. *trans*-II), 1,63—1,69. Die unterschiedliche Reaktivität erklären Vff. aus der höheren Energie des Grundzustandes von cis-I gegenüber trans-I, während bei II die cis-Form (mit axialer Acetatgruppe) im Grundzustand energiereicher ist als die trans-Form.

Versuche: *cis-1-Methyl-4-tert.-butylcyclohexanol* (*cis*-III), $C_{11}H_{22}O$, F. 97,5—98° (Hexan), aus 20 g 4-tert.-Butylcyclohexanon u. CH_3MgJ in Ae., 1 Std. unter Rückfluß, nach Aufarbeitung chromatograph. Trennung von *trans*-III [F. 70,5—71°, entsteht neben cis-III; 4,4 g (Ausbeute)] 5,4 g. — *trans-1-Methyl-4-tert.-butylcyclohexylacetat* (*trans*-I), $C_{13}H_{24}O_2$, Kp.$_{14}$ 106—107°, aus trans-III u. Acetylchlorid in Dimethylanilin, 12 Std. bei Raum-Temp., 1 Std. unter Rückfluß. — *cis*-I, F. 48—48,5°, analog trans-I. — *4-tert.-Butylmethylencyclohexan* u. *1-Methyl-4-tert.-butylcyclohexen*, aus cis- (Prod. mit

12% exo-Olefin) oder trans-III (Prod. mit 1,3% exo-Olefin) u. $POCl_3$ in Pyridin, 2 Std. bei 0°, 2 Std. bei Raum-Temp.; Gleichgewichtseinstellung der exo- u. endo-Olefine durch ½ std. Erhitzen mit einer Spur p-Toluolsulfonsäure gab ein Prod. mit 0,8% exo-Olefin. — *cis-* u. *trans-4-tert.-Butylcyclohexylacetat*, $Kp._{15}$ 104—105°, aus cis- u. trans-4-tert.-Butylcyclohexanol-Gemisch u. Acetylchlorid in Bzl.-Pyridin. A. Trede. B 225□

Beitrag zur Veränderlichkeit und Bildung von 5-Hydroxymethylfurfurol. W. Diemair und E. Jury. (Z. Lebensmittel-Unters. u. -Forsch. **113**. 189—97. 3/10. **1960**. Frankfurt/Main, Univ.-Inst. für Lebensmittelchem.) (Dt.)

An reinem *5-Hydroxymethylfurfurol* (I) wurde das opt. Verh. im UV-Bereich u. der Einfl. von O_2, Säuren, Temp. u. pH (Bldg. von Lävulinsäure) auf die Stabilität wss. Lsg. von I durch Auswertung der UV-Spektren (vgl. Schou u. Abildgaard [1934]) untersucht. Die Bldg. von I aus Glucose (G), Fructose (F) u. Saccharose beim Kochen mit Säuren hängt von der Rk.-Zeit sowie von Konz. u. pH der Lsgg. ab; die Daten werden tabellar. u. graph. dargestellt. Aus F entsteht mehr I als aus G. Der vermutliche Rk.-Mechanismus wird diskutiert. Claus Fischer. B 225□

Zum Mechanismus der Bildung von Trioseredukton. Friedrich Weygand und Gerhard Billek. (Z. Naturforsch. **12 b**. 601. Aug./Sept. **1957**. Berlin-Charlottenburg, Techn. Univ., Org.-chem. Inst.) (Dt.)

Unter Hinweis auf Ergebnisse anderer Autoren wird der Mechanismus der *Trioseredukton* (I)-Bldg. untersucht. $^{14}C_{(6)}$-Glucose (II) wird zu I abgebaut u. die Aktivität gemessen. Danach werden 45,4% der m Aktivität der eingesetzten II in I wiedergefunden u. bewiesen, daß die Spaltung der Glucosekette zwischen $C_{(3)}$ u. $C_{(4)}$ erfolgt.
A. Täufel. B 225□

Dehydrierung von Isopentenen zu Isopren. Ju. G. Mamedalijew, M. A. Dalin und A. S. Schichmamedbekowa. (Доклады Академии Наук Азербайджанской ССР [Ber. Akad. Wiss. AserbaidshanSSR] **14**. 843—47. **1958**.) (Russ.; Auszug: Aserbaidshan.) — Vgl. C. **1959**. 2080.

Die Dehydrierung eines Isopentengemisches [18% 3-Methylbuten-(1) (I); 30% 2-Methylbuten-(1) (II); 52% 2-Methylbuten-(2) (III)] an einem techn. Katalysator bei 540° u. einer Vol.-Geschw. von 2 Litern/Liter Katalysator · Std. mit N_2–W. oder CO_2–W. als Trägergas liefert ein Gasgemisch, das 19,2% I, 22,4% II, 34,5% III u. 23% Isopren enthält. Durch Dest. wird aus dem Gemisch in 6,3%ig. Ausbeute eine Fraktion gewonnen, die 53,2% Isopren enthält, sowie eine weitere Fraktion in 11,5%ig. Ausbeute mit 89,0% Isopren-Gehalt. Die Polymerisation von Fraktionen, die ca. 50—55% Isopren enthalten, liefert Polymere, deren Mikrostruktur fast der des üblichen Polyisoprens entspricht. Das Polymere enthält überwiegend cis-Strukturen. Der Anteil aus 1—2- u. 3—4-Gliedern ist gering. Die Vulkanisate haben fast die Eigg. der Vulkanisate von Polymeren des üblichen Isoprens. Helmut Schäfer. B 227□

Dehydrierung der sekundären Alkohole mit reduziertem Kupfer. 3. Mitt **Katalytische Dehydrierung von Isopropanol.** 1. Teil. Kazuaki Kawamoto. (Bull. chem. Soc. Japan **34**. 161—66. Febr. 1961. Hiroshima, Hiroshima Univ., Fac. of Sci., Dep. of Chem.) (Engl.) — 2. vgl. C. **1960**. 12983.

Die Dehydrierung von *Isopropanol* (I; Kp. 82—82,5°; n_D^{25} 1,3753; $D._4^{25}$ 0,7811) zu Aceton (II; Kp. 56,2—56,3°; n_D^{25} 1,3564; $D._4^{25}$ 0,7844) wurde an 5 verschieden hergestellten Cu-Katalysaotren bei Temp. von 185—325° durchgeführt. Eine dafür geeignete App. wird beschrieben. Ausgehend von $CuSO_4$- bzw. $Cu(NO_3)_2$-Lsgg. wird $Cu(OH)_2$ mit wss. NaOH oder KOH u. den wss. Lsgg. von K_2CO_3, $NaHCO_3$ u. $KHCO_3$ ausgefällt. Nach dem Auswaschen u. Trocknen des Nd. erfolgt Red. im H_2-Strom bei Temp. unter 185°. Die beste Aktivität besaß ein mit $KHCO_3$ hergestellter Katalysator bei einer Rk.-Temp. von 305—325°. Bei den mit den anderen Ausfällungsmitteln hergestellten Kontakten tritt außer der Dehydrierung noch eine Kondensation ein. Die beobachtete Bldg. von höheren Ketonen wird mit einer innermol. Dehydrierung zwischen aus II entstandenem Diacetonalkohol u. I erklärt. Als Nebenprodd. wurden Isobutylmethylketon (Semicarbazon, F. 133—133,5°; 2.4-Dinitrophenylhydrazon, F. 93,5—94°) u. Diisobutylketon (Semicarbazon, F. 122,0—122,5°; 2.4-Dinitrophenylhydrazon, F. 92,0 bis 92,5°) gefunden. — Beim Überleiten von *sek.-Butylalkohol* über red. Cu wird 5-Methylheptanon-(3) u. Äthylmethylketon gebildet. H. Dreyer. B 227□

Die Kinetik der Äthylen-Hydrierung an Nickel bei höherem Druck. G.-M. Schwab, Werner Schmatz und Heinrich Noller. (Z. physik. Chem. [Frankfurt/M.] **29**. 356—70. Sept. 1961. München, Univ., Phys.-Chem. Inst.; Braunschweig, Phys.-Techn. Bundesanstalt.) (Dt.)

Es sollte entschieden werden, ob bei höherem Druck für die Kinetik der katalyt. *Äthylen*-Hydrierung an Ni der Langmuir-Hinshelwood- oder der Eley-Rideal-Mechanismus zutrifft. Hierzu wurde ein Meß-Verf. entwickelt (stat. Meth.). Die Möglichkeit einer Verfälschung der Meßergebnisse durch Diffusions-Einfl. wurde genau untersucht u. ausgeschlossen. Die Ergebnisse entsprechen im Temp.-Bereich 60—200° u. im Druckbereich 0—10 kp/cm² dem ELEY-RIDEAL-Mechanismus. Aus der vollständigen kinet. Analyse ergeben sich für die Adsorptions- u. Aktivierungsenergie sowie für den ster. Faktor Werte, die sich gut mit den bei Niederdruck-Arbeiten gemessenen vergleichen lassen. CLAUS FISCHER. B 227□

Katalytische Synthese von Nitrilen. 4. Mitt. Cyanierung von Allylalkohol mit Ammoniak. M. A. Popow und N. I. Schuikin. (Известия Академии Наук СССР, Отделение Химических Наук [Nachr. Akad. Wiss. UdSSR, Abt. chem. Wiss.] **1961.** 645—48. April. Zelinsky-Inst. für org. Chem. der Akad. der Wiss. der UdSSR.) (Russ.) — 3. vgl. C. **1962.** 10798.

Es wurde die Cyanierung von Allylalkohol mit NH_3 bei 300—400° an $Ni-Al_2O_3$, $Al_2O_3-Fe_2O_3$, Al_2O_3-ZnO, $Ni-Ag-Al_2O_3$, $Cu-Al_2O_3$ u. $ZrO_2-Al_2O_3$ sowie TiO_2-ZnO u. $TiO_2-Al_2O_3$ untersucht. Es bildete sich in allen Fällen nicht Acrylonitril, sondern *Propionitril* (I). Neben I wurden geringe Mengen *n-Propyl-*, *Di-n-propyl-* u. *Tri-n-propylamin* isoliert. Die I-Ausbeute ist bei ca. 300° u. an den Ni-haltigen Katalysatoren am höchsten (20%). — *Propionitril* (I), Kp. 93—96°; $D._4^{20}$ 0,7861; n_D^{20} 1,3685. Liefert bei der Hydrolyse *Propionsäure*, Kp. 140—141° (*Anilid*, F. 103°). HELMUT SCHÄFER. B 227□

Thermische Alkylierung von Cyclopentan mit Olefinen. L. Ch. Freidlin, N. M. Nasarowa und Je. F. Litwin. (Известия Академии Наук СССР, Отделение Химических Наук [Nachr. Akad. Wiss. UdSSR, Abt. chem. Wiss.] **1961.** 1146—48. Juni. Zelinsky-Inst. für org. Chem. der Akad. der Wiss. der UdSSR.) (Russ.)

Es wurde die Alkylierung von Cyclopentan mit Äthylen u. Propylen (1:2—5) bei 350—500° u. 100—450 at bei verschiedenen Vol.-Geschw. über Quarzsand untersucht. Der Umwandlungsgrad der Olefine erreicht 100%, entsprechend hoch ist die Ausbeute an Alkylat. Der Geh. an *Mono-*, *Dialkyl-Verbb.* u. höhersd. Prodd. im Alkylat wird tabellar., die Siedekurven u. Chromatogramme werden graph. angegeben. Die Aufarbeitung der Alkylate erfolgte durch Dest. u. Chromatographie an Silicagel. Der Geh. an *Äthylcyclopentan* ($Kp._{739}$ 101,9—102,3°; $D._4^{20}$ 0,7658; n_D^{20} 1,4204) bzw. *n-Propylcyclopentan* ($Kp._{735}$ 128,2—129,2°; $D._4^{20}$ 0,7736; n_D^{20} 1,4264) betrug jeweils ca. 30%. HELMUT SCHÄFER. B 227□

Über die Selektivität der Hydrierung von 2-Äthylanthrachinon am Nickelkatalysator. L. Ch. Freidlin und Je. F. Litwin. (Известия Академии Наук СССР, Отделение Химических Наук [Nachr. Akad. Wiss. UdSSR, Abt. chem. Wiss.] **1961.** 1150—51. Juni. Zelinsky-Inst. für org. Chem. der Akad. der Wiss. der UdSSR.) (Russ.)

Es wurde der Einfl. von Temp. (20—80°) u. Lsgm. (Dioxan, Dimethylformamid) auf die Hydrierung von 2-Äthylanthrachinon an RANEY-Ni untersucht. Der deutlich stufenweise Charakter der Hydrierung des Chinons zum Hydrochinon, dann Tetrahydro- u. Oktahydrochinon in Dioxan wird durch Temp.-Änderung u. Menge des Katalysators nicht beeinflußt, lediglich die Hydrierungs-Geschw. wird erhöht. In Dimethylformamid ist die Hydrierungs-Geschw. der 1. Stufe gegenüber Dioxan mehr als 3mal größer, die Geschw. der weiteren Hydrierung sehr gering bzw. Null (bei 60°), so daß eine sehr selektive Hydrierung zu 2-Äthylanthrahydrochinon möglich ist. Die kinet. Kurven werden angegeben. HELMUT SCHÄFER. B 227□

Untersuchung der Natur der zur Isomerisierung und Polymerisierung von Kohlenwasserstoffen angewandten Katalysatoren. 2. Mitt. Über die katalytischen Eigenschaften von Kieselsäure. G. A. Rudakow und M. M. Schesstajewa. (Журнал Общей Химии [J. allg. Chem.] **29** (91). 2062—68. Juni 1959. Zentr. holzchem. Forschungsinst.) (Russ.) — 1. vgl. C. **1950/54.** 147 S.

Es wurden die katalyt. Eigg. verschiedener Silicagel (I)-Katalysatoren bei der katalyt. Umwandlung von *α-Pinen* zu *Camphen* untersucht. Glühverlust, Al_2O_3-Geh., Oberfläche, Poren-Vol., pH-Wert der wss. Suspension, Bindungsvermögen für Na-Acetat, Geh. an Beimischungen (Al, Fe, Ca, Mg, Na) u. die bei 20—155° in Abhängigkeit von der Rk.-Zeit erhaltenen Camphenausbeuten werden graph. u. tabellar. angegeben. — Al-freies I katalysiert die Isomerisierung bei 100° nicht, bei 155° mit sehr geringer Geschwindigkeit. Fällt man 0,1% Al_2O_3 auf der I-Oberfläche aus, so erhöht sich die katalyt. Aktivität bei 155° um das 1300fache u. wird mit der Aktivität von Tonerde vergleichbar. Techn. I enthält ca. 1% Al_2O_3 u. katalysiert deshalb die Isomerisierung von α-Pinen. Die Verss. erklären die verschiedentlich festgestellte leichte Isomerisierbarkeit von α-Pinen u. anderen ungesätt. KW-Stoffen. I, das kein Al_2O_3 enthält, kann für die chromatograph. Trennung von ungesätt. KW-Stoffen verwendet werden. I-Sorten, die ca. 1% Al_2O_3 enthalten, sind nur dann verwendbar, wenn die Alumokieselsäuren vorher neutralisiert worden sind. HELMUT SCHÄFER. B 227□

C. Präparative organische Chemie. Naturstoffe

Über die sogenannte Auwers-Skitasche Regel, die Konformationsregel und die Sequenzregel für Isomere. H. van Bekkum, A. van Veen, P. E. Verkade und B. M. Wepster. (Recueil Trav. chim. Pays-Bas **80.** 1310—22. Nov. 1961. Delft, TU.) (Engl.)

Nach Erörterung der Verdienste u. Abweichungen der sog. AUWERS-SKITAschen Regel u. der Konformationsregel schlagen Vff. eine als Sequenzregel für Isomere bezeichnete neue Regel vor. Sie besagt: Bei cycl. Stereoisomeren, in denen die Substituenten an konfigurativ ident. Ring-Syst. gebunden sind, besitzt das Isomere mit der höheren Dichte u. dem höheren Refraktionsindex auch den höheren Wärmeinhalt. — 42 Literaturhinweise. W. SCHICKE. 450□

Die Chemie der N-Alkylaldimine. 2. Mitt. Reaktion von N-Propylpropanaldimin mit Säurechloriden. H. Breederveld. (Recueil Trav. chim. Pays-Bas. **79.** 1197 bis 1202. Nov. 1960. Eindhoven, TU, Dep. of Chem. Engng.) (Engl.) — 1. vgl. C. **1962.** 4879.

N-Propylpropanaldimin (**I**) addiert sich an organ. u. anorgan. Säurechloride unter Bldg. der entsprechenden *N-[1-Chlorpropyl-(1)]-N-propylamiden*, die nicht isoliert, sondern durch Erhitzen in Ggw. von Triäthylamin (**II**) unter Abspaltung von HCl in *N-[Propen-(1)-yl]-N-propylamide* (**A**) übergeführt werden. Auf diesem Wege erhält man aus **I** u. der äquimol. Menge Acetylchlorid (**III**), Benzoylchlorid (**IV**), Diäthylaminotrichlorsilan (**V**) u. $POCl_3$ in Ggw. von überschüssigem **II** *N-[Propen-(1)-yl]-N-propylacetamid* (**VI**), *N-[Propen-(1)-yl]-N-propylbenzamid, Diäthylamino-[propen-(1)-ylpropylamino]-dichlorsilan* (**VII**) u. *N-[Propen-(1)-yl]-N-propyldichlorphosphorsäureamid*. Die Struktur der **A** folgt nicht nur aus ihren IR-Spektren, deren Werte angegeben sind, sondern auch aus dem Befund, daß **VII** bei der Säurehydrolyse **II**-*Hydrochlorid, Propylaminhydrochlorid, Acetaldehyd* u. SiO_2 liefert. Die **A** liegen in der *trans*-Form vor. Zum Vgl. ihrer IR-Spektren mit denjenigen der **A** werden *N.N-Dipropylbenzamid, Diäthylaminodipropylaminodichlorsilan* u. *N.N-Dipropyldichlorphosphorsäureamid* synthetisiert.

Versuche: *Diäthylaminotrichlorsilan* (**V**), $Kp._7$ 45—46°, durch Einrühren von 2 Mol $(C_2H_5)_2NH$ in Bzl. zu 1 Mol $SiCl_4$ in Bzl. bei 10—20°, Abfiltrieren von $(C_2H_5)_2NH \cdot HCl$ u. fraktionierte Dest. des Filtrats; 45% (Ausbeute); daneben *Bis-[diäthylamino]-dichlorsilan*, $Kp._{14}$ 101—104°; n_D^{20} 1,4507; 10%. — *N-[Propen-(1)-yl]-N-propylacetamid* (**VI**), $Kp._9$ 90°, durch Eintropfen von 1 Mol **I** u. 1,1 Nol **II** in Bzl. zu 1 Mol **III** in Bzl. bei 2—6°, Erwärmen auf Raum-Temp., ½ std. Kochen, Abfiltrieren von **II**-*Hydrochlorid* u. Dest. des Filtrats; n_D^{20} 1,4772; 64%. — *N-[Propen-(1)-yl]-N-propylbenzamid*, $C_{13}H_{17}NO$, $Kp._{13}$ 155—159°, analog **VI** aus **I, II** u. **IV** bei 7—15°; n_D^{20} 1,5432; 82%. — *Diäthylamino-[propen-(1)-ylpropylamino]-dichlorsilan* (**VII**), $C_{10}H_{22}Cl_2N_2Si$, $Kp._{11}$ 113 bis 117°, analog **VI** aus **I, II** u. **V** bei 5—10°; n_D^{20} 1,4692; 47%. — *N-[Propen-(1)-yl]-N-propyldichlorphosphorsäureamid*, $C_6H_{12}Cl_2NOP$, $Kp._{0,6}$ 78—80°, durch Eintropfen von 1 Mol **I** in Bzl. zu 1 Mol $POCl_3$ u. 1 Mol **II** in sd. Bzl. innerhalb von 1½ Std., weiteres 15 Min. langes Kochen, Abfiltrieren von **II**-*Hydrochlorid* u. Dest. des Filtrats; n_D^{20} 1,4861; 51%. — *Acetaldehyd*, Kp. 47—50°, durch Rk. von 60 g **VII** mit verd. HCl, Zugabe von W. u. Dest.; 5 g; daneben *2-Methylpenten-(2)-al-(1)* (3 g); daneben durch Alkalisieren der verbleibenden salzsauren Lsg. mit NaOH u. Dest. *Propylamin* (11,5 g) u. *Diäthylamin* (15,5 g). — *N.N-Dipropylbenzamid*, $Kp._{16}$ 166—168°, aus 1 Mol **IV** u. 2 Mol Dipropylamin (**VIII**) in Bzl.; n_D^{20} 1,5137; 69%. — *Diäthylaminodipropylaminodichlorsilan*, $C_{10}H_{24}Cl_2N_2Si$, $Kp._{16}$ 126—128°, aus 1 Mol **V** u. 2 Mol **VIII** bei 10—15°, ½ std. Kochen, Filtration u. Dest.; n_D^{20} 1,4539; 43%; daneben *Bis-[dipropylamino]-dichlorsilan*, $C_{12}H_{28}Cl_2N_2Si$, $Kp._{14}$ 141—142°; n_D^{20} 1,4560; 9%. — *N.N-Dipropyldichlorphosphorsäureamid*, $Kp._{16}$ 124—126°, aus äquimol. Mengen $POCl_3$ u. **VIII**; 81%. B. GÖRLICH. 490□

Thermische Zerlegung der Alkoholate tertiärer Alkohole, welche die Trifluormethylgruppe enthalten. I. L. Knunjanz, Ju. A. Tscheburkow und Ju. W. Makarow. (Известия Академии Наук СССР, Отделение Химических Наук [Nachr. Akad. Wiss. UdSSR, Abt. chem. Wiss.] **1961. 1471**—75. Aug. Inst. für metallorgan. Verbb. der Akad. der Wiss. der UdSSR.) (Russ.)

Das K-Alkoholat des Dimethyltrifluormethylcarbinols (**I**) wird bei 220° unter Bldg. von *Aceton* u. **I** zersetzt. Aus dem K-Salz von Methyl-bis-[trifluormethyl]-carbinol (**II**) wird dagegen allein **II** erhalten. Die Ergebnisse weisen nach, daß die therm. Zers. des K-Salzes von β.β-Bis-[trifluormethyl]-β-hydroxypropionsäure zu *Trifluoraceton* nicht über die Bldg. von **II**-Alkoholat als Zwischenprod., sondern vermutlich unter gleichzeitiger Eliminierung von CO_2 u. der CF_3-Gruppe verläuft.

Versuche: *Methyl-bis-[trifluormethyl]-carbinol* (**II**), $C_4H_4F_6O$, Kp. 61—62°; n_D^{20} 1,3004. *K-Salz*, aus 38 g **II** u. 7,5 g K in Bzl.; 40 g (Ausbeute). — *Dimethyltrifluormethyl-*

carbinol (I), Kp. 82°, F. 19—21°; n_D^{20} 1,3365. *K-Salz*, aus 38,2 g I u. 6,3 g K in Bzl.; 27,38 g. — *Aceton*, $Kp._{756}$ 54°, durch Zers. von I–K-Salz unter N_2 bei 220°; 49%.
H.-E. Toussaint. 560□

Ester der Chlorphosphorsäure. Stefan Chwaliński und Wanda Rypińska. (Roczniki Chem. [Ann. Soc. chim. Polonorum] **31.** 539—42. 1957. Warschau, Technolog. Inst., Abt. für organ. Technol. II.) (Pol.; Auszug: Engl.)

Durch Einw. von N.N-Dichlorbenzolsulfonamid (I) auf Dialkylphosphite wurden folgende Chlorphosphorsäureester erhalten: *-dimethylester*, $C_2H_6ClO_3P$, $Kp._{2-3}$ 55 bis 57°, durch Umsetzung von I mit Dimethylphosphit in CCl_4 bei 50°; 85% (Ausbeute). — *-diäthylester*, $C_4H_{10}ClO_3P$, $Kp._{18}$ 93—94°, analog; 80,2%. — *-diisopropylester*, $C_6H_{14}ClO_3P$, $Kp._{14}$ 92°, analog; 80,6%. A. Brenner. 590□

Die Reaktion von 1-Acylaziridinen mit Lithiumaluminiumhydrid — eine neue Aldehydsynthese. Herbert C. Brown und Akira Tsukamoto. (J. Amer. chem. Soc. **83.** 2016—17. 20/4. 1961. Lafayette, Ind., Purdue Univ., Richard B. Wetherill Labor.) (Engl.)

Vff. untersuchen die Bldg. von Aldehyden (**A**) durch Red. von N-Acyldialkylaminen bzw.- alkylarylaminen mit $LiAlH_4$ u. stellen fest, daß *1-Acylaziridine* (**B**) hohe **A**-Ausbeuten ergeben. Die Isolierung der aus Acylhalogenid, Äthylenimin (I) u. Triäthylamin (II) gebildeten **B** aus dem Rk.-Gemisch ist dabei nicht notwendig. Folgende **A** wurden dargestellt: *n-Butyraldehyd*, aus nachst. N-Butyryl-Verbb. durch ½ std. Zugabe der äquivalenten Menge $LiAlH_4$ in Ae. bei 0°, 1std. Rühren u. Hydrolyse; aus N-Butyryldimethylamin 25% (Ausbeute); aus N-Butyryldiäthylamin 22%; aus N-Butyryl-N-methylanilin 58%; aus N-Butyrylpiperidin 33%; aus N-Butyrylpyrrolidin 16% u. aus N-Butyrylaziridin 88%. — *Cyclopropanaldehyd*, $Kp._{740}$ 97—100°, durch 1std. Zugabe von Cyclopropancarbonsäurechlorid unter Rühren u. Eis–Kochsalz-Kühlung zur Lsg. von I u. II in Ae., Filtration vom gebildeten II-Hydrochlorid nach ½ std. Rühren, Zugabe von $LiAlH_4$ in Ae. während 30 Min. bei 0°, Zers. des Prod. nach einer weiteren Std. mit kalter 5n H_2SO_4 u. Aufnehmen in Ae.; n_D^{20} 1,4302; 60%. — *n-Capronaldehyd*, analog vorst. Verb.; 81%. — *2-Äthylhexanal*; 77%. — *Pivalinaldehyd*, a) analog vorst. Verb.; 79%; b) mit 100%ig. Überschuß an $LiAlH_4$; 88%. H.-J. Weigmann. 660□

Stereochemischer Aspekt bei der Acetylierung von Alkenen mit Essigsäureanhydrid. Paul Arnaud. (C. R. hebd. Séances Acad. Sci. **244.** 1785—87. 25/3. 1957.) (Franz.)

Vf. untersucht den Einfl. verschiedener Katalysatoren, wie H_2SO_4, $ZnCl_2$, $SnCl_2$ u. BF_3 auf die Acetylierung von Alkenen mit Hilfe von Essigsäureanhydrid (**V**). Das aus Diisobutylen (**VI**) durch Dest. erhaltene *2.4.4-Trimethylpenten-(1)* (I) liefert auf diesem Wege mit **V** u. konz. H_2SO_4 die beiden stereoisomeren Ketone *4.6.6-Trimethylhepten-(3)-on-(2) vom Kp.₅₀ 102,5°* (**II**) u. *4.6.6-Trimethylhepten-(3)-on-(2) vom $Kp._{50}$ 108,5°* (**III**) im Verhältnis 1 : 4. Bei der Hydrierung an Pt entsteht aus **II** u. aus **III** *4.6.6-Trimethylheptanon-(2)*. **II** läßt sich mit $KMnO_4$ zu *Methylneopentylketon* oxydieren. Bei der Rk. von I u. **V** in Ggw. von $ZnCl_2$ oder $SnCl_2$ bilden sich **II** in 5%ig. u. **III** in 10—15%ig. Ausbeute; das Hauptprod. der Rk. ist in diesem Falle *6.6-Dimethyl-4-methylenheptanon-(2)* (**IV**). Aus I u. **V** mit BF_3 als Katalysator entsteht neben 20% **III** ebenfalls **IV**. **II**, **III** u. **IV** erhält man auch bei der Acetylierung von *2.4.4-Trimethylpenten-(2)*, das neben I in **VI** vorliegt, oder das auch aus I in Ggw. der vorst. Katalysatoren durch Isomerisierung entsteht. Für **II**, **III** u. **IV** sind Werte der UV- u. IR-Spektren angegeben.

Versuche: *2.4.4-Trimethylpenten-(1)* (I), $Kp._{700}$ 98,6°, durch fraktionierte Dest. von **VI**; n_D^{20} 1,4096; 80% (Ausbeute); daneben *2.4.4-Trimethylpenten-(2)*, $Kp._{700}$ 101°; n_D^{20} 1,4171; 20%. — *4.6.6-Trimethylhepten-(3)-on-(2) vom $Kp._{50}$ 102,5°* (**II**), a) durch 1std. Rk. von I mit einem Gemisch von **V** u. konz. H_2SO_4 bei 40° unter Rühren, Abtrennen der organ. Schicht, Neutralwaschen u. Dest.; n_D^{20} 1,4539; 20%; b) analog a) mit $ZnCl_2$ oder $SnCl_2$ an Stelle von H_2SO_4; 5%. *Dinitrophenylhydrazon*, $C_{16}H_{22}N_4O_4$, F. 111°. — *4.6.6-Trimethylhepten-(3)-on-(2) vom $Kp._{50}$ 108,5°* (**III**), a) analog **II** nach a); n_D^{20} 1,4550; 80%; b) analog **II** nach b); 10—15%; c) analog **II** nach a) mit BF_3 an Stelle von H_2SO_4; 20%. *Dinitrophenylhydrazon*, $C_{16}H_{22}N_4O_4$, F. 165,5°. — *6.6-Dimethyl-4-methylenheptanon-(2)* (**IV**), $Kp._{50}$ 102,7°, a) analog **III** nach c); n_D^{20} 1,4400; 80%; b) analog **II** nach b). — *4.6.6-Trimethylheptanon-(2)*, durch katalyt. Hydrierung von **II** oder **III** an Pt. *Semicarbazon*, F. 136,5°. *Dinitrophenylhydrazon*, F. 72,5—73°. — *Methylneopentylketon*, aus **II** u. $KMnO_4$. B. Görlich. 710□

Untersuchung der Darstellung von Ketonen aus gemischten Aldoketendimeren. Norman Rabjohn und H. M. Molotsky. (J. org. Chemistry **23.** 1642—45. Nov. 1958. Columbia, Mo., Univ., Dep. of Chem.) (Engl.)

Verschiedene Paare von Säurechloriden (SC) wurden nach dem Rk.-Schema von SAUER (vgl. C. **1947**. E. 38) mit Triäthylamin (**I**) unter verschiedenen Bedingungen zu Gemischen von *Ketendimeren* dehydrochloriert, deren saure Hydrolyse Gemische von *symm.* u. *unsymm. Ketonen* ergab u. daneben beträchtliche Mengen der Ausgangssäuren bzw. (im Falle des Acetylchlorids) von *Dehydracetsäure* (**II**, F. 110—111°). In Vorverss. wurde Acetylchlorid (**III**) unter gleichbleibenden Bedingungen mit verschiedenen anderen SC umgesetzt. Am Paar **III**–Caprinsäurechlorid (**IV**) (relativ beste Ausbeuten an unsymm. Keton) wurde der Einfl. der Vers.-Bedingungen auf die Ausbeuten untersucht. Stets erhält man zu etwa gleichen Teilen Ketone, Säuren u. Rückstände. Entscheidend für die Ausbeuten sind Bldg.- u. Dimerisations-Geschw. der Aldoketene; die Dimerisierungstendenz hängt offenbar von Struktur u. Medium ab. Zur Darst. von unsymm. Ketonen hat das Verf. wegen der niedrigen Ausbeuten, die sich auch bei Überschuß eines Partners wenig ändern, kaum Wert. — Durch 4std. Zutropfen einer SC-Mischung (langkettiges u. kurzkettiges SC im Verhältnis 1 : 6) zu **I** in Ae. bei —10°, 10std. Stehen bei —10°, 24std. Stehen bei Zimmer-Temp., Entfernen des **I**-Salzes, Einengen, 4std. Erwärmen mit 5%ig. H_2SO_4 auf 65° u. Auftrennen der Rk.-Prodd. wurden erhalten: Aus **III** u. n-Butyrylchlorid: 18% *Heptanon-(4)* u. 13% *Pentanon-(2)*. — Aus **III** u. Isovalerylchlorid: 12% *2.6-Dimethylheptanon-(4)* u. 8% *4-Methylpentanon-(2)*. — Aus **III** u. Caprylsäurechlorid: 16% *Nonanon-(2)*. — Aus **III** u. Undecylensäurechlorid: 8% *Dodecen-(11)-on-(2)*. — Aus **III** u. **IV**: 13% *Nonadecanon-(10)* (**V**) u. 26% *Hendecanon-(2)*. — Aus **III** u. Capronsäurechlorid (**VII**): 14% *Heptanon-(2)* (Kp. 148—151°; n_D^{20} 1,4098. *Semicarbazon*, F. 122—123°), 23% *Hendecanon-(6)* (**VI**, Kp.$_5$ 88—90°; n_D^{20} 1,4291), 23% *Capronsäure* (**IX**, Kp.$_{20}$ 107—110°; n_D^{20} 1,4169) u. 10% **II**. — Aus **III** u. Stearinsäurechlorid: 14% *Nonadecanon-(2)*, *Pentatriakontanon-(18)*, 23% *Stearinsäure* u. 10% **II**. — Aus Propionylchlorid (**VIII**) u. **VII**: 13% *Octanon-(3)*, 26% **VI**, 32% **IX** u. 8% *Propionsäure* (**X**). — Aus **VIII** u. **IV**: 17% *Dodecanon-(3)*, 24% **V**, 20% Caprinsäure u. 12% **X**. G. FISCHER. 710

Untersuchungen auf dem Gebiet der Diacylperoxide. 1. Mitt. Synthese und Eigenschaften asymmetrischer Diacylperoxide. Ju. A. Oldekop, A. N. Ssewtschenko, I. P. Sjatkow, G. Ss. Bylina und A. P. Jelnitzki. (Журнал Общей Химии [J. allg. Chem.] **31** (**93**). 2904—10. Sept. 1961. Beloruss. Lenin-Univ.) (Russ.)

Substituierte Benzaldehyde werden durch O_2 in Essigsäureanhydrid in Ggw. von Na-Acetat unter milden Bedingungen in guter Ausbeute zu substituierten *Benzoylacetylperoxiden* oxydiert; aus n-Butyr- u. Isovaleraldehyd lassen sich analog glatt *Acetyl-n-butryl-* bzw. *-isovaleroylperoxid* darstellen. Bei der Berührung mit der Flamme sind die neuen Peroxide stark explosiv, doch zersetzen sie sich beim Aufbewahren kaum. Die IR-Spektren zahlreicher neuer unsymm. Diacylperoxide wurden aufgenommen.

Versuche: *Propionsäureanhydrid*, Kp. 166—167°, durch Dest. von Propionsäure mit Essigsäureanhydrid; n_D^{20} 1,4045. — *Buttersäureanhydrid*, Kp. 187—191°, analog vorst. Verb.; n_D^{20} 1,4125. — *Chloressigsäureanhydrid*, F. 49°, durch langsame Dest. von Chloressigsäure über P_2O_5. — *Essigsäureanhydrid*, Kp. 137—139°; n_D^{20} 1,3900. — *n-Butyraldehyd*, Kp. 75,5°; n_D^{20} 1,3831. — *Isovaleraldehyd*, Kp. 92°; n_D^{21} 1,3895. — *Perbuttersäure*, Kp.$_{13}$ 27—32,5°, aus Buttersäure u. 92%ig. H_2O_2; n_D^{20} 1,4138. — *Benzaldehyd*, Kp.$_5$ 51°; n_D^{20} 1,5463. — Substituierte Benzaldehyde: *o-Methyl-*, Kp.$_2$ 49°, durch Oxydation von o-Xylol mit Chromylchlorid; n_D^{20} 1,5482. — *m-Methyl-*, Kp.$_{13}$ 81 bis 82°, analog; n_D^{20} 1,5418. — *p-Methyl-*, Kp. 201—203°, aus Toluol durch GATTERMANN-KOCH-Rk.; n_D^{20} 1,5470. — *2.4-Dimethyl-*, Kp.$_2$ 63—64°, analog aus m-Xylol; n_D^{20} 1,5495. — *p-Methoxy-*, Kp.$_5$ 101,5°; n_D^{20} 1,5762. — *o-Chlor-*, Kp.$_{13}$ 93°, aus o-Chlortoluol über o-Chlorbenzalchlorid; n_D^{20} 1,5670. — *m-Chlor-*, Kp.$_7$ 81—83°, aus m-Nitro- über m-Aminobenzaldehyd; n_D^{20} 1,5633. — *p-Chlor-*, F. 47°, analog. — Diacylperoxide, durch Oxydation des jeweiligen Aldehyds in Lsg. im entsprechenden Carbonsäureanhydrid in Ggw. von Na-Acetat bei 40—45° mittels durchgeleiteter Luft oder durch O_2 im geschlossenen Syst.: *o-Methylbenzoylacetyl-*, D.$_4^{20}$ 1,1620; n_D^{20} 1,5126; 81,4% (Ausbeute). — *m-Methylbenzoylacetyl-*, F. 32—32,5°; 78%. — *p-Methylbenzoylacetyl-*, F. 65 bis 65,5°; 74,9%. — *2.4-Dimethylbenzoylacetyl-*, D.$_4^{20}$ 1,1376; n_D^{20} 1,5216; 73,6%. — *p-Methoxybenzoylacetyl-*, F. 59,5°; 63%. — *o-Chlorbenzoylacetyl-*, D.$_4^{20}$ 1,2589; n_D^{20} 1,5305; 81,5%. — *m-Chlorbenzoylacetyl-*, F. 53—54°; 92,5%. — *p-Chlorbenzoylacetyl-*, F. 49,5°; 83%. — *Benzoylpropionyl-*, D.$_4^{20}$ 1,1530; n_D^{20} 1,5097; 79%. — *m-Chlorbenzoylpropionyl-*, D.$_4^{20}$ 1,2222; n_D^{20} 1,5040; 83%. — *Benzoylchloracetyl-*, D.$_4^{20}$ 1,2386; n_D^{20} 1,5313; 78%. — *Acetyl-n-butyryl-*, Kp.$_2$ 37—37,5°; D.$_4^{20}$ 1,0616; n_D^{20} 1,4123; 81,1%. — *Acetylisovaleroyl-*, Kp.$_2$ 40—41,5°; D.$_4^{20}$ 1,0260; n_D^{20} 1,4145; 75,5%.

H.-E. TOUSSAINT. 810□

Reaktionen von Allylchloridderivaten mit Kohlenoxid und Acetylen. 1. Mitt. Synthese von ungesättigten Carboxylverbindungen aus Allylchloridderivaten und

Kohlenoxid. Gian Paolo Chiusoli. (Chim. e Ind. [Milano] **41.** 503—06. Juni 1959. Novara, Soc. Montecatini, Ist. di Ric. „G. Donegani“.) (Ital.)

Allylchlorid wird durch Schütteln mit $Ni(CO)_4$ unter CO-Druck in Methanol in *Crotonsäuremethylester* übergeführt, der hierbei durch Isomerisierung des zunächst gebildeten *Vinylessigsäuremethylesters* entsteht. Aus 1-Chlor-4-cyanbuten-(2) (**I**) erhält man in A. analog *5-Cyanpenten-(3)-säureäthylester* [*β-Hydromuconsäureseminitriläthylester*]. Crotylchlorid u. 3-Chlorbuten-(1) liefern die gleichen *Penten-(3)-säureester.* Die neuartige Carboxylierung der Allylchloride verläuft vermutlich über Komplexe, in denen das Ni nicht direkt an den Allylrest R gebunden ist, sondern in denen Ni—Cl—R- oder Ni—CO—R-Bindungen vorliegen. Der letztgenannte Typ ist aus dem Grunde besonders wahrscheinlich, da die rote Färbung der Rk.-Lsg. einen Wertigkeitswechsel des Ni anzudeuten scheint. Bei normalem CO-Druck überwiegt die Dimerisierung der Allylchloride, die z. B. aus I zu *1.8-Dicyanoctadien-(2.6)* führt.

Versuche: *5-Cyanpenten-(3)-säure, Methylester* (**II**), $C_7H_9NO_2$, Kp.$_{13}$ 135—140°, durch 3tägiges Schütteln von I mit $Ni(CO)_4$ in Methanol unter 2 at CO [daneben *β-Vinylacrylsäure* (F. 72°) u. *1.8-Dicyanoctadien-(2.6)*, F. 45°]. *Äthylester,* $C_8H_{11}NO_2$, Kp.$_{10}$ 130 bis 145°, durch 5std. Schütteln von 25 g I mit 20 g $Ni(CO)_4$ in A. unter 40 at CO in Ggw. von $CaCO_3$; 13 g (Ausbeute). *Chlorid,* C_6H_6ClNO, Kp.$_{10}$ 118—120°, analog dem Äthylester in abs. Bzl.; 6 g. — *β-Hydromuconsäure,* F. 197°, durch Kochen von **II** mit konz. HCl. — *trans-Crotonsäureamid,* C_4H_7NO, F. 152°, durch Schütteln von Allylchlorid mit $Ni(CO)_4$ in Methanol unter 2 at CO, Sättigen der Lsg. mit NH_3 u. 3tägiges Stehen. — *Penten-(3)-säure, Methylester,* a) durch 2tägiges Schütteln von Crotylchlorid mit $Ni(CO)_4$ in wss. Methanol; b) analog aus 3-Chlorbuten-(1). *Amid,* C_5H_9NO, F. 70—71° (Bzl.).

H.-E. TOUSSAINT. 810□

Fraktionierung und Darstellung von Fettsäuren und Estern aus natürlichen Gemischen mit Hilfe von Harnstoffkomplexen. S. Adhikari und N. A. Khan. (Pakistan J. sci. ind. Res. **1.** 221—23. Juli 1958. Tejgaon, Dacca, Pakistan Council of Sci. and Ind. Res., East Reg. Labor.) (Engl.)

Vff. entwickeln eine Meth. zur Abtrennung unterschiedlicher Fettsäuren aus Gemischen über Harnstoff (**I**)-Komplexe. Eine Standardmischung aus Öl- (**II**), Linol- (**III**) u. Linolensäuremethylester (**IV**) im Mischungsverhältnis 1 : 1 : 1 wird in sd. Methanol portionsweise mit **I** versetzt. Aus den ersten **I**-Komplexfraktionen wurde nach Refraktionierung u. Zers. mit verd. HCl 96%ig. reiner **II**, aus den folgenden 91%ig. reiner **III** u. aus den letzten Fraktionen 83%ig. reiner **IV** wiedergewonnen. Die Meth. wird angewendet auf die Unterss. der Methylester von Baumwollsamen-, Leinsamen- u. Ricinusölen, gewonnen durch Einw. von Na-Methylat u. Methanol, u. der Säuren aus Sesam- u. Senfölen, gewonnen durch Verseifung u. anschließende Hydrolyse. Genaue Mengenverhältnisse der Reagentien werden genannt. M. WOLFF. 810□

Harnstoffkomplexe: Darstellung und Reinigung von Elaidinsäure und ihrer Glyceridester. Nurul Absar Khan. (Pakistan J. sci. ind. Res. **2.** 62—65. Jan. 1959.) (Engl.) — Vgl. vorst. Referat.

Vf. beschreibt eine verbesserte Meth. zur Darst. von *Elaidinsäure* (**I**) durch Isomerisierung u. zur Abscheidung reiner **I** aus dem Rk.-Gemisch durch Verw. von Harnstoff (**II**)-Komplexen. Ausgangsmaterialien sind Sesamöle (**S**) verschiedenen Geh. an gesätt. u. ungesätt. Fettsäuren, auf die sich die Meth. mit kleinen Änderungen anwenden läßt. Die Isomerisierung geschieht durch $^1/_4$std. Zugeben von $NaNO_2$ u. HNO_3 zu S u. mehrstd. Durchleiten von Luft. Nach Waschen des Gemisches mit W. u. Trocknen der PAe.-Lsg. krist. verunreinigte **I** aus. Diese wird in Methanol-Lsg. mehrfach mit **II** u., zur besseren Abtrennung von den gesätt. Fettsäuren, mit etwas Ölsäure behandelt. Nach Abtrennung der **II**-Komplexe scheidet sich **I** krist. ab. Stearinsäure u. **I** allein ließen sich so nicht trennen. Die Darst. von *Trielaidin* (**III**) erfolgte in 97%ig. Ausbeute durch 6std. Erhitzen von **I** mit Glycerin in Ggw. von $SnCl_2 \cdot 2\,H_2O$ auf 200° bei 20 Torr. 4std. Umesterung von gereinigtem **S** mit **III** im Verhältnis 2 : 1 bei 200° in Ggw. von Na-Äthylat unter N_2 führte zu gemischten *trans-Glyceriden* mit 30—35% isolierten trans-Doppelbindungen; ein 9 : 1-Ausgangsgemisch lieferte *trans-Glyceride* mit 10% isolierten trans-Doppelbindungen. M. WOLFF. 810□

Eine neue Umlagerung der N-Alkyl-N-nitrosoamide. Masuo Murakami, Katsuhiko Akagi und Kozo Takahashi. (J. Amer. chem. Soc. **83.** 2002—05. 20/4. 1961. Osaka, Univ., Inst. of Sci. and Ind. Res.) (Engl.)

Durch Rk. von N-Phenäthyl-N-nitrosoacetamid (**II**) mit PCl_5 entsteht *Phenäthyloxamid* (**I**) in hoher Ausbeute; andere Nitrosamide reagieren analog. Die Rk. verläuft offenbar über die Stufe des *N-Nitrosoimidchlorids,* das zu N-Nitroso-N-phenäthyl-α-chlorvinylamin isomerisiert.

Versuche: *N-Alkyl-N-nitrosamide*, nach MURAKAMI u. AKAGI (J. chem. Soc. Japan, pure Chem. Sect. [Nippon Kagaku Zassi] **75**. [1957.] 532). — Oxamide, *N-Phenäthyl-* (I), $C_{10}H_{12}N_2O_2$, F. 213° (A.), a) durch Eintragen von N-Phenäthyl-N-nitrosoacetamid (II) u. PCl_5 in Eiswasser; 90% (Ausbeute); b) durch 3std. Erhitzen der Lsg. von II in $POCl_3$ auf 45—50°, Eintragen in Eiswasser u. 3tägiges Stehen; 80%; c) analog b) durch 1std. Rk. mit PCl_3; 36,4%; daneben 6% *N-Phenäthylcarbamoylcyanid*; d) durch Zugabe von $POCl_3$ zu N-Phenäthylacetamid (III) in CCl_4 bei 0°, Hinzufügen 7,5%ig. NOCl-Lsg. in CCl_4, 1std. Rühren bei Raum-Temp. u. 1½std. Stehen bei 45°; 10%; e) durch Behandeln von III in $POCl_3$ mit PCl_5 bei 40°, Kühlen mit Eis/Kochsalz, Einleiten von NOCl, 40std. Stehen bei Raum-Temp. u. Eintragen in Eiswasser; 16,9%; wird durch 2std. Verseifung mit 3,5n methanol. KOH gespalten in *Oxalsäure* u. *Phenäthylaminhydrochlorid*, $C_8H_{12}NCl$, F. 215—217° (A.). — *N-Äthyl-*, $C_4H_8N_2O_2$, F. 198,5° (A.), analog I aus N-Äthyl-N-nitrosoacetamid; 75%. — *N-Isobutyl-*, $C_6H_{12}N_2O_2$, F. 198,5° (A.), analog I aus N-Isobutyl-N-nitrosoacetamid; 95%. — *N-Phenäthyl-N'-phenyl-*, $C_{16}H_{16}N_2O_2$, F. 192° (A./Essigester), analog aus N-Phenäthyl-N-nitrosophenylacetamid; 38%; daneben *N-Phenäthyl-N'-benzoylharnstoff*, $C_{16}H_{16}N_2O_2$, F. 139° (A.); 30%. — *N-Phenäthyliminochlorcyanmethan*, $C_{10}H_9ClN_2$, Kp.$_3$ 91—93°, a) durch Rk. von II mit PCl_5 bei 40—50°, ½std. Stehen bei gleicher Temp., Zugabe von CCl_4 u. Abtrennen unlösl. Prodd.; 25%; b) durch 1std. Rk. von 1,5 g II u. 1,6 g PCl_5 in Bzl. bei 40—50°, Kühlen, Verdünnen mit Bzl. u. Filtrieren; 0,5 g; n_D^{23} 1,5308. — *N-Phenäthylcarbamoylcyanid*, $C_{10}H_{10}N_2O$, F. 92° (CCl_4), a) durch 3std. Erhitzen von 0,5 g vorst. Verb. in wss. A. auf 60—80°, Abdampfen des A. im Vakuum u. Extraktion mit Ae.; 0,4 g; b) durch 1½std. Rk. von II mit PCl_5 in Bzl. bei 40—45°, Eingießen in Eiswasser, Verdampfen des Bzl. u. 1wöchiges Stehen; 22,1%; die Verseifung mit äthanol. KOH bei 45—50° u. Ggw. von 3%ig. H_2O_2 ergibt I. — *N-Benzyl-α-chlorisobutyramid* (IV), $C_{11}H_{14}ClNO$, F. 60—61° (PAe.), durch Rk. von N-Benzyl-N-nitrosoisobutyramid mit PCl_5 bei 40—45°, Eingießen in Eiswasser, mehrstd. Stehen u. Extraktion mit Ae.; 48,7%. — *Verb.* $C_{11}H_{13}$·Cl_2N, Kp.$_{13}$ 137—140°, durch Zugabe von PCl_5 zur Benzol-Lsg. von N-Benzylisobutyramid (V) bei 60—70°; 89,4%; kurzes Schütteln von 2,2 g des Prod. mit W. ergibt nach Stehen über Nacht 1,9 g IV; desgleichen entsteht IV aus V in Bzl. durch Rk. mit PCl_5 bei 30—40°, Zutropfen 7%ig. NOCl-Lsg. in CCl_4, 3½std. Rühren bei 5—10° u. Eintragen in Eiswasser; 50,2%. — *Verb.* $C_{16}H_{15}N_5O_5$, F. 229° (Essigester), durch Erhitzen (20 Min.) von N-Benzyl-N-nitrosopropionamid mit PCl_5, Eintragen in Eiswasser, nach 30 Min. Zugabe einer 0,2%ig. Lsg. von 2.4-Dinitrophenylhydrazin in 2n HCl u. Erhitzen des Gemisches; 7,7%; die durch Hydrieren der Verb. an RANEY-Ni bei 61 at erhaltene Substanz ist im Chromatogramm ident. mit *Alanin*. H.-J. WEIGMANN. 820□

Darstellung von 16-Hydroxyhexadecansäure nach der Methode der elektrolytischen „Überkreuz"-Kondensation. 3. Mitt. **Elektrokondensation von Monoestern der Azelainsäure mit Acylderivaten der 9-Hydroxynonansäure.** G. E. Swadkowskaja, N. P. Ssolowjewa, Je. K. Smoljaninowa, W. N. Below und Ss. A. Woitkewitsch. (Журнал Общей Химии [J. allg. Chem.] **31** (**93**). 2877—79. Sept. 1961.) (Russ.) — 2. vgl. C. **1959**. 14064.

Es wurden *9-Hydroxynonansäure* (I)-*acetat* u. *-isovalerianat* sowie *Azelainsäure* (II)-*isoamylester* dargestellt. Bei der Elektrokondens. von I-Acetat mit II-Äthylester bzw. I-Isovalerianat mit II-Äthylester wurden *Hexadecandiol-(1.16)* (III), *Hexadecandisäure-(1.16)* (IV) u. *16-Hydroxyhexadecansäure* (V) erhalten.

Versuche: *9-Hydroxynonansäure* (I), *Acetat*, Kp.$_5$ 172—174°, man gibt zu I in 100 ml Acetanhydrid langsam 25 ml 10%ig. H_3PO_4 in Acetanhydrid u. dest.; n_D^{20} 1,4391; 54,9% (Ausbeute). *Isovalerianat*, $C_{14}H_{26}O_4$, Kp.$_2$ 171—172°, durch 1std. Erhitzen von 100 g I in 400 ml Bzl. mit 143,1 g Isovaleroylchlorid; $D.^{20}_4$ 0,9827; n_D^{20} 1,4470; 58,7 g. — *Azelainsäure* (II), *Isoamylester*, $C_{14}H_{26}O_4$, Kp.$_2$ 164—165°, man erhitzt 204 g II, 200 g II-Diisoamylester, 100 g Isoamylalkohol u. 500 ml 20%ig. H_2SO_4 6 Std. auf 100° u. extrahiert mit Soda-Lsg.; $D.^{20}_4$ 0,9860; n_D^{20} 1,4473; 55,4%. — Man elektrolysiert 110 g I-Acetat u. 330 g II-Methylester in 122 g K_2CO_3 u. 304 ml W. bei 40—45°/0,4 A pro cm²/14—18 V/13—14 A an einer Pt-Anode in einem Stahlgefäß als Kathode; nach 180 Ah dest. man zunächst mit Wasserdampf u. dann im Vakuum, die Fraktion Kp.$_6$ 198 bis 225° (117,2 g) kocht man mit 45 g KOH in 900 ml A., filtriert bei 60—65° u. erhält nach Abkühlen IV-Di-K-Salz, im Filtrat III u. V-K-Salz; man extrahiert III u. überführt die Salze in die freien Säuren: *Hexadecandisäure-(1.16)* (IV), F. 121,5°; 37,4 g. *Hexadecandiol-(1.16)* (III), F. 86—88°; 22,4 g. *16-Hydroxyhexadecansäure* (V), F. 87—88°; 22,5%. — Bei der Elektrolyse von 90 g I-Isovalerianat u. 226 g II-Methylester in 216 ml W. u. 84 g K_2CO_3 unter vorst. Bedingungen erhält man nach entsprechender Aufarbeitung 15,8 g V, F. 84—86°. HELMUT SCHÄFER. 850□

Einige Reaktionen der Ricinolsäure und ihrer Derivate. N. B. Galstuchowa. (Журнал Общей Химии [J. allg. Chem.] **30** (92). 1387—89. April 1960. Chem.-pharmazeut. Allunions-Ordshonikidse-Inst.) (Russ.)

Vf. stellt einige Derivv. der *Ricinolsäure* (I) dar. Reine I wird durch Behandeln der methanol. Lsg. von Ricinusöl mit HCl, Acetylierung des erhaltenen *Methylesters* (II) mit Essigsäureanhydrid (III) u. Verseifung des Acetats mit alkohol. KOH erhalten.

Versuche: *Ricinolsäureamid* (IV), F. 64—65,5° (Ligroin), man schüttelt 25,3 g II mit 50 ml mit NH_3 gesätt. Methanol 48 Std. bei Zimmer-Temp. u. engt im Vakuum ein; 6 g (Ausbeute). — *O-Ricinoylricinolsäureamid*, $C_{36}H_{67}NO_4$, $Kp._{20}$ 215—220°, durch Dest. von 6 g IV bei 200 mm; 3,2 g. — *O-Acetylricinolsäurenitril*, $C_{20}H_{35}NO_2$, $Kp._{0,8}$ 166—170°, durch 1 std. Erhitzen von 21 g IV mit 15 g III auf 160°; 13,9 g. — *Ricinolsäurehydrazid*, $C_{18}H_{36}N_2O_2$, F. 99—100° (abs. A.), zur Lsg. von 2,4 g Hydrazinhydrat in 20 ml abs. Methanol gibt man 10 g II, kocht 1½ Std. u. engt im Vakuum ein; Prismen; 4,87 g. — *Octadecadien-(9.11)-säurephenylester*, $C_{24}H_{36}O_2$, $Kp._{0,75}$ 223—224°, zur Lsg. von 16 g I in 40 ml abs. Bzl. gibt man bei Zimmer-Temp. 25,6 g $SOCl_2$, dest. nach 4 Std. im Vakuum, gibt die Fraktion $Kp._{0,4}$ 170—200° (4,76 g) zur Lsg. von 6,1 g Phenol in 50 ml abs. Toluol u. kocht 18 Std.; 4,65 g. RENATE RICHTER. 850□

Notiz über die Addition von Thioharnstoff an Citraconsäure. Erik Larsson und Lars-Erik Hägerhäll. (Acta chem. scand. **15.** 2064—66. 1961. Lund, Univ., Chem. Inst., Abt. für organ. Chem.) (Dt.)

Zur Entscheidung über die Additionsrichtung von Thioharnstoff an Citraconsäure (vgl. ANDREASCH [1897] u. BEHRINGER u. ZILLIKENS, C. **1953.** 205) wurde das Additions-Prod. alkal. hydrolysiert; es entstand in 40%ig. Ausbeute ein *Gemisch von Mercaptosäuren*, aus dem leicht *β-Methylthioäpfelsäure* (I, F. 189—190°) abgetrennt u. durch Benzylieren als *S-Benzyl-β-methylthioäpfelsäure* (F. 156—157°) identifiziert werden konnte. Der nichtkristallisierende Rest ergab beim Benzylieren *S-Benzylthiocitramalsäure* (II, F. 153—154,5°). Die Struktur-Best. erfolgte durch F.-Vgl., Best. der Misch-FF. u. durch IR-Spektren. I u. II entstanden etwa im Verhältnis 1 : 4 nebeneinander.

M. WOLFF. 850□

Fluorierung von Silber- und Kaliumcyanat. A. Ja. Jakubowitsch, M. A. Englin und Ss. P. Makarow. (Журнал Общей Химии [J. allg. Chem.] **30** (92). 2374—77. Juli 1960.) (Russ.)

Die Fluorierung von AgOCN liefert COF_2, AgF_2 u. N_2, die Fluorierung von KOCN liefert *KF*, CF_3OF u. NF_3. Es wird ein Rk.-Mechanismus angegeben.

Versuche: Man leitet in einen Cu-Reaktor, der gleiche Gew.-Mengen AgOCN u. KF bzw. KOCN u. KF enthält, bei 25—30 bzw. 50—55° N_2 mit 5—8% F_2 ein (7 bis 13 Liter/Std.) u. fängt die Rk.-Prodd. in einer Kühlfalle auf. Aus 15 g AgOCN erhält man eine Fraktion Kp. —85 bis —83° (5,3 g), die zu 81,5% aus *Carbonylfluorid*, COF_2, u. zu 18,5% aus CO_2 besteht. Mit Anilin wird *Diphenylharnstoff* erhalten ($C_{13}H_{12}N_2O$, F. 235—236°, aus Methanol). Aus 16,5 g KOCN erhält man: 8,5 g *Stickstofftrifluorid*, Kp. —127 bis —125°, u. 16,5 g *Trifluormethylhypofluorit*, CF_4O, Kp. —95 bis —93°.

HELMUT SCHÄFER. 880□

Darstellung von Borperoxiden durch nucleophile Substitution. A. G. Davies und R. B. Moodie. (Chem. and Ind. **1957.** 1622. 14/12. London, Univ. Coll., William Ramsay and Ralph Forster Labor.) (Engl.)

BCl_3 reagiert mit tert.-Butylhydroperoxid (I) glatt unter Bldg. von *Tris-[tert.-butylperoxy]-bor* (II, F. 18°, $Kp._{0,003}$ 60—70°); analog wird *Tris-[n-butylperoxy]-bor* ($Kp._{0,003}$ 50 bis 60°) erhalten. o-Nitrophenoxybordichlorid gibt mit I *o-Nitrophenoxy-bis-[tert.-butylperoxy]-bor* (F. ca. 15°); Bis-[o-nitrophenoxy]-borchlorid liefert *Bis-[o-nitrophenoxy]-tert.-butylperoxybor* (rotes Öl). Die Verbb. werden durch W. leicht zu den Hydroperoxiden hydrolysiert. Die Rk. von Tetraacetyldiborat mit I führt nicht zu II, sondern zu *Bis-[tert.-butylperoxy]-borinsäure* (F. 38—40°). II vermag die Polymerisation von Styrol u. Methacrylsäuremethylester zu initiieren. Cumylperoxybor-Verbb. ließen sich nicht wie II darstellen. Aus n-Hexylbordifluorid u. I wird nur *n-Hexanol* erhalten.

H.-E. TOUSSAINT. 980□

Darstellung von Borperoxiden durch Autoxydation. M. H. Abraham und A. G. Davies. (Chem. and Ind. **1957.** 1622—23. 14/12. London, Univ. College, William Ramsay and Ralph Forster Labor.) (Engl.) — Vgl. vorst. Ref. u. C. **1960.** 753.

Tri-tert.-butylbor wird durch O_2 in Cyclohexan unter teilweiser Isomerisierung der tert.-Butyl- zu Isobutylgruppen zu einem öligen Prod. oxydiert, das in etwa der Zus. eines *Bis-[butylperoxy]-butylbors* ($C_{12}H_{27}BO_4$) entspricht; durch alkal. Hydrolyse u. Wasserdampf-Dest. wird *tert.-Butylhydroperoxid* nachgewiesen u. als *tert.-Butyltriphenylmethylperoxid* (F. 71°) charakterisiert. Die Autoxydation der Tributylbor-Verbb. wird durch Propylamin, nicht jedoch durch W. inhibiert. H.-E. TOUSSAINT. 980□

Eine neue Methode zur Synthese von Organosiliciumverbindungen durch Hochtemperaturkondensation von Olefinen und Chlorolefinen mit Siliciumhydriden. W. F. Mironow. (Collect. czechoslov. chem. Commun. **25.** 2167—72. Aug. 1960. Moskau, Akad. der Wiss. der UdSSR, Inst. für organ. Chem.) (Russ.; Auszug: Dt.)

Es wird die Hochtemp.-Kondens. von Siliciumhydriden der allg. Formel $HSiR_n \cdot Cl_{3-n}$ (n = 0—3) (**S**) mit ungesätt. organ. Verbb. beschrieben. Die Rk. wird im Quarzrohr bei 600° durchgeführt. Der Einfl. von n in **S** bei der Rk. mit Vinylchlorid (**IV**) u. der Einfl. der Anzahl der Chloratome bei Chloräthylenen bei deren Kondens. mit $SiHCl_3$ (**I**) auf die Ausbeute der ungesätt. Alkylchlorsilane wird untersucht. Diese Rkk. stellen einen neuen Typ der homolyt. Substitution (Silylierung) des Siliciums dar. Der Rk.-Mechanismus wird diskutiert.

Versuche: *Vinyltrichlorsilan* (**III**), a) aus **I** u. Äthylen (**II**); 17% (Ausbeute); daneben 4% *Äthyltrichlorsilan*; b) aus **I** u. **IV**; 60%; c) aus **IV** u. Hexachlordisilan; 20%; daneben 40% $SiCl_4$. — *Vinylmethyldichlorsilan*, a) aus Methyldichlorsilan u. **II**; 12%; daneben 3% *Äthylmethyldichlorsilan*; b) mit **IV**; 52%; c) mit 1.2-Dichloräthan; 10%. — *Allyltrichlorsilan*, a) aus **I** u. Propylen; 5%; daneben 5% *Propenyltrichlorsilan* u. 10% **III**; b) aus **I** u. Allylchlorid; 40%. — *Vinyläthyldichlorsilan*, aus Äthyldichlorsilan u. **IV**; 27%. — *Vinyläthylmethylchlorsilan*, aus Äthylmethylchlorsilan u. **IV**; 15%. — *(β-Chlorvinyl)-methyldichlorsilan*, aus Methyldichlorsilan u. 1.2-Dichloräthylen; 20%; daneben 18% *1.2-Bis-[methyldichlorsilyl]-äthylen*. — *β.β-Dichlorvinyltrichlorsilan*, aus Trichloräthylen (**V**) u. **I**; 65%. — *(β.β-Dichlorvinyl)-methyldichlorsilan*, aus **V** u. Methyldichlorsilan; 28%. — *(β.β-Dichlorvinyl)-äthyldichlorsilan*, aus **V** u. Äthyldichlorsilan; 12%. — *Trichlorvinyltrichlorsilan*, aus **I** u. Tetrachloräthylen; 5%. — *Allylmethyldichlorsilan*, aus Allylchlorid u. Methyldichlorsilan; 30%; daneben 5% *Propenylmethyldichlorsilan*. — *(β-Methylallyl)-methyldichlorsilan*, a) aus Methyldichlorsilan u. 1-Chlor-2-methylpropen-(2); 15%; daneben 7% *(β.β-Dimethylvinyl)-methyldichlorsilan*; b) analog mit β.β-Dimethylvinylchlorid; 8 bzw. 15%. — *α-Chlorvinyltrichlorsilan*, aus **I** u. 1.1-Dichloräthylen; 3%; daneben 16% **III**. K. SETÍNEK/Prag. 980

Dialkylselenophosphite $(RO)_2PSeH$. Jan Michalski und Czesław Krawiecki. (Roczniki Chem. [Ann. Soc. chim. Polonorum] **31.** 715—16. 1957. Łódź, Technol. Inst., Abt. für organ. Chem.) (Pol.; Auszug: Engl.)

Durch Einw. von H_2Se auf Diäthylchlorphosphat in Ggw. einer tert. Base wurde *Di-O-äthylselenophosphit* [$Kp._{0,6-0,7}$ 42—43°; n_D^{25} 1,4965; $D._4^{25}$ 1,3650; 60—75% (Ausbeute)] dargestellt, das mit SO_2Cl_2 *Di-O-äthylselenochlorphosphat* ($Kp._1$ 62°; n_D^{25} 1,4974; $D._4^{25}$ 1,3650; 74%) gibt. Dieses liefert durch Umsetzung mit Acrylonitril in Ggw. von Na-Äthylat *2-Cyanäthylselenophosphonsäurediäthylester* ($Kp._{0,15}$ 82—83°; n_D^{25} 1,5042; $D._4^{25}$ 1,3254; 75%). A. BRENNER. 980□

Derivate von 1.2.3-Trimethylbenzol. Natalia Porowska. (Roczniki Chem. [Ann. Soc. chim. Polonorum] **31.** 677—79. 1957. Warszawa, Polytechnikum.) (Pol.)

Es wurden folgende Derivv. von 1.2.3-Trimethylbenzol dargestellt: *3.4.5-Trimethylbenzonitril*, *3.4.5-Trimethylbenzoesäuremethylester* (F. 40,5—41,5°), *3.4.5-Trimethylchlorbenzol* ($Kp._{17}$ 105—106°) u. *3.4.5-Trimethylbrombenzol* ($Kp._{17}$ 117—118°).
A. BRENNER. 1010□

Untersuchungen über schwefelhaltige chelatbildende Agentien. 3. Mitt. **Synthese von β-Mercaptoketonen und ihren Kupferchelaten.** 3. Mitt. Hisashi Tanaka und Akira Yokoyama. (Chem. pharmac. Bull. [Tokyo] **8.** 1008—12. Nov. 1960. Kyoto, Univ., Fac. of Pharmacy.) (Engl.) — 2. vgl. C. **1962.** 7871.

Durch Addition von H_2S an die entsprechenden α,β-ungesätt. Ketone entstehen folgende β-Mercaptoketone: *1-Phenyl-3-mercapto-3-[thienyl-(2)]-*, *1-[Thienyl-(2)]-3-mercapto-3-phenyl-*, *1.3-Bis-[thienyl-(2)]-3-mercapto-*, *1-Phenyl-3-mercapto-3-[furyl-(2)]-* u. *1-[Furyl-(2)]-3-mercapto-3-phenylpropanon-(1)*. Diese Ketone bilden Chelate mit Cu im Verhältnis 1:1.

Versuche: *3-Mercapto-3-[thienyl-(2)]-propiophenon*, $C_{13}H_{12}OS_2$, F. 55—55,5° durch Einleiten von H_2S in eine Lsg. von 2,5 g 3-[Thienyl-(2)]-acrylophenon u. Triäthylamin in abs. Ae. in eine Druckflasche bei —70 bis —80°, mehrstd. Stehen der verschlossenen Flasche, 3std. Erwärmen auf 40° u. mehrstd. Stehen bei Raum-Temp.; aus 50%ig. A. Platten; roter RHEINBOLDT-Test; 0,5 g (Ausbeute). *Cu-Chelat*, $C_{13}H_{11}CuOS_2$, F. 78—79°. — *Bis-{1-phenyl-3-[thienyl-(2)]-3-oxopropyl}-sulfid*, $C_{26}H_{22}O_2S_3$, F. 136°, durch Rk. von 5 g 1-[Thienyl-(2)]-3-phenylpropen-(2)-on-(1) u. Triäthylamin in abs. Ae. analog vorst. Verb., 3std. Erwärmen auf 40—50° u. 4tägiges Stehen bei Raum-Temp.; aus A. Nadeln; 1 g; daneben *Bis-{1-phenyl-3-[thienyl-(2)]-3-oxopropyl}-disulfid* ($C_{26}H_{22}O_2S_4$, F. 125°; aus Chlf./A. Nadeln) u. *1-[Thienyl-(2)]-3-mercapto-3-phenylpropanon-(1)* ($C_{13}H_{12}OS_2$, F. 47°; aus 50%ig. A. Platten; orangefarbener RHEINBOLDT-Test; 1 g. *Cu-Chelat*, $C_{13}H_{11} \cdot$

$CuOS_2$, F. 115°). — *1.3-Bis-[thienyl-(2)]-3-mercaptopropanon-(1)*, F. 102°, durch Rk. von 5 g 1.3-Bis-[thienyl-(2)]-propen-(2)-on-(1) u. Triäthylamin in abs. Ae. mit H_2S analog vorvorst. Verb. u. 1wöchiges Stehen bei Raum-Temp. unter Druck; roter RHEINBOLDT-, Test. *Cu-Chelat*, $C_{11}H_9CuOS_3$, F. 112°. — *Bis-{1.3-bis-[thienyl-(2)]-3-oxopropyl}-sulfid*, $C_{22}H_{18}O_2S_5$, F. 144°, neben vorst. Verb.; aus Chlf./A. Nadeln; 2 g. — *3-Mercapto-3-[furyl-(2)]-propiophenon*, $C_{13}H_{12}O_2S$, F. 45° (PAe.), Kp.$_6$ 160—163°, aus 10 g 3-[Furyl-(2)]-acrylophenon u. Triäthylamin in abs. Ae. mit H_2S (3std. Erwärmen auf 40—50° u. 2tägiges Stehen); roter RHEINBOLDT-Test; 4 g. *Cu-Chelat*, $C_{13}H_{11}CuO_2S$, F. 100—102°. — *Bis-{1-[furyl-(2)]-3-phenyl-3-oxopropyl}-sulfid*, $C_{26}H_{22}O_4S$, F. 127°, neben vorst. Verb.; aus Chlf./A. Nadeln; 2 g. — *1-[Furyl-(2)]-3-mercapto-3-phenylpropanon-(1)*, $C_{13}H_{12}O_2S$, F. 53°, aus 2 g 1-[Furyl-(2)]-3-phenylpropen-(2)-on-(1) u. Triäthylamin in abs. Ae. mit H_2S (3tägiges Stehen bei Raum-Temp.); aus PAe. Nadeln; roter RHEINBOLDT-Test; 1,5 g. *Cu-Chelat*, $C_{13}H_{11}CuO_2S$, F. 142—143°. — *Bis-{1.3-bis-[furyl-(2)]-3-oxopropyl}-sulfid*, $C_{22}H_{18}O_6S$, F. 122°, aus 5 g 1.3-Bis-[furyl-(2)]-propen-(2)-on-(1) u. Triäthylamin in abs. A. mit H_2S (5std. Erhitzen auf 70—80° u. 2tägiges Stehen unter Druck); aus Chlf./A. Nadeln; 4,5 g. — *Bis-{1.3-bis-[furyl-(2)]-3-oxopropyl}-disulfid*, $C_{22}H_{18}O_6S_2$, F. 142°, aus 5 g 1.3-Bis-[furyl-(2)]-propen-(2)-on-(1), Triäthylamin u. H_2S in abs. Chlf./Ae.; aus Chlf. Nadeln; 4 g. — *4-[Pyridyl-(2)]-buten-(3)-on-(2)*, C_9H_9NO, F. 55°, durch 12std. Rühren von 8 g 2-Formylpyridin, Aceton u. 1n KOH unter Eiskühlung u. 2wöchiges Stehen bei Raum-Temp.; aus A./Ae. gelbe Nadeln; 4 g. — *3-[Chinolyl-(2)]-1-phenyl-1-oxopropen-(2)*, $C_{18}H_{13}NO$, F. 116,5°, durch Zutropfen von 50%ig. KOH zu 3,5 g Chinolin-2-aldehyd u. Acetophenon in Methanol unter Eiskühlung, 5std. Rühren u. mehrstd. Stehen bei Raum-Temp.; aus A. blaßgelbe Nadeln; 5 g. P. GOLINSKE. 1090□

Untersuchungen über schwefelhaltige chelatbildende Agentien. 4. Mitt. Struktur der Kupferchelate von β-Mercaptoketonen. Hisashi Tanaka und Akira Yokoyama. (Chem. pharmac. Bull. [Tokyo] **8.** 1012—15. Nov. 1960.) (Engl.) — 3. vgl. vorst. Ref.; 5. vgl. C. **1962.** 10061.

Die Struktur der Cu-Chelate von β-Mercaptoketonen (**A**) wird untersucht u. ein Rk.-Mechanismus der Chelat-Bldg. wird angegeben. Die **A** reduzieren Cu^{2+} zu Cu^+ u. bilden das Chelat mit Cu^+ im Verhältnis 1:1. Gleichzeitig werden die **A** zu den entsprechenden *Disulfiden* oxydiert.

Versuche: *3-Mercapto-3-phenylpropiophenon, Cu-Chelat*, durch mehrere Min. langes Erwärmen von 240 mg der Mercapto-Verb. mit einer wss. Cu^{2+}-Lsg. unter Schütteln, Abtrennen des orangeroten Öls, Stehen u. Umkristallisieren aus A./Chlf.; 140 mg (Ausbeute). — *3-Mercapto-3-[p-chlorphenyl]-propiophenon, Cu-Chelat*, analog vorst. Verb. aus 140 mg der Mercapto-Verb.; 80 mg. — *3-Phenyl-3-mercapto-p-chlorpropiophenon, Cu-Chelat*, aus 140 mg Mercapto-Verb.; 70 mg. — *3-Phenyl-3-mercapto-p-methoxypropiophenon, Cu-Chelat*, aus 140 mg Mercapto-Verb.; 80 mg. — *3-Phenyl-3-mercapto-2-methylpropiophenon, Cu-Chelat*, aus 250 mg Mercapto-Verb.; 140 mg. — *3-[Furyl-(2)]-3-mercaptopropiophenon, Cu-Chelat*, aus 230 mg Mercapto-Verb.; 140 mg. — *Bis-[1.3-diphenyl-3-oxopropyl]-disulfid*, F. 156,5°, durch Zutropfen von 10%ig. H_2O_2 zu 1 g 3-Mercapto-3-phenylpropiophenon in A. bei Raum-Temp. u. 5std. Rühren; aus Chlf. Nadeln; 0,9 g. — *Bis-[1-(p-chlorphenyl)-3-phenyl-3-oxopropyl]-disulfid*, F. 197°. — *Bis-[1-phenyl-3-(p-chlorphenyl)-3-oxopropyl]-disulfid*, F. 160°. — *Bis-[1-phenyl-3-(p-methoxyphenyl)-3-oxopropyl]-disulfid*, F. 168°. — *Bis-[1.3-diphenyl-2-methyl-3-oxopropyl]-disulfid*, F. 89—90°. — *Bis-{1-[furyl-(2)]-3-phenyl-3-oxopropyl}-disulfid*, F. 150°. P. GOLINSKE. 1090□

Über die Nitrierung von Sulfaniliden. E. Szczucki und K. Okoń. (Bull. Acad. polon. Sci., Sér. Sci. chim., géol. géogr. **7.** 67—70. 1959. Warsaw, Militar. Techn. Coll.) (Engl.)

Benzolsulfanilid (**I**) läßt sich mit HNO_3 (D. 1,5) in Ggw. von Essigsäureanhydrid unterhalb 8° zu *N-Benzolsulfonyl-2.4-dinitroanilin* (**II**; F. 113—114°. *N-Methyl-Deriv.*, F. 151°) nitrieren. Durch nochmaliges Nitrieren von **II** mit HNO_3 (D. 1,52) bei 20—30° wurde *N-[3-Nitrobenzolsulfonyl]-2.4-dinitroanilin* (F. 211°) erhalten, das auch durch direkte Nitrierung von **I** dargestellt werden kann. Die Einführung einer weiteren NO_2-Gruppe gelang nicht. Durch Nitrierung von N-Benzolsulfonyl-N-methylanilin konnte keine Dinitro-Verb., sondern nur *N-[3-Nitrobenzolsulfonyl]-N-methyl-2.4-dinitroanilin* (F. 213°) erhalten werden. Das aus 3.5-Dinitrobenzolsulfanilid erhaltene *N-[3.5-Dinitrobenzolsulfonyl]-2.4-dinitroanilin* ließ sich ebenfalls nicht weiter nitrieren. Die Verss. haben gezeigt, daß die Nitrogruppen zunächst in den Anilinring in 2.4-Stellung u. erst dann in den sulfonierten Ring in m-Stellung eingeführt werden. Im Gegensatz zu Sulfonsäure u. N-Alkylsulfonsäureamiden wird der Imidwasserstoff nicht substituiert.

B. FRANKE. 1090□

Untersuchungen über Chinone. 1. Mitt. Azophenole: Monophenylhydrazone von Chinonen. Shiam Sunder Joshi, Daleep Singh Deorha und Prem Chandra

Joshi. (J. Indian chem. Soc. **38**. 395—99. Juli 1961. Meerut, Meerut Coll., School of Chem.) (Engl.)

Durch Kondens. von Chinonen mit substituierten Phenylhydrazinen entstehen sowohl *4-Hydroxyazobenzole* als auch substituierte *Chinonmonophenylhydrazone*, je nach der Art der Ausgangschinone.

Versuche: 4'-Hydroxyazobenzole, a) durch Erhitzen gleicher Mengen des Phenylhydrazins mit dem Chinon in A. in Ggw. von etwas konz. HCl, Kühlen u. Umkristallisieren aus Essigsäure; b) durch Diazotieren des entsprechenden Anilins in 2½ Mol konz. HCl, Filtrieren u. Zugabe zu dem entsprechenden Phenol in Methanol in Ggw. von überschüssiger wss. Na-Acetat-Lsg. unter Rühren; c) durch Lösen von $NaNO_2$ in konz. H_2SO_4 unter Kühlung, Erwärmen auf 40—45°, Zugabe des entsprechenden Anilins in der Kälte, 4std. Stehen bei 10—15°, Gießen in eiskaltes W., Zugabe zu dem Phenol in Essigsäure in Ggw. von Na-Acetat zunächst bei 10—15°, dann bei 5°, ½std. Rühren u. Filtrieren: *4-Nitro-*, $C_{12}H_9N_3O_3$, F. 211°. — *2-Brom-4-nitro-*, $C_{12}H_8BrN_3O_3$, F. 186°. — *2-Chlor-4-nitro-*, $C_{12}H_8ClN_3O_3$, F. 196°. — *4-Chlor-2-nitro-*, $C_{12}H_8ClN_3O_3$, F. 178°. — *2-Chlor-4.6-dinitro-*, $C_{12}H_7ClN_4O_5$, F. 180°. — *2-Brom-4.6-dinitro-*, $C_{12}H_7BrN_4O_5$, F. 183°. — *4.6-Dinitro-3-methyl-*, $C_{13}H_{10}N_4O_5$, F. 225°. — *6-Brom-2.4-dinitro-3-methyl-*, $C_{13}H_9Br \cdot N_4O_5$, F. 198°. — *6-Chlor-2.4-dinitro-3-methyl-*, $C_{13}H_9ClN_4O_5$, F. 200°. — 2'-Methyl-4'-hydroxy-5'-isopropylazobenzole: *4-Nitro-*, $C_{16}H_{17}N_3O_3$, F. 168°. — *2-Brom-4-nitro-*, $C_{16}H_{16}BrN_3O_3$, F. 176°. — *2-Chlor-4-nitro-*, $C_{16}H_{16}ClN_3O_3$, F. 185°. — *4-Chlor-2-nitro-*, $C_{16}H_{16}ClN_3O_3$, F. 150°. — *2-Chlor-4.6-dinitro-*, $C_{16}H_{15}ClN_4O_5$, F. 193°. — *2-Brom-4.6-dinitro-*, $C_{16}H_{15}BrN_4O_5$, F. 185°. — *4.6-Dinitro-3-methyl-*, $C_{17}H_{18}N_4O_5$, F. 205°. — *6-Brom-2.4-dinitro-3-methyl-*, $C_{17}H_{17}BrN_4O_5$, F. 196°. — *6-Chlor-2.4-dinitro-3-methyl-*, $C_{17}H_{17}ClN_4O_5$, F. 202°. — 3'-Methyl-4'-hydroxyazobenzole: *4-Nitro-*, $C_{13}H_{11}N_3O_3$, F. 203°. — *2-Brom-4-nitro-*, $C_{13}H_{10}BrN_3O_3$, F. 161°. — *2-Chlor-4-nitro-*, $C_{13}H_{10}ClN_3O_3$, F. 176°. — *4-Chlor-2-nitro-*, $C_{13}H_{10}ClN_3O_3$, F. 128°. — *2-Chlor-4.6-dinitro-*, $C_{13}H_9ClN_4O_5$, F. 160°. — *2-Brom-4.6-dinitro-*, $C_{13}H_9BrN_4O_5$, F. 156°. — *4.6-Dinitro-3-methyl-*, $C_{14}H_{12} \cdot N_4O_5$, F. 157°. — *6-Brom-2.4-dinitro-3-methyl-*, $C_{14}H_{11}BrN_4O_5$, F. 152°. — *6-Chlor-2.4-dinitro-3-methyl-*, $C_{14}H_{11}ClN_4O_5$, F. 150°. — 4'-Acetoxyazobenzole, durch ½std. Erhitzen der entsprechenden Hydroxy-Verb. mit 3 Mol Acetanhydrid/Na-Acetat u. Umkristallisieren aus Essigsäure: *4-Nitro-*, $C_{14}H_{11}N_3O_4$, F. 147°; hellorange. — *2-Brom-4-nitro-*, $C_{14}H_{10}BrN_3O_4$, F. 158°; hellbraun. — *2-Chlor-4-nitro-*, $C_{14}H_{10}ClN_3O_4$, F. 163°; hellbraun. — *4-Chlor-2-nitro-*, $C_{14}H_{10}ClN_3O_4$, F. 150°; hellbraun. — *2-Chlor-4.6-dinitro-*, $C_{14}H_9ClN_4O_6$, F. 156°; hellorange. — *2-Brom-4.6-dinitro-*, $C_{14}H_9BrN_4O_6$, F. 158°; orangegelb. — *4.6-Dinitro-3-methyl-*, $C_{15}H_{12}N_4O_6$, F. 187°; orangegelb. — *6-Brom-2.4-dinitro-3-methyl-*, $C_{15}H_{11}BrN_4O_6$, F. 165°; orange. — *6-Chlor-2.4-dinitro-3-methyl-*, $C_{15}H_{11}ClN_4O_6$, F. 170°; hellorange. — 4'-Acetoxy-5'-isopropyl-2'-methylazobenzole: *4-Nitro-*, $C_{18}H_{19}N_3O_4$, F. 145°; rötlichgelb. — *2-Brom-4-nitro-*, $C_{18}H_{18}BrN_3O_4$, F. 143°; gelb. — *2-Chlor-4-nitro-*, $C_{18}H_{18}ClN_3O_4$, F. 144°; ziegelrot. — *4-Chlor-2-nitro-*, $C_{18}H_{18}ClN_3O_4$, F. 115°; rot. — *2-Chlor-4.6-dinitro-*, $C_{18}H_{17}ClN_4O_6$, F. 125°; scharlachrot. — *2-Brom-4.6-dinitro-*, $C_{18}H_{17}BrN_4O_6$, F. 128°; braunrot. — *4.6-Dinitro-3-methyl-*, $C_{19}H_{20}N_4O_6$, F. 139°; rötlichgelb. — *6-Brom-2.4-dinitro-3-methyl-*, $C_{19}H_{19}BrN_4O_6$, F. 145°; rot. — *6-Chlor-2.4-dinitro-3-methyl-*, $C_{19}H_{19}ClN_4O_6$, F. 152°; rot. — 3'-Methyl-4'-acetoxyazobenzole: *4-Nitro-*, $C_{15}H_{13}N_3O_4$, F. 145°; gelblichbraun. — *2-Brom-4-nitro-*, $C_{15}H_{12} \cdot BrN_3O_4$, F. 145°; gelblichbraun. — *2-Chlor-4-nitro-*, $C_{15}H_{12}ClN_3O_4$, F. 145°; hellbraun. — *4-Chlor-2-nitro-*, $C_{15}H_{12}ClN_3O_4$, F. 120°; gelblichbraun. — *2-Chlor-4.6-dinitro-*, $C_{15}H_{11} \cdot ClN_4O_6$, F. 140°; orangerot. — *2-Brom-4.6-dinitro-*, $C_{15}H_{11}BrN_4O_6$, F. 142°; orangerot. — *4.6-Dinitro-3-methyl-*, $C_{16}H_{14}N_4O_6$, F. 143°; gelblichrot. — *6-Brom-2.4-dinitro-3-methyl-*, $C_{16}H_{13}BrN_4O_6$, F. 138°; orangegelb. — *6-Chlor-2.4-dinitro-3-methyl-*, $C_{16}H_{13}ClN_4O_6$, F. 140°; orangegelb. — 1.4-Dioxocyclohexadien-(2.5)-monophenylhydrazone: *-4-nitrophenylhydrazon*, $C_{18}H_{15}N_5O_2$, F. 232°, durch 1std. Erhitzen des entsprechenden Hydroxyazobenzols mit Phenylhydrazin auf 100° u. Umkristallisieren aus A.; orangegelb. — *-2-brom-4-nitro-phenylhydrazon*, $C_{18}H_{14}BrN_5O_2$, F. 215°; orangerot. — *-2-chlor-4-nitrophenylhydrazon*, $C_{18}H_{14}ClN_5O_2$, F. 225°; dunkelrot. — *-4-chlor-2-nitrophenylhydrazon*, $C_{18}H_{14}ClN_5O_2$, F. 212°; braun. — *-2-chlor-4.6-dinitrophenylhydrazon*, $C_{18}H_{13}ClN_6O_4$, F. 228°; braunrot. — *-2-brom-4.6-dinitrophenylhydrazon*, $C_{18}H_{13}BrN_6O_4$, F. 225°; braunrot. — *-4.6-dinitro-3-methylphenylhydrazon*, $C_{19}H_{16}N_6O_4$, F. 245°; schokoladenfarben. — *-6-brom-2.4-dinitro-3-methylphenylhydrazon*, $C_{19}H_{15}BrN_6O_4$, F. 241°; dunkelrot. — *-6-chlor-2.4-dinitro-3-methylphenylhydrazon*, $C_{19}H_{15}ClN_6O_4$, F. 224°; orangerot. — 1.4-Dioxo-2-methyl-5-isopropylcyclohexadien-(2.5)-monophenylhydrazone: *-4-nitrophenylhydrazon*, $C_{22}H_{23}N_5O_2$, F. 218°; schmutziggelb. — *-2-brom-4-nitrophenylhydrazon*, $C_{22}H_{22}Br \cdot N_5O_2$, F. 208°; braunrot. — *-2-chlor-4-nitrophenylhydrazon*, $C_{22}H_{22}ClN_5O_2$, F. 230°; orangerot. — *-4-chlor-2-nitrophenylhydrazon*, $C_{22}H_{22}ClN_5O_2$, F. 202°; rötlichbraun. —

-2-chlor-4.6-dinitrophenylhydrazon, $C_{22}H_{21}ClN_6O_4$, F. 245° (Zers.); braunrot. — *-2-brom-4.6-dinitrophenylhydrazon*, $C_{22}H_{21}BrN_6O_4$, F. 235°; rot. — *-4.6-dinitro-3-methylphenylhydrazon*, $C_{23}H_{24}N_6O_4$, F. 250° (Zers.); rot. — *-6-brom-2.4-dinitro-3-methylphenylhydrazon*, $C_{23}H_{23}BrN_6O_4$, F. 248°; schmutzigrot. — *-6-chlor-2.4-dinitro-3-methylphenylhydrazon*, $C_{23}H_{23}ClN_6O_4$, F. 256°; schmutzigrot. — 1.4-Dioxo-3-methylcyclohexadien-(2.5)-monophenylhydrazone: *-4-nitrophenylhydrazon*, $C_{19}H_{17}N_5O_2$, F. 225°; gelblichbraun. — *-2-brom-4-nitrophenylhydrazon*, $C_{19}H_{16}BrN_5O_2$, F. 205°; orange. — *-2-chlor-4-nitrophenylhydrazon*, $C_{19}H_{16}ClN_5O_2$, F. 212°; orangegelb. — *-4-chlor-2-nitrophenylhydrazon*, $C_{19}H_{16}ClN_5O_2$, F. 198°; orangerot. — *-2-chlor-4.6-dinitrophenylhydrazon*, $C_{19}H_{15}ClN_6O_4$, F. 199°; gelblichrot. — *-2-brom-4.6-dinitrophenylhydrazon*, $C_{19}H_{15}BrN_6O_4$, F. 202°; hellbraun. — *-4.6-dinitro-3-methylphenylhydrazon*, $C_{20}H_{18}N_6O_4$, F. 215°; dunkelrot. — *-6-brom-2.4-dinitro-3-methylphenylhydrazon*, $C_{20}H_{17}BrN_6O_4$, F. 220°; dunkelrot. — *-6-chlor-2.4-dinitro-3-methylphenylhydrazon*, $C_{20}H_{17}ClN_6O_4$, F. 210°; gelblichrot. — *Chloranil, 4-Nitrophenylhydrazon*, $C_{12}H_5Cl_4N_3O_3$, F. 290°, analog der Darst. der Hydroxyazobenzole. *2-Brom-4-nitrophenylhydrazon*, $C_{12}H_4BrCl_4N_3O_3$, F. 300°. *2-Chlor-4-nitrophenylhydrazon*, $C_{12}H_4Cl_5N_3O_3$, F. 300°. *4-Chlor-2-nitrophenylhydrazon*, $C_{12}H_4Cl_5N_3O_3$, F. 280°. *4.6-Dinitro-3-methylphenylhydrazon*, $C_{13}H_6Cl_4N_4O_5$, F. 300°. — *Anthrachinon, 4-Nitrophenylhydrazon*, $C_{20}H_{13}N_3O_3$, F. 300°. *2-Brom-4-nitrophenylhydrazon*, $C_{20}H_{12}BrN_3O_3$, F. 300°. *2-Chlor-4-nitrophenylhydrazon*, $C_{20}H_{12}ClN_3O_3$, F. 300°. *4-Chlor-2-nitrophenylhydrazon*, $C_{20}H_{12}ClN_3O_3$, F. 300°. *4.6-Dinitro-3-methylphenylhydrazon*, $C_{21}H_{14}N_4O_5$, F. 300°. — *β-Methylanthrachinon, 4-Nitrophenylhydrazon*, $C_{21}H_{15}N_3O_3$, F. 174°. — *2-Brom-4-nitrophenylhydrazon*, $C_{21}H_{14}BrN_3O_3$, F. 178°. *2-Chlor-4-nitrophenylhydrazon*, $C_{21}H_{14}ClN_3O_3$, F. 172°. *4-Chlor-2-nitrophenylhydrazon*, $C_{21}H_{14}ClN_3O_3$, F. 166°. *4.6-Dinitro-3-methylphenylhydrazon*, $C_{22}H_{16}N_4O_5$, F. 142°. P. GOLINSKE. 1190□

Über Pyromellitsäure- und Cumidinsäure-Derivate. 6. Mitt. B. K. Manukian. (Helv. chim. Acta **44**. 1922—26. 1/12. 1961. Zürich, ETH, Techn.-chem. Labor.) (Dt.) — 5. vgl. C. **1962**. 8224.

Dichlorpyromellitsäuredimethylimid (I) liefert mit Dimethylamin (**II**) *1.4-Bis-[dimethylamino]-* u. mit N-Methylanilin (**III**) *1.4-Bis-[N-methylanilino]-pyromellitsäuredimethylimid* (**V**), beide in Form von dunkelblauen Kristallen, die sich gut an saurem Al_2O_3 chromatographieren, leicht umkristallisieren u. unzersetzt im Hochvakuum sublimieren lassen. Aufeinanderfolgende bas. u. saure Hydrolyse von **V** führte zu *1.4-Bis-[N-methylanilino]-pyromellitsäure* (**VI**), die mit Diazomethan den *Tetramethylester* u. durch Wasserabspaltung das *Dianhydrid* (**VII**) ergab. **VII** liefert mit Methylamin (**IV**) wieder **V**. Durch Rk. von **VII** mit Anilin wurde *1.4-Bis-[N-methylanilino]-pyromellitsäurediphenylimid* erhalten. Bas. Hydrolyse öffnete die Imidringe von **V** zu einer gut in W. lösl. *Dicarbonsäure*, die leicht wieder zu **V** kondensiert, aber bei sofortiger Rk. mit Diazomethan in den entsprechenden *Diester* übergeführt werden kann.

Versuche (UV- u. IR-Spektren sind angegeben): *1.4-Bis-[dimethylamino]-pyromellitsäuredimethylimid*, $C_{16}H_{18}N_4O_4$, F. 253—254°, durch 16std. Erhitzen von **I** u. **II** in Methanol im Rohr auf 180°, Einengen, Extrahieren mit Methylenchlorid (MC) u. Chromatographieren an Al_2O_3; blaue Kristalle aus MC; 64,7% (Ausbeute). — *1.4-Bis-[N-methylanilino]-pyromellitsäuredimethylimid* (**V**), $C_{26}H_{22}N_4O_4$, F. 297—298°, a) durch 3std. Kochen von **I** u. **III**, 12std. Stehen, Aufnehmen in Ae./MC, Waschen mit W. u. Einengen; 89%; b) durch 1std. Kochen von **VII** mit wss. **IV**, Eindampfen u. Aufarbeiten; 82%; aus MC–Bzl. blaue Kristalle. $2^3/_4$std. Kochen von 1,37 g **V** in 3n KOH; Filtrieren, Ansäuern in der Kälte, Ausäthern, Verestern mit CH_2N_2 u. Einengen → 243 mg *1.4-Bis-[N-methylanilino]-pyromellitsäuredimethylester-(2.5)-dimethylamid-(3.6)* [$C_{28}H_{30}N_4O_6$, F. 249° (Zers.)]. — *1.4-Bis-[N-methylanilino]-pyromellitsäure* (**VI**), $C_{24}H_{20}N_2O_8$, F. 314 bis 316°, durch 8std. Kochen von 4,5 g **V** mit wss. 3n KOH, Ansäuern, 1½std. Erwärmen, Alkalisieren, ½std. Kochen, Filtrieren u. Ansäuern des Filtrats; aus Ae. gelborange Kristalle; 3,14 g. — *1.4-Bis-[N-methylanilino]-pyromellitsäuretetramethylester*, $C_{28}H_{28}N_2O_8$, F. 190°, aus **VI** mit Diazomethan in Methanol–Ae.; aus MC-Methanol zitronengelbe Kristalle. — *1.4-Bis-[N-methylanilino]-pyromellitsäuredianhydrid* (**VII**), $C_{24}H_{16}N_2O_6$, F. oberhalb 300°, durch 4std. Erhitzen von **VI** auf 130° u. Hochvakuumsublimation des schmutziggrünen Prod. bei 250°. — *1.4-Bis-[N-methylanilino]-pyromellitsäurediphenylimid*, $C_{36}H_{26}N_4O_4$, F. 318—319°, durch 1½std. Kochen von **VII** u. Anilin, Extraktion mit Bzl.-Ae.-MC, Waschen, Einengen, Filtrieren u. Chromatographie des Filtrats; aus Bzl.-MC blaugrüne Kristalle; 95%. — *1.4-Diaminopyromellitsäurediimid*, $C_{10}H_6N_4O_4$, F. oberhalb 320°, durch 16std. Erhitzen von 350 mg Diaminopyromellitsäuretetramethylester mit A. u. fl. NH_3 im Rohr auf 180° u. Abfiltrieren der blauen Kristalle; 239 mg.

M. WOLFF. 1240□

Eliminierung von H_2S mit acylierten Carbodiimiden. Allgemeine Synthese aromatischer und aliphatischer Carbodiimide. K. Hartke. (Angew. Chem. **74**. 214. 21/3. 1962. Concepción, Univ., Inst. Central de Quím.) (Dt.)

Acylierte Chlorameisensäure-N.N'-dialkylamidine (**A**) reagieren mit Thioamiden unter Eliminierung von H_2S. Durch Mischen von Chlorameisensäure-N.N'-dialkylamidinen mit Acetylhalogeniden in abs. Ae. erhält man die **A**, setzt die äquivalente Menge Triäthylamin u. Thioamid zu, rührt 3—4 Std. bei Raum-Temp., filtriert das Triäthylaminhydrochlorid ab, schüttelt den als Neben-Prod. anfallenden *N.N'-Dialkyl-N-acetylthioharnstoff* mit wss. NaOH aus u. isoliert aus dem Ae. das entstandene *Nitril*. Man erhält aus **A** u. Thiobenzamid *Benzonitril* (75% Ausbeute) u. aus Phenylthioacetamid *Phenylacetonitril* (74%). Ebenso reagieren Thioharnstoffe zu den entsprechenden *Carbodiimiden*.

Versuche: Carbodiimide: *N.N'-Diphenyl-*, $Kp._{0,2}$ 160—162°, aus Chlorameisensäure-N.N'-diisopropyl-N-acetylamidin (I) u. N.N'-Diphenylthioharnstoff; 67% (Ausbeute); daneben *N.N'-Diisopropyl-N-acetylthioharnstoff* (II); 82%. — *N.N'-p-Ditolyl-*, F. 55—56°, aus I u. N.N'-Di-p-tolylthioharnstoff; 65%; daneben II; 74%. — *N-Phenyl-N'-isopropyl-*, $Kp._{0,3}$ 106°, aus I u. N-Phenyl-N'-isopropylthioharnstoff; 77%; daneben II; 86%. — *N-Phenyl-N'-methyl-*, aus I u. N-Phenyl-N'-methylthioharnstoff; 33%; daneben II; 81%. — *N-Cyclohexyl-N'-methyl-*, $Kp._{16}$ 93°, aus I u. N-Cyclohexyl-N'-methylthioharnstoff; 65%; daneben II; 84%. J. Pfirschke. 1280□

Hochtemperaturkondensation der Siliciumhydride mit Arylchloriden; eine neue Methode zur Darstellung von Arylchlorsilanen. Je. A. Tschernyschew. (Collect. czechoslov. chem. Commun. **25**. 2161—66. Aug. 1960. Moskau, Akad. der Wiss. der UdSSR, Inst. für organ. Chem.) (Russ.; Auszug: Dt.)

Die Hoch-Temp.-Kondens. von Siliciumhydriden mit Arylchloriden stellt eine neue Meth. zur Darst. von *Arylchlorsilanen* dar. Die Rk. verläuft bei ca. 650°. Als Neben-Prodd. werden *KW-Stoffe* erhalten. Verlauf u. Mechanismus der Rk. werden diskutiert.

Versuche: Aus den entsprechenden Siliciumhydriden u. Arylchloriden im Quarzrohr bei 640°; Rk.-Dauer 30 Sek.; Verhältnis RCl:$(CH_3)_nSiHCl_{3-n}$ = 2:1; *Phenyltrichlorsilan*, $C_6H_5Cl_3Si$, $Kp._{764}$ 198—201°, aus Chlorbenzol u. Trichlorsilan; n_D^{20} 1,5215—20; $D._4^{20}$ 1,3132—46; 52% (Ausbeute). — *Phenylmethyldichlorsilan*, $C_7H_8Cl_2Si$, $Kp._{760}$ 200 bis 203°; n_D^{20} 1,5175—1,5182; $D._4^{20}$ 1,1808—1,1818; 35%. — *α-Naphthyltrichlorsilan*, $C_{10}H_7Cl_3Si$, $Kp._1$ 126—127°; n_D^{20} 1,6105; $D._4^{20}$ 1,3655; 60,6%. — *α-Naphthylmethyldichlorsilan*, $C_{11}H_{10}Cl_2Si$, $Kp._1$ 128—129°; n_D^{20} 1,6074; $D._4^{20}$ 1,2832; 51,7%. — *β-Naphthyltrichlorsilan*, $C_{10}H_7Cl_3Si$, F. 51—52°, $Kp._{30}$ 183—185°; 51%. — *β-Naphthylmethyldichlorsilan*, $C_{11}H_{10}Cl_2Si$, F. 37—38°, $Kp._1$ 126—128°; 41%. — *p-Chlorphenyltrichlorsilan*, $C_6H_4Cl_4Si$, $Kp._{14}$ 101—104°; n_D^{20} 1,5400—1,5408; $D._4^{20}$ 1,4255—1,4258; 29%. — *p-Bis-[trichlorsilyl]-benzol*, $C_6H_4Cl_6Si_2$, F. 76—77°, $Kp._2$ 115—117°; 15%. — *p-Chlorphenylmethyldichlorsilan*, $C_7H_7Cl_3Si$, $Kp._2$ 80—83°; n_D^{20} 1,5340—1,5345; $D._4^{20}$ 1,2854—1,2856; 19%. — *p-Bis-[methyldichlorsilyl]-benzol*, $C_8H_{10}Cl_4Si_2$, F. 56—57°, $Kp._1$ 116—118°; 8,5%. K. Setínek/Prag. 1380

Synthese siliciumorganischer Verbindungen mit Phenylensiloxan-Molekülketten. K. A. Andrianow und W. Je. Nikitenkow. (Известия Академии Наук СССР, Отделение Технических Наук [Nachr. Akad. Wiss. UdSSR, Abt. chem. Wiss.] **1961**. 441—44. März. Elektrotechn. Allunions-Lenin-Inst.) (Russ.)

Durch Hydrolyse von 1-[Methylphenylchlorsilyl]-4-[phenyldichlorsilyl]-benzol (I) sowie von 1.4-Bis-[phenyldichlorsilyl]-benzol (II) werden Verbb. mit Phenylensiloxan-Molekülketten erhalten.

Versuche: *1-Hydroxy-1.3-diphenyl-3-methyl-1-*[*p-{3'-[p-(phenyldihydroxysilyl)-phenyl]-3'-methyl-1'.3'-diphenyl-1'-hydroxydisiloxanyl}-phenyl*]*-3-*[*p-{3''-[p-methylphenylhydroxysilyl)-phenyl]-3''-hydroxy-1''.3''-diphenyl-1''-methyldisiloxanyl}-phenyl*]*-disiloxan*, $C_{76}H_{74}O_9Si_8$, F. 84—85°, durch 3std. Hydrolyse von 256,4 g I in 700 ml Ae. bei 18—25° u. Reinigung durch Fällen mit PAe. aus CCl_4; 99,1% (Ausbeute). — *Bis-[1.4-bis-(phenylhydroxysilyl)-benzol]-cyclodioxid* (*1.3.10.12-Tetrahydroxy-1.3.10.12-tetraphenyl-1.3.10.12-tetrasila-2.11-dioxa-[3.3]-paracyclophan*), $C_{36}H_{32}O_6Si_4$, F. 93—104° (unter Kondens.), durch Hydrolyse von II; 83,5%. In sd. Bzl. erfolgt Kondens. zu einem Polymeren mit dem Molgew. 3370. — *Bis-{3.10.12-Trihydroxy-1.3.10.12-tetraphenyl-1.3.10.12-tetrasila-2.11-dioxa-[3.3]-paracyclophenyl-(1)}-äther*, $C_{72}H_{62}O_{11}Si_8$, durch 4—10 Monate langes Stehen einer 50%ig. Lsg. von vorst. Verb. in Ae.-Toluol. — Die IR-Spektren der Verbb. sind angegeben. Eberhard Fischer. 1380□

Darstellung und Charakterisierung von Oktaphenylcyclotetrasilan. A. W. P. Jarvie, H. J. S. Winkler, D. J. Peterson und H. Gilman. (J. Amer. chem. Soc. **83**. 1921—24. 20/4. 1961. Ames, Iowa, Iowa State Univ., Chem. Labor.) (Engl.)

Eine verbesserte Meth. zur Darst. der Kipping-Verb. wird beschrieben. Ihre Identität mit *Oktaphenylcylotetrasilan* (I) ergibt sich aus der Überführung in *1.4-Dimethyl-*

oktaphenyltetrasilan, das auch durch Rk. von Methyldiphenylsilyllithium mit symm. Dichlortetraphenyldisilan dargestellt wurde. *1.4-Dichloroktaphenyltetrasilan*, durch Ringöffnung an I gewonnen, ergab durch Rk. mit C_6H_5Li früher beschriebenes *Dekaphenyltetrasilan*.

Versuche: *Oktaphenylcyclotetrasilan* (I), $C_{48}H_{40}Si_4$, F. 321—323° (Toluol), a) durch Rk. von Dichlordiphenylsilan (II) mit in Toluol geschmolzenem Na unter N_2; 10,6% (Ausbeute); daneben *Dodekaphenylcyclohexasilan*, F. 426—430° (Bzl./PAe.); 5,7%; b) durch rasche Zugabe von II in Tetrahydrofuran zu Li-Drahtstücken unter Rühren, 24std. Stehen, Filtration u. Waschen mit Bzl.; 19,4%. — *1.4-Dichloroktaphenyltetrasilan* (III), $C_{48}H_{40}Cl_2Si_4$, F. 182—183° (Bzl./PAe.), durch ½std. Erhitzen von I mit Tetrachloräthan; 77%. — *1.4-Dijodoktaphenyltetrasilan*, $C_{48}H_{40}F_2Si_4$, F. 274—276°, durch Zugabe von J_2 zu I in Bzl. bei 60°, ¼std. Rühren, Abdampfen des Bzl., Aufnehmen in Chlf. u. Fällen mit Ae.; zersetzlich in Lsg., im festen Zustand nach Std. Gelbfärbung; 55%. — *1.4-Dimethyloktaphenyltetrasilan*, $C_{50}H_{46}Si_4$, F. 222—223° (Aceton/Chlf.), a) durch tropfenweise Zugabe von CH_3Li in Ae. zur Suspension von III in Ae., Hydrolyse der Lsg. nach 3 Std. bei Raum-Temp. mit 0,1n HCl u. Extraktion mit Ae.; 63%; b) durch Rk. von I mit Li in Tetrahydrofuran, 3std. Rühren u. Zugabe der Lsg. der *Silyl-Li-Verb.* zum Überschuß Trimethylphosphat in Tetrahydrofuran; 27%; c) aus Methyldiphenylsilyl-Li u. symm. Dichlortetraphenyldisilan in Tetrahydrofuran unter Eiskühlung, Zers. mit n-HCl nach 16 Std., Ausäthern u. Fällen mit PAe.; 29%. — *Dekaphenyltetrasilan*, F. 358—360° (Bzl./PAe.), durch Zutropfen von C_6H_5Li in Ae. zur Suspension von III in Ae., Zers. mit 0,1n HCl nach 24 Std. u. Fällen mit Ae.; 44%. H.-J. Weigmann. 1380

1-Phenyl-2-trifluormethyläthylen, Phenyltrifluormethylacetylen und ihre Derivate. L. M. Jagupolski und Ju. A. Fialkow. (Журнал Общей Химии [J. allg. Chem.] **30 (92).** 1291—94. April 1960. Inst. für Organ. Chem. der Akad. der Wiss. der Ukrain SSR.) (Russ.)

1-Phenyl-2-trifluormethyläthylen (I) u. *-acetylen* (II) werden dargestellt u. IR-spektroskop. untersucht.

Versuche: *1-Phenyl-2-trifluormethyläthylen* (I), $Kp._{760}$ 165—166°, $Kp._{150}$ 114—115°, $Kp._{20}$ 61—62°, man vermischt 190 g SbF_3 u. 550 ml abs. Dioxan, dest. 50 ml ab, gibt 133 g 1-Phenyl-2-trichlormethyläthylen zu, kocht 7 Std. lang, gibt 1000 ml 20%ig. HCl zu u. extrahiert mit Ae.; $D._{18}^{18}$ 1,1793; n_D^{18} 1,4750; 80% (Ausbeute). — *1-Phenyl-1.2-dibrom-3.3.3-trifluorpropan* (III), $C_9H_7Br_2F_3$, $Kp._{0,1}$ 86—89°, zur Lsg. von 13 g I in 40 ml abs. Chlf. gibt man 3,9 ml Br_2 u. erhitzt 1 Std. lang auf 40—50°; 24,8 g. Durch Umkrist. aus wss. Methanol erhält man ein *Diastereomeres*, $C_9H_7Br_2F_3$, F. 59,5°; 64%. — *1-Phenyl-1.2-dichlor-3.3.3-trifluorpropan*, $Kp._{15}$ 90—91°, aus 4,33 g I u. 2,22 g Cl_2 in CCl_4 durch 1std. Erhitzen auf 60°; $D._{18}^{18}$ 1,3979; n_D^{18} 1,4850; 92%. — *1-Phenyl-2-brom-2-trifluormethyläthylen*, $Kp._{760}$ 194—195°, $Kp._{18}$ 82—83°, man kocht 13,3 g III mit 90 ml abs. Triäthylamin 6 Std. lang, filtriert nach dem Abkühlen, gibt zum Filtrat 500 ml 10%ig. H_2SO_4, extrahiert mit Ae. u. dest.; $D._{18}^{18}$ 1,5362; n_D^{18} 1,5141; 90%. — *Phenyltrifluormethylacetylen* (II), $Kp._{760}$ 144—145°, $Kp._{45}$ 63—64°, zu 20 g KOH gibt man bei 230° (Ölbad-Temp.) 12,6 g vorst. Verb., erhöht die Temp. auf 250°, dest. mit Wasserdampf, extrahiert das Destillat mit Ae. u. fraktioniert; die Fraktion $>$145° wird nochmals mit KOH behandelt; $D._{18}^{18}$ 1,1599; n_{D18} 1,4615; 76%. — *1-Phenyl-1.2-dibrom-2-trifluormethyläthylen*, $Kp._{20}$ 110—111°, zur Lsg. von 2,55 g II in 10 ml abs. Chlf. gibt man 0,8 ml Br_2 u. erwärmt 1 Std. auf 40—50°; $D._{18}^{18}$ 1,8503; n_D^{18} 1,5423; 87%. — *1-Phenyl-1.1.2.2-tetrachlor-3.3.3-trifluorpropan*, $Kp._1$ 78—79°, zur Lsg. von 3,4 g II in 5 ml abs. CCl_4 gibt man 3,4 g Cl_2 in 30 ml CCl_4, erwärmt 1 Std. auf 50—60° u. kocht noch 15 Min.; $D._{18}^{18}$ 1,5892; n_D^{18} 1,5196; 86%. Renate Richter. 1410□

Die Synthese von 1.1.4.4.5.6-Hexachlorcyclohexen-(5)-dicarbonsäure-(2.3). Ju. G. Mamedalijew, M. M. Gusseinow und E. M. Treiwuss. (Доклады Академии Наук СССР [Ber. Akad. Wiss. UdSSR] **134.** 1153—54. 11/10. 1960. Akad. der Wiss. der AserbaidshanSSR, Inst. für erdölchem. Prozesse.) (Russ.)

Bei der Diels-Alder-Kondens. von Hexachlorbutadien mit Maleinsäureanhydrid (I) entsteht bei einem molaren Verhältnis von 2 : 1 in Ggw. von Azodiisobutyronitril u. Jod bei 130° in fast theoret. Ausbeute (bezogen auf I) *1.1.4.4.5.6-Hexachlorcyclohexen-(5)-dicarbonsäure-(2.3)*, F. 255° (W.). Renate Richter. 2020□

Aralkylierung von Anisol mit Styrol und α-Methylstyrol in Gegenwart von $BF_3 \cdot H_3PO_4$ und $BF_3 \cdot O(C_2H_5)_2$. Ss. W. Sawgorodni und E. W. Alissowa. (Доклады Академии Наук СССР [Ber. Akad. Wiss. UdSSR] **139.** 1367—69. 21/8. 1961. Kiew, Polytechn. Inst.) (Russ.)

Die Aralkylierung von Anisol (I) mit Styrol in Ggw. von $BF_3 \cdot H_3PO_4$ oder BF_3-Ätherat liefert in hoher Ausbeute *1-[p-Methoxyphenyl]-1-phenyläthan*, das mit HBr in Eisessig in *1-[p-Hydroxyphenyl]-1-phenyläthan* übergeführt wird. Letzteres gibt mit Chloressigsäure *1-[p-Carboxymethoxyphenyl]-1-phenyläthan*. Die Rk. von **I** mit α-Methylstyrol (**II**) in Ggw. von BF_3-Ätherat liefert entsprechend *2-[p-Methoxyphenyl]-2-phenylpropan*, das ebenfalls in die *p-Hydroxy-* u. *p-Carboxymethoxy-Verb.* übergeführt wird. Im Gegensatz zur Rk. von **I** mit Styrol ist die Rk. von **I** mit **II** stark vom gegenseitigen Verhältnis der Ausgangs-Verbb. bzw. des Katalysators abhängig. — In Ggw. von $BF_3 \cdot H_3PO_4$ kann die Dimerisation von **II** zu *1.1.3-Trimethyl-3-phenylindan* Haupt-Rk. werden. Der Einfl. des Komponentenverhältnisses, der Temp. (20—60°) u. der Rk.-Zeit (1½ bis 8½ Std.) auf die Ausbeute wird tabellar. angegeben.

Versuche: *1-[p-Methoxyphenyl]-1-phenyläthan*, $Kp._8$ 161—163°, man gibt zu 5 Mol **I** in Ggw. von 0,3 Mol $BF_3 \cdot H_3PO_4$ bei 60° Styrol u. rührt 2 Std. lang; $D._4^{20}$ 1,0517; n_D^{20} 1,5735; rund 88% (Ausbeute). — *1-[p-Hydroxyphenyl]-1-phenyläthan*, $Kp._5$ 133 bis 134°, durch 45 Min. langes Kochen von 15 g vorst. Verb., 100 ml HBr u. 70 ml Eisessig; zähes, gelbes Öl; $D._4^{20}$ 1,1142; n_D^{20} 1,5885; 39,2%. Daneben 0,5 g *Phenol.* — *1-[p-Carboxymethoxyphenyl]-1-phenyläthan*, $C_{16}H_{16}O_3$, F. 97—99°, aus vorst. Verb. u. Chloressigsäure; 83,7%. — *2-[p-Methoxyphenyl]-2-phenylpropan*, $Kp._3$ 154—156°, durch Rk. von 5 Mol **I** u. 0,5 Mol BF_3-Ätherat mit 1 Mol **II**; $D._4^{20}$ 1,0424; n_D^{20} 1,5698; rund 70% (daneben in Ggw. von $BF_3 \cdot H_3PO_4$ *1.1.3-Trimethyl-3-phenylindan*, F. 53—54°; 45%). — *2-[p-Hydroxyphenyl]-2-phenylpropan*, F. 72—73°, aus vorst. Verb. mit HBr-Eisessig (³/₄std. Kochen); 32,3%. — *2-[p-Carboxymethoxyphenyl]-2-phenylpropan*, F. 117—118° (W.), aus 1 g vorst. Verb. in 5 ml 33%ig. NaOH u. 1,5 g Chloressigsäure (1 Std. auf dem Wasserbad); 55,1%. Helmut Schäfer. 2260□

Benzidinartige Umlagerung aromatischer Disulfide. H. J. Shine und J. L. Bear. (Chem. and Ind. **1957.** 565—66. 4/5. Lubbock, Tex., Techn. Coll., Dep. of Chem. and Chem. Engng.) (Engl.)

Beim Aufbewahren von Diphenyldisulfid (**I**) mit H_2SO_4 verschiedener Konzz. bei Raum-Temp. wird eine in allen üblichen Lsgm. unlösl., *S-haltige Verb.* (**A**) wechselnder Zus. erhalten, die wahrscheinlich ein partiell oxydiertes oder sulfoniertes *polymeres Disulfid* darstellt, dessen Elementaranalyse auf die Bruttoformel $(C_{12}H_8S_2)_3 \cdot 2\,SO_3$ oder $(C_{12}H_8S_2) \cdot SO_3$ hinweist. **A** entsteht möglicherweise durch oxydative Polymerisation u. anschließende Sulfonierung von *4.4'-Dimercaptobiphenyl*, das seine Bldg. aus **I** einer Art Benzidinumlagerung verdanken könnte. W. Hampel. 2290□

Untersuchungen über antibakterielle Verbindungen. 1. Mitt. **Synthesen einiger Hydroxychlorchalkone.** N. Gudi, S. Hiremath, V. Badiger und S. Rajagopal. (Arch. Pharmaz. **295/67.** 16—19. Jan. 1962. Dharwar, India, Karnatak Univ., Dep. of Chem.) (Dt.)

2.3-(**I**) u. 2.4-Dichlorbenzaldehyd (**II**) werden in Ggw. von 50%ig. KOH mit o-Hydroxyacetophenon (**III**) u. 2-Hydroxy-4-methoxyacetophenon zu *2'-Hydroxy-2.3-dichlor-* (**IV**), *2'-Hydroxy-2.4-dichlor-*, *2'-Hydroxy-4'-methoxy-2.3-dichlor-* u. *2'-Hydroxy-4'-methoxy-2.4-dichlorchalkon* kondensiert. **I** bzw. **II** werden ausgehend von 2.3- bzw. 2.4-Dichloranilin nach einer bisher noch unveröffentlichten Meth. von Jolad u. Rajagopal hergestellt. Die erhaltenen Chalkone werden durch ihre Acetyl- u. Benzoyl-Derivv. charakterisiert u. in die entsprechenden Flavanone u. Flavanole übergeführt. Sie sollen auf ihre bakteristat. Wrkg. untersucht werden.

Versuche: *2.3-Dichlorbenzaldehyd* (**I**), $Kp._1$ 105°, F. 65—67°, durch Neutralisieren einer 2.3-Dichlorbenzoldiazoniumchlorid-Lsg. (aus 2.3-Dichloranilin in wss. HCl bei 0—5° mit $NaNO_2$) mit Na-Acetat gegen Kongorot, Eingießen unter Rühren in eine 10%ig. wss. Formaldoxim-Lsg. mit $CuSO_4$, Na_2SO_4 u. Na-Acetat bei 10—15°, 1std. Rühren, Ansäuern, 2std. Kochen, Abkühlen, Ausäthern, Einengen, Lösen in 50%ig. H_2SO_4, Wasserdampf-Dest., Neutralisieren mit Na_2CO_3 u. Ausäthern; 30% (Ausbeute). — *2.4-Dichlorbenzaldehyd* (**II**), $Kp._2$ 104°, F. 70°, analog **I** aus 2.4-Dichloranilin. — *2'-Hydroxy-2.3-dichlorchalkon* (**IV**), $C_{15}H_{10}Cl_2O_2$, F. 168° (A., feine Nadeln), durch Schütteln einer warmen Lsg. von 4 g **I** u. 3 g **III** in A. mit wenig 50%ig. NaOH, Stehen über Nacht, Verdünnen mit Eiswasser u. Ansäuern; 6,0 g. *Acetyl-Deriv.*, F. 112° (A., dünne Nadeln), durch Kochen mit Acetanhydrid u. wenig Pyridin. *Benzoyl-Deriv.*, F. 150° (A., schwachgelbe Nadeln), mit Benzoylchlorid in Pyridin. — Analog: *2'-Hydroxy-4'-methoxy-2.3-dichlorchalkon*, $C_{16}H_{12}Cl_2O_3$, F. 220° (wss. A., hellgelbe Nadeln). *Acetyl-Deriv.*, F. 148° (A., gelbe Blättchen). *Benzoyl-Deriv.*, F. 130° (A., gelbe Nadeln). — *2'-Hydroxy-4'-methoxy-2.4-dichlorchalkon*, $C_{16}H_{12}Cl_2O_3$, F. 197° (A., glänzende Nadeln). *Acetyl-Deriv.*, F. 115° (A., gelbe Nadeln). *Benzoyl-Deriv.*, F. 128° (A., gelbliche Nadeln). — *2'-Hydroxy-2.4-*

dichlorchalkon, $C_{15}H_{10}Cl_2O_2$, F. 173° (A., feine Nadeln). *Acetyl-Deriv.*, F. 76° (A., mkr. kleine Nadeln). *Benzoyl-Deriv.*, F. 118° (A., gelblichbraune Nadeln). — *2'.3'-Dichlorflavanon*, $C_{15}H_{10}Cl_2O_2$, F. 144° (A., schwachgelbe Nadeln), durch 24std. Kochen von **IV** in A. mit wenig konz. H_2SO_4. — Analog: *2'.3'-Dichlor-7-methoxyflavanon*, $C_{16}H_{12}Cl_2O_3$, F. 205° (wss. A., gelbliche Nadeln). — *2'.4'-Dichlor-7-methoxyflavanon*, $C_{16}H_{12}Cl_2O_3$, F. 180° (A., hellgelbe Nadeln). — *2'.3'-Dichlorflavonol*, $C_{15}H_8Cl_2O_3$, F. 208° (A., Nadeln), durch langsame Zugabe von 20%ig. H_2O_2 zu einer alkohol. Lsg. von **IV** mit wenig 50%ig. NaOH bei 0° unter Schütteln, Stehen über Nacht u. Versetzen mit eisgekühlter verd. H_2SO_4. — Ebenso: *2'.3'-Dichlor-7-methoxyflavonol*, $C_{16}H_{10}Cl_2O_4$, F. 175° (wss. A., gelbliche Nadeln). — *2'.4'-Dichlor-7-methoxyflavonol*, $C_{16}H_{10}Cl_2O_4$, F. 170° (A., gelbe Nadeln). — *2'.4'-Dichlorflavonol*, $C_{15}H_8Cl_2O_3$, F. 200° (A., glänzende, braune Nadeln).

E. KOSSMEHL. 2380□

Untersuchung auf dem Gebiet der Stereochemie cyclischer Verbindungen. 39. Mitt. Synthese und stereospezifische Umwandlungen von Monoestern der cis-syn- und cis-anti-Δ^7-hydrinden-4.5-dicarbonsäure. W. F. Kutscherow und E. P. Sserebrjakow. (Известия Академии Наук СССР, Отделение Химических Наук [Nachr. Akad. Wiss. UdSSR, Abt. chem. Wiss.] **1961.** 1087—93. Juni. Zelinsky-Inst. für org. Chem. der Akad. der Wiss. der UdSSR.) (Russ.) — 38. vgl. C. **1962.** 9324.

Der durch Kochen des Anhydrids der cis-syn-Δ^7-Tetrahydroindan-4.5-dicarbonsäure (cis-syn-I) mit Methanol zugängliche *5-Methylester* wird durch Behandeln mit HCl in *cis-syn-7a-Hydroxyhydrindan-4.5-dicarbonsäure-⟨4 → 7a⟩-lacton-5-methylester* (**II**-*5-Methylester*) umgewandelt. Durch partielle Verseifung des Dimethylesters erhält man *cis-syn*-**I**-*4-Methylester*, der nicht zur Lacton-Bldg. fähig ist, sondern bei der Einw. von HCl unter Verschiebung der Doppelbindung in *cis-$\Delta^{3a,7a}$-Tetrahydroindan-4.5-dicarbonsäure-4-methylester* (*cis*-**III**-*4-Methylester*) übergeht; dessen Struktur wird durch die Isomerisierung mittels $NaOCH_3$ zu *trans*-**III** bestätigt. Während cis-syn-**I**-5-Methylester beim Erhitzen mit $NaOCH_3$ nur verseift wird u. sich beim Ansäuern der Lsg. **II** bildet, geht der 4-Methylester unter den gleichen Bedingungen in *trans-anti*-**I** über. Beim Erhitzen auf 280° wird cis-syn-**I**-Anhydrid mit mäßiger Ausbeute zu *cis-anti*-**I**-*Anhydrid* isomerisiert; daneben fällt etwas *cis*-**III**-*Anhydrid* an. cis-anti-**I** gibt bei der Einw. von HCl/Essigsäure leicht cis-**III**; die Umlagerung von cis-anti-**I**-Dimethylester mittels $NaOCH_3$ führt wiederum zu trans-anti-**I**. Dem aus cis-anti-**I**-Anhydrid mit Methanol erhaltenen Monomethylester wird eine äquatoriale 4-Carbomethoxygruppe zugeschrieben; beim Erhitzen mit $NaOCH_3$ tritt hier keine Isomerisierung ein. trans-syn-**I** ließ sich nach den bisherigen Unterss. also nicht darstellen, während in der Reihe der Δ^4-Oktalin-1.2-dicarbonsäuren die entsprechenden Umwandlungen glatt durchzuführen sind. Für diese unterschiedliche Verh. wird der Fünfring im **I**-Syst. verantwortlich gemacht, d. h. die Größe der einzelnen Ringe in bicycl. Syst. scheint Konformationswechsel maßgebend zu beeinflussen.

Versuche: *cis-syn-Δ^7-Tetrahydroindan-4.5-dicarbonsäure* (*cis-syn*-**I**), *5-Methylester*, $C_{12}H_{16}O_4$, F. 131—132° (Ae.), durch 6std. Kochen von 7,6 g cis-syn-**I**-Anhydrid mit abs. Methanol; 5,85 g (Ausbeute). *4-Methylester*, $C_{12}H_{16}O_4$, F. 126,5—128° (Ae.), durch 3½std. Kochen von 6,3 g des Dimethylesters mit 1,6 g KOH in wss. Methanol; 5,75 g. — *trans-anti*-**I**, F. 161—163°, a) durch 18std. Kochen von 0,65 g cis-syn-**I**-4-Methylester mit Na in Methanol; 0,49 g; b) analog aus 0,3 g cis-anti-**I**-Dimethylester; 0,17 g. — *cis-anti*-**I**, $C_{11}H_{14}O_4$, F. 187,5—189°, durch Kochen des Anhydrids mit wss. Aceton. *Anhydrid*, $C_{11}H_{12}O_3$, F. 113—114 (Ae.–Hexan), a) durch 1½std. Erhitzen von cis-syn-**I**-Anhydrid unter N_2 auf 280° [daneben *cis*-**III**-*Anhydrid*]; b) aus der Säure mit sd. Acetylchlorid. *Dimethylester*, $C_{13}H_{18}O_4$, Kp.$_{7,5}$ 147—149°, mit CH_2N_2; n_D^{20} 1,4940. *4-Methylester*, $C_{12}H_{16}O_4$, F. 113—114,5°, aus dem Anhydrid abs. Methanol. — *cis-syn-7a-Hydroxyhydrindan-4.5-dicarbonsäure-⟨4 → 7a⟩-lacton* (**II**), F. 196—197° (W.), durch Erhitzen von cis-syn-**I**-5-Methylester mit Na in Methanol u. Ansäuern. *5-Methylester*, F. 98—99° (Ae.–PAe.), durch Einleiten von HCl in die Lsg. von 0,4 g cis-syn-**I**-5-Methylester in Ae.–Dioxan bei 0—5°; 0,38 g. — *cis-$\Delta^{3a,7a}$-Tetrahydroindan-4.5-dicarbonsäure* (*cis*-**III**), F. 180 bis 181° (W.), durch 1½std. Erwärmen von 0,4 g cis-anti-**I** in mit HCl gesätt. Eisessig auf 70°; 0,12 g. *4-Methylester*, $C_{12}H_{16}O_4$, F. 95—96° (Aceton–W.), durch Einleiten von HCl in die Lsg. von 1,9 g cis-syn-**I**-4-Methylester in Ae.–Dioxan bei 0—5°; 1,85 g. — *trans*-**III**, F. 163—165° (W.), a) durch 18std. Kochen von 1,05 g cis-**III**-4-Methylester mit Na in Methanol; 0,76 g; b) durch Erwärmen von 0,7 g cis-anti-**I**-Dimethylester in mit HCl gesätt. Eisessig auf 70°, Eindampfen u. 18std. Kochen mit Na in Methanol; 0,17 g.

H.-E. TOUSSAINT. 2600□

Untersuchung auf dem Gebiet der Stereochemie cyclischer Verbindungen. 40. Mitt. Stereochemie der Dienkondensation von trans-1-Vinyl-6-keto-9-methyl-Δ^1-oktalin

mit Maleinsäureanhydrid und einige Umwandlungen der sich bildenden Isomeren und ihrer Ketale. W. F. Kutscherow, I. M. Milstein und I. A. Gurwitsch. (Журнал Общей Химии [J. allg. Chem.] **31** (**93**). 2832—39. Sept. 1961.) (Russ.) — **39.** vgl. vorst. Referat.

Die Dien-Rk. von trans-1-Vinyl-6-keto-9-methyl-Δ^1-oktalin (**V**) mit Maleinsäureanhydrid (**IV**) liefert bei 0° die Anhydride zweier *7-Keto-4b-methyl-Δ^4-dodekahydrophenanthren-1.2-dicarbonsäuren* (**Ia, b**) im Verhältnis 3,4 : 1; bei 80° überwiegt **Ia**-Anhydrid nur noch mit 2,5 : 1. Es wird angenommen, daß die Bldg. des in größerer Menge anfallenden **Ia**-Anhydrids durch Addition von **IV** auf der der angularen CH_3-Gruppe von **V** entgegengesetzten Seite, die Bldg. von **Ib**-Anhydrid durch Addition auf derselben Seite erfolgt. Bei der Dien-Rk. von trans-1-Vinyl-6.6-äthylendioxy-9-methyl-Δ^1-oktalin mit **IV** fallen die Anhydride zweier *7.7-Äthylendioxy-4b-methyl-Δ^4-dodekahydrophenanthren-1.2-dicarbonsäuren* (**IIa, b**) im Verhältnis 4 : 1 an. **Ia**-Anhydrid u. **IIa**-Anhydrid werden durch 50%ig. Essigsäure zur gleichen **Ia** verseift. Durch W. oder Methanol wird in **IIa**-Anhydrid nur der Anhydridring unter Bldg. von **IIa** bzw. **IIa**-*2-Methylester* geöffnet, was hinsichtlich der Darst. von funktionellen tricycl. Verbb. mit geschützter Ketogruppe von präparativem Interesse ist. **Ia**-Anhydrid geht beim Erhitzen mit abs. Methanol unter Veresterung u. Ketalisierung in den *2-Methylester* einer *7.7-Dimethoxy-4b-methyl-Δ^4-dodekahydrophenanthren-1.2-dicarbonsäure* (**IIIa**) über. Freie **IIIa** wird aus **Ia** u. abs. Methanol erhalten. Offenbar wirken die freien COOH-Gruppen hierbei katalysierend. Entsprechend werden **IIIa** u. **IIIa**-2-Methylester bereits durch Erhitzen mit wss. Aceton zu **Ia** bzw. **Ia**-*2-Methylester* hydrolysiert, während **IIIa**-Dimethylester unter den gleichen Bedingungen nicht verändert wird, sondern zur Hydrolyse sd. wss. Essigsäure erfordert. Durch Erhitzen mit abs. Methanol wird aus **Ib**-Anhydrid ein **IIIb**-2-Methylester erhalten.

Versuche: *7-Keto-4b-methyl-Δ^4-dodekahydrophenanthren-1.2-dicarbonsäure, Form* **Ia**, $C_{17}H_{22}O_5$, F. 200—201° (wss. Aceton), durch 10std. Kochen von 0,8 g des Anhydrids mit wss. Dioxan; 0,78 g (Ausbeute). *Anhydrid*, $C_{17}H_{20}O_4$, F. 212—213° (Aceton), durch Zugeben von 2,27 g **IV** zu 4,4 g **V** in Bzl. u. mehrstd. Stehen; 3,35 g (daneben 1,65 g **Ib**-Anhydrid). *Dimethylester*, $C_{19}H_{26}O_5$, F. 130—131° (wss. Methanol), aus 0,3 g **Ia** u. äther. CH_2N_2; 0,27 g. *2-Methylester*, $C_{18}H_{24}O_5$, F. 173,5—174,5° (wss. Aceton), durch kurzes Erhitzen von **IIIa**-2-Methylester mit wss. Aceton; 100%. — *Form* **Ib**, $C_{17}H_{22}O_5$, F. 258—260° (wss. Dioxan), durch 10std. Erwärmen von 0,16 g des Anhydrids mit wss. Dioxan auf 50—60°; 0,1 g. *Anhydrid*, $C_{17}H_{20}O_4$, F. 148—149° (Bzl.), neben **Ia**-Anhydrid. *Dimethylester*, $C_{19}H_{26}O_5$, F. 150—151° (Hexan). *2-Methylester*, $C_{18}H_{24}O_5$, F. 193—194°, durch kurzes Erhitzen von **IIIb**-2-Methylester in wss. Aceton; 100%. — *7.7-Äthylendioxy-4b-methyl-Δ^4-dodekahydrophenanthren-1.2-dicarbonsäure, Form* **IIa**, $C_{19}H_{26}O_6$, F. 219 bis 220° (Aceton), durch 8std. Kochen von 0,69 g des Anhydrids mit 85%ig. Dioxan; 0,59 g. *Anhydrid*, $C_{19}H_{24}O_5$, F. 207—207,5° (Bzl.), durch 4std. Kochen von 2 g **V** mit 5 ml Äthylenglykol u. 80 mg p-Toluolsulfonsäure in Bzl., Abtrennen der oberen Schicht, Waschen mit Soda-Lsg., Trocknen, Einengen, Zugeben von 1 g **IV** in Bzl. u. mehrstd. Stehen; 1,6 g [daneben 0,45 g **IIb**-*Anhydrid*, $C_{19}H_{24}O_5$, F. 152—153° (Bzl.-PAe.)]. *2-Methylester*, $C_{20}H_{28}O_6$, F. 168—169° (wss. Methanol), durch 18std. Erhitzen von 0,4 g des Anhydrids mit abs. Methanol; 0,16 g. *Dimethylester*, $C_{21}H_{30}O_6$, F. 96—97° (Hexan), aus der Säure oder dem 2-Methylester mit CH_2N_2. — *7.7-Dimethoxy-4b-methyl-Δ^4-dodekahydrophenanthren-1.2-dicarbonsäure, Form* **IIIa**, $C_{19}H_{28}O_6$, F. 142—143° (Ae.), durch 16std. Kochen von 0,3 g **Ia** mit abs. Methanol; 0,18 g. *2-Methylester*, $C_{20}H_{30}O_6$, F. 151 bis 152° (Methanol), durch 10std. Kochen von 0,6 g **Ia**-Anhydrid mit abs. Methanol; 0,58 g. *Dimethylester*, $C_{21}H_{32}O_6$, F. 94—95° (Hexan), a) aus 50 mg vorst. 2-Methylesters mit CH_2N_2; 40 mg; b) durch 8std. Kochen von 0,2 g **Ia**-Dimethylester mit abs. Methanol u. wenig Eisessig; 0,1 g. — *Form* **IIIb**, *2-Methylester*, $C_{20}H_{30}O_6$, F. 156—157° (Methanol), durch 9std. Kochen von 1 g **Ib**-Anhydrid mit abs. Methanol; 0,46 g. *Dimethylester*, $C_{21}H_{32}O_6$, F. 105—105,5° (wss. Aceton), aus vorst. Ester mit CH_2N_2.

H.-E. Toussaint. 2600□

Untersuchung auf dem Gebiet der Stereochemie cyclischer Verbindungen. 41. Mitt. Synthese der geometrischen Isomeren von 7-Methoxyhexahydro (und -oktahydro)-phenanthren-1.2-dicarbonsäuren. W. M. Andrejew, G. M. Ssegal und W. F. Kutscherow. (Известия Академии Наук СССР, Отделение Химических Наук [Nachr. Akad. Wiss. UdSSR, Abt. chem. Wiss.] **1961.** 1475—82. Aug.) (Russ.) — vorst. Referat.

Bei der Dien-Rk. von 1-Vinyl-6-methoxy-3.4-dihydronaphthalin (**IV**) mit Maleinsäureanhydrid (**V**) bildet das *Anhydrid* der *cis-syn-7-Methoxy-1.2.3.9.10.10a-hexahydrophenanthren-1.2-dicarbonsäure* (*cis-syn*-**I**) das Haupt-Prod.; aus den gesammelten Mutterlaugen mehrerer Ansätze konnte nunmehr in geringer Menge auch *cis-anti-I-Anhydrid* isoliert werden. Wie cis-syn-I-Anhydrid geht auch di. cis-anti-Verb. beim Erwärmen mit HCl in *cis-7-Methoxy-1.2.3.4.9.10-hexahydrophenanthren-1.2-dicarbonsäureanhydrid* (III) über. Damit ist bestätigt, daß die beiden Verbb. Epimere am C_{10a} sind. cis-syn- u. cis-anti-I-Anhydrid fallen bei der Dien-Rk. von **IV** mit **V** etwa im Verhältnis 70 : 1 an. cis-anti-I-Dimethylester wird durch $NaOCH_3$ in *trans-syn-*I umgewandelt. Bei der katalyt. Hydrierung von cis-anti-I (als Di-Na-Salz) werden nebeneinander *cis-anti-trans-7-Methoxy-1.2.3.4.4a.9.10.10a-oktahydrophenanthren-1.2-dicarbonsäure* (*cis-anti-trans*-II) u. *cis-anti-cis*-II im Verhältnis 12 : 1 gebildet. cis-anti-trans-II-Dimethylester wird durch $NaOCH_3$ unter Verseifung zu *trans-anti-trans*-II isomerisiert. Bei der Red. von **III** mit Li in fl. NH_3 fallen (im Gegensatz zur spezif. verlaufenden katalyt. Hydrierung) etwa gleiche Mengen *cis-anti-trans*-II u. *cis-syn-trans*-II an. cis-syn-trans-II-Dimethylester geht beim Erhitzen mit $NaOCH_3$ wiederum in trans-anti-trans-II über.

Versuche: *cis-anti-7-Methoxy-1.2.3.9.10.10a-hexahydrophenanthren-1.2-dicarbonsäure* (*cis-anti*-I), $C_{17}H_{18}O_5$, F. 230—231° (Zers.; Dioxan), durch 4std. Kochen von 2,65 g des Anhydrids mit wss. Dioxan; 1,65 g (Ausbeute). *Anhydrid*, $C_{17}H_{16}O_4$, F. 189,5—191° (Aceton), neben cis-syn-I-Anhydrid bei der Dien-Rk. von **IV** mit **V**; λ_{max} 295 mμ (Acetonitril). *Dimethylester*, $C_{19}H_{22}O_5$, F. 102—103°, mit CH_2N_2; aus Methanol Nadeln. — *trans-syn*-I, $C_{17}H_{18}O_5$, F. 232,5—233° (Zers.; Dioxan), durch 12std. Kochen von 0,6 g cis-anti-I-Dimethylester mit Na in Methanol; 0,47 g. *Anhydrid*, $C_{17}H_{16}O_4$, F. 227—228°, durch 3std. Kochen von 0,2 g der Säure mit Acetylchlorid; aus Bzl. gelbliche Nadeln; 0,13 g. *Dimethylester*, $C_{19}H_{22}O_5$, F. 118—119°, aus Methanol Schuppen. — *cis-7-Methoxy-1.2.3.4.9.10-hexahydrophenanthren-1.2-dicarbonsäureanhydrid* (III), F. 139—140° (Aceton-Ae.), durch 1std. Erwärmen von 0,2 g cis-anti-I-Anhydrid in mit HCl gesätt. Essigsäureanhydrid/Eisessig auf 60°; 0,16 g. — *cis-anti-trans-7-Methoxy-1.2.3.4.4a.9.10.10a-oktahydrophenanthren-1.2-dicarbonsäure* (*cis-anti-trans*-II), $C_{17}H_{20}O_5$, F. 181,5—182,5° (Zers.; wss. Aceton), durch Zugeben von 1,5 g cis-anti-I zu 0,45 g NaOH in W., Erwärmen bis zur vollständigen Lsg., Hydrieren nach Zusetzen von 30%ig. Pd/$SrCO_3$, Eindampfen u. Ausziehen mit sd. Aceton; 1,12 g [daneben 0,11 g *cis-anti-cis*-II, F. 237—238° (Zers.)]. *Dimethylester*, $C_{19}H_{24}O_5$, F. 121—122°, aus Methanol Nadeln. *Anhydrid*, $C_{17}H_{18}O_4$, F. 185 bis 186°, aus Bzl. Nadeln. — *trans-anti-trans*-II, $C_{17}H_{20}O_5$, F. 210—212° (wss. Aceton), durch 23std. Kochen von 0,7 g cis-anti-trans-II-Dimethylester mit Na in Methanol; 0,3 g [daneben ein nicht näher untersuchter *Monomethylester*, $C_{18}H_{22}O_5$, F. 184—185° (wss. Aceton), 0,14 g]. *Anhydrid*, $C_{17}H_{18}O_4$, F. 234—236° (Dioxan). *Dimethylester*, $C_{19}H_{24}O_5$, F. 127—128°, aus Methanol Blättchen, a) aus der Säure mit CH_2N_2; b) durch 26std. Kochen von 0,2 g cis-syn-trans-II-Dimethylester mit Na in Methanol u. Umsetzen mit CH_2N_2; 0,15 g; c) analog aus cis-anti-trans-II-Dimethylester. — *cis-syn-trans*-II, F. 184—185° (wss. Aceton), durch Zugeben von 3 g III in Tetrahydrofuran u. dann 150 mg Li zu fl. NH_3 bei —50°, 1/4std. Rühren, Zers. mit 3 g NH_4Cl, Durchleiten von Luft bis zur Trockne, Behandeln mit 0,5%ig. HCl, Aufnehmen des Ungelösten in Methanol, Zugeben von 3n HCl, 3std. Kochen, Eindampfen im Vakuum, Behandeln mit Ae., Aufnehmen des Ungelösten mit sd. Aceton [ungelöst bleibt eine nicht näher identifizierte *Verb. vom F. 244—245°*] u. Verdünnen mit W.; 0,15 g [daneben aus der äther. Lsg. *cis-anti-trans*-II]. *Dimethylester*, $C_{19}H_{24}O_5$, F. 88—89° (Methanol).

H.-E. Toussaint. 2600□

Versuche zur Totalsynthese von Terpenen. 1. Mitt. Die Synthese von 1β.9-Dimethyl-6.6-äthylendioxy-cis-dekalon-(2). Robert F. Church, Robert E. Ireland und D. R. Shiridhar. (J. org. Chemistry **27**. 707—14. März 1962. Ann Arbor, Mich., Univ., Dep. of Chem.) (Engl.)

Vff. synthetisierten aus 5-Hydroxy-10-methyl-$\Delta^{1,9}$-oktalon-(2)-hydrat (I) in 7 Stufen u. 23%ig. Gesamtausbeute *1β.9-Dimethyl-6.6-äthylendioxy-cis-dekalon-(2)* (II). **II** ist ein möglicherweise verwendbares Zwischenprod. in der Total-Synth. von Sesquiterpenen (Eremophilon, Petasin) u. Triterpenen (β-Amyrin). Drei andere Synth.-Wege zur Darst. von **II** erwiesen sich als unbefriedigend. Die konjugierte Addition von CH_3MgBr in Ggw. von CuBr an 6.6-Äthylendioxy-$\Delta^{1,9}$-oktalon-(2) (**III**) zur entsprechenden *9-Methyl-Verb.* (**IV**) gelang zwar, jedoch wurde **IV** nicht wie erwünscht in 1-Stellung, sondern in 3-Stellung methyliert. Beim 1-Methylhomologen von **III** gelang hingegen die konjugierte Addition des CH_3MgBr nicht. 1.4-Diketo-2-methoxy-10-methyl-cis-$\Delta^{2,6}$-hexahydronaphthalin (**V**) wurde über mehrere Stufen in *1.9-Dimethyl-6.7-oxido-cis-dekalin* übergeführt, aus welchem mit $LiAlH_4$ u. durch anschließende Oxydation mit Jones-Reagens ein Gemisch der isomeren *8.9-Dimethyl-cis-dekalone-(3)* u. -(2) entstand. Das erste, auch durch Red. u. Hydrolyse von **II** erhalten, konnte nur schwierig aus dem Gemisch isoliert werden. Einige weitere Modell-Verss. sind beschrieben.

Versuche (FF. korr.): *3-n-Butylmercaptomethylen-9-methyl-cis-dekalon-(2)*, $C_{16}H_{28}$·OS, $Kp._{0,1}$ 162—163°, aus 9-Methyl-cis-dekalon-(2) u. $HCOOC_2H_5/CH_3ONa$ in Bzl., dann mit C_4H_9SH in Bzl. in Ggw. von p-Toluolsulfonsäure (TsOH); 65% (Ausbeute). — *1-Methyl-cis-cyclohexandiessigsäure-(1.2)*, F. 194—195° (A./PAe.), aus vorst. Verb. u. 30%ig. H_2O_2 in CH_3OH in Ggw. von CH_3ONa (30 Min. bei 10—20°, dann 1std. Kochen); 58% rein. — *9-Methyl-cis-dekalon-(3)*, F. 50—50,5° (PAe.), aus **IV** nach Huang-Minlon mit nachfolgender Säurehydrolyse; 61%. *Semicarbazon*, F. 201—202°. — *4.4-Äthylendioxy-2-carbomethoxy-2-[3-ketobutyl]-cyclohexanon* (**VII**), $C_{14}H_{20}O_6$, F. 70—71,5° (CH_3OH/W. u. Essigester/PAe.), aus 4.4-Äthylendioxy-2-carbomethoxycyclohexanon (**VI**) u. Methylvinylketon in CH_3OH in Ggw. von Triäthylamin (48std. Stehen unter N_2); 89%. — *4.4-Äthylendioxy-2-carbomethoxy-2-[3-ketopentyl]-cyclohexanon* (**VIII**), $C_{15}H_{22}O_6$, F. 85—86° (CH_3OH), analog aus **VI** u. Äthylvinylketon; 82%. — *10-Carbomethoxy-6.6-äthylendioxy-$\Delta^{1,9}$-oktalon-(2)*, $C_{14}H_{18}O_5$, F. 125—126° (wss. CH_3OH), aus **VII** u. methanol. CH_3ONa unter N_2 (1 Std. bei 40°, dann 2std. Kochen); 61%. — *1-Methyl-10-carbomethoxy-6.6-äthylendioxy-$\Delta^{1,9}$-oktalon-(2)*, $C_{15}H_{20}O_5$, F. 101,5—103° (wss. CH_3OH), aus **VIII** analog; 77%. — *6.6-Äthylendioxy-$\Delta^{1,9}$-oktalon-(2)* (**III**), $C_{12}H_{16}O_3$, F. 80—81° (Essigester/PAe.), $Kp._{1,5}$ 138—150°, a) aus vorvorst. Verb. u. 4%ig. wss.-methanol. KOH (4std. Kochen; 56%); b) aus **VII** u. wss. KOH unter N_2 (insgesamt 9std. Kochen; 85% roh). — *1-Methyl-6.6-äthylendioxy-$\Delta^{1,9}$-oktalon-(2)*, $C_{13}H_{18}O_3$, F. 62—63° (PAe.), a) aus vorvorst. Verb. u. 4%ig. wss.-methanol. KOH (80%); b) aus **VIII** u. sd. wss. KOH (5 Std.; 96%). — *6.6-Äthylendioxy-2-methyl-$\Delta^{1,9}$-oktalol-(2)*, $C_{13}H_{20}O_3$, F. 96—96,5°, Nadelbüschel (PAe.), aus **III** u. CH_3MgJ in Ae. unter N_2 (1std. Rühren bei —10 bis 0°, dann 30 Min. langes Erwärmenlassen auf Raum-Temp.); 82%. — *9-Methyl-6.6-äthylendioxy-cis-dekalon-(2)* (**IV**), $C_{13}H_{20}O_3$, F. 79,5—80,5° (PAe.), $Kp._{0,3}$ 123—129°, aus **III** u. CH_3MgBr in Ggw. von CuBr in Ae. unter N_2 bei —10°, Erwärmen auf Raum-Temp. u. 3std. Kochen unter Rühren; 61%. — *9-Methyl-6.6-äthylendioxy-3-n-butylmercaptomethylen-cis-dekalon-(2)*, $C_{18}H_{28}O_3S$, F. 85—86° (PAe.), durch Behandeln von **IV** mit $HCOOC_2H_5$ in Bzl. in Ggw. von CH_3ONa unter N_2 (Rühren über Nacht bei Raum-Temp.) u. anschließendes 5std. Kochen des erhaltenen rohen *3-Hydroxymethylen-Deriv.* mit n-C_4H_9SH in Bzl. in Ggw. von TsOH; 64%. — *3.9-Dimethyl-6.6-äthylendioxy-cis-dekalon-(2)*, $C_{14}H_{22}O_3$, F. 68—69° (PAe.), aus **IV** u. CH_3J in Ae. in Ggw. von $(C_6H_5)_3CNa$ (14std. Rühren bei Raum-Temp.); 34%) oder aus vorst. Verb. u. Raney-Ni in abs. A. (Erwärmen auf 60° unter Rühren, dann 1std. Abkühlenlassen; 81% roh). — *4-Hydroxy-1-keto-3-methoxy-9-methyl-cis-$\Delta^{2.6}$-hexahydronaphthalin*, $C_{12}H_{16}O_3$, F. 68° (Bzl.), aus **V** u. Zn-Staub in wss. CH_3COOH (5std. Rühren bei 20—25°); 59%. — *1.9-Dimethyl-1.4-dihydroxy-3-methoxy-cis-$\Delta^{2.6}$-hexahydronaphthalin*, $C_{13}H_{20}O_3$, F. 157° (Bzl.), aus vorst. Verb. u. CH_3Li in sd. Ae. (10—14 Std.). — *1.9-Dimethyl-4-hydroxy-3-keto-cis-$\Delta^{1.6}$-hexahydronaphthalin*, $C_{12}H_{16}O_2$, F. 66,5° (PAe.), aus vorst. Verb. u. sd. wss.-methanol. H_2SO_4 (30 Min.); 97% (2 Stufen). *Acetat*, $C_{14}H_{18}O_3$, F. 135—135,5° (PAe.); 85%. — *1.9-Dimethyl-cis-Δ^6-oktalon-(3)*, $C_{12}H_{18}O$, $Kp._{18}$ 128—130°, durch 5 Min. langes Rühren vorst. Acetats mit Ca in fl. NH_3/Tetrahydrofuran u. anschließende Oxydation mit Jones-Reagens in Aceton bei 10°; 44%. *2.4-Dinitrophenylhydrazon*, $C_{18}H_{22}N_4O_4$, F. 183° (A.). — *1.9-Dimethyl-cis-Δ^6-oktalin*, $C_{12}H_{20}$, $Kp._{18}$ 115°, aus vorst. Verb. nach Huang-Minlon; 83%. — *1.9-Dimethyl-6.7-oxido-cis-dekalin*, $C_{12}H_{20}O$, $Kp._{0,1}$ 80°, aus vorst. Verb. u. Perbenzoesäure in Bzl. (24std. Stehen bei 5°); 96%. — $LiAlH_4$-Red. gab 96% eines *Alkoholgemisches $C_{12}H_{22}O$*, $Kp._{19}$ 160—180°; Gaschromatographie zeigte 2 Komponenten im Verhältnis 70 : 30. — *8.9-Dimethyl-cis-dekalon-(3)*, $C_{12}H_{20}O$, $Kp._{0,15}$ 75°, aus **II** durch Huang-Minlon-Red. u. anschließendes Behandeln mit wss.-aceton. HCl (86%) oder aus vorst. Alkoholgemisch mit Jones-Reagens (94% Gemisch mit dem *2-Ketoisomeren*). *2.4-Dinitrophenylhydrazon*, $C_{18}H_{24}N_4O_4$, F. 115° (A.). *Semicarbazon*, $C_{13}H_{23}N_3O$, F. 190—191° (wss. CH_3OH). *Oxim*, $C_{12}H_{21}NO$, F. 147—148° (wss. A.); 87%. — *9-Methyl-6.6-äthylendioxy-cis-dekalon-(1)* (**X**), $C_{13}H_{20}O_3$, F. 75,5—76,5° (PAe.), durch Hydrierung von **I** in A. an 10%ig. Pd-Kohle bei 40 lbs./sq.in. u. Raum-Temp., Behandeln des erhaltenen rohen *9-Methyl-1-hydroxy-dekalons-(6)* (**IX**) mit Äthylenglykol in sd. Bzl. in Ggw. von TsOH (16 Std.) u. Oxydation mit Jones-Reagens in Aceton bei 2—9°; 62%. — *9-Methyl-cis-dekalindion-(1.6)*, F. 64,5 bis 66°, aus **IX** u. Jones-Reagens in Aceton (71%), aus **X** u. wss.-aceton. HCl (92%). — *9-Methyl-6.6-äthylendioxy-trans-dekalon-(1)*, $C_{13}H_{20}O_3$, F. 47—48° (PAe.), neben **X** aus **IX**; 7%. — *9-Methyl-trans-dekalindion-(1.6)*, F. 56—57°, aus vorst. Verb. u. wss.-aceton. HCl. — *1.9-Dimethyl-6.6-äthylendioxy-cis-dekalol-(1)*, $C_{14}H_{24}O_3$, F. 98—98,5° (PAe.), aus **X** u. CH_3Li in sd. Ae. (über Nacht); 65%. — *1.9-Dimethyl-6.6-äthylendioxy-cis-Δ^1-oktalin*, $C_{14}H_{22}O_2$, $Kp._{0,1}$ 74—75°, durch Erhitzen vorst. Verb. auf 130° unter period. Zugabe von Jod u. anschließendes Nachbehandeln mit Äthylenglykol wie oben; 84%. — *1β.9-Dimethyl-6.6-äthylendioxy-cis-dekalon-(2)* (**II**), $C_{14}H_{22}O_3$, F. 92—94° (PAe.), durch Zugeben vorst. Verb. zu $NaBH_4$ in Tetrahydrofuran unter N_2, Zutropfen von BF_3-

Ätherat unter Rühren bei Raum-Temp. (3 Std.), Behandeln mit 10%ig. wss. NaOH, Zutropfen von 30%ig. H_2O_2 bei 100° u. ½std. Kochen sowie Oxydation des Rohprod. mit JONES-Reagens in Aceton; 76%. — *1β.9-Dimethyl-2α-hydroxy-6.6-äthylendioxy-cis-dekalin*, $C_{14}H_{24}O_3$, F. 78,5—79,5° (PAe.), aus II u. Li in fl. NH_3 (1std. Rühren); 95%. — *1β.9-Dimethyl-2α-hydroxy-cis-dekalon-(6)*, $C_{12}H_{20}O_2$, F. 92—93° (PAe.), aus vorst. Verb. u. wss.-aceton. HCl; 70%. J. ROTHE. 2700□

Die tert.-Butylbenzole. 2. Mitt. **Ein hochschmelzender Kohlenwasserstoff aus der Friedel-Crafts-Alkylierung von 1.3.5-Tri-tert.-butylbenzol mit tert.-Butylchlorid.** L. Ross, C. Barclay und Eileen E. Betts. (J. Amer. chem. Soc. **77.** 5735—37. 5/11. 1955. Sackville, New Brunswick, Mount Allison Univ., Dep. of Chem.) (Engl.) — 1. vgl. C. **1956.** 10914.

Der bei der FRIEDEL-CRAFTS-Alkylierung von 1.4-Di-tert.-butylbenzol (**II**) mit tert.-Butylchlorid (**III**) bei $<0°$ erhaltene hochschm. KW-Stoff stellt *1.1.4.4.5.5.8.8-Oktamethyl-1.2.3.4.5.6.7.8-oktahydroanthracen* (**I**) dar; über verschiedenen Katalysatoren wurden bei 400° Dehydrierungs-Prodd. erhalten, deren UV-Spektren deutlich das Vorliegen eines *Anthracen*-Syst. erkennen ließen. Die Struktur von **I** wurde ferner durch die Synth. bestätigt. Als erstes Prod. der weiteren Alkylierung von **II** ist *1.3.5-Tri-tert.-butylbenzol* (**IV**) anzunehmen. **IV** wird durch $AlCl_3$ sowie durch Isobutylen (**V**) in Ggw. von $AlCl_3$ nicht verändert, vermutlich, weil **V** unter den Bedingungen rascher polymerisiert als es **IV** angreifen kann. Dagegen kann **IV** durch Behandeln mit **III** in Ggw. von $AlCl_3$ in **I** übergeführt werden, wobei Isobutan entwickelt wird. Es wird ein Mechanismus diskutiert, der als Zwischenstufe ein **IV**-*Carboniumion* annimmt, das mit (aus **III** gebildetem) **V** unter Cyclisierung reagiert, worauf sich an der verbleibenden tert.-Butylgruppe Ionisierung u. Rk. mit **V** wiederholen.

Versuche: *2.5-Dimethylhexadien-(1.5)*, Kp. 118—120°, durch Zutropfen von 46 g Methallylchlorid (Kp. 71—72°) zu 6 g Mg in Ae., 1std. Kochen, Einengen u. Verdünnen mit W.; 9 g (Ausbeute). — *2.5-Dichlor-2.5-dimethylhexan*, F. 64°, durch Einleiten von HCl in die Lsg. von 9 g vorst. Verb. in abs. A.; 4 g. — *1.1.4.4.5.5.8.8-Oktamethyl-1.2.3.4.-5.6.7.8-oktahydroanthracen* (**I**), $C_{22}H_{34}$, F. 220—221°, a) durch 1std. Umsetzen von 3,8 g vorst. Verb. mit 8,5 g Bzl. in Ggw. von 0,11 g $AlCl_3$ u. Zers. mit verd. HCl; aus Bzl./A. Nadeln; 2,5 g; b) durch Zutropfen von **III** zu **IV** u. $AlCl_3$ in CS_2 bei −5°, 4std. Rühren u. Gießen in Wasser. *Nitro-Deriv.*, F. 263—265° (Bzl./A.), durch Nitrieren von **I** mit rauchender HNO_3 in Eisessig/Essigsäureanhydrid. H.-E. TOUSSAINT. 2800□

Meerwein-Arylierung von Anthracen, 9-Phenylanthracen und Anthroesäure-(9). S. C. Dickerman, L. B. Levy und A. W. Schwartz. (Chem. and Ind. **1958.** 360. 22/3. New York, N. Y., Univ., Wm. H. Nichols Labor.) (Engl.)

Anthracen (**I**) wird durch Benzol-, p-Nitrobenzol-, p-Chlorbenzol- u. p-Methoxybenzoldiazoniumchlorid in Ggw. von $CuCl_2$ zu *9-Aryl-* u. *9.10-Diaryl-Verbb.* aryliert. Auch 9-Phenylanthracen (**II**) u. Anthroesäure-(9) (**III**) konnten in 10-Stellung aryliert werden.

Versuche: Arylanthracene, durch Zugeben der wss. Diazoniumchlorid-Lsg. zu **I** (**II**, **III**) in Aceton in Ggw. von $CuCl_2$: *9.10-Bis-[p-chlorphenyl]-*; 37% (Ausbeute); daneben *9-[p-Chlorphenyl]-*; 7%. — *9-[p-Methoxyphenyl]-*, F. 168—170°; 10%; daneben *9.10-Bis-[p-methoxyphenyl]-*; 9%. — *9-[p-Nitrophenyl]-*, F. 234—235°; 16%; daneben *9.10-Bis-[p-nitrophenyl]-*; 10%. — *9-[p-Chlorphenyl]-10-[p-nitrophenyl]-*, F. 360° (Zers.); 26%. — *9.10-Diphenyl-*, aus **II**; 18%. — *9-Phenyl-10-[p-nitrophenyl]-*, F. 295—296°; 54%. — *10-[p-Chlorphenyl]-anthroesäure-(9)*, F. 302° (Zers.); 8%. — *10-[p-Nitrophenyl]-anthroesäure-(9)*, F. 303° (Zers.); 29%. H.-E. TOUSSAINT. 2800□

Chemie von Genus Damnacanthus. 5. Mitt. **Einige Derivate von Damnacanthal; Munjistindimethyläther.** Susumu Nonomura. (Pharmac. Bull. [Tokyo] **5.** 366—68. Aug. 1957. Kumamoto, Univ., Pharmac. Fac.) (Engl.) — 4. vgl. J. pharmac. Soc. Japan [Yakugakuzasshi] **75.** [1955.] 1305; 3. vgl. C. **1962.** 1595.

Damnacanthal (**I**, 3-Hydroxy-1-methoxyanthrachinon-2-aldehyd) wird durch CH_2N_2 in Ae./Aceton in *2-Acetyl-1.3-dimethoxyanthrachinon* ($C_{18}H_{14}O_5$, F. 175°; aus Methanol blaßgelbe Nadeln) übergeführt. *Damnacanthalmonomethyläther* (*1.3-Dimethoxyanthrachinon-2-aldehyd*, F. 125°; blaßgelbe Nadeln) läßt sich durch 5std. Kochen von **I** mit Dimethylsulfat in Aceton in Ggw. von K_2CO_3 darstellen; als Nebenprod. fällt hierbei *1.3-Dimethoxyanthrachinon-2-carbonsäure* (*Munjistindimethyläther*, $C_{17}H_{12}O_6$, F. 263—265°; aus Aceton organgefarbene Nadeln) an. Die Alkylierung von **I** mit sd. CH_3J in Ggw. von Ag_2O liefert „*Damnacanthaltrimethyläther*“ (*1.3-Dimethoxyanthrachinon-2-aldehyd-dimethylacetal*, $C_{19}H_{18}O_6$, F. 145°; aus Methanol blaßgelbe Nadeln). Die IR-Spektren einiger **I**-Derivv. sind wiedergegeben. H.-E. TOUSSAINT. 2800□

Bromalkylcyclopentanone. 4. Mitt. **Neue einfache Synthesen des Cyclobutan-, Cyclopentan- und des Cyclohexancyclopentanon-(2)-spirans.** Roland Mayer,

Günter Wenschuh und Werner Töpelmann. (Chem. Ber. **91.** 1616—20. 28/8. 1958. Leipzig, Univ., Inst. für organ. Chem.) (Dt.) — 3. vgl. C. **1959.** 17125.

Vff. stellten *Cycloalkan-[1-spiro-2']-cyclopentanone* aus Bromalkylcyclopentanonen durch Kochen mit KOH dar. Die Synth. von *Spiro-[3.4]-octanon-(5)* (**I**), *Spiro-[4.4]-nonanon-(1)* (**II**), *Spiro-[4.5]-decanon-(1)* (**III**) u. die Darst. von *Bicyclo-[3.2.1]-octanon-(8)* (**IV**) werden beschrieben. Die Verbb. **I, II** u. **III** besitzen intensiv minzartigen, **IV** zeigt stark campher-minzartigen Geruch. Die IR—CO-Banden von **I** u. **III** werden genannt.

Versuche: *Cyclopentanon-2-carbonsäureäthylester, K-Salz* (**V**), durch Zugeben von Cyclopentanon-2-carbonsäureäthylester zu wss.-alkohol. KOH unter Kühlen u. Rühren, Absaugen u. Abpressen auf Ton; glänzende, fettige Schuppen aus A.; 93% (Ausbeute). — *1-[γ-Brompropyl]-1-carbäthoxycyclopentanon-(2)* (**VI**), Kp.$_{1-2}$ 135—138°, durch 7std. Rühren von **V** u. 1.3-Dibrompropan bei 80°; D.$_4^{20}$ 1,3231, n_D^{20} 1,4898; 50%. — *1-[ω-Brompenthyl]-1-carbäthoxycyclopentanon-(2)* (**VII**), Kp.$_2$ 161—161,5°, analog **VI** aus 1.5-Dibrompentan; D.$_{20}^{20}$ 1,2530, n_D^{20} 1,4880; 38%. — *1-[γ-Brompropyl]-cyclopentanon-(2)* (**VIII**), Kp.$_{1-2}$ 98—105°, durch 1½std. Kochen von **VI** mit 48%ig. HBr; n_D^{20} 1,4991, D.$_4^{20}$ 1,3375; 80%. — *1-[ω-Brombutyl]-cyclopentanon-(2)* (**IX**), Kp.$_2$ 114—115°, analog **VIII** aus 1-[ω-Brombutyl]-1-carbäthoxycyclopentanon-(2); 72%. — *1-[ω-Brompentyl]-cyclopentanon-(2)* (**X**), Kp.$_3$ 128—129°, analog **VIII** aus **VII**; D.$_{20}^{20}$ 1,2520, n_D^{20} 1,4931; 78%. — *Spiro-[3.4]-octanon-(5)* (**I**), $C_8H_{12}O$, Kp.$_{18}$ 67—69°, a) durch 7std. Kochen von **VIII** in 35%ig. KOH unter N_2, Wasserzusatz u. Ausäthern; 40%; b) durch 2std. Zutropfen von **VIII** zu der gerührten Mischung von KOH u. Bzl. bei 65°, 5std. weiteres Rühren, Wasserzusatz u. Dest. der Benzolphase; 60%; c) analog b) mit $NaNH_2$; 32%; D.$_{20}^{20}$ 0,9842, n_D^{20} 1,4750. *Oxim*, F. 70,5°, Prismen durch Sublimation. *Semicarbazon*, $C_9H_{15}N_3O$, F. 193 bis 194° (A.). *2.4-Dinitrophenylhydrazon* (*DNP*), $C_{14}H_{16}N_4O_4$, F. 163—165°, aus A. goldgelbe Nadeln. *Monobenzyliden-Deriv.*, F. 49,5° (A.). — *Bicyclo-[3.2.1]-octanon-(8)* (**IV**), $C_8H_{12}O$, F. 134—136°, neben **I**; 2—5%. *Semicarbazon*, F. 183—184° (A.). *DNP*, $C_{14}H_{16}N_4O_4$, F. 175—176° (A.). — *Spiro-[4.4]-nonanon-(1)* (**II**), $C_9H_{14}O$, Kp.$_{13}$ 82,5—83°, analog **I** nach a) in 24 Std. aus **IX**; D.$_{20}^{20}$ 0,9995, n_D^{20} 1,4777; ca. 100%. *Oxim*, F. 48,2—48,6°, lange Spieße durch Sublimation. — *Spiro-[4.5]-decanon-(1)* (**III**), Kp.$_3$ 105—106°, analog **I** nach a) in 24 Std. aus **X**; D.$_{20}^{20}$ 1,0035, n_D^{25} 1,4821; 85%. *Oxim*, $C_{10}H_{17}NO$, F. 90—91°. *DNP*, $C_{16}H_{20}N_4O_4$, F. 184,5°, aus A. Nadeln. H. HENZE. 2950□

Zur Kenntnis der Azulene. 5. Mitt. **Die nucleophile Substitution des Azulens.** Klaus Hafner, Claus Bernhard und Reinhold Müller. (Liebigs Ann. Chem. **650.** 35—41. 22/2. 1962. Marburg (Lahn), Univ., Chem. Inst.) (Dt.) — 4. vgl. C. **1960.** 9203.

Azulen (**I**) addiert metallorgan. Verbb. unter Bldg. von *Azuleniatsalzen* (**A**), die durch therm. Metallhydridabspaltung *4-* bzw. *8-substituierte* **I**-Deriv. bilden. Letztere werden auch aus **A** durch Hydrolyse über *Dihydroazulen* u. nachfolgende Dehydrierung erhalten. Auf diesem Wege werden *4-α-Naphthyl-*, *4-α-Pyridyl-*, *4-α-Thienyl-*, *4-α-Picolyl-*, *4-Benzyl-* u. *4-tert.-Butylazulen* hergestellt. 4.8-Dialkyl-**I**-Derivv. werden durch Alkalimetallalkyle bzw. -aryle in *4.6.8-trisubstituierte Azulene* (**B**) übergeführt. Auf diesem Wege können nacheinander 3 gleichartige oder verschiedene (jedoch nicht 3 Aryl)-Reste in die 4-, 8- u. 6-Stellung von **I** eingeführt werden. Die **B** werden auch aus 2.4.6-trisubstituierten Pyryliumsalzen u. Cyclopentadienyl-Na (**II**) hergestellt. Die sichtbaren Spektren der erhaltenen **I**-Derivv. in n-Hexan werden angegeben.

Versuche: Azulene, durch Umsetzung des entsprechenden **I**-Deriv. mit der Li-organ. Verb. (vgl. 2. Mitt., C. **1957.** 12160), Hydrolyse des gebildeten **A** ohne dessen Isolierung mit Methanol bei —70° u. Dehydrierung mit Chloranil in Bzl. oder Toluol bei ca. 50°. *4-α-Naphthyl-*, $C_{20}H_{14}$, F. 182—183° (PAe., violettblau), aus α-Naphthyl-Li u. **I**; 21% (Ausbeute). — *4-α-Pyridyl-*, $C_{15}H_{11}N$, Kp.$_{5\cdot10^{-4}}$ 85—90°, aus α-Pyridyl-Li u. **I**; zähes, blaues Öl; 28%. *Pikrat*, $C_{21}H_{14}N_4O_7$, F. 167—169° (Aceton, grün). — *4-α-Thienyl-*, $C_{14}H_{10}S$, aus α-Thienyl-Li u. **I**; blaues Öl, sublimiert bei 80°/10^{-4} Torr; 22%. *Trinitrobenzolat*, $C_{20}H_{13}N_3O_6S$, F. 99,5—100° (A., braunschwarze Nadeln). — *4-α-Picolyl-*, $C_{16}H_{13}N$, aus α-Picolyl-Li u. **I**; blaues Öl; 73%; leicht lösl. in 2n H_2SO_4. *Trinitrobenzolat*, $C_{22}H_{16}N_4O_6$, F. 129—130° (A., dunkelbraune Nadeln). — *4-Benzyl-*, $C_{17}H_{14}$, F. 55—57° (A., violettschwarz), aus Benzyl-Li u. **I**; 50%. *Trinitrobenzolat*, $C_{23}H_{17}N_3O_6$, F. 125—127° (A., braune Nadeln). — *4-tert.-Butyl-*, $C_{14}H_{16}$, F. 98—99° (A., violettblau), aus tert.-Butyl-Li u. **I**; 22%. *Trinitrobenzolat*, $C_{20}H_{19}N_3O_6$, F. 142—143° (A., braune Nadeln). — *4.6.8-Trimethyl-*, F. 82° (Methanol, schwarzviolett), aus Methyl-Li u. 4.8-Dimethylazulen (**III**); 69%. *Trinitrobenzolat*, F. 173—174° (A., braune Nadeln). — *4.8-Dimethyl-6-äthyl-*, $C_{14}H_{16}$, F. 36—38° (Methanol, blauviolett), a) aus Äthyl-Li u. **III**; 59%; b) aus **II** u. 2.6-Dimethyl-4-äthylpyryliumperchlorat [aus 2.6-Dimethylpyron-(4) u. Äthyl-MgBr nach der Meth. von BAEYER u. PICCARD (1911)]; 35%. *Trinitrobenzolat*, $C_{20}H_{19}N_3O_6$, F. 142° (A., rotbraune Nadeln). — *4.8-Dimethyl-6-n-propyl-*, $C_{15}H_{18}$, a) aus n-Propyl-Li

u. III; zähes, violettes Öl; 69%; b) aus II u. 2.6-Dimethyl-4-n-propylpyryliumperchlorat [aus 2.6-Dimethylpyron-(4) u. n-Propyl-MgCl]. *Trinitrobenzolat*, $C_{21}H_{21}N_3O_6$, F. 136° (A., rotbraune Nadeln). — *4.8-Dimethyl-6-n-butyl-*, $C_{16}H_{20}$, F. 46—48° (Methanol, blauviolett), a) aus n-Butyl-Li u. III; 66%; b) aus II u. 2.6-Dimethyl-4-n-butylpyryliumperchlorat [aus 2.6-Dimethylpyron-(4) u. n-Butyl-MgCl]; 35%. *Trinitrobenzolat*, $C_{22}H_{23}$·N_3O_6, F. 105° (A., rotbraune Nadeln). — *4.8-Dimethyl-6-phenyl-*, F. 101° (blau), aus Phenyl-Li u. III; 46%. — *4.8-Diphenyl-6-methyl-*, $C_{23}H_{18}$, aus Methyl-Li u. 4.8-Diphenylazulen (IV); 33%. — *4.8-Diphenyl-6-n-butyl-*, $C_{26}H_{24}$, aus n-Butyl-Li u. IV; blaues, nicht sehr beständiges Öl; 36%. — *4-Methyl-6.8-diphenyl-*, $C_{23}H_{18}$, a) aus Phenyl-Li u. 4-Methyl-8-phenylazulen; zähes, blaues Öl; 40%; b) aus II u. 2.4-Diphenyl-6-methylpyryliumperchlorat. — *4.6-Dimethyl-8-äthyl-*, $C_{14}H_{16}$, aus Äthyl-Li u. 4.6-Dimethylazulen (aus 6-Methylazulen u. Methyl-Li); violettes Öl; 51%. *Trinitrobenzolat*, $C_{20}H_{19}N_3O_6$, F. 127° (A., schwarzbraune Nadeln). — *4.6-Dimethyl-8-n-butyl-*, $C_{16}H_{20}$, wie vorst. mit Butyl-Li; violettes Öl; 48%. *Trinitrobenzolat*, $C_{22}H_{23}N_3O_6$, F. 67° (A., schwarzbraune Nadeln).

E. KOSSMEHL. 2950□

Zur Kenntnis der Azulene. 6. Mitt. Die Reaktion von Azulenen mit Onium-Salzen. Klaus Hafner, Alfred Stephan und Claus Bernhard. (Liebigs Ann. Chem. **650**. 42—62. 22/2. 1962.) (Dt.) — 5. vgl. vorst. Referat.

Azulen (I) reagiert mit Triphenylchlormethan in Ggw. von $HgCl_2$ unter HCl-Entw. zu einem Gemisch von *1-Tritylazulen* (II) u. *1.3-Ditritylazulen* (III). Mit Tritylfluoroborat bildet I schon bei —20° in Nitromethan *1-Tritylazuleniumfluoroborat*, das oberhalb 110° HF u. BF_3 unter Bldg. von II abspaltet. Diese HBF_4-Abspaltung kann auch mit Ae. oder Acetonitril erreicht werden. Wird I in Aceton oder Acetonitril mit Tritylfluoroborat umgesetzt, so reagiert das intermediär gebildete II weiter zu III. 4.6.8-Trimethylazulen (IV) lagert Tritylperchlorat zu einem lockeren Komplex an, eine Alkylierung findet aber nicht statt. In Dimethylformamid (DMF) gibt I mit Tropyliumperchlorat *1.3-Ditropylazulen*, IV gibt *1-Tropyl-4.6.8-trimethylazulen*. In Nitromethan entsteht mit I ein anderes Prod., dessen Struktur nicht völlig geklärt ist. 1.3-Ditropylazulen geht mit Tritylperchlorat eine Austausch-Rk. ein, bei der 1 Mol III u. 2 Mol Tropyliumperchlorat entstehen. IV wird mit Triäthyloxoniumfluoroborat zu dem hydrolyseempfindlichen *1-Äthyl-4.6.8-trimethylazuleniumfluoroborat* umgesetzt, das leicht in *1-Äthyl-4.6.8-trimethylazulen* übergeführt wird. Die Kupplung von IV mit p-Nitrophenyldiazoniumfluoroborat in Acetonitril gibt *1-[p-Nitrophenylazo]-4.6.8-trimethylazuleniumfluoroborat*, das alkal. zu *1-[p-Nitrophenylazo]-4.6.8-trimethylazulen* hydrolysiert wird. Aus III entsteht auf diesem Wege *1-Trityl-3-[p-nitrophenylazo]-azulen*, aus 1.3-Diacetyl-4.6.8-trimethylazulen *1-Acetyl-3-[p-nitrophenylazo]-4.6.8-trimethylazulen* u. aus 1.3-Di-tert.-butylazulen *1-tert.-Butyl-3-[p-nitrophenylazo]-azulen*. 1.3-Di-tert.-butylazulen gibt mit Acetylchlorid in Ggw. von $AlCl_3$ *1.3-Diacetylazulen*, das auch aus 1.3-Diisopropylazulen erhältlich ist. Aus I u. Nitrosylperchlorat entsteht bei —70° in Nitroäthan das nicht sehr stabile *1-Oximinoazuleniumperchlorat* u. aus IV u. Nitrosylperchlorat in Acetonitril bei —45° *1-Oximino-4.6.8-trimethylazuleniumperchlorat* (V), das auch aus IV, $NaNO_2$ u. 2n HCl in wss. Aceton hergestellt wird. Durch Basen (2n NaOH) wird es zum unbeständigen *1-Nitroso-4.6.8-trimethylazulen* hydrolysiert, das mit verd. Säuren (2n CH_3COOH) *1-Oximino-4.6.8-trimethylazuleniumsalz* bildet. Die auffällige Hydrolysebeständigkeit spricht dafür, daß V nicht in der Nitrosoform, sondern in der tautomeren Oximform vorliegt, was auch aus dem IR-Spektrum für V hervorgeht. Aus den 1- bzw. 3-Nitrosoazulen-Derivv. sind die *1-* bzw. *3-Aminoazulen-Derivv.* mit Zn in saurer Lsg. in guter Ausbeute zu erhalten. Die *1-Aminoazulen-Derivv.* werden auch in guter Ausbeute aus den entsprechenden Nitro-Verbb. reduktiv hergestellt. Es sind dies starke Basen, die sich leicht acylieren lassen. 1-Amino-4.6.8-trimethylazulen gibt mit Phenylisocyanat *N-[4.6.8-Trimethylazulenyl-(1)]-N'-phenylharnstoff*; durch Kondens. mit 4.6.8-Trimethylazulenaldehyd-(1) wird *N-[4.6.8-Trimethylazulenyl-(1)]-4.6.8-trimethylazulen-1-aldimin* u. mit p-Nitrobenzaldehyd *N-[4.6.8-Trimethylazulenyl-(1)]-p-nitrobenzaldimin* erhalten. IV wird durch Acetylfluoroborat zu *1-[α-Hydroxyäthyliden]-4.6.8-trimethylazuleniumfluoroborat* acyliert. Aus IV u. Benzolsulfensäurechlorid entsteht bei —50° *1-Phenylmercapto-4.6.8-trimethylazuleniumchlorid*, das in Ae. sofort HCl zu *1-Phenylmercapto-4.6.8-trimethylazulen* abspaltet. Mit 2 Mol Benzolsulfensäurechlorid pro Mol IV entsteht *1.3-Bis-[phenylmercapto]-4.6.8-trimethylazulen*. Die sichtbaren Absorptionsspektren für die hergestellten Azulen-Derivv. werden angegeben.

Versuche: *1.3-Ditritylazulen* (III), $C_{48}H_{36}$, F. 280—282° (Ligroin, hellblau), a) durch 4std. Kochen von 1,28 g I u. 2,78 g Tritylchlorid in abs. Bzl. in Ggw. von $HgCl_2$, Verdünnen mit Bzl., Versetzen mit 2n NH_4OH, Neutralwaschen mit W., Chromatographie mit Bzl. an Al_2O_3 u. Digerieren mit Aceton; 250 mg (Ausbeute); b) durch Zugabe von

I in abs. Acetonitril zu Tritylfluoroborat in abs. Acetonitril; 82%; c) durch Eintropfen von 1.3-Ditropylazulen in abs. Acetonitril unter Luft- u. Feuchtigkeitsausschluß zu Tritylfluoroborat in abs. Acetonitril; 54%. — *1-Tritylazulen* (II), $C_{29}H_{22}$, F. 167—169° (Ligroin, blau), a) aus den Aceton- u. Ligroinmutterlaugen vorst. Verb. nach dem Eindampfen u. Digerieren mit PAe.; 120 mg; b) durch Zutropfen von Tritylfluoroborat in abs. Nitromethan bei —25° unter Luft- u. Feuchtigkeitsausschluß zu I in abs. Nitromethan, Zugabe von 2n Na_2CO_3 u. Bzl., Neutralwaschen mit W. u. Chromatographie an Al_2O_3 mit Bzl.; 81%. *Fluoroborat*, durch Eintropfen von I in abs. Nitromethan bei —25° zu Tritylfluoroborat in abs. Nitromethan unter Feuchtigkeitsausschluß u. Reinst-N_2 u. Fällen mit abs. Toluol–abs. PAe. (1 : 1) bei —50°; 84%; spaltet bei 112 bis 117° HF u. BF_3 ab. — *1.3-Ditropylazulen*, $C_{24}H_{20}$, F. 137,5—138° (Ligroin, blau), durch Eintropfen von I in abs. DMF unter Feuchtigkeitsausschluß zu Tropyliumperchlorat in abs. DMF; 66%. — *1-Tropyl-4.6.8-trimethylazulen*, $C_{20}H_{20}$, F. 85,5—86,5° (Isopropanol, violettblau), durch Eintropfen von Tropyliumperchlorat in abs. DMF unter Feuchtigkeitsausschluß in IV in abs. DMF, Versetzen mit W. nach 1 Std. u. Extrahieren mit PAe.; 55%. *Trinitrobenzolat*, $C_{26}H_{23}N_3O_6$, F. 139,5—140° (A., braune Nadeln). — *1-Äthyl-4.6.8-trimethylazuleniumfluoroborat*, $C_{15}H_{19}BF_4$, F. 149—150° (Zers.; Äthylenchlorid, gelblich), durch langsames Erwärmen von Triäthyloxoniumfluoroborat u. IV auf 110°; 76%. — *1-Äthyl-4.6.8-trimethylazulen*, $C_{15}H_{18}$, F. 35—36°, Kp.$_{10^{-4}}$ 82—88° (blau), aus vorst. Salz in Aceton u. Versetzen mit PAe. u. W.; 86%. *Trinitrobenzolat*, $C_{21}H_{21}N_3O_6$, F. 148—149° (A., schwarze Nadeln). — *1.3-Di-tert.-butylazulen*, $C_{18}H_{24}$, F. 96—97° (PAe., lange, dunkelblaue Prismen), durch Zutropfen einer 54%ig. Lsg. von HBF_4 in Ae. (aus BF_3-Ätherat u. wasserfreier HF in Polyäthylengefäßen) zu I u. tert.-Butanol in Ae., Waschen mit W. nach 24 Std., Abdestillieren des Lsgm. u. Chromatographie des in PAe. gelösten Rückstandes an Al_2O_3; 67%. — *Fluoroborat des 1-[p-Nitrophenylazo]-4.6.8-trimethylazulens*, $C_{19}H_{18}BF_4N_3O_2$, Zers. $>$ 200° (Nitromethan, rotbraune Nadeln), durch Zutropfen von p-Nitrobenzoldiazoniumfluoroborat in abs. Acetonitril zu einer Lsg. von IV in abs. Acetonitril; 90%. — *1-[p-Nitrophenylazo]-4.6.8-trimethylazulen*, $C_{19}H_{17}N_3O_2$, F. 219° (Ligroin, dunkle Blättchen mit hellgrünem Metallglanz), durch Hydrolyse vorst. Verb. in Chlf. mit 2n Na_2CO_3-Lsg. u. Neutralwaschen mit H_2O. — *Fluoroborat des 1-Acetyl-3-[p-nitrophenylazo]-4.6.8-trimethylazulens*, $C_{21}H_{20}BF_4N_3O_3$, F. 208° (Zers.), durch Zutropfen von 1.3-Diacetyl-4.6.8-trimethylazulen in abs. Acetonitril zu einer Lsg. von p-Nitrophenyldiazoniumfluoroborat in abs. Acetonitril; rote Nadeln; 95%. — *1-Acetyl-3-[p-nitrophenylazo]-4.6.8-trimethylazulen*, $C_{21}H_{19}N_3O_3$, F. 195 bis 196° (Zers.; gelbgrüne, metall. glänzende Nadeln), aus vorst. Verb. mit 2n Na_2CO_3-Lsg.; 30%. — *1-Trityl-3-[p-nitrophenylazo]-azulen*, $C_{35}H_{25}N_3O_2$, F. 295° (Zers.; Bzl., tiefgrün, metall. glänzend), aus III u. p-Nitrobenzoldiazoniumfluoroborat. — *1-tert.-Butyl-3-[p-nitrophenylazo]-azulen*, $C_{20}H_{19}N_3O_2$, F. 241—244° (Ligroin, braunschwarze, feine Nadeln), aus 1.3-Di-tert.-butylazulen u. p-Nitrobenzoldiazoniumfluoroborat über das *Fluoroborat* [$C_{20}H_{20}BF_4N_3O_2$, F. 228—234° (Zers.; rotviolette, metall. glänzende Nadeln)] u. alkal. Hydrolyse. — *1.3-Diacetylazulen*, F. 185—187° (Aceton, rot), a) durch 4std. Rühren vorst. Verb. mit Acetylchlorid in CCl_4 in Ggw. von $AlCl_3$ bei 55°, Versetzen mit Eiswasser, Ausäthern, Chromatographie des in PAe. gelösten Rückstandes nach dem Verdampfen des Ae. u. Eluieren mit Ae.; 23%; b) analog aus 1.3-Diisopropylazulen; 51%. — *1-Oximinoazuleniumperchlorat*, $C_{10}H_8ClNO_5$, durch Zutropfen von I in abs. Nitromethan unter Kühlung mit Methanol–Trockeneis unter Reinst-N_2 zu einer Suspension von $NOClO_4$ in abs. Nitromethan u. Absaugen der gelbgrünen Kristalle unter Reinst-N_2; 43%; zersetzt sich rasch, auch unter Reinst-N_2. — *1-Oximino-4.6.8-trimethylazulenium-perchlorat* (V), $C_{13}H_{14}ClNO_5$, F. 190—195° (Zers.; Nitromethan, gelb), a) analog vorst. Verb. aus IV bei —45°; 77%; b) wie nachfolgendes Prod. mit 60%ig. $HClO_4$. — *1-Oximino-4.6.8-trimethylazuleniumchlorid*, $C_{13}H_{14}ClNO$, Zers. $>$ 150° (gelbe Nadeln), durch Einlaufenlassen von IV u. $NaNO_2$ in wss. Aceton in 2n HCl; 92%. — *1-Nitroso-4.6.8-trimethylazulen*, durch Schütteln von V in W. mit 2n Na-Acetat-Lsg. u. Bzl. u. Waschen der benzol. Lsg. mit W.; unrein. — *1-Aminoazulen*, $C_{10}H_9N$, F. 92—94° (blaugrün), a) durch portionsweises Eintragen von Zn-Staub unter Rühren in eine Suspension von 1-Oximinoazuleniumperchlorat in Aceton u. 2n HCl; 55%; b) durch analoge Red. von 1-Nitroazulen; 65%; zersetzt sich in Substanz rasch, ist in unpolaren Lsgm. weitgehend stabil. *Acetyl-Deriv.*, $C_{12}H_{11}NO$, F. 146—147° (Ligroin, blaue Blättchen), durch Kochen mit Acetanhydrid u. Na-Acetat in Bzl.; 85%. — *1-Amino-4.6.8-trimethylazulen*, $C_{13}H_{15}N$, F. 81—82° (grüne Nadeln), durch Red. von 1-Oximino-4.6.8-trimethylazuleniumchlorid in Aceton–2n HCl mit Zn-Staub unter Eiskühlung u. Chromatographie an Al_2O_3 mit Ae.–Bzl. (2 : 1); sublimiert im Hochvakuum; 50%. *Acetyl-Deriv.*, $C_{15}H_{17}NO$, F. 181 bis 182° (Methanol, dunkelblaue Nadeln); 73%. — *N-[4.6.8-Trimethylazulenyl-(1)]-N'-phenylharnstoff*, $C_{20}H_{20}N_2O$, F. 260° (A., hellblaue, glänzende Nadeln), aus 1-Amino-4.6.8-trimethylazulen u. Phenylisocyanat in Bzl. u. Einengen im Vakuum nach 1 Std.; 14 %. — *N-[4.6.8-trimethylazulenyl-(1)]-4.6.8-trimethylazulen-1-aldimin*, $C_{27}H_{27}N$, F. 235—236° (Bzl., schwarzgrüne Nadeln), durch Eintropfen von 1-Amino-4.6.8-trimethylazulen in Pyridin zu **IV**-Aldehyd-(1) in Pyridin u. 24std. Stehen; 58%. — *N-[4.6.8-Trimethylazylenyl-(1)]-p-nitrobenzaldimin*, $C_{20}H_{18}N_2O_2$, F. 208° (dunkelgrüne, glänzende Kristalle), analog vorst. Verb. aus p-Nitrobenzaldehyd; 17%. — *1-[α-Hydroxyäthyliden]-4.6.8-trimethylazuleniumfluoroborat*, $C_{15}H_{17}BF_4O$, F. 80—85° (Nitromethan u. Toluol, lange, gelbe Nadeln), a) durch Eintropfen von **IV** in abs. Bzl. unter Eiskühlung zu einer Lsg. von BF_3 u. Acetylfluorid in Nitromethan u. Fällen mit abs. Bzl.; 16%; b) aus 1-Acetyl-4.6.8-trimethylazulen u. 54%ig. äther. HBF_4 in Ae.; hygroskop., an der Luft erfolgt Hydrolyse. — *1-Phenylmercapto-4.6.8-trimethylazulen*, $C_{19}H_{18}S$, F. 88—91° (A., violett), durch Zutropfen von Benzolsulfensäurechlorid zu einer äther. Lsg. von **IV** bei —50° unter Reinst-N_2; 54%. — *1.3-Bis-[phenylmercapto]-4.6.8-trimethylazulen*, $C_{25}H_{22}S_2$, F. 125—126° (A., violett), durch Zutropfen von 2 Mol Benzolsulfensäurechlorid zu 1 Mol **IV** in Ae. bei —50° unter Reinst-N_2; 86%. E. Kossmehl. 2950□

Zur Kenntnis der Azulene. 7. Mitt. **1- beziehungsweise 3-Alkylidenazulenium-Salze.** Klaus Hafner, Heinrich Pelster und Joachim Schneider. (Liebigs Ann. Chem. **650.** 62—80. 22/2. 1962.) (Dt.) — 6. vgl. vorst. Referat.

Azulen (I) reagiert in Ggw. von $POCl_3$ mit Orthokohlensäuretetraäthylester zum *Bis-[azulenyl-(1)]-äthoxymethyl-Kation*, das als *Jodid* isoliert werden kann; mit HCl entsteht *Tris-[azulenyl-(1)]-methylchlorid*, das auch als Perchlorat gewonnen wird. Bis-[4.6.8-trimethylazulenyl-(1)]-methyljodid gibt mit KCN *Bis-[4.6.8-trimethylazulenyl-(1)]-acetonitril* u. mit Na-Malonester *α.α-Bis-[4.6.8-trimethylazulenyl-(1)]-äthan-β.β-dicarbonsäurediäthylester*, der bei der alkal. Verseifung zu *Bis-[4.6.8-trimethylazulenyl-(1)]-äther* decarboxyliert wird. Die durch Red. von 1- bzw. 3-Acylazulenen mit $LiAlH_4$ oder über Grignard-Verbb. zugänglichen 1- bzw. 3-[α-Hydroxyalkyl]-azulene lassen sich mit 70%ig. $HClO_4$ in Ae. in die entsprechenden *1-* bzw. *3-Alkylidenazuleniumperchlorate* überführen. Auf diese Weise werden *1-Äthyliden-* u. *1-Benzyliden-4.6.8-trimethylazuleniumperchlorat* dargestellt. Aus 1- bzw. 3-[α-Alkoxyalkyl]-azulenen oder aus 1- bzw. 3-[α-Aminoalkyl]-azulenen werden mit wasserfreier HBF_4 die entsprechenden *Alkylidenazuleniumfluoroborate* (**A**) erhalten. Ferner entstehen diese bei der Kondens. aus I-Derivv. mit Carbonyl-Verbb. in Ggw. von HBF_4. Es wird ein der Aldol-Kondens. analoger Rk.-Mechanismus angenommen. Die Kondens. gelingt mit aliphat. (außer Formaldehyd) u. aromat. Aldehyden sowie aliphat. Ketonen in 1- bzw. 3-Stellung bei unbesetzter 2-, 4- oder 8-Stellung. I kann mit Aceton zu *1-Isopropylidenazuleniumfluoroborat* kondensiert werden, aber nicht 4.6.8-Trimethylazulen (**II**). Mit aromat. Ketonen tritt wegen ster. Hinderung keine Kondens. ein. Aus **II** u. Orthoameisensäuretriäthylester entsteht unter intermediärer Bldg. eines Diäthoxycarboniumfluoroborats *1-Äthoxymethylen-4.6.8-trimethylazuleniumfluoroborat*, das bei der alkal. Hydrolyse *4.6.8-Trimethylazulenaldehyd-(1)* liefert. **II** läßt sich mit Acetylacetaldehyddimethylacetal zu *1-[β-Acetyläthyliden]-4.6.8-trimethylazuleniumfluoroborat* (**III**) umsetzen. 1- u. 3-Benzylidenazuleniumfluoroborat sind relativ stabil, während die meisten anderen **A** therm. wenig stabil sind. Sie sind um so stabiler, je stärker das α-C-Atom des Alkylidenrests durch Substituenten in 4-, 8- oder 2-Stellung eingehüllt ist. Mit Acetaldehyd wird *1-Äthylidenazuleniumfluoroborat* nicht erhalten, es polymerisiert sich sofort. Dagegen kann *1-Äthyliden-4.6.8-azuleniumfluoroborat* (**V**) dargestellt werden. Die **A** werden mit $LiAlH_4$ zu *1-* bzw. *3-alkylierten Azulenen* red., mit Grignard- oder alkalimetallorgan. Verbb. zu *1-* bzw. *3-sek.-Alkyazulenen* umgesetzt. Im Gegensatz zu den Angaben von Reid u. Mitarbeitern (J. chem. Soc. [London] **1958.** 1110) entstehen bei der alkal. Hydrolyse mit NaOH *1-[α-Hydroxyalkyl]-azulene*, mit $NaOCH_3$ *1-[α-Methoxyalkyl]-azulene* u. mit Dimethylamin oder Morpholin die entsprechenden Mannich-Basen. Mit HBF_4 erhält man wieder die **A**. Die alkal. Hydrolyse von **III** gibt *1-[β-Acetylvinyl]-4.6.8-trimethylazulen*, aus dem mit HBF_4 wieder **III** entsteht. Mit sek. Aminen reagiert **III** unter Bldg. von *{β-[4.6.8-Trimethylazulenyl-(1)]-vinyl}-methyl-N.N-diäthylketimmoniumfluoroborat*, das in Ggw. von $NaOCH_3$ zu *2.4.7-Trimethylcyclopentadieno-[1'.5'.4':1.11.10]-heptalen* Ringschluß eingeht. Die Bis-[azulenyl-(1)]-methylcarboniumsalze zeigen nicht die für I-Derivv. charakterist. Absorptionsmaxima im sichtbaren Spektralbereich, sondern haben nur ein ausgeprägtes Maximum, wie es bei den Polymethinfarbstoffen mit Heteroatomen der Fall ist. Die Bis-[azulenyl-(1)]-methan-Derivv. zeigen im Prinzip die für I charakterist. Banden.

Versuche: *Bis-[azulenyl-(1)]-methyljodid*, $C_{21}H_{15}J$, Zers. bei 240° (schwarze Nadeln), durch Zutropfen von $POCl_3$ zu Azulenaldehyd-(1) u. I in abs. Tetrahydrofuran unter Feuchtigkeitsausschluß in Eiskühlung, Zugabe von PAe. nach 20 Std., Waschen des *Dichlorphosphats* (schwarze Kristalle) mit Ae., Lösen in W. u. Versetzen mit wss. KJ-Lsg.; 81% (Ausbeute). — *Bis-[4.6.8-trimethylazulenyl-(1)]-methyljodid*, $C_{27}H_{27}J$,

[Dimethylformamid–A. (1 : 1), dunkelgrüne Nadeln], analog vorst. Verb. aus 4.6.8-Trimethylazulenaldehyd-(1) u. **II**; 83%. — *Bis-[azulenyl-(1)]-äthoxymethyljodid*, $C_{23}H_{19}JO$, Zers. > 200° (dunkelblau), durch rasches Zutropfen von $POCl_3$ zu **I** u. Orthokohlensäuretetraäthylester in abs. Ae. unter Feuchtigkeitsausschluß u. Zugabe von KJ in Methanol; 4,5%. — *Tris-[azulenyl-(1)]-methylchlorid*, $C_{31}H_{21}Cl \cdot H_2O$ (dunkelgrün mit metall. Oberflächenglanz), durch Einleiten von HCl-Gas in eine Lsg. von **I** u. Orthokohlensäuretetraäthylester in abs. Nitromethan bei < 30° u. Versetzen mit Methanol nach 2 Tagen; 87%. *Perchlorat*, $C_{31}H_{21}ClO_4 \cdot H_2O$, dunkelgrüne feine Kristalle, durch Zugabe von $NaClO_4 \cdot H_2O$ in Ameisensäure zu 447 mg vorst. Chlorids in 99%ig. Ameisensäure; 140 mg. — *Bis-[4.6.8-trimethylazulenyl-(1)]-acetonitril*, $C_{28}H_{27}N$, F. 256—257° (Essigsäureäthylester, rotviolette Nadeln), durch Zutropfen von 3g Bis-[4.6.8-trimethylazulenyl-(1)]-methyldichlorphosphat (**IV**) in abs. Methanol zu KCN in Methanol unter Feuchtigkeitsausschluß u. 1std. Rühren; 1,3 g. — *α.α-Bis-[4.6.8-trimethylazulenyl-(1)]-äthan-β.β-dicarbonsäurediäthylester*, $C_{34}H_{38}O_4$, F. 170—172° (Essigsäureäthylester, blauviolett), durch Eintropfen von 12 g **IV** in abs. A. unter Feuchtigkeitsausschluß bei 20° in eine Lsg. von Na-Malonsäurediäthylester in abs. A. u. Zugabe von W. nach 1 Std.; 6,5 g. — *α.α-Bis-[4.6.8-trimethylazulenyl-(1)]-äthan*, $C_{28}H_{30}$, F. 190—191° (A., hellblaue Nadeln), durch 20std. Kochen vorst. Esters mit alkohol. KOH; 33%. — *1-Acetyl-4.6.8-trimethylazulen*, $C_{15}H_{16}O$, F. 72—73° (rotviolette Tafeln), durch 40std. Schütteln von **II**, Acetanhydrid u. P_4O_{10}, Versetzen mit 25%ig. NaOH unter Eiskühlung der fl. Phase, Extrahieren mit Bzl., Dest. bei 135—145°/5·10^{-4} Torr u. Chromatographie an Al_2O_3 in Ae.; 56%. — *1.3-Diacetyl-4.6.8-trimethylazulen*, $C_{17}H_{18}O_2$, F. 172—173,5° (A., rote Nadeln), durch Zutropfen von $SnCl_4$ in abs. CH_2Cl_2 zu **II** in Acetanhydrid bei 20° u. Zers. nach 20 Min. mit 2n HCl; 79%. — *1-[α-Hydroxybenzyl]-4.6.8-trimethylazulen*, $C_{20}H_{20}O$, F. 112° (Methanol, violette Kristalle), durch Eintropfen einer äther. Phenyl-MgBr-Lsg. unter Feuchtigkeits- u. Luftausschluß zu **II** in abs. Bzl., Versetzen mit Methanol nach 2 Std., Waschen der Bzl.-Phase mit W., Einengen u. Chromatographie des zurückbleibenden Öls an Al_2O_3 mit PAe.; 92%. — *1-Äthyliden-4.6.8-trimethylazuleniumperchlorat*, $C_{15}H_{17}ClO_4$, F. 156—159° (Zers.; grüngelb), durch Eintropfen von 1-[α-Hydroxyäthyl]-4.6.8-trimethylazulen in Ae. zu Acetanhydrid u. 60%ig. $HClO_4$ in Ae. bei —60°; 72%. — *1-Benzyliden-4.6.8-trimethylazuleniumperchlorat*, $C_{20}H_{19}ClO_4$, Zers. bei 205° (Eisessig, rotbraun), durch Eintropfen von 1-[α-Hydroxybenzyl]-4.6.8-trimethylazulen in Ae. unter Feuchtigkeitsausschluß in 60%ig. $HClO_4$ in Ae. bei —10 bis —15°; 89%. — *1-Benzyliden-4.6.8-trimethylazuleniumfluoroborat*, $C_{20}H_{19}BF_4$, F. 187—189° (Zers.; Eisessig, braune Prismen), durch Eintropfen von äther. HBF_4 unter Eiskühlung u. Feuchtigkeitsausschluß in eine äther. Lsg. von **II** u. Zugabe von Benzaldehyd; 94%. — Analog: *1-Benzyliden-6-hydroxy-4.8-dimethylazuleniumfluoroborat*, $C_{19}H_{17}BF_4O$, F. 163—165° (Zers.; Eisessig, rote Prismen), aus 6-Hydroxy-4.8-dimethylazulen u. Benzaldehyd; 84%. — *3-Benzyliden-1-benzyl-4.6.8-trimethylazuleniumfluoroborat*, $C_{27}H_{25}BF_4$, F. 169—171° (Zers.; Eisessig, ziegelrote Prismen), aus 1-Benzyl-4.6.8-trimethylazulen u. Benzaldehyd; 74%. — *3-Benzylidenguajazuleniumfluoroborat*, $C_{22}H_{23}BF_4$, F. 147—149° (Eisessig, rote Prismen), aus Guajazulen u. Benzaldehyd; 93%. — *1-Cinnamyliden-4.6.8-trimethylazuleniumfluoroborat*, $C_{22}H_{21}BF_4$, F. 218—220° (Zers.; Nitromethan, rote Nadeln), aus **II** u. Zimtaldehyd; 72%. — *1-Äthyliden-4.6.8-trimethylazuleniumfluoroborat* (**V**), $C_{15}H_{17}BF_4$, F. 134—136° (Zers.; gelbe Kristalle), aus **II** u. Acetaldehyd; 90%; nur bei 0° längere Zeit beständig. — *1-Isopropylidenazuleniumfluoroborat*, $C_{13}H_{13}BF_4$, F. 131—132° (Zers.; gelbe Nadeln), aus **I** u. Aceton; 90%; nur bei —50° längere Zeit haltbar. — *1-Isopropyl-3-isopropylidenazuleniumfluoroborat*, $C_{16}H_{19}BF_4$, Zers. > 150° (gelb), aus 1-Isopropylazulen u. Aceton; 89%. — *1-Äthoxymethylen-4.6.8-trimethylazuleniumfluoroborat*, $C_{16}H_{19}BF_4O$, F. 190 bis 191° (Zers.; grüngelb), aus **II** u. Orthoameisensäuretriäthylester; 81%. — *4.6.8-Trimethylazulenaldehyd-(1)*, F. 106—107° (rot), mit 2n NaOH aus vorst. Verbindung. — *1-[β-Acetyläthyliden]-4.6.8-trimethylazuleniumfluoroborat* (**III**), $C_{17}H_{19}BF_4O$, F. 121—124° (Zers.; braun), aus **II** u. Acetylacetaldehyddimethylacetal; 96%. — *Azuleniumfluoroborat*, $C_{10}H_9BF_4$, durch Eintropfen einer 54%ig. äther. HBF_4-Lsg. in eine Lsg. von **I** in abs. Ae.; 93%; an der Luft erfolgt rasche Hydrolyse zu **I**. — *4.6.8-Trimethylazuleniumfluoroborat*, $C_{13}H_{15}BF_4$, F. 144—146° (luftempfindliche Kristalle), analog vorst. Verb.; 89%. — *1-Isopropylazulen*, durch Eintragen von 1-Isopropylidenazuleniumfluoroborat in $LiAlH_4$ in Ae. unter Reinst-N_2, Zersetzen mit Methanol u. dann 1n H_2SO_4, Neutralwaschen der äther. Lsg. u. Chromatographie des zurückbleibenden Öls mit PAe. an Al_2O_3; 78%. *Trinitrobenzolat*, F. 114°. — Analog: *1-tert.-Butylazulen*, aus 1-Isopropylidenazuleniumfluoroborat u. CH_3MgJ; blaues Öl; 62%. *Trinitrobenzolat*, F. 124—125° (schwarze Nadeln). — *1.3-Diisopropylazulen*, $C_{16}H_{20}$, F. 73—75° (PAe., 40—60°, blaue Blättchen), aus 1-Isopropyl-3-isopropylidenazuleniumfluoroborat u. $LiAlH_4$; 78%. — *1-Äthyl-4.6.8-trimethylazulen*, F. 35—36° (blau), aus **V** u. $LiAlH_4$; 88%. *Trinitrobenzolat*, F. 148

bis 149° (A., schwarze Nadeln). — *1-Isopropyl-4.6.8-trimethylazulen*, $C_{16}H_{20}$, aus **V** u. CH_3Li; violettes Öl; 54%; oxydiert sich an der Luft zu grünblauem Produkt. *Trinitrobenzolat*, $C_{22}H_{23}N_3O_6$, F. 121—122° (A., braune Nadeln). — *1-Benzyl-4.6.8-trimethylazulen*, $C_{20}H_{20}$, F. 74—75° (A., dunkelblaue Prismen), aus 1-Benzyliden-4.6.8-trimethylazuleniumfluoroborat u. $LiAlH_4$; 75%. *Trinitrobenzolat*, $C_{26}H_{23}N_3O_6$, F. 122—123° (braune Nadeln). — *1-Benzhydryl-4.6.8-trimethylazulen*, $C_{26}H_{24}$, aus 1-Benzyliden-4.6.8-trimethylazuleniumfluoroborat u. Phenyl-MgBr; blau; 45%. — *1.3-Dibenzyl-4.6.8-trimethylazulen*, $C_{27}H_{26}$, F. 114—115° (blaue Nadeln), aus 3-Benzyliden-1-benzyl-4.6.8-trimethylazuleniumfluoroborat u. $LiAlH_4$; 29%. — *1-[β.β-Dicarbäthoxyisopropyl]-4.6.8-trimethylazulen*, $C_{22}H_{28}O_4$, F. 22—25° (blauviolette Nadeln), aus **V** u. Na-Malonsäurediäthylester in Tetrahydrofuran; 32%. — *1-[α-Methoxyäthyl]-4.6.8-trimethylazulen*, F. 43—45° (dunkelblau), aus **V** u. $NaOCH_3$; 58%. — *1-[α-Dimethylaminoäthyl]-4.6.8-trimethylazulen*, $C_{17}H_{23}N$, F. 42—43° (Methanol, violett), aus **V** u. Dimethylamin; 44%; zersetzt sich in 2n CH_3COOH zu **II**. — *1-[α-Morpholinoäthyl]-4.6.8-trimethylazulen*, $C_{19}H_{25}NO$, F. 72 bis 75° (violett), aus **V** u. Morpholin; 58%; wird in saurer Lsg. zu **II** zersetzt. — *3-[α-Piperidinobenzyl]-guajazulen*, $C_{27}H_{33}N$, F. 78—80° (blau), aus 3-Benzylidenguajazuleniumfluoroborat u. Piperidin; 59%. — *1-[β-Acetylvinyl]-4.6.8-trimethylazulen*, $C_{17}H_{18}O$, F. 120 bis 121° (Ligroin, dunkelbraune Prismen), aus **III** u. gesätt. $NaHCO_3$-Lsg. in CH_2Cl_2; 41%. — *{β-[4.6.8-Trimethylazulenyl-(1)]-vinyl}-methyl-N.N-diäthylketimmoniumfluoroborat*, $C_{21}H_{28}BF_4N$, F. 179—181° (A.-W., rote Prismen), durch Versetzen von **III** in abs. CH_2Cl_2 mit Diäthylamin, Abziehen des Lsgm. im Vakuum, Lösen in A., Versetzen mit 54%ig. äther. HBF_4 u. Kühlen auf —70°; 17%. — *2.4.7-Trimethylcyclopentadieno-[1'.5'.4':1.11.10]-heptalen*, $C_{17}H_{16}$, F. 89—90° (A., braune Nadeln), aus vorst. Salz u. $NaOCH_3$ (vgl. C. **1959**. 16620); 45%. *Trinitrobenzolat*, $C_{23}H_{19}N_3O_6$, F. 203—204° (A., schwarze Nadeln). E. Kossmehl. 2950□

Zur Kenntnis der Azulene. 8. Mitt. 4- beziehungsweise 8- und 6-Alkylidenazuleniat-Salze. Klaus Hafner, Heinrich Pelster und Heinz Patzelt. (Liebigs Ann. Chem. **650**. 80—92. 22/2. 1962.) (Dt.) — 7. vgl. vorst. Referat.

Guajazulen wird mit N-Methylanilin-Na (**I**) in äther. Lsg. bei —15° zu *Na-[1-Methyl-7-isopropyl-4-methylenazuleniat]* (**II**) metalliert. Analog gibt 6-Methylazulen bei 0° *Na-[6-Methylenazuleniat]* (**III**), das therm. nicht sehr stabil ist u. bei Zimmer-Temp. in polymere Prodd. übergeht. 4.6.8-Trimethylazulen (**IV**) wird bei —15° zu *Na-[4.6-Dimethyl-8-methylenazuleniat]* (**V**) umgesetzt. **I** reagiert mit n-Butyl-Li bei —15° in Ae. oder Bzl. zu *[4.6-Dimethylazulenyl-(8)]-methyl-Li* (**VI**), das auch in PAe. lösl. ist. **VI** ist nur einige Zeit unterhalb Zimmer-Temp. haltbar. Statt **I** können auch Na-N.N-Diäthylamid oder Na-Piperidid zur Metallierung verwendet werden. **II**, **III**, **V** u. **VI** geben bei der Hydrolyse die ihnen zugrunde liegenden Azulene. **II** u. CH_3J geben *1-Methyl-4-äthyl-7-isopropylazulen*; entsprechend gibt **III** *6-Äthylazulen*. **VI** reagiert mit Benzylchlorid zu *4.6-Dimethyl-8-[β-phenyläthyl]-azulen*. Aus **II**, **III** bzw. **VI** entstehen mit CO_2 *[1-Methyl-7-isopropylazulenyl-(4)]-essigsäure*, *Azulenyl-(6)-essigsäure* bzw. *[4.6-Dimethylazulenyl-(8)]-essigsäure*. **II** u. **VI** reagieren mit Carbonyl-Verbb.; **II** u. Benzaldehyd geben *1-Methyl-7-isopropyl-4-[β-hydroxy-β-phenäthyl]-azulen*, **VI** *4.6-Dimethyl-8-[β-hydroxy-β-phenäthyl]-azulen*. Mit Benzophenon reagiert **II** zu *1-Methyl-7-isopropyl-4-[β-hydroxy-β.β-diphenyläthyl]-azulen*, das leicht W. zur *Vinyl-Verb.* abspaltet. **VI** liefert mit N-Methylformanilid oder Orthoameisensäuretriäthylester *[4.6-Dimethylazulenyl-(8)]-acetaldehyd* (**VII**); mit Ameisensäureäthylester entsteht *1.3-Bis-[4.6-dimethylazulenyl-(8)]-propanol-(2)*. Analog entsteht mit Acetylchlorid *1.3-Bis-[4.6-dimethylazulenyl-(8)]-2-methylpropanol-(2)*. **VI** wird im trockenen Luftstrom zu *1.2-Bis-[4.6-dimethylazulenyl-(8)]-äthan* oxydiert. **V** u. Acetylacetaldehyddimethylacetal bilden *8-[4.6-Dimethylazulenyl-(8)]-β-hydroxyisovaleraldehyddimethylacetal*, das mit $POCl_3$ zu einem *1-Alkylidenazuleniumsalz* dehydratisiert wird, das alkal. zu *2.4.7-Trimethylcyclopentadieno-[1'.5'.4':1.11.10]-heptalen* hydrolysiert wird. **VII** geht mit HBF_4 in ein Azuleniumsalz über, das mit $LiAlH_4$ zu *4.6-Dimethylcyclopenteno-[1'.5'.4':1.9.8]-azulen* red. wird.

Versuche: *Na-[1-Methyl-7-isopropyl-4-methylenazuleniat]* (**II**)-*Monoätherat*, $C_{15}H_{17}\cdot Na\cdot(C_2H_5)_2O$, durch Eintragen von Guajazulen in eine äther. Lsg. von **I** bei Zimmer-Temp. unter Reinst-N_2, Absaugen des Nd. unter N_2 u. Waschen mit abs. Bzl. u. abs. Ae.; gelbe Blättchen; 68% (Ausbeute); luft- u. feuchtigkeitsempfindlich; Hydrolyse mit W. → *Guajazulen*; 92%. — *Na-[6-Methylenazuleniat]* (**III**)-*Monoätherat*, $C_{11}H_9Na\cdot(C_2H_5)_2O$, durch Eintropfen einer 0,65m äther. Lsg. von **I** in eine äther. Lsg. von 6-Methylazulen unter Reinst-N_2 bei —15°, 10 Min. langes Erwärmen auf 0°, Abkühlen auf —40°, Absaugen u. Waschen mit Ae.; gelbe Kristalle; 88%; Hydrolyse mit W. → *6-Methylazulen*. — *Na-[4.6-Dimethyl-8-methylenazuleniat]* (**V**)-*Monoätherat*, $C_{13}H_{13}Na\cdot(C_2H_5)_2O$, aus **IV** u. **I** wie vorst., jedoch ohne Erwärmen; orangegelbe Kristalle; 75%; luft- u.

feuchtigkeitsempfindlich. — *[4.6-Dimethylazulenyl-(8)]-methyl-Li* (**VI**), durch Zutropfen einer 0,5m Lsg. von n-Butyl-Li in Bzl. bei -20^0 zu **IV** in Bzl., wobei sich nach 30 Min. gelbe Flocken abscheiden; gibt mit CH_3OH augenblicklich **IV**. — *1-Methyl-4-äthyl-7-isopropylazulen*, aus **II** u. CH_3J in Ae., Absaugen des NaJ nach 1 Std. u. Chromatographie an Al_2O_3 mit PAe.; blaues Öl; 52%. *Trinitrobenzolat*, $C_{22}H_{23}N_3O_6$, F. 119—120° (A., schwarze Nadeln). — *6-Äthylazulen*, $C_{12}H_{12}$, F. 50—51° (Methanol, violette Tafeln), aus **III** u. CH_3J wie vorst. Verb.; 36%. *Trinitrobenzolat*, $C_{18}H_{15}N_3O_6$, F. 100—101° (A., dunkelbraune Nadeln). — *4.6-Dimethyl-8-[β-phenyläthyl]-azulen*, $C_{20}H_{20}$, durch 1std. Kochen von **VI** in Bzl. u. Benzylchlorid, Versetzen mit 2n H_2SO_4, Neutralwaschen u. Chromatographie an Al_2O_3 mit PAe.; violettes Öl; 81%. *Bis-trinitrobenzolat*, $C_{32}H_{26}N_6O_{12}$, F. 118—119° (A., rote Nadeln). — *4.8-Dimethyl-6-[β-phenyläthyl]-azulen*, $C_{20}H_{20}$, F. 83 bis 84° (tiefblaue Kristalle), aus 2.6-Dimethyl-4-[β-phenyläthyl]-pyryliumperchlorat u. Cyclopentadien-Na (vgl. 3. Mitt., C. **1959**. 13458); 77%. — *1.2-Bis-[4.6-dimethylazulenyl-(8)]-äthan*, $C_{26}H_{26}$, F. 155—156° (Ligroin, blauviolette Kristalle), durch 4std. Luftdurchsaugen durch eine Bzl.-Lsg. von **VI** bei -20^0, Versetzen mit 2n H_2SO_4, Neutralwaschen, Einengen der benzol. Lsg. u. Chromatographie des zurückbleibenden Öls an Al_2O_3 mit PAe. u. dann Bzl.; 43%. *Trinitrobenzolat*, $C_{32}H_{29}N_3O_6$, F. 185—187° (A., rote Nadeln). — *[1-Methyl-7-isopropylazulenyl-(4)]-essigsäure*, $C_{16}H_{18}O_2$, F. 102,5 bis 103,5° [Zers.; PAe.–Essigsäureäthylester (4:1), blaue Nadeln], durch 30 Min. langes Einleiten von CO_2 in eine Suspension von **II** in abs. Bzl., Versetzen mit W., Ansäuern mit 2n H_2SO_4 u. Ausäthern; 97%. — *Azulenyl-(6)-essigsäure*, $C_{12}H_{10}O_2$, F. 126—127° (Zers.; Ligroin, blauviolette Kristalle), analog vorst. Verb. aus **III** u. CO_2; 52%. — *[4.6-Dimethylazulenyl-(8)]-essigsäure*, $C_{14}H_{14}O_2$, F. 121—122° (Zers.; Methanol–W., blauviolette Nadeln), durch 2std. CO_2-Durchleiten durch eine benzol. Lsg. von **VI** bei -20^0; 82%. *Methylester*, $C_{15}H_{16}O_2$, F. 43—46° (Methanol, violette Nadeln), mit Diazomethan in Ae.; 91% [*Trinitrobenzolat*, $C_{21}H_{19}N_3O_8$, F. 91—92° (A., rotbraune Nadeln)]. — *1-Methyl-7-isopropyl-4-[β-hydroxy-β-phenyläthyl]-azulen*, $C_{22}H_{24}O$, F. 117—118° (Ligroin, hellblaue Nadeln), durch 4std. Stehen von **II** u. Benzaldehyd in abs. Bzl., Zugabe von Ae., Waschen mit W., Einengen, Chromatographie an Al_2O_3 mit PAe. u. Eluieren mit Bzl.; 54%. — *1-Methyl-7-isopropyl-4-[β.β-diphenylvinyl]-azulen*, $C_{28}H_{26}$, durch Versetzen einer Lsg. von 1,8 g Benzophenon u. 2 g **II** in Bzl. nach 30 Min. mit Ae., Waschen mit W., Einengen, Chromatographie an Al_2O_3 mit PAe. u. Eluieren mit Ae., Lösen des *1-Methyl-7-isopropyl-4-[β-hydroxy-β.β-diphenyläthyl]-azulens* [blaues Öl; 2,7 g] in konz. H_3PO_4 u. 54%ig. äther. HBF_4, Ausschütteln mit Bzl., Versetzen der sauren Lsg. mit Eiswasser, Extrahieren mit PAe., Neutralwaschen, Einengen u. Chromatographie an Al_2O_3; grünblaues Harz; 49%. — *4.6-Dimethyl-8-[β-hydroxy-β-phenyläthyl]-azulen*, $C_{20}H_{20}O$, F. 78° (A., blaue Nadeln), durch Eintropfen von Benzaldehyd in eine Lsg. von **VI** in Bzl. bei -20^0 unter Reinst-N_2, Versetzen mit 2n H_2SO_4 nach 4 Std., Neutralwaschen, Einengen, Chromatographie an Al_2O_3 mit PAe. u. Eluieren mit Chlf.; 59%. — *[4.6-Dimethylazulenyl-(8)]-acetaldehyd* (**VII**), a) durch Eintropfen von N-Methylformanilid in Bzl. in eine benzol. Lsg. von **VI** bei -30^0 unter Reinst-N_2, Versetzen mit CH_3OH nach 30 Min., Neutralwaschen, Einengen, Chromatographie an Al_2O_3 aus PAe. u. Eluieren mit Ae.; violettes Öl, das sich zu einem braunen Harz zersetzt; b) analog aus **VI** u. Orthoameisensäuretriäthylester; nur in äther. Lsg. haltbar. *Semicarbazon*, $C_{15}H_{17}\cdot N_3O$, F. 141—143° (Zers.; A., violette Nadeln). — *1.3-Bis-[4.6-dimethylazulenyl-(8)]-propanol-(2)*, $C_{27}H_{28}O$, F. 141—142° (Methylcyclohexan, blaue Kristalle), durch Eintropfen von Ameisensäureäthylester in abs. Bzl. in eine auf -20^0 gekühlte benzol. Lsg. von **VI** unter Reinst-N_2 unter Erwärmung auf $+5^0$, Versetzen mit 2n H_2SO_4, Neutralwaschen, Einengen, Chromatographie an Al_2O_3 mit Bzl. u. Eluieren mit Chlf.; 61,5%. — *1.3-Bis-[4.6-dimethylazulenyl-(8)]-2-methylpropanol-(2)*, $C_{28}H_{30}O$, F. 162—163° (Methylcyclohexan, violette Kristalle), aus **VI** u. Acetylchlorid wie vorst. Verb.; 80%. — *γ-[4.6-Dimethylazulenyl-(8)]-β-hydroxyisovaleraldehyddimethylacetal*, $C_{19}H_{26}O_3$, durch Eintropfen von Acetylacetaldehyddimethylacetal in eine auf -70^0 gekühlte Suspension von **V** in abs. Ae. unter Reinst-N_2, 30 Min. langes Rühren bei 20°, Zusatz von W., Neutralwaschen, Einengen, Chromatographie an Al_2O_3 aus PAe. u. Eluieren mit Ae.; violettes Öl; 22%. — *2.4.7-Trimethylcyclopentadieno-[1'.5'.4':1.11.10]-heptalen*, F. 90° (CH_3OH, braune Nadeln), durch Schütteln vorst. Verb. in Ae. mit $POCl_3$, Versetzen mit 2n NaOH unter Eiskühlung, Neutralwaschen, Einengen u. Chromatographie an Al_2O_3 mit PAe.; 66%. — *4.6-Dimethylcyclopenteno- [1'.5'.4':1.9.8]-azulen*, F. 63 (A., blaue Kristalle), durch Eintropfen von 27%ig. äther. HBF_4 in eine auf -30^0 gekühlte Lsg. von 1 g **VII** in abs. Ae. unter Feuchtigkeitsausschluß bis zur Ausscheidung eines gelben Öls, Versetzen mit 1m äther. $LiAlH_4$-Lsg. bei -30^0, 1std. Rühren bei 20°, Zersetzen mit 2n H_2SO_4, Einengen der äther. Lsg. u. Chromatographie an Al_2O_3 mit PAe.; 318 mg. E. Kossmehl. 2950□

Zur Kenntnis der Azulene. 9. Mitt. **Azulen-π-Komplexe.** Klaus Hafner und Karl-Ludwig Moritz. (Liebigs Ann. Chem. **650.** 92—97. 22/2. 1962.) (Dt.) — 8. vgl. vorst. Referat.

Azulen (I) u. seine Derivv. bilden als starke π-Basen mit Tetracyanäthylen (II), Trinitrobenzol, Styphninsäure oder Pikrinsäure tiefblaue gut krist. 1:1-Komplexe, die ein ausgeprägtes Absorptionsmaximum bei 680 mμ haben. Diese Komplexe sind um so beständiger, je höher alkyliert das I-Syst. ist. 1.3-Di-tert.-butyl- u. 1.3-Diisopropylazulen bilden aus ster. Gründen keine Komplexe. Einige II-Komplexe gehen leicht unter HCN-Abspaltung in *1*- bzw. *3-Tricyanvinylazulene* über, die auch direkt aus 1- bzw. 3-unsubstituierten I-Derivv. u. II bei höherer Temp. in Essigsäureäthylester (EE) oder besser Dimethylformamid (DMF) entstehen. Ihre Spektren zeigen nur ein hohes Maximum zwischen 480 u. 530 mμ u. ein Maximum geringerer Intensität im nahen Ultraviolett.

Versuche: *Azulen* (I)*-Tetracyanäthylen* (II)*-Komplex*, $C_{16}H_8N_4$, durch Eintropfen von II in EE zu einer auf —50° gekühlten Lsg. von I in EE u. Abziehen des Lsgm. bei —50° im Hochvakuum; violette, metall. glänzende Nadeln; bei Zimmer-Temp. langsame Zers., >50° rasch. — II-Komplexe: *4.6.8-Trimethylazulen-*, $C_{19}H_{14}N_4$, F. 121—123° (Zers.; PAe., tiefviolette lange Nadeln), a) durch Eintropfen von II in EE in eine Lsg. von 4.6.8-Trimethylazulen in EE u. Abkühlen auf —20°; 81% (Ausbeute); b) wie a) u. Abziehen des Lsgm. im Vakuum; 97%. — Analog: *2.4.6.8-Tetramethylazulen-*, $C_{20}H_{16}N_4$, F. 130—132° (Zers.; PAe., violettschwarze Nadeln); 98%. — *1.3-Dimethylazulen-*, $C_{18}H_{12}N_4$, F. 100° (Zers.; PAe., dunkelblaue Nadeln); 95%. — *4.8-Dimethylazulen-*, $C_{18}H_{12}N_4$, F. 96° (Zers.; PAe., grünschwarze Nadeln); 97%. — *4.8-Dimethyl-6-phenylazulen-*, $C_{24}H_{16}N_4$, F. 112° (Zers.; PAe., dunkelviolette Nadeln); 98%. — *Guajazulen-*, $C_{21}H_{18}N_4$, F. 95—97° (Zers.; PAe., schwarzblaue Nadeln); 98%. — *Guajazulenaldehyd-*(*3*)-, $C_{22}H_{18}N_4O$, F. 96—98° (Zers.; PAe., schwarze Nadeln, therm. nicht stabil); 91%. — *Bis-*[*4.6.8-trimethylazulenaldehyd-*(*1*)]-, $C_{34}H_{28}N_4O_2$, F. 91—93° (Zers.; PAe., blauschwarze Nadeln); 93%. — *1-Tricyanvinylazulen*, $C_{15}H_7N_3$, F. 201 bis 202° (A., rote Nadeln, die sich bei 180° in dunkelgrüne, metall. glänzende Nadeln umwandeln), durch 12std. Stehen von I u. II in EE oder CH_2Cl_2, Einengen im Vakuum u. Chromatographie an Al_2O_3 mit EE; 81%. — Analog: *1-Methyl-3-tricyanvinylazulen*, $C_{16}H_9N_3$, F. 217—220° (Zers.; A., dunkelgrüne Nadeln); 61%. — *1-Benzyl-3-tricyanvinylazulen*, $C_{22}H_{13}N_3$, F. 185—186° (Ae., grüne, metall. glänzende Blättchen); 60%. — *1-Benzhydryl-3-tricyanvinylazulen*, $C_{28}H_{17}N_3$, F. 198—200° (Ae., grüne, metall. glänzende Kristalle); 52%. — *1- oder 3-Tricyanvinyl-4-methylazulen*, $C_{16}H_9N_3$, F. 222—225° (Zers.; A., dunkelolivgrüne Kristalle); 50%. — *1- oder 3-Tricyanvinyl-4-phenylazulen*, $C_{21}H_{11}N_3$, F. 166—168° (Ae., rote Kristalle); 27%. — *1- oder 3-Tricyanvinyl-4-benzylazulen*, $C_{22}H_{13}N_3$, F. 176—179° (Ae., rotbraune Kristalle); 85%. — *1-Tricyanvinyl-6-methylazulen*, $C_{16}H_9N_3$, Zers. >180° (A., rote Nadeln); 62%. — *1-Tricyanvinyl-4.6.8-trimethylazulen*, $C_{18}H_{13}N_3$, F. 186—188° (rotbraune Kristalle, die sich bei 150 in grüne, metall. glänzende Blättchen umwandeln), a) durch 3std. Stehen des 4.6.8-Trimethylazulen-II-Komplexes in DMF, Entfernen des Lsgm. im Vakuum, Chromatographie mit EE an Al_2O_3, Einengen u. Ausäthern; 34%; b) durch Umsetzung von 4.6.8-Trimethylazulen mit II in DMF. — *3-Tricyanvinylguajazulen*, $C_{20}H_{17}N_3$, F. 142—144° (Ae., violettschwarze Kristalle), a) aus dem Guajazulen-II-Komplex analog vorst. Verb.; 68%; b) durch Umsetzung von Guajazulen u. II in DMF.

E. Kossmehl. 2950□

Zur Kenntnis der Azulene. 10. Mitt. **Über Azulen-Enamine und deren Umwandlung in tricyclische Pentalen- und Heptalen-Derivate.** Klaus Hafner und Karl-Friedrich Bangert. (Liebigs Ann. Chem. **650.** 98—115. 22/2. 1962.) (Dt.) — 9. vgl. vorst. Referat.

Azulen (I) reagiert mit N.N-disubstituierten Carbonsäureamiden in Ggw. von $POCl_3$ zu *Immoniumsalzen*, deren alkal. Hydrolyse *1-Acylazulene* gibt. 4.6.8-Trimethylazulen (II) u. N.N-Dimethylacetamid reagieren in Ggw. von $POCl_3$ zu [*4.6.8-Trimethylazulenyl-*(*1*)]*-methyl-N.N-dimethylketimmoniumperchlorat* (III), das mit $LiAlH_4$ zu *1-*[*α-Dimethylaminoäthyl*]*-4.6.8-trimethylazulen* red. wird. Bei vorsichtiger alkal. Hydrolyse entsteht aus III *1-*[*4.6.8-Trimethylazulenyl-*(*1*)]*-1-dimethylaminoäthylen* (IV) u. erst nach längerer Alkali-Einw. *1-Acetyl-4.6.8-trimethylazulen*. IV gibt mit H^+ III zurück. Aus IV u. Pyridin erhält man *1-*[*4.6.8-Trimethylazulenyl-*(*1*)]*-1-piperidinoäthylen*. Bei der Rk. von I zu *1-Acetylazulen* kann das intermediär entstehende *Azulenyl-*(*1*)*-methyl-N.N-dimethylketimmoniumperchlorat* nicht in Substanz isoliert werden. Es wird die unterschiedliche Hydrolysebeständigkeit verschieden substituierter Enamine untersucht. IV reagiert mit Benzylchlorid unter Bldg. von *3.3'.5'-Trimethylcycloheptatrieno-*[*1'.7'.6'*:*1.7.6*]*-penta-*

len (**V**), **III** u. *Dimethyldibenzylammoniumchlorid.* Das zu erwartende Quartärsalz kann nicht isoliert werden. Aus **IV** u. Triäthyloxoniumfluoroborat wird das prim. Alkylierungs-Prod. *Dimethyläthyl-{α-[4.6.8-trimethylazulenyl-(1)]-vinyl}-ammoniumfluoroborat* erhalten, das mit NaOH **V** u. *1-Acetyl-4.6.8-trimethylazulen* liefert. **V** entsteht auch aus dem aus **III** u. $NaOCH_3$ erhältlichen tricycl. Amin durch Dimethylaminabspaltung. **II** u. N.N-Dimethylbenzamid geben in Ggw. von $POCl_3$ *[4.6.8-Trimethylazulenyl-(1)]-phenyl-N.N-dimethylketimmoniumperchlorat,* das mit wss. NaOH in 33%ig. Ausbeute u. mit $NaOCH_3$ in CH_3OH in 75%ig. Ausbeute zu *3-Phenyl-3'.5'-dimethylcycloheptatrieno-[1'.7'.6':1.7.6]-pentalen* (**VI**) hydrolysiert wird. Daneben wird auch *1-Benzoyl-4.6.8-trimethylazulen* erhalten. **IV** u. Benzoylchlorid geben in Ae. *[4.6.8-Trimethylazulenyl-(1)]-phenacyl-N.N-dimethylketimmoniumperchlorat,* das alkal. zu *1-[4.6.8-Trimethylazulenyl-(1)]-1-dimethylamino-2-benzoyläthylen* (**VIII**) hydrolysiert u. mit weiterem Benzoylchlorid zu *[4.6.8-Trimethylazulenyl-(1)]-[α-benzoyloxystyryl]-N.N-dimethylketimmoniumperchlorat* (**VII**) reagiert. Bei der Hydrolyse mit $NaOCH_3$ in CH_3OH entsteht daraus *2-Dimethylamino-4-phenyl-7.9-dimethylcyclopentadieno-[1'.5'.4':1.11.10]-heptalen* (**IX**) neben einer geringen Menge *tricycl. Ketons.* Mit 2n NaOH reagiert **VII** zu *Phenyläthinyl-[4.6.8-trimethylazulenyl-(1)]-keton* neben einer geringen Menge **IX**. **V** u. **VI** sind stabile Verbb., die mit Trinitrobenzol Komplexe bilden. **IX** bildet mit Trinitrobenzol keine Mol.-Verb.; dagegen nimmt es H^+ zu einem *Immoniumperchlorat* auf.

Versuche: *[4.6.8-Trimethylazulenyl-(1)]-methyl-N.N-dimethylketimmoniumperchlorat* (**III**), $C_{17}H_{22}ClNO_4$, F. 184—186° (W., glänzende, rote Blättchen), durch Eintropfen von N.N-Dimethylacetamid u. $POCl_3$ in abs. Tetrahydrofuran (THF) in eine Lsg. von **II** in THF, 4—5std. Erwärmen auf 60°, Abkühlen, Versetzen mit W., Extrahieren von **II** mit PAe. u. Zugabe von $NaClO_4$-Lsg.; 88% (Ausbeute). *Fluoroborat,* $C_{17}H_{22}BF_4N$, F. 167—169° (rote Blättchen), wie vorst. durch Fällen mit 40%ig. wss. HBF_4. *Jodid,* $C_{17}H_{22}JN$, F. 193° (rote Blättchen), beim Fällen mit NaJ-Lösung. — *1-[α-Dimethylaminoäthyl]-4.6.8-trimethylazulen,* $C_{17}H_{23}N$, F. 41,5—43°, durch Eintragen von **III** in Portionen in eine äther. $LiAlH_4$-Lsg., Zersetzen mit CH_3OH u. W., Ausäthern der wss. Phase, Einengen u. Chromatographie an Al_2O_3 mit Bzl.; blauviolettes Öl, das nach längerer Zeit erstarrt; 64%. — *1-[4.6.8-Trimethylazulenyl-(1)]-1-dimethylaminoäthylen* (**IV**), $C_{17}H_{21}N$, F. 63—65° (CH_3OH, blauschwarze Kristalle), durch Einlaufenlassen einer Lsg. von **III** in CH_3OH in eisgekühlte 2n NaOH u. Ausäthern; blauviolettes Öl, das langsam erstarrt; 92%. — *1-Acetyl-4.6.8-trimethylazulen,* F. 71,5—72° (rotviolette Tafeln), durch 1—2std. Rk. von **IV** mit 2n NaOH, Ausäthern, Waschen mit 1n H_2SO_4, Neutralwaschen, Einengen u. Chromatographie mit Ae. an Al_2O_3; 80%. — *1-[4.6.8-Trimethylazulenyl-(1)]-1-piperidinoäthylen,* $C_{20}H_{25}N$, F. 58—60° (CH_3OH, blauviolette Kristalle), durch Kochen von **IV** mit Piperidin in Bzl. bis zum Ende der Dimethylamin-Entw., Extrahieren mit 2n H_2SO_4, Alkalisieren mit 2n NaOH unter Eiskühlung u. Ausäthern; 60%. — *[4.6.8-Trimethylazulenyl-(1)]-äthyl-N.N-dimethylketimmoniumperchlorat,* $C_{18}H_{24}ClNO_4$, F. 220,5—222,5° (W., violettrote Nadeln), analog **III** aus **II** u. Propionsäuredimethylamid [$Kp._{14}$ 66—67°, aus Propionsäurechlorid u. Dimethylamin in Ae.]; 90%. — *1-[4.6.8-Trimethylazulenyl-(1)]-1-dimethylaminopropen-(1),* $C_{18}H_{23}N$, F. 71 bis 72,5° (CH_3OH, blauviolette Kristalle), aus vorst. Verb. analog **IV**; 98%. — *1-Propionyl-4.6.8-trimethylazulen,* $C_{16}H_{18}O$, F. 28,5—30° (A., rote Kristalle), durch 2 Tage lange Rk. vorst. Verb. in CH_3OH mit 2n NaOH, Neutralisieren mit 2n H_2SO_4 unter Eiskühlung, Ausäthern, Neutralwaschen, Einengen u. Chromatographie an Al_2O_3 mit Ae.; 54%. — *[4.6.8-Trimethylazulenyl-(1)]-[β-phenyläthyl]-N.N-dimethylketimmoniumperchlorat,* $C_{24}H_{28}ClNO_4$, F. 161—163° (W., orangerote Kristalle), analog **III** aus **II** u. β-Phenylpropionsäuredimethylamid [$Kp._{15}$ 165—167°, aus β-Phenylpropionsäurechlorid u. Dimethylamin in Ae.]; 94%. — *1-[4.6.8-Trimethylazulenyl-(1)]-1-dimethylamino-3-phenylpropen-(1),* $C_{24}H_{27}N$, analog **IV** aus vorst. Verb.; blauviolettes, luftempfindliches Öl; 95%. — *[4.6.8-Trimethylazulenyl-(1)]-benzyl-N.N-dimethylketimmoniumperchlorat,* $C_{23}H_{26}\cdot ClNO_4$, F. 170—172° (W., rote Kristalle), analog **III** aus **II** u. Phenylessigsäuredimethylamid [F. 38—40°, aus Phenylessigsäurechlorid u. Dimethylamin in Ae.]; 82%. — *1-[4.6.8-Trimethylazulenyl-(1)]-1-dimethylamino-2-phenyläthylen,* $C_{23}H_{25}N$, F. 93—94° (CH_3OH, blauviolette Kristalle), analog **IV** aus vorst. Verb. u. Chromatographie an Al_2O_3 mit PAe.-Ae. (4:1); 97%. — *[4.6.8-Trimethylazulenyl-(1)]-benzhydryl-N.N-dimethylketimmoniumperchlorat,* $C_{29}H_{30}ClNO_4$, F. 165—167° (W. mit $HClO_4$, rote Kristalle), analog **III** aus **II** u. Diphenylessigsäuredimethylamid [F. 134—136°, aus Diphenylessigsäurechlorid u. Dimethylamin in Ae.] durch 11std. Erwärmen in abs. THF auf 60°; 7%. — *1-[4.6.8-Trimethylazulenyl-(1)]-1-dimethylamino-2.2-diphenyläthylen,* $C_{29}H_{29}N$, F. 173 bis 175° (A., dunkelblaue Platten), aus vorst. Verb. analog **IV**; 89%. — *[Azulenyl-(1)]-methyl-N.N-dimethylketimmoniumperchlorat,* $C_{14}H_{16}ClNO_4$, F. 69—72° (W., dunkelrote Kristalle), aus **I** u. N.N-Dimethylacetamid analog **III**; 68%. — *1-Acetylazulen,* durch 3—5 Min.

langes Schütteln vorst. Verb. in Ae. mit eisgekühlter 2n NaOH; violettes Öl. *Semicarbazon*, F. 218° (Dimethylformamid, dunkelgrüne Kristalle). — *[Azulenyl-(1)]-benzyl-N.N-dimethylketimmoniumperchlorat*, $C_{20}H_{20}ClNO_4$, F. 195—196° (W., dunkelrote Kristalle), analog **III** aus **I** u. Phenylessigsäuredimethylamid; 54%. — *[Azulenyl-(1)]-benzylketon*, $C_{18}H_{14}O$, F. 119—120° (PAe., rote Nadeln), durch 15 Min. langes Schütteln vorst. Verb. u. 2n NaOH mit Ae. u. Neutralwaschen der Ae.-Phase; 91%. — *[4.6.8-Trimethylazulenyl-(1)]-phenyl-N.N-dimethylketimmoniumperchlorat*, $C_{22}H_{24}ClNO_4$, F. 193—195° (W., rotbraune Kristalle), aus **II** u. N.N-Dimethylbenzamid analog **III**; 92%. — *3-Phenyl-3'.5'-dimethylcycloheptatrieno-[1'.7'.6':1.7.6]-pentalen* (**VI**), $C_{20}H_{16}$, F. 117—120° (PAe., braune Nadeln), a) aus vorst. Verb. mit $NaOCH_3$ in sd. CH_3OH; 75%; b) durch 15 Min. langes Schütteln vorst. Verb. mit 2n NaOH u. CH_3OH, Ausäthern, Neutralwaschen, Einengen u. Chromatographie an Al_2O_3 mit PAe.-Ae. (4:1), wobei die 1. gelbe Zone **VI** ist (33%) u. aus der 2. roten Zone *1-Benzoyl-4.6.8-trimethylazulen* [F. 113—114° (A.); 59%] erhalten wird. *Trinitrobenzolat*, $C_{26}H_{19}N_3O_6$, F. 170—171° (A., dunkelbraune Nadeln). — *3.3'.5'-Trimethylcycloheptatrieno-[1'.7'.6':1.7.6]-pentalen* (**V**), $C_{15}H_{14}$, F. 54 bis 56° (Zers., dunkelolivgrüne Nadeln), a) durch 1std. Kochen von **IV** in abs. Bzl. mit Benzylchlorid, Waschen der ausgeschiedenen Kristalle mit Ae. [diese werden in W. u. mit $NaClO_4$-Lsg. versetzt: *Dimethyldibenzylammoniumperchlorat* ($C_{16}H_{20}ClNO_4$, F. 173 bis 175°) u. **III** (F. 183—185°)], Einengen der benzol. Lsg. im Vakuum, Chromatographie an Al_2O_3 aus PAe.-Ae. (3:1) u. Eluieren: 1. Zone nach dem Versetzen mit $NaClO_4$-Lsg.: **V** als *Trinitrobenzolat* [$C_{21}H_{17}N_3O_6$, F. 134—135° (Zers.; A., dunkelbraune Nadeln], 2. Zone: **III** [F. 184—186°]; b) durch Einlaufenlassen von **III** in abs. CH_3OH in $NaOCH_3$ in CH_3OH, 3—4std. Erwärmen auf 60°, Versetzen mit Eiswasser, Extrahieren mit PAe., Waschen mit W., Chromatographie an Al_2O_3 mit PAe.-Ae. (2:1) u. Einengen; 74%; c) durch Hydrolyse nachst. Verb. mit 2n NaOH neben *1-Acetyl-4.6.8-trimethylazulen*. *Tetracyanäthylenaddukt*, $C_{21}H_{14}N_4$, schwarzviolette Nadeln; 85%. — *Dimethyläthyl-{α-[4.6.8-trimethylazulenyl-(1)]-vinyl}-ammoniumfluoroborat*, $C_{19}H_{26}BF_4N$, Zers. > 180° (rote Kristalle), durch Eintropfen von **IV** in abs. CH_2Cl_2 unter Feuchtigkeitsausschluß in eine Lsg. von Triäthyloxoniumfluoroborat in abs. CH_2Cl_2, Einengen im Vakuum auf halbes Vol. u. Fällen mit Ae.; 96%. — *1-[4.6.8-Trimethylazulenyl-(1)]-1-dimethylamino-2-benzoyläthylen* (**VIII**), $C_{24}H_{25}NO$, F. 164—165° (Ligroin, blauschwarze Blättchen), durch Zutropfen von Benzoylchlorid in abs. Ae. unter Eiskühlung zu **IV** in Ae., Zugabe von 2n NaOH, 30 Min. langes Rühren, Versetzen mit W., Extrahieren mit 2n H_2SO_4, Alkalisieren mit 2n NaOH u. Ausäthern; 84%. — *[4.6.8-Trimethylazulenyl-(1)]-phenacyl-N.N-dimethylketimmoniumperchlorat*, $C_{24}H_{26}ClNO_5$, F. > 85° (unscharf, W., rot), durch Versetzen einer äther. Lsg. von **VIII** unter Eiskühlung mit 70%ig. $HClO_4$; 95%. — *[4.6.8-Trimethylazulenyl-(1)]-[α-benzoyloxystyryl]-N.N-dimethylketimmoniumperchlorat* (**VII**), $C_{31}H_{30}ClNO_6$, F. 183—184,5° (CH_3OH-W., 1:3, rote Nadeln), durch Zugabe von Benzoylchlorid zu **VIII** in abs. Bzl. bei 50—60°, Zugabe von W. nach 30 Min., Extrahieren mit PAe. u. Versetzen mit konz., wss. $NaClO_4$-Lsg.; 89%. — *2-Dimethylamino-4-phenyl-7.9-dimethylcyclopentadieno-[1'.5'.4':1.11.10]-heptalen* (**IX**), $C_{24}H_{23}N$, F. 173—174° (n-Hexan, dunkelgrüne Kristalle), durch Einlaufenlassen von **VII** in CH_3OH in eine sd. Lsg. von Na in abs. CH_3OH, 30 Min. langes Kochen, Versetzen mit Eiswasser, Ausäthern, Neutralwaschen, Einengen im Vakuum, Chromatographie an Al_2O_3 u. Eluieren der grünen Zone mit PAe.-Ae. (10:1); 43%. Daneben *Keton* $C_{23}H_{22}O_2$, F. 119—120° (n-Hexan, violettrote Kristalle), durch Eluieren der rotvioletten Zone mit Ae. u. nochmalige Chromatographie an Al_2O_3 mit PAe.-Ae. (1:5); 2%. Elution der blauvioletten Zone mit Ae. → 30% **VIII**. *Immoniumperchlorat*, $C_{25}H_{28}ClNO_5$, F. 154—156° (W., rote Nadeln), durch Eluieren der gelben Zone mit W. u. Versetzen mit konz. wss. $NaClO_4$-Lsg.; 12%. — *2-Dimethylimmonio-4-phenyl-7.9-dimethylcyclopentadieno-[1'.5'.4':1.11.10]-heptalenperchlorat*, $C_{24}H_{24}ClNO_4$, durch Ausschütteln von **IX** in Ae. mit 2n H_2SO_4 u. Versetzen mit einer wss. Lsg. von $NaClO_4$; braunes, feinkrist. Prod.; 95%. — *Phenyläthinyl-[4.6.8-trimethylazulenyl-(1)]-keton*, $C_{22}H_{18}O$, F. 156—157° (Ligroin, rote Blättchen), durch Schütteln von **VII** mit 2n NaOH, Ausäthern, Neutralwaschen, Einengen, Chromatographie an Al_2O_3 mit PAe.-Ae. (10:1; Abtrennen von **IX**; geringe Menge) u. dann PAe.-Ae. (1:1); 70%. E. KOSSMEHL. 2950□

Cyclohepta-[k.l.m]-benz-[e]-inden. Weitere Betrachtungen über die Stabilität komplexer mehrkerniger Systeme. Pete D. Gardner, Carl E. Wulfman und Claiborn L. Osborn. (J. Amer. chem. Soc. **80**. 143—48. 5/1. 1958. Austin, Tex., Univ., Dep. of Chem.) (Engl.)

1.2.8.9.10.10a-Hexahydrocyclohepta-[k.l.m]-benz-[e]-inden (**I**) wurde aus 7-Hydroxy-1.2.3.7.8.9.10.10a-oktahydrocyclohepta-[d.e]-naphthyl (7)-essigsäuremethylester (**II**) durch folgenden Synth.-Weg hergestellt: **II** wurde dehydratisiert u. verseift zu *1.2.3.9.10.10a-*

Hexahydrocyclohepta-[d. e]-naphthyl-(7)-essigsäure (**III**), die zu *1.2.3.7.8.9.10.10a-Oktahydrocyclohepta-[d. e]-naphthyl-(7)-essigsäure* (*β-Isomeres*) (**IV**) red. wird. **IV** wird mit Polyphosphorsäure zu *2-Keto-1.2.5.6.7.7a.8.9.10.10a-dekahydrocyclohepta-[k.l.m]-benz-[e]-inden* (*β-Isomeres*) cyclisiert. Dehydrierung des **IV**-Esters mittels Pd-Kohle liefert nach Hydrolyse u. Cyclisierung *2-Keto-1.2.8.9.10.10a-hexahydrocyclohepta-[k.l.m]-benz-[e]-inden* (**V**), das ebenfalls in mehreren Stufen aus der als Hauptprod. bei der Dehydratisierung u. Verseifung von **II** neben **III** entstehenden *1.2.3.7.8.9.10.10a-Oktahydrocyclohepta-[d. e]-naphthyliden-(7)-essigsäure* erhalten werden kann. **V**, das sich nach CLEMMENSEN nicht reduzieren u. dessen Äthylendithioketal sich nicht der Hydrogenolyse unterwerfen läßt, wird zu den beiden isomeren *2-Hydroxy-1.2.8.9.10.10a-hexahydrocyclohepta-[k.l.m]-benz-[e]-indenen* (**VI**) reduziert. **VI** wird zu *8.9.10.10a-Tetrahydrocyclohepta-[k.l.m]-benz-[e]-inden* dehydratisiert u. **IX** zu **I** reduziert. *Cyclohepta-[k.l.m]-benz-[e]-inden* (**VII**) wird mit 32% Ausbeute aus **I** durch Dehydrierung mit Chloranil (**VIII**) erhalten u. gibt unter Aufnahme von 2,5 Val H_2 wieder **I**. Dehydrierung von **IX** mit **VIII** liefert 18% **VII**. Analog entstehen bei Behandlung von Acepleiadan (**XVII**) mit **VIII** 15% *Acepleiadylen* (**X**). Die Herst. von **I** gibt eine 2. Serie von Racematen, die isomer mit der bisher erhaltenen ist. Die Zunahme der Resonanzenergie wird mittels der LCMO-Meth. (vgl. DEWAR, C. **1953.** 9102) für die Umwandlung in *Pleiadien* (7%), **X** u. **VII** berechnet; diese Werte werden mit den Ausbeuten der Umwandlung verglichen. Beim Vers., ein **VII**-Ring-Syst. aufzubauen, wird *3.3a-4.5-Tetrahydro-2H-benz-[e]-indenon-(2)-essigsäure-(1)* (**XIV**), aus α-Tetralon erhältlich, mit Li in fl. NH_3 zu *1.3.3a.4.5.9b-Hexahydro-2H-benz-[e]-indenon-(2)-essigsäure-(1)* (**XI**) hydriert. Red. der Keto-Gruppe blieb erfolglos. Aus Benzosuberon-(5) (**XII**) u. Furfurol (**XIII**) wird *6-Furfurylidenbenzosuberon-(5)* erhalten, das bei der Hydrolyse *5.6-Dihydrobenzocyclohepta-[3.4:b]-furan-2-propionsäure* an Stelle des isomeren **XIV**-Homologen ergibt. Analog entsteht bei der Hydrolyse des bei der Rk. von Cycloheptanon (**XV**) mit **XIII** neben *2.7-Bis-[furfuryliden]-cycloheptanon* entstehenden *2-Furfurylidencycloheptanons* (**XVIII**) *5.6.7.8-Tetrahydrocyclohepta-[b]-furan-2-propionsäure.*

Versuche: *1.2.3.9.10.10a-Hexahydrocyclohepta-[d.e]-naphthyl-(7)-essigsäure* (**III**), $C_{16}H_{18}O_2$, F. 177—178°, aus **II** (erhältlich nach REFORMATSKI aus 7-Keto-1.2.3.7.8.9-10.10a-oktahydrocyclohepta-[d.e]-naphthalin u. γ-Bromcrotonsäuremethylester (vgl. GARDNER u. HORTON, C. **1953.** 4847) durch Dehydratisieren u. Hydrolyse; Platten aus W.–Essigsäure; 16% (Ausbeute). — *1.2.3.7.8.9.10.10a-Oktahydrocyclohepta-[d.e]-naphthyliden-(7)-essigsäure*, als Hauptprod. vorst. Reaktion. — *1.2.3.7.8.9.10.10a-Oktahydrocyclohepta-[d.e]-naphthyl-(7)-essigsäure* (*β-Isomeres*) (**IV**), $C_{16}H_{20}O_2$, F. 152—153,5°, durch Hydrierung von **III** an Pd-Kohle in Essigsäure; aus A. Prismen. — *2-Keto-1.2.5-6.7.7a.8.9.10.10a-dekahydrocyclohepta-[k.l.m]-benz-[e]-inden* (*β-Isomeres*), $C_{16}H_{18}O$, F. 81,5 bis 82,5°, aus **IV** durch Erhitzen mit Polyphosphorsäure auf 135° bis zur Homogenität, dann 10 Min. bei 100°; Kristalle aus W.–Methanol; 65%. — *7.8.9.10-Tetrahydrocyclohepta-[d.e]-naphthyl-(7)-essigsäure* (**XVI**), F. 128—129°, aus **IV** durch Überführung in den Methylester u. dessen Dehydrierung mit 40%ig. Pd-Kohle bei 300° u. anschließende Verseifung; Kristalle aus PAe.–Essigester; 38%. — *Äthylendithioketal* von *2-Keto-1.2.8.9.10.10a-hexahydrocyclohepta-[k.l.m]-benz-[e]-inden*, $C_{18}H_{18}S_2$, F. 133—135,5°, nach FIESER (C. **1950/54.** 940 S) aus **V** mit Äthandithiol u. BF_3-Ätherat; glänzende Platten aus Heptan oder W.–Isopropanol; 95%; liefert mit RANEY-Ni kein **I**. — *2-Hydroxy-1.2.8-9.10.10a-hexahydrocyclohepta-[k.l.m]-benz-[e]-inden* (*α-Isomeres*) (α-**VI**), $C_{16}H_{16}O$, F. 157 bis 159°, aus **V** in Methanol mit $NaBH_4$; Platten aus Methanol; 98%. β-**VI**, F. 85,5—87°, analog; Nadeln aus Methanol; 43%. — *8.9.10.10a-Tetrahydrocyclohepta-[k.l.m]-benz-[e]-inden* (**IX**), $C_{16}H_{14}$, F. 100—102°, aus α-**VI** mit $NaHSO_4$ durch Erhitzen im Vakuum bei 0,25 mm; 50%. — *1.2.8.9.10.10a-Hexahydrocyclohepta-[k.l.m]-benz-[e]-inden* (**I**), F. 66 bis 67°, a) aus **XVI**; b) aus **IX** durch Hydrierung über 5%ig. Pd-Kohle in A., c) durch Hydrierung von **VII** in A. über Pt. — *Cyclohepta-[k.l.m]-benz-[e]-inden* (**VII**), $C_{16}H_{10}$, F. 197—200°, a) aus **I** durch 20std. Erhitzen auf 135° unter N_2 mit **VIII** in Xylol; b) aus **IX** analog a); schwarze Platten aus PAe. u. Sublimation bei 0,1 mm; 32 bzw. 18%. — *Acepleiadylen* (**X**), F. 156—161°, aus **XVII** mit **VIII** analog **VII**; 15%. — *1.3.3a.4.5.9b-Hexahydro-2H-benz-[e]-indenon-(2)-essigsäure-(1)* (**XI**), $C_{15}H_{16}O_3$, F. 179—181°, durch Red. von **XIV** in Dioxan mit Li in fl. NH_3; aus A. Nadeln; 83%. — *2-Furfurylidencycloheptanon* (**XVIII**, $C_{12}H_{14}O_2$, Kp.$_{29}$ 185—188°, aus **XV** u. **XVIII** in A. durch Zusatz von 5 ml 45%ig. KOH unter Rühren bei 5°, 1std. Rühren bei 12°, 2 Std. bei 25°; 28%; unbeständig. *Dinitrophenylhydrazon*, $C_{18}H_{18}N_4O_5$, F. 157—158,5°, rote Nadeln aus Chlf.–Methanol. — *2.7-Bis-[furfuryliden]-cycloheptanon*, $C_{17}H_{16}O_3$, F. 110—112°, als Nebenprod. bei vorst. Rk., Kristalle aus Essigester–PAe.; 6%. *Dinitrophenylhydrazon*, $C_{23}H_{20}N_4O_6$, F. 222—223°, rote Nadeln aus Chlf.–Methanol. — *5.6.7.8-Tetrahydrocyclohepta-[b]-furan-2-propionsäure*, $C_{12}H_{16}O_3$, F. 103—104,5°, aus **XVIII** durch saure Hydrolyse in A. bei 55° u. Kochen des Rk.-Prod. mit wss. KOH; Kristalle aus Essigester–PAe. oder Cyclohexan; 4%. — *2-Furfurylidencyclohexanon*, F. 46—47°, aus XIII u. Cyclohexanon analog XVIII; 18%. *Dinitrophenylhydrazon*, $C_{17}H_{16}N_4O_5$, F. 190—192°, rote Kristalle. — *2.6-Bis-[furfuryliden]-cyclohexanon*, F. 143—145°, bei vorst. Rk.; 32%. — *6-Furfurylidenbenzosuberon-(5)*, $C_{16}H_{14}O_2$, F. 126—127°, aus XII u. XIII analog XVIII; Kristalle aus Essigester. — *5.6-Dihydrobenzocyclohepta-[3.4:b]-furan-2-propionsäure*, $C_{16}H_{16}O_3$, F. 133—134°, aus vorst. Verb. durch 18std. Kochen mit konz. HCl in A. u. 4std. Kochen des Prod. in Essigsäure; Kristalle aus Bzl., Sublimation bei 0,1 mm; 3%. — Die UV-Maxima von III u. VII u. die IR-Maxima von XI sind angegeben.

G. MARQUARD. 2950

Reaktion von Äthylenimin mit Carbonylverbindungen. R. G. Kosstjanowski. (Доклады Академии Наук СССР [Ber. Akad. Wiss. UdSSR] **139**. 877—79. 1/8. 1961.) (Russ.)

Äthylenimin (I) reagiert mit Chloral (II), Hexafluoraceton (III) u. Diäthylmesoxalat (IV) unter Bldg. von *N-[2.2.2-Trichlor-1-hydroxyäthyl-(1)]-*, *N-[1.1.1.3.3.3-Hexafluor-2-hydroxypropyl-(2)]-* u. *N-[Dicarbäthoxyhydroxymethyl]-äthylenimin*. Bei den Verbb. liegt ein Gleichgewicht mit der Zwitterionenstruktur vor. Die Struktur wurde IR-analyt. bestätigt.

Versuche: *N-[2.2.2-Trichlor-1-hydroxyäthyl-(1)]-äthylenimin*, $C_4H_6Cl_3NO$, Kp.$_{5-7}$ 73 bis 76°, F. 83,5—84° (nach Sublimation), man gibt zu 19,8 g II in 20 ml Ae. bei 0° tropfenweise 5,8 g I in 10 ml Ae.; 85,1% (Ausbeute); oder durch 1std. Kochen von I mit II-Hydrat in Äther. — *N-1.1.1.3.3.3-Hexafluor-2-hydroxypropyl-(2)]-äthylenimin*, $C_5H_5F_6NO$, F. 147—149,5° (nach Sublimation), man gibt zu 7 ml III in 30 ml Ae. bei —60° in 1 Std. tropfenweise 3,2 g I in 30 ml Ae., kocht 5 Min. u. läßt über Nacht stehen; 59,3%. — *N-[Dicarbäthoxyhydroxymethyl]-äthylenimin*, $C_9H_{15}NO_5$, F. 68—69° (Ae.), man gibt zu 9,85 g IV in 50 ml Ae. bei 0° 2,5 g I in 30 ml Ae. u. läßt über Nacht in der Kälte stehen; große Tafeln; 80,6%. HELMUT SCHÄFER. 3030□

Über die Kondensation einiger Cyclanone mit heterocyclischen Aldehyden. 2. Mitt. Antonio Maccioni und Enrica Marongiu. (Gazz. chim. ital. **85**. 1570—74. Dez. 1955. Cagliari, Univ., Ist. di Chim. farmaceut. e tossicol.) (Ital.) — 1. vgl. C. **1950/54**. 8994S.

Cyclopentanon (I) geht mit Furfurol (II) in Ggw. von Alkali bei Anwendung eines I-Überschusses hauptsächlich Kondens. zu *2-Furfurylidencyclopentanon* (III) ein. Überschüssiges II liefert dagegen *2.5-Difurfurylidencyclopentanon* als Hauptprodukt. Einige Derivv. von III werden beschrieben.

Versuche: *2.5-Difurfurylidencyclopentanon*, $C_{15}H_{12}O_3$, F. 169°, durch Zutropfen von II zu I in 4%ig. KOH u. 3std. Rühren; aus A. gelborangefarbene Nadeln. — *2-Furfurylidencyclopentanon* (III), $C_{10}H_{10}O_2$, F. 60,5°, analog vorst. Verb. aus I u. II (3 : 1 Mol) unter Kühlung mit Eis/Salz-Gemisch; aus A. gelbliche Nadeln; ca. 30 % Ausbeute. *Semicarbazon*, $C_{11}H_{13}N_3O_2$, F. 223° (A.); gelblich. *Thiosemicarbazon*, $C_{11}H_{13}N_3OS$, F. 199°; aus A. goldgelbe Nadeln. *Phenylhydrazon*, $C_{16}H_{16}N_2O$, F. 112—113°; aus verd. Essigsäure tiefgelbe Nadeln. *2.4-Dinitrophenylhydrazon*, $C_{16}H_{14}N_4O_5$, F. 251° (Bzl.); bordeauxrot. *Oxim*, $C_{10}H_{11}NO_2$, F. 116—117° (A.). H.-E. TOUSSAINT. 3061□

Cyclisierungsprozesse. W. Davies und S. Middleton. (Chem. and Ind. **1957**. 599—600. 11/5. Melbourne, Univ., Chem. Dep.) (Engl.)

Vff. erhielten bei der Cyclisierung von α-Phenoxyacetophenon mit Polyphosphorsäure unter Umlagerung *2-Phenylbenzofuran*, während β-[3.4-Dimethoxyphenyl]-propiophenon *5.6-Dimethoxy-3-phenylinden* liefert. B. MEHLIS. 3061

Über Selenazole. 4. Mitt. **1.3-Diaryl-5-[selenazolyl-(2)]-formazane und deren Tetrazoliumsalze.** Ehrenfried Bulka, Gerhard Rodekirch und Hans Beyer. (Chem. Ber. **95**. 658—66. 20/3. 1962. Greifswald, Univ., Inst. für Organ. Chem.) (Dt.) — 3. vgl. Chem. Ber. **94**. [1961.] 2763.

Durch Umsetzung von Benzaldehyd-[selenazolyl-(2)-hydrazonen] mit diazotierten Arylaminen erhält man tieffarbige *1.3-Diaryl-5-[selenazolyl-(2)]-formazane*. Bei unsubstituierter 5-Stellung im Selenazolring findet neben der Formazan-Bldg. eine Kupplung in 5-Stellung zum entsprechenden Azohydrazon statt. Die Dehydrierung der Formazane führt zu den *1.3-Diaryl-5-[selenazolyl-(2)]-tetrazoliumsalzen*, die als *Perbromide* isoliert wurden.

Versuche: 1-Aryl-3-phenyl-5-[4.5-diphenylselenazolyl-(2)]-formazane, durch Lösen von Benzaldehyd-[4.5-diphenylselenazolyl-(2)]-hydrazon u. Na-Acetat in Pyridin/Methanol in Ggw. von etwas konz. NaOH, Zutropfen der entsprechenden Diazoniumacetat-Lsg. bei —5°, 1—2std. Stehen bei 0°, Filtrieren u. Umkristallisieren: *1-Phenyl-*, $C_{28}H_{21}N_5Se$, F. 176°; aus Essigester blauviolette Stäbchen mit goldenem Oberflächenglanz; 60% (Ausbeute). — *1-[p-Tolyl]-*, $C_{29}H_{23}N_5Se$, F. 175°; aus Propanol schwarzviolette Prismen; 70%. — *1-[o-Tolyl]-*, $C_{29}H_{23}N_5Se$, F. 185°; aus Butanol Prismen mit violettem Oberflächenglanz; 71%. — *1-[p-Methoxyphenyl]-*, $C_{29}H_{23}N_5OSe$, F. 184°; aus Propanol violette Prismen mit messingfarbenem Oberflächenglanz; 75%. — *1-[o-Methoxyphenyl]-*, $C_{29}H_{23}N_5OSe$, F. 200°; aus Butanol violette Stäbchen mit grünem Oberflächenglanz; 67%. — *1-[p-Äthoxyphenyl]-*, $C_{30}H_{25}N_5OSe$, F. 172°; aus Butanol rotviolette Nadeln mit goldenem Oberflächenglanz; 61%. — *1-[o-Äthoxyphenyl]-*, $C_{30}H_{25}N_5OSe$, F. 193°; aus Butanol violette Stäbchen; 83%. — *1-[β-Naphthyl]-*, $C_{32}H_{23}$·N_5Se, F. 201°; aus Butanon blauviolette glänzende Stäbchen; 79%. — 1-Aryl-3-phenyl-5-[4-methyl-5-carbäthoxyselenazolyl-(2)]-formazane, analog den vorst. Verbb.: *1-Phenyl-*, $C_{20}H_{19}N_5O_2Se$, F. 184°; aus Butanon dunkelrote Prismen mit grünem Oberflächenglanz; 68%. — *1-[p-Tolyl]-*, $C_{21}H_{21}N_5O_2Se$, F. 175°; aus Propanol rotbraune Stäbchen; 75%. — *1-[o-Tolyl]-*, $C_{21}H_{21}N_5O_2Se$, F. 187°; aus Butanon rote Prismen mit grünem Oberflächenglanz; 53%. — *1-p-[Methoxyphenyl]-*, $C_{21}H_{21}N_5O_3Se$, F. 173°; aus Butanon rote Prismen mit messingfarbenem Oberflächenglanz; 68%. — *1-[o-Methoxyphenyl]-*, $C_{21}H_{21}N_5O_3Se$, F. 192°; aus Butanon rote Prismen mit grünem Oberflächenglanz; 68%. — *1-[o-Äthoxyphenyl]-*, $C_{22}H_{23}N_5O_3Se$, F. 198°; aus Butanon rotbraune Nadeln mit grünem Oberflächenglanz; 57%. — *1-[β-Naphthyl]-*, $C_{24}H_{21}$·N_5O_2Se, F. 183°; aus Butanol Kristalle mit grünem Oberflächenglanz; 77%. — *1-[o-Äthoxyphenyl]-3-phenyl-5-[4-phenylselenazolyl-(2)]-formazan* (I), $C_{24}H_{21}N_5OSe$, F. 208°, durch Lösen von 1,6 g Benzaldehyd-[4-phenylselenazolyl-(2)-hydrazon in Methanol/Pyridin (1 : 1), Zugabe der Diazoniumacetat-Lsg. aus 1,4 g o-Phenetidin bei —5°, mehrstd. Stehen bei 0°, Filtrieren, Trocknen, Chromatographie in Bzl. an Al_2O_3 u. Eluieren mit Bzl.; aus Butanol violettglänzende Nadeln; 0,3 g. — *Benzaldehyd-[4-phenyl-5-(o-äthoxybenzolazo)-selenazolyl-(2)-hydrazon]*, $C_{24}H_{21}N_5OSe$, F. 206°, neben I durch weiteres Eluieren mit heißem Bzl.; aus Butanon rubinrote Prismen mit grünem Oberflächenglanz; 1,3 g. — 2-Aryl-3-[4.5-diphenylselenazolyl-(2)]-5-phenyltetrazoliumbromidperbromide, durch Zutropfen von Isoamylnitrit zu dem entsprechenden Formazan in Eisessig, Versetzen mit Ae., Zugabe von konz. HBr u. Umkristallisieren der Ndd. aus Methanol: *2-Phenyl-*, $C_{28}H_{20}Br_3N_5Se$, F. 177°; gelbe Blättchen; 80%. — *2-[p-Tolyl]-*, $C_{29}H_{22}Br_3N_5Se$, F. 158°; rote Prismen; 64%. — *2-[o-Tolyl]-*, $C_{29}H_{22}Br_3N_5Se$, F. 156°; orangegelbe Prismen; 39%. — *2-[p-Methoxyphenyl]-*, $C_{29}H_{22}Br_3N_5OSe$, F. 156°; orangegelbe Stäbchen; 47%. — *2-[o-Methoxyphenyl]-*, $C_{29}H_{22}Br_3N_5OSe$, F. 161°; braungelbe Nadeln; 51%. — *2-[p-Äthoxyphenyl]-*, $C_{30}H_{24}Br_3N_5OSe$, F. 150°; orangerote Prismen; 49%. — *2-[o-Äthoxyphenyl]-*, $C_{30}H_{24}Br_3N_5OSe$, F. 173°; gelbe Kristalle; 59%. — *2-[β-Naphthyl]-*, $C_{32}H_{22}Br_3N_5Se$, F. 156°; orangegelbe Prismen; 20%. — 2-Aryl-3-[4-methyl-5-carbäthoxyselenazolyl-(2)]-5-phenyltetrazoliumbromidperbromide: *2-Phenyl-*, $C_{20}H_{18}Br_3N_5O_2Se$, F. 129°; gelbe Stäbchen; 90%. — *2-[p-Tolyl]-*, $C_{21}H_{20}Br_3N_5O_2Se$, F. 121°; gelbe Nadeln; 31%. — *2-[o-Tolyl]-*, $C_{21}H_{20}Br_3N_5O_2$ Se, F. 128°; gelbe Prismen; 57%. — *2-[p-Methoxyphenyl]-*, $C_{21}H_{20}Br_3N_5O_3Se$, F. 108°; gelbe Stäbchen; 49%. — *2-[o-Methoxyphenyl]-*, $C_{21}H_{20}Br_3N_5O_3Se$, F. 121°; blaßgelbe Plättchen; 69%. — *2-[o-Äthoxyphenyl]-*, $C_{22}H_{22}Br_3N_5O_3Se$, F. 120°; orangefarbene Kristalle; 55%. — *2-[β-Naphthyl]-*, $C_{24}H_{20}Br_3N_5O_2Se$, F. 108°; gelbe Prismen; 51%. — *2.5-Diphenyl-3-[4.5-diphenylselenazolyl-(2)]-tetrazoliumhydroxid*, $C_{28}H_{21}N_5OSe$, F. 130—131° (Zers.), durch Dehydrierung des entsprechenden Formazans mit Isoamylnitrit u. Fällen mit viel Ae.; aus Eisessig/Ae. gelbe Prismen; 80%. — *2.5-Diphenyl-3-[4-methyl-5-carbäthoxy-selenazolyl-(2)]-tetrazoliumhydroxid*, $C_{20}H_{19}N_5O_3Se$, F. 152—153° (Zers.), analog vorst. Verb.; aus Eisessig/Ae. gelbe Kristalle; 79%. — *2.5-Diphenyl-3-[4.5-diphenylselenazolyl-(2)]-tetrazoliumbromid*, $C_{28}H_{20}BrN_5Se$, F. 142°, durch schwaches Erwärmen des entsprechenden Formazans mit dem entsprechenden Tetrazoliumbromidperbromid in Eisessig, 12 std. Stehen u. Fällen mit viel Ae.; gelbe gefiederte Blättchen; 70%. — *2-[o-Äthoxyphenyl]-3-[4.5-diphenylselenazolyl-(2)]-5-phenyltetrazoliumbromid*, $C_{30}H_{24}BrN_5OSe$, F. 196° (Zers.), analog vorst. Verb.; aus Aceton grünlichgelbe Kristalle; 79%. — *2-[o-Äthoxyphenyl]-3-[4-phenylselenazolyl-(2)]-5-phenyltetrazoliumbromidperbromid*, $C_{24}H_{20}$·Br_3N_5OSe, F. 127°, durch Versetzen von I in Eisessig mit Isoamylnitrit, 24 std. Stehen u. Zugabe von konz. HBr; aus Methanol karminrote Säulen; 35%. — *2-[o-Äthoxyphenyl]-3-[4-phenylselenazolyl (2)]-5-phenyltetrazoliumbromid*, $C_{24}H_{20}BrN_5OSe$, F. 201°, durch Erhitzen vorst. Verb. in wenig Aceton u. Stehen; blaßgelbe Kristalle; das Filtrat riecht stark nach *Bromaceton*; das Bromid liefert in Methanol durch Zugabe von Br_2–W. vorst. Verbindung. P. GOLINSKE. 3071□

Acryloyl- und Methacryloylpyrrolidon. F. P. Ssidelkowskaja, M. G. Selenskaja und M. F. Schosstakowski. (Журнал Общей Химии [J. allg. Chem.] **31 (93).** 4060—61. Dez. 1961. Zelinsky-Inst. für org. Chem. der Akad. der Wiss. der UdSSR.) (Russ.)

N-Acryloylpyrrolidon-(2), $C_7H_9NO_2$, Kp.$_{3\cdot10^{-3}}$ 55—58°; n_D^{20} 1,5045; $D._4^{20}$ 1,1413, entsteht durch Rk. von Acrylsäurechlorid mit Pyrrolidon-Na in Ggw. von Gallussäurepropylester bei —10° in 20%ig. Ausbeute. — Analog wird *N-Methacryloylpyrrolidon-(2)*, ($C_8H_{11}NO_2$, Kp.$_{1,5}$ 127—130°, F. 24—25°) mit Methacrylsäurechlorid bei —15° (40%) erhalten, das bei 30std. Erwärmen auf 60° in Ggw. von 5% Azodiisobutyronitril ein in Dimethylformamid lösl. *Polymeres* (F. ~ 270°) liefert. B. Celms. 3081

Synthese und Umlagerungen in der Thiazolinimin-Reihe. K. M. Murawjewa und M. N. Schtschukina. (Доклады Академии Наук СССР [Ber. Akad. Wiss. UdSSR] **126**. 1274—77. 21/6. 1959. Chem. Pharmaz. Allunions-Ordshonikidse-Forschungsinst.) (Russ.)

Die Richtung der Kondens. von α-Halogenketonen mit symm. Diaryl- oder Arylacylthioharnstoffen hängt von der Anwesenheit von H-Ionen im Rk.-Gemisch ab. Beim Abfangen des entstehenden Halogenwasserstoffs durch Triäthylamin (**I**) bilden sich *4-Hydroxythiazolidin-Derivv.*, die unter der Einw. von alkohol. oder wss. HCl W. abspalten. Aus Chloraceton (**II**) u. Thiocarbanilid entsteht in Ggw. von **I** bei Zimmer-Temp. *2-Phenylimino-3-phenyl-4-methyl-4-hydroxythiazolidin* (F. 137—138°), das beim Erhitzen in *2-Phenylimino-3-phenyl-4-methyl-Δ⁴-thiazolin* (F. 138—139°) übergeht Die Kondens. von **II** mit N.N'-Di-p-tolyl- oder N.N'-Bis-[p-äthoxyphenyl]-thioharnstoff gibt direkt *2-p-Tolylimino-3-p-tolyl-4-methyl-Δ⁴-thiazolin* (F. 111—113°) bzw. *2-p-Äthoxyphenylimino-3-p-äthoxyphenyl-4-methyl-Δ⁴-thiazolin* (F. 162—163°). Die in Ggw. von **I** sowohl in Methylenchlorid als auch in A. bei Zimmer-Temp. aus α-Halogenketonen u. N-Aryl-N'-acylthioharnstoffen gebildeten Hydroxythiazolidine sind beständiger als die vorst. beschriebenen. Unter der Einw. von HCl in der Kälte oder von alkohol. HCl erfolgt Wasserabspaltung u. Bldg. der entsprechenden Thiazolinderivate. Es wurden dargestellt: aus **II** u. N-Benzoyl-N'-phenylthioharnstoff (**III**) *2-Benzoylimino-3-phenyl-4-methyl-4-hydroxythiazolidin* (**IV**; F. 158—160°) u. *2-Benzoylimino-3-phenyl-4-methyl-Δ⁴-thiazolin* (**V**; F. 156—158°), aus **II** u. N-Phenyl-N'-p-nitrobenzoylthioharnstoff (**VI**) *2-p-Nitrobenzoylimino-3-phenyl-4-methyl-4-hydroxythiazolidin* (**VII**; F. 160—162°) u. *2-p-Nitrobenzoylimino-3-phenyl-4-methyl-Δ⁴-thiazolin* (**VIII**; F. 184—185°), aus **II** u. N-Phenyl-N'-acetylthioharnstoff (**IX**) *2-Acetylimino-3-phenyl-4-methyl-4-hydroxythiazolidin* (**X**; F 132,5—133,5°) u. *2-Acetylimino-3-phenyl-4-methyl-Δ⁴-thiazolin* (**XI**; F. 182—183°). Aus α-Chlorcyclohexanon (**XII**) u. **IX** entstehen *2-Acetylimino-3-phenyl-4-hydroxy-4.5-tetramethylenthiazolidin* (F. 158—159°) u. *2-Acetylimino-3-phenyl-4.5-tetramethylen-Δ⁴-thiazolin* (**XIII**; F. 144,5—145,5°), aus ω-Bromacetophenon (**XIV**) u. **III** *2-Benzoylimino-3.4-diphenyl-4-hydroxythiazolidin* (**XV**; F. 155,5—156,5°) u. *2-Benzoylimino-3.4-diphenyl-Δ⁴-thiazolin* (**XVI**; F. 203—204°). Die OH-Gruppe wurde nach Zerewitinoff nachgewiesen. **XII** reagiert mit **III** zu einem Gemisch von *2-Benzoylimino-3-phenyl-4.5-tetramethylen-Δ⁴-thiazolin* (**XVII**; F. 204—205°) u. der entsprechenden Hydroxythiazolidin-Verb., die beim Umkristallisieren oder unter der Einw. von HCl unter Wasserabspaltung in **XVII** übergeht. Analog wird *2-p-Nitrobenzoylimino-3-phenyl-4.5-tetramethylen-Δ⁴-thiazolin* (**XXI**; F. 167,5—169°) aus **VI** u. **XII** dargestellt. **V**, **VIII** u. **XI** werden durch kurzes Erhitzen mit HCl zu *2-Imino-3-phenyl-4-methyl-Δ⁴-thiazolin* (**XVIII**; F. 85—86°) verseift. **XVIII**, **V**, **VIII** u. **XI** lagern sich bei mehrstd. Kochen mit 20%ig. HCl in *2-Phenylamino-4-methylthiazol* um, das zur Identifizierung auch aus **II** u. Phenylthioharnstoff (**XIX**) dargestellt wurde. **XVI** wurde zu *2-Imino-3.4-diphenyl-Δ⁴-thiazolin* (**XX**) verseift, das sich nach längerem Kochen mit HCl in *2-Phenylamino-4-phenylthiazol* umlagert. **XIV** u. **IX** in abs. A. geben *2-Acetylimino-3.4-diphenyl-Δ⁴-thiazolin*, das zu **XX** verseift wird. In Ggw. von **I** entsteht aus **IX** u. **XIV** die Hydroxy-Verb. **IV**. **XIII**, **XVII** u. **XXI** werden durch 20%ig. HCl zu *2-Imino-3-phenyl-4.5-tetramethylen-Δ⁴-thiazolin* (**XXII**; F. 117—118°) verseift. **XXII**, das auch aus **XII** u. **XIX** erhalten wird, geht bei mehrtägigem Kochen mit 20%ig. HCl in *2-Phenylamino-4.5.6.7-tetrahydrobenzthiazol* über. Einw. von Essigsäureanhydrid (**XXIII**) auf die Hydroxy-Verbb. gibt keine O-Acylierung, sondern ruft entweder unter Wasserabspaltung Bldg. von **V** u. **VIII** (aus **IV** u. **VII**) oder Aufspaltung der 3.4-Bindung hervor. **XV** u. **XXIII** reagieren zu *2-[N-Phenyl-N-acetylamino]-4-phenyl-5-benzoylthiazol* (F. 197,5 bis 198,5°), das zu *2-Phenylamino-4-phenyl-5-benzoylthiazol* (**XXIV** F. 196,5—197,5° verseift wird. Analog wird aus **X** über *2-[N-Phenyl-N-acetylamino]-4-methyl-5-acetylthiazol* (F. 174 bis 175°) *2-Phenylamino-4-methyl-5-acetylthiazol* (**XXV**; F. 152—153°) erhalten. Die Struktur von **XXIV** wird durch Synth. aus Dibenzoylchlormethan u. **XIX**, die von **XXV** durch Synth. aus Diacetylchlormethan u. **XIX** oder aus **IX** u. **II** bewiesen. — Ausführliche experimentelle Daten werden nicht angegeben. IR-Spektren vgl. Original.

K. Beier. 3142□

Aminotriazole in der Mannich-Reaktion. Ss. Ss. Nowikow, W. A. Rudenko und W. M. Brussnikina. (Известия Академии Наук СССР, Отделение Химических Наук [Nachr. Akad. Wiss. UdSSR, Abt. chem. Wiss.] **1961.** 1148—49. Juni. Zelinsky-Inst. für org. Chem. der Akad. der Wiss. der UdSSR.) (Russ.)

Die Kondens. von 4-Amino-1.2.4-triazol (I), 3.5-Dimethyl- (II) u. 3.5-Diäthyl-4-amino-1.2.4-triazol (III) mit 32%ig. Formalin (IV) u. 1.1.-Dinitroäthan (V) liefert *4-[2.2-Dinitropropyl-(1)-amino]-1.2.4-triazol* bzw. die *3.5-Dimethyl-* u. *3.5-Diäthylhomologen.*

Versuche: 1.2.4-Triazole: *4-Amino-* (I), F. 76—77° (abs. A.), durch 4—5std. Erhitzen von Ameisensäure mit Hydrazinhydrat (VI) auf 200—210°; 80% (Ausbeute). — *3.5-Dimethyl-4-amino-* (II), F. 195—196° (A.), aus Essigsäure u. VI (5 Std., 220—230°); 75%. — *3.5-Diäthyl-4-amino-* (III), F. 165,5—166,5°, aus Propionsäure u. VI; 68%. — *4-[2.2-Dinitropropyl-(1)-amino]-*, $C_5H_8N_6O_4$, F. 140,5° (A.), man vermischt 9,4 g IV u. 10,2 g I in 5 ml W. bei 0°, gibt 12 g V zu u. erhitzt 1 Std. auf 50—55°; 75%. — *3.5-Dimethyl-4-[2.2-dinitropropyl-(1)]-amino-*, $C_7H_{12}N_6O_4$, F. 94° (W.), aus 2,82 g IV, 4 g II u. 3,6 g V in 8 ml W.; 83,5%. — *3.5-Diäthyl-4-[2.2-dinitropropyl-(1)-amino]-*, $C_9H_{16}N_6O_4$, F. 103° (W.), aus 0,94 ml IV, 2,1 g III u. 1,2 g V in 10 ml W.; 86,4%.

HELMUT SCHÄFER. 3153□

Die Umwandlung von Kojisäure in Komenaldehyd und Komensäure. Hans-Dieter Becker. (Acta chem. scand. **16.** 78—82. 1962. Göteborg, Chalmers TH, Inst. för organ. kemi.) (Engl.) — Vgl. C. **1962.** 840.

Die Oxydation von Kojisäuremonomethyläther (II) mit akt. MnO_2 liefert *2-Formyl-5-methoxy-γ-pyron* (I), das sich mit $AlCl_3$ zu Komenaldehyd demethylieren läßt. Die Struktur der *Komensäure* wird durch die Synth. aus Kojisäure bestätigt. Die UV- u. IR-Spektren der dargestellten Verbb. sind angegeben.

Versuche: *2-Formyl-5-methoxy-γ-pyron* (I), $C_7H_6O_4$, F. 202°, durch 1std. Kochen von II in Bzl. mit MnO_2; nach Sublimation bei 120°/12 Torr Nadeln; 70% (Ausbeute). — *2-Hydroxymethyl-5-methoxy-γ-pyron* (II), F. 161°, durch Red. von I mit $NaBH_4$ in 95%ig. A. (18 Std.); 70%. — *Komenaldehyd*, $C_6H_4O_4$, F. 162—163° (Chlf.), durch 3std. Erhitzen von I mit $AlCl_3$ auf 120°, Zers. mit 10%ig. HCl u. 14std. Extrahieren mit Ae.; sublimiert bei 100°/0,1 Torr; 93%. — *Kojisäure*, F. 152°, durch Zugabe von $NaBH_4$ in A. zu 15 mg vorst. Verb. in A., 3std. Schütteln, Zers. mit 10%ig. HCl u. 15std. Extrahieren mit Ae.; 14 mg. — *Komensäuremethyläther*, $C_7H_6O_5$, F. 282° (A./W.), a) durch $^1/_2$std. Oxydation von I in Aceton mit CrO_3/H_2SO_4; 90%; b) durch 24std. Oxydation von II in Aceton mit CrO_3/H_2SO_4; 73%. — *Komensäure*, F. 285° (Zers., A.), durch $4^1/_2$std. Erhitzen von 150 mg vorst. Verb. mit $AlCl_3$ im verschlossenen Rohr auf 185° u. Zers. mit 10%ig. HCl; 70 mg. — *2-[Diphenylmethyl]-5-hydroxy-γ-pyron*, $C_{18}H_{14}O_3$, F. 150—152° (Bzl.), durch 45std. Kochen von 100 mg I in Bzl. mit $AlCl_3$, Eindampfen, Zers. mit W./konz. HCl, 24std. Extrahieren mit Ae. u. Eindampfen; sublimiert bei 135°/0,1 Torr; 72 mg. — *2-Formyl-5-methoxy-γ-pyridon*, $C_7H_7NO_3$, F. 176—178° (nach Sublimation bei 100°/0,1 Torr), durch $1^1/_2$std. Kochen von 2-Hydroxymethyl-5-methoxy-γ-pyridon mit MnO_2 in Dioxan.

P. GOLINSKE. 3211□

Untersuchungen über 4-Hydroxycumarine. 17. Mitt. **Auftrennung und absolute Konfiguration von Warfarin.** Bruce D. West, Seymour Preis, Collin H. Schroeder und Karl Paul Link. (J. Amer. chem. Soc. **83.** 2676—79. 20/6. 1961. Madison, Wis., Univ. of Wisconsin, Dep. of Biochem.) (Engl.) — 16. vgl. C. **1954.** 11233.

Das Antikoagulans rac.-Warfarin {3-[α-(Acetonylbenzyl)]-4-hydroxycumarin; (I)} wurde durch seine *Chinidin-* u. *Chinin-Enolate* vollständig aufgetrennt. Die in wss. Alkali linksdrehende Form ist in der Ratte 7mal stärker akt. als das Enantiomere. (—)-*Warfarin* (Ia) u. (+)-(*S*)-*β-Phenylcapronsäure* wurden ohne Veränderung der asymm. Zentren in die beiden Enantiomeren von *1.1-Bis-[o-methoxyphenyl]-3-phenylhexanol-(1)* übergeführt. Ia erhält (S)-Konfiguration.

Versuche: (*S*)-*Warfarin* (Ia), *Chinidin-Verb., Hydrat*, $C_{39}H_{40}N_2O_6 \cdot H_2O$, durch Auflösen von Chinidin u. 308 g I in $CHCl_3$/Aceton in der Wärme u. Stehen bei —10° über Nacht; $[\alpha]_D^{25}$ + 87° (c = 1,7; 95%ig. A.); lösl. in Aceton (5 mg/ml bei —10°; 16 mg/ml bei 25°); 153 g (Ausbeute). — (*S*)-*Warfarin* (Ia), F. 172—173° (wss. Aceton), durch Verteilen von 153 g vorst. Chinidin-Verb. zwischen 0,5 n NaOH u. Chlf. u. Eingießen der wss. Phase in überschüssige HCl; eine zweite Fraktion durch Zugabe von W. zum Filtrat u. Kühlen; $[\alpha]_D^{25}$ —148,0 ± 0,5° (c = 1,2; 0,5 n NaOH), —25,5 ± 1° (c = 2; CH_3COOH), —15,5 ± 1° (c = 3; CH_3CN), + 15,7 ± 1° (c = 3,7; Butanon), + 19,1 ± 1° [c = 1,1; Propanol-(2)]; 57 g. *Na-Salz*, durch Rühren eines Überschusses Ia mit 0,5%ig. NaOH; $[\alpha]_D^{24}$ —95,8 ± 0,5° (c = 1,2; 0,5 n NaOH). — (*R*)-*Warfarin* (Ib), *Chinidin-Verb.*, neben vorst. beschriebener Ia-Chinidin-Verb.; $[\alpha]^{25}$ + 105° (c = 2,0; 95%ig. A.).

Chinin-Verb. (II) vorst. Deriv. wird in Chlf. gelöst u. mit 5%ig. NaOH extrahiert; das Prod. (65%ig. **I b**) wird in sd. Chinin abs. A. gelöst, nach Kühlen auf Raum-Temp. mit abs. Ae. versetzt u. 24 Std. bei -10^0 belassen; $[\alpha]_D^{23}$ $-71{,}0 \pm 0{,}3^0$ (c = 1,7; 95%ig. A.). (*R*)-*Warfarin*, F. 170–171^0 (Aceton/W.), durch Verteilung von 88 g **II** zwischen Chlf./0,5%ig. NaOH u. Fällen mit HCl; $[\alpha]_D^{25}$ $+149{,}0 \pm 0{,}5^0$ (c = 2; 0,5 n NaOH), $+24{,}8 \pm 1^0$ (c = 3; CH_3COOH), $+15{,}5 \pm 1^0$ (c = 3; CH_3CN), $-16{,}6 \pm 1^0$ (c = 3; Dioxan), $-14{,}8 \pm 1^0$ (c = 3,7; Butanon), $-20{,}1 \pm 1^0$ [c = 2; Propanol-(2)]; 37 g. — (—) (*S*)-*3-[α-Phenyl-γ-äthylendithiobutyl]-2-hydroxychromon*, $C_{21}H_{20}S_2O_3$, F. 193–195^0 (A.), durch Lösen von 4 g **I a** in Dithioglykol/BF_3/Ae., Eingießen in Ae. nach 1 Std., Extraktion mit 0,2 n NaOH u. Ansäuern; $[\alpha]_D^{25}$ $-127{,}5 \pm 0{,}5^0$ (c = 1,3; 95%ig. A.); 3,5 g. — (—) (*S*)-*3-[α-Phenylbutyl]-4-hydroxycumarin* (III), F. 132–133^0 (A./W.), a) durch 1std. Kochen von 2,5 g vorst. Verb. in abs. A. mit RANEY-Ni unter Rühren; $[\alpha]_D^{25}$ $-110^0 \pm 1^0$ (c = 2; 95%ig. A.) u. -162 ± 1^0 (c = 1,2; 1 n NaOH); 1 g; b) durch Trennung von 200 g Racemat über die *Chinidin-Verb.*; $[\alpha]_D^{25}$ $+83^0$ (c = 2; Butanon), in ca. 85%ig. aufgetrennter Form; 42 g. — (—) (*R*)-*o-Hydroxy-β-phenylcaprophenon*, $C_{18}H_{20}O_2$, Kp.$_{14}$ 226–228^0, durch 72std. Kochen von 30 g **III** in 0,5 n NaOH u. nachfolgende Extraktion mit Bzl.; $[\alpha]_D^{24}$ $-56{,}1$ (rein); 19 g. *2.4-Dinitrophenylhydrazon*, $C_{24}H_{24}N_4O_5$, F. 122–126^0 (Bzl./Hexan). — (+) (*R*)-*o-Methoxy-β-phenylcaprophenon*, $C_{19}H_{22}O_2$, F. 73,5–75^0 (Heptan), durch 10std. Rk. von 7,5 g vorst. Verb. in Dioxan/10%ig. NaOH mit Dimethylsulfat u. nachfolgende Extraktion mit Bzl.; $[\alpha]_D^{23}$ $+14{,}3 \pm 0{,}2^0$ (c = 1,2; Bzl.); 7,7 g. — (—) (*R*)-*1.1-Bis-[o-methoxyphenyl]-3-phenylhexanol-(1)*, $C_{26}H_{30}O_3$, F. 93 bis 95^0 (Bzl./Heptan), durch Rk. von 3 g vorst. Verb. mit o-Methoxyphenyl-MgBr in Ae. unter Kühlen u. Zugabe von W./CH_3COOH nach 4 Std.; $[\alpha]_D^{22}$ $-4{,}1 \pm 0{,}3^0$ (c = 2; Bzl.); 2,3 g. — (+) (*S*)-*β-Phenylcapronsäuremethylester*, $C_{13}H_{18}O_2$, Kp.$_{12}$ 139–142^0, durch Rk. von 9,8 g (+) (*S*)-*β-Phenylcapronsäure* (nach CEVENE u. MARKER, [1931]) mit überschüssigem CH_2N_2 in Ae.; $[\alpha]_D^{24}$ $+13{,}40 \pm 0{,}05^0$ (rein); 10 g. — *rac.-1.1-Bis-[o-methoxyphenyl]-3-phenylhexanol-(1)*. $C_{26}H_{30}O_3$, F. 98–99^0 (Bzl./Heptan), durch Zutropfen von 3,6 g vorst. Verb. zu o-Methoxyphenyl-MgBr in Ae., 6std. Kochen u. Zers. mit wss. CH_3COOH; $[\alpha]_D^{23}$ $\pm 0{,}1^0$ (c = 2; Bzl.); daneben (+) (*S*)-*Verb.*, F. 93–94^0 (Ae./Pentan); $[\alpha]_D^{23}$ $+4{,}0 \pm 0{,}3^0$ (c = 2,4; Bzl.); 0,75 g. H.-J. WEIGMANN. 3211 □

Cyancumarine. S. S. Lele, M. G. Patel und Suresh Sethna. (J. org. Chemistry **27**. 637–39. Febr. 1962. Baroda, India, M. S. Univ., Fac. of Sci., Chem. Dep.) (Engl.)

7-Methoxy-8-jodcumarin-6-carbonsäuremethylester, 7-Methoxy-8-jod-4-methylcumarin-6-carbonsäuremethylester u. 5-Methoxy-8-jod-4-methylcumarin-6-carbonsäuremethylester werden mit CuCN erhitzt, wobei die entsprechenden *8-Cyan-Derivv.* (**III, VII, X**) entstehen, bei denen mit heißer 10%ig. Alkali-Lsg. die Cyangruppe unangegriffen bleibt, während die Estergruppe verseift wird. Anschließend tritt Decarboxylierung ein zu *7-Methoxy-8-cyancumarin* (**I**), *7-Methoxy-8-cyan-4-methylcumarin* (**V**) bzw. *5-Methoxy-8-cyan-4-methylcumarin* (**IX**), die auch direkt aus den 8-Jod-Verbb. erhalten werden. Analog werden aus 7-Methoxy-3-jodcumarin, 7-Methoxy-3-jod-4-methylcumarin u. 7-Methoxy-3-jod-4-methylcumarin-6-carbonsäuremethylester mit CuCN die *3-Cyan-Derivv.* (**II, VI, VIII**) hergestellt, die mit 10%ig. Alkali zu den entsprechenden *Cumarin-3-carbonsäuren* hydrolysiert werden. 7-Methoxy-8-jodcumarin-4-essigsäuremethylester gibt nach dieser Meth. ein Gemisch aus **V** u. *7-Methoxy-8-cyancumarin-4-essigsäuremethylester* (**IV**). Die 3-Cyan-Derivv. werden durch 90%ig. H_2SO_4 zu *3-Carbonsäuren* hydrolisiert, während die 8-Cyan-Derivv. *8-Carbamoyl-Derivv.* geben, die mit 50%ig. H_2SO_4 oder Alkali *8-Carbonsäuren* bilden. Im Falle des 7-Methoxy-8-carbamoylcumarin-4-essigsäureesters wird *7-Methoxy-4-methylcumarin* erhalten. Ebenso wird aus 7-Methoxy-8-carbamoylcumarin-6-carbonsäuremethylester u. dem 4-Methylanalogen die Carbamoylgruppe während der Hydrolyse eliminiert. Die Methoxycyancumarine werden durch HJ zu den entsprechenden *Hydroxycyancumarinen* entmethyliert.

Versuche: Cumarine, durch Mischen der entsprechenden Jod-Verb. mit trockenem CuCN, 10 Min. langes Erhitzen, Pulvern u. Extrahieren mit Aceton oder Eisessig; Nadeln aus Eisessig: *7-Methoxy-8-cyan-* (**I**), $C_{11}H_7NO_3$, F. 269–270^0, bei 180–190^0; 60% (Ausbeute). — *7-Methoxy-3-cyan-* (**II**), $C_{11}H_7NO_3$, F. 225–226^0, bei 180–190^0; 40%. — *7-Methoxy-8-cyan-6-carbomethoxy-* (**III**), $C_{13}H_9NO_5$, F. 192^0, bei 210–220^0; 54%. — *7-Methoxy-8-cyan-4-carbomethoxymethyl-* (**IV**), $C_{14}H_{11}NO_5$, F. 192^0, bei 190–210^0; 22%. — *7-Methoxy-8-cyan-4-methyl-* (**V**), $C_{12}H_9NO_3$, F. 289–291^0, bei 220–230^0; 55%. — *7-Methoxy-3-cyan-4-methyl-* (**VI**), $C_{12}H_9NO_3$, F. 223^0, bei 180–185^0; 75%. — *7-Methoxy-8-cyan-4-methyl-6-carbomethoxy-* (**VII**), $C_{14}H_{11}NO_5$, F. 276^0, bei 240–245^0; 70%. — *7-Methoxy-3-cyan-4-methyl-6-carbomethoxy-* (**VIII**), $C_{14}H_{11}NO_5$, F. 249^0, bei 250–255^0; 70%. — *5-Methoxy-8-cyan-4-methyl-* (**IX**), $C_{12}H_9NO_3$, F. 227–230^0, bei 260–270^0; 46%. — *5-Methoxy-8-cyan-4-methyl-6-carbomethoxy-* (**X**), $C_{14}H_{11}NO_5$, F. 236^0, bei 225–230^0;

44%. — 8-Carbamoylcumarine, durch 2—3std. Erhitzen der Cyan-Verbb. mit 90 Vol.-%ig. H_2SO_4 auf 100°, Gießen auf Eis u. Versetzen mit $NaHCO_3$, Kristalle aus Eisessig: *7-Methoxy-*, $C_{11}H_9NO_4$, F. 277—279°, aus **I**. — *7-Methoxy-6-carboxy-*, $C_{12}H_9NO_6$, F. 267—268°, aus **III**. — *7-Methoxy-4-carboxymethyl-*, $C_{13}H_{11}NO_6$, F. 235—236°, aus **IV**. — *7-Methoxy-4-methyl-*, $C_{12}H_{11}NO_4$, F. 278°, aus **V**. — *7-Methoxy-4-methyl-6-carboxy-*, $C_{13}H_{11}NO_6$, F. 272°, aus **VII**. — *5-Methoxy-4-methyl-*, $C_{12}H_{11}NO_4$, F. 286°, aus **IX**. — *5-Methoxy-4-methyl-6-carboxy-*, $C_{13}H_{11}NO_6$, F. 272°, aus **X**. — Analog: *7-Methoxy-4-methylcumarin-3-carbonsäure*, $C_{12}H_{10}O_5$, F. 184—185°, aus **VI**. — *7-Methoxy-4-methylcumarin-3.6-dicarbonsäure*, $C_{13}H_{10}O_7$, F. 208—210°, aus **VIII**. — Durch 2—3std. Erhitzen der Cyan-Verbb. mit wss.-alkohol. 10%ig. KOH, Ansäuern u. Versetzen mit $NaHCO_3$ (Kristalle aus Eisessig): *7-Methoxy-8-cyancumarin-6-carbonsäure*, $C_{12}H_7NO_5$, F. 228°, aus **III**. — *7-Methoxy-8-cyancumarin-4-essigsäure*, $C_{13}H_9NO_5$, F. 274—275°, aus **IV**. Daneben **V**. — *7-Methoxy-8-cyan-4-methylcumarin-6-carbonsäure*, $C_{13}H_9NO_5$, F. 283°, aus **VII**. — *7-Methoxy-3-cyan-4-methylcumarin-6-carbonsäure*, $C_{13}H_9NO_5$, F. 248°, durch 48std. Hydrolyse bei Zimmer-Temp. aus **VIII**. — *5-Methoxy-8-cyan-4-methylcumarin-6-carbonsäure*, $C_{13}H_9NO_5$, F. 248°, aus **X**. — *7-Hydroxycumarin-8-carbonsäure*, $C_{10}H_6O_5$, F. 230°, durch 3std. Erhitzen der 8-Carbamoyl-7-methoxy-Verb. auf 130° mit HJ. — *7-Methoxycumarin-6-carbonsäure*, a) durch Hydrolyse der 6-Carbamoyl-Verb. mit 10%ig. Alkali nach der Meth. von KUMAR, RAM u. RAY (J. Indian chem. Soc. **23**. [1946.] 365); b) durch 3std. Erhitzen der 6-Carbamoyl-Verb. mit 50%ig. H_2SO_4 auf 120° u. Gießen auf Eis; Kristalle aus Eisessig. — *7-Methoxy-4-methylcumarin*, aus der 8-Carbamoyl-Verb. nach Meth. a). — *7-Methoxy-4-methylcumarin-8-carbonsäure*, nach Meth. a) aus der 8-Carbamoylverbindung. — *7-Methoxy-4-methylcumarin-6-carbonsäure*, aus der 8-Carbamoyl-Verb. nach Meth. a). — *5-Methoxy-4-methylcumarin-8-carbonsäure*, $C_{12}H_{10}O_5$, F. 286°, aus der 8-Carbamoyl-Verb. nach Meth. a). — *5-Methoxy-4-methylcumarin-6.8-dicarbonsäure*, $C_{13}H_{10}O_7$, F. 284°, aus der 8-Carbamoyl-Verb. nach Meth. a). — Hydroxycumarine durch 3std. Erhitzen der Methoxy-Derivv. mit HJ auf 120° (Kristalle aus Eisessig). — *8-Cyan-7-*, $C_{10}H_5NO_3$, F. 305°, aus **I**. — *8-Cyan-4-methyl-7-*, $C_{11}H_7NO_3$, F. 272°, aus **V**. — *3-Cyan-4-methyl-7-*, $C_{11}H_7NO_3$, F. 298°, aus **VI**. — *8-Cyan-4-methyl-5-*, $C_{11}H_7NO_3$, F. 276°, aus **IX**. E. KOSSMEHL. 3211□

Polymerisation von Flavanen. 5. Mitt. Die Stereochemie von 2.3-trans-Flavandiolen-(3.4). M. M. Bokadia, B. R. Brown, P. L. Kolker, C. W. Love, J. Newbould, G. A. Somerfield und P. M. Wood. (J. chem. Soc. [London] **1961**. 4663—69. Okt. Oxford, Univ., Dyson Perrins Labor. and Physical Chem. Labor.) (Engl.) — 4. vgl. C. **1962**. 10833.

Die 3.4-cis-Konformation des 2.3-trans-Flavandiols-(3.4) vom F. 162—163° (**Ia**) u. die 3.4-trans-Konformation des Diols vom F. 146—146,5° (**I b**) wird durch die Bldg. *cycl. Carbonate* bzw. *Isopropyliden-Derivv.*, die Geschw. der Spaltung mit Pb-Tetraacetat u. die Unters. der kernmagnet. Resonanzspektren der Diacetate (Werte vgl. Original) festgestellt. 4'-Methoxy-6-methylflavandiol-(3.4) vom F. 192,5—194° besitzt im Gegensatz zu der Annahme von JOSHI u. KULKARNI (C. **1959**. 6135) *cis*-Struktur, das Diol vom F. 172—173° *trans*-Struktur. — IR-Spektren vgl. Original.

Versuche: *2.3-trans-Flavan-cis-diol-(3.4)* (**Ia**), $C_{15}H_{14}O_3$, F. 162—163°, a) durch Red. von 1,00 g 3-Hydroxyflavanon mit $LiAlH_4$ u. $AlCl_3$ in sd. Tetrahydrofuran ($1^1/_2$ Std.); aus CH_3OH Prismen; 0,60 g (Ausbeute); b) aus 100 mg Diacetat u. sd. wss.-alkohol. NaOH oder $LiAlH_4$ in Ae.; 60 mg; R_F 0,24 (Äthylacetat/PAe., 1 : 1, an SiO_2 auf Glasplatten). *Diacetyl-Deriv.*, $C_{19}H_{18}O_5$, F. 97—98°, aus **Ia** u. Acetanhydrid/Pyridin; aus PAe. Prismen. *Cycl. Carbonat*, $C_{16}H_{12}O_4$, F. 134—135,5° (PAe.), aus 100 mg **Ia**, Chlorameisensäureäthylester u. Triäthylamin in Bzl./Dioxan bei Raum-Temp.; 65 mg. *Isopropyliden-Deriv.*, $C_{18}H_{18}O_3$, F. 112,5—113,5°, a) aus **Ia** u. $CuSO_4$ in Aceton bei Raum-Temp. (8 Tage); 69%; b) ebenso aus **Ib** neben *3-Hydroxyflavon* (R_F 0,54) u. *3-Hydroxyflavanon* (R_F 0,49); 10%; R_F 0,60. — *2-Formyl-2.3-dihydro-3-hydroxy-2-phenylbenzofuran, Oxim*, F. 170—171°, neben *Benzaldehyd* (*2.4-Dinitrophenylhydrazon*, F. 237°; 15 mg) u. *Salicylaldehyd* (*2.4-Dinitrophenylhydrazon*, F. 252°; 13 mg) aus 500 mg **Ia** u. Pb-Tetraacetat in Eisessig nach BOKADIA, BROWN u. CUMMINGS (C. **1962**. 7514); 400 mg; Rk.-Geschw. (RG) k = 0,20 ($Mol^{-1} \cdot Liter \cdot s^{-1}$; 20°). — *2-Phenylbenzofuran* (**II**) F. 120—121,5°, aus vorst. Verb. u. heißer verd. H_2SO_4. — *2.3-trans-Flavan-trans-diol-(3.4)* (**Ib**), $C_{15}H_{14}O_3$, F. 146—146,5°, a) aus 2.3-trans-3-Hydroxyflavanon u. $LiAlH_4$ nach BOGNÁR u. RÁKOSI (C. **1960**. 13689) u. Chromatographie des Prod. (F. 135—141°; 1,20 g) an inaktiviertem Al_2O_3 neben 0,086 g *3-Hydroxyflavanon* (F. 178—180°, aus Bzl. Nadeln); aus CH_3OH Nadeln; 0,86 g; R_F 0,24; b) durch Verseifen des Diacetats; RG k = 0,0036. *Diacetyl-Deriv.*, $C_{19}H_{18}O_5$, F. 92—93,5°, aus PAe. Prismen. *Cycl. Carbonat*, $C_{16}H_{12}O_4$, F. 129—130,5°, aus 100 mg **Ib**; aus Hexan Nadeln; 60 mg. — *3-Hydro-*

xy-6-methyl-2.3-trans-flavanon, $C_{16}H_{14}O_3$, F. 147—149°, durch 4std. Schütteln von 3,80 g 2'-Hydroxy-5'-methylchalkon in A. mit alkal. H_2O_2, Ansäuern u. Abtrennen von 0,10 g *3-Hydroxy-6-methylflavon* (F. 201—202°, aus CH_3OH gelbe Nadeln); aus Bzl. Nadeln; 1,50 g. — *6-Methyl-2.3-trans-flavan-cis-diol-(3.4)*, $C_{16}H_{16}O_3$, F. 178—179°, aus 1,00 g vorst. Verb. wie **Ia** nach a); aus CH_3OH Nadeln; 0,75 g; RG k = 0,24. *Cycl. Carbonat*, $C_{17}H_{14}O_4$, F. 173—174°, aus Bzl./PAe. Nadeln. *Isopropyliden-Deriv.*, $C_{19}H_{20}O_3$, F. 91,5 bis 92,5°, a) aus dem cis-Diol; 58%; b) aus dem trans-Diol; aus CH_3OH Nadeln; 10%. — *6-Methyl-2.3-trans-flavan-trans-diol-(3.4)*, F. 118—119°, aus 1,00 g vorvorst. Verb. u. $LiAlH_4$; aus CH_3OH Nadeln; 0,80 g; RG k = 0,079. *Diacetyl-Deriv.*, F. 106—107°. *Cycl. Carbonat*, F. 159,5—161°, aus Bzl./Hexan Nadeln. — *4'-Methoxy-2.3-trans-flavan-cis-diol-(3.4)*, $C_{16}H_{16}O_4$, F. 160—161°, durch Red. von 1,35 g 3-Hydroxy-4'-methoxy-2.3-trans-flavanon-(4) wie **Ia** nach a); aus Methanol Nadeln; 0,97 g; k = 0,29, *Diacetyl-Deriv.*, $C_{20}H_{20}O_6$, F. 100—102°, aus Äthylacetat/PAe. Prismen. *Cycl. Carbonat*, $C_{17}H_{14}O_5$, F. 185,5—187°, aus Bzl./Hexan (1:2) Nadeln. *Isopropyliden-Deriv.*, $C_{19}H_{20}O_4$, F. 110 bis 110,5°, aus Methanol Nadeln. — *2-[p-Methoxyphenyl]-benzofuran*, F. 150—151°, wie **II** aus 500 mg vorst. Diols; Platten. — *4'-Methoxy-2.3-trans-flavan-trans-diol-(3.4)*, F. 177 bis 177,5°, nach BOKADIA u. Mitarbeitern (l. c.); aus CH_3OH Nadeln; R_F 0,20; RG k = 0,039. Bleibt durch Behandlung mit Aceton unverändert. *Diacetyl-Deriv.*, F. 92 bis 93°, aus PAe. Platten. *Cycl. Carbonat*, F. 190—191°, aus Hexan Nadeln. — *4'-Methoxy-6-methyl-2.3-trans-flavan-cis-diol-(3.4)*, $C_{17}H_{18}O_4$, F. 192,5—194°, aus 1,00 g 3-Hydroxy-4'-methoxy-6-methyl-2.3-trans-flavanon-(4) (**III**) wie **Ia** nach a); aus Tetrahydrofuran Nadeln; 0,585 g; RG k = 0,43. *Diacetyl-Deriv.*, $C_{21}H_{22}O_6$, F. 97—98°, aus PAe. Prismen. *Cycl. Carbonat*, $C_{18}H_{16}O_5$, F. 167—168°, aus PAe./Bzl. Nadeln. *Isopropyliden-Deriv.*, $C_{20}H_{22}O_4$, F. 129—130°, a) aus dem cis-Diol; 70%; b) aus nachst. trans-Diol; aus CH_3OH Nadeln; 71%. — *4'-Methoxy-6-methyl-2.3-trans-flavan-trans-diol-(3.4)*, F. 172—173°, aus 2,30 g **III** u. $LiAlH_4$ in sd. Ae.; aus Ae. Nadeln; 1,90 g RG k = 0,063. *Diacetyl-Deriv.*, F. 121—123°, aus PAe. Prismen. *Cycl. Carbonat*, $C_{18}H_{16}O_5$, F. 136—137,5° aus PAe. Nadeln. F. HELLER. 3211 □

Heterocyclische Verbindungen. Synthese von Benzoesäureestern der γ- und β-Isomeren von 1-[1-Phenylpropen-(1)-yl-(3)]-2.5-dimethyl-4-äthinylpiperidol-(4). A. Sch. Scharifkanow und T. G. Ssarbajew. (Журнал Общей Химии [J. allg. Chem.] **31**(93). 2851—53. Sept. 1961. Kasan, Univ.) (Russ.)

Durch Rk. von 1-Phenyl-3-brompropen-(1) (I) mit der γ-, β- bzw. der fl. Form von *2.5-Dimethyl-4-äthinylpiperidol-(4)* (II) werden entsprechend die γ-, β- bzw. die *fl. Form* von *2.5-Dimethyl-4-äthinyl-1-[3-phenylpropen-(2)-yl-(1)]-piperidol-(4)* (III) erhalten. Zur Unters. der anästhesierenden Wrkg. werden von γ- u. β-III die *Benzoate* dargestellt.

Versuche: *1-[3-Phenylpropen-(2)-yl-(1)]-2.5-dimethyl-4-äthinylpiperidol-(4)* (III), *γ-Isomeres*, $C_{18}H_{23}NO$, F. 113—114° (Bzl.), man gibt zu 3,1 g γ-II (F. 93—94°) u. 5,5 g K_2CO_3 in 40 ml Aceton bei 50° in $^1/_2$ Std. tropfenweise 4,4 g I, rührt 5 Std. lang bei 60 bis 70° u. läßt über Nacht stehen; 72% (Ausbeute). *Hydrochlorid*, $C_{18}H_{24}ClNO$, F. 239 bis 240° (abs. A.). *Benzoat*, $C_{25}H_{27}NO_2$, F. 109—110° (PAe.). *Benzoathydrochlorid*, $C_{25}H_{28}\cdot ClNO_2$, F. 210—211,5° (Aceton/A. 5 : 1), man erhitzt 1,35 g γ-III, 2,1 ml Benzoylchlorid u. 7 ml Pyridin 15 Std. lang auf 100—110°, gibt 10 ml Ae. zu u. läßt über Nacht stehen; 0,82 g. — *β-Isomeres*, F. 135—136° (Aceton), aus 6,2 g β-II (F. 131—132°) u. 8,6 g I in 60 ml A. in Ggw. von 11 g K_2CO_3; 75,3%. *Hydrochlorid*, F. 223—224° (A.). *Benzoat*, F. 126—127° (Bzn.). *Benzoathydrochlorid*, F. 199—200°. — *Fl. Isomeres*, Kp.$_2$ 190—192°, aus 2,3 g fl. II (n_D^{20} 1,4905) u. 3,3 g I in 30 ml Aceton in Ggw. von 4 g K_2CO_3; n_D^{20} 1,5460; 0,8 g. HELMUT SCHÄFER. 3231 □

Untersuchungen über Reissert-Verbindungen. 3. Mitt. **Die Natur der Isochinoline.** Frank D. Popp und William Blount. (J. org. Chemistry **27**. 297—98. 18/1. 1962. Coral Gables, Fla., Univ. of Miami, Dep. of Chem.) (Engl.) — 2. vgl. C. **1962**. 10457.

Verschiedene Isochinoline, die in 1-Stellung unsubstituiert sind, liefern mit Benzoylchlorid u. KCN in CH_2Cl_2/W. die entsprechenden *1-Cyan-2-benzoyl-1.2-dihydroisochinoline*. Aus 1-Azapyren u. 2-Azafluoranthen entstehen ebenfalls die entsprechenden REISSERT-Verbindungen. Im allg. verhindern Substituenten in 2- u. 8-Stellung die Bldg. der REISSERT-Verbindungen.

Versuche: 1-Cyan-2-benzoyl-1.2-dihydroisochinoline: *Unsubstituiert*, F. 125—126°, a) nach der CH_2Cl_2/W.-Meth. (**A**; l. c.); 69%; b) nach der Wasser-Meth.; 72%; liefert durch saure Hydrolyse mit 2.4-Dinitrophenylhydrazin 95% *Benzaldehyd-2.4-dinitrophenylhydrazon* (**I**). — *4-Amino-*, *Benzoyl-Deriv.*, F. 158° (80%ig. A.); nach **A**; 20%; liefert 90% **I**. — *4-Brom-*, F. 173°, nach **A**; 38%; gibt 90% **I**. — *5-Hydroxy-*, *Benzoyl-Deriv.*, F. 198°; 68%; gibt 90% **I**. — *5-Nitro-*, F. 148°; 10%; gibt 12% **I**. —

8-Nitro-, F. 181°; 9%; gibt 9% I. — *3-Methyl-5-cyan-*, F. 175° (80%ig. A.); 45%; gibt 97% I. — *3-Methyl-5-nitro-*, F. 159° (80%ig. A.); 83%; gibt 63% I. — *3-Methyl-8-nitro-*, F. 134° (75%ig. Isopropanol); 28%; gibt 85% I. — *5-Carbomethoxy-*, F. 121° (80%ig. A.); 29%; gibt 98% I. — *1-Benzoyl-2-cyan-1.2-dihydro-1-azapyren*, $C_{23}H_{14}N_2O$, F. 212—213° (95%ig. A.); aus 1-Azapyren, Benzoylchlorid u. KCN nach **A**; 54%; gibt 95% I. — *Verb. $C_{23}H_{14}N_2O$*, F. 158—159° (95%ig. A.); aus 2-Azafluoranthen, Benzoylchlorid u. KCN nach **A**; 23%. P. Golinske. 3231 □

Ein neuer Weg zur Synthese von Chinolizidinderivaten. W. I. Gunar und Ss. I. Sawjalow. (Доклады Академии Наук СССР [Ber. Akad. Wiss. UdSSR] **139.** 367—68. 11/7. 1961. Zelinsky-Inst. für org. Chem. der Akad. der Wiss. der UdSSR.) (Russ.)

2-Methyldihydroresorcin (I) wurde mit Acrylonitril in *2-Methyl-2-[β-cyanäthyl]-dihydroresorcin* (II) übergeführt, das bei der Hydrierung in alkohol. Alkali u. anschließendem Kochen des Rk.-Prod. mit Essigsäure in hoher Ausbeute *1-Methyl-6-keto-chinolizidin* (III) lieferte. Dabei wird **II** prim. zu *7-Cyan-5-methylheptanon-(4)-carbonsäure-(1)* hydrolysiert, die zu *3-Methyl-2-[γ-carboxypropyl]-piperidin* hydriert wird. **III** wurde mit $LiAlH_4$ zu *Lupinan* (**IV**) reduziert. Von **III** u. **IV** wurden die IR-Spektren aufgenommen.

Versuche: *2-Methyl-2-[β-cyanäthyl]-dihydroresorcin* (II), $Kp._{0,5}$ 134—137°; n_D^{20} 1,4886. — *1-Methyl-6-ketochinolizidin* (III), $C_{10}H_{17}NO$, $Kp._{0,5}$ 88°, man hydriert 16,9 g II in 100 ml Methanol u. 5,3 g KOH an 1 g Raney-Ni (80—85°, 85—70 at, 12 Std.), dampft ein, kocht $1^1/_2$ Std. lang mit 50 ml Essigsäure, dampft bei 15 mm ein, behandelt mit W. u. Ae. u. chromatographiert an Al_2O_3; n_D^{20} 1,5085; 55%. — *dl-Lupinan* (**IV**), $C_{10}H_{19}N$, $Kp._7$ 64—65°, man kocht 1,7 g $LiAlH_4$ u. 4,2 g III in 500 ml abs. Ae. 5 Std., gibt bei 0° 10 ml Äthylacetat zu, läßt 15 Min. lang stehen, schüttelt mit 7 g NaOH in 170 ml W. aus u. dest. die äther. Lsg.; n_D^{20} 1,4815; 84%. *Pikrat*, $C_{16}H_{22}N_4O_7$, F. 183 bis 184° (Methanol). *Jodmethylat*, $C_{11}H_{22}JN$, F. 263—264°. Helmut Schäfer. 3231 □

Synthese des 1-[Aminomethyl]-chinolizidins. K. Winterfeld, W. Häring und P. Schmialek. (Arch. Pharmaz. **295/67.** 24—28. Jan. 1962. Bonn, Univ., Pharmazeut. Inst.) (Dt.)

Pyridyl-(2)-acetonitril geht in tert.-Butanol mit K-Äthylat als Katalysator bei 30 bis 35° mit Acrylnitril Michael-Addition zu *4-[Pyridyl-(2)]-4-cyanbutyronitril* (I) ein. Dabei wird auch das Diadditions-Prod. *4-[Pyridyl-(2)]-4-cyanpimelinsäuredinitril* erhalten. I wird reduktiv in Eisessig an PtO_2 bei 5 at H_2 oder in Dioxan an Raney-Ni bei 200—210° u. 130—140 at zu *1-[Aminomethyl]-chinolizidin* kondensiert. Mit PtO_2 in alkohol. HCl oder $BaSO_4$/Pd in Eisessig gelingt diese Kondens. nicht.

Versuche: *Pyridyl-(2)-acetonitril*, $Kp._{0,4}$ 79—81°, F. 25—26°, hellgelbes Öl, das beim Kühlen mit Eis-NaCl erstarrt. — *4-[Pyridyl-(2)]-4-cyanbutyronitril* (I), $C_{10}H_9N_3$, $Kp._{0,05}$ 134—135°, durch Eintropfen von Acrylnitril innerhalb von $3^1/_2$ Std. in eine Lsg. vorst. Verb. in A. u. tert.-Butanol mit K bei 35° unter Rühren, $^1/_2$std. Rühren, Einengen, Waschen mit W., Aufnehmen in Chlf. u. Fraktionieren; gelbes, viscoses Öl, hygroskop.; 79% (Ausbeute). *Pikrat*, F. 136—137° (A., gelb), durch Zugabe einer kalt gesätt. alkohol. Pikrinsäure-Lsg. zu I in heißem Alkohol. *Perchlorat*, $C_{10}H_{10}ClN_3O_4$, F. 112—114° (A., Blättchen), durch Zutropfen von 70%ig. $HClO_4$ zu I in Alkohol. *Goldsalz*, F. 166—167° (2n HCl $<40°$, goldgelbe Blättchen), mit konz. Goldchlorid-Lsg. in 2n HCl. — *4-[Pyridyl-(2)]-4-cyanpimelinsäuredinitril*, $C_{13}H_{12}N_4$, $Kp._{0,5}$ 195—200°, F. 126—127° (A., Nadeln), als höher sd. Fraktion bei der Darst. von I; orangerotes, zähes Öl, das erstarrt; 6%. *Methojodid*, $C_{14}H_{15}JN_4$, F. 204—205° (Aceton; gelbe Kristalle), mit der 1,5fachen Menge an CH_3J in Aceton. *Pikrat*, F. 194—196° (A.), wie bei I. — *1-[Aminomethyl]-chinolizidin* (Epimerengemisch), $Kp._9$ 118—120°, durch 35std. Schütteln von I in Eisessig mit PtO_2 bei 20° u. 5 at. H_2, Einengen, Alkalisieren, Extrahieren mit Chlf., Dest. bei 120—124°/ 9 Torr, Chromatographie an Al_2O_3 (bas., Aktivitätsstufe 5) u. Eluieren mit PAe.-Chlf. (85 : 15); gelbliches, leicht bewegliches Öl. *Diperchlorat*, $C_{10}H_{20}N_2 \cdot 2\,HClO_4$, F. 235—237° (A.-Ae., stäbchenförmige Kristalle), durch Eintropfen von 70%ig. $HClO_4$ in die alkohol. Lsg. unter guter Kühlung bis zur sauren Reaktion. *Dipikrolonat*, $C_{30}H_{36}N_{10}O_{10}$, F. 257 bis 258° (Zers.; W., gelb), in wss. Lsg. mit überschüssiger wss. Pikrolonsäurelösung. — *Natürliches 1-Aminolupinan* (*1-Aminomethylchinolizidin*), $Kp._9$ 117—118°, aus Bromlupinan nach der Meth. von Knunjanz (C. **1939.** I. 1760) u. Spaltung des Lupinylphthalimids mit Hydrazinhydrat; gelbliches, leicht bewegliches Öl; 70%. *Diperchlorat*, F. 225 bis 227°. *Dipikrolonat*, F. 246—247° (feine, gelbe Nadeln). *Hydrochlorid*, F. 328—330° (Zers.; A.), durch Eindampfen mit überschüssiger konz. HCl im Vakuum über KOH. E. Kossmehl. 3231 □

Die Darstellung gewisser trisubstituierter 2.6-Bis-[pyridyl-(2)]-pyridine. Francis H. Case. (J. org. Chemistry 27. 640—41. Febr. 1962. Philadelphia, Pa., Temple Univ., Dep. of Chem.) (Engl.)

2.6-Bis-[pyridyl-(2)]-pyridin (I) wird mit H_2O_2 in Eisessig in guter Ausbeute zu *2.6-Bis-[pyridyl-(2)]-pyridintrioxid* oxydiert, das in weniger guter Ausbeute zum *4.4'.4''-Trinitrotrioxid* (II) nitriert wird. Katalyt. wird II in Eisessig zu *2.6-Bis-[4-aminopyridyl-(2)]-4-aminopyridin* (IV) reduziert. Durch Kochen mit PCl_3 wird II in *2.6-Bis-[4-nitropyridyl-(2)]-4-nitropyridin* (III) übergeführt, das mit Acetylchlorid u. dann PCl_3 in Chlf. *2.6-Bis-[4-chlorpyridyl-(2)]-4-chlorpyridin* gibt. Das *Trimethoxy-* u. das *Triäthoxy-Deriv.* von I werden aus III mit Na-Methylat bzw. Na-Äthylat hergestellt. Durch Rk. von 4.4'-Diamino-2.2'-bipyridin mit HNO_2 wird *4.4'-Dihydroxy-2.2'-bipyridin* erhalten. Analog entsteht aus IV *2.6-Bis-[4-hydroxypyridyl-(2)]-4-hydroxypyridin.*

Versuche: *2.6-Bis-[pyridyl-(2)]-pyridintrioxid,* $C_{15}H_{11}N_3O_3$, F. 320—321° (Zers.; Methylcellosolve-W.), durch 2std. Erhitzen von I in Eisessig mit 30%ig. H_2O_2 auf 80°, Zugabe von H_2O_2, 18std. Erhitzen auf 90° u. Gießen in Aceton; 88,1% (Ausbeute). — *2.6-Bis-[4-nitropyridyl-(2)]-4-nitropyridintrioxid* (II), $C_{15}H_8N_6O_9$, F. 272—273° (wss. Pyridin), durch Zugabe von rauchender HNO_3 (D. 1,6) zu einer Lsg. vorst. Verb. in konz. H_2SO_4/20%ig. rauchender H_2SO_4 unter Kühlung, 1std. Erhitzen auf 100°, 4std. Erhitzen auf 120° u. Gießen auf Eiswasser; 22,6%. — *2.6-Bis-[4-nitropyridyl-(2)]-4-nitropyridin* (III), $C_{15}H_8N_6O_6$, F. 225—226° (Bzl.), durch 18std. Kochen von II mit PCl_3, Gießen auf Eis u. Versetzen mit NH_4OH; 53,8%. — *2.6-Bis-[4-aminopyridyl-(2)]-4-aminopyridin* (IV), $C_{15}H_{14}N_6 \cdot H_2O$, F. 292—293° (W.), durch 5std. Hydrieren von II in Eisessig u. Acetanhydrid an 10%ig. Pd-Tierkohle bei 2,1 at H_2, Filtrieren, Einengen, Lösen in W. u. Versetzen mit NH_4OH; 75%. — *2.6-Bis-[4-methoxypyridyl-(2)]-4-methoxypyridin,* $C_{18}H_{17}N_3O_3$, F. 171—172° (CH_3OH), durch Zugabe von III zu einer Lsg. von Na in abs. CH_3OH, 4std. Rühren bei 35—40°, Einengen, Extrahieren mit Chlf., 4std. Kochen mit PCl_3, Gießen auf Eis u. Versetzen mit NaOH; 47,4%. — *2.6-Bis-[4-äthoxypyridyl-(2)]-4-äthoxypyridin,* $C_{21}H_{23}N_3O_3$, F. 157—158°, durch Zugabe von III zu einer gekühlten Lsg. von Na in abs. A., 4std. Rühren bei 60—65°, Einengen, Extrahieren mit Chlf., 3std. Kochen mit PCl_3, Gießen auf Eis, Alkalisieren, Abtrennen des Nd., Trocknen, Kochen mit PCl_3 in Chlf., Gießen auf Eis u. Alkalisieren; 42,1%. — *2.6-Bis-[4-chlorpyridyl-(2)]-4-chlorpyridin,* $C_{15}H_8Cl_3N_3$, F. 212—213° (Bzl.), durch Zugabe von Acetylchlorid zu III in Eisessig bei 60°, 1std. Erhitzen auf 100°, Acetylchloridzugabe, 1std. Erhitzen auf 100°, Gießen auf Eis, Neutralisieren mit $NaHCO_3$, Abfiltrieren des Nd., Trocknen, 1std. Stehen in Chlf. mit PCl_3, 1std. Erhitzen auf 100°, Gießen auf Eis u. Alkalisieren; 75,0%. — *4.4'-Dihydroxy-2.2'-bipyridin,* $C_{10}H_8N_2O_2 \cdot {}^1/_2\, H_2O$, F. 342 bis 343° (W.), durch Eintragen von $NaNO_2$ in konz. H_2SO_4 bei 0°, Erhitzen auf 65° bis zur klaren Lsg., Zugabe von 4.4'-Diamino-2.2'-bipyridin in konz. H_2SO_4 bei 0—5°, 15 Min. langes Stehen, Gießen auf Eis, Stehen über Nacht u. Versetzen mit NaOH bis pH 6; 58,3%. — *2.6-Bis-[4-hydroxypyridyl-(2)]-4-hydroxypyridin,* $C_{15}H_{11}N_3O_3 \cdot 2\, H_2O$, F. >400° (W.), aus 1,2 g IV analog vorst. Verb.; 1,2 g. E. Kossmehl. 3231 □

Analoga von Rauwolfia-Alkaloiden. 4. Mitt. Synthese von 2-substituierten Tetrahydro-β-carbolinen: Ringschluß von 2-Carboxyindolyl-(3)-essigsäurebenzylamid. Masayuki Onda und Mituo Sasamoto. (Pharmac. Bull. [Tokyo] 5. 305—10. Aug. 1957. Tokyo, Gohei Tanabe & Co. Ltd., Tokyo Res. Labor.) (Engl.) — 3. vgl. J. pharmac. Soc. Japan [Yakugakuzasshi] 76. [1956.] 966.

2-Carboxyindolyl-(3)-essigsäure (I) wird durch Erhitzen mit Benzylamin (II) auf 180° in ein Gemisch aus I-*Benzylamid* u. *Indolyl-(3)-essigsäurebenzylamid* übergeführt; letzteres wird bei höherer Temp. durch Decarboxylieren von I-Benzylamid erhalten. I-Benzylamid wird vorteilhaft auch aus I-Anhydrid u. II gewonnen. Mit Anilin liefert I-Anhydrid nicht, wie von Robinson [1921] angenommen, 3-Carboxymethylindol-2-carbonsäureanilid, sondern I-Anilid, das bei 230° zu *Indolyl-(3)-acetanilid* decarboxyliert wird. Beim Erhitzen mit Essigsäureanhydrid/Acetylchlorid geht I-Benzylamid unter lactonartiger Cyclisierung in *3-[N-Acetyl-N-benzylamino]-indolo-[2.3:c]-pyron-(1)* über, das zu *3-Benzylimino-3.4-dihydroindolo-[2.3:c]-pyron-(1)* verseift wird. Letzteres gibt durch Red. mit $LiAlH_4$ *2-Hydroxymethyl-N-benzyltryptamin,* das ferner durch $LiAlH_4$-Red. von 2-Carbäthoxyindolyl-(3)-essigsäurebenzylamid (III) zugänglich ist. Durch Polyphosphorsäure wird I-Benzylamid unter imidartigem Ringschluß in *1.3-Dioxo-2-benzyl-1.2.3.4-tetrahydro-β-carbolin* übergeführt, aus dem man mit $LiAlH_4$ das wegen seiner möglichen reserpinähnlichen Wrkg. interessante *2-Benzyl-1.2.3.4-tetrahydro-β carbolin* erhält. Eine zweite Synth. dieser Verb. geht von N-Formyltryptamin aus, das man durch Bischler-Napieralski-Rk. in *3.4-Dihydro-β-carbolin* umwandelt. Mit Benzylchlorid erhält man aus diesem *2-Benzyl-3.4-dihydro-β-carboliniumchlorid* (IV), das man der katalyt. Hydrierung unterwirft.

Versuche: *2-Carboxyindolyl-(3)-essigsäure* (I), *Benzylamid*, $C_{18}H_{16}N_2O_3$, F. 195 bis 197°, a) durch 2std. Erhitzen von 1 g I mit 0,5 g II auf 175—180° u. Aufnehmen mit Methanol; aus Methanol Nadeln; 0,63 g (Ausbeute) [daneben 0,35 g *Indolyl-(3)-essigsäurebenzylamid*, $C_{17}H_{16}N_2O$, F. 153—154°, aus Methanol Plättchen]; b) durch 4std. Kochen von 7 g I-Anhydrid mit 3,7 g II in Aceton; 10 g. *Anilid*, F. 216—217°, aus I-Anhydrid u. Anilin nach ROBINSON [1921] [liefert durch Erhitzen auf 230° *Indolyl-(3)-acetanilid*, F. 152—153°]. — *2-Carbäthoxyindolyl-(3)-essigsäurebenzylamid* (III), $C_{20}H_{20}N_2O_3$, F. 178—180°, durch 2std. Kochen von I-Benzylamid mit A./Bzl. in Ggw. von konz. H_2SO_4; aus A. Nadeln. — *3-[N-Acetyl-N-benzylamino]-indolo-[2.3:c]-pyron-(1)*, $C_{20}H_{16}N_2O_3$, F. 176—177°, durch 1std. Erhitzen von 4 g I-Benzylamid mit Essigsäureanhydrid/Acetylchlorid auf dem Wasserbad; aus A. Säulen; 3,5 g. — *3-Benzylimino-3.4-dihydroindolo-[2.3:c]-pyron-(1)*, *Hydrat*, $C_{18}H_{14}N_2O_2 \cdot H_2O$, F. 188—189°, durch 1/4std. Kochen von 1 g vorst. Verb. mit K_2CO_3 in wss. Methanol; aus A. Nadeln; 0,7 g. — *2-Hydroxymethyl-N-benzyltryptamin*, F. 138—140°, a) durch 3std. Erwärmen vorst. Verb. mit $LiAlH_4$ in Ae.; b) analog aus III in Tetrahydrofuran; aus Isopropanol Säulen. *Oxalat*, $C_{20}H_{22}N_2O_5$, F. 212—213° (Zers.; A.). — *1.3-Dioxo-2-benzyl-1.2.3.4-tetrahydro-β-carbolin*, $C_{18}H_{14}N_2O_2$, F. 230—233°, durch 1 1/2std. Erhitzen von 3 g I-Benzylamid mit Polyphosphorsäure auf dem Wasserbad unter Rühren, Versetzen mit Eis u. Ausziehen mit Essigester; aus A. hellgelbe Nadeln; 0,5 g. — *2-Benzyl-1.2.3.4-tetrahydro-β-carbolin*, $C_{18}H_{18}N_2$, F. 140—142°, a) durch 1/4std. Kochen vorst. Verb. mit $LiAlH_4$ in Tetrahydrofuran; aus Methanol Säulen; b) durch Hydrieren von 0,4 g IV in Methanol über ADAMS-Katalysator; 0,35 g. *Oxalat*, $C_{20}H_{20}N_2O_4$, F. 226—227° (Zers.; A.). *Hydrochlorid*, $C_{18}H_{19} \cdot ClN_2$, F. 247—249°, aus Methanol Nadeln. — *3.4-Dihydro-β-carbolin*, F. 93—99°, durch 1/2std. Erhitzen von 1,5 g Tryptamincarbonat mit 90%ig. Ameisensäure auf 180°, Ausziehen mit Essigester, Eindampfen, tropfenweises Versetzen des erhaltenen *N-Formyl-Deriv.* (ölig, 1,1 g) mit $POCl_3$ unter Kühlung u. 1 1/2std. Kochen; 0,5 g. — *2-Benzyl-3.4-dihydro-β-carboliniumchlorid* (IV), *Hemihydrat*, $C_{18}H_{17}ClN_2 \cdot 1\,1/2\,H_2O$, F. 95 bis 97° (wird bei 130° wieder fest u. hat dann F. 192—194°), durch 2std. Kochen von 0,5 g vorst. Verb. mit Benzylchlorid in A. u. Einengen; aus Isopropanol gelborangefarbene Nadeln; 0,71 g. H.-E. TOUSSAINT. 3231□

Synthese von 1.3.4-Oxdiazolidinen durch 1.3-dipolare Addition von Azomethiniminen an Carbonylverbindungen. R. Grashey und K. Adelsberger. (Angew. Chem. **74.** 292—93. 21/4. 1962. München, Univ., Inst. für organ. Chem.) (Dt.)

Azomethinimine der 3.4-Dihydroisochinolinreihe (A) (vgl. C. **1961.** 7220) erhält man in situ bei 50—80° durch Dissoziation von 8.16-Diaryl-5.6.8.8a.13.14.16.16a-oktahydrodiisochinolino-[2.1:b; 2′.1′:e]-1.2.4.5-tetrazinen, die mit Carbonyl-Verbb. als Dipolarophile zu *3-Aryl-2.3.5.6-tetrahydro-[1.3.4]-oxdiazolo-[5.4:a]-isochinolinen* (**B**) reagieren. Umgesetzt werden aliphat., aromat. u. heterocycl. Aldehyde u. Mesoxalester. Hydrolyse der **B** führt zu Carbonyl-Verbb. u. den **A** entsprechenden Hydrazoniumsalzen. Die **B** sind thermolabil u. zerfallen in Umkehrung ihrer Bildungsweise. Die Einstellung des Gleichgewichts ist, beim Erwärmen in inerten Lsgm., an der rotbraunen bis tiefroten Farbe der **A** erkenntlich. Die 3-p-Nitrophenyl-**B**-Addukte sind bes. labil u. ihre Reindarst. gelingt nur in Ausnahmefällen. 1.3-Dipolare Additionen werden als grundsätzlich reversibel angenommen. — 3-Phenyl-2.3.5.6-tetrahydro-[1.3.4]-oxdiazolo-[5.4: a]-isochinoline: *unsubstituiert*; 88% (Ausbeute). Red. mit $LiAlH_4$ → *2-[Phenylmethylamino]-1.2.3.4-tetrahydroisochinolin*; 95%. — *2-Methyl-*; 79%. — *2-Trichlormethyl-*; 84%. — *2-Phenyl-*; 93%. — *2-p-Methoxyphenyl-*; 92%. — *2-o-Chlorphenyl-*; 90%. — *2-p-Chlorphenyl-*; 92%. — *2-p-Nitrophenyl-*; 84%. Rk. mit Phenylisocyanat bei 100° → *2-Keto-1.3-diphenyl-1.2.3.5.6.10b-hexahydroisochinolino-[2.1:b]-1.2.4-triazol*; 94%. — *2-[Pyridyl-(2)]-*; 98%. — *2-[Pyridyl-(4)]-*; 87%. — *2-[Furyl-(2)]-*; 85%. — *2-Carbäthoxy-*; 93%. — *2.2-Dicarbäthoxy-*; 88%. — 3-p-Nitrophenyl-2.3.5.6-tetrahydro-[1.3.4]-oxdiazolo-[5.4: a]-isochinoline: *2-Trichlormethyl-*; 99%. — *2-Carbäthoxy-*; 100%. — *2.2-Dicarbäthoxy-*; 98%.

J. PFIRSCHKE. 3231□

Über den Chemismus der Farbreaktion von 2-Thiobarbitursäure mit Carbonyl-Verbindungen. K. Täufel und R. Zimmermann. (Fette, Seifen, Anstrichmittel **63.** 226—34. März 1961. Dt. Akad. der Wiss. zu Berlin, Inst. für Ernährung in Potsdam-Rehbrücke.) (Dt.)

Die bei der Rk. von autoxydierten gesätt., ein- u. mehrfach ungesätt. Fettsäuren mit Thiobarbitursäure (TBS) auftretenden farbigen Verbb. (Absorptionsmaxima in Abhängigkeit von den Entstehungsbedingungen bei 452, 496 u. 532 mμ) entstehen durch Umsetzung sek. gebildeter Aldehyde. Als Rk.-Mechanismus kann eine Aldol-Kondens. zwischen TBS (Enolform) u. Aldehyd angenommen werden, die entstehende farblose

Verb. geht unter Oxydation (beschleunigt durch UV-Bestrahlung, Anwesenheit von Fe-(III)-Ionen) in den Farbstoff über.

Versuche: *TBS-Valeraldehyd-Verb.*, F. 208—210° (Zers.; in geschlossener Capillare), durch Hydrolyse von Pentanaldiäthylacetal u. Umsetzung mit TBS bei 70°; aus A. gut ausgebildete Rhomboeder. — *TBS-Heptaldehyd-Verb.*, F. 187—190° (Zers.; in geschlossener Capillare; Dioxan), wie vorst. aus Heptanaldiäthylacetal u. TBS.

W. Herfurt. 3272□

Ringschlußreaktionen mit acylierten Carbodiimiden. K. Hartke und J. Bartulin. (Angew. Chem. **74.** 214. 21/3. 1962. Concepción, Univ., Inst. Central de Quím.) (Dt.)

Acylierte Chlorameisensäure-N.N'-dialkylamidine (**A**) zeigen in Lsg. gegenüber nucleophilen Reagentien eine hohe Reaktivität u. werden zur Synth. von Heterocyclen verwandt. Die **A** reagieren mit Anthranilsäuremethylester (**I**) oder Anthranilsäureamid (**II**) zu *Chinazolonen-(4)*. Die Ausbeuten betragen etwa 65%.

Versuche: *2-N-Isopropyl-N-acetylamino-3-isopropylchinazolon-(4)* (**III**), F. 140°, aus **I** oder **II** u. Chlorameisensäure-N.N'-diisopropyl-N-acetylamidin (**IV**) in Dioxan. — *2-Isopropylamino-3-isopropylchinazolon-(4)*, F. 81°, aus **I** oder **II** u. **IV** in Dioxan/A./Na-Alkoholat oder aus **III**. — *2-Cyclohexylamino-3-cyclohexylchinazolon-(4)*, F. 122°, aus **I** oder **II** u. Chlorameisensäure-N.N'-dicyclohexyl-N-acetylamidin. — *2-Methylamino-3-tert.-butylchinazolon-(4)* oder *2-tert.-Butylamino-3-methylchinazolon-(4)*, F. 132°, aus **I** oder **II** u. Chlorameisensäure-N'-tert.-butyl-N-methyl-N-acetylamidin bzw. Chlorameisensäure-N'-methyl-N-tert.-butyl-N-acetylamidin.

J. Pfirschke. 3272□

Synthese wirksamer Antikrebsmittel. 13. Mitt. **Alkyleniminochinoxaline.** W. R. Vaughan und M. S. Habib. (J. org. Chemistry **27.** 324—27. 18/1. 1962. Ann Arbor, Mich., Univ. of Michigan, Dep. of Chem.) (Engl.) — 12. vgl. Elderfield u. Mitarbeiter, J. org. Chemistry **26.** [1961.] 4996; 10. vgl. C. **1962.** 10443.

Durch Kondens. von 2.3-Dichlorchinoxalin mit den entsprechenden Alkyleniminen entstehen Chinoxaline mit einem oder zwei Alkyleniminosubstituenten. Analog reagiert auch 2-Chlor-3-methylchinoxalin. Die anticancerogene Aktivität dieser Verbb. soll untersucht werden.

Versuche: 3-Alkylenimino-2-chlorchinoxaline, durch Zugabe des entsprechenden Alkylenimins zu dem entsprechenden Chlorchinoxalin u. Triäthylamin, Filtrieren, Eindampfen, Versetzen mit W., Rühren, Filtrieren u. Umkristallisieren: *3-Aziridino-*, $C_{10}H_8ClN_3$, F. 101—102°, durch 72std. Rk. bei 25°; aus PAe. gelbe Nadeln; 73% (Ausbeute). — *3-Pyrrolidino-*, $C_{12}H_{12}ClN_3$, F. 93—94°; 72 Std./25°; aus PAe. gelbe Nadeln; 85%. — *3-Piperidino-*, $C_{13}H_{14}ClN_3$, F. 68,5°; 72 Std./25°; aus Methanol cremefarbene Nadeln; 85%. — *3-Morpholino-*, $C_{12}H_{12}ClN_3O$, F. 84°; 72 Std./70°; aus A. Nadeln; 60%. — *3-Hexamethylenimino-*, $C_{14}H_{16}ClN_3$, F. 68—68,5°; 3 Std./100°; aus PAe. hellgelbe Kristalle; 92%. — 2-Methylchinoxaline: *3-Pyrrolidino-*, $C_{13}H_{15}N_3$, F. 108—109°; 72 Std./60°; aus PAe. rote Nadeln; 80%. — *3-Piperidino-*, $C_{14}H_{17}N_3$, F. 55—56°; 72 Std./60°; aus PAe. orangefarbene Kügelchen; 90%. — *3-Morpholino-*, $C_{13}H_{15}N_3O$, F 91—92°; 72 Std./85°; aus PAe. rote Kuben; 78%. — *3-Hexamethylenimino-*, $C_{15}H_{19}N_3$, F. 60°; 48std. Kochen; aus PAe. orangerote Blättchen; 65%. — 2-Aziridinochinoxaline: *3-Pyrrolidino-*, $C_{14}H_{16}N_4$, F. 56—57°; 24 Std./60°; aus PAe. Sterne; 100%. — *3-Piperidino-*, $C_{15}H_{18}N_4$, F. 102°; 24 Std./60°; aus A. Nadeln. 92%. — *3-Morpholino-, Hemihydrat*, $C_{14}H_{16}N_4O \cdot {}^1/_2\, H_2O$, F. 125°; 6 Std./60°; aus A. gelbe Kristalle; 65%. — *3-Hexamethylenimino-*, $C_{16}H_{20}N_4$, F. 58°; 4std. Kochen; aus PAe. gelbe Kristalle; 100%. — 2-Pyrrolidinochinoxaline: *3-Pyrrolidino-*, $C_{16}H_{20}N_4$, F. 127°; 72 Std./60°; aus Methanol silberne Blättchen; 88%. — *3-Piperidino-*, $C_{17}H_{22}N_4$, F. 87°; 24 Std./60°; aus A. gelbe Nadeln; 75%. — *3-Morpholino-*, $C_{16}H_{20}N_4O$, F. 104°; 24 Std./60°; aus A. Nadeln; 91%. — *3-Hexamethylenimino-*, $C_{18}H_{24}N_4$, F. 98°; 24std. Kochen; aus Methanol gelbe Kuben; 82%. — 2-Piperidinochinoxaline: *3-Piperidino-*, $C_{18}H_{24}N_4$, F. 148°; 72 Std./60°; aus A. Nadeln; 70,3%. — *3-Morpholino-*, $C_{17}H_{22}N_4O$, F. 144°; 72 Std./60°; aus A. Nadeln; 83%. — *3-Hexamethylenimino-*, $C_{19}H_{26}N_4$, F. 79° (Methanol); 24std. Kochen; 80%. — *2.3-Dimorpholinochinoxalin*, $C_{16}H_{20}N_4O_2$, F. 225°; 72std. Kochen; aus Essigester Nadeln; 80%. — *2-Morpholino-3-hexamethyleniminochinoxalin*, $C_{18}H_{24}N_4O$, F. 104—105°; 24std. Kochen; 57%. — *2.3-Bis-[hexamethylenimino]-chinoxalin*, $C_{20}H_{28}N_4$, F. 57°; 24std. Kochen; aus PAe. gelbe Kuben. — *2-Hydroxy-3-{p-[N.N-bis-(β-chloräthyl)-amino]-styryl}-chinoxalin*, $C_{20}H_{19}Cl_2N_3O$, F. 215°, durch 14std. Kochen von 2-Hydroxy-3-methylchinoxalin u. p-[N.N-Bis-(β-chloräthyl)-amino]-benzaldehyd in Bzl. /Acetanhydrid(2 : 1); aus Essigester Nadeln; 42%.

P. Golinske. 3272□

Synthese wirksamer Antikrebsmittel. 14. Mitt. **Methansulfonsäureester-Analoga von N-Lostverbindungen.** Robert C. Elderfield, Raj N. Prasad und Tsung-Kai Liao. (J. org. Chemistry **27.** 573—75. 9/2. 1962.) (Engl.) — 13. vgl. vorst. Referat.

Durch Kondens. von p-[N.N-Bis-(2-methansulfonoxyäthyl)-amino]-benzaldehyd mit Barbitursäure, 1.3-Diphenylbarbitursäure, 2-Phenylcinchoninsäurehydrazid (**IV**) u. 6-Hydrazinopurin entstehen Derivv., die als therapeut. Mittel gegen Krebs benutzt werden sollen. Die Darst. von *p-[N.N-Bis-(2-methansulfonoxyäthyl)-amino]-benzoesäure* wird ebenfalls beschrieben.

Versuche: *p-[N.N-Bis-(2-methansulfonyloxyäthyl)-amino]-benzaldehyd* (**III**), $C_{13}H_{19}$·NO_7S_2, F. 122,5—123,5°, durch 67 std. Kochen von p-[N.N-Bis-(β-chloräthyl)-amino]-benzaldehyd (**II**) u. Ag-Methansulfonat (**I**) in Acetonitril im Dunkeln; aus abs. A. rosafarbene Kristalle; 79% (Ausbeute). — *p-[N.N-Bis-(2-methansulfonyloxyäthyl)-amino]-benzoesäure*, $C_{13}H_{19}NO_8S_2$, F. 170,5—171,5°, durch 24 std. Kochen von p-[N.N-Bis-(*β-chloräthyl*)*-amino]-benzoesäure* mit **I** in Acetonitril; aus abs. A. Blättchen; 76%. *Äthylester*, $C_{15}H_{23}NO_8S_2$, F. 117,5—118,5°, analog vorst. Verb.; aus 95%ig. A. Nadeln; 98%. — *6-{p-N.N-Bis-(2-chloräthyl)-amino]-benzalhydrazino}-purinhydrochlorid*, $C_{16}H_{17}$·Cl_2N_7·HCl, F. >300° (Zers.), a) durch Zugabe von 5 g **II** in Dimethylformamid (DMF) zu 3 g 6-Hydrazinopurin in HCl, 3 std. Rühren bei Raum-Temp. unter Zutropfen von DMF, Filtrieren des gelben Nd., Lösen in möglichst wenig DMF in der Wärme, Filtrieren in ein sd. Gemisch von Bzl./Methanol (4 : 1), Kühlen u. Versetzen mit Ae.; 3,8 g; b) durch Zugabe von **II** zu 6-Hydrazinopurin in heißem W./konz. HCl (8 : 1), 20 Min. langes Kochen u. 1 std. Rühren. — *p-[N.N-Bis-(2-methansulfonyloxyäthyl)-amino]-benzaldehyd-[purinyl-(6)-hydrazon], Hydrochlorid*, $C_{18}H_{23}N_7O_6S_2$·HCl, F. 175—177° (Zers.), durch Zugabe von **III** in DMF zu 6-Hydrazinopurin in W./konz. HCl (2 : 1) bei Raum-Temp. u. ½ std. Rühren; gelbe Kristalle; 96%. — *5-{p-[N.N-Bis-(2-methansulfonyloxyäthyl)-amino]-benzyliden}-barbitursäure*, $C_{17}H_{21}N_3O_9S_2$, F. 230° (Zers.), durch Zugabe von konz. HCl u. abs. A. zu 6,3 g **III** u. 2,24 g Barbitursäure in DMF u. 1 std. Rühren bei Raum-Temp.; aus DMF/Methanol orangefarbene Kristalle; 6,2 g. — *5-{p-[N.N-Bis-(2-methansulfonyloxyäthyl)-amino]-benzyliden}-1.3-diphenylbarbitursäure*, $C_{29}H_{29}N_3O_9S_2$, F. 163 bis 164°, durch 22 std. Rühren von 2,8 g 1.3-Diphenylbarbitursäure u. 3,65 g **III** in DMF/A./konz. HCl bei Raum-Temp.; aus Aceton/Bzl./Ligroin orangegelbe Nadeln; 6 g. — *2-Phenylcinchoninsäure-{p-[N.N-bis-(2-methansulfonyloxyäthyl)-amino]-benzyliden}-hydrazid, Hydrochlorid*, $C_{29}H_{30}N_4O_7S_2$, F. 159—160° (Zers.), durch 1½ std. Rühren von Cinchophenhydrazid (**IV**) u. **III** in DMF/abs. A./konz. HCl (60 : 10 : 4) bei Raum-Temp., Zugabe von Chlf. u. Ae. u. 5½ std. Rühren; aus DMF/Aceton/Ae. u. CH_3NO_2/Al. (1 : 4) rote Kristalle. P. Golinske. 3272□

Untersuchungen über 1.3-Dimethylxanthin-7-essigsäuren. 6. Mitt. Chinidin- und Chininsalze der Theophyllin-7-essigsäure und ihrer 8-Chlor-, 8-Brom- und 8-Nitro-Derivate. Giorgio Serchi, Gianluga Bichi und Antonella Muntoni. (Chimica [Milano] **34.** 58—59. Febr. 1958. Cagliari, Ist. Farmaceut.; Firenze, Sez. Sci. della Ditta FIRMA Nov. 1957.) (Ital.) — 4. vgl. C. **1960.** 17071.

Es wird über *Mono-* u. *Disalze* der *Theophyllin-7-essigsäure*, der *8-Chlor-*, *8-Brom-* u. *8-Nitrotheophyllin-7-essigsäure* mit *Chinin* u. *Chinidin* sowie über orientierende pharmakolog. Unterss. einiger Salze hinsichtlich ihrer vasodilatator., den Pulsdruck beeinflussenden u. antifibrillären Wrkg. berichtet. Die Salz-Bldg. erfolgt durch Kochen der abs. alkohol. Lsg. der Theophyllin-7-essigsäuren mit der entsprechenden Base; alle Salze fluorescieren mit konz. H_2SO_4 blau, geben die Thallium-Chinin-Rk. u. reagieren mit Jodwismutacetat.

Versuche: Folgende Salze des Chinidins wurden dargestellt: *Theophyllin-7-acetat* (**I**), $C_{29}H_{34}N_6O_6$, F. 230°, Ep. 192°; Nadeln; 42% (Ausbeute). — *Bis-theophyllin-7-acetat* (**II**), $C_{38}H_{44}N_{10}O_{10}$, F. 203—204°; 10%. — *8-Chlortheophyllin-7-acetat*, $C_{29}H_{33}$·ClN_6O_6, F. 186°, Ep. 172°; 8%. — *Bis-8-chlortheophyllin-7-acetat*, $C_{38}H_{42}Cl_2N_{10}O_{10}$, F. 196°; 68%. — *8-Bromtheophyllin-7-acetat*, $C_{29}H_{33}BrN_6O_6$, F. 187°, Ep. 162°; 20%. — *Bis-8-bromtheophyllin-7-acetat*, $C_{38}H_{42}Br_2N_{10}O_{10}$, F. 192°; 12%. — *8-Nitrotheophyllin-7-acetat* (**III**), $C_{29}H_{33}N_7O_8$, F. 219°, Ep. 212°; gelbe Blättchen aus A.; 16%. — Folgende Salze des Chinins wurden hergestellt: *Theophyllin-7-acetat*, $C_{29}H_{34}N_6O_6$, F. 147—150°; 43%. — *Bis-theophyllin-7-acetat*, $C_{38}H_{44}N_{10}O_{10}$, F. u. Ep. 120°; 22%. — *8-Chlortheophyllin-7-acetat*, $C_{29}H_{33}ClN_6O_6$, F. 225°; 42%. — *Bis-8-chlortheophyllin-7-acetat*, $C_{38}H_{42}Cl_2N_{10}O_{10}$, F. 175°; 5%. — *Bis-8-bromtheophyllin-7-acetat*, $C_{38}H_{42}Br_2N_{10}O_{10}$, F. 172°; 50%. — *8-Nitrotheophyllin-7-acetat*, $C_{29}H_{33}N_7O_8$, F. 152—157°; gelbe Blättchen aus A.; 32%. — *Bis-8-nitrotheophyllin-7-acetat*, $C_{38}H_{42}N_{12}O_{14}$, F. 127—129°; gelbe Blättchen aus A.; 8%. — Die pharmakolog. Unterss. von **I**, **II** u. **III** sowie des Chinidin-bis-8-nitrotheophyllin 7-acetats zeigen, daß die Einführung einer NO_2-Gruppe eine Verminderung des vasodilatator. Effekts herbeiführt; bei **III** zeigt sich Wrkg.-Umkehr. Die den Pulsdruck beeinflussende Wrkg. der Monosalze erfährt dabei keine Änderung, während die der Disalze sich verringert. Die antifibrilläre Wrkg. wird nicht beeinflußt. Sie ist bei den Monosalzen am stärksten. V. Tesar. 3272□

Untersuchungen über 1.3-Dimethylxanthin-7-essigsäuren. 7. Mitt. Über weitere Alkylaminsalze der Theophyllin-7-essigsäure und ihres 8-Nitroderivats. Giorgio Serchi, Gianluga Bichi und Antonella Muntoni. (Chimica [Milano] **34.** 60—61. Febr. 1958.) (Ital.) — 6. vgl. vorst. Referat.

Es wird über die Darst. von Salzen der Theophyllin-7-essigsäure (**I**) u. ihres 8-Nitro-Deriv. mit einigen Alkyl-, Cycloalkyl- u. Aralkylaminen sowie mit einigen Aminoalkoholen berichtet. Die Eigg. u. die Farb-Rkk. der Salze sind beschrieben.

Versuche: Folgende Alkylammoniumtheophyllin-7-acetate wurden hergestellt: *Tripropyl-*, $C_{18}H_{31}N_5O_4$, F. 135°, durch Umsetzen einer abs. alkohol. **I**-Lsg. mit einem geringen Basenüberschuß, ½std. Kochen u. Fällen des Salzes mit abs. Ae.; aus A. Nadeln. — *Tributyl-*, $C_{21}H_{37}N_5O_4$, F. 140° (aus A. Nadeln). — *Amyl-*, $C_{14}H_{23}N_5O_4$, F. 169° (aus A. Nadeln). — *Diamyl-*, $C_{19}H_{33}N_5O_4$, F. 145° (aus A. Nadeln). — *Dimethyl-β-hydroxyäthyl-*, $C_{13}H_{21}N_5O_5$, F. 98° (aus A. Nadeln). — *Diäthyl-β-hydroxyäthyl-*, $C_{15}H_{25}\cdot N_5O_5$, F. 132° (aus A. Nadeln). — *Heptyl-(2)-*, $C_{16}H_{27}N_5O_4$, F. 121° (aus A. Nadeln). — *Cyclohexyl-*, $C_{15}H_{23}N_5O_4$, F. 155° (aus A. Nadeln). — *Benzyl-*, $C_{16}H_{19}N_5O_4$, F. 161° (aus A. Nadeln). — Alkylammonium-8-nitrotheophyllin-7-acetate: *Äthyl-*, $C_{11}H_{16}N_6O_6$, F. 172° (aus A. Nadeln). — *Triäthyl-*, $C_{15}H_{24}N_6O_6$, F. 245° (aus A. Nadeln). — *Propyl-* $C_{12}H_{18}N_6O_6$, F. 149°. — *3-Hydroxypropyl-*, $C_{12}H_{18}N_6O_7$, F. 186° (aus A. Nadeln). — *Isopropyl-*, $C_{12}H_{18}N_6O_6$, F. 156° (aus A. Nadeln). — *2-Hydroxypropyl-*, $C_{12}H_{18}N_6O_7$, F. 168° (aus A. Nadeln). — *Tripropyl-*, $C_{18}H_{30}N_6O_6$, F. 107° (aus A. Nadeln). — *Butyl-*, $C_{13}H_{20}N_6O_6$, F. 156° (aus A. Nadeln). — *Isobutyl-*, $C_{13}H_{20}N_6O_6$, F. 167° (aus A. Nadeln). — *Dibutyl-*, $C_{17}H_{28}N_6O_6$, F. 160° (aus A. Nadeln). — *Amyl-*, $C_{14}H_{22}N_6O_6$, F. 134° (aus A. Nadeln). — *Diamyl-*, $C_{19}H_{32}N_6O_6$, F. 142° (aus A. Nadeln). — *Dimethyl-β-hydroxyäthyl-*, $C_{13}H_{20}N_6O_7$, F. 94° (aus A. Nadeln). — *Diäthyl-β-hydroxyäthyl-*, $C_{15}H_{24}N_6O_7$, F. 118° (aus A. Nadeln). — *Heptyl-(2)-*, $C_{16}H_{26}N_6O_6$, F. 143° (aus A. Nadeln). — *Cyclohexyl-*, $C_{15}H_{22}N_6O_6$, F. 193° (aus A. Nadeln). — *Benzyl-*, $C_{16}H_{18}N_6O_6$, F. 197° (aus A. Nadeln).

V. TESAR. 3272□

Aromatische Bor–Sauerstoff-Heterocyclen. M. J. S. Dewar und R. Dietz. (Tetrahedron Letters [London] **1959.** Nr. 14. 21—23. Okt. London, Queen Mary Coll., Dep. of Chem.) (Engl.)

Auf Grund seiner großen Beständigkeit gegenüber wss. Säuren, Alkalien u. Oxydation wird für *10-Hydroxy-10.9-boroxaphenanthren* aromat. Struktur angenommen.

Versuche: 10.9-Boroxaphenanthrene: *10-Chlor-* (**I**), $C_{12}H_8BClO$, durch Rk. von 2-Hydroxydiphenyl mit BCl_3 bei —70° u. anschließende Einw. von $AlCl_3$ in Bzl. bei 60°. — *10-Hydroxy-*, durch Hydrolyse von **I**. *Anhydrid*, $C_{24}H_{16}B_2O_3$, F. 205—206,5°. — *10-Methoxy-*, $C_{13}H_{11}BO_2$, F. 63,5—64,5°, durch Kristallisation von **I** aus Methanol. — *10-Phenyl-*, $C_{18}H_{13}BO$, F. 82—83°, durch Rk. von **I** mit Phenyl-MgBr. L. LAMZA. 3292

Synthese und Struktur einiger 1.4-disubstituierter 3-Thiono-5-oxohexahydro-1.2.4-triazine. M. Tišler. (Vestnik sloven. kem. Društva **7.** 69—73. Juli—Dez. 1960. Ljubljana, Univ., Chem. Labor.) (Engl.)

Einige neue 1.4-disubstituierte *3-Thiono-5-oxohexahydro-1.2.4-triazine* (**A**) werden aus den entsprechenden 1.4-disubstituierten Thiosemicarbazidoessigsäureäthylestern dargestellt. Auf Grund spektroskop. Unterss. werden die **A** als Thiono- u. nicht als Mercapto-Verbb. formuliert.

Versuche: 4-Aryl-1-phenyl-1-carbäthoxymethylthiosemicarbazide, durch Lösen von [α-Phenylhydrazino]-essigsäureäthylesterhydrochlorid in W., Zugabe von festem $(NH_4)_2CO_3$ u. A., Versetzen mit dem entsprechenden Isothiocyanat, Erwärmen u. Umkristallisieren der ausgefallenen Prodd. aus A.: *4-[m-Tolyl]-*, $C_{18}H_{21}\cdot N_3O_2S$, F. 163—164°. — *4-[p-Tolyl]-*, $C_{18}H_{21}N_3O_2S$, F. 177—178°. — *4-[p-Methoxyphenyl]-*, $C_{18}H_{21}N_3O_3S$, F. 155—156°. — *4-[2.4-Dimethylphenyl]-*, $C_{19}H_{23}N_3O_2S$, F. 150°. — *4-[m-Chlorphenyl]-*, $C_{17}H_{18}ClN_3O_2S$, F. 136°. — *4-[p-Chlorphenyl]-*, $C_{17}H_{18}ClN_3O_2S$, F. 199°. — *4-[p-Bromphenyl]-*, $C_{17}H_{18}BrN_3O_2S$, F. 206°. — 4-Aryl-1-phenyl-3-thiono-5-oxohexahydro-1.2.4-triazine (**A**), durch Erhitzen der vorst. Ester mit 5%ig. äthanol. KOH auf 80—90° bis zur klaren Lsg. (5 Min.), Kühlen auf Raum-Temp., Ansäuern mit HCl (1 : 1) u. Umkristallisieren aus A. oder wss. A.: *4-[m-Tolyl]-*, $C_{16}H_{15}N_3OS$, F. 173°. — *4-[p-Tolyl]-*, $C_{16}H_{15}N_3OS$, F. 196°. — *4-[2.3-Dimethylphenyl]-*, $C_{17}H_{17}N_3OS$, F. 180°. — *4-[m-Chlorphenyl]-*, $C_{15}H_{12}ClN_3OS$, F. 200—201°. — *4-[2.4-Dimethylphenyl]-*, Öl. — 4-Aryl-1-phenyl-1-carboxymethylthiosemicarbazide, analog der Darst. der Triazine (hier erfolgt kein Ringschluß, sondern nur Verseifung; auch die Cyclisierung mit Acetanhydrid/H_2SO_4 war erfolglos): *4-[o-Methoxyphenyl]-*, $C_{16}H_{17}\cdot N_3O_3S$, F. 187°. — *4-[p-Methoxyphenyl]-*, $C_{16}H_{17}N_3O_3S$, F. 192°. — *4-[p-Chlorphenyl]-*, $C_{15}H_{14}ClN_3O_2S$, F. 201°. — *4-[p-Bromphenyl]-*, $C_{15}H_{14}BrN_3O_2S$, F. 188°.

P. GOLINSKE. 3313□

Synthese von 3-alkyl- und 3-arylsubstituierten Benzo-1.2.4-triazinen. 11. Mitt. **über asymmetrische Triazine.** Raffaello Fusco und Giuseppe Bianchetti. (Rend. Ist. lombardo Sci. Lettere, Cl. Sci. mat. natur. **91.** 936—46. 1957. Milano, Ist. di Chim. ind. org.) (Ital.) — 10. vgl. C. **1958.** 7468; vgl. auch C. **1961.** 9413.

Das durch Rk. von diazotiertem o-Nitroanilin (**IV**) mit Nitroäthan in alkal. Lsg. zugängliche 1-[o-Nitrophenylazo]-1-nitroäthan (I) wird durch Hydrieren über Pd/Kohle oder durch Red. mit Fe/Essigsäure zu *3-Methylbenzo-1.2.4-triazin* (III) cyclisiert. Aus α-[o-Nitrophenylazo]-phenylnitromethan (II) wird analog *3-Phenylbenzo-1.2.4-triazin* gebildet. Die Rk. verläuft vermutlich nicht über ein cycl. Zwischenprod. vom Formazan- bzw. Hydrazidintyp. Aus α-[2-Nitro-4- bzw. -5-chlorphenylazo]-phenylnitromethan werden *3-Phenyl-6-* bzw. *-7-chlorbenzo-1.2.4-triazin* erhalten, während das Auftreten eines cycl. Zwischenprod. wegen seiner Tautomeriemöglichkeiten die Bldg. eines ident. Red.-Prod. erwarten ließe. Die Bldg. des Benzotriazinringes dürfte daher durch direkte Eliminierung von NH_3 aus dem zunächst entstandenen Diamino-Deriv. erfolgen.

Versuche: 1-Arylazo-1-nitroäthane: *1-[o-Nitrophenylazo]-* (I), $C_8H_8N_4O_4$ F. 112° (A.), durch Diazotieren von **IV** in verd. HCl, Neutralisieren mit $NaHCO_3$ (pH 5 bis 6), Zugeben der Lsg. zu Nitroäthan in wss.-methanol. NaOH bei 0—10° u. Ansäuern mit Essigsäure; gelb; 75% (Ausbeute). — *1-[2-Nitro-4-methylphenylazo]-*, $C_9H_{10}N_4O_4$, F. 144—145° (A.), analog I. — *1-[2-Nitro-4-methoxyphenylazo]-*, $C_9H_{10}N_4O_5$, F. 125° (Essigsäure); 65%. — *1-[2-Nitro-4-chlorphenylazo]-*, $C_8H_7ClN_4O_4$, F. 139—140° (A.); 79%. — *1-[o-Nitrophenylazo]-1-nitrooctan*, $C_{14}H_{20}N_4O_4$, F. 38—39° (PAe.), orangefarben. — α-[Arylazo]-phenylnitromethane: *α-[o-Nitrophenylazo]-* (II), F. 140,5° (Essigester), a) analog I aus Phenylnitromethan; 81%; b) durch Zugeben der Lsg. von diazotiertem **IV** zu Na-α-Nitro-α-phenylacetat in wss. $NaHCO_3$ unter Eiskühlung u. 1—2std. Stehen; 75%. — *α-[2-Nitro-4-methoxyphenylazo]-*, $C_{14}H_{12}N_4O_5$, F. 126—126,5° (Essigsäure), analog II nach b); orangefarben; 70%. — *α-[2-Nitro-4-chlorphenylazo]-*, $C_{13}H_9ClN_4O_4$, F. 152° (Essigsäure); gelborangefarben; 66%. — *α-[2-Nitro-5-chlorphenylazo]-*, $C_{13}H_9 \cdot ClN_4O_4$, F. 116—117° (Essigsäure); 65%. — Benzo-1.2.4-triazine: *3-Methyl-* (III), F. 90°, a) durch Hydrieren von 4,48 g I in Methanol–Essigsäure (25 : 2) über Pd/Kohle, Einengen u. Sublimieren bei 15 mm; 2,7 g; b) durch Red. von I mit Fe-Pulver in 90%ig. Essigsäure. — *3-n-Amyl-*, $C_{12}H_{15}N_3$, Kp.$_{0,8}$ 131—135°, durch Zugeben der Lsg. von diazotiertem **IV** zu 13,1 g 1-Nitrohexan in wss. NaOH bei 0—5°, Ansäuern, Ausäthern, Eindampfen, langsames Erwärmen mit Fe-Pulver in 90%ig. Essigsäure zum Sieden, Verdünnen mit W. u. Ausziehen mit Chlf.; 12,25 g. — *3-n-Heptyl-*, $C_{14}H_{19}N_3$, Kp.$_{0,8}$ 160° analog **III** nach a). — *3.6-Dimethyl-*, $C_9H_9N_3$, F. 58—59° (PAe.); 80%. — *3-Methyl-6-methoxy-*, $C_9H_9N_3O$, F. 148—149° (PAe.), goldgelb; 89%. — *3-Methyl-6-chlor-*, $C_8H_6 \cdot ClN_3$, F. 86°, aus PAe. gelbe Blättchen. — *3-Phenyl-*, F. 122—123° (A.), analog **III** nach a) aus **II**; ca. 100%. — *3-Phenyl-6-methoxy-*, $C_{14}H_{11}N_3O$, F. 191° (A.); 86%. — *3-Phenyl-6-chlor-*, $C_{13}H_8ClN_3$, F. 134,5°, analog **III** bei 35 at H_2 in Methanol über RANEY-Ni (über Pd/Kohle tritt Hydrogenolyse des Cl ein); aus Essigsäure goldgelbe Blättchen. — *3-Phenyl-7-chlor-*, $C_{13}H_8ClN_3$, F. 164—165°, ebenso; aus Methanol gelbe Nadeln; 61%.

H.-E. TOUSSAINT. 3313 □

Synthese von Benzo-1.2.4-triazin-1-oxiden. 12. Mitt. **über asymmetrische Triazine.** Raffaello Fusco und Giuseppe Bianchetti. (Rend. Ist. lombardo Sci. Lettere, Cl. Sci. mat. natur. **91.** 963—78. 1957.) (Ital.) — 11. vgl. vorst. Referat.

Das durch Umsetzen von N-[o-Nitrophenyl]-benzimidchlorid mit NH_3 zugängliche N'-[o-Nitrophenyl]-benzamidin läßt sich durch Erhitzen mit $NaOCH_3$ in Methanol in guter Ausbeute zu *3-Phenylbenzo-1.2.4-triazin-1-oxid* (I) cyclisieren, während die Anwendung von wss. NaOH, vermutlich wegen eintretender Hydrolyse, nur minimale Ausbeuten liefert (vgl. ROBBINS u. SCHOFIELD, C. **1958.** 11532). I wird durch H_2/Pd oder Fe/Essigsäure leicht zu *3-Phenylbenzo-1.2.4-triazin* (II) red., wobei das leicht autoxydierbare *3-Phenyl-1.4(?)-dihydro-1.2.4-benzotriazin* als Zwischenprod. auftritt. Verschiedene *3-Arylbenzo-1.2.4-triazine* bzw. ihre *1-Oxide* wurden analog synthetisiert. Bei der Hydrierung von 3-[p-Nitrophenyl]- (**III**) u. 3-Styrylbenzo-1.2.4-triazin-1-oxid (**IV**) tritt gleichzeitig Angriff auf die Substituenten ein, u. es fallen *3-[p-Aminophenyl]-* bzw. *3-[β-Phenyläthyl]-benzo-1.2.4-triazin* an. N'-[2.4-Dinitrophenyl]-benzamidin ließ sich nicht zum Benzotriazinoxid cyclisieren; im Rk.-Gemisch wurden *Benzonitril* u. *2.4-Dinitroanilin* nachgewiesen. Bei der Umsetzung von o-Nitroacetanilid mit PCl_5 u. dann NH_3 wird *N.N'-Bis-[o-nitrophenyl]-N-acetylacetamidin* erhalten, das durch Erhitzen mit $NaOCH_3$ lediglich Desacetylierung erfährt. Durch Zn/HCl werden die 3-Arylbenzo-1.2.4-triazine in *2-Arylbenzimidazole* umgewandelt.

Versuche: N-Arylbenzimidchloride: *N-[2-Nitro-4-methylphenyl]-*, $C_{14}H_{11} \cdot ClN_2O_2$, F. 85° (Bzl.), durch Behandeln von 10 g N-Benzoyl-o-nitro-p-toluidin mit

10 g PCl_5 in Chlf. in der Hitze, 3std. Kochen u. Einengen; gelb; 8,5 g (Ausbeute). — *N-[2-Nitro-4-chlorphenyl]-*, $C_{13}H_8Cl_2N_2O_2$, F. 83—84° (Bzl.), analog; gelb; 80%. — *N-[2-Nitro-4-methoxyphenyl]-*, F. 102—106° (Dichloräthan–PAe.), instabil. — *N-[2.4-Dinitrophenyl]-*, $C_{13}H_8ClN_3O_4$, F. 116—117° (Bzn.), gelb. — *N-[o-Nitrophenyl]-p-nitrobenzimidchlorid*, $C_{13}H_8ClN_3O_4$, F. 102—104° (Bzn.); gelb. — *N-[o-Nitrophenyl]-zimtsäureimidchlorid*, $C_{15}H_{11}ClN_2O_2$, F. 94—95° (Ligroin). — N′-Arylbenzamidine, durch Zutropfen von mit NH_3 gesätt. A. zu den entsprechenden N-Arylbenzimidchloriden, ½std. Kochen unter Einleiten von NH_3, 2—3std. Stehen u. Einengen: *N′-[2-Nitro-4-chlorphenyl]-*, $C_{13}H_{10}ClN_3O_2$, F. 100—101° (Bzl.). — *N′-[2-Nitro-4-methoxyphenyl]-, Hydrochlorid*, $C_{14}H_{14}ClN_3O_3$, F. 226° (Methyläthylketon); hellgelb; 71%. — *N′-[o-Nitrophenyl]-p-nitro-*, $C_{13}H_{10}N_4O_4$, F. 155° (Methanol), gelb; 80%. — *N′-[o-Nitrophenyl]-p-chlor-*, $C_{13}H_{10}ClN_3O_2$, F. 126—127° (A.), hellgelb; 71%. — *N′-[o-Nitrophenyl]-p-methoxy-*, $C_{14}H_{13}N_3O_3$, F. 138° (Bzl.); 70%. — *N-[2.4-Dinitrophenyl]-*, $C_{13}H_{10}N_4O_4$, F. 151 bis 152° (A.), citronengelb. — *N′-[o-Nitrophenyl]-zimtsäureamidin*, $C_{15}H_{13}N_3O_2$, F. 124 bis 126° (Methanol); 81%. — 3-Arylbenzo-1.2.4-triazin-1-oxide, durch 40 Min. bis 2 Std. langes Kochen der entsprechenden N-Arylbenzamidine mit $NaOCH_3$ (1 : 1 Mol) in abs. Methanol u. Einengen: *3-Phenyl-* (I), $C_{13}H_9N_3O$, F. 132° (Bzl.–PAe.). — *3-Phenyl-7-methyl-*, $C_{14}H_{11}N_3O$, F. 172°, aus Essigester–Bzl. Nadeln. — *3-Phenyl-7-chlor-*, $C_{13}H_8 \cdot ClN_3O$, F. 201—202° (Bzl.). — *3-Phenyl-7-methoxy-*, $C_{14}H_{11}N_3O_2$, F. 175,5—176° (Bzl.); 78%. — *3-[p-Nitrophenyl]-* (**III**), $C_{13}H_8N_4O_3$, F. 232° (Dichloräthan). — *3-Styryl-* (**IV**), $C_{15}H_{11}N_3O$, F. 158—159° (Bzl.), blaßgelb. — *3-[p-Chlorphenyl]-*, $C_{13}H_8ClN_3O$, F. 211 bis 214° (Essigsäure); 71%. — *3-[p-Methoxyphenyl]-*, $C_{14}H_{11}N_3O_2$, F. 172—173° (Methanol); 60%. — 3-Arylbenzo-1.2.4-triazine, durch Hydrieren der vorst. Oxide in Methanol über Pd/Kohle: *3-Phenyl-* (**II**), $C_{13}H_9N_3$, F. 122—123°, aus A. goldgelbe Schuppen; ca. 100% (durch Red. von **I** mit Fe-Pulver in 97%ig. Essigsäure 55—60%). — *3-Phenyl-7-methyl-*, $C_{14}H_{11}N_3$, F. 122—123°, aus wss. A. goldene Blättchen; ca. 100%. — *3-Phenyl-7-chlor-*, $C_{13}H_8ClN_3$, F. 163—164°, an PtO_2; goldfarbene Blättchen. — *3-Phenyl-7-methoxy-*, $C_{14}H_{11}N_3O$, F. 176—177°, aus Bzl.–Ligroin gelbe Blättchen; 89%. — *3-[p-Aminophenyl]-*, $C_{13}H_{10}N_4$, F. 188—189°, aus **III** an PtO_2; rot; 51%. — *3-[β-Phenyläthyl]-*, $C_{15}H_{13}N_3$, F. 66°, aus **IV**; gelbe Blättchen; 78%. — *3-Phenyl-1.4(?)-dihydrobenzo-1.2.4-triazin, Benzoyl-Deriv.*, $C_{20}H_{15}N_3O$, F. 190,5—191°, durch Hydrieren von 2 g **II** in Dioxan an Pd/Kohle u. 1std. Stehen mit Benzoylchlorid in Pyridin; 0,5 g. — *N.N′-Bis-[o-nitrophenyl]-N-acetylacetamidin*, $C_{16}H_{14}N_4O_5$, F. 78° (Methanol), durch Behandeln von o-Nitroacetanilid mit PCl_5 in Dichloräthan, Versetzen des erhaltenen rohen Prod. in Dioxan mit methanol. NH_3, 20 Min. langes Kochen unter Einleiten von NH_3, 2std. Stehen u. Einengen. — *N.N′-Bis-[o-nitrophenyl]-acetamidin*, $C_{14}H_{12}N_4O_4$, F. 128—130° (Methanol), durch 1std. Kochen vorst. Verb. mit $NaOCH_3$ in Methanol; hellgelb; daneben *o-Nitroanilin*, F. 64° (Methanol). H.-E. TOUSSAINT. 3313 □

Bildung eines Addukts aus Triphenylboroxin und p-Phenylendiamin. William L. Fielder, Mark M. Chamberlain und Charles A. Brown. (J. org. Chemistry **26.** 2154—55. 13/6. 1961. Cleveland, Ohio, Western Reserve Univ., Morley Chem. Labor.) (Engl.)

Die Pyrolyse des 1 : 1-Addukts aus Phenyldichlorboran (**I**) u. p-Phenylendiamin (**II**, F. 138—140°) liefert als Hauptprodd. die *Mono-* u. *Dihydrochloride* von **II** u. ein *2 : 3-Addukt* (**III**) aus Triphenylboroxin (**IV**, F. 211—216°) u. **II**. **III** dissoziiert beim Erhitzen im Vakuum unter Bldg. von **IV** u. **II**. Das IR-Spektrum von **III** wird diskutiert; es entspricht etwa dem eines **II**–**IV**-Gemisches. **III** wird auch aus **II** u. **IV** synthetisiert. Das Phasendiagramm von **II**—**IV** wird angegeben.

Versuche: *Phenyldichlorboran* (**I**), Kp.$_{40}$ 86—88°, durch Rk. von **IV** u. BCl_3 bei 80—85°. — *Phenyldichlorboran–p-Phenylendiamin-Addukt*, $C_6H_8N_2 \cdot C_6H_5BCl_2$, durch 11std. Rühren äquivalenter Mengen **I** u. **II** in Bzl. unter N_2; 95% (Ausbeute). — *Triphenylboroxin–p-Phenylendiamin-Addukt* (**III**), $C_{54}H_{54}B_6N_6O_6$, F. 166—168° (Bzl.), a) durch 6std. Sublimation vorst. Verb. bei 225° im Vakuum; 54,2% (daneben *HCl*, Spuren von *Bzl.* u. 17,3% *Gemisch* (**V**) *der Mono- u. Dihydrochloride von* **II**); b) durch 12std. Kochen vorst. Verb. in Xylol unter N_2 u. Extraktion des Rückstandes mit Bzl. (daneben **V**); c) durch Verreiben von 2 Val **IV** u. 3 Val **II** unter abs. Bzl. u. Einengen. Hydrolyse von **III** mit 1n HCl oder Sublimation im Vakuum → **II** u. **IV**.

J. RUHNKE. 3354 □

Biborazinyl. J. J. Harris. (J. org. Chemistry **26.** 2155—56. 13/6. 1961. Verona, Pa., Koppers Co., Res. Center.) (Engl.)

Die Rk. von n-Butyl-Mg-Halogeniden (G) mit 2.4.6-Tribrom- (**I**) oder 2.4.6-Trichlorborazin liefert neben *2.4.6-Tri-n-butylborazin* geringe Ausbeuten an *2.4.4′.6.6′-Pentabutylbiborazinyl-(1.2′)* (**II**) u. höheren Kondensaten; bei Verw. von n-Butyl-MgCl erhält man einen höheren Anteil an *Triborazinyl*. Als Mechanismus der II-Bldg. wird prim. die Rk. eines G-Mol. mit dem akt. H-Atom eines I-Mol. zu einer *N*-GRIGNARD-*Verb.* angenommen, die mit einem Br-Atom eines weiteren I-Mol. reagiert. *Butan* ließ sich massenspektrometr. nachweisen.

Versuche: *2.4.6-Tri-n-butylborazin*, Kp.$_{0,95}$ 97—102°, durch langsame Zugabe von 0,31 Mol Butyl-MgBr zur Lsg. von 30 g I in Ae. oder Bzl. unter N_2 u. Dest.; 5,2 g (Ausbeute). Daneben 2,65 g *2.4.4'.6.6'-Pentabutylbiborazinyl-(1.2')* (II; $C_{20}H_{50}B_6N_6$, Kp.$_{0,6}$ 182—187°) u. 1,15 g *Triborazinyl*-Gemisch (Kp.$_{0,6}$ 190—250°). J. RUHNKE. 3354□

Das β-Anomere des D-Xylose-1-phosphats. N. J. Antia und R. W. Watson. (Chem. and Ind. **1957**. 600. 11/5. Ottawa, Canada, Nat. Res. Labor., Div. of Appl. Biol.) (Engl.)

Phosphorylierung von D-Xylose bei Raum-Temp. unter 2std. Schütteln mit Glasperlen liefert gegenüber dem früher (vgl. C. **1958**. 4792) angegebenen Verf. die 3fache Ausbeute an amorphem *Ba-D-Xylose-1-phosphat* (I). Die fraktionierte Kristallisation des *Distrychnin-D-xylose-1-phosphats* {$C_{47}H_{55}N_4O_{12}P$; $[\alpha]_D^{25}$ —30° (c = 0,5; W.)} bis zur konst. Drehung u. Überführung in I ($[\alpha]_D^{25}$ —16,85° (c = 0,475; W.)) führt zu der Annahme, daß es sich um das *β-Anomere* handelt. B. MEHLIS. 3400

Synthetisches Kanosamin. Hans Helmut Baer. (J. Amer. chem. Soc. **83**. 1882—85. 20/4. 1961. Bethesda, Md., Nat. Inst. of Arthritis and Metabol. Diseases, Nat. Inst. of Health.) (Engl.)

Es wird gezeigt, daß das kürzlich vom Vf. dargestellte Methyl-3-amino-3-desoxy-β-D-hexopyranosid (BAER, C. **1962**. 476) Gluco-Konfiguration besitzt u. damit das Methyl-β-glykopyranosid des Kanosamins ist. Säurehydrolyse der Verb. u. nachfolgende N-Acetylierung ergeben Kanosaminhydrochlorid u. N-Acetylkanosamin (I). Die N-Acetyl-Verb. wird durch $NaJO_4$ abgebaut zu *2-Acetamido-2-desoxy-4-O-formyl-D-arabinose* u. *N-Acetyl-D-arabinosamin* (II).

Versuche: *3-Amino-3-desoxy-D-glucose, Hydrochlorid*, $C_6H_{14}NO_5Cl$, durch 3std. Erhitzen von 2 g Methyl-3-amino-3-desoxy-β-D-glucopyranosid mit 4n HCl im sd. Wasserbad, Eindampfen im Vakuum (40°), 4faches Wiederholen dieser Operation nach jeweiliger Zugabe von 50 ml W., Entfärben mit Aktivkohle, wiederholte Eindampfoperationen u. fraktionierte Fällung des Rohprod. aus Methanol mit Propanol; $[\alpha]_D^{20}$ + 47,4° (5 Min.) → + 44,5° (Endwert; c = 0,9; W.); red. FEHLING-Lsg., gibt positive Ninhydrin- u. ELSON-MORGAN-Rkk.; 2,23 g (Ausbeute, Rohprod.). — *3-Acetamido-3-desoxy-β-D-glucose* (I), F. 204—205°, durch Acetylierung vorst. Verb. mit Acetanhydrid in W./Methanol in Ggw. von Dowex-1 (Carbonatform) unter Eiskühlung, Filtration nach 90 Min., kurzes Rühren mit Amberlite IR-120 (H^+) u. Eindampfen; aus A. Nadeln; $[\alpha]_D^{20}$ + 18,6° (2 Min.) → 52,7° (8 Std., Endwert; c = 2,5; W.); 75%. — *2-Acetamido-2-desoxy-4-O-formyl-β-D-arabinose*, $C_8H_{13}NO_6$, F. 155—156° (Zers.), durch Rk. der wss. Lsg. von I mit $NaJO_4$ u. Abtrennen des Jodats nach 6 Std.; aus Essigester/Isopropanol prismat. Nadeln; $[\alpha]_D^{20}$ —96° (2 Min.) → —64° (1 Std., Endwert; c = 0,5; W.); 60%; positive ELSON-MORGAN-Rk.; gibt durch 1std. Behandeln mit Amberlite CG-45 (OH^-) *N-Acetyl-D-arabinosamin* (II) neben *HCOOH*; II entsteht auch durch 1std. Behandeln mit $NaHCO_3$ in wss. Lsg. bei 23°, 1/4std. Rk. bei 50°, u. als Hydrochlorid durch 2std. Hydrolyse mit 0,8n HCl bei 100°. — *2-Acetamido-2-desoxy-β-D-arabinose*, F. 161—162° (A./Essigester 1 : 1), durch Oxydation von I mit $NaJO_4$ wie vorst. beschrieben u. Hydrolyse des gebildeten Formylesters mit $NaHCO_3$ nach BAER u. FISCHER (C. **1961**. 10944); 76%. H.-J. WEIGMANN. 3400□

Vinyläther von Kohlenhydraten. 1. Mitt. **Methyl-2-O-vinyl-α-D-glucopyranosid.** Archie J. Deutschman jun. und Henry W. Kircher. (J. Amer. chem. Soc. **83**. 4070—73. 5/10. 1961. Tucson, Ariz., Univ., Dep. of Agric. Biochem.) (Engl.)

Krist. *Methyl-2-O-vinyl-α-D-glucopyranosid* (I) wird durch Rk. von Methyl-α-D-glucopyranosid (II) mit Vinylchlorid oder C_2H_2 synthetisiert. Neben I bilden sich *Methyl-3-O-vinyl-α-D-glucopyranosid* (III), *Methyl-4-O-vinyl-α-D-glucopyranosid* (IV) u. *Methyl-6-O-vinyl-α-D-glucopyranosid* (V), die papierchromatograph. erkannt u. von I aus wss. Lsg. durch Extraktion mit Ae. abgetrennt werden. Das in der wss. Phase verbleibende I wird durch Chlf. extrahiert. Durch Methylierung von I u. Hydrolyse erhält man *Methyl-3.4.6-tri-O-methyl-α-D-glucosid* (VI), woraus sich ergibt, daß in I die Vinylgruppe an $C_{(2)}$ lokalisiert sein muß. Aus III, IV u. V entstehen entsprechend *Methyl-2.4.6-*, *Methyl-2.3.6-* u. *Methyl-2.3.4-tri-O-methyl-α-D-glucosid*, die gaschromatograph. bestimmt werden. Aus I erhält man durch katalyt. Hydrierung u. Hydrolyse *2-O-Äthyl-D-glucose*.

Versuche: *Methyl-2-O-vinyl-α-D-glucopyranosid* (I), $C_9H_{16}O_6$, F. 126—127,5°, a) durch Zugabe von fl. $CH_2{=}CHCl$ zu einem mit Trockeneis gekühlten Gemisch aus II, NaOH, Tetrahydrofuran (THF) u. W. im evakuierten Autoklaven, 10std. Rk. bei 130°

unter Rühren, Lösen des Rk.-Prod. in W., Versetzen mit Trockeneis, Eindampfen Extraktion des mit Methanol behandelten Rückstandes mit Aceton, Eindampfen, Aufnehmen des aus mehreren Ansätzen erhaltenen Rückstandes (80 g) in W., Entfernen von **III**, **IV** u. **V** durch 7tägige Extraktion der zuvor mit Bzl. gewaschenen wss. Lsg. mit Ae. (**A**), Eindampfen der wss. Lsg., Extraktion des Rückstandes mit Chlf. u. Eindampfen der Chlf.-Lsg. zur Kristallisation; durch Impfen der letzten Fraktionen der Ae.-Extraktion kann die Ausbeute an **I** erhöht werden; $[\alpha]_D^{25}$ $+136°$ ($c = 2$; W.); 3,5 g (Ausbeute); b) analog a) mit C_2H_2 an Stelle von $CH_2{=}CHCl$ im N_2-Strom bei 150°. — *Acetaldehyd-2.4-dinitrophenylhydrazon*, F. 159—161°, durch 24std. Aufbewahren von 0,990 g **I** mit 3%ig. Essigsäure bei Raum-Temp. u. Überleiten in eine Lsg. von 2.4-Dinitrophenylhydrazin durch einen N_2-Strom; daneben durch Einengen der essigsauren Lsg. **II**; 0,853 g. — *Methyl-2-O-vinyl-3.4.6-tri-O-methyl-α-D-glucosid*, durch 24std. Aufbewahren von **I** mit CH_3J u. Ag_2O in Dimethylformamid bei Raum-Temp., Zugabe von Ae., Eindampfen der filtrierten Ae.-Lsg. u. Dest. im Vakuum. — *Methyl-3.4.6-tri-O-methyl-α-D-glucosid* (**VI**), F. 31—32°, $Kp._{0,01}$ 115°, durch 18std. Rk. vorst. Verb. in wss. Aceton mit Eisessig bei Raum-Temp., Einengen u. Dest. im Vakuum; $[\alpha]_D^{25}$ $+173°$ ($c = 5$; W.). *2-Phenylazobenzoat*, F. 81,5—82,5°. — *3.4.6-Tri-O-methyl-D-glucose*, durch Hydrolyse von **VI** mit 1n H_2SO_4; Sirup; $[\alpha]_D^{25}$ $+76,2°$ ($c = 2,6$; W.). *Phenylosazon*, F. 79—83°, 100—101° oder 123—125° (je nach Lsgm.). — *Methyl-2-O-äthyl-α-D-glucopyranosid*, $C_9H_{18}O_6$, F. 136° (Aceton), durch Hydrierung von 2 g **I** an Pd/Kohle bei 20° u. 5,4 at in wenig NH_3 enthaltendem Methanol; $[\alpha]_D^{25}$ $+144°$ ($c = 2$; W.); 1,07 g. — *2-O-Äthyl-D-glucose*, $C_8H_{16}O_6$, F. 185—186° (A.), durch Hydrolyse vorst. Verb.; $[\alpha]_D^{25}$ $+87,3° \rightarrow +61,0°$ ($c = 4$; W.); b) durch 12std. Rk. von 20 g *Methyl-3.5.6-tri-O-benzyl-α.β-D-glucofuranosid* (vgl. WEYGAND u. TRAUTH, C. **1952.** 5416) mit $(C_2H_5)_2SO_4$ u. KOH in THF, kurzes Kochen, Filtrieren, Einengen, Dest. des entstandenen *Methyl-2-O-äthyl-3.5.6-tri-O-benzyl-α.β-D-glucofuranosids* ($Kp._{0,01}$ 235—239°; 25,2 g), Hydrierung an Pd/Kohle bei 90° u. 8,2 at in THF zu *Methyl-2-O-äthyl-α.β-D-glucofuranosid* (10,8 g) u. Hydrolyse mit 1n H_2SO_4. *Methyltri-O-methyl-α-D-glucosidgemisch*, durch Eindampfen der bei der Darst. von **I** anfallenden, **III**, **IV** u. **V** enthaltenden Ae.-Lsg. **A**, Aufnehmen des Rückstandes in THF, Rk. mit $(CH_3)_2SO_4$ u. NaOH, Eindampfen, Lösen in W. u. wenig Eisessig, Eindampfen nach 36std. Stehen bei Raum-Temp. u. Identifizierung von 3 verschiedenen *Methyltri-O-methyl-α-D-glucosiden* neben **I** durch Gaschromatographie.

E. SCHRAVEN. 3400□

Überführung von benzoylierten Aldonsäurenitrilen in Amide und ihre Dehydratisierung unter Bildung von Nitrilen. Miguel A. Ondetti und Eduardo F. Recondo. (An. Asoc. quím. argent. **46.** 210—15. Sept. 1958. Martínez, E. R. Squibb and Sons Argentina S. A., Labor. de Invest.) (Span.)

Penta-O-benzoyl-D-glucono-, -D-mannono-, -D-galaktono- u. -L-rhamnononitril (**I**) werden mit HBr in CH_3COOH in guter Ausbeute in die entsprechenden *Amide* übergeführt. Mit $POCl_3$ entstehen aus ihnen wieder die Nitrile.

Versuche: *Tetra-O-benzoyl-L-rhamnonsäureamid* (**II**), $C_{34}H_{29}NO_9$, F. 204—205° (A./Aceton, A.), durch längeres Stehen unter gelegentlichem Schütteln von **I** in CH_3COOH mit HBr; $[\alpha]_D^{25}$ $-23,2°$ ($c = 0,66$; Chlf.); 97% (Ausbeute). — *Penta-O-benzoyl-D-gluconsäureamid*, $C_{41}H_{33}NO_{11}$, F. 101—102°, analog; aus abs. A. Prismen; $[\alpha]_D^{25}$ $+29,6°$ ($c = 1,04$; Chlf.). — *Penta-O-benzoyl-D-mannonsäureamid*, $C_{41}H_{33}NO_{11}$, F. 99—101°; aus A. rechteckige Platten; $[\alpha]_D^{25}$ $+48,2°$ ($c = 1,178$; Chlf.); 92%. — *Penta-O-benzoyl-D-galaktonsäureamid*, $C_{41}H_{33}NO_{11}$, F. 94—96°; aus A. Prismen; $[\alpha]_D^{28}$ $-20,7°$ ($c = 2,84$; Chlf.); 73%. — *Tetra-O-benzoyl-L-rhamnononitril* (**I**), F. 112° (Methanol), durch 1std. Erhitzen von **II** mit $POCl_3$ auf 80°; $[\alpha]_D^{25}$ $+4,4°$; 67%. — *Penta-O-benzoyl-D-gluconontril*, F. 113—115° (abs. A.), analog; $[\alpha]_D^{27}$ $+15,6°$; 60%. — *Penta-O-benzoyl-D-mannononitril*, F. 125—126° (Methanol); $[\alpha]_D^{27}$ $+10,4°$ (Chlf.); 65%. — *Penta-O-benzoyl-D-galaktononitril*, F. 141—142° (A.); $[\alpha]_D^{28}$ $+9,0°$; 67%.

H. KNIESZ. 3400□

Flavonoide. 5. Mitt. **Umwandlungen des Glucosyloxychalkons und -flavanons.** Rezsö Bognár, István Farkas und Miklós Rákosi. (Magyar Kémiai Folyóirat [Ung. Z. Chem.] **67.** 253—57. Juni 1961. Debrecen, L. Kossuth Univ., Inst. für organ. Chem.) (Ung.) — 4. vgl. C. **1959.** 12849.

Das aus 4-Tetraacetylglucosylresacetophenon u. Benzaldehyd (**I**) in stark alkal. Lsg. dargestellte *2'-Hydroxy-4'-glucosyloxychalkon* (**II**) kann mit Hilfe von Na-Acetat in *7-Glucosyloxyflavanon* (**III**) übergeführt werden. Ringschluß von **II** in Ggw. von HCl oder Hydrolyse von **III** mit HCl führen zu *7-Hydroxyflavanon*. Bei der katalyt. Hydrierung von **II** bildet sich ein Glucosid vom Phlorrhizintyp, *2-Hydroxy-4-glucosyloxyphenyl-β-phenyläthylketon* (**V**). Während die Bromierung von 7-Tetraacetylglucosyloxyflavanon (**IV**) mit Br_2 nur amorphe Rk.-Prodd. ergibt, führt die Umsetzung von **IV** mit N-Bromsuccinimid (**VI**) zu einem Gemisch von *7-Tetraacetylglucosyloxyflavon* (**VII**) u. *3-Brom-7-tetraacetylglucosyloxyflavanon* (**VIII**). **VIII** gibt mit NaOH *7-Glucosyloxyflavon*. Die Identifizierung der synthetisierten Verbb. erfolgt auch durch deren UV-Spektren, die graph. wiedergegeben sind.

Versuche: *4-Tetraacetylglucosylresacetophenon*, F. 131°, durch Rk. von Resacetophenon mit Acetobromglucose a) in Chinolin u. Ag_2O, b) in wss. Aceton u. NaOH; $[\alpha]_D$ −39,4 bzw. −35,8° (Chlf.). — *2'-Hydroxy-4'-glucosyloxychalkon* (**II**), $C_{21}H_{22}O_8 \cdot \frac{1}{2} H_2O$, F. 204—205° (wss. A.), durch 24std. Schütteln von vorst. Verb. u. **I** mit 60%ig. KOH u. Ansäuern; $[\alpha]_D$ −52,2° (Aceton); 45,6% (Ausbeute). *Acetyl-Deriv.* (*2'-Acetoxy-4'-tetraacetylglucosyloxychalkon*), $C_{31}H_{32}O_{13}$, F. 133° (A.; hellgelbe Nadeln), durch 1std. Erhitzen von **II** mit Acetanhydrid u. Pyridin auf dem Wasserbad u. Gießen in Eiswasser; $[\alpha]_D$ −20,3° (Chlf.); 66%. — *7-Glucosyloxyflavanon* (**III**), $C_{21}H_{22}O_8 \cdot \frac{1}{2} H_2O$, F. 186 bis 187° (wss. A.), durch 6std. Erhitzen von **II** u. Na-Acetat auf dem Wasserbad; $[\alpha]_D$ −70,7° (Pyridin), −97,4° (wss. Aceton); 88%. *Acetyl-Deriv.* (*7-Tetraacetylglucosyloxyflavanon*, **IV**), $C_{29}H_{30}O_{12}$, F. 153° (A.); $[\alpha]_D$ −26,1° (Chlf.); 88%. — *7-Hydroxyflavanon*, $C_{15}H_{12}O_3$, F. 190° (wss. A.), a) aus **II** durch 4std. Kochen mit 2%ig. HCl; 49,6%; b) analog a) aus **III** mit 2,5%ig. HCl; 69,9%. — *2-Hydroxy-4-glucosyloxyphenyl-β-phenyläthylketon* (**V**), $C_{21}H_{24}O_8 \cdot H_2O$, F. 114° (W.), durch 1std. Hydrierung von **II** an Pd-Kohle in A.; $[\alpha]_D$ −42,7° (abs. Pyridin); 69,9%. *Acetyl-Deriv.* (*2-Acetoxy-4-tetraacetylglucosyloxyphenyl-β-phenyläthylketon*), aus **V**, Acetanhydrid u. Pyridin bei Raum-Temp., Abdestillieren des Acetanhydrids im Vakuum u. Behandeln des Rückstandes mit Eiswasser; amorph. — *2.4-Dihydroxyphenyl-β-phenyläthylketon*, F. 82—83° (wss. A.), aus **V** durch 4std. Erhitzen mit HCl auf dem Wasserbad; 95,5%. — *7-Tetraacetylglucosyloxyflavon* (**VII**), $C_{29}H_{28}O_{12}$, F. 180—181° (A.), durch Erwärmen von **IV**, **VI** u. Dibenzoylperoxid in CCl_4 auf dem Wasserbad; $[\alpha]_D$ −31,4° (Aceton) bzw. −20,1° (Pyridin); 31,2%; daneben *3-Brom-7-tetraacetylglucosyloxyflavanon* (**VIII**), $C_{29}H_{29}BrO_{12}$, aus der Mutterlauge von **VII** durch Zugabe von W.; 20,2%. — *7-Glucosyloxyflavon*, $C_{21}H_{20}O_8 \cdot H_2O$, F. 254° ($CH_3OH$), aus **VIII** durch Behandeln mit NaOH in Methanol innerhalb von ½ Std., Acetylierung zu **VII** (30%) u. Abspaltung der Acetylgruppe mit $NaOCH_3$ in Methanol; $[\alpha]_D$ −62,7° (abs. Pyridin); 77%. P. TOLNAY. 3450

Struktur von Julocrotin. T. Nakano, Carl Djerassi, Renée A. Corral und Orfeo O. Orazi. (Tetrahedron Letters [London] **1959**. Nr. 14. 8—12. Okt. Detroit, Mich., Wayne State Univ., Dep. of Chem.; La Plata, Univ. Nac. de La Plata, Fac. de Quím. y Farm.) (Engl.)

Für *Julocrotin* (**I**), das Alkaloid aus *Julocroton montevidensis* (fam. Euphorbiaceae) wird die Konstit. *1-[β-Phenyläthyl]-3-[α-methylbutyrylamino]-2.6-diketopiperidin* [$C_{18}H_{24}N_2O_3$, F. 108—109°; $[\alpha]_D$ −9° (Chlf.); $[\alpha]_D$ −50° (Methanol)] bewiesen. **I** nimmt bei der Hydrierung mit PtO_2 in Essigsäure 3 H_2 unter Bldg. von *Hexahydrojulocrotin* [$C_{18}H_{30}N_2O_3$, F. 93—94°] auf, das keine benzoide UV-Absorption mehr zeigt. Red. mit $LiAlH_4$ liefert *1-[β-Phenyläthyl]-3-[2'-methylbutyl-(1')-amino]-piperidin* [$C_{18}H_{30}N_2$; Öl; $[\alpha]_D$ −12,6° (Chlf.); liefert ein *Dipikrat vom F. 186—187°* u. ein *Dimethojodid* (**II**) *vom F. 226—227°*]. Durch HOFMANNschen Abbau von **II** wird ein opt.-akt. *Diamin* u. ein neutrales *Öl* erhalten, das bei der $KMnO_4$-Oxydation *Benzoesäure* liefert. Durch alkal. Hydrolyse von **I** werden *β-Phenyläthylamin* (**IV**), *Julocrotinsäure A* [**III**, $C_{18}H_{26}N_2O_4$, F. 119—122°; $[\alpha]_D$ +14° (Methanol). *Methylester*, $C_{19}H_{28}N_2O_4$, F. 148—149°] u. die isomere *Julocrotinsäure B* [$C_{18}H_{26}N_2O_4$, F. 133,5—135°] erhalten; saure Hydrolyse von **I** liefert **V**, *L(+)-Glutaminsäure* u. (+)-*α-Methylbuttersäure* [*p-Bromanilid*, F. 135—136°; $[\alpha]_D$ +31,3° (Aceton). *Anilid*, F. 96—97°; $[\alpha]_D$ +40,2° (Aceton)]. Für **III** wird die Konst. *α-[α'-Methylbutyrylamino]-γ-carboxybuttersäure-N-[β'-phenyläthyl]-amid* durch Synth. bewiesen. **III** wird durch Rk. von N-Carbobenzoxy-L-glutaminsäure-γ-methylester mit PCl_5, anschließende Rk. mit **IV** zum *N-[β-Phenyläthyl]-amid* [$C_{22}H_{26}N_2O_5$, F. 124—125°; $[\alpha]_D$ −8,6° (Chlf.)], dessen Hydrogenolyse mit Pd-Schwarz in wss. Methanol–Essigsäure, Umsetzen des erhaltenen *2-Ketopyrrolidin-5-carbonsäure-[β-phenyläthylamids]* [$C_{13}H_{16}N_2O_2$, F. 140—142°; $[\alpha]_D$ −47° (Chlf.)] mit (+)-α-Methylbutyrylchlorid zu *N-[α-Methylbutyryl]-2-ketopyrrolidin-5-carbonsäure-[β-phenyläthylamid]* [$C_{18}H_{24}N_2O_3$, F. 102—104°; $[\alpha]_D$ −24° (Methanol)] u. anschließende Hydrolyse mit 5%ig. methanol. KOH dargestellt. L. LAMZA. 3500

Eine Synthese von Laudanin und (±)-Pseudokodamin: Trennung in die optischen Isomeren. Benjamin Frydman, Renate Bendisch und Venancio Deulofeu. (Tetrahedron [London] **4**. 342—50. Nov. 1958. Martinez (Buenos Aires), E. R. Squibb and Sons, Argentina S. A., Labor. de Investigación.) (Engl.)

Das *β*-[3.4-Dimethoxyphenyl]-äthylamid (**I**) der 3-Benzoyloxy-4-methoxyphenylessigsäure (O-Benzoylisohomovanillinsäure) wird durch PCl_5 in Chlf. in der Kälte glatt zu *1-[3-Benzoyloxy-4-methoxybenzyl]-6.7-dimethoxy-3.4-dihydroisochinolin* (II) cyclisiert, dessen Jodmethylat katalyt. zum *Hydrojodid* des *O-Benzoyllaudanins* (III;*1-[3-Benzoyloxy-4-methoxybenzyl]-2-methyl-6.7-dimethoxy-1.2.3.4-tetrahydroisochinolin*) hydriert wird. III ließ sich über die Salz-Bldg. mit D- bzw. L-Weinsäure in die opt. Antipoden (+)-[(+)-III] u. (—)-*O-Benzoyllaudanidin*[(—)-III] trennen, aus denen man durch Verseifen mit konz. HCl (+)- [(+)-IV] bzw. (—)-*Laudanidin* [(—)-IV] gewinnt. Ein analoger Rk.-Cyclus führt von Homovanillinsäure-β-[3.4-dimethoxyphenyl]-äthylamid über *O-Benzoylpseudokodamin* (V) zu (+)- [(+)-VI] u. (—)-*Pseudokodamin* [(—)-VI]. IV u. VI werden durch CH_2N_2 zu *Laudanosin* methyliert.

Versuche: *3-Benzoyloxy-4-methoxyphenylessigsäure*, $C_{16}H_{14}O_5$, F. 128°, durch Schütteln von Isohomovanillinsäure mit Benzoylchlorid in 6%ig. NaOH; aus A. Prismen; 96% (Ausbeute). *Chlorid*, $C_{16}H_{13}ClO_4$, F. 86°, durch 1std. Kochen von 10 g der Säure mit $SOCl_2$; aus Bzn. Prismen; 11 g. *β-[3.4-Dimethoxyphenyl]-äthylamid* (I), *Hydrat*, $C_{26}H_{27}NO_6 \cdot H_2O$, F. 106°, aus dem Chlorid u. β-[3.4-Dimethoxyphenyl]-äthylamin in Chlf. bei 5°; aus abs. A. Nadeln; 96%. — *1-[3-Benzoyloxy-4-methoxybenzyl]-6.7-dimethoxy-3.4-dihydroisochinolin* (II), *Hydrochlorid*, $C_{26}H_{25}NO_5 \cdot HCl$, F. 233° (A.), durch langsames Zugeben von PCl_5 zu I in Chlf. bei 2—3°, 3std. Stehen unter Kühlung, dann 4 Tage bei Raum-Temp., Versetzen mit Eis, Eindampfen u. Behandeln mit wss.-alkohol. HCl; 80%. *Jodmethylat, Hydrat*, $C_{27}H_{28}JNO_5 \cdot H_2O$, F. 224°, aus abs. A. orangefarbene Nadeln; 92%. — *O-Benzoyllaudanin* (III; (±)-*O-Benzoyllaudanidin*, *1-[3-Benzoyloxy-4-methoxybenzyl]-2-methyl-6.7-dimethoxy-1.2.3.4-tetrahydroisochinolin*), $C_{27}H_{29}NO_5$, F. 156—157°, durch Behandeln des Hydrojodids mit wss. $NaHCO_3$ u. Ausäthern; aus abs. A. Prismen; 95%. *Hydrojodid*, $C_{27}H_{29}NO_5 \cdot HJ$, F. 183° (A.), durch Hydrieren des II-Jodmethylats in abs. A. an PtO_2 bei 60°/2 at; 85%. — (+)-*O-Benzoyllaudanidin* [(+)-III], $C_{27}H_{29}NO_5$, F. 144—145° (Zers.), aus 400 mg des D-Tartrats mit gesätt. $NaHCO_3$-Lsg.; $[\alpha]_D^{22}$ +63,2 ± 1,4° (A.); aus A. Prismen; 240 mg. *D-Tartrat*, $C_{31}H_{35}NO_{11}$, F. 160—161°, aus 300 mg III u. D-Weinsäure in abs. A.; $[\alpha]_D^{22}$ +50,5 ± 2° (c = 0,4; Chlf.); aus abs. A. rechteckige Prismen; 95 mg. (—)-III, F. 144—145°, aus 500 mg des L-Tartrats mit gesätt. $NaHCO_3$-Lsg.; $[\alpha]_D^{22}$ —63,9 ± 1,6° (A.); 305 mg. *L-Tartrat*, F. 160—161°, aus III u. L-Weinsäure in abs. A.; $[\alpha]_D^{22}$ —50,3 ± 1,6° (c = 0,34; Chlf.). — *Laudanin* [IV; (±)-*Laudanidin*], $C_{20}H_{25}NO_4$, F. 164—165°, a) durch 3/4std. Erwärmen von 200 mg III mit konz. HCl auf 70°, Alkalisieren mit $NaHCO_3$-Lsg. u. Ausäthern; 180 mg; b) durch Zusammengeben gleicher Mengen (+)- u. (—)-IV in sd. absol. A.; aus absol. A. Nadeln. *Pikrat*, F. 176 bis 177°, aus A. rechteckige Prismen. *Oxalat*, F. 110°, aus W. Prismen. — (+)-*Laudanidin* [(+)-IV], $C_{20}H_{25}NO_4$, F. 184—185° (im Vakuum), analog IV aus 100 mg (+)-III; $[\alpha]_D^{22}$ —94,8 ± 1,4° (c = 0,4; Chlf.); aus Methanol Prismen; 67 mg. *Pikrat*, $C_{20}H_{25}NO_4 \cdot C_6H_3N_3O_7$, F. 174—175°, aus A. Prismen. (—)-IV, F. 184—185° (im Vakuum; Methanol), analog IV aus 100 mg (—)-III; $[\alpha]_D^{22}$ —94,7 ± 1,3° (A.); 69 mg. *Pikrat*, F. 174 bis 175°. — (±)-*Laudanosin*, F. 113—114°, aus III u. äther. CH_2N_2. — (+)-*Laudanosin*, F. 89°, aus (+)-IV u. äther. CH_2N_2; $[\alpha]_D^{22}$+52,2±1,3° (Chlf.); aus PAe. Prismen. — *O-Benzoylhomovanillinsäure*, F. 169° (abs. A.); 88%. *Chlorid*, F. 64°, aus Bzl.-Bzn. Prismen; 77%. *β-[3.4-Dimethoxyphenyl]-äthylamid*, *Hydrat*, $C_{26}H_{27}NO_6 \cdot H_2O$, F. 98°, aus abs. A. Nadeln; 95%. — *1-[4-Benzoyloxy-3-methoxybenzyl]-6.7-dimethoxy-3.4-dihydroisochinolin*, *Hydrochlorid*, $C_{26}H_{25}NO_5 \cdot HCl$, F. 149°, analog II-Hydrochlorid aus vorst. Amid; aus abs. A. Nadeln; 79%. *Jodmethylat*, $C_{27}H_{28}JNO_5$, F. 205—206°, aus abs. A. Prismen; 80%. — *O-Benzoylpseudokodamin* (V; *1-[4-Benzoyloxy-3-methoxybenzyl]-2-methyl-6.7-dimethoxy-1.2.3.4-tetrahydroisochinolin*), $C_{27}H_{29}NO_5$, F. 134—135°, aus abs. A. Prismen. *Hydrojodid*, $C_{27}H_{29}NO_5 \cdot HJ$, F. 165—166° (A.), analog dem III-Hydrojodid durch Hydrieren vorst. Jodmethylats in abs. A. an PtO_2 bei 2 at; 92%. — (+)-*O-Benzoylpseudokodamin* [(+)-V], F. 134°, aus dem D-Tartrat mit gesätt. $NaHCO_3$-Lsg.; $[\alpha]_D^{22}$ +35,3 ± 1,4° (c = 0,4; Chlf.); aus Methanol Plättchen; 88%. *D-Tartrat*, $C_{31}H_{35}NO_{11}$, F. 186—187°, aus V u. D-Weinsäure in abs. A.; $[\alpha]_D^{22}$ —40,7 ± 2° (c = 0,38; Chlf.); aus abs. A. rechteckige Plättchen. (—)-V, F. 133—134°, aus dem L-Tartrat; $[\alpha]_D^{22}$ —34,8 ±2° (c = 0,6; Chlf.). *L-Tartrat*, F. 186—187°, $[\alpha]_D^{22}$ —41,1° (c = 0,38; Chlf.); aus abs. A. rechteckige Plättchen. — (±)-*Pseudokodamin* (VI), $C_{20}H_{25}NO_4$, F. 131—132°, durch 3/4std. Erwärmen von V mit konz. HCl auf 70°; aus Cyclohexan Nadeln. *Pikrat*, $C_{20}H_{25}NO_4 \cdot C_6H_3N_3O_7$, F. 156—157°, aus A. Plättchen. *Hydrojodid*, $C_{20}H_{25}NO_4 \cdot HJ$, F. 213 bis 214°, aus A. Nadeln. — (+)-*Pseudokodamin* [(+)-VI], $C_{20}H_{25}NO_4$, F. 131—132°, analog VI aus (+)-V; $[\alpha]_D^{22}$ +24,7 ± 2° (c = 0,46; Chlf.); aus Cyclohexan Prismen. *Pikrat*, F. 194—195°, aus A. Plättchen. (—)-VI, F. 131—132° (Cyclohexan), aus (—)-V; $[\alpha]_D^{22}$ —24,4 ± 2° (A.). *Pikrat*, F. 194—195°, aus A. Plättchen. H.-E. Toussaint. 3500□

Synthese von Ipecacuanhaalkaloiden. R. P. Evstigneeva und N. A. Preobrazhensky. (Tetrahedron [London] 4. 223—40. Nov. 1958. Moscow, Lomonossov-Inst. of Fine Chem. Technol.) (Engl.)

Zusammenfassende Übersicht über die (erstmalig zumeist in russ. Zeitschriften veröff.) Ergebnisse der langjährigen Arbeiten der Vff. auf dem Gebiet der Chemie der isomeren u. stereoisomeren *Emetine*, des *Psychotrins*, *Emetamins*, *Cephaelins*, ihrer Abkömmlinge u. Analoga. Für zahlreiche der in den Synth.-Schemata aufgeführten Verbb. werden der F. bzw. Kp. mitgeteilt. — 34 Literaturangaben. H.-E. TOUSSAINT. 3500□

Alkaloide der Papilionaceen. 30. Mitt. Alkaloide von „Adenocarpus grandiflorus" Boiss. M. R. Méndez und I. Ribas. (An. Real Soc. españ. Física Quím., Ser. B **54.** 157—60. Febr. 1958. Santiago, Univ., Fac. de Cienc., Inst. „Alonso Barba", Secc. de Quím. Organ.) (Span.) — 29. vgl. C. **1959.** 10247; 31. vgl. C. **1961.** 1214.

Aus den Blättern von blühenden u. fruchtenden *Adenocarpus grandiflorus* werden durch Extraktion mit Ae. u. fraktionierte Kristallisation der *Pikrate*, *Hydrojodide* u. *Hydrochloride* 3,1 bzw. 3,78% *Orensin*, 2,6 bzw. 0,89% (—)-*Orensin*, 0,1 bzw. 0,19% *Santiaguin*, 0,36 bzw. 0,41% *Isoorensin*, durch Extraktion mit Chlf. außerdem *Decorticasin* isoliert. Das *Santiaguin* aus der fruchtenden Pflanze erweist sich als ein Gemisch von 25% (±)-*Santiaguin* u. 75% (—)-*Santiaguin*, das damit erstmalig in der Natur aufgefunden worden ist.

Versuche: *Orensin*, $[\alpha]_D$ ±0° (c = 2; A.). *Hydrojodid*, $C_{19}H_{24}N_2O \cdot HJ$, F. 201 bis 202° ($CH_3OH$) [*Monohydrat*, F. 133—134° (CH_3OH)]. *Hydrochlorid*, F. 83—84°. *Pikrat*, $C_{19}H_{24}N_2O \cdot C_6H_3N_3O_7$, F. 208° (Zers.). — (—)-*Orensin*, $[\alpha]_D^{21}$ —29,3° (c = 2; A.). *Hydrojodid*, $C_{19}H_{24}N_2O \cdot HJ$, F. 196—197°. *Hydrochlorid*, F. 64—65°. *Pikrat*, $C_{19}H_{24}N_2O \cdot C_6H_3N_3O_7$, F. 206° (Zers.). — *Isoorensin*, $[\alpha]_D$ ±0° (c = 2,3; A.). *Pikrat*, $C_{19}H_{24}N_2O \cdot C_6H_3N_3O_7$, F. 203—205°. *Hydrochlorid*, F. 205°. *Hydrobromid*, $C_{19}H_{24}N_2O \cdot HBr$, F. 208 bis 209°. — *Santiaguin*, F. 235°. *Hydrochlorid*, F. 241—243°. *Perchlorat*, F. 243—244°. *Hydrojodid*, F. 241—242°. *Santiaguin* (aus der fruchtenden Pflanze), F. 240—245°, $[\alpha]_D^{20}$ —18,42° (c = 9,6; 85%ig. HCOOH). *Perchlorat*, $[\alpha]_D^{18}$ —16,66° (c = 3,96; 85%ig. HCOOH). — *Decorticasin·Pikrat*, $C_{10}H_{16}N_2O_2 \cdot C_6H_3N_3O_7$, F. 222° (Aceton). *Hydrojodid*, F. 202—203°. *Nitrat*, F. 176—178°. W. CLAUSS. 3500□

Erweiterung der Bischler-Napieralski-Reaktion. 1. Mitt. Synthese von Isochinolinderivaten: Eine Synthese von rac.-Apomorphindimethyläther. Shigehiko Sugasawa und Ryuji Tachikawa. (Tetrahedron [London] **4.** 205—12. Nov. 1958. Tokyo, Univ., Pharmaceut. Inst.) (Engl.)

Das Acetyl-Deriv. des durch Red. von β-Phenyläthylamin mit Li in NH_3 zugänglichen *1-[β-Aminoäthyl]-cyclohexadiens-(1.4)* (**I**) wird durch Erhitzen mit $POCl_3$ glatt zu *1-Methyl-3.4-dihydroisochinolin* (**II**) cyclisiert, das man mit Pd/Kohle zu *1-Methylisochinolin* dehydriert. Durch Acetylieren von **I** mit 2-Nitro-3.4-dimethoxyphenylacetylchlorid (**III**) erhält man das *Amid* (**IV**), aus dem man durch Cyclisieren mit $POCl_3$ u. Dehydrieren des zunächst gebildeten *3.4.5.8-Tetrahydroisochinolin-Deriv.* an Pd/Kohle *1-[2-Nitro-3.4-dimethoxybenzyl]-3.4-dihydroisochinolin* (**V**) gewinnt; die Umwandlung von **V** in den *rac. Apomorphindimethyläther* ist bekannt. Die I-Acyl-Derivv. lassen sich erheblich leichter der BISCHLER-NAPIERALSKI-Rk. unterziehen als die entsprechenden aromat. Verbindungen.

Versuche: *1-[β-Aminoäthyl]-cyclohexadien-(1.4)* (**I**), $Kp._{4,5}$ 61—62°, durch anteilweises Zugeben von Li zu β-Phenyläthylamin in fl. NH_3/A. unter Kühlung im Trockeneis-A.-Bad, weiteres 30—40 Min langes Rühren, Abdest. des NH_3, Zusetzen von W. u. Ausäthern; 88,5% (Ausbeute). *Acetyl-Deriv.*, $C_{10}H_{15}NO$, F. 46—47,5°, aus n-Hexan Nadeln; 94,8%. *Phenylacetyl-Deriv.*, $C_{16}H_{19}NO$, F. 94—95°, aus Bzl.-Bzn. Plättchen; 95,2%. *2-Nitro-3.4-dimethoxyphenylacetyl-Deriv.* (**IV**), $C_{18}H_{22}N_2O_5$, F. 90—91,5°, aus **I** u. **III** in Bzl./5%ig. $NaHCO_3$-Lsg. bei 5°; aus Bzl.-Bzn. Nadeln; 92,9%. — *1-Methyl-3.4-dihydroisochinolin* (**II**), $Kp._{4,5}$ 95—96°, durch Erhitzen des I-Acetyl-Deriv. mit $POCl_3$ in Bzl. bis zum Aufhören der HCl-Entw., Zugeben von Bzn., Lösen in verd. HCl, Alkalisieren mit Soda-Lsg. u. Ausziehen mit Bzl.; 85,7%. *Pikrat*, F. 190—191°, aus Aceton gelbe Prismen. — *1-Methylisochinolin*, ölig, durch 2std. Kochen von **II** mit 30%ig. Pd/Kohle in p-Cymol, mehrfaches Ausziehen mit verd. HCl, Alkalisieren mit NaOH u. Ausziehen mit Bzl.; 86,3%. *Pikrat*, F. 210—212°, aus Aceton gelbe Nadeln. *Hydrochlorid*, F. 185—187°, aus Aceton-A. Nadeln. — *1-Benzyl-3.4-dihydroisochinolin*, $Kp._{0,1}$ 145—148°, analog **II**; 79%. *Pikrat*, F. 173—175°, aus Aceton gelbe Plättchen. — *1-Benzylisochinolin*, $Kp._{0,1}$ 164—166°, F. 51°, durch 2std. Kochen vorst. Verb. mit 30%ig. Pd/Kohle in p-Cymol unter N_2; aus n-Hexan Prismen; 70,6%. *Pikrat*, F. 181—183°, aus A. gelbe Prismen. *Hydrochlorid*, F. 170—172°, aus Aceton-A. Nadeln. — *1-[2-Nitro-3.4-dimethoxybenzyl]-3.4.5.8-tetrahydroisochinolin* (?), $C_{18}H_{20}N_2O_4$, F. 112—113°, analog **II** aus **IV**; aus Bzn. gelbe Prismen; 66,9%. — *1-[2-Nitro-3.4-dimethoxybenzyl]-3.4-dihydroisochinolin* (**V**), $C_{18}H_{18}N_2O_4$, F. 127—128°, durch 3std. Kochen vorst. Verb. mit 30%ig. Pd-Kohle in

Xylol unter N_2, Einengen u. Chromatographieren an Al_2O_3; aus Aceton blaßgelbe Prismen; 88%. *Jodmethylat*, F. 201—203° (Zers.), aus Methanol gelbe Nadeln. — *rac.-Apomorphindimethyläther*, Kp.$_{0,01}$ 186—190°, aus **V**; 49,6%. — *5.6-Dimethoxy-1-[β-(N-benzoylmethylamino)-äthyl]-phenanthren*, $C_{26}H_{25}NO_3$, F. 164—165°, nach SPÄTH [1929] durch 1std. Kochen vorst. Verb. mit Benzoylchlorid; aus n-Hexan blaßgelbe Nadeln.

H.-E. TOUSSAINT. 3500□

Ibogain und Voacangin. François Percheron, Alain Le Hir, Robert Goutarel und Maurice-Marie Janot. (C. R. hebd. Séances Acad. Sci. **245**. 1141—43. 30/9. 1957. Paris, Fac. de Pharm.) (Franz.)

Ibogain (**I**) kann ausgehend vom *Voacangin* (*10-Methoxycarbonylibogain*, **II**) durch Verseifung u. Decarboxylierung der intermediären *Voacanginsäure* (**III**) erhalten werden. **I** entsteht auch unter Eliminierung von Formaldehyd aus *Voacangol* (*10-Hydroxymethylibogain* (**IV**). Red. des *Tosylates* von **IV** führt zu *10-Methylibogain*. Ein Mechanismus für die Umwandlung von **III** bzw. **IV** in **I** wird diskutiert. **I** wird biogenet. möglicherweise aus Tryptophan, Hydroxyphenylalanin u. Glykokoll gebildet.

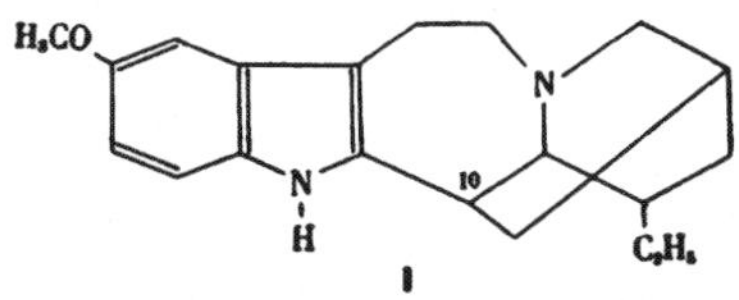

I

Versuche: *Voacangol* (**IV**), $C_{21}H_{28}N_2O_2$, F. 203°, durch Red. von **II** mit $LiAlH_4$; $[\alpha]_D$ +38° ($CHCl_3$); liefert beim Erhitzen auf 210° **I**; daneben Formaldehyd. — *10-Methylibogain*, $C_{21}H_{28}N_2O$, F. 189—190°, durch Red. von **IV**-*p-Toluolsulfonat*.

H. GIEHRING. 3500□

Chemische Untersuchungen von Tylophora asthmatica. 2. Mitt. T. R. Govindachari, M. V. Lakshmikantham, K. Nagarajan und B. R. Pai. (Tetrahedron [London] **4**. 311—24. Nov. 1958. Madras, Presidency Coll., Chem. Dep.) (Engl.) — 1. vgl. C. **1955**. 1519.

Tylophorin (**I**), *Tylophorinmethin* (**II**) u. weitere **I**-Derivv. besitzen ein dem Phenanthren sehr ähnliches UV-Spektrum. **II** gibt ein *quart. Jodid*, das sich als ident. mit *Isotylophorinjodmethylat* erwies; diese Umwandlung deutet auf das Vorliegen eines 8- bis 10gliedrigen Ringes in **II**. Mit BrCN liefert **I** ein *Tylophorinbromcyanamid* (**III**), das sich jedoch nicht zu definierten Prodd. red. ließ; $NaBH_4$ führt es allein in das *Hydroxycyanamid* über, das durch Säure wieder zu **I** hydrolysiert wird. **I**-Jodmethylat geht beim Erhitzen mit KOH in das opt.-inakt. *Isotylophorinjodmethylat* über. Das entsprechende Isochlormethylat wandelt man durch EMDE-Abbau in ein *Isodihydrohomotylophorin* (**IV**) um, das sich an Pd/Kohle zu einem *Destetrahydroisodihydrohomotylophorin* dehydrieren läßt. Letzteres zeigt ein typ. Phenanthrenspektrum u. gibt positiven EHRLICH-Test auf einen Pyrrolring; die katalyt. Hydrierung führt wieder zu **IV**. Aus **IV** werden durch HOFMANN-Abbau u. nachfolgende Oxydation mit $KMnO_4$ zwei Carbonsäuren gebildet, die als *2.3.6.7-Tetramethoxyphenanthren-9.10-dicarbonsäure* (**V**) u. *2.3.6.7-Tetramethoxy-9-methylphenanthren-10-carbonsäure* (**VI**) identifiziert werden konnten. **V** weist die für Phenanthren-9.10-dicarbonsäuren typ. Eig. auf, beim Vers. der Umkristallisation ins *Anhydrid* überzugehen. Bei der $KMnO_4$-Oxydation von **I**-Hydroxymethylat fallen **V** u. **V**-*Imid* an; **I**-Jodmethylat wird unter drast. Bedingungen zu *m-Hemipinsäure* oxydiert. **VI** läßt sich leicht zu *2.3.6.7-Tetramethoxy-9-methylphenanthren* (**VII**) decarboxylieren. Die Verb. wurde zum Vgl. durch PSCHORR-Synth. von *2.3.6.7-Tetramethoxyphenanthren-9-carbonsäure* (**VIII**), Überführen ihres N'-Benzolsulfonylhydrazids in *2.3.6.7-Tetramethoxyphenanthren-9-aldehyd* (**IX**) u. dessen Red. nach KISHNER-WOLFF dargestellt. Zur eindeutigen Identifizierung der Abbau-Prodd. von **I** führte man analoge Synthesen von *3.4.5.6-* u. *3.4.6.7-Tetramethoxy-9-methylphenanthren* durch. **I** stellt nach dem Gesamtergebnis der Unters. vermutlich *2'.3'.6'.7'-Tetramethoxyphenanthro-[9'.10':6.7]-indolizidin* dar. Als Modell-Verb. hierfür wurde *Phenanthro-[9'.10':6.7]-indolizidin* synthetisiert, wozu man Phenanthren-9-aldehyd mit Benzoesäuse-δ-nitrobutylester kondensierte, das Prod. mit $LiAlH_4$ zu einem Gemisch aus *4-Amino-5-[phenanthryl-(9)]-pentanol-(1)* (**X**) u. dem entsprechenden *Tetrahydro-1.2-oxazin* red. u. schließlich das N-Formyl-Deriv. von **X** zum quart. Salz cyclisierte sowie dieses der katalyt. Hydrierung unterwarf.

Versuche: *Tylophorin* (**I**), F. 283—285° (Zers.; Chlf.-A.). *Isotylophorinjodmethylat*, $C_{25}H_{30}JNO_4$, F. 268—270° (Zers.), a) durch 4std. Kochen von 3,5 g **I**-Jodmethylat mit wss.-methanol. KOH; 3,2 g (Ausbeute); b) durch Zers. von **I**-Hydroxymethylat nach l. c., Ausziehen mit Bzl. [→ *Tylophorinmethin* (**II**), F. 185—188°] u. Behandeln des wasserlösl. *Isotylophorinhydroxymethylats* mit NaJ. *Isotylophorinchlormethylat, Trihydrat*, $C_{25}H_{30}ClNO_4 \cdot 3\,H_2O$, F. 208—210°, durch Hydrieren von **II** in A.-Essigsäure an ADAMS-Katalysator bei 3,5 at, Alkalisieren mit Soda, Sättigen mit KCl u. Ausziehen mit Chloroform. —

Des-N-methyltylophorinmethin, F. 177°, durch HOFMANN-Abbau von **II** [daneben *Verb.* $C_{24}H_{26}O_5$, F. 158—165° (Methanol). *Benzoat*, $C_{31}H_{30}O_6$, F. 188—190°]; gibt durch Überführen ins *Jod-* u. weiter ins *Hydroxymethylat* u. dessen Zers. im Vakuum *Verb.* $C_{24}H_{24}O_4$ (F. 181—188°, aus Methanol Nadeln) neben einer gelben *Substanz vom F. 88—115°* u. einer *Verb. vom F. 230°* (Zers.). — *Tylophorinbromcyanamid* (**III**), $C_{25}H_{27}BrN_2O_4$, F. 163° (Bzl.), durch Zugeben von BrCN zu 1 g **I** in Chlf. u. Stehen über Nacht; 1,05 g; gibt durch Erhitzen mit Zn-Staub wieder **I**. — *Tylophorinhydroxycyanamid*, $C_{25}H_{28}N_2O_5$, F. 195—198° (Methanol), durch 24std. Stehen von **III** mit $NaBH_4$ in Methanol; gibt durch Hydrolyse mit 4n H_2SO_4 wieder **I**. — *Tylophorindiäthylaminocyanamid*, $C_{29}H_{37}N_3O_4$, F. 157°, durch 3std. Kochen von **III** mit Diäthylamin; aus Methanol Platten; wird durch 4std. Kochen mit 20%ig. H_2SO_4 zur *Verb.* $C_{29}H_{39}N_3O_5$ [F. 199—200° (Zers.; Methanol)] hydrolysiert. — *Isodihydrohomotylophorin* (**IV**), $C_{25}H_{31}NO_4$, F. 200—202° (Bzl.-PAe.), a) durch 4std. Kochen von 3,2 g Isotylophorinjodmethylat mit AgCl in wss. A. u. mehrstd. Erhitzen der erhaltenen wss. Lsg. des Isotylophorinchlormethylats mit Na-Amalgam; 1,4 g; b) durch Hydrieren der nachst. Verb. in Essigsäure an ADAMS-Katalysator bei 3,5 at. *Jodmethylat*, $C_{26}H_{34}JNO_4$, F. 278—279°, aus Methanol-Ae. Würfel. — *Destetrahydroisodihydrohomotylophorin*, $C_{25}H_{27}NO_4$, F. 235°, durch 4std. Erhitzen von 0,32 g **IV** an Pd/Kohle in p-Cymol auf 220—240°; aus Bzl. Würfel; 0,25 g. — *Isodihydrohomotylophorinmethin*, $C_{26}H_{33}NO_4$, F. 142° (Ae.), durch 4std. Schütteln von 1,2 g **IV**-Jodmethylat mit Ag_2O in W., Eindampfen u. 1std. Erhitzen auf 100°/0,5 mm; 0,25 g. — *2.3.6.7-Tetramethoxy-9-methylphenanthren-10-carbonsäure* (**VI**), F. 225—227°, durch 8std. Kochen des Methylesters mit alkohol. KOH u. Ansäuern. *Methylester*, $C_{21}H_{22}O_6$, F. 185—186°, durch 72std. Behandeln von 0,2 g vorst. Methins in Aceton mit $KMnO_4$, Einengen, Ansäuern u. Umsetzen mit äther. CH_2N_2; aus Methanol blaßgelbe Nadeln; 8 mg; daneben 8 mg **V**-*Dimethylester*. — *Verb.* $C_{20}H_{20}O_7$, F. 249°, durch Oxydation von **I** mit wss. $KMnO_4$ unter leichtem Erwärmen; aus Chlf.-A. Nadeln; daneben *Verb. vom F. 253—255°*, aus Chlf.-A. tiefbraune Nadeln. — *Verb.* $C_{25}H_{27}NO_5$, F. 241—244° (Zers.; Bzl.-APe.), durch Oxydation von 0,5 g **II** mit $KMnO_4$ in Pyridin; 0,35 g. — *N-Äthyl-m-hemipinsäureimid*, $C_{12}H_{13}$·NO_4, F. 225—227°, aus A. blaßgelbe Nadeln, a) durch Oxydation von 0,5 g **I**-Jodmethylat mit wss. $KMnO_4$ bei anfangs 30°, dann 100°, Eindampfen, Ansäuern mit verd. H_2SO_4, kontinuierliches Extrahieren mit Ae., Eindampfen, Sublimieren bei 180—200° im Hochvakuum, Aufnehmen in A.-Äthylamin, Eindampfen, erneutes Aufnehmen in A.-Äthylamin, Eindampfen, 5 Min. langes Erhitzen auf 180° u. Vakuumsublimation; 30 mg; b) durch $KMnO_4$-Oxydation von 6.7-Dimethoxy-3.4-dihydroisochinolin, Behandeln des erhaltenen sauren Prod. mit Äthylamin u. Vakuumsublimation. — *2.3.6.7-Tetramethoxyphenanthren-9.10-dicarbonsäure* (**V**), durch Oxydation von **II** mit alkal. H_2O_2 in Tetrahydrofuran bei 100°. *Anhydrid*, $C_{20}H_{16}O_7$, F. 315—325°, beim Vers. der Umkristallisation der Säure aus Essigsäure oder Essigsäureanhydrid. *Dimethylester*, $C_{22}H_{22}O_8$, F. 246—247°, aus Methanol blaßgelbe rechteckige Plättchen. *Imid*, $C_{20}H_{17}NO_6$, F. 355° (Zers.; Pyridin), durch Oxydation von 1 g **I**-Isohydroxymethylat mit $KMnO_4$ in wss. Pyridin bei anfangs 30°, dann unter Erhitzen; 12 mg neben wenig **V**. — *α-[3.4-Dimethoxyphenyl]-3.4-dimethoxy-6-nitrozimtsäure*, $C_{19}H_{19}NO_8$, F. 185° (Methanol), durch 16std. Erhitzen von 21 g 6-Nitroveratrumaldehyd u. 21 g Homoveratrumsäure mit Essigsäureanhydrid u. Triäthylamin unter Feuchtigkeitsausschluß auf 100°, Verdünnen mit W., kurzes Stehen, Gießen in wss. K_2CO_3-Lsg., Erhitzen bis zur vollständigen Lsg. u. Ansäuern mit HCl; 28 g. — *2.3.6.7-Tetramethoxyphenanthren-9-carbonsäure* (**VIII**), $C_{19}H_{18}O_6$, F. 285°, durch 3/4std. Erhitzen von 10 g vorst. Säure mit $FeSO_4$ in konz. NH_4OH auf 90°, vorsichtiges Neutralisieren mit konz. HCl Zutropfen von Isoamylnitrit zur erhaltenen rohen Aminosäure in Dioxan in Ggw. von konz. H_2SO_4, Zutropfen der erhaltenen Diazotierungs-Lsg. zu Cu u. Na-Hypophosphit in W. bei 40°, mehrstd. Rühren bei 40°, 1std. Erhitzen auf 90°, Gießen in W. u. Ansäuern mit konz. HCl; 0,4 g (daneben *3.4.6.7-Tetramethoxyphenanthren-10-carbonsäure*, $C_{19}H_{18}O_6$, F. 210°; wird durch Kochen mit $CuSO_4$ in Chinolin zu *3.4.6.7-Tetramethoxyphenanthren* (F. 121°) decarboxyliert]. *Methylester*, $3_{20}H_{20}O_6$, F. 195° (A.), mit äther. CH_2N_2·*Hydrazid*, $C_{19}H_{20}N_2O_5$, F. 246° (Zers.; A.). *N'-Benzolsulfonylhydrazid*, $C_{25}H_{24}N_2O_7S$, F. 265° (Zers.; Aceton-Methanol). — *2.3.6.7-Tetramethoxyphenanthren*, $C_{18}H_{18}O_4$, F. 178° (Methanol), durch 1std. Kochen von 0,1 g **VIII** mit $CuSO_4$ in Chinolin, Gießen in HCl u Ausziehen mit Bzl.; 30 mg. — *2.3.6.7-Tetramethoxyphenanthren-9-aldehyd* (**IX**), $C_{19}H_{18}O_5$, F. 210° (Essigsäure), durch Zugeben von Na_2CO_3 zu 0,2 g **VIII**-N'-Benzolsulfonylhydrazid in Äthylenglykol bei 160°, Zufügen von W. nach 80 Sek. u. Ausziehen mit Chlf.; 0,15 g. — *2.3.6.7-Tetramethoxy-9-methylphenanthren* (**VII**), $C_{19}H_{20}O_4$, F. 188—189° (Methanol), a) durch 2std. Kochen von 0,1 g **IX** mit 85%ig. Hydrazinhydrat in abs. A., Zugeben von KOH-Pulver, ½std. Erhitzen auf 190°, Zugeben von W. u. Ausziehen mit Bzl.; 20 mg; b) durch 3std. Kochen von **VI** mit $CuSO_4$ in Chinolin. — *3.4.5.6-Tetramethoxyphenanthren-9-carbonsäure*, F. 236°, analog

VIII durch Diazotieren von 11 g α-[6-Brom-3.4-dimethoxyphenyl]-3.4-dimethoxy-2-aminozimtsäure mit Isoamylnitrit u. Behandeln mit Cu u. wss. Na-Hypophosphit; 2 g [daneben *8-Brom-3.4.5.6-tetramethoxyphenanthren-9-carbonsäure*, F. 187° (Methanol); 1 g]. *Methylester*, F. 70° (verd. A.). *Hydrazid, Hydrat*, $C_{19}H_{20}N_2O_5 \cdot H_2O$, F. 175° (Bzl.). *N'-Benzolsulfonylhydrazid*, F. 213° (A.). — *3.4.5.6-Tetramethoxyphenanthren-9-aldehyd*, F. 127° (A.), analog **IX** aus 0,7 g vorst. Benzolsulfonylhydrazids; 0,3 g. — *3.4.5.6-Tetramethoxy-9-methylphenanthren*, F. 87—88° (Methanol), analog **VII** aus 0,3 g des vorst. Aldehyds bei 120—125°; 80 mg. — *3.4.6.7-Tetramethoxyphenanthren-9-carbonsäure*, F. 210°, analog **VIII** aus α-[3.4-Dimethoxyphenyl]-3.4-dimethoxy-2-aminozimtsäure. *Äthylester*, $C_{21}H_{22}O_6$, F. 105°. *Hydrazid*, F. 219° (A.). *N'-Benzolsulfonylhydrazid*, F. 245° (A.-Dioxan). — *3.4.6.7-Tetramethoxyphenanthren-9-aldehyd*, F. 148° (A.), analog **IX** aus vorst. Benzolsulfonylhydrazid. — *3.4.6.7-Tetramethoxy-9-methylphenanthren*, F. 123° (Methanol), analog **VII** aus vorst. Aldehyd. — *Benzoesäure-δ-nitrobutylester*, $C_{11}H_{13}NO_4$, $Kp._{1,5}$ 156—157°, durch Zugeben von $AgNO_2$ während 5 Std. zu Benzoesäure-δ-brombutylester bei 70—80°, weiteres 4std. Erhitzen u. Ausäthern. — *5-Benzoyloxy-2-nitro-1-[phenanthryl-(9)]-penten-(1)*, $C_{26}H_{21}NO_4$, F. 118° (A.), durch 2std. Koehen vorst. Esters mit Phenanthren-9-aldehyd u. NH_4-Acetat in Essigsäure u. Gießen in Wasser. — *4-Amino-5-[phenanthryl-(9)]-pentanol-(1)* (**X**), $C_{19}H_{21}NO$, F. 120° (Bzl.), aus vorst. Verb. a) durch elektrolyt. Red. in Essigsäure/A./konz. HCl (200:50:15) an Pb-Elektroden; b) durch Red. mit $LiAlH_4$ in Tetrahydrofuran [daneben *3-[Phenanthryl-(9)-methyl]-tetrahydro-1.2-oxazin*, $C_{19}H_{19}NO$, F. 185° (Bzl.)]. *Pikrat*, $C_{25}H_{24}N_4O_8$, F. 175° (A.). *Benzoyl-Deriv.*, $C_{26}H_{25} \cdot NO_2$, F. 155° (Bzl.). *N.O-Diformyl-Deriv.*, $C_{21}H_{21}NO_3$, F. 145° (Bzl.), durch 2std. Erhitzen von 1 g **X** mit 98%ig. Ameisensäure auf 180°; 1 g. *N-Formyl-Deriv.*, $C_{20}H_{21}NO_2$, F. 150° (Bzl.), durch 1std. Kochen von 1 g des Diformyl-Deriv. mit 10%ig. NaOH; 0,6 g. — *Phenanthro-[9'.10':6.7]-indolizidin*, $C_{20}H_{19}N$, F. 170° (Methanol), durch 1std. Kochen von 0,5 g **X**–N-Formyl-Deriv. mit $POCl_3$ in Toluol, Verdünnen mit viel PAe., Auskochen des Nd. mit W., Neutralisieren, Behandeln mit KJ, Hydrieren des ausgefallenen *quart. Jodids* in Methanol über ADAMS-Katalysator bei 3,5 at, Eindampfen, Verreiben mit Alkali u. Ausziehen mit Chlf.; 50 mg. H.-E. TOUSSAINT. 3500□

Synthetische Versuche in der Gruppe hypotensiv wirksamer Alkaloide. 15. Mitt. **Synthese racemischer Homoveratrylamin-Analoga des Reserpins und Isoreserpins.** J. O. Jílek, J. Pomykáček und M. Protiva. (Collect. czechoslov. chem. Commun. **26.** 1145—59. April 1961.) (Dt.) — **14.** vgl. C. **1962. 13404.**

Vff. versuchten, einige *Reserpinanaloga*, bei deren Synth. Tryptamin durch *2-Phenyläthylamin* (**I**), *2-[p-Methoxyphenyl]-äthylamin* (**II**) u. *Homoveratrylamin* (**III**) ersetzt wurde, darzustellen. Für das den dargestellten Verbb. zugrunde liegende Skelett wird zwecks Vereinfachung der stereochem. Unterscheidung die Bezeichnung *Berban* (**IV**) vorgeschlagen u. die räumliche Anordnung am $C_{(1)}$, $C_{(12)}$ u. $C_{(17)}$ von **IV** durch das Präfix *Allo-* bzw. *Epi-* zum Ausdruck gebracht (**IV** = 1αH.12αH.17βH; 1-Epi-**IV** = 1βH.12αH.17βH; Allo-**IV** = 1αH.12αH.17αH; 1-Epiallo-**IV** = 1βH.12αH.17αH). Von den aus (±)-2-Carbomethoxy-3α-methoxy-4-acetoxy-6-formylcyclohexylessigsäuremethylester (**V**) u. **I, II** sowie **III** hergestellten SCHIFFschen *Basen* gelangt man durch Red. u. Cyclisierung des δ-Lactamringes zu den entsprechenden *N-substituierten 5-Carbomethoxy-6α-methoxy-7-hydroxy-cis-perhydroisochinolonen-(3)* (**VI, VII, VIII**) bzw. durch Acylierung zu ihren *7-Acetaten* (**IX, X, XI**) u. *7-[3.4.5-Trimethoxybenzoaten]* (**XII, XIII, XIV**). Verss., **IX, X** bzw. **XII** u. **XIII** mit $POCl_3$ zu cyclisieren u. die Rk.-Prodd. mit $NaBH_4$ bzw. Zn zu reduzieren, waren erfolglos. Durch die gleiche Rk.-Folge liefert **XIV** *(±)-7.8.14α-Trimethoxy-13-carbomethoxy-15-[3.4.5-trimethoxybenzoyloxy]-alloberban* (**XV**). Hingegen wird **XI** zwar cyclisiert, jedoch nicht red., wobei das entsprechende *1.2-Dehydroalloberban* durch Alkalien zum entsprechenden *1.11-Dehydroalloberban* (**XVI**) umgelagert wird. Die Red. von **XVI** mit $NaBH_4$ liefert die **XV** entsprechende *15-Acetoxyverbindung*. Die durch Hydrolyse von **VIII** erhaltene *5-Carbonsäure* liefert durch Einw. von Acetanhydrid das entsprechende *5 → 7-Lacton* (**XIX**), das durch Cyclisierung in die *1.2-Dehydro-Verb.* (**XVII**) u. deren Isomerisierung mit Alkalien in *(±)-7.8.14α-Trimethoxy-15-hydroxy-1.11-dehydroalloberban-13-carbonsäurelacton* (**XX**) bzw. durch Red. von **XX** in *(±)-7.8.14α-Trimethoxy-15-hydroxyalloberban-13-carbonsäurelacton* (**XXI**) übergeführt wurde. **XX** u. **XXI** liefern durch Methanolyse *(±)-7.8.14α-Trimethoxy-13-carbomethoxy-15-hydroxy-1.11-dehydroalloberban* bzw. *-alloberban* (**XXIII**). Verss., **XXIII** mit 3.4.5-Trimethoxybenzoylchlorid umzusetzen, waren erfolglos. Die $POCl_3$-Cyclisierung von **XIX** u. Red. des entsprechenden *1.2-Dehydroberbaniumchlorids* (**XVII**) mit Zn lieferte rohes *(±)-7.8.14α-Trimethoxy-15-hydroxy-1-epialloberban-13-carbonsäurelacton* (**XVIII**), aus

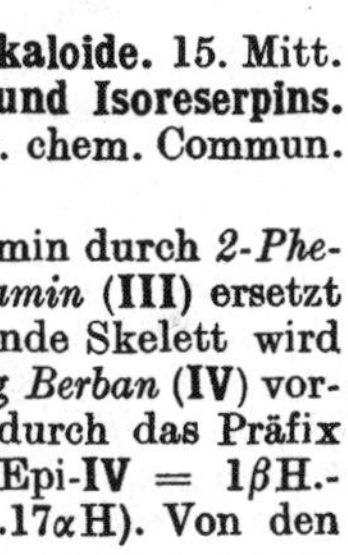

IV

dem durch Methanolyse u. anschließende Acylierung des entstandenen *15-Hydroxy-13-carbonsäuremethylesters* (**XXII**) mit 3.4.5-Trimethoxybenzoylchlorid das erwartete *(±)-7.8.14α-Trimethoxy-13-carbomethoxy-15-[3.4.5-trimethoxybenzoyloxy]-1-epialloberban* (**XXIV**) erhalten wurde. **XXII** bzw. **XXIV** wurden ebenfalls aus **XI** durch Cyclisierung, Red. mit Zn u. Methanolyse bzw. aus **XIV** durch Cyclisierung u. Red. mit Zn gewonnen. Über die Zugehörigkeit der **IV**-*Derivv.* zur Allo- bzw. 1-Epialloreihe wurde auf Grund ihrer IR-Spektren entschieden.

Versuche (FF. im KOFLER-Block): *(±)-5-Carbomethoxy-6α-methoxy-7-hydroxy-cis-perhydroisochinolone-(3)*: *(±)-N-[2-Phenyläthyl]-* (**VI**), $C_{20}H_{27}NO_5$, F. 184° (Aceton/CH_3OH), durch Zugabe von 2,5 g **I** in Bzl. zu dem aus 4 g (±)-2-Methoxy-3-acetoxy-5.6-dihydroxy-7-oxo-cis-dekalin-1-carbonsäuremethylester nach WOODWARD u. Mitarbeitern (Tetrahedron [London] **2.** [1958.] 1) dargestellten **V** innerhalb 3 Min., Red. der SCHIFFschen *Base* in CH_3OH mit $NaBH_4$ bei Raum-Temp. (10 Min.), 20 Min. langes Kochen u. Stehen über Nacht; 2,22 g. *7-Acetat* (**IX**), $C_{22}H_{29}NO_6$, F. 124° (Aceton–Ae.), durch Erwärmen von 0,53 g **VI** mit Acetanhydrid in Pyridin auf 50° u. 30std. Stehen; 0,4 g. *7-[3.4.5-Trimethoxybenzoat]* (**XII**), $C_{30}H_{37}NO_9$, F. 154–156° (Aceton), aus 1 g **VI** u. 0,76 g 3.4.5-Trimethoxybenzoylchlorid in Pyridin, 20 Std. bei Raum-Temp.; 1,31 g. — *(±)-N-[2-p-Methoxyphenyläthyl]-* (**VII**), $C_{21}H_{29}NO_6$, F. 168° (CH_3OH), wie **VI** aus der gleichen Menge **V** u. 2,2 g **II**; 2,55 g. *7-Acetat* (**X**), $C_{23}H_{31}NO_7$, F. 147° (Ae.–Aceton), wie **IX** aus 0,6 g **VII**; 0,62 g. *7-[3.4.5-Trimethoxybenzoat]* (**XIII**), $C_{31}H_{39}NO_{10} \cdot \frac{1}{2} C_6H_6$, F. 95–100° (Bzl.–PAe.), wie **XII** aus 1 g **VII**; Reinigung an Al_2O_3 (Aktivität II); 0,79 g. — *(±)-N-[2-(3.4-Dimethoxyphenyl)-äthyl]-* (**VIII**), $C_{22}H_{31}NO_7$, F. 112° (Zers.; Ae.–CH_3OH), wie **VI** aus **V** u. 3 g **III**; Reinigung wie **XIII**; 3,21 g. *7-Acetat* (**XI**), $C_{24}H_{33}NO_8$, F. 152–153° (90%ig. CH_3OH), wie **IX** aus 1,29 g kristallinem oder 2,2 g öligem **VIII**; 1,3 bzw. 1,83 g. *7-[3.4.5-Trimethoxybenzoat]* (**XIV**), $C_{32}H_{41}NO_{11} \cdot \frac{1}{2} C_6H_6$, F. 95–105° (Bzl.–PAe.), $C_{32}H_{41} \cdot NO_{11}$, F. 103–105° (A.–Essigester), wie **XII** aus 1,14 g **VIII** unter N_2; 1,56 g. — *(±)-7.8.14α-Trimethoxy-13-carbomethoxy-15-[3.4.5-trimethoxybenzoyloxy]-alloberban* (**XV**), $C_{32}H_{41} \cdot NO_{10}$, F. 191° (98%ig. CH_3OH), durch 3std. Kochen von 0,97 g **XIV** mit 15 cm³ $POCl_3$, Eindampfen im Vakuum zur Trockne u. Red. mit $NaBH_4$ in 80%ig. CH_3OH; 0,75 g. — *(±)-7.8.14α-Trimethoxy-13-carbomethoxy-15-acetoxy-1.11-dehydroalloberban* (**XVI**), $C_{24}H_{31} \cdot NO_7$, F. 167–168° (90%ig. CH_3OH), a) wie **XV** durch Cyclisierung von 0,7 g **XI**, Behandeln des *quart. 1.2-Dehydrochlorids* mit Zn-Staub in CH_3COOH (1¾ Std. bei 60°), Lösen des isolierten Rohprod. in CH_2Cl_2, Ausschütteln mit 5%ig. $NaHCO_3$ in gesätt. NaCl-Lsg. u. Eindampfen; 0,3 g; gelbe Nadeln; b) wie unter a), jedoch Lösen des quart. Chlorids in CH_2Cl_2 u. Schütteln mit verd. NH_4OH; 0,41 g. — *(±)-7.8.14α-Trimethoxy-13-carbomethoxy-15-acetoxyalloberban*, $C_{24}H_{33}NO_7$, F. 210–211° (90%ig. CH_3OH), a) durch 2std. Red. von 0,35 g **XVI** in CH_2Cl_2 u. 85%ig. CH_3OH mit $NaBH_4$; 0,21 g; b) aus 0,2 g rohem **XXIII** u. Acetanhydrid in Pyridin über Nacht; 70 mg. — *(±)-N-[2-(3.4-Dimethoxyphenyl)-äthyl]-6α-methoxy-7-hydroxy-cis-perhydroisochinolon-(3)-carbonsäure-(5)*, $C_{21}H_{29}NO_7$, F. 209–210° (80%ig. CH_3OH), durch 1½std. Kochen des öligen **VIII** mit wss. n-NaOH in CH_3OH (1:1); 52% (bezogen auf **V**). — *(±)-N-[2-(3.4-Dimethoxyphenyl)-äthyl]-6α-methoxy-7-hydroxy-cis-perhydroisochinolon-(3)-carbonsäure-(5)-lacton* (**XIX**), glasig, amorph, durch 15std. Kochen von 6,3 g vorst. Verb. in Bzl. mit insgesamt 30 cm³ Acetanhydrid u. Reinigung des Rohprod. (7 g) an Al_2O_3 (Aktivität III); 4,65 g (rein). — *(±)-7.8.14α-Trimethoxy-15-hydroxyalloberban-13-carbonsäurelacton* (**XXI**), $C_{21}H_{27}NO_5$, F. 220–223° (im Vakuum), durch 2½std. Kochen von 2,5 g **XIX** mit $POCl_3$, Lösen des *1.2-Dehydroberbaniumchlorids* (**XVII**) in CH_2Cl_2, Schütteln mit 10%ig. NH_4OH u. Red. der *1.11-Dehydro-Verb.* (**XX**) mit $NaBH_4$ in 95%ig. Dioxan; 2,37 g; wird durch Verreiben mit Ae. kristallin. — *(±)-7.8.14α-Trimethoxy-13-carbomethoxy-15-hydroxy-1.11-dehydroalloberban*, $C_{22}H_{29}NO_6$, F. 155–158°, durch Umkrist. des rohen **XX** aus 96%ig. CH_3OH. — *(±)-7.8.14α-Trimethoxy-13-carbomethoxy-15-hydroxyalloberban* (**XXIII**), $C_{22}H_{31}NO_6$, F. 190–191° (Aceton), durch Red. des rohen, aus 2,41 g **XIX** analog **XXI** hergestellten **XX** mit $NaBH_4$ in CH_2Cl_2–CH_3OH (2:1); 1,8 g. — *(±)-7.8.14α-Trimethoxy-13-carbomethoxy-15-hydroxy-1-epialloberban* (**XXII**), $C_{22}H_{31}NO_6$, F. 195–197° (Aceton oder Essigester), a) durch Red. von aus 2,6 g **XIX** hergestelltem rohem **XVII** mit Zn-Staub in 40 cm³ Aceton, 20 cm³ W. u. 15 cm³ 3n HCl unter Zusatz von 0,3 g $HgCl_2$ u. 0,3 g $FeCl_3$, 15 Std. bei Raum-Temp., 30 Min. in der Siedehitze u. 2std. Kochen des erhaltenen *(±)-7.8.14α-Trimethoxy-15-hydroxy-1-epialloberban-13-carbonsäurelactons* (**XVIII**) mit CH_3OH in Ggw. von etwas CH_3ONa; 0,28 g; aus der Mutterlauge durch Chromatographie an Al_2O_3 (Aktivität III) u. Eluieren mit Chlf./1% A. wenig **XXIII**; b) wie **XXI** durch Cyclisierung von 0,6 g **XI** mit $POCl_3$, Red. des *quart. Salzes* mit Zn u. anschließende Methanolyse; 0,1 g (rein); mit **XXIII** F.-Depression. — *(±)-7.8.14α-Trimethoxy-13-carbomethoxy-15-[3.4.5-trimethoxybenzoyloxy]-1-epialloberban* (**XXIV**), $C_{32}H_{41}NO_{10}$, F. 196–198° (Aceton–Ae. oder Essigester), a) aus 0,165 g **XXII** u. 0,14 g

3.4.5-Trimethoxybenzoylchlorid in 3 cm^3 Pyridin, 20 Std. bei Raum-Temp. u. 30 Min. bei 60°; 0,17 g (roh); b) durch Cyclisierung von 1,2 g **XIX** mit $POCl_3$ analog **XXI** u. Red. des quart. Salzes analog **XXII**; 0,85 g. A. EMR/Prag. 3500

Synthetische Versuche in der Gruppe hypotensiv wirksamer Alkaloide. 16. Mitt. **Von Mezcalin abgeleitete Analoga des Reserpins und Isoreserpins.** K. Pelz, L. Bláha und J. Weichet. (Collect. czechoslov. chem. Commun. **26.** 1160—73. April 1961.) (Dt.) — 15. vgl. vorst. Referat.

Aus Mezcalin (**I**) u. (±)-2β-Carbomethoxy-3α-methoxy-4β-acetoxy-6β-formylcyclohexan-1β-essigsäure (**II**) stellten Vff. auf dem üblichen Wege der Reserpin-Synth. die beiden stereoisomeren, dem Reserpin (**IV**) bzw. Isoreserpin (**V**) entsprechenden (±)-*7.8.-9.14α-Tetramethoxy-13β-carbomethoxy-15β-[3.4.5-trimethoxybenzoyloxy]-allo-* (**XIIIa**) bzw. *-1-epialloberban* (**XIIIb**) dar (vgl. vorst. Ref.). Die pharmakolog. Eigg. von **XIIIa** u. **XIIIb** sind denjenigen von **IV** bzw. **V** ähnlich. Abgesehen von der letzten bzw. vorletzten Rk.-Stufe, d. h. von der Red. des entsprechenden *15β-[3.4.5-Trimethoxybenzoyloxy]-* (**X**) bzw. des *15β-Acetoxy-1.2-dehydroalloberbaniumperchlorats* (**IX**) waren die zu den **XIII** führenden Rkk. sowohl in ihrem Verlauf als auch in ihren Ergebnissen denjenigen der **IV**-Synth. grundsätzlich gleich. Die Red. von **IX** mit $NaBH_4$ liefert das entsprechende einheitliche *15β-Acetoxyalloberban* (**XI**), mit Zn in salzsaurer aceton. Lsg. ein Gemisch (ca. 3:7) aus dem entsprechenden *15β-Hydroxyalloberban* (**XII**) u. *15β-Hydroxy-1-epialloberban* (**XV**) bzw. aus den entsprechenden *15-Acetoxy-Derivv.* (**XI, XIV**). Die bei Raum-Temp. vorgenommene Red. von **X** mit Zn in salzsaurer aceton. Lsg. liefert gleichfalls ein Gemisch (ca. 1:3) aus **XIIIa** u. **XIIIb**. Das Ergebnis der beiden letzteren Redd. konnte durch Zusatz von $HClO_4$ zugunsten der Bldg. der *1-Epiallo-Verbb.* nicht beeinflußt werden. Höhere Temp. wirkt sich zugunsten der *Allo-Verbb.* aus. Die Zuordnung der Berban-Derivv. zur *Allo-* bzw. *1-Epiallo*-Reihe erfolgte auf Grund ihrer IR-Spektren. Vff. gelang es nicht, **X** im Gemisch von Tetrahydrofuran, Aceton, W. u. $HClO_4$ mit Zn vollständig zu reduzieren.

Versuche (FF. im KOFLER-Block): (±)-*2β-Carbomethoxy-3α-methoxy-4β-acetoxy-6β-formylcyclohexan-1β-essigäure* (**II**), roh, durch Ozonisierung von 2α-Methoxy-3β-acetoxy-1β-carbomethoxy-7-oxo-cis-Δ^5-oktalin (**III**) in Essigester bei 25°; 87% (Ausbeute). — (±)-*1.10-Seco-1-oxo-7.8.9.14α-tetramethoxy-13β-carbomethoxy-15β-acetoxyalloberban* (**VI**), $C_{25}H_{35}NO_9$, F. 137,5—138,5°, aus **II** u. CH_2N_2 in Ae. bei 0°, 5 Min. langes Umsetzen des rohen **II**-*Methylesters* mit **I** in Bzl., Red. der rohen SCHIFFschen *Base* mit $NaBH_4$ in CH_3OH, 5 Min. langes Erhitzen zum Sieden, zusätzliches Verestern des Rohprod. mit CH_2N_2 in Ae. u. Acetylieren mit Acetanhydrid in Pyridin; Reinigung durch Umfällen aus Chlf. mit Ae.; 39% (roh). — (±)-*1.10-Seco-1-oxo-7.8.9.14α-tetramethoxy-13β-carbomethoxy-15β-hydroxyalloberban* (**VII**), $C_{23}H_{33}NO_8$, F. 149—151,5° (aus wenig Ae.), a) durch 2std. Kochen von **VI** in CH_3OH in Ggw. aktalyt. Mengen CH_3ONa; 90%; b) durch Ozonisierung von 20 g **III** u. dann analog **VI** einschließlich der Red. u. des δ-Lactamringschlusses (1std. Kochen nach der Red.) u. schließlich durch Schütteln des rohen **VI** mit W. u. 2nHCl in Chlf. bis zur Auflösung; 11,5 g (37% bezogen auf **III**). — (±)-*1.10-Seco-1-oxo-7.8.9.14α-tetramethoxy-13β-carbomethoxy-15β-[3.4.5-trimethoxybenzoyloxy]-alloberban* (**VIII**), roh, amorph, aus 1,57 g **VII** in Pyridin u. 1,33 g 3.4.5-Trimethoxybenzoylchlorid in Bzl. unter N_2 über Nacht, dann 8 Std. bei 55° u. abermals über Nacht; 2,3 g (roh). — (±)-*7.8.9.14α-Tetramethoxy-13β-carbomethoxy-15β-acetoxy-1.2-dehydroalloberbaniumperchlorat* (**IX**), $C_{25}H_{34}ClNO_{12}$, F. 199—201° (W.), durch 1½std. Kochen von **VI** mit $POCl_3$ unter N_2, Lösen des quart. *Chlorids* in CH_3OH u. Versetzen mit 70%ig. $HClO_4$; kristallisiert innerhalb 3 Tagen; 48% (roh); durch Red. der nach dem Absaugen des rohen **IX** zurückgebliebenen Mutterlauge mit $NaBH_4$ 29% **XII** (bezogen auf **VI**). — (±)-*7.8.9.14α-Tetramethoxy-13β-carbomethoxy-15β-[3.4.5-trimethoxybenzoyloxy]-1.2-dehydroalloberbaniumperchlorat* (**X**), *Hydrat*, $C_{33}H_{42}ClNO_{15} \cdot H_2O$, F. 209—211° (im Vakuum), aus **VIII** wie **IX**, 2 Std. in der Siedehitze; Kristalle aus 50%ig. wss. Aceton; 96% (rein). — (±)-*7.8.9.14α-Tetramethoxy-13β-carbomethoxy-15β-acetoxyalloberban* (**XI**), $C_{25}H_{35}NO_8$, F. 178—179° (CH_3OH), aus **VI** wie **IX** u. Red. des rohen **IX** mit $NaBH_4$ in 90%ig. CH_3OH; 87%. — (±)-*7.8.9.14α-Tetramethoxy-13β-carbomethoxy-15β-hydroxyalloberban* (**XII**), $C_{23}H_{33}NO_7$, F. 164—165° (wss. CH_3OH), aus **XI** wie **VII** unter a); 93%. — (±)-*7.8.9.14α-Tetramethoxy-13β-carbomethoxy-15β-[3.4.5-trimethoxybenzoyloxy]-alloberban* (**XIIIa**), $C_{33}H_{43}NO_{11}$, F. 190—192° (CH_3OH-HCl mit NH_4OH), a) aus **VIII** wie **IX** u. Red. des rohen **X**-*Chlorids* mit $NaBH_4$ analog **XI**; 90% (bezogen auf **VII**); b) aus **XII** wie **VIII** (über Nacht u. 2 Std. bei 50°); 72%. *Hydrochlorid*, $C_{33}H_{44}ClNO_{11}$, F. 267—270° (im Vakuum), aus wss. CH_3OH u. HCl. *Perchloratdihydrat*, $C_{33}H_{44}ClNO_{15} \cdot 2\,H_2O$, F. 175—185° (im Vakuum), in Aceton mit $HClO_4$; Kristalle aus 50%ig. CH_3OH. — (±)-*7.8.9.14α-Tetramethoxy-13β-carbomethoxy-15β-acetoxy-1-epialloberban* (**XIV**), $C_{25}H_{35}NO_8$, dimorph, F. 151

bis 154° (Nadeln), F. 157,5—159° (Prismen), a) durch Cyclisierung von 0,503 g **VI** mit $POCl_3$, Red. des rohen **IX** in 50%ig. wss. Aceton u. konz. HCl mit Zn-Staub (aktiviert mit $HgCl_2$) in 50%ig. wss. Aceton (24 Std. bei Raum-Temp.), Zugabe von konz. HCl, nach weiteren 5 Std. Aufnehmen in Chlf. u. Eindampfen, Behandeln des Gemisches (0,51 g) aus ca. 5 Teilen **XIV**, 1,5 Teilen **XI** u. 2 Teilen **XV** mit Acetanhydrid in Pyridin u. Abtrennen von **XI** aus dem Gemisch von ca. 7 Teilen **XIV** u. 3 Teilen **XI** durch Kristallisation aus CH_3OH; 0,244 g neben 0,102 g **XI**; b) aus **XV** u. Acetanhydrid in Pyridin (2 Tage); 88%; Kristalle aus 60%ig. CH_3OH. — *(±)-7.8.9.14α-Tetramethoxy-13β-carbomethoxy-15β-hydroxy-1-epialloberban, Hydrat* (**XV**), $C_{23}H_{33}NO_7 \cdot H_2O$, F. 164,5—166°, a) durch Red. von aus 0,5 g **VI** hergestelltem **IX** in 60%ig. Aceton u. 70%ig. $HClO_4$ mit Zn-Staub wie bei **XIV** (24 Std. bei Raum-Temp.) u. Kristallisation des aus ca. 7 Teilen **XV** u. 3 Teilen **XII** bestehenden Gemisches aus 20%ig. wss. CH_3OH; 0,225 g (rein). Bei anderen Verss. enthielt das Gemisch außer **XV** u. **XII** noch bis 30% **XI** u. **XIV**; diese wurden analog **VII** unter a) in **XV** bzw. **XII** umgewandelt, das Gemisch wurde aus 20%ig. CH_3OH umgelöst u. **XV** (einzelne Prismen) von **XII** (kugelförmig verwachsene Nädelchen) mechan. abgetrennt. *Hydrochlorid, Dihydrat*, $C_{23}H_{34}ClNO_7 \cdot 2\,H_2O$, F. 190—195° (im Vakuum); b) aus **XIII b** wie **VII** unter a), nach 18std. Kochen Ansäuern mit n-HCl, Extraktion des *3.4.5-Trimethoxybenzoesäuremethylesters* mit Ae. u. Alkalisieren der wss. Schicht; 81%. — *(±)-7.8.9.14α-Tetramethoxy-13β-carbomethoxy-15β-[3.4.5-trimethoxybenzoyloxy]-1-epialloberban* (**XIIIb**), *Methanolsolvat*, $C_{33}H_{43}NO_{11} \cdot CH_3OH$, F. 99—105°, $C_{33}H_{43}NO_{11}$, F. 135—138°, a) durch Red. von 7,8 g **X** in Aceton u. konz. HCl mit Zn-Staub in einer Lsg. von 0,25 g $HgCl_2$ in 50%ig. wss. Aceton (24 Std. bei Raum-Temp.), Absaugen von Zn, Zugabe von 70%ig. $HClO_4$ u. W. u. Kristallisation der **XIII**-*Perchlorate* aus 50%ig. Aceton. *Perchlorat*, $C_{33}H_{44}ClNO_{15}$, F. 227—232° (im Vakuum); 3,5 g; hieraus in 90%ig. CH_3OH mit NH_4OH die *Base*. *Hydrochlorid, Hydrat*, $C_{33}H_{44}ClNO_{11} \cdot H_2O$, F. 235—242° (Zers.; im Vakuum); aus der im Vakuum abgedampften u. alkalisierten aceton. Mutterlauge durch Auskochen mit 90%ig. CH_3OH 0,5 g **XIII a** als unlösl. Rückstand; aus der Mutterlauge durch Chromatographie an Al_2O_3 noch 1 g **XIII a**; b) aus **XV** wie **VIII**, jedoch nur durch Stehen über Nacht; 35% neben 43% unverändertem **XV**.

A. EMR/Prag. 3500

Über die endo-exo-Isomerie der 3-Bromnorcampher und 3-Bromnorborneole. 2. Mitt. Hydrolyse der 3-Bromnorborneole. Beiträge zur Kenntnis der Wagner-Meerwein-Umlagerung. Hans Krieger. (Suomen Kemistilehti B **31.** 340—47. 1958. Helsinki, Univ., Chem. Inst.) (Dt.) — 1. vgl. C. **1962.** 8266.

Im Gegensatz zu den Angaben von KWART u. VOSBURGH (C. **1956.** 4380) sowie ALDER u. Mitarbeiter (C. **1957.** 4096) wird bei der Rk. von Perameisensäure mit Norbornen u. anschließender Verseifung des gebildeten *Halbformiats* (H) neben *exo-2.syn-7-Dihydroxynorbornan* (**V**) noch ein zweites Diol nachgewiesen u. als *exo-2.anti-7-Dihydroxynorbornan* (**VI**) identifiziert. Die Rk. verläuft nach zwei Mechanismen, unter WAGNER-MEERWEIN-Umlagerung (WMU) allein, sowie mit anschließender 2.6-Wasserstoffverschiebung. Das Verhältnis beider Diole hängt stark von den Rk.-Bedingungen bei der Verseifung des intermediären H ab, wobei die Einw. starker NaOH die Bldg. des Prod. der 2.6-Wasserstoffverschiebung begünstigt (mit 50%ig. NaOH beträgt das Verhältnis **V**:**VI** = 3:2). Wird H aber mit $LiAlH_4$ reduziert, so besteht das Rk.-Prod. vorwiegend aus **V** u. nur zu ca. $^1/_{10}$ aus **VI**. Das exo-syn-Diol **V** lagert sich bei 1std. Erhitzen mit 50%ig. NaOH auf 45° nicht um. Beim Erhitzen beider Diole mit Li_2CO_3 (**IV**) in W. auf 110—120° wird **VI** zu 50% unter Bldg. von **V** umgelagert. Die energet. Begünstigung der exo-syn-Form **V** wird auf den geringeren Raumbedarf u. auf die Möglichkeit zur Ausbldg. intramol. H-Bindungen zurückgeführt. Seine Konformation konnte durch Dipolmomentmessung bestätigt werden. Bei der Hydrolyse von exo-3-Brom-exo-norborneol (**I**) mit **IV** entsteht neben wenig *Nortricyclanol* das Prod. der WMU **V**. Die analoge Hydrolyse des endo-3-Brom-endo-norborneols (**II**) liefert neben etwas *Norcampher* ebenfalls das Prod. der WMU **VI**, das sich jedoch unter den Rk.-Bedingungen zum großen Teil in **V** umlagert. Die Einw. von Eisessig/K-Acetat auf **I** ergab ein Rk.-Gemisch, das sich chromatograph. an Silicagel in 3 Komponenten mit der Elutionsfolge *exo-3-Brom-exo-2-acetoxynorbornan* > **I** > *exo-2.syn-7-Diacetoxynorbornan* trennen ließ. Daraus wird geschlossen, daß zuerst Acetylierung, dann Substitution unter WMU erfolgt. Bei der chromatograph. Trennung eines künstlich erzeugten Gemisches aus **I**, **II** u. exo-3-Brom-endo-norborneol (**III**) werden die Verbb. in der Reihenfolge **I**, **II**, **III** mit abnehmender Geschw. eluiert. **I** u. **II** zeigen jedoch nur einen geringen Unterschied in der Elutions-Geschw. u. lassen sich nicht scharf trennen, während **III** weitaus langsamer eluiert u. rein erhalten wird. Dieser Befund deckt sich mit den Ergebnissen von AVELA (Suomalaisen Tiedeakatemian Toimituksia [Ann. Acad. Sci. fenn], Sarja A. II **1956.** Nr. 77. 21) u. steht im Widerspruch zur Ansicht von HÜCKEL u. MEINHARDT (Suomen Kemistilehti B **31.** [1958.] 13), nach der die endo-Isomeren der Bicyclo-[1.2.2]-Derivv. schneller eluiert werden sollen. IR-Spektren s. Original.

Versuche: *exo-2.syn-7-Dihydroxynorbornan* (**V**), F. 180—181° (Cyclohexan u. Vakuumsublimation), a) durch Verreiben des nach Alder u. Wirtz (vgl. l. c.) erhaltenen Roh-Prod. vom F. 186—188° mit warmem CS_2; daneben durch Kristallisieren des CS_2-unlösl. Anteils aus CCl_4 *exo-2.anti-7-Dihydroxynorbornan* [**VI**, $C_7H_{12}O_2$, F. 199—200° (Vakuumsublimation)]; b) durch 24std. Erhitzen von **I** mit **IV** in W. auf 110—120° u. Ausäthern; daneben etwas *Nortricyclanol* als Sublimations-Prod.; c) durch 20std. Erhitzen von **II** mit **IV** in W. auf 120°, Ausäthern u. Trennen mit CS_2 analog a); daneben **VI** u. *Norcampher* (als Sublimations-Prod.). *Bis-phenylurethan*, F. 222—223° (Acetonitril). — *exo-3-Brom-exo-2-acetoxynorbornan*, $C_9H_{13}BrO_2$, a) durch Rk. von **I** mit Acetanhydrid in Pyridin bei Raum-Temp.; n_D^{20} 1,5058; $D._4^{20}$ 1,4148; b) durch 8std. Erhitzen von **I** mit K-Acetat u. Eisessig auf 120°, Verdünnen mit W., Extraktion mit Ae., Eindampfen, Chromatographie an Silicagel u. Elution mit 1% A. in PAe. (Kp. 35°); daneben **I** u. *exo-2.syn-7-Diacetoxynorboran* (auch durch Einw. von Acetanhydrid auf **V**; n_D^{20} 1,4633). — Ein Gemisch aus etwa gleichen Teilen **V** u. **VI** schmilzt bei 184—186°. L. Lamza. 3600

Über die endo-exo-Isomerie der 3-Bromnorcampher und 3-Bromnorborneole. 3. Mitt. Bestimmung der endo-exo-Isomerie aus Dipolmomenten. Modell des Bicyclo-[1.2.2]-heptans. Hans Krieger. (Suomen Kemistilehti B **31.** 348—53. 1958.) (Dt.) — 2. vgl. vorst. Ref.; 4. vgl. C. **1962.** 8267.

Zur Konfigurationsermittlung von Bicyclo-[1.2.2]-heptan-Derivv. wird am Beispiel des endo- (endo-I) u. exo-3-Bromnorcamphers (exo-I) ein Dipolvektor–Kalkulations-Verf. entwickelt, mit dessen Hilfe es möglich ist, aus den experimentell ermittelten Dipolmomenten die Konfiguration der Isomeren abzuleiten. Dazu wird zunächst ein geometr. Modell des Grundkörpers Bicyclo-[1.2.2]-heptan (**II**; Norbornan) aufgestellt u. durchkalkuliert. Während bisher bei Dipolmessungen nicht berücksichtigt wurde, daß **II** selbst wegen seines unsymm. Baues ein kleines, in Richtung der negativen z-Achse weisendes Dipolmoment (D) besitzt, wird durch die neue Meth. dieser Wert (0,58 D) berücksichtigt. Die Meth. der Konfigurations-Best. besteht allg. darin, daß mit Hilfe der jeweiligen Bindungsmomente das durch Vektoraddition resultierende „eigentliche D" beider Dipole (hier für C—Br u. C=O) errechnet u. mit dem experimentell ermittelten u. dem für **II** erhaltenen Moment (0,58) kombiniert wird. Bei einem endo–exo-Isomerenpaar gibt dann die Größe des Winkels x zwischen dem „eigentlichen D" u. der negativen z-Achse Aufschluß, welches der Isomeren von exo- u. welches von endo-Form ist. Der Winkel x beträgt für endo-I 56°57′, für exo-I 81°54′. Damit ist eine konfigurative Zuordnung zur endo- oder exo-Reihe aus den Ergebnissen der D-Messung möglich, falls die beobachteten Werte deutlich genug differieren. Außerdem wurde an Hand des Modells die Berechnung der D nachst. Verbb. durchgeführt: exo-I, 3,72. — endo-I, 4,06. — *exo-2.syn-7-Dibromnorbornan*, 3,48. — *exo-2.endo-3-Dibromnorboran*, 2,33. — *syn-7-Chlornorcampher*, 3,88. — *exo-Norborneol*, 1,90. — *endo-Norborneol*, 1,78. — *exo-3-Brom-endo-norborneol*, 2,16. — *exo-2.syn-7-Dihydroxynorbornan*, 3,16. Die berechneten D zeigen eine sehr gute Übereinstimmung mit den beobachteten Werten. L. Lamza. 3600

Über das Verhalten des endo-Dehydronorborneols und des Dehydronorcamphers gegen Salpetersäure. Heikki Toivonen. (Suomen Kemistilehti B **31.** 354—57. 1958. Helsinki, Univ., Chem. Inst.) (Dt.)

Durch Rk. von endo-Dehydronorborneol (**I**) mit HNO_3 entsteht je nach den Rk.-Bedingungen *exo-5-Nitrato-endo-norborneol* (**II**) oder *exo-5-Nitrato-endo-norbornylnitrat* (**III**). Sowohl aus **II** als auch aus **III** wird bei der Red. *exo-5-Hydroxy-endo-norborneol* (**IV**) erhalten. **II** liefert bei der Oxydation mit rauchender HNO_3 *exo-5-Nitratonorcampher* (**V**), der bei Einw. von alkohol. KOH in *Nortricyclanon* (**VI**) übergeht. Die leichte Bldg. von **VI** beweist, daß sich die Nitratgruppe in **V** (u. damit auch in **II** u. **III**) am $C_{(5)}$ befindet; die H-Atome am $C_{(3)}$ sind durch die 2ständige Ketogruppe gelockert. Beim Vers., **V** durch Anlagerung von HNO_3 an Dehydronorcampher [**VII**; F. 22—24°. Semicarbazon, F. 207—207,5° (A.)] darzustellen, wird **VII** unverändert zurückerhalten. Dieses Verh. von **VII** ist darauf zurückzuführen, daß die π-Elektronen der olefin. Doppelbindung sich an der Polarisierung der C=O-Gruppe beteiligen. Es wird angenommen, daß sich lediglich ein salzartiges Nitrat bildet, bei dem die Addition des Nitratanions infolge der Mesomeriestabilisierung des Kations gehemmt wird.

Versuche: *exo-5-Nitrato-endo-norborneol* (**II**), $C_7H_{11}NO_4$, $Kp._{0,5}$ 110—111°, durch Eintragen von 2 g Hydrazinnitrat u. 30 g **I** in 120 ml 65%ig. HNO_3 bei Raum-Temp., 4std. Rühren, Gießen in Na_2SO_4-Lsg., Extraktion mit Ae.-PAe. u. Dest.; $D._4^{20}$ 1,2881;

n_D^{20} 1,4988; 28,5 g (Ausbeute). — *exo-5-Hydroxy-endo-norborneol* (**IV**), $C_7H_{12}O_2$, F. 171,5 bis 172,5° (Bzl.), durch 20std. Red. von 10 g **II** in 80% ig. A. mit 8 g Al/Hg, Eindampfen, SOXHLET-Extraktion mit Ae. u. Sublimation des Roh-Prod.; 4,45 g. *Dinitrat* (**III**), $C_7H_{10}N_2O_6$, durch 5tägiges Rühren von 5 g **I** mit hydrazinnitrathaltiger HNO_3 u. Gießen in Eiswasser; $D._4^{20}$ 1,3874; orangefarbenes Öl; 8,65 g; gibt durch Red. **IV**. — *exo-5-Nitratonorcampher* (**V**), $C_7H_9NO_4$, $Kp._8$ 130—131°, durch 1std. portionsweises Eintragen von 15 g **II** in ein Gemisch aus 30 ml konz. HNO_3 u. 5 ml rauchender HNO_3 bei 20—25°, 3std. Rühren, Gießen in $(NH_4)_2SO_4$-Lsg. u. Extraktion mit Ae.–PAe.; n_D^{20} 1,4954; $D._4^{20}$ 1,2933; 12,8 g (roh). *Semicarbazon*, $C_8H_{12}N_4O_4$, F. 193,5° (Zers.; A.). — *Nortricyclanon* (**VI**), C_7H_8O, $Kp._{10}$ 60°, durch Eintropfen von 3 g **V** in abs. A. in wss.-alkohol. KOH, Wasserdampf-Dest. u. Extraktion mit Ae.–PAe.; $D._4^{20}$ 1,0811; n_D^{20} 1,4879; 1,1 g. *Semicarbazon*, $C_8H_{11}N_3O$, F. 216° (Zers.; A.), analog **VI** durch Rk. von 3 g **V** mit wss.-alkohol. KOH, Filtration des KNO_3, Verdünnen, Neutralisieren mit Eisessig u. Fällung mit Semicarbazid·HCl; 2,3 g (roh). *2.4-Dinitrophenylhydrazon*, F. 188,5 bis 189° (A.). L. LAMZA. 3600

Über die Reduktion der Ketopinsäure. Abhängigkeit des sterischen Verlaufs der Reduktion von den Reduktionsverfahren. T. Kuusinen. (Suomen Kemistilehti B **31.** 358—60. 1958. Helsinki, Univ., Chem. Inst.) (Dt.)

Bei der Hydrierung der Alkalisalze der Ketopinsäure (**I**) mit RANEY-Ni hängt das Isomerenverhältnis der gebildeten *2-Hydroxyapocamphan-1-carbonsäure* (**II**) von Temp. u. Druck ab. Bei milden Bedingungen entsteht fast ausschließlich *exo*-**II**, während mit steigendem Druck u. steigender Temp. die Ausbeute an *endo*-**II** zunimmt. Ab 140° wird auch die HOOC-Gruppe unter Bldg. der $HOCH_2$-Gruppe angegriffen. Die isomeren **II** lassen sich auf Grund der verschiedenen Löslichkeiten ihrer *K-Salze* trennen. Durch Red. von **I** mit Na in sd. Methanol wird ca. 20% *exo*-**II** enthaltendes *endo*-**II** (die relativen Mengen der Isomeren im Gemisch werden mittels ihrer IR-Spektren abgeschätzt) erhalten, daneben entsteht das Prod. der Ringöffnung *Pinophansäure*. Bei der Umsetzung von **I** mit Na in feuchtem Ae. erfolgt neben unvollständiger Red. überwiegend Ringspaltung. Etwas bessere Ergebnisse werden mit Al-Amalgam in alkal. Lsg. erzielt, wobei nur sehr geringe Ringöffnung eintritt. Mit DEVARDA-Leg. findet keine Red. statt. Der Methylester von **I** (**III**) liefert bei 48std. MEERWEIN-PONNDORF-VERLEY-Red. neben einem Zers.-Prod. 55% *exo*- u. 45% *endo*-**II**. Mit $LiAlH_4$ in äther. Lsg. liefert **III** $>$90% *exo*- u. $<$10% *endo-Camphandiol-(2.10)*.

Versuche: *Ketopinsäure* (**I**), F. 238—239° (korr.), durch Oxydation von Campher-10-sulfochlorid mit sodaalkal. $KMnO_4$-Lsg. nach BARTLETT u. KNOX [1939]. — *exo-2-Hydroxyapocamphan-1-carbonsäure* (exo-**II**), F. 246—247° (Bzl.–PAe.), a) durch 1std. Hydrierung des Na-Salzes von **I** mit RANEY-Ni W 6 bei 80° u. 125 atm; 100% (Ausbeute); b) analog durch 8½std. Hydrierung des K-Salzes von **I** bei 128°/89 atm u. Trennung der Isomeren über die K-Salze; 95%; daneben 5% *endo*-**II**; c) analog b) in 4 Std. bei 130°/137 atm; 85%; daneben 15% *endo*-**II**; d) analog b) in 2½ Std. bei 143°/145 atm; 80%; daneben 20% *endo*-**II**; e) durch Lösen von **I** in 1n NaOH, 1½std. Erhitzen mit Al-Amalgam, portionsweise Zugabe von NaOH gegen Ende der Rk., Ansäuern, Extraktion mit Ae., Trennung als K-Salz (vgl. unten) u. fraktionierte Kristallisation aus Bzl.; f) durch Red. von **III** mit Al-Isopropylat bei 126—132°; 55%; daneben 45% *endo*-**II**. — *endo-2-Hydroxyapocamphan-1-carbonsäure* (endo-**II**), F. 264—265°, durch rasches Eintragen von 32 g Na in die sd. Lsg. von 16 g **I** in 150 ml Methanol, Zugabe von weiterem Methanol, Zugabe von W. nach insgesamt 50 Min. langer Rk., Abdestillieren des Methanols im Vakuum, Zugabe von Soda u. Zers. des ausgeschiedenen Na-Salzes; 9 g (roh); enthält ca. 20% exo-**II**; daneben durch Zers. des in der Mutterlauge befindlichen Na-Salzes *Pinophansäure* [F. 205—206° (Ae.–PAe.)]. — *Gemisch aus 90% exo- u. 10% endo-Camphandiol-(2.10)*, F. 249—258°, durch Red. von **III** (aus **I** u. Methanol/H_2SO_4) mit $LiAlH_4$ in Äther. L. LAMZA. 3600

Konstitution von Carotol und Daucol. V. Sýkora, L. Novotný und F. Šorm. (Tetrahedron Letters [London] **1959.** Nr. 14. 24—28. Okt. Prague, Czechoslov. Acad. of Sci., Dep. of Natural Products, Inst. of Chem.) (Engl.)

Carotol (**I**) besitzt nicht das Dekalinskelett (vgl. ŠORM u. URBANEK, Collect. Trav. chim. Tchéwslov. **13.** [1948.] 49 u. 420), sondern die Konstit. *1-Isopropyl-3a.6-dimethyl-8a-hydroxy-Δ^5-oktahydroazulen*. Die Existenz des 7-Rings wird durch zwei Abbau-Rkk. des nach ŠORM (vgl. l. c.) aus **I** zugänglichen 1-Isopropyl-3a.6-dimethyl-5.6.8a-trihydroxyperhydroazulens (**II**) bewiesen. Bei der Behandlung von **II** mit HNO_3 entstehen neben anderen Prodd. auch *Isobuttersäure* u. *Bernsteinsäure*. Das aus **I** durch Oxydation mit Persäuren oder aus **II** u. Benzoesäureanhydrid zugängliche *Daucol* (**III**) ist nicht das Epoxid von **I**, sondern *1-Isopropyl-3a.6-dimethyl-5-hydroxy-6.8a-epoxyperhydroazulen*. Die IR-Maxima sind angegeben.

Versuche: *1-Isopropyl-3a.6-dimethyl-5.6-dihydroxyperhydroazulen vom F. 91,5 bis 93°*, $C_{15}H_{28}O_2$, durch Rk. von **II** mit $SOCl_2$ in Pyridin, Verseifung u. Hydrierung des erhaltenen *1-Isopropyl-3a.6-dimethyl-5.6-dihydroxy-$\Delta^{1,8a}$-oktahydroazulensulfits*; daneben das *isomere Diol vom F. 116–117°*. — *1-Isopropyl-3a-methylhydrindanon-(5)*, durch Oxydation vorst. Verb. mit HJO_4, Oxydation des erhaltenen *Ketoaldehyds* mit $KMnO_4$ in Essigsäure unter Bldg. der entsprechenden *Ketosäure*, deren Rk. mit NaOBr u. Pyrolyse des Ba-Salzes des entstandenen *1-Isopropyl-3-methyl-2-[β-carboxyäthyl]-3-carboxymethylcyclopentans*. *Semicarbazon*, $C_{14}H_{25}N_3O$, F. 184–186°. — *2.3-Bis-carboxymethyl-1-isopropyl-3-methylcyclopentan*, durch Ozonolyse des Benzyliden-Deriv. vorst. Indanons. *Dimethylester*, $C_{15}H_{26}O_4$, $Kp._{0,3}$ 128–135° (Bad). — *1-Isopropyl-3a-methylpentalanon-(5)* (**VI**), durch Pyrolyse des Ba-Salzes vorst. Dicarbonsäure. *Semicarbazon*, $C_{13}H_{23}N_3O$, F. 197,5–199°. — *2.3-Bis-carboxymethyl-1-isopropyl-2-acetoxy-3-methylcyclopentan* (**IV**), $C_{15}H_{24}O_6$, F. 169–172°, durch Oxydation von **II** mit CrO_3 in Essigsäure. *Dimethylester*, $C_{17}H_{28}O_6$, $Kp._{0,06}$ 155–160° (Bad). — *2.3-Bis-[β-hydroxyäthyl]-1-isopropyl-2-hydroxy-3-methylcyclopentan*, $C_{13}H_{26}O_3$, $Kp._{0,1}$ 175–190°, durch Red. von **IV** mit $LiAlH_4$. — *2.3-Bis-carboxymethyl-1-isopropyl-2-hydroxy-3-methylcyclopentan*, $C_{13}H_{22}O_5$, durch alkal. Hydrolyse von **IV**; daneben *Essigsäure* u. *2.3-Bis-carboxymethyl-1-isopropyl-3-methylcyclopenten-(1)* [**V**; *Dimethylester*, $C_{15}H_{24}O_4$, $Kp._{0,3}$ 140° (Bad)]. — *1-Isopropyl-3a-methyl-5-oxo-Δ^6-hexahydropentalen*, a) durch Pyrolyse des Ba-Salzes von **V**; b) analog aus dem Ba-Salz von **IV**; gibt durch Hydrierung **VI**. — *1-Isopropyl-3a.6-dimethyl-5-keto-6.8a-epoxyperhydroazulen*, $C_{15}H_{24}O_2$, durch Oxydation von **III** mit CrO_3 in Pyridin. L. LAMZA. 3600

Über die Konstitution des Ruscogenins. Henri Lapin. (C. R. hebd. Séances Acad. Sci. **244**. 3065–67. 17/6. 1957.) (Franz.) — Vgl. C. **1958**. 7137.

Vf. stellt fest, daß die beiden Hydroxygruppen des *Ruscogenins* (**I**, F. 205–210°, $[\alpha]_D$ –127°) nicht am $C_{(3)}$ u. $C_{(19)}$, sondern am $C_{(3)}$ u. $C_{(1)}$ lokalisiert sind. Neben den aus dem IR-Spektrum von **I** ermittelten Befunden berechtigen folgende Rkk. zu dieser Annahme: Ein Zers.-Prod. von **I** erweist sich als ein *Dihydroxy-Deriv.* des *Δ^5-Pregnen-20-ons* (**II**, $C_{21}H_{32}O_3$, F. 186–188°, $[\alpha]_D$ + 340°; *Diacetat*, $C_{25}H_{36}O_5$, F. 160–162°, $[\alpha]_D$ + 54°). Bei dem Vers., **II** nach OPPENAUER in das entsprechende hydroxylierte *Progesteron* überzuführen, erhält man neben unverändertem **II** ein Öl, das sich nach Chromatographie an Al_2O_3 als *Δ^1-Progesteron* (F. 150–151°, $[\alpha]_D$ + 131°) erweist. Oxydation von **II** mit CrO_3 führt zu einem *Äthylendiketoalkohol* $C_{21}H_{30}O_3$ (**III**, F. 198–203°, $[\alpha]_D$ + 106°; *Acetyl-Deriv.*, $C_{23}H_{32}O_4$, F. 154°, $[\alpha]_D$ + 73,5°), Oxydation von **II** mit CrO_3 in Aceton nach DJERASSI (vgl. C. **1958**. 2739) führt ebenfalls zu **III**. Da **III** mit Digitonin fällbar ist, kann die Hydroxygruppe am $C_{(3)}$ bei der Oxydation nicht angegriffen worden sein. Oxydiert man **II** mit der doppelten Menge CrO_3 nach DJERASSI (l. c.), so entsteht ein nicht acetylierbares *Triketon* $C_{21}H_{28}O_3$ (**V**, F. 168–175°, $[\alpha]_D$ + 125°), das aus der Lsg. in wss. Na_2CO_3 mit Essigsäure wieder ausgefällt werden kann. In **V** liegt wahrscheinlich ein *β-Diketon* vor, dessen dritte Carbonylgruppe sich am $C_{(20)}$ befindet. Da in **I** die Position der Sauerstoffunktion am $C_{(3)}$ durch die Umformung von **I** in *Diosgenin* erwiesen ist, muß die zweite Sauerstoffunktion am $C_{(1)}$ lokalisiert sein. **I** ist also als *1β.3β-Dihydroxy-22α.25L-Δ^5-spirosten* zu bezeichnen, wobei die *β*-Stellung am $C_{(1)}$ durch den Wert der Mol.-Rotation sichergestellt wird. G. ZIEBARTH. 3650□

4.5 β-Epoxy-Δ^1-cholesten-3-on. Edward M. Burgess. (J. org. Chemistry **27**. 1433–34. April 1962. Cambridge, Mass., MIT, Dep. of Chem.) (Engl.)

Längere Behandlung von $\Delta^{1.4}$-Cholestadien-3-on (**I**) mit Benzopersäure in sd. Bzl. liefert in geringer Ausbeute *4.5β-Epoxy-Δ^1-cholesten-3-on* (**II**), das mit $LiAlH_4$ zu einem Gemisch von *Δ^1-Cholesten-3β.5β-diol* (**III**) u. *Δ^1-Cholesten-3α.5β-diol* (**IV**) red. wird. **III** läßt sich zu einem Gemisch von *Cholestan-5β-ol* (**V**) u. *Cholestan-3β.5β-diol* (**VI**), **IV** zu einem Gemisch von **V** u. *Cholestan-3α.5β-diol* hydrieren. Zum weiteren Strukturbeweis wird **VI** zu *Cholestan-5β-ol-3-on* oxydiert u. weiter zu *Δ^4-Cholesten-3-on* dehydratisiert. Auf Grund dieser Verss. wird für das aus Santonin mit Benzopersäure in heißem Chlf. erhaltene „*Santonin-α-epoxid*", F. 211–213°, λ_{max} 222 mμ (ε = 8740 in A.), im Zusammenhang mit der Diskussion der kernmagnetischen Resonanzspektren der Epoxide die Struktur eines 4.5-Epoxids angenommen.

Versuche (FF. korr.; opt. Drehungen in Chlf.): *4.5β-Epoxy-Δ^1-cholesten-3-on* (**II**), $C_{27}H_{42}O_2$, F. 123–124° (A.), aus 90,0 g **I** mit sd. 0,5m benzol. Benzopersäure (16 Std.) u. Chromatographie an Al_2O_3; Nadeln, $[\alpha]_D$ + 214° (c = 1,186); 12,38 g (Ausbeute). — *Δ^1-Cholesten-3β.5β-diol* (**III**), $C_{27}H_{46}O_2$, F. 173,5–174,5°, aus 6,2 g **II** in Tetrahydrofuran mit $LiAlH_4$ bei 30° (2std. Kochen) u. Chromatographie an Al_2O_3; aus CH_3OH Blättchen, $[\alpha]_D$ + 108° (c = 0,6160); 4,2 g; daneben 1,0 g *Δ^1-Cholesten-3α.5β-diol* (**IV**), $C_{27}H_{46}O_2$, F. 135–136°, aus CH_3OH Nadeln, $[\alpha]_D$ + 46,1° (c = 1,3720). — *Cholestan-3β.5β-diol* (**VI**),

F. 129—130° (aus CH_3OH Prismen, erstarrt wieder zu Nadeln vom F. 149°), aus 2,0 g **III** in Ae.-A. mit H_2 über PtO_2 bei 27° (35 Min.) u. Chromatographie an Al_2O_3; $[\alpha]_D + 35,2°$ (c = 2,182); 0,9 g; daneben 1,05 g *Cholestan-5β-ol* (**V**), F. 80° (Solvat, aus CH_3OH Blättchen), $[\alpha]_D + 21,2°$ (c = 2,420). — *Cholestan-3α.5β-diol*, F. 188,5—189°, aus 200 mg **IV** analog **VI**; aus CH_3OH Nadeln, $[\alpha]_D + 37,4°$ (c = 0,7580); 133 mg; daneben 57 mg **V**. — *Cholestan-5β-ol-3-on*, F. 156—159°, aus 105 mg **VI** in Aceton bei 0—5° mit CrO_3 in H_2SO_4 (5 Min.); aus Hexan filzige Nadeln; 99 mg. — *Δ^4-Cholesten-3-on*, F. 79—80°, aus 72 mg vorst. Verb. in sd. A. in Ggw. von konz. HCl (1 Std.); aus A. Nadeln; 69 mg. — Die UV- u. IR-Maxima einiger Verbb. sind angegeben. H.-J. KOCH/Berlin. 3700□

Bis-[4-oxa-5α-cholestan-3α-yl]-äther. J. T. Edward und I. Puskas. (Canad. J. Chem. **40.** 376—77. Febr. 1962. Montreal, Quebec, McGill Univ., Dep. of Chem.) (Engl.)

Äther. Lsgg. von 4-Oxa-5α-Δ^2-cholesten (**I**) gehen beim Stehen teilweise in *Bis-[4-oxa-5α-cholestan-3α-yl]-äther* (**II**) über. Wahrscheinlich tritt zunächst eine Hydratisierung von **I** zu *4-Oxa-5α-cholestan-3α-ol* (**III**) ein, das sich mit weiterem **I** zu **II** verbindet. Letzte Rk. verläuft glatt in Ggw. katalyt. Säuremengen. **II** läßt sich leicht zu **III** hydrolysieren. Die *3α.3'α*-Struktur von **II** wird auf Grund der opt. Drehwerte angenommen.

Versuche: *Bis-[4-oxa-5α-cholestan-3α-yl]-äther* (**II**), $C_{52}H_{90}O_3$, F. 205—208° (abhängig von der Geschw. des Erhitzens), a) aus **I** in Ae. nach mehrtätigem Stehen in einer offenen Flasche; aus PAe. Tafeln, $[\alpha]_D^{23} + 116°$ (c = 1,30 in Chlf.); b) aus je 30 mg **I** u. **III** in Ae. in Ggw. von HCl; 7 mg (Ausbeute). — *4-Oxa-5α-cholestan-3α-ol* (**III**), F. 179—182° (CH_3OH), aus 43 mg **II** in sd. Tetrahydrofuran mit W. u. konz. HCl (1 Std.); 28 mg. — Das UV-Spektrum von **II** ist angegeben. H.-J. KOCH/Berlin. 3700□

19-Norsteroide. 2. Mitt. **Beobachtungen bei der Reduktion von Steroidäthinylcarbinolen mit Lithium und Alkohol in flüssigem Ammoniak.** Pietro de Ruggieri und Carlo Ferrari. (Ann. Chimica **48.** 1042—47. Nov. 1958. Milano, Labor. Ric. „Ormonoterapia Richter".) (Ital.) — 1. vgl. C. **1958.** 8063.

Bei der Red. von 3-Methoxy-17α-äthinyl-$\Delta^{1.3.5,10}$-östratrien-17β-ol (**II**) mit Li u. A. in fl. NH_3, das $LiNH_2$ enthält, wird *3-Methoxy-17α-vinyl-$\Delta^{2.5,10}$-östradien-17β-ol* (**I**) erhalten, das auch bei Verw. von KNH_2 oder $NaNH_2$ an Stelle von $LiNH_2$ entsteht. **I** gibt durch Hydrolyse mit Oxalsäure *17α-Vinyl-$\Delta^{5,10}$-östren-17β-ol-3-on*, während bei der Hydrolyse mit HCl aus **I** *17α-Vinyl-19-nortestosteron* (*17α-Vinyl-Δ^4-östren-17β-ol-3-on*) entsteht. Durch BIRCH-Red. von **II** mit Na u. A. in Ggw. von $NaNH_2$ in fl. NH_3 wird *3-Methoxy-17α-äthinyl-$\Delta^{2.5,10}$-östradien-17β-ol* erhalten.

Versuche: *3-Methoxy-17α-vinyl-$\Delta^{2.5,10}$-östradien-17β-ol* (**I**), $C_{21}H_{30}O_2$, F. 157—159° (Aceton), a) durch Lösen von Li in fl. NH_3 unter Rühren u. Kühlen mit festem CO_2 in Ggw. von wenig $Fe(NO_3)_3$, Zugabe von 1 g **II** in abs. Ae. innerhalb von 30 Min., 1½std. Rühren, Zugabe von weiterem Li innerhalb von 20 Min., ½std. Rühren, Zers. mit abs. A., Eindampfen, Zugabe von W., Ae.-Extraktion, Waschen mit W., Trocknen u. Eindampfen; $[\alpha]_D + 104°$; 82% (Ausbeute); b) durch Red. mit Li analog a), jedoch in Ggw. von $NaNH_2$; 51%; c) durch Red. mit Li analog a), jedoch in Ggw. von KNH_2; 48%. — *3-Methoxy-17α-äthinyl-$\Delta^{2.5,10}$-östradien-17β-ol*, F. 180—182° (PAe./Bzl.), aus 1 g **II** analog **I** nach a), jedoch durch Red. mit Na in Ggw. von $NaNH_2$, Ausschütteln der wss. Mutterlauge mit wenig Bzl., Chromatographie an Al_2O_3 u. Elution mit PAe./Bzl.; $[\alpha]_D + 65°$; 170 mg. — *17α-Vinyl-$\Delta^{5,10}$-östren-17β-ol-3-on*, $C_{20}H_{28}O_2$, F. 142—143° (Ae./PAe.), durch 40 Min. langes Aufbewahren von **I** mit wss. Oxalsäure in CH_3OH bei 25°, Verdünnen mit W., Ae.-Extraktion, Waschen mit 1n $NaHCO_3$ u. W., Trocknen u. Eindampfen; $[\alpha]_D + 161°$; 85%. — *17α-Vinyl-Δ^4-östren-17β-ol-3-on* (*17α-Vinyl-19-nortestosteron*), F. 164—166°, durch Zugabe von 3n HCl zu **I** in sd. CH_3OH, Abkühlen innerhalb von ¾ Std., Verdünnen mit W., Ae.-Extraktion, Waschen mit 1n $NaHCO_3$ u. W., Trocknen u. Eindampfen; $[\alpha]_D + 27°$; 90%. H. KNIESZ. 3750□

Anomale Chlorierung von Östradiol-17β-acetat mit Isocyanursäurechlorid. Fumikazu Mukawa. (Tetrahedron Letters [London] **1959.** Nr. 14. 17—20. Okt. Tsurumi-Ku, Yokohama, Tsurumi Res. Labor. of Chem.) (Engl.)

Durch Chlorierung von Östradiol-17β-acetat (**I**) mit Isocyanursäurechlorid in tert.-Butanol/Essigsäure wird ein Gemisch aus *2.4.10β-Trichlor-* [**II**; $C_{20}H_{23}Cl_3O_3$, F. 205°; $[\alpha]_D^{17} + 1,9°$ (c = 1,3; Chlf.)] u. *10β-Chlor-17β-acetoxy-$\Delta^{1.4}$-östradien-3-on* [**III**; $C_{20}H_{25}ClO_3$, F. 124°, $[\alpha]_D^{18} + 10,7°$ (c = 1,0; Chlf.)] erhalten, das sich durch fraktionierte Kristallisation trennen läßt. Red. von **II** mit Zn/Essigsäure oder katalyt. Hydrierung gibt **I**, mit $NaBH_4$ in Methanol entsteht dagegen *2(4)-Chloröstradiol-17β-acetat* [$C_{20}H_{25}ClO_3$, F. 235° (Zers.)]. **III** geht beim Behandeln mit Alkalien oder bei Red. mit $NaBH_4$ in **I** über. L. LAMZA. 3750

Über ein dem Isomeren des Didehydroöstrolactons entsprechendes Lacton. Alain Horeau und Jean Jacques. (C. R. hebd. Séances Acad. Sci. **244**. 3062—64. 17/6. 1957. Paris, Coll. de France, Labor. de chim. organ. de Hormones.) (Franz.)

Vff. beschreiben die Darst. des *α.α-Dimethyl-β-[6-methoxynaphthyl-(2)]-δ-valerolactons* (**I**) u. des *α.α-Dimethyl-β-phenyl-δ-valerolactons* (**II**). Zur Gewinnung von **I** wird der durch Oxydation von 6-Methoxy-2-propenylnaphthalin erhältliche 6-Methoxynaphthaldehyd-(2) mit Malonsäurediäthylester in Pyridin in Ggw. von 6-Methoxynaphthoesäure-(2) zu *[6-Methoxynaphthyliden-(2)]-malonsäurediäthylester* (**III**, $C_{19}H_{20}O_5$, F. 89—89,5°) kondensiert. **III** reagiert in Ggw. von Triphenylmethyl-Na (**VII**) oder Na-tert.-Amylat mit Isobutyraldehyd (**V**) nach einer MICHAEL-Kondensation. Das nicht isolierte Rk.-Prod. wird verseift u. die resultierende *Aldehyddicarbonsäure* mit Hilfe von sd. verd. H_2SO_4 zu *β-[6-Methoxynaphthyl-(2)]-γ-methyl-γ-formylvaleriansäure* (**IV**, $C_{18}H_{20}O_4$, F. 178—180°) decarboxyliert. **IV** läßt sich mit $KMnO_4$ zu *α.α-Dimethyl-β-[6-methoxynaphthyl-(2)]-glutarsäure* ($C_{18}H_{20}O_5$, F. 209—210°) oxydieren, deren *Dimethylester* ($C_{20}H_{24}O_5$, F. 108—109°) sich mit 1 Val methanol. NaOH in den *Monomethylester* {*β-[6-Methoxynaphthyl-(2)]-γ-methyl-γ-methoxycarbonylvaleriansäure*, $C_{19}H_{22}O_5$, F. 159°} umwandeln läßt. Dieser liefert mit Oxalylchlorid das *Säurechlorid*, das mit $LiAlH[OC(CH_3)_3]_3$ in Tetrahydrofuran bei 0° zu *α.α-Dimethyl-β-[6-methoxynaphthyl-(2)]-δ-hydroxyvaleriansäure* reduziert wird, dessen Ringschluß zu **I** ($C_{18}H_{20}O_3$, F. 140—141°) mit HCl leicht erfolgt. Bei der Kondens. von Benzylidenmalonsäurediäthylester (**VI**) mit Isobuttersäureäthylester in Ggw. von **VII** bildet sich nach Verseifung u. Decarboxylierung *β-Phenyl-γ-methyl-γ-äthoxycarbonylvaleriansäure*, $C_{15}H_{20}O_4$, F. 121—124°. Nimmt man die Kondens. von **VI** mit **V** nach MEERWEIN vor, so entsteht über mehrere Stufen *α.α-Dimethyl-β-phenylglutarsäure*, F. 171—172°. *Dimethylester* ($C_{15}H_{20}O_4$, F. 58—59°). *Monomethylester* (*β-Phenyl-γ-methyl-γ-methoxycarbonylvaleriansäure*, $C_{14}H_{18}O_4$, F. 111 bis 112°; *Thiobenzylester* [*β-Phenyl-γ-methyl-γ-methoxycarbonylvalerianthiolsäurebenzylester* (**VIII**), $C_{21}H_{24}O_3S$, F. 58—59,5°]). **VIII** liefert mit RANEY-Ni *α.α-Dimethyl-β-phenyl-δ-hydroxyvaleriansäure* ($C_{13}H_{18}O_3$, F. 120°), welche zu **II** ($C_{13}H_{16}O_2$, F. 81—82°) lactonisiert wird. G. ZIEBARTH. 3750□

Eine Methode zum Schützen der Hydroxygruppen in 17-Stellung von Steroiden. Synthese des Testosterons, Dihydrotestosterons, 17α-Hydroxyprogesterons und ihrer Ester. Pietro de Ruggieri und Gian Antonio de Ferrari. (Ann. Chimica **48**. 1048—56. Nov. 1958. Milano, Labor. Ric. „Ormonoterapia Richter".) (Ital.)

3β-Acetoxy-Δ^5-androsten-17β-ol (**VIII**) reagiert mit 2.3-Dihydropyran (**V**) in Ggw. von $POCl_3$ zu *3β-Acetoxy-17β-[tetrahydropyranyl-(2)-oxy]-Δ^5-androsten* (**I**), welches durch alkal. Verseifung u. OPPENAUER-Oxydation *17β-[Tetrahydropyranyl-(2)-oxy]-Δ^4-androsten-3-on* (**II**) liefert. **II** gibt durch saure Hydrolyse *Testosteron*, während bei Behandlung von **II** mit kurzkettigen aliphat. Säuren die entsprechenden *17-Acyltestosteron-Derivv.* gebildet werden. Bei der Red. von **I** mit H_2 an Pd/$CaCO_3$ entsteht *3β-Acetoxy-17β-[tetrahydropyranyl-(2)-oxy]-androstan*, welches durch alkal. Verseifung u. Oxydation mit CrO_3 in Pyridin *17β-[Tetrahydropyranyl-(2)-oxy]-androstan-3-on* (**III**) ergibt. Bei der sauren Hydrolyse von **III** entsteht *Dihydrotestosteron*, während mit aliphat. Säuren die entsprechenden *17-Acyldihydrotestosteron-Derivv.* erhalten werden. Aus 3β-Acetoxy-Δ^5-pregnen-17α-ol-20-on (**IV**) wird mit **V** in Ggw. von $POCl_3$ *3β-Acetoxy-17α-[tetrahydropyranyl-(2)-oxy]-Δ^5-pregnen-20-on* erhalten, welches durch alkal. Verseifung über *17α-[Tetrahydropyranyl-(2)-oxy]-Δ^5-pregnen-3β-ol-20-on* u. dessen Oxydation nach OPPENAUER in *17α-[Tetrahydropyranyl-(2)-oxy]-Δ^4-pregnen-3.20-dion* (**VI**) umgewandelt wird, dessen saure Hydrolyse *17α-Hydroxyprogesteron* liefert, während aus **VI** mit aliphat. Säureanhydriden in Ggw. von p-Toluolsulfonsäure (**VII**) nach partieller Hydrolyse die entsprechenden *17α-Acyloxyprogesteron-Derivv.* entstehen.

Versuche ($[\alpha_D]$ in Chlf.): *3β-Acetoxy-17β-[tetrahydropyranyl-(2)-oxy]-Δ^5-androsten* (**I**), $C_{26}H_{40}O_4$, F. 148,5—150° (CH_3OH), durch 3std. Stehen von **VIII** mit **V** in $POCl_3$ bei 18°, Verdünnen mit Ae., Waschen mit wss. Na_2CO_3 u. W., Trocknen u. Einengen; $[\alpha]_D^{20}$ —31,5°; 90% (Ausbeute). — *17β-[Tetrahydropyranyl-(2)-oxy]-Δ^5-androsten-3β-ol*, $C_{24}H_{38}O_3$, F. 122—125° (Aceton), durch 1std. Kochen von **I** in CH_3OH mit wss. K_2CO_3 u. Verdünnen mit W.; $[\alpha]_D^{20}$ —82°; 98%. — *17β-[Tetrahydropyranyl-(2)-oxy]-Δ^4-androsten-3-on* (**II**), $C_{24}H_{36}O_3$, F. 97—98° (Hexan), durch Dest. der Lsg. vorst. Verb. in Toluol u. Cyclohexanon nach Zugabe von Al-Isopropylat in abs. Toluol, Zugabe von Na-K-Tartrat in W., Erkaltenlassen unter Rühren, Wasserdampf-Dest. der organ. Schicht, Ae.-Extraktion, Trocknen u. Eindampfen; $[\alpha]_D^{20}$ —87°; 90%. — *Testosteron*, F. 151—153°, durch 1std. Kochen von **II** in 95%ig. A. in Ggw. von **VII**; $[\alpha]_D^{20}$ +102° (Dioxan); 97,5%. — *Testosteronpropionat*, F. 119—121° (Hexan), durch 22std. Erhitzen von **II** mit Propionsäure auf 120°, Verdünnen mit W., Ae.-Extraktion, Waschen mit wss. NaOH u. W., Trocknen u. Eindampfen; $[\alpha]_D^{20}$ +84° (Dioxan); 70%. — *3β-Acetoxy-*

17β-[tetrahydropyranyl-(2)-oxy]-androstan, $C_{28}H_{42}O_4$, F. 102—105° (CH_3OH), durch 5std. Hydrierung von I in Dioxan unter Rühren an 1%ig. $Pd/CaCO_3$ bei Raum-Temp., Filtrieren u. Eindampfen; $[\alpha]_D^{20}$ +9°; 90%. — *17β-[Tetrahydropyranyl-(2)-oxy]-androstan-3β-ol*, $C_{24}H_{40}O_3 \cdot H_2O$, F. 124—126° (wss. CH_3OH), durch 1std. Kochen von vorst. Verb. in CH_3OH mit wss. K_2CO_3; $[\alpha]_D^{20}$ +17°; 98%. — *17β-[Tetrahydropyranyl-(2)-oxy]-androstan-3-on* (III), $C_{24}H_{38}O_3$, F. 117—120° (wss. Aceton), durch mehrstd. Stehen von vorst. Verb. mit CrO_3 in Pyridin, Verdünnen mit W., Filtrieren u. Waschen des Rückstandes mit W.; $[\alpha]_D^{20}$ +53°; 90%. — *Dihydrotestosteron*, F. 173—176°, durch $^1/_4$std. Kochen von III in Aceton mit wenig HCl u. Verdünnen mit W.; $[\alpha]_D^{20}$ +32° (A.); 97%. *Acetyl-Deriv.*, F. 153—156°, durch 24std. Kochen von III u. Essigsäure; $[\alpha]_D^{20}$ +28,5°; 92%. — *3β-Acetoxy-17α-[tetrahydropyranyl-(2)-oxy]-Δ^5-pregnen-20-on*, $C_{28}H_{42}O_5$, F. 137—140° (wss. Aceton), durch 24std. Stehenlassen von IV in CH_2Cl_2 mit V in Ggw. von $POCl_3$ bei Raum-Temp., Waschen mit wss. Na_2CO_3 u. W., Trocknen u. Eindampfen; $[\alpha]_D^{20}$ —22,5°; 90%. — *17α-[Tetrahydropyranyl-(2)-oxy]-Δ^5-pregnen-3β-ol-20-on*, $C_{26}H_{40}O_4$, F. 143—147° (wss. CH_3OH), durch 1std. Kochen vorst. Verb. mit wss. K_2CO_3 in CH_3OH, Verdünnen mit W. u. Eindampfen; $[\alpha]_D^{20}$ —16°; 95%. — *17α-[Tetrahydropyranyl-(2)-oxy]-Δ^4-pregnen-3.20-dion* (VI), $C_{26}H_{38}O_4$, F. 148,5—151° (wss. CH_3OH), durch Zugabe von Al-Isopropylat in abs. Toluol im Laufe von 20 Min. zu vorst. Verb. in Toluol u. Cyclohexanon unter langsamem Abdestillieren, Zugabe von wss. K-Na-Tartrat unter Kühlen u. Rühren, Abtrennen der organ. Schicht nach 10 Min., Waschen mit W., Extraktion der wss. Schicht mit Toluol, Wasserdampf-Dest. der vereinigten organ. Phasen, Ae.-Extraktion, Trocknen u. Eindampfen; $[\alpha]_D^{20}$ +110°; 90%. — *17α-Hydroxyprogesteron*, F. 214—215°, durch 1std. Kochen von VI in A. in Ggw. von VII u. Verdünnen mit W.; $[\alpha]_D^{20}$ +96°; 98%. — *17α-Acetoxyprogesteron*, F. 237—240°, durch 40 Min. langes Erhitzen von VI mit Acetanhydrid u. VII auf 80°, Abkühlen, Verdünnen mit W., Filtrieren, Waschen mit W., Aufnehmen in CH_3OH, Zugabe von 1%ig. methanol. KOH innerhalb von 2 Min. unter Rühren, Neutralisieren mit 15%ig. wss. CH_3COOH u. Kühlen mit Eis; $[\alpha]_D^{20}$ +71°; 85%. H. KNIESZ. 3750□

Halogenierte Progesterone durch Reaktion mit Perchlorylfluorid. George R. Allen jun. und Nancy A. Austin. (J. org. Chemistry 26. 5245—47. 27/12. 1961. Evansville, Ind., Mead Johnson and Co., Dep. of Natur. Prod. Res.) (Engl.)

Da 21-Fluorprogesterone gegenüber Progesteron eine 2—4fache höhere biolog. Aktivität haben, schien Vff. die Darst. von 17α-Fluorprogesteron-Derivv. interessant. Zur Darst. wird die kürzlich entdeckte Rk. von Perchlorylfluorid mit Enolacetaten entsprechend abgewandelt.

Versuche: *6β.17α-Dichlorprogesteron*, $C_{21}H_{28}Cl_2O_2$, F. 194—196° (hexagonale Platten aus Aceton/Hexan), durch Rühren von 3.20-Diacetoxy-$\Delta^{3.5.17.20}$-pregnatrien (I) in Aceton u. einer bei 0° mit Cl_2 gesätt. 1n $NaHCO_3$-Lsg.; $[\alpha]_D$ —27,5° (c = 0,1; Chlf.). — *17α-Brom-6α-fluorprogesteron*, $C_{21}H_{28}BrFO_2$, F. 179—180° (Nadeln aus Aceton/Hexan), durch langsames Einleiten von Perchlorylfluorid in 2,0 g I, $3^1/_2$std. Rühren in Dioxan, Verteilung zwischen W. u. CH_2Cl_2, Lösen der organ. Phase in tert.-Butylalkohol, Rk. mit 10%ig. $HClO_4$ u. N-Bromsuccinimid, 2std. Rühren u. Aufarbeitung; $[\alpha]_D$ +12° (c = 0,1; Chlf.); 0,620 g (Ausbeute). — *17α-Chlor-6α-fluorprogesteron*, $C_{21}H_{28}ClFO_2$, F. 195—197° (Platten aus Aceton/Hexan), wie vorst. aus 2,0 g I u. Perchlorylfluorid, Versetzen mit Cl_2-gesätt. n-$NaHCO_3$-Lsg., Isolieren, Lösen in Eisessig, Sättigen mit HCl, 16std. Stehen bei Raum-Temp. u. Aufarbeitung; $[\alpha]_D$ +51° (c = 0,1; Chlf.); 44%. — *6α-Fluor-$\Delta^{4.16}$-pregnadien-3.20-dion*, $C_{21}H_{27}FO_2$, F. 169—171° (Nadeln; Ae.), a) durch Rk. von 150 mg vorvorst. Verb. mit LiCl in N.N-Dimethylformamid nach ENGEL u. DEGHENGHI (Canad. J. Chem., Sect. B 38. [1960.] 452); b) durch Rk. von 150 mg vorst. Verb. nach a) 1; 57 mg; $[\alpha]_D$ +157° (c = 0,1; Chlf.). — Mol.-Rotationen, UV- u. IR-Spektren sind angegeben. H. CZECH. 3750□

Nucleophile Substitution an 9α-Brom-11-ketoprogesteron. Patrick A. Diassi und Raymond M. Palmere. (J. org. Chemistry 26. 5240—41. 27/12. 1961. New Brunswick, N.J., Squibb Inst. for Med. Res.) (Engl.)

Obwohl die Voraussetzungen der FAVORSKII-Umlagerung gegeben waren, gibt *9α-Brom-11-ketoprogesteron* (I) nicht das zu erwartende Rk.-Produkt. Konstit.-Beweis erfolgt durch Spektralanalyse u. durch Synthese. UV-Spektren sind angegeben.

Versuche: *12α-Methoxy-11-ketoprogesteron* (II), $C_{22}H_{30}O_4$, F. 121—122° (Aceton/Hexan), a) durch $2^1/_2$std. Rühren von 10 g I u. Na-Methylat unter N_2 bei Raum-Temp., Verdünnen, mehrmalige Extraktion mit Chlf., säulenchromatograph. Adsorption u. Eluieren mit Bzl./Hexan (3:1) oder Bzl.; 3,2 g (Ausbeute); b) durch $^1/_4$std. Rühren von 100 mg 12α-Methoxy-11β-hydroxyprogesteron u. eines Gemisches von CrO_3 u. H_2SO_4 bei Raum-Temp. u. Extraktion mit Chlf.; 70 mg; $[\alpha]_D^{23}$ +281° (Chlf.). —

12α-Methoxy-3β.20α-diacetoxy-Δ^4-pregnen-11β-ol, $C_{26}H_{40}O_6$, F. 200–202° (Aceton/Hexan), durch 3std. Rühren von 200 mg II in abs. Tetrahydrofuran u. $LiAlH_4$ bei Raum-Temp., Extraktion mit Chlf. u. Acetylierung. — *12α-Methoxy-11β-hydroxyprogesteron*, $C_{22}H_{32}O_4$, F. 164–165°, durch 5std. Rühren von 200 mg *11β*.12β-Oxidoprogesteron in 5 ml Methanol, mit 70%ig. $HClO_4$ bei Raum-Temp.; $[\alpha]_D^{22}$ +210° (Chlf.); 172 mg. H. CZECH. 3750□

Pyridoxhydrazine und Derivate. Emilio Testa, Attilio Bonati und Giuseppe Pagani. (Chimia [Aarau, Schweiz] **15.** 314–17. 12/4. 1961. Mailand, Lepetit S. p. A., Forsch.-Abt.) (Dt.)

Pyridoxhydrazindihydrochlorid (I; 2-Methyl-3-hydroxy-4-hydrazinomethyl-5-hydroxymethylpyridindihydrochlorid) u. eine Reihe chem. verwandter Verbb. sind aus Pyridoxal durch Kondens. mit substituierten Hydrazinen u. anschließende katalyt. Red. dargestellt worden. Pyridoxhydrazin wurde auch mit einigen Aldehyden umgesetzt, wobei sich die erwarteten Pyridoxhydrazone bilden. Es wird über einige biolog. Wrkg. dieser Verbb. berichtet.

Versuche: Pyridoxalhydrazone: *N-Acetyl-*, $C_{10}H_{13}N_3O_3$, F. 260–262°, durch Oxydation von Pyridoxinhydrochlorid mit MnO_2 in Ggw. von H_2SO_4, Einengen der Lsg., Zugabe von Na-Acetat (pH 5–6) u. Acetylhydrazin u. mehrstd. Stehen; aus W. gelbe Kristalle; 59% (Ausbeute). — *N-[Dimethylaminoacetyl]-, Hydrochloriddihydrat*, $C_{12}H_{18}N_4O_3 \cdot HCl \cdot 2\,H_2O$, F. 208–212°, analog vorst. Verbindung. — *N-Isopropyl-, Hydrochlorid*, $C_{11}H_{17}N_3O_2 \cdot HCl$, F. 219–221°, durch Rk. von Pyridoxalhydrochlorid in W. mit Isopropylhydrazinhydrochlorid in W. u. Zugabe von Na-Acetat (pH 5); hellgelbes Pulver; 70%. — *N-[α-Methyl-β-phenyläthyl]-, Hydrochlorid*, $C_{17}H_{21}N_3O_2 \cdot HCl$, F. 202–204°, durch Versetzen von Pyridoxalhydrochlorid in W. mit α-Methyl-β-phenyläthylhydrazin in W.; gelb; 78,5%. — *Pyridoxhydrazin, Dihydrochlorid* (I), $C_8H_{15}Cl_2N_3O_2$, F. 186–189° (A.), durch 7std. Kochen des nachst. Acetyl-Deriv. in 10%ig. HCl; 67,5%. *N-Acetyl-Deriv.*, $C_{10}H_{15}N_3O_3$, F. 184–185° (abs. A.), durch mehrstd. Hydrieren des entsprechenden Hydrazons in abs. A. in Ggw. von etwas Eisessig an 5%ig. Pd/Kohle bei Raum-Temp.; 91%. *N-[Dimethylaminoacetyl]-Deriv.*, $C_{12}H_{20}N_4O_3$, F. 203–205° (Essigester), analog dem Acetyl-Deriv. (4 Std.); 88,5%. — *N-Isopropylpyridoxhydrazindihydrochlorid*, $C_{11}H_{19}N_3O_2 \cdot 2\,HCl$, F. 157–160° (Isopropanol), durch Neutralisieren des entsprechenden Hydrazons in W. mit Na-Acetat, Zutropfen von Acetanhydrid bei Raum-Temp., 3std. Rühren, Extrahieren mit Essigester, Eindampfen, Hydrieren des rohen Acetyl-Deriv. in A. an PtO_2, Filtrieren, Eindampfen, 4std. Kochen mit 10%ig. HCl u. Eindampfen; 20%. — *N-[α-Methyl-β-phenyläthyl]-pyridoxhydrazinhydrochlorid*, $C_{17}H_{23}N_3O_2 \cdot HCl$, F. 197–198° (A.), durch 6std. Hydrieren des entsprechenden Hydrazons in A./Eisessig (15 : 2) an PtO_2 bei Raum-Temp.; 16%. — Pyridoxhydrazonhydrochloride: *p-Nitrobenzaldehyd-*, $C_{15}H_{17}ClN_4O_4$, F. 212–215° (Zers., Methanol), durch Versetzen von 500 mg I in 80%ig. A. mit 295 mg p-Nitrobenzaldehyd in abs. A. u. $^1/_4$std. Stehen; 150 mg. — *5-Nitrofurfurol-*, $C_{13}H_{15}ClN_4O_5$, F. 203–205° (Zers., A.), analog vorst. Verb. (1std. Stehen) aus 1,41 g 5-Nitrofurfurol u. 2,56 g I; 1,7 g. — *5-Nitrothiophen-2-aldehyd-*, $C_{13}H_{15}ClN_4O_4S$, F. 212–215° (Zers.), aus 2,56 g I u. 1,57 g 5-Nitrothiophen-2-aldehyd, Filtrieren des Nd. nach $^1/_4$ Std. u. 24std. Stehen der Mutterlaugen im Kühlschrank; rötliches Prod.; 1,15 g. — *{β-[5-Nitrothienyl-(2)]-α-bromacrolein}-*, $C_{15}H_{16}BrClN_4O_4S$, F. 200° (Zers.), aus 270 mg β-[5-Nitrothienyl-(2)]-α-bromacrolein u. 256 mg I in abs. A.; aus A. rote Substanz; 250 mg. P. GOLINSKE. 3800□

Rutilantinon. W. D. Ollis, I. O. Sutherland und J. J. Gordon. (Tetrahedron Letters [London] **1959.** Nr. 16. 17–23. Nov. Bristol, Univ.; Clevedon, Med. Res. Council, Antibiotics Res. Stat.) (Engl.)

Durch Abbau-Rkk. u. Auswertung der UV- u. IR-Daten wurde für *Rutilantinon* [I; $C_{22}H_{20}O_9$, F. 220° (Zers.); dunkelrote Nadeln] die Konstit. *1.4.6.7.9-Pentahydroxy-9-äthyl-10-carbomethoxy-7.8.9.10-tetrahydrotetracenchinon-(5.12)* gesichert. Die Anwesenheit der Carbomethoxygruppe wurde durch Spaltung mit HJ u. Nachw. des gebildeten CH_3J durch Rk. mit Dimethylanilin unter Bldg. des *Methojodids* bestätigt. Die C_2H_5-Gruppe wurde nach CrO_3-Oxydation als *Propionsäure-p-bromphenacylester* nachgewiesen. *Rutilantinontetraacetat* [$C_{22}H_{16}O_5(OCOCH_3)_4$, F. 250°] enthält noch eine HO-Gruppe [ν_{max} 3630 cm^{-1} (Chlf.)]. Das UV- u. sichtbare Spektrum von I ist charakterist. für die 1.4.5-Trihydroxyanthrachinongruppierung. Beim Kochen von I mit wenig p-Toluolsulfonsäure in Toluol entsteht *Bis-anhydrorutilantinon* [II; *1.4.6-Trihydroxy-9-äthyl-10-carbomethoxytetracenchinon-(5.12)*, $C_{22}H_{16}O_7$, F. 239°; 80%]; das UV-Spektrum seines *Triacetats* [$C_{28}H_{22}O_{10}$, F. 215°] ist nahezu ident. mit dem Spektrum von 1.4.6-Triacetoxytetracenchinon. Durch Oxydation von II mit alkal. $KMnO_4$ wird *Benzol-1.2.3.4-tetracarbonsäure* [*Tetramethylester*, F. 130°] erhalten. Die Biosynth. von I wird diskutiert. L. LAMZA. 3900

Die Konstitution von Echinulin. C. Cardani, G. Casnati, F. Piozzi und A. Quilico. (Tetrahedron Letters [London] **1959.** Nr. 16. 1—8. Nov. Milano, Centro di Chim. Ind. del C.N.R., Ist. di Chim. Gen. del Politecnico.) (Engl.)

Zur Lsg. des Konstit.-Problems von *Echinulin* (I; $C_{28}H_{37}N_3O_2$) werden die oxydativen Abbau-Prodd. von I, Hydroechinulin (II; $C_{28}H_{43}N_3O_2$) u. die durch alkal. Pyrolyse von I u. II erhältlichen 2.5.7-trisubstituierten Indole (In) untersucht. Durch Oxydation von II mit HNO_3, alkal. u. saurer $KMnO_4$-Lsg. werden *Essig-*, *Isobutter-*, *Isovalerian-*, *α.α-Dimethylbutter-* u. *Isocapronsäure* erhalten. Unter den nichtflüchtigen Prodd. der HNO_3-Oxydation wurde *α-Hydroxy-α-methylglutarsäurelacton* (III; F. 69°) identifiziert, das bei Red. mit HJ/P in *α-Methylglutarsäure* (F. 78°) übergeht. Beträchtliche Mengen an III werden auch bei der HNO_3-Oxydation des aus II erhaltenen In gebildet. Bei längerer Behandlung von I mit alkohol. KOH bei 200° wird unter Verschiebung der Doppelbindung in der C_5-Seitenkette u. Hydrolyse des Diketopiperazinringes *Alanin* u. *Isoechinin* (IV; $C_{25}H_{34}N_2O_2$) gebildet. Hydrierung von IV liefert *Hydroechinin* ($C_{25}H_{40}$·N_2O_2), das auch durch Hydrolyse von II mit äthanol. KOH bei 200° entsteht. Nach Ozonolyse von IV in Essigsäure u. Chromatographie der 2.4-Dinitrophenylhydrazone der entstandenen Carbonyl-Verbb. an Silicagel wurden *HCHO-* (V), *Aceton-* (VI) u. *Isobutyraldehyd-2.4-dinitrophenylhydrazon* (Mol-Verhältnis 1 : 1 : 1) nachgewiesen, nach Ozonolyse von I V u. VI (1 : 2). Aus der Racemisierung von I u. II bei Raum-Temp. in Ggw. von Na-Äthylat wird geschlossen, daß außer den beiden asymm. C-Atomen des Diketopiperazinringes kein weiteres Asymmetriezentrum vorhanden ist. Auf Grund dieser Ergebnisse u. der Auswertung der UV- u. IR-Spektren muß I die Konstit. *2-[1.1-Dimethylallyl]-5-[3.3-dimethylallyl]-7-{2-[2.5-diketo-3-methylpiperazinyl-(6)]-3.3-dimethylallyl}-indol* haben bzw. eine isomere Struktur, in der die 5- u. 7ständigen Substituenten vertauscht sind. L. LAMZA. 3900

Methylierung von Pyrononen. Die strukturelle Beziehung zwischen Aureothin und Isoaureothin. Hisao Nakata, Sho Takahashi, Kiyoyuki Yamada und Yoshimasa Hirata. (Tetrahedron Letters [London] **1959.** Nr. 16. 9—16. Nov. Chikusa, Nagoya, Nagoya Univ., Chem. Inst.) (Engl.)

Aureothin (I) geht bei Einw. saurer Reagentien leicht in *Desmethylisoaureothin* (II) über, das auf Grund seiner Spektraldaten im Gegensatz zu I einen α-Pyronring besitzt. Durch Methylierung von II mit äther. Diazomethan-Lsg. (L) unter Feuchtigkeitsausschluß werden bei rascher Zugabe von L u. auch noch bei 2—4std. Zugabe 100% an *Isoaureothin* (III) erhalten; bei 18std. Zugabe von L (d. h. Rk. in verd. Lsg.) entstehen dagegen neben 98% III 2% I. Bei 6std. Kochen des aus 1 g II erhaltenen Na-Salzes mit 0,7 g Dimethylsulfat in Aceton u. fraktionierte Kristallisation werden neben 400 mg III 300 mg I erhalten. Das zeigt, daß II in Lsg. in 2 tautomeren Formen vorliegt. Analog verhält sich auch 6-Methyl-2.4-diketodihydropyran (IV), das bei rascher Zugabe von L 100% *6-Methyl-4-methoxy-α-pyron* (V), bei 2—4std. Zugabe 74% V u. 26% *6-Methyl-2-methoxy-γ-pyron* (VI) u. bei 18std. Zugabe 67% V u. 33% VI liefert. Im Gegensatz zu II wird aber bei der Methylierung des Na-Salzes von IV mit Dimethylsulfat nur das stabile Isomere unter Bldg. von V methyliert. L. LAMZA. 3900

Untersuchungen über die chemische Bindung zwischen Lignin und Kohlenhydraten. 6. Mitt. **Über Dimethylformamidextraktstoff aus Weizenstroh.** Akira Hayashi und Isamu Tachi. (J. agric. chem. Soc. Japan [Nippon Nōgeikagaku Kaishi] **33.** 806—09. 15/8. 1959. Kyōto Daigaku, Nōgaku-Bu, Nōgei-Kagaku-Kyōshitsu.) (Jap.)

7tägige Extraktion von Weizenstroh mit Dimethylformamid u. Weiterbehandlung mit A./Dichloräthan (1 : 2), 10%ig. Na_2SO_4 u. Dioxan/Bzl. (1 : 1) führt zu *Ligninen*, die in fallender Menge *Glucose*, *Arabinose*, *Xylose* u. *Galaktose* gebunden enthalten.
F. MOSSNER. 3950

Huminsäureuntersuchungen. R. I. Davies, C. B. Coulson und Carlos Luna. (Chem. and Ind. **1957.** 1544—45. 23/11. Bangor, Univ. Coll. of North Wales, Dep. of Agric. Chem.) (Engl.)

Mit Cetyltrimethylammoniumbromid (I) läßt sich aus einer wss. *Huminsäure* (II)-Lsg. ein beträchtlicher Anteil fällen. II wurde durch Extraktion von trockenem Torf mit NaOH u. Fällen mit HCl erhalten. Sowohl der durch Fällung mit 10%ig. I aus einer 0,4%ig. schwach alkal. II-Lsg. erhaltene Nd. als auch die überstehende Lsg. wurden papierchromatograph. auf Aminosäuren untersucht. In der Lsg. fanden sich nur wenige freie Aminosäuren, nach Hydrolyse mit 6n HCl (24 Std. bei 100°) wurden dagegen *Asparaginsäure, Glutaminsäure, Serin, Glycin, Threonin, Alanin, Tyrosin, Lysin, Histidin, Arginin, Valin, Methionin, Methionin-S-oxid* u. *-S.S-dioxid, Phenylalanin* u. *Leucine* in

kleinen Mengen gefunden. Der Nd. aus der II-Fällung war z. T. in 0,5n NaOH löslich. Sowohl im lösl. als auch im unlösl. Anteil ließen sich nach 24std. saurer Hydrolyse größere Mengen eines ähnlichen Aminosäuregemisches (zusätzlich *Leucin, Prolin, 3.4-Dihydroxyphenylalanin* u. ein *Aminozucker*), jedoch kein Alanin nachweisen.
W. Betcke. 3950 □

D. Makromolekulare Chemie

Die magnetischen und dielektrischen Eigenschaften von hochgeordneten makromolekularen Strukturen. L. A. Bljumenfeld und W. A. Benderski. (Доклады Академии Наук СССР [Ber. Akad. Wiss. UdSSR] **133.** 1451—54. 21/8. 1960. Inst. für chem. Physik der Akad. der Wiss. der UdSSR.) (Russ.)

Übersicht an Hand eigener u. fremder Veröffentlichungen. — 16 Literaturstellen.
E. Rentz. 4000

Kinetische Theorie der Thermodiffusion in verdünnten Polymerlösungen. Joe S. Ham. (J. appl. Physics **31.** 1853—58. Nov. 1960. College Station, Tex., A. and M. Coll. of Texas, Dep. of Phys.) (Engl.)

Das von Chandrasekhar u. Yang eingeführte, auf dem Begriff der Brownschen Bewegung beruhende einfache Diffusionsmodell wird auf verd. Lsgg. von Polymeren angewandt. Der Thermodiffusions-Koeff. D_T ist hiernach unabhängig von der Natur des Polymeren u. gegeben durch $D_T = -D_S E_S/RT^2$ mit D_S = Selbstdiffusions-Koeff. des Lsgm. u. E_S = Aktivierungsenergie der Selbstdiffusion. Hieraus folgt, daß das Thermodiffusionsverhältnis $\alpha = TD_T/D_0$ abhängig von der Temp., proportional $M^{0,5}$ (M = Molgew.) u. wie der normale Diffusions-Koeff. D_0 abhängig von der Konz. sein muß. Diese Forderungen werden von den meisten experimentellen Ergebnissen erfüllt. Die Thermodiffusion ist nicht bes. zur Trennung von Makromoll. von verschiedenem Molgew. geeignet.
A. Blaschette. 4000□

Ultrazentrifugieren. G. Brauns. (Meded. vlaamse chem. Veren. **23.** 144—52. Sept./Okt. 1961. Leuven, Univ., Labor. voor Biochem. II.) (Fläm.)

Übersicht über das Ultrazentrifugieren u. seine Anwendung zur Unters. von Makromolekülen. Diese sind gek. durch einen Sedimentations-Koeff., der von der Teilchenform u. -größe abhängt u. eine Korrektur für Dichte, Viscosität, Temp., Diffusion u. Konz.-Abhängigkeit erhält. Zur Best. des Molgew. in Abhängigkeit vom Diffusions-Koeff. u. spezif. Vol. ist eine Gleichung angegeben. — 21 Schrifttumshinweise.
W. Wesly. 4000□

Theorie der Zahlen und das Problem der Polymerisation. V. S. Nanda und R. K. Pathria. (Proc. nat. Inst. Sci. India, Part A **26.** 700—10. 26/11. 1960. Delhi, Univ., Dep. of Physics.) (Engl.)

Die Meth. der mathemat. Unters. des Abbauproblems linearer Polymerer (J. chem. Physics **30.** [1959.] 27) mit Hilfe der Theorie der Zahlen wurde auf das Problem der Kondensations- u. Additionspolymerisation (als einfachste Polymerisationsart zunächst die Polymerisation eines bifunktionellen Monomeren) angewendet. Das Problem der Molgew.-Stabilisierung u. der Mehrkettenpolymerisation bei Kondens.-Polymeren wird erörtert. Bei Additionspolymeren, bei denen der Mechanismus des Kettenabbruchs für die Best. der Art der statist. Verteilung eine große Rolle spielt, wird eine Gleichung angegeben, die alle wichtigen Mechanismen einschließt.
R. Schäff. 4000□

Hochdruckäthylen-Polymerisation mit Peroxid. Shinjiro Kodama, Takeo Shimidzu, Sachio Yuasa, Tsutomu Kagiya und Kenichi Fukui. (J. Polymer Sci. **55.** 285—96. Nov. 1961. Kyoto, Japan, Univ., Fac. of Engng.) (Engl.)

Äthylen (I) wurde unter Verw. von Di-tert.-butylperoxid (II) in W., in A. u. in A.-W.-Gemischen bei Drucken p = 300—1700 at u. bei Temp. ϑ = 110—170° polymerisiert. Der Rk.-Verlauf wurde durch Messen von p während der Polymerisation bestimmt. Für die Geschw.-Konst. R (in Mol I/min) in W. ergibt sich daraus die Beziehung: $R = 4{,}2 \cdot 10^{17} \exp(-42{,}1/RT)$ [II] $\exp(-kt)p^{1,9}$, wobei $k = 1{,}8 \cdot 10^{18} \exp(-39{,}0/RT)$, t = Zeit in Minuten. In Verbindung mit den früher (vgl. C. **1962.** 865) erhaltenen Ergebnissen wird folgender Rk.-Mechanismus diskutiert: II → 2C·[$(CH_3)_3C$·]; C· → inakt. Prod.; C· + M → $R_1^{\cdot}$; $R_m^{\cdot}$ + M → $R_{m+1}^{\cdot}$; $R_n^{\cdot}$ → inakt. Polymeres. Die Dichte von *Polyäthylen* (III) steigt mit p an u. fällt mit wachsendem ϑ ab. Molgew. M u. Dichte von III sind prakt. unabhängig von der II-Konzentration. Mit wachsendem A.-Geh. fällt M ab, während die III-Ausbeute (in g/min), die Dichte von III u. die Radikalausbeute ansteigen. Der Kristallisationsgrad von III beträgt bei einer Dichte von 0,95 ca. 70%. Bei Rk.-Temp. >200° tritt eine teilweise Vernetzung auf. O. Fuchs. 4010□

Untersuchung der Sphärolithstruktur bei Polymeren. 1. Mitt. Abbau von Polymersphärolithen durch schnelle Elektronen. P. W. Koslow, Pan-tun Li und N. F. Bakejew. (Высокомолекулярные Соединения [Hochmolekulare Verbind.] **1.** 1848—52. Dez. 1959. Moskau, Univ., Chem. Fak.) (Russ.; Auszug: Engl.)

Auf 0,2—0,5%ig. Lsgg. von *Polyäthylen* (I) u. *Polypropylen* (II) in Xylol u. *Polyäthylensebacinat* (III) in Brombenzol wird bei 110—120° ein Tropfen Glycerin aufgebracht, der bei Abkühlung gebildete Film auf die Oberfläche von dest. W. gegeben, von da mit einem Gitter abgezogen, getrocknet u. die Sphärolithstruktur mkr. u. elektronenmkr. untersucht, nachdem der Film der Einw. von schnellen Elektronen unterworfen wurde. Bei der Bestrahlung tritt zunächst Amorphisierung, dann Zerstörung der Sphärolithstruktur ein; diese wird durch das Verschwinden des Malteserkreuzes bei der Unters. im Polarisationsmikroskop zwischen gekreuzten Nicols nachgewiesen. Die Temp. der Zerstörung der Sphärolithe nimmt bei längerer Bestrahlung von 130 auf 98° bei I, von 155 auf 103° bei II, von 68 auf 46° bei III ab. R. K. Müller. 4010□

Einfluß von Wasserstoff auf die anionisch-koordinative Polymerisation von Propylen und Äthylen. G. Natta, G. Mazzanti, P. Longi und F. Bernardini. (Chim. e Ind. [Milano] **41.** 519—26. Juni 1959. Milano, Politecn., Ist. di Chim. ind.) (Ital.)

Bei der Polymerisation von *Propylen* mit Katalysatoren aus α-$TiCl_3$ u. Triäthyl-Al bei 75° (Propylenpartialdruck 4 bzw. 6 at) wird das Molgew. des gebildeten *Polypropylens* (I) durch Ggw. von H_2 nach der Beziehung Molgew. $= 1/(k_1 + k_2 \sqrt{p_{H_2}})$ erniedrigt; bei der Polymerisation von *Äthylen* ergibt sich eine gleichartige Beziehung mit anderen Konstanten. Der Isotaktizitätsindex von I (nicht mit sd. n-Heptan extrahierbarer Anteil) nimmt mit steigendem H_2-Partialdruck schwach ab. Durch H_2 wird ferner die Geschw. der Polymerisation deutlich erniedrigt. Aus IR-spektroskop. Unterss. ergibt sich, daß in I-Proben mit niedrigem Molgew., die bei hohen H_2-Drucken hergestellt wurden, kaum Vinylidendoppelbindungen vorliegen, während solche Endgruppen in unter sonst gleichen Bedingungen in Abwesenheit von H_2 polymerisierten Proben mit hohem Molgew. deutlich zu erkennen sind. In Ggw. von H_2 ist demnach offenbar der Anteil der Kettenabbrüche durch Übertragung mit dem Monomeren (die zu Vinylidenendgruppen führen) stark herabgesetzt. Vermutlich tritt eine Hydrogenolyse der Bindungen zwischen Katalysator u. wachsender Polymerenkette ein; die so gebildeten „Katalysator-Hydride" vermögen die Polymerisation erst wieder nach Addition eines Monomeren-Mol. u. dadurch erneuter Aufrichtung von Metall–Alkyl-Bindungen zu induzieren. Da dieser Schritt langsamer als das folgende Kettenwachstum verläuft, ist die Geschw. des Gesamtprozesses herabgesetzt. Die Kinetik entsprechender Rkk. wird ausführlich diskutiert. H.-E. Toussaint. 4010□

Verteilung der Molekulargewichte eines Polybutadiens und Mechanismus der heterogenen katalytischen Polymerisation. Ph. Ribeyrolles und A. Guyot. (J. Chim. physique Physico-Chim. biol. **57.** 567—71. Juli/Aug. 1960. Strasbourg, Centre de Rech. sur les Macromol.) (Franz.)

Die Molgew.-Verteilung eines durch 110std. Polymerisation bei 85° an einem vorbehandelten CrO_3–$LiAlH_4$-Katalysator erhaltenen *Polybutadiens* (Guyot u. Parrod, C. **1960.** 1870) wird näher untersucht. Im Gegensatz zur Tung- u. zur Gauss-Verteilung entspricht eine exponentielle Verteilungsfunktion mit $n = 2$ am besten den experimentellen Fraktionierungsergebnissen. Geringfügige Abweichungen werden auf die Existenz von Stereoisomeren zurückgeführt. Wahrscheinlich besitzt beim Polymerisationsvorgang der Kettenstart ion., das Kettenwachstum radikal. Charakter. A. Blaschette. 4010□

Untersuchung des bei der Polymerisation von Butadien-(1.3) in Gegenwart von Organometallverbindungen entstehenden niedermolekularen Produktes. N. G. Kassatkina und W. D. Piasstro. (Вестник Ленинградского Университета, Серия Физики и Химии [Nachr. Leningrader Univ.] **15.** Nr. 3. [Ser. Physik Chem.] Nr. 16. 140—44. 1960.) (Russ.; Auszug: Engl.)

Bei der Polymerisation von *Butadien-(1.3)* (I) in Lsg. in Ggw. von $Al(C_2H_5)_3$ u. $TiCl_4$ wird neben dem Polymeren aus der Lsg. ein fl. Prod. isoliert, das nach Befreiung von oxydierten Beimengungen einen $Kp._{17}$ 104—105° aufweist u. ein I-*Trimeres* darstellt. Von den 3 möglichen Trimeren, *Cyclododecatrien-(1.5.9)* (II), 8-Vinylcyclodecadien-(1.5) u. 1.6-Divinylcycloocten-(3), liegt nach den Ergebnissen der Hydrierung, der Ozonisierung u. der Verteilungschromatographie II vor. Die Hydrierung an Pt-Schwarz bei 20° führt zu *Cyclododecan*, die Ozonisierung liefert als Hauptprod. *Bernsteinsäure* neben wenig *Essigsäure*. R. K. Müller. 4010□

Zur Umsetzung von Diacylperoxiden mit tertiären Aminen. L. Horner. (J. Polymer Sci. **18.** 438—39. Nov. 1955. Mainz, Univ., Inst. für organ. Chem.) (Dt.)

Vf. erklärt die von Imoto u. Mitarbeitern (vgl. 4. u. 5. Mitt., C. **1957.** 12773) aufgestellten Rk.-Mechanismen für unrichtig u. verweist auf seine eigenen Arbeiten (vgl. C. **1956.** 4675 u. früher). P. Becker. 4010

Chlorierte isotaktische Polykohlenwasserstoffe. Tod W. Campbell und Donald J. Lyman. (J. Polymer Sci. **55.** 169—80. Nov. 1961. Wilmington, Del., Du Pont de Nemours and Comp., Pioneering Res. Div., Textile Fibers Dep.) (Engl.)

Von 30 g *Polypropylen* (**I**; Inhärentviscosität $\eta = 4{,}0$) wurden durch Pressen dünne Filme hergestellt, die bei 0° mit 55 g Cl_2 in 500 cm³ Chlf. chloriert wurden. Beim Stehen des zerkleinerten *Chlorierungs-Prod.* in Chlf. wird eine Trennung in ein lösl (**IIa**) u. ein unlösl. Prod. (**IIb**) erzielt. **IIa** u. **IIb** mit einem Cl-Geh. von 40 bzw. 35% sind nicht entflammbar. Die Lsg. von **IIa** läßt sich verspinnen; Filme aus **IIa** sind in heißem W. verformbar. Durch Pressen von **IIb** werden kristalline Filme erhalten. Wird **I** in Chlf. in Ggw. von intensivem weißem Licht chloriert, so wird ein *Polymeres* mit 69,7% Cl (lösl. in Chlf., $\eta = 0{,}76$) gewonnen, das klare brüchige Filme gibt. Bei der Chlorierung von **I**-Pulver in CCl_4 bei 0° mit verschiedenen Cl-Mengen werden *Chlorierungs-Prodd.* (**III**) mit einem Cl-Geh. von 6—60% erhalten; der F. von **III** steigt mit wachsendem Cl-Geh. von 133° für 6% Cl auf 268° für 60% Cl an. Bei der Chlorierung von *Poly-4-methylpenten-(1)* (**IV**) in Chlf. bei 0° wird ein in Chlf. lösl. *Prod.* (**V**) mit 27,3% Cl, F. 182°, nicht entflammbar, erhalten, das sich bei 225° ohne Zers. zu steifen Filmen verpressen läßt; der unlösl. Anteil enthält 9,3% Cl, er gibt bei 225° beim Verpressen weiche Filme. Ein aus der Lsg. von **V** in CCl_4 gegossener Film läßt sich bei 140° in beiden Richtungen gleichzeitig um das 1,5fache verstrecken. Wird **IV**-Pulver in Ggw. von Licht in Chlf. beim Durchleiten von Cl_2 chloriert, so geht **IV** sehr rasch in Lsg. u. gibt ein *Prod.* mit 17,0—19,7% Cl, F. 205°; beim Verpressen werden kristalline Filme erhalten. Bei der Chlorierung von **IV** in sd. Chlf. in Ggw. von Licht wird ein *Prod.* mit 61,8% Cl gewonnen. Chloriertes **IV** mit 27% Cl läßt sich aus der Lsg. in Chlf. zu dehnbaren Fäden verspinnen, Bruchdehnung 23%. Aus **IV** wurden durch Chlorierung in CCl_4 bei 0° *Prodd.* mit einem Cl-Geh. von 6—61% hergestellt; der F. steigt von 160° für 6% Cl bis 320° für 61% Cl. **IV** läßt sich auch in wss. HOCl-Lsg. in Ggw. eines Emulgators chlorieren: 9,9—11,6% Cl, F. 196°. Bei der Chlorierung von **IV** in Eisessig in Ggw. von Licht wird ein *Prod.* mit 37% Cl, F. 220°, erhalten. Bei der Chlorierung von feinverteiltem **IV** in einer Cl_2-Atmosphäre in Ggw. von Licht entsteht ein *Prod.* mit 15,1% Cl, F. 182°. Chlorierte Fasern (17,3% Cl) aus **IV** sind in W. nicht entflammbar. Verstreckte **IV**-Fasern lassen sich ebenso chlorieren; die Bruchdehnung der trockenen Fasern beträgt 31% für 0% Cl, 25 für 13,8% u. 16 für 27,7%. Beim mehrstd. Erhitzen von *Polyvinylchlorid* auf 162° steigt η schwach an, während η von *chloriertem Polyäthylen* etwas u. von chloriertem **IV** anfangs stark u. nach 20 Std. nur noch schwach abfällt. O. Fuchs. 4010□

Kristallines Polyvinylcyclopropan, Polyvinylcyclopentan und Polyvinylcyclohexan. C. G. Overberger, A. E. Borchert und A. Katchman. (J. Polymer Sci. **44.** 491—504. Juni 1960. Brooklyn, N.Y., Polytechn. Inst. of Brooklyn, Dep. of Chem.) (Engl.)

Durch 48std. Erhitzen eines Gemisches aus 0,83 g $Al(iso\text{-}C_4H_9)_3$, 0,15 g pulverigem $TiCl_3$, 2,60 g Vinylcyclopropan u. 15 cm³ n-Heptan im Vakuum auf 68° u. anschließendes Behandeln des Rk.-Gemisches mit Methanol werden 0,92 g *Polyvinylcyclopropan* (**I**) erhalten. Werden 0,0589 g **I**, 1 cm³ fl. HBr u. 15 cm³ Bzl. 48 Std. auf 68° erhitzt, so werden 0,0815 g eines leicht braunen amorphen *Polymeren* der Brutto-Zus. $(C_5H_9Br)_x$ vom F. 115—140° (Zers. bei höherer Temp.) erhalten, frei von Cyclopropylgruppen (IR-Analyse). Wird **I** mit Br_2 behandelt (Vers.-Bedingungen wie vorher), so entsteht ein amorphes *Polymeres* der Zus. $(C_5H_8Br_2)_x$, F. 140—150° (Zers. bei höherer Temp.); enthält Cyclopropylgruppen (Absorption bei 3001 u. 3076 cm^{-1}). Durch Erhitzen von 1-Cyclopentyläthylacetat im N_2-Strom auf 515—525° u. Dest. des Kondensates wird *Vinylcyclopentan* (**II**), C_7H_{12}, Kp. 98,8—99,0°, n_D^{25} 1,4336, $D._4^{25}$ 0,7850, erhalten (Absorptionsbanden bei 2994 u. 3081 cm^{-1}). Wird ein Gemisch aus **II** u. 2.4-Dinitrobenzolsulfenylchlorid 48 Std. auf 68° erhitzt, so entsteht *[2-Chlor-2-cyclopentyläthyl]-2.4-dinitrophenylsulfid*, $C_{13}H_{15}ClN_2O_4S$, F. 123,0—123,5° (A.). Bei der Veresterung von 2-Cyclopentyläthanol mit Essigsäureanhydrid in Ggw. von Na-Acetat wird *2-Cyclopentyläthylacetat* (**III**), $C_9H_{16}O_2$, Kp.$_{4-5}$ 75—77°, n_D^{25} 1,4378, mit einer Ausbeute von 71% erhalten. Auch bei der Pyrolyse von **III** bei 505—520° wird **II** gewonnen (Ausbeute 83%). *Polyvinylcyclopentan* (**IV**) u. *Polyvinylcyclohexan* (**V**) wurden ähnlich wie **I** hergestellt (Ausbeute 7,5% nach 120 Std.), aber 13,7% bei Verw. von $TiCl_4$ statt $TiCl_3$ bei **IV** bzw. 46,5% bei **V**. Bei der Extraktion von **I** u. **V** mit sd. Bzl. bzw. von **IV** mit sd. Ae. geht ein Teil in Lsg.; wird der unlösl. Teil auf 200° erhitzt, so werden kristalline Polymere erhalten. Kristallines **IV** ist lösl. in Bzl., kristallines **V** unlösl. in Bzl., lösl. in heißem Tetralin.

Die Dimensionen der Einheitszelle von kristallinem **IV** betragen: a = 10,5 [Å], b = 7,4, c = 6,6, $\alpha = 92^0$, $\beta = 108^0$, $\gamma = 99^0$; entsprechend 11,6, 7,8, 6,6 (oder 13,2), 92⁰, 108⁰ u. 98⁰ für kristallines **V**. O. Fuchs. 4010□

Über die Struktur von Scintillatoren aus plastischen Massen. 3. Mitt. Untersuchung der thermischen Abhängigkeit des Brechungsindexes und Bestimmung der thermischen Übergänge. Je. Je. Baroni. (Высокомолекулярные Соединения [Hochmolekulare Verbind.] **3.** 956–59. Juli 1961.) (Russ.; Auszug: Engl.) — Vgl. C. **1960.** 10831 u. **1961.** 1803.

Bei Scintillatoren auf *Polystyrol*-Grundlage mit Zusätzen von Terphenyl, 1.3.5-Triphenyl-Δ^2-pyrazolin, 1.1.4.4-Tetraphenylbutadien, 2.5-Diphenyloxazol u. Anthracen wurde die Abhängigkeit des Brechungsindexes von der Konz. der Zusätze sowie von der Temp. bestimmt u. somit die Übergangspunkte erhalten. Demnach findet keine Copolymerisation zwischen Polystyrol u. den organ. Phosphoren statt, die letzteren beeinflussen die Übergangspunkte nicht. M. Wiedemann. 4010□

Halogenbenzole als Sensibilisatoren für die strahlungsinduzierte Polymerisation von Styrol. Daniel W. Brown und Leo A. Wall. (J. Polymer Sci. **44.** 325–40. Juni 1960. Washington, D. C., Nat. Bur. of Stand.) (Engl.)

Styrol (**I**) wurde zwischen 14 u. 23⁰ in Ggw. verschiedener Verbb. mit einer ^{60}Co-Quelle bestrahlt. Der Verlauf der dabei stattfindenden Polymerisation wurde dilatometr. verfolgt. Die Polymerisation wurde nach einem Umsatz von 1–5% unterbrochen. Aus der Anfangspolymerisations-Geschw. ergibt sich die Wirksamkeit G_s der Zusätze für die Radikal-Bldg. zu: *Bzl.* 0,4, *Fluorbenzol* 0,6, *Chlorbenzol* 3, *Brombenzol* 5,5, *Jodbenzol* (**II**) 8, *o-*, *m-* u. *p-Dichlorbenzol* 10, 2,5 bzw. 3, *o-* u. *p-Dibrombenzol* je 11, *p-Dijodbenzol* (**III**) 12, *1.4-Dibrom-2.3.5.6-tetrafluorbenzol* (**IV**) 20, *1.2.4.5-Tetrafluor-3.6-dijodbenzol* (**V**) 14, *n-*C_7F_{16} (**VI**) ~20, *Perfluorbenzol* 0,8 u. *p-Terphenyl* (**VII**) ~4. Bei Bzl. u. den Monohalogenbenzolen steigt G_o gemäß $G_o = G_m + (G_s - G_m)e_s$, wobei sich G_m auf **I** bezieht u. e_s den Elektronenbruch der Zusätze bedeutet, linear mit e_s an. Bei den hochhalogenierten Benzolen u. CCl_4 ist die Abweichung von der Linearität sehr stark (bei CCl_4 z. T. durch die Abhängigkeit der Geschw.-Konst. von der Konz. bedingt). Weiter werden folgende G_o-Werte angegeben: **II** 1,8, **III** 1,2, **IV** u. **V** je 0,83, **VI** u. **VII** je 0,5, *1.2.4.5-Tetrachlorbenzol* 3,0, *1.3.5-Tribrombenzol* 2,9, *Perchlordicyclopentadienyl* 1,85. *Triphenylwismut* ist weniger akt. als die halogenierten Verbindungen. Auf Grund der erhaltenen Ergebnisse werden verschiedene Rk.-Mechanismen diskutiert, die z. T. mit den Verss. übereinstimmen. O. Fuchs. 4010□

Tracertechnik zur Bestimmung der Monomerreaktivitätsverhältnisse. 1. Mitt. **Eine direkte Zählmethode, angewandt auf die Styrol-Methacrylat-Copolymerisation.** Richard H. Wiley und Edwin E. Sale. (J. Polymer Sci. **42.** 479–89. Febr. 1960. Louisville, Ky., Univ., Coll. of Arts and Sci., Dep. of Chem.) (Engl.)

$^{14}C_{(\beta)}$-Styrol (**I**; spezif. Aktivität = 0,115 mc/mMol) u. *Methylmethacrylat* (**II**) wurden unter Verw. von Dibenzoylperoxid bei 60 bzw. 132⁰ copolymerisiert, wobei das Mischungsverhältnis von **I** u. **II** in weiten Grenzen variiert wurde; 1 Vol. **I** wurde dabei mit 3500 Vol. ^{14}C-freiem Styrol verdünnt. Aus den benzol. Lsgg. der Copolymeren (**III**) wurden dünne Filme auf Metallplättchen hergestellt. Die Best. der Zus. der **III** erfolgte auf Grund der Messung der Aktivität der **III** (Verw. des fensterlosen Gasstrom-Geiger-Zählers Tracerlab Model No. SC-16 in Verbindung mit dem Tracerlab SC-32 Ampliscaler in Ggw. von strömendem He); die Zähl-Geschw. ist gut reproduzierbar, ferner liegt im Bereich von 8–25 mg **III** auf dem Plättchen ein fast linearer Selbstabsorptions-Koeff. vor. Die so erhaltenen r-Werte betragen $r_1 = 0{,}48$, $r_2 = 0{,}45$ bei 60⁰ u. 0,60 bzw. 0,55 bei 132⁰. Diese Werte stehen in guter Übereinstimmung mit Literaturdaten. O. Fuchs. 4010□

Tracertechnik zur Bestimmung der Monomerreaktivitätsverhältnisse. 2. Mitt. **Monomerreaktivitätsverhältnisse bei Copolymerisationen mit Divinylmonomeren.** Richard H. Wiley und Edwin E. Sale. (J. Polymer Sci. **42.** 491–500. Febr. 1960.) (Engl.) — 1. vgl. vorst. Ref.; 3. vgl. C. **1961.** 10202.

Unter Verw. von *$^{14}C_{(\beta)}$-Styrol* (**I**) wurden *Copolymere* verschiedener Zus. aus **I** u. *Äthylenglykoldimethacrylat* (**II**), **I** u. *m-Divinylbenzol* (**III**) sowie **I** u. *p-Divinylbenzol* (**IV**) hergestellt; als Katalysatoren dienten Dibenzoylperoxid für **I/II** u. Di-tert.-butylperoxid für **I/III** u. **I/IV**. Die Rk.-Temp. betrug je 60⁰. Die Zus. der vernetzten Copolymeren wurde nach der l. c. beschriebenen Meth. bestimmt. Die Gleichungen zur Berechnung der r-Werte wurden unter Berücksichtigung der Ggw. von je 2 polymerisationsfähigen Gruppen

in II, III u. IV entsprechend abgeändert. Es wurden so erhalten: $r_1 = 0{,}35$, $r_2 = 0{,}65$ für I/II bzw. 0,65 u. 0,60 für I/III; für I/IV können keine r-Werte angegeben werden.
O. FUCHS. 4010□

Ungleichheit des Gefrierpunktes isotonischer Systeme. 2. Mitt. Heinz Majer und W. Kuhn. (Z. physik. Chem. [Frankfurt/M] [N. F.] **30.** 289—315. Dez. 1961. Basel, Univ., Physikal.-Chem. Inst.) (Dt.) — 1. vgl. C. **1956.** 5852.

Durch Beobachtung entsprechender Abkühlungs- u. Auftaukurven wird das kryoskop. Verh. wss., gleiche Teile *Polyvinylalkohol* u. *Polyacrylsäure* als Gelbildner enthaltender Gele untersucht. Die hierfür erforderlichen Gelproben, die sich zwar durch ihre Quellstärke, nicht aber durch die Zahl ihrer Vernetzungspunkte pro Gew.-Einheit Trockensubstanz unterscheiden, erhält man durch Änderung des Neutralisationsgrades der im Gel enthaltenen Acrylsäure. Eine Analyse der erhaltenen Gefrierkurven gestattet es, sowohl beim dissoziierten als auch beim undissoziierten, auf die Temp. unterhalb 0° abgekühlten Gel die relative Menge des pro Grad Temp.-Erniedrigung im Gel zur Kristallisation gelangenden Lsgm. anzugeben. Nach Abschätzung der Größe für die Grenzflächenspannung Eis/W. kann an Hand der Gefrierkurve auf das Größenspektrum der beim Gefrieren zur Ausscheidung gelangenden Kristalle geschlossen werden. Die mittlere lineare Abmessung dieser Kristalle stimmt annähernd mit der an Hand der mechan. Eigg. der Gele berechneten Maschenweite des Gels überein. Die von den am Wachstum behinderten Mikrokristallen auf die behindernden Gelfäden ausgeübten Kräfte bewirken beim Abkühlen vorwiegend des dissoziierten Gels ein teilweises Zerreißen von Netzbögen, was sich im Auftreten von Gefrierschäden bemerkbar macht, welche durch einen Abfall des Elastizitätsmoduls, durch eine Zunahme der Quellstärke in reinem W. u. durch eine Erniedrigung der Gefrierpunktsdepression des Probekörpers gek. sind. Der beim Gefrieren eintretende teilweise Wasserverlust wird durch die Erscheinung der Gefriertrocknung erklärt.
D. FORST. 4010□

Über die Copolymerisation von Vinylacetat mit Crotonamid und Methylolcrotonamid. Ss. N. Uschakow und L. B. Trushmanowa. (Высокомолекулярные Соединения [Hochmolekulare Verbind.] **1.** 1754—57. Dez. 1959. Inst. für hochmol. Verbb. der Akad. der Wiss. der UdSSR.) (Russ.; Auszug: Engl.)

Vinylacetat (I) wird mit *Crotonamid* (II) u. *N-Methylolcrotonamid* (III) bei 110° unter Verw. von 0,2—0,5% Azodiisobutyronitril als Initiator copolymerisiert. Das Mol-Verhältnis I : II bzw. I : III wird zwischen 1 : 1 u. 50 : 1 variiert. Die berechneten Copolymerisations-Konst. von I, II u. III sind beim Syst. I–II $r_{I} = 2{,}0 \pm 0{,}5$, $r_{II} = 0{,}01 \pm 0{,}01$, beim Syst. I–III $r_{I} = 0{,}45 \pm 0{,}1$, $r_{III} = 0{,}01 \pm 0{,}01$, im Syst. I–*Crotonsäure* (IV) $r_{I} = 0{,}3$, $r_{IV} = 0{,}01$. Die relative Aktivität von III u. IV gegenüber I ist also von gleicher Größenordnung, die von II aber kleiner.
R. K. MÜLLER. 4010□

Synthese von thermoreaktiven Copolymeren des Vinylacetats und Vinylalkohols mit Methylolcrotonamid. Ss. N. Uschakow und Je. M. Lawrentjewa. (Высокомолекулярные Соединения [Hochmolekulare Verbind.] **1.** 1862—67. Dez. 1959. Inst. für hochmol. Verbb. der Akad. der Wiss. der UdSSR.) (Russ.; Auszug: Engl.) — Vgl. auch vorst. Referat.

Vinylacetat (I) u. *N-Methylolcrotonamid* (II) werden im Block u. in Methanol bei 68—70° in Ggw. von 0,2% Dibenzoylperoxid oder Acetylbenzoylperoxid bei verschiedenen Verhältnissen (I : II = 97 : 3 bis 99 : 1) copolymerisiert. Die in Methanol, A., Aceton u. Bzl. lösl. Copolymeren werden durch Methanolyse in Ggw. von KOH (2,7—5% der Theorie) in Copolymere von *Vinylalkohol* (III) u. II übergeführt. Die III–II-Copolymeren sind in W. löslich. Die I–II- u. die III–II-Copolymeren zeigen thermoakt. Eigg.; sie werden beim Erhitzen auf 120° in nichtschm., unlösl. Prodd. von höherer Zerreißfestigkeit (bei III–II-Copolymeren 1050 → 1125 kg/mm²) umgewandelt. Die Vernetzung erfolgt je nach den Bedingungen durch Rk. zwischen den N-Methylolgruppen benachbarter Ketten unter Bldg. von Äther- oder CH_2-Bindungen.
R. K. MÜLLER. 4010□

Struktur einiger kristalliner isotaktischer Polyvinylalkyläther. Ivano Walter Bassi. (Atti Accad. naz. Lincei, Rend., Cl. Sci. fisiche, mat. natur. [8] **29.** 193—200. Sept./Okt. 1960. Milano, Politecnico, Ist. di Chim. Ind.) (Ital.)

Aus einer in Heptan unlösl. Fraktion von *Polyvinylmethyläther* (I) wurden durch Ziehen aus der Schmelze u. anschließendes Dehnen in der Wärme gut orientierte Fasern der polymeren Verb. erhalten. Das erhaltene Röntgendiagramm konnte auf der Grundlage einer rhomboedr. Zelle mit den Dimensionen (bezogen auf die dreizählige hexagonale Achse) $a = 16{,}20 \pm 0{,}10$ (Å) u. $c = 6{,}50 \pm 0{,}05$ indiziert werden. Die Zelle enthält 18 monomere Einheiten. Analoge Ergebnisse wurden von NATTA u. Mitarbeitern (vgl. Suppl. del nuovo Cimento **15.** [1960.] 52) für Poly-α-buten analoger Struktur u. von NATTA

u. Mitarbeitern (vgl. C. **1959**. 8177) für isotakt. 1.2-Polybutadien erhalten. Es wird deswegen gefolgert, daß auch die Kette des kristallinen **I** die Konformation einer dreizähligen Schraube besitzt u. deshalb ebenfalls isotakt. ist. Weiter wurde *Polyvinylisopropyläther* (**II**) untersucht. Obwohl Vinylisopropyläther in der Kette die gleiche Anzahl von Atomen besitzt wie 4-Methylpenten-(1), dessen Polymeres nach Struktur-Unterss. von Natta u. Mitarbeitern (vgl. C. **1957**. 4126) isotakt. ist mit einer Schraubensymmetrie 7_2, ist das Diagramm von **II** vollkommen verschieden von dem des Poly-4-methylpentens-(1). Die Identitätsperiode entlang der Schraubenachse, d. h. der c-Achse, ergab sich zu 35,50 Å, die Länge von a zu 17,2 Å. Es wird aus den Beobachtungen geschlossen, daß die Kette von **II** eine Schraube ist, die 17 Monomereinheiten in 5 Windungen enthält. Als dritte Verb. wurde *Polyneopentylvinyläther* untersucht. Die kristalline polymere Verb. erwies sich ebenfalls als isotakt., hat rhomb. Symmetrie u. eine Identitätsperiode entlang der Faserachse von 6,50 Å. C. Gottfried. 4010

Direkte aromatische Carboxymethylierung mit Chloracetylpolyglykolsäuren. Orientierung in Dibenzofuran als Beweis für einen freien Radikal-Mechanismus. Philip L. Southwick, Monroe W. Munsell und Edward A. Bartkus. (J. Amer. chem. Soc. **83**. 1358—68. 20/3. 1961. Pittsburgh, Pa., Carnegie Inst. of Technol., Dep. of Chem.) (Engl.) — Vgl. C. **1955**. 782.

Die direkte Einführung der Carboxymethylgruppe gelang durch Erhitzen von Dibenzofuran (**I**) mit *Chloracetylpolyglykolsäure* [**II**; durch 6std. Kochen von Chloressigsäure (**VI**) in Ggw. von KBr bis zur Rückfluß-Temp. von ca. 220—240° u. Waschen mit W.] auf ca. 220°. Nach 24std. Erhitzen konnte bei ca. 50—60%ig. Gesamtausbeute ein Gemisch aus ca. 55% [*Dibenzofuryl-(1)*] -(**III**) u. ca. 30% [*Dibenzofuryl-(4)*]- (**IV**) sowie ca. 15% [*Dibenzofuryl-(3)*]-*essigsäure* (**V**) erhalten werden. Die Trennung der Isomeren gelang durch fraktionierte Nd.-Bldg. u. fraktionierte Kristallisation, ihre Best. auf IR-spektrograph. Wege durch Unters. des nach Oxydation der Essigsäuren mit $KMnO_4$ u. Veresterung erhaltenen Gemisches der isomeren *Dibenzofurancarbonsäuremethylester*. **V** wurde nicht selbst, sondern als *Dibenzofuran-3-carbonsäure* (**XVI**)-*methylester* isoliert. Bei Zugabe von **VI** u. wasserlösl. niedermol. **II** mit oder ohne KBr u./oder Fe- oder Al-Salzen wurden etwa die gleichen Ausbeuten an **III**—**V** erhalten. Dies gilt auch für die Rk. zwischen **I** u. Carboxymethylradikalen [aus Diacetylperoxid oder Di-tert.-butylperoxid (**XVII**) in sd. Essigsäure], bei der zwar die Gesamtausbeute gering ist (ca. 3,4% bzgl. **XVII**), aber eine ähnliche Isomerenverteilung beobachtet wurde. Dies wird als Beweis dafür gewertet, daß die Rk. mit **II** nach einem homolyt. Rk.-Mechanismus abläuft. Die Isomerenverteilung stimmt ferner qual. mit den Voraussagen überein, die durch MO-Berechnungen der freien Lokalisierungsenergien von **I** erhalten wurden: 1- 2,38β, 2- 2,53β, 3- 2,48β u. 4-Stellung 2,44β. An gasförmigen Prodd. bildeten sich ca. 7% CO_2 (aus **II**), aber nur eine Spur HCHO sowie geringe Mengen CO. Offenbar tritt also kein erheblicher Abbau des Polymeren auf. Vff. nehmen an, daß die Rk. über einen freien Radikalmechanismus verläuft. Da aber keine erhebliche Decarboxylierung zu verzeichnen ist, wird auch ein Mechanismus diskutiert, bei dem ein H-Atom direkt vom Ort des Angriffs in **I** auf eines der O-Atome des polymeren Radikals übertragen wird, die in der zu bildenden Carboxylgruppe vorliegen, ohne daß dabei ein freies Acyloxyradikal gebildet wird. Dieser Rk.-Ablauf verliefe dann über einen cycl. Übergangszustand. Ferner könnte die Rk. auch durch Angriff eines undissoziierten Polymer-Mol. auf das Substrat erfolgen. Da jedoch dieses teilweise in Teer oder polymere Prodd. umgewandelt wird, spielen zweifellos Radikale eine wichtige Rolle bei der Carboxymethylierung durch **II**. Verss., die analoge Rk. zwischen **I** u. Thioglykolsäure (**VII**) zu erzielen, schlugen fehl, selbst unter Anwendung intensiver UV-Bestrahlung. Dagegen ist die Bldg. von etwas [*Pyrenyl-(1)*]-*essigsäure* aus Pyren (**XII**, F. 148—149°) u. **VII** zu verzeichnen. Eine relativ hohe Reaktivität gegenüber freien Radikalen ist offenbar keine hinreichende Bedingung für das Eintreten der Rk. bei aromat. Verbb., da weder Chinolin (**VIII**) noch Acridin (**IX**, F. 105—106,5°) erhebliche Ausbeuten an Arylessigsäuren liefern. **VIII** wandelt sich beim Kochen mit **II** allerdings in einen amorphen Festkörper um, der etwas in wss. HCl, nicht aber in NaOH lösl. ist. **IX** liefert viel Teer sowie eine geringe Menge einer anscheinend amphoteren Substanz. Bei Durchführung der Rk. mit **IX** im geschlossenen Rohr ist die Bldg. einer erheblichen Gasmenge festzustellen. Auch Carbazol (F. 239—241°) liefert mit **II** keine Carbazolylessigsäure u. Dibenzothiophen (F. 99—99,5°) nur in geringer Menge ein Gemisch aus isomeren *Dibenzothienylessigsäuren*. In allen Fällen wurde erhebliche Teer-Bldg. beobachtet. Phenanthren (**XI**) ergab überwiegend [*Phenanthryl-(9)*]-*essigsäure*, daneben ein leicht abtrennbares Gemisch von Phenanthrendiessigsäuren sowie andere saure Produkte. Die Carboxymethylierung von Anthracen (**X**) lieferte ein stärker komplexes Gemisch, aus dem durch CrO_3–H_2SO_4-Oxydation *Anthrachinon*, aber-

keine Anthrachinonessigsäuren gebildet wurden. Vff. nehmen daher an, daß die Substitution von **X** nur in 9- bzw. in 9- u. 10-Stellung erfolgt. Neben den sauren Prodd. entstehen aus **X** auch ca. 10% *9.10-Dimethylanthracen*, dessen Bldg. auf eine einfache therm. Decarboxylierung von Anthracen-*9.10*-diessigsäure zurückgeführt wird. Vff. untersuchten ferner die Bldg. von **II** unter Anwendung von LiCl, LiBr, KCl, K_2CO_3 u. KBr. Keine Wrkg. hatte NaCl, am besten bewährte sich KBr. Die katalyt. Wrkg. der Alkalihalogenide (Me^+X^-) wird mit folgendem Rk.-Ablauf erklärt: **VI** + $Me^+X^- \rightleftharpoons ClCH_2COO^- \cdot Me^+ + HX$, $ClCH_2COO^-Me^+$ + **VI** $\rightarrow ClCH_2COOCH_2COOH + Me^+Cl^-$, $ClCH_2COOCH_2 \cdot COOH + Me^+X^- \rightleftharpoons ClCH_2COOCH_2COO^-Me^+ + HX$ (usw.). Als Ursache für die optimale Wrkg. von KBr wird dessen günstige Löslichkeit in **VI** angegeben, entsprechend wird die unterschiedliche Wirksamkeit der anderen Salze erklärt. Die Ggw. von Spuren von Fe-Verbb. wirkt sich in vielen Fällen günstig aus, vermutlich durch Unterstützung der Radikal-Bldg. aus **II**. Die IR-Spektren zwischen ca. 3,30 u. 14,7 μ für **III**, **IV**, *[Dibenzofuryl-(2)]-essigsäure* u. die *Methylester* von **XIII–XVI** (s. unter Verss.) sind tabellar. angegeben.

Versuche (FF. korr.): *[Dibenzofuryl-(1)]-essigsäure* (**III**), $C_{14}H_{10}O_3$, F. 171—172° (A.), durch 12—24std. Schmelzen von **I** mit **II** bei 210—230°, Extraktion mit sd. wss. NaOH, Fällen mit konz. HCl, Reinigung durch Extraktion mit wss. Na-Acetat bei 75° oder durch Chromatographie der NH_4-Salze in Methanol–konz. wss. NH_3 (96 : 4) an Al_2O_3, Lösen in 10%ig. wss. NaOH, fraktionierte Fällung durch Zugabe von 10%ig. wss. HCl u. fraktionierte Kristallisation der Fraktionen aus 95%ig. A.; daneben *[Dibenzofuryl-(4)]-essigsäure* (**IV**), $C_{14}H_{10}O_3$, F. 217—218° (A.). — *Dibenzofuran-1-carbonsäure* (**XIII**), F. 232—233°, a) durch $KMnO_4$-Oxydation von **III**; b) aus Dibenzofuran-2-MgBr u. CO_2. *Methylester*, F. 62—62,5°. — *[Dibenzofuryl-(4)]-acetamid*, F. 210—211°, aus **IV** mit $SOCl_2$ u. NH_3. — *Dibenzofuran-4-carbonsäure* (**XIV**), F. 207—208°, aus **IV** mit $KMnO_4$. *Methylester*, F. 92,5—93°. — *Dibenzofuran-2-carbonsäure* (**XV**)-*methylester*, F. 73—73,5°, aus Dibenzofuran-2-MgBr u. CO_2 u. folgende Veresterung. — *Dibenzofuran-3-carbonsäure* (**XVI**)-*methylester*, F. 139—140°, aus 3-Aminodibenzofuran über das Nitril u. **V**. — *[Phenanthryl-(9)]-essigsäure*, F. 221—222° (wss. Essigsäure oder wss. A.), a) durch 24std. Erhitzen von **XI** mit **II** auf ca. 220° u. Reinigung mit wss. Na-Acetat analog **III**; b) durch Carbonisierung der GRIGNARD-Verb. von 9-Bromphenanthren, 1std. Kochen von *Phenanthroesäure-(9)* mit $SOCl_2$, Lösen des Säurechlorids in abs. Ae., Zugabe von CH_2N_2 (aus Nitrosomethylharnstoff in abs. Ae.) bei 5—10°, mehrstd. Stehen bei Raum-Temp., Abdunsten des Ae., Lösen in Dioxan, Zutropfen von Ag_2O, Na_2CO_3 u. $Na_2S_2O_3$ in W. bei 60°, 1std. Rühren (90°), Kühlen u. Ansäuern mit verd. HNO_3; 55% (Ausbeute). *Methylester*, $C_{17}H_{14}O_2$, F. 73,5—74°. — *9.10-Dimethylanthracen*, $C_{16}H_{14}$, F. 180—181° (hellgelbbräunlich aus A.), durch 22std. Erhitzen von **II** mit **X** auf 200—215° u. Abtrennung der Säurefraktion [Gemisch aus Anthrylessigsäuren, $C_{16}H_{12}O_2$, F. 180—220° (Bzl.)]. *Pikrat*, F. 176—177° (violettbraune weiche Nadeln aus Bzl.). Liefert durch 1std. Oxydation mit CrO_3–H_2SO_4 in der Wärme *Anthrachinon*, F. 284—285°. — *[Pyrenyl-(1)]-essigsäure*, F. 209—214°, durch 6std. Bestrahlen von **XII** u. **VII** mit UV-Licht. B. GNAUCK. 4010□

Über die orientierte Aufwachsung (Epitaxie) von Polyarcylonitril auf den Spaltflächen von KCl und NaCl. J. Willems. (Experientia [Basel] **16.** 530. 15/12. 1960. Krefeld.) (Dt.) — Vgl. C. **1959.** 6494.

Ein Film von *Polyacrylonitril* wurde aus einer Lsg. von Dimethylformamid auf die (1 0 0)-Spaltflächen von KCl- u. NaCl-Kristallen bei 125—135° aufgebracht. Mit Hilfe eines früher entwickelten „Abdruck-Verf." (vgl. C. **1962.** 12684) u. Pentachlorphenol (**I**) als Gastsubstanz wurde eine Orientierung der Längsachse der **I**-Nadeln parallel zu den Flächendiagonalen nachgewiesen. R. HELBIG. 4010□

Polymerisation von Acrylonitril in wässeriger Suspension. W. M. Thomas, E. H. Gleason und G. Mino. (J. Polymer Sci. **24.** 43—56. März 1957. Stamford, Conn., American Cyanamid Comp., Stamford Res. Labor.) (Engl.) — Vgl. C. **1961.** 5461.

Vff. untersuchten die Kinetik der Polymerisation von *Acrylonitril* in verd. wss. Lsg. mit Hilfe des Elektronenmikroskops. Die Polymerisations-Geschw. pro Teilchen ist annähernd konst., hängt aber vom Prod. $[ClO_3^-][H_2SO_3]$ des Redoxinitiators u. vom Monomer-Geh. ab. Salze u. Rühren führen zur Aggregation der Teilchen u. vermindern die Polymerisations-Geschw.; Na-Laurylsulfat u. Methocel erhöhen die Geschw., ebenso Fe^{2+} u. Cu^{2+}. Der Einfl. der Temp. ist nur mäßig. Die Größe der Sphärolithe betrug zu Beginn < 200 Å, dann erfolgte gleichmäßiges Wachstum bis zum Ø von 2000—3000 Å. Der Prozeß wird als Emulsionspolymerisation gewertet. I. ZOEKE. 4010□

Über den dynamischen Elastizitätsmodul von Polymethacrylsäuremethylester bei sehr tiefen Frequenzen. Jan Koppelmann. (Kolloid-Z. **164.** 31—34. Mai 1959. Braunschweig, Physikal.-Techn. Bundesanstalt.) (Dt.)

Mit einer vom Vf. (vgl. C. **1960.** 13640) früher beschriebenen App. wurden im Frequenzbereich von 10^{-1} bis 10^{-4} Hz der dynam. Elastizitätsmodul zwischen 20 u. 150° sowie der dynam. Schubmodul zwischen 20 u. 100° von *Polymethacrylsäuremethylester* (*Plexiglas 220* der Firma RÖHM & HAAS, Darmstadt) bestimmt. Es wird gezeigt, daß im eingefrorenen Bereich die POISSON-Konst. innerhalb der Fehlergrenze unabhängig von der Temp. ist u. daß im Hauptdispersionsgebiet die im Retardations-Vers. gemessenen stat. u. dynam. Werte den üblichen Modellvorstellungen entsprechen.

L. LAMZA. 4010

Anionische Polymerisation. Mechanismus der durch Metallamide in flüssigem Ammoniak eingeleiteten Polymerisation von Methylmethacrylat. William E. Goode, William H. Snyder und Robert C. Fettes. (J. Polymer Sci. **42.** 367—82. Febr. 1960. Bristol, Pa., Rohm and Haas Comp., Res. Div.) (Engl.)

Wird *Methylmethacrylat* (**I**) bei $-33°$ mit einer Lsg. von $NaNH_2$ (**II**) oder KNH_2 (**III**) in fl. NH_3 zusammengebracht, so erfolgt eine sehr rasche Polymerisation. Das Molgew. M von *Polymethylmethacrylat* (**IV**) hängt stark von der Natur des verwendeten Amids ab: 27000 für **II**, 63000 für **III**, 1350000 für $LiNH_2$, 1200000 für $Ca(NH_2)_2$, 1600000 für $Sr(NH_2)_2$ u. 2900000 für $Ba(NH_2)_2$ (je für ca. 0,05 Mol Amid/Liter u. 1,4 Mol **I**/Liter). Mit fallender Polymerisations-Temp. steigt M etwas an (z. B. von 27000 bei $-33°$ auf 50000 bei $-74°$, je mit **III**). M ist unabhängig von der **I**- u. **III**-Konzentration. **IV** enthält keine Amidendgruppen; nach polarograph. Messungen liegen vermutlich Isopropenylketon-Endgruppen vor. Aus der Fraktionierung von **IV** folgt ein M_w/M_n-Wert von 1,5 bei Verw. von **II** oder **III**, dagegen von 2,5 mit $LiNH_2$. Vff. nehmen an, daß die Polymerisation durch ein Methylation, das durch 1,2-Addition des Amidions an **I** entsteht, eingeleitet wird. Aus dem M_w/M_n-Wert folgt, daß fast keine Abbruch-Rkk. stattfinden.

O. FUCHS. 4010□

Molekulare Adsorptionscharakteristika von matrix-geformten Adsorptionspolymeren. Herman B. Wagner. (J. Polymer Sci. **36.** 461—66. April 1959. New Brunswick, N. J., Rutgers Univ., Coll. of Engng.) (Engl.) — Vgl. C. **1958.** 5391.

Die Synth. mehrerer organ., adsorptiver „*Replicagele*" [*Itaconsäurediallylester-*, *Äthylenglykoldimethacrylat-* (**I**) u. aminkatalysiertes *Epoxid-Replicagel*] wird beschrieben. Das Verf. verwendet wasserfreie Silicagelteilchen als Ausgangsmatrix. Innerhalb dieser wird die Polymerisation eines fl. Monomeren oder Präpolymeren vollzogen. Nach der Polymerisation wird die Silicagelmatrix selektiv durch NaOH oder HF gelöst. Das Adsorptions-Verh. der so erhaltenen Polymeren, die von Capillaren durchzogen sind, gegenüber Wasser-, Octen-(1)- (**II**), Benzol-, Hexan- u. n-Butanoldampf wird untersucht u. die Wrkg. von HF u. NaOH als Lsgm. für die Matrix beschrieben. Ein Vgl. des beobachteten u. berechneten Poren-Vol. wird durchgeführt. Die graph. Intrapolation der Adsorptionsisothermen für Bzl. u. **II** ergibt für **I** ein Poren-Vol. von 0,57 ml/g (theoret. Wert 0,54 ml/g). Hysteresiseffekte beim Adsorptions-Verh. werden nicht festgestellt.

K. ZIELOFF. 4010

Strömungsdoppelbrechung bei Poly-p-tert.-butylphenylmethacrylat. 1. Mitt. **Gebiet der kleinen Geschwindigkeitsgradienten.** W. N. Zwetkow und I. N. Schtennikowa. (Журнал Технической Физики [J. techn. Physik] **29.** 885—95. Juli 1959. Inst. für hochmol. Verbb. der Akad. der Wiss. der UdSSR.) (Russ.)

Messungen der charakterist. Doppelbrechung [n] u. der Grenzviscosität [η] einer Fraktion von *Poly-p-tert.-butylphenylmethacrylat* (**I**) mit Molgew. $M = 0{,}57 \cdot 10^6$ in verschiedenen Lsgm. ergeben eine Parabelbeziehung zwischen [n] u. dem Brechungsindex n_s des Lsgm., wie sie nach der früher gegebenen Theorie bei Berücksichtigung des Formeffekts zu erwarten ist. Fraktionen von **I** mit $M = (0{,}2-28) \cdot 10^6$ werden in Brombenzol, Bzl. u. CCl_4 gelöst u. ergeben eine lineare Beziehung zwischen $[n]\,45 n_s kT/[\eta]\,4\pi\,(n_s^2 + 2)^2$ u. M[η], wobei die Differenz der Polarisierbarkeit des statist. Segments $(\alpha_1 - \alpha_2)$ u. der geometr. Asymmetriegrad p des Mol-Knäuels bestimmt werden kann; p ergibt sich etwas höher als bei Polystyrol u. Polymethylmethacrylat. In den 3 Lsgm. ergibt sich übereinstimmend $\alpha_1 - \alpha_2 = -92 \cdot 10^{-25}$ cm³. Mit zunehmender Konz. der Lsgg. nimmt die Formanisotropie von **I** ab.

R. K. MÜLLER. 4010□

Veränderungen des dielektrischen Relaxationsspektrums von Hochpolymeren bei Verstreckung und Vorbehandlung. Polycarbonat. F. H. Müller und K. Huff. (Kolloid-Z. **164.** 34—37. Mai 1959. Marburg, Philipps-Univ., Labor. für Hochpolymere.) (Dt.)

Dielektr. Messungen an *Poly-2.2-bis-[4'-hydroxyphenyl]-propancarbonat*-Proben der Farbenfabrik BAYER A. G. von verschiedenem Verstreckungsgrad u. verschiedener Vorbehandlung zeigen Änderungen des Relaxationsspektrums, die den Beobachtungen an anderen untersuchten Prodd. wie Polyamiden, Terylen usw. vollkommen entsprechen.

L. LAMZA. 4010

Blockcopolymere auf Basis von Poly-2.2-bis-[4-hydroxyphenyl]-propancarbonat. 1. Mitt. **Darstellung und Eigenschaften von Copolymeren aus verschiedenen Homopolymeren.** Stewart H. Merrill. (J. Polymer Sci. **55.** 343—52. Nov. 1961. Rochester, N. Y., Eastman Kodak Comp., Res. Labor.) (Engl.)

Durch Grenzflächen-Kondens. (Verw. von CH_2Cl_2 u. W., Abstoppen mit Eisessig) bei 15° in Ggw. von NaOH u. einigen Tropfen Tributylamin wurden die *Blockcopolymeren* (**A**) aus *Poly-2.2-bis-[4-hydroxyphenyl]-propancarbonat* (**I**; Molgew. 1100—3300) einerseits u. *Polyäthylenoxid* (**II**), *Polytetrahydrofuran* (**III**), *Polyäthylenadipat* mit endständigen OH-Gruppen (**IV**, Verw. eines Überschusses an Glykol bei der Darst.), *Polyurethan* (**V**), *Decandiol-(1.10)*, *Tetradecandiol-(1.14)*, *Octadecandiol-(1.18)* u. *Polystyrol* mit endständigen OH-Gruppen (**VI**) andererseits hergestellt. Die polymeren Glykole wurden dabei zuvor durch Behandeln mit fl. Phosgen in die *Bis-chlorformiate* umgewandelt. **VI** wurde durch Polymerisation von 15 g Styrol mit 4 g Dibenzoylperoxid u. Verseifen der Endbenzoatgruppen mit KOH erhalten. Der F. von **I** mit **II**, **III**, **IV** bzw. **VI** beträgt 183, 179, 189 bzw. 221—224°. **I** mit **II**, **III** u. **IV** zeigen mittlere Kristallinität, die übrigen **A**-Proben sind amorph. Gegossene Filme aus **I** mit **II**, **III** u. **IV** sind trüb u. biegsam, die übrigen klar u. brüchig. **I** mit **III** ist ein Elastomeres; beim Kaltziehen steigt die Reißfestigkeit auf 100 kg cm^{-2} u. die Bruchdehnung auf 600% bei einer Rückfederung von 95%. **I** mit **V** ist sehr niedermol. (vermutlich wegen des teilweisen Fehlens von OH-Endgruppen in **V**). Der Elastizitätsmodul von **I**/**VI** beträgt $2{,}5 \cdot 10^4$ kg cm^{-2}; die Biegsamkeit ist größer als die von Polystyrol u. kleiner als die von **I**.

O. FUCHS. 4010□

Zur Kinetik der Polykondensation von ε-Caprolactam. E. Barthell. (Kolloid-Z. **149.** 34—35. Okt. 1956. Krefeld.) (Dt.)

Es wird ein Verf. beschrieben, das es gestattet, aus der Chromsäureaufnahme von Polyamidfasern, bes. solchen aus *Poly-ε-caprolactam* (**I**), bei einem bestimmten pH-Wert die Säure- u. Basendissoziations-Konst. (K_b) des Polymerisats zu ermitteln. Eine Betrachtung der Abhängigkeit der K_b vom Molgew. zeigt, daß bei einem Molgew. von >22000 K_b sehr klein wird. Diese Tatsache sowie die Beobachtung, daß sich **I** mit einem Molgew. >22000 nur unter bes. Bedingungen darstellen läßt, läßt auf einen ionenbedingten Polykondens.-Mechanismus schließen. L. LAMZA. 4010

Aus dem Gebiet der Polyamide mit ungleichartiger Kette. 25. Mitt. **Herstellung von Polyamiden mit Piperazinresten an der Phasengrenze.** W. W. Korschak, T. M. Frunse und L. W. Koslow. (Высокомолекулярные Соединения [Hochmolekulare Verbind.] **2.** 838—44. Juni 1960. Inst. für metallorgan. Verbb. der Akad. der Wiss. der UdSSR.) (Russ.; Auszug: Engl.) — 24. vgl. C. **1962.** 10863.

Durch Polykondens. an der Phasengrenze wurden aus Piperazin (**I**) u. den Chloriden der Adipin-, Azelain-, Sebacin-, Phthal-, Isophthal- u. Terephthalsäure sowie aus Äthylen- (**II**), Hexamethylen- (**III**) u. Nonamethylendiamin (**IV**) mit den angeführten Säurechloriden die entsprechenden *Polyamide* erhalten. Es wurden ferner bin. Syst. gemischter Polyamide aus Sebacinsäurechlorid u. Gemischen von **I** mit **II**, **III** u. **IV** in verschiedenem Verhältnis dargestellt. Löslichkeit u. Fließtemp. der Polyamide aus **I** u. den aliphat. Säuren hängen von der Anzahl der Methylengruppen u. davon ab, ob ihre Anzahl gerade oder ungerade ist. Die Fließtemp. derselben nimmt mit Erhöhung der CH_2-Gruppenanzahl ab. Bei Polyamiden aus **I** u. aromat. Dicarbonsäuren hängen Löslichkeit u. Fließtemp. von der Lage der Carboxylgruppen im Ring ab. Bei Einführung von 20 Mol-% aliphat. Amine in das Polypiperazinsebacid wird die Fließtemp. erniedrigt. Konz.-Änderungen von **I** u. **II** sind ohne Einfl. auf Zus. u. Eigg. des daraus entstehenden Polyamids. J. v. SCHROEDER. 4010□

Aus dem Gebiet der Polyamide mit ungleichartiger Kette. 26. Mitt. **Gemischte Polyamide aus Piperazin und aliphatischen sowie aromatischen Dicarbonsäuren.** W. W. Korschak, T. M. Frunse und L. W. Koslow. (Высокомолекулярные Соединения [Hochmolekulare Verbind.] **2.** 845—50. Juni 1960.) (Russ.; Auszug: Engl.) — 25. vgl. vorst. Referat.

Durch Polykondens. an der Phasengrenze wurden aus Piperazin (**I**) mit den Chloriden der Adipin-, Azelain- (**II**), Phthal- (**III**), Isophthal- (**IV**) u. Terephthalsäure gemischte *Polyamide* hergestellt u. deren Viscosität, Löslichkeit u. Fließtemp. untersucht. Durch Ersatz eines Teiles der aromat. Säuren durch aliphat. Dicarbonsäuren wird die Fließtemp. wesentlich herabgesetzt. Die höchste Fließtemp. haben gemischte Polyamide mit p-Phenylenring, die infolge symm. Zus. u. Mangel an H-Bindungen eine starre Struktur besitzen. Polyamide aus **I** haben höhere Löslichkeit in organ. Lsgm. als solche aus aliphat. Diaminen. Die größte Löslichkeit in polaren Lsgm. haben die gemischten Polyamide, die **II**-, **III**- u. **IV**-Reste enthalten. J. v. SCHROEDER. 4010□

Thermische Expansionsmessungen und Umwandlungstemperaturen erster und zweiter Ordnung. Mark L. Dannis. (J. appl. Polymer Sci. **1.** 121—26. Jan./Febr. 1959. Rubber Chem. Technol. **32.** 1005—15. Okt./Nov. 1959. Brecksville, Ohio, B. F. Goodrich Comp. Res. Center.) (Engl.)

Mit einer modifizierten Form des von FLOYD (Brit. J. appl. Phys. **3.** [1952.] 373) angegebenen Differentialexpansions-App. wurden Umwandlungen in Polymere untersucht. Es wurden Stoffe im Konsistenzbereich von unvulkanisiertem Weichgummi bis zu harten, wachsartigen Festkörpern [*Hevea-Kautschuk*, *SN-Kautschuk* (*Polyisopren*, 95% cis-1.4-Struktur), *Polyisopren* (trans-1.4-Struktur), *cis-1.4-Polybutadien*, *Hoch-* u. *Niederdruckpolyäthylen*, *Polymethylen*, *Polypropylen*, *Polybuten-(1)*, *Polypenten-(1)*, *Polyhexen-(1)*, *Polyocten-(1)*] bei 20 bis —160° untersucht. Es kann sowohl die Umwandlungs-Temp. T_m 1. Ordnung als auch die 2. Ordnung, T_g, festgestellt werden. Mehrfache Änderungen der Neigung der Ausdehnungskurven deuten auf die Möglichkeit zusätzlicher Umwandlungen 2. Ordnung hin. T_g u. der Tieftemp.-Expansions-Koeff. sind von der Struktur des Polymeren abhängig. K. ZIELOFF. 4030

Synthese und Untersuchung der stereoregulären Copolymeren des Propylens und Isoprens. N. Ss. Wolkowa, G. W. Chutarewa, B. A. Krenzel, S. A. Rogowin und A. W. Toptschijew. (Высокомолекулярные Соединения [Hochmolekulare Verbind.] **1.** 1758—63. Dez. 1959. Moskau, Textilinst. u. Inst. für erdölchem. Synth. der Akad. der Wiss. der UdSSR.) (Russ.; Auszug: Engl.)

Die Copolymerisation von *Propylen* mit *Isopren* wird in einem Autoklaven bei 10 at mit $Al(C_2H_5)_3 + TiCl_4$ oder $Al(C_2H_5)_3 + TiCl_3$ als Katalysator u. reinem, trockenem n-Heptan als Lsgm. durchgeführt, das erhaltene Copolymere mit Isopropylalkohol behandelt u. im Vakuum bei 50—60° getrocknet. Die Zahl der Doppelbindungen wird durch Anlagerung von ClJ bestimmt. Proben des Copolymeren mit einem Ungesättigkeitsgrad von 1,33—1,8% werden einer Vulkanisation mit S_2Cl_2 (Dampf oder 5%ig. benzol. Lsg., „Ultraschnell"-Meth.), einer S-Vulkanisation in Ggw. von Beschleuniger u. einer Behandlung mit γ-Strahlen verschiedener Dosierung unterworfen. Nur nach Bestrahlung mit $150 \cdot 10^6$ r im Vakuum wird eine Verbesserung der Warmfestigkeit beobachtet; diese Behandlung ist also die einzige zur Vulkanisation geeignete. R. K. MÜLLER. 4030□

Die thermodynamischen Funktionen von Wasser und Methanol bei ihrer Sorption durch Baumwollcellulose und Hydratcellulose. N. Sch. Inojatow, I. Ch. Chakimow und Ch. U. Ussmanow. (Узбекский Химический Журнал [Usbek. chem. J.] **1960.** Nr. 6. 16—20. Inst. für Chem. der Polymeren der Akad. der Wiss. der UsbekSSR.) (Russ.; Auszug: Usbek.)

Die integrale Benetzungswärme von *Baumwollcellulose* u. *Hydratcellulose* in *W.* erniedrigt sich bei Vergrößerung der sorbierten Feuchtigkeitsmenge. Im Falle von *Methylalkohol* dagegen steigt die Benetzungswärme bis 1,5—2,0% adsorbierter Fl. an, um dann nach Erreichung eines Maximums stark abzufallen, was auf die Bldg. verschiedener Assoziationskomplexe zurückgeführt wird. Vff. berechnen die Werte für die Änderung der freien Energie, der Wärmekapazität u. der Entropie. Die Sorption u. das Auftreten der Benetzungswärme bei Methanol wird begleitet von einer Verringerung der freien Energie u. einer bes. starken Verringerung der Enthalpie. M. ULMANN. 4050□

Die spezifische Drehung der Stärke und ihrer Zerfallsprodukte bei der Hydrolyse durch Lösungen von Salzsäure und Aluminiumchlorid. M. I. Knjaginitschew und Ju. R. Bolchowitina (unter Mitarbeit von T. W. Mjassojedowa und W. F. Pachomowa). (Биохимия [Biochemie] **27.** 9—14. Jan./Febr. 1962. Leningrad, Technol. Inst. für Kälteindustrie.) (Russ.; Auszug: Engl.) — Vgl. C. **1961.** 154.

Die Unters. der spezif. Drehung der *Stärke* (I) u. der Zerfalls-Prodd. von I in Abhängigkeit von der Art der Hydrolyse mit konz. bzw. 0,5n HCl oder mit 3m $AlCl_3$-Lsg. ergab, daß durch die Hydrolyse mit konz. HCl bei Zimmer-Temp. oder mit heißer verd. HCl die spezif. Drehung u. das Molgew. vermindert werden. Hierbei nimmt das Molgew. mit konz. HCl sehr stark ab, während die Drehung nur langsam abnimmt. Mit heißer HCl nimmt dagegen die Drehung stark ab, während das Molgew. fast unverändert bleibt. Bei der Hydrolyse durch verd. H_2SO_4 bleibt die spezif. Drehung selbst bei starker Zers. der I-Moll. unverändert. Bei Anwendung von $AlCl_3$ bleibt die spezif. Drehung bis zum Polymerisationsgrad 12 der Zers.-Prodd. von I prakt. unverändert. Aus den Ergebnissen ist zu schließen, daß zwischen den Änderungen des Molgew. u. der Drehung keine Beziehung besteht. Vff. nehmen an, daß aus diesen Änderungen Schlüsse über die Zers. des I-Mol. u. die isomeren Umwandlungen der Zers.-Prodd. von I gezogen werden können. O. LESTAG. 4050□

Differentielle Thermogramme von Polysacchariden. G. Chesters und S. O. Thompson. (Science [Washington] **133.** 275—76. 27/1. 1961. Madison, Univ. of Wisconsin, Dep. of Soils.) (Engl.)

Differentielle Thermogramme von *Carragheenanen, Hemicellulose B, Xylan, Amylose, Amylopektin, Alginsäure, Pektin, A-* u. *K-Radulan* sowie *Eucheuman S* u. *C* wurden zwischen 50 u. 100° aufgenommen. Die Substanzen waren dabei mit der 3fachen Gew.-Menge Al_2O_3 gemischt u. der Luft ausgesetzt. Schwefelsäureesterhaltige Polysaccharide wiesen ähnliche Thermogramme auf, während bei den anderen starke Unterschiede auftreten. Die Reproduzierbarkeit war gut. W. Willenberg. 4050□

Die katalytische Rolle von Imidazol in Proteinen. J. Stockx. (Meded. vlaamse chem. Veren. **23.** 133—43. Sept./Okt. 1961. Gent, Ryksuniv., Labor. voor Fysiol. Scheikunde.) (Fläm.)

Übersicht über die chem. Eigg. von Imidazol u. seine katalyt. Eigg. in Proteinen, seine H-Brücken- u. Chelatbildung. — 17 Schrifttumshinweise. W. Wesly. 4070□

Albumindenaturierung an der Grenzfläche Flüssigkeit — fester Körper. K. Bolewski. (Биохимия [Biochemie] **27.** 15—18. Jan./Febr. 1962. Poznań, Akad. der med. Wiss., Lehrstuhl für allg. Chemie.) (Russ.; Auszug: Engl.)

In Verss. mit *Eialbumin* (I) wird festgestellt, daß an der Grenzfläche Anionit (vom Wofatit-Typ)-schwachsaure Puffer-Lsg. eine katalyt. Denaturierung von I stattfindet. Die Unterss. im Temp.-Bereich 20—48° ergaben, daß bei Anwendung von 5%ig. I-Lsg. bei pH 4,8 im Kontroll-Vers. (ohne Anionit) keine I-Denaturierung stattfindet. In Ggw. des Anioniten nimmt der Denaturierungseffekt bei 20—35° nur wenig, nachher sehr stark zu. Mit zunehmender Kontaktdauer nimmt die Menge des denaturierten I zu, jedoch wird die Zunahme je Zeiteinheit geringer. In Verss. mit dem Anionenaustauschharz FDP bei 35° ist die I-Denaturierung im sauren Gebiet sehr stark, nimmt bei pH 7,5 sehr stark ab u. erreicht bei pH 9 fast den Nullwert. O. Lebtag. 4070□

Die Sorption von H_2O- und D_2O-Dampf an lyophilisiertes β-Lactoglobulin und der Effekt des Deuteriumaustausches. Lloyd H. Reyerson und Wasyl S. Hnojewyj. (J. physic. Chem. **64.** 811—15. Juni 1960. Minneapolis, Minn., Univ. of Minnesota, School of Chem.) (Engl.)

Die Ad- u. Desorption von H_2O- u. D_2O-Dampf an trockenes, lyophilisiertes *β-Lactoglobulin* (I) wird bei 17 u. 27° untersucht. Dabei adsorbiert I bei gegebenem Dampfdruck mehr D_2O als H_2O. Während aber nach der Desorption von H_2O-Dampf das Ausgangs-Gew. von I zurückerhalten wird, beträgt die Gew.-Zunahme nach der Desorption von D_2O-Dampf maximal 1,094%. Daraus wird auf einen Austausch labiler H-Atome im Eiweiß durch Deuterium geschlossen, wobei die Zahl dieser Atome mit 406 angegeben wird. Bei sechsmaliger Behandlung des deuterierten I mit H_2O-Dampf läßt sich der Austausch vollständig umkehren. Die berechneten Werte für die differentiellen Sorptionswärmen liegen bei D_2O durchweg höher als bei H_2O. F. Mader. 4070□

Die Natur der Endprodukte bei der enzymatischen Behandlung von Tropokollagen und Kollagenfibrillen. Stanley M. Barkin und Irving Oneson. (J. Polymer Sci. **55.** 113—21. Nov. 1961. Somerville, N.J., Ethicon, Inc.) (Engl.)

Von den Lsgg. von *Rattenschwanzsehnenkollagen* (I) u. *Stiersehnenkollagen* (II) in verschiedenen wss. Puffer-Lsgg. (pH 3,30—3,78) wurde durch Messen der Strömungsdoppelbrechung u. der Viscosität die Verteilung der Kettenlängen L bestimmt. Während in Acetatpuffer mit pH 3,3—3,78 u. in Citratpuffer mit pH 3,70 eine breite Verteilung vorliegt, wurde in Citratpuffer mit pH 3,60 eine engere Verteilung gefunden (vgl. hierzu Boedtker u. Doty, C. **1957.** 1693). Wird I in Acetatpuffer (pH 3,60) bei 25° 24 Std. mit einer Lsg. von Ficin (III) behandelt, so werden sehr monodisperse stäbchenförmige Teilchen mit L = 2400 Å u. dem Durchmesser 12,6 Å erhalten (während L vorher zwischen 2900 u. 3800 lag); die Intrinsicviscosität fällt dabei um 65% ab. Wird II in ähnlicher Weise mit III behandelt, so liegt L zwischen 2390 u. 2950 Å, gegen vorher 2520—3350 Å. Das verschiedene Verh. von I u. II gegenüber III wird auf strukturelle Unterschiede zurückgeführt. O. Fuchs. 4070□

Chemische und enzymatische Untersuchungen an Protaminen. 2. Mitt. **N-endständige Reste und Molekulargewichte von Clupein und Salmin.** Makoto Yamasaki. (Sci. Pap. Coll. gen. Educat., Univ. Tokyo **9.** 31—47. Juni 1959. Tokyo, Univ., Coll. of General Education, Chem. Inst.) (Engl.) — 1. vgl. Sci. Pap. Coll. gen. Educat., Univ. Tokyo **8.** [1958.] 165.

Die N-endständigen Aminosäuren von aus japan. Lachs (Oncorhynchus) keta) erhaltenem *Salmin* (I) sowie *Clupein* (II) aus japan. Hering (Clupea pallasii) wurden nach der DNP-Meth. bestimmt. Die DNP-Protamine wurden a) durch 20std. Rk. von Protaminhydrochlorid mit $NaHCO_3$ u. 2.4-Dinitrofluorbenzol (III) in 50% ig. A. bei 20—25°, Abdampfen des A. im Vakuum, Einstellen der wss. Lsg. mit 6 n H_2SO_4 auf pH 5, Eindampfen im Vakuum, mehrstd. Stehen mit Aceton, Adsorption des Nd. in W. an Amberlite IRC-50 (XE-64; H-Form), Eluieren mit 0,15 n HCl, Einstellen der sauren Lsg. mit Amberlite IRA-400 (OH-Form) auf pH 4—5 u. lyophilisieren der neutralen Lsg. (aus 330 mg Salminhydrochlorid werden 295 mg DNP-Salminhydrochlorid erhalten); b) durch direkte Dinitrophenylierung nach Sanger (Biochem. J. **39.** [1945.] 507); c) durch Behandeln von Protaminsulfat mit $BaCl_2$, 20std. Rk. des erhaltenen Hydrochlorids mit $NaHCO_3$ u. **III** in wss. A. bei 30°, Ansäuern mit 6 n HCl auf pH 1,6, Waschen mit Ae., Einstellen der wss. Lsg. mit 2 n NaOH auf pH 4—5 u. Eindampfen u. d) durch Lösen des Protaminsalzes in 0,1 n KCl bei 40°, Zugabe von **III**, Einstellen mit 0,1 n NaOH auf pH 9, 2 std. Rühren u. Aufarbeiten analog c) dargestellt. Die Identifizierung u. Best. der N-ständigen Reste erfolgte nach Hydrolyse der DNP-Protaminhydrochloride durch 2—12std. Erhitzen mit 6 n HCl im Rohr auf 100° u. Trennung in Ae.- u. säurelösl. Derivv. durch Säulen- oder Papierchromatographie. Die Absorptionsspektren von DNP-Verbb., einschließlich DNP-Protaminen, DNP-Alanin, DNP-Alanylarginin, DNP-Prolin, DNP-Prolylarginin u. 2.4-Dinitrophenol wurden in 1% ig. $NaHCO_3$-Lsg., 1 n HCl, Eisessig u. 85% ig. Ameisensäure im Bereich von 230—450 mμ aufgenommen. Die R-Werte (Verhältnis der opt. Dichten bei 390/360 mμ der Absorptionskurven) einiger DNP-Derivv. wurden zur Charakterisierung der α-DNP-Gruppen aus ihren Absorptionskurven in 1 n HCl u. bzw. oder 1% ig. $NaHCO_3$-Lsg. berechnet. Die Endgruppen-Molgew. von **I** u. **II** wurden zu 4000—4500 bzw. 4200—4700 bestimmt. Während die N-endständigen Gruppen von **I** nach dem R-Wert u. der sauren Hydrolyse nur Prolin (**IV**) enthalten, bestehen diejenigen von **II** aus einem Gemisch aus Alanin u. **IV**. K. Zieloff. 4070

Chemische und enzymatische Untersuchungen an Protaminen. 3. Mitt. **N-endständige Sequenzen von Clupein und Salmin.** Makoto Yamasaki. (Sci. Pap. Coll. gen. Educat., Univ. Tokyo **9.** 49—65. Juni 1959.) (Engl.) — 2. vgl. vorst. Referat.
Die N-endständigen Sequenzen von *Salmin* (I) u. *Clupein* (II) wurden bestimmt. Die DNP-Protamine (vgl. vorst. Ref.) wurden mit Trypsin hydrolysiert, getrocknet, mit Methanol extrahiert u. die in Methanol lösl. DNP-Peptide durch kontinuierliche Papierelektrophorese in DNP-Bande **A** mit einem u. DNP-Bande **B** mit 2 Arginin-Resten getrennt. Jede Bande wurde durch Chromatographie an einer Talk-Säule gereinigt, u. die isolierten DNP-Peptide wurden bestimmt. Da aus DNP-I nur DNP-Pro·Arg u. DNP-Pro·Arg·Arg erhalten wurden, besteht die N-endständige Gruppe von **I** aus Pro·Arg·Arg···. Dagegen erhält man aus DNP-II DNP-Ala·Arg, DNP-Pro·Arg, DNP-Ala·Arg·Arg u. DNP-Pro·Arg·Arg, so daß für die N-endständige Gruppierung von **II** die beiden getrennten Ketten Ala·Arg·Arg··· u. Pro·Arg·Arg resultieren.
K. Zieloff. 4070

E. Biologische Chemie. Physiologie. Medizin

E_1. Allgemeine Biologie und Biochemie

Die Bedeutung phosphoglycerinsaurer Salze für die Löslichmachung anorganischer Substanzen in der Natur. Carl Neuberg, Robert H. Salvesen und Gerald Oster. (Arch. Biochem. Biophysics **95.** 533—39. Dez. 1961. Brooklyn, N.Y.; Polytechnic Inst. of Brooklyn, Dep. of Chem.) (Engl.)

Wss. Lsg. von *Na_2-D (—)-3-Phosphoglycerat* (I) wurde bei pH 7,0 u. Zimmer-Temp. mehrere Std. mit den in W. wenig lösl. Salzen folgender Kationen mit folgenden Anionen geschüttelt: Co^{2+}, Cu^{2+}, Fe^{2+}, Fe^{3+}, Ni^{2+}, Mg^{2+}, Mn^{2+}, Ca^{2+}, Zn^{2+}, CO_3^{2-}, S^{2-}, SiO_3^{2-}, CrO_4^{2-}, $Cr_2O_7^{2-}$, CN^-, OH^-, $C_2O_4^{2-}$, PO_4^{3-}, $P_2O_7^{4-}$, $P_3O_{10}^{5-}$, $P_4O_{12}^{4-}$, $NH_4PO_4^{2-}$, $Fe(CN)_6^{3-}$, $Fe(CN)_6^{4-}$, $HAsO_4^{2-}$, AsO_2^-, VO_3^-, WO_4^{2-}, JO_3^-, F^-, CNS^-, *Tartrat*$^{2-}$, *Citraconat*$^{2-}$, *Fructosediphosphat*$^{4-}$, *Fumarat*$^{2-}$. Dabei bildeten sich in etlichen Fällen lösl. Komplexsalze. Löslichkeits-Prodd. sind in Tabellenform angegeben. Die lösl. **I**-Komplexsalze können bei physiolog. pH- u. Temp.-Verhältnissen durch *alkal. Darmphosphatase* hydrolysiert werden. Alle untersuchten Salze haben ähnliche Zers.-Geschwindigkeiten. Ca^{2+}, Cu^{2+}, Ni^{2+} u. Mn^{2+} verbinden sich mit **I** im Verhältnis 1 : 1. Co^{2+} bildet ein Doppel-, Mg^{2+} ein Dreifachsalz. Fe^{3+} bildet verschiedene Arten von Komplexsalzen. Aus magnet. Messungen folgt, daß der Ni^{2+}-Komplex quadrat. eben ist.
S. Dittmann-Mitzscherlich. 4100□

Die Wirkung von tertiärem Amylalkohol (Amylenhydrat) auf die Zellteilung bei Allium sativum L. Alice Rollen. (Bull. Soc. bot. France **107.** 175—84. April/Juni 1960. Paris, Fac. de Pharmacie, Labor. de Botanique.) (Franz.)

Tertiärer Amylalkohol zeigt in hohen Konzz. eine letale Wrkg auf das Zellwachstum, in geringeren Konzz. findet man eine mitodepressive u. mitostat. Wrkg. mit Hemmung des Eintritts in die Kinese u. Hemmung des Wachstums. S. GROITZSCH. 4150□

Bakterienribosomen. Richard B. Roberts. (Nat. Acad. Sci.-Nat. Res. Council, Publ. Nr. **823.** 114—28. 1961. Washington, D.C., Carnegie Inst. of Washington.) (Engl.)

Werden Kulturen von *Escherichia coli* in verschiedenen physiolog. Zuständen durch ein geeignetes kleines Loch gepreßt, so werden bis zu 99% der Zellen zerstört, u. es wird ein Preßsaft erhalten, der sich für Sedimentationsanalysen in der Ultrazentrifuge eignet. Nach dieser Meth. werden Gipfel mit den Sedimentations-Konst. 20 S, 30 S, 50 S, 70 S u. 85 S erhalten, für deren gegenseitige Stoffwechselbeziehungen ein Schema entwickelt wird. Durch Verw. von ^{35}S lassen sich weitere Einblicke in die Stoffwechselabläufe in den Ribosomen während der Protein-Synth. gewinnen. P. SCHWERDTFEGER. 4150□

Aminosäure und Glucoseaufnahme in Beziehung zur Proteinsynthese in Gewebekulturen. R. Sinclair und I. Leslie. (Biochim. biophysica Acta [Amsterdam] **32.** 58—68. März 1959. Belfast, Queens Univ., Dep. of Biochem.) (Engl.)

Untersucht wurden menschliche Gewebe, d. h. Nieren- u. Lungengewebe von einem 20 Wochen alten Foetus, ein Lebergewebestamm u. 2 Stämme von bösartigen Tumoren. Vff. bestimmten Aminosäureaufnahme, Protein-Synth. u. Kohlenhydratstoffwechsel der Gewebe. Die „oxydierte Glucose" (Teil der verbrauchten Glucose, der nicht durch die Bldg. von Milchsäure u. Ketosäuren erklärt werden kann) steht in einem 1 : 1-Verhältnis zur Aminosäurenaufnahme bei den letzten 3 Zellkulturen. Das von den freien Aminosäuren genutzte N reichte zur Erklärung des gebildeten Proteins bei beiden bösartigen Tumorenstämmen, bei den anderen 3 Kulturen war das genutzte N geringer, als die gebildeten Proteine es erforderten. Glutamin war aus dem Medium aller Zellkulturen verschwunden. Prolin, Serin u. Glycin wurden von allen Kulturen genutzt. Alanin nutzten nur die beiden Foetusgewebe. Leucin, Isoleucin, Phenylalanin, Threonin u. Valin wurden von allen Gewebekulturen genutzt, Cystin nur teilweise.

W. HILLER. 4150□

Den Primer für Desoxyribonucleinsäurepolymerase beeinflussende Faktoren. H. M. Keir, Barbara Binnie und R. M. S. Smellie. (Biochem. J. **82.** 493—99. März 1962. Glasgow, Univ., Dep. of Biochem.) (Engl.)

Verss. zur Best. der Primer-Eig. einiger *Desoxyribonucleinsäure* (I)-Präpp. im I-*Polymerase* (II)-Syst. aus LANDSCHUTZ-Ascitestumorzellen zeigten, daß therm. denaturierte I aus letzten eine 7fach größere Primerfähigkeit als native I besaß. Längere Hitzebehandlung vermindert aber das Primervermögen. Einstrangige I aus dem Bakteriophagen Ø X 174 war therm. denaturierter Tumorzellen-I in der Primerkapazität weit überlegen. Beschränkte Einw. von Pankreasdesoxyribonuclease auf Tumorzellen-I steigerte das Primervermögen um ca. 60%. Anschließende Hitzedenatuierung führte zu einer 11fach größeren Primerwirksamkeit, als native I besitzt. Lsgg. von LANDSCHUTZ-Tumor-I in 0,01 m Puffer, pH 8 oder 9, zeigten wirksamen Primereffekt auf die II-Rk. bei pH 7,5, vor wie nach therm. Behandlung. Wenn die Lsg. in 0,01 m Puffer, pH 7, hergestellt war, erforderte die Herst. eines akt. Primers eine Hitzebehandlung. Hitzedenaturierung von Tumorzellen-I war von einem hyperchromen Effekt bei 260 mμ begleitet, dessen Größe von der Salz-Konz. der Lsg. abhing. Den gleichen Effekt zeigten auch I-Lsgg. in 0,01 m Puffer, pH 8 u. 9. Messung von Primeraktivität u. Extinktion ergaben, daß hitzedenaturierte I durch langsames Abkühlen der erhitzten Lsg. in 0,15 m NaCl-0,015 m Na-Citrat nicht mehr in den nativen Zustand überging. Ein I-Präp. aus Bakteriophagen T 2 zeigte nach therm. Behandlung zwar einen hyperchromen Effekt, übte aber vor wie nach dem Erhitzen die gleiche Primerwrkg. auf die II-Rk. aus.

K. MAIER. 4150□

Eine cytophotometrische Untersuchung über den Gehalt an Desoxyribonucleinsäure von in vitro bestrahlten Zellen. (HeLa-Zellen und Fibroblasten-Zellen des Kaninchens). T. Constantin, H. Febvre, C. Herovici, C. Lalanne und C. Vendrely. (Bull. Assoc. franç. Étude Cancer **47** (**51**). 585—96. Okt./Dez. 1960. Villejuif, Seine, Inst. Rech. sur le Cancer; Inst. Gustave-Roussy.) (Franz.)

Eine einzige Dosis von 600 r Röntgenstrahlen ist ausreichend, um die Zellteilung während der nächsten 2—3 Wochen zu verhindern. Die Erhöhung des Geh. an *Desoxyribonucleinsäure* (*DNS*) der bestrahlten Zellen, die eine normale Zellteilung nicht aufweisen, zeigt, daß die Synth. von DNS u. die Mitose von einander unabhängig sind. Prakt. cytophotometr. Messungen an bestrahlten Zellen machen eine Anhäufung von DNS in den Kernen zwischen 9 u. 24 Std. gewiß. Der DNS-Geh. bleibt mehrere Tage nach der Bestrahlung erhöht, um dann nach mehreren Wochen wieder normal zu werden. Nach 3 Wochen ist in den Kulturen von Kaninchenfibroblasten (Stamm T.L.H.) die Konz. an DNS viel geringer, weil die Kerne sich vergrößert haben. P. NACHTWEY. 4150□

Die Wirkung von Nucleinsäuren auf die Entwicklung des transplantierten Guérin-Tumors. I. Fekete, P. Szabó und E. Tóth. (Naturwissenschaften **49.** 63. 1. Febr.-H. 1962. Debrecen, Kossuth-Lajos-Univ., Zoolog. Inst.) (Dt.)

Je 10 Ratten bekamen vor der Transplation des Guérin-Tumors mehrere Injektionen handelsüblicher *Ribonucleinsäure* u. *Desoxyribonucleinsäure*. Die Präpp. wurden entweder in physiolog. NaCl-Lsg. oder in Kaninchenblutplasma gelöst. Die mit den Nucleinsäuren behandelten Tiere zeigten stärkeres Tumorwachstum u. größere Neigung zur Metastasierung als die Kontrollen. W. Gutsche. 4160□

Dosis-Reaktion-Beziehung eines tumorfördernden Agens. John P. Gilbert und Jean Sicé. (Toxicol. appl. Pharmacol. **2.** 392—96. Juli 1960. Chicago, Ill., Chicago Med. School, Dep. of Pharmacol. and Div. of Oncolog.) (Engl.)

Bei der Behandlung von Mäusen mit *Crotonöl* zeigt sich, daß der wichtige Faktor für die Tumor-Entw. die Gesamtdosis des tumorfördernden Agens ist, während die Größe der Einzeldosis ohne Einfl. ist. P. Gregorzewski. 4160□

Experimentelle Untersuchungen mit Hormonen am Hamster im Hinblick auf deren cancerogene Wirkung. 1. Studie mit Testosteron. M. R. Rivière, I. Chouroulinkov und M. Guérin. (Bull. Assoc. franç. Étude Cancer **47 (51).** 558—64. Okt./Dez. 1960. Paris, Inst. de Rech. Scientif. sur le Cancer.) (Franz.)

Nach 2jähriger Behandlung von ♂ u. ♀ Hamstern mit *Testosteronpropionat* wurde ein einziger Tumor, ein Epitheliom des Uterus, beobachtet. Vff. teilen die Ansicht von Kirkman über die cancerogene Wrkg. des männlichen Hormons bei diesen Nagetieren nicht. Die experimentellen Unterschiede werden diskutiert. P. Nachtwey. 4160□

Der Polyomvirus. Bernice E. Eddy. (Advances Virus Res. **7.** 91—102. 1960. Bethesda, Md., Nat. Insts. of Health, Div. of Biol. Standards.) (Engl.)

Übersicht. Größe u. Morphologie von SE-Polyomvirus, Anreicherung u. Reinigung, Best. des Virus u. dessen spezif. Antikörper durch in vitro-Teste, Resistenz gegen physikal. u. chem. Agentien, Infektiosität für Tiere. — 67 Literaturangaben. K. Maier. 4160□

Konzentration ungebundener Aminosäuren in Plasma, Erythrocyten, Leukocyten und Harn von Leukämiepatienten. Rapier H. McMenamy, Charles C. Lund und Donald F. H. Wallach. (J. clin. Invest. **39.** 1688—1705. Nov. 1960. Boston, Mass., Harvard Med. School, Dep. of Biol. Chem. and Surg.; Boston City Hosp., 5. Surg. [Harvard] Serv.) (Engl.)

Bei allen untersuchten Leukämien (chron., akute u. subakute Granulocyten-, chron. Lymphocyten- u. Monocytenleukämie) fanden sich im Plasma hohe Werte für *Ornithin* (I), sowie für *Äthanolamin* (II) u. *Harnstoff* (III), niedrige Werte für *Alanin*; in den Erythrocyten lagen hohe Werte für I, *Prolin* (IV) sowie für II, *Serin-Glycin* u. III vor; in den Leukocyten waren die Werte für *Glutaminsäure*, IV u. *O-Phosphoäthanolamin* hoch, die für I niedrig; zwischen I u. III bestand eine Beziehung (so daß beide nur gemeinsam anstiegen oder fielen) im Plasma bei adäquater Nierenfunktion. — Es wird ein Bericht über die Veränderungen des Aminosäuren-Geh. in Plasma, Blutzellen u. Harn im Verlaufe von spezif. Behandlungen gegeben. U. Tausendfreund. 4160□

^{58}Co-Vitamin-B_{12}-Resorption, -Plasmatransport und -Ausscheidung bei Patienten mit myeloproliferativen Störungen, soliden Tumoren und nichtneoplastischen Erkrankungen. I. Bernard Weinstein und Donald M. Watkin. (J. clin. Invest. **39.** 1667—74. Nov. 1960. Bethesda, Md., Nat. Cancer Inst., Metabol. Serv.) (Engl.)

Bei Prüfung der *^{58}Co-Vitamin B_{12}* (I)-Resorption ließ sich keine Abhängigkeit der Resorption von der Diagnose bei neoplast. u. myeloproliferativen Erkrankungen nachweisen; auch die Serum-I-Konz. war bei soliden Tumoren normal, während jedoch bei chron.-myeloischer Leukämie überhöhte Serum-I-Werte aufgefunden werden konnten; bei chron.-myeloischer Leukämie konnte auf der Basis dieser Beobachtung u. der Erhöhung des I-bindenden Proteins ein erhöhter Plasma-I-Umsatz konstatiert werden. In keinem Falle kam es zur nachweisbaren Ausscheidung von radioakt. Material im nichtkonzentrierten Harn. U. Tausendfreund. 4160□

Brenzcatechinaminstoffwechsel bei einem funktionellen, neuralen Tumor. Robert E. Greenberg und Lytt I. Gardner. (J. Clin. Invest. **39.** 1729—36. Nov. 1960. Syracuse, New York, State Univ. of New York, Upstate Med. Center, Dep. of Ped.) (Engl.)

Bei einem posterioren, mediastinalen Ganglioneurom mit einem Diarrhoesyndrom konnte gesteigerte Ausscheidung von *Norepinephrin* (I), *3-Methoxy-4-hydroxymandelsäure*, *Dopamin* (II) u. *Homovanillinsäure* im Harn nachgewiesen werden; nach operativer Entfernung des Tumors gingen diese Ausscheidungswerte zur Norm zurück, die

Diarrhoesymptome verschwanden (Mechanismus dieser Beziehung noch ungeklärt); der Tumor enthielt I u. II, er war nicht zur Bldg. von O-methylierten Brenzcatechinaminmetaboliten fähig. Die Angaben sollen als diagnost. Hilfe für Fälle mit chron. Diarrhoe u./oder Tumorverdacht neuraler Herkunft dienen. U. Tausendfreund. 4160□

Cytochemische Untersuchung der Esteraseaktivität von Humanneoplasmen und Makrophagen des Grundgewebes. Benito Monis und Tobias Weinberg. (Cancer [Philadelphia] **14.** 369–77. März/April 1961. Baltimore, Md., Sinai Hosp.) (Engl.)

Die *unspezif. Esterase*-Aktivität neoplast. Zellen wird nach Gomori mit Naphthol-AS-acetat als Substrat u. Nachbehandlung mit diazotiertem 4-o-Tolylazo-o-toluidin halbquantitativ bestimmt. Sie war hoch in Epithelneoplasmen, niedrig oder nicht nachweisbar in mesenchymalen Tumorzellen. — Bei den Histiocyten zeigen reife, große Makrophagen die höchste Esteraseaktivität, Fibroblasten eine geringere. Mitunter ließ sie sich auch in polymorphkernigen Leukocyten nachweisen. Mastzellen verhielten sich unterschiedlich. P. Loch. 4160□

Wirkung von Rattenlebermitochondrien auf ein glykolytisches System aus Ascites-Tumorzellen. P. Emmelot und C. J. Bos. (Biochim. biophysica Acta [Amsterdam] **51.** 381–83. 5/8. 1961. Amsterdam; Netherlands Cancer Inst., Antoni van Leeuwenhoek-Huis, Dep. of Biochem.) (Engl.)

Als glykolyt. Syst. mit schwacher *Adenosintriphosphatase* (I)-Aktivität wurde der 20000·*g*-Überstand aus S_3A-Ascites-Mammacarcinomzellen der Maus verwendet. Zugabe von PO_4^{3-} + *Adenosindiphosphat* verdoppelt die anaerobe Glykolyse. Zugabe von Rattenlebermitochondrien (M) stimuliert die Glykolyse ebenfalls stark. In diesem Fall sinkt das Verhältnis PO_4^{3-} : *Lactat* (wahrscheinlich steigt der *Adenosintriphosphat*-Umsatz infolge Zugabe der M–I). Größere M-Mengen hemmen mitunter die Glykolyse. Zugabe von *Hexokinase* (II) stellt auch hier hohe Glykolyse her. Umgekehrt hemmt II die Glykolyse des nichtstimulierten Syst., diese Hemmung wird durch PO_4^{3-} aufgehoben. — Die aerobe Glykolyse wird durch geringere M-Mengen ähnlich beeinflußt. Altern der M (Entkoppeln ihrer oxydativen Phosphorylierung) kehrt die Hemmwrkg. auf die aerobe Glykolyse in eine Stimulation um. (Entsprechend nimmt die PO_4^{3-}-Aufnahme ab). *2.4-Dinitrophenol* (III) wirkt analog. — Die Differenz der anaeroben u. der aeroben Glykolyse („abs. Pasteur-Effekt") steigt mit zunehmenden M-Mengen. Bei Altern der M oder Zugabe von III sinkt umgekehrt der Pasteur-Effekt. — Aus den Ergebnissen wird gefolgert, daß der Pasteur-Effekt bei dem untersuchten zellfreien Syst. auf einer Konkurrenz der glykolyt. u. der mitochondrialen Phosphorylierungen um PO_4^{3-} u. *Adeninnucleotide* beruht. S. Dittmann-Mitzscherlich. 4160□

Das Vorkommen von Naphthylchloracetamidase im Hinblick auf die Chemotherapie des Krebses. Stanley P. Kramer und Arnold M. Seligman. (Cancer [Philadelphia] **14.** 296–99. März/April 1961. Baltimore, Md., Sinai Hospital, Dep. of Surgery.) (Engl.)

Verschiedene menschliche u. tier. Gewebe wurden auf das Vorhandensein einer *Amidase* untersucht, die *N-[Naphthyl-(2)]-chloracetamid* hydrolysiert u. damit entgiftet. Als Maß für die Fermentaktivität wurde das gebildete 2-Naphthylamin colorimetr. bestimmt. Von den untersuchten Geweben der Maus besitzen Leber die größte u. Serum die geringste Aktivität. Beim Menschen ist ebenfalls die Leber am aktivsten, ferner ist die Amidase im Gewebe der Bauchspeicheldrüse, des Magens, der Niere u. a. nachzuweisen. Viele der untersuchten Tumoren besaßen keine oder geringere Amidaseaktivität als das Gewebe, an dem sie sich entwickelt hatten. Da sich die untersuchten gesunden Gewebe quant. bzgl. der Amidaseaktivität erheblich unterscheiden (Knochenmark z. B. sehr gering akt.), andererseits auch Tumorgewebe schwach akt. sein kann, können Substanzen, deren anticancerogene Wrkg. auf ihrer Entgiftung bzw. Nichtentgiftung auf Grund verschiedener Amidaseaktivität der gesunden u. kranken Gewebe beruht, nur bedingt angewendet werden. I. Jage. 4160

Diazoderivate von Aminosäuren und Peptiden als mögliche antineoplastische Chemotherapeutica. 1. Mitt. Allgemeine Betrachtungen und Methoden. L. Baldini und G. Brambilla. (Boll. Soc. ital. Biol. sperim. **36.** 577–81. 30/6. 1960. Genua, Univ., Ist. di Farmacol.) (Ital.)

Am Galliera-Sarkom der Ratte wird die antineoplast. Aktivität verschiedener *N-Diazoacetylaminosäuren* u. deren *Polypeptid-Derivv.* geprüft. An der selben Ratte wird daneben die Toxizität auf Grund der Inhibierung der Gewichtszunahme (prozentual gegenüber Kontrolltieren) geprüft. Die Verbb. werden täglich intraperitoneal 12–14 Tage lang gegeben, wonach das Gewicht der noch nicht tox. Tumoren 2–4 g beträgt.
F. Kren. 4160□

Diazoderivate von Aminosäuren und Peptiden als mögliche antineoplastische Chemotherapeutica. 2. Mitt. Wirkung des Diazoacetylglycinäthylesters und des Diazoacetylglycinamids auf die Entwicklung des Galliera-Sarkoms bei der Ratte. L. Baldini und G. Brambilla. (Boll. Soc. ital. Biol. sperim. **36.** 581—83. 30/6. 1960. Genua, Univ., Ist. di Farmacol.) (Ital.) — 1. vgl. vorst. Referat.

Die Entw. des Tumors wird durch insgesamt 924 mg *Diazoacetylglycinäthylester* (I)/kg zu 84%, durch 462 mg zu 48% u. durch 231 mg zu 17% (nicht signifikant) gehemmt. Die tox. Wrkg. ist bei allen 3 Dosen signifikant. Die Entw. des Tumors durch 1530 mg *Diazoacetylglycinamid*/kg wird zu 52%, durch 765 mg zu 43% gehemmt; 383 mg sind dagegen unwirksam; infolge der viel geringeren toxischen Wrkg. als bei I ist seine anticancerogene Wrkg. 3mal so groß wie die von I. F. Kren. 4160□

Über die Fähigkeit einiger alkylierender Agentien, das Wachstum des Galliera-Sarkom der Ratte zu inhibieren. G. Brambilla und L. Baldini. (Boll. Soc. ital. Biol. sperim. **36.** 583—86. 30/6. 1960. Genua, Univ., Ist. di Farmacol.) (Ital.) — Vgl. vorst. Referat.

Die Unterss. werden an Ratten (intraperitoneal 10—12 Tage lang) mit *Triäthylenmelamin* (I; Gesamtdosis 0,9 bzw. 1,75 mg/kg), *p-Di-[2-Chloräthyl]-aminophenylbuttersäure* (*Chlorambucil* 40 u. 55 mg), *1.4-Dimethansulfonoxybutan* (40 u. 69 mg) sowie *N.N'.N''-Triäthylenthiophosphorsäureamid* (*Thio-Tepa*, 11 mg) durchgeführt. Die bei weitem beste therapeut. Wirksamkeit zeigt I. Es red. das Wachstum des Tumors um 44% u. übte auf das Wachstum der Tiere kaum einen Einfl. aus. Bei geringer therapeut. Wirksamkeit ist die tox. Wrkg. aller anderen Verbb. noch viel größer als bei I. F. Kren. 4160□

Wirkung des 6-Mercaptopurins und des 8-Azaguanins auf das Galliera-Sarkom der Ratte. G. Brambilla und L. Baldini. (Boll. Soc. ital. Biol. sperim. **36.** 586—87. 30/6. 1960. Genua, Univ., Ist. di Farmacol.) (Ital.) — Vgl. vorst. Referat.

Ratten erhalten 10mal täglich je 30 mg *6-Mercaptopurin* (I) bzw. *8-Azaguanin* (II)/kg. Während I die Entw. des Galliera-Sakroms um 65% inhibiert, dabei aber merklich tox. ist, bleibt II fast unwirksam u. ist ebenso tox. wie I. F. Kren. 4160□

Wirkung der Assoziierung von 6-Mercaptopurin-Chlorambucil und 6-Mercaptopurin-Myleran auf die Entwicklung des Galliera-Sarkoms der Ratte. G. Brambilla und L. Baldini. (Boll. Soc. ital. Biol. sperim. **36.** 587—90. 3/6. 1960. Genua, Univ., Ist. di Farmacol.) (Ital.) — Vgl. vorst. Referat.

Ratten werden 3 Tage nach der Tumortransplantation intraperitoneal 10 Tage lang täglich mit den Kombinationen *6-Mercaptopurin* (I; 30 mg/kg) + *1.4-Dimethansulfonoxybutan* (II; 4 mg) sowie den gleichen Dosen I + *p-Di-(2-Chloräthyl)-aminophenylbuttersäure* (III) behandelt. Obwohl I u. III für sich die stärkste inhibierende Wrkg. auf das Wachstum des Sarkoms ausüben (73 bzw. 68%) ist doch die therapeut. Wirksamkeit der I–II-Kombination etwa doppelt so groß wegen der geringeren Toxizität dieser. Die I–III-Kombination stellt gegenüber der Gabe der einzelnen Verbb. keinen Vorteil dar. F. Kren. 4160□

E₂. Enzymologie. Gärung

Metallionen mit Katalasewirkung. Heinz Trapmann und Muljibhai B. Devani. (Naturwissenschaften **48.** 405. 2. Mai-H. 1961. München, Univ., Inst. für Pharmazie u. Lebensmittelchemie.) (Dt.)

Außer den bisher bekannten Metallionen mit Katalase-Wrkg. zerlegen nach Unterss. der Vff. auch Mg^{2+}, Ce^{3+}, Zr^{4+} u. Th^{4+} Wasserstoffperoxid in H_2O u. O_2. Beschreibung der Methodik. H. Schäbitz. 4210□

Modifikation des Reagensglases für die Dehydrogenaseuntersuchung nach Thunberg. W. P. Shalko-Titarenko und Je. D. Moljuk. (Лабораторное Дело [Laboratoriumswesen] **7.** Nr. 10. 60—61. Okt. 1961. Kiew, Inst. für Epidemiol. u. Mikrobiol., Abt. für allg. Mikrobiol.) (Russ.)

Für die *Hydrogenase*-Unters. von Bakterien benutzen Vff. ein spezielles Reagensglas. Es besteht aus einem verlängerten Teil u. einem seitlichen Reservoir, von dem aus zwei Röhren abzweigen. Das eine Rohr wird mit einem Vakuum verbunden, das andere dient zu Aufnahme von Reagentien. Es wird mit einer Gummihaube verschlossen. E. Steinberg. 4210□

Milchsäuredehydrogenase-Aktivität im Muskel des Poliomyelitis-Patienten. A. Pizzoferrato und P. L. Bergami. (Boll. Soc. ital. Biol. sperim. **36.** 610—12. 3/6. 1960. Bologna, Univ., Ist. Rizzoli, Clin. Ortoped.) (Ital.)

Die Unterss. der *Milchsäuredehydrogenase*-Aktivität werden spektrophotometr. u. colorimetr. auf der Basis der Red. der Brenztraubensäure zu Milchsäure durchgeführt. Es zeigt sich, daß die Enzymaktivität im Muskel immer verringert ist, u. zwar, wie histolog. geprüft, infolge Zerstörung von Muskelgewebe. F. KREN. 4210□

Die Äpfelsäuredehydrogenase-Aktivität im Muskel des Poliomyelitis-Patienten. P. L. Bergami und A. Pizzoferrato. (Boll. Soc. ital. Biol. sperim. **36.** 613—15. 3/6. 1960. Bologna, Univ., Ist. Rizzoli, Clin. Ortoped.) (Ital.) — Vgl. vorst. Referat.

Die Unterss. werden spektrophotometr. nach dem Prinzip durchgeführt, daß die Äpfelsäuredehydrogenase die Rk. Äpfelsäure (I) + DPN ⇌ Oxalessigsäure + DPNH mit zugunsten von I verschobenem Gleichgewicht katalysiert. Es zeigt sich, daß die Enzymaktivität im Muskel auf ca. $^1/_3$ verringert ist. Auf Grund der Veränderung der Myofibrillen (biochem. u. histol. Unters.) ist das Enzym schon im normalen Muskel u. entsprechend stärker bei Atrophie verringert. F. KREN. 4210□

Kristallisierte β-Hydroxybuttersäuredehydrogenase aus Schweineherz. Joseph R. Stern. (Biochim. biophysica Acta [Amsterdam] **26.** 448—49. Cleveland, Ohio, Western Reserve Univ., School of Med., Dep. of Pharmacol.) (Engl.)

β-Hydroxybuttersäuredehydrogenase (**I**), welche die Rk.: L(+)-*β-Hydroxybuttersäure-S-Coenzym A* (**II**) + Diphosphopyridinnucleotid (DPN) ⇌ *Acetessigsäure-S-Coenzym A* (**III**) + DPNH + H^+ katalysiert [wobei an Stelle von SH-Coenzym A (CoA) auch *Panthethein* (**IV**) treten kann] konnte aus Schweineherz durch Extraktion mit KCl-Phosphatpuffergemisch, Fraktionieren mit $(NH_4)_2SO_4$, Adsorption an Ca-phosphat-Gel, Elution, Fraktionieren mit A. in Ggw. von Zn^{2+} krist. erhalten werden. Krist. **I** katalysiert die Red. von 42000 Mol **III**/min/100000 g **I** durch DPNH bei pH 7,0 u. 25°, wenn die Substrate im Überschuß vorhanden sind. Das Optimum der **III**-Red. liegt bei pH 6—7, das der **I**-Oxydation bei pH 9,6. Bei den entsprechenden pH-Optima erfolgt die Red. von **III** 5mal schneller als die Oxydation von **II**; bei pH 7,0 sind die relativen Geschw. 18 : 1, bei pH 9,6 jedoch 1 : 2,7. — Außer den Thioestern von CoA bzw. **IV** wird durch **I** die Red. von (±)-*8-S-Acetessigsäure-6.8-dimercaptooctansäure* (-dihydroliposäure), von (±)-*8-S-Acetessigsäure-6-äthyl-monomercaptooctansäure* u. von *6-S-Acetessigsäuredecansäure* katalysiert, wobei der Umsatz nur 0,04% des Umsatzes bei **IV**-Thioester beträgt. — Ferner werden von **I** die β-Hydroxyhexanoyl- u. die β-Hydroxy-4-hexanoyl-Verbb. von CoA oxydiert. — **I** wirkt spezif. auf L(+)-**II**; das D(—)-Isomere wird nicht angegriffen. — Die bei pH 9,6 gemessene (sehr pH-empfindliche) Gleichgewichts-Konst. K' der obigen Rk. beträgt $2{,}17 \cdot 10^{-10}$. — Krist. **I** hat ein typ. Proteinabsorptionsspektrum; das Lichtabsorptionsverhältnis 280 mμ/260 mμ beträgt nur 1,35, was Ggw. von gebundenem Nucleotid möglich erscheinen läßt. — Da größere Mengen von krist. **I** in Ggw. von **II** u. gereinigter Diaphorase ohne Zusatz von $DPNH^+$ auch 2.6-Dichlorphenolindophenol reduzieren, wird Ggw. von gebundenem DPN^+ vermutet. — Die Eigg. der krist. **I** ähneln den Eigg. der teilweise gereinigten I-Präpp. aus Schaf- oder Ochsenleber. A. HESSE. 4210□

Anschauungen über den Stoffwechsel des Lebergewebes bei der Infektion der Maus mit dem Virus MHV-3. 1. Mitt. **Transketolase, Glucose-6-phosphatdehydrogenase, 6-Phosphogluconsäuredehydrogenase.** P. Altucci, P. Rossano und A. Di Simone. (Boll. Soc. ital. Biol. sperim. **37.** 1193—95. 15/12. 1961. Neapel, Univ., Ist. di Patol. Spec. Med. e Metodol. Clin.) (Ital.)

Albinomäuse werden intraperitoneal mit der 1000fachen DL_{50} des Virus MHV-3 infiziert. Während in den Früh- u. Mittel-Phasen der Leberkrankheit (24—72 Std.) die enzymat. Veränderungen gering sind, ergibt sich später eine Erhöhung der Werte der *Glucose-6-phosphat-* u. *6-Phosphogluconsäuredehydrogenase* auf über das Doppelte gegenüber Kontrolltieren (nach 92 Std.). Die Transketolase-Aktivität verhält sich dagegen indifferent. F. KREN. 4210□

Anschauungen über den Stoffwechsel des Lebergewebes bei der Infektion der Maus mit dem Virus MHV-3. 2. Mitt. **α-Glycerophosphatdehydrogenase und Brenztraubensäurekinase.** P. Rossano, A. Di Simone und P. Altucci. (Boll. Soc. ital. Biol. sperim. **37.** 1195—96. 15/12. 1961. Neapel, Univ., Ist. di Patol. Spec. Med. e Metodol. Clin.) (Ital.) — 1. vgl. vorst. Referat.

Die Infektion mit dem Virus MHV-3 führt im Lebergewebe nach einer anfänglichen leichten Steigerung der Aktivität der *α-Glycerophosphatdehydrogenase* zu deren statist. signifikanten Verringerung von der 48. bis zur 96. Std.; die *Brenztraubensäurekinase* erleidet während der Krankheit kaum Veränderungen. F. KREN. 4210□

Anschauungen über den Stoffwechsel des Lebergewebes bei der Infektion der Maus mit dem Virus MHV-3. 3. Mitt. Glucose-6-phosphatase-Aktivität. A. Di Simone, P. Altucci und P. Rossano. (Boll. Soc. ital. Biol. sperim. **37.** 1196—98. 15/12. 1961. Neapel, Univ., Ist. di Patol. Spec. Med. e Metodol. Clin.) (Ital.) — 2. vgl. vorst. Referat.

Die Infektion mit dem Virus MHV-3 manifestiert im Lebergewebe schon nach 24 Std. eine signifikante Verringerung der *Glucose-6-phosphatase*, die sich bis zur 96. Std. noch weiter steigert. F. KREN. 4210□

Anschauungen über den Stoffwechsel des Lebergewebes bei der Infektion der Maus durch Virus MHV-3. 4. Mitt. Fructokinase-Aktivität. P. Rossano, A. Di Simone und P. Altucci. (Boll. Soc. ital. Biol. sperim. **37.** 1222—23. 15/12. 1961. Neapel, Univ., Ist. di Patol. Spec. Med. e Metodol. Clin.) (Ital.) — 3. vgl. vorst. Referat.

Die Aktivität der *Fructokinase* der Leber verringert sich allmählich im Laufe der Infektion durch Virus MHV-3, u. nach 96 Std. wird ein Wert t von STUDENT von 10,83 erreicht. Ausgedrückt als μg von 10 mg Proteinen des Gewebes in 20 Min. freigemachte Fructose sind es nach 24 Std. 30,20 u. nach 96 Std. 12,56. F. KREN. 4210□

Über das Verhalten der Äpfelsäuredehydrogenaseaktivität des Serums bei an progressiver muskulärer Dystrophie leidenden Kindern. F. Schettini, F. Rea und M. Berni Canani. (Boll. Soc. ital. Biol. sperim. **37.** 1206—08. 15/12. 1961. Neapel, Univ., Ist. di Clin. Pediatr.) (Ital.)

Es wird die Aktivität der *Äpfelsäuredehydrogenase* (I) im Serum von 12 Kindern von 4—20 Jahren spektrophotometr. mit den BOEHRINGER-Reagentien bestimmt. Es wird die Extinktion bei λ von 366 mμ abgelesen, u. die Werte werden in WROBLEWSKI-Einheiten (W.E.) wiedergegeben. Gegenüber den normalen Werten (100/200 W.E.) werden Werte zwischen 358—1192 W.E. gefunden. Im Anfangsstadium der Krankheit sind die I-Werte am größten. F. KREN. 4210□

Untersuchungen über die Aktivität der Glucose-6-phosphatdehydrogenase der Thrombocyten und Erythrocyten bei Kindern mit akuter Thrombocytopenie. M. Berni Canani, F. Rea und F. Schettini. (Boll. Soc. ital. Biol. sperim. **37.** 1201—03. 15/12. 1961. Neapel, Univ., Ist. di Clin. Pediatr.) (Ital.)

Die Aktivität der *Glucose-6-phosphatdehydrogenase* (I) wird an 18 Kindern mit akuter Thrombocytopenie geprüft. In den Erythrocyten betrug der Mittelwert der I-Aktivität 354 E./100 ml rote Plättchen; in den Plättchen waren es 556 E./Min. in bezug auf 10^9 lysierte Plättchen, welche Werte höher als die normalen sind. F. KREN. 4210□

Untersuchung der enzymatischen Aktivität in den Plättchen. Aktivität der sauren Phosphatase in den Plättchen normaler Kinder. M. Berni Canani, F. Rea, L. Di Francesco und F. Schettini. (Boll. Soc. ital. Biol. sperim. **37.** 1204—06. 15/12. 1961. Neapel, Univ., Ist. di Clin. Pediatr.) (Ital.) — Vgl. vorst. Referat.

Die Phosphataseaktivitäten werden mit Na-p-Nitrophenylphosphat als Substrat bestimmt. Es wurden 12 Kinder von 3—14 Jahren untersucht. Die *alkal. Phosphatase* fehlt immer. Dagegen wird die *saure Phosphatase* in den Plättchen mit einem Wert von 92 E. bezogen auf 10^9 lysierte Plättchen gefunden u. 585 E. bezogen auf 10^2 mg/ml im Plättchenlysat vorhandener Proteine. F. KREN. 4210□

Herabsetzung des Sauerstoffverbrauchs von Organ-Schnitten und Homogenaten durch Harnstoff. C. Giordano und A. Crescenzi. (Boll. Soc. ital. Biol. sperim. **37.** 1199—1200. 15/12. 1961. Neapel, Univ., Ist. di Patol. Spec. Med. e Metodol. Clin.) (Ital.)

Schnitte von Leber u. Niere der Ratte von 0,2—0,3 mm Dicke u. Homogenate von Leber u. Hirn in 0,25m Saccharose wurden in Ggw. von 0,05—1m *Harnstoff* inkubiert. Es ergibt sich eine konst., wenn auch geringe Herabsetzung des O_2-Verbrauchs, die bes. bei Harnstoff-Konzz. von 0,1m ausgeprägt ist, u. zwar mehr bei den Homogenaten als beim intakten Gewebe; diese Hemmung der Atmung nimmt mit höheren Inhibitor-Konzz. nicht zu. F. KREN. 4210□

Untersuchungen über Homogentisinase. 1. Mitt. Reinigung und die Rolle des Ferro-Ions bei der enzymatischen Wirkung. Keiko Tokuyama. (J. Biochemistry [Tokyo] **46.** 1379—91. Okt. 1959. Osaka, Osaka Univ., Inst. for Protein Res.) (Engl.)

Homogentisinase (I), welche die Oxydation von *Homogentisinsäure* katalysiert, wurde aus mit Aceton getrockneter Rinderleber extrahiert u. teilweise gereinigt, wobei ein Fe^{2+}-haltiges Präp. (**I A**) u. ein Fe^{2+}-freies Präp. (**I B**) erhalten wurden. Es bestätigt sich, daß Fe^{2+} an der I-Rk. beteiligt ist. **I A** u. **I B** haben in Ggw. von 10^{-3} m Fe^{2+} ident. pH-Aktivitätskurven mit Optimum bei pH 5,8. — Im sauren Gebiet wird das für **I A** essentielle Fe^{2+} von dem I-Protein entfernt. Zugesetztes Fe^{2+} verbindet sich im alkal. u. im neutralen Gebiet schnell, im sauren Gebiet nur langsam mit dem I-Protein. — Ein Austausch des gebundenen Fe^{2+} mit ^{59}Fe erfolgt nur während I ihre Wrkg. ausübt. A. HESSE. 4210□

Anhäufung der reduzierten Coenzyme in Beziehung zur strukturellen Beschaffenheit der Mitochondrien. F. Navazio. (Boll. Soc. ital. Biol. sperim. **33.** 838—40. Juni 1957. Rom, Centro Intern. di Chim. Microbiol., Ist. Superiore di Sanità.) (Ital.)

Strukturell an Mitochondrien (Rattenleber) gebundene Enzyme reagieren nur träge mit exogen zugegebenem Nicotinamidadenindinucleotid, so daß dessen Oxydation durch Glutaminsäure in Ggw. von KCN gering ist. Diese Rk. verläuft aber 10fach rascher, wenn die Mitochondrien durch Rühren bei 30° einem Alterungsprozeß unterworfen werden. O. POLLAK v. EMHOFEN. 4210

Bestimmung von Pyridinnucleotiden durch enzymatischen Cyclus. Oliver H. Lowry, Janet V. Passonneau, Demoy W. Schulz und Martha K. Rock. (J. biol. Chemistry **236.** 2746—55. Okt. 1961. St. Louis, Mo., Washington Univ. School of Med., Dep. of Pharmacol.; Beaumont-May Inst. of Neurology.) (Engl.)

Eine sehr empfindliche Meth. zur Best. von *Nicotinadenindinucleotid* u. *-phosphat* (*NAD* u. *NADP*) bis 10^{-15} m nach dem Prinzip des *enzymat. Cyclus* wird beschrieben. Das zu bestimmende NAD wird benutzt, die enzymat. Umwandlung von *α-Ketoglutarsäure* (I), NH_4^+ u. *Milchsäure* in *Glutaminsäure* (II) u. *Brenztraubensäure* (III) zu katalysieren. Die gebildete III wird in einem zweiten Schritt mit *Milchsäuredehydrogenase* in Ggw. von überschüssigem NAD an Hand der Bldg. von red. NAD bestimmt. Entsprechend erfolgt die Best. von NADP über die Umwandlung von I, NH_4^+ u. *Glucose-6-phosphat* zu II u. *6-Phosphogluconsäure* (IV). Die gebildete IV wird mit IV-*Dehydrogenase* in Ggw. von überschüssigem NADP bestimmt. Sollen sehr kleine Mengen von NAD oder NADP bestimmt werden, so kann der Prozeß wiederholt werden. Während die Vervielfachung im ersten Fall $7 \cdot 10^3$ betrug, beträgt sie im letzten Fall $4{,}5 \cdot 10^7$. E. LODEMANN. 4210

Oxydative Phosphorylierung und Synthese von Polyphosphaten in den Zellen von Azotobacter Vinelandii. G. N. Saitzewa, A. N. Beloserski und L. Ju. Frolowa. (Доклады Академии Наук СССР [Ber. Akad. Wiss. UdSSR] **132.** 470—73. 11/5. 1960. Moskau, Lomonossow-Univ.) (Russ.)

Verss. an P-arm gezüchteten Kulturen von *Azotobacter Vinelandii* mit Hilfe von $K_2H^{32}PO_4$ (1 mc/Liter) im normalen Medium mit NaN_3 ($5 \cdot 10^{4-}$ m) ergaben eine starke Abhängigkeit der Synth. von *Nucleinsäuren* u. *Polyphosphaten* von der oxydativen Phosphorylierung. Hierbei erfolgt sowohl die Synth. als auch der Verbrauch der Polyphosphate in der Zelle über das Syst. Adenosintriphosphorsäure–Adenosindiphosphorsäure. E. RENTZ. 4210□

Eigenwirkungen radioaktiven Phosphats (^{32}P) auf oxydative Leistungen von Mitochondrien und Mikrosomen der Rattenleber. Diether Neubert, Jochen Schaefer und Friedrich Stein. (Naunyn-Schmiedebergs Arch. exp. Pathol. Pharmakol. **239.** 245—55. 1960. Berlin, Freie Univ., Pharmakol. Inst.; Pathol. Inst.) (Dt.)

Bei Prüfung des Einfl. von intraperitoneal verabreichtem ^{32}P (in Form von $Na_2H \cdot {}^{32}PO_4$; Dosierung 1, 10, 12 u. 15 mc/kg) auf die oxydativen Vorgänge an Mikrosomen u. Mitochondrien der Rattenleber konnte selbst 16—18 Std. nach Injektion der höchsten Dosis (15 mc/kg) an isolierten Lebermitochondrien keine Entkopplung der Atmungskettenphosphorylierung u. keine Verminderung der Atmung (in Ggw. eines Phosphatacceptor-Syst. gemessen) beobachtet werden. Bei der normal verwendeten Dosierung von 0,5—1,0 mc/kg ist deshalb innerhalb 18 Std. nicht mit Eigenwrkg. des ^{32}P in vivo auf die Atmungskettenphosphorylierung zu rechnen. Im Gegensatz dazu sind die fermentativen Leistungen der Mikrosomen empfindlicher. Aus der Zahl der möglichen (u. nicht unbedingt gleichwertigen) Rkk. wurde die enzymat. N-Demethylierung des Dimethylaminophenyldimethylpyrazolons (Dimethylaminoantipyrin) ausgewählt, die sich unter dem Einfl. von ^{32}P als vermindert erwies. Es kommt nach ^{32}P zu einer Veränderung fermentativer Abläufe zu einem Zeitpunkt, zu dem den Tieren noch keine stärkere Schädigung anzusehen ist. — Bei Prüfung, ob die Verminderung der Zellleistung mit mkr. Veränderungen einhergeht, konnten histolog. Veränderungen nur am Hoden, nicht aber an Leber, Nieren u. Nebennieren nachgewiesen werden, womit die bes. Empfindlichkeit des mitoseaktiven Keimepithels erneut bestätigt wird, während die übrigen Organe eine größere morpholog. Robustheit besitzen, so daß eine bereits vorliegende Schädigung lichtmkr. noch nicht erfaßbar ist. U. TAUSENDFREUND. 4210□

Mitochondrienatmung und Atmungskettenphosphorylierung nach Einwirkung von Alkylphosphaten in vitro. Diether Neubert und Inge Hoffmeister. (Naunyn-Schmiedebergs Arch. exp. Pathol. Pharmakol. **239.** 256—63. 1960. Berlin, Freie Univ., Pharmakol. Inst.) (Dt.) — Vgl. auch vorst. Referat.

Es wurde der Einfl. von Alkylphosphaten auf die Atmung u. die oxydative Phosphorylierung isolierter Lebermitochondrien in vitro, unter Verw. von Succinat u. α-Ketoglutarat als Substraten, untersucht. Von den geprüften Substanzen *Paraoxon* (I), *Parathion* (*E 605*; II) *Sythiolo, Sythiono, Disyston, Thimet, Oktamethylpyrophosphoramid, Diisopropylfluorophosphat, Tetramethylpyrophosphat* u. *Tetraäthylpyrophosphat* wirkte nur I entkoppelnd auf Atmung u. Phosphorylierung; diese Wrkg. beruht offenbar auf der Abspaltung von *p-Nitrophenol* (III); ob eine derartige Abspaltung auch im Tierexperiment in vivo zu einer Entkopplung führen kann, erscheint fraglich. Auffällig ist, daß die entsprechende Thio-Verb. II keine Wrkg. auf die Atmungskettenphosphorylierung hat, anscheinend wird aus II nicht genug III abgespalten; es widersteht der enzymat. Spaltung besser als I. Diese Erscheinung wird als interessante Parallele zu dem bekannten Verh. gegenüber der Cholinesterase angesehen (I entfaltet starke Hemmwrkg., II ist in vitro prakt. wirkungslos). Es konnte in den Verss. die Möglichkeit nicht ausgeschlossen werden, daß einige der Alkylphosphate schlecht in die Mitochondrien einzudringen vermögen, dann wäre aber auch in vivo nicht damit zu rechnen, daß sie bis zu den lebenswichtigen Enzymen in den Mitochondrien vordringen. — Auf Grund dieser Ergebnisse ist eine direkte Beeinflussung der lebensnotwendigen Ferment-Syst. demnach auch bei einer Vergiftung mit hohen Dosen dieser Giftstoffe u. gleichzeitiger Medikation mit Reaktivatoren wie *Pyridin-2-aldoximmethojodid* (PAM) kaum zu befürchten. U. TAUSENDFREUND. 4210

Die Serumphosphatasen der Ratte in verschiedenen Lebensaltern. L. Rabadjija, M. Vranić, N. Allegretti und N. Pokrajac. (Experientia [Basel] **15.** 134—35. 15/4. 1959. Zagreb, Jugoslawien, Univ., Med. Fak., Physiolog. Inst.) (Dt.; Auszug: Engl.)

Die Aktivität der *alkal. Phosphatase* (I) u. der *sauren Phosphatase* (II) im Serum von ♂ Ratten (untersucht im Alter von 20—300 Tagen) nimmt bis zum Alter von 45 Tagen beträchtlich zu. Dann erfogt bedeutende Abnahme, u. zwar bei I bis zum 120. Tage, bei II bis zum 75. Tage. Nach Kastration nimmt der II-Geh. erheblich zu, während der I-Geh. unverändert bleibt. A. HESSE. 4210□

Hemmung der sauren Phosphatase von Speichel und Prostata des Menschen sowie der Enolase der Hefe durch niedrige Fluoridkonzentrationen. Q. T. Smith, W. D. Armstrong und Leon Singer. (Proc. Soc. exp. Biol. Med. **102.** 170—73. Okt. 1959. Minneapolis, Univ. of Minnesota, Med. School, Dep. of Physiol. Chem.) (Engl.)

Saure Phosphatase von Speichel u. Prostata (I) des Menschen sowie *Enolase* der Hefe werden durch niedrige Konzz. an *Fluorid* wenig gehemmt. — Die geradlinige Beziehung zwischen dem log der F^--Konz. u. dem log der prozentualen Menge der noch aktiven I kann zur Analyse des F^--Geh. von rein wss. Lsgg. verwendet werden. A. HESSE. 4210□

Einheitliche Theorie der Enzymkatalyse und Enzymdenaturierung. 1. Mitt. **Betrachtungen über Spezifität der sauren Phosphatase der Prostata.** Morris London, Rosemary McHugh und Perry B. Hudson. (Arch. Biochem. Biophysics **73.** 72—94. Jan. 1958. New York, N.Y., Francis Delafield Hosp., Dep. of Biochem. and Urology; Columbia Univ. Coll. of Physicians and Surgeons, Inst. of Cancer Res.) (Engl.)

Mittels Zusatz von Inhibitoren wurden bei der *sauren Phosphatase* (I) der Prostata 2 „positive" Bezirke u. 2 H^+-bindende Bezirke ermittelt, deren Bedeutung für die enzymat. Wrkg. theoret. erörtert wird. — Als noch nicht bekannte Inhibitoren der I wurden gefunden: *Glycerinsäure, Aminosäuren* (bei alkal. Rk.), *β-Alanin, Sulfamat, Glykolsäure, Milchsäure* u. *Nitrat*-Ionen. Ferner wurden die allgemeine Hemmwrkg. von *α-Hydroxysäuren* u. eine ziemlich genaue Messung des Grades der Hemmung durch *Arsenat* behandelt. A. HESSE. 4210□

Phosphoglucomutaseaktivität bei erblicher Muskeldystrophie der Maus. William R. Hazzard und Samuel L. Leonard. (Proc. Soc. exp. Biol. Med. **102.** 720—22. Dez. 1959. Ithaca, N.Y., Cornell Univ., Dep. of Zoology.) (Engl.)

Vff. teilen eine Modifizierung der Meth. von BADENSKY (C. **1959.** 15767; C. **1960.** 7549) zur Best. von *Phosphoglucomutase* (I) in rohen Muskelhomogenaten mit. — I-Wrkg. ist in den Beinmuskeln von Mäusen mit Muskeldystrophie stark herabgesetzt, u. zwar bei Best. der gesamten I-Wrkg. wie auch bei Best. der Rest-Wrkg. [d. h. ohne Zusatz von Coenzym (II)]. Der II-Geh. ist in dystroph. Muskeln stark vermindert, wobei eine Wechselbeziehung zwischen den I-Änderungen u. dem Alter der Mäuse sowie der Schwere der Myopathie besteht. A. HESSE. 4210□

Histochemische Untersuchungen über die Verteilung hydrolytischer Enzyme im Muskel von Mensch und Hund sowie in einigen mesenchymalen Tumoren. David G. Freiman, Harvey Goldman und Sara B. Murray. (Lab. Invest. **10.** Part II.

1217—34. Nov./Dez. 1961. Dep. of Pathology, Beth Israel Hosp.; Harvard Medical School, Boston, Mass. USA.) (Engl.)

Die Verteilung von Phosphatasen u. Esterasen innerhalb eines Muskels von Mensch u. Hund ist ungleichmäßig. Alle untersuchten Muskeln enthalten *Adenosintriphosphatase* jedoch keine *alkal. Phosphatase*. Gestreifte Muskeln enthalten unspezif. Esterase, keine *Pyrophosphatase* (I) oder 5'-Nucleotidase (II). In glatten Muskeln werden I u. II, sowie *Cholinesterase* nachgewiesen. — Abweichungen von diesem Schema kommen bei Leymyoma vor. G. v. WALDEYER-HARTZ. 4210□

Vitamin-B_{12}-Derivate und die CO_2-Brenztraubensäureaustauschreaktion. Eine Abschätzung. J. L. Peel. (J. biol. Chemistry **237**. PC263—65. Jan. 1962. Sheffield, England, Univ., Agric. Res. Council Unit for Microbiol.) (Engl.)

Der Austausch von CO_2 in der Carboxylgruppe der *Brenztraubensäure* (I) wird durch zellfreie Extrakte verschiedener Bakterienarten katalysiert. Vf. verwendet die Pansenbakterien LC, Stamm 1, aus denen er durch Extraktion der trockenen Bakterien u. nachfolgende Fällung mit Ammoniumsulfat bei 45—70%ig. Sättigung einen Enzymextrakt isoliert. Wird teilweise gereinigte I-*Dehydrogenase* aerob mit 0,02 m *2-Mercaptoäthanol* (II) inkubiert, so setzt nach Zusatz von 10^{-5} bis 10^{-9} m *Vitamin B_{12}* (III), *Hydroxocobalamin* oder *Faktor B* (IV) eine rasche Autoxydation ein, die am O_2-Verbrauch verfolgt wird. IV ist am wirksamsten. *$Co(NO_3)_2$*, *Coenzym A* oder *Thiaminpyrophosphat* sind unwirksam. Wird II durch *Cystein* oder *Thioglykolsäure* ersetzt, so findet keine Autoxydation statt. Die relativ hohe zum Rk.-Start notwendige II-Menge läßt vermuten, daß II sich nichtenzymat. mit den III-Derivv. umsetzt. Tatsächlich werden die III-Derivv. bei 20° nach Zusatz von 0,02 m II zu schnell oxydierbaren Verbb. verändert, die deutlich veränderte Spektren aufweisen. Die durch die III-Derivv. verursachte Beschleunigung der II-Autoxydation ist am größten bei pH 7,0. Der Einfl. von II u. IV auf die anfangs erwähnte Austausch-Rk. wird daher als Schutzeffekt verstanden, wobei O_2 aus der Inkubations-Lsg. entfernt wird u. damit das Enzym geschützt wird. Zum Beweis wird die Austausch-Rk. unter aeroben oder anaeroben Bedingungen wie nachst. durchgeführt. 1 ml Rk.-Vol. enthalten 0,2 m Phosphatpuffer pH 7,0, 50 μMol I, Na-Salz, 0,1 ml Enzymextrakt (0,064 mg Protein), 10,5 μMol $KH^{14}CO_3$, 0,2 m II u. 10^{-4} μMol IV. 15 Min. wird bei 37° unter Luft oder N_2 inkubiert u. die Radioaktivität von I-2.4-Dinitrophenylhydrazon gemessen. Demnach sind II oder IV allein unter aeroben Bedingungen unwirksam, während anaerob in Ggw. von II ein hoher ^{14}C-Austausch in die Carboxylgruppe von I beobachtet wird. Werden II u. IV gemeinsam gegeben, so ist die Radioaktivität von I aerob oder anaerob etwa gleich groß. IV allein unter anaeroben Bedingungen ist unwirksam. Demnach sind die III-Derivv. zwar keine spezif. Coenzyme für diese Austausch-Rk., doch sind sie allg. bei O_2-empfindlichen Enzymen als Schutzfaktoren notwendig. L. TRÄGER. 4210□

Entdeckung von Oxalessigsäurehydrolase in einem Citronensäure-bildenden Stamm von Aspergillus niger. A. O. Joshi und C. V. Ramakrishnan. (J. sci. ind. Res. [New Delhi], Sect. C **18**. 62—63. März 1959. Baroda (Indien), M.S. Univ. of Baroda, Dep. of Biochem.) (Engl.)

Durch Extraktion des Mycels des auf einem synthet. Nährboden gewachsenen Stammes NCIM 611 von *Aspergillus niger* mit eiskaltem Trispuffer (pH 7) u. fraktioniertes Fällen mit $(NH_4)_2SO_4$ wurde ein bei 20—50% Sättigung ausfallender Nd. erhalten; aus diesem wurde nach Dialyse, Adsorption an $Ca_3(PO_4)_2$-Gel u. Elution mit Trispuffer (pH 7,2) ein Eluat erhalten, das bei pH 8,1 u. 37° *Oxalessigsäure* zu Oxalsäure + Essigsäure hydrolysierte. Die Wrkg. wird auf eine *Oxalessigsäurehydrolase* zurückgeführt. A. HESSE. 4210□

Die proteolytische Aktivität des neuen Stammes „E-1" der thermophilen Milchsäurebakterien. I. M. Roiter und R. Ss. Baschirowa. (Известия Высших Учебных Заведений (Краснодар), Пищевая Технология [Hochschulnachr. (Krasnodar), Nahrungsmittel-Technol.] **1960**. Nr. 1. 56—59. Kiew, Technolog. Inst. für Nahrungsmittelind., Lehrstuhl für Bäckereiwesen.)

Die proteolyt. Eigg. von *Bact. Delbrückii* (B.D.) u. des „E-1"-Stammes von *Thermobact. cereale* werden gezeigt. In gleicher Zeit sammelt E-1 mehr wasserlösl. Protein an als B.D. Demzufolge sind fl. Hefen, die aus Maischen auf der Grundlage von E-1 bereitet wurden, von besserer Qualität. Es wurde festgestellt, daß bei 30° die proteolyt. Eigg. (bzw. die lysierende Einw. auf den Kleber) von B.D. u. E-1 für 8 Std. aufgehoben werden, so daß bei der Teigbereitung kein Kleber lysiert wird.

S. BARYSCHNIKOW. 4210

Reinigung und einige Eigenschaften einer Samenprotease aus Pisum sativum L., subspecies arvénse A. et G. R. Soedigdo und M. Gruber. (Arch. int. Physiol. Biochim. **68**. 701. Sept. 1960. Groningen, Rijks-Univ., Biochem. Labor.) (Niederl.)

Aus dem Acetonpulver nicht gekeimter Erbsen läßt sich extraktiv ein proteolyt. Enzym mit einem Reinigungsfaktor von ca. 350 abtrennen, dessen spezif. Aktivität ca. $^1/_4$ der von krist. *Trypsin* (**I**) mit *Casein* (**II**) als Substrat entspricht u. das die Vff. als *Arvensin* (**III**) bezeichnen. **III** spaltet verschiedene Proteine, wobei bei Hämoglobin im Gegensatz zu Serumalbumin die native Form ebenso rasch wie die denaturierte abgebaut wird. Das pH-Optimum von **III** liegt für **II** bei pH 8. **III** wird durch $HgCl_2$, $CuCl_2$, $MnCl_2$ u. $FeCl_2$ (10^{-3} Mol/Liter) stark gehemmt, $FeCl_3$ oder Jodacetamid sind ohne Wrkg., L-Cystein hemmt teilweise, selbst in Ggw. von Äthylendiamintetraessigsäure. Kristalliner **I**-Inhibitor aus Sojabohnen wird von **III** gespalten. Gereinigtes **III** ist in Abwesenheit von Substrat temperaturempfindlich u. verliert in 20 Min. bei 38° ca. 50% seiner Aktivität. G. KIRSTEN. 4210□

Hemmung der Elastase des Pankreas durch Lysozym in vitro und in vivo. E. Pretolani. (Boll. Soc. ital. Biol. sperim. **37**. 1223—25. 15/12. 1961. Bologna, Univ., Ist. di Patol. Spec. Med. e Metodol. Clin.) (Ital.)

In vitro wurden Messungen der Anfangs-Geschw. der Rk. bei verschiedenen Konzz. von *Lysozym* (**I**) u. Substrat durchgeführt. Aus dem dabei erhaltenen Diagramm u. der Elektrotrophorese zeigt sich, daß kristalline *Elastase* in Veronalpuffer pH 8 in 2 Banden wandert, die beide durch **I** ausfallen. In vivo wird die hemmende Wrkg. indirekt aus der Best. der Antielastaseaktivität des Serums abgeleitet, wobei Kaninchen i.m. 5 Tage lang täglich 40 mg **I** gegeben wird; nach der Enzymgabe zeigt die Aktivität eine deutliche Erhöhung. F. KREN. 4210□

Gewebeatmung und Aminierung der Ketosäuren im Lebergewebe, das in vivo mit Codehydrasen angereichert wurde. R. M. Asarch. (Биохимия [Biochemie] **27**. 149—53. Jan./Febr. 1962. Moskau, Inst. für biol. u. med. Chem. der Akad. der med. Wiss. der UdSSR, Labor. für Stoffwechsel der Aminosäuren u. Stickstoffbasen.) (Russ.; Auszug: Engl.)

In Verss an Ratten bewirkt die intraperitoneale Zufuhr von *Nicotinamid* (**I**) in der Dosis 50 mg/100 g Körpergewicht in der Leber eine Erhöhung des *Codehydrase* (**II**)-Geh. um das 8—10fache. In den Schnitten, bes. aber in den Homogenaten der Leber, beobachtet man sowohl bei normalem wie bei erhöhtem **II**-Geh. einen raschen **II**-Zerfall. Die Intensität der Gewebeatmung wird durch die Gewebeanreicherung mit **II** nicht wesentlich beeinflußt. Die Aminierung von *Brenztraubensäure* u. *α-Ketoglutarsäure* wird in der mit **II** angereicherten Leber um 25—30% erhöht. Im Homogenat der regenerierenden Leber wird nach Erhöhung des **II**-Geh. durch Zufuhr von **I** keine Intensivierung der Atmung oder der Aminierung der Ketosäuren beobachtet.
O. LEBTAG. 4210□

Untersuchungen über Biosynthese von Valin. 3. Mitt. Biologische Verteilung einer Dihydroxysäuredehydrase. Robert L. Wixom, John H. Wikman und George B. Howell. (J. biol. Chemistry **236**. 3257—62. Dez. 1961. Little Rock, Ark., Univ. of Arkansas, School of Med., Dep. of Biochem.) (Engl.) — 2. vgl. Plant Physiol. **36**. [1961.] 598.

Die l. c. sowie von WIXOM, HUDSON (Biochim. biophysica Acta [Amsterdam] **45**. [1960.] 618) beschriebene, für die Biosynth. von *Valin* (**I**) wesentliche *Dihydroxysäuredehydrase* (**II**) findet sich (außer in den l. c. erwähnten Mikroorganismen bzw. Pflanzen) bei *Pseudomonas aeruginosa, Ps. fluorescens, Aerobacter aerogenes, Serratia marcescens, Bacterium cadaveris, Micrococcus lysodeikticus, Clostridium kluyveri*, Brauerei-*Hefe* u *Torulopsis utilis*. Die Verbreitung von **II** ist also in Mikroorganismen, die auf NH_4^+-Salzen wachsen können, größer als bisher angenommen wurde. Im Gegensatz zur Biosynth. von *Lysin* u. *Ornithin* sind offenbar bei **I**-Synth. mindestens die 2 letzten Synth.-Stufen ident. mit den bei *Neurospora crassa, Escherichia coli* u. *Saccharomyces cerevisiae* beobachteten Stufen. — Bei folgenden Mikroorganismen konnte (ebenso wie bei Ratten) keine **II**-Wrkg. (Umwandlung von α.β-Dihydroxysäuren zu α-Ketosäuren) nachgewiesen werden: *Lactobacillus arabinosus, L. casei, Leuconostoc mesenteroides, Streptococcus faecalis*. Ferner wurden negative Befunde bei Leber u. Niere von 16 Vertebraten sowie bei 2 anderen Milchsäurebakterien erhalten. Bei allen bisher untersuchten Vertebraten u. Mikroorganismen besteht eine umgekehrte Wechselbeziehung zwischen Ggw. von **II** u. Bedarf an **I** in den Nährmedien. A. HESSE. 4210□

Enzymatische Synthese der Methylgruppe von Methionin. 3. Mitt. Spektrale und elektrophoretische Untersuchungen der prosthetischen Gruppe des B_{12}-Enzyms.

Shigeyuki Takeyama und John M. Buchanan. (J. Biochemistry [Tokyo] **49.** 578—88. Juni 1961. Cambridge, Mass., Massachusetts Inst. of Technol., Dep. of Biol., Div. of Biochem.) (Engl.) — 2. vgl. C. **1962.** 3852.

Ein in der *Methionin* (I)-CH_3-Biosynth. wirksames *cobamidhaltiges Enzym* (II) wird aus Zellen von *Escherichia coli* (Mutant 113—3), die in Vitamin-B_{12} (III)-haltigem, I-limitiertem Medium gezogen werden, mittels einer verbesserten Meth. (vgl. l. c.) isoliert u. durch Behandeln mit Ca-Phosphatgel u. Chromatographie an Diäthylaminoäthylcellulose u. Hydroxylapatit gereinigt. Das Spektrum von **II** (Abb.) zeigt im Gegensatz zu **III** ein Absorptionsplateau bei 470 mμ, jedoch keine Banden bei 360 u. 550 mμ, ändert sich nach 5 Min. Erhitzen der **II**-Lsg. auf 80° kaum (Abb.) u. besitzt ähnliche spektrale Eigg. wie die Co(II)-Cobamid-Derivv. von **III**. Vff. untersuchen die spektralen Veränderungen (Abb.) bei Rk. von **III** u. Flavinadenindinucleotid (FAD), die durch *Homocystein* in Phosphatpuffer bei pH 7,5 beschleunigt werden u. diskutieren diese Befunde hinsichtlich des enzymat. Syst. zur **I**-Synthese. Aus gereinigtem **II** läßt sich mittels A.-Extraktion eine spektral (Abb.) u. elektrophoret. von **III** unterschiedliche *Komponente* (**IV**; „*B_{12}-Coenzym M*") isolieren, die in 0,5 m Essigsäure zur Anode wandert. Die **I**-Synth. wird für **II**-Präpp. aus **III** bzw. **IV** u. Apoenzym in Ggw. verschiedener Aktivatoren untersucht. G. KIRSTEN. 4210□

Die asymmetrische Acetylierung von (±)-Butanol-(2) mittels p-Nitrophenylacetat und α-Chymotrypsin. Neil S. Isaacs und Carl Niemann. (Biochim. biophysica Acta [Amsterdam] **44.** 196—97. 21/10. 1960. Pasadena, Calif., California Inst. of Technol., Gates and Crellin Labor. of Chem.) (Engl.)

p-Nitrophenylacetat reagiert in Ggw. von α- oder δ-Chymotrypsin in Phosphatpuffer, pH 6,2, mit (±)-Butanol-(2) unter vorwiegender Bldg. von (—)-*Butyl-(2)-acetat* (**I**). Der Befund, daß **I** die Konfiguration von (—)-Butanol-(2) (**II**), „*(R)-Butanol-(2)*", hat, wurde bestätigt. **II** wird demnach unter den Vers.-Bedingungen bevorzugt acetyliert. K. MAIER. 4210□

Die enzymatische Umwandlung von Mesotartraten in Dextrotartrate in der Tamarinde. Shri Ranjan, K. K. Patnaik und M. M. Laloraya. (Naturwissenschaften **48.** 406. 2. Mai-H. 1961. Allahabad, Univ., Botan. Inst.) (Engl.)

Erstmalig bei höheren Pflanzen wird von einer *Weinsäureracemase* berichtet, deren Gewinnung aus jungen Tamarindenfrüchten beschrieben wird. Das Enzym verwandelt Mesotartrate in die akt. Dextroform (nachweisbar durch die Rk. der inkubierten Enzymsubstratlösung mit Metavanadaten). Eigg.: Weitgehende Hitzestabilität, die auf einen niedermol. Aufbau des Enzyms schließen läßt; Aktivierbarkeit durch Jodacetat, oxydiertes Glutathion u. Pyridoxalphosphat, wovon aber wahrscheinlich keines als wahres Coenzym in Frage kommt. Das Vorhandensein einer akt. Thiolgruppe wird dadurch widerlegt, daß das Enzym weder durch Jodacetat noch Glutathion inaktiviert wird. H. SCHÄBITZ. 4210□

Untersuchung der Invertase und Peroxydase in Keimlingen und Pflanzen der Tomate im Zusammenhang mit ihrer Resistenz gegenüber Orobanche cumana Wallr. Ekaterina Schtrâbanowa. (Известия на Института по Растениевъдство, Българска Академия на Науките [Bull. Inst. Cult. Plantes, Akad. Sci. Bulg.] **7.** 151—60. 1959.) (Bulg.; Auszug: Engl.)

Die Tomaten-*Invertase* wirkt hauptsächlich hydrolyt. während der Keimung u. synthet. während der Blüte bei Pflanzen, die in Orobanche-freien Böden ausgesät wurden. Ein ähnliches Bild ergibt sich beim resistenten Pflanzentyp, der in orobanchehaltigem Boden ausgesät war. Bei befallenen Pflanzen herrschte die hydrolyt. Richtung während der ganzen Vegetationsperiode vor. Tomatensamen wurden vor der Aussaat mit Ascorbinsäure behandelt (Konz. 0,2—0,4%). Die Aktivität der *Peroxydase* in den gekeimten Samen erhöhte sich um das 1,5—4,5fache im Vgl. zu den Kontrollen. Die Wurzelsprößlinge waren 3—4mal länger. CH. HEESE. 4210□

Hydroxysteroiddehydrogenase, Δ^5-3-Ketosteroidisomerase und Δ^4-Steroidhydrogenase in roten Blutzellen. Hans Joachim Portius und Kurt Repke. (Naunyn-Schmiedebergs Arch. exp. Pathol. Pharmakol. **239.** 299—310. 1960. Berlin-Buch, Dtsch. Akad. der Wiss., Inst. für Med. u. Biol., Arbeitsbereich Biochem.) (Dt.)

Bei Prüfung der Umsetzung von *Steroiden* durch Erythrocyten von Ratten, Rind u. Mensch wurde über papierchromatograph. u. spektrophotometr. Nachw. der entstandenen Metaboliten gezeigt, daß die Erythrocyten eine Vielzahl von *Steroidfermenten* enthalten. Rattenerythrocyten enthalten *3β-*, *16β-* u. *17β-Hydroxysteroiddehydrogenase*, jedoch keine *11β-* u. auch keine *16α-Hydroxysteroiddehydrogenase*. Die in den Rattenzellen gefundenen Fermente sind auch in den Erythrocyten von Mensch u. Rind vorhanden, in den Rindererythrocyten finden sich außerdem noch eine *3α-* u. eine

17α-Hydroxysteroiddehydrogenase, die in den Rattenzellen (bis auf die Ausnahme der A/B cis-Reihe) nicht anzutreffen sind. Die beschriebenen, artgebundenen Unterschiede der Erythrocytenenzyme stehen in Parallele zu der früher gefundenen Verteilung der *Östradioldehydrogenasen* (Portius u. Repke, C. **1961**. 13220 u. C. **1961**. 13592). Auch die Aktivität der Hydroxysteroiddehydrogenasen ist artunterschieldich. Neben den genannten Enzymen sind in den Erythrocyten der Ratte noch eine *Isomerase* ($\Delta^5 - \Delta^4$) u. eine Δ^4-*Hydrogenase* enthalten. Außer den Rkk., die durch die aufgezählten Fermentnamen bezeichnet sind, werden von den Zellen noch Umsetzungen bewirkt, die ihrer Art nach nicht aufgeklärt wurden. U. Tausendfreund. 4210□

Der Stoffwechsel von p-Nitrobenzylchlorid bei Heuschrecken. A. J. Cohen und J. N. Smith. (Biochem. J. **82**. 31P. Febr. 1962. London, Med. School, St Mary's Hosp., Dep. of Biochem.) (Engl.)

Injektion von *p-Nitrobenzylchlorid* führt bei *Schistocerca gregaria* zur Ausscheidung von *p-Nitrobenzylglutathion* (I), *p-Nitrobenzylcystein* (II) u. *p-Nitrobenzoesäure.* Nach I-Injektion wird II ausgeschieden, dieses aber nur langsam zerstört. — Auch bei in vitro-Verss. mit Homogenaten (Darm oder Malpighi-Gefäße) werden diese enzymat. Umwandlungen beobachtet. W. Kapitza. 4210□

Enzymatischer Stoffwechsel von Strychnin. Richard H. Adamson und J. R. Fouts. (J. Pharmacol. exp. Therapeut. **127**. 87—91. Okt. 1959. Iowa City, State Univ. of Iowa, Coll. of Med., Dep. of Pharmacol.) (Engl.)

In Leber von Hund, Ratte, Huhn, Maus, Kaninchen u. Meerschweinchen wurden in der genannten Reihenfolge ansteigende Mengen eines *Strychnin* (I)-verdauenden Enzyms nachgewiesen, durch das bei 37° u. pH 8,4 (Phosphatpuffer) die Abnahme von I (gemessen an Rk. mit Methylorange nach Axelrod) verursacht wird. Für maximale Rk. sind Ggw. von red. Triphosphopyridinnucleotid (TPNH) u. hohe I-Konz. erforderlich. — I findet sich im Überstehenden eines bei $9000 \cdot g$ zentrifugierten Homogenats. Bei weiterer Zerlegung in Mikrosomen u. die lösl. Fraktion erweist sich jede Fraktion für sich allein als unwirksam; volle Wrkg. wird nach Rekombination erzielt. TPNH kann durch Zusatz eines TPNH-liefernden Syst. (TPN, Glucose-6-phosphat, Glucose-6-phosphatdehydrogenase) zu den Mikrosomen ersetzt werden. A. Hesse. 4210□

E₃. Mikrobiologie. Bakteriologie. Immunologie

Polarographische Untersuchungen über die Sauerstoffkonzentration in der Nährlösung und die Sauerstoffaufnahmegeschwindigkeit des Mycels bei der Submersfermentation von Penicillium chrysogenum. R. S. Gondhalekar und R. S. Phadke. (J. sci. ind. Res. [New Delhi], Sect. B **19**. 183—86. Aug. 1960. Pimpri, Hindustan Antibiotics Ltd., Antibiotics Res. Centre.) (Engl.)

Die polarograph. Best. der O_2-Konzz. in der Kultur-Lsg. u. die Geschw. der O_2-Aufnahme des Mycels techn. Fermentationen verschiedener *P. chrysogenum*-Stämme (HQ-3, HQ-3(C), HQ-6, HA-7, 56 : 2020) zeigten, daß die O_2-Konzz. in Kulturen von Stämmen, die ein fadenförmiges Mycel bildeten, niedriger als bei solchen waren, die ein aus kleinen Teilchen bestehendes aufwiesen. Aufbewahrung der Proben von Kultur-Lsg. bei 5° erniedrigte Mycelgewichte u. O_2-Aufnahmegeschwindigkeit.

K. Maier. 4310□

Über den Einfluß der Konzentration des Nährmediums auf die Qualität der Hefe. I. W. Zaregradskaja. (Известия Высших Учебных Заведений (Краснодар), Пищевая Технология [Hochschulnachr. (Krasnodar), Nahrungsmittel-Technol.] **1960**. Nr. 1. 60—63. Leningrad, Technolog. Inst. für Nahrungsmittelind., Lehrstuhl für Mikrobiol. u. Biochem.) (Russ.)

Die Triebkraft der nach dem „kontinuierlichen Zufluß-Verf." hergestellten *Hefe* steht infolge der osmot. Empfindlichkeit der *Zymase* (I) u. bes. der *Maltase* (II) in umgekehrtem Verhältnis zur Konz. der angewandten Melassemaische. Bei Erhöhung der üblichen Konz. der Maische auf das doppelte besteht ein lineares Verhältnis zwischen den Werten der Triebkraft u. den Aktivitäten der I u. II. S. Baryschnikow. 4310

Untersuchungen über Pantothensäure-bedürftige Escherichia coli-Mutanten. 1. Mitt. Wachstumsbedürfnisse mehrerer Stämme und Pantothensäurebestimmungsmethode. Tsuiko Mano. (Vitamins [Kyoto] **15**. 513—21. 1958. Yamaguchi, Womens Coll., Div. of Food Sci.; Ube, Yamaguchi Med. School, Dep. of Microbiol.) (Jap.; Auszug: Engl.) — 2. vgl. C. **1961**. 1974.

Pantothensäure (I)-bedürftige Mutanten von *E. coli 0—20* u. Stamm *W* zerfallen in 3 Gruppen: Die erste spricht auf Pantoyllacton an, die zweite auf β-Alanin u. nur die dritte auf intakte I. Die Mutante 22q spricht in dem durch 0,5% Casaminosäuren ergänzten synthet. Medium von Davis u. Mingioli [1950] regulär auf I in einer Konz. von 2—20 mμg/ml an; die Eichkurve wird nicht durch die Ggw. von Aminosäuren, B-Vitaminen, Nucleinsäuren oder ihren Derivv. beeinflußt. Der durch Verw. der Mutante 22 ermittelte I-Geh. mehrerer Pharmaca stimmt überein mit der Best. durch Verw. von *L. arabinosus* 8014. K.-F. Müller. 4310□

Wachstumsstimulierung von Mycobacterium tuberculosis H37 Rv durch Coenzym Q_{10}. James O. Norman und Robert P. Williams. (Nature [London] **193.** 702 bis 703. 17/2. 1962. Houston, Tex., Baylor Univ., Coll of Med., Dep. of Microbiol.) (Engl.)

Mycobacterium tuberculosis H37 Rv wächst in Nährlsg. nach Proskauer u. Beck (1898) nur in Ggw. von Zusätzen: Zusatz von *Brenztraubensäure* (I), *Bernsteinsäure* (II) oder *Coenzym Q_{10}* (III) allein ermöglicht kein Wachstum. I + II verursachen sehr schwaches Wachstum. I + II + III ermöglichen kräftiges Wachstum über mehrere Passagen. Optimale Konzz.: I u. II 1 mg/ml; III 0,02 mg/ml. S. Dittmann-Mitzscherlich. 4310□

Der Wert von Hülsenfrüchten als Zusatz zu Nährlösungen bei der Streptomycinherstellung. S. Narayanan und V. Iyer. (J. sci. ind. Res. [New Delhi], Sect. B **19.** 187—90. Aug. 1960. Navsari, S.B. Garda Coll., Microbiol. Dep.) (Engl.)

Die Unters. der Wrkg. des Zusatzes einiger Hülsenfrüchte auf Wachstum, *Streptomycin* (I)-Bldg. u. Sporulation von *Streptomyces griseus* (Stamm NRRL B-150 u. MA-13) zu einem definierten Nährmedium ergab erhöhte I-Ausbeuten in Ggw. von 0,5% gepulverter Hülsenfrüchte. Gekeimte waren weit weniger wirksam als die entsprechenden ungekeimten Samenpulver, während Hydrolysate sich als ebenso akt. wie letzte erwiesen. Hydrolysate von *Phaseolus mungo* u. *Dolichos biflorus* steigerten gegenüber den entsprechenden Pulvern die Ausbeute erheblich. Zwischen I-Ausbeute einerseits u. Mycelgewicht, Kulturfiltrat-pH u. Sporenzahl andererseits bestand keine feste Korrelation. K. Maier. 4310□

Zellwände und Kapseln der grampositiven Kokken. H. J. Rogers und H. R. Perkins. (Biochem. J. **82.** 35 P. März 1962. London, Nat. Inst. for Med. Res.) (Engl.)

Übersicht. K. Maier. 4315□

Die Aminosäuren der Bakterienzellwände. Elizabeth Work. (Biochem. J. **82.** 35P—36P. März 1962. London, Twyford Labor.) (Engl.)

Übersicht. K. Maier. 4315□

Die Fraktionierung des Leucocidins des Staphylococcus aureus. A. M. Woodin. (Biochem. J. **73.** 225—37. Okt. 1959. Oxford, Univ., Sir William Dunn School of Pathology.) (Engl.)

Auf einem modifizierten Nährboden nach Gladstone u. van Heyningen (Brit. J. exp. Pathol. **38.** [1957.] 123) bildet *Staphylococcus aureus* in großen Mengen *Leucocidin* (*L*). Die Messung der L-Stärke beruht auf der Fähigkeit der Leukocyten den blauen Farbstoff 2.6-Dichlorphenolindophenol in Ggw. von KCN zu einer farblosen Verb. zu reduzieren. In einer L-Verdünnungsreihe färben sich durch L abgetötete Leukocyten blau, lebende bleiben farblos. Durch $(NH_4)_2SO_4$ u. anschließende Passage durch eine Hydroxylapatitsäule, wobei L adsorbiert u. nach Durchlauf von 0,14 m Phosphatpuffer pH 6,7, der verworfen wird, mit 0,25 m Puffer-Lsg. eluiert wird, ist eine teilweise Reinigung des L zu erreichen. Das Eluat passiert dann eine Kationenaustauschersäule (Carboxymethylcellulose), aus der mit NaCl (0,175 m)-Acetat (0,2 m)-Puffer bei pH 5,0 eine erste L-Fraktion (L I), mit 2 m-Acetatpuffer eine zweite L-Fraktion (L II) eluiert wird. L I u. L II sind getrennt wenig wirksam, ihre geringe Aktivität wird auf eine geringfügige Beimischung der anderen Fraktion zurückgeführt. Denn ein Gemisch von L I u. L II in geeigneter Proportion ist voll wirksam. L I u. L II sind Proteine. Während L I, abgesehen von unbedeutenden Spuren anderen Materials, eine ziemlich einheitliche Substanz ist, besteht L II aus 2—3 Komponenten, die durch Elektrophorese u. durch die Agardiffusions-Meth. voneinander zu unterscheiden sind. E. Fischoeder. 4315□

Ausnutzung des Kohlenstoffes von CO_2 bei der Biosynthese bei Vibrio desulfuricans und einigen heterotrophen Bakterien. Ju. I. Ssorokin. (Доклады Академии Наук СССР [Ber. Akad. Wiss. UdSSR] **132.** 464—66. 11/5. 1960.) (Russ.)

Verss. an Kulturen von *Vibrio desulfuricans* ergaben, daß dieses sulfatreduzierende Vibrio beim Wachstum unter den Bedingungen der heterotrophen Ernährung auf einem Nährboden mit organ. Substrat (phosphatgepuffertes Medium mit 5 g HCO_3^-/Liter, Sulfaten, Ammonium, Fe, 3 g Milchsäure/Liter u. markiertem Carbonat) 30% der Stoffe seines Organismus aus dem C von CO_2 aufbaut. Verss. mit obligaten heterotrophen Bakterien (*Bact. coli*, *Bact. mesentericus*, *Bact. macerans* u. *Lactobact. cereale*) ergaben demgegenüber, daß der C-Geh. ihrer organ. Substanz aus CO_2 nur 7—8% entspricht. E. Rentz-. 4320□

Über die Rolle zweiwertiger Alkohole als Kohlenstoffquelle. I. Nikodémusz. (Zbl. Bakteriol., Parasitenkunde, Infektionskrankh. Hyg., I. Abt., Orig. **173.** 295—303. Nov. 1958. Budapest, Inst. für Ernährung u. Verpflegungswiss.) (Dt.)

Von den untersuchten Darmbakterien sind nur *Pseudomonas pyocyanea* u. *Pseudomonas fluorescens* in der Lage, *Äthylenglykol* (I), *Triäthylenglykol* (II) oder *Propylenglykol* (III) als C-Quelle zu verwenden. Die optimale Wachstumsförderung lag für I bei 3—4%, für II bei 1—4% u. für III bei 0,5—2%. P. Gregorzewski. 4320□

Untersuchungen über eine mögliche Symbiose zwischen Milchsäure und in Weizenkleie vorkommenden Bakterien bei der Milchsäurefermentation. W. E. L. van Bergen und F. Schweigart. (Vitalstoffe — Zivilisationskrankh. **6.** 168—73. Aug. 1961. Pretoria, Nat. Nutrit. Res. Inst.) (Dt.)

Vff. untersuchten die unterschiedliche Wrkg. von sterilisierter u. nichtsterilisierter Weizenkleie (WK) u. zentrifugierten, filtrierten u. steril filtrierten WK-Extrakten auf das Säuerungsvermögen (SV) von Rein- u. Mischkulturen von *Lactobacillus delbrückii* (L.d.) bei der Milchsäurefermentation von Magou- (8% Maismehl, 2% Molkenpulver, 0,1% $CaHPO_4$ u. 90% W.) u. Kafferbiernährböden (16% Kafferkornmalz, 2% Maisgrütze, 0,1% $CaHPO_4$ u. 82% W.). Auch nach bis zu 20 Überimpfungen konnten keine Wrkg.-Unterschiede zwischen den sterilisierten u. nichtsterilisierten WK-Extrakten festgestellt werden, was darauf schließen läßt, daß das unterschiedliche SV nicht einer Symbiose von L. d. mit anderen, möglicherweise der WK. entstammenden Bakterien zugeschrieben werden kann. WK enthält nicht nur die für L. d. notwendigen proteolyt. Enzyme, sondern noch einen weiteren, das SV stimulierenden, hitzeresistenten Faktor (I), der in WK-Extrakten nicht vorkommt u. offenbar wasserunlösl. ist. Die Unterss. zeigen, daß I nach Überimpfung nicht sofort für L.d. nutzbar zu sein scheint, so daß durch L.d. vermutlich erst ein adaptives Enzym gebildet werden muß, um I zu metabolisieren. G. Kirsten. 4320□

Zwischenprodukte des Tartratabbaus bei zellfreien Extrakten von Pseudomonas putida unter anaeroben Bedingungen. J. W. M. La Rivière. (Biochim. biophysica Acta [Amsterdam] **21.** 190—91. Juli 1956. Delft, Techn. Univ., Labor. of Microbiol.) (Engl.)

Der anaerobe *Tartrat*-Abbau bei zellfreien Extrakten von *Pseudomonas putida* führt wahrscheinlich primär zur *Oxalessigsäure,* welche z. T. zu *Bernsteinsäure,* z. T. zu *Brenztraubensäure* red. wird. Letzte wird dann zu CO_2 u. „akt. Acetat" oxydiert, welches in noch ungeklärter Weise sofort weiter reagiert. Als nachweisbare Endprodd. treten also Bernsteinsäure u. CO_2 auf. L. Heinisch. 4320

Der Gehalt an Vitaminen der B-Gruppe in der Kulturflüssigkeit von Act. aureofaciens. Je. M. Gantscharowa und K. I. Sabenkawa. (Известия Академии Наук Белорусской ССР, Серия Биологических Наук [Nachr. Akad. Wiss. BelorussSSR, Ser. biol. Wiss.] **1961.** Nr. 3. 47—50.) (Beloruss.)

In Verss mit *Actinomyces aureofaciens* (Act. aur.) auf 2 verschiedenen Nährböden (der eine enthält Maisextrakt, der andere statt dessen H_3PO_4 u. 15%ig. KOH) wird gezeigt, daß neben *Chlortetracyclin* (I) *Riboflavin* (II) produziert wird. Der II-Geh. im Endprod. erreicht 134 mg/kg. 30% des II werden mit den Antibioticis ausgeschieden, 30% verbleiben in der Mutter-Lsg., der Rest geht in den übrigen Stadien verloren. Die Kulturen von Act. aur. produzieren prakt. kein Thiamin. Im Fertigprod. verhält sich die Menge des I zur Menge von *Vitamin* B_{12} (III) wie 7000 : 1. Die Mengen von I, II u. III sind unabhängig von der Ggw. von Maisextrakt, der durch äquivalente Mengen an anorgan. Phosphat ersetzt werden kann. O. Lebtag. 4320□

Die Fällung von Eiweiß durch Invertseifen mit besonderer Berücksichtigung des Zephirols. E. Gottsacker. (Zbl. Bakteriol., Parasitenkunde, Infektionskrankh. Hyg., I. Abt., Orig. **173.** 304—06. Nov. 1958. Wuppertal-Elberfeld, Farbenfabriken Bayer.) (Dt.)

Die baktericide Wrkg. von *Zephirol* wird durch Blut oder Serum wenig beeinflußt. P. Gregorzewski. 4330□

Einige 2-Styrylderivate von substituiertem Chinazolon-(4) als potentielle Antimalariamittel und Amöbicide. M. S. Dhatt. (Current Sci. **30.** 179—80. Mai 1961. Delhi, Malaria Inst. of India, Chem. Labor.) (Engl.)

Durch 7—8std. Erhitzen verschiedener 2-Methyl-3-aryl-6-halogen(oder alkyl)-3.4-dihydrochinazolone-(4) mit Benzaldehyd oder p-substituiertem Benzaldehyd, Verdünnen mit A., Kühlen im Eisbad u. Umkristallisieren aus A.–Bzl. werden eine Reihe von 2-Styryl-3-aryl-6-halogen (oder alkyl)-3.4-dihydrochinazolone-(4) dargestellt. Gegenüber Malaria bei Hühnern sind alle inakt., einige zeigen in vitro versprechende Aktivität gegenüber *Entamoeba histolytica.* Folgende Verbb. wurden dargestellt: 3.4-Dihydrochinazolone-(4): *2-Styryl-3-p-bromphenyl-*, $C_{22}H_{15}BrN_2O$, F. 219°; *2-p-Methoxystyryl-3-p-phenetyl-*, $C_{25}H_{22}N_2O_3$, F. 181°; *2-p-Dimethylaminostyryl-3-m-tolyl-*, $C_{25}H_{23}N_3O$, F. 190°; *2-Styryl-3-p-phenetyl-6-methyl-*, $C_{25}H_{22}N_2O_2$, F. 205°; *2-p-Methoxystyryl-3-p-phenetyl-6-methyl-*, $C_{26}H_{24}N_2O_3$, F. 191°; *2-p-Dimethylaminostyryl-3-p-bromphenyl-6-methyl-*, $C_{25}H_{22}BrN_3O$, F. 258°; *2-Styryl-3-phenyl-6-chlor-*, $C_{22}H_{15}ClN_2O$, F. 236°; *2-p-Methoxystyryl-3-p-anisyl-6-chlor-*, $C_{24}H_{19}ClN_2O_3$, F. 210°; *2-Dimethylaminostyryl-3-o-chlorphenyl-6-chlor-*, $C_{24}H_{19}Cl_2N_3O$, F. 237°; *2-Styryl-3-p-anisyl-6-brom-*, $C_{23}H_{17}BrN_2O_2$, F. 211°; *2-p-Methoxystyryl-3-o-anisyl-6-brom-*, $C_{24}H_{19}BrN_2O_3$, F. 235°; *2-p-Dimethylaminostyryl-3-o-tolyl-6-brom-*, $C_{25}H_{22}BrN_3O$, F. 255°. P. GREGORZEWSKI. 4330□

Einfluß von Vitaminen der B-Reihe auf die Physiologie von Mikroben. L. Bourgain. (Ann. Biol. clin. **19.** 463—65. Mai/Juni 1961.) (Franz.)

Streptococcus lactis erwirbt durch Einw. von *Cobalamin* eine stark erhöhte Resistenz gegen Penicillin, Streptomycin, Neomycin u. Bacitracin. G. ZIEBARTH. 4340□

Acetylcoenzym A in der Patulinbiosynthese. E. W. Bassett und S. W. Tanenbaum. (Biochim. biophysica Acta [Amsterdam] **40.** 535—37. 3/6. 1960. New York, N.Y., Columbia Univ., Coll of Physicians and Surgeons, Dep. of Microbiol.) (Engl.).

Mit Hilfe von *^{14}C-Acetylcoenzym A* wird die Teilnahme dieses Coferments an der *Patulin*-Synth. durch Penicillium patulum nachgewiesen. Reines radioakt. Acetat hingegen wird nicht eingebaut. Der Einbau von Glucose in Patulin wird durch 10^{-3} m Natriummonofluoracetat vollständig gehemmt. Im Enzymextrakt kann der Einbau von 6-Methylsalicylat in Patulin bestätigt werden. H.-G. TRÜPER. 4340□

Tuberkulinhautreaktionen ohne Mitwirkung von Tuberkelbakterien und mycobakteriellen Leibessubstanzen. Enno Freerksen und Magdalena Rosenfeld. (Naturwissenschaften **48.** 135—36. 1. März-H. 1961. Borstel, Inst. für exp. Biol. u. Med., Tuberkuloseforschungsinst.) (Dt.)

Es wird gezeigt, daß durch subcutane Zufuhr von nicht mycobakteriellen *Lipiden*, wie Eidotter Hautreaktionen auf *Tuberkulin*, beim Meerschweinchen induzierbar sind, die von echten, mit spezif. Lipiden induzierten, nicht zu unterscheiden sind. D. ZIEBARTH. 4370□

Darstellung eines in vitro wirksamen, Histamin und Acetylcholin sensibilisierenden Faktors der Haemophilus pertussis-Vaccine. W. Schmutzler und H. Zschoch. (Naturwissenschaften **48.** 134. 1. März-H. 1961. Freiburg/Br., Univ., Pharmacol. Inst.) (Dt.)

Die vorherige Behandlung von isoliertem Meerschweinchendarm u. Rattenuterus mit *H. pertussis*-Vaccine verstärkt die durch *Histamin* u. *Acetylcholin*, nicht aber die durch Bariumchlorid u. *Serotonin* hervorgerufenen Kontraktionen. Die Wrkg. der Vaccine ist von der Dosierung u. der Einwrkg.-Dauer abhängig. Der wirksame Faktor scheint eine organ. Säure zu sein. D. ZIEBARTH. 4370□

Die Biosynthese von Poliovirus in Zellkulturen. James E. Darnell jun. und Harry Eagle. (Advances Virus Res. **7.** 1—26. 1960. Bethesda, Md., Nat. Inst. of Allergy and Infections Diseases, Labor. of Cell Biol.) (Engl.)

Übersicht. Wirtszellen, Virusbeschreibung; Vorgänge bei Infektionsbeginn: Adsorption, Infektiositätsverlust u. Eindringung; intracelluläre Vorgänge: Wrkg. auf die Zelle, Virusvermehrung, Reifung; Virusfreisetzung. — 152 Literaturangaben. K. MAIER. 4374□

Die Konservierung viktoriablau gefärbter Viruspräparate mit Phosphormolybdänsäure. G. May. (Zbl. Bakteriol., Parasitenkunde, Infektionskrankh. Hyg., I. Abt., Orig. **173.** 175—76. Nov. 1958. Frankfurt/M., Univ., Hyg.-Inst.) (Dt.)

Die gefärbten Virus-Präpp. werden zur Haltbarmachung 30 Sek. mit einer 1%ig. *Phosphormolybdänsäure*-Lsg. behandelt. P. GREGORZEWSKI. 4374□

Über die Gewinnung von infektiösem Preßsaft aus „Wintertyp"-Pflanzen des Tabak-Rattle-Virus durch Phenolextraktion. Heinz Ludwig Sänger und Ernst Brandenburg. (Naturwissenschaften **48.** 391. 1. Mai-H. 1961. Gießen, Univ., Inst. für Phytopathologie.) (Dt.)

Aus „Wintertyp"-Pflanzen des Tabak-Rattle-Virus (TRV) wurden durch direkte Phenolextraktion Präpp. erhalten, die die infektiöse Gesamtribonucleinsäure (RNS) enthalten u. sehr viel infektiöser sind, als Phenolextrakte entsprechender inkubierter Pufferhomogenate, die nur die gebundene RNS enthalten. Das führt zu der Annahme, daß das infektiöse Agens in Pflanzen, die mit schwer vermehrbaren Formen des TRV infiziert werden, als freie, nicht in Viruspartikeln gebundene infektiöse RNS vorliegt. L. HEINISCH. 4374□

Gewinnung eines infektiösen Prinzips von Ribonucleinsäurecharakter aus Homogenaten mit dem Maul- und Klauenseuchevirus infizierter Jungmäuse. Manfred

Mussgay und Karl Strohmaier. (Zbl. Bakteriol., Parasitenkunde, Infektionskrankh. Hyg., I. Abt., Orig. **173.** 163—74. Nov. 1958. Tübingen, Bundesforschungsanst. für Viruskrankheiten der Tiere.) (Dt.) — Vgl. C. **1961.** 12138.

Das infektiöse Prinzip (I. P.) unterscheidet sich in mehreren Eigg. von den infektiösen Partikeln einer C_1-Virussuspension. Protein kann nicht nachgewiesen werden. Wahrscheinlich ist das I. P. mit der infektionsfähigen RNS des Maul- u. Klauenseuchevirus identisch.

P. Gregorzewski. 4374□

Nucleinsäurestoffwechsel in mit dem Phagen T_5 infizierten Escherichia coli. L. V. Crawford. (Virology **7.** 359—74. April 1959. Univ. of Cambridge, Dep. of Biochem.) (Engl.)

Physiolog. unterschiedliche Stämme von *E. coli* wurden mit dem Phagen T_5 infiziert u. der *Nucleinsäure*-Stoffwechsel untersucht. Nach der Infektion bleibt der *RNS*-Geh. der Zellen über einen längeren Zeitraum unverändert, während der *DNS*-Geh. innerhalb von 10 Min. stark abfällt, um dann wieder rapide anzusteigen. *Chloramphenicol* (I) vermindert den Geh. der infizierten Zellen an DNS, der Umfang der Minderung ist abhängig von der verwendeten I-Konz. u. dem Zeitpunkt der I-Zugabe. Ebenso wie I verhalten sich *Tetracyclin* u. *Chlortetracyclin.* Im gleichen Sinne wie die getesteten Antibiotica wirken *p-Fluorphenylalanin* (II) u. *5-Methyltryptophan* (III), die gleichzeitige Anwesenheit von *DL-Phenylalanin* bzw. *DL-Tryptophan* verhindert den Effekt von II bzw. **III.** Über die vom Vf. noch beschriebenen Verss. zum Thyminstoffwechsel vgl. C. **1962.** 11245.

M. Lorenz. 4374□

Untersuchungen über ein Makromolekül, welches aus Shigella flexneri isoliert wurde und als Phagenreceptor wirkt. J. Dirkx und J. Beumer. (Biochem. J. **79.** 37 P. Juni 1961. Bruxelles, Inst. Pasteur.) (Engl.)

Es wird die Isolierung u. Reindarst. einer neuen Receptorsubstanz des Syst. *H-F6S-Phage–Shigella flexneri* beschrieben. Die Substanz besteht zu $^2/_3$ aus Polysaccharid u. zu $^1/_3$ aus Lipoid, hat ein Molgew. von ca. $47 \cdot 10^6$ u. ist auch gegenüber Phagen H-SHPB, H^+ u. V wirksam. In einer Bakterienzelle sind ca. 670 solcher Makromoll. vorhanden.

L. Heinisch. 4374□

Tryptophangehalt und Tryptophylsequenzen von Proteinen von 6 Pflanzenviren. L. K. Ramachandran. (Biochim. biophysica Acta [Amsterdam] **41.** 524—26. 15/7. 1960. Madras, Univ., Biochem. Labor.) (Engl.)

5 Stämme des Tabakmosaikvirus (TMV) u. 1 Stamm des Gurkenmosaikvirus (GMV) wurden auf ihren *Troptophan-* (I) Geh. u. auf die Tryptophylsequenzen untersucht. Bei 4 Stämmen des TMV fanden sich 3 Mol I auf 18000 g Protein, bei GMV 4. Aus weiteren erhaltenen Ergebnissen schließt Vf., daß die 4 Stämme die Sequenz Try·Ala·Try-Lys u. Try·Thr haben. Für GMV kommt die Sequenz Try·Thr in Frage. W. Hiller. 4374□

Die Zusammensetzung der Aminosäuren von Bakteriophagentypen der Choleravibrionen. D. K. Guha und S. Mukerjee. (Ann. Biochem. exp. Med. [Calcutta] **20.** 349—52. Dez. 1960. Calcutta, India, Ind. Inst. for Biochem. Exper. Med., Div. of Microbiol.) (Engl.)

17 Vibrionenarten, die von epidem. Cholerafällen in Calcutta gewonnen waren, wurden papierchromatograph. auf ihre *Aminosäuren*-Zus. untersucht. Jede Art enthält 19 Aminosäuren u. stets die essentiellen. Unterschiede zeigten sich im Totalprotein-Geh. (69,7—84%), sowie im Anteil am Totalprotein (62,6—93,2%). Signifikante Unterschiede wurden im Geh. an individuellen Aminosäuren in verschiedenen Vibrionen festgestellt.

P. Nachtwey. 4374□

Hemmung der Vermehrung von Poliomyelitisviren in vitro durch Guanidin. 7. Mitt. **Das Fehlen von Störungen bei der von Guanidin ausgeübten Hemmung durch Vitamine und Purin- und Pyrimidinbasen.** B. Loddo. (Boll. Soc. ital. Biol. sperim. **38.** 7—8. 15/1. 1962. Cagliari, Univ. di Cagliari, Inst. di Igiene e di Farmacol., Sez. di Cagliari.) (Ital.) — 6. vgl. Boll. Soc. ital. Biol. sperim. **37.** [1961.] 395.

Die in vitro-Verss. zeigen, daß die Vitamine B_1, B_{12}, C, K, PP, P_2, Pantothensäure, Pyridoxal, Biotin u. Folsäure, sowie Adenin, Adenylsäure, Xanthin, Hypoxanthin, Uracil, Uridin, Uramil, Thymin, Thiothymin u. Na-Nucleinat keinen Einfl. auf die Hemmung der Vermehrung des Poliomyelitisvirus durch *Guanidin* ausüben.

P. Loch. 4374□

Hemmung der Vermehrung von Poliomyelitisviren in vitro durch Guanidin. 8. Mitt. **Selektive Hemmwirkung von Guanidin auf den cytopathogen Effekt von Enteroviren.** B. Loddo. (Boll. Soc. ital. Biol. sperim. **38.** 8—10. 15/1. 1962. Cagliari, Univ., Ist. di Ig. e di Farmacol.) (Ital.) — 7. vgl. vorst. Referat.

In einer Konz. von 1 : 4000 besitzt *Guanidin* eine Hemm-Wrkg. gegen Poliomeylitisvirus 1,2 u. 3 sowie gegen ECHO- u. Coxsackieviren, nicht jedoch gegen Newcastle-,

Vaccine-, Aphtoseviren u. Adenoviren 1,5 u. 6, selbst dann nicht, wenn es in den höchsten von den Zellen ertragenen Dosen angewandt wird. K. Zingraf. 4374□

Vergleich der Hemmung der Virusvermehrung durch bestimmte Chemikalientypen. R. C. Lindner, Hugh C. Kirkpatrick und T. E. Weeks. (Phytopathology **49.** 802—07. Dez. 1959. Wenatchee, Wash., State Coll. of Washington, Dep. of Plant Pathol., Tree Fruit Exp. Stat. and U. S. Dep. of Agricult., Agricult. Res. Sero., Crops Res. Div.) (Engl.)

233 Chemikalien wurden auf ihre Fähigkeit untersucht, die Vermehrung des Tabakmosaikvirus in Gurkencotyledonen zu hemmen. Bes. wirksam waren *2.6.8-Trichlorpurin, 8-Azaguanin, 8-Aza-2.6-diaminopurin, 2-Thiouracil, 2.4.5.6-Tetrachlorpyrimidin.* Mittlere Wrkg. zeigten: *2.6-Diamino-, 6-Methyl-, 2.6-Bis-diäthylamino-, 2-Mercaptopurin, 5-Methyl-, 6-Propyl-, 5-Carboxy-, 3-Butyl-5-cyan-6-methyl-, 3-Allyl-5-carbäthoxythiouracil, 2-Mercapto-4.4.6-trimethyldihydro-* u. *2.6-Dichlorpyrimidin.* Von den oberflächlich angewandten Mitteln hemmten die folgenden die Virus-Entw.: *Lauryldimethylbenzylammoniumchlorid (Zephiran), Cetyltrimethylammoniumbromid, Cetylpyridiniumchlorid, Diisobutyl-p-kresoxyäthyldimethylbenzylammoniumchlorid, Aerosol OT, Na-Laurylsulfat, Commercial A* bis *H.* W. Hiller. 4374□

Die Fibrom-Myxomvirus-Umwandlung. Lawrence Kilham. (Advances Virus Res. **7.** 103—29. 1960. Bethesda, Md., Nat. Inst. of Health, Div. of Biol. Standards.) (Engl.)

Übersicht. DNA in mikrobiellen Syst., Pneumokokkentransformation u. Berry-Dedrick-Phänomen; Natur der beteiligten Viren: Krankheiten bei Kaninchen, Virulenz u. Thermoresistenz, Viruswachstum in Gewebekultur, elektronenmkr. Unters. der Pockenvirus-Entw., *Sciurus*-Virus; Verss. mit Hitze-*TAM* (transforming agent myxoma): Transformationen in Gewebekultur, Hitzeinaktivierung, Wrkg. von organ. Lsgm., Enzymen, Licht usw., Fähigkeit zur Verknüpfung mit Zellen, Natur von Hitze-*TAM*; desoxyribonucleaseempfindliches *TAM* u. biolog. Eigg.: Wrkg. von Harnstoffbehandlung, Verh. in verschiedenen Typen von Gewebekulturen; virale Rekombination, infektiöse Virusnucleinsäuren u. Harnstoff-*TAM*. — 52 Literaturangaben. K. Maier. 4374□

E_4. Pflanzenchemie. Pflanzenphysiologie. Pflanzenpathologie

Bleihydroxid als selektives Adsorbens für bestimmte organische Pflanzenbestandteile. W. A. Roach. (Ann. Botany [N. S.] **22.** 127—28. Jan. 1958. Maidstone, Kent, East Malling Res. Stat.) (Engl.)

Frisch aus $Pb(NO_3)_2$-Lsg. (100 g/Liter) mit NH_3 gefälltes *Bleihydroxid* bildet für die säulenchromatograph. Trennung methylalkohol. Pflanzenextrakte ein ausgezeichnetes Adsorptionsmittel. Bei der Entw. der Chromatogramme mit W. oder Methanol werden lebhaft gefärbte Zonen gebildet, die für einzelne Pflanzenarten charakterist. sind. H. Spohn. 4400□

Kinetik der spezifischen Aktivität des Kohlenstoffs von Phytol und Phorbin der Chlorophylle a und b während der Erneuerung. A. A. Schlyk und T. W. Kuchtenko. (Физиология Растений [Pflanzenphysiologie] **8.** 526—35. 1961. Minsk, Labor. für Biophysik u. Isotopen der Akad. der Wiss. der Beloruss.SSR.) (Russ.; Auszug: Engl.)

Vff. untersuchten die Verteilung von ^{14}C in *Chlorophyll a* (**I a**) u. *b* (**I b**) u. bestimmten die Zeitabhängigkeit der spezif. Aktivität von *Phytol-* u. *Phorbin-C* auf **I a** u. **I b**. Nach Behandeln der Sprößlinge von *Ceratophyllum demersum L.* mit ^{14}C-Carbonat–Bicarbonat-Lsg. wurde die Radioaktivität im oberen u. unteren Teil der Knospen gemessen u. die Konz. von **I a** u. **I b** spektrophotometr. bestimmt. Die spezif. Aktivität des **I b**-Phytols ist geringer als die des **I a**-Phytols u. erreicht das Maximum später. Für Phorbin gilt analoges, nur daß das Maximum früher auftritt. Die spezif. Aktivität des Phytols von **I a** u. **I b** ist zunächst größer, dann kleiner als die von Phorbin. Bernd Johannsen. 4420□

Ernährungsuntersuchungen mit Chlorella. 15. Mitt. **Die Isolierung und Extraktion von Protein der Chlorella vulgaris.** 2. Mitt. **Isolierung von Chlorophyllprotein und anderer Proteinarten aus Algen.** H. Baba, A. Tamura, Y. Kobatake und E. Tamuar. (Jap. J. Nutrit. **18.** 53—56. März 1960. Nat. Inst. of Nutrition, Div. of Chem. of Nutrition.) (Jap.; Auszug: Engl.)

Chlorophyllprotein wurde nach der Meth. von Takashima (Dialyse unter α-Picolinzusatz, Dioxanfällung) isoliert. (1 g der gereinigten Substanz enthält 2,42 mg Chlorophyll u. 9,55% N). Die anderen Proteine ließen sich durch turbidometr. Titration mit $(NH_4)_2 \cdot SO_4$ in 9 Fraktionen zerlegen. P. Gregorzewski. 4420□

Neuseeländisches Tallöl: Isolierung und Identifizierung normaler gesättigter Fettsäurebestandteile mit hohem Molekulargewicht. R. P. Hansen und N. June Cooke. (New Zealand J. Sci. **2**. 366—70. Sept. 1959. Wellington, Dep. of Sci. and Ind. Res., Fats Res. Labor.) (Engl.)

Aus *Tallöl* (aus Schwarzlauge) werden 0,2% *Stearinsäure*, 0,06% *Arachinsäure*, 0,16% *Behensäure* u. 0,05% *Lignocerinsäure* isoliert. P. GREGORZEWSKI. 4420 □

Die Alkaloide der Dioscoreaceen, Dioscorin und Tamin, und die Reaktion von Vitali-Morin. Giuseppina Scandellari. (Atti Acad. Sci. Ist. Bologna, Cl. Sci. fisiche, Rend. [11] **4**. Nr. 2. 69—75. 15/10. 1957.) (Ital.)

Eine aus den Knollen von *Dioscorea hirsuta* Blume erhaltene lufttrockene Droge enthält 9,5% W., 4,40% Asche, 9% alkohollösl. Extrakt u. 18,5% wss. Extrakt; die entsprechenden Werte für die aus *Tamus communis* L. erhaltene Droge sind 8,5, 5,10 bzw. 19%. Das aus D. hirsuta erhaltene *Dioscorin* (F. 41—43°) gibt mit KJ/J_2 einen braunen, mit $KHgJ_3$ einen hellgelben, mit KJ/SbJ_3, Phosphomolybdänsäure, Pikrinsäure u. DRAGENDORFF-Reagens gelbe Ndd.; die VITALI-MORIN-Rk. ist negativ. Der Extrakt aus T. communis gibt die gleichen Farb-Rkk., wodurch die chem. Verwandtschaft der Inhaltsstoffe mit Dioscorin wahrscheinlich gemacht wird. F. HELLER. 4420 □

Leguminosenalkaloide. 25. Mitt. **Alkaloide von Genista monosperma Lam.** E. P. White. (New Zealand J. Sci. Technol., Sect. B **38**. 712—18. Juli 1957.) (Engl.) — 24. vgl. C. **1959**. 5142.

Aus den Spitzen von *Genista monosperma Lam.* aus Hamilton wurde das Gesamtalkaloid extrahiert, aus dem durch Fällung mit $HClO_4$ u. fraktionierte Kristallisation *Anagyrin* u. *Spartein* als *Perchlorate* abgeschieden wurden. *Cytisin* wurde als *Benzolsulfonyl-Deriv.*, *Methylcytisin* als *Pikrat* u. (+)-*Oxospartein* durch Chromatographie der Restalkaloide an Cellulosepulver isoliert. Sämtliche Alkaloide wurden papierchromatograph. u. durch Derivv. identifiziert. Die jahreszeitlichen Schwankungen im Alkaloid-Geh. werden tabellar. gegeben u. mit den Ergebnissen der Unterss. von RIBAS, FRAGA u. GESTO (An. Soc. españ. Fisica Quím. **45**. [1949.] 757) an span. Exemplaren verglichen. — Versuche: (+)-*Spartein*; $[\alpha]_D$ +14 bis 16,2° (A.). *Perchlorat*, F. 171°. *Dihydrobromid, Monohydrat*, $C_{15}H_{26}N_2 \cdot 2\,HBr \cdot H_2O$, F. 195°. — *Anagyrin, Perchlorat*, F. 295 bis 314° (Zers.). *Pikrat*, F. 244°. — *Methylcytisin*, F. 134°. *Pikrat*, F. 215—218°. — *Cytisin*, F. 153° (Aceton), aus der *Benzolsulfonyl-Verb.* (F. 261°) u. konz. HCl im Rohr bei 160—180°. *Pikrat*, F. 273° (Zers.). — (+)-*17-Oxospartein*, $C_{15}H_{24}N_2O$, F. 82—84°, aus PAe. Nadeln; $[\alpha]_D$ +20° (c = 1,9; A.). *Perchlorat*, $C_{15}H_{24}N_2O \cdot HClO_4$, F. 248°. *Pikrat*, F. 180°, aus W. Büschel feiner Nadeln. F. HELLER. 4420

Leguminosenalkaloide. 26. Mitt. **Untersuchung weiterer Leguminosen, besonders von Lupinus- und Acaciaarten auf Alkaloide.** E. P. White. (New Zealand J. Sci. Technol., Sect. B **38**. 718—25. Juli 1957.) (Engl.) — 25. vgl. vorst. Referat.

Von 20 untersuchten Acaciaarten enthielten 7 nur unbedeutende Mengen an Alkaloiden. In *A. cultriformis* CUNN. wurden im Juli 0,02% Gesamtalkaloide gefunden, in dem *Tryptamin* (I) u. *β-Phenyläthylamin* (II) nachgewiesen wurden. Der Alkaloid-Geh. von *A. havilandii* MAIDEN war gering (0,07%), ebenso der von *A. pruinosa* CUNN. (0,02%) u. von *A. verticillata* WILLD. (0,015—0,04%); es konnte jedoch weder I noch II nachgewiesen werden. *A. acuminata* (0,72—1,5% Gesamtalkaloid) enthielt ebenso wie *A. cardiophylla* u. *A. podalyriaefolia* CUNN. I, II u. andere, nicht identifizierte Basen, während in *A. accola* MAIDEN u. BETCHE u. in *A. praetervisa* DOMIN II u. dessen *N-Methyl-Deriv.*, aber kein I nachgewiesen wurde. In *A. kettlewelliae* MAIDEN u. *A. spectabilis* CUNN. wurde fast nur II, in *A. vestita* nur I gefunden. Die Blüten von *A. longifolia* enthielten 0,12% *Naringenin*. Von 45 anderen Leguminosen wurden nur in Papilionaceen Alkaloide gefunden. Die Samen von *Cytisus scoparius* enthielten neben anderen, nicht identifizierten Basen (—)-*Spartein*, (+)-*Lupanin* u. eine wahrscheinlich mit *Hydroxylupanin* ident. Base, während in verschiedenen Lupinusarten vorwiegend (±)-*Lupanin* nachgewiesen wurde; *L. mutabilis* enthielt (—)-Spartein. Die Identifizierung der Alkaloide erfolgte papierchromatograph. sowie durch Darst. von Derivv. u. Vgl. mit authent. Verbindungen. — *Tryptamin* (I), *Pikrat*, F. 247° (Zers.). — *β-Phenyläthylamin* (II), *Hydrochlorid*, F. 219°. *Benzolsulfonyl-Deriv.*, F. 63°. — *Naringenin*, $C_{15}H_{12}O_5$, F. 252°, aus 50%ig. CH_3OH Nadeln. — (—)-*Spartein*; $[\alpha]_D$ —17° (A.). *Perchlorat*, F. 171°. *Pikrat*, F. 203° (W.-Aceton). — (+)-*Lupanin, Perchlorat*, F. 211°. — (±)-*Lupanin*, F. 96—97° (PAe.). *Perchlorat*, F. 234—236° (CH_3OH-Aceton). *Hydrojodid, Monohydrat*, $C_{15}H_{24}N_2O \cdot HJ \cdot H_2O$, F. 236—238° (A.-Ae.). *Chloroaurat*, F. 201° (Zers.; verd. HCl). *Methojodid*, F. 250° (CH_3OH-Aceton). F. HELLER. 4420

Über neue Arbeiten zur Biosynthese der Alkaloide. 1. Mitt. K. Mothes. (Pharmazie **14**. 121—32. März 1959. Halle/Saale.) (Dt.) — Vgl. C. **1958**. 11565; C. **1960**. 2243.

Nach einem Überblick über die Methodik der Biosynth.-Forschung bespricht Vf. die „in vivo"-Synth. verbreiteter N-heterocycl. Syst. sowie die enzymat. „in vitro"-Synth. einfacher Alkaloide, um mit Besprechung der Betaine u. mit Ausführungen über das Problem der Methylierung die Arbeit abzuschließen. — 54 Literaturangaben.

E. TROBISCH. 4460□

Synthese des Pyrrolidinringes des Nicotins aus verschiedenen ^{14}C-markierten Stoffwechselprodukten durch Nicotiana rustica. Pei-Hsing Lin Wu, Thomas Griffith und Richard U. Byerrum. (J. biol. Chemistry **237**. 887—90. März 1962. East Lansing, Mich., Michigan State Univ., Kedzie Chem. Labor.) (Engl.)

Die durchgeführten Unterss. mit ^{14}*C*-markiertem *Acetat, Propionat, Glycerin* u. *Asparaginat* zeigen, daß diese Stoffe von *Nicotiana rustica* zum Aufbau des *Pyrrolidinringes des Nicotins* verwendet werden. Das Ergebnis stimmt mit der Hypothese überein, nach der diese Stoffe durch Glykolyse u. den Citronensäurecyclus zu *α-Ketoglutarat, Glutamat,* einem symm. Zwischenprod. u. schließlich zum Pyrrolidinring umgebaut werden.

H. BUSSE. 4460□

Zur Biosynthese der Lupinenalkaloide. 7. Mitt. **Zur Biosynthese des Lupanins.** H. R. Schütte und Charlotte Schäfer. (Naturwissenschaften **48**. 669. 1. Nov.-H. 1961. Halle/Saale, Inst. für Biochem. der Pflanzen der Dt. Akad. der Wiss. zu Berlin.) (Dt.) — 1. vgl. C. **1960**. 4894.

Nach Zugabe von $^{14}C_{(1,5)}$-*Cadaverin* aus *Lupinus angustifolius* erhaltenes ^{14}*C-Lupanin* (*Perchlorat*; 130 mg; $3{,}99 \cdot 10^5$ Impulse/min/mMol) gibt bei der Oxydation mit Chromsäure *Bernsteinsäure* ($6{,}56 \cdot 10^4$ Impulse/min/mMol; 13,7 mg), deren spezif. Aktivität die Verteilung der ^{14}C-Atome in den Positionen 2, 6, 10, 11, 15 u. 17 des Lupaningerüstes beweist u. damit die Biosynth. aus Cadaverin wahrscheinlich macht.

F. HELLER. 4460□

Veränderung der freien Aminosäuren in Fragmenten von in vitro kultivierten Tobinambur-Wurzelknollen. Henri Duranton und Georges Morel. (C. R. hebd. Séances Acad. Sci. **246**. 2927—30. 19/5. 1958.) (Franz.)

Der während der Winterruhe extrem hohe *Arginin* (I)-Geh. in den Wurzelknollen — 78% des N_2-Geh. der freien Aminosäuren — nimmt nach säulenchromatograph. Unterss. (sulfoniertes Polystyrolharz) bei Beginn des Wachstums von Gewebeabschnitten mit *Naphthylessigsäure* als Wuchsstoff sehr rasch ab: Nach 2tägiger Kultur geht der I-Geh. auf 50%, bezogen auf den N_2-Geh. der freien Aminosäuren, nach 6 Tagen auf 4% zurück. Gleichzeitig erfolgt die Bldg. von *Prolin* u. *Hydroxyprolin*, die zu Beginn des Wachstums nicht vorhanden sind, u. eine Erhöhung des Geh. an *Alanin, Glutaminsäure* u. *Asparaginsäure* u. ihrer Amide. — Vff. nehmen an, daß in den Tobinamburgeweben das I analogen Umwandlungen unterworfen ist, wie sie in der Leber von höheren Tieren u. bei bestimmten Mikroorganismen beobachtet werden.

H. SPOHN. 4460□

Untersuchungen zu Biosynthese und Abbau von Baumwollcellulose und -samenöl mit ^{14}C-Markierung. M. L. Wolfrom, J. M. Webber und F. Shafizadeh. (J. Amer. chem. Soc. **81**. 1217—21. 5/3. 1959. Columbus, Ohio, State Univ., Dep. of Chem.) (Engl.)

Zur Best. der Isotopenverteilung innerhalb der *Anhydro-D-glucose* (I)-Einheiten von ^{14}*C-Cellulose* (II) werden die I-Einheiten an $C_{(2)}$—$C_{(3)}$ mit Perjodat oxydativ gespalten, die gebildeten Aldehydfunktionen mit chloriger Säure weiteroxydiert u. das Rk.-Prod. zu *Glyoxylsäure* (III) u. *D-Erythronsäure* (IV) hydrolysiert. Als 2.4-Dinitrophenylhydrazon isolierte III gibt bei Decarboxylierung die ^{14}*C*-Verteilung in $C_{(1,2)}$, die partielle u. vollständige Perjodatoxydation von D-IV (isoliert als Lacton) die in $C_{(3,4,5,6)}$. Aus $^{14}C_{(2)}$-*D-Glucose* (V) erhaltene Baumwoll-^{14}*C*-II enthielt 58% ^{14}*C* an $C_{(2)}$ u. 25% an $C_{(5)}$. Im Zusammenhang mit der ^{14}*C*-Verteilung in Baumwollsamenöl zeigen diese Befunde, daß Abbau u. Resynth. von D-V nach dem EMBDEN-MEYERHOF-Schema verlaufen.

K. MAIER. 4460□

Einbau von ^{14}C-Citral und ^{14}C-Geraniol in β-Carotin der Karottenwurzel gegenseitige Umwandlung von Citral und Geraniol in Karottenwurzeln unter Berücksichtigung der Alkoholdehydrogenase. T. N. R. Varma und C. O. Chichester. (Arch. Biochem. Biophysics **96**. 419—22. Febr. 1962. Davis, Calif., Univ. of California, Dep. of Food Sci. and Technol.) (Engl.)

Vff. stellten fest, daß ^{14}*C-Citral* (I) u. ^{14}*C-Geraniol* (II) in *β-Carotin* (III) in Karottenwurzelscheiben, wenn auch nur in kleinen Mengen, aber signifikant eingebaut werden. II wird in größerem Umfang aufgenommen als I. I u. II sind ineinander umwandelbar. Diese Umwandlung kann durch Leber-*Alkoholdehydrogenase* katalysiert werden.

H. BUSSE. 4460□

Kohlendioxidacceptor I und II bei der Photosynthese von Polytrichum attenuatum. Knud Vejlby. (Physiol. Plantarum [Copenhagen] **12.** 893—906. 1959. København, Royal Vet. and Agric. Coll., Labor. of Plant Physiol.) (Engl.)

Bei *Polytrichum attenuatum* wird 1 Min. nach Beginn der Beleuchtung ein Maximum der CO_2-Aufnahme beobachtet, dem kein entsprechendes Maximum der O_2-Abgabe beigeordnet ist. 6 Min. nach Beginn der Photosynth. (2. Maximum) wird das CO_2 vermutlich auf *Ribulosediphosphat* (Acceptor II) übertragen. Unterbricht man die Lichtperiode bereits nach $^1/_4$ bis 4 Min., so wird sofort CO_2 ausgestoßen. Ein solcher CO_2-Ausstoß nach länger dauernder Beleuchtung (z. B. 15 Min.) wird nur unter folgenden Bedingungen beobachtet: Wenn die Pflanzen während der Photosynth. mit Luft von 20% CO_2-Geh. umgeben waren, oder wenn die Pflanzen durch Erwärmung (3 Min. bei 45—50°) oder durch Eintauchen in Lsgg. von *Cyanid, Arsenat* oder *Jodacetamid* vorbehandelt waren. Vorbehandlung mit *2.4-Dinitrophenol, Phenylurethan, Phosphat, Sulfanilamid, Cystein* oder *Äthylendiamintetraessigsäure* hatte keine oder keine eindeutige Wirkung. Es wird vermutet, daß CO_2 zunächst durch eine Verb. unbekannter Natur (Acceptor I) aufgenommen wird, ehe es im normalen Assimilationsprozeß (Acceptor II) weiter umgewandelt wird. U. Mothes. 4460□

Untersuchungen an Weizenpflanzen mit Hilfe von ^{14}C-Verbindungen. 6. Mitt. Einige Beobachtungen bei der Proteinbiosynthese. E. Bilinski und W. B. McConnell. (Cereal Chem. **35.** 66—81. Jan. 1958. Saskatoon, Saskatchewan, Nat. Res. Council of Canada, Prairie Reg. Labor.) (Engl.) — 5. vgl. C. **1959.** 855.

Bei unter normalen Feldbedingungen gezogenen Weizenpflanzen wurde durch Injektion von $^{14}C_{(1)}$- oder $^{14}C_{(2)}$-*Acetat* in den Halm in verschiedenen Altersstadien (0,1 ml enthaltend 0,149 mg Na-Acetat mit 10,0 μc ^{14}C pro Pflanze) der Einbau von ^{14}C in die Mehlproteine verfolgt. Gliadin, gefolgt von Glutamin, haben die höchste ^{14}C-Aktivität. Das Maximum der Gliadin-Biosynth. setzt zu einem späteren Zeitpunkt in der Pflanze ein als bei Glutenin, Albumin u. Globulin. Ähnliche Beobachtungen gelten auch für die aus diesen Proteinen isolierte *Glutaminsäure*, bei der von den beiden markierten Acetaten das $^{14}C_{(2)}$ bevorzugt eingebaut wird. Aus der Wahrscheinlichkeit, daß die Bldg. der Glutaminsäure über die α-Ketoglutarsäure u. den Tricarbonsäurecyclus verläuft, schließen Vff., daß das Gliadin ein unabhängig gebildetes Protein darstellt. Die Kleieproteine scheinen erst im späteren Reifestadium gebildet zu werden. Nach den Analysenergebnissen für die einzelnen Proteinfraktionen is es wahrscheinlich, daß jedes Protein in einer individuellen Biosynth. gebildet wird. W. Engel. 4460□

Über die Donatoren und Acceptoren von Wasserstoff bei Redoxreaktionen unter Beteiligung von Riboflavin. P. A. Kolessnikow. (Доклады Академии Наук СССР [Ber. Akad. Wiss. UdSSR] **133.** 1462—64. 21/8. 1960. Biochem. Bach-Inst. der Akad. der Wiss. der UdSSR.) (Russ.)

Bei den oxydoreduktiven Photo-Rkk. unter Beteiligung von *Riboflavin* können verschiedene organ. u. anorgan. Substanzen (Äthylendiamintetraessigsäure, Oxalsäure, Phenylhydrazin, Hydrazin, Semicarbazid, Hydroxylamin, $NaNO_2$, Dimedon) in wss. Lsg. als H-Donatoren fungieren. Unter aeroben Bedingungen dient O_2 als H-Acceptor, bei dessen Red. sich H_2O_2 bildet. Aus den Verss. wird geschlossen, daß Substanzen, welche selber direkt als H-Donatoren dienen können, nicht geeignet sind, zur Klärung des Mechanismus der Photo-Rkk. beizutragen. E. Rentz. 4460□

Spurenelemente und Bioliganden im Pflanzenstoffwechsel. Th. Bersin. (Vitalstoffe — Zivilisationskranh. **6.** 160. 166—68. Aug. 1961. St. Gallen.) (Dt.)

Übersicht über die wechselseitige Umsetzung von Mineralstoffen u. Spurenelementen mit Chelatliganden im Boden u. deren biochem. Bedeutung für das Pflanzenwachstum sowie die Rolle von Metallkomplexen u. -chelaten im Bereich pflanzlicher Wuchsstoffe u. als Düngemittel. — 46 Literaturangaben. G. Kirsten. 4470□

Vergleichende Wirkung der Tetracycline auf Kulturen von Topinambur in vitro. Georges Nétien und Jean Lacharme. (Bull. Soc. bot. France **107.** 172—74. April/Juni 1960.) (Franz.)

Tetracin, Terracin u. *Aureomycin* bewirken eine Stimulation des Gewebewachstums von Topinambur, wenn Topinambur unter üblichen Bedingungen, d. h. in Ggw. von Heteroauxin, aufwächst. S. Groitzsch. 4484□

Spontane und provozierte Modifizierung von Blüten durch 2.4-D bei Dipsacus silvestris Mill. François Grossin. (Bull. Soc. bot. France **107.** 162—72. April bis Juni 1960.) (Franz.)

Bei Behandlung mit *2.4-Dichlorphenoxyessigsäure* zeigen sich bei *Dipsacus silvestris* Mill. Blütenmodifikationen in Abhängigkeit von der Zeitdauer, der Behandlung u. der Konz. der verwendeten Lösung. S. Groitzsch. 4485□

Die Resorption und Bewegung von ^{32}P-markierten systemischen Insekticiden im Wein (Vitis vinifera L.). B. G. Coombe. (Austral. J. agric. Res. **13.** 17—30. Jan. 1962. Adelaide, South Australian Dep. of Agric.) (Engl.)

^{32}*P-Schradan* (I), ^{32}*P-Dimefox* (II) u. ^{32}*P-Demeton* (III) werden durch 1. Blattsprühen, 2. Gießen u. 3. durch eine getränkte Baumwollbinde um den Stamm appliziert. I akkumuliert langsam, es wird wenig zersetzt u. seine Aufnahme wird von der Zeit der Anwendung kaum beeinflußt. II wird in derselben Menge wie I aufgenommen, es zersetzt sich jedoch bedeutend schneller als I. II am Stamm angewandt, ruft Pflanzenschädigungen hervor. Von III wird weniger in den Wurzeln zurückbehalten als von I u. II. Die Geh. in den Blättern sind höher, was auf einen schnellen Transport schließen läßt. Die durchschnittliche Zers. beträgt für I 6%, für II 81% u. für III 28%. W. Hiller. 4490☐

Toleranz von Espartogras gegen Mangangiftigkeit in Sandkultur. L. Dessureaux und G. J. Ouellette. (Canad. J. Soil Sci. **38.** 8—13. Febr. 1958. Ste. Anne de la Pocatière, Quebec, Canada, Dep. of Agric.) (Engl.)

In Nährlsgg. mit 0,5 u. 25 ppm *Mn* wurden zwei Varietäten von *Espartogras* gezüchtet, die in Toleranz deutlich verschieden waren. Einige Kreuzungen sind gegen tox. Mn-Mengen weitgehend unempfindlich. B. Scheifele. 4495

Einfluß von DL-Methioninsulfoximin auf die Proteinsynthese der Erbse. Jaroslav Koloušek und Vladimír Jiráček. (Sborník českoslov. Akad. zemědělských Věd, rostlinná Výroba **4 (31).** 1593—98. Dez. 1958. Praha, Fyziol. úst. ČSAV u. Karl. univ. Biochem. ust.) (Tschech.)

Der Eiweißstoffwechsel keimender Erbsen wird durch *DL-Methioninsulfoximin* (I) beeinflußt. Schon bei einer 10^{-6}m I-Konz. wird das Wachstum von Wurzeln u. Blättern deutlich gehemmt. Durch zweidimensionale Papierchromatographie wird gezeigt, daß die Bldg. von *Asparagin* unterbunden wird, während bei den übrigen Aminosäuren keine Änderung beobachtet wird; jedoch ist bei den Wurzeln u. den ganzen Samen die Menge der Aminosäuren u. Peptide verringert; der Geh. an Nichtprotein-N in den Samen nimmt um 70% ab, der Protein-N um 35% zu. Daraus wird geschlossen, daß I eine Störung der proteolyt. Prozesse bewirkt. R. K. Müller. 4495☐

E₅. Tierchemie. Tierphysiologie. Tierpathologie

Probleme bei der Verwendung ungeschützter Platinelektroden zur Messung der Sauerstofftension in vivo. William Rodger Inch. (Canad. J. Biochem. Physiol. **36.** 1009—21. Okt. 1958. London, Canada, Ontario Cancer Treatment and Res. Found., Radiobiol. Sect., London Clinic, Victoria Hosp.) (Engl.) R. Lenschau. 4500☐

Modifizierung der Grollman'schen Methode zur Hervorrufung renaler Hypertension. S. Charles Freed. (Proc. Soc. exp. Biol. Med. **104.** 136—37. Mai 1960. San Francisco, Calif., Mount Zion Hosp., Harold Brunn Inst., Med. Center.) (Engl.)

Zur Steigerung der Ausbeute hypertensiver Ratten bei Anwendung der Einstufen-Grollman-Meth. (Grollman, **1944**), bei der einseitige Nephrektomie mit Constriction der Restniere vorgenommen wird, wird eine Behandlung der Tiere mit 5 mg *Prednisolon* in wss. Lsg. subkutan empfohlen; es kommt dadurch zu einer Verminderung der Sofortsterblichkeit von 42 auf 11% (vermutlich infolge einer Bekämpfung des häufig zum Tode führenden intrarenalen Druckanstiegs). — Nach Grollman kann allerdings die Sterblichkeit auch durch eine Zweistufenoperation verringert werden, bei der zuerst die Unterbindung zur Constriction u. einige Wochen später die Nephrektomie durchgeführt wird. U. Tausendfreund. 4500☐

Die Stabilität von synthetischem und biologischem Calciumphosphat mit Apatitstruktur in wässerigem Medium. Claudine Fabry. (Bull. Soc. Chim. biol. **40.** 1325 bis 1332. 20/10. 1958. Liège, Univ., Inst. de Thérap. Exp.) (Franz.)

Diskussion zur Frage der möglichen Ausbildung von *Apatit*-Strukturen im biolog. Gewebe. — 60 Literaturangaben. R. Lafferenz. 4510☐

Die Apatitstruktur des Calciumphosphats. Claudine Fabry. (Bull. Soc. Chim. biol. **40.** 1333—39. 20/10. 1958. Liège, Univ., Inst. de Thérap. Exp.) (Franz.) — Vgl. vorst. Referat. R. Lafferenz. 4510☐

Untersuchungen über anorganische Bestandteile in biologischen Körpern. 14. Mitt. **Gehalt an Thallium, Selen und Arsen in den Fischen und Muscheln, die an der Küste der Stadt Minamata gefischt werden.** Hiroshi Hamaguchi, Naoichi Ohta, Naoki Onuma und Katsuhiko Kawasaki. (J. chem. Soc. Japan, pure Chem. Sect. [Nippon Kagaku Zassi] **81.** 920—27. Juni 1960. Tôkyô-Bunkyôku, Tôkyô-Kyôiku-Daigaku; Tôkyô-Setagaya, Toritu-Daigaku, Rigakubu.) (Jap.; Auszug: Engl. S. A66.) — 13. vgl. C. **1961.** 15811.

Die unsichere Ätiologie einer in der japan. Industriestadt Kyûsyû mit Vergiftungserscheinungen auftretenden Krankheit führte zu Unterss. über den Geh. an *Tl*, *Se* u. *As* in Fischen aus der dortigen Bucht. Da die Krankheit Personen mit hohem Muschel- u. Fischverzehr befällt, nimmt man an, daß Schwermetalle aus Industrieabwässern im Fischkörper gespeichert werden. Innere Organe: Tl 0,34 ± 0,12 (ppm), Se 0,77 ± 0,22, As 0,59 ± 0,22; Fleisch: Tl 0,08 ± 0,02, Se 0,17 ± 0,04, As 0,22 ± 0,09; Knochen u. Kopf: Tl 0,11 ± 0,03, Se 0,20 ± 0,07, As 0,23 ± 0,07. Tl, Se u. As sind also in den Fischen u. Muscheln stärker als im Meerwasser konz. (auf das 10^4-, 10^2- u. 10^2fache). As existiert in den Sedimenten in der Bucht viel mehr als in den außerhalb der Bucht, während der Geh. an Tl u. der an Se keinen wesentlichen Unterschied zeigt. E. Maekawa. 4510 □

Der Einfluß des experimentellen epileptoformen Anfalls auf die ^{60}Co-Verteilung im Organismus. G. Usunow, B. Jordanow und W. Chrisstow. (В Памет на Методий Попов [In memoriam Methodi Popoff] **1958.** 315—20. Sofia, Med. Univ., Lehrstuhl für Psychiatr.) (Bulg.; Auszug: Franz.)

Vff. untersuchten bei Kaninchen die Verteilung von ^{60}*Co* (10 mc/1 kg Lebendgew.) unter den Bedingungen epileptoformer Anfälle unter dem Einfl. von Cardiazol oder Elektroschock. In der Kontrolle war nach 24 Std. der ^{60}Co-Geh. am höchsten in der Niere; es folgten Nebenniere, Leber, Lunge, Milz, Herzmuskel, Knochenmark u. quergestreifte Muskulatur. Nach Anfällen wurde in der Lunge ein Anstieg um das 2,5fache im Vgl. zur Kontrolle beobachtet. ^{60}Co fehlte im Zentralnervensystem. Ch. Heese. 4510

Der Kupfergehalt der Haare und der Nägel bei der Wilson'schen Krankheit (Hepatolentikuläre Degeneration). Eugene W. Rice und Norman P. Goldstein. (Metabolism, clin. and exp. **10.** 1085—87. Dez. 1961. Pittsburgh, Pa., Presbyterian Univ. Hosp., Biochem. Dep.) (Engl.)

Der *Kupfer*-Geh. in Haaren von Gesunden beträgt 15 ± 6,3 ppm bei ♂; bei ♀ 39 ± 19,9 ppm. Bei der Wilsonschen Krankheit ist der Cu-Geh. in Haaren, Finger- u. Zehennägeln nicht verändert. Peter Lange. 4510 □

Untersuchung der freien Radikale in überlebenden tierischen Geweben. L. P. Kajuschin, I. K. Kolomitzewa und K. M. Lwow. (Доклады Академии Наук СССР [Ber. Akad. Wiss. UdSSR] **134.** 1229—31. 11/10. 1960. Inst. für biolog. Phys. der Akad. der Wiss. der UdSSR.) (Russ.)

Mittels der Meth. der paramagnet. Elektronenresonanz wird in Verss. mit Geweben von Rattenorganen radiospektroskop. festgestellt, daß die freien Radikale in den überlebenden Geweben sehr stabil u. selbst gegen die Denaturierung (durch Kochen mit W.) äußerst resistent sind. E. Rentz. 4520 □

Die Anwesenheit von Nichteiweißstickstoff in essigsäurelöslichem Kalbshautkollagen. F. S. Steven und G. R. Tristram. (Biochem. J. **83.** 240—44. Mai 1962. St. Andrews, Univ., St. Salvator's Coll., Dep. of Physiol. and Biochem.) (Engl.)

Es wurde gezeigt, daß lösl. Kalbshaut-*Kollagen* u. andere kollagenartige Prodd. eine geringe Menge Nichteiweißstickstoffsubstanzen enthalten. Unter diesen wurden 11 freie Aminosäuren identifiziert: *Glycin, Glutaminsäure, Asparaginsäure, Serin, Threonin, Alanin, Valin, Leucin/Isoleucin, Phenylalanin, Tyrosin* u. *Prolin* (Spur *Hydroxyprolin*). Weiterhin wurden 3 Peptide isoliert, in denen folgende Aminosäuren gefunden wurden: *Asparaginsäure, Glutaminsäure, Glycin, Serin, Alanin, Valin, Leucin/Isoleucin, Phenylalanin, Lysin* u. *Arginin.* R. Ristow. 4520 □

Vergleichende Untersuchung der Aminosäurenzusammensetzung elektrophoretischer Proteinfraktionen vom Blutserum und Leberzellplasma des Pferdes. Jörg Müller. (Hoppe-Seyler's Z. physiol. Chem. **326.** 34—39. 25/10. 1961. Berlin, Humboldt-Univ., Medizin. Tierklinik, Abt. für patholog. Physiol.) (Dt.)

Vf. untersucht die Beziehungen zwischen Serum- u. Leberplasmaproteinen (SP bzw. LP) durch quant. Best. der *Aminosäuren* (AS)-Zus. elektrophoret. vergleichbarer Fraktionen. Die Papierelektrophorese zeigt beim SP neben den Albuminen (34,5%) zwei α- (α_1 3,1%, α_2 13,4%), zwei β- (β_1 9,2%, β_2 9,9%) u. die γ-Globulinfraktion (30,0%). Das LP läßt sich dagegen in insgesamt 10 Fraktionen auftrennen, eine albuminähnliche (I, 3,2%), zwei mit α-Globulin- (II_0 5,1%, II 8,4%), drei mit β-Globulin- (III_0 6,9%, III 28,5%, III_1 6,5%) u. vier mit γ-Globulinbeweglichkeit (IV_0 9,9%, IV 18,0%, IV_1 6,3%, IV_2 7,2%) verglichen mit den SP. Neben diesen quant. Unterschieden differieren die SP u. LP z. T. erheblich in ihrer AS-Zus. (zweidimensionale Papierchromatographie der Proteinhydrolysate u. quant. colorimetr. Auswertung der Ninhydrinflecken). Untereinander sind die LP-Fraktionen in ihrer AS-Zus. ähnlicher als die SP, auch stimmen die Albuminfraktionen unterschiedlicher Herkunft gut überein, was die Hypothese von der Entstehung des Serumalbumins in der Leber stützt. Erhebliche Unterschiede weisen jedoch die Globulinfraktionen von SP u. LP auf, was mit der überwiegend extrahepat.

Genese dieser Fraktionen übereinstimmt. Zum Vgl. wird der Begriff der „Aminosäurenübereinstimmung" eingeführt, worunter man die % der AS-Reste versteht, die beim gedachten Übergang eines Proteins in ein anderes zu dessen Aufbau Verw. finden (Tabellen). WINFRIED KRÜGER. 4520□

Über die Natur und biologische Rolle der Peptide und Nucleotidpeptide. N. M. Ssissakjan und M. K. Weinowa. (Биохимия [Biochemie] **27.** 173—80. Jan./Febr. 1962.) (Russ.; Auszug: Engl.)

Aus der säurelösl. Fraktion der Kaninchenleber, der Coeloma-Fl. der Puppen von *Bombyx mori* u. aus *Saccharomyces cerevisiae* wurde ein nichtdialysierbarer Komplex von *Peptiden* (I) u. *Nucleotidpeptiden* (II), die an Lipoide gebunden sind, isoliert. Chem. läßt sich der Komplex in 3 Fraktionen zerlegen (Fraktionen 3, 4 u. 5). Die II der Fraktion 3 von Kaninchen, Hefe u. B. mori enthalten die gleichen Aminosäuren: *Cystin, Lysin, Asparagin-* u. *Glutaminsäure, Alanin, Prolin, Valin + Methionin* (Spuren) u. *Leucin* (Spuren). II der Fraktion 4 aus Hefe u. Kaninchenleber enthalten Cystin, Asparagin- u. Glutaminsäure, Lysin, Alanin (Spuren), Valin + Methionin (Spuren) u. Leucin (Spuren). Aus der Unters. der Zus. der Purine u. Pyrimidine geht hervor, daß in allen Fraktionen der Adenin-Geh. höher ist als der Geh. der übrigen Basen, daß Uracil u. nicht näher bestimmbare Verbb. nachzuweisen sind. Thymin fehlt in allen Fraktionen. Guanin kommt nur in Fraktion 3 der Kaninchenleber u. der Coeloma-Fl. vor. In der acetonlösl. Fraktion 5 können freie I u. an Nucleotide u. Lipide gebundene I nachgewiesen werden. O. LEBTAG. 4520□

Röntgenstrahlendoppelbrechungsuntersuchungen der Elastinresiduen der menschlichen Aorta. Gerald Weissmann und Sigmund Weissmann. (J. clin. Invest. **39.** 1657—66. Nov. 1960. New York, N.Y., New York Univ., School of Med., Dep. of Med.; Bellevue Hosp., 3. New York Univ. Med. Div.; New Brunswick, N.J., Rutgers Univ., Coll. of Engng., Mater. Res. Labor.) (Engl.)

Elastin (I)-Residuen, wie sie in den Aorten älterer Leute gefunden werden, konnten im isolierten Zustand mit Hilfe der Röntgenstrahldoppelbrechung als *Hydroxyapatit* (II) identifiziert werden. Dieser Befund geht mit einer Verminderung des *N*-Geh. u. einer Steigerung des *Ca*-Geh. der isolierten Residuen mit steigendem Alter parallel. Durch *Elastase* konnte die innige strukturelle Assoziation der II-Kristalle mit den I-Residuen nachgewiesen werden: es kam zur Freisetzung eines Proteins in die nichtdialysierbare Überstands-Lsg. des Verdauungsgemisches, welche auf A.-Fällung das typ. Doppelbrechungsmuster von II ergab. *Kollagen* oder *Polysaccharid*-Fraktionen der menschlichen Aorta ergeben keine kristallinen Muster. U. TAUSENDFREUND. 4520□

Elektronenmikroskopie von Eiweißmolekülen, besonders α-Kristallin, Ferritin und Apoferritin. E. F. J. van Bruggen, E. H. Wiebenga und M. Gruber. (Arch. int. Physiol. Biochim. **68.** 703—04. Sept. 1960. Groningen, Rijks-Univ., Chem. Labor.) (Niederl.)

Ferritin (I) aus Pferdemilz enthält ca. 20 Gew.-% Fe in Form einer Micelle (M.) der Zus. $(FeOOH)_8(FeOPO_3H_2)$. Die runden I-Moll. haben einen Durchmesser von ca. 110 Å, M. im Zentrum des Mol. von ca. 55 Å. In M. läßt sich eine der Punktgruppensymmetrie 6 ähnliche Symmetrie feststellen. In aus I erhaltenem *Apoferritin* ist M. durch W. ersetzt, der Rest des Mol. ist unverändert. Die Moll. von α-*Kristallin* aus der Rinderaugenlinse bestehen aus abgeplatteten Kugeln u. zeigen nicht die von BON (C. **1962.** 6862) vorausgesagte Zylinderform. G. KIRSTEN. 4520□

Proteine des Hühnereigelbs. W. H. Cook. (Nature [London] **190.** 1173—75. 24/6. 1961. Ottawa, Ontario, Nat. Res. Council, Div. of Appl. Biol.) (Engl.)

Zusammenfassende Übersicht mit Angaben über präparative Gewinnung u. Trennung. Trennung erfolgte durch Lösen in 0,45m $MgSO_4$ u. Zentrifugieren mit hoher Geschwindigkeit. Isoliert wurden: *Lipovitellin*, Molgew. $4{,}8 \cdot 10^6$, N-endständige Aminosäuren (N-endst. AS): Arg, Lys, Lipoid. Geh.: 90% (Lip.-Geh.). Proteinphosphor: $<0{,}5\%$. — *Phosvitin*, Molgew. $3{,}6 \cdot 10^4$, N-endst. AS: Ala, Proteinphosphor: 9,6%. — α-*Lipovitellin*, Molgew. $4 \cdot 10^5$, N-endst. AS: Arg, Lys, Lip.-Geh.: 20%, Proteinphosphor: 0,5%. — β-*Lipovitellin*, Molgew. $4 \cdot 10^5$, N-endst. AS: Arg, Lys, Lip.-Geh.: 20%, Proteinphosphor: 0,27%. α- u. β-Lipovitellin durch Kolonnenchromatographie getrennt. — α-*Livetin*, Molgew. $8 \cdot 10^4$, N-endst. AS: Arg, Lys, Lip.-Geh.: 0,1%, Proteinphosphor: ca. 0,1%. — β-*Livetin*, Molgew. $4{,}2 \cdot 10^4$, N-endst. AS: Lys u. 2 andere, Lip.-Geh.: 0,1%, Proteinphosphor: ca. 0,1%. — γ-*Livetin*, Molgew. $1{,}5 \cdot 10^5$, N-endst. AS: Ala, Lip.-Geh.: 0,5%, Proteinphosphor: 0,03%. K. HEYNS. 4520□

Proteinpolysaccharide des menschlichen Rippenknorpels. Blanche Johnson und Maxwell Schubert. (J. clin. Invest. **39.** 1752—57. Nov. 1960. New York, N.Y., New York Univ., School of Med., Dep. of Med. and Rheum. Dis. Study Group.) (Engl.)

Mit der von Rindernasenknorpelextraktion bekannten Meth. wurde aus menschlichem Rippenknorpel ein rohes *Proteinpolysaccharid* isoliert, das zwar ähnliche Eigg. wie das Proteinpolysaccharid aus Rindernasenknorpel besitzt, das jedoch mehr *Protein* u. weniger *Polysaccharid* als dieses enthält (Ausbeute 0,21 g/g Knorpel, N-Geh. zwischen 5,10 u. 10,10%, Hexosamin-Geh. zwischen 8,4 u. 14,7%). Durch Ultrazentrifugierung bei $78000 \cdot g$ ist eine Trennung des rohen Prod. in eine rasch sedimentierende u. eine nichtsedimentierende Fraktion möglich (die leichte Fraktion enthält durchschnittlich 5,7% N u. 27,1% Galaktosamin, die schwere Fraktion enthält 10,2% N u. 15,8% Galaktosamin, damit enthalten beide Fraktionen mehr Protein als die entsprechenden Fraktionen des Rindernasenknorpels). U. TAUSENDFREUND. 4520□

Neutralfette, Phosphatide und Cholesterin im Samenblasenepithel des Bullen. W. Mosimann. (Schweiz. Arch. Tierheilkunde **101**. 386—92. Aug. 1959. Bern, Univ., Veterinär-anatom. Inst.) (Dt.)

Die Prismenzellen des Samenblasenepithels vom Bullen enthalten *Phosphatide* u. *alkal. Phosphatase*. In den basalen Fettzellen des Epithels konnten neben *Triglyceriden* wechselnde Mengen von *Cholesterin* in veresterter Form identifiziert werden.
H.-D. BOCK. 4520□

Eine neue Zwei-Stufen-Methode für die Verknüpfung von Proteinen. Felix Borek. (Nature [London] **191**. 1293—94. 23/9. 1961. Washington, D.C., Armed Forces Inst. of Pathol., Immunochem. Branch.) (Engl.)

Für die Kupplung von *Proteinen* in der Immunchemie wird als neues Reagens das *3.3'-Bis-diazoanisidin* (**I**) empfohlen. Wie an dem Proteinpaar Kaninchenglobulin/Ferritin gezeigt wird, setzt sich **I** unter milden Bedingungen um u. übt in den Rk.-Prodd. keinen störenden Einfl. bei ihrer Testung mit Antikörpern aus. Auch bei den Paaren Globulin/TMV-Antikörper u. Globulin/FORSSMANN-Antikörper hat sich **I** besser bewährt als Toluol-2.4-diisocyanat u. Bis-diazobenzidin. K. HEYNS. 4551□

Analyse der Lipide in Verletzungen, die experimentell durch Quarz erzeugt wurden, und die Gewebereaktion gegenüber Phospholipoiden, die aus diesen Verletzungen extrahiert wurden. A. Collet und H. Daniel-Moussard. (Rev. franç. Études clin. biol. **6**. 897—904. Nov. 1961. Creil, Oise, Centre d'Études et Rech. des Carbonnages de France.) (Franz.)

Ratten wurden experimentell Verletzungen durch Injektion von Quarz in die Bauchhöhle u. die Lungen beigebracht. Daraus wurden mit chem. u. histochem. Meth. die *Lipide* analysiert. Es sind Neutralfette, Phosphorlipoide, freie Fettsäuren u. Gesamtfettsäuren u. Cholesterin, die parallel zum Kollagen vorkommen. Die Phospholipide vermehrten sich u. zeigten 2 Wochen nach der Injektion einen maximalen Gehalt. Die aus Lungenwunden isolierten Phospholipide wurden anderen Tieren in die Bauchhöhle injiziert. Trotz Wiederholung der Injektion ist keine Knötchenbildung festzustellen, zu beobachten ist lediglich eine Vergrößerung der Milz. S. GROITZSCH. 4551□

Stoffwechsel und Mammasekretion von Serumproteinen bei der Kuh. Frank J. Dixon, William O. Weigle und Jacinto J. Vazquez. (Lab. Invest. **10**. 216—37. März/April 1961.) (Engl.)

Das Kuheuter inkorporiert laufend Serumproteine in sein Sekret, am meisten *γ-Globulin* (**I**). Im Colostrum ist die I-Konz. 100mal größer als die des Albumins. Die Ausschüttungen im Colostrum betragen ca. 10% der Gesamt-I-Ausscheidung während der Lactation. Zu Beginn der Trockenperiode tritt zunächst Hyper-γ-globulinämie u. kurz vor dem Kalben Hypo-γ-globulinämie auf. Das Drüsenbläschenepithel scheint den I-Transport zu bewerkstelligen. H.-D. BOCK. 4555□

Analyse eines Mucinpräparats der Frauenmilch durch Papierelektrophorese. A. Cresseri und O. Giacalone. (Boll. Soc. ital. Biol. sperim. **33**. 796—99. Juni 1957. Mailand, Ist. „C. Erba" per Ricer. Terapeut., Labor. di Biol.) (Ital.)

Die Papierelektrophorese der Frauenmilch liefert 12 Fraktionen, die spektrophotometr. näher bestimmt werden, wobei 3 Komponenten als Muzin-Präpp. nichtfärbbar erkennbar sind: a) mit geringer Beweglichkeit u. vorwiegendem glucid. Charakter, b) mit mittlerer Beweglichkeit vermutlich ein Mucopolysaccharid oder ein Mucoprotein u. c) eine ähnliche Komponente, die sich von b) nur durch bessere Beweglichkeit u. schlechtere Anfärbbarkeit durch das SCHIFF-Reagens unterscheidet.
O. POLLAK V. EMHOFEN. 4555

Die Wirkungen einseitiger Ovarektomie auf die Follikelreifung beim Hamster. Gilbert S. Greenwald. (Endocrinology **66**. 89—95. Jan. 1960. Seattle, Wash., Univ. of Washington, Dep. of Anat.) (Engl.)

Einseitige Ovarektomie beim Hamster hat je nach dem Zeitpunkt der Operation unterschiedliche Auswirkung auf das verbliebene Ovar. Wird die Ovarektomie am 1. oder 2. Tag des Cyclus vorgenommen, so kommt es zu einer Verdoppelung der Zahl der aus dem verbliebenen Ovar freigegebenen Eier. Bei Ovarektomie am 3. oder 4. Tag ist kein kompensator. Anstieg der Ovulation nachzuweisen, der erst dann zustande kommt, wenn *Stutenserum-* oder *menschliches Choriongonadotropin* zur Zeit der einseitigen Ovarektomie am 3. Tag injiziert wird. Die veränderte Rk.-Fähigkeit des Ovars in der letzten Hälfte des Cyclus wird begleitet von gesteigertem Wachstum der größten Follikel. Es wird angenommen, daß eine Verschiebung des Quotienten von *Follikelreifungshormon* u. *Luteinisierungshormon* für die unterschiedlichen Ergebnisse je nach Zeitpunkt der Ausführung der Ovarektomie verantwortlich ist. U. TAUSENDFREUND. 4559□

Wirkungen von Östrogen auf die Mitosen im Uterusepithel der Maus. Lois W. Tice. (Anatom. Rec. **139**. 515—22. April 1961. New Haven, Conn., Yale Univ., School of Med., Dep. of Anat.) (Engl.)

Hohe Dosen *Östradiol* (100 μg) verzögern das Auftreten von Mitosen im Uterusepithel der Maus, unterbinden sie aber nicht vollständig u. hemmen auch nicht die Vol.-Zunahme der Epithelkerne. K. ZINGRAF. 4559□

Progesteronstoffwechsel durch die Leber fötaler und neugeborener Meerschweinchen. M. Pulkkinen, Anita Lehtinen und K. J. Hartiala. (Ann. Med. exp. Biol. fenn. **39**. 57—61. 1961. Turku, Univ., Dep. of Physiol.) (Engl.)

Die Lebern von 6 neugeborenen u. 7 fötalen Meerschweinchen wurden mit jeweils 500 γ *Progesteron* (I) unter O_2/CO_2 im WARBURG-App. bebrütet u. nach Enteiweißen der Ansätze das nicht umgesetzte I mit CH_2Cl_2 extrahiert u. bestimmt. Aus der auf 2n HCl gestellten wss. Phase dieser Extraktion wurden die Glucuronide mit Essigester extrahiert, der Rückstand mit β-Glucuronidase hydrolysiert, das Hydrolysat mit CH_2Cl_2 extrahiert u. im Extrakt I u. *Pregnandiol* (II) mit 2.4-Dinitrophenylhydrazin bzw. $KHSO_3/H_2SO_4$ bestimmt sowie papierchromatograph. identifiziert. Etwa die Hälfte des I wurde, bei nicht signifikanten Schwankungen, umgesetzt, doch nur ca. $^1/_{10}$ davon als II wiedergefunden. W. WILLENBERG. 4559□

Die wechselseitige Umwandlung von Östron und 17β-Östradiol durch Menschen- und Rattenblut. B. T. Brown, W. S. Golder und S. E. Wright. (Austral. J. exp. Biol. med. Sci. **39**. 345—51. Aug. 1961. Sydney, Univ. of Sydney, Dep. of Pharmacy.) (Engl.)

Aus Menschen- bzw. Rattenblut (Index a bzw. b) hergestellte Plasma (Pl)- bzw. Zellfraktionen (Z) werden mit *$^{14}C_{(16)}$-Östron* bzw. *$^{14}C_{(2)}$-17β-Östradiol* in O_2-Atmosphäre bebrütet. Aus der papierchromatograph. Best. der Östrogene wird folgendes festgestellt: Unter den Vers.-Bedingungen wird *17β-Östradiol* (I) durch Pl_a zu 6,4%, durch Z_a zu 8,3%, durch Pl_b zu 4,6% u. durch Z_b zu 9,1% in *Östron* (II) umgewandelt. Für die Umwandlung von II in I werden folgende Werte gefunden: Pl_a 5,2%, Z_a 14,2%, Pl_b 2% u. Z_b 54%. — Eine präzise Entscheidung, ob es sich um 17α- oder 17β-Östradiol handelt, wird durch die Charakterisierung der Pipsylate (p-Jodbenzolsulfonyl-Verbb.) herbeigeführt.

Versuche: *17β-Östradiol-^{35}S-pipsylat*, F. 175—176°, durch Zugabe einer äquimolaren Menge ^{35}S-Pipsylchlorid (^{35}S-p-Jodbenzolsulfonylchlorid) zu 2 mg 17β-Östradiol in 5 ml Aceton mit 0,3 ml 2%ig. Na-Tetraborat-Lsg., ½ std. Erwärmen auf 50° u. anschließender Extraktion mit Bzl.; R_F 0,45 im Lsgm.-Syst. Isooctan 10/Methanol 8/W. 2, bei 3½ std. Entw. u. 19—21°; $[\alpha]_D$ +121° (in Chlf., c = 0,4—1,5). — *17α-Östradiol-^{35}S-pipsylat*, F. 80—82°, R_F 0,56, $[\alpha]_D$ +63°, wie oben. — *Östron-^{35}S-pipsylat*, F. 179 bis 181°, R_F 0,87, $[\alpha]_D$ +156°, analog. — *Östriol-^{35}S-pipsylat*, F. 173—174°, R_F 0,58, $[\alpha]_D$ +165°, analog. — *16α-Hydroxyöstron-^{35}S-pipsylat*, F. 167—170°, R_F 0,80, $[\alpha]_D$ +78°, analog. — *16β-Hydroxyöstron-^{35}S-pipsylat*, F. 174—175°, R_F 0,78, $[\alpha]_D$ +90°, analog. — *17α-Äthinylöstradiol-^{35}S-pipsylat*, F. 78—80°, R_F 0,42, $[\alpha]_D$ +32°. H. AMAN. 4559□

Die Wirkung von Chloreton auf die spontane Motilität, die Sensibilität gegen Oxytocin und die Atmungsaktitviät des Meerschweinchenuterus in vitro. P. Periti. (Boll. Soc. ital. Biol. sperim. **33**. 845—48. Juni 1957. Florenz, Univ., Ist. di Farmacol.) (Ital.)

Es wird versucht, ob sich durch *Chloreton* die ungünstigen Eigg. des Uterus des Meerschweinchens in vitro bei der Standardisierung von Hypophysenhinterlappenextrakten verbessern lassen. Es wird festgestellt, daß eine Konz. von 30 μg *Chloreton*/ml die spontane Motilität ausschaltet, die Sensibilität des Substrats gegen *Oxytocin* wird nur teilweise verringert, u. der O_2-Konsum der Streifen des Organs wird überhaupt nicht beeinflußt. O. POLLAK v. EMHOFEN. 4559

Adrenalin und Verhinderung der Kontraktur des Myoepithels der Brust durch Oxytocin. G. Manunta. (Boll. Soc. ital. Biol. sperim. **37**. 1209—12. 15/12. 1961. Sassari, Univ., Ist. di Fisiol. Gener. e Spec. degli animali domest. e Chim. Biol.) (Ital.)

Die Unterss. werden an Kühen durchgeführt, denen i.v. 5—10 E. *Oxytocin* u. nach Einstellung eines Überdrucks in der Brust 2—3 mg *Adrenalin* in 1‰ig. Lsg. injiziert wurden. Schon nach 15—20 Sek. fällt der Druck durch die Adrenalingabe abrupt ab. F. KREN. 4560□

Weitere Untersuchungen über die Wirkung der Hormone der Hypophyse bei experimentellen gastrischen Schäden durch Unterbindung des Pylorus. U. Cucinotta und U. Colonna. (Boll. Soc. ital. Biol. sperim. **37.** 1208—09. 15/12. 1961. Messina, Univ., Ist. di Clin. Chirurg. Gener. e Terap. Chirurg.) (Ital.)

♂ Ratten erhalten bis zu 30 Tagen Hormone der Hypophyse in Dosen, die proportional den in der gewöhnlichen Therapie verwendeten sind, worauf den Tieren der Pylorus abgebunden wird. Wie schon bei ♀ Tieren bewirken *somatotropes Hormon, luteinisierendes Gonadotropin* u. daneben auch follikelstimulierendes *Gonadotropin* eine Inhibierung der Bldg. gastr. Schäden, die in 50% der Fälle vollkommen ausbleiben. Ohne Wrkg. bleibt ACTH, während *Intermedin* u. *Oxytocin* das Krankheitsbild einiger Tiere erleichtern. F. KREN. 4560□

Der Effekt einiger Enzyme und des pH auf die gonadotrope Wirkung einiger Hormone der Hypophyse. J. J. Astrada und Laura S. de Caligaris. (C. R. Séances Soc. Biol. Filiales **155.** 158. 30/6. 1961. Cordoba, Argentinien, Inst. de Rech. méd. „Mercedes et Martin Ferreyra".) (Franz.)

Weder *Ptyalin* (2 ml Speichel) noch 25—50 mg *Pepsin* inaktivierten während 6 Std. bei 37° u. pH 3,4 u. 5 das *Gonadotropin* (I) der Krötenhypophyse. *Trypsin* in Mengen von 10, 5, 0,1 u. 0,5 mg inaktivierte I bei pH 6. Menschliches I des Harnes wurde bei pH 3 durch Ptyalin oder Pepsin inaktiviert, nicht aber bei pH 4 oder 5; 0,05 mg Trypsin wirkten am besten bei pH 7. Bei Enzymabwesenheit wurde I bei pH 3 u. 4 u. stets bei pH 5 inaktiviert, nicht aber bei pH 6, 7 u. 8. Das Chorion-I wurde stets bei pH 3 u. 11, nicht aber bei pH 5 u. 7 inaktiv. Das I des menschlichen Harns wurde bei pH 3 u. 6, niemals aber bei pH 4, 5 u. 7 inaktiviert. L. MACHER. 4560□

Über den Einfluß von Cortison und Testosteron auf den Gehalt an Asparagin, Carnosin und Anserin im Skelett- und Herzmuskel. L. M. Broude und Ss. I. Pechterewa. (Биохимия [Biochemie] **27.** 42—47. Jan./Febr. 1962. Moskau, Med. Ssetschenow-Inst., Lehrstuhl für biolog. Chemie.) (Russ.; Auszug: Engl.)

In Verss. mit Kaninchen u. weißen Ratten, denen subkutan einmalig 25 bzw. 10 mg *Cortison* (I) zugeführt wurde, zeigte sich in den Skelettmuskeln eine Erhöhung des Geh. an *Asparagin* (II), *Carnosin* (III) u. *Anserin* (IV), im Herzmuskel eine Abnahme von II u. III. Durch Zufuhr von Testosteron wurde im Skelettmuskel der Geh. an Gesamt-N erhöht, der Geh. an II, III u. IV nicht merklich verändert. Im Herzmuskel des Kaninchens nahm III etwas zu. Es wurde die Ggw. von III im Herzmuskel von Kaninchen u. Ratte bestätigt. Durch die Zufuhr von I wurde die Gew.-Zunahme während der Vers.-Zeit bei Kaninchen von 24 auf 13—14% vermindert, bei Ratten kaum verändert. O. LEBTAG. 4561□

Untersuchungen der 17-Ketosteroid-Ausscheidung mit dem Urin. 1. Mitt. **Die 17-Ketosteroide im Urin japanischer Bauern.** T. Hayakawa, H. Suzuki und S. Suzuki. (Jap. J. Nutrit. **18.** 57—60. März 1960. Nat. Inst. of Nutrition.) (Jap.; Auszug: Engl.) P. GREGORZEWSKI. 4561□

Untersuchungen der 17-Ketosteroid-Ausscheidung mit dem Urin. 2. Mitt. **Der Einfluß der Nahrung.** T. Hayakawa, H. Suzuki und S. Suzuki. (Jap. J. Nutrit. **18.** 61—63. März 1960. Nat. Inst. of Nutrition.) (Jap.; Auszug: Engl.) — 1. vgl. vorst. Referat.

Bei fett- u. proteinarmer Kost liegt die *17-Ketosteroid*-Ausscheidung 35% unter der der Kontrollen. P. GREGORZEWSKI. 4561□

Untersuchungen der 17-Ketosteroid-Ausscheidung mit dem Urin. 3. Mitt. **Der Einfluß der Alkoholaufnahme.** T. Hayakawa, H. Suzuki und S. Suzuki. (Jap. J. Nutrit. **18.** 65—66. März 1960. Nat. Inst. of Nutrition.) (Jap.; Auszug: Engl.) — 2. vgl. vorst. Referat.

Nach Alkoholgenuß wird eine leichte nicht signifikante Erhöhung der *17-Ketosteroid*-Ausscheidung beobachtet. P. GREGORZEWSKI. 4561□

Die Ausscheidung von konjugierten und nichtkonjugierten Corticosteroiden bei Gesunden. Tetsuo Uete. (Metabolism, clin. and exp. **10.** 1045—51. Gifu City, Jap., Gifu Univ., School of Med., Dep. of Internal Med.) (Engl.)

Best. der Ausscheidung *unkonjugierter* (I) u. *konjugierter 17-Hydroxycorticosteroide* (II) im Urin 144 Gesunder. Durchschnittliche Ausscheidung pro Tag zwischen 16 u. 60 Jahren: ♂ I 0,20 $\pm$0,12 mg; II 5,07 $\pm$1,65; ♀ I 0,17 $\pm$0,12; II 4,12 $\pm$1,69. Gipfel der Ausscheidung zwischen 20 u. 30 Jahren; Anstieg im Winter, Abfall im Sommer. ACTH steigert die Ausscheidung. P. LANGE. 4561□

Die Ausscheidung unkonjugierter und konjugierter Corticosteroide bei verschiedenen Krankheiten. Tetsuo Uete. (Metabolism, clin. and exp. **10.** 1052—62. Gifu City, Jap., Gifu Univ., School of Med., Dep. of Internal Med.) (Engl.) — Vgl. vorst. Referat.

Beschreibung der Änderung der Ausscheidung *konjugierter* u. *unkonjugierter 17-Hydroxycorticosteroide* bei Hyper- u. Hypothyreose, Diabetes mellitus, Lebererkrankungen, beim CUSHING-Syndrom u. bei Lungentuberkulose. P. LANGE. 4561□

Wirkung der Phenyläthylessigsäure und der Diphenyläthylessigsäure auf die Harnsekretion der 17-Ketosteroide. A. Fidanza, A. de Cicco und L. Esposito. (Boll. Soc. ital. Biol. sperim. **33.** 940—42. Juni 1957. Rom, Univ., Ist. di Fisiol. Gener.) (Ital.)

Die Unterss. werden an normal ernährten Ratten u. solchen ohne *Pantothensäure* (I) durchgeführt, denen per os 500 mg *Phenyläthylessigsäure* (II)/kg bzw. 50 mg *Diphenyläthylessigsäure* (III)/kg respektiv II u. III gemeinsam gegeben wurden. Es wird festgestellt, daß bei Tieren mit I-Mangel die Harnausscheidung der *17-Ketosteroide* erheblich geringer ist als bei normalen Tieren: während II prakt. ohne Einfl. bleibt, erfolgt durch III eine deutliche Verringerung, die durch II noch verstärkt erscheint.

O. POLLAK v. EMHOFEN. 4561

Verhalten der 17-Ketosteroide des Harns der Ratten, die an Pantothensäuremangel leiden. A. Fidanza, G. Cavina und A. de Cicco. (Boll. Soc. ital. Biol. sperim. **33.** 942—43. Juni 1957. Rom, Univ., Ist. di Fisiol. Gener. e Ist. Super. di Sanità.) (Ital.)

Die chromatograph. Unters. des Harns von Ratten mit *Pantothensäure*-Mangel ergibt folgendes: bei männlichen Ratten ist das zweite Maximum verringert, der Geh. an *Dehydroepiandrosteron* (I) erniedrigt; *Isoandrosteron* ist prakt. nicht mehr vorhanden u. auch *Androsteron* ist verringert; dafür sind die letzten Fraktionen, die wenig bekannt u. durch 20-Ketosteroide verunreinigt sind, entsprechend erhöht.

O. POLLAK v. EMHOFEN. 4561

Das Verhalten der sauren Serumphosphatase nach Hungern und nach Cortison-Gabe bei Ratten. Zvi Laron und Avivah Kowadle. (Metabolism, clin. and exp. **10.** 1100—04. Dez. 1961. Petah Tikva, Israel, Beilinson Med. Center.) (Engl.)

Es wird versucht, Beziehungen zwischen der Stoffwechsellage u. dem Serumspiegel der *sauren Phosphatase* (I) zu finden. Bei Ratten kommt es nach 5tägigem Hungern zum Anstieg der Gesamt- u. der durch Tartrat hemmbaren Aktivität von I. Abfall der Aktivität dagegen nach 12,5 mg *Cortison* pro Tag. Es wird diskutiert, ob I als Index für eine katabole oder eine anabole Stoffwechsellage benutzt werden kann.

P. LANGE. 4561□

Über die Anwendung des adrenocorticotropen Hormons und der Hormone der Nebennierenrinde bei der Prophylaxe und Therapie des Schockes und des Blutverlustes. W. K. Kulagin. (Вестник Хирургии имени И. И. Грекова [Grekow-Nachr. Chirurgie] **87.** Nr. 11. 120—26. Nov. 1961. Kirow-Akad. für Militärmed., Lehrstuhl für patholog. Physiol.) (Russ.) — Vgl. C. **1961.** 1987.

Übersicht an Hand der Literatur. — 58 Literaturangaben. O. LEBTAG. 4561□

Spironolacton bei der Behandlung Myasthenia gravis. B. Gottlieb und L. P. E. Laurent. (Lancet **1961** (II). 528—29. 2/9. London, St. Mary Abbot's Hosp., West London Hosp.) (Engl.)

Unter der Behandlung mit 4mal täglich 100 mg *Spironolacton* trat bei 6 von 7 Patienten mit Myasthenia gravis deutliche Besserung ein. In einem Fall wurde ein Nachlassen der Wrkg. nach 10 Wochen langer Behandlung beobachtet.

K. ZINGRAF. 4561□

Einfluß des Cortisons und des Desoxycorticosterons auf die Wiederherstellung der Lebensfunktionen nach einem durch raschen und langsamen Blutverlust verursachten klinischen Tod. M. G. Kolpakow. (Патологическая Физиология и Экспериментальная Терапия [Pathol. Physiol. exp. Therap.] **5.** Nr. 4. 16—19. Juli/Aug. 1961. Stalinsk, Inst. für Ärztefortbildung.) (Russ.; Auszug: Engl.)

2malige Injektionen von je 20 mg *Cortisonacetat*/kg u. 5 mg *Desoxycorticosteronacetat*/kg i.m. führten bei Katzen, bes. nach experimentell durch starken chron. Blutverlust hervorgerufenem klin. Tod, zur schnelleren Normalisierung des Blutdrucks, der Atmungsfunktion u. des K–Na- u. Kohlenhydratstoffwechsels. I. v. KLOCH-KORNITZ. 4561□

Historische Betrachtungen über Dihydroxyphenylalanin, Brenzcatechinamine und andere biogene Amine. M. Guggenheim. (Bull. schweiz. Akad. med. Wiss. **17.** 309—16. Jan. 1962.) (Dt.)

Übersicht. — 106 Literaturangaben. P. GREGORZEWSKI. 4561□

Über den Einfluß einiger Pharmaca mit neurovegetativer Wirkung auf den Pfortaderkreislauf des Hundes. 4. Mitt. Wirkung von Adrenalin und Noradrenalin. S. Condorelli, G. Giuliano, M. Bartolo, V. Caizzi und F. Patanè. (Boll. Soc. ital. Biol. sperim. **36.** 297—98. 31/3. 1960. Rom, Univ., Ist. di Fisiol. Umana e Clin. Med. Gener. e Terap. Med.) (Ital.) — 3. vgl. C. **1962.** 13117.

8 Hunden werden i.v. 0,5—1 mg *Adrenalin* bzw. *Noradrenalin* injiziert. Es ergibt sich in allen Fällen eine Zunahme des Pfortaderdrucks in der Porta wie auch in der unteren Vena cava, die allerdings mit vorst. meist nicht proportional ist. In der gleichen Richtung, wenn auch weniger prompt, wirkt schon eine langsame Infusion einer Lsg. mit 10 oder 20 μg/ml der Stoffe. F. KREN. 4561□

Thyroxinvorkommen im Plasma der Kröte. A. O. Donoso. (C. R. Séances Soc. Biol. Filiales **155.** 156—57. 30/6. 1961. Buenos Aires, Inst. de Biolog. et de Med. exp.) (Franz.)

Im Blutplasma der Krötenart *Bufo arenarum* Hensel, der intraperitoneal 100 μc ^{131}J verabreicht wurde, konnte in Autoradiographien von Chromatogrammen unter R_F 0,91 Nynhydrin u. Cerisulfat-Na-Arsenit gegenüber positiv sich verhaltendes *Thyroxin* nachgewiesen werden. L. MACHER. 4562□

Der Einfluß von Thyroxin, Trijodthyronin, Trijodthyroessigsäure und Trijodthyropropionsäure auf die Gewebeatmung, das Nebennierengewicht und den Desoxyribonucleinsäure-Gehalt der Nebenniere. H. L. Krüskemper, F. J. Kessler und M. Schiffer. (Z. ges. exp. Med. **135.** 266—75. 1961. Bonn, Med. Univ.-Poliklin.) (Dt.)

Trijodthyronin (I) subkutan verursacht bei Ratten eine starke Gew.-Abnahme, *Thyroxin* (II) eine schwächere Abnahme, *Trijodthyroessigsäure* (III) u. *Trijodthyropropionsäure* (IV) verhindern den normalen Gew.-Anstieg. Die Gewebeatmung wird durch I u. III im gleichen Ausmaß stimuliert; II nimmt eine Mittelstellung ein, die Wrkg. von IV ist unbedeutend. Das Nebennieren-Gew. wird durch I stark verringert, der II-Einfl. ist geringer, III u. IV sind ohne Einfluß. Der DNS-Geh. der Nebennieren ändert sich nach III- u. IV-Behandlung nicht u. steigt nach II-Behandlung. P. GREGORZEWSKI. 4562□

Stoffwechselwirkungen von Essigsäureanalogen des Thyroxins und Trijodthyronins. S. B. Barker und W. J. Lewis. (Proc. Soc. exp. Biol. Med. **91.** 650—54. April 1956. Birmingham, Univ. of Alabama, Med. Center, Dep. of Pharmacol.) (Engl.)

Tetrajodthyroessigsäure (I) u. *Trijodthyroessigsäure* (II), die thyreoektomierten Ratten während mehrerer Tage injiziert wurden, haben die gleiche Aktivität wie eine äquimolare Dosis von *L-Thyroxin.* Dies zeigte sich an dem oxydativen Stoffwechsel von isoliertem Gewebe. I u. II scheinen einen unmittelbaren Stoffwechseleffekt nicht hervorzubringen, ob sie den Tieren injiziert oder in vitro mit Gewebestücken entwickelt werden. Wenn der Sauerstoffverbrauch von EHRLICHschen Ascitestumorzellen der Maus heruntergesetzt wird, so erhöhen I u. II die aerobe oder anaerobe Glykolyse. Diese Wrkg. wird für die acetylierten Analoga nicht als spezif. angesehen, da Thyroxin, II u. physiolog. unwirksame Thyroxinisomere in der Lage sind, ähnliche Wrkg. hervorzubringen. P. NACHTWEY. 4562□

Die Wirkung des Insulins auf die Glykogenolyse der durchströmten Krötenleber. Isabel Flores. (C. R. Séances Soc. Biol. Filiales **155.** 157—58. 30/6. 1961. Cordoba, Argentinien, Inst. de Physiol. Oscar Orias, Fac. de Mèd. de l'Univ.) (Franz.)

Die Leber der Krötenart *Bufo arenarum* Hensel wurde durch die Unterleibsvene bei einem Druck von 45 cm Wassersäule mit RINGER-CLARK-Lsg. (I) durchströmt u. die hierbei aus der Lebervene austretende Fl. gesammelt. Durch Zusatz von 2—20 E. *Insulin* (II) zur I hat Insulin „Lilly" bei einer Durchfluß-Geschw. von 1 ml/min je 100 g Krötenleber die Glucosemenge in der aus der Leber austretenden Fl. gesteigert, die bei 4 E. II 139%, bei 20 E. II nur 71% betrug. Mit dem Lente-Insulin-Novo war die Menge der austretenden Glucose geringer. Glukagonfreies II bewirkte eine Red. der Glucosemenge; bei 2 E. II in 1000 ml I war die Red. 30%, bei 10 E. II 97%. Mit 10 E. II konnte das Freiwerden von Glucose in der durchströmten Leber prakt. gehemmt werden. L. MACHER. 4564□

Wirkung des Chlorpropamids auf die spontane Glykogenolyse und des Glukagon in vitro. G. Maggi, T. Rodari und G. Gamba. (Boll. Soc. ital. Biol. sperim. **37.** 1168—69. 15/12. 1961. Pavia, Univ., Ist. di Patol. Med.) (Ital.)

Die Unterss. werden an Leberschnitten des Kaninchens, inkubiert in Phosphatpuffer pH 7,4, durchgeführt, dem 1, 0,1 u. 0,01 μg *Glukagon*/ml u. 100 bzw. 10 μg *Chlorpropamid* (I)/ml zugesetzt werden. Die I-Wrkg. ist der Dosis direkt proportional, doch wird die Wrkg. des Glukagons nie vollkommen annulliert. F. KREN. 4564□

Verhalten der Doppelprobe der venösen Hyperglykämie bei Diabetikern nach protrahierter Behandlung mit Chlorpropamid. T. Rodari, G. Maggi und G. Specchia. (Boll. Soc. ital. Biol. sperim. **37.** 1169—71. 15/12. 1961. Pavia, Univ., Ist. di Patol. Spec. Med. e di Metodol. Clin.) (Ital.) — Vgl. vorst. Referat.

Die Doppelprobe der Glucoseassimilierung (GA) nach der CONRAD-Technik wird vor u. nach Behandlung mit *Chlorpropamid* (20—25 Tage täglich 0,5 g) durchgeführt.

Der Blutzucker wird colorimetr. bestimmt. Bei den Diabetikern verändert sich der Koeff. der GA nicht, während die Differenz zwischen den Koeff. der beiden Glucosegaben der Doppelprobe der venösen Hyperglykämie sich signifikant erhöht, vermutlich durch erhöhte Insulinausschüttung. F. KREN. 4564□

Die Wirkung des Phenäthyl-Biguanids (D. B. I.) auf die Glykämie bei Nüchternheit und den Glucose-Assimilationskoeffizienten der normalen Ratte bei gleichbleibender Behandlung. E. Balasse. (Rev. franç. Études clin. biol. **6.** 913—16. Nov. 1961. Bruxelles, Univ., Labor. de Méd. Experimentale.) (Franz.) — Vgl. C. **1961.** 15453.

Bei gleichbleibender Behandlung verabreichtes *Phenäthylbiguanid* veranlaßt nicht die Hypoglykämie bei der normalen Ratte. Während der ersten 25 Behandlungstage ist eine Verminderung der Geschw. der Glucoseassimilation zu beobachten, die darauf zu Normalwerten zurückkehrt, unabhängig davon, ob die Droge weiterverabreicht wird oder nicht. Dieser vorübergehende diabetogene Effekt ist unabhängig von der Dosierung, die in den Grenzen 15 u. 90 mg/kg/Tag liegt. S. GROITZSCH. 4564□

Die normalen Werte des Glukagon-Gehalts im Blut. Vorl. Mitt. G. Maggi. (Boll. Soc. ital. Biol. sperim. **36.** 615—16. 3/6. 1960. Pavia, Univ., Ist. di Patol. Spec. Med.) (Ital.)

Der *Glukagon* (I)-Geh. wird an 25 normalen Personen nach der Meth. der glykogenolyt. Aktivität des α-cellulären Inkrets des Pankreas auf im WARBURG-App. inkubierten Leberschnitten des Kaninchens durchgeführt. Es werden I-Werte von 0,07—0,91 μg% je ml Plasma erhalten. Der große Streubereich steht vermutlich in keinem Zusammenhang mit Alter, Geschlecht u. Gew. der Personen. F. KREN. 4564□

Die Wirkung von Dopamin (3-Hydroxytyramin) auf systemisches Verhalten, auf Lungen- und Herzhämodynamik und den Stoffwechsel beim unversehrten Hund. G. M. Maxwell, G. G. Rowe, C. A. Castillo, J. E. Clifford, S. Afonso und C. W. Crumpton. (Arch. int. Pharmacodynam. Thérap. **129.** 62—70. 1/12. 1960. Madison, Wis., Univ., Cardiovascular Res. Inst.; Adelaide, Univ., Dep. of Child Health.) (Engl.)

Beim unversehrten Hund in Morphin–Dial–Urethan–Nembutal-Anästhesie bewirkt *3-Hydroxytyramin* (I) Veränderungen, die charakterist. für Pressoramine sind. I steigert die Herzfrequenz nicht u. hat nur geringe Wrkg. auf den Gesamtstoffwechsel. Es besitzt aber einen deutlichen Pressoreffekt auf den kleinen (Pulmonalarteriendruck) u. großen Kreislauf (Femoralarteriendruck) u. stimuliert Herz-Min.-Vol. u. Herzarbeit. Der Coronardurchfluß wird durch I beträchtlich erhöht, ebenso der Myocardstoffwechsel. Diese Effekte ähneln denen von Noradrenalin, dem Endprod. des I. K. BÖHM. 4569□

Vorkommen von Serotonin im Nervensystem von Periplaneta americana L. (Insecta). M. Gersch, Fr. Fischer, H. Unger und W. Kabitza. (Z. Naturforsch. **16 b.** 351—52. Mai 1961. Jena, Friedrich-Schiller-Univ., Inst. für Organ. Chem. u. Biochem., u. Zoolog. Inst.) (Dt.)

Durch Extraktion des präparierten Zentralnerven-Syst. von *Periplaneta americana L.* (*Insecta*) mit A., Abdampfen u. Trocknen des Extraktes, Extraktion mit Aceton u. Papierchromatographie wurde *Serotonin* nachgewiesen u. isoliert. Die biolog. Wrkg. wurde am isolierten Herzen von *Helix pomatia* getestet. I kommt vorwiegend im Oberschlundganglion, Bauchmark u. in der Corpora cardiaca vor. G. ZIEBARTH. 4569□

Untersuchungen über die Verteilung ungebundener Aminosäuren im Plasma, in Erythrocyten, Leukocyten und im Harn normaler Personen. Rapier H. McMenamy, Charles C. Lund, Gerald J. Neville und Donald F. H. Wallach. (J. clin. Invest. **39.** 1675—87. Nov. 1960. Boston, Mass., Harvard Med. School, Dep. of Biol. Chem. and Surg.; Boston City Hosp., 5th Surg. [Harvard] Serv.) (Engl.) — Vgl. C. **1961.** 1995.

Bei Unterss. über die Verteilung ungebundener Aminosäuren konnten folgende Erythrocyten/Plasma-Quotienten ermittelt werden: nur wenig vom Wert 1 abweichend bei *Alanin, α-Amino-n-buttersäure, Glutamin, Methionin, Phenylalanin, Prolin, Threonin, Tyrosin, Valin, Leucin–Isoleucin* sowie auch *Harnstoff*; für eine Reihe der Substanzen wurde eine durch Diffusion kontrollierte Verteilung wahrscheinlich gemacht; bei *Arginin* (niedriger Quotient), *Glutaminsäure, Histidin, Ornithin, Serin–Glycin* u. *Asparaginsäure* (hoher Quotient) liegen unterschiedliche Werte in Plasma u. Erythrocyten vor. In den Leukocyten waren alle Aminosäuren in weitaus höherer Konz. als im Plasma vorhanden (Quotienten zwischen 4,8 u. mehr als 20); *Taurin* u. *O-Phosphoäthanolamin* fanden sich in hohen Konzz. in den Leukocyten, nicht jedoch im Plasma. Die Ausscheidungs-Geschw. ist individuell verschieden, bei der Einzelperson jedoch weitgehend konst.; sie ist in einer Nichtfastenperiode durchschnittlich 60% höher als beim Fasten; mäßige körperliche Betätigung ist ohne Einfluß. U. TAUSENDFREUND. 4572□

Über Hämoglobin. 8. Mitt. **Ähnlichkeiten und Unterschiede in einigen, aus Human-, Ratten- und Pferdehämoglobin isolierten Histidinpeptiden.** P. Mäsiar. (Collect. czechoslov. chem. Commun. **26.** 1967—75. Aug. 1961. Košice, P. J. Šafarik

University, Med. Fac., Dep. of Biochem.) (Engl.) — 7. vgl. Sborník LF UPJŠ Košice [ČSSR] **3.** [1960.] 47.

Zum Vgl. der trypt. Hydrolysate von *Human-*, *Ratten-* u. *Pferdehämoglobin* (**I, II** u. **III**) wurde eine Gruppe stark bas. Peptide (SBP), welche keine Unterschiede bei der Fingerprinttechnik aufweisen, näher untersucht. — Die erste Fraktionierung der trypt. Hydrolysate wurde an einer Cellulosekolonne mit n-Butanol–Pyridin–Essigsäure–W. (30:20:6:24) vorgenommen. Weitere Reinigung der Gruppe SBP erfolgte durch Papierelektrophorese mit Puffern von pH 3,5, Pyridin–Essigsäure–W. (1:10:89), u. pH 6,5, Pyridin–Essigsäure–W. (10:0,4:90), oder 3%ig. Ameisensäure in Verb. mit Papierchromatographie in n-Butanol–Essigsäure–W. (4:1:5) oder n-Butanol–Pyridin–Essigsäure–W. (40:30:6:24). Die Struktur der Peptide wurde durch Partialhydrolyse (6n HCl bei 105°, 20 Min.) u. Endgruppen-Best. ermittelt. Die Wanderungs-Geschw. u. R_F-Werte der isolierten Peptide in allen Syst. ist angeführt. Es wurden folgende Peptide isoliert: Ala·His·Gly·Lys aus **I, II, III**; His·Gly·Lys aus **I** u. **II**; Ala·His·Gly Gin·Lys aus **III**. In **I** u. **II** ist wahrscheinlich die Sequenz Lys·His·Gly·Lys u. in **III** die Sequenz Lys·Ala·His·Gly·Gin·Lys vorhanden. Die Fraktion SBP zeigt eine weitere Stelle, an welcher Unterschiede im Aufbau der Hämoglobine bestehen. Die Fingerprinttechnik nach Ingram zeigt nur einen Teil der vorhandenen Unterschiede u. muß durch andere Trennungs-Meth. ergänzt werden. B. Meloun/Prag. 4572 □

Über die Wirkung der Belüftung auf die Reduktion von Methämoglobin durch Ascorbinsäure. A. A. Gurewitsch und N. A. Golossowa. (Доклады Академии Наук СССР [Ber. Akad. Wiss. UdSSR] **133.** 1458—61. 21/8. 1960. Inst. für Phys. der Sibir. Abt. der Akad. der Wiss. der UdSSR.) (Russ.) — Vgl. C. **1961.** 12793

Verss. an hämolysiertem Kaninchenblut unter Verw. von Chinon als Methämoglobinbildner (1 Tropfen der 0,5%ig. wss. Lsg. auf 1ml) ergaben spektrophotometr, daß *Ascorbinsäure* (**I**; 2 Tropfen der 0,05m wss. Lsg. auf 1 Tropfen der Chinon-Lsg.) bei Durchlüftung der Lsg. die Red. des *Methämoglobins* durch **I** beschleunigt. Die gleiche Wrkg. hat die Durchlüftung auch bei Verw. intakter Erythrocyten. Aus den Verss. wird geschlossen, daß im Blut die Bedingungen für eine monovalente Oxydation von **I** u. für die Bldg. des methämoglobinreduzierenden freien Radikals von **I** (Monodehydroascorbinsäure) gegeben sind. E. Rentz. 4572 □

Untersuchungen über die freien Erythrocytenporphyrine bei einer Familie mit mutmaßlich gestörtem Hämstoffwechsel. Lars Wranne. (Acta Soc. med. Upsaliensis [N. S.] **64.** 361—67. 1959. Uppsala, Univ., Inst. of Med. Chem.; Univ. Hosp., Dep. of Pediatrics.) (Engl.)

Ein 16jähriger Junge mit chron. refraktärer hypochromer Anämie u. Anzeichen gestörten *Porphyrin* (**I**)-Stoffwechsels wies gegenüber dem Zustand im Alter von 14 Jahren keine wesentliche Veränderung auf. Die Symptome des gestörten **I**-Stoffwechsels waren weniger ausgeprägt. Bei 36 Verwandten bestanden keine erkennbaren Anämien, jedoch in 3 Fällen Anzeichen eines gestörten **I**-Stoffwechsels. K. Maier. 4573 □

Der Gehalt an Eisen im roten und gelben Knochenmark und dessen Fettfraktionen. N. I. Kosin und O. A. Jerschowa. (Изветия Высших Учебных Заведений (Краснодар), Пищевая Технология [Hochschulnachr. (Krasnodar), Nahrungsmittel-Technol.] **1960.** Nr. 1. 135—37. Moskau, Plechanow-Inst. für Volkswirtschaft, Labor. für Fette.) (Russ.)

Gelbes bzw. rotes Knochenmark (KM) enthält 1,386 (mg%) bzw. 1,744 *Fe*. Fett aus KM beider Arten (beim Schmelzen des KM soll jeder Kontakt mit metall. Oberflächen vermieden werden) ist Fe-frei. Die Grieben des gelben bzw. roten KM enthalten 4,505 (mg%) bzw. 5,180 Fe. Die Fe-Best. erfolgt komplexometr. (Trilon-B als Indicator). S. Baryschnikow. 4573 □

Die Beziehung zwischen Plasmaeisenumsatz und Plasmaeisenkonzentration in verschiedenen Stadien der Erythropoiese. G. Hodgson, D. Yudilevich, I. Eskuche und M. Perretta. (Proc. Soc. exp. Biol. Med. **104.** 438—41. Juli 1960. Chile, Univ., Inst. de Fisica y Matematicas, Sect. Biol.-Labor. de Fisica Nuclear.) (Engl.)

Es wurde die Beziehung zwischen Plasma-*Fe*-Umsatz u. -Fe-Konz. bei normalen u. nüchternen Kaninchen sowie nach Blutentzug u. Phenylhydrazin (**I**)-Behandlung untersucht. Bei normalen, **I**-behandelten u. nüchternen Tieren war der Fe-Umsatz von der Fe-Konz. im Bereich von 2—5 μg Fe/ml unabhängig. Unterhalb dieser Werte neigte der Fe-Umsatz normaler Tiere zur Abnahme. Kaninchen mit Blutentzug oder nach Zufuhr erythropoiet. wirksamer Extrakte wiesen niedrigere Plasma-Fe-Konzz. als normale auf, wobei der Fe-Umsatz von der Fe-Konz. abhing. K. Maier. 4573 □

Enzymmangel der Erythrocyten bei hämolytischer Anämie. M. Oort, H. K. Prins, J. W. C. de Groot, G. E. Hakman, P. G. Hoorweg und S. Lups. (Nederl.

Tijdschr. Geneeskunde **106.** 916—23. 5/5. 1962. Amsterdam, Nederlandsche Roode Kruis, Central Labor. van de Bluttransfusiedienst.) (Niederl.)

2 Fälle werden beschrieben u. diskutiert. Ausführungsvorschrift der verwendeten Meth. zur Best. der *Glucose-6-phosphatdehydrogenase* u. der Glutathionbeständigkeit. — 42 Literaturangaben. P. LOCH. 4573☐

Favismus, ein auf dem Glucose-6-phosphatdehydrogenase-Mangel der Erythrocyten beruhendes klinisches Syndrom. F. Kuipers und T. L. Oei. (Nederl. Tijdschr. Geneeskunde **106.** 924—29. 5/5. 1962. Amsterdam, Emmakinderziekenhuis; Univ., Labor. voor Fysiol. Chem.) (Niederl.)

Besprechung eines klin. Falles von Favismus, der nach dem Genuß von *Vicia faba* auftrat u. durch den im Titel genannten Enzymmangel charakterisiert war. — 41 Literaturangaben. P. LOCH. 4573☐

Charakterisierung und Bestimmung der Tripeptidase menschlicher Erythrocyten. Reinhard J. Haschen. (Acta biol. med. german. **8.** 209—16. 1962. Halle/Saale, Martin-Luther-Univ., Inst. für exp. Med., Abt. klin. Chem.) (Dt.)

Die im Überstand des Hämolysats menschlicher Erythrocyten befindliche Tripeptidase hat ein pH-Optimum von 7,1—7,2. Während Äthylendiamintetraessigsäure ihre Aktivität nicht beeinflußt, da es sowohl hemmende wie auch fördernde Einfl. eliminiert, wird sie durch Phenanthrolinzusatz außerordentlich stark gehemmt. Nach Phenanthrolin kann das Enzym durch Co^{2+}, Zn^{2+} u. Fe^{2+} reaktiviert werden. Die Aktivität unter optimalen Bedingungen gegenüber L-Leu·gly·gly beträgt ca. 900 μMol je ml Erythrocyten u. Stunde. U. HINTERBERGER. 4573☐

Über die spezifische Lipidzusammensetzung der Erythrocytenmembran. L. L.M. van Deenen, J. de Gier und I.Mulder. (Arch.int. Physiol. Biochim. **68.** 704—05. Sept. 1960. Utrecht, Rijk-Univ., Organ. chem. Labor.) (Holl.)

Die Fettsäurekomponenten der *Lipide* der roten Blutkörperchen von Säugetieren zeigen für jede Tiergattung eine charakterist. Zus., die sich bes. bzgl. des *Palmitin-* (**I**) u. *Ölsäure* (**II**)-Geh. unterscheidet. In der Reihe Ratte, Mensch, Kaninchen, Schwein, Pferd, Rind u. Schaf nimmt das **I**/**II**-Verhältnis beträchtlich ab, so daß möglicherweise ein Zusammenhang mit dem in ähnlicher Weise abgestuften Permeabilitäts-Verh. der Zellmembranen existiert. In der genannten Reihe nimmt auch der *Lecithin*-Geh. der Membran beträchtlich ab. Unterss. mit ^{32}P zeigen, daß dieses unabhängig von der Phosphatid-Zus. bei Tieren hauptsächlich in *Phosphatidyläthanolamin*, beim Menschen dagegen in *Phosphatidylserin* eingebaut wird. G. KIRSTEN. 4573☐

Zink in menschlichen Blutzellen: normale Werte und Abweichungen bei Lebererkrankungen. Robert E. Fredricks, Kouichi R. Tanaka und William N. Valentine. (J. clin. Invest. **39.** 1651—56. Nov. 1960. Los Angeles, Calif., Univ. of California, Med. Center, Dep. of Med.; Vet. Admin.Hosp., Wadsworth Hosp.) (Engl.)

Bei Anwendung der Säureextraktion–Dithizon-Meth. zur Best. von *Zn* konnten für menschliche Erythrocyten Normwerte von 12,1 $\pm$ 1,51 μg Zn/10^{10} Zellen u. für Leukocyten solche von 103 $\pm$ 25,5 μg Zn/10^{10} Zellen ermittelt werden. Bei Lebercirrhose kommt es zu einer Verminderung der Zn-Werte im Serum u. gleichzeitig zu einer Verringerung des Zn-Geh. der Leukocyten. U. TAUSENDFREUND. 4573☐

Ein elektrischer Leukocytenzähler. R. Boutroy. (Ann. Biol. clin. **19.** 457—58. Mai/Juni 1961.) (Franz.)

Es wird ein elektr. Leukocytenzähler mit visuellen Kontrollmöglichkeiten beschrieben. G. ZIEBARTH. 4573☐

Beitrag zum Studium der Faktoren der Plättchenbildung des Serums. 1. Mitt. **Plättchenbildung im Serum von mit Pantethin behandelten Tieren.** P. de Nicola und A. Gibelli. (Boll. Soc. ital. Biol. sperim. **36.** 590—93. 3/6. 1960. Pavia, Univ., Ist. di Clin. Med. e Terap. Med.; Milano, Ist. del Sangue e Rianimaz. A.V.I.S., Labor. di Ricer. Ematol.) (Ital.)

Die Unterss. werden an Kaninchen durchgeführt, die i.v. 12mal täglich 400 mg *Pantethin* erhielten. Nach dem 12. Tag wurde das Serum dieser Tiere i.v. normalen Ratten injiziert, in deren Blut nach 20, 40 u. 60 Min. die Plättchenzahl bestimmt wurde. Schon nach dem 4. Tag ist die Blutplättchenzahl der Kaninchen erhöht (Maximum nach dem 12. Tag). Auch bei den Ratten ergibt sich das gleiche Bild (Maximum nach 40 Min.). F. KREN. 4573☐

Die Konzentrationen von Cystein und Cystin im menschlichen Blutplasma. M. Prince Brigham, William H. Stein und Stanford Moore. (J. clin. Invest. **39.** 1633—38. Nov. 1960. New York, N.Y., Rockefeller Inst.) (Engl.)

Bei gleichzeitiger Best. von *Cystin* (**I**) u. *Cystein* (**II**), wobei **II** durch sofortige Überführung in das S-Carboxymethyl-Deriv. mit Hilfe von Jodessigsäure stabilisiert wird (Austauschchromatographie an Säulen von sulfonierten Polystyrolharzen), ließ sich im normalen menschlichen Plasma im Postresorptionsstadium ein Wert von 1 mg **I** u. von 0,4 mg **II**/100 ml nachweisen. In 1 Fall von Cystinurie waren die Werte nur leicht erniedrigt; beim FANCONI-Syndrom war der **I**-Wert erhöht. Die normale Ausscheidung im Harn beläuft sich auf 10—15 mg **I** u. 2—4 mg **II**/Liter; beim FANCONI-Syndrom wurde, bei bestehender Aminoacidurie, vermehrt **I** ausgeschieden. U. TAUSENDFREUND. 4574□

Einfluß des Harnstoffs und der Temperatur auf den Einbau von Aminosäuren in die isolierten Serumproteine. A. W. Pogossowa, M. G. Kritzman und A. Ss. Konikowa. (Биохимия [Biochemie] **27.** 19—24. Jan./Febr. 1962. Moskau, Wischnewski-Inst. für Chir.; Inst. für Ther. der Akad. der med. Wiss. der UdSSR.) (Russ.; Auszug: Engl.)

Die Geschw. des Einbaues von ^{14}*C-Methionin* (**I**), ^{14}*C-Glycin* (**II**), ^{14}*C-Tyrosin* (**III**) u. ^{35}*S-Cystein* (**IV**) in das isolierte *Serumalbumin* (**V**) nimmt nach den Unterss. bei 0—100° mit steigender Temp. zu. Das Maximum der Einbau-Geschw. wird bei **I** bei 80° beobachtet. Der Einbau von **IV** erhöht sich sprunghaft bei 60° u. erreicht das Maximum bei 90°. Bei **II** u. **III** tritt das Maximum des Einbaues in **V** bei 80 bzw. 50—70° ein. Die Festigkeit der Bindung zwischen **I, II, III** u. **IV** einerseits u. **V** andererseits gegenüber der Einw. von Ninhydrin, 0,1 n NaOH oder Perameisensäure ist unabhängig von der Temp. (0, 40, 100°), bei welcher diese Bindung zustande kam. Durch 8 m Harnstoff wird der Einbau von **I, II** u. **III** in **V**, im Gegensatz zur Temp.-Steigerung, gehemmt. Der Einbau von **IV** in **V** wird dagegen intensiviert. Die Ergebnisse lassen erkennen, daß zwischen der Denaturierung der Proteine u. der Aktivierung des Aminosäureeinbaues keine direkte Beziehung besteht. O. LEBTAG. 4574□

Proteinzusammensetzung des menschlichen Blutplasmas. Vítěz Kalous und Vilma Kalousová. (Chemie [Praha] **10.** 801—07. 1958. Praha, Karl. univ. u. Veterin. výzk. středisko.) (Tschech.)

Übersicht: Trennung von Proteinen in Blutplasma auf Grund der Löslichkeit in Ggw. von anorgan. Salzen; ihre elektrophoret. Analyse; Trennung nach der A.-Meth.; Glykoproteine; Lipoproteine; andere isolierte Proteine; neuere Unterss. über Albumine u. γ-Globuline. — 17 Literaturangaben. R. K. MÜLLER. 4574□

Die Bestimmung der Eiweißfraktionen des Blutserums bei gesunden Kindern mit Hilfe der Papierelektrophorese. A. G. Nasarli. (Доклады Академии Наук Азербайджанской ССР [Ber. Akad. Wiss. AserbaidshanSSR] **16.** 195—99. 1960.) (Russ.; Auszug: Aserbaidshan.)

Mittels der Papierelektrophorese wird an 34 gesunden Kindern im Alter von 1 bis 12 Jahren der folgende Geh. des Blutserums an Eiweißfraktionen festgestellt: *Albumin*: 4,39—5,36 g% (im Mittel 4,86 g%); α_1-*Globulin*: 0,19—0,34 (im Mittel 0,26); α_2-*Globulin*: 0,55—0,83 (0,69); β-*Globulin*: 0,72—1,03 (0,87); γ-*Globulin*: 0,88—1,23 (1,04); *Gesamtprotein* 7,24—8,26 (7,73) g%. E. RENTZ. 4574□

Über eine Vereinfachung der Anfärbung der durch Papierelektrophorese fraktionierten Lipoproteide. W. F. Bogojawlenski und D. N. Rosenstein. (Лабораторное Дело [Laboratoriumswesen] **7.** Nr. 10. 24—28. Okt. 1961. Kasan, Med. Inst., Lehrstuhl für Krankenhaustherapie.) (Russ.)

Der Farbstoff wird mit 95%ig. A. oder abs. A. angesetzt. 0,25 g *Sudan* I (bei Abwesenheit von Sudanschwarz) werden in 100 ml A. gelöst. Die Farbstoff-Lsg. wird in dunklen Schliffflaschen im Exsiccator über $CaCl_2$ aufbewahrt. Ebenso wird die Lsg. in 95%ig. A. behandelt u. bei 4° aufbewahrt. Das Lösen des Farbstoffs nimmt 4—6 Tage in Anspruch. Methodik: In ein sauberes trocknes Reagensglas gibt man 0,5 ml frisches, nicht hämolysiertes Blutplasma u. fügt unter Umrühren tropfenweise 0,1 ml des gelösten Farbstoffes hinzu. Das Reagensglas wird bei Zimmer-Temp. 30 Min. lang stehengelassen. Der Färbeprozeß kann bis zu einer Std. ausgedehnt werden, doch muß in allen Fällen die gleiche Zeit angewendet werden. Auf einen Streifen Chromatographiepapier trägt man 0,05—0,1 ml des angefärbten Blutplasmas auf. Die Elektrophorese (horizontale oder vertikale) wird 14 Std. lang bei 165 V u. 0,75 mA bei einer Papierstreifenbreite von 36 mm fortgesetzt. Der vertikal aufgehängte Papierstreifen wird im Trockenschrank bei 80° 15 Min. lang getrocknet. Die Auswertung wird nach einer der üblichen Meth. vorgenommen. E. STEINBERG. 4574□

Die Umwandlung freier Fettsäuren in Triglyceride der Lipoproteinfraktion im menschlichen Blutplasma. Richard J. Havel. (Metabolism, clin. and exp. **10.** 1031—34. Dez. 1961. San Francisco, Calif., Univ. of California, School of Med., Cardiovasc. Res. Inst.) (Engl.)

Vers.-Personen erhalten $^{14}C_{(1)}$-Palmitinsäure i.v. verabfolgt. Wiederholt entnommene Blutproben werden in Fraktionen unterschiedlicher Dichte u. an SiO_2-Säulen in Cholesterin, Cholesterinester, Triglyceride, Phospholipide u. freie Fettsäuren getrennt. Aus dem zeitlichen Verlauf der ^{14}C-Aktivität der einzelnen Fraktionen läßt sich folgendes

entnehmen: Die Vorstufe der Plasma-Triglyceridfettsäuren sind die freien Fettsäuren des Plasma, wobei eine Lipogenese nur eine untergeordnete Rolle spielen dürfte. Wahrscheinlich läuft im Fettstoffwechsel folgender Cyclus ab: Fettgewebe gibt freie Fettsäuren an das Plasma ab, werden von der Leber aufgenommen u.als Triglyceride wieder ins Plasma abgegeben, von wo sie wieder in das Fettgewebe gelangen können.
P. LANGE. 4574□

Die Lipidzusammensetzung des Serums bei Patienten mit Lebererkrankungen. Gerald B. Phillips. (J. clin. Invest. **39.** 1639—50. Nov. 1960. New York, N.Y., Columbia Univ., Coll. of Phys. and Surg., Dep. of Biochem. and Med.; Presbyterian Hosp.) (Engl.)

Bei hepatocellulärem Ikterus u. Stauungsikterus lassen sich bei Prüfung der Serumlipide charakterist. Veränderungen erkennen, wobei parenchymatöse Leberschäden eine senkende Wrkg. auf die Serum-Konzz. der *Phospholipide,* des *freien Cholesterins* (**I**) u. der **I**-Ester ausüben, während Galleretentionen eher zu einer Erhöhung der Serum-Konzz. von *Lecithin* u. **I** führen. Bei Cirrhose ohne Ikterus u. bei Vorliegen einer Gallefistel sind außer einer Anhebung des Quotienten freies **I**/Gesamt-**I** keine Serumlipidveränderungen zu sehen. Der Serum-*Lysolecithin* (**II**)-Geh. scheint die Parenchymfunktion der Leber widerzuspiegeln. Die **I**-Ester-Konz. schwankt mit der **II**-Konz. u. scheint auch in Beziehung zur Parenchymfunktion zu stehen. Die Serum-*Triglycerid*-Konz. ist bei Ikterus u. Gallenfistel meist erhöht. U. TAUSENDFREUND. 4574□

Die Möglichkeit der Bestimmung der freien und veresterten Fraktionen des Gesamtcholesterins ohne vorherige Trennung. Maurice Girard und Emile Assous. (Bull. Soc. Chim. biol. **43.** 1097—1109. 28/11. 1961. Paris, Fac. de Pharmacie, Hôp. Lariboisiere et Chaire de Chim. appl. à l'Expertise.) (Franz.)

Die colorimetr. Best. des freien u. des veresterten *Colesterins* (**I**) erfolgt ohne vorhergehende Trennung nach dem Verf. von ZLATKIS, ZAK u. BOYLE (C. **1954.** 1322) auf Basis der Farb-Rk. mit Essigsäure/H_2SO_4/$FeCl_3$ bei 560—580 mμ. Bei 20° erhält man den Wert für freies, bei 65° den für das Gesamt-**I**. Der Wert für das veresterte **I** ergibt sich aus der Differenz. Ein bes. vereinfachtes Verf. zur Anwendung der Meth. auf Blutserum wird beschrieben. PH. FRESENIUS. 4574□

Bestimmung von Sialsäure mit Thiobarbitursäure bzw. mit Orcin. Kritik der Resultate. C. Chatagnon und P. Chatagnon. (Ann. Biol. clin. **19.** 397—410. Mai/Juni 1961. Neuilly-sur-Marne, Hôp. de Maison-Blanche, Labor. Central de Biol. et de Biol. nerveuse; Caisse Nat. de Sécurité Sociale; Inst. Nat. d'Hyg.) (Franz.)

Aus der Fülle der in der Literatur angegebenen Meth. zur Best. von *Sialsäure* (**I**) in biolog. Fll. u. Geweben werden auf Grund von Verss. die Best. mit *2-Thiobarbitursäure* u. mit *Orcinhydrochlorid* ausgewählt. Die Meth. sind spezif., wobei die Best. mit *2-Thiobarbitursäure* 10mal empfindlicher ist als die mit *Orcin.* — Mit dieser Meth. wurde aus 100 normalen Seren ein Mittelwert von 56 mg **I**/100 ml u. mit der Orcin-Meth. von 61 mg **I**/100 ml ermittelt. G. ZIEBARTH. 4574□

Mechanismus der Lysis von Blutgerinnsel durch Streptokinase und Wirkungen der ε-Aminocapronsäure. F. B. Ablondi und E. C. de Renzo. (Proc. Soc. exp. Biol. Med. **102.** 717—19. Dez. 1959. Pearl River, N.Y., Amer. Cyanamid Co., Lederle Labor., Biochem. Dep.) (Engl.)

ε-Aminocapronsäure hemmt die Aktivierung von *Plasminogen* (**I**) stark, ohne daß gleichzeitig eine erhebliche Wrkg. auf die Auflösung eines in Plasma suspendierten Blutpfropfes ausgeübt wird. Die Geschw. der Auflösung des Blutpfropfes durch *Streptokinase* erweist sich als eine Funktion der **I**-Konzentration. A. HESSE. 4574□

Wirkung der Elastase auf die mit Streptokinase aktivierte Fibrinolyse. Thromboelastographische Untersuchungen. C. Fichera und A. Ferrauto. (Boll. Soc. ital. Biol. sperim. **37.** 1177—78. 15/12. 1961. Catania, Univ., Ist. di Patol. Spec. Med. e Metodol. Clin.) (Ital.)

Die in Konzz. von 0,9—9 Einheiten angewandte *Elastase* verhindert die Ausbildung der mit *Streptokinase* aktivierten Fibrinolyse. F. KREN. 4574□

Über die antifibrinolytische Aktivität der ε-Aminocapronsäure. Thromboelastographische Untersuchungen. C. Fichera und A. Ferrauto. (Boll. Soc. ital. Biol. sperim. **37.** 1174—76. 15/12. 1961. Catania, Univ., Ist. di Patol. Spec. Med. e Metodol. clin.) (Ital.) — Vgl. vorst. Referat.

Es wird der Einfl. von *ε-Aminocapronsäure* (**I**; 5%ig. Lsg.) auf die durch *Streptokinase* (**II**) aktivierte Fibrinolyse untersucht. Bei den am Gesamtplasma u. auf fibrinogenem Substrat durchgeführten Unterss. zeigt sich, daß **I** die fibrinolyt. Aktivität von **II** in beiden Fällen inhibiert (schon durch 0,05%ig. Lsgg.). Die Inhibierung erfolgt auf der Basis der Aktivierung des Plasminogens u. wird durch die verschiedenen **I**- u. **II**-Konzz. nicht beeinflußt. F. KREN. 4574□

Über das Verhalten der spontanen fibrinolytischen und fibrinogenolytischen Aktivitäten des Plasmas in Gegenwart von ε-Aminocapronsäure. E. Cacciola, A. Ferrauto, C. Fichera und R. Cristaldi. (Boll. Soc. ital. Biol. sperim. **37.** 1179—81. 15/12. 1961. Catania, Univ., Ist. di Patol. Spec. Med. e Metodol. Clin.) (Ital.) — Vgl. vorst. Referat.

ε-Aminocapronsäure (0,25 ml/ml) inhibiert die fibrinolyt. Aktivität des Plasma, nicht aber die fibrinogenolyt., u. zwar vermutlich infolge mangelnder Einw. auf die Aktivierung des Plasminogens. F. KREN. 4574□

Ausscheidung von Kobalt durch die Niere und den Darm von Ratten mit hyperchromer Anämie durch Acetylcholin nach Verabreichung einiger Kobaltverbindungen. C. Milani. (Boll. Soc. ital. Biol. sperim. **33.** 724—27. Juni 1957. Pavia, Univ., Ist. di Farmacol. e Terap. Sperim.) (Ital.)

Ratten mit Acetylcholinanämie wird intraperitoneal $CoSO_4$, *Vitamin* B_{12} (I) u. der *Kobaltnucleinkomplex* (II) injiziert (einmalig entsprechend 2 mg Co/kg). Es zeigt sich, daß die Co-Ausscheidung in der Hauptsache in den ersten 24 Std. erfolgt; während sie jedoch bei normalen Ratten bei $CoSO_4$ 68%, bei **I** 44% u. **II** 10% beträgt, ist sie bei anäm. Tieren für $CoSO_4$ u. **I** prakt. gleich (42 u. 43%), für **II** beträgt sie 24%. Ganz allg. sind die Co-Ausscheidungen durch den Darm dagegen sehr gering u. nur die von **II** ist gegenüber der bei normalen Tieren erhöht. O. POLLAK v. EMHOFEN. 4575

Untersuchungen über die Zusammensetzung der menschlichen Lymphe. 1. Mitt. **Chirurgische Anatomie vom Ductus thoracicus zum Collum und die Technik der Katheterisierung.** S. Rocca Rossetti, R. Aresu und G. Liguori. (Boll. Soc. ital. Biol. sperim. **38.** 12—13. 15/1. 1962. Cagliari, Univ., Ist. di Fisiol. Umana; Clin. Chirurg. dell'Univ.) (Ital.) P. LOCH. 4578□

Untersuchungen über die Zusammensetzung der menschlichen Lymphe. 2. Mitt. **Dynamik des Lymphstromes.** S. Rocca Rossetti, R. Aresu, G. Liguori und G. Binaghi. (Boll. Soc. ital. Biol. sperim. **38.** 13—14. 15/1. 1962.) (Ital.) — 1. vgl. vorst. Referat. P. LOCH. 4578□

Untersuchungen über die Zusammensetzung der menschlichen Lymphe. 3. Mitt. **Elektrolyte und die Wasserstoffionenkonzentration.** G. Liguori, G. F. Guiso, M. Cicu, S. Rocca Rossetti und R. Aresu. (Boll. Soc. ital. Biol. sperim. **38.** 14—16. 15/1. 1962.) (Ital.) — 2. vgl. vorst. Referat.

Der Gesamt-*Ca*-Geh. der Lymphe ist etwas höher als im Serum u. innerhalb der Gruppe der Vers.-Personen ziemlich gleich. Nach Mahlzeiten ist er erhöht. — Der *anorgan. P*-Geh. unterscheidet sich nicht von dem des Serums. — Analoges gilt für *Na.* — Geringe individuelle Unterschiede, bes. nach Mahlzeiten, werden bei *K* beobachtet. — Der *Cl*-Geh. schwankt bedeutend stärker als im Blut, bes. während der Nahrungsaufnahme. — Die Wasserstoffionen-Konz. schwankt individuell von 7,7—8,8. Somit ist die Lymphe dem Blut gegenüber leicht alkalisch. P. LOCH. 4578□

Untersuchungen über die Zusammensetzung der menschlichen Lymphe. 4. Mitt. **Proteine und das Proteidogramm.** R. Aresu, G. Liguori, G. Luxi, S. Rocca Rossetti und G. F. Guiso. (Boll. Soc. ital. Biol. sperim. **38.** 16—18. 15/1. 1962.) (Ital.) — 3. vgl. vorst. Referat.

Lymphe u. Serum werden auf ihren Geh. an *Albuminen* u. α_1-, α_2-, β- u. γ-*Globulinen* untersucht u. miteinander verglichen. — Im Serum werden höhere Werte, manchmal vielfach höhere als in der Lymphe gefunden. Das Verhältnis Albumin/Globulinen ist gegenüber dem des Serums bei den meisten Vers.-Personen erhöht. P. LOCH. 4578□

Untersuchungen über die Zusammensetzung der menschlichen Lymphe. 5. Mitt. **Glucose und Stickstofffraktionen ohne Proteine.** G. Liguori, G. F. Guiso, M. Cicu, S. Rocca Rossetti und R. Aresu. (Boll. Soc. ital. Biol. sperim. **38.** 19—20. 15/1. 1962.) (Ital.) — 4. vgl. vorst. Referat.

Der *Glucose*-Geh. der Lymphe ist bei den untersuchten Patienten gleich dem im Blut, manchmal etwas höher, niemals aber niedriger. Größere Abweichungen werden nach Mahlzeiten beobachtet. — Die säurelösl. *N*-Fraktion sowie *Harnsäure* sind in Lymphe u. Blut in annähernd gleicher Konz. vorhanden. — Die im übrigen konst. Werte für die Geh. an *Kreatin* u. *Kreatinin* sind niedriger als im Blut. P. LOCH. 4578□

Untersuchungen über die Zusammensetzung der menschlichen Lymphe. 6. Mitt. **Phospholipide, Glyceride und Gesamtcholesterin.** R. Aresu, G. Liguori, G. Luxi, G. F. Guiso und S. Rocca Rossetti. (Boll. Soc. ital. Biol. sperim. **38.** 20—21. 15/1. 1962.) (Ital.) — 5. vgl. vorst. Referat.

In der Zeit von 2—6 Std. nach einer Kohlenhydrat–Fett-Mahlzeit sind die Gesamt-*Fettsäuren* (I) in der Lymphe gegenüber den Nüchternwerten bedeutend erhöht; für Blut trifft diese Feststellung nicht zu. Die Zunahme betrifft die I aus den Glyceriden. Selbst 22 Std. nach Einnahme einer proteinreichen Mahlzeit sind die Werte noch erhöht. P. LOCH. 4578□

Untersuchungen über die Zusammensetzung der menschlichen Lymphe. 7. Mitt. **Die saure und alkalische Phosphatase. Gerinnungszeit und Prothrombinzeit.** G. Liguori, G. F. Guiso, M. Cicu, S. Rocca Rossetti und R. Aresu. (Boll. Soc. ital. Biol. sperim. **38.** 22—23. 15/1. 1962.) (Ital.) — 6. vgl. vorst. Referat.

Meistens ist die *alkal.* u. *saure Phosphatase* in der Lymphe aktiver als im Blut, bes. nach einer proteinreichen Mahlzeit. — Die spontane Gerinnungszeit sowie die Prothrombinzeit sind bedeutend länger als beim Blut. P. LOCH. 4578□

Untersuchungen über die Zusammensetzung der menschlichen Lymphe. 8. Mitt. **Eisen und Transferrin.** R. Aresu, G. Liguori, G. Luxi, S. Rocca Rossetti und G. F. Guiso. (Boll. Soc. ital. Biol. sperim. **38.** 24—25. 15/1. 1962.) (Ital.) — 7. vgl. vorst. Referat.

Die Geh. an *Fe* u. *Transferrin* (I) liegen im Blut höher als in der Lymphe, bes. die von I. Nach Mahlzeiten sind nur die Fe-Werte in der Lymphe etwas erhöht. P. LOCH. 4578□

Untersuchungen über die Zusammensetzung der menschlichen Lymphe. 9. Mitt. **Geformte Elemente in der Lymphe.** F. Papadia, S. Rocca Rossetti, G. Liguori und R. Aresu. (Boll. Soc. ital. Biol. sperim. **38.** 25—27. 15/1. 1962.) (Ital.) — 8. vgl. vorst. Referat.

In der Lymphe werden nur wenige Erythrocyten gefunden (80—100/mm³). Dagegen beträgt die Zahl der Leukocyten 9000—10000/mm³, die nach Mahlzeiten noch etwas ansteigt. Es wird das Differentialleukocytenbild angegeben. P. LOCH. 4578□

Die Gegenwart eines proteolytischen Fermentes im Verbrennungsödem des Frosches. T. Godfraind. (Arch. int. Pharmacodynam. Thérap. **110.** 364—66. 1/4. 1957. Louvain, Univ. de Louvain, Labor. de Thérap. Exp.) (Franz.)

Fröschen wurde in W. von 50° ein Verbrennungsödem gesetzt. Die proteolyt. Aktivität der defibrinisierten Ödem-Fl. wurde an Casein in Phosphatpuffer-Harnstoff-Lsg., pH 7,35, bestimmt. In der bei Dialyse präcipitierenden Euglobulinfraktion des Ödems wurde ein proteolyt. Ferment nachgewiesen, das in 24 Std. bei 0° zu 20%, bei Lyophilisation zu 64% u. durch Erhitzen auf 80° völlig inaktiviert wird. Die Hydrolyseaktivität war zwischen 37 u. 50° gleich stark. *Serumalbumin* (I) u. Fibrinogen vom Rind wurden nicht hydrolysiert, jedoch erhitztes I. Die Toxizität der Ödem-Fl. ist nur z. T. auf die Euglobulinfraktion zurückführbar. W. SCHÖNBORN. 4578□

Über die Lokalisierung des Glykogens in der Placenta des Menschen. I. I. Scharow. (Бюллетень Экспериментальной Биологии и Медицины [Bull. exp. Biol. Med.] **50** (25). Nr. 9. 112—16. Sept. 1960. Stalinabad, Med. Avicenna-Inst., Lehrstuhl für Histol.; Leningrad, Inst. für exp. Med. der Akad. der med. Wiss. der UdSSR, Labor. für Embryol.) (Russ.; Auszug: Engl.) — Vgl. C. **1959.** 8618.

Im ektodermalen Epithel des Amnions u. in den Mesenchymzellen des Chorions ist *Glykogen* (I) während der ganzen Zeit der Schwangerschaft (4.—40. Woche) zu finden. In Form feiner Granula ist es auch im Nabelstrang bis einschließlich der 16. Woche nachweisbar, in der 20. Woche jedoch nur noch in der Wand der Nabelgefäße. Im Stroma der Zotten ist anfangs wenig, später mehr I enthalten, bes. im Stroma der großen Zotten. In den LANGHANSschen Zellen ist I während der ganzen Schwangerschaft enthalten, während es in der syncytialen Schicht des Trophoblasten fehlt. E. RENTZ. 4583□

Verteilung des Glykogens im harnabführenden System der Kaninchenniere bei der ontogenetischen Entwicklung und Pituitrinzufuhr. A. Ja. Fridenstein. (Бюллетень Экспериментальной Биологии и Медицины [Bull. exp. Biol. Med.] **50** (25). Nr. 9. 116—19. Sept. 1960. Moskau, Gamaleja-Inst. für Epidemiol. u. Mikrobiol., Abt. für Radiationsmikrobiol. u. -immunol.) (Russ.; Auszug: Engl.) — Vgl. vorst. Referat.

Unterss. an 15—28 Tage alten Kaninchenembryonen u. an Jungtieren im Alter bis zu 3 Monaten ergaben, daß die ableitenden Harnwege während der ganzen Zeit der Embryogenese viel *Glykogen* (I) enthalten. I wird in das Lumen der Kanälchen abgegeben u. gelangt auch in das umgebende Mesenchym. Den gleichen sekretor. Prozeß findet man auch unter der Wrkg. von *Pituitrin*. Die Bedeutung des hohen I-Geh. in den abführenden Harnwegen u. die Bedeutung der I-Sekretion konnten nicht geklärt werden. E. RENTZ. 4583□

Untersuchungen über den Kollagengehalt des Uterusgewebes während Gravidität und Puerperium. Irmgard Montfort und Ruy Pérez-Tamayo. (Lab. Invest. **10.** Part II. 1240—58. Nov./Dez. 1961. Mexico City, Univ. Nac. de Mexico, Unidad de Patol.) (Engl.)

Der Verlauf des Anstiegs von Uterus-Gew., Gesamtprotein- u. *Kollagen* (I)-Geh. im Verlauf der Schwangerschaft u. des Abstiegs am Ende u. nach der Schwangerschaft von Mensch u. Ratte sind auffallend gleichartig. Die Reabsorption ruft keine Änderung des Verhältnisses Muskelprotein/I hervor. G. v. Waldeyer-Hartz. 4583 □

Leucinaminopeptidase-Aktivität in der Placenta, im Blut der Mutter und des Neugeborenen. P. Bastide, J. Baudon, S. Meunier und G. Dastugue. (Ann. Biol. clin. **19.** 459—60. Mai/Juni 1961. Clermont-Ferrand, Fac. mixte de Méd. et de Pharm., Clin. Obstétricale; Labor. de Pharmacodynamie et de Chim. Biol.) (Franz.)

Die *Leucinaminopeptidase-Aktivität*, bestimmt durch colorimetr. Best. des aus L-Leucin-β-naphthylamin frei gemachten β-Naphthylamins, im Blutplasma des Neugeborenen ist 3mal so hoch wie im Blutplasma der Mutter, während die Aktivität des Placentagewebes auf den 6fachen Wert ansteigt. G. Ziebarth. 4583 □

Einflüsse von Penicillin und Tetraalkylammoniumstearat auf die Wachstumsgeschwindigkeit junger Ratten. Paul R. Zimmer und L. B. Embry. (Proc. South Dakota Acad. Sci. **37.** 31—34. 1958. Brookings, South Dakota Agric. Exp. Stat., Dep. of Animal Husbandry.) (Engl.)

Penicillin-Beigaben zum Futter haben keinen oder einen leicht wachstumsfördernden Einfl., *Tetraalkylammoniumstearat* hat einen leicht hemmenden Effekt.

P. Gregorzewski. 4584 □

Gewichtszunahmen, Serumproteingehalte und Gesundheit von an der Brust und künstlich genährten, normal- und frühgeborenen Kindern. B. Levin, Helen M. M. Mackay, Catherine A. Neill, V. G. Oberholzer und T. P. Whitehead. (Med. Res. Council, spec. Rep. Ser. **1959.** Nr. 296. 1—54. Med. Res. Council.) (Engl.)

Umfangreiche Unterss. an 744 Kindern (521 Normalgeburten u. 223 Frühgeburten) von 1947—1950 ergaben, daß die Gew.-Zunahmen im 1. postnatalen Jahr eine Funktion des Alters von der Konzeption ab, des Geschlechts u. des Geburts-Gew. sind. Im Serumprotein-Geh. (untersucht wurden: Gesamt-, Albumin, -α_1, α_2-β, γ-Globulin) erfolgt nach 12—13 Lebensmonaten eine Angleichung von Normal- u. Frühgeburten, ♂ u. ♀ bzw. Brust- u. künstl. genährten Kindern. H.-D. Bock. 4584 □

Kritische Untersuchung des Mißlingens eines Calcium- und Phosphor-Langzeit-Bilanzversuchs an legenden Hennen. N. K. Jenkins und C. Tyler. (J. agric. Sci. **54.** 131—39. Febr. 1960. Reading, Pa., Univ., Dep. of physiol. Chem.) (Engl.)

In über ein Jahr ausgedehnten Verss. wird der *Ca*- u. *P*-Haushalt legender Hühner untersucht; dabei wird Futter von verschiedenem Ca- u. P-Geh., bes. auch sehr Ca-reiches Futter gegeben u. auch die Zus. der Eier u. in einigen Fällen der Knochen geprüft. Eine Anreicherung von Ca u. P über ein Jahr erweist sich als physiolog. unmöglich. Widersprechende Kurzzeit-Unterss. scheinen auf systemat. Fehlern zu beruhen, vermutlich entweder auf nicht berücksichtigten Futterverlusten oder auf unvollständiger Erfassung aller Ausscheidungen. R. K. Müller. 4585 □

Die biologische Bedeutung des Zinks und seine Rolle in der Tierernährung. A. Devuyst, M. Vanbelle, R. Arnould, W. Vervack und A. Moreels. (Agricultura [Louvain] [2] **8.** 609—61. Dez. 1960. Lovenjoul, Centre de Rech. Zootechn. de l'Univ. de Louvain.) (Franz.)

Zusammenfassender Überblick. — 263 Literaturangaben. M. Winiker. 4585 □

Wirkungen von Zinkmangel im Futter von Hennen. E. W. Kienholz, D. E. Turk, M. L. Sunde und W. G. Hoekstra. (J. Nutrit. **75.** 211—21. Okt. 1961. Madison, Wis., Univ. of Wisconsin, Dep. of Poultry and Dep. of Biochem.) (Engl.)

Bei jungen Hennen bewirkte *Zn*-Mangel Wachstumshemmung sowie Störung der Eierzeugung u. -Brutfähigkeit, die durch 2,25 oder 4% *Ca* nicht aufgehoben werden konnte. Wie bei den Hennen war auch bei den Embryonen die Wrkg. des Zn-Mangels deutlich. Ein normaler Nachwuchs entwickelte sich, wenn das Futter neben 4% Ca mindestens 18 ppm Zn enthielt. Durch Ca-Überschuß im Futter wurde der Zn-Mangel bei Küken potenziert. Der Hämoglobin-Geh. von Hennen wurde durch größere Ca-Mengen nicht beeinflußt, der von Küken aus den Eiern dieser Hennen war dagegen deutlich herabgesetzt. Küken mit Zn-Mangel waren schwach u. verweigerten das Futter, ihre Atmung war beschleunigt u. sie zeigten Atembeschwerden. Auch der Wuchs des Gefieders war gestört. K. Zingraf. 4585 □

Die Verwertung des Harnstoffs und des Ammoniums zur Aufrechterhaltung der Stickstoffbilanz beim Menschen. C. Giordano. (Boll. Soc. ital. Biol. sperim. **37.** 1198—99. 15/12. 1961. Neapel, Univ., Ist. di Patol. Spec. Med. e Metodol. Clin.) (Ital.)

Innerhalb der Vers.-Dauer von 53 Tagen an einer Person wurde zuerst die ungenügende Aminosäurenzufuhr durch *Glycin*, dann durch zweibas. *Ammoniumcitrat* u.

schließlich durch *Harnstoff* (parenteral u. per os) ergänzt. Aus der Stickstoffbilanz ergibt sich, daß der Organismus unfähig ist, vorst. Verbb. nutzbringend zu verwerten.
F. KREN. 4585□

Untersuchungen über die Verwertbarkeit von Aminosäuren. 1. Mitt. Wirkung der Alkoholbehandlung von Maisgluten. H. J. H. de Muelenaere, M. L. Chen und A. E. Harper. (J. of Nutrit. **74.** 125—30. Juni 1961. Madison, Wis., Univ. of Wisconsin, Dep. of Biochem.) (Engl.)

Die enzymat. Verdauung von unvorbehandeltem *Maisgluten* (I) in vitro erfolgt rascher als die von „rekonstituiertem" I (welchem nach Extraktion mit A. freies Zein zugesetzt wird). Durch Pepsin–Pankreatin-Verdauung werden nur geringe Mengen Aminosäuren freigesetzt. Den chromatograph. Dinitrophenylpeptid-Nachw. fällt in den Hydrolysaten beider Gruppen gleich aus. In vivo verschwindet der zugeführte N rascher aus dem Magen u. Darm von Ratten, welche unvorbehandeltes I erhalten haben. Die Verwertbarkeit von *Threonin* u. *Valin* ist im „rekonstituierten" I geringer als im unvorbehandelten, die von *Isoleucin* u. *Lysin* wird durch die Behandlung mit A. nicht verringert. K. ZINGRAF. 4585□

Wirkungen verschieden hoher Dosen und eines einzigen täglichen Zusatzes von Lysin auf die Erhöhung des Nährwertes von Weizenmehlproteinen. S. P. Yang, Helen E. Clark und Gladys E. Vail. (J. Nutrit. **75.** 241—46. Okt. 1961. Lafayette, Ind., Purdue Univ., Agric. Exp. Stat., Dep. of Foods and Nutr.; School of Home Economics.) (Engl.)

Zusatz von *Lysin* (I) zum Futter bis zu einem Anteil von 0,25%, nicht aber von 1%, erhöhte den Nährwert von Weizenmehlproteinen bei Ratten. Separat verabreichtes I zeigte dieselbe Wirkung. K. ZINGRAF. 4585□

Biologische Wirkungen von dl-Äthionin bei der Ratte bei lipogenem Futter. L. Mazzanti. (Arch. ital. Sci. farmacol. [3] **10.** 257—83. Juli 1960. Pisa, Univ., Ist. di Farmacol.) (Ital.)

dl-Äthionin schützt Albinoratten, welche fett- u. kohlenhydratreiches, eiweißarmes Futter erhalten, gegen das Auftreten einer Lebersteatose. K. ZINGRAF. 4585□

Ernährung und Serumeiweißspiegel bei keimfreien Meerschweinchen. Walter L. Newton und William B. DeWitt. (J. Nutrit. **75.** 145—51. Okt. 1961. Bethesda, Md., Nat. Inst. of Health, Nat. Inst. of Allergy and Infect. Dis.) (Engl.)

Bei normal u. keimfrei aufgezogenen Meerschweinchen waren die *γ-Globulin*-Werte im Serum nach 12 Wochen gleich, wenn sie sterilisiertes Futter erhielten, lagen jedoch bei den normalen Tieren bei Fütterung mit nichtsterilisiertem Futter höher. Normal aufgezogene Tiere zeigten bei sterilisiertem Futter einen um 25% höheren Gesamteiweißwert u. besseres Wachstum als keimfrei aufgezogene; der größte Unterschied bestand in der *Albumin*- u. *α-Globulin*-Fraktion. K. ZINGRAF. 4585□

Wirkungen einer längeren fettfreien Ernährung beim Kind. J. Rey, J. Polonovski, D. Bard, J. Frézal und M. Lamy. (Rev. franç. Études clin. biol. **6.** 871—75. Nov. 1961. Paris, Fac. de Méd., Hôp. des Enfants Malades, Unité de Rech. de Génétique méd.) (Franz.)

Vff. beobachteten die Veränderungen der *Plasmalipoide* bei 3 Kindern, die 10 Monate fettfrei ernährt wurden. Die Konz. der Gesamtlipoide verminderte sich schnell u. blieb nach 60 Tagen bei 400 mg/100 ml konstant. Die Fraktion der Triglyceride war am meisten reduziert. Die Zus. an Fettsäuren änderte sich in dieser Periode nicht. Nach 300 Tagen fettfreier Ernährung stellte man eine Verminderung der Linolensäure (18 : 2) bei den Triglyceriden fest. Diese wurde bei den anderen analysierten Fettfraktionen nicht verändert gefunden. S. GROITZSCH. 4585□

Wirkung von Fettsäuren und Cholesterin in der Nahrung auf das Wachstum und die Fettsäurezusammensetzung bei Küken. L. J. Machlin und R. S. Gordon. (J. Nutrit. **75.** 157—64. Okt. 1961. St. Louis, Mo., Monsanto Chem. Comp., Labor. of Biochem. and Nutr.) (Engl.)

Zusatz von *Safloröl* oder *Methyllinolat*, nicht aber von *Methyllinolenat*, zu einem Futter, welches keine ungesätt. Fettsäuren (I) enthielt, bewirkte bei Küken nach 7 Tagen eine Wachstumsförderung; Zusatz von *Methylmyristat* (II) + *Methyllaurat* (III) bewirkte eine Wachstumshemmung, die durch Zusatz von Cholesterin noch gesteigert wurde. Bei *Linolsäure* (**IV**)-freiem Futter war der Geh. einer als C_{20}-Trien (**V**) identifizierten **I** im Gewebe erhöht u. der Geh. an **IV** u. *Arachidonsäure* (**VI**) war sehr niedrig; in Hoden, Hirn u. Depotfett konnte keine **IV** nachgewiesen werden. Zusatz von **II** u. **III** erhöhte den Geh. des Gewebes an diesen **I**, beeinflußte aber den Geh. an **IV** u. **VI** nicht. Zusatz von **IV** verringerte den Geh. an **V** u. erhöhte den Geh. an **IV** u. **VI**.
K. ZINGRAF. 4585□

Fettsäurenveränderungen in den Gewebelipiden nach Verfütterung von Cholesterinreichem Futter mit Zusatz essentieller Fettsäuren bei Kaninchen. Leon Swell, M. D. Law, P. E. Schools jun. und C. R. Treadwell. (J. Nutrit. **75.** 181—91. Okt. 1961. Martinsburg, W. Va., Veterans Admin. Center; Washington, D. C., George Washington Univ., School of Med., Dep. of Biochem.) (Engl.)

Kaninchen erhielten ein Futter mit einem Zusatz von 1 g *Cholesterin* (I) u. 150 g *Olivenöl, Linolensäure* (II), *Äthylarachidonat* (III) oder II + 3 mg *Pyridoxin* (IV) täglich. Alle diese Tiere zeigten Atherosklerose, am wenigsten die mit II + IV gefütterten. Im Vgl. zu den Kontrollen war nach I-Fütterung der I-, *Triglycerid* (V)- u. *Phospholipid* (VI)-Geh. der Aorta u. der I-Geh. in Serum u. Leber erhöht u. die I-Ester-Fraktion im Serum enthielt mehr Ölsäure u. weniger II; in der in der Aorta abgelagerten I-Ester-Fraktion war auch der Anteil von gesätt. Fettsäuren (VII) erhöht. Dagegen bestanden keine signifikanten Unterschiede in der VII-Zus. der V- u. VI-Fraktion in der Aorta, während der II-Anteil in der VI-Fraktion des Serums erhöht war. Bei der mit III gefütterten Gruppe war der Anteil von II u. *Arachidonsäure* in den VI der Leber signifikant höher als in den anderen Gruppen. K. ZINGRAF. 4585□

Wirkung langkettiger Ketosäuren auf die Kükenencephalomalacie. M. G. Kokatnur, Seiichi Okui, F. A. Kummerow und H. M. Scott. (Proc. Soc. exp. Biol. Med. **104.** 170—71. Mai 1960. Urbana, Ill., Univ. of Illinois, Dep. of Food Technol. and Animal Sci.) (Engl.)

Um zu klären, ob die Autoxydation des ungesätt. Nahrungsfettes bei der Entstehung der Kükenencephalomalacie Bedeutung besitzt, wurden mögliche Oxydations-Prodd. langkettiger ungesätt. Fettsäuren [*Δ^9-12-Oxo-cis-octadecensäure* (I), *12-Oxooctadecansäure, Δ^{10}-12-Oxo-trans-octadecensäure*, Methylester von I) in 0,25%ig. Zulage zur Vitamin-E-Mangelkost, die 10% Maisöl enthielt, verabreicht. Die Ggw. dieser Ketosäuren beschleunigte die Entw. der Encephalomalacie, wobei sich I als am wirkungsvollsten erwies mit Induzierung der Symptome bereits nach 7 Tagen.
U. TAUSENDFREUND. 4585□

Vitalstoff-Tabellarium. 22. Fortsetzung. 8. Mitt. **Enzyme.** 1. Teil. H. A. Schweigart. (Vitalstoffe — Zivilisationskrankh. **6.** 161—65. Aug. 1961. Dachau, Inst. für Biochem. der Vitalstoffe u. Ernährung.) (Dt.) — 21. bzw. 7. vgl. C. **1962.** 3866.

Tabellar. Übersicht mit textlichen Anmerkungen. G. KIRSTEN. 4585□

Der Einfluß eines Eiweiß-Vitamin-Konzentrates auf die Zusammensetzung des Blutserums bei Kranken mit tuberkulöser Spondylitis. L. Žihare. (Известия Академии Наук Латвийской ССР [Nachr. Akad. Wiss. Lett SSR] **1959.** Nr. 11. 147—53. Inst. für exp. Med. der Akad. der Wiss. der Lett SSR.) (Lett.; Auszug: Russ.)

Von 40 Patienten mit tuberkulöser Spondylitis erhielten 25 zusätzlich zu der Krankenkost noch 100 g *Eiweiß-Vitamin-Konzentrat.* Dieser 1½- bzw. 3 Monate lang gegebene Zusatz erwies sich ohne Wrkg. auf das Gesamteiweiß im Blutserum. Es bestand jedoch eine positive Wrkg. auf seine einzelnen Fraktionen: die Gesamtmenge der *Albumine* stieg an, der Anteil der feindispersen *Globuline* ging zurück. Das galt sowohl für die akt. wie für die lokalisierte Phase des Krankheitsprozesses. F. DU MANS. 4587□

Beziehung zwischen Vitamin B_1 und den purinartigen Stoffen. P. Nikolow. (В Памет на Методий Попов [In memoriam Methodi Popoff] **1958.** 357—62.) (Bulg.; Auszug: Dt.)

Mit *Vitamin-B_1*-freier Kost ernährte Tauben erkrankten nicht an Beriberi, wenn dem Futter 1% *Theophyllin* u. 0,5% *Thioharnstoff* zugesetzt wurde. Die Beriberikrankheit beruht demnach auf dem Mangel an Purin. CH. HEESE. 4587□

Verhalten der Nebenniere bei der B_1-Avitaminose durch Neopyrithiamin. E. Grana, V. Cappelli und T. Ceriani. (Boll. Soc. ital. Biol. sperim. **36.** 284—86. 31/3. 1960. Pavia, Univ., Ist. di Fisiol. Umana e di Chim. Farmaceut.) (Ital.)

Albinoratten erhalten 10 Tage lang eine an *Vitamin B_1* freie Kost u. am 2., 3. u. 4. Tag je 2 mg *Neopyrithiamin* (I) intraperitoneal. Gegenüber Kontrolltieren ergibt die I-Behandlung nur eine geringe Veränderung des Geh. der Nebennieren an *Cholesterin* u. *Ascorbinsäure*. Dagegen erscheint das Gewicht der Nebennieren in bezug auf das Körpergewicht stark erhöht vor allem wegen dessen Abnahme durch die I-Behandlung, weniger durch Hypertrophie. F. KREN. 4587□

Einfluß von Thiamin auf die Phosphataufnahme und den Phosphatstoffwechsel des Erythrocyten. Helmut Greiling, Werner Winkelmann und Ernst Schütte. (Acta biol. med. german. **1.** 389—95. 1958. Berlin, Freie Univ., Physiol. chem. Inst.) (Dt.)

Die Aufnahme von $^{32}PO_4^{3-}$ (I) von Erythrocyten (E) wird durch *Thiaminhydrochlorid* (II) in einer Konz. von $3 \cdot 10^{-3}$ Mol/Liter anfangs stark beschleunigt. Bereits nach 10 Min. zeigt sich ein exponentieller Abfall der I-Aufnahme, der sich nach 2 Std. den

II-freien Kontrollen angleicht. Im Plasma kommt es ohne II zum langsamen, geradlinigen Abfall der I-Aktivität, während unter II-Zusatz die I-Aktivität unmittelbar nach Markierung stark abnimmt, bis zu 30 Min. wieder etwas ansteigt u. dann ebenfalls linear abfällt. Die I-Aktivität von *Fructose-6-phosphat* sowie *Fructose-1.6-diphosphat* ist bei II-Ggw. erhöht. Das Aktivitätsverhältnis der *ATP* + *ADP*-Fraktion zur *2.3-Diphosphoglycerinsäurefraktion* beträgt nach 5 Std. mit II 1:3 ohne I 1:1. L. LACHHEIN. 4587□

Über den Einfluß einer Stimulierung des autonomen Nervenzentrums auf den Thiaminstoffwechsel beim Kaninchen. Eijiro Satoyoshi. (Vitamins [Kyoto] **8.** 68—75. 1955. Tokyo, Keio Univ., Med. Abt.) (Jap.; Auszug: Engl.)

Bei elektr. Reizung des autonomen Nervenzentrums im rechten u. linken Thalamus von Kaninchen erfolgte nach 40—60 Min. eine erhebliche Abnahme (z. B. von 558 auf 310 γ-%) des gesamten *Thiamin*-Geh. in der Leber u. der Niere (40 Min.), geringere in der Lunge u. kaum in Herz, Milz u. Nebenniere. Reizung des parasympath. Zentrums brachte keine signifikante Änderung im Geh. an freiem u. gesamtem Thiamin der Organe. — 11 Tabellen. L. SCHULER. 4587□

Einfluß von Thiamin auf die Sekretion und Wirkung von Insulin. Kazuko Machida. (Vitamins [Kyoto] **10.** 174—81. 1956. Nagoya, Nagoya Univ., School of Med., Dep. of Physiol.) (Jap.)

Am isolierten Zwerchfell wird gezeigt, daß das Serum von Mäusen mit Alloxandiabetes oder *Thiamin*-Mangel eine unter der Norm liegende *Insulin*-Aktivität aufweist, die Glucose-Aufnahme ist ebenfalls erniedrigt. Bei *Thiamin*-Zugabe zum Medium wird zwar die Glucose-Aufnahme erhöht, die Glykogen-Synth. jedoch nicht verstärkt. In vivo ist *Thiamin* wirkungslos. P. GREGORZEWSKI. 4587□

Veränderungen der Wirkungen des Acetylcholins durch Thiamin auf die Aktivität des Herzens der Ratte. R. Minelli. (Boll. Soc. ital. Biol. sperim. **37.** 1165—67. 15/12. 1961. Pavia, Univ., Ist. di Fisiol. Umana.) (Ital.)

40 Albinoratten erhalten 80, 320, 1280 u. 5120 μg *Aneurinhydrochlorid* (I)/100 g u. dann 0,5 μg *Acetylcholin* (II)/100 g intravenös. Die Unterss. ergeben, daß I bzgl. parasympath. Herz-Innervierung sowohl das endogene als auch das exogene I antagonisiert (Verschwinden der Bradycardie). In hohen Dosen zögert I die Rückkehr des arteriellen Druckes zum basalen infolge der II-Gabe hinaus, d. h. bis zu 250% nach 1 Min. nach der I-Gabe (von 27 auf 69 sec); nach 15 Min. sind es nur noch 140%. F. KREN. 4587□

Über die biologische Bildung von Acetylcholin aus S-Acetylthiamin. Shinji Itoh. (Vitamins [Kyoto] **8.** 31—36. 1955. Nagoya Univ., Med. Abt.) (Jap.; Auszug: Engl.)

Wird *O.S-Diacetylthiamin* (I) zu einer Suspension von Dünndarmschnitzeln (DD), aus Albinoratten frisch exstirpiert, gegeben, so erfolgen auffallende Kontraktionen, die jedoch bei Vorbehandlung mit Atropin nicht eintreten. Bei gleichzeitiger Gabe von I u. *Cholin* (II) sind die Kontraktionen noch stärker. *Glutathion* u. *Cystein* allein sind ohne Wrkg., verstärken aber zusammen mit I u. II die Kontraktionen. *Pantothensäure* ist auf die I-Wrkg. ohne Einfluß. Konz. *Thiamin*-Lsgg. zeigen eine gewisse Hemmwrkg. auf den Kontraktionseffekt von *Acetyl*-II (III), nicht aber I u. *Thiaminalkyldisulfide*. Zusatz von *O.S-Dibenzoylthiamin* verursacht eine Entspannung der DD u. starke Schwächung der Ansprechbarkeit der DD gegen III, Histamin u. Pituitrin. L. SCHULER. 4587□

Thiaminstoffwechsel bei Patienten mit kongestiver Herzinsuffizienz. 1. Mitt. **Klinische Beobachtungen.** Eijiro Satoyoshi. (Vitamins [Kyoto] **8.** 76—80. 1955. Tokyo, Keio Univ.) (Jap.; Auszug: Engl.)

Bei Patienten mit kongestiver Herzinsuffizienz u. subnormalem *Thiamin* (I)-Spiegel (Blut u. Harn) erfolgte nach Verabreichung von I (Injektion bzw. oral) eine Einstellung auf normalen I-Gehalt. Dies deutet auf I-Mangel bei den Patienten hin. Selbst nach Verabreichung von I bleibt jedoch die I-Ausscheidung niedrig. Bei kompensierten Herzfehlern scheint kein I-Mangel im Spiel, wohl aber bei anderen schweren Erkrankungen, bei denen jedoch meist (im Gegensatz zu obigen Herzkranken) Hydrämie vorliegt. L. SCHULER. 4587□

Thiaminstoffwechsel bei Patienten mit kongestiver Herzinsuffizienz. 2. Mitt. **Einfluß von Diureticis auf den Thiaminstoffwechsel.** Eijiro Satoyoshi. (Vitamins [Kyoto] **8.** 81—84. 1955.) (Jap.; Auszug: Engl.) — 1. vgl. vorst. Referat.

Bei Patienten mit kongestiver Herzinsuffizienz erfolgt im allg. gleichzeitig mit Diurese eine erhebliche Zunahme der *Thiamin*-Ausscheidung, nachdem Digitalis-Präpp., Ionenaustauscherharze (wie Resodec oder Dain K) u. Hg-Präpp. (wie Thiomerin) gegeben worden waren. — Diagramme. L. SCHULER. 4587□

Der Einfluß von Vitamin B_1 auf den Coronarblutkreislauf. B. A. Owtschinnikow. (Архив Патологии [Arch. Pathol.] **22.** Nr. 11. 58—64. 1960. Militärmed. Kirow-Akad., Lehrst. für Hospitaltherap. u. Lehrst. für normale Physiol.) (Russ.; Auszug: Engl.)

Bei i.v. Einführung von *Vitamin B_1* (I) trat bei Katzen eine Intensivierung des Coronarkreislaufes ein; die Venen erweiterten sich. Die gefäßerweiternde Wrkg. von I trat bei normalen Bedingungen innerhalb von 46 Sek., bei akutem Myocardinfarkt in 169 Sek., bei Schädigung des Zentralnerven-Syst. durch Nahrungs- u. Schutzreflex in 120 bzw. 130 Sek. u. nach Denervierung des Herzens in 27,8 bzw. 25,2 Sek. ein. Die Vermehrung des Coronarkreislaufes war von den Veränderungen des arteriellen Blutdruckes unabhängig. Die Verw. von I als Therapeuticum bei Herz- u. Kreislaufkranken wird angeregt. F. du Mans. 4587□

Neue klinische Applikation von Thiamin. Toichiro Sawada. (Vitamins [Kyoto] **10.** 149—53. 1956. Fukuoka, Kyushu Univ., School of Med., Dep. of Int. Med.) (Jap.) P. Gregorzewski. 4587□

Untersuchungen über die Stabilität der Vitamine in mit Thiamin und Riboflavin verstärktem „Shoyu". Ryohei Takata, Takashi Iima. Michiko Fukano und Shoichi Shimizu. (Vitamins [Kyoto] **10.** 200—04. 1956. Kyoto, Kyoto Univ., School of Engng., Dep. of Ind. Chem.) (Jap.)

In einem Jahr beträgt der Verlust an *Thiamin* 10% u. der an *Riboflavin* 5%. P. Gregorzewski. 4587□

Bestimmung des Standard-Vitamingehalts japanischer Nahrungsmittel. 8. Mitt. **Gehalte an Thiamin und Riboflavin.** Mototeru Yano und Tadashi Yamaguchi. (Vitamins [Kyoto] **8.** 20—27. 1955. Tokyo, Kitasato Inst.) (Jap.; Auszug: Engl.)

Für ca. 200 japan. Lebensmittel (Getreideerzeugnisse, Fleisch, Fische u. andere Meereserzeugnisse, Früchte usw.; 8 Tabellen) werden die Standard-Geh. an *Vitamin B_1* nach dem Thiochromverf. (nach Tōda) u. an *Vitamin B_2* nach dem Lumiflavin-Verf. neu ermittelt zugleich mit dem Wassergehalt. L. Schuler. 4587□

Ca-Salz-Einfluß auf zur Anreicherung in Nahrungsmitteln verwendetes Riboflavin. Soichi Niwa. (Vitamins [Kyoto] **8.** 157—58. 1955. Nagoya, Hygienic Labor. of Aichi Prefecture.) (Jap.; Auszug: Engl.)

In wss. Lsg. wirkt *$CaCO_3$* zerstörend auf *Riboflavin*, $CaCl_2$ u. $CaHPO_4$ haben geringere Wrkg.; 10% Stärke heben die zerstörende Wrkg. von $CaCO_3$ weitgehend auf. P. Gregorzewski. 4587□

Fluorometrische Analyse von Vitaminen. 2. Mitt. **Fluorescenzspektren von Riboflavin und ähnlichen fluorescierenden Stoffen.** Kunio Yagi, Toshikazu Tabata, Etsu Kotaki und Takeo Arakawa. (Vitamins [Kyoto] **8.** 61—63. 1955. Nagoya Univ., Med. Abt.) (Jap.; Auszug: Engl.) — 1. vgl. Vitamins [Kyoto] **7.** [1954.] 768.

Mit dem von Vff. verbesserten Spektrofluorometer (l. c.) werden die Fluorescenzspektren von *Riboflavin, Flavinmononucleotid, Flavinadenindinucleotid, Lumichrom, Lumiflavin, Fluorescein-Na, Citrinin, Acriflavin, Atebrin* u. *Acrinol* ausgemessen (Diagramme) u. mit Unterss. der Literatur verglichen. L. Schuler. 4587□

Einfluß großer Dosen von Vitamin B_2 auf die Entwicklung und den Verlauf der experimentellen Silicose bei weißen Ratten. M. I. Rasumow, B. K. Skirko und A. Ju. Grubina. (Архив Патологии [Arch. Pathol.] **23.** Nr. 8. 55—62. 1961. Ernährungsinst. der Akad. der med. Wiss. der UdSSR.) (Russ.; Auszug: Engl.)

Die Silicose bei Ratten wurde durch Tracheopunktion einer Aufschwemmung von SiO_2-Staub in physiolog. Lsg. hervorgerufen. Dieser Staub bewirkte eine Energietransformation u. troph. Störungen im befallenen Gewebe. Es bildeten sich die für Silicose der paraplast. kollagenen Strukturen charakterist. Bildungen. Massive Dosen von *Vitamin B_2* ($250\,\gamma$) änderten die Intensität der Stoffwechselprozesse u. riefen eine Vertiefung der troph. Störungen in den patholog. Herden der Lunge hervor. Bei den silicosekranken Ratten war die Fläche der mit Silicose befallenen Lungengewebe größer u. der Geh. an Kollagen höher. Bei den Kontrollratten erfolgte eine intensivere Entw. des peribronchialen lymphoiden Gewebes im Vgl. zu den Kontrollratten, die nur Grundernährung erhalten hatten. F. du Mans. 4587□

Wirkung verschiedener Vitamin-Mangelzustände auf den Citronensäurestoffwechsel bei der Ratte. H. F. de Luca, G. Guroff, H. Steenbock, S. Reiser und M. R. Mannatt. (J. Nutrit. **75.** 175—80. Okt. 1961. Madison, Wis., Univ. of Wisconsin, Dep. of Biochem.) (Engl.)

Pantothensäure- u. *Vitamin-B_6*-Mangel bewirkten einen geringeren Geh. von *Citrat* (I) in Serum, Niere u. Harn von Ratten als *Vitamin-D*(II)-Mangel; dagegen wurde der I-Geh. in den Knochen durch II-Mangel stärker herabgesetzt. *Vitamin-A-* u. *Biotin*-Mangel zeigten keinen wesentlichen Einfluß. *Thiamin* (III)-Mangel verringerte den I-Geh. im Harn, dies war jedoch offensichtlich auf Inanition zurückzuführen, denn bei leichtem III-Mangel waren die I-Werte in Gewebe u. Harn unverändert. K. Zingraf. 4587□

Vitamin-B_6-Synthese durch Darmbakterien und der Einfluß von Cellulose. Mototeru Yano. (Vitamins [Kyoto] **10.** 166—73. 1956. Tokyo, Kitasato, Inst., Biochem. Labor.) (Jap.)

Bei vegetar. Ernährung ist das fäkale *Vitamin B_6* (**I**), *4-Pyridoxsäure* (**II**) im Urin u. synthetisiertes **I** im Darm höher als bei normaler Ernährung. Fleischernährung führt zu einer Erniedrigung von **I**. *Cellulose*-Zugabe zur Fleischnahrung verursacht eine **I**-Erhöhung in den Faeces u. von **II** im Urin. P. GREGORZEWSKI. 4587□

Zur mikrobiologischen Methode der Bestimmung von Vitamin B_6 im Blut und in den Geweben. Ch. Bass-Schadchan und E. Pewsner. (Известия Академии Наук Латвийской ССР [Nachr. Akad. Wiss. LettSSR] **1959.** Nr. 8. 143—48. Inst. für experim. Med. der Akad. der Wiss. der LettSSR.) (Russ.; Auszug: Lett.)

Beschreibung einer Meth. der fermentativen Hydrolyse von gebundenem *Vitamin B_6* (**I**) mittels eines Ferment-Präp. aus *Aspergillus oryzae*. Bereits 1 g Gewebe oder 1 mg Blut ist ausreichend, um darin **I** mit Hilfe von 50 bzw. 25 mg des Ferment-Präp. zu bestimmen. Die vollständige Hydrolyse erfolgt bei 37° schon in 24 Stunden. Die mikrobiolog. Meth. der Best. von **I** nach MEISSEL u. POMOSCHTSCHNIKOWA (vgl. C. **1954.** 1765) wird so abgeändert, daß die **I**-Best. wesentlich beschleunigt u. für biochem. Labor. geeignet erscheint. E. RENTZ. 4587□

Stoffwechsel von Nicotinamid und Nicotinsäure in Corcyra cephalonica St. K. V. Rajagopalan, T. K. Sundaram und P. S. Sarma. (Biochem. J. **74.** 355—59. 1960. Madras, India, Univ. of Madras, Univ. Biochem. Labor.) (Engl.)

Der Stoffwechsel von *^{14}C-Nicotinsäure* (**I**) u. *^{14}C-Nicotinamid* (**II**) bei der Insektenlarve *Corcyra cephalonica* St. wird untersucht. Die hauptsächliche Ausscheidungsform ist in jedem Falle freie **I**, daneben werden, bes. nach Gaben unphysiolog. hoher **I**- bzw. **II**-Dosen, beträchtliche Mengen *Nicotinursäure* ausgeschieden. Im Larvengewebe läßt sich eine in der lösl. Cytoplasmafraktion lokalisierbare **II**-*Desamidase* nachweisen, die in vitro **II** zu **I** u. NH_3 spaltet. Das Enzym besitzt ein Optimum bei pH 7,0—7,5, es wird durch Hg^{2+}, Cu^{2+} u. chelatisierende Reagentien, bes. *α.α'-Dipyridyl* (**III**) gehemmt. Die **III**-Hemmung wird durch Fe^{2+}, jedoch nicht durch Mn^{2+}, Mg^{2+}, Co^{2+} oder Zn^{2+} aufgehoben. Eine Konjugation von **I** mit *Glykokoll* wird durch ein zellfreies Homogenat in Ggw. von *Adenosintriphosphat* unter oxydativen Bedingungen bewirkt. H.-J. KOCH/Berlin. 4587□

Bestimmung des Standard-Vitamin-Gehaltes japanischer Nahrungsmittel. 10. Mitt. **Niacin-Gehalt.** Kenzo Nagayama. (Vitamins [Kyoto] **8.** 128—32. 1955. Kyoto, Kyoto Prefectural Univ., School of Med., Biochem. Inst.) (Jap.; Auszug: Engl.) — 9. vgl. C. **1962.** 13839.

Tabelle mit *Niacin*-Geh. von 145 japan. Nahrungsmitteln. P. GREGORZEWSKI. 4587□

Bemerkungen zur Vitamin-Bestimmung. 44. Mitt. **Zur Bestimmung des Niacin-Gehaltes in Nahrungsmitteln.** Kenzo Nagayama. (Vitamins [Kyoto] **8.** 133—36. 1955. Kyoto, Kyoto Prefectural Univ., School of Med., Biochem. Inst.) (Jap.; Auszug: Engl.)

Die Verw. von NaHS oder Na_2HPO_4 zur Beseitigung von Pb nach der Pb-Salz-Behandlung zur *Niacin*-Best. gibt gleich gute Resultate. Zur Vitamin-Best. in pflanzlichen Geweben ist H_2SO_4 besser als HCl geeignet. P. GREGORZEWSKI. 4587□

Stoffwechselbeziehungen zwischen Vitamin B_{12} und Pantothensäure bei Ratten. A. S. Aiyar und A. Sreenivasan. (J. Nutrit. **75.** 235—40. Okt. 1961. Mysore, India, Central Food Technol. Res. Inst.) (Engl.)

Bei *Vitamin-B_{12}* (**I**)-Mangelratten wurde gleichzeitig mit einer Zunahme von *Coenzym A* (**II**) eine Abnahme des gesamten lösl. *Sulfhydryls* (**III**), des *Glutathions* (**IV**) u. des gesamten *Methionins* (**V**) in der Leber beobachtet. Die Veränderung wurde durch eine Einzeldosis von **I** innerhalb von 48 Std. aufgehoben. Zusatz von *L-Cystein* (**VI**) zu **V**-armem Futter bewirkte eine Zunahme von **II**, **III**, **IV** u. **V** in der Leber. **I**-Mangeltiere zeigten eine umfangreichere Synth. von **II** in vivo als Tiere, welche **I** erhielten. Gabe von **I** beim Mangeltier setzte die Synth. von **II** herab. Anwendung von **VI**-Hydrochlorid bei Pantothensäure (**VII**) + **I**-Mangeltieren beeinflußte den Geh. von **II**, **III**, **IV** u. **V** in der Leber nicht. Vorherige Anwendung von **VII** bzw. von **I** begünstigte die Synth. von **II** bzw. von **III**, **IV** u. **V**. K. ZINGRAF. 4587□

Nährwert von pflanzlichen Proteinen. 3. Mitt. **Biosynthese von Vitamin B_{12} und dessen Verwertung bei Ratten bei einer Kost mit pflanzlichen Proteinen.** M. Ramachandran, S. V. Phansalkar und V. N. Patwardhan. (Indian J. med. Res. **48.** 243—49. März 1960. Hyderabad, Indian Council of Med. Res., Nutrition Res. Labor.) (Engl.) — 1. vgl. Indian J. Med. Res. **45.** [1957.] 611.

Auch bei ausschließlich pflanzlicher Herkunft des Diätproteins kommt es bei Ratten nicht zu Erscheinungen des *Vitamin-B_{12}* (**I**)-Mangels. Der **I**-Geh. in Leber u. Serum steigt bei dieser Ernährung an, auch überschreitet die fäkale I-Ausscheidung die Anfangswerte. U. TAUSENDFREUND. 4587□

Gegenwart von Vitamin-B_{12}-Aktivität in Galle. Kunio Okuda. (Vitamins [Kyoto] **10.** 159—62. 1956. Ube, Yamaguchi Med. School, Dep. of Med.; Baltimore, Johns Hopkins School of Hygiene and Public Health, Dep. of Biochem.) (Jap.)

Mit einer verbesserten Meth. konnte in Menschen- u. Rindergalle *Vitamin-B_{12}*-Aktivität nachgewiesen werden. P. GREGORZEWSKI. 4587□

Vergleich der Methoden zur Vitamin-B_{12}-Bestimmung im Serum unter Verwendung von Lactobacillus leichmannii. Kunio Okuda. (Vitamins [Kyoto] **10.** 154—58. 1956. Ube, Yamaguchi Med. School, Dep. of Med.; Baltimore, Johns Hopkins School of Hygiene and Public Health.) (Jap.; Auszug: Engl.)

Die heiße Extraktion mit Acetat nach ROSENTHAL u. die direkte titrimetr. Meth. der Serumzugabe zum Medium werden verglichen. Zugabe von NaCN zum Serum bei der Extraktion liefert eine doppelt so große *Vitamin-B_{12}* (I)-Aktivität, die damit dem Ergebnis der direkten Meth. nahekommt. Bei Zugabe von ^{60}Co-Vitamin B_{12} zu Serum in vitro erhöht NaCN die Freisetzung von serumproteingebundenem I. Es wird vermutet, daß es 2 verschiedene Arten der Bindung zwischen I u. Serumprotein gibt.
P. GREGORZEWSKI. 4587□

Effekt von phosphoryliertem Hesperidin und Hyaluronidase auf die Geschwindigkeit der Erythrocytenresorption aus der Bauchhöhle der Ratte. Emil Steinberger und W. J. Dixon. (Proc. Soc. exp. Biol. Med. **104.** 685—88. Aug./Sept. 1960. Bethesda, Md., Naval Med. Res. Inst. and Detroit, Mich., Wayne State Univ. Coll. of Med., Dep. of Internal Med.) (Engl.)

Aus der Bauchhöhle von Ratten werden injizierte Erythrocyten (Er.) nach 4 Std. bis zu 50%, nach 8 Std. bis zu 80% resorbiert. Nach Injektion von 15 mg *phosphoryliertem Hesperidin* (I) sinkt die Geschw. der resorbierten Er. nach 8 Std. auf 22% ab (Kurven). Im Gegensatz zum Zwerchfell normaler Tiere ist das der I-behandelten nach 4 Std. fast blutlos u. völlig durchscheinend. Behandlung der Tiere mit *Hyaluronidase* führt zu einer geringen, jedoch deutlich nachweisbaren Erhöhung der Er.-Resorptions-Geschw., ohne daß Veränderungen des Zwerchfells wahrnehmbar sind. Vff. führen die I-Wrkg. auf eine Blockierung der Membranen zwischen Bauchhöhle u. Lymphknoten zurück.
G. KIRSTEN. 4587 □

Einfluß der Ascorbinsäure und der Produkte ihrer Oxydation auf das Myoglobin und seine Derivate. G. I. Mejerow. (Биохимия [Biochemie] **27.** 55—57. Jan./Febr. 1962. Leningrad, Shdanow-Univ., Lehrstuhl für Biochemie) (Russ.; Auszug: Engl.)

Es wird gezeigt, daß das *Metmyoglobin* (I), ähnlich dem Methämoglobin, durch *Ascorbinsäure* (II) red. wird. Die Red. von I durch II erreicht 58—79%. Bei der Einw. von Diketogulonsäure (III) auf ein Gemisch von I u. *Oxymyoglobin* wird die Lichtabsorption im Gebiet 600—660 u. 450—520 mμ verstärkt. Dies ist ein Beweis dafür, daß bei der Rk. zwischen I u. III ein Chromoproteid gebildet wird, das dem Choleglobin nahesteht. Bei der Rk. zwischen I u. III erfolgt demnach eine Zers., ähnlich der bei Hämoglobin zu beobachtenden. O. LEBTAG. 4587□

Untersuchungen über die Wirkung von Makaradhwaja. 2. Mitt. **Einfluß auf die Oxydation von Ascorbinsäure.** K. R. K. Rao und B. Mukerji. (J. sci. ind. Res. [New Delhi], Sect. C **18.** 61—62. März 1959. Lucknow, Central Drug Res. Inst.) (Engl.) — 1. vgl. J. sci. ind. Res. [New Delhi], Sect. C. **17.** [1958.] 177.

Makaradhwaja hemmt die Oxydation von *Ascorbinsäure* (I) fast völlig. Der O_2-Verbrauch liegt im Vgl. zur starken Hemmung mit rotem Hg-Sulfid nur bei $^1/_3$. *Cu*-Zusatz steigert die I-Oxydation gegenüber den Wasserkontrollen auf das 4½fache. Bei Cu + *Makaradhwaja*-Zusatz beträgt die I-Oxydation gegenüber den Kontrollen nur $^2/_3$.
W. HILLER. 4587□

Ascorbinsäure, Dehydroascorbinsäure und Glutathion-Spiegel im Blut von Patienten mit Infektionskrankheiten. Jagadindra Nath Bhaduri und Sachchidananda Banerjee. (Indian J. med. Res. **48.** 208—11. März 1960. Calcutta, Presidency Coll., Dep. of Physiol.) (Engl.)

Bei Cholera, Pocken, pyogener Meningitis, tuberkulöser Meningitis, Gonorrhoe u. Syphilis erwies sich der Geh. des Blutes (Nüchternwerte) an *Glutathion* (keine Aufteilung in oxydierte u. red. Verb.) u. an *Ascorbinsäure* als erniedrigt, während der Geh. des Blutes an *Dehydroascorbinsäure* gleichzeitig erhöht war. Möglicherweise kann die Schwere tox. Symptome durch die Akkumulierung der letzteren erklärt werden.
U. TAUSENDFREUND. 4587□

Beziehungen zwischen Ascorbinsäure und Phenylalanin im Harn von Patiente mit verschiedenen Krankheiten, insbesondere Tuberkulose. Shoichi Tatsuno,

Takiji Sawafuji und Bunichi Saito. (Vitamins [Kyoto] **8.** 85—89. 1955. Tokyo, Keio Univ., Nagano, Suwa Centr. Hosp.) (Jap.; Auszug: Engl.)

Bei 46 Patienten, meist mit Tuberkulose, werden im Morgenharn u. nach i.v. Injektion von 100 mg *Ascorbinsäure* (I) mit 2.6-Dichlorphenolindophenol (TÕDA 1934) I u. papierchromatograph. *Phenylalanin* (II) bestimmt. Der I-Geh. im Morgenharn u. auch der von 7 Std. nach I-Verabreichung lagen deutlich unter dem der Kontrollen. Über die Hälfte der Kranken litt an Avitaminose. II war bei 30% der Kranken positiv. Ein bes. deutlicher II-Fleck zeigte sich bei chron. Nephritis mit Nephrose; dabei war der I-Geh. im Harn nach I-Verabreichung auffallend niedrig. Dies deutet auf einen Zusammenhang zwischen I-Geh. u. Auftreten von II im Harn hin. — 3 ausführliche Tabellen. L. SCHULER. 4587 □

Über eine andere Modifizierung der Methode von Roe-Kuether der Bestimmung der Gewebeascorbinsäure. E. Gori. (Boll. Soc. ital. Biol. sperim. **33.** 804—08. Juni 1957. Mailand, Univ., Ist. di Farmacol.) (Ital.)

Vf. bespricht die Meth. von ROE-KUETHER u. schlägt folgende Arbeitsweise vor: Zu 4 ml des Organextrakts in 4%ig. Trichloressigsäure wird 1 Tropfen einer 2.6-Dichlorphenolindophenol-Lsg. (20 mg in 20 ml W.) u. je 1 ml einer Lsg. von 2.4-Dinitrophenylhydrazin u. Thioharnstoff, 2 bzw. 4%ig. in 9 n H_2SO_4 zugegeben. Nach einer Inkubation von 45 Min. bei 57° werden zu der eiskalten Lsg. 5 ml 85%ig. H_2SO_4 zugegeben. Es wurden ausgezeichnete Resultate erhalten. O. POLLAK v. EMHOFEN. 4587

Der Vitamin-A-Haushalt bei gesunden und kranken Tieren. F. J. Tagwerker. (Wiener tierärztl. Mschr. **48.** 661—90. Aug. 1961. Basel, Fa. Hoffmann-La Roche u. Co., Vit. Abt.) (Dt.)

Vf. gibt einen Überblick über die gegenwärtigen Kenntnisse bzgl. der Vorgänge bei der Resorption des *Vitamins A* (I) u. behandelt die verschiedenen Möglichkeiten einer I-Unterversorgung von Nutztierbeständen. Die heute vorhandenen speziellen Anwendungsformen von I bieten gute Aussichten zur Gesunderhaltung der Haustiere. — 152 Literaturangaben. H.-D. BOCK. 4587 □

Vitamin-A-Gehalt des normalen Plasmas erwachsener Japaner. Koji Kimura. (Vitamins [Kyoto] **10.** 163—66. 1956. Tokyo, Kitasato Inst., Biochem. Labor.) (Jap.)

Mit der Glycerindichlorhydrin- u. CARR-PRICE-Meth. wird ein durchschnittlicher Geh. von 137 $\pm$ 30 I.E./100 ml gemessen. *Cholesterin* beeinflußt die Ergebnisse nicht. P. GREGORZEWSKI. 4587 □

Die Umwandlung von intravenös verabfolgten wäßrigen Aufschwemmungen von Carotinoiden in Vitamin A. W. A. Mc Gillivray. (Brit. J. Nutrit. **15.** 313—25. 1961. Palmerston North, New Zealand, Univ. of New Zealand, Massey Agric. Coll., Biochem. Dep.) (Engl.)

Die Umwandlung tritt im Blut unmittelbar nach der Injektion ein. Gleichzeitige Injektion von Methyllinoleat erhöht die Speicherung von *Vitamin A* (I) in der Leber auf das 3fache. Es wird vermutet, daß *Carotin* eine schnelle mit ungesätt. Lipoiden gekuppelte Oxydation erleidet, wobei Hämoglobin möglicherweise als Katalysator wirkt. Diese nicht spezif. Oxydation führt zur Bldg. etwa des *Retinens*, das dann in dem Gewebe zu I red. wird. Eine Reihe von Carotinoiden kann in I umgewandelt werden, wenn sie als wss. Suspensionen injiziert werden. P. NACHTWEY. 4587 □

Studien über den Carotinstoffwechsel. 5. Mitt. **Die Wirkung von Kupfer auf die Verwertung von Carotin.** Magdalene Krámer und R. Tarján. (Int. Z. Vitaminforsch. [Bern] **30.** 271—78. 1960. Budapest, Inst. für Ernährungswiss.) (Dt.) — Vgl. C. **1959.** 17268.

Kupfer-Mengen von 1—15 mg täglich für 9 Wochen gegeben, hemmen nicht das Wachstum der Ratte. Bei 1—5 mg Cu täglich erhöhte sich der Cu-Geh. der Leber nur unbedeutend, bei 15 mg war er auf das 20—30fache erhöht. Der *Vitamin-A*-Geh. der Leber fiel bei Cu-haltiger Diät, wobei die Höhe der Cu-Gabe keinen Einfl. zeigte. Auf die Ausscheidung u. damit die scheinbare Resorption des *Carotins* hat Cu keine Wirkung. Auf den Vitamin-A-Geh. der Niere hat eine Cu-haltige Diät keinen Einfluß. W. HILLER. 4587 □

Die Hydrolyse von Vitamin-A-Estern durch Rattenleberhomogenate. D. H. Laughland. (Arch. Biochem. Biophysics **73.** 95—99. Jan. 1958. Ottawa, Canada, Canada Dep. of Agric., Div. of Chem.) (Engl.)

Die *Ester von Vitamin A* (I) mit *Essigsäure, Buttersäure, Capronsäure*, werden durch Leberhomogenate von normalen u. bei I-Mangel gehaltenen Ratten in gleicher Weise gespalten, wobei der Ester der Capronsäure nur sehr wenig gespalten wird. Keine Spaltung erfahren die I-Ester der *Caprylsäure, Caprinsäure, Laurinsäure, Myristinsäure* u. *Palmitinsäure*. A. HESSE. 4587 □

Bestimmung des Standard-Vitamin-Gehaltes japanischer Nahrungsmittel. 9. Mitt. **Vitamin-A-Gehalt.** Tsuyuko Kawaguchi. (Vitamins [Kyoto] **8.** 123—28. 1955. Tokyo, Kitasato Inst., Biochem. Labor.) (Jap.; Auszug: Engl.)

Tabelle mit dem *Vitamin A*- u. *Provitamin-A*-Geh. von 129 verschiedenen japan. Nahrungsmitteln. P. GREGORZEWSKI. 4587□

Einfaches Bestimmungsverfahren für Vitamin A in Margarine. 1. Mitt. Koji Naito und Takajiro Mori. (Vitamins [Kyoto] **8.** 17—20. 1955. Tokyo, Univ., Landw. Abt.) (Jap.; Auszug: Engl.)

Bei dem üblichen Verf. der Unters. von *Margarine* (M) auf *Vitamin A* (II) müssen zugesetzte Farbstoffe, die bei der Analyse stören, erst chromatograph. entfernt werden. Die in Japan zugelassenen beiden Farbstoffe Yellow A.B. u. O.B. können aber auch durch Acetaldehyd (I) enthaltenden Eisessig herausgelöst werden, gemäß folgendem Verf.: 3—5 g M werden durch 30 Min. langes Kochen mit 20 ml 50% KOH verseift. Das Unverseifbare (US) wird 4mal mit je 50 ml Ae. ausgeschüttelt; nach Abdest. des Ae. in einer inerten Gasatmosphäre wird der Rückstand in 20 ml PAe. gelöst, durch Ausschütteln mit 10 ml Eisessig +1% I werden die Farbstoffe herausgelöst. Nach Abdest. des PAe. wird das US in Chlf. gelöst u. darin der II-Geh. bestimmt. Kontrollen (Proben) zeigen 96% Rückgewinnung von II. L. SCHULER. 4587□

Die Wirkung von Tocopherol, Vitamin A, Selen und Antioxydantien auf Ubichinon in der Ratte. A. T. Diplock, E. E. Edwin J. Bunyan und J. Green. (Brit. J. Nutrit. **15.** 425—41. 1961. Surrey, Engl., Tedworth, Vitamins Ltd., Walton Oaks Exper. Stat.) (Engl.)

Vff. untersuchten den Einfl. des *Vitamins A* (I) auf die Beziehungen zwischen *Vitamin E* (II) u. *Ubichinon* (III) bei Ratten, die einen II-Mangel haben. Die früher schon beobachtete Erhöhung des III-Geh. durch II in den Geweben wird durch Änderung des I-Geh. in der Nahrung nicht beeinflußt. Das Rattenovar besitzt eine hohe Konz. an II. Wird II oder *Se* an II-Mangelratten verabfolgt, so wird der Geh. an III im Ovar bemerkenswert vergrößert. Se erhöht die III-Konz. in allen Geweben mit Ausnahme des Uterus. Das Fehlen eines Einfl. von Se auf die III-Konz. im Uterus u. die Wirkungslosigkeit des Se, die Resorption von Föten zu verhindern, wird in Beziehung gesetzt. — Zwei andere kräftige Antioxydantien: *Santochin* (*p.p'-Diphenyl-p-phenylendiamin*) können II nicht ersetzen. P. NACHTWEY. 4587□

Wirkung von Vitamin D auf die Verwertung von Zink, Cadmium und Quecksilber bei Küken. N. A. Worker und B. B. Migicovsky. (J. Nutrit. **75.** 222—24. Okt. 1961. Ottawa, Ontario, Canada, Dep. of Agric., Res. Branch, Animal Res. Inst.) (Engl.)

Bei rachit. Küken wurde der Transport von oral, nicht aber von subkutan verabreichtem *Zn* u. *Cd* (nicht aber von *Hg*) in die Knochen durch *Vitamin D* deutlich gefördert. K. ZINGRAF. 4587□

Bestimmung der biologischen Wertigkeit von α-Tocopherol mittels der Speicherung in der Kükenleber: Methoden. Martha W. Dicks und L. D. Matterson. (J. Nutrit. **75.** 165—74. Okt. 1961. Storrs, Conn., Univ. of Connecticut, Storrs Agric. Experim. Stat., Poultry Sci.Dep.) (Engl.)

Bei Unterss. über die Best. der biolog. Wertigkeit der verschiedenen Formen von *α-Tocopherol* (I) mittels der Speicherung durch die Leber des Kükens ergab sich, daß die Verwertung des Vitamins durch das Küken innerhalb von 4 Tagen fast die gleiche war wie innerhalb von 2 Wochen. Eine Modifikation der Meth. von BRO-RASMUSSEN u. HJARDE (C. **1958.** 11916) mit verändertem Verseifungs-Verf. u. veränderter Ablesungs-Meth. mit $FeCl_3$-Dipyridyl kann die Meth. der Mol.-Dest. u. Florex-Chromatographie zur I-Best. in der Leber ersetzen. K. ZINGRAF. 4587□

Untersuchung des Vitaminumsatzes bei Hitzearbeiten in einer Eisenhütte. Je. M. Masslenikowa, A. N. Tichomirowa, Je. A. Kraiko, O. I. Penap, L. G. Gwosdowa, L. Ja. Ssolowjewa, Je. W. Kulitschenko und A. Sch. Gelfembein. (Вопросы Питания [Fragen d. Ernähr.] **19.** Nr. 2. 3—9. März/April 1960. Moskau, Inst. für Ernähr. der Akad. der med. Wiss. der UdSSR.) (Russ.)

Im Laufe von 1 Jahr wurde die Vitaminversorgung des Organismus von Hüttenarbeitern bei gewöhnlicher oder vitaminisierter Kost untersucht. Danach zeigt sich ein jahreszeitlich bedingter Mangel an *Vitamin* B_1 (I), der bes. stark im Sommer auftritt. Die gleichen Schwankungen zeigt der Geh. an *Vitamin* B_2 (II), während bei *Vitamin PP* (III) diese fehlen. Der tägliche Bedarf eines Hüttenarbeiters an *Vitamin C* beträgt ca. 200 mg, der Bedarf an I ca. 5 mg, an II 3—5 mg, an III ca. 30 mg, an *Vitamin A* 2—3 mg. O. LEBTAG. 4587□

Resorption von radioaktivem Natrium aus dem Intestinaltrakt des Menschen. 1. Mitt. **Wirkung der Darmmotilität.** 2. Mitt. **Wirkung eines organischen Quecksilberpräparates.** Victor W. Groisser und John T. Farrar. (J. clin. Invest. **39.** 1607 bis

1618. Nov. 1960. New York, N.Y., Vet. Admin. Hosp., Med. Serv.; Cornell Univ., Med. Coll., Dep. of Med.) (Engl.)

Bei Unters. der quant. Charakteristica der *Na*-Resorption aus dem Darmlumen ins Blut wurden von 10—15 μc ^{24}Na aus 30 ml isoton. NaCl-Lsg. innerhalb 5 Min. 62% u. innerhalb 12 Min. 93% resorbiert; der in einer Richtung verlaufende Na-Transport geht mit exponentieller Geschw. vor sich. Die Darmmotilität spielt wahrscheinlich keine entscheidende Rolle. *Propantheline* (*Probanthine*) hemmt die Resorption von ^{24}Na (nicht über Motilitätshemmung). — Nach Verabreichung von 2 ml *Mercaptomerin* konnte zur Zeit des diuret. Effektes auf die Nieren keine Veränderung der ^{24}Na-Resorption beobachtet werden. U. TAUSENDFREUND. 4594□

Resorption der Glucose im Dünndarm beim Schock. I. A. Iljinski. (Патологическая Физиология и Экспериментальная Терапия [Pathol. Physiol. exp. Therap.] **5.** Nr. 4. 64—65. Juli/Aug. 1961. Leningrad, Dshanelidse Forschungsinst. für 1. Hilfe, Labor. für Pathophysiolog.) (Russ.)

Die *Glucose*-Resorption (5%ig. Lsg.) war im isolierten Dünndarm von Katzen mit experimentellem Schock in der 1. Phase um 14% vermindert, in der 2. Phase um 14% erhöht u. in der 3. Phase vermindert. In vivo stieg nach Laparatomie der Blutzuckerspiegel in der vena portae u. im peripheren Blut nach Injektion von 20 cm^3 40%ig. Glucose-Lsg. in den Dünndarm an, bei den Tieren, die starben, fiel er im peripheren Blut ab. Der Glykogen-Geh. der Leber verringerte sich während des Schocks von 2,5—0,5% auf 0,4—0,3%. I. v. KLOCH-KORNITZ. 4594□

Über einige Besonderheiten der Gewinnung und Analyse von natürlichem Magensaft. Je. N. Alter und O. Ss. Stepanowa. (Аптечное Дело [Apothekenwesen] **9.** Nr. 1. 67—68. Jan./Febr. 1960.) (Russ.)

Zur qual. Best. der Ggw. von *Gallensäure* (I) im Magensaft empfehlen Vff. den Zusatz von 2—3 Zuckerkristallen u. 1,5 ml konz. H_2SO_4 (spezif. Gew. 1,84) zu 5 mg des Präparates. Sind geringe I-Mengen vorhanden, so bildet sich ein rosafarbener Ring, dessen Färbung nicht intensiver sein darf als die einer Lsg., die aus 10 ml dest. W. u. 1 Tropfen Dimethylamidoazobenzol u. 2 ml 0,1n HCl; widrigenfalls ist die Anwendung des Magensaftes für therapeut. Zwecke nicht angebracht. E. RENTZ. 4594□

Beiträge zur Untersuchung der Gallensäuren bei der normalen, fastenden und Antibiotica erhaltenden Ratte. Maurice Lambiotte. (Bull. Soc. Chim. biol. **40.** 1579—92. 10/12. 1958. Bellevue (Seine-et-Oise), Labor. de Biochim. de la Nutrition du C.N.R.S.) (Franz.)

Best. der Gesamt-*Cholsäure* im Dickdarminhalt der Ratte ergibt selbst bei definiertem Verdauungszustand unregelmäßige Resultate. Wird intraperitoneal $^{14}C_{(4)}$-*Cholesterin* (I) vorher verabreicht, so zeigt sich, daß orale Gaben von *Phthalylsulfonazol* u. *Neomycin* nicht die Menge der von I gebildeten Gallensäuren verändert, jedoch deren Ausscheidung stark verlangsamt. R. LAFFERENZ. 4594□

Die Rolle der Adenosintriphosphorsäure bei der Motilität der Infusorienart Tetrahymena pyriformis. Ss. A. Burnaschewa und M. W. Jefremenko. (Биохимия [Biochemie] **27.** 167—72. Jan./Febr. 1962. Moskau, Bach-Inst. für Biochemie der Akad. der Wiss. der UdSSR.) (Russ.; Auszug: Engl.)

Die Unters. der Beziehungen zwischen den Umwandlungen der *Adenosintriphosphorsäure* (I) u. der Beweglichkeit von *Tetrahymena pyriformis* u. der Rolle anderer phosphorylierter Nucleotide ergab, daß eine Bewegung der Infusorien nur dann möglich ist, wenn durch normalen Verlauf der Atmung u. der Glykolyse ein bestimmter I-Spiegel aufrechterhalten wird. Bei Ausschaltung von Atmung u. Glykolyse erfolgt neben einer Abnahme des I-Geh. eine Abnahme der Beweglichkeit. Die Energie der Oxydationsprozesse wird für die Bewegungsfunktion nur indirekt verwertet. Ebenso wie in den Muskeln dienen hier diese Prozesse der Bldg. von energiereichen Phosphatbindungen, deren Energie die Bewegungsfunktion ermöglicht. O. LEBTAG. 4595□

Anaerober Stoffwechsel in der Stubenfliege, Musca domestica. J. P. Heslop, G. M. Price und J. W. Ray. (Biochem. J. **82.** 24 P—25 P. Febr. 1962. Slough, Bucks., Agric. Res. Council, Pest Infestation Labor.) (Engl.)

Anoxie (reine N_2-Atmosphäre) führt bei *Musca domestica* in 3 Std. zum Ansteigen des *Orthophosphats* von 4 auf 13 μMol/g, in ½ Std. zum völligen Verbrauch von *Argininphosphat* u. *Adenosintriphosphat*, während *Glycerophosphat* von 2 auf 9 μMol/g ansteigt. Glycerin wird nicht gefunden. W. KAPITZA. 4596□

Glucosestoffwechsel im isolierten und infundierten Kuheuter. G. Peeters, J. Govaerts und Sierens. (Arch. int. Pharmacodynam. Thérap. **110.** 367—73. 1/4. 1957. Gand, Univ. de Gand, Ecole de Méd. Vet., Inst. de Physiol.; Liège, Univ. de Liège, Inst. de Physique Nucléaire.) (Franz.)

Ein halbes Euter einer lactierenden Kuh wurde isoliert u. mit heparinisiertem Blut durchströmt. Dann wurde $^{14}C_6$-*Glucose* gleichzeitig mit unmarkiertem Na-Acetat infundiert. In der künstlichen Lunge wurde zunehmend $^{14}CO_2$ (insgesamt 5,91% der Dosis) gefunden. Die Radioaktivität betrug in der Milch für wasserlösl. flüchtige Fettsäuren (I) 0, nichtflüchtige I 0,005, für Glycerin (II) 0,039, für Lactose 1,241, für Glykogen (III) 0, im Drüsengewebe für flüchtige I 0,046, für nichtflüchtige I 0,012, für II 0,071 u. für III 0,721 · 10^{-3} μc/mg Kohlenstoff. W. SCHÖNBORN. 4596□

Beobachtungen über den Citronensäuregehalt des Blutes nach Verabfolgung von Glucose beim adipösen Kind. F. Corsini, G. Manfredi und P. Pintozzi. (Boll. Soc. ital. Biol. sperim. **36**. 593—95. 3/6. 1960. Bologna, Univ., Ist. di Clin. Pediatr.) (Ital.)

Bei adipösen Kindern wird 40 Min. vor u. nach der oralen Gabe von 1,5 g *Glucose*/kg der Geh. an *Citronensäure* (I) im Blut bestimmt. In 4 von 5 Fällen wird 40 Min. nach der Behandlung eine mehr oder weniger starke I-Verringerung konstatiert. Bei normalen Kindern waren es nur 2 von 5 Fällen. F. KREN. 4596□

Beiträge zur Kenntnis des Chemismus der Bildung höherer Alkohole in den Organen der Tiere. L. Federico, L. Fleischmann und L. Tagliabue. (Boll. Soc. ital. Biol. sperim. **33**. 802—03. Juni 1957. Mailand, Univ., Centro di Studio per la Chim. e Microbiol. delle Fermentaz. del C.N.R. Sezione Chim.) (Ital.)

An Niere u. Leber der Ratte wird untersucht, ob die vorbeugende Behandlung mit α-Aminosäuren den Geh. an ***höheren Alkoholen*** (I) erhöht. Es zeigt sich, daß der Zusatz von *dl-Valin* den I-Geh. der Leber verdreifacht, den der Niere verdoppelt. Bei dieser Behandlung greift die Transaminierung nicht ein, da ein Zusatz von *l-α-Alanin* oder *Glycin* zur physiol. Lsg. keine Zunahme des I-Geh. verursacht.

O. POLLAK V. EMHOFEN. 4596

Der Schwefelstoffwechsel von Insekten. 6. Mitt. **Der Stoffwechsel der schwefelhaltigen Aminosäuren und der verwandten Verbindungen in der deutschen Schabe, Blattella germanica (L.).** S. Mark Henry und Richard J. Block. (Contr. Boyce Thompson Inst. **21**. 129—44. April/Juni 1961. New York, N.Y., Boyce Thompson Inst. for Plant Res.) (Engl.) — 5. vgl. C.**1961**. 13629.

Bei *Blattella germanica* wurde nach Injektion von ^{14}C-*Serin* (I) sowie *Cystein* (II), *Cystin, Taurin, Methionin* u. anderen S-haltigen Verbb. mit ^{35}S die Bldg. von radioakt. Stoffwechsel-Prodd. untersucht. ^{14}C-II wird aus I mit Sulfat, Sulfit oder Thiosulfat gebildet. Cysteinsulfinsäure u. Cysteinsäure ergeben kein II. Die mögliche Bedeutung der anderen Verbb. im S-Stoffwechsel wird diskutiert. — 48 Literaturangaben.

W. KAPITZA. 4596□

Der Einbau von ^{14}C-Glycin in das Eiweiß der festen Gewebe von Parodont und Zahn bei Einwirkungen auf den Nervus trigeminus und den cervicalen sympathischen Knoten. Ju. A. Petrowitsch und W. M. Konowetz. (Стоматология [Stomatologie] **41**. Nr. 1. 27—32. Jan./Febr. 1962. Odessa, Ukrain. Forsch.-Inst. für Stomatologie; Forsch.-Inst. für Psychoneurol., Abt. für Biochem. u. Radiol.) (Russ.)

Bei Unterss. an Kaninchen setzt ein Trauma des Trigeminus die Intensität der Aufnahme von ^{14}C-*Glycin* (I) in das Eiweiß der festen Gewebe des Alveolarfortsatzes herab. Entfernung des oberen Sympathicushalsknotens wirkt in gleicher Richtung, doch schwächer. Im Eiweiß der Zahngewebe wurde eine nachweisbare Herabsetzung dieses Prozesses nur nach Trigeminustrauma in der Wurzel des Zahnes V beobachtet. Die Aufnahme von I in das Eiweiß verschiedener entkalkter Gewebe ist verschieden. Sie ist bes. ausgeprägt in der Zahnwurzel, etwas geringer im Knochen des Alveolarfortsatzes u. unbedeutend in der Zahnkrone. F. DU MANS. 4596□

Untersuchung des Umsatzes von $^{14}C_{(2)}$-Glycin in den Zähnen und Kiefern von Ratten der Linie „August". A. A. Prochontschukow. (Стоматология [Stomatologie] **41**. Nr. 1. 33—39. Jan./Febr. 1962. Moskau, Med.-Stomatol. Inst., Lehrstuhl für pathol. Physiol.) (Russ.) — Vgl. C. **1961**. 16545.

Bei ingezüchteten Ratten (♂) ist die Ausscheidung von $^{14}C_{(2)}$-*Glycin* (I) aus Molaren u. Kieferknochen im Vgl. mit den Schneidezähnen u. Oberschenkelknochen stark verzögert. Noch 300 Tage nach seiner Einführung kann I in den Molaren u. Kiefern festgestellt werden. Aus den Schneidezähnen ist I nach 120 Tagen, aus den Oberschenkelknochen nach 250 Tagen ausgeschieden. Die Dosierung von I spielt innerhalb des Zeitabschnitts von 30 Tagen für die Schnelligkeit der Aufnahme u. der Ausscheidung keine Rolle. I erwies sich als die brauchbarste Aminosäure für die Erforschung des Eiweißstoffwechsels in den Zähnen u. in den Kiefern. Die Ratten zeigten eine geringere Variabilität des Geh. an I in den entkalkten Geweben im Vgl. zu den Wildstämmen der weißen Ratten.

F. DU MANS. 4596□

Untersuchungen des Fett- und Aminosäurestoffwechsels von Rana esculenta L. und Cyprinus carpio L. mit Hilfe von $^{14}C_{(1)}$-Natriumacetat. J. W. Huismans und J. H. Veerkamp. (Arch. int. Physiol. Biochim. **68.** 682. Sept. 1960. Utrecht, Rijks-Univ., Labor. voor vergelijkende Fysiol.) (Niederl.)

Nach Injektion einer etwa physiolog. Lsg. von $^{14}C_{(1)}$-Na-Acetat (maximal 150 μc) bei Fröschen werden die *gesätt.* u. *ungesätt. Fettsäuren* (I) sowie eine Anzahl *Aminosäuren* (II) isoliert, verascht u. die $BaCO_3$-Aktivität gemessen. Die Messungen zeigen, daß Kaltblüter im Winter nur I-Ketten verlängern, hohe Radioaktivität im ausgeatmeten CO_2 zeigen, das isolierte *Cholesterin* radioakt. ist u. die II im Durchschnitt stärker radioakt. sind als die I. G. Kirsten. 4596□

Die Fraktionszusammensetzung der myofibrillären Proteine verschiedener Muskeltypen. I. I. Iwanow, N. I. Mirowitsch, S. N. Shachowa und Ss. Je. Tukatschinski. (Биохимия [Biochemie] **27.** 94—100. Jan./Febr. 1962. Leningrad, Inst. für Blutübertragungen, Labor. für Biophysik; Pädiatr. Med. Inst., Lehrstuhl für Biochem.; Inst. für Geburtshilfe u. Gynäkol. der Akad. der med. Wiss. der UdSSR, Biochem. Labor.) (Russ.; Auszug: Engl.)

Die Unterss. über die Eiweißfraktionen verschiedener Muskeltypen ergaben, daß die in Salz-Lsgg. geringer Ionenstärke (0,03—0,04) lösl. myofibrillären *Proteine* (I; Fraktion T) des glatten, Herz- u. Skelettmuskels heterogen sind. T enthält 30—50% Eiweiß, das leicht einer spontanen Denaturierung unterliegt: *Tropomyosin* (II) u. *Tsao*-I. Tsao-I u. II lassen sich elektrophoret. u. immunolog. nachweisen. In allen untersuchten Muskeln ist der Geh. an Tsao-I viel höher als der von II. Die Heterogenität von T wird auch durch Fraktionierung der I mittels Aussalzung mit $(NH_4)_2SO_4$ nachgewiesen. Tsao-I wird bei der Elektrophorese auf Agar in 2 Komponenten zerlegt. In den KCl-Extrakten der glatten Muskeln des Magens u. der Gebärmutter ist nur wenig *Actin* vorhanden.

O. Lebtag. 4597□

Chemische Thermodynamik und molekularer Mechanismus der Muskelkontraktion. R. J. Podolsky. (Ann. New York Acad. Sci. **72.** 522—37. 6/2.1959. Bethesda, Md., Naval Med. Res. Inst.) (Engl.)

Übersicht der energieliefernden Rkk. u. Vorgänge des Kontraktionsmechanismus im Froschsartoriusmuskel: Charakterisierung lebender Muskeln, Kinetik von Modell-Syst., kontraktiler Mechanismus. — 11 Literaturangaben. K. Maier. 4597□

Über den Phosphatidgehalt des Herzmuskels. G. Krickau. (Z. ges. exp. Med. **135.** 206—15. 1961. Münster, Univ., Med. Klin. u. Poliklin.) (Dt.)

Bei normalen menschlichen Herzen bestehen signifikante Unterschiede zwischen rechtem u. linkem Ventrikel hinsichtlich der Gesamtlipoide (rechts 22,7% des Trocken-Gew., links 16,8%) sowie der Phosphatide (7,0 bzw. 8,8%). Kleinkinderherz-Unterss. ergeben für alle Herzabschnitte einen gegenüber den Erwachsenen erhöhten Phosphatidgehalt. P. Gregorzewski. 4597□

Prä- und postnatale Veränderungen des Gehalts des Hundeherzens an einigen säurelöslichen Phosphorverbindungen und Kreatin und ihre Beziehungen zu wachstumsbedingten Gewebs- und Zellraumverschiebungen. Ernst-Georg Krause und Albert Wollenberger. (Acta biol. med. german. [Berlin] **7.** 32—44. 1961. Berlin-Buch, Dtsch. Akad. der Wiss. zu Berlin, Arbeitsstelle für Kreislaufforschung.) (Dt.)

Der Geh. an Gesamt-*Kreatin* im Herzmuskel von Hunden nimmt vom **45.** Tag nach der Konzeption bis zum erwachsenen Zustand um etwa das 15fache zu, wobei der Phosphorylierungsgrad konst. bei ca. 50% bleibt. Der steilste Anstieg findet sich in den ersten 4 Wochen nach der Geburt. Das 10-Min.-Phosphat dagegen steigt bis etwa zur Geburt u. bleibt dann prakt. konstant. Wesentliche Veränderungen beim anorgan. Phosphat treten nicht auf. Die Aktivität der Adenosintriphosphat-Kreatin-Transphosphorylase beträgt bei der Geburt schon ca. 65% der Aktivität des erwachsenen Tieres.

U. Hinterberger. 4597□

Die Konjugation von Sulfobromphthalein und Glutathion in der Leber des Hundes. Norman B. Javitt, Henry O. Wheeler, Katharine J. Baker, Oswaldo L. Ramos und Stanley E. Bradley. (J. clin. Invest. **39.** 1570—77. Okt. 1960. New York, N.Y., Columbia Univ., Coll. of Physicians and Surgeons, Dep. of Med., and Presbyterian Hospital.) (Engl.)

Sulfobromphthalein (I) u. *Glutathion* (II) reagieren in der Leber des Hundes unter Bldg. mehrerer Ninhydrin (III)-positiver Konjugate. Da in vitro bei der Synth. solcher Konjugate stöchiometr. Mengen Br^-- u. H^+-Ionen entstehen, erfolgt hierbei wahrscheinlich eine Thioäther-Bldg. unter Ersatz von Br. Bei Verw. von ^{35}S-II enthalten alle in der Galle nachweisbaren Konjugate ^{35}S, d. h. alle III-positiven Fraktionen leiten sich offensichtlich aus der Paarung von I u. II her. Der Nachw. von Cysteinylglycin-I-Konjugaten, stets gemeinsam mit freier Glutaminsäure vorkommend, spricht für eine teilweise Abspaltung der letzten während der Ausscheidung. Das Auftreten eines I-Diglutathionkonjugats in künstlichen synthet. Gemischen zeigt, daß mindestens 2 Stellen des I-Mol. reagieren können. K. MAIER. 4597 □

Die Bilirubinkonjugat-Bildung im Körper. L. Schalm, S. Sluis und J. Witmans. (Nederl. Tijdschr. Geneeskunde **106.** 870—75. 28/4. 1962. Arnhem, Gemeente Ziekenhuis.) (Niederl.)

In Tier-Verss. (normale Kaninchen u. Kaninchen, deren Leber bzw. Leber u. Nieren entfernt sind) wird nachgewiesen, daß auch extrahepat. Gewebe in der Lage ist, *Bilirubinmono-* u. *-diglucuronid,* wenn auch weniger intensiv als in der Leber, zu bilden. Bilirubinmonoglucuronid kann auch in der Leber selbst gebildet werden. Dabei wird allerdings die Frage offen gelassen, ob dieses Konjugat nicht ein Komplex aus Bilirubin u. seinem Diglucuronid ist. P. LOCH. 4597 □

Beeinflussen endogene Östrogene und Androgene den Ort der durch Calcinosefaktor erzeugten Kalkablagerungen in der Niere? H. Bekemeier und H. Leiser. (Z. ges. exp. Med. **135.** 281—84. 1961. Halle, Martin-Luther-Univ., Pharmakol. Inst.) (Dt.)

Bei gleichzeitigen Gaben von *Dienöstroldiacetat* u. *Östronpropionat* (i. m.) sind die durch Calcinosefaktor (Schlundsonde) erzeugten Kalkablagerungen in der Rattenniere statt in der Rinde in der Mark-Rinden-Grenze lokalisiert. Endogene *Östrogene* u. *Androgene* haben keinen Einfluß. P. GREGORZEWSKI. 4597 □

Entfernung des Chylomikronlipoids aus dem Plasma bei experimenteller Nephrose. H. S. Sodhi und N. Kalant. (Proc. Soc. exp. Biol. Med. **104.** 164—67. Mai 1960. Montreal, Canada, Jewish Gen. Hosp., Res. Labor.; McGill Univ., Dep. of Investigative Med.) (Engl.)

Chylomikronämie wird durch Verfütterung von Kohlenhydraten bei normalen u. nephrot. Ratten gleichermaßen vermindert, so daß bei nachfolgenden Unterss. der Entfernung von injiziertem, *^{14}C-markiertem Chylus* die endogene Chylomikronämie keine Rolle spielt. Die bei experimenteller Nephrose verzögerte Eliminierungs-Geschw. des Chylomikronlipoids ließ sich durch i. v. Injektion von 90 mg normalem *Rattenserumalbumin* nicht verändern. Bei Zugabe von Plasma nephrot. Ratten zu einem in vitro-Clearing-Syst. aus normalem Rattenplasma, normalen Rattenchylomikronlipoiden u. normalem Postheparinplasma von Ratten wird die Clearing-Geschw. deutlich herabgesetzt; dagegen geht die Klärung von Chylomikronlipoiden normaler u. nephrot. Ratten unter dem Einfl. von Serum-*Lipoproteinlipase* gleichermaßen gut vor sich. Die Injektion von Plasma nephrot. Ratten bei normalen Ratten verändert allerdings dort die Eliminierungs-Geschw. der markierten Chylomikronlipoide nicht. U. TAUSENDFREUND. 4597 □

Kritik einer Prüfung auf Acetazolamid für die Erforschung der Nierenfunktion. 1. Mitt. Technik und Ergebnisse an Normalen. M. Paget, J. Liefooghe und L. L. Derreumaux. (Ann. Biol. clin. **19.** 343—72. Mai/Juni 1961. Lille, Fac. Libre de Méd., Labor. de Physiol. et Labor. de Chim. Biolog.) (Franz.)

Die i. v. Injektion von *2-Acetamido-1.3.4-thiadiazol-5-sulfonamid* bei normalen Menschen stellt eine neue Nierenfunktionsprüfung dar. Hierbei wird die Ausscheidung von H-Ionen stark verringert, die Bicarbonatausscheidung erhöht, während die glomeruläre Filtration im allg. nicht verändert wird. G. ZIEBARTH. 4597 □

Über den Einfluß von Kaliumchloridlösungen verschiedener Konzentration auf Faserbündel aus dem Nervus ischiadicus des Frosches. Martin Bradl. (Acta biol. med. german. [Berlin] **7.** 327—48. 1961. Jena, Friedrich-Schiller-Univ., Physiol. Inst.) (Dt.)

Läßt man Gleichstrom durch das Nervenfaserbündel gehen, so sinkt mit steigender *KCl*-Konz. im Bad der Widerstand. Bei niedriger KCl-Konz. ist der Widerstand von der Stromrichtung u. der benutzten Spannung abhängig. Der die Nervenfasern durchfließende Strom sinkt allmählich auf einen dann zeitlich konst. Wert ab. Registriert man diesen zeitlich veränderlichen Stromanteil oscillograph., so verkleinert sich die Oscillogrammamplitude mit steigender KCl-Konzentration. U. HINTERBERGER. 4598 □

Isolierung und mögliche Funktionen von Betainestern im Hirnstoffwechsel. E. A. Hosein und Peter Proulx. (Nature [London] **187.** 321—22. 23/7. 1960. Montreal, McGill Univ., Dep. of Biochem.) (Engl.)

Im wss. Hirnextrakt von Ratten, die unter Wrkg. von *Dieldrin, NH_4Cl, Metrazol, Pikrotoxin, Campher, Strychnin* (intraperitoneal) oder Elektroschock zentrale Krämpfe erleiden, finden Vff. chromatograph. *γ-Butyrobetain* (**I**), *Crotonbetain* (**II**) u. *Carnitin* (**III**). Darüber hinaus finden sich die *Betain–Coenzym-A-Ester* (**IV**) von **I**, **II** u. **III**. Lediglich nach durch *Strychnin* verursachten Konvulsionen werden **IV** nicht gefunden. Die Methyl- u. Äthylester von **I** sowie **IV** besitzen selbst starke Krampfwirkungen. **IV** findet man auch im Chlf.-Extrakt des Hirns normaler Tiere, wobei ihre Konzz. im Cerebellum größer sind, als in der cerebralen Cortex. Vff. nehmen an, daß die **IV** „Überträger"-Funktionen im Hirn ausüben. R. LAFFERENZ. 4598□

Biochemische Untersuchungen über die epileptische Hirnrinde. Dennosuke Jinnai und Akitane Mori. (Acta med. Okayama **14.** 145—58. Sept. 1960. Okayama, Okayama Univ., Med. School, Dep. of Surg. and Neurosurg.) (Engl.)

Zusammenfassung der Ergebnisse biochem Unterss. über die Hirnrinde bei Epileptikern. Als bedeutsamstes biochem. Charakteristicum des Gehirns bei idiopath. Epilepsie wird der Defekt in der Bldg. u. die damit zusammenhängende Verminderung des Geh. an *freien Aminosäuren* angesehen. Es kommt zur Beschleunigung der *Cholinesterase*-Aktivität u. zu verminderter *Glucose*-Verwertung. Von bes. Bedeutung bzgl. des geringen Aminosäure-Geh. ist die Verminderung der Konz. an *Glutaminsäure* (I) u. *γ-Aminobuttersäure*. Als dringendstes Problem wird die Klärung des mit I zusammenhängenden Aminosäurestoffwechsels angesehen sowie die vergleichende Prüfung des Aminosäurestoffwechsels im Epileptiker- u. Nichtepileptikerhirn. Es ist noch unklar, wieso es zu der Verminderung des Aminosäure-Geh. kommt. Die Tatsache, daß die zu Hemmungen der zentralen Erregung führende *γ-Amino-β-hydroxybuttersäure* vermindert ist, weist auf die Existenz eines Defektes im Erregungsvorgang bei idiopath. Epilepsie hin. U. TAUSENDFREUND. 4598□

Der Einbau von ^{35}S-Methionin und ^{35}S-Cystin in Proteolipide und Proteine des Rattengehirns. M. K. Gaitonde. (Biochem. J. **80.** 277—84. Aug. 1961. Belmont, Mass., McLean Hosp., Harvard Med. School, Dep. of Neurol. and Psychiatry; Carlshalton, Surrey, Neuropsychiatric Res. Unit.) (Engl.)

Die Aufnahme von *^{35}S-Methionin* (I) u. *^{35}S-Cystin* (II) durch *Proteolipide, Proteine* u. freie Aminosäuren (*Serin, Glycin, Threonin, α-Alanin, β-Alanin, Valin, Methionin, Phenylalanin, Leucin, γ-Aminobuttersäure, Tyrosin, Asparaginsäure, Glutaminsäure, Äthanolamin, Taurin, Histidin + Lysin + Arginin, N-Acetylasparaginsäure, Glutathion + Cystin*) des Rattengehirns (WISTAR-Stamm) wird nach intraperitonealer Verabreichung von 0,5—0,7 mg I (entsprechend 5 μc ^{35}S/100 g Körper-Gew.) untersucht. Es wird festgestellt, daß die Aufnahme durch die Proteolipidfraktion, die aus zwei Fraktionen (Proteolipid–Sulfatid u. Strandinfraktion) besteht, niedriger ist, als die durch die Proteine. Zwischen der durch *Sulfatid* (niedriger) u. *Strandin* (höher) aufgenommenen Menge besteht nochmals ein deutlicher Unterschied. Die I-Aufnahme erreicht 30 Min. nach Verabreichung ihr Maximum, was die Theorie eines schnell verlaufenden I-Stoffwechsels bestätigt. 10 Min. nach der Injektion liegen 16—20% I in der Proteinfraktion als II vor. Nach den Vers.-Ergebnissen (hohe II-Aufnahme während der ersten 5—7 Min.) kann der Einbau von II nicht allein von der I-Entmethylierung abhängen. U. BAUMANN. 4598

E₆. Pharmakologie. Therapie. Toxikologie. Hygiene

Untersuchung der Magenfunktionen bei der Bestimmung der Schwellendosen von toxischen Stoffen. O. N. Jelisarowa. (Гигиена и Санитария [Hyg. u. Sanitätswes.] **25.** Nr. 8. 47—52. Aug. 1960. Moskau, Erisman-Forsch.-Inst. für Sanitätswesen u. Hyg. des Gesundheitsmin. der UdSSR.) (Russ.)

Verss. mit *Cyaniden, Methanol, Anilin, Trinitrotoluol* u. *gelbem Blutlaugensalz* an intakten u. operierten Kaninchen (Magenfistel) u. an Hunden mit kleinem Magen nach PAWLOW ergaben, daß die Unters. der Funktionen des Magens einen wertvollen Test zur Beurteilung der funktionellen Veränderungen im Organismus der Vers.-Tiere darstellt, da die Funktionen des Magens im Vgl. zu anderen Funktionen des Organismus oft schon nach geringen Dosen der Mittel verändert werden. Dauer-Verss. mit tox. Substanzen ergeben oft andere Veränderungen der Magenfunktionen als nach einmaligen Gaben der Mittel. E. RENTZ. 4600□

Der Einfluß der Kälteakklimatisation auf die Arzneimittelwirkung bei der Ratte. Herbert A. Braun und Lehman M. Lusky. (Toxicol. appl. Pharmacol. **2.** 458—63. Juli 1960. Washington, D.C., U.S. Dep. of Health, Educ. and Welfare, Food and Drug Administration, Bureau of Biol. and Phys. Sci., Div. of Pharmacol.) (Engl.)

Nicht akklimatisierte Ratten sind empfindlicher als adaptierte. Dagegen ist die DK_{50} (convulsive Dosis) von *Pentylentetrazol* u. die hypnot. $Dosis_{50}$ von *Na-Amobarbital* bei Tieren, die 6 Wochen bei 4° gehalten werden, nicht verschieden von der bei Normal-Temp. gehaltenen Tiere. P. GREGORZEWSKI. 4600□

Polarographische Untersuchungen des SH-, S-S-Gehaltes und der Brdicka-Stufen nativer Serumproteine und ihre Abhängigkeit von der Strahlungsempfindlichkeit. E. Csagoly. (J. polarogr. Soc. **1959.** 30—33. Budapest, Inst. of Nutrition.) (Engl.)

Eine polarograph. Unters. des Blutserums strahlungsunempfindlicher Tiere (Schaf, Kaninchen) ergibt höhere polarograph. katalyt. Stufen in $CoCl_2$-haltiger BRDIČKA-Lsg. als Serum strahlungsempfindlicher Tierarten (Maus, Meerschweinchen, Schwein). Auch der durch amperometr. Titration ermittelte SH- u. Disulfid-Geh. der Proteine zeigt im wesentlichen die gleiche Beziehung zur Strahlungsempfindlichkeit. E. MOISAR. 4601 □

Wasserstoffperoxidausbeuten in röntgenbestrahlten wässerigen Lösungen. Eine auf der Chemiluminescenz der Hydrazide beruhende empfindliche Methode. W. V. Mayneord, W. Anderson, H. D. Evans und D. Rosen. (Radiat. Res. **3.** 379—92. Dez. 1955. London, Royal Cancer Hosp., Inst. of Cancer Res., Physic. Dep.) (Engl.)

Es wurde die bei der Rk. cycl. Phthalsäurehydrazide mit H_2O_2 auftretende Chemiluminescenz gemessen. Zusätze geringer Cu^{2+}-Mengen (10^{-5}m) wirken beschleunigend auf die Rk., jedoch bleibt die gesamte emittierte Luminescenzstrahlung konst. u. proportional $[H_2O_2]^{1,7}$. Für den Luminescenzprozeß wird ein Radikalmechanismus mit einem Hydrazylradikal u. $HO_2\cdot$ angenommen u. kurz diskutiert. Da diese Meth. eine H_2O_2-Best. bis herunter zu 10^{-7}m gestattet, wurde sie auf die Best. des bei der Röntgenbestrahlung lufthaltigen W. entstehenden H_2O_2 angewandt. Die H_2O_2-Ausbeute ist proportional der Gesamtdosis der Röntgenstrahlung (0—1250 r bei 140 kVp); Zusätze von NaCl, KCl, KBr (0,5m) vermindern die H_2O_2-Ausbeute um 25—42%, Polymethacrylsäure (0,003n) um 83%; Zusätze von KF oder Sättigung des W. mit Bzl. erhöht die H_2O_2-Ausbeuten um 22 bzw. 28% (alle Angaben bei 1000 r); die genannten Zusätze haben keinen Einfl. auf das Luminescenz-System. Der Einfl. des KF wird auf das hohe Oxydationspotential des Fluors (F_2/F^- 2,85) zurückgeführt, woraus geschlossen werden muß, daß in röntgenbestrahltem W. Partikel mit höherem Oxydationspotential als $HO\cdot$ oder $HO_2\cdot$ vorliegen müßten; jedoch kann die erhöhte H_2O_2-Ausbeute in Ggw. von F^- auch auf Verunreinigung durch organ. Substanzen (10^{-7} bis 10^{-5}m) beruhen.

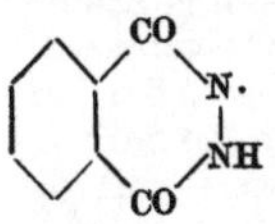

M. SCHENK. 4601 □

Der Einfluß von radioaktiven Strahlungen auf die Geburten. Paul de Bellefeuille. (C. R. hebd. Séances Acad. Sci. **250.** 2459—61. 28/3. 1960. Ottawa, Canada, Univ. d'Ottawa, Fac. de Méd., Serv. de Pédiatrie.) (Franz.)

Vf. bringt eine Statistik über die Geburtenzahlen in Hiroshima u. Nagasaki für die Jahrgänge 1948—1954, aus der hervorgeht, daß auch in den Fällen der Atombombenschädigung nur eines Elternteiles ein Geburtenrückgang zu verzeichnen ist, u. zwar um so mehr, je größer die von diesem Elternteil aufgenommene Strahlendosis war.

W. REUSSE. 4601 □

Wachstums- und Ernährungsstruktur von Ratten bei Verfütterung eines selbst gewählten Futters nach Bestrahlung des gesamten Körpers. Frank Konishi. (J. Nutrit. **75.** 192—96. Okt. 1961. San Francisco, Calif., U. S. Naval Radiol. Defence Labor.) (Engl.)

Nach Ganzkörper-Röntgenbestrahlung mit 375 rad waren Ratten imstande, aus mehreren getrennt angebotenen Nahrungsmitteln ein Futter auszuwählen, das ein normales Wachstum aufrecht erhielt. Bei Verfütterung von vorgemischtem Futter trat dagegen eine Gew.-Abnahme ein. Nach der Bestrahlung wurde in den ersten 3 Tagen mehr *Casein* u. weniger *Saccharose* als vorher gewählt, während der Verbrauch an Hefe u. Maisöl ungefähr gleich war. Der Mineralverbrauch betrug am 3. Tag nach der Bestrahlung mehr als das 5fache des Kontrollwertes. K. ZINGRAF. 4601 □

Veränderungen im peripheren Blut und im Knochenmark von Ratten im Spätstadium nach einmaliger Röntgenbestrahlung. N. I. Schmelewa. (Доклады Академии Наук СССР [Ber. Akad. Wiss. UdSSR] **133.** 1455—57. 21/8. 1960. Zentralinst. für med. Radiol.) (Russ.)

Die Verss. wurden an experimentell strahlenkranken weißen Ratten (500 r) während der ganzen Lebensdauer der Tiere (bis zu 360 Tagen) durchgeführt. Während im Frühstadium der Strahlenkrankheit eine typ. Leukopenie mit abs. Lympho- u. Neutropenie beobachtet wird, kommt es bei den überlebenden Tieren nach ca. 90 Tagen zu einer zeitweiligen Wiederherst. der Zus. des peripheren Blutes. In den späteren Stadien beobachtet man jedoch eine Linksverschiebung mit Zunahme der segmentkernigen Neutrophilen bei gleichzeitiger Hyperplasie des Knochenmarks. E. RENTZ. 4601

Spektroskopische Charakterisierung der biochemischen Veränderungen in den Lipiden der Leber von bestrahlten Ratten. Je. B. Burlakowa, Ss. F. Terechowa, W. W. Antipow und N. M. Emanuel. (Доклады Акаднмии Наук СССР [Ber. Akad. Wiss. UdSSR] **132.** 467—69. 11/5. 1960. Moskau, Lomonossow-Univ.) (Russ.)

Die Unters. der Leberlipide bestrahlter weißer Ratten (Gesamtdosis 800 r) ergab an Hand der Absorptionsspektren im IR-Gebiet, daß das Verhältnis der opt. Dichten der

Ester u. Säuren, welches bei nichtbestrahlten Tieren 1,48 beträgt, infolge der Bestrahlung für 5 – 7 Tage auf 2,1 – 2,5 ansteigt, um anschließend unter die Norm abzusinken. Erhielten die Tiere vor der Bestrahlung *Cysteaminhydrochlorid* intraperitoneal, so blieb das Verhältnis der opt. Dichten zunächst auf dem Niveau der nichtbestrahlten Tiere u. stieg erst nach 10 Tagen auf 2,0. E. RENTZ. 4601 □

Radioaktive Kontamination von Nahrungsmitteln. L. R. Setter. (J. Amer. dietet. Assoc. **39.** 561–66. Dez. 1961. Cincinnati, U.S. Public Health Serv., R. A. Taft Sanitary Eng. Center, Div. of Radiolog. Health.) (Engl.)

Nahrungsmittel enthalten heute meßbare Mengen von Radionucliden, die vornehmlich aus dem „fall out“ stammen. Vf. gibt einen kurzen Überblick über die Möglichkeiten der Aufnahme durch die Pflanzen u. die Nahrungsmittelketten u. diskutiert die biolog. bedenklichen Nuclide wie ^{90}Sr, ^{131}J, ^{137}Cs, ^{140}Ba u. ^{89}Sr, die Bedeutung des $^{90}Sr/Ca$-Verhältnisses u. die Größenordnung der in verschiedenen Gebieten jährlich durch den Menschen aufgenommenen ^{90}Sr-Mengen, wobei auch die Auswrkg. des Atomwaffen-Vers.-Stops berücksichtigt werden. HANS THIELE. 4601 □

Die Kombination von Adenosintriphosphat mit Diphosphopyridinnucleotid als Strahlenschutz der embryonalen Zelle. L. Verga und F. Coucourde. (Boll. Soc. ital. Biol. sperim. **37.** 1171–73. 15/12. 1961. Pavia, Univ., Ist. di Clin. Med. e Terap. Med. e di Radiol. e Terap. Fis.) (Ital.)

Es werden Hühnerembryos in der 60. Inkubations-Std. einmalig mit 180 r bestrahlt. Die Vorbehandlung erfolgte mit je 0,3 mg *Glucose-1-phosphat* + *Glucose-6-phosphat* oder 0,25 mg *Adenosintriphosphat* (I) bzw. mit je 0,25 mg I + *Diphosphopyridinnucleotid* (II). Die Bestrahlung bewirkt eine Abnahme der Karyokinese von 38 (Norm) auf 4%, die durch die Vorbehandlung von I + II auf 28 % ansteigt. Während alle unbehandelten bestrahlten Embryos nicht überleben, sind es bei den mit I + II vorbehandelten 70 %. Die anderen Vorbehandlungen sind weniger wirksam. F. KREN. 4601 □

Untersuchungen über einen biologischen Strahlenschutz. 37. Mitt. **Über den Anteil des Adenylsäuresystems und des Pyridoxal-5-phosphats am Strahlenschutzeffekt des Serotonins.** Hanns Langendorff, Hans-Joachim Melching und Helmuth Rösler. (Strahlentherapie **113.** 603–09. Dez. 1960. Freiburg/Br., Univ., Radiol. Inst.) (Dt.) — 36. vgl. Strahlentherapie **113.** [1960.] 394.

An 3917 weiblichen Mäusen wurde die strahlenprotektive Wrkg. von *5-Hydroxytryptaminkreatininsulfat* (I), *Pyridoxal-5-phosphat* (II), *Adenosinmonophosphat* (III), *Adenosintriphosphat* (IV) u. Kombinationen von I + III, I + IV, II + III bzw. II + IV, bei intraperitonealer Applikation 5 bzw. 15 Min. vor Röntgenbestrahlung (150 kV, 20 mA, 0,43 mm Cu, 148 r/Min.) untersucht. Die Dosiseffektkurven von I, II, III, IV, I + III, I + IV, II + III u. II + IV wurden ermittelt u. die bereits früher gefundene strahlenprotektive Wrkg. von II bestätigt. III erwies sich bei Mäusen im Gegensatz zu früheren Verss. an Ratten als strahlenschützend wirksam u. übertrifft in seiner Wirksamkeit IV. Durch kombinierte Gabe von II + III bzw. II + IV wird ein Schutzeffekt erzielt, der den von I fast erreicht. Auch der Schutzeffekt von I wird durch Kombination mit II u. IV verstärkt. Die Bedeutung des Adenylsäure-Syst. u. von II bei der Entw. u. Ausprägung einer Strahlenwrkg. wird diskutiert. G. FAUST. 4601 □

Untersuchungen über einen biologischen Strahlenschutz. 39. Mitt.: **Über die Bedeutung der Milz beim Strahlenschaden.** Hans-Joachim Melching, Otfried Messerschmidt und Christian Streffer. (Strahlentherapie **114.** 179—86. Febr. 1961. Freiburg/Br., Univ., Radiolog. Inst.) (Dt.) — 38. vgl. **1961.** 15473. 37. vgl. vorst. Referat.

An 1800 Mäusen wurde der Einfl. der Splenektomie auf die Entw. des Strahlenschadens bzw. auf die Überlebensrate untersucht. Nach Röntgenganzkörperbestrahlung (150 kV, 20 mA, 0,43 mm Cu, 148 r/Min.) mit subletaler bis letaler Dosis 14 Tage nach Splenektomie ist die Überlebensrate gegenüber Kontrollen deutlich erhöht, während bei höheren Strahlendosen kein Schutzeffekt beobachtet wurde. Ferner wurde der Einfl. von *Serotonin* (I), *Adenosintriphosphorsäure* (II), *Adenosinmonophosphorsäure*, *Pyridoxalphosphat* u. *β-Aminoäthylisothiuroniumsalz* auf die Überlebensrate von 14 Tage vor der Bestrahlung splenektomierten Mäusen geprüft. Nur durch II-Applikation wird der Schutzeffekt bei splenektomierten Mäusen gesteigert, während nach I-Gaben die Überlebensrate von splenektomierten Tieren signifikant abnimmt. Ferner wurde die *Taurin* (III)-Ausscheidung im Urin von Mäusen nach einer Ganzkörperbestrahlung mit 690 r bestimmt u. mit der von splenektomierten verglichen. Nach Splenektomie sind die Normalwerte der III-Ausscheidung höher als bei Normaltieren. Nach Bestrahlung wird die III-Ausscheidung erhöht, wobei das Maximum bei splenektomierten Tieren am 1. Tag, bei Normaltieren am 2. Tag nach Bestrahlung erreicht wird. Bezogen auf die gemittelten Normalwerte ist die III-Ausscheidung bei splenektomierten u. bestrahlten gegenüber nur

bestrahlten Tieren ca. 50% niedriger. Die vermehrte III-Ausscheidung nach subletalen Ganzkörperbestrahlungen könnte auf eine Strahlenschädigung der Milz zurückgeführt werden, der wahrscheinlich auch beim Serotonin-Schutzeffekt Bedeutung zukommt.
G. FAUST. 4601□

Über den Mechanismus der Strahlenschutzwirkung von Dithiolen. E. Ja. Grajewski und M. M. Konstantinowa. (Доклады Академии Наук СССР [Ber. Akad. Wiss. UdSSR] **136.** 1219—22. 11/2. 1961. Ssewertzow-Inst. für Morphol. der Tiere der Akad. der Wiss. der UdSSR.) (Russ.)

Verss. an weißen Mäusen, welche einer einmaligen Bestrahlung mit γ-Strahlen von ^{60}Co (900 r) ausgesetzt wurden, ergaben, daß *Unithiol* u. *Dimercaptopropionsäure* (9 bis 20 bzw. 0,75—1 mg pro Tier subkutan 10—180 Min. vor der Bestrahlung), bes. in den niedrigeren Dosierungen, eine Schutzwrkg. ausüben u. gleichzeitig in Leber u. Milz den O_2-Geh. herabsetzen. Aus den Verss. wird geschlossen, daß die Dithiole zum Unterschied von den S-haltigen Verbb. (β-Mercaptoäthylamin u. a.), dadurch strahlenschutzwirksam sind, daß sie in den strahlenempfindlichen Organen eine Hypoxie erzeugen.
E. RENTZ. 4601□

Der Einfluß einiger Spurenelemente auf die Rest-Oxydierbarkeit des Blutes und auf die Oxydierbarkeit der Zwischenprodukte des Stoffwechsels. F. Ja. Berenstein und M. M. Kitschina. (Доклады Академии Наук БССР [Ber. Akad. Wiss. Beloruss SSR] **4.** 82—85. Febr. 1960.) (Russ.)

Die Restoxydierbarkeit des Blutes u. die Oxydierbarkeit der Stoffwechsel-Zwischenprodd. wurden nach LAPIN [1932] untersucht. Subkutane Injektionen von $CoSO_4$ (Hunde 0,2—5 mg Co/kg) u. $CdCl_2$ (Kaninchen 0,5—5 mg/kg) führten zur Hemmung, $ZnSO_4$ (Kaninchen 0,5—5 mg/kg) zur Stimulation der Redoxprozesse des Organismus.
I. v. KLOCH-KORNITZ. 4606□

Beobachtungen über die experimentelle Borhydrid-Wirkung. Dwight F. Miller, Anton Tamas, Lawrence Robinson und Edward Merriweather. (Toxicol. appl. Pharmacol. **2.** 430—40. Juli 1960. Wright Patterson Air Force Base, Ohio, Aerospace Med. Labor.) (Engl.)

Dekaboran u. der Treibstoff *HEF-3* werden als Olivenöl-Lsg. Hunden u. Kaninchen intraperitoneal u. auf die Haut gegeben. Nach hohen Dosen kann Boran noch 6—7 Tage später, nach asymptomat. 24—36 Std. nach der Injektion noch im Blut nachgewiesen werden. Wiederholte Verabreichung führt zu einer Akkumulation im Gewebe. Das Auftreten tox. Erscheinungen hängt von der Zeit u. der Dosis ab. P. GREGORZEWSKI. 4606□

Die Wirkung von Siliconaerosolen auf Reizgaslungenödeme. D. Henschler, F. Amend und A. Jüttner. (Naunyn-Schmiedebergs Arch. exp. Pathol. Pharmakol. **239.** 288—98. 1960. Würzburg, Univ., Inst. für Pharmakol. und Toxikol.) (Dt.)

Bei Prüfung von *Siliconaerosolen* (*Bayer 100*, *Bayer 1000* u. *XEC 151* der Dow CORNING CORP.) aus je 30% eines der genannten Siliconöle, 10% Polyoxyäthylenmonostearat, 4% Glycerylmonostearat u. 56% W., bei 75° hochtourig emulgiert, am durch *Ozon*, *Cl* oder *nitrosen Gasen* bei Mäusen u. Ratten erzeugten schweren Reizgaslungenödem konnte nachgewiesen werden, daß durch die entschäumend wirkenden Aerosole zwar der Ödemschaum gebrochen werden kann, daß infolge des nun entstehenden schaumfreien Ödems der Exitus letalis jedoch nicht verzögert wird (außer um kurze Zeit bei hoher Reizgas-Konz.); zur Anwendung von Siliconaerosolen bei schweren Reizgaslungenödemen des Menschen kann deshalb nicht geraten werden. U. TAUSENDFREUND. 4606□

Die Bariumverträglichkeit von Küken. Dewey Johnson jun., Arnon L. Mehring jun. und Harry W. Titus. (Proc. Soc. exp. Biol. Med. **104.** 436—38. Juli 1960. Newton, N.J., Limestone Prods. Corp. of Amer.) (Engl.)

Die DL_{50}-Dosis von *Ba* (Hydroxid) für junge Küken war 623 $\pm$ 156 mg/kg Lebendgewicht. Bei ständiger *Ba*-Zufuhr mit dem Futter als *Hydroxid* oder *Acetat* wurden bis 1000 ppm ohne sichtbare schädliche Wrkg. vertragen. 2000 ppm bewirkten geringe Wachstumsverlangsamung, 8000 ppm den Tod von $>$50% in 4 Wochen, 16000 u. 32000 ppm den Tod aller Tiere. K. MAIER. 4606□

Toxizität von Muskel, Leber und Herz von mit Natriumfluoracetat vergiftetem Hirsch. I. G. McIntosh, E. L. J. Staples und L. G. Morris. (New Zealand J. Sci. **2.** 371—78. Sept. 1959. Wellington, Dep. of Agricult., Wallaceville Animal Res. Stat.; New Zealand Forest Serv., Noxious Animals Div.) (Engl.)

Der höchste Geh. an *Na-Fluoracetat* beträgt 0,92 mg/100 g Fleisch. Eine Vergiftungsmöglichkeit durch den Genuß dieses Fleisches durch Menschen wird ausgeschlossen.
P. GREGORZEWSKI. 4607□

Veränderungen der koagulativen Aktivität bei der experimentellen Intoxikation mit Blausäure. L. Salamone und A. Coppola. (Boll. Soc. ital. Biol. sperim. **37.** 1188—90. 15/12. 1961. Palermo, Univ., Ist. di Med. del Lavoro.) (Ital.)

Kaninchen wird i.v. NaCN in akuten Dosen (0,1 mg CN/kg/Min.) bzw. subakuten Dosen (0,05 mg CN/kg täglich, 20 Tage lang) injiziert. Bei der akuten Intoxikation kommt es schon nach 15 Min. zu einer Hyperkoagulabilität, bes. wegen erhöhter Aktivität des *Proaccellerins* (205%), *Proconvertins* (152%) usw., die nach 48 Std. zu einer Hypokoagulabilität tendiert. Bei subakuter Intoxikation verändert sich erst vom 10. Tage an etwas, u. zwar verringert sich die Aktivität des Prothrombinkomplexes ein wenig.
F. KREN. 4607□

Vorläufige gaschromatographische Untersuchungen über die Verteilung der Fettsäuren in der Leber von Ratten nach Vergiftung mit Tetrachlorkohlenstoff. S. Ruggieri und P. Cioni. (Boll. Soc. ital. Biol. sperim. **38.** 28—29. 15/1. 1962. Firenze, Univ. degli Studi, Ist. di Patol. gener.; Cattedra di Gerontol.) (Ital.)

Aus der Unters. geht hervor, daß bes. die *Triglyceride* bei der Erhöhung des Fett-Geh. der Leber nach CCl_4-Vergiftung betroffen sind. Bei den freien *Fettsäuren* fällt das Verschwinden der *Ölsäure* auf. Der Vgl. mit dem Geh. der einzelnen Fettsäuren im Unterhautgewebe stützt die Ansicht, daß diese durch die Einw. von CCl_4 mobilisiert u. in der Leber angesammelt werden. P. LOCH. 4607□

Die hämopoietische Aktivität bei der Intoxikation mit Erdöldämpfen. L. Salamone. (Boll. Soc. ital. Biol. sperim. **37.** 1190—92. 15/12. 1961. Palermo, Univ., Ist. di Med. del Lavoro.) (Ital.)

Die Unterss. werden an Meerschweinchen durchgeführt, die bei 28° bis zu 80 Tagen täglich 8 Std. *Petroleum*-Dämpfe in einer Konz. von 60 mg/Liter Luft einatmeten. Die dadurch entstehenden Veränderungen im Blutbild werden beschrieben. F. KREN. 4607□

Blutzuckerspiegel und Organveränderungen bei Glyoxalvergiftung. Max Schlaak. (Z. ges. exp. Med. **135.** 223—36. 1961. Kiel, Univ., Path. Inst.) (Dt.)

Glyoxal (I) führt bei i.v. Verabreichung an Ratten zu einer zeitlich begrenzten Hypoglykämie, die an das Vorhandensein des Pankreas gebunden ist. I greift an den LANGERHANSschen Inseln an u. verursacht eine Schädigung der B-Zellen.
P. GREGORZEWSKI. 4607□

Wirkung von 3.4-Dihydroxyphenylalanin, Dopamin und Adrenalin auf die Schlaf-Miosis. P. Mantegazzini und G. B. Ferraea. (Arch. ital. Sci. farmacol. [3] **10.** 284—88. Juli 1960. Milano, Farmitalia S.p.A., Labor. Ric.) (Ital.)

3.4-Dihydroxyphenylalanin (I; *Dopa*), *Dopamin* (II) u. *Adrenalin* (III) bewirkten in isolierten Hirn-Präpp. der Katze eine Mydriasis, welche durch Durchschneidung der Pupillen-erweiternden Fasern des Sympathicus nicht beeinflußt wurde. Die Mydriasis nach I wird im Gegensatz zu der nach II, III oder Reizung des Halssympathicus durch Lichtreize verringert u. ist von einer Aktivierung des EEG begleitet. K. ZINGRAF. 4607□

Cardiovasculäre Wirkungen der Adenylsäurederivate: Adenin, Inosin, Adenosin, A5MP und einer verwandten Verbindung, Cytidin. Bunzaburo Nuki, Norihide Takeya und Yoshiaki Kawano. (Fukuoka Acta med. [Fukuoka-Igaku-Zassi] **52.** 475—80. Juni 1961. Fukuoka, Kyushu Univ., Fac. of Med., Dep. olf Pharmacol.) (Jap.; Auszug: Engl.)

Adenin (I), *Inosin* (II) u. *Cytidin* (III) hatten keine Wrkg. auf den Blutdruck bei Katzen u. Ratten, *Adenosin* (IV), *A5MP* u. *ATP* bewirkten ein Fallen des Blutdrucks. I hatte die geringste Wirkung. Die Herzbewegung von Ratten wurde nicht durch I, II u. III beeinflußt, durch IV, A5MP u. ATP jedoch vorübergehend abgeschwächt. Der Blutfluß in der Halsschlagader wurde nicht verändert durch intraarterielle Injektion von I u. III, er wurde erhöht durch ATP, IV u. A5MP. Der coronare Blutfluß wurde bei Hunden nicht verändert durch intracoronare Injektion von I, II u. III u. erhöht durch ATP, IV u. A5MP. W. HILLER. 4607□

Mineralhaushaltstörungen bei experimenteller Nierenschädigung. 2. Mitt. **Vergiftung durch intravenöse Hämatininjektion.** V. Heinze und U. Gessler. (Z. ges. exp. Med. **135.** 237—45. 1961. Freiburg/Br., Med. Poliklin.) (Dt.) — 1. vgl. Klin. Wschr. **39.** [1961.] 232.

Wiederholte *Hämatin*-Injektion i.v. führt bei Ratten zu erhöhter *Wasser-*, *K-*, *Na-* u. *Cl*-Ausscheidung, zum Anstieg des Zell-Na u. zum Verlust des Zell-K im Muskel, es werden zwei Wrkg. nebeneinander angenommen: eine tox. u. eine diuretische.
P. GREGORZEWSKI. 4607□

Über den Einfluß von γ-Hexachlorcyclohexan auf die Belichtungspotentiale der blauen Schmeißfliege, Calliphora erythrocephala (Wildform). Hans-Rudolf Hattwich. (Acta biol. med. german. [Berlin] **5.** 322—45. 1960. Jena, Friedrich-Schiller-Univ., Physiol. Inst.) (Dt.)

Die Eineffekte, Auseffekte u. negativen Zwischenpotentiale des Komplexauges von *Calliphora* erhöhen sich bei Bestrahlung mit weißem Licht steigender Intensität. Dabei liegen die Werte, die man mit *γ-Hexachlorcyclohexan* (I)-vergifteten Tieren erhält über den

Werten der normalen Tiere. Mißt man die Werte für die Eineffekte zwischen 664 u. 431 nm bei Bestrahlung mit energiegleichem, monochromat. Licht, so findet man bei 627 nm den größten Potentialhöhenunterschied. Es konnte gezeigt werden, daß sich das Elektroretinogramm aus 3 Komponenten aufbaut. I erhöht die Erregbarkeit der Komplexaugen. U. HINTERBERGER. 4607□

Studien über die perorale Giftwirkung und den Stoffwechsel von Citicide bei Albinoratten. K. Krishnamurthy, M. K. Krishnakumari und S. K. Majumder. (Ann. Biochem. exp. Med. [Calcutta] **20.** 333—40. Dez. 1960. Mysore (Maisur), Indien, Centr. Food Techn. Res. Inst.) (Engl.)

Citicide (I), ein Polychlor-Deriv. von Terpentin hat insekticide Eigenschaften. Die akute Gift-Wrkg. ist geringer als die mancher chlorierter KW-Stoff-Insekticide. Bei peroraler Aufnahme wird es von Ratten in hohem Grade entgiftet. Dies zeigt sich in der vergleichsweise geringen I-Ausscheidung mit dem Harn bei erheblich erhöhter Exkretion von anorgan. Cl. Ebenso werden gepaarte Schwefelsäure u. Glucuronsäure in gesteigertem Maße ausgeschieden. Die Mercaptursäuremenge unterscheidet sich nicht wesentlich von der der Kontrolltiere. — Die histopatholog. Veränderungen sind unbedeutend in Milz, Niere u. Pankreas, die Leber zeigt in einigen Fällen vorübergehende Schädigungen. P. NACHTWEY. 4607□

2-[p-tert.-Butylphenoxy]-isopropyl-2-chloräthylsulfit (Aramit). 1. Mitt. **Akute, subakute und chronische orale Toxizität.** Bernard L. Oser und Mona Oser. (Toxicol. appl. Pharmacol. **2.** 441—57. Juli 1960. Maspeth, New York City, Food and Drug Res. Labor.) (Engl.)

Die DL_{50} beträgt für Ratten u. Meerschweinchen 3,9 ± 0,28 g/kg. 12wöchige orale Verabreichung von Futter mit 1580 u. 5000 ppm *Aramit* verursacht eine Reihe von patholog. Organveränderungen. Bei der Ratte wirkt es als Lebercarcinogen, beim Hund emetisch. P. GREGORZEWSKI. 4607□

Fehlende Peristaltik des Ösophagus und Cardiospasmus durch langdauernde Cholinesterasehemmung bei Hunden. Lauran D. Harris, W. D. Ashworth und Franz J. Ingelfinger. (J. clin. Invest. **39.** 1744—51. Nov. 1960. Boston, Mass., Evans Mem. Hosp.; Massachusetts Mem. Hosp.; Boston, Univ., School of Med., Dep. of Med.) (Engl.)

Durch langdauernde Verabreichung des Anticholinesterasestoffes *Diisopropylfluorophosphat* (0,2—0,5 mg/kg 3 mal wöchentlich i.m. bis zum Einsetzen schwerer Skelettmuskelschwäche) war es möglich, bei Hunden das Verschwinden der Ösophagusperistaltik u. ein dem menschlichen Cardiospasmus ähnliches Bild einer mangelnden Erschlaffung des Ösophagussphinktermuskels hervorzurufen; es fehlte allerdings die für den menschlichen Cardiospasmus charakterist. Rk. auf *Methacholinchlorid*, so daß das Bild eines Cardiospasmus beim Hund durch unterschiedlichen Sitz der neurochem. Schädigung gek. ist, u. der Cardiospasmus offenbar durch Neurotoxine mit verschiedenen Angriffspunkten entstehen kann. U. TAUSENDFREUND. 4607

Die sich in einer 2. Rattengeneration auswirkende Toxizität von Malathion. W. Kalow und A. Marton. (Nature [London] **192.** 464—65. 4/11. 1961. Toronto, Univ., Dep. of Pharmacol.) (Engl.)

Vff. stellten fest, daß dem Futter beigemischtes *Malathion* (I; 240 mg I/kg Körper-Gew. pro Tag; Fütterungszeit: 5 Monate) bei ausgewachsenen (zwischen 70 u. 100 Tage alten) ♂ u. ♀ Ratten weder Zeichen einer Intoxikation hervorruft noch wachstumshemmende Wrkg. ausübt. Hingegen ist die Zahl der lebenden neugeborenen Tiere der mit I behandelten Ratten im Vgl. zu unbehandelten Kontrollen vermindert; außerdem zeigen die neugeborenen Tiere verzögertes Wachstum. 21 Tage nach der Geburt sind weniger als 50% der neugeborenen Ratten noch am Leben. H. KOCKERT. 4607□

Untersuchungen über die Geschlechtsunterschiede in der Toxizität eines cholinergischen Thiophosphats. Kenneth P. DuBois und Elizabeth Puchala. (Proc. Soc. exp. Biol. Med. **107.** 908—11. Aug./Sept. 1961. Chicago, Ill., Univ. of Chicago, Dep. of Pharmacol.) (Engl.)

O.O-Diäthyl-O-[4-methylmercapto-m-tolyl]-thiophosphat (*DMP, Bayer 29492*) besitzt bei ♀ Ratten, ♂ u. ♀ Mäusen u. ♂ Meerschweinchen eine hohe (DL_{50} intraperitoneal 22—35 mg/kg), bei ♂ Ratten dagegen eine geringere Toxizität (DL_{50} intraperitoneal 200 mg/kg); es hemmt in vivo die *Cholinesterase*-Aktivität im Hirn u. in peripheren Geweben. Die Resistenz von ♂ Ratten ist 2 Tage nach partieller Hepatektomie aufgehoben, 14 Tage nach Hepatektomie aber wieder vorhanden (außer wenn die Tiere vor der Hepatektomie kastriert wurden) u. kann bei hepatektomierten kastrierten Tieren durch Injektion von *Testosteron* wiederhergestellt werden. K. ZINGRAF. 4607□

Congenitale Mißbildungen bei Abkömmlingen von Coffein-behandelten Mäusen. Hideo Nishimura und Kazuo Nakai. (Proc. Soc. exp. Biol. Med. **104.** 140—42. Mai 1960. Sakyo-ku, Kyoto, Kyoto Univ., Fac. of Med., Dep. of Anatomy.) (Engl.)

Einzelne intraperitoneale Injektionen hoher Dosen von *Coffein* (0,25 mg/kg in 1%ig. Lsg.) führen, wenn sie zwischen dem 9. u. 14. Tage der Gravidität an trächtige Mäuse verabreicht werden, zu Mißbldg. bei den Jungtieren, die sich vorwiegend als Skelettschäden äußern; in der Nachbarschaft der Mißbldg. können oberflächliche Hämatome beobachtet werden. An der Placenta lassen sich keine makroskop. oder mkr. Veränderungen nachweisen. U. TAUSENDFREUND. 4608□

Das Elektrocardiogramm des Kaninchens bei der experimentellen Nicotinvergiftung. W. Fiori. (Boll. Soc. ital. Biol. sperim. **36.** 598—602. 3/6. 1960. Bologna, Univ., Ist. di Fisiol. gener. e spec. degli Animali domest. e Chim. biol.) (Ital.)

12 Kaninchen werden in 32 Tagen mit steigenden *Nicotin*-Dosen (von 1 auf 4 mg täglich) behandelt. Aus dem Elektrocardiogramm ist keine direkte oder indirekte Schädigung des Myocards ersichtlich. Bei den Tieren wird nur eine Gew.-Abnahme von 5,2 bis 12% beobachtet. F. KREN. 4608□

Isolierung von Δ-Yohimbin (Ajmalicin) aus den Wurzeln von Vinca rosea L. und einige seiner pharmakologischen Eigenschaften. Stanisław Kohlmünzer und Jolanta Krupińska. (Dissertat. pharmac. [Warszawa] **12.** 85—92. 1960. Kraków, P. A. N., Zakł. Farmakol.) (Pol.)

Aus Wurzeln von *Vinca rosea L.* wurde durch Extraktion mit sd. Methanol *Δ-Yohimbin* (I), F. 250—253° (Zers.), mit 0,034% Ausbeute isoliert. I ist chromatograph. einheitlich. Reserpin konnte im Extrakt nicht nachgewiesen werden. Pharmakolog. Unterss. an Kaninchen u. Katzen zeigten, daß I in der Konz. $2 \cdot 10^{-4}$ den durch *Adrenalin* hervorgerufenen Uteruskrampf u. in der Konz. 10^{-4} den durch *Pilocarbin* u. *$BaCl_2$* verursachten Krampf des isolierten Darmes aufhebt. 1 mg I/kg i.v. verursacht Blutdruckabfall u. Vertiefung u. Beschleunigung des Atems. 3 mg/kg verlangsamen das Atmen noch mehr u. führen nach 10 Min. zum Tod. — 15 Literaturangaben. F. URBAN. 4608□

Neue Aspekte zur Pflanzenstofftherapie. G. Orzechowski. (Vitalstoffe — Zivilisationskrankh. **6.** 149—56. Aug. 1961. Köln.) (Dt.)

Übersicht. Neue pharmakolog. Erkenntnisse u. therapeut. Wrkg. von Pflanzeninhaltsstoffen, die sich besonders durch mehr oder minder ausgeprägte antibiot. Effekte an verschiedenen inneren u. Ausscheidungsorganen auszeichnen, werden besprochen. Als Beispiele dienen *Senföle* u. deren *Benzyl-Derivv.* aus Gewürzpflanzen, *Saponine* aus Gemüsen u. andere Steroide wie z. B. *Herzglykoside*, deren Wrkg.-Eintritt, Resorptionsquote, therapeut. Breite u. Eliminationszeit untersucht werden. In *Agnus castus* u. *Lycopus* finden sich wirksame Prinzipien, die am oder nahe des Hypophysenvorderlappens wirksam werden. Vf. erwägt bei *Flavonen* u. *Alizaringlykosiden* aus *Rubia tinctorum* Chelat-Bldg. als mögliche Wrkg.-Weise, was bei letzten zur Hemmung der Harnstein-Bldg. beiträgt. — 67 Literaturangaben. G. KIRSTEN. 4608□

Der Einfluß von 2-Amino-5-nitrothiazol (Enheptin) auf die Fertilität, Organgewicht, Körpergewicht, Östruscyclus und Hypophysenhormon der Ratte. D. W. Snair und L. A. Schwinghammer. (Toxicol. appl. Pharmacol. **2.** 418—29. Juli 1960. Ottawa, Dep. of Nat. Health and Welfare, Food and Drug Labor.) (Engl.)

Enheptin (0,1% als Futterzusatz) beeinfußt nicht die *Gonadotropin*-Menge in der Hypophyse von Ratten, höchstwahrscheinlich verringert es aber den Gonadotropinblutspiegel u. bringt dadurch den Östruscyclus zeitweilig zum erliegen, verringert die Zeugungsfähigkeit der ♂, das Gew. der Samenbläschen u. der Prostata ohne das Gew. der Testis zu verändern. P. GREGORZEWSKI. 4610□

Pharmakologie des Influenzamittels N.¹N¹-Anhydro-bis-[β-hydroxyäthyl]-biguanidhydrochlorid. B. Melander. (Toxicol. appl. Pharmacol. **2.** 474—89. Juli 1960. Stockholm, A/B KABI, Res. Dep.) (Engl.) — Vgl. C. **1961.** 925 u. 4439.

3-Oxapentamethylenbiguanidhydrochlorid (ABOB) besitzt geringe Toxizität, gute Resorptions- u. Exkretions-Eigg., keine kumulative Wrkg. u. keine Wrkg. als Thermoregulator oder Zentralnerven-Syst.-Stimulator u. keine Antihistamin-, spasmolyt. oder blutzuckersenkende Wirkung. P. GREGORZEWSKI. 4610□

Zur Behandlung des bakteriellen Fluors unter besonderer Berücksichtigung der qualitativen und quantitativen Veränderungen der Vaginalflora. E. Leuxner und F. Legler. (Arzneimittel-Forsch. **10.** 656—60. Aug. 1960. Erlangen, Univ., Frauenklinik; Staatl. Bakteriol. Unters.-Anstalt.) (Dt.)

Die Erfahrungen mit *Gynosterosan* (GEIGY; *5.7-Dichlor-8-hydroxychinaldin*) bei der Behandlung des bakteriell bedingten Fluors zeigen klin. gute Erfolge bei 300 Fällen u. in 50 weiteren Fällen in Normalisierung der Keimzahlen bei der bakteriolog.-kulturellen Untersuchung. Die physiolog. Vaginalflora wird geschont, es kommt nicht zur Entstehung von Mykosen. Die Ergebnisse der Kultur-Unterss. zeigen, daß bei klin. Heilung mit günstigen Reinheitsgradbefunden noch in erheblichem Maße Fremdkeime gezüchtet werden können. Der Vorgang der Normalisierung der Vaginalflora nimmt offenbar längere Zeit in Anspruch; der Nachw. einer als Fremdkeim geltenden Keimart kann nicht ohne weiteres zur Beurteilung der Fluorätiologie herangezogen werden; strenge Trennung zwischen pathogen u. apathogen ist nicht möglich. U. TAUSENDFREUND. 4610 □

Studium der Pharmako-Protein-Bindung. Reaktionen des Sulfaproxylins und des Sulfamerazins mit den Serumproteinen. P. Dessi und M. A. Barattini. (Boll. Soc. ital. Biol. sperim. **36.** 595—98. 3/6. 1960. Bologna, Univ., Ist. di Farmacol. e Terap. Sperim.) (Ital.)

Es wird die Rk. zwischen *Sulfaproxylin* (I) bzw. *Sulfamerazin* (II) u. den Serumproteinen des Kaninchens nach der Meth. der Diffusion durch eine semipermeable Membran u. Elektrophorese geprüft. Bei intraperitonealer Gabe von 1 g ergibt sich für **I** eine 38—48%ig. Bindung an die *Albumin*-Fraktion der Proteine, während **II** fast in seiner Gesamtheit in freiem Zustand zirkuliert. F. KREN. 4610 □

Einfluß von Dimethansulfonylhydroxybutan auf die physiologische Hämatopoiese. (Experimentelle Untersuchungen am Kaninchen und am Meerschweinchen). Giuseppe Chirico und Luigi Vercillo. (Arch. Scienze med. **101 (81).** 87—99. Febr. 1956. Pavia, Univ., Ist. di Clin. Med. Generale e Terap. Med.)

Längerdauernde Verabreichung von *Dimethansulfonylhydroxybutan* bei Meerschweinchen u. Kaninchen bewirkte eine mäßige periphere Lymphopenie u. eine Hypotrophie der lymphoiden Komponente in der Milz, beeinflußte jedoch die Hämatopoiese im übrigen nicht. K. ZINGRAF. 4610 □

Chronische Toxizität von Na-Alkylbenzolsulfonat bei Verabreichung mit Futter und Wasser an Ratten. T. W. Tusing, O. E. Paynter und D. L. Opdyke. (Toxicol. appl. Pharmacol. **2.** 464—73. Juli 1960. Cincinnati, Ohio, Procter and Gamble Comp., Miami Valley Labor.; Falls Church, Va., Hazleton Labor.) (Engl.)

Zweijährige u. lebenslange Verabreichung mit dem Futter (0,1—0,5%) oder dem Trinkwasser (0,05%) ruft bei Ratten keinerlei erkennbare tox. Veränderungen an den Organen hervor. P. GREGORZEWSKI. 4610 □

Unterdrückung der Uratsekretion der Tubuli durch Pyrazinamid beim Hund. T. F. Yü, L. Berger und A. B. Gutman. (Proc. Soc. exp. Biol. Med. **107.** 905—08. Aug./Sept. 1961. New York City, Mount Sinai Hosp., Dep. of Med.) (Engl.)

Pyrazinamid verringerte bei Hunden den Quotienten *Urat* (**I**)-Clearance/Glomerulusfiltrations-Geschwindigkeit. Bei Dalmatinerhunden unterdrückte es die Sekretion von **I** durch die Tubuli; bei anderen Hunderassen steigerte es die Rückresorption von **I** durch die Tubuli nicht. K. ZINGRAF. 4610 □

Über den Einfluß von INH-G (Gluronacid) auf die experimentelle INH-Ratten-neuropathie. G. Bahrs. (Z. ges. exp. Med. **135.** 255—60. 1961. Bonn, Med. Univ.-Poliklin.) (Dt.)

Isonicotinoylhydrazon-α-glucuronsäurelacton (*INH-G*) u. *Isonicotinsäurehydrazid* (*INH*)-Gaben führen in großen Dosen (80—100 mg/kg) beide zu schweren Nervenschädigungen mit Lähmungen der Hinterläufe bei Ratten innerhalb von 14 Monaten. P. GREGORZEWSKI. 4610 □

Untersuchung der Wirksamkeit von Krystallomycin, Erythromycin, Mycerin und Secasin am Modell der experimentellen Meningitis. W. F. Imschenetzkaja. (Антибиотики [Antibiotika] **5.** Nr. 1. 119—21. Jan./Febr. 1960. Neurochir. Burdenko-Forsch.-Inst. der Akad. der med. Wiss. der UdSSR.) (Russ.)

In Verss. an Kaninchen (Guppen von je 10 Tieren) mit experimenteller Meningitis (durch subaccipitale Injektion der DL_{50} von *Staphylococcus aureus*, Stamm 209) führten *Mycerin* (10 mg/kg) u. *Erythromycin* (30 mg/kg 2 mal täglich i.m.) zu einer Heilung der Tiere in 100 bzw. 90% der Fälle, während *Krystallomycin* (30 mg/kg i.v.) sich als unwirksam erwies u. *Secasin* (50 mg/kg i.m.) kein klares Ergebnis brachte. E. RENTZ. 4611 □

Charakterisierung des muskelparalysierenden Effekts des Tetracyclins. G. L. Gessa. (Boll. Soc. ital. Biol. sperim. **36.** 616—18. 3/6. 1960. Cagliari, Univ., Ist. di Farmacol.) (Ital.)

Die Unterss. werden in vivo am Präp. der Ischias-Tibia des Kaninchens (50 mg/kg *Tetracyclinhydrochlorid* i.v.) u. in vitro am Phrenicusdiaphragma (Konzz. von 200 bis 300 μg/ml) der Ratte durchgeführt. In vivo u. in vitro ergibt sich eine zeitweilige Blokkierung der neuromuskulären Übertragung, die in vitro zum Unterschied von *d-Tubocurarin* durch *Prostigmin* nicht antagonisiert wird. Vf. kommt zu dem Schluß, daß das Tetracyclin eine komplexe Curare-Wrkg. ausübt, bei der der depolarisierende Charakter vorherrscht, jedoch auch eine Antiacetylcholinkomponente erkennbar ist.
F. KREN. 4611 □

Fluorescenz von Tetracyclinen in Filarien (Fadenwürmern). John E. Tobie und Henry K. Beye. (Proc. Soc. exp. Biol. Med. **104.** 137–40. Mai 1960. Bethesda, Md., Nat. Inst. of Health, Nat. Inst. of Allergy and Infectious Dis., Labor. of Immunol. and Clin. Invest.) (Engl.)

Bei 1 Patienten mit wandernden, subkutanen Fadenwürmern (*Loa loa*-Infektion; *Acanthocheilonema perstans*) konnten die Parasiten nach Behandlung mit 1 g *Tetracyclin*/Tag peroral unter UV-Licht durch gelbe Fluorescenz sichtbar gemacht werden. In vitro gelang gleichfalls eine Sichtbarmachung durch Fluorescenz nach Einlegen von *Dirofilaria immitis* in gepufferte Lsg. von 1 mg *Chlortetracyclin*/ml. Bei in vivo-Unterss. am Hund mit Dirofilaria immitis ließ sich zeigen, daß die Zentralsäule der Kerne der einzelnen Mikrofilarien Tetracyclin spezif. aufnehmen; das Mittel wird in erwachsenen Würmern abgelagert; in Gefrierschnitten ♀ Würmer konnte die Verteilung in der ganzen Innenstruktur einschließlich Uterus u. darin enthaltener Embryos nachgewiesen werden. U. Tausendfreund. 4611□

Verteilung und Eliminierung vom ^{14}C-Methylphenidate. H. Sheppard, W. H. Tsien, W. Rodegker und A. J. Plummer. (Toxicol. appl. Pharmacol. **2.** 353–62. Juli 1960. Summit, N.Y., Ciba Pharm. Prod., Inc.) (Engl.)

Nach *$^{14}C_{(COOH)}$-Methylphenidate* (*α-Phenyl-α-piperidyl-(2)-essigsäuremethylesterhydrochlorid*; **I**)-Gaben (intraperitoneal) an Meerschweinchen werden in Aceton- u. Methanolgewebeextrakten verschiedene Verbb. gefunden. **I** erscheint in den Extrakten als *Desmethyl*-**I**, vielleicht auch konjugiert mit Glucuronsäure u. als Phospholipidkomplex. Der höchste **I**-Geh. im Gehirn wird während der stärksten motor. Aktivität gefunden (20 Min. nach der Injetkion). Innerhalb von 24 Std. wird 70% der ^{14}C-Aktivität mit dem Urin u. 2% mit den Faeces ausgeschieden. P. Gregorzewski. 4620□

Wirkungen des in die Carotis verabfolgten N-[γ-Dimethylaminopropyl]-iminodibenzils auf das motorische Verhalten des Kaninchens. A. Luzzatto und A. Crema. (Boll. Soc. ital. Biol. sperim. **36.** 618–21. 3/6. 1960. Pavia, Univ., Ist. di Farmacol., Clin. Neuropatol.) (Ital.)

Kaninchen werden in die rechte Carotis bis zu 18,36 mg *N-[γ-Dimethylaminopropyl]-iminodibenzil* (**I**; wirksame Mindestdosis 1,8–4,4 mg)/kg injiziert. Unmittelbar nach der ersten **I**-Gabe kommt es zu einer 1–2 Min. dauernden Folge klon. Kontraktionen, die meist einseitig u. rhythm. sind u. an die sich in Intervallen von wenigen Sek. bis zu einigen Min. ton. u. ton.-klon. Spasmen anschließen, die von vielen motor. Phänomenen begleitet werden. Alle Tiere überleben die **I**-Behandlung gut. F. Kren. 4620□

Über die Spezifität der motorischen Wirkung, die beim Kaninchen durch die Injizierung einiger psychotroper Pharmaka in die Carotis induziert wird. A. Crema und A. Luzzatto. (Boll. Soc. ital. Biol. sperim. **36.** 621–24. 3/6. 1960. Pavia, Univ., Ist. di Farmacol. e Clin. Neuropatol.) (Ital.) — Vgl. vorst. Referat.

Es wird die Wrkg. der Carotidisinjektion von *Papaverinhydrochlorid* (**I**) u. $NaNO_2$ im Vgl. zu *N-[γ-Dimethylaminopropyl]-iminodibenzilhydrochlorid* (**II**) auf das motor. Verh. des Kaninchens untersucht. Es zeigt sich, daß die 5fache **I**-Dosis (1,48 mg/kg) einen etwas höheren hypotensiven Effekt ausübt als 0,29 mg **II**. Ein Kaninchen, das nach 21,4 mg **I** (in 3 Dosen) motor. kaum Veränderungen zeigt, weist starke motor. Effekte auf, wenn am nächsten Tag 1,5 mg **II** gegeben werden; auch eine weitere Dosis von 11,4 mg **I** am 3. Tag bleibt ohne motor. Effekt. Das gleiche gilt bei der Injektion von 50 mg $NaNO_2$/kg. Vff. schließen, daß die vasomotor. **II**-Wrkg. nicht der entscheidende Grund für die motor. Phänomene ist. F. Kren. 4620□

Mydriatische Halbwertzeit eines neuen Anticholinergicums unter dem Einfluß von Dosis, Verabreichungsweg und Quaternisierung. F. M. Sturtevant. (Proc. Soc. exp. Biol. Med. **104.** 120–23. Mai 1960. Philadelphia, Pa., Smith Kline & French, Pharmacol. Sect.) (Engl.)

Die mydriat. Halbwertszeit (Messung des Pupillendurchmessers mit Ocularmikrometer an Mäusen) erwies sich bei *SKF 5515* (Smith Kline & French; *9-Methyl-3-oxo-9-azabicyclo-[3.3.1]-nonyl-(7)-benzilatmaleat*; vgl. Wilfon u. Macko, Federat. Proc. **18.** [1959.] 458; ca. ½ Std.) als unabhängig von der Dosis u. dem Verabreichungsweg. Die mydriat. Halbwertszeit von *SKF 5516* (quart. Methobromid-Deriv. von SKF 5515) hing im Gegensatz dazu, vermutlich als Folge einer verminderten Penetrations-Geschw. durch die Membranschranke, vom log der Dosis u. dem Verabreichungsweg (i.v., subkutan oder peroral) ab. U. Tausendfreund. 4620□

Einfluß der Vitamin-B₆-Formen auf die akute Toxizität von Hydrazinen. Bernard Dubnick, Gerald A. Leeson und C. C. Scott. (Toxicol. appl. Pharmacol. **2.** 403–09. Juli 1960. Morris Plains, N.J., Warner-Lambert Res. Inst., Dep. of Biochem.) (Engl.)

Während *Pyridoxin* Mäuse gegen tox. Dosen von *β-Phenyläthylhydrazin* (**I**) schützt, verstärkt Coadministration von *Pyridoxal* mit **I** oder mit anderen Hydrazinen deren Toxizität. P. GREGORZEWSKI. 4620□

Der Einfluß von Aminazin an die Anpassung des Organismus an Sauerstoffmangel. G. I. Gurwitsch. (Доклады Академии Наук БССР [Ber. Akad. Wiss. BelorussSSR] **4.** 318—20. Juli 1960.) (Russ.)

Bei Kaninchen u. Ratten erhöhte *Aminazin* (1 mg/kg i.m.) die Widerstandsfähigkeit gegen Hypoxie (Verringerung des Luftdrucks bis auf 177 mm Hg) u. verringerte die Adaptionsfähigkeit (2 Std. bei 405 mm Hg täglich, 5 Tage), indem es die starke Erhöhung des Hämoglobin-Geh., der Erythrocyten u. der Atmungsfrequenz verhinderte. I. v. KLOCH-KORNITZ. 4620□

Einfluß des Iprazids auf die hypothermische und sedative Wirkung von Reserpin und Aminazin. Ss. Ss. Liberman. (Журнал Невропатологии и Психиатрии имени С. С. Корсакова [Korssakow J. Neuropathol. Psychiatr.] **59.** 396—401. 1959. Allunions Wiss. Chem.-Pharmazeut. Ordshonikidse-Forschungsinst., Pharmakolog. Abt.) (Russ.)

Iprazid (**I**; 50—200 mg/kg intraperitoneal) zeigte in Verss. an weißen Ratten u. Mäusen einen Antagonismus gegenüber *Reserpin* (20 mg/kg subkutan) bzgl. der sedierenden u. hypotherm. Wrkg. desselben. Demgegenüber wurden die gleichen Wrkg. von *Aminazin, Propazin, Plegicil* u. *Diprazin* (je 10 mg/kg) sowie *Äthyzin* (20 u. 50 mg/kg) durch **I** nicht herabgesetzt, sondern sogar verstärkt u. verlängert, u. deren Toxizität wurde erhöht. E. RENTZ. 4620□

Iprazid, seine pharmakologischen Eigenschaften und klinische Anwendung. M. D. Maschkowski. (Журнал Невропатологии и Психиатрии имени С. С. Корсакова [Korssakow J. Neuropathol. Psychiatr.] **59.** 385—95. 1959. Moskau, Allunions Wiss. Chem.-Pharm. Ordshonikidse-Forschungsinst.) (Russ.)

Übersicht über die Literatur (93 Literaturangaben) sowie eigene Untersuchungen. Nach letzteren schwächt *Iprazid* (**I**; *2-Isopropyl-1-isonicotinylhydrazin*, chem. ident. mit *Iproniazid* u. *Marsilid*) die sedierende u. hypotherm. Wrkg. des Reserpins ab u. verringert dessen Toxizität. **I** verstärkt ferner die Wrkg. von Schlafmitteln (Hexenal) u. verringert die Wrkg. des Acetylcholins. Die vegetativen Ganglien werden nur in hohen Dosen (40—50 mg/kg), die peripheren adrenoakt. Syst. nur wenig beeinflußt. Die Toxizität von **I** ist niedrig: die DL_{50} für die Maus i.v. beträgt 750, per os 970 mg/kg, die abs. tödliche Dosis i.v. liegt bei 800 mg/kg. Bei wiederholter Zufuhr von **I** kommt es zu einer Kumulation u. Zunahme der Toxizität. E. RENTZ. 4620□

Antagonismus zwischen Isonicotinsäureisopropylhydrazid und Reserpin an Hand der Untersuchung von bedingten Reflexen bei der Ratte. E. Libro. (Boll. Soc. ital. Biol. sperim. **33.** 890—91. Juni 1957. Mailand, Univ., Ist. di Farmacol.) (Ital.)

Nachdem die Wrkg. von *Isonicotinsäureisopropylhydrazid* (**I**) u. *Reserpin* (**II**) getestet wurden, werden „konditionierten" Ratten 1—2 Std. vor oder nach der Gabe von 3 mg **II**/kg 200 mg **I**/kg subkutan injiziert. Es wird festgestellt, daß das vor **II** gegebene **I** imstande ist, den kataton. u. „entkonditionierenden" Effekt zu antagonisieren. Im anderen Falle (nach **II**) verhalten sich die Tiere, wie wenn sie nur **II** erhalten hätten. O. POLLAK V. EMHOFEN. 4620

Der Einfluß von Reserpin und von Cocain auf die vasculären Effekte von sympathicomimetischen Aminen und von Acetylcholin. H. C. Sabelli. (C. R. Séances. Soc. Biol. Filiales **155.** 155—56. 30/6. 1961.) (Franz.)

Bei Ratten u. Kröten, die vorhergehend intraperitoneal 5 mg *Reserpin* (**I**)/kg bzw. 40—100 mg *Cocain*/kg erhielten, reagierte das Gefäß-Syst. auf Amine folgend: Bei Ratten potentierte **I** die Wrkg. von *Noradrenalin* (**II**) vasoconstrictor., die von *Isoproterenol* (**III**) vasodilatator., veränderte aber nicht die Wrkg. von *Adrenalin* (**IV**), von *Phenylnephrin* (**V**) u. von *Cyclopentamin* (**VI**). Man beobachtete eine antagonist. Wrkg. gegen den Vasoconstrictor *Ephedrin* (**VII**), *DL-Amphetamin, D-Amphetamin, Mephentermin*, wobei die Gefäßzusammenziehung von **VII** reversibel, die der anderen drei irreversibel war. Bei Kröten ergaben sich ähnliche Resultate: **II** wirkte potentiert, **IV** u. **V** blieben durch **I** unverändert; **III** intensivierte die Vasodilatation. Vasoconstrictoren, wie **VII** u. die anderen drei, wirkten bei den reserpinisierten Kröten nicht, wogegen sich *Naphazolin* (**VIII**) u. **VI** vasoconstrictor. verhielten. Bei cocainisierten Kröten wirkten **V, VI, VIII** vasoconstrictor., nicht aber **VII. III** wirkte vasodilatator. in potenzierter Weise. L. MACHER. 4620□

Vergleichende Untersuchung der hypotensiven Wirkung intraspinal und intravenös verabreichten Reserpins. F. Goñi und P. Thomsen. (Toxicol. appl. Pharmacol. **2.** 490—93. Juli 1960. Santiago, Catholic Univ. of Chile, Dep. Cardiol.) (Engl.)

Bei intraspinaler Verabreichung von *Reserpin* ist die hypotensive Wrkg. etwas verzögert u. die Wrkg.-Dauer verlängert. P. GREGORZEWSKI. 4620□

Monoaminoxydase-Inhibitoren und Methoden ihrer in vivo- und in vitro-Wertbestimmung. Masayori Ozaki, Herbert Weissbach, Atsuko Ozaki, Bernhard Witkop und Sidney Udenfriend. (J. med. pharmac. Chem. **2.** 591—607. Dez. 1960. Bethesda, Md., Nat. Inst. of Health, Nat. Inst. of Arthritis and Metabolic Diseases and Nat. Heart Inst.) (Engl.)

Es werden Meth. zum in vitro- u. in vivo-Nachw. von Monoaminoxydaseinhibitoren u. zur Best. ihrer Wirkungsdauer angegeben. Verschiedene in vitro wirksame Verbb. wiesen beim intakten Tier nur geringe Aktivität auf. Geringfügige Änderungen der Konstit. beeinflußten die Aktivität stark. Geprüfte Verbb.: *Harman*, F. 238°, 40 bis 60% Hemmung bei Endkonz. $2\cdot 10^{-6}$m; *Harmin* (**I**), F. 256°, $2\cdot 10^{-6}$; *Tetrahydroharmin*, F. 199°, $2\cdot 10^{-5}$; *Harmalol*, 10^{-4}; *6-Methoxy-1.2.3.4-tetrahydronorharman*, $C_{12}H_{14}N_2O$, F. 214—216°, aus dem Lactam, einem Abbau-Prod. von Hortiamin u. Hortiacin durch $LiAlH_4$-Red., 10^{-4}; *3-Amino-1.2.3.4-tetrahydrocarbazol*, 10^{-4}; *Tetrahydroharmol*, F. 264—265° (A.), aus Harmolol durch katalyt. Hydrierung mit Pd/C, 10^{-3}; *1.9-Dimethyl-1-hydroxy-3-äthyl-1.2.3.4-tetrahydro-γ-carbolin*, 10^{-3}; *1-Methyl-2-[1-diäthylamino-2-hydroxypropyl-(2)]-indolhydrochlorid*, F. 127°, 9% Hemmung bei 10^{-3}; *Indolo-[2.3:b]-tropan* (7% Hemmung bei 10^{-3}); *1-[Diäthylaminoäthyl]-2-[methylpyridyl-(2)-hydroxymethyl]-indoldihydrochlorid*, 6% bei 10^{-3}; *11.12-Dimethyl-12-hydroxy-1.2.3.4.6.12-hexahydrochinolizino-[2.3:b]-indolhydrochlorid*, F. 320° (Zers.), inakt.; *1-Methyl-2-[1-diäthylamino-2-hydroxypropyl-(2)]-3-[dimethylaminomethyl]-indol*, inakt.; *1-Methyl-2-[1-benzyläthylamino-2-hydroxypropyl-(2)]-indol*, F. 71°, inakt.; *N-Methylchinolon-(2)-hydrazon*, $2\cdot 10^{-4}$; *2-Methyl-5-phenyl-1.3.4-thiadiazolonhydrazon*, 10^{-3} (68%); *N-Methylbenzothiazolonhydrazon*, 10^{-3}; *6'-Oxo-4'-β-diäthylaminoäthoxypyrido-[3'.2'.1':4.4a.10]-phenothiazin*, 10^{-3}; *N-[γ-Dimethylaminopropyl]-10.11-dihydrodibenzazepin* (*Tofranil*), 20% bei 10^{-3}; *N-[β-Diäthylaminoäthoxyäthyl]-10.11-dihydrodibenzazepin*, inakt.; *DL-Phenylisopropylhydrazin* (**V**), 10^{-6}; *trans-DL-2-Phenylcyclopropylaminhydrochlorid* (*Tranylcypromin*) (**II**), 10^{-5} bis 10^{-6}; *DL-1-Phenylbutyl-(3)-hydrazin*, 10^{-5} bis 10^{-6}; *N-Acetyl-L-alaninisopropylhydrazid*, $2\cdot 10^{-5}$; D-Form, inakt.; *N^1-α-Picoloyl-N^2-benzylhydrazin*, 10^{-5} bis 10^{-6}; *1-[p-Äthylaminobenzoylamino]-2-diäthylaminoäthanhydrochlorid*, 10^{-5}; *1-[2-Methoxyphenyl]-2-pyrrolidinopropan*, 10^{-5}; *1-γ-Picoloyl-2-benzylhydrazin* (*Nialamid*; **III**), 10^{-5}; *N-Methylpiperidon-(4)-isopropylhydrazon*, 10^{-4} bis 10^{-5}; *1-[p-Aminobenzamido]-2-diäthylaminoäthan* (*Procainamid*), 10^{-4}; *1-Dimethylaminobutanon-(3)-isopropylhydrazon*, 10^{-4}; *1-[p-Aminobenzamido]-2-dimethylaminoäthan*, 35% bei 10^{-4}; *Desoxyephedrin*, 10^{-4}; *N-[p-Chlorbenzhydryl]-N'-m-tolylpiperazin* (*Meclizin*), 100% bei 10^{-3}; *N-[p-Chlorbenzhydryl-]-N'-methylpiperazin* (*Cyclocylizin*), inakt.; *3-o-Methoxyphenoxypropandiol-(1.2)*, 70% bei 10^{-3}; *Amphetamin*, 65% bei 10^{-3}; *Arterenon*, 62% bei 10^{-3}; *Isonicotinsäure-N-isopropylhydrazid* (*Iproniazid*; **IV**), 10^{-3}; *Adrenalon*, 10^{-3}; *Adrenalin*, 11% bei 10^{-3}; *trans-2-Aminocyclohexyl-p-tolyläther*, 10^{-3}; *N-Methyl-Deriv.*, 10% bei 10^{-3}; *quart. Base*, 6% bei 10^{-3}; *o-Methoxyephedrin*, 30% bei 10^{-3}; *Ephedrin*, inakt.; *2-[o-Methoxyphenyl]-1-methylaminopropan*, 23% bei $<10^{-3}$; *N-Benzyl-N-methylamphetamin*, 13% bei $<10^{-3}$. Hemmung in Rattengeweben nach intraperitonealer Zufuhr in vivo: **IV**, 100 mg/kg, % Hemmung nach 2 u. 14 Std., 100, 100; *p-N-Äthylprocainamid* (**VIII**), 50, 22, 13; **II**, 50, 100, 86; **III**, 50, 100, 92; *Thyroxin* (**IX**), 50, 4, 0; **I**, 10, 36, 0; **V**, 25, 100, 100. Inhibitor-Wrkg. auf die Serotonin (**VII**) → 5-Hydroxyindolessigsäure (**VI**)-Umwandlung in der intakten Maus: Kontrolle, % **VI** von zugeführtem **VII** in Gesamthomogenat (Maus), 31, Hemmung, 0%; **IV**, 25 mg/kg, 4, 88; **VIII**, 25, 30, 0—4; **II**, 10, 2, 94; **III**, 25, 3, 76; **IX**, 25, 45, 0; **I**, 5, 5,2, 83; **V**, 10, 3,5, 91. K. MAIER. 4620□

Resorption gleichbleibend-freigebender oraler Amphetamin-Präparate bei Ratten. George Deeb und Bernard A. Becker. (Toxicol. appl. Pharmacol. **2.** 410—17. Juli 1960. Rochester, N.Y., Strasenburgh Labor., Res. Pharmacol. Sect.) (Engl.)

Amphetamine werden als in W. lösl. Sulfat, überzogenes Granulat u. als Ionenaustauscherharzkomplex an Ratten oral verabreicht. Die erste Form ist 8 Std. im Verdauungstrakt, die letzten noch 15 Std. nach der Verabreichung. Daraus folgt, daß in vitro-Verss. keine zuverlässige Basis zur Voraussage der gastrointestinalen Resorption pharmazeut. Präpp. sind. P. GREGORZEWSKI. 4622□

Der Einfluß von Avil und Solu-Decortin H auf die experimentelle „allergische" Encephalomyelitis des Meerschweinchens und Kaninchens. Horst Finger. (Z. ges. exp. Med. **135.** 276—80. 1961. Frankfurt/M., Paul-Ehrlich-Inst.; „Ferdinand-Blum-Inst. für exp. Biol.") (Dt.)

Avil (HOECHST) hat keinen hemmenden Einfl. auf den Krankheitsverlauf der experimentellen „allerg.“ Encephalomyelitis bei Meerschweinchen u. Kaninchen; *Solu-Decortin H* dagegen hat in hohen Dosen eine deutliche, mildernde Wirkung.

P. GREGORZEWSKI. 4625□

Änderung der Zahl der Sulfhydrylgruppen und des reduzierten Glutathions im Gehirn von weißen Mäusen bei der durch Campher und Äther verursachten Reizung und Hemmung. W. F. Dunajewa und Je. F. Iwanenko. (Биохимия [Biochemie] **27.** 77—81. Jan./Febr. 1962. Charkow, Pharmakolog. Inst., Lehrstuhl für Biochem.) (Russ.; Auszug: Engl.)

In Verss. mit weißen Mäusen wird gezeigt, daß 4—7 Min. nach der Einw. von *Ae.* (Phase der Erregung) der jodometr. bestimmte Geh. an SH-Gruppen im *Glutathion* (I) im Vgl. zur Kontrolle fast nicht verändert wird. Nach 40 Min. langer Ae.-Narkose ist der SH-Geh. von I des Gehirns um 31,25 mg% erhöht. Nach Beendigung dieser Narkose nimmt die Menge der SH-Gruppen ab. Nach 2std. Ae.-Narkose ist sie um 23,83 mg% erhöht. Diese Zunahmen beruhen nicht auf einer Zunahme des red. I. Durch 0,24 mg *Campher* (II)/g wird die Menge der SH-Gruppen von I beim 1. Krampfanfall um 22,15, beim 2. Anfall um 20,15 mg% erhöht. Der Geh. an red. I wird entsprechend um 17,00 u. 13,28 erhöht. O. LEBTAG. 4627□

Anästhetische Eigenschaften einer Reihe fluorierter Verbindungen. 1. Mitt. **Fluorierte Kohlenwasserstoffe.** Alan Van Poznak und Joseph F. Artusio jun. (Toxicol. appl. Pharmacol. **2.** 363—73. Juli 1960. New York, N.Y., New York Hosp., Dep. of Anesthesiol.; Cornell Univ., Med. Coll., Dep. of Surg.) (Engl.)

C_1-Verbb. zeigen außer inhalationsnarkot. Wrkg. bei Hunden auch depressive Eigg., vollständige Substitution verursacht convulsive Aktivität; einige C_2-Verbb. besitzen zufriedenstellend die anästhet. Wrkg., vollständig halogenierte convulsive Eigenschaften. Die wirksamsten Substanzen sind *1.1.1-Trifluor-2.3-dichlorpropan* u. *1.1.1.2-Tetrafluor-2-chloräthan.* Außerdem werden untersucht: *Dichlordifluormethan, Trifluormethan, Difluorchlormethan, Bromdifluormethan.* Äthane: *1.1.2.2-Tetrafluor-1.2-dichlor-, 1.1-Difluor-, Pentafluor-, 1.1.1.2-Tetrafluor-2-brom-, 1.1.1-Trifluor-2-brom-, 1.1.1-Trifluor-2-brompropen-(2)* u. *1.1.1.3.3.3-Hexafluor-2-chlorpropan.* P. GREGORZEWSKI. 4627□

Anästhetische Eigenschaften einer Reihe fluorierter Verbindungen. 2. Mitt. **Fluorierte Äther.** Alan Van Poznak und Joseph F. Artusio jun. (Toxicol. appl. Pharmacol. **2.** 374—78. Juli 1960. New York, N.Y., New York Hosp., Dep. of Anesthesiol.; Cornell Univ., Med. Coll., Dep. of Surg.) (Engl.) — 1. vgl. vorst. Referat.

Folgende Äther werden auf ihre inhalationsnarkot. Wrkg. untersucht: *2-Chlor-1.1.2-trifluoräthylmethyl-, 1.1-Difluor-2.2-dichloräthylmethyl-, 1.1-Difluor-2-chlor-2-bromäthylmethyl-, Fluorchlormethylfluormethyl-, 1.1.2-Trifluor-2-chloräthylchlormethyl-.* Die wirksamste Verb. im Hunde-Vers. ist *1.1-Difluor-2.2-dichloräthylmethyläther.*

P. GREGORZEWSKI. 4627□

Paroxysmales Lungenödem nach intravenösem Chloroform. M. R. Testelli und S. Musiker. (Proc. Soc. exp. Biol. Med. **104.** 109—10. Mai 1960. Chicago, Ill., Chicago Med. School, Mount Sinai Hosp., Div. of Cardiol.) (Engl.)

Bei nichtnarkotisierten Kaninchen u. Hunden kann durch langsame i.v. Injektion von 0,1 ml *Chlf.*/kg (ausgedehnt über die Dauer von 60—120 Min.) ein akutes Lungenödem hervorgerufen werden, welches von Leberstauung begleitet ist u. wahrscheinlich durch eine direkte depressor. Wrkg. von Chlf. auf das Myocard zustande kommt; dabei wäre der stärkere Abfall im Druck des linken Ventrikels als des rechten Ventrikels für die Anstauung in den Lungencapillaren verantwortlich. U. TAUSENDFREUND. 4627□

Vergleich zwischen Phenylbutazon und Ketophenylbutazon. F. Cugurra und G. Brambilla. (Arch. ital. Sci. farmacol. [3] **10.** 195—207. Juli 1960. Genova, Univ., Ist. di Farmacol.) (Ital.)

Bei wesentlich geringerer Toxizität (DL_{50} weiße Maus, oral 760 mg/kg, intraperitoneal, *Na-Salz* 735 mg/kg) besitzt *γ-Ketophenylbutazon* (*1.2-Diphenyl-3.5-dioxo-4-[3'-ketobutyl]-pyrazolidin*) qual. u. quant. prakt. dieselben antipyret., sedativen u. antirheumat. Wrkg. wie *Phenylbutazon* (*1.2-Diphenyl-3.5-dioxo-4-butylpyrazolidin*).

K. ZINGRAF. 4627□

Anticonvulsiver Charakter von Styramate und anderen depressiven Arzneimitteln. Salvatore de Salva und Robert Evans. (Toxicol. appl. Pharmacol. **2.** 397—402. Juli 1960. Kankakee, Ill., Armour Pharm. Co., Dep. of Pharmacol. and Chemotherap.) (Engl.)

Styramate (*2-Hydroxy-2-phenyläthylcarbamat*) zeigt im Mäuse-Vers. (Elektroschock) die Eigg. eines Breitband-Anticonvulsivums. Es ist in seiner Wrkg. Phenacemideähnlich. P. GREGORZEWSKI. 4628□

Toxikologische Untersuchungen an Biperiden. Calvin Hanna. (Toxikol. appl. Pharmacol. **2.** 379—91. Juli 1960. Burlington, Vt., Univ. of Vermont, Med. Coll., Dep. of Pharmacol.) (Engl.)

Biperiden (*1-[2.5-Methano-Δ^3-cyclohexenyl]-1-phenyl-3-piperidinopropanol, Akineton*) verringert die Wachstums-Geschw. u. erhöht die Mortalität von Ratten bei einem Zusatz von 300 mg/kg Futter. DL_{50} 750 mg/kg (Ratten) u. 340 mg/kg (Hunde). Es wird gefolgert, daß der Mensch 2—8 mg/Tag gut verträgt. P. GREGORZEWSKI. 4628□

Der Einfluß von Präparaten des fünfgriffeligen Weißdorns auf Organe mit glatter Muskulatur. D. Ja. Gusseinow. (Доклады Академии Наук Азербайджанской ССР [Ber. Akad. Wiss. AserbaidshanSSR] **15.** 603—08. 1959.) (Aserbaidshan.; Auszug: Russ.)

Verss. ergaben, daß der Fluidextrakt aus dem fünfgriffeligen *Weißdorn* die Darm- u. Uterusmuskulatur von Kaninchen u. Katzen für längere Zeit lähmt, während die Kontraktionen der glatten Muskulatur des medizin. Blutegels nur vorübergehend abgeschwächt werden. Auf Grund der Verss. wird das Mittel auch klin. als Spasmolyticum für die glatte Muskulatur empfohlen. E. RENTZ. 4628□

Der Einfluß einiger Xanthin-Derivate auf die Erregbarkeit des isolierten Froschherzens. G. Marchetti und S. Nava. (Arch. ital. Sci. farmacol. [3] **10.** 208—16. Juli 1960. Pavia, Univ., Ist. di Clin. Med.) (Ital.) — Vgl. MARCHETTI u. NAVA, C. **1962.** 3169. 4247.

Niedrige Dosen von *1-[β-Hydroxypropyl]-theobromin* (1 : 5000; **I**), *7-[β.γ-Dihydroxypropyl]-theophyllin* (1 : 1000) u. *Theophyllinäthylendiamin* (1 : 1000) setzten die Erregbarkeit des isolierten Froschherzens herab, höhere Dosen erhöhen sie; dabei war **I** am wirksamsten. K. ZINGRAF. 4630□

Experimentelle Untersuchungen über die Wirkungen einiger Xanthin-Derivate auf die Herzdynamik und auf einige periphere Kreislaufgebiete (Hirnkreislauf, Lungenkreislauf, Coronarkreislauf). G. Marchetti und S. Nava. (Arch. ital. Sci. farmacol. [3] **10.** 217—30. Juli 1960. Pavia, Univ., Ist. di Clin. Med.) (Ital.) — Vgl. vorst. Referat.

Die i.v. DL_{100} beim Meerschweinchen beträgt für *7-[β.γ-Dihydroxypropyl]-theophyllin* (**I**) 4,55 g/kg, für *1-[β-Hydroxypropyl]-theobromin* (**II**) 2,93 g/kg u. für *Theophyllinäthylendiamin* (**III**) 0,62 g/kg. Sie alle bewirken beim Kaninchen eine Zunahme des Schlag-Vol., des Min.-Vol. u. der Herzarbeit (**I** u. **II** wirksamer als **III**) u. eine Abnahme des peripheren Widerstandes, beeinflussen den Blutdruck jedoch nicht wesentlich. Hohe i.v. Dosen von **I** u. **III**, nicht aber von **II**, verringern beim Hund den systol. Blutdruck, während der diastol. Druck von allen verringert wird. **III** verringert in erster Linie den Gefäßtonus, während bei **I** u. **II** die Min.-Vol.-erhöhende Wrkg. im Vordergrund steht. **II** steigert die Hirndurchblutung, **I** u. **III** verringern sie. K. ZINGRAF. 4630□

Wirkung eines wasserlöslichen Theobromin-Derivates auf den Hirnkreislauf und auf die elektrische Rindenaktivität des Kaninchens. F. Savoldi, G. C. Maggi und S. Noli. (Arch. ital. Sci. farmacol. [3] **10.** 231—40. Juli 1960. Pavia, Univ., Clin.Neuropatol.; Milano, N. Osped. Maggiore, Div. Med. Rizzi.) (Ital.) — Vgl. die beiden vorst. Referate.

1-[β-Hydroxypropyl]-theobromin (**I**) vermehrte beim Kaninchen in jedem Falle die Hirndurchblutung, auch wenn der Blutdruck durch Aderlaß künstlich herabgesetzt wurde; nach der Blutentnahme bewirkte **I** in der Hirnrinde das Auftreten von Anoxiewellen u. eine Wiederherstellung der basalen Aktivität. K. ZINGRAF. 4630□

Probleme bei der Wertbestimmung von Mitteln gegen das Herzflimmern. — 2. Mitt. **Deformierung der Erregbarkeitskurve durch einige synthetische Substanzen.** M. Libonati. (Arch. ital. Sci. farmacol. [3] **10.** 241—56. Juli 1960. Torino, Univ., Ist. di Farmacol. e Terap.) (Ital.) — 1. vgl. Arch. ital. Sci. farmacol. [3] **10.** [1960]. 281.

Prüfung der Wrkg. der *Hydrochloride* von *p-Hydroxybutyl-N-diäthylaminoäthylbenzamid, p-Isopropyl-N-diäthylaminoäthylbenzamid, p-Hydroxyphenyl-N-diäthylaminoäthylbenzamid* u. *p-Hydroxybutyl-N-diäthylaminopropylanilin* auf die Erregbarkeit der isolierten rechten Herzkammer von Ratten hat ergeben, daß die Chronaxie kein zuverlässiges Verf. zur Best. pharmakolog. Wrkg. ist. Bei Verw. höherer Potentiale (4- oder 10fache Rheobase) erhält man zwar bessere Ergebnisse, die aber auch noch nicht voll zufriedenstellen. K. ZINGRAF. 4630□

Vergleichende Untersuchungen zur Wirksamkeit gebräuchlicher coronarerweiternder Pharmaca bei narkotisierten und wachen Hunden. J. Dörner und E. Wick. (Arzneimittel-Forsch. **10.** 631—36. Aug. 1960. Gießen, Justus-Liebig-Univ., Pharmakolog. Inst. u. Medizin. Poliklinik.) (Dt.)

An [unter Verw. von Morphin (**I**) u. Pernocton] narkotisierten u. an wachen Hunden wurde die Beeinflussung von Blutdruck, Coronardurchblutung u. Herzfrequenz durch verschiedene Pharmaca geprüft. *Persantin* (*2.6-Bis-[bis-(β-hydroxyäthyl)-amino]-4.8-dipiperidinopyrimido-[5.4:d]-pyrimidin*; **II**; 0,25 mg/kg) war hinsichtlich Stärke u. Dauer der Durchblutungszunahme u. Konstanz der Befunde dem *Papaverin* (**III**; 1—4 mg/kg) u. *Nitroglycerin* (**IV**; 0,02—0,15 mg/kg) z. T. beträchtlich überlegen; die Wrkg. war bei wachen Tieren ausgeprägter. Nach **III** u. **IV** konnte nicht selten, vermutlich infolge hämodynam. Kreislaufumstellungen, eine prim. oder sek. Abnahme der Coronardurchblutung beobachtet werden, bes. nach relativ hohen **III**-Dosen oder nach **IV** bei wachen Hunden. Die Steigerung der Coronardurchblutung nach *Cordalin* (*Hydroxyäthyltheophyllin*; 5mg/kg), *Euphyllin* (*Theophyllin-Äthylendiamin*; 10 mg/kg) u. *Trimanyl* (*4.4-Diäthylaminoäthoxyhexoöstrol*; 0,5 mg/kg) war nur gering u. nicht immer nachweisbar. Nach *Recosenin* (eiweißfreier Herzextrakt; 0,03—0,1 ml/kg), *Lacarnol* (nucleosidhaltiger Extrakt aus Warmblüterorganen; 0,03 ml/kg) u. *Adenosintriphosphorsäure* (0,5—1 mg/kg) waren keine sicheren-Änderungen der Coronardurchblutung festzustellen, während nach **I** (1—2 mg/kg am wachen Tier) gelegentlich eine Zunahme der Coronardurchblutung auftrat. Substanzen, die die Coronardurchblutung beeinflußten, führten z. T. auch zu einer mehr oder minder starken Blutdrucksenkung, die bei **II** im Verhältnis zur starken Zunahme der Coronardurchblutung am geringsten war; die Herzfrequenz nahm bei allen wirksamen Substanzen meist zu. U. TAUSENDFREUND. 4630□

Die Wirkung eines Pyrimidopyrimidin-Derivates auf den Stoffwechsel und die Sauerstoffversorgung des Herzens. W. Lochner und M. Nasseri. (Arzneimittel-Forsch. **10.** 636—38. Aug. 1960. Düsseldorf, Medizin. Akad., Physiolog. Inst.; Göttingen, Max-Planck-Ges. zur Förderung der Wiss., Medizin. Forschungsanst.) (Dt.) — Vgl. auch vorst. Referat.

Es wurde die Wrkg. von *Persantin* (*RA 8*; *2.6-Bis-[bis-(β-hydroxyäthyl)-amino]-4.8-dipiperidinopyrimido-[4.5:d]-pyrimidin*; 0,2mg/kg i.v.) auf den Herzstoffwechsel an Hunden (in Morphin–Chloralose–Urethan-Narkose) untersucht. Die arteriovenöse Differenz des Herzens für O_2, *Glucose* (**I**), *Milchsäure* (**II**) u. *unveresterte Fettsäuren* (**III**) verringern sich nach der Verabreichung auf die Hälfte, so daß, auch unter Berücksichtigung des Verh. der Pulsfrequenz u. des mittleren arteriellen Blutdrucks, auf eine Verdoppelung der Durchblutung des Herzens geschlossen werden kann. Der O_2-Druck im venösen Coronarblut wird dadurch von 19,4 auf 36,1 Torr erhöht u. das O_2-Angebot an das Herz vergrößert. Nach ca. 30 Min. ist der O_2-Druck des venösen Coronarblutes auf den Ausgangswert zurückgekehrt. Der Anteil von **I**, **II** u. **III** am O_2-Verbrauch des Herzens ist nach der Medikation, verglichen mit den Ausgangswerten, unverändert.
U. TAUSENDFREUND. 4630□

Der Spasmus der Coronarien durch Pitressin als Methode der Bewertung von Pharmacis, die die Coronargefäße dilatieren. G. Mezzasalma und G. Cima. (Boll. Soc. ital. Biol. sperim. **33.** 900—04. Juni 1957. Mailand, Univ., Ist. di Farmacol.) (Ital.)

Es wird eine Meth. ausgearbeitet, nach der bei Ratten die coronardilatierende Aktivität von *Papaverin*, *Theophyllin*, *Pentaerythrittetranitrat*, *7-[Carbäthoxymethoxy]-flavon* u. *4.4′-Bis-[diäthylaminoäthoxy]-x.β-diäthyldiphenyläthandihydrochlorid* bestimmt werden kann, wobei durch *Pitressin* (**I**) ein Spasmus der Coronarien induziert wird, der elektrocardiograph. registriert werden kann. Die Tiere erhalten 30 mg Nembutal, 0,5 mg Atropin, **I**/kg u. nach 1 Std. oral 3% ig. Lsgg. der Dilatatoren. Es zeigt sich, daß 10 mg **I**/kg einen Spasmus provozieren, der aus einer typ. Erhöhung der T-Welle resultiert u. welche vor allem durch die letzten 3 Dilatatoren verhindert werden kann. Die Meth. kann als Test der vergleichenden Bewertung von Pharmacis mit coronardilatierender Aktivität in vivo verwendet werden. O. POLLAK v. EMHOFEN. 4630

Beziehung des Arachidonsäureanteils der Serumcholesterinester verschiedener Tierarten zur Empfänglichkeit gegenüber Atherosklerose. Leon Swell, Henry Field jun. und C. R. Treadwell. (Proc. Soc. exp. Biol. Med. **104.** 325—28. Juni 1960. Martinsburg, Va., Vet. Admin. Center; Washington, D.C., George Washington Univ., School of Med., Dep. of Biochem.) (Engl.)

Es wird gezeigt, daß der *Arachidonsäure* (**I**)-Anteil an den *Cholesterinesterfettsäuren* des Serums in Beziehung zur Empfänglichkeit gegenüber Atherosklerose steht, wobei hoher **I**-Anteil mit geringer Empfänglichkeit u. niedriger **I**-Anteil mit hoher Empfänglichkeit einhergeht. Es ist dabei noch nicht geklärt, ob der **I**-Anteil für die jeweilige Tierart bzw. den Menschen als typ. angesehen werden muß, oder ob eine Korrektur des **I**-Anteils u. damit der Empfänglichkeit durch diätet. Maßnahmen möglich ist. Die Einzelwerte lauten: 50% **I**-Anteil bei der Ratte, 17% beim Hund (beide wenig empfänglich bzw. resistent), 7,5% beim Menschen, 5,8% bei der Ziege, 5% beim Huhn, 2,3% beim Kaninchen, 1,8% beim Schwein, 1,1% beim Meerschweinchen. Bei allen Arten fand sich ein hoher Anteil an Linolensäure in der untersuchten Serumfraktion.
U. TAUSENDFREUND. 4630□

Wirkung von Adrenalin und Noradrenalin auf die „siliconähnlichen Eigenschaften“ der Blutgefäße. Takio Shimamoto, Hiroh Yamazaki, Michiro Inoue,

Tsutomu Fujita, Nobuo Sagawa, Tadao Ishioka und Toshiaki Sunaga. (Proc. Japan Acad. **36.** 234—39. April 1960.) (Engl.)

Unter direkter Beobachtung konnte an Mesenterialgefäßen des Kaninchens nach i.v. Verabreichung von 0,1, 1,0 oder 10,0 μg *Adrenalin* (I)/kg eine vorübergehende Schädigung der „siliconähnlichen Eigg." der Blutgefäße (infolge Schwellung u. „Stickiness" der Endothelialzellen) gegenüber Plättchen u. Leukocyten beobachtet werden. Gleichzeitig wird die Zahl der im Blut kreisenden Thrombocyten innerhalb 5—30 Min. nach der Injektion von I verringert sowie die Gerinnungszeit verkürzt. Auch beim Menschen kommt es nach 0,1 μg I/kg zu einem sofortigen u. vorübergehenden Abfall der kreisenden Thrombocytenzahlen u. zu einer vorübergehenden Verkürzung der Gerinnungszeit. — Im Gegensatz dazu waren gleiche Dosen von *Noradrenalin* in dieser Hinsicht weniger wirksam. U. TAUSENDFREUND. 4630□

Entdeckung des antithrombembolischen Effektes von Nialamid. Schutz der „siliconähnlichen Eigenschaften" der Blutgefäße durch Nialamid. Takio Shimamoto, Hiroh Yamazaki, Michiro Inoue, Tsutomu Fujita, Nobuo Sagawa, Toshiaki Sunaga und Tadao Ishioka. (Proc. Japan Acad. **36.** 240—45. April 1960.) (Engl.) — Vgl. vorst. Referat.

Es wird gezeigt, daß *Nialamid* (CHAS. PFIZER &Co.; I) eine Schutz-Wrkg. gegenüber schädigenden Einfl. auf die „siliconähnlichen Eigg." der Blutgefäße von Mensch u. Kaninchen ausübt, wie sie durch arteriosklerogene Substanzen an den Endothelialzellen der Gefäße bewirkt werden. Durch Vorbehandlung mit 100 mg I konnte bei Kaninchen das Anschwellen der Endothelialzellen (Direktbeobachtung an den Mesenterialblutgefäßen) sowie die Bldg. weißer Thromben nach i.v. Injektion von 0,1—50,0 μg *Adrenalin* (II)/kg oder von 1 mg bakteriellem *Polysaccharid* (*Shigella flexneri 2b*)/kg bzw. peroraler Verabreichung von 3 g *Cholesterin* (III) in 6 g Lanolin/kg verhütet werden. Auch die nach 0,1—1,0 μg II/kg oder nach 3 g III/kg feststellbare Verminderung der Zahl der im Blut kreisenden Thrombocyten wurde durch I verhütet (10—100 mg); die Verkürzung der Gerinnungszeit nach II wurde durch I ausgelöscht, die nach III vermindert. Auch beim Menschen ließ sich die nach II oder nach 90 ml frischer Sahne + 5 g Butter regelmäßig auftretende Verminderung der Thrombocytenzahl durch 100 mg I, 2 Std. vorher peroral verabreicht, oder durch täglich 75 mg I verhüten.

U. TAUSENDFREUND. 4630□

Der diuretische Effekt von SU 4885, dem Hemmer der 11ß-Hydroxylierung in der Nebennierenrinde. E. Lebacq, A. Tirzmalis, J. Gossart und P. Deuz. (Rev. franç. Études clin. biol. **6.** 916—17. Nov. 1961. La Louvière.) (Franz.)

SU 4885 [*2-Methyl-1.2-di-*[*pyridyl-(3')*]*-propanon-(1)*; I], das den ACTH-Vorrat der Hypophyse meßbar macht, kann als Diureticum bei Ödemen verwendet werden, deren Ursprung in der Aldosteronproduktion zu suchen ist. Es hemmt die Aldosteron-Synth. in der Nebenniere; es ist jedoch erforderlich, Δ_1-Cortison hinzuzufügen, um die Bldg. von Desoxycorticosteron zu verhindern. Die erfolgte Diurese ist durch Zugabe eines Spirolactons zu I zu verstärken; I tritt als Konkurrent des Aldosterons im Tubulus-App. der Niere auf. S. GROITZSCH. 4634□

Über die Beeinflussung der Acetazolamid- und Chlorazanildiurese bei Ratten nach chronischer Vorbehandlung mit Chlorothiazid. E. Göres und F. Jung. (Acta biol. med. german. [Berlin] **6.** 35—42. 1961. Berlin, Humboldt-Univ., Inst. für Pharmakol. u. Toxikol.) (Dt.)

An Ratten wurde in täglichen Teildosen über 212 Tage ohne tox. Wrkg. *Chlorothiazid* (I) gegeben, insgesamt 14,1—19,5 g/kg. Nach vollständiger Gewöhnung (3 Wochen nach Beginn auch durch 133 mg/kg keine Diuresesteigerung mehr) wurde *Acetazolamid* (II) oder *Chlorazanil* (III) verabfolgt. Die Dosis-Wrkg.-Kurven von II u. III zeigen verminderte Diurese-Wrkg. gegenüber nicht vorbehandelten Tieren. Daraus u. aus den Ausscheidungsverhältnissen von Na, K, Cl u. der Alkalisierung des Harns wird für I u. II auf teilweise gleichen Angriffspunkt in verschiedenen Tubulusabschnitten, für III auf einen den Hg-haltigen, diureticaähnlichen Wrkg.-Mechanismus geschlossen.

D. SCHEUCH. 4634□

Ein neues hochaktives, nichtnarkotisches Hustenmittel, 1-Methyl-3-[dithienyl-(2)-methylen]-piperidin. Pharmakologie und klinische Anwendung. Y. Kasé, T. Yuizono, T. Yamasaki, T. Yamada, S. Io, M. Tamiya und I. Kondo. (Chem. pharmac. Bull. [Tokyo] **7.** 372—77. Mai 1959. Kumamoto, Univ., Fac. of Pharm., Dep. of Chemico-Pharmacol. and Internal Clinic.) (Engl.)

1-Methyl-3-[*dithienyl-(2)-methylen*]*-piperidincitrat* (I, *AT-327*) zeigt beim nicht narkotisierten Hund einen größeren antitussiven Effekt u. bei mit Pentobarbital narkotisierten Katzen einen gleichen antitussiven Effekt wie *Kodein*. Vgl.-Unterss. werden auch mit *3-Dimethylamino-1.1-dithienyl-(2)-buten-(1)-hydrochlorid* (*Ohton*), *3-Piperidino-*

1.1-dithienyl-(2)-buten-(1)-hydrochlorid (*Piperidino-Ohton*), *dl-Methadonhydrochlorid, Morphinhydrochlorid, Kodeinphosphat, Dextromethorphanhydrobromid* u. *Tessalon* durchgeführt. Auch in klin. Verss. bei 45 Personen zeigte I eine gute Wirksamkeit. DL_{50} Maus subkutan u. Hund i.v. in mg/kg für I-Citrat 376 bzw. 74,8 u. für I-Base 222 bzw. 44,1. I greift direkt am Hustenzentrum an u. besitzt keine analget. Wrkg., führt zu keinen Toleranzerscheinungen u. zu Sucht. G. KIMMERLE. 4650

Ein Beitrag der Piperidino-Gruppe zur Manifestierung der antitussiven Aktivität. Yoshitoshi Kasé und Tomokazu Yuizono. (Chem. pharmac. Bull. [Tokyo] 7. 378—82. Mai 1959. Kumamoto, Univ., Fac. of Pharmacy, Dep. of Chemico-Pharmacol. (Engl.) — Vgl. auch vorst. Referat.

Bei nicht narkotisierten Hunden u. mit Pentobarbital narkotisierten Katzen werden von einer Reihe von Verbb. die Dosen bestimmt, die eine Unterdrückung des mechan. ausgelösten Hustens für 20—30 Min. verursachen (DAt_{50} in mg/kg. i.v.). Außerdem wird bei Mäusen der analget. Effekt geprüft (DA_{50} mg/10 g Maus subkutan). 3.3-Dithienyl-(2')-propen-(2)-Verbb. (Hydrochloride): *1-Dimethylamino-1-methyl-*, (*Ohton*), 0,85 (DAt_{50} Hund, i.v. in mg/kg); 1,49 (der entsprechende Wert bei der Katze); 0,056 (DA_{50} Maus, subkutan in mg/10 g); *1-Diäthylamino-1-methyl-*, 0,96; 1,58; 0,069; *1-Piperidino-1-methyl-*, (*Piperidinoohton*), 0,27; 0,64; 0,058; *1-Dimethylamino-2-methyl-*, (*Iso-ohton, 172 E*), 10,7; 9,42; $^1/_{10}$ von Ohton; *1-Piperidino-2-methyl-*, (*206 E*), 8,95; 6,00; unwirksam; 3.3-Diphenylpropan-Verbb. (Hydrochloride): *1-Dimethylamino-1-methyl-3-propionyl-*, (*Methadon*), 0,11 (DAt_{50} Hund, i.v., mg/kg); 0,035 (DA_{50} Maus, subkutan, mg/10 g); *1-Piperidino-1-methyl-3-propionyl-*, 0,11; 0,040; *1-Dimethylamino-3-propionyl-*, (*Ticarda*), 1,20; 0,093; *1-Piperidino-3-propionyl-*, 0,59; 0,073; *d + l-1-Dimethylamino-1-methyl-3-äthylsulfonyl-*, (*Sulfamethadone*), 1,86; 0,087; die entsprechende *d-Form*, 2,08; 0,24; die entsprechende *l-Form*, 0,71; 0,025; *1-Piperidino-1-methyl-3-äthylsulfonyl-*, 0,15; 0,037; *1-Dimethylamino-3-äthylsulfonyl-*, 1,00; 0,16; *1-Diäthylamino-3-äthylsulfonyl-*, 1,21; 0,20; *1-Piperidino-3-äthylsulfonyl-*, 0,43; 0,048; — 3-Diphenylpropen-(2)-Verbb. (Hydrochloride): *1-Dimethylamino-1-methyl-2-carboäthoxy-*, (*177 E*), unwirksam (DAt_{50} Katze, i.v., mg/kg); unwirksam (DA_{50} Maus, subkutan); *1-Diäthylamino-1-methyl-2-carboäthoxy-*, (*107 E*), unwirksam; unwirksam; *1-Morpholino-1-methyl-2-carboäthoxy-*, (*118 E*), unwirksam; unwirksam; *1-[p-Methylpiperazino]-1-methyl-2-carboäthoxy-*, (*207 E*), 15,3; schwach wirksam; *1-Piperidino-1-methyl-2-carboäthoxy-*, (*191 E*), 2,83; unwirksam; *1-Dimethylamino-2-carboäthoxy-*, (*182 E*), unwirksam; unwirksam; *1-Diäthylamino-2-carboäthoxy-*, (*127 E*), unwirksam; unwirksam; *1-Morpholino-2-carboäthoxy-*, (*154 E*), unwirksam; unwirksam; *1-[p-Methylpiperazino]-2-carboäthoxy-*, (*222 E*), 20,0; unwirksam; *1-Piperidino-2-carboäthoxy-*, (*170 E*), 6,20; unwirksam; *1-Dimethylamino-1-carboäthoxy-*, (*50 E*), unwirksam; schwach wirksam; *1-Diäthylamino-1-carboäthoxy-*, (*91 E*), unwirksam; unwirksam; *1-Morpholino-1-carboäthoxy-*, (*152 E*), unwirksam; unwirksam; *1-[p-Methylpiperazino-1-carboäthoxy-*, (*167 E*), 20,0; unwirksam; *1-Piperidino-1-carboäthoxy-*, (*92 E*), 10,9; schwach wirksam; 3.3-Dithienyl-(2')-propanol-(3)-Verbb. (Hydrochloride): *1-Dimethylamino-1-methyl-*, 23,8 (DAt_{50} Katze, i.v., mg/kg); *-Methojodid*, unwirksam; *1-Diäthylamino-1-methyl-*, unwirksam; *1-Piperidino-1-methyl-*, 17,4; *1-Dimethylamino-*, unwirksam; *1-Piperidino-*, 20,1. — 2.2-Dithienyläthanole-(1), *1-Dimethylamino-*, unwirksam; *1-Piperidino-*, 12,8. — 10-Propyl-3-chlorphenothiazine, (Hydrochloride): *10-[γ-Dimethylaminopropyl]-*, (*Chlorpromazin*), schwach wirkend; *10-[γ-Diäthylaminopropyl]-*, (*P 24*), unwirksam; *10-[γ-Morpholinopropyl]-*, (*P 22*), 10,7; *10-[γ-(p-Methylpiperazino)-propyl]-*, (*Prochlorperazine*), 10,7; *10-[γ-(p-{β-hydroxyäthyl}-piperazino)-propyl]-, Maleinsäureester*, (*Perphenazine*), 20,0; *10-[γ-Piperidinopropyl]-*, (*P 21*), 5,2. — Isoketopinsäureäthylester (Hydrochloride): *-β-dimethylamino-*, (*TE 53*), unwirksam; *-β-diäthylamino-*, (*TE 51*), unwirksam; *-β-morpholino-*, (*TE 55*), unwirksam; *-β-piperidino-*, (*TE 56*), 5,2. — Isoketopinsäurepropylester (Hydrochloride): *-γ-dimethylamino-*, (*TE 52*), unwirksam; *-γ-diäthylamino-*, (*TE 54*), unwirksam; *-γ-morpholino-*, (*TE 57*), unwirksam; *-γ-piperidino-*, (*TE 58*), 10,7. — 2-[*o*-Methoxyphenyl]-äthane (Hydrochloride): *1-Methylamino-2-methyl-*, unwirksam; *1-Äthylamino-2-methyl-*, unwirksam; *1-Dimethylamino-2-methyl-*, unwirksam; *1-Morpholino-2-methyl-*, unwirksam; *1-Piperidino-2-methyl-*, 8,2; *1-Äthylamino-1-methyl-*, unwirksam; *1-Isobutylamino-1-methyl-*, unwirksam; *1-Hexylamino-1-methyl-*, 5,0 (schwach wirksam); *1-Morpholino-1-methyl-*, unwirksam; *1-Piperidino-1-methyl-*, unwirksam. G. KIMMERLE. 4650

Die Summierung der Effekte des Magnesium- und Kupfer-Ions bei der therapeutischen Behandlung in der Zahnheilkunde. H. J. Schmidt. (Vitalstoffe — Zivilisationskrankh. 6. 157—59. Aug. 1961. Stuttgart-Degerloch.) (Dt.)

Vf. diskutiert die therapeut. Wrkg. von *Mg-* u. *Cu*-Ionen u. deren gegenseitige Ergänzung im Mund- u. Zahnstoffwechsel. An Hand klin. Unterss. mit verschiedenen Zahnpasten wird die Beeinflussung der Gingivitiden u. einiger Munderkrankungen beschrieben. — 9 photograph. Abbildungen. G. KIRSTEN. 4655□

Die Behandlung der experimentellen Bleivergiftung des Kaninchens durch die Wirkung der Adenosin-5-monophosphorsäure auf den gestörten Porphyrinstoffwechsel und die Anämie. A. Gajdos, M. Gajdos-Török und G. Danieli. (Rev. franç. Études biol. **6.** 888—96. Nov. 1961. Paris, Chimique Médicale de l'Hôtel-Dieu, Laboratoire de Recherche.) (Franz.)

Die tägliche parenterale Verabreichung von 100 mg *Adenosin-5-monophosphorsäure* (**I**) hat die Ausscheidung der Porphyrine u. ihrer Vorstufen über den Harn bei Kaninchen mit experimenteller Bleivergiftung annähernd zu Normalwerten zurückgeführt u. die durch die Bleivergiftung entstehende Anämie verhindert. Diese Behandlung hat keine Wrkg. auf die *δ-Aminolävulinsäure* des Plasmas u. das freie *Protoporphyrin* der Erythrocyten. Vff. diskutieren den Wrkg.-Mechanismus von **I** auf die Porphyrin-Synth. u. die Anämie. S. GROITZSCH. 4675□

F. Pharmazeutische Chemie. Desinfektion

Vorschläge für das neue Deutsche Homöopathische Arzneibuch. F. Gstirner. (Dtsch. Apotheker-Ztg. **100.** 258—61. 10/3. 1960.) (Dt.)

In einer krit. Würdigung der bisher erschienenen 5 Hefte der „Vorschläge für das neue Deutsche Homöopathische Arzneibuch" (HAB) wird an Hand vieler Beispiele die Notwendigkeit der Neubearbeitung des verantwortlichen Arbeitskreises charakterisiert. U. DREHMANN. 4750

Untersuchungen über Tabletten. 4. Mitt. **Elektrische Aufladung kristalliner Arzneimittel durch Reibung.** Jun Hasegawa. (Chem. pharmac. Bull. [Tokyo] **7.** 485—91. Juni 1959. Tokyo, Univ., Fac. of Pharm. Sci.) (Engl.) — 3. vgl. C. **1960.** 6920.

Die elektr. Aufladung durch Reibung von 6 anorgan. u. 13 organ. Arzneimitteln wurde geprüft, indem die Kristalle über eine Schüttrinne in ein FARADAYsches Gefäß eingefüllt u. die induzierten Spannungen mit einem Röhrenvoltmeter (Ableitungsverlust 10^{-13}—10^{-14} A.) gemessen wurden. Die Aufladung auf einer Schüttrinne aus paraffiniertem Papier war größer als die auf einer Metallschüttrinne. Eine Erdung der Metallrinne beseitigt die Aufladung nicht. Die Aufladung war bei wasserlösl. Kristallen geringer als bei wasserunlöslichen. Die Behandlung der Kristalle mit *Tween 40* reduzierte die Aufladung auf paraffiniertem Papier auf $^1/_{100}$. Einzelheiten im Original. S. ERBE. 4766□

Untersuchungen über Tabletten. 5. Mitt. **Elektrostatische Aufladung bei der Tablettenpressung.** Jun Hasegawa. (Chem. pharmac. Bull. [Tokyo] **7.** 492—500. Juni 1959.) (Engl.) — 4. vgl. vorst. Referat.

Die elektr. Aufladung der Tabletten bei der Pressung verändert sich nicht merklich, wenn Stempel u. Matrize geerdet wurden. Sie wird durch die Reibung zwischen den Arzneimittelkristallen u. der Matrizenwand hervorgerufen u. verbleibt auf der Tablette nach der Pressung. Die Aufladung nimmt zu mit der Kraft des Oberstempels u. mit der Abnahme der Kristallgröße. Durch die Zugabe von Gleitmitteln kann die Aufladung verringert werden, ebenso durch Behandlung der Kristalle mit einem nichtion. Netzmittel. Method. Einzelheiten im Original. S. ERBE. 4766□

Die „Zerfallsprüfung" einzeldosierter oraler Arzneiformen mit verlängerter Wirkung in vitro. K. Münzel. (Arch. Pharmaz. **293/65.** 766—85. Aug. 1960. Basel, F. Hoffmann-La Roche & Co., Pharmazeut. Forschungsabt.) (Dt.)

Bedeutung u. Zweck der oralen langwirkenden Arzneiformen sowie ihre Vor- u. Nachteile für die moderne Therapie werden aufgezeigt. Als hauptsächlichste Verff. zur Herst. von Depot-Präpp. werden das „Umhüllungs-Verf.", das „Einbettungs-Verf.," das „Gerüst-Verf." u. die physiko-chem. Bindung des Arzneistoffes z. B. an Ionenaustauscher aufgeführt. Bei Depot-Präpp. ist nicht die Zerfallszeit sondern die Arzneistoffabgabe in vitro von Bedeutung. Eine Literaturübersicht über Meth. der Wert-Best. von Depot. Präpp. wird gegeben. An Hand eigener Verss. mit einem nach dem „Einhüllungs- u. Einbettungs-Verf.„ hergestellten Dragee sowie einer nach dem „Gerüst-Verf." hergestellten Tablette wird mit Hilfe der „Half-Change-Meth." gezeigt, daß die Geschw. der Arzneistoffabgabe entweder nullter Ordnung (im Falle der verwendeten Dragees) oder erster Ordnung (im Falle der Tablette) sein kann. Die Gleichungen für den Verlauf der Arzneistoffabgabe sowie die charakterist. Größen dieser Gleichungen werden angegeben. S. ERBE. 4766□

Die Alkaloide von Vinca rosea Linn. (Catharanthus roseus G. Don.). 8. Mitt. **Gewinnung und Charakterisierung neuer Nebenalkaloide.** Gordon H. Svoboda, Marvin Gorman, Norbert Neuss und Albert J. Barnes jun. (J. pharmac. Sci. **50.** 409–13. Mai 1961. Indianapolis, Ind., Eli Lilly Co., Res. Lab.) (Engl.) – 5. vgl. C. **1961.** 14666.

Zusätzlich zu den früher aus *Vinca rosea* gewonnenen 12 Alkaloiden werden aus den dort erhaltenen Fraktionen A u. B u. nach den früher beschriebenen Meth. 6 weitere Nebenalkaloide isoliert. Die Leurosin (I) enthaltende Fraktion A ergab nach Rechromatographie an deaktiviertem Al_2O_3 mit Bzl. u. Kristallisation aus Methanol eine instabile Verb. *Isoleurosin* (II), $C_{46}H_{60}N_4O_9$, F. 202–206° (Zers.); $[\alpha]_D^{22}$ +61,2° (c = 1, Chlf.). Das IR-Spektrum zeigt nahe Verwandtschaft zu I. Chromatographie der Bzl.-Lsg. der amorphen „Postleurosin-Fraktion" an Al_2O_3, deaktiviert mit 10%ig. Essigsäure, lieferte nach Umkristallisieren aus Methanol *Lochneridin*, $C_{19}H_{24}N_2O_3$, F. 211–214° (Zers.) Das UV-Spektrum zeigt einen Chromophor, ähnlich dem des Alkaloids Lochnericin. Durch Einengen der Perivinsulfat-Mutterlaugen aus Fraktion B wurde auf Zusatz von A. *Sitsirikin* als neues, grün fluorescierendes Sulfat erhalten, $C_{21}H_{26}N_2O_3 \cdot {}^1/_2\,H_2SO_4$, F. 239–241° (Zers.), freie Base: $[\alpha]_D^{26}$ +23° (c = 1, Chlf.). Der amorphe Rückstand des Chlf. Eluates der Fraktion B ergab nach Kristallisation aus Methanol *Vincamicin*, F. 224–228° (Zers.), $[\alpha]_D^{22}$ +418,0° (c = 1; Chlf.). IR-Spektrum u. Analyse gleichen denen der anderen dimeren Alkaloide; im Bereich von 6–7 μ sind außerdem Anzeichen für das Vorliegen ungesätt. oder aromat. Bindungen. Aus einem NH_3–Bzl.-Extrakt der Blätter wurde nach Aufarbeitung u. Chromatographie an deaktiviertem Al_2O_3 *Catharin* (III), $C_{46}H_{52}N_4O_9 \cdot CH_3OH$, F. 271–275° aus Methanol (Zers.), $[\alpha]_D^{22}$ –54,2° (c = 1; Chlf.) erhalten. Das IR-Spektrum dieses dimeren Alkaloids ist dem von I ähnlich, zeigt aber zusätzlich Anzeichen für ungesätt. Bindungen. Neben **III** wurde als neues Alkaloid *Vindolicin* (IV), $C_{25}H_{32}N_2O_6$, F. 248–251° aus Äther, festgestellt, das sich beim Schmelzen in eine 2. Modifikation, F. 265–267° (Zers.), $[\alpha]_D^{26}$ –48,4° (c = 1; Chlf.) umlagert. Das UV-Spektrum von **IV** weist auf ein methoxy-substituiertes Dihydroindol hin; nach dem IR-Spektrum scheint es Vindolin strukturell verwandt zu sein. – 28 Literaturangaben. H. ALTHOFF. 4782

Notiz über die röntgenkristallographischen Daten einiger Alkaloide aus Vinca rosea Linn. Ann Van Camp. (J. Amer. pharmac. Assoc., sci. Edit. **49.** 681–83. Okt. 1960. Indianapolis, Ind., Eli Lilly & Co, Lilly Res. Labor.) (Engl.)

Vf. bringt in einer Tabelle röntgenkristallograph. Daten der 9 in *Vinca rosea Linn.* gefundenen Alkaloide *Catheranthin, Catheranthinol, Leurosin, Lochnericin, Perivin, Vincaleucoblastin, Vindolicin, Vindolin* u. *Virosin.* F. v. GIZYCKI. 4782□

Die wirksamen Bestandteile der Rinde von Achras Sapota L. A. Mirimanoff und M. L. Ibañez. (Pharmac. Acta Helvetiae **36.** 97–102. Jan./März 1961. Beil. zu: Schweiz. Apotheker-Ztg. Genf, Univ., Ecole de Pharm., Lab. de Pharmacogn.) (Franz.)

Die Rinde von *Achras Sapota L.* (*Manilkara zapotilla Jacq.*) wird in der Volksmedizin auf den Antillen als Mittel gegen Lungentuberkulose verwendet. Die Anwesenheit eines in W. lösl. tuberkulostat. Wirkstoffes konnte bestätigt werden. Die Unters. ergab Gerbstoffe, ein Alkaloid vom Indoltyp u. eine Chinonsubstanz, F. 206–210°. Keine dieser Substanzen zeigte die tuberkulostat. Wrkg. der Droge. F. v. GIZYCKI. 4782□

Über das Vorkommen von Taxin in Taxus brevifolia. V. E. Tyler jun. (J. Amer. pharmac. Assoc., sci. Edit. **49.** 683–84. Okt. 1960. Seattle, Univ. of Washington, Coll. of Pharmacy.) (Engl.)

Im Gegensatz zu früheren Autoren konnte Vf. aus im Oktober gesammelten Zweigen u. Nadeln von *Taxus brevifolia* 0,00077% eines amorphen Alkaliods isolieren u. auf Grund von Farb-Rkk. sowie des R_F-Wertes in verschiedenen Lsg.-Gemischen als *Taxin* identifizieren. Blausäureglykoside waren nicht vorhanden. F. v. GIZYCKI. 4782□

Über die basischen Inhaltsstoffe von Solanum paniculatum L. K. Meyer und F. Bernoulli. (Pharmac. Acta Helvetiae **36.** 80–96. Jan./März 1961. Beil. zu: Schweiz. Apotheker-Ztg. Basel, Univ., Pharmazeut. Anst.) (Dt.)

Aus einem mit Methanol (I) gewonnenen, essigsauer gemachten u. im Vakuum vom I befreiten, dann mit Ae. ausgeschüttelten u. mit NH_3 alkal. gemachten Auszuge der in Brasilien hauptsächlich wegen ihrer cholagog. u. diûret. Wrkg. verwendeten Wurzel von *Solanum paniculatum L.* gewannen Vff. durch Ausziehen von Chlf. ein *Alkaloid*, das auch chromatograph. von den anderen Bestandteilen des Auszuges getrennt werden konnte u. für das der Name *Paniculidin* (II), $C_{26}H_{43}NO_3$, F. 228–244°, $[\alpha]_D^{22}$ –82,2 ± 2° (c = 1,47 in Chlf.), vorgeschlagen wird. *N-Acetylpaniculidin*, $C_{28}H_{45}NO_4$, F. 291,5 bis 293,5°, $[\alpha]^{23}$ –77,2° (c = 1,165 in Chlf.), durch Acetylierung von **II** in Pyridin mit Acetanhydrid. Rkk. u. IR-Spektren zeigten, daß **II** einen bisher noch unbekannten Typ von Solanumalkaloiden darstellt. F. v. GIZYCKI. 4782□

Das Verhalten des Systems p-Aminosalicylsäure u. Isonicotinsäurehydrazid in wässeriger Lösung. A. V. Willi und R. Fischer. (Med. exp. [Basel] **3.** 321—28. 1960. Bern, Dr. Wander AG., Forschungsinst.) (Dt.)

Mit Hilfe spektrophotometr. Messungen bei 3 verschiedenen pH-Werten zeigte sich, daß in verd. wss. Lsgg. des in festem Zustand beständigen *p-Aminosalicylsäure-Isonicotinsäurehydrazid*-Salzes u. auch in Lsgg. von entsprechenden Gemischen keine Bindungen irgendwelcher Art zwischen beiden Komponenten auftreten, daß demnach keine Additions-Verb. in wss. Lsg. vorhanden ist. U. TAUSENDFREUND. 4790□

Einige neuere Wollfettderivate für die Herstellung erweichender Lotionen und Salben. Linwood F. Tice und Martin Barr. (J. Amer. pharmac. Assoc. [N.S.] **1.** 53—55. Jan. 1961. Philadelphia, Pa., Philadelphia Coll. of Pharm. and Sci., Dep. of Pharmacy.) (Engl.)

Acetyliertes Wollfett (**I**; Modulan; Hersteller: AMER. CHLOLESTEROL PROD. INC., Edison, N.J.) u. *Wollfettalkoholextrakt* (**II**; Americhol L-101; Hersteller: wie **I**) wurden zur Herst. gut erweichender Lotionen vom O/W-Emulsionstyp verwendet. Vorschriften für 5 Lotionen vom pH 4,7—7,7 u. einer Viscosität von 340—1382 cP. werden angegeben. Bei der Lagerung bei +45° (30 Tage) u. bei —20° (7 Tage) wurde keine Trennung beobachtet. Die Verträglichkeit aller 5 Rezepturen mit 10 (%) ZnO, 8 Calamine, 10 Talcum, 2 $HgNH_2Cl$, 5 gefälltem Schwefel, 0,25 Menthol, 5 Steinkohlenteer-Lsg., 10 Ichthyol, 5 Benzocain, 10 Borsäure, 3 Salicylsäure (**III**), 6 Benzoesäure (**IV**), 3 **III** + 6 **IV**, 1 Phenol bzw. 5 Resorcin werden beschrieben. S. ERBE. 4792□

Grenzflächenerscheinungen in Wasser-in-Fett-Salben (W/F-Salben). K. Münzel und R. Zwicky. (Pharmaz. Ztg. verein. Apotheker-Ztg. **106.** 693—97. 8/6. 1961. Zürich, ETH, Pharmazeut. Inst., Galen. Abt.) (Dt.)

Die Grenzflächenspannung $\sigma_{F/W}$ bei 50° wird bei *Vaselin* (**I**) durch einwertige Fettalkohole (**II**) eindeutig erniedrigt, bei Triglyceridfetten (**III**) hat **II** keinen Einfluß. Monofettsäureester (**IV**) wirken stärker als **II**. $\sigma_{F/W}$ kann bei Raum-Temp. nicht bestimmt werden, dafür aber der Grenz- oder Benetzungswinkel zwischen F u. W, der $\sigma_{F/W}$ proportional ist. **IV** erhöht die Benetzbarkeit von **I** u. **III** durch W. wesentlich mehr als **II**. Die Eignung eines Emulgators für die Inkorporierung großer W.-Mengen in W/F-Salben hängt weniger mit seiner Grenzflächenaktivität zusammen als mit seiner Fähigkeit, einen stabilen Film in der Grenzfläche zwischen F u. W zu bilden. S. ERBE. 4792□

Chemie der Tropan-Verbindungen. A. Lindemann. (Planta med. [Stuttgart] **9.** 317—39. Dez. 1961. Basel, Sandoz A.-G., Pharmaz.-chem. Labor.) (Dt.)

Vortrag. — Übersicht über Vork. u. Gewinnung der wichtigsten natürlichen u. synthet. Tropan-Alkaloide sowie ihrer Verbb.; Vf. weist auch auf die ausgedehnte Anwendung als Arzneimittel hin. — 41 Literaturangaben. H. FRANZEN. 4806□

Probleme der Stabilität einiger Vitamine in pharmazeutischen Zubereitungen. Thomas J. Macek. (Amer. J. Pharmay Sci. support. publ. Health **132.** 433—55. Dez. 1960. West Point, Pa., Merck Sharp & Dohme Res. Labor.) (Engl.)

Übersicht über die Zers.-Möglichkeiten von *Vitamin A*, *Thiamin* (**I**), *Riboflavin* (**II**), *Ascorbinsäure* (**III**), *Vitamin* B_{12} (**IV**) u. *Panthothensäure* (**V**). Rkk. zwischen **I** u. **V**, **I** u. **IV**, **I** u. **II**, **IV** u. **III**, *Niacinamid* u. **III** u. **IV** u. *Folsäure* werden beschrieben. — 45 Literaturangaben. S. ERBE. 4808□

Stabilisierende Wirkung von Thiamin auf Ascorbinsäure. J. Turková. (Českoslov. Farmac. **8.** 6—9. Febr. 1959. Praha, Vys. škola chem.-technol., úst konserv. technol.) (Tschech.) — Vgl. C. **1961.** 10395.

Die Schutz-Wrkg. des Thiamins gegenüber Ascorbinsäure, die bei pH 5,91 u. höher am wirksamsten ist, wird auf den Thiazolkern, bes. auf das S-Atom, das die Bldg. eines Redox-Syst. bewirkt, zurückgeführt. E. ROTTER. 4808□

Oxy- und Thiosteroide. R. Bourdon und G. Rosseels. (Produits pharmac. **16.** 425—32. Sept. 471—76. Okt. 1961.) (Franz.)

Allg. Übersicht über Definition u. Struktur der Oxa- u. Thiosteroide, chem. Eigg., Gewinnung u. Darst., Mechanismus der Rkk. sowie Verwendung. — 67 Literaturangaben. H. GUISCHARD. 4808□

Keimfreies Arbeiten in Industriebetrieben durch UV-Luftentkeimung. H. Kühnert. (Parfümerie u. Kosmet. **41.** 412—14. Okt. 1960. Hanau a. Main, Quarzlampengesellschaft m. b. H.) (Dt.)

Für die seit langem bekannte Luftentkeimung mit UV-Strahlen wird das Verhälrnis Gerätezahl/Raumgröße für hohe, normale u. ausreichende Anforderungen in einem Diagramm dargestellt, aus dem bei Anwendung von Brennern mit 20 oder 40 W-Leistungsaufnahme die zweckmäßige Anzahl der Geräte abgelesen werden kann. Für pharmazeut. Betriebe werden bes. Anordnungen an Maschinen u. Förderbändern u. Arbeitsschutzmaßnahmen für das Personal beschrieben. U. DREHMANN. 4832

Antimikrobische Wirkung von Chlorhexidin in vitro. C. A. Lawrence. (J. Amer. pharmac. Assoc., sci. Edit. **49**. 731—34. Nov. 1960. Los Angeles, County Health Dep.; Los Angeles, Univ. of Calif. Med. Center, Dep. of Infectious Diseases.) (Engl.)

Chlorhexidin (**I**; *1.6-Bis-[p-chlorphenylbiguanido]-hexan*) wurde in seiner antimikrob. Wrkg. mit 3 anderen Desinfektionsmitteln, *Benzalkoniumchlorid*, einer Kombination von *o-Phenyl-* u. *p-tert.-Amylphenol* u. einem *Jod-Polyvinylpyrrolidon*-Komplex durch bakteriostat. u. baktericide, fungistat. u. fungicide Tests, sowie durch den Phenol-Koeff.-Test verglichen. **I** war bei den in vitro-Verss. stärker antimikrob. wirksam als die anderen untersuchten Germicide. In verhältnismäßig großen Verdünnungen (bis 1 : 40000) war **I** gegen einige gramnegative Bakterien (*Salmonella typhosa*) u. in mittleren Konzz. gegen Staphylokokken u. Anaerobier wirksam. Die Verss. wurden ausführlich beschrieben. U. Drehmann. 4832

Eine Methode zur Messung suspendierter Partikel in Flüssigkeiten. H. E. Hudson. (Pharmac. J. **186** (**4/132**). 201—03. 11/3. 1961. Macclesfield, Cheshire, Imperial Chem. Ind. Ltd., Pharm. Div.) (Engl.)

Die Erfassung von Schwebstoffen in Fll., speziell in Injektions-Lsgg., ist nach den bisherigen Meth. von zahlreichen individuellen Faktoren abhängig. Um die Ergebnisse exakt zu erfassen, empfiehlt Vf. die Verw. eines neuen Gerätes, eines Spezial-Nephelometers mit photoelektr. Ablesung, mit dem Kaolinsuspensionen mit einem Geh. von 0,1—2 ppm mit einer Genauigkeit von $\pm$ 10% bestimmt werden können. Bauplan u. Ansichtszeichung im Original. S. Erbe. 4880□

Qualitative Nachweise für Arzneistoffe. C. C. Fulton. (J. Assoc. off. agric. Chemists **43**. 262—71. Mai 1960. Washington, D.C., Dep. of Health, Educ. and Welfare, Food and Drug Admin., Div. of Microbiol.) (Engl.)

Vf. gibt Empfehlungen zur Streichung u. zur Neuaufnahme verschiedener Meth. (Mikrometh. u. Farb-Rkk.) in die „Official Methods of Analyses" zur Identifizierung zahlreicher Arzneistoffe (Sympathomimetica, Barbiturate, Antihistamine, Tranquillizer). S. Erbe. 4880□

Die Feuchtigkeitsbestimmung in pharmazeutischen Präparaten nach der Methode von Fischer. Z. I. Schach und F. Je. Kagan. (Аптечное Дело [Apothekenwesen] **9**. Nr. 1. 71—73. Jan./Febr. 1960. Kiew, Inst. für Ärztefortbldg.) (Russ.)

Die Überprüfung der Feuchtigkeits-Best. nach Fischer (1935) in verschiedenen anorgan. u. organ. pharmazeut. Präpp. führte in der Mehrzahl der Fälle zu befriedigenden Ergebnissen. E. Rentz. 4880□

Beiträge zu den Untersuchungsmethoden von pharmazeutischen Zubereitungen. 5. Mitt. **Analyse der Salben.** H. Beral, El. Demetrescu, P. Grintescu, V. Stoicescu und I. Calafeteanu. (Pharmaz. Zentralhalle Deutschland **99**. 609—14. Okt. 1960. Bukarest, Inst. für Arzneim.-Forsch. u. Medikamenten-Kontrolle.) (Dt.) — 4. vgl. C. **1961**. 10285.

Zur Best. von *Borsäure* (**I**) in einer **I**, *HgO* (**II**) u. *ZnO* (**III**) enthaltenden Salbe wird die Salbe in Chlf. gelöst, W. u. neutralisiertes Glycerin hinzugefügt. Dann wird nach gutem Umschütteln mit 0,1 n NaOH-Lsg. gegen Phenolphthalein-Thymolblau bis zum Umschlag von Gelb über Grün nach Violett titriert. 1 ml 0,1 NaOH entspricht 6,184 mg **I**. **II** u. **III** werden nach Auflösen in HNO_3 komplexometr. bestimmt. In einer **II**, **III** u. *Salicylsäure* (**IV**) enthaltenden Salbe wird **IV** nach Auflösen der Salbe in neutralisiertem A. mit 0,1 n NaOH gegen Phenolphthalein titriert. **II** u. **III** werden nach Entfernen von **IV** durch alkohol. Extraktion komplexometr. bestimmt. In einer **II**, **III**, **IV** u. *Anaesthesin* (**V**) enthaltenden Salbe wird **V** nach Auflösen der Salbe in Chlf nitritometr. bestimmt: 40 mg **V** entsprechende Salbe werden mit 10 ml Chlf. u. 12 ml 1 n HCl bis zum Auflösen der Grundlage geschüttelt. Nach Zugabe von 1 g KBr u. 0,4 ml Indicator-Lsg. (0,1 g Tropäolin 00 Orange IV werden in 20 ml 1 n HCl aufgelöst u. mit W. auf 100 ml aufgefüllt) wird mit 0,1 m $NaNO_2$-Lsg. von Violett auf Farblos oder schwachgelblich titriert. 1 ml 0,1 m $NaNO_2$-Lsg. entspricht 16,524 mg **V**. **II**, **III** u. **IV** werden wie oben bestimmt. S. Erbe. 4880□

Polarographische Bestimmung der Geschwindigkeiten der Bildung von Äthylenimonium-Ionen aus verschiedenen Stickstoff–Lostverbindungen. Harold Zallen, John E. Christian und Adelbert M. Knevel. (J. pharmac. Sci. **50**. 783—84. Sept. 1961. Lafayette, Ind., Purdue Univ., School of Pharm., Dep. of Pharm. Chem.) (Engl.)

Die chemotherapeut. Wrkg. von Stickstoff–Lost-Verbb. wird auf die Kombination von 2 Prozessen zurückgeführt: 1. innere Ring-Bldg. einer β-Chloräthylgruppe zu dem hochreaktionsfähigen Äthylenimonium (EI)-Ion u. 2. Rkk. dieses Ions mit verschiedenen physiolog. Gruppen im Körper. Durch quant. polarograph. Messungen der Thiosulfataufnahme (Bldg. des EI–Thiosulfat–Additions-Prod.) u. durch die Messung des Diffusionsstroms für die Red. des EI an der Hg-Tropfelektrode konnte die Anwesenheit des EI-Ions bewiesen werden. Seine Bldg.-Geschw. wurden sowohl für aliphat. als auch für aromat. Stickstoff–Lost-Verbb. mit einer oder zwei β-Chloräthylgruppen bestimmt. Die Vorgänge waren für alle untersuchten Stickstoff–Lost-Verbb. Rk. 1. Ordnung.

U. DREHMANN. 4880

Amperometrische Titration von Antipyrin mit Jodchlorid. A. I. Gengrinowitsch, L. E. Kornewa und A. M. Murtasajew. (Доклады Академии Наук УзССР [Ber. Akad. Wiss. UsbekSSR] **1959.** Nr. 5. 40—42. Taschkent, Pharmaz. Inst.) (Russ., Auszug: Usbek.)

Verss. bewiesen, daß *Antipyrin* (I) mit 0,1 n JCl-Lsg. (in 0,4 n HCl) vorteilhafter als mit der üblichen 0,1 n J_2-Lsg. titriert wird. Eine entsprechende Titrations-Meth. wurde ausgearbeitet. Vorverss. ergaben, daß diese Best. ohne Anwendung einer äußeren EMK ausführbar ist. Das titrierte I reagiert mit JCl; das Ende der Titration ist durch die Entstehung eines Diffusionsstroms (Entladung des J^+ auf der Mikro-Kathode) erkennbar. 60 ml wss. I werden mit der vorst. JCl-Lsg. titriert. Die schnell verlaufende Rk. erlaubt, die Titration in 2—3 Min. durchzuführen; der Äquivalenzpunkt wird graph. bestimmt. Ca. 0,2 mg I können mit großer Genauigkeit bestimmt werden. Diese Meth. ist für das *Salipyrin* ebenso anwendbar. Die titrierte Lsg. soll dabei $^1/_3$ des Vol. an A. enthalten. Die amperometr. Kurve ist der für das reine I erhaltenen analog.

S. BARYSCHNIKOW. 4880□

Über die Bestimmung von 4.7-Dichlorchinolin. Arun Bose, A. Ray Chaudhuri und T. N. Ghosh. (J. Proc. Instn. Chemists (India) **33.** 16—18. Jan. 1961. Kalkutta, Bengal Immunity Res. Inst.) (Engl.)

4.7-Dichlorchinolin (I), eine Ausgangssubstanz für das synthet. Malariamittel Chlorochin, wird mit Na-Methylat zu 4-Methoxy-7-chlorchinolin umgesetzt. Das freigemachte Cl wird entweder gravimetr. als AgCl bestimmt oder man versetzt die Lsg. mit überschüssigem $AgNO_3$ u. titriert verbleibendes Ag mit Rhodanid zurück. Gravimetr. u. titrimetr. Verff. sind gleichmäßig brauchbar. Bei Einwaagen von ca. 0,8 g I findet man zwischen 96 u. 101% wieder. WINFRIED KRÜGER. 4880□

Die Anwendung der Wechselstrompolarographie bei der Bestimmung von Phenobarbital in Zubereitungen. N. G. Lordi, E. M. Cohen und B. L. Taylor. (J. Amer. pharmac. Assoc., sci. Edit. **49.** 371—75. Juni 1960. Newark, N.J., Rutgers Univ., Coll. of Pharmacy.) (Engl.)

Durch eine einfache Modifizierung des Polarographs SARGENT model XXI (Schaltschema im Original) war die Anwendung der Wechselstrompolarographie zur Best. von *Phenobarbital* (I) u. I-*Na* in fl. u. festen Zubereitungen möglich. Analyt. auswertbare Stufen werden unter Verw. von Borat-Puffer-Lsg. pH 8 in 1 m KNO_3 enthalten. Die Analysen-Lsg. soll $1 \cdot 10^{-4}$ m I enthalten. Die Best. von I ist nicht anwendbar in Ggw. von Coffein, Diphenylhydantoin, Aminophyllin, Theobromin–Na-Salicylat, Thiamin · HCl, Br^- u. J^-. Aspirin, Phenacetin, Na-Salicylat, Atropinsulfat, Ephedrinsulfat u. Cl^- stören die Best. nicht. Weniger als 1% Alkohol u. Propylenglykol stören nicht, höhere Konzz. sowie Polyäthylenglykol 400, Na-Stearat u. Methylcellulose verursachen Meßfehler. Die Best. von I u. I-Na in *Phenobarbital-Elixier* USP XV, in Tablettenmischungen u. Milchzuckerverreibungen kann nach der beschriebenen Meth. mit einer Fehlergrenze von maximal $\pm 2\%$ vorgenommen werden. S. ERBE. 4880□

Beiträge zur Kenntnis der Alkaloide von Peganum harmala. A. Schipper und O. H. Volk. (Dtsch. Apotheker-Ztg. **100.** 255—58. 10/3. 1960. Würzburg, Univ., Botan. Inst., Abt. für pharmakognost. Unterricht.) (Dt.)

Nach z. T. neu entwickelten analyt. Meth. untersuchten Vff. die Lokalisation u. die Bldg. der Alkaloide bei *Peganum harmala.* Mit Hilfe des Reagens nach HERDER wurden die Alkaloidverhältnisse in Blüten, Samen, Sprossen, Blättern u. Wurzeln u. die Zus. der Alkaloide papierchromatograph. untersucht (Fließmittel n-Butanol mit n/10 HCl gesätt. sowie Amylalkohol mit n/10 HCl gesätt.). Im UV-Licht wurden *Harmin* (indigoblau, R_F 0,68), *Harmalin* (gelbgrün, R_F 0,55) u. *Harmalol* (grün bis gelbgrün, R_F 0,26) identifiziert. *Vasicin* (R_F 0,38) ergab beim Besprühen mit dem modifizierten DRAGENDORFF-Reagens nach MUNIER u. MACHEBOEUF Rotfärbung. — 25 Literaturangaben.

U. DREHMANN. 4880

Bestimmung von Mutterkornalkaloiden. Thomas G. Alexander. (J. Assoc. off. agric. Chemists **43.** 224—29. Mai 1960. Washington, D. C., Food and Drug Admin., Div. of Pharmaceut. Chem.) (Engl.)

Eine Meth. zur Abtrennung von *Ergotamin* (I) von Bestandteilen eines Migränemittels wie z. B. Coffein, Phenacetin, Stärke, Milchzucker, Talcum, Stearinsäure, Mg-Stearat, Atropinsulfat, Hyoscyaminsulfat, Hyoscin · HBr u. Phenobarbital an einer kombinierten HCl-aktivierten Celite-545-Säule wird beschrieben. Die quant. I-Best. im Eluat erfolgt mit schwefelsaurer p-Dimethylaminobenzaldehyd-$FeCl_3$-Lsg. colorimetr.

bei 550 mμ. Eine papierchromatograph. Meth. zur Identifizierung von I wird angegeben, ebenso ein Verf. zur Best. von I in Suppositorien. S. Erbe. 4880□

R. P. Scherer G. m. b. H. (Erfinder: Arno Widman und Kurt Heinz Bauer), Eberbach, **Herstellung eines nicht klebenden, tropenfesten Überzugs auf Gelatine-Rektal-Kapseln,** dad. gek., daß auf die Oberfläche der Rektal-Kapseln ein Emulgator u. eine emulgierbare Substanz (Dioctylnatriumsulfosuccinat oder Laurylsulfat u. Stearinsäure) aufgetragen werden. (**D. A. S. 1 116 867** Kl. 30h vom 7/9. 1960, ausg. 9/11. 1961.) K. Koebke. 4767

Hans Voigt, Berlin, **Haltbarmachen wässeriger aus wässerigen Arzneipflanzenextrakten gewonnener Lösungen,** bes. *herzwirksame Glykoside* enthaltender Lsgg., unter Verw. eines wasserlösl. Salzes des La oder eines anderen Metalls der Lanthanidengruppe als Konservierungsmittel, bei welchem man vor oder nach dem Zugeben des Metallsalzes Milchsäure (I) zugibt, dad. gek., daß der wss. Lsg. eines herzwirksamen Pflanzenextraktes u. I ein in W. gelöstes Ce-Salz zugesetzt wird. An Stelle des Ce-Salzes können auch Salze des Pr oder Tb verwendet werden. (**D. A. S. 1 116 861** Kl. 30h vom 24/6. 1957, ausg. 9/11. 1961. **Zusatz zu D. A. S. 1 078 741; C. 1960. 17206.**) K. Koebke. 4791

Barrow Hepburn & Gale Ltd., London, übert. von: Douglas Shortridge, Leeds, Yorkshire, England, **Brandsalbe,** die Alkali- oder NH_4-Salze von Dihydroxydiarylmethansulfonsäurepolymeren u. einen inerten pharmazeut. Träger enthält, z. B. Na-Salze der Dikresylmethandisulfonsäurepolymeren mit einem Molgew. von 432—552. (**Can. P. 551 876** vom 7/3. 1955, ausg. 21/1. 1958.) H.-J. Nitzschke. 4793

Ciba Soc. An., Schweiz, **Herstellung von Mercaptoalkancarbonsäuren** der allg. Formel $R_1—S—(CH_2)_n—C(R_3)(OR)_2—CH_2—COOH$ (R_1 u. R_2 = H, Alkyl-, Aralkyl- oder Cycloalkylreste; R_3 = KW-Stoff-Rest; n = 1—8), dad. gek., daß man Ketone der allg. Formel $R_1—S—(CH_2)_n—CO—R_3$ nach Reformatzky mit α-Halogenessigestern u. Zn umsetzt. — Ein Gemisch aus 96 (g) Zn-Körnern, 2 Jod u. einer Spur $HgCl_2$ in Ae. wird langsam unter Rühren u. Kochen mit einer Lsg. von 60 β-Acetylmercaptobutanon-(3) (I) u. 68 Bromessigsäureäthylester versetzt. Nach Abkühlen gießt man auf Eis u. erhält nach Aufarbeiten *β-Methyl-β-acetoxy-δ-mercaptovaleriansäureäthylester* (II), $Kp._{0,1}$ 81 bis 83°. I, $Kp._{14}$ 103—106°, aus Thioessigsäure u. Methylvinylketon. — Aus II u. Acetanhydrid erhält man *β-Methyl-β-acetoxy-δ-acetylmercaptovaleriansäureäthylester,* $Kp._{0,08}$ 102°. — *β-Methyl-β-hydroxy-δ-benzylmercapto-,* $Kp._{0,1}$ 125—145°, u. *-δ-isopropylmercaptovaleriansäureäthylester,* $Kp._{0,1}$ 90°, *freie Säuren,* $Kp._{0,05}$ 180° bzw. $Kp._{0,1}$ 137—139°, *N.N'-Dibenzyläthylendiammoniumsalze,* F. 138—139° bzw. F. 150—152°, aus β-Benzyl- ($Kp._{0,2}$ 128—130°) u. β-Isopropylmercaptobutanon-(2) ($Kp._{12}$ 80—81°). — *β-Methyl-β-acetoxy-δ-benzylmercapto-* u. *-δ-methylmercaptovaleriansäure,* $Kp._{0,05}$ 175° bzw. $Kp._{0,1}$ 123—125°, *Äthylester,* $Kp._{0,1}$ 145—149° bzw. $Kp._{0,2}$ 84—87°. — *β-Methyl-β-hydroxy-δ-mercaptovaleriansäurethiolacton.* — *Mittel* gegen *Arteriosklerose.* (**F. P. 1 223 541** vom 29/1. 1959, ausg. 17/6. 1960. Schwz. Prior. 19/2. 1958.) S. Böttcher. 4807

Upjohn Co., Kalamazoo, Mich., V.St.A., **Herstellung von Aminobenzoesäurederivaten.** Verbb. der allg. Formel I erhält man durch Rkk. zwischen Verbb. vom Typus $HYC_nH_{2n}R$ u. solchen der Formel I, in denen die CO-Gruppe durch Halogen substituiert ist. Hierbei ist R ein tert. Aminrest, R_1 ein H-Atom, ein Alkyl-, Cycloalkyl-, Aryl- oder Aralkyl- oder heterocycl. Rest, R_2 ist ein Alkyl- oder Arylrest, R_3 = H, ein Alkyl- oder Aralkylrest, R_6 = H oder ein Acylrest, Y = O, S, NH

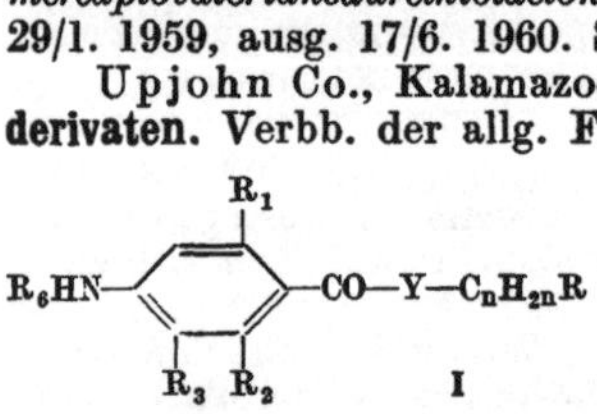

I

oder Alkylimino, n = 1—6; von R_1 u. R_2 soll jeder Rest höchstens 14 C-Atome enthalten, ist Y = O, dann muß die Summe der C-Atome in $R_1 + R_2$ mindestens 3 betragen. Beispiele: *N-β-Diäthylaminoäthyl-2.6-dimethyl-4-acetaminobenzamid,* $Kp._{0,01}$ 190—210°; *N-β-Diäthylaminoäthyl-2-methyl-6-äthyl-4-acetobenzamid, N-β-Diäthylaminoäthyl-2-methyl-6-isopropyl-4-acetobenzamid, β-Diäthylaminoäthyl-2.6-dimethyl-4-acetamidobenzoat,* $C_{17}H_{26}N_2O_3$, F. 89—91°; aus Methylcyclohexan; *β-Morpholinyl-(4)-äthyl-2.6-dimethyl-4-acetamidobenzoat,* $C_{17}H_{24}N_2O_4$, F. 115—116°; *Piperidyl-(1)-äthyl-2.6-dimethyl-4-acetamidobenzoat,* F. 134—135°; *β-Diäthylaminoäthyl-2-methyl-6-äthyl-4-acetamidobenzoat; β-Diäthylaminoäthyl-2-methyl-6-isopropyl-4-acetamidobenzoat, N-β-Diäthylaminoäthyl-2.6-dimethyl-4-aminobenzamid,* $Kp._{0,02}$ 185—190°; *N-β-Diäthylaminoäthyl-2-methyl-6-äthyl-4-aminobenzamid, N-β-Diäthylaminoäthyl-2-methyl-6-isopropyl-4-aminobenzamid; β-Diäthylaminoäthyl-2.6-dimethyl-4-aminobenzoat,* $C_{15}H_{24}N_2O_2$, $Kp._{0,04}$ 155—157°, Hydrochlorid, F. 129—130°, Dihydrochlorid, F. 194—194,5°; *β-Piperidyl-(1)-äthyl-2.6-dimethyl-4-aminobenzoat,* $Kp._{0,03}$ 175—180°, Dihydrochlorid, $C_{16}H_{26}Cl_2N_2O_2$, F. 223—225°; *β-Morpholinyl-(4)-äthyl-2.6-dimethyl-4-benzoat.* — Tabellen mit 160 weiteren Beispielen, ausführliche Beschreibung der Herst. von Zwischenprodukten. Die Verbb. sind hydrolysenfester als die nicht durch R_1 u. R_2 substituierten Homologen u. dafür besser für *therapeut.* Zwecke als die letzteren, z. B. Procain, geeignet. (**E. P. 791 599** vom 20/4. 1955, ausg. 5/3. 1958. A. Prior. 24/5. 1954.) A. KALIX. 4807

J. R. Geigy Soc. An., Schweiz, **Herstellung α-substituierter Glykokollderivate,** dad. gek., daß man Glyoxylsäure oder ihre Ester in neutralem oder alkal. Medium mit einem prim. oder sek. Amin u. einer Verb. umsetzt, die eine akt. Methyl-, Methylen- oder Methingruppe enthält. — Zu 20 (Teilen) 37%ig. wss. Glyoxylsäure-Lsg. u. 7,3 n-Butylamin setzt man 10 Methanol u. 6n NaOH bis pH 8 zu, gibt 13,2 Dimedon u. 10 Methanol zu, kocht bei pH 9,5 3 Std. lang, dest. Lsgm. ab, setzt HCl zu, filtriert u. erhält *α-[n-Butylamino]-α-[5.5-dimethyl-1.3-dioxocyclohexyl-(2)]-essigsäure,* F. 163—164° (Zers.). — *α-[n-Butylamino]-β-benzoylpropionsäure,* F. 178—179,5°. — *4-Hydroxy-α-[n-butylamino]-cumarin-3-essigsäurehydrochlorid,* F. 141—142°. — *α-Morpholino-2-hydroxy-3.5-dimethylphenylessigsäure,* Zers. ab 184°. — *α-[N.N-Dimethylamino]-2-hydroxy-3.5-dimethylphenylessigsäurehydrochlorid,* Zers. bei 153—172°. — *α-Morpholino-1-phenyl-2.3-dimethyl-5-oxopyrazol-4-essigsäurehydrochlorid,* Zers. bei 191—192°. — *α-Morpholino-1.2-diphenyl-3.5-dioxo-4-[n-butyl]-pyrazolidin-4-essigsäure,* F. 134—136° (Zers.). *Äthylester,* F. 128 bis 129°. — *α-[N.N-Dimethylamino]-indol-3-essigsäureäthylester,* F. 98—100°. — *α-[N.N-Diäthylamino]-,* F. 97—100°, *α-Morpholino-,* F. 76—78°, *α-Piperidino-,* F. 88—90°, *α-[N-(n-Butyl)-amino]-,* F. 61—62°, *α-[N-Benzylamino]-,* F. 89—90°, *α-Pyrrolidino-,* F. 90—91°, u. *α-[N-Methyl-N-benzylamino]-indol-3-essigsäureäthylester. Hydrochlorid,* F. 143—144° (Zers.). — *α-[N.N-Diäthylamino]-,* F. 80—82°, *α-Piperidino-,* F. 143—144°, *α-Pyrrolidino-,* F. 130,5—132,5°, u. *α-[N-Methyl-N-benzylamino]-1-phenyl-2.3-dimethyl-5-oxopyrazol-4-essigsäureäthylester,* F. 104—106°. Ausgangsstoffe sind Acetophenon, 4-Hydroxycumarin, Morpholin, Dimethylphenol, Glyoxylsäureäthylester, 1-Phenyl-2.3-dimethylpyrazolon-(5), 1.2-Diphenyl-3.5-dioxo-4-[n-butyl]-pyrazolidin, Dimethylamin, Indol, Benzylamin, o-Hydroxybenzoesäureäthylester, N-Methyl-N-benzylamin, Antipyrin, Diäthylamin. — *Heilmittel.* (**F. P. 1 220 963** vom 12/1. 1959, ausg. 30/5. 1960. Schwz. Prior. 13/1. 1958.) S. BÖTTCHER. 4807

Wellcome Foundation Ltd., England, **Herstellung von Benzo-[a]-chinolizinen** der allg. Formel I (R_1 = Alkyl- oder Arylrest; R_2 = H oder Alkylrest; der Isochinolinring kann substituiert sein), dad. gek., daß man ein Isochinolin-Deriv. der allg. Formel II, das man aus 1.2.3.4-Tetrahydroisochinolin mit HCHO u. einem Keton herstellt, mit Hg-Acetat oder J_2 oxydiert. — Man erwärmt 1.2.3.4-Tetrahydro-6.7-dimethoxyisochinolinhydrochlorid in Methyl-n-propylketon u. wss. HCHO 40 Min., kühlt ab, löst in W., setzt Eisessig u. $(CH_3COO)_2Hg$ zu, sättigt mit H_2S, filtriert, macht alkal. u. setzt eine Lsg. von Naphthalin-2-sulfonsäure zu; nach mehreren Tagen dampft man ein, setzt Aceton zu, kocht ½ Std. u. filtriert vom *3-Äthyl-1.2.3.4.6.7-hexahydro-9.10-dimethoxy-2-oxo-11bH-benzo-[a]-chinolizinnaphthalin-2-sulfonat* (III), F. 198—199°, während aus dem Filtrat *1.2.3.4-Tetrahydro-2-[hexanon-(3)-yl]-6.7-dimethoxyisochinolinnaphthalin-2-sulfonat,* F. 140—143°, gewonnen wird; die *freie Base,* F. 110—111°, gewinnt man aus III mit wss. KOH oder NH_4OH. — 1.2.3.4.6.7-Hexahydro-9.10-dimethoxy-2-oxo-11bH-benzo-[a]-chinolizine: *1.3-Dimethyl-,* F. 103—104° (*Naphthalin-2-sulfonat,* F. 185—187°), aus Diäthylketon. — *3-Phenyl-,* F. 169—170°, aus Benzylmethylketon. — *3-[n-Propyl]-,* F. 107—108° (*Naphthalin-2-sulfonat,* F. 186—187°), aus α-[n-Propyl]-acetessigester. — *3-[n-Butyl]-,* F. 111—112° (*Naphthalin-2-sulfonat,* F. 207—208°), u. *3-[n-Amyl]-,* F. 121—122° (*Naphthalin-2-sulfonat,* F. 200—202°), aus α-[n-Butyl]- bzw. α-[n-Amyl]-acetessigester. — 1.2.3.4-Tetrahydroisochinoline: *2-[2-Äthylbutanon-(3)-yl]-* (*Naphthalin-2-sulfonat,* F. 144—145°) u. *2-[2-Methylbutanon-(3)-yl]-6.7-dimethoxy-,* F. 97—98° (*Hydrochlorid,* F. 150—151°). — *2-[Butanon-(3)-yl]-6.7-dimethoxy-*(*Naphthalin-2-sulfonat,* F. 167—168°). — *2-[2-Methylbutanon-(3)-yl]-6.7-methylendioxy-,* F. 164—165°. — *1.2.3.4.6.7-Hexahydro-9.10-dimethoxy-2-oxo-11bH-benzo-[a]-chinolizin,* F. 152—153°. — *3-Methylverb.,* F. 138—139°. *Naphthalin-2-sulfonat,* F. 200 bis 202°. — *1.2.3.4.6.7-Hexahydro-3-methyl-2-oxo-11bH-benzo-[a]-chinolizin,* F. 95—96°. *Hydrochlorid,* F. 246—247°. — *1.2.3.4.6.7-Hexahydro-3-methyl-9.10-methylendioxy-2-oxo-11bH-benzo-[a]-chinolizin,* F. 157—158°. — *Sedativa.* (**F. P. 1 221 027** vom 20/1. 1959, ausg. 30/5. 1960. E. Prior. 22/1. 1958.) S. BÖTTCHER. 4807

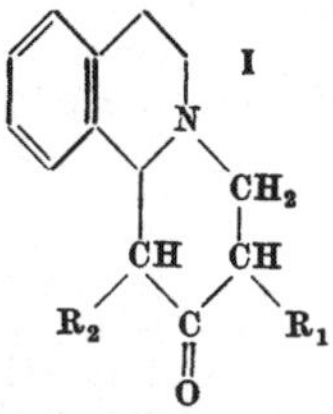

I

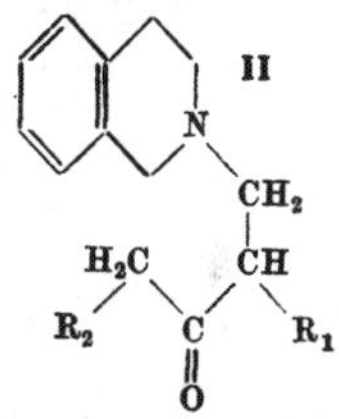

II

Wellcome Foundation Ltd., London, England (Erfinder: George Herbert Hitchings und Elvira A. Falco, New York, N.Y., V.St.A.), **Herstellung von substituierten Pyrazolo-[3.4:d]-pyrimidinen.** Verbb. der allg. Formel I erhält man durch

Rk. von Derivv. von **I**, in denen R_1 eine (ggf. durch einen niedrigmol. Alkylrest substituierte) Mercaptogruppe u. $R_2 = R_1$ oder OH ist, mit NH_3 oder niedrigmol. Mono- oder Diaminen. Man erhält dann substituierte Pyrazolo-[3.4:d]-pyrimidine (**II**), in denen R_1 oder R_2 eine (ggf. durch niedrigmol. Alkylreste mono- oder disubstituierte) NH_2-Gruppe ist u. der zweite R-Rest gleich dem ersten, oder eine OH- oder eine (ggf. durch einen niedrigmol. Alkylrest substituierte) Mercaptogruppe ist. — Beispiele: *4-Amino-6-hydroxy*-**II**, farbloses Pulver, F. >360°; *4-Dimethylamino-6-hydroxy*-**II**, farblose Nadeln, F. >360°; *4-Amino-6-mercapto*-**II**, farbloses Pulver, F. >320°; *4-Hydroxy-6-amino*-**II**, F. >320°. — Verw. als *Purinantimetabolite*. — Durch Red. der obengenannten Ausgangs-Prodd. mit RANEY-Ni erhält man **I**, in denen R_1 oder R_2 ein H-Atom u. der andere R-Rest eine OH-Gruppe oder eine (ggf. durch niedrigmol. Alkylreste substituierte) NH_2-Gruppe ist. — Beispiel: *4-Amino*-**II**·*HCl*, farblose Nadeln, F. >320°. — *Purinantimetabolite*. (**D. A. SS. 1 118 210** u. **1 118 211** Kl. 12p vom 4/8. 1956, ausg. 30/11. 1961. E. Prior. 10/8. 1955.) A. KALIX. 4807

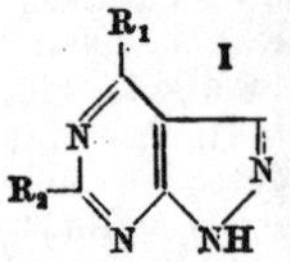

I

Chemiewerk Homburg, Zweigniederlassung der Deutschen Gold- und Silber-Scheideanstalt vormals Roessler, Frankfurt/M. (Erfinder: Erwin Kohlstaedt, Bad Homburg, und Karl-Heinz Klingler, Langen), **Basisch substituierte Theophyllin- bzw. Theobrominverbindungen** oder deren Salze werden erhalten durch Rk. von 7-Halogenalkyltheophyllin bzw. 7-Halogenalkyltheobromin mit Aminen der allg. Formel $H_2N—CH(R_1)CH_2—R_2$ [R_1 = niedermol. Alkyl, R_2 = Aryl] bei erhöhter Temperatur. — 1 Mol 7-β-Chloräthyltheophyllin u. 2½ Mol α-Methyl-β-phenyläthylamin werden ggf. in A. oder Toluol 6 Std. im Ölbad erhitzt, dann mit A. verd., mit äthanol. HCl angesäuert, der Nd. wird abfiltriert u. mit A. ausgekocht → *7-[β-(α'-Methyl-β'-phenyläthylamino)-äthyl]-theophyllin*, F. 227—229° (Ausbeute 70%) bzw. 237—239° bei kürzerem Auskochen mit Äthanol. — Analog werden hergestellt (Ausbeute): *7-[β-(α'-Methyl-β'-phenyläthylamino)-äthyl]-theophyllin-HCl* in der *d*- u. *l-Form*, F. 246—247° (75%). — *1-[β-(α'-Methyl-β'-phenyläthylamino)-äthyl]-theobromin-HCl*, F. 200—202° (51%). — *7-[β-(α'-Äthyl-β'-phenyläthylamino)-äthyl]-theophyllin-HCl*, F. 210—211° (65%). — *7-[ε-(α'-Methyl-β'-phenyläthylamino)-amyl]-theophyllin-HCl*, F. 210° (48%). — *Pharmakolog. Wirkung*. (**D. A. S. 1 123 329** Kl. 12p vom 18/10. 1958, ausg. 8/2. 1962. **Zusatz zu D. A. S. 1 095 285; C. 1961. 17307.**) F. HIRSCH. 4807

G. D. Searle & Co., Chicago, Ill., V.St.A., übert. von: Markus Zimmermann, Riehen, Schweiz, **3-Anilino-2H-benz-[e]-1.4-thiazin und Derivate** der allg. Formel **I** (X = H, Halogen, OH, niedermol. Alkoxygruppe) werden erhalten durch Rk. von Dihydro-5.6-benz-1.4-thiazinon-(3) (**II**) mit PBr_3 oder PCl_3 (**III**) u. ggf. im Kern durch X substituiertem Anilin u. ggf. Überführung in die Säureadditionssalze. — 3,2 Gew.-Teile **II**, 1,9 Vol.-Teile Anilin u. 25 Vol.-Teile **III** werden unter Eiskühlung vermischt. Das Gemisch wird 4 Std. auf 70—80° erwärmt u. dann auf Eis gegossen, mit gesätt. Soda-Lsg. alkal. gemacht, mit Ae. extrahiert u. der Ae. nach dem Trocknen abdest. → *3-Anilino-2 H-benz-[e]-1.4-thiazin*, F. 165—168°, aus wss. A. unter Behandlung mit Aktivkohle. — Analog werden folgende 2 H-Benz-[e]-1.4-thiazin-Derivv. erhalten: *3-m-Chloranilino-*, F. 151—153°; *3-p-Acetoxyanilino-* (**IV**); *α-p-Hydroxyanilino-*, durch Verseifen von **IV** mit Natriumäthylat; *3-o-Chloranilino-*, F. 146—150°; *3-p-Methoxyanilino-*, F. 208 bis 210° (Zers.). — *Spasmolyticum*. (**A. P. 2 824 101** vom 13/9. 1956, ausg. 18/2. 1958.) F. HIRSCH. 4807

I

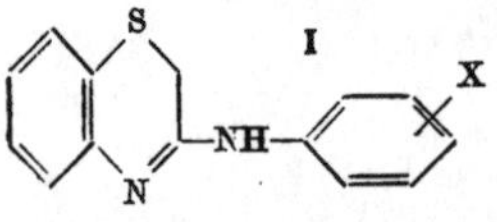

G. D. Searle & Co., Chicago, Ill., V.St.A., übert. von: Markus Zimmermann, Riehen, Schweiz, **4-Aminoalkyldihydro-5.6-benz-1.4-thiazinon-(3)** der allg. Formel **I** u. deren Säureadditionssalze (A = niedermol Alkylenrest mit mindestens 2 C-Atomen; Z = hydrierter stickstoffheterocycl. Rest oder ggf. durch aliphat. Reste substituierte Aminogruppe) werden erhalten durch Rk. eines Alkalimetallsalzes von Dihydro-5.6-benz-1.4-thiazinon-(3) (**II**) mit dem entsprechenden Aminoalkylhalogenid in Ggw. eines inerten Lsgm. bei erhöhter Temp. u. ggf. Überführung von **I** in die Salze. — 4,95 Gew.-Teile **II** werden unter Stickstoff, Rühren u. Kühlen durch Zugabe einer äther. Lsg. von Butyllithium bis zur Gelbfärbung der Lsg. zu Li-**II** umgesetzt. Dazu werden. 5.5-Diäthylaminoäthylchlorid in 20 Vol. Ae. gegeben. Es wird bei Zimmer-Temp. 2 Std. gerührt u. dann 30 Vol. wasserfreies Bzl. zugegeben u. über Nacht unter Rückfluß erhitzt. Die Mischung wird mit HCl extrahiert. Der entwässerte Ae.-Extrakt wird einer Kurzweg-Dest. bei einer Bad-Temp. von 130—135° u. bei 0,05 mm Hg unterworfen → *4-β-Diäthylaminoäthyl*-**II**. — Analog wird erhalten (T_n = Bad-Temp. bei n mm Hg, wobei Kurzweg-Dest. erfolgt): *4-γ-Dimethylaminopropyl*-**II** ($T_{0,05}$ 140°). — *4-β-Diiso-*

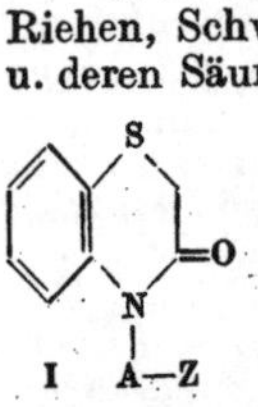

I

propylaminoäthyl-II ($T_{0,05}$ 145°). — *4-β-Morpholinoäthyl*-II ($T_{0,04}$ 140—145°). — *4-β-Piperidinoäthyl*-II ($T_{0,1}$ 170°). — *4-β-Pyrrolidinoäthyl*-II ($T_{0,09}$ 165°). — *Bakterieides Heilmittel.* (**A. P. 2 824 102** vom 13/9. 1956, ausg. 18/2. 1958.) F. HIRSCH. 4807

G. D. Searle & Co., Chicago, übert. von: Markus Zimmermann, Evanston, Ill., V.St.A., **Aminoalkylester von Dihydro-5.6-benz-1.4-thiazinon-(3)-2-carbonsäure oder -2-essigsäure** der allg. Formel I u. ihrer Säureadditionssalze (n = 0 oder 1, A = niedermol. Alkylenrest, Z = niedermol. Dialkylamino-, Piperidino-, Morpholino- oder Pyrrolidinorest) werden erhalten durch Rk. von Dihydro-5.6-benz-1.4-thiazinon-(3)-2-carbonsäure (II) bzw. -2-essigsäure (III) mit den entsprechenden Aminoalkanolestern (z. B. von HCl oder Essigsäure) in einem Lsgm. oder durch Rk. der Säurechloride von II bzw. III mit den entsprechenden Aminoalkoholen in Ggw. eines Säureacceptors, wie Pyridin, u. Isolierung des Säureadditionssalzes oder nach Extraktion der alkal. Lsg. als freie Base. — Eine Lsg. von 23 (Gew.-Teile) Brommalonsäureäthylester in 20 Vol. A. wird zu einer eiskalten Lsg. von 12,5 o-Aminothiophenol in 20 cm³ Ae. gegeben. Nach Erwärmen auf Zimmer-Temp. u. Zusatz von 7,9 Pyridin wird 30 Min. auf dem Dampfbad erwärmt. Die Rk.-Mischung wird mit verd. HCl extrahiert. Die äther. Lsg. wird mit W. gewaschen, getrocknet u. der Ae. abgedampft → II-Äthylester, F. 142—144°, aus A./Wasser. Vorst. Verbb. werden in 100 Vol. einer mNaOH suspendiert bei Zimmertemp. u. bis zur Lsg. gerührt. ½ Std. nach Ansäuern mit HCl wird II abfiltriert, F. 155—156°. Zu einer Suspension von 1,8 II in 50 Vol. Isopropanol (IV) werden 1,4 β-Diisopropylaminoäthylchlorid zugegeben u. die Mischung über Nacht bei Zimmer-Temp. stehengelassen. Es wird 1 Std. auf 50—60° erhitzt, die Hälfte des IV entfernt, Essigester zugegeben u. der entstandene krist. Nd. abfiltriert → *Hydrochlorid* des *β-Diisopropylaminoäthylesters* von II, F. 175 bis 176° (Zers. aus A./Essigester). — Auf analoge Weise werden die Hydrochloride folgender II-Ester hergestellt: *Diäthylaminoäthyl-*, F. 158—159°. — *Piperidinoäthyl-*, F. 182—184°. — *Diäthylaminopropyl.* — Bei Verw. von III an Stelle von II als Ausgangsstoff werden die Hydrochloride folgender III-Ester hergestellt: *β-Diäthylaminoäthyl-*, F. 168—169°, aus A./Essigester. — *β-Diisopropylaminoäthyl-* (dest. bei 210° Bad-Temp. u. 0,1 mm Hg). — *Piperidinoäthyl-*, F. 205—207°. — *Blutdrucksenkende Mittel.* (**A. P. 2 841 582** vom 29/5. 1956, ausg. 1/7. 1958.) F. HIRSCH. 4807

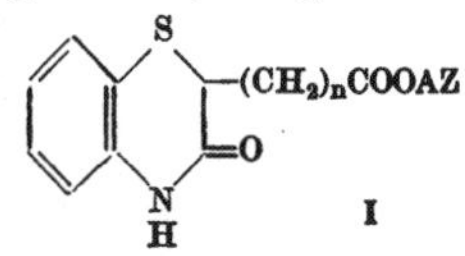
I

G. D. Searle & Co., Chicago, übert. von: Markus Zimmermann, Evanston, Ill., V.St.A., **4-Amidinoäthyldihydro-5.6-benz-1.4-thiazinone-(3)** der allg. Formel I (Z = N-heterocycl. Rest, oder ggf. durch aliphat. oder Aralkylreste substituierte Aminogruppe) werden erhalten durch Rk. von Dihydro-5.6-benz-1.4-thiazinon-3 (II) mit Acrylonitril in Ggw. einer starken Base, Alkoholyse des entstandenen II-Cyanäthyl-Deriv. in Ggw. von HCl bei 0 ± 15° in inertem Lsgm. zu dem entsprechenden Iminoätherhydrochlorid, das mit einer Verb. der allg. Formel ZH zweckmäßig in einem Lsgm. umgesetzt wird, worauf das Rk.-Gemisch alkal. gemacht wird. I wird ggf. in die Säureadditionssalze übergeführt. — Ein Gemisch von 30 (Teile) II, 24 Acrylonitril u. 1 einer 40%ig. wss. Trimethylbenzylammoniumhydroxid-Lsg. wird 3 Std. bei 30—40° gerührt, dann mit wss. A. verdünnt u. der Nd. abfiltriert → 4-β-Cyanäthyl-II, F. 104—107°. 24 (Teile) vorst. Verb. werden in 162 trockenem Chlf. gelöst u. 5 abs. A. bei —10° zugegeben u. 45 Min. HCl durchgeleitet. Das Rk.-Gemisch wird 48 Std. bei Temp. ≦ 10° stehengelassen u. dann mit wasserfreiem Ae. versetzt, wobei ein öliger, langsam (durch wiederholtes Dekantieren mit abs. Ae. beschleunigt) kristallisierender Nd. entsteht; Reinigung durch Verreiben mit Ae. → 4-β-Äthoxycarbiminoäthyl-II-HCl, F. 109—111°. Zu einer Lsg. von 9 (Teilen) vorst. Verb. in 32 wasserfreiem A. werden bei Zimmer-Temp. 3 Piperidin gegeben. Nach 18 Std. wird der krist. Nd. abgetrennt, wobei durch Zugabe von Essigester zur fl. Phase die Löslichkeit des Nd. verringert wird → *4-[γ-Imino-γ-piperidinopropyl]*-II-*HCl*, F. 224 bis 226° (freie Base als Öl gewonnen). — Analog werden folgende II-Hydrochloride hergestellt: *4-γ-Imino-γ-pyrrolidinopropyl-*; *4-γ-Imino-γ-[3'-oxopiperazino]-propyl-*, F. 229 bis 231°; *4-γ-Imino-γ-[1'.2'.3'.4'-tetrahydroisochinolino]-propyl-*, F. 232—234°; *4-γ-Imino-γ-[1'.2'.3'.4'-tetrahydrochinolino]-propyl-*; *4-γ-Imino-γ-{2'-(1'.2'.3'.4'-tetrahydro-9H-pyrido-[3'.4':b]-indolyl}-propyl-*, F. 233—237°; *4-γ-Imino-γ-morpholinopropyl-*, F. 238—241°; *4-β-Amidinoäthyl-*, F. 184—185,5°; *4-β-[N.N-Diäthylamidino]-äthyl-*; *4-β-[N-β-Hydroxyäthyl-N-methylamidino]-äthyl-*, F. 144—145°; *4-β-[N-Phenyläthylamidino]-äthyl-*, F. 144 bis 148°; *4-β-[N-Benzylamidino]-äthyl.* — Außerdem wird *4-[γ-Imino-γ-piperazinopropyl]*-II-*dihydrochlorid* hergestellt. — *Heilmittel.* (**A. P. 2 851 457** vom 9/4. 1956, ausg. 9/9. 1958.) F. HIRSCH. 4807

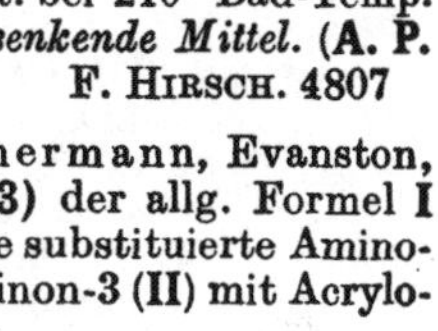
I

Monsanto Chemical Co., St. Louis, Mo., übert. von: Joseph A. Blanchette, East Longmeadow, Mass., V.St.A., **Cinchoninsäurederivate,** bes. von Styrol, α-Methylstyrol u. im Arylrest durch Alkylreste mit 1—4 C-Atomen substituierte Styrole, die sämtlich in p-Stellung bes. zu 50—100% durch Cinchoninsäure substituiert sind, welche in 2-Stellung an den aromat. Ring gebunden ist. — Polystyrol vom Molgew. ca. 2000 (I) wird durch Friedel-Crafts-Rk. acetyliert, so daß je Benzolring 1 Acetylgruppe eingeführt wird. 5 g acetyliertes I u. 5 g *Isatin* werden in 100 g Pyridin gelöst u. 65 g 30%ig. wss. KOH zugegeben. Man erhitzt das Gemisch 3 Tage am Rückfluß, gießt es in Methanol, filtriert den geringen Nd. ab u. fällt das Polymere durch Ansäuern aus. Dieses wird gereinigt durch Lösen in Tetrahydrofuran u. Wiederausfällen mit Wasser. — *Heilmittel gegen Malaria mit verlängerter Wirkung.* (**A. P. 2 865 902** vom 19/9. 1956, ausg. 23/12. 1958.) A. Jahn. 4807

Pabst Brewing Co., Milwaukee, übert. von: Samuel A. Morell, Whitefish Bay, Samuel H. Lipton, Milwaukee, und Alexander Frieden, Whitefish Bay, Wis., V.St.A., **Nucleotide** (I) werden erhalten durch Hydrolyse von Ribonucleinsäure (II), mit einer Erdalkalimetallbase bei 120—155°, bis der pH-Wert 7—8,5 beträgt u. Ausfällung u. Abtrennung der Poly-I u. I aus dem entstandenen I-Ribonucleosidgemisch mit einem lösl. Schwermetallsalz sowie Auskristallisieren der Ribonucleoside, Abtrennen der Mutterlauge von den Kristallen u. Behandeln der beiden getrennten Fraktionen mit einem Zucker, organ. P u. Hefeenzymen, wobei das mol. Verhältnis von Zucker : Phosphat : Nucleosiden ca. 1 : 6—12 : 0,01—0,03 beträgt, bei 22—28° u. pH 6—7 so lange, bis der Phosphatverbrauch ein Maximum erreicht hat, wobei Ribo-I entstehen. Die einzelnen I werden mittels eines Anionenaustauschers voneinander getrennt. — Zu 8 gal. heißem W. werden 5 kg II u. 850 g MgO gegeben u. das Gemisch wird im Rührautoklav 4 Std. bei 40—45 lbs/sq.in. Dampfdruck u. ca. 140—145° erhitzt. Die Lsg. (pH 8—8,5) wird dann nach Filtrieren auf 4° gekühlt. Nach 18 Std. wird *Guanosin* (III) abfiltriert. Das Filtrat wird mit 850 g neutralem Bleiacetat (in 10%ig. wss. Lsg.) versetzt u. ein pH von 7,2 ± 0,2 (NaOH) eingestellt. Der entstandene Nd. von nicht völlig hydrolysierten I u. Poly-I wird abfiltriert u. mit H_2S überschüssiges Pb abgetrennt. Die Lsg., auf pH 7,5 ± 0,2 gestellt, wird zu einem dünnen Syrup konz., der eine Nucleosidfraktion, bestehend aus *Adenosin* (IV), III, *Cytidin* (V) u. *Uridin* (VI), enthält. Zu 20 gal. frischer Brauereihefe (10% Festsubstanz) werden in einem Rührkessel der Reihe nach 5 gal. einer wss. Lsg. von 1700 g Na_2HPO_4, 11,100 g $NaH_2PO_4 \cdot H_2O$ u. 2000 g wasserfreie Dextrose, der vorst. erhaltene Nucleosidsyrup u. 1300 ml Toluol gegeben. Es wird fortwährend bei 25 ± 3° gerührt u. alle 15 Min. Proben zur Best. des anorgan. P entnommen. Die Puffersalze erhalten im Verlaufe der Rk. ein pH 6,5 ± 0,5 aufrecht. Sobald das Maximum der Phosphataufnahme (gewöhnlich nach 2—5 Std.) erreicht ist, wird die Rk. durch Ansäuern auf pH 3,0 (HCl) unterbrochen u. filtriert. Die I werden bei pH 8,5 als Ba-Salze gefällt u. mit H_2SO_4 bei pH 1,5 ± 0,5 in die freien Säuren übergeführt. Die $BaSO_4$-freien I werden mit 6 Vol. A. gefällt, gewaschen u. im Vakuum getrocknet → 1200 g I-Gemisch aus 13 (%) VI-5'-triphosphat, 4 nichtidentifizierter I u. Triphosphate, 69 IV-5'-triphosphat. Eine filtrierte Lsg. von 500 g dieses Gemisches in 10 Liter W. wird durch einen stark bas. quart. Anionenaustauscher (Cl-Form) geschickt, der 90% der I absorbiert. 98% davon wird aus der Säule mittels NaCl/HCl-Lsgg. mit steigender Salz-Konz. u. sinkendem pH entfernt. Die letzte Fraktion (10%) aus der Kolonne wird als Ba-Salz bei pH 8,5 gefällt, in das Na-Salz übergeführt u. mit 6 Vol. kaltem A. gefällt → 17,5 g eines Gemisches aus 52 (%) VI-5'-triphosphat, 10 nichtidentifizierter I-triphosphate, 31 IV-triphosphat u. VI-diphosphat sowie 7 IV-diphosphat. Erneute Anionenaustauscherchromatographie → 4 g 94%ig. VI-*5'-triphosphat-Na*, welches durch wiederholte Reinigung auf 95—100%ig. Reinheit gebracht wird. — Wird der oben beschriebene Nucleosidsirup mit IV-Kristallen versetzt u. die bei 4° entstandenen Kristalle mit Hefe, wie oben, phosphoryliert → 925 g eines I-Gemisches mit 73% IV-*5'-triphosphat.* — In ähnlicher Weise werden erhalten: V-*5'-triphosphat* (75% Reinheit) u. III-*5'-triphosphat* (50%). — Die 5'-Triphosphate von III, V u. VI wandern im elektr. Feld bei pH 3,7 oder bei der Papierchromatographie bei Behandlung mit einem 5%ig. Na-Diphosphat/Isoamylalkohol-Syst. schneller als das IV-5'-triphosphat. (**A. P. 2 844 514** vom 4/11. 1953, ausg. 22/7. 1958.) F. Hirsch. 4807

Sterling Drug, Inc., New York, übert. von: Morris E. Auerbach, Albany, N.Y., V.St.A., **Herstellung eines Riboflavin-Doppelsalzes** durch Mischen gleichmol. Mengen Alkalisalz von Riboflavin u. Alkaliborat in wss. Medium u. Zugabe eines Nichtlösers für das Doppelsalz. — $C_{17}H_{19}N_4NaO_6 \cdot Na_2B_4O_7 \cdot 10\,H_2O$, aus Na-Tetraborat. (**Can. P. 552 824** vom 30/3. 1942, ausg. 4/2. 1958.) H.-J. Nitzschke. 4809

Upjohn Co. (Erfinder: Alan Hart Nathan, John Alexander Hogg und William Paul Schneider), Kalamazoo, Mich., V.St.A., **2-Halogensteroide der Pregnanreihe.** Man setzt z. B. 2-Fluor-11β-dihydroxy-$\Delta^{4.17,20}$-[cis]-pregnadien-3-on-21-acetat in tert.-Butanol u. Pyridin mit OsO_4 in Ggw. von N-Methylmorpholinoxidperoxid um → *2-Fluor-11β.17α.21-trihydroxy-Δ^4-pregnen-3.20-dion-21-acetat* (I), F. 194—199°; $[\alpha]_D$ 172°; *freier Alkohol*, F. 212—221°. — I läßt sich mit $Na_2Cr_2O_7$–H_2SO_4 dehydrieren → *2-Fluor-17α.21-dihydroxy-Δ^4-pregnen-3.11.20-trion-21-acetat*, F. 229—244°. — Alternativ kann I mit N-Bromacetamid in Pyridin dehydratisiert werden → *2-Fluor-17α.21-dihydroxy-$\Delta^{4.9,11}$-pregnadien-3.20-dion-21-acetat*, F. 242—243,5°, welches sich mit N-Bromacetamid in tert.-Butanol u. in Ggw. von $HClO_4$ überführen läßt → *2-Fluor-9α-brom-11β.17α.21-trihydroxy-Δ^4-pregnen-3.20-dion-21-acetat*, F. 142° (Zers.); daraus durch Dehydrobromierung mit K-Acetat in Aceton → *2-Fluor-9β.11β-oxido-17α.21-dihydroxy-Δ^4-pregnen-3.20-dion-21-acetat*, F. 208—211°, welches sich mit HF in üblicher Weise spalten läßt → *2.9-Difluor-11β.17α.21-trihydroxy-Δ^4-pregnen-3.20-dion-21-acetat*, F. 214 bis 217°. — *Heilmittel* sowie Zwischenprodd. zu deren Herstellung. (**D. A. S. 1 115 246** Kl. 12o vom 21/8. 1959, ausg. 19/10. 1961. A. Prior. 8/9. 1958.) U. Sievers. 4809

Upjohn Co. (Erfinder: Frank Harris Lincoln jun., William Paul Schneider und George Basil Spero), Kalamazoo, Mich., V.St.A., **6α.16α-Dimethylverbindungen der Pregnanreihe.** Man setzt z. B. 6α.16α-Dimethyl-11β.21-dihydroxy-$\Delta^{4.27,20}$-pregnadien-3-on-21-acetat in tert.-Butanol u. Pyridin mit OsO_4 in Ggw. von N-Methylmorpholinoxidperoxid um → *6α.16α-Dimethyl-11β.17α.21-trihydroxy-Δ^4-pregnen-3.20-dion 21 acetat*, F. 154—158°. — Analog: *6α.16α-Dimethyl-11β.17α.21-trihydroxy-$\Delta^{1.4}$-pregnadien-3.20-dion-21-acetat* (I), F. 160°; 180° u. 200—203°; *freier Alkohol*, F. 242—248°. — I läßt sich mit N-Bromacetamid in Pyridin dehydratisieren; die erhaltene $\Delta^{1.4.9,11}$-Pregnatrien-Verb. wird sodann durch Rk. mit N-Bromacetamid in Ggw. von $HClO_4$ in üblicher Weise in das 9.11-Bromhydrin übergeführt, mit K-Acetat in Aceton dehydrobromiert u. das erhaltene 9.11-Epoxid schließlich mit HF in Tetrahydrofuran gespalten → *6α.16α-Dimethyl-9α-fluor-11β.17α.21-trihydroxy-$\Delta^{1.4}$-pregnadien-3.20-dion-21-acetat*, F. 248—254°. — *Heilmittel.* (**D. A. S. 1 122 519** Kl. 12o vom 11/9. 1959, ausg. 25/1. 1962. A. Prior. 15/9. 1958.) U. Sievers. 4809

Upjohn Co. (Erfinder: John Claude Babcock, Kalamazoo, und Arnold Charles Ott, Muskegon), Mich., V.St.A., **11α.17α-Dimethylandrostan-11β.17β-diol** (I), F. 149—150,5°; $[\alpha]_D^{25}$ — 6°, erhält man durch Red. von 11-Ketoprogesteron-3-benzylthioenoläther mit Raney-Ni in Aceton → *$\Delta^{3.5}$-Pregnadien-11.20-dion*, F. 141 bis 143°, welches sich katalyt. mit H_2/Pd-Kohle in Äthylacetat hydrieren läßt → *Allopregnan-11.20-dion*, F. 139,5—141°; daraus durch Rk. mit Acetanhydrid u. p-Toluolsulfonsäure sowie durch anschließende Ozonisierung → *Androstan-11.17-dion*, F. 129—129,5°, welches sich durch Rk. mit CH_3MgBr in Ae. umsetzen läßt → **I.** — Der Abbau der 17ständigen Seitenkette kann alternativ auch auf mikrobiolog. Wege erfolgen. — *Heilmittel.* (**D. A. S. 1 123 320** Kl. 12o vom 10/9. 1959, ausg. 8/2. 1962. A. Prior. 26/9. 1958.) U. Sievers. 4809

Chinoin Gyógyszer és Vegyészeti Termékek Gyára R. T. (Erfinder: György Wix und Marta Rados), Budapest, Ungarn, **$\Delta^{1.4}$-Androstadien-3.17-dion** erhält man durch Bebrütung von z. B. Δ^{16}-Allopregnen-3.20-dion (I) mit einer Kultur von *Fusarium causasicum* unter üblichen aeroben u. submersen Bedingungen. An Stelle von I kann ein anderes Δ^{16}-Steroid der Pregnanreihe, z. B. $\Delta^{5.16}$-Pregnadien-3-ol-20-on oder Δ^{16}-Dehydroprogesteron eingesetzt werden. — Zwischenprod. zur Herst. von Östron. (**D. A. S. 1 122 945** Kl. 12o vom 13/6. 1959, ausg. 1/2. 1962. **F. P. 1 228 727** vom 26/6. 1959, ausg. 2/9. 1960. Beide Ung. Prior. 26/6. 1958.) U. Sievers. 4809

Farmaceutici Italia Soc. An. (Erfinder: Bruno Camerino, Bianca Patelli und Giovanni Sala), Mailand, Italien, **In 4-Stellung substituierte 17α-Methyl-19-nortestosterone.** Man dehydratisiert 17α-Methyl-19-norandrostan-4.5.17β-triol-3-on bei normaler Temp. mit methanol. KOH selektiv → *4-Hydroxy-17α-methyl-19-nortestosteron*, F. 168—170°; *Acetat*, F. 190—192°; *4-Decanoat*, F. 79—80°; *4-Cyclopentylpropionat*, F. 105—107°; *4-Benzoat*, F. 150—152°; *4-Propionat*, F. 128—130°. — *Heilmittel.* (**D. A. S. 1 123 318** Kl. 12o vom 24/2. 1960, ausg. 8/2. 1962. E. Prior. 26/2. 1959.) U. Sievers. 4809

Ciba Akt.-Ges., Basel (Erfinder: Oskar Jeger, Zürich, und Georg Anner und Jaroslav Kalvoda, Basel), Schweiz, **11-Aminosteroide** erhält man durch Oximierung der entsprechenden 11-Ketone u. anschließende Reduktion. — Man setzt z. B. 11-Ketotigogenin (I) mit Hydroxylamin–Hydrochlorid in A. u. in Ggw. von Pyridin um → I-*11-Oxim*, F. 273—275° (Zers.), welches sich mit $LiAlH_4$ in Tetrahydrofuran red. läßt → *11α-Aminotigogenin*, F. 182—183°; $[\alpha]_D^{27}$ — 56°. — Analog: *3β-Hydroxy-11-hydroxi-*

mino-20-äthylendioxyallopregnan, Zers. < 300°; *3β-Hydroxy-11β-amino-20-ketoallopregnan*, F. 191—195°. — *3β-Hydroxy-11-hydroximinolanostan*, F. 211—213°. — *3β-Acetoxy-11.20-dihydroximinoallopregnan*, F. 249—253°. — *Heilmittel*. (**D. A. S. 1 110 161** Kl. 12o vom 28/7. 1959, ausg. 6/7. 1961. Schwz. Prior. 6/8. 1958.) U. SIEVERS. 4809

Ciba Akt.-Ges. (Erfinder: Albert Wettstein und Ludwig Ehmann), Basel, Schweiz, **Steroid-21-hemidiglykolate** sowie deren Salze erhält man durch Rk. von im Ring A ungesätt. 3.20-Dioxo-21-hydroxypregnan-Verbb. oder deren funktionellen 21-Derivv. mit Diglykolsäuren u. ggf. anschließende Rk. mit anorgan. oder organ. Basen. — 1-Dehydrohydrocortison (I) + Diglykolsäureanhydrid in Pyridin → I-*21-Hemidiglykolat*, F. 206—207°. — Analog wurden die folgenden Steroid-21-hemidiglykolate hergestellt (Steroidanteil, F. gegeben): *1-Dehydrocortison*, 211—212°. — *Hydrocortison*, 215—216°. — *Desoxycorticosteron*, 174—175°. — *Cortison*, 215—216°. — *1-Dehydro-6α-methylhydrocortison*, —. — *1-Dehydro-9α-fluorhydrocortison*, —. — *1-Dehydro-6α-chlorhydrocortison*, —. — *1-Dehydro-6α-chlorcortison*, —. — *9α-Fluor-16α-methyl-1-dehydrohydrocortison*, 216—217°; $[\alpha]_D^{22}$ 79°. — Analog: *1-Dehydrohydrocortison-21-hemiäthylen-bis-glykolat*. — Die Verbb. wurden teilweise durch UV- u. IR-Spektren charakterisiert. — *Heilmittel*. (**D. A. S. 1 111 627** Kl. 12o vom 16/6. 1959, ausg. 27/7. 1961. Schwz. Prior. 24/6. u. 11/7. 1958.) U. SIEVERS. 4809

Aktiebolaget Leo, Hälsingborg (Erfinder: Egon Richard Diczfalusy, Rönningsvägen, Rönninge, Ove Birger Fernö, Hans Jakob Fex und Knut Bertil Högberg, Hälsingborg), Schweden, **Ester und Partialester natürlicher und synthetischer östrogenwirksamer Verbindungen** erhält man durch übliche Veresterung eines entsprechenden Alkohols mit einem funktionellen reakt. Deriv. einer β-[p-Alkoxyphenyl]-propionsäure (I) bzw. durch übliche Umesterung eines vorgebildeten Esters mit einem I-Ester. Die erhaltenen Verbb. können partiell hydrolysiert oder, falls sie Ketogruppen enthalten, katalyt. red. werden. — Man setzt z. B. 17β-Östradiol (II) in Pyridin mit β-[p-Methoxyphenyl]-propionsäureanhydrid um → II-*3.17-bis-[β-(p-methoxyphenyl)-propionat]*, F. 80—82°; daraus durch partielle Hydrolyse mit methanol. K_2CO_3 in Aceton → II-*17β-[p-methoxyphenyl]-propionat*, F. 143—144°; $[\alpha]_D$ 53°. — Analog: II-*3.17-bis-[β (p-butoxyphenyl)-propionat]*, F. 61—62°; $[\alpha]_D$ 29°. — II-*17-{β-[p-butoxyphenyl]-propionat}*, F. 142—143°; $[\alpha]_D$ 48°. — II-*3.17-bis-[β-(p-pentoxyphenyl)-propionat]*, F. 61—62°; $[\alpha]_D$ 29°. — II-*17-{β-[p-pentoxyphenyl]-propionat}*, F. 114—115°; $[\alpha]_D$ 47°. — II-*3.17-bis-[β-(p-hexoxyphenyl)-propionat]*, F. 67—69°; $[\alpha]_D$ 34°. — II-*17-{β-[p-hexoxyphenyl]-propionat}*, F. 101—102°; $[\alpha]_D$ 45°. — II-*3.17-bis-[β-(p-dodecyloxyphenyl)-propionat]*, F. 75—76°; $[\alpha]_D$ 25°. — II-*3.17-bis-[β-(p-äthoxyphenyl)-propionat]*, F. 66—68°; $[\alpha]_D$ 34°. — II-*17-{β-[p-äthoxyphenyl]-propionat}*, F. 130—131°; $[\alpha]_D$ 51°. — II-*3.17-bis-[β-(p-propoxyphenyl)-propionat]*, F. 72—73°; $[\alpha]_D$ 36°. — II-*17-{β-[p-propoxyphenyl]-propionat}*, F. 126—128°; $[\alpha]_D$ 46°. — II-*3.17-bis-[β-(p-isopropoxyphenyl)-propionat]*, $[\alpha]_D$ 34°. — II-*17-{β-[p-isopropoxyphenyl]-propionat}*, F. 117—119°; $[\alpha]_D$ 47°. — II-*3.17-bis-[β-(p-isobutoxyphenyl)-propionat]*, F. 95—96°; $[\alpha]_D$ 33°. — II-*17-{β-[p-isobutoxyphenyl]-propionat}*, F. 131—132°; $[\alpha]_D$ 46°. — II-*3.17-bis-[β-(p-heptoxyphenyl)-propionat]*, F. 64—65°; $[\alpha]_D$ 30°. — II-*17-{β-[p-heptoxyphenyl]-propionat}*, F. 80—81°; $[\alpha]_D$ 43°. — II-*3.17-bis-[β-(p-octoxyphenyl)-propionat]*, F. 67—68°; $[\alpha]_D$ 29°. — II-*17-{β-[p-octoxyphenyl]-propionat}*, F. 75—76°; $[\alpha]_D$ 41°. — II-*3-acetat-17-{β-[p-octoxyphenyl]-propionat}*, F. 57—58°; $[\alpha]_D$ 36°. — II-*3-acetat-17-{β-[p-dodecyloxyphenyl]-propionat}*, F. 57—59°; $[\alpha]_D$ 37°. — II-*17-{β-[p-dodecyloxyphenyl]-propionat}*, F. 90—92°; $[\alpha]_D$ 36°. — *Östron-3-{β-[p-propoxyphenyl]-propionat}*, F. 124—125°; $[\alpha]_D$ 99°. — *Östron-3-{β-[p-butoxyphenyl]-propionat}* (III), F. 126—127°; $[\alpha]_D$ 97°. — *17α-Äthinylöstradiol-3-{β-[p-propoxyphenyl]-propionat}*, F. 122—123°. — *17-Äthinylöstradiol-3-{β [p-butoxyphenyl]-propionat}*, F. 65—66°. — *17-Äthinylöstradiol-3-{β-[p-hexoxyphenyl]-propionat}*, F. 58—60°. — *Östriol-3.16.17-tris-[β-(p-propoxyphenyl)-propionat]*, F. 102 bis 103°. — *Östriol-16.17-bis-[β-(p-propoxyphenyl)-propionat]*, Öl. — *Diäthylstilböstrol-bis-β-(p-methoxyphenyl)-propionat]*, F. 127—128°; *-[β-(p-propoxyphenyl)-propionat]*, F. 136 bis 138°; *-[β-(p-isopropoxyphenyl)-propionat]*, F. 128—130°; *-[β-(p-butoxyphenyl)-propionat]*, F. 124—125°; *-(p-isobutoxyphenyl)-propionat*, F. 129—131°; *-(p-hexoxyphenyl)-propionat*, F. 112—113°; *-(p-heptoxyphenyl)-propionat*, F. 98—99°; *-(p-decyloxyphenyl)-propionat*, F. 81—82°; *-(p-dodecyloxyphenyl)-propionat*, F. 88—89°. — *Dienöstrol-bis-[β-(p-methoxyphenyl)-propionat]*, F. 113—114°; *-(p-propoxyphenyl)-propionat*, F. 122 bis 123°; *-(p-butoxyphenyl)-propionat*, F. 134—135°; *-(p-octocyphenyl)-propionat*, F. 110 bis 111°. — *Hexöstrol-bis-[β-(p-methoxyphenyl)-propionat]-*, F. 132—133°; *-(p-butoxyphenyl)-propionat*, F. 136—137°; *-(p-heptoxyphenyl)-propionat*, F. 105—106°. — II läßt sich mit H_2/RANEY-Ni katalyt. hydrieren → II-*3β-[p-butoxyphenyl]-propionat*, F. 92—93°; $[\alpha]_D$ 44°. — *Heilmittel*. (**D. A. S. 1 123 666** Kl. 12o vom 1/10. 1959, ausg. 15/2. 1962. A. Prior. 8/10. 1958.) U. SIEVERS. 4809

Soc. An. des Laboratoires d'Opochimiothérapie, Frankreich, **Herstellung von Aminodiolen,** dad. gek., daß man eine den Rest -CH=CH-COOR enthaltende Verb. mit Nitrosylhalogenid umsetzt, das Halogenatom durch Behandlung mit einem organ. Alkalisalz in eine Estergruppe überführt u. dem Ester nach BOUVAULT-BLANC zum Alkohol hydriert. — Zimtsäuremethylester wird mit NOCl umgesetzt, das Nitrosochlorid mit Na-Acetat umgesetzt, der Nitrosodiester in A. mit Na u. HCl behandelt, das Rk.-Prod. (F. 88—89°) acetyliert, das Triacetat (F. 78—79°) mit HNO_3/H_2SO_4 nitriert, *[p-Nitrophenyl]-2-acetamido-1.3-diacetoxypropan,* F. 142—143°, dieses verseift zu *p-Nitrophenyl-2-aminopropandiol-(1.3),* das man mit Dichloressigsäuremethylester zu *[p-Nitrophenyl]-2-[dichloracetamido]-propandiol-(1.3),* F. 148°, umsetzt. (**F. P. 1 220 805** vom 4/5. 1955, ausg. 27/5. 1960.) S. BÖTTCHER. 4811

American Cyanamid Co., New York, N.Y. (Erfinder: Jerry Robert Daniel McCormick, New City, Nancy Hazlett Arnold, Ursula Hirsch, Pearl River, Philip Andrew Miller, New City, N.Y., und Newell Oscar Sjolander, Saddle River, N.J.), V.St.A. **Herstellung und Gewinnung von cosynthetischem Faktor-1,** dad. gek., daß man einen Mikroorganismus des Genus Streptomyces in bekannter Weise in einem wss. Nährmedium züchtet, bis dieses eine wesentliche, auf dem cosynthet. Faktor-1 (I) beruhende Aktivität aufweist, anschließend bei einem pH-Wert von ca. 6—7 filtriert u. aus dem wss. Filtrat durch übliche Aufarbeitung den I gewinnt. Zweckmäßig verwendet man den Stamm Streptomyces aureofaciens Nr. ATCC 13190 oder eine Mutante oder Variante davon. I hat die empir. Formel $C_{14-15}H_{17}N_3O_7$ u. in der Säureform F. 280—285° (Zers.). Der Zusatz von I oder einer I enthaltenden Gär-Fl. bewirkt bei der Biosynth. von Tetracyclin oder dessen Hydroxy- oder Chlor-Derivv. eine erhebliche Ausbeutesteigerung, die z. B. bei der Chlortetracyclingewinnung von 360 (mcg/ml) bei 0 Zusatz I auf 6200 bei 0,32 I-Zusatz beträgt. Morphologie u. Physiologie des Stammes ATCC 13190, Bereitung des Inoculums, Fermentation u. Extraktion aus der Gär-Fl., Isolierung, Reinigung u. Testverfahren. UV- u. IR-Spektren, Kurven, Tabellen. (**D. A. S. 1 106 453** Kl. 30h vom 18/6. 1959, ausg. 10/5. 1961. A. Prior. 20/6. 1958. **A. P. 2 970 947** vom 20/6. 1958, ausg. 7/2. 1961.) H. SCHINDLER. 4811

Eli Lilly & Co., V.St.A., **Herstellung von Erythromycinestern,** dad. gek., daß man Erythronycin (I) oder eines seiner Salze mit dem Halogenid oder Anhydrid von Essig-, Propion- oder Acrylsäure umsetzt. — *Monoacetyl-I,* F. 125—130°, *Hydrochlorid,* F. 150—157° (Zers.). — *Monopropionyl-I, Monohydrat. Hydrochlorid,* F. 140—146° (Zers.). — *Monoacrylyl-I,* F. 126—130°. (**F. P. 1 223 300** vom 4/8. 1958, ausg. 16/6. 1960.) S. BÖTTCHER. 4811

Glaxo Laboratories Ltd., Greenford, Middlesex (Erfinder: Donald John Darlington Hockenhull, Ulverston, Lancashire), England, **Herstellung von Griseofulvin** (I) durch aerobe Submerskultur eines I erzeugenden Mikroorganismus in einem dafür geeigneten Nährmedium, dad. gek., daß dieses zunächst frei oder zumindest arm an Kohlenhydraten (II) gehalten u. nach steilem Anstieg des pH-Wertes durch wiederholte Zugaben von II zur Kultur der etwa optimale pH-Wert aufrechterhalten wird, wobei diese II-Zugaben in bestimmten Mengen u. Zeitabständen erfolgen. Der optimale pH-Wert liegt zwischen 6,6 u. 7,6, bes. 6,8—7,2. Die II-Zugaben sollen etwa nach den ersten 20 Min. der Kultur beginnen. Als II sind bes. genannt: Glucose, Lactose, Stärke, Dextrin, Stärkehydrolysat, Saccharose, Xylose u. Rohrzuckermelasse. Beispiele, Tabellen, Kurven. Ausbeutesteigerung. (**D. A. S. 1 109 834** Kl. 30h vom 2/3. 1960, ausg. 29/6. 1961. E. Prior. 2/3. 1959. **E. P. 868 958** vom 2/3. 1959, ausg. 25/5. 1961.) H. SCHINDLER. 4811

Monsanto Canada Ltd., Ville La Salle (Erfinder: Arthur Fergusson McKay, Beaconsfield West, und David Lyon Garmaise, Montreal), Quebec, Canada, **3.4-Dichlorbenzylisothiocanat,** $C_8H_5Cl_2NS$, $Kp._{0,37}$ 124—128°; n_D^{25} 1,6215; $D._4^{20}$ 1,409, erhält man durch Rk. von 3.4-Dichlorbenzylamin mit CS_2 in Ggw. eines tert., aliphat. Amins (Triäthyl-, Triisopropyl-, Tri-n-butylamin) u. eines Lsgm. (CCl_4, Chlorbenzol, Bzl., Dioxan, Ae., bes. Methylenchlorid u. Chlf.) bei ca. —10 bis +20°, weiterer Rk. des entstandenen Salzes der 3.4-Dichlorbenzyldithiocarbaminsäure mit Chlorameisensäureäthylester bei —10 bis 0° u. anschließende Zers. des entstandenen Carbäthoxy-3.4-dichlorbenzyldithiocarbamats mit 1 Mol einer tert. Base (Triäthylamin) bei 0—25°; Ausbeute 79,6%; ist *bakteriostat.* wirksam gegen bestimmte *grampositive Bakterien,* bes. gegen *Staphylococcus pyogenes R* u. *S, Sarcina lutea, Streptococcus faecalis, Entamoeba coli Nr. 198, Aerobacter aerogenes, Pseudomonas aeruginosa, Proteus mirabilis* u. *vulgaris.* — Tabelle. (**D. A. S. 1 122 059** Kl. 12o vom 24/2. 1959, ausg. 18/1. 1962. A. Prior. 24/2. 1958.) G. KRAUSS. 4833

Sandoz Akt.-Ges., Basel, übert. von: **Arthur Stoll**, Arlesheim, **Jany Renz** und **Albert von Wartburg**, Basel, Schweiz, *Herstellung von Glucosiden*. (**Can. P. 557 755** vom 20/4. 1955, ausg. 20/5. 1958. Schwz. Prior. 28/4., 13/10., 12/11. 1954 u. 18/1. 1955. — C. **1958**. 4869 [Oe. P. 191 085].)

Merck & Co., Inc., Rahway, übert. von: **Ashton C. Cuckler**, Westfield, N.J., V.St.A., *2-Amino-5-nitrothiazol enthaltende Therapeutica*. (**Can. P. 558 019** vom 19/10. 1953, ausg. 27/5. 1958. A. Prior. 21/10. 1952. — C. **1957**. 2009 [E. P. 747 273].)

Eli Lilly & Co., übert. von: **Kenneth G. Kohlstaedt**, Indianapolis, Ind., V.St.A., *Therapeutischer Ionenaustauscher*. (**Can. P. 557 695** vom 19/2. 1951, ausg. 20/5. 1958. A. Prior. 17/4. u. 3/11. 1950. — C. **1954**. 8166 [E. P. 692 897].)

Asta-Werke Akt.-Ges., Brackwede/Westf., *Herstellung von neuen, spasmolytisch wirksamen Verbindungen*. (**Belg. P. 568 958** vom 27/6. 1958, ausg. 2/12. 1960. D. Prior. 29/6. 1957. — C. **1961**. 5182 [D. A. S. 1 052 982].)

Danske Medicinal- & Kemikalie Kompagni A/S, Kopenhagen, Dänemark, *2-Methyl-2-hydroxy-4-[2.2.2-trichlor-1-hydroxyäthoxy]-pentan aus Chloral und 2-Methylpentandiol-(2.4)*. (**Belg. P. 563 008** vom 6/12. 1957, ausg. 3/6. 1960. Dän. Prior. 8/12. 1956. — C. **1959**. 11663 [D. A. S. 1 049 842].)

Farbwerke Hoechst Akt.-Ges., vormals Meister Lucius & Brüning, Frankfurt/M., *Diphenyläther aus 3-Jod-5-nitro-4-hydroxybenzaldehyd, Alkyl- oder Arylsulfonylhalogeniden und Phenolen*. (**Belg. P. 553 703** vom 24/12. 1956, ausg. 29/1. 1960. D. Prior. 24/12. 1955. — C. **1960**. 10321 [Oe. P. 197 814].)

Farbwerke Hoechst Akt.-Ges., vormals Meister Lucius & Brüning, Frankfurt/M., *β-Hydroxycarbonsäureamide aus den entsprechenden Säuren und Aminen*. (**Belg. PP. 562 179** vom 6/11. 1957, ausg. 3/6. 1960. D. Prior. 6/11., 8/12. 1956, 20/4., 27/4., 25/5. u. 20/7. 1957 u. **562 180** vom 6/11. 1957, ausg. 3/6. 1960. D. Prior. 6/11. 1956, 20/4., 25/5. u. 20/7. 1957. — C. **1960**. 6590 [D. A. S. 1 064 049]; C. **1960**. 13454 [D. A. S. 1 076 116]; C. **1960**. 14448 [D. A. S. 1 076 663]; C. **1961**. 9126 [Oe. P. 205 021] u. C. **1961**. 16570 [F. P. 1 119 690].)

Arthur Rudolph, Deutschland, *Gewinnung von reinem Salicylsäureamid aus Lösungen*. (**UdSSR. P. 118 326** vom 3/3. 1958. — C. **1962**. 221 [D. P. [DDR] 18 944].)

Løvens Kemiske Fabrik ved A. Kongsted, übert. von: **Wagn O. Godtfredsen**, Kopenhagen, Dänemark, *Herstellung von p-Aminosalicylsäurephenylester*. (**Can. P. 558 015** vom 17/2. 1953, ausg. 27/5. 1958. Dän. Prior. 18/2. 1952. — C. **1959**. 13 883 [Holl. P. 81 818].)

Parke, Davis & Co., Detroit, Mich., V.St.A., übert. von: **Albin Mayr**, Innsbruck, Österreich, *Herstellung pharmazeutisch wirksamer Aminoalkyläther*. (**Can. P. 557 726** vom 8/10. 1954, ausg. 20/5. 1958. Oe. Prior. 9/10. 1953. — C. **1958**. 3112 [E. P. 775 376].)

Wellcome Foundation Ltd., übert. von: **Donald W. Adamson** und **John E. W. Billinghurst**, London, England, *Diquaternäre Verbindungen*. (**Can P. 557 784** vom 24/2. 1955, ausg. 20/5. 1958. E. Prior. 25/2., 5/3. u. 17/3. 1954. — C. **1959**. 10006 [Holl. P. 85 166].)

International Minerals & Chemical Corp., Chicago, übert. von: **William G. Skelly**, Northbrook, Ill., V.St.A., *Herstellung von Fe-Salzen von Monoaminodicarbonsäuren*. (**Can. P. 557 347** vom 6/12. 1954, ausg. 13/5. 1958. A. Prior. 13/9. 1954. — C. **1957**. 10009 [D. A. S. 1 003 741].)

American Home Products Corp., New York, N.Y., übert. von: **Julius Diamond**, Philadelphia, und **William F. Bruce**, Havertown, Pa., V.St.A., *Substituierte Azacycloalkane und deren Derivate*. (**Can. P. 557 570** vom 16/12. 1954, ausg. 20/5. 1958. A. Prior. 23/12. 1953, 5/1., 6/1. u. 11/1. 1954. — C. **1958**. 13308 [E. P. 781 002].)

N. V. Koninklijke Pharmaceutische Fabrieken v/h Brocades-Stheeman & Pharmacia, Meppel, übert. von: **August F. Harms**, Amsterdam, Holland, *Therapeutisch aktive Diphenhydraminderivate*. (**Can. P. 557 025** vom 8/4. 1953, ausg. 6/5. 1958. Holl. Prior. 8/4. 1952. — C. **1958**. 4270 [E. P. 743 495].)

J. R. Geigy Akt.-Ges., Basel, Schweiz, *Herstellung von Benzophenonsulfonamiden*. (**Oe. P. 212 302** vom 3/11. 1958, ausg. 12/12. 1960. Schwz. Prior. 4/11. 1957. — C. **1962**. 5019 [F. P. 1 216 991].)

Studiengesellschaft Kohle m. b. H., Mülheim/Ruhr, übert. von: **Klaus Hafner**, Marburg, *Azulene*. (**A. P. 2 971 034** vom 16/7. 1957, ausg. 7/2. 1961. D. Prior. 25/7. 1956. — C. **1961**. 229 [D. A. S. 1 027 200].)

Sterling Drug, Inc., New York, übert. von: **Johannes S. Buck**, Albany, N.Y., V.St.A., *Herstellung von Chlorhydroxindanen*. (**Can. P. 557 116** vom 22/7. 1955, ausg. 6/5. 1958. A. Prior. 22/7. 1954. — C. **1959**. 15131 [E. P. 770 593].)

Merck & Co., Inc., Rahway, übert. von: **Karl Pfister III**, Westfield, N.J., und **William J. Leanza**, Staten Island, N.Y., V.St.A., *Herstellung von α-Methyltryptophan*. (**Can. P. 558 300** vom 20/9. 1954, ausg. 3/6. 1958. A. Prior. 9/10. 1953. — C. **1959**. 564 [A. P. 2 766 255].)

G. D. Searle & Co., Chicago, übert. von: **John W. Cusic**, Skokie, Ill., V.St.A., *Herstellung von 9-Aminoalkylxanthen-9-carboxamiden*. (**Can. P. 556 719** vom 12/8. 1955, ausg. 29/4. 1958. A. Prior. 18/8. 1954. — C. **1959**. 13885 [E. P. 773 756].)

Hoffmann-La Roche Ltd., Montreal, Quebec, Canada, übert. von: **August-Hans Lutz** und **Otto Schnider**, Basel, Schweiz, *Herstellung von Piperidinderivaten*. (**Can. P. 558 263** vom 4/1. 1956, ausg. 3/6. 1958. Schwz. Prior. 19/1. 1955. — C. **1959**. 566 [Oe. P. 191 896].)

Hoffmann-La Roche Ltd., Montreal, Quebec, Canada, übert. von: **Otto Schnider** und **August-Hans Lutz**, Basel, Schweiz, *Herstellung von Alkyltetrahydropyridionen*. (**Can. P. 558 264** vom 23/3. 1957, ausg. 3/6. 1958. Schwz. Prior. 22/4. 1952. — C. **1956**. 5916 [Schwz. P. 303 832].)

Soc. des Usines Chimiques Rhône-Poulenc, Paris, übert. von: **Robert M. Jacob**, Ablon-s-Seine, und **Léonide Liakhoff**, Vitry-s-Seine, Frankreich, *Herstellung von Isonicotinoylhydrazinderivaten*. (**Can. P. 557 766** vom 29/11. 1955, ausg. 20/5. 1958. F. Prior. 1/12. 1954. — C. **1960**. 3635 [F. P. 1 167 618].)

Parke, Davis & Co., Detroit (Erfinder: **Edward Faith Elslager**, St. Clair Shores, und **Donald Francis Worth**, Detroit), Mich., V.St.A., *Pyrviniumsalze der 2.2′-dihydroxy-1.1′-dinaphthylmethan-3.3′-dicarbonsäure*. (**Schwz. P. 356 770** vom 4/11. 1958, ausg. 31/10. 1961. A. Prior. 6/11. 1957. — C. **1961**. 14020 [E. P. 834 990].)

Soc. des Usines Chimiques Rhône-Poulenc, Paris, Frankreich, *Salze des Chlorpromazins*. (**Ung. P. 143 627** vom 8/2. 1956, ausg. 1/8. 1957. F. Prior. 12/2. 1955. — C. **1958**. 3690 [Oe. P. 192 052].)

Ciba Pharmaceutical Products, Inc., Summit, N.J., V.St.A., übert. von: **Jean Druey**, Riehen, und **Paul Schmidt**, Therwil, Basel Land, Schweiz, *Pyrazolo-[3.4:d]-pyrimidinderivate*. (**A. P. 2 965 643** vom 4/2. 1957, ausg. 20/12. 1960. Schwz. Prior. 10/2. 1956. — C. **1962**. 3554 [E. P. 854 633] u. C. **1962**. 10195 [E. P. 854 634].)

Merck & Co., Inc., Rahway, N.J., übert. von: **James M. Sprague**, Drexel Hill, Pa., V.St.A., *Diazine*. (**Can. P. 557 175** vom 6/12. 1957, ausg. 6/5. 1958. A. Prior. 2/8. 1939. — C. **1960.** 4607 [Oe. P. 198 271].)

F. Hoffmann-La Roche & Co. Akt.-Ges., Basel, Schweiz (Erfinder: **Robert Duschinsky**, Essex Falls, N.J., und **Charles Heidelberger**, Madison, Wis., V.St.A.), *Herstellung von N-Ribosiden des 5-Fluoruracils*. (**D. A. S. 1 083 825** Kl. 12p vom 8/3. 1958, ausg. 23/6. 1960. **E. P. 824 614** vom 21/3. 1958, ausg. 2/12. 1959. **Belg. P. 565 822** vom 18/3. 1958, ausg. 29/7. 1960. Alle A. Prior. 21/3. 1957. **A. P. 2 885 396** vom 21/3. 1957, ausg. 5/5. 1959. — C. **1962.** 10935 [Aust. P. 227 506].)

Sandoz Akt.-Ges., Basel, übert. von: **Arthur Stoll**, Arlesheim, **Ernst Jucker**, Binningen, und **Adolf Lindenmann**, Basel, Schweiz, *Quaternäre Ammoniumhalide esterartiger 6-Alkoxytropin-Derivate*. (**Can. P. 557 754** vom 19/1. 1955, ausg. 20/5. 1958. Schwz. Prior. 22/1., 22/4. u. 9/12. 1954. — C. **1959.** 17313 [F. P. 1 161 325].)

Sandoz Akt.-Ges., Basel, übert. von: **Arthur Stoll**, Arlesheim, **Albert Hofmann**, Bottmingen, und **Franz Troxler**, Basel, Schweiz, *Lysergsäurederivate*. (**Can. P. 557 756** vom 27/12. 1955, ausg. 20/5. 1958. Schwz. Prior. 29/12. 1954. — C. **1959.** 568 [D. A. S. 1 013 288].)

Merck & Co., Inc., Rahway, übert. von: **Horace D. Brown**, Plainfield, N.J., V.St.A., *Herstellung eines Morphinderivats*. (**Can. P. 557 704** vom 16/11. 1953, ausg. 20/5. 1958. A. Prior. 22/11. 1952. — C. **1959.** 892 [A. P. 2 718 519].)

Merck & Co., Inc., Rahway, übert. von: **Robert L. Clark**, Woodbridge, N.J., V.St.A., *Herstellung von Morphinderivaten*. (**Can. P. 558 020** vom 18/11. 1953, ausg. 27/5. 1958. A. Prior. 22/11. 1952. — C. **1958.** 803 [F. P. 1 093 025].)

Merck & Co., Inc., Rahway, übert. von: **Horace D. Brown**, Plainfield, N.J., V.St.A., *Herstellung von Morphinderivaten*. (**Can. P. 559 022** vom 30/4. 1954, ausg. 17/6. 1958. A. Prior. 2/6. 1953. — C. **1959.** 5899 [Holl. P. 86 061].)

Merck & Co., Inc., Rahway (Erfinder: **Karl Pfister**, Westfield, und **Gustav Albert Stein**, Plainfield), N.J., V.St.A., *Herstellung von alkyliertem 3-Aminoisocamphan*. (**Schwz. P. 355 141** vom 6/6. 1956, ausg. 15/8. 1961. A. Prior. 6/6. 1955. — C. **1959.** 3237 [F. P. 1 153 727].)

Merck & Co., Inc., Rahway (Erfinder: **Karl Pfister**, Westfield, und **Gustav Albert Stein**, Plainfield), N.J., V.St.A., *3-Methylaminoisocamphan*. (**Schwz. P. 353 736** vom 6/6. 1956, ausg. 15/6. 1961. A. Prior. 6/6. 1955. — C. **1959.** 3237 [F. P. 1 153 727].)

Dr. A. Wander Akt.-Ges., Bern, Schweiz, *Herstellung eines gereinigten Lipoids*. (**Oe. P. 212 491** vom 15/6. 1959, ausg. 27/12. 1960. D. Prior. 25/7. 1958. — C. **1960.** 7609 [D. A. S. 1 073 150].)

Chas. Pfizer & Co., Inc. (Erfinder: **Daniel Pindzola**), Brooklyn, N.Y., V.St.A., *Vitamingranulat*. (**D. A. S. 1 094 929** Kl. 30h vom 13/4. 1957, ausg. 15/12. 1960. A. Prior. 19/4. 1956. — C. **1959.** 17314 [F. P. 1 173 491].)

Eastman Kodak Co., übert. von: **Marshall Guntrum** und **Charles D. Robeson**, Rochester, N.Y., V.St.A., *Herstellung von Vitamin-A-Aldehyd*. (**Can. P. 557 301** vom 12/7. 1952, ausg. 13/5. 1958. A. Prior. 11/9. 1951. — C. **1957.** 4485 [A. P. 2 676 991].)

Eastman Kodak Co., übert. von: **Charles D. Robeson**, Rochester, N.Y., V.St.A., *Herstellung ungesättigter Polyenverbindungen*. (**Can. P. 557 302** vom 15/4. 1955, ausg. 13/5. 1958. A. Prior. 1/7. 1954. — C. **1958.** 11904 [D. A. S. 1 001 258].)

Hoffmann-La Roche Ltd., Montreal, Quebec, Canada, übert. von: **Herbert Lindlar** und **Rudolf Rüegg**, Basel, Schweiz, *Herstellung von Pentaenen*. (**Can. P. 557 338** vom 12/5. 1950, ausg. 13/5. 1958. Schwz. Prior. 30/9. 1949 u. 28/3. 1950. — C. **1952.** 4661 [D. B. P. 818 941].)

British Drug Houses Ltd., London, England, *Herstellung von 6β.21-Dimethyl-17α-pregn-20-in-3β.5α.17β-triol*. (**Ind. P. 64 532** vom 2/7. 1958, ausg. 16/4. 1960. E. Prior. 18/7. 1957. — C. **1962.** 4265 [Holl. P. 96 106].)

Schering Akt.-Ges., übert. von: **Emanuel Kaspar**, **Martin Schenck** und **Karl Junkmann**, Berlin, *Herstellung von Carbonsäureestern von $\Delta^{1,4}$-Pregnadien-17α-ol-3.20-dion*. (**Can. P. 557 419** vom 27/5. 1957, ausg. 13/5. 1958. D. Prior. 20/6. 1956. — C. **1958.** 12482 [D. A. S. 1 020 977].)

Upjohn Co., übert. von: **Philip F. Beal** und **John A. Hogg**, Kalamazoo, Mich., V.St.A., *3-Keto-11β-hydroxy-$\Delta^{4,17,20}$-pregnadien-21-al*. (**Can. P. 557 779** vom 26/4. 1954, ausg. 20/5. 1958. A. Prior. 8/6. 1953. — C. **1957.** 6533 [A. P. 2 732 384].)

Upjohn Co., übert. von: **Arthur R. Hanze**, Kalamazoo, Mich., V.St.A., *Hydrocortison*. (**Can. P. 557 780** vom 11/6. 1954, ausg. 20/5. 1958. A. Prior. 13/8. 1953. — C. **1958.** 2520 [E. P. 752 523].)

Novo Terapeutisk Laboratorium A/S, übert. von: **Karl Petersen** und **Jørgen Schlichtkrull**, Kopenhagen, Dänemark, *Injizierbare Insulinpräparate mit protrahierter Wirkung*. (**Can. P. 557 069** vom 4/6. 1954, ausg. 6/5. 1958. Dän. Prior. 4/6. 1953. — C. **1958.** 1378 [E. P. 751 425].)

Farbenfabriken Bayer Akt.-Ges., Leverkusen (Erfinder: **Fritz Schultz**, Wuppertal), *Herstellung von reinen Lösungen des Kallikrein-Inaktivators*. (**Oe. P. 215 596** vom 8/3. 1960, ausg. 12/6. 1961. D. Prior. 28/3. 1959. — C. **1960.** 16860 [D. A. S. 1 084 433].)

Parke, Davis & Co., Detroit, Mich., V.St.A., übert. von: **Robert M. Jacob**, Ablon-s-Seine, **Jacques G. Robert**, **Paul Gailliot**, Paris, und **Jean Robert**, Maisons Laffitte, Frankreich, *Herstellung diastereomerer Propanderivate*. (**Can. P. 557 389** vom 21/2. 1951, ausg. 13/5. 1958. F. Prior. 21/7. u. 28/10. 1950. — C. **1956.** 3656 [D. B. P. 889 897].)

Parke, Davis & Co., Detroit, Mich., V.St.A., übert. von: **Hans Kirchensteiner**, Basel, Schweiz, *Herstellung von Dichloracetoxyaminopropanolsalzen*. (**Can. P. 557 390** vom 23/9. 1952, ausg. 13/5. 1958. Schwz. Prior. 9/10. 1951. — C. **1955.** 9151 [Norw. P. 82 619].)

Chas. Pfizer & Co., Inc., Brooklyn, N.Y., übert. von: **Arthur R. English**, Ho-Ho-Kus, N.J., V.St.A., *Tetracyclin–Neomycin-Gemisch*. (**Can. P. 559 047** vom 20/9. 1955, ausg. 17/6. 1958. A. Prior. 23/11. 1954. — C. **1958.** 1379 [E. P. 771 754].)

Cutter Laboratories, Berkeley, übert. von: **Alfred H. Fowell**, Walnut Creek, Calif., V.St.A., *Gewinnung eines Fibrinogenproduktes*. (**Can. P. 557 278** vom 23/2. 1955, ausg. 13/5. 1958. A. Prior. 15/3. 1954. — C. **1958.** 4272 [E. P. 770 075].)

J. R. Geigy Akt.-Ges., Basel, Schweiz, *Herstellung eines keimtötenden Gemisches*. (**Oe. P. 215 085** vom 7/9. 1959, ausg. 10/5. 1961. Schwz. Prior. 8/9. 1958 u. 18/8. 1959. — C. **1961.** 15127 [D. A. S. 1 106 927].)

H. Auterhoff, Lehrbuch der Pharmazeutischen Chemie. Stuttgart: Wissenschaftliche Verlagsgesellschaft. 1962. (XII + 464 S.) 8°. DM 45,—.

Harry Beckman, ed., The year book of drug therapy 1961—1962 year book series. Chicago: Year Bk. Med. Pubs. 1962. (597 S.) $ 8.50.

K. Bodendorf, Kurzes Lehrbuch der pharmazeutischen Chemie. Sechste verb. Aufl. Berlin, Göttingen, Heidelberg: Springer-Verl. 1962. (VIII + 504 S.) 8°. DM 37,50.

Jakob Büchi, Grundlagen der Arzneimittelforschung und der synthetischen Arzneimittel. Basel, Stuttgart: Birkhäuser Verl. 1962. (ca. 800 S. m. ca. 80 Abb.) ca. sfr. 90.—.

N. P. Buu-Hoi u. a., Fortschritte der Arzneimittelforschung. Vol. 3. Basel, Stuttgart: Birkhäuser. 1961. (563 S.) 8°. DM 90,—.

Alice C. Cook, A mathematical guide to dosage and solutions. 2nd edit. Philadelphia: Saunders. 1962. (237 S. m. Abb.) $ 3.—.

Ernst Jucker, ed., Fortschritte der Arzneimittelforschung. Vol. 4. Basel, Stuttgart: Birkhäuser Verl. 1962. (ca. 600 S.) ca. sfr 100.—.

Walter Modell, ed., Drugs of choice, 1962—1963. St. Louis: Mosby. 1962. (941 S.) $ 14.50.

Varro E. Tyler jun., Experimental pharmacognosy. 3rd edit. Minneapolis: Burgess. 1962. (105 S. m. Abb.) $ 3.25.

—, American drug index, 1962. Philadelphia: Lippincott. 1962. (840 S.) $ 6.75.

G. Analyse. Laboratorium

Wärmeübertragung in einem Molekularmanometer. L. Paty. (Czechoslov. J. Physics B **10.** 603—11. 1960. Prague, Charles Univ., Dep. of Electronics and Vacuum Phys.) (Engl.) — Vgl. C. **1960.** 2286.

Vf. beschreibt an Hand von experimentellen Unterss. u. theoret. Betrachtungen die Bedeutung der Wärmeübertragung von der beweglichen Platte zum Manometergefäß in einem Mol.-Manometer. Diese Wärmeübertragung verändert die Größe des therm. Mol.-Druckes, mit Hilfe dessen der Gasdruck im Manometer gemessen wird. Die Meth. der Temp.-Messung an der beweglichen Platte unter verschiedenen Bedingungen sowie der weiteren Messungen werden beschrieben. Die Ergebnisse zeigen eindeutig, daß für genaue Messungen mit einem Mol.-Manometer die Wärmeübertragung unbedingt berücksichtigt werden muß. Wolfgang Wagner. 5016□

Instrumentelle Analyse und physikalische Messungen. R. C. Voter. (J. chem. Educat. **35.** 83—87. Febr. 1958. Wilmington, Del., E.I. du Pont de Nemours & Co., Inc., Polychem. Dep.) (Engl.)

Überblick über die Technik folgender physikal. Meß-Meth. in der analyt. Chemie mit Anwendungsbeispielen: Spektrophotometr. Meth. (Colorimetrie, Turbidimetrie, Fluorimetrie), Massenspektroskopie, Emissionsspektroskopie (einschließlich Flammenphotometrie u. Röntgenstrahlenemissionsspektroskopie, Mikroskopie, Kernresonanz- u. paramagnetische Resonanzspektroskopie, Raman-Spektroskopie sowie Messung physikal. Konstanten. — 14 Literaturangaben. W. Wirtz. 5052□

Die punktförmige Anreicherung der Probe bei der Papierchromatographie. G. Gorbach und Gertrud Gallob-Hausmann. (Mikrochim. Acta [Wien] **1962.** 102—05. Graz, TH, Inst. für biochem. Technol., Lebensmittelchem. u. Mikrochem.) (Dt.)

Es wird ein Verf. beschrieben, wie man verd. Lsgg. auf dem Startpunkt des Papierchromatogramms anreichern kann. Die Probe-Lsg. wird mit einem capillaren Heber aus einem kalibrierten Spitzbecher auf das Chromatogramm aufgetragen. Das Chromatogramm selbst liegt mit dem Startpunkt über einer Bohrung in einem Al-Heizblock. Durch die Bohrung kann Luft hindurchgeblasen oder -gesaugt werden. Die Temp. des Heizblocks ist über einen Widerstand regelbar. Mit dieser Vorr. gelingt es, beim Auftragen von ca. 100 μl Flecken von nur 1—2 mm Ø zu erhalten. Die Auftragezeit liegt zwischen 15 u. 40 Minuten. R. Krämer. 5062□

Papierchromatographie anorganischer Salze in rein wässerigem System. E. Hayek und I. Haring. (Mikrochim. Acta [Wien] **1962.** 211—23. Innsbruck, Univ., Inst. für anorg. u. analyt. Chem.) (Dt.)

Die Papierchromatographie wurde in Reagensgläsern auf Streifen von 2×28 cm auf dem Chromatographierpapier SuS 2043b durchgeführt. Aufgetragen wurde in der Regel 1 μl einer 0,2—1,0n Salz-Lsg., 4 cm vom unteren Rand entfernt. Als Fließmittel dienten Säuren verschiedenen pH-Wertes. Nach 1—1$^1/_2$ Std. Laufzeit wurden die Streifen getrocknet u. die Substanzen angefärbt. Die Verss. ergaben, daß grundsätzlich 4 Arten der Wanderung zu unterscheiden sind: 1. eine pH-unabhängige Wanderung der Anionen, meist mit der Laufmittelfront, 2. eine ebenso pH-unabhängige Wanderung von Moll., wie $HgCl_2$, jedoch mit kleineren R_F-Werten, 3. die Wanderung der Kationen, die nicht der Hydrolyse unterliegen, mit konst. R_F-Wert, 4. die stark pH-abhängige Wanderung der Kationen, die hydrolysiert werden u. deren Wanderung durch die hydrolyt. Rk. mit der Cellulose gehemmt wird. Bei Kenntnis des papierchromatograph. Verh. eines

Ions bei verschiedenen pH-Werten kann man durch Überhol-Verss. mit Fällungs- u. Komplex-Bldg.-Reagentien seine Rk.-Fähigkeit mit diesen untersuchen. Der Vorteil liegt in dem geringen Zeitbedarf von 1—2 Std. u. in dem geringen Materialbedarf von einigen μg. R. KRÄMER. 5062□

Beugungsgitter zur Trennung der Ordnung von Spektren. G. N. Rassudowa und F. M. Gerassimow. (Оптткa и Спектроскопия [Optik u. Spektroskopie] **6.** 826—27. Juni 1959.) (Russ.)

Es werden Reflexionsgitter mit 50—100 Furchen/mm u. Blaze-Bereich in der 1. Ordnung zum Einsatz als Ordnungsvorzerleger für große Gitterspektrographen beschrieben. An Stelle der Originalgitter können ohne Güteverlust für das Spektrum Gitterkopien verwendet werden. R. GERBATSCH. 5063□

Lichtstarkes Spektrometer mit Beugungsgittern DFSs-12. Ss. L. Berkowitsch, M. W. Gofren, M. W. Lobatschew, T. K. Falk und D. I. Scharonow. (Оптика и Спектроскопия [Optik u. Spektroskopie] **6.** 824—26. Juni 1959.) (Russ.)

Vff. beschreiben die Konstruktion eines lichtstarken Spektrometers (relative Öffnung 1 : 5,3), das speziell zur Registrierung von RAMAN-Spektren, auch von trüben Fll. u. von Pulverproben, geeignet ist. Es ist nach dem Schema eines Doppelmonochromators mit 2 Echelettegittern von 140×150 mm² u. 600 Furchen/mm u. fokussierenden Parabolspiegeln ausgerüstet, besitzt eine Dispersion von 5 Å/mm u. kann auch als einfacher Monochromator mit 10 Å/mm benutzt werden. Zur Registrierung dient ein Photovervielfacher. Die Spektrenaufzeichnung ist im Bereich von 3600—6400 Å mit Geschw. zwischen 0,25—25 Å/min möglich. Zur Ausrüstung gehört eine spezielle wassergekühlte Niederuck-Hg-Lampe mit einem Küvettensatz, die eine volle Ausleuchtung der Spektrometerapertur auch bei kleinen Proben gewährleistet u. scharfe Linien fast ohne Untergrund ergibt. Mit der beschriebenen Einrichtung können RAMAN-Spektren auf 2% reproduzierbar aufgezeichnet werden. Eine schwache Linie in 11 cm^{-1} neben einer starken wird noch aufgelöst, die Asymmetrie der CCl_4-Linie bei 459 cm^{-1} ist noch deutlich erkennbar. R. GERBATSCH. 5063□

Photometrische Titrationen. J. P. Phillips und Rose C. Crowley. (Talanta [London] **9.** 178—80. Febr. 1962. Louisville, Ky., Univ. of Louisville, Chem. Dep.) (Engl.)

Vff. teilen eine instrumentelle Verbesserung für photometr. Titrationen mit Photozellen mit, die die Leitfähigkeit ändern. Die Photozelle wird mit einem Photoelement ähnlicher spektraler Empfindlichkeit in Reihe geschaltet, wodurch schärfere Endpunkte bei photometr. Titrationen erhalten werden. GERHARD SCHULZE. 5064□

Die Verwendung von Chelatochromindicatoren bei Fällungstitrationen. 4. Mitt. Richard Püschel und Erik Lassner. (Chemist-Analyst **50.** 26—89. März 1961. Graz, Univ., Inst. of Med. Chem., Pregl Microchem. Labor.; Reutte, Tyrol, Metallwerk Plansee A.G., Dev. Dep.) (Engl.) — 3. vgl. Chemist-Analyst **49.** [1960.] 120; 2. vgl. C. **1962.** 10211.

Übersicht über Fällungstitrations-Verf. unter Verw. organ. Farbindicatoren für Anionen der VII. Gruppe u. einige weitere, betreffend die Best. von Cl^-, Br^-, J^-, SCN^-, CN^-, $[Fe(CN)_6]^{4-}$, $[Hg(CNS)_4]^{2-}$, $SeCN^-$, CO_3^{2-}, $C_2O_4^{2-}$, $S_2O_3^{2-}$, SeO_3^{2-}, PO_4^{3-}, AsO_4^{3-} u. WO_4^{2-}. — 45 Literaturangaben. W. BETCKE. 5068□

Das Altern von Ammoniummolybdat-Reagens. H. Buchwald. (Analytica chim. Acta [Amsterdam] **26.** 99—100. Jan. 1962.) (Engl.)

Es werden die beim Lagern von Ammoniummolybdat (I)-Lsgg. in verschiedenen Behältern u. unter verschiedenen Bedingungen sich abscheidenden Kristalle untersucht. Die gelben Kristalle bestanden aus $MoO_3 \cdot 2\,H_2O$ u. die farblosen aus $(NH_4)_2Mo_4O_{26}$. Um diese Lsgg. über Monate klar zu erhalten, darf ihre I-Konz. 20 g/Liter nicht überschreiten u. die Lsg. muß in einem Polyäthylenbehälter aufbewahrt werden. G. PANKOW. 5072□

Registrierende Gasanalysengeräte. 1. Mitt. H. Engelhardt. (Arch. techn. Messen ind. Meßtechn. **1960.** 295. 157—60. Aug. Frankfurt/M., Hartmann & Braun A.G.) (Dt.)

Es werden zwei Geräte beschrieben: 1. „Bulliflux" zur laufenden Best. nicht absorbierbarer Verunreinigungen in leicht u. spezif. absorbierbaren Gasen. Meßprinzip: Nach Absorption des Trägergases werden die Fremdgasbläschen durch eine Rohrverengung getrieben, durch die ein Wechselstrom mittels einer unter u. über ihr eingeschmolzenen Pt-Elektrode geleitet wird, der eine Thermobatterie beheizt. Die Fremdgasbläschen unterbrechen den Strom. Die Messung der Unterbrechungsdauer geschieht durch Vgl. mit einer genau gleichen, aber gasfrei bleibenden Anordnung. Anwendung: Reinheitsprüfung von O_2, CO_2, C_2H_4, Cl_2. 2. „Thermoflux", bei dem die Wärmetönung einer Rk. zwischen der zu bestimmenden Gaskomponente u. einer selektiven Absorptions-Fl. als Maß der Gas-Konz. dient. W. LUCHSINGER. 5086□

Anwendung des Mangan (II)-carbonats in der Gasanalyse. E. Schulek, E. Pungor und L. Pataki. (Ann. Univ. Sci. Budapestinensis Rolando Eötvös nominatae, Sect. Chim. **2.** 45—52. 1960. Budapest, Eötvös Univ., Inst. für anorg. u. anal. Chem.) (Dt.)

Berichtet wird über die Best. von O_2, NO, NO_2, N_2O mit $MnCO_3$, das dabei zu höheren Mn-Oxiden oxydiert wird, die jodometr. titriert werden. Nach der gleichen Meth. werden Wertigkeitsänderungen von Cr-Salzen untersucht.

W. Luchsinger. 5086□

a) Elemente und anorganische Verbindungen

Über eine polarographische Methode zur Sauerstoffbestimmung in Stickstoff. W. Heimann und K. Wisser. (Z. analyt. Chem. **185.** 266—73. 1962. Karlsruhe, TH, Inst. für Lebensmittelchem.) (Dt.)

Es wird eine polarograph. Meth. zur Best. von O_2 in N_2 beschrieben, die zur Produktionskontrolle N_2-begaster Behälter dienen kann. Die Gasprobe wird mit einer graduierten Ganzglasspritze, in der sich als Elektrolyt eine bestimmte Menge mit Luft gesätt. 0,05%ig. KCl-Lsg. mit 0,01% Gelatine befindet, entnommen. Nach dem Schütteln u. Entleeren der Spritze in das Polarographiergefäß wird der Diffusionsstrom gemessen. Die Best. von O_2 ist auch bei Geh. unter 2% durchführbar, wenn man den Grundstrom der auf fermentativem Wege von O_2 befreiten Grund-Lsg. als Nullpunkt der Stufenhöhe benutzt. Die Fehlergrenze liegt um 1%. Dauer einer Best.: 7—8 Minuten. P. Kurzmann. G 239□

Spezifische Mikrodiffusionsmethode zur Bestimmung von Fluor auf Grund des farbigen Systems Lanthan-Alizarinkomplexon. Francis J. Frère. (Analytic. Chem. **33.** 644—45. April 1961. Philadelphia, Pa., Office of Med. Examiner, Toxicol. Sect.) (Engl.)

Zur photometr. Best. von Fluor wird das Element mit H_2SO_4 als HF bei Zimmer-Temp. in Freiheit gesetzt, in verd. NaOH-Lsg. aufgefangen, die Lsg. mit Acetatpuffer auf pH 5,4 eingestellt, nach Zusatz gleicher Vol. 0,001 m Alizarinkomplexon- u. 0,001 m $La(NO_3)_3$-Lsg. auf ein geeignetes Vol. verd. u. nach 1 std. Stehen die Extinktion bei 615 nm gegen eine Blind-Lsg. gemessen. Die Rk. ist extrem empfindlich, noch 0,25 μg sind nachweisbar. Relativ hohe Konzz. der üblichen Anionen stören nicht. Der Farbwechsel erfolgt von Weinrot nach Blaulila. Gerhard Schulze. G 246□

Neue Methode zur Bestimmung geringer Konzentrationen an Chlorid-Ionen. Dennis G. Peters und James J. Lingane. (Analytica chim. Acta [Amsterdam] **26.** 75—80. Jan. 1962. Cambridge, Mass., Harvard Univ., Dep. of Chem.) (Engl.)

Die Tatsache, daß in einer gesätt. AgCl-Lsg. die Konz. an Ag^+-Ionen durch die Cl^--Ionen-Konz. bestimmt wird, bildet die Grundlage für ein Verf. zur Best. von Cl^--Ionen im Konz.-Bereich von 10^{-6} bis 10^{-5} m. Die Probe-Lsg. wird mit festem AgCl versetzt einige Std. bis zur Einstellung des Gleichgewichts stehengelassen u. dann Ag^+ potentiometr. bestimmt. Der Fehler beträgt in ca. 10^{-6} m Cl^--Lsg. $\pm 5\%$, in 10^{-5} m Cl^--Lsg. $\pm 0,5\%$. G. Pankow. G 247□

Versuche zur Bestimmung des Bors. Miklós Kulcsár und István Benkő. (Magyar Kémiai Folyóirat [Ung. Z. Chem.] **66.** 508—10. Dez. 1960. Veszprém, Nehézvegyipari Kutató Intézet.) (Ung.)

Beschreibung einer spektralanalyt. Meth. zur Best. kleiner B-Verunreinigungen (0,001 ppm) in hochreinem Si. 0,1—0,001% B kann bei Anwendung von Abreißbogen u. Cu-Elektroden mit Sb als Bezugselement, 0,0001% dagegen mit borfreien Graphitelektroden mit Gleichstrombogenanregung u. mit Zr als Bezugselement in einer Mischung von 1:1 $NH_4Cl-ZnO$ bestimmt werden. Zur Erreichung einer Empfindlichkeit von 0,001 ppm muß die Meth. mit einer chem. Anreicherung kombiniert werden.

G. Halmi. G 258□

Stabilität des Curcumin-Komplexes bei der Bor-Bestimmung. D. Emerton Williams und James Vlamis. (Analytic. Chem. **33.** 1098—1100. Juli 1961. Berkeley, Calif., Univ. of California, Dep. of Soils and Plant Nutrit.) (Engl.)

Die B-Best. mit Hilfe der Curcumin–Oxalsäure-Meth. wird in gewisser Hinsicht durch die ziemlich schnelle Hydrolyse des Komplexes bei Raum-Temp. begrenzt, wodurch die Ablesung der Meßwerte innerhalb 2 Std. erforderlich ist. Vff. untersuchten die Stabilität des trockenen Komplexes u. seiner alkohol. Lsg. beim Aufbewahren bei Raum-Temp. u. bei 0°. Die alkohol. Proben waren 5 Tage lang bei 0°, aber nur wenige Std. bei Raum-Temp. stabil. Trockene Proben, die 3 Tage lang bei Raum-Temp. oder bei 0° aufbewahrt worden waren, gaben die gleichen Meßwerte nach 2 Std. in A. wie frisch getrocknete Proben. Hält man trockene Proben 1—4 Wochen lang bei Raum-Temp., so beobachtet man eine Verzögerungsperiode von 2 Std., bis die maximale Farbintensität wiedererlangt wird. Wegen dieser Verzögerung sollten Proben nach dem Aufbewahren im trockenen Zustand nicht vor Ablauf von 2 Std. nach dem A.-Zusatz vermessen werden. Gerhard Schulze. G 258□

Titrimetrische Bestimmung von Tetraphenylborat mit Thallium. Bharat R. Sant und Anil K. Mukherji. (Talanta [London] **2.** 154—55. März 1959, Baton Rouge, La., Louisiana State Univ., Coates Chem. Labor.) (Engl.)

Zu Na-Tetraphenylborat (I)-Lsg. wird ein bekannter Überschuß an Tl(I)-Nitrat zugesetzt, 4—6 Std. stehengelassen, der Nd. (Tl-Tetraphenylborat) filtriert, 8—10mal mit 10 ml W. gewaschen u. das überschüssige Tl(I) im Filtrat mit KJO_3 in Ggw. von HCl zurücktitriert. Es wurden I-Mengen zwischen 0,03—0,17 g bestimmt. Fehler $<$ 0,3%.
Ch. Weiske. G 258□

Fällung von Silberphosphat aus homogener Lösung. F. H. Firsching. (Analytic. Chem. **33.** 873—74. Juni 1961. Athens, Ga., Univ. of Georgia, Dep. of Chem.) (Engl.)

Vf. untersucht die Fällung von Ag_3PO_4 durch Verdampfung des in der Lsg. enthaltenen NH_3. Ag_3PO_4 ist in NH_3-haltiger Lsg. komplex gelöst. Durch Entfernung des NH_3 fällt Ag_3PO_4 grobkristallin u. leicht filtrierbar aus. Die Verw. von Ag^+ als Fällungsreagens bedingt einen großen analyt. Faktor, so daß eine genaue gravimetr. Best. von PO_4^{3-} möglich wird. 2—200 mg P_2O_5 sind nach dieser Meth. gravimetr. bestimmbar, ohne das mehr als 0,1 mg P_2O_5 in Lsg. bleiben. Beim Zusatz von 25 mMol NH_4NO_3 u. Fällung mit $AgNO_3$ ist das Verf. bei p_H 7,5 quantitativ. Der pH-Einfl. ist zu beachten. Die Ausfällung von Ag_3PO_4 aus saurer Lsg. durch Hydrolyse von Harnstoff ist ungünstiger, da hierbei dann unlösl. Ag_2CO_3 gebildet wird, wenn die Ag_3PO_4-Fällung gerade quant. erfolgt ist.
K. Ohls. G 264□

Anorganische Ringpapierchromatographie. 4. Mitt. Trennung der Alkalimetalle. A. R. Vasudeva Murthy und V. A. Narayan. (J. Indian Inst. Sci. **42.** 51—55. Juli 1960. Bangalore, Indian Inst. of Sci., Dep. of Inorg. and Phys. Chem.) (Engl.) — 3., 2. u. 1. vgl. C. **1958.** 6633, C. **1957.** 2025, C. **1956.** 13504.

Im Syst. A.–W. verhalten sich die R_F-Werte der Alkaliionen wie K $<$ Na $<$ Li u. nehmen allg. mit dem A.-Geh. des Laufmittels ab. Als Laufmittel wird darum für Mischungen von Alkalisalzen 99%ig. A.–99%ig. Methanol (1:1) empfohlen. Eine Trennung der zugehörigen Halogenidionen ist mit diesem Laufmittel jedoch nicht möglich. Die Anfärbung erfolgte mit einem Gemisch gleicher Vol. 0,2%ig. Phenosafranin-Lsg. u. 0,1n $AgNO_3$.
F.-M. Friedrich-Anderseck. G 272□

Flammenphotometrische Untersuchung geringer Alkalimengen in Aluminium. Ernö Pungor und Erika Zapp. (Magyar Kémiai Folyóirat [Ung. Z. Chem.] **66.** 523—25. Dez. 1960. Budapest, Eötvös Loroánd Tud. Egyet. Szervetlen és Anal.-Kémiai Intézet.) (Ung.)

Vff. beschreiben flammenphotometr. Meth. zur Best. von *Na* u. *K* in Al u. stellten fest, daß die Alkalimetallverunreinigung die Qualität des metall. Al wesentlich beeinflußt.
G. Halmi. G 272□

Flammenphotometrische Calciumbestimmung in Aluminuim und Aluminiumlegierungen (Silumine). Z. Kubišta, V. Kabický und N. Tietz. (Hutnické Listy **15.** 479—80. Juni 1960. Praha, Stát. výzk. ústav. ochrany materiálu; Stát. výzk. ústav materiálu a technol.) (Tschech.)

Die Best. wird mit dem Flammenphotometer Zeiss, Modell III, Interferenzfilter Ca 63, Acetylendruck 35 mm Wassersäule, Luftdruck 0,4 atm durchgeführt. Fe u. Mn (in Form von $FeCl_3$ u. $MnCl_2$) stören nicht; die Anwesenheit von Al setzt die Ca-Empfindlichkeit auf den 5. Teil herab. Es wird deshalb empfohlen, die Eichkurven mittels einer Siluminprobe u. abgestuftem Ca-Zusatz ($CaCl_2$) in gleicher Weise wie bei der Analysenprobe-Herst. zu ermitteln. 2 g Silumin werden in 30—40 ml HCl (1:1) gelöst, der unlösl. Rückstand abfiltriert u. auf 100 ml aufgefüllt; die Lsg. wird bei voll geöffneter Blende gemessen. In dieser Einwaage können noch 0,05% Ca erfaßt werden.
J. Tůmová. G 283□

Herstellung und Prüfung von Testelektroden für die spektrochemische Bestimmung der Verunreinigungen in Reinaluminium. G. Müller-Uri. (Exp. Techn. Physik **7.** 26—33. 1959. Leipzig, Zentr.-Inst. für Gießereitechnik.) (Dt.)

Es wird die Herst. u. Prüfung von Testelektroden beschrieben, die neben Fe u. Si kleine Beimengungen von Cu, Zn, Ti, Mg u. Mn enthalten. Ferner wird eine spektrometr. Arbeitsvorschrift angegeben, mit der z. T. durch Berücksichtigung der Untergrundschwärzung eine Analyse der Verunreinigungen des Reinaluminiums mit einem mittleren Fehler von 4% u. eine sichere Eingruppierung nach DIN 1712 Bl. 1 möglich ist.
W. Betcke. G 294□

Komplexometrische Bestimmung der Summe von Titan und Aluminium in Tonen und Schamotte. Je. A. Netschajewa und E. Ss. Lapiduss. (Заводская Лаборатория [Betriebs-Lab.] **25.** 544—45. 1959. Dnepropetrowsk, Metallurg. Petrowski-Inst.) (Russ.)

0,5 g Substanz wird mit Na_2CO_3 geschmolzen, die Schmelze mit heißem W. ausgelaugt u. das Gemisch mit einem Überschuß von HCl (1:2) versetzt. Nach Abkühlung wird mit W. auf 250 ml aufgefüllt. Zu 50 ml des Gemisches werden 20 ml einer 0,05m Lsg. von Trilon B zugefügt u. gegen Methylrot mit NH_3-Lsg. neutralisiert. Nach Zugabe von 20 ml Acetatpuffer-Lsg., 3 Min. langem Kochen u. Abkühlung auf 20—25° werden 1 ml 0 1%ig. $K_4[Fe(CN)_6]$-Lsg. 1 ml 0,2%ig. $K_3[Fe(CN)_6]$-Lsg. u. 1 ml 1%ig. Benzidin-Lsg. in Eisessig zugefügt. Bis zur Blaufärbung wird 0,05m Zn-Acetat-Lsg. (I) zugefügt. Danach werden 30 ml gesätt. NaF-Lsg. zugegeben, die Lsg. zum Sieden gebracht, abgekühlt, die obigen Indicator-Lsgg., in derselben Reihenfolge zugesetzt u. das Gemisch mit I titriert. Aus dem I-Verbrauch wird der Geh. an Al_2O_3 u. TiO_2 berechnet. Der Titer der angewandten I-Lsg. wird durch eine Analogtitration mit einer Lsg., die in 15 ml 30 mg Al_2O_3 u. 1,5 mg TiO_2 enthält, festgestellt. Die Fehlergrenze der Meth. beträgt 0,1—0,9%. S. Baryschnikow. G 321

Spektrometrische Bestimmung von Zirkonium in Aluminiumlegierungen. G. Matelli und V. Vicentini. (Metallurgia ital. **53.** 258—62. Mai 1961. Novara, Ist. sperim. dei Metalli legg., Div. Ric.) (Ital.) — C. **1961.** 15137. G. Platzer. G 322 □

Untersuchungen über die Emissionsspektralanalyse. 4. Mitt. **Spektrographische Analyse von Hafnium in Zirkoniumoxid.** 2. Mitt. **Untersuchung über die Siebelektrode-Funkenanregung.** Shoushiro Sakai. (Rep. Government chem. ind. Res. Inst., Tokyo **55.** 241—46. 7/7. 1960.) (Jap.; Auszug: Engl. S. 26.) — **3.** vgl. Rep. Government chem. ind. Res. Inst., Tokyo **55.** [1960.] 62.

Die von Feldman u. Ellenburg beschriebene „Siebelektrode-Funkenanregungs-Meth." (C. **1957.** 3911) wird für die Best. von Hf in Zirkoniumoxid verwendet u. eine Empfindlichkeit von 100 ppm Hf erzielt. Bei dieser Technik werden die fein gemahlenen u. mit einer gleichen Menge Graphitpulver vermischten Proben in die als obere Elektrode verwendete „Siebelektrode" gebracht u. in einem Funken angeregt. U. Skurnia. G 323 □

Komplexometrische Bestimmung von Zink, Blei und Cadmium in Messingen und Bronzen. A. I. Lasarew und W. I. Lasarewa. (Заводская Лаборатория. [Betriebs-Lab.] **25.** 542—44. 1959. Kuibyschew, Ind.-Inst.) (Russ.)

Zur Zn-Best. werden 0,25 g Leg. in einem Gemisch von 5 ml HNO_3 (1:1) u. 5 ml HCl (1:1) gelöst. Nach Einengung der Lsg. auf ca. 2—3 ml werden 15 ml 6n HCl zugefügt, die Lsg. mit W. auf 50 ml aufgefüllt u. durch eine (Zn^{2+}-adsorbierende) Anionit („An 2f")-Kolonne filtriert. Nach dem Waschen der Kolonne mit 150 ml 2n HCl (Entfernung der verbleibenden Cu-Spuren) wird das Zn durch Waschen der Kolonne mit 150 ml W. desorbiert. Nach Neutralisation der Lsg. mit verd. NH_3-Lsg. (1:1), Zugabe von 10 ml ammoniakal. Puffer-Lsg. u. 3 Tropfen einer 1%ig. Na-Diäthyldithiocarbamat-Lsg. wird gegen saures Chromblau K (Indicator) mit 0,05 bzw. 0,1n Lsg. von Trilon B titriert. Die Cd-Best. erfolgt analog (vorherige Behandlung der Kolonne mit 100 ml 1n HCl; nachfolgendes Waschen mit 250 ml 1n HCl). Bei gleichfalls analoger Pb-Best. wird 3,5n HCl angewandt; das Waschen der Kolonne erfolgt mit 200 ml 1n HCl. Nach der Neutralisation der Lsg. mit NH_3 wird die entstandene Trübung ($PbCl_2$) durch Zugabe von 15 ml Tartratpuffer-Lsg. beseitigt. S. Baryschnikow. G 328

Phasenanalyse von Fuming-Destillaten auf Zink-, Zinn-, Blei- und Arsenverbindungen. N. A. Filippowa und W. A. Korosstelewa. (Заводская Лаборатория [Betriebs-Lab.] **25.** 1053—59. 1959. Forsch.-Inst. für Buntmetalle.) (Russ.)

Als Lsgm. für PbS u. ZnS wird ein Gemisch von 5%ig. Trilon-Lsg. u. 30%ig. H_2O_2 vorgeschlagen; das Zn des Stannates wird durch das Reagens nicht angegriffen. Vff. erörtern eine Analysen-Meth. von Fuming-Sublimation, die es ermöglicht, in einer Einwaage das Gesamt-Pb (oxydierte Pb-Verbb., PbS u. metall. Pb) sowie das Gesamt-Zn (oxydierte Zn-Verbb. u. metall. Zn) u. getrennt, das Zn des ZnS u. das Zn des Stannates zu bestimmen. Ein Analysengang zur Best. des Sn der Sn-Halogenide, des metall. Sn, des SnO, des SnS, des SnO_4^{4-} u. des SnO_2 wird vorgeschlagen. Zur Best. der Form des As u. des Pb können die üblichen Analysen-Meth. für Hüttenstaub angewandt werden. S. Baryschnikow. G 328

Isotopische Spektralanalyse von Blei. 1. Mitt. A. N. Saidel, A. G. Shiglinski und J. Čajko. (Mat.-fyzik. Časopis **9.** 29—45. 1959. Leningrad, jetzt Praha, Ústav jader fys. Českoslov. akad. věd.) (Tschech.)

Ausführliche Beschreibung einer App. zur Best. der Isotopen-Zus. von aus Gesteinen (Mineralien) isoliertem Pb. Als Lichtquelle dient eine Entladungsröhre mit einer Wasser- oder mit fl. Luft gefüllten Hohlelektrode. Die nötige Unterscheidungsfähigkeit (1000000) wird durch Einsatz des Fabry-Perotschen dielektr. Multiplierinterferometers in einer Druckkammer erreicht. Für die Analyse wurde die Hyperfeinstruktur der Linie Pb I 4057,8 Å gewählt u. photoelektr. festgehalten. Die Superpositionen der Linien der einzelnen Pb-Isotope betragen: 206—208 4,4%; 208—207c 3,1%; 206—207c 2,6%; 206—207b 32,6%; 208—207c 81,1%. Die besten Ergebnisse wurden mit PbJ_2 erzielt (2—5 mg). Ein stabiler Lichtstrom wurde erst nach Anlegen eines Stroms von 50 mA/10—20 Min. erreicht. Analysenentladung unter Wasserkühlung 100 mA, unter Kühlung mit fl. Luft 50 mA; der optimale Ar-Druck der Entladungsröhre beträgt 0,3 mm Hg. J. TŮMOVÁ. G 328 □

Isotopische Spektralanalyse von Blei. 2. Mitt. A. N. Saidel, A. G. Shiglinski und J. Čajko. (Mat.-fyzik. Časopis **9.** 46—68. 1959.) (Tschech.) — 1. vgl. vorst. Referat.

Unter Verw. der l. c. beschriebenen App. werden einige Varianten spektrograph. Isotopen-Best. von Pb überprüft. Die Unterss. wurden mit 1—4 mg aus Gesteinen (Mineralen) isolierten Proben von Pb als PbJ_2 u. Intensitätsanalyse der Hyperfeinstruktur der Linie Pb I 4058 Å durchgeführt. Die ohne Eichung durchführbare Best. ergibt im Vgl. zu Massenspektrometerangaben um 5—7% abweichende Werte; bei Verw. einer Entladungsröhre, deren Hohlkathode mit fl. Luft gekühlt wird, beträgt die Abweichung nur noch 3—4%. Bei Verw. von Eichproben wird der Fehler durch die Genauigkeit der Eichung bestimmt; hier lagen die Abweichungen z. B. bei 6%. Die besten Ergebnisse geben kombinierte Meth. (Berechnung, mit 1 Standardprobe); der Fehler kann dann auf ca. 1% herabgesetzt werden, u. die Meth. erreicht die Genauigkeit der Massenspektrometrie. Alle Meth. wurden für einen Isotopen-Geh. des ^{206}Pb, ^{207}Pb u. ^{208}Pb in Mengen von 10—100% ausgearbeitet. J. TŮMOVÁ. G 328 □

Beitrag zur Analyse von metallorganischen Verbindungen. Dithizonate von R_3PbCl und R_2PbCl_2. Renato Barbieri, Giuseppe Tagliavini und Umberto Belluco. (Ricerca sci. **30.** 1963—68. Dez. 1960. Padova, Centro Stud. Chim. nucl.-Sez.) (Ital.)

Es werden spektrophotometr. Best. von $(CH_3)_2PbCl_2$, $(CH_3)_3PbCl$, $(C_2H_5)_2PbCl_2$, $(C_2H_5)_3PbCl$ u. von Gemischen aus R_2PbCl_2, R_3PbCl u. $PbCl_2$ (R = CH_3 oder C_2H_5) in Form ihrer Dithizonate (I) ausgeführt. Zur Entw. von I mischt man im Scheidetrichter (Teflonkücken) 3 ml Puffer-Lsg. (pH 8,4; aus 19 g $Na_2B_4O_7 \cdot 10\,H_2O$ u. 12 g H_3BO_3/Liter W.), 1 ml Organo-Pb-Lsg. (5—50 µg Pb/ml) u. 5 ml Dithizon (II) in Chlf., schüttelt 2—3 Min., trennt die I u. überschüssige II enthaltende Chlf.-Lsg. ab, bewahrt die 15 Min. nach der Farb-Entw. beständige Lsg. im Dunkeln auf u. spektrophotometriert R_2PbCl_2 bzw. R_3PbCl bei 498 bzw. 430 mµ unter Verw. von II in Chlf. als Vgl.-Lsg. bei 15 ± 3^0; maximaler Fehler: 2,5%. Die Best. der einzelnen Komponenten in Gemischen von $R_3PbCl + R_2PbCl_2$ enthaltenden Lsgg. erfolgt nach der Differentialmethode. In Ggw. von Pb^{2+} wird dieses mit EDTA komplexiert, das die quant. Best. nicht stört. — 14 Literaturangaben. G. PLATZER. G 328 □

Spektrophotometrische Untersuchungen über die zur chemischen Analyse verwendeten Organometallkomplexe. 10. Mitt. **Spektrometrische Bestimmung von Niob mit Quercetinsulfonsäure.** Takuji Kanno. (Japan Analyst **10.** 3—8. Jan. 1961. Tohoku, Univ., Res. Inst. of Miner. Dressing and Metallurg.) (Jap.; Auszug: Engl.) — 5. vgl. C. **1962.** 8730.

Quercetinsulfonsäure (I) reagiert mit Nb in neutralen u. sauren Lsgg. unter Bldg. wasserlösl. gelbgefärbter Komplexe. In neutraler Lsg. verschiebt sich das Absorptionsmaximum mit steigendem pH zu längeren Wellenlängen. Dagegen lag bei pH 5,8—6,5 das Absorptionsmaximum bei 408 mµ. In diesem pH-Gebiet wurde bei einer I-Konz. von 0,03% ein konst. Absorptionsgrad erhalten u. die Eichkurve folgte dem BEERschen Gesetz. Der mol. Absorptions-Koeff. betrug 46,400. Die Nb-Best. wurde in H_2SO_4 enthaltender Lsg. bei einer Wellenlänge von 420 mµ durchgeführt, der konst. Absorptionsgrad wurde mit 0,45—1,8 n H_2SO_4 u. $4{,}9 \cdot 10^{-4}$ m I-Lsg. erhalten. Unter diesen Bedingungen folgte die Eichkurve dem BEERschen Gesetz u. der berechnete mol. Absorptions-Koeff. betrug 14,800. F. VIER. G 331 □

Spektrophotometrische Untersuchungen über die zur chemischen Analyse verwendeten Organmetallkomplexe. 11. Mitt. **Reaktion zwischen Quercetinsulfonsäure und Niob.** Takuji Kanno. (Japan Analyst **10.** 8—14. Jan. 1961.) (Jap.; Auszug: Engl.) — 10. vgl. vorst. Referat.

Die Rk. einiger Flavone (I), wie Cyanidinchlorid, Flavonol u. Naringenin mit Nb, wurden zur Feststellung der funktionellen Gruppen der Rk. zwischen Quercetinsulfonsäure (II) u. Nb untersucht. I reagieren mit Nb in saurer Lsg. über 1 Carbonyl- u. 1 Hydroxygruppe, in neutraler Lsg. dagegen über 2 Hydroxygruppen in Orthostellung. Die sauren Nb-II-Komplex-Verbb. bestanden bei pH 3—6,0 aus 1 Mol. Nb u. 2 Moll. **II.**

Die in H_2SO_4 gebildeten Komplex-Verbb. bestanden aus 1 Mol. Nb u. 1 Mol. **II**. In 7,2n H_2SO_4 haben sie ein Absorptionsmaximum bei 428 mμ u. in 0,23n H_2SO_4 bei 412 mμ. F. Vier. G 331 □

Volumetrische Bestimmung von Wismut mit Dalzin. Nihar Kumar Dutt. (Indian J. appl. Chem. **23.** 109. 1960. Calcutta, Univ., Coll. of Sci. and Technol., Inorg. Chem. Labor.) (Engl.)

Dalzin (Diallyldithiocarbamidohydrazin, I) bildet mit Bi einen tieforange gefärbten Nd., der bei pH 1,5—2,0 vollständig durch $CHCl_3$ extrahierbar u. in Aceton lösl. ist. Diese Lsg. reagiert quant. mit EDTA, wobei der Endpunkt durch Verschwinden der gelben Färbung angezeigt wird. Zur Best. werden 50 ml der 10—50 mg Bi enthaltenden ws. Lsg. mit HNO_3 auf pH 1,5—2,0 eingestellt, mit einem kleinen Überschuß von 1%ig. I-Lsg. u. weiteren 25 ml Aceton versetzt u. mit 0,01m EDTA auf Farblosigkeit titriert. Cu, Hg, Pb u. Ag stören, während Alkalien, Erdalkalien, Ni, Zn, Al u. Fe (in Ggw. von Ascorbinsäure) ohne Einfl. bleiben. K. Ross. G 334 □

Untersuchungen über einige wenig verwandte Cyanoferrat-Komplexe. 12. Mitt. **Colorimetrische Bestimmung von Cr(III).** Wahid U. Malik. (J. sci. ind. Res. [New Delhi], Sect. B **20.** 537—40. Nov. 1961. Aligarh, Aligarh Muslim Univ., Dep. of Chem.) (Engl.) — 11. vgl. J. sci. ind. Res. [New Delhi], Sect. B **20.** [1961.] 213.

Die Rk. zwischen $CrCl_3$ u. $K_4[Fe(CN)_6]$, die zur Bldg. des lösl., rotbraunen Komplexes $KCr[Fe(CN)_6]$ führt (vgl. l. c.), kann zur colorimetr. Best. des Cr^{3+} im Konz.-Bereich von 10^{-5} bis 10^{-2}m benutzt werden. Bei Verw. eines Gerätes von Bausch u. Lomb „spectronic 20“ werden im Konz.-Bereich von 10^{-4} bis 10^{-2}m gute Ergebnisse erhalten. In einem begrenzten Wellenlängenbereich (450—475 mμ) kann es auch bei einer Konz. von 10^{-5}m angewendet werden. Mit dem Beckman-DU-Spektrophotometer können Cr^{3+}-Best. über den gesamten Konz.-Bereich bei 460 mμ durchgeführt werden. Das gleiche gilt für die Verw. des Lange-Colorimeters, mit dem jedoch keine so große Genauigkeit erreicht wird. Die besten Ergebnisse werden erhalten, wenn die Rk.-Mischungen vor der Messung über Nacht aufbewahrt werden. Eine schnelle Best. ist möglich, wenn die Mischung vor der Messung 10 Min. lang auf einem Wasserbad (60°) erwärmt oder 6 Std. lang dem Sonnen- oder UV-Licht ausgesetzt wird. U. Skurnia. G 335 □

Über das polarographische Verhalten der Heteropolysäuren des Molybdäns. 5. Mitt. **Zur Polarographie des Molybdäns.** Klaus Grasshoff und Harry Hahn. (Z. analyt. Chem. **186.** 132—47. 1962. Würzburg, Univ., Chem. Inst., Abt. für Anorg. Chem.) (Dt.) — 4. vgl. Z. analyt. Chem. **182.** [1961.] 343; 3. vgl. C. **1962.** 4659.

Es wird das polarograph. Verh. von Molybdat-Lsgg. im pH-Bereich zwischen 1,5 u. 8 in nichtkomplexierenden u. komplexierenden Trägerelektrolyten untersucht. In KCl-Lsg. sprechen alle polarograph. Messungen dafür, daß in verd. Lsgg. (10^{-3} bis 10^{-4}m) im pH-Bereich zwischen 5,1 u. 1,6 Hexamolybdänsäure vorliegt. Die Kondens. setzt bei pH 5,1 ein u. ist bei pH 3,0 abgeschlossen. Für die polarograph. Red. im pH-Bereich 5,1—1,6 wird die Gleichung $[H_3Mo_6O_{21}]^{3-} + 18\,e^- + 21\,H^+ = 6\,Mo(OH)_3 + 3\,H_2O$ angenommen. Das $Mo(OH)_3$ setzt sich mit nichtred. Mo(VI) zu Verbb. unbestimmter Zus. um. Da Stufensteilheit, Grenz- u. Grundstrom in citronensäurehaltigen Trägerelektrolyten am besten ausgebildet sind, wird das Verh. von Molybdat in diesem Träger eingehend untersucht. Es treten abhängig vom pH-Wert bis zu 3 teilweise sehr gut ausgebildete Stufen auf, die durch Red. von Komplexen des Monomolybdats mit Citrat mit der Ligandenzahl 3 zu Komplexen des Mo(IV) mit der Ligandenzahl 1 u. 3 hervorgerufen werden. Zwischen beiden Komplexen besteht ein Gleichgewicht, das sich jedoch nur langsam einstellt. Für den zwischen pH 6 u. 8 vorhandenen Komplex des Mo(VI) mit der Ligandenzahl 3 wird ein pK-Wert von 5,9 ermittelt. Die Komplexe des Mo(VI) werden irreversibel zu solchen des Mo(IV) reduziert. Die Kondens. zur Hexamolybdänsäure wird durch die Komplexierung verhindert. Die beiden zwischen pH 1,8 u. 2,4 auftretenden Red.-Stufen sind diffusionskontrolliert u. eignen sich zur polarograph. Best. von Mo. Die Reproduzierbarkeit der Messungen ist besser als 0,5%. Elemente, die mit Citronensäure stabile Komplexe bilden, stören nicht, da deren Halbstufenpotentiale zu weit negativ liegen. Zentralelemente von Heteropolysäuren, wie Si, Ge, P, As, stören ebenfalls nicht, da sich infolge der größeren Bldg.-Geschw. anfänglich gebildete Heteropolysäuren durch kurzes Erhitzen im citrathaltigen Träger zersetzen lassen, weil der Citronensäurekomplex des Mo(VI) sehr viel stabiler ist.
J. Peters. G 336 □

Über das polarographische Verhalten der Heteropolysäuren des Molybdäns. 6. Mitt. **Zur polarographischen Bestimmung von Molybdän in Stahl.** Klaus Grasshoff und Harry Hahn. (Z. analyt. Chem. **186.** 147—53. 1962.) (Dt.) — 5. vgl. vorst. Referat.

Es wird eine polarograph. Meth. zur Best. von Mo in Stahl beschrieben. Der günstigste Konz.-Bereich für die Best. von Mo in 0,1 m Citronensäure-Lsg. liegt bei $5 \cdot 10^{-5}$ bis $1{,}3 \cdot 10^{-3}$ m. Bei pH 2 treten 2 Stufen mit einem Halbstufenpotential von −0,27 u. −0,65 V auf. Der Diffusions- bzw. Spitzenstrom beider Stufen ist gut ausgebildet u. gut reproduzierbar. Fe sowie die üblichen in Stählen vorkommenden Elemente stören nicht. Evtl. Bldg. von Molybdatokieselsäure in Ggw. von Silicat kann durch kurzes Erwärmen rückgängig gemacht werden. Die Brauchbarkeit u. Genauigkeit wird an 4 verschiedenen Legg. mit Geh. von 0,3—1,3% Mo demonstriert. Die Fehler liegen unter ±1%. J. Peters. G 336□

Grundlagen photometrischer Analysenverfahren. 1. Mitt. **Wolframbestimmung als Tetrathiocyanatowolframat (V).** G. Gottschalk. (Z. analyt. Chem. **187.** 164—82. 1962. Berlin, Osram-Studien-Ges. für elektr. Beleuchtung.) (Dt.)

Vf. berichtet über die Rk. von W(VI) in salzsaurer Lsg. mit KSCN u. $TiCl_3$ u. stellt bei der systemat. Unters. des Rk.-Mechanismus fest, daß gelbe Tetrathiocyanatokomplexe des W(V) entstehen. Die Absorptionskurve des Komplexes $[W(OH)_2 \cdot (SCN)_4]^-$ zeigt ein Maximum im Bereich von 400—405 nm. Der eindeutige Ablauf der Farb-Bldg.-Rk. ist nur dann gewährleistet, wenn die Reihenfolge der Zugaben Wolframat + Thiocyanat + Säure + Ti(III) eingehalten wird. Die in der Arbeitsvorschrift vorgeschlagenen SCN^-- u. Säure-Konzz. sind so gewählt, daß sich störende Zers.-Rkk., die ein Ausbleichen der Farbe verursachen, innerhalb 1 Std. auf die Farbkonstanz nicht bemerkbar machen. Zur W-Best. versetzt man die auf pH 7—11 neutralisierten Probe-Lsgg., deren Vol. $\leqslant$50 ml betragen soll, mit 10,0 ml 5n NH_4SCN-Lsg., 10,0 ml 5n HCl u. 10,0 ml 0,01 m Ti(III)-Lsg. (5n an HCl), wobei nach jedem Zusatz gut durchgemischt wird, füllt mit W. auf 100 ml auf u. läßt 30 Min. lang stehen. Nach 30—60 Min. wird je nach W-Konz. bei 436 bzw. 405 nm die Rohextinktion der Lsg. gegen W. gemessen u. im Hinblick auf die Blindextinktion u. ggf. Fremdextinktionen korrigiert. Nach der Arbeitsvorschrift ist die Best. von 1,84 mg—3 μg W/100 ml möglich. Extinktions-Koeff., Verf.-Konst. u. Standardabweichungen einzelner Arbeitsbereiche werden für monochromat. Licht der Wellenlängen 405 u. 436 nm mitgeteilt. Der Einfl. von mehr als 40 Fremdionen wird untersucht, Ursachen für Störungen, Möglichkeiten zu deren Ausschaltung sowie Toleranzgrenzen werden angegeben. Die mitgeteilten Ergebnisse stammen aus ca. 300 Testanalysen, die mit Hilfe der Ausgleichsrechnung u. nach mathemat.-statist. Meth. ausgewertet wurden. Gerhard Schulze. G 337□

Bestimmung von Elementen in Wolframsulfidkatalysatoren. W. A. Klimowa, Je. G. Beresnitzkaja und G. K. Muchina. (Известия Академии Наук СССР, Отделение Химических Наук [Nachr. Akad. Wiss. UdSSR, Abt. chem. Wiss.] **1960.** 1520—21. Aug. Akad. der Wiss. der UdSSR, Zelinsky-Inst. für org. Chem.) (Russ.)

Die Mikro- oder Halbmikro-Best. von C, H, S u. W in verbrauchten WS_2-Katalysatoren erfolgt, indem die dünn ausgebreitete Einwaage im O_2-Strom entgegen dem Gasstrom auf maximal 450—480° erhitzt wird. Die Verbrennung erfolgt so bei einer Temp., bei der WO_3 noch nicht zu stark flüchtig ist u. als Asche verbleibt. Aus den gasförmigen Prodd. wird SO_2 bzw. SO_3 an Ag bei 600° als Ag_2SO_4 gebunden, CO_2 u. H_2O werden wie üblich absorbiert. Helmut Schäfer. G 337□

Polarographische Analyse von Uran. 1. Mitt. **Polarographische Eigenschaften von Uran im Leitelektrolyt Ammoniumcarbonat oder Ammoniumcarbonat-Natriumtripolyphosphat.** Toshifumi Murata. (J. chem. Soc. Japan, pure Chem. Sect. [Nippon Kagaku Zassi] **81.** 440—44. März 1960. Ibaragiken, Hitati-Seisakusyo, Hitati-Kenkyûzyo.) (Jap.; Auszug: Engl. S. A 30.)

Polarograph. Eigg. von UO_2^{2+} werden in $(NH_4)_2CO_3$-Lsg. oder in einer Mischung von $(NH_4)_2CO_3$ u. $Na_5P_3O_{10}$ untersucht. UO_2^{2+} zeigt unter diesen Bedingungen 2 Stufen: $U^{VI} \rightarrow U^{V} \rightarrow U^{IV}$. Die Stufenhöhen u. die Halbstufenpotentiale hängen von der $(NH_4)_2 \cdot CO_3$- u. der $Na_5P_3O_{10}$-Konz. ab. Die 1. Stufe ist in beiden Elektrolyten gut ausgebildet u. nichtumkehrbar, während die 2. undeutlich ist. Die Stufenhöhe der 1. Stufe ist in einem Gemisch aus 0,1 m $(NH_4)_2CO_3$/Liter u. 0,1 m $Na_5P_3O_{10}$/Liter der Konz. von UO_2^{2+} proportional, während sie in $(NH_4)_2CO_3$-Lsg. mit der Konz. von UO_2^{2+} keine strenge Proportionalität zeigt. Die 1. Stufe wird im Leitelektrolyten $(NH_4)_2CO_3$—$Na_5P_3O_{10}$ durch Ni beeinflußt, jedoch nicht durch Mo, Al, Cr, Co, Mn, Zn, V, Cu, Fe, Cd, Pb u. Zr. E. Maekawa. G 339□

Röntgenabsorptionskantenbestimmung von Uran in komplizierten Gemischen. E. A. Hakkila. (Analytic. Chem. **33.** 1012—15. Juli 1961. Los Alamos, N.Mex., Univ. of California, Los Alamos Sci. Labor.) (Engl.)

Vf. beschreibt ein Röntgenabsorptionskanten-Verf. zur Best. von U in Konzz. zwischen 0,5 u. 40 mg/ml. Nach Bestrahlung eines Mo–Nb-Targets mit einer von einem W-Target stammenden Röntgenstrahlung wird die Intensität der Röntgenfluorescenzstrahlung (RFS) des Mo u. des Nb nach Passieren einer mit der Probe-Lsg. gefüllten Absorptionszelle gemessen u. mit der Intensität verglichen, die bei Verw. einer nur mit W. gefüllten Zelle auftritt. Die Wellenlänge der L_{III}-Absorptionskante des U liegt zwischen den Wellenlängen der K_{α}-Linien der RFS von Nb u. Mo. Durch einfache Absorptionsgesetze werden die gemessenen Intensitäten zu der U-Konz. in Beziehung gesetzt. Die relative Standardabweichung liegt für Messungen von 0,5—40 mg/ml zwischen 6 u. 0,34%. 20—40 Analysen können täglich durchgeführt werden. Das Verf. wird nur durch Y erheblich gestört. J. Kraetsch. G 339□

Die spektrographische Bestimmung von Uran-235. 3. Mitt. **Die Verwendung einer Multihohlkathodenanordnung und eines direktregistrierenden 22-Fuß-Eagle-Spektrographen.** Ted Lee und S. A. MacIntyre. (Appl. Spectroscopy **15.** 34—39. 1961. Oak Ridge, Tenn., Union Carbide Nuclear Co., Oak Ridge Gaseous Diffusion Plant, Techn. Div.) (Engl.) — 2. vgl. C. **1962.** 10583.

Vff. beschreiben die Best. des ^{235}U-Geh. in U unter Einsatz eines 22-Fuß-Konkavgitterspektrographen in Eagle-Aufstellung (lineare Dispersion: 1,33 Å/mm). Die Proben werden als $UO_2(NO_3)_2$-Lsg. in Fe-Hohlkathoden (HK) gebracht, eingetrocknet u. durch kurzzeitiges Brennen in U_3O_8 übergeführt. Die metall. HK-Lampen sind außen wassergekühlt u. brennen mit 300 mA in einfach durchgepumptem Ar (6 mm Hg). Die Linien ^{235}U 4244,122 Å u. ^{238}U 4244,373 Å, der Untergrund bei 4244,0 Å u. die keine Isotopenverschiebung aufweisende Linie U 3890,364 Å werden mit Photovervielfachern gemessen u. mit Schreiber registriert. 4 HK-Lampen können durch einen Spiegel wechselweise auf dem Spalt abgebildet werden, wodurch Proben- u. Eichprobenspektren dicht hintereinander zur Vermeidung von Linienverschiebungen am Austrittsspalt aufgenommen werden können. Störungen durch Linien des ^{234}U u. ^{236}U werden rechner. berücksichtigt. Analysen von natürlichem U zeigten, daß die Linie des ^{235}U bei kleinen Geh. gestört ist. Mehrfachaufnahmen ergaben eine Reproduzierbarkeit von ca. 0,05% ^{235}U für 1 HK u. von ca. 0,25% ^{235}U von HK zu HK bei Best. von 10—50% ^{235}U. Vgl. zwischen emissionsspektrometr. u. massenspektrometr. erhaltenen Werten im Bereich von 10—85% ^{235}U ergaben keinen bedeutenden systemat. Fehler.

R. Gerbatsch. G 339□

Analytische Methoden zur Untersuchung der Änderung des Reaktionsvermögens durch lange Bestrahlungen. R. G. Hart, C. B. Bigham und M. Lounsbury. (Talanta [London] **6.** 94—99. 1960. Chalk River, Ontario, Canada, Atomic Energy of Canada, Ltd., Chalk River Project.) (Engl.)

Eine Anzahl Proben natürlichen U wurde unterschiedlich bis zu 6200 MWD/t im NRX-Reaktor in Chalk River bestrahlt, um die Änderung des Rk.-Vermögens nach dem Neutronenbeschuß feststellen zu können. Zur analyt. Unters. wurde das U gravimetr. durch Fällung als Ammoniumdiuranat u. Best. als U_3O_8 sowie volumetr. durch Titration mit $Ce(SO_4)_2$ bestimmt. Bei beiden Meth. wurde wegen eines geringen Fe-Geh. (colorimetr. mit o-Phenanthrolin bestimmt), der durch Korrosion entsteht, eine Korrektur angebracht. Der Fehler lag bei ca. 0,3%. Das Pu wurde nach 4 verschiedenen Meth. bestimmt. Spektralphotometr. Meth.: Ein aliquoter Teil der Lsg. mit 1,5—4 mg Pu wird mit 8n HNO_3 versetzt u. über eine 2-ml-Säule mit Dowex-1 (250—350 mesh; NO_3^--Form) gegeben. Pu wird adsorbiert, während U u. die Spalt-Prodd. durchlaufen. Waschen mit 5 Säulen-Vol. 10m HNO_3, danach mit 1 Säulen-Vol. 1m HNO_3, eluieren mit 5 ml 10%ig. Hydroxylamin-Lsg., zentrifugieren u. messen mit dem Beckmann-DU-Spektralphotometer bei 602 mμ. Der Pu-Verlust liegt bei 0,2—0,3%, der Fehler bei 1%. Direkte Meth. durch Best. der α-Zählrate mit niedriger Geometrie: Eine Probe mit ca. 50 μg U wird in ein Schälchen aus rostfreiem Stahl pipettiert. Die Pipette wird 3mal mit einer Lsg. von 4 Tropfen Tetraäthylenglykol in 10 ml 1m HNO_3 gewaschen. Die Lsg. wird unter der IR-Lampe langsam (2—3 Std.) zur Trockne eingedampft u. schließlich auf Rotglut erhitzt. Es wird die gesamte α-Strahlung gemessen u. das α-Spektrum aufgenommen. Aus der Gesamtzählrate, dem α-Spektrum, der Massenanalyse des Pu u. den spezif. α-Aktivitäten des ^{239}Pu u. ^{240}Pu kann der Pu-Geh. der Probe berechnet werden. Die Genauigkeit liegt bei 1,3%. Die Verdünnungsanalyse mit ^{238}Pu beruht auf einer Best. der α-Zählrate; die Genauigkeit liegt bei 1,8%. Von den Prodd. der Verdünnungsanalyse mit Pu, das viel ^{240}Pu enthielt, wurde eine Massenanalyse gemacht, die Genauigkeit betrug 2,2%. R. Krämer. G 343□

Untersuchungen über die Flammenphotometrie unter Anwendung der Extraktionsmethode mit organischen Lösungsmitteln. 5. Mitt. **Bestimmung von Nickel und Kobalt mit Hilfe der Extraktion ihrer Oxinate mit organischen Lösungsmitteln.** Hidehiro Gotô und Emiko Sudô. (Japan Analyst **10.** 463—67. Mai 1961. Tohoku Univ., Res. Inst. for Iron, Steel and other Metalls.) (Jap.; Auszug: Engl.) — 4. vgl. Japan Analyst **10.** [1961.] 456.

Die Oxinkomplexe des Ni u. Co wurden mit organ. Lsgm., wie Methylisobutylketon, Amylacetat, Äthylacetat oder Chlf., extrahiert, der Extrakt in der O_2-H_2-Flamme angeregt u. die Linienintensitäten von Ni u. Co bei 352,4 bzw. 352,7 mμ gemessen. Die Flammenintensitäten wurden für jedes Lsgm. unter verschiedenen Bedingungen verfolgt. Die Empfindlichkeit der Best. von Ni u. Co war 10—30mal größer als die, die durch Flammenphotometrie in wss. Lsg. erreicht werden konnte.

U. Skurnia. G 356□

Amperometrische Kupfer-Bestimmung mit Salicylamidoxim. D. Banerjea und B. Chakravarty. (J. Indian chem. Soc. **37.** 43—44. Jan. 1960. Jadavpur, Calcutta, Indian Assoc. for Cultiv. of Sci., Dep. of Inorg. and analyt. Chem.) (Engl.) — Vgl. Bandyopadhayay u. Mitarbeiter, C. **1958.** 1936 u. 5466.

Mit Hilfe der beschriebenen Meth. können 0,4—0,8 mg *Cu* in Konzz. von 0,7—3,2 mmol sicher bestimmt werden. Gelatine unterdrückt auftretende Maxima. Pb, Cd, Zn, Mn, Co, Ni sowie Überschuß an Alkalichlorid, -nitrat oder -sulfat stören nicht. Als Puffer wurde ein Acetatpuffer (pH 4,2) verwendet. Ag, Sb u. Bi werden vor Titrationsbeginn mit KCl im Überschuß gefällt. Friedrich Wolf/Berlin. G 358□

Colorimetrische Bestimmung von Kupfer mit Bis-[cyclohexanon]-oxalyldihydrazon und Oxalyldihydrazid. R. Capelle. (Chim. analytique **42.** 69—77. Febr. 127—35. März. 181—90. April 1960.) (Franz.)

Vf. gibt zunächst einen Überblick über systemat. Unterss. über die Anwendungsmöglichkeiten von *Bis-cyclohexanonoxalyldihydrazon* (I) u. *Oxalyldihydrazid* (II) auf die Best. des *Cu* in verschiedenen Metallen u. Legierungen. Von entscheidendem Einfl. auf die Genauigkeit der Best. des Cu mit I ist der während der Farb-Entw. eingehaltene pH-Wert, optimal 8,8—8,9, u. die Wahl des Puffers, Ammoniumcitrat. In Ggw. von Co ist die Best. des Cu mit I nicht möglich. In Stählen u. Schmelzen gelingt die Cu-Best., wenn der Cu-Geh. 0,05% ist u. der Ni-Geh. 20% nicht überschreitet. Die Rk. von **II** mit Cu in Ggw. von Acetaldehyd ist jedoch weitaus spezif. u. empfindlicher als die Rk. mit **I**. Der optimale pH-Bereich für die Farb-Entw. liegt hier ebenfalls bei 8,7—8,8, jedoch sind die Grenzen nicht so eng bemessen. Mit geringen Modifikationen, z. B. Reihenfolge der Zugabe der einzelnen Reagentien, ist die Meth. anwendbar auf die Best. des Cu einer Reihe von anderen Metallen u. ihren Legg.: Al, Mg, Zn, Pt, Sn, Ni, Zr, Ti u. U auch in Ggw. von Co. Es werden Einzelvorschriften für die Best. von Cu angegeben für Stähle, Schmelzen, für Al, Mg, Zn, Pt, Sn, Ni, Zr, Ti, U u. für ihre Legg. bzw. Salze, Darst. von *Oxalyldihydrazid*: 146 g Äthyloxalat in 730 ml A. u. 128 g einer 50%ig. wss. Hydrazinhydrat-Lsg. in 320 ml A., vermischen, 4 Std. stehenlassen u. Nd. von **II** absaugen. Mehrmals aus W. umkristallisieren. A.-M. Fretzdorff. G 358□

Das chromatographische Verhalten komplexer Ionen. Arun K. Dey und Eric John Singh. (Proc. Sympos. Chem. Co-ordinat. Compounds, Agra, India **1959.** Nr. 3. 285—86. 1960. Allahabad, Univ. of Allahabad, Chem. Labor.) (Engl.)

Vff. bestimmen papierchromatograph. nach der aufsteigenden Meth. mit reinem wss. A. oder CH_3OH als Laufmittel Cu^{2+}-, Cd^{2+}-, Fe^{2+}-, Fe^{3+}, Ni^{2+}- u. Co^{2+}-Ionen in Ggw. von wechselnden Mengen Oxalat, Tartrat u. Citrat als Komplexbildner. Die R_F-Werte sinken mit steigender Konz. der Komplexbildner zu Beginn ab u. wachsen dann bis zu einem konst. Wert an, der als der R_F-Wert des Komplexanions betrachtet werden kann. Außerdem werden die R_F-Werte mit sinkendem Alkohol-Geh. des Laufmittels größer. W. Hein. G 358□

Anwendung einer Kohlenstoffdrehelektrode für die spektrographische Analyse von Erzen aus der Lokalität Chvaletice. Karel Absolon. (Rudy **9.** Nr. 4. Beil.: Práce výzkumných Ústavů 11—13. April 1961. Praha, Úst. výzk. rud.) (Tschech.)

Die gleichzeitige Best. von Mn u. Fe in durch Auslaugen von Chvaletitzer Erz mit H_2SO_4 erhaltenen Lsgg. wird beschrieben. Die Meth., die auch für mit $HClO_4$ u. H_3PO_4 aufgeschlossene Mn-Erze geeignet ist, verwendet eine rotierende Graphitelektrode, die mittels einer neuartigen Hilfseinrichtung bewegt wird. Im Konz.-Bereich von 1—10 g/Liter ist die Reproduzierbarkeit zufriedenstellend. Gottfried Lange. 5280□

Gesteinsanalyse mit Hilfe von Ionenaustausch und der Chelat-Titrationsmethode. Hidekata Shibata, Yasue Ôki und Yutaro Sakakibara. (J. geol. Soc. Japan **66.** 195—201. April 1960.) (Jap.; Auszug: Engl.)

200 mg der mit HF u. H_2SO_4 aufgeschlossenen Gesteinsprobe wurden in konz. HCl gelöst u. über einen Anionenaustauscher gegeben. Bei der Elution mit 10,5n HCl laufen Na, K, Mg, Ca u. Al (Fraktion 1) ab. Bei der anschließenden Elution mit 6n HCl erhält man Mn, Ti u. P (Fraktion 2) u. mit 0,5n HCl die Fraktion 3 mit Fe. Fraktion 1 liefert aus einem Kationenaustauscher mit verd. HCl Na u. K im Eluat u. anschließend mit 4n HCl Al, Ca u. Mg. Hieraus wird das Al durch verd. NH_3 abgeschieden. Fraktion 2

liefert beim Aufgeben auf einen Kationenaustauscher im Auslauf P; Ti wird mit verd. H_2SO_4 aus der Säule eluiert. Die Best. der Elemente erfolgt durch Chelattitration oder photometrisch. F. ENSSLIN. 5290□

Verwendung von Ionenaustauscherharzen in der Gesteinsanalyse. Vera Tolnay und Stefanie Rapp-Sik. (Magyar Kémikusok Lapja [Z. Ver. ung. Chemiker] **16.** 575—78. Dez. 1961. Budapest, Geol. Inst.) (Ung.)

Bei der Analyse von Gesteinen, deren Si-Geh. höher als die Kapazität von Ionenaustauschern liegt, wird die Probe mit $HClO_4$ u. HF aufgeschlossen u. die eingeengte Lsg. mit so viel HCl (10,5n) versetzt, daß Chlorokomplexe entstehen. Aus dieser Lsg. werden die Chlorokomplexe (z. B. Fe, Ti, Mn) an stark bas. Anionenaustauscher gebunden u. im Eluat Na, K, Ca, Mg, Al mit einfachen volumetr. u. flammenphotometr. eth. bestimmt. Sulfat oder Phosphat enthaltende Proben werden wie oben aufgeschlossen u. ein Teil der Stamm-Lsg. auf stark saure Kationenaustauscher gegeben. Im Eluat können SO_4^{2-} oder PO_4^{3-} ohne Störung bestimmt werden. J. PLANK. 5290

b) Organische Verbindungen

Eine Schnellmethode zur Bestimmung von Tritium, Radiokohlenstoff und Radioschwefel in beliebigem organischem Probematerial mittels des Flüssigkeits-Scintillations-Zählers. F. Kalberer und J. Rutschmann. (Helv. chim. Acta **44.** 1956—66. 1/12. 1961. Basel, Sandoz, Biochem. Abt.) (Dt.)

Die Best. von ^3H, ^{14}C u. ^{35}S in organ. Material erfolgt durch Verbrennung der Probe in reinem O_2 am Pt-Netz in Ggw. des Absorptionsmittels, das sich in einem Zapfen des Verbrennungskolbens befindet u. während der Verbrennung mit Trockeneis/Aceton gekühlt wird. Nach Abkühlen des Pt-Netzes wird das Kühlmittel entfernt u. die Verbrennungs-Prodd. absorbiert. Feste Probesubstanzen werden in Papier eingepackt, Fll. werden auf Filterschleimtabletten getropft u. getrocknet. Die Probe wird am Pt-Netz befestigt u. angezündet. Das Absorptionsmittel ist für $^{14}CO_2$ u. $^{35}SO_2$ methanol. Äthanolamin-Lsg., für ^3H_2O Methanol. Zur Messung gibt man einen Teil der Absorptions-Lsg. zu der Scintillator-Lsg. im Zählgläschen. Nach $^1/_2$ Std. kann gemessen werden. Die Meth. eignet sich auch für biolog. Material. R. KRÄMER. 5352□

Über eine neue Methode zur indirekten polarographischen Bestimmung der Weinsäure. 4. Mitt. **Beiträge zur Chemie und Physiologie einiger stoffwechselchemisch wichtiger Säuren.** G. Brockelt und R. Pohloudek-Fabini. (Pharmazie **14.** 377—80. Juli 1959. Greifswald, Univ., Pharmazeut.-chem. Inst.) (Dt.) — 3. vgl. POHLOUDEK-FABINI, J. Chromatogr. [Amsterdam] **2.** [1959.] 525.

Vff. beschreiben ein indirektes Verf. zur polarograph. Best. von *Weinsäure* (**I**). In Ggw. von Uranylacetat wird **I** in verd. wss. Lsg. beim Bestrahlen mit UV-Licht in eine polarograph. reduzierbare Verb., wahrscheinlich Glyoxal, umgewandelt, deren in alkal. Medium aufgenommene Red.-Stufe konz.-proportional ist, infolge allmählicher Disproportionierung aber in kurzer Zeit an Höhe abnimmt. Bis zu 0,01 mg **I** können noch erfaßt werden. E. MOISAR. G 850

Quantitative chromatographische Methoden. 6. Mitt. **Verbessertes Verfahren für die Bestimmung von Aminoverbindungen auf Papierchromatogrammen.** E. Tigane, E. H. M. Wade, J. Tze-Fei Wong und C. S. Hanes. (Canad. J. Biochem. Physiol. **39.** 427—37. Febr. 1961. Ottawa, Nat. Res. Council, Div. of Appl. Biol.) (Engl.) — 5. vgl. C. **1962.** 13512.

Es werden Vereinfachungen für die in der 1. Mitt. dieser Reihe beschriebene Meth. zur chromatograph. Best. von NH_2-Verbb. angegeben. A. HESSE. G 900□

Chromato-ionophoretische, elektrophoretische und papierchromatographische Untersuchung biologischer Amine. J. Blass und A. Sarraff. (J. Chromatogr. [Amsterdam] **3.** 168—77. Febr. 1960. Garches, France, Inst. Pasteur, Annexe de Garches, Serv. de Chim. Bactérienne.) (Franz.)

Mit der chromato-ionophoret. Meth. (absteigend auf WHATMAN-Papier Nr. 3 in einer u. elektrophoret. in der anderen Richtung) wurden folgende Amine in von Bakterien u. flüchtigen Aminen befreiten Bouillonkulturen untersucht: Cadaverin, Putrescin, Agmatin, Histamin, Tyramin u. Tryptamin, Äthanolamin, Glucosamin, Arginin u. Lysin. Der Nachw. der flüchtigen Amine erfolgte papierelektrophoret. oder chromatograph. auf gepuffertem Papier. Mit den angegebenen Meth. können Mengen in der Größenordnung von einigen μg Amin festgestellt werden; dabei kann die Bouillonkultur bis zu 500 μg N enthalten. G. HEINZE. G 910□

Bestimmung der Nichtamin-Anteile in hochmolekularen Fettaminen. J. P. Nelson, L. E. Peterson und A. J. Milun. (Analytic. Chem. **33.** 1882—84. Dez. 1961. Minneapolis, Minn., General Mills Inc., Central Res. Labor.) (Engl.)

C_{16}—C_{18}-Fettamine der Typen R_1NH_2, $(R_1)_2NH$, $R_1N(R_2)_2$, $(R_1)_2NR_2$ u. $R_1N(R_3)_2$ ($R_1 = C_{16}$—C_{18}, $R_2 = CH_3$, R_3 = H oder C_3H_7) werden aus ca. 7%ig. Lsgg. in warmem Isopropanol (I) an Kationenaustauscherharzen in der H^+-Form ausgetauscht, so daß die Nichtaminanteile (Nitrile, Amide, Ester u. freie Carbonsäuren) in das Eluat gelangen u. dort angereichert werden. Mit 500 u. 200 ml I wird nachgewaschen, die Durchfluß-Geschw. soll 200—300 ml/h betragen. Das Eluat wird IR-spektroskop. untersucht. Die Meth. wird für folgende Best. benutzt: Nitril in Octadecylamin, unsubstituierte u. monosubstituierte Amide in Dodecylamin, Acetamid in Octadecylaminacetat.
W. KUPFER. G 910□

Bestimmung von Tetraäthylammoniumbromid in Gegenwart von flüchtigen Alkylammoniumbromidverunreinigungen. Béla Láng. (Acta pharmac. hung. **31 B.** 27—32. Okt. 1961. Budapest, Chinoin A.G.) (Ung.)

Zur Best. von quatern. NH_4-Halogeniden wurde ein neues Ionenaustausch-Verf. unter gleichzeitiger Best. der evtl. anwesenden flüchtigen Amine ausgearbeitet. Es werden 10 ml der 0,2m Lsg. des zu prüfenden Stoffes im Dest.-Kolben eines SCHULEK-VASTAGH-App. mit 50 ml CO_2-freiem W. u. 0,1n NaOH versetzt u. $^2/_3$ der Lsg. abdestilliert. Die übergegangenen Amine werden in 0,1n HCl absorbiert u. der Säureüberschuß zurücktitriert. Der Rückstand wird in einen 100-ml-Meßkolben gespült, mit 20 ml 0,1n $AgNO_3$ versetzt u. mit CO_2-freiem W. aufgefüllt. Nach Zentrifugieren wird ein Teil der Lsg. mit 0,1n Säure gegen Methylrot titriert. Im Schnell-Verf. ist festes Ag_2O der Ionenaustauscher.
G. LIGETI. G 910

Papierelektrophorese von Aminosäuren unter Anwendung hoher Spannungen. Piotr Masłowski. (Postępy Biochem. **3.** 335—50. 1957.) (Pol.)

Vf. beschreibt eine einfache u. prakt. App. zur Hochspannungselektrophorese von Aminosäuren, die günstigsten Bedingungen zur Durchführung der Elektrophorese u. zur Identifizierung. Bei Verw. eines Phthalat- (pH 5,9) bzw. Acetat–Formiat-Puffers (pH 1,9) können innerhalb von 60—90 Min. bei 15—75 V/cm u. 0,8—2 mA/cm 18 Aminosäuren getrennt u. mikrocolorimetr. als Ninhydrin–Cd-Komplexe identifiziert werden.
HARRY HAHN. G 950□

Mikroanalyse von Aminosäuren. 1. Mitt. **Ein neues modifiziertes Ninhydrin-Reagens.** Takeo Tsukamoto, Tetsuya Komori und Nadao Kinoshita. (Pharmac. Bull. [Tokyo] **5.** 363—66. Aug. 1957. Kyushu, Univ., Med. Fac., Pharm. Inst.) (Engl.)

In Modifizierung der Ninhydrin (I)-Meth. werden papierchromatograph. getrennte Aminosäuren spektrometr. bestimmt. 1 ml wss. Lsg. (0,025—0,8 mμ Mol/ml) wird mit 0,5 ml Citratpuffer (pH 5,3) u. 1 ml Reagens (2%ig. Lsg. von I in Methylcellosolve u. 15%ig. Lsg. von Ascorbinsäure in 2%ig. HPO_3 zu gleichen Teilen) 20 Min. lang auf 100° erwärmt u. nach dem Abkühlen mit 50%ig. A. auf 10 ml aufgefüllt u. 1 Min. lang geschüttelt. Die Absorption wird innerhalb 1 Std. bei 570 mμ gemessen. Die relativen Farbtiefen (bezogen auf Alanin = 1) von 20 Aminosäuren, Ammoniak, 1 Betain, 4 Aminen u. 4 Zuckern sind tabellar. aufgeführt.
W. BETCKE. G 950□

Die Analyse aromatischer Kohlenwasserstoffe mit Hilfe der Papierchromatographie. 1. Mitt. **Isolierung und Identifizierung von n-Alkylsubstituierten Benzolen in Form von Sulfosäuren.** D. Vulchev und D. Elenkov. (Доклады Болгарской Академии Наук [C. R. Acad. bulg. Sci.] **13.** 677—79. Nov./Dez. 1960. Sofia, Chem.-Technolog. Inst.) (Engl.; Auszug: Russ.)

n-Alkylbenzole (Seitenkette C_1—C_5) lassen sich nach ihrer Überführung in die Sulfosäuren mit 5—8%ig. Oleum papierchromatograph. mit Butanol, das mit 1%ig. Ammoniak gesätt. wurde, trennen. Die Chromatogramme werden durch 10—15 Min. langes Erhitzen auf 205—215° entwickelt.
RENATE RICHTER. G 1010□

Bestimmung von Isomeren im technischen Trikresylphosphat durch Verteilungschromatographie. M. N. Obotowa. (Заводская Лаборатория [Betriebs-Lab.] **25.** 1184—86. 1959.) (Russ.)

Beschreibung einer modifizierten chromatograph. Best.-Meth. für Kresolisomere nach FRANC (C. **1956.** 1116). Die Fehlergrenze der modifizierten Meth. beträgt ± 1,5%.
S. BARYSCHNIKOW. G 1060

Untersuchung der Mikrobestimmung des Tyrosins. P. E. Wenger, D. Monnier und J. Vogel. (Mikrochim. Acta [Wien] **1957.** 405—16. Genève, Univ., Labor. de Chim. Miner., de Chim. Analyt. et de Microchim.) (Franz.)

Beschreibung einer einfachen, mit einem Polarographen u. gewöhnlichen Labor.-App. durchführbaren Meth., die auf der polarograph. Red. der nitrierten Aminosäure durch Einw. von 0,15n HNO_3 in der Hitze (2std. Kochen unter Rückfluß vom Beginn der Gelbfärbung an) beruht. Zur Neutralisation nach Abkühlung verwendet man 20%ig.

KOH. Da die polarograph. Stufen bei pH 5 die besten Werte liefern, setzt man eine Puffer-Lsg. von 51,5 ml 0,2m Na_2HPO_4 u. 48,5 ml 0,1m Citronensäure zu. Verwendete polarograph. App.: Radiometer PO 3e u. App. SARGENT, Modell XXI. Tropfdauer = 2,91 Sek. Das die Nitrierung störende Tryptophan (I) u. das ein freies H enthaltende Radikal-SH werden mit $^1/_3$ Überschuß einer Lsg. von 1 g Hg-Acetat in 50 ml 0,15n HNO_3 direkt aus der sauren Nitrier-Lsg. gefällt (1 ml Lsg. fällt theoret. 0,0152 g Cystein) Bei großem I-Überschuß ist Zusatz von Phenylanilin erforderlich. Analysenfehler für 20–100 μg maximal $\pm$ 5%, für 10–20 μg maximal $\pm$ 7%. A. LEIBBRANDT. G 1350□

Quantitative Bestimmung von Tryptophan. Stanisław Krauze, Lech Piekarski, J. Maksymczuk. (Roczniki pánstwowego Zakładu Hig. **11.** 385–94. 1960. Warszawa, Akad. Med., Zakł. Bad. Środków spoż.) (Pol.)

Der Verlust an Tryptophan (I) beim Erhitzen mit NaOH-Lsg. auf 100° steigt proportional der Behandlungsdauer an u. beträgt nach 24 Std. 21,2%. Längeres Erhitzen verursacht nur noch einen geringen Verlust. In Ggw. von Casein wird der I-Verlust beim Erhitzen mit NaOH größer. $SnCl_2$ wirkt stabilisierend auf I. Die optimalen Bedingungen für den Aufschluß von Casein für die colorimetr. Best. von I sind 24std. Erhitzen mit NaOH in Ggw. von $SnCl_2$. Cl^- wird anschließend mit Ag_2SO_4 gefällt. Die Umsetzung von I mit p-Dimethylaminbenzaldehyd (II) soll 4 Std. u. die Oxydation mit $NaNO_2$ nach SPIESS u. CHAMBERS [1948] $^1/_2$ Std. dauern. Die gleiche Meth., angewandt zur Best. von I in nichthydrolysiertem Casein, gibt erst nach 24std. Rk. mit II u. 1std. Oxydation mit $NaNO_2$ den höchsten Wert, doch genügt auch 5std. Rk. mit II, um in kürzerer Zeit einen angenähert richtigen Wert zu erhalten. In hydrolysiertem Casein wurden nach der beschriebenen Meth. 1,66, in nichthydrolysiertem 1,16% I gefunden. — 12 Literaturangaben. F. URBAN. G 2150□

Bestimmung von α-Naphthylessigsäure durch UV-Spektrophotometrie. Kaname Nomura. (Annu. Rep. Takamine Lab. **8.** 242–46. Dez. 1956.) (Jap.; Auszug: Engl.)

In Pflanzenwuchsmitteln läßt sich *Na-α-Naphthalinacetat* (bzw. die freie Säure) UV-spektrophotometr. bei λ_{max} 223 mμ in $^1/_{10}$ der zur Titration benötigten Zeit genauer u. unabhängig von der Ggw. von Verunreinigungen bestimmen. L. SCHULER. G 2700□

Über die papierchromatographische Trennung von β-Indolylessigsäure und einigen fluorescierenden Verbindungen (Scopoletin), die dem Cumarin nahestehen. Jean Pavillard und Charlotte Beauchamp. (C. R. hebd. Séances Acad. Sci. **244.** 678–80. 28/1. 1957.) (Franz.)

Isobutanol/Aceton/W. (10 : 2 : 1) als stationäre u. Isopropanol/W. (10 : 1) als mobile Phase erlauben eine gute papierchromatograph. Trennung von *β-Indolylessigsäure* u. *Scopoletin.* Letzteres zeigt intensiv blaue Fluorescenz. J. RUNGE. G 3081□

Eine neue analytische Schnellmethode zur Charakterisierung von Methazin. Je. Ss. Choroschaja, A. N. Lykowa, I. W. Plotnikow, M. A. Ssamyschkina und M. Ss. Petuchow. (Текстильная Промышленность [Textil-Ind.] **21.** Nr. 3. 45–46. März 1961.) (Russ.)

Als eine Schnellmeth. zur Qualitäts-Best. von Methazin (Gemisch von Methyläthern der N-oxymethylierten Melamin-Derivv.) wird die Ermittlung der Trübungs-Temp. einer 10% wss. Lsg. empfohlen. T. LUKANOFF. G 3313□

Colorimetrische Bestimmung der Mutterkornalkaloide. M. Ozimič. (Vestnik sloven. kem. Društva **5.** 13–19. Jan./Juni 1958. Ljubljana, Zavod za farmacjo in kontrolo zdravil.) (Sloven.)

Es wurden die Absorptionskurven verschiedener Mutterkornalkaloide nach Anfärbung mit p-Dimethylaminobenzaldehyd (I) zwischen 300–800 mμ untersucht. Ein Unterschied besteht zwischen den Hydratisierten u. nichthydratisierten einzelnen Alkaloiden. — Die Eichkurven wurden mit $1,5 \cdot 10^{-4}$n Lsgg. der einzelnen Alkaloide in Weinsäure-Lsg. hergestellt. Reagens: 0,125 g I; 65 ml H_2SO_4; 35 ml W.; 0,1 ml 5% g/g $FeCl_3 \cdot 6\,H_2O$. Anfärbung: 2 ml Alkaloid- u. 4 ml Reagens-Lsg. werden bei 45° 10 Min. lang stehengelassen. Wie die prakt. Überprüfung an Arzneimitteln mit Mutterkornalkaloiden zeigt, liefert die Meth. sehr gute Resultate. Es wird angenommen, daß die Blaufärbung die anwesende Lyserg- u. Hydrolysergsäure hervorruft, während die anderen Komponenten an der Anfärbung nicht beteiligt sind. J. TŮMOVÁ. G 3500□

Zur Methodik der photoelektrocolorimetrischen Bestimmung von Chlorophyll a und b. O. G. Ssudjina und L. A. Ssirenko. (Доповіді Академії Наук Української РСР [Ber. Akad. Wiss. UkrainSSR] **1961.** Nr. 7. 960–63. Inst. für Botanik der Akad. der Wiss. der UkrainSSR.) (Ukrain.; Auszug: Engl.)

Auf Grund der Verss. empfehlen Vff., bei der photoelektrocolorimetr. quant. Best. von *Chlorophyll a* u. *b* (**Ia** bzw. **Ib**) die opt. Dichte der Lsgg. von **Ia** u. **Ib** unter An-

wendung der Rotfilter Nr. 8 (620—700 mμ) oder Nr. 4 (680 mμ) vorzunehmen. Beträgt die Konz. weniger als 0,2 mg/100 ml, so empfiehlt sich für **Ia** das Blaufilter Nr. 2 (380 bis 450 mμ), für **Ib** das Blaufilter Nr. 3 (440—460 mμ). Für **Ia** ist das Verhältnis der opt. Dichten Blaufilter Nr. 2/Rotfilter Nr. 8 gleich 2,8; für **Ib** ist dieses Verhältnis für Nr. 3/Nr. 8 gleich 4,4. Für ein Gemisch von **Ia** + **Ib** ist die opt. Dichte mit Rotfilter Nr. 8 (Photoelektrocolorimeter N) oder mit Rotfilter Nr. 4 (Colorimeter M) zu messen.
O. LEBTAG. G 3550□

Gaschromatographie von Steroiden. Beziehung zwischen der Struktur und der molaren Nachweisempfindlichkeit in einem Argon-Ionisationsdetektor. Charles C. Sweeley und Ta-Chuang Lo Chang. (Analytic. Chem. **33.** 1860—63. Dez. 1961. Pittsburgh, Pa., Univ. of Pittsburgh, Graduate School of Publ. Health, Dep. of Biochem. and Nutrit.) (Engl.)

Bei der Mikro-Best. der Steroide mit dem Ar-Ionisationsdetektor wird eine Änderung der Empfindlichkeit des Detektors mit dem Steroid beobachtet. Die molare Nachw.-Empfindlichkeit für ein bestimmtes Steroid hängt von der Zahl u. Art der funktionellen Gruppen im Mol, am stärksten vom Gesamt-O_2-Geh. ab. Sie fällt mit steigendem O_2-Geh., wenn es sich jeweils um die gleiche funktionelle Gruppe handelt. Von den verschiedenen O_2-enthaltenden Gruppen hat die Äthergruppe den geringsten Einfluß. Die Empfindlichkeit für Ketone ist größer als für die entsprechenden Alkohole. Sie wird außerdem durch Doppelbindungen, bes. im B-Ring, herabgesetzt. Mit Erhöhung der Spannung am Detektor wurde die molare Empfindlichkeit größer. Die Unterss. wurden an einem BARBER-COLMAN-Instrument mit Ar-Ionisationsdetektor (2,5 cm innerer Ø, Scheibenelektrode u. 56 μC ^{226}Ra) u. an einem CHROMALAB-Instrument mit Ar-Ionisationsdetektor (1,0 cm innerer Ø, mit einem offenen Tubus als Anode, einem Gitter u. 22,5 μC ^{226}Ra) durchgeführt. Die Säule wurde zur Beseitigung der akt. Stellen im Glas, die eine Schwanz-Bldg. zur Folge haben können, mit einer 1%ig. Lsg. von Dichlordimethylsilan in $CHCl_3$ u. mit CH_3OH vorbehandelt. Säulenfüllmaterial: Chromosorb W, 80 bis 100 mesh, säure- u. alkaligewaschen, mit 2,1% Silicongummi beladen. Die Säulen werden 12 Std. lang in einer Ar-Atmosphäre auf 280° erhitzt. Arbeits-Temp. 225—240° Ar-Einlaßdruck 20 lbs./sq.in.
R. KRÄMER. G 3700□

Auswirkungen der Veränderung der chemischen Zusammensetzung der stationären Phase auf die Trennung verschiedener C_{19}-, C_{21}- und C_{27}-Steroide durch Gaschromatographie. S. R. Lipsky und R. A. Landowne. (Analytic. Chem. **33.** 818—28. Juni 1961. New Haven, Conn., Dep. of Intern. Med. Yale Univ. School of Medicine.) (Engl.)

Vff. prüfen 20 polare u. unpolare Verbb. auf ihre Eignung als stationäre Phase bei der gaschromatograph. (Trägersubstanz Celite 545 u. Chromosorb W; Trägergas Ar) Trennung von Steroidmischungen. Am besten eignen sich die hochpolaren, therm. stabilen polymeren Bernsteinsäure-, Adipinsäure- u. Sebacinsäureneopentylester. Die Trennwrkg. der unpolaren Verbb. ist bei strukturverwandten Steroiden begrenzt, sie eignen sich jedoch gut zur Trennung von Gemischen verschiedener C-Zahl. Das Verf. eignet sich gut zur Trennung der gesätt. Verbb., Diketone, α-Hydroxy- oder 5α-H-Verbb. von den entsprechenden ungesätt. Verbb., Hydroxyketonen, β-Hydroxy- oder 5β-H-Verbindungen. Die Retentionszeit der Steroide wird durch eine zusätzliche Doppelbindung im Ring A oder B erhöht, bes. stark bei Konjugation mit C=O-Gruppen; die der Δ^4-3-Ketone ist länger als die der Δ^1-3-Ketone, die der Hydroxy-Derivv. kürzer als die der Ketone. Die Retentionszeit wird durch zusätzliche Doppelbindungen im Ring C oder D dagegen erniedrigt; die der Ketone ist kleiner als die der Hydroxy-Verbb. u. die von O_{17}-Verbb. länger als von ähnlichen O_3-Verbindungen. In allen untersuchten Fällen haben β-Hydroxy-Verbb. sowie die 5α-H C_{21} u. 5α-H C_{27}-Steroide längere Retentionszeiten als die α-Hydroxy-Verbb. u. die entsprechenden 5-β-H-Steroide, während in der C_{19}-Reihe die 5α-H-Verb. im Chromatogramm vor der 5-β-H-Verb. erscheint. Teilweise erfolgte die Trennung auch über die O-Methyläther oder die Mono- bzw. Diacetate, wobei die Retentionszeit der ersteren kürzer, die der letzteren länger als die der Stammsubstanzen ist. Während der Chromatographie trat teilweise Dehydrierung von OH-Gruppen, Umlagerung von Dienon- u. $\Delta^{5.7}$-Dienstrukturen sowie Verlust der sauerstoffreichen Seitenkette in der Pregnanreihe auf. Crackung von KW-Stoffseitenketten oder Epimerisierung wurde nicht beobachtet. Das Verf. wurde auf folgende Verbb. angewandt. *Androstan, Androstan-17-on, Androstan-3.17-dion,* Δ^1- u. *Δ^4-Androsten-3.17-dion, $\Delta^{1.4}$-Androstadien-3.17-dion, Testosteron, $\Delta^{1.4}$-Androstadien-3.17-olon, Epiandrosteron, Dihydrotestosteron, Epitestosteron, Pregnanolon, Pregnan-3.20-dion, Allopregnan-3.20-dion, Pregnenolonmethyläther, 16-Dehydropregnenolon, Pregnenolon, Δ^{11}-Pregnendion, Progesteron, Androsteron-, Epiandrosteron-, Dihydrotestosteron-, Testosteron-,*

16-Dehydropregnenolon- u. *Pregnenolonacetat, Koprostan, Cholestan, Cholestanon, Δ^1-* u. *Δ^4-Cholestenon, $\Delta^{2.4}$-Cholestadien, Epikoprosterol, Cholesterin, Desmosterin, Sitosterin, Δ^7-Cholestenol, Cholestanylmethyläther, Dehydroepiandrosteron-* u. *Ätiocholanolonacetat.* U. UHLICH. G 3750□

Robert G. Breene jun., The shift and shape of spectral lines. New York: Pergamon. 1961. (323 S. m. Abb.) $ 15,—.

Bruno Hampel, Absorptionsspektroskopie im ultravioletten und sichtbaren Spektralbereich. Braunschweig: Vieweg & Sohn. 1962. (109 S. m. 40 Abb. u. Taf.) 8°. DM 16,80.

Jaroslav Heyrovský, Bibliography of Publications Dealing with the Polarographic Method in 1959. Praha: Nakladatelstvi Československé akademie věd. 1961. (94 S.) Kčs 6,30.

Jaroslav Heyrovský, Bibliography of Publications Dealing with the Polarographic Method in 1960. Praha: Nakladatelstvi Československé akademie věd. 1962. (101 S.) Kčs 6,50.

—, Spektralbestimmungen seltener und zerstreuter Elemente (in Mineralien, Gesteinen, Böden, Pflanzen und Mineralwässern). Moskau: Verl. der Akad. der Wiss. der UdSSR. 1962. (240 S. m. Zeichng.; 1 Bl. Abb.) 1 Rbl. 22 Kop. [Russ.]

H. Angewandte Chemie

I. Allgemeine chemische Technologie

Einfluß der Optimierungsbedingungen auf die Kapazität chemischer Anlagen. W. Blauhut. (Chemie-Ing.-Techn. **34.** 230. März 1962. Linz, Österreich. Stickstoffwerke A.G.) (Dt.)

Die Begriffe Optimierungsbedingungen u. Kapazität bei chem. Anlagen werden erläutert u. ihre Beziehung zueinander dargelegt. W. D. KRÜGER/Berlin. 5800□

Reduzierte Dichtegleichungen für inerte Gase. Charles E. Hamrin jun. und George Thodos. (A.I.Ch.E. Journal **4.** 480–84. Dez. 1958. Evanston, Ill., Northwestern Univ., Technol. Inst.) (Engl.)

Vff. zeigen, daß das Prinzip der korrespondierenden Zustände sich für nichtpolare Substanzen auch auf die Berechnung der Dichten anwenden läßt, vorausgesetzt, daß man den krit. Kompressibilitätsfaktor z_c als unabhängigen Parameter einführt. So wurde aus experimentellen Daten von Ar, Kr u. Xe eine reduzierte Dichtegleichung mit $z_c = 0{,}291$ (1) entwickelt, aus denjenigen von Ne eine solche mit $z_c = 0{,}307$ (2). Die Gültigkeit beider Gleichungen wurde über die einatomigen Gase hinaus auch auf andere Stoffe mit ähnlich großen z_c-Werten ausgedehnt. So wurden aus einem Diagramm mit (1) als Grundlage Gasdichten für N_2, O_2, CO u. CH_4 für höhere Temp. u. Drücke berechnet. Die mittleren Abweichungen von Literaturdaten betragen 1,4% in der Gasphase u. 1,5% in der fl. Phase. Die aus dem Dichte-Diagramm (2) berechneten Werte für H_2 ($z_c = 0{,}305$) (Gasphase) zeigen eine mittlere Abweichung von 2,5% bis zu 500 at u. 500°.

J. MARTINS. 5800□

Praktische Erfahrungen bei der Auswahl von Hochdruckverdichtern. B. Linnartz. (Chemie-Ing.-Techn. **34.** 237–41. März 1962. Ludwigshafen, BASF.) (Dt.)

Für das Gebiet der Hochdruck-Gasverdichter werden einige für Bestellung, Auslegung u. Planung wichtige Angaben zusammengestellt. Besprochen werden Vor- u. Nachteile der Bauarten, die Antriebsmaschinen, Erfahrungen mit einigen Bauelementen, vereinfachte Formeln für die Abschätzung der erforderlichen Antriebsleistung, des Platz- u. Raumbedarfs u. der Anschaffungspreise. Es werden Anregungen für die noch zu leistenden wissenschaftl. Arbeiten auf diesem Gebiet gegeben.

W. D. KRÜGER/Berlin. 5800□

Flüssigkeitsströmungsschichten und Ablagerung von Kugeln. A. L. Loeffler jun. und B. F. Ruth. (A.I.Ch.E. Journal **5.** 310–314. Sept. 1959. Ames, Iowa, Staats-Kolleg.) (Engl.)

Die experimentelle Unters. über die Strömung u. Ablagerung von Glaskugeln im W. u. Äthylenglykol wurde über einen weiten Bereich der REYNOLDSschen Zahlen von 0,005–1,800 durchgeführt. Die Durchlässigkeit änderte sich bei jeder Vers.-Serie von 0,50–0,91 u. größer. Die benötigten gleich großen Kapseln wurden durch Schleifen zwischen Glasplatten erhalten. Für die REYNOLDSschen Zahlen von etwa 0,5 ab sind die Ergebnisse in sehr guter Übereinstimmung mit der laminaren Strömungstheorie nach RUTH u. die Porositätsfunktion der RUTHschen Theorie gibt eine befriedigende Beziehung sowohl zu den laminaren als auch den turbulenten Daten. A. KUNZE. 5800□

Wirkung von Flüssigkeit auf Zwischenteilchenkräfte in Gasströmungsschichten. Harry W. Parker und William F. Stevens. (A.I.Ch.E. Journal **5.** 314–18. Sept. 1959. Evanston, Ill., Nordwest Univ.) (Engl.)

In Luftströmungsschichten befinden sich Glaskugeln bei steigenden Zwischenteilchenkräften zum größeren Teil in Gasströmungsschichten mit abnehmender Schichtdicke. In der vorliegenden Unters. wurde W. der strömenden Luft zugesetzt, um die Zwischenteilchenkräfte zu verstärken. Bis ca. 0,5 Massenprozent W. wurde benutzt bei einer Strömungsschicht von Glaskugeln mit 0,013—0,035 innerer Ø. Die Ergebnisse zeigen, daß die Schichtdicke der Strömung wenig durch weitere Zufügung von Fl. über die geringe Ansprechmenge hinaus beeinflußt wird. A. Kunze. 5800□

Bildung von Gasblasen an untergetauchten Austrittsöffnungen. W. B. Hayes, III, B. W. Hardy und C. D. Holland. (A.I.Ch.E. Journal. **5.** 319—24. Sept. 1959. Tex., Agricultural and Mechanical College of Tex.) (Engl.)

Die Frequenz der Gasblasen-Bldg. bei untergetauchten Austrittsöffnungen wurde für verschiedene Fll. in Abhängigkeit vom Gasstrom stroboskop. untersucht. Im Öffnungsbereich 0,0794—0,397 cm u. bei Gasströmen von 0,1 cm^3/s—150 cm^3/s konnte die Blasen-Bldg. mit den physikal. Veränderlichen des Syst. bei Anwendung des zweiten Newtonschen Bewegungsgesetzes für den Augenblick der Auslösung der Blasen an der Öffnung verglichen werden. A. Kunze. 5800□

Optimale Leistung kombinierter Strömungsreaktoren unter adiabatischen Bedingungen. A. Cholette und J. Blanchet. (Canad. J. chem. Engng. **39.** 192—98. Okt. 1961. Quebec, Laval Univ., Chem. Engng. Dep.) (Engl.)

Irreversible Rkk. 1. u. 2. Ordnung werden für Kombinationen von Röhren- u. ständig gerührten Reaktoren bei endothermen oder exothermen, adiabat. Bedingungen untersucht u. zeigen Schwankungen der Umsetzung oder der relativen Verweilzeit als Funktion der Rührstärke des Systems. Ein graph. auf MT-Reaktoren anwendbares Verf. stellt eine Vereinfachung gegenüber den für TM-Modelle erforderlichen aufeinander folgenden Annäherungen dar. W. Wesly. 5802□

Neuere Betrachtungen über die Festigkeit von Druckbehältern in Wärme und Kälte. Immanuel Class. (Chemie-Ing.-Techn. **34.** 242—53. März 1962. Ludwigshafen, BASF.) (Dt.)

Es wird der derzeitige Stand der Festigkeitsrechnung bei hohen, normalen u. tiefen Temp. dargelegt für Druckbehälter, wobei unter Festigkeit die mechan. Widerstandsfähigkeit verstanden wird, mit der das Formänderungsvermögen verknüpft ist. An Beispielen aus der Praxis wird diskutiert, wie Stähle u. Sonderwerkstoffe wirtschaftlicher ausgenutzt werden können. Der Einfl. verschiedener äußerer Einw. wird untersucht für zähe u. spröde Werkstoffe sowie für Schweißstellen. Schließlich werden die im Betrieb vorkommenden Beanspruchungen bei mehreren Werkstoffen besprochen.
W. D. Krüger/Berlin. 5804□

Verfahrensregelung. Fred D. Marton. (Instruments Control Syst. **33.** 1751. Okt. 1960.) (Engl.)

Beschreibung der Kühlwasserregelung über ein regelbares Getriebe der Wasserpumpe. Durch Änderung der Übersetzung des Getriebes zur motor. angetriebenen Wasserpumpe werden die Wassermengen zum Wärmetauscher u. damit die Temp. des Wärmetauscherausgangs geregelt. Die Änderung der Getriebeübersetzung erfolgt durch einen pneumat. getätigten Kolben, der vom Temp.-Regler gesteuert wird.
M. Grenacher. 5814□

Eine Analyse der Sprühverdampfung in einer Umgebung von hoher Temperatur. 1. Mitt. **Übergang der Strahlungswärme zu Wolken von Tröpfchen und Teilchen.** T. W. Hoffman und W. H. Gauvin. (Canad. J. chem. Engng. **39.** 179—88. Okt. 1961. Hamilton, Ont., McMaster Univ., Dep. of Chem. Engng. u. Montreal, Que., Mc Gill Univ. u. Pulp and Paper Res. Inst. of Canada, Dep. of Chem. Engng.) (Engl.)

Für die Beschreibung der Absorption von Wärmestrahlung durch Wolken von Teilchen, die in einem absorbierenden Gasmedium suspendiert sind, werden Gleichungen abgeleitet, wobei Annäherungen an die genauen, schwierigen Lösungen zugelassen werden. Die Acceptorfaktoren für das Syst. einer zylindr. Säule mit hoch erhitzten Wandungen, in der Sprühdampfung stattfindet, werden als Funktion der kombinierten Absorptionskraft von Sprühstahl u. Medium bestimmt. W. Wesly. 5816□

Ein Gerät zur Messung der Lichtdurchlässigkeit von Emulsionen. J. A. Cengel, J. G. Knudsen, A. Landsberg und A. A. Faruqui. (Canad. J. chem. Engng. **39.** 189—91. Okt. 1961. Lafayette, Ind., Purdue Univ., Dep. of Chem. Engng.; Corvallis, Oreg., Oregon State Coll., Dep. of Chem. Engng.) (Engl.)

Ein photoelektr. Gerät zur Messung der Lichtdurchlässigkeit (LD) von Emulsionen wird beschrieben u. wird angewandt, um den Einfl. von Strömungs-Geschw., Mischdauer u. Konz. der dispersen Phase auf die LD einer Fl.–Fl.-Emulsion (Erdöl-W.) zu ermitteln. Bei gegebener Konz. ist die LD unabhängig von der Strömungs-Geschw. u. wird nach 10 Min. langem Mischen konstant. Die LD fällt mit der Konz. der dispersen Phase. Wenn diese $\leq 5\%$ beträgt, kann man aus der Kurve LD–Konz. der dispersen Phase diese genau ablesen. W. WESLY. 5824□

Neuzeitliche Trennverfahren. P. Grassmann. (Chemie-Ing.-Techn. **34.** 171–77. März 1962. Zürich, Eidgenöss. TH.) (Dt.)

Es werden Verff. behandelt, die auf dem Unterschied der Gleichgewichts-Zus. zweier Phasen beruhen. Im einzelnen werden Theorie u. Praxis der Isotopentrennung durch KUHN-Kolonnen, der Vakuumrektifikation im LUWA-Rektifikator u. der, kontinuierlich in zwei räumlichen Koordinaten arbeitenden, zweidimensionalen Rektifikation besprochen. Letztere befindet sich noch in der Entw. u. wird erläutert an Beispielen der Elektrophorese im Kreuzstrom-Verf. bzw. mit Kreuzstromwaschung sowie der Papierchromatographie mit bewegter fester Phase. W. D. KRÜGER/Berlin. 5828□

Molekularsiebe in der Petroleumindustrie und in den Nebenindustrien. M. Debaty. (Bull. Assoc. franç. Techniciens Pétrole **1959.** 591–621. 31/5.)

Allg. Überblick über Prinzip u. Anwendungsmöglichkeiten.
E. TIEDEMANN. 5848□

Thermoelektrisches Kühlen. H. J. Goldsmid. (Proc. Inst. Refrigerat. **55.** 73–94. 1958/1959.) (Engl.)

Halbleiter mit hohem Molgew. versprechen, den PELTIER-Effekt (Stromfluß durch die Verbindungsstelle zweier Stoffe kann je nach Stromrichtung Erwärmung oder Abkühlung ergeben) als brauchbares Mittel für die Kälteindustrie zur Anwendung zu bringen. Es ist dabei vorteilhaft, Stoffe vom sog. „p-Typ“ mit solchen vom „n/n-Typ“ in Verbindung zu bringen, da die hierbei auftretende EMK mit ca. 400/nV/°C günstig hoch liegt. Auch kann eine Mischung von Halbleitermaterial mit isomorphen Materialien sehr günstig sein, z. B. ist die feste Lsg. von Bi_2Te_3 (I) mit Sb_2Te_3 reinem I überlegen. I ermöglicht bei 17° mittlerer Temp. eine Temp.-Erniedrigung um 80°, dieser entspricht für 40° Temp.-Differenz ein Wrkg-Grad von 0,5. Vf. bringt eine eingehende theoret. Behandlung der Probleme unter Berücksichtigung der Elektronenzustände in den Halbleitern. — Diskussion. E. ROEDER. 5858□

Eine wirtschaftliche Berechnung von großen Ammoniak-Absorptionskältemaschinen. G. G. Haselden. (Proc. Inst. Refrigerat. **55.** 44–68. 1958/59.) (Engl.)

Für mit NH_3 betriebenen Absorptionskühlmaschinen, die mit Verdampfungs-Temp. von 0, —30 oder —60°F mit den jeweiligen Leistungen von 110^6—$5 \cdot 10^6$ B.T.U./hr. wurde unter Annahme einer Kühlwassereingangs-Temp. von 60°F u. -ausgangs-Temp. von 75°F die wirtschaftliche Leistungsbilanz unter Zuhilfenahme der neuesten Daten berechnet u. geprüft, wieweit sich automat. Regler-Syst. lohnen. — Diskussion.
E. ROEDER. 5858□

Neuere Ergebnisse über den Stoffaustausch in Extraktionskolonnen. A. F. Orlicek. (Chemie-Ing.-Techn. **34.** 222–23. März 1962. Wien, TH.) (Dt.)

Es werden Betriebszustand u. Betriebs-Eigg. pulsierter Extraktionskolonnen diskutiert. Bei rechner. u. experimentellen Unterss. zeigt sich, daß der Druckabfall im Wesen der Siebböden liegt. Die durch den Strömungswiderstand auf die Siebböden wirkenden Kräfte wechseln in Größe u. Richtung mit dem Pulszyklus u. sind eine Funktion von Pulsierungsintensität u. der Größe des freien Querschnitts der Siebböden. Eine Beziehung für den Energieaufwand beim Betrieb pulsierter Kolonnen wird aufgestellt, ausgehend von Überlegungen von JEALOUS u. JOHNSON (vgl. C. **1956.** 7330.).
W. D. KRÜGER/Berlin. 5862□

Berechnung von ternären Azeotropen. Imrich Klein. (Chem. Engng. **67.** Nr. 23. 233–34. 14/11. 1960. Richmond, Va.) (Engl.)

Eine Berechnung von tern. Azeotropen aus den bin. Dampf–Fl.-Gleichgewichtsdaten mit Hilfe von Digitalrechenmaschinen ist möglich über eine Gleichung, die aus den experimentell ermittelten Punkten auf der Taulinie entwickelt wird u. eine Fläche 2. Ordnung darstellt. Der Wert des Minimums oder Maximums dieser Gleichung stellt das tern. Azeotrop dar. Einfacher u. kürzer ist eine zweite Meth., die die Berechnung mit Hilfe des Rechenschiebers gestattet. Sie erfordert allerdings die Kenntnis zweier bin. Azeotrope, eines Punktes auf dem dritten Phasendiagramm u. die Kpp. der drei reinen Komponenten. J. MARTINS. 5864□

Dünnschichtverdampfung im Feinvakuumgebiet. Th. Peck. (Chemie-Ing.-Techn. **34.** 192–94. März 1962. Düren/Rhld., Fa. Carl Canzler.) (Dt.)

Es werden grundsätzliche Angaben über die bei der Dünnschichtverdampfung im Feinvakuumgebiet ($1-10^{-3}$ Torr) zu lösenden Probleme gebracht. Diese Art der Dest. ist für die schädigungsfreie Behandlung temperaturempfindlicher Stoffe, bes. hochmol.

Substanzen, von Bedeutung. Theorie u. Praxis der Molekular-Dest. an Hand der LANGMUIRschen Gleichung werden erörtert. Aus einer Reihe von Filmverdampfern wird bes. der Rotafilm-Dünnschichtverdampfer nach SMITH beschrieben u. die Bedeutung der Zubehörteile erwähnt. W. D. KRÜGER/Berlin. 5864□

Rotationskolonnen und andere Bauarten für die Rektifikation bei Drucken von 20 bis 1 Torr. Fritz Neumann. (Chemie-Ing.-Techn. **33.** 485—91. Juli 1961. Weidenau (Sieg), Müller-Schuss KG.) (Dt.)

Beschreibung einer Rotationskolonne, die für Durchsätze, wie sie im Chemiebetrieb gebraucht werden, geeignet ist. Vorteile der Kolonne: extrem kleiner Druckverlust, hohe Belastbarkeit, weiter Regelbereich. Nachteile: Bodenzahl in der Kolonne ist begrenzt. Es können aber mehrere Kolonnen hintereinander geschaltet werden. Einige Teile unterliegen einem größeren Verschleiß. Anwendung findet dieser Kolonnentyp bei der Trägergas-Dest. im Gegenstrom, z. B. bei der Desodorierung. W. HEGENBERG. 5864□

Die Wirkung einer Vorflutung auf Füllkörper-Destillationskolonnen. K. E. Porter und J. Varjavandi. (J. Inst. Petroleum **47.** 336—42. Okt. 1961. Birmingham, Univ., Dept. chem. Engng.) (Engl.)

Die Wrkg. einer Vorflutung auf Stauung, Druckabfall u. den Wrkg.-Grad wurde an einer Kolonne bestimmt, die einmal mit 1/4″ keram. Raschigringen (1) u. anderseits mit Multifill gefüllt war. Bei der Multifill-Packung trat keine Änderung ein. Stauung u. Druckabfall nahm bei (1) mit der Vorflutung zu bei reinen Lsgm., jedoch nicht bei dem bin. Gemisch Methylcyclohexan/n-Heptan, jedoch war die Wrkg. der Raschigringe bei der Trennung der beiden Komponenten verbessert. Bei reinem CH_3OH u. CCl_4 zeigte sich ein größerer Druckabfall u. eine höhere Stauung bei (1). — 13 Literaturangaben. F. ROSENDAHL. 5864□

Der Einfluß der Packungsweise auf den Stoff- und Wärmeübergang in Bettungen mit geschichteten Kugeln. L. R. Galloway, W. Komarnicky und N. Epstein. (Canad. J. chem. Engng. **35.** 139—50. Dez. 1957. Brit. Columbia, Univ., Dep. of Chem. Engng.) (Engl.)

Untersucht wurde der gleichzeitige Stoff- u. Wärmetransport von durch eine Packung von Kugeln strömende Luft ohne Beachtung des von u. zur Wandung stattfindenden Übergänge. Die Art der Packung wurde bei den Verss. nicht dem Zufall überlassen, sondern die aus 50 (Gew.-%) Celit, 37,5 Alundumzement u. 12,5 koll. Kaolin mit dem mittleren Durchmesser von 0,673 in. bestehenden Kugeln wurden in genau festgelegte geometr. Anordnungen gebracht, die entweder a) in der lockersten Packung kub. angeordnet waren, d. h. Kugel neben Kugel in gleichem Abstand in allen drei Koordinatenrichtungen, b) orthorhomb., wobei in einer Richtung die Kugeln auf Lücke gepackt waren, c) orthorhomb., wobei die Kugeln in zwei Richtungen auf Lücke gepackt waren, u. d) rhomboedr., bei denen in allen drei Richtungen die Kugeln auf Lücke gepackt waren, so daß diese Packung die dichteste darstellte. Die Packungen b) u. c) haben zwar die gleiche „Gitter-Konst.“, unterscheiden sich aber um 90° in ihrer Lage zur Strömungsrichtung. Die Kugeln waren an ihrer Oberfläche so porös, daß von dem bei den Verss. zunächst überströmenden W. ein Vol. zurückgehlaten wurde, das $^2/_3$ des Kugel-Vol. entsprach. Untersucht wurde die Verdampfung dieses W. an der Kugeloberfläche in die anschließende übergeleitete Luft hinein im Bereich der REYNOLDSschen Zahlen Re = 300—1200. Es ergab sich, daß die Faktoren für den Masse- u. Wärmedurchgang j für b), c) u. d) etwa gleich sind, während bei a) die Faktoren kleiner sind als bei b), c) u. d) bei hohen Re. Der durch die negative Neigung der Kurve log j gegen Re definierte „Index der Turbulenzverhinderung“ mit $j = a \cdot Re^{-m}$ wurde in Beziehung gesetzt zur projizierten freien Teilchenfläche der Packung als auch zu den jeweiligen Wandeinflüssen. Für den Massenübergang betrug bei a) der Faktor a = 0,460, der Exponent m = 0,340, bei b) 0,084, bzw. 0,025, bei c) 0,130, bzw. 0,114, bei d) 0,064, bzw. —0,008; für den Wärmetransport lauteten die entsprechenden Werte bei a) 0,612, bzw. 0,370, bei b) 0,097 bzw. 0,030, bei c) 0,279 bzw. 0,213, bei d) 0,088 bzw. 0,023. Diese Ergebnisse sowie die an gemischten Packungen gefundenen werden mit denen anderer Autoren verglichen. E. ROEDER. 5864□

Verfahrensregelung. Fred D. Marton. (Instruments Control Syst. **32.** 1034 bis 1035. Juli 1959.) (Engl.)

Regelung erhöht die Leistung einer Zerkleinerungsanlage. Infolge der Materialzurückführung des zu groben Materials kann die Belastung der Austrage-Vorr. der Mühle als Regelbefehl für die Aufgabebänder der Eingangs-Prodd. der Mühlen dienen. Ferner wird die Lufterhitzer-Temp. über die Ölzufuhr zu den Brennern geregelt. Eine zentrale Bedienungswarte zeigt an oder registriert sämtliche für die Bedienung der Anlage erforderlichen Werte, wie z. B. Geschw. der Förderbänder (über die Drehzahl der Antriebsmotore) sowie die wichtigsten Temp. der Anlage. Ein pneumat. gesteuertes kleines 3-Wege-Ventil schließt die Zufuhr der Steuerluft zum pneumat. gesteuerten Hauptventil ab, sobald die Regelgröße einen vorgegebenen Extremwert übersteigt u. entspannt gleichzeitig die Druckluft unter der Membran (Die Wrkg.-Richtung des Hauptventils ist so, daß es durch den Federdruck geschlossen wird). Der Verhältnisregler für die beiden zu mischenden Komponenten (Styrol u. Butadien) erhält seinen Verstellimpuls von einem Refraktometer, dessen Vergl.-Zelle mit einer geeigneten organ. Fl. gefüllt ist. Das elektr. Ausgangssignal des Refraktometers ändert nach seiner Umwandlung in ein pneumat. Signal den Sollwert des Verhältnisreglers. Die Abweichungen vom Sollwert des Brechungsindex werden registriert. Mit dem elektr. Signal des Refraktometers läßt sich auch nach der Umwandlung in eine pneumat. Größe ein Regelventil direkt verstellen. M. Grenacher. 5888□

Eine halbtheoretische Näherungslösung für den Mechanismus der Partikelaustragung aus Fließbetten. F. A. Zenz und N. A. Weil. (A.I.Ch.E. Journal **4.** 472—79. Dez. 1958. New York, N.Y., M. W. Kellog Comp.) (Engl). J. Martins. 5904□

Verbrennungskatalysatoren. M. J. Dumortier. (Bull. Assoc. franç. Techniciens Pétrole **1959.** 635—43. 31/5.)

Es wird die Frage der Wrkg. von Verbrennungskatalysatoren geprüft. Zwei unabhängige Hautwrkg. werden dabei herausgestellt: (1) Der Katalysator beschleunigt die Verbrennung; Hauptfolgen: Verringerung des Emmissionsvermögens der Flamme; Verstärkung der Konvektion; Verkleinerung des Flammenvolumens. (2) Der Katalysator bewirkt eine schnellere Verbrennung. Hauptfolgen: Verschwinden oder starke Verringerung unverbrannter Gase; Verschwinden oder starke Verringerung der Rußbestandteile; leichte Erhöhung der abs. Flammentemperatur. — Im Falle der Wrkg. 1 sind die Wrkg. nicht einheitlich günstig, im Falle der Wirkg. 2 sind die Wrkg. nur günstig, bes. unter Berücksichtigung der Gefahr, daß Ruß schwammartig durch Verbrennung gebildete H_2SO_4 aufsaugen kann, wodurch Korrosionen begünstigt werden. Benutzte Katalysatoren: Co, Zinkstaub, Magnesiumnaphthenat, Dolomit, Kohlenasche.

E. Tiedemann. 5904□

Über Planung von Experimenten zur Kinetik der verschobenen Wassergasreaktion. Hugh M. Hulbert und C. D. Srini Vasan. (A.I.Ch.E Journal **7.** 143—47. März 1961. Stamford, Conn., American Cyanamid Comp.) (Engl.)

Überblick auf Unterss. zur Aufklärung des Mechanismus dieser kontinuierlich katalyt. Reaktion. Die großen Rk.-Geschw. wurden durch 16 verschiedene Kombinationen der folgenden Variablen: Partialdrücke von CO, CO_2, H_2, N_2 u. der Temp. bestimmt. Als inertes Verdünnungsgas zur Auffüllung des Totaldruckes zu 1 at wird trockener N_2 verwendet. Es wird gezeigt, daß der Temkin-Mechanismus für die verschobene Wassergas-Rk. innerhalb der experimentellen Genauigkeit nicht gültig ist. Dafür geben Vff. einen Alternativ-Mechanismus an, dessen Übereinstimmung mit erhaltenen Werten diskutiert wird u. der brauchbare empir. kinet. Daten liefert. Der Einfl. der Partialdrucke von CO u. CO_2 sowie der Gas-Zus. bei niederen Temp. auf die Rk.-Geschw. ist unbedeutend, während mit zunehmenden H_2-Partialdruck u. bes. bei höheren Dampfdrucken die Rk.-Geschw. ansteigt. W.-D. Heussner. 5904□

Montecatini Soc. Gen. per l'Industria Minerariae Chimica, Mailand (Erfinder: Giuseppe Guzzetta und Ezio Ercoli, Mailand), Italien, **Herstellung von blattförmigem Material zur Abdichtung gegen Wasser,** durch Strangpressen einer Kunstharzmasse, die vorwiegend aus isotakt. Polybutylen, 25—50% Füllstoffen (Talkum, $CaCO_3$, Quarz), 0,2—1% Antioxydationsmittel (Bis-(alkylphenol)-monosulfid) u. Stabilisatoren gegen UV-Licht (Gasruß, Knochenkohle) besteht. — *Dichtungsmaterial.* (**D. A. S. 1 096 035** Kl. 39b vom 9/7. 1957, ausg. 29/12. 1960. It. Prior. 19/7. 1956.) A. Jahn. 5811

Dow Corning Corp., V.St.A. (Erfinder: Chester C. Currie), **Antischaummittel,** dad. gek., daß man den organ. Lsgg. pro 10^4 Gew.-Teile 1 Gew.-Teil eines Polysiloxans der allg. Formel I zusetzt (R = Perfluoralkylrest mit 11 C-Atomen; R′ = aliphat. 1wertiger Rest mit < 4 C-Atomen; x = 1—3, n = 1—3; m = 0—2; n + m = ≦ 3), z. B. 3.3.3.-Trifluorpropylmethylpolysiloxan. (**F. P. 1 225 121** vom 19/2. 1959, ausg. 29/6. 1960. A. Prior. 24/3. 1958.)

$$\left[H(\overset{\overset{R}{|}}{C}HCH_2)_x \right]_n \overset{\overset{R'_m}{|}}{Si}O_{4-(m+n)/2}$$

I

S. Böttcher. 5825

Imperial Chemical Industries Ltd., London (Erfinder: Henryk Zenftman, West Kilbride), England, **Herstellung von Ionenaustauschstoffen,** dad. gek.,

daß man ein polymerisierbares Monomeres (I), in das Ionenaustauschergruppen (II) eingeführt werden können, in einem Trägerpolymerisat (III) absorbiert, das I in situ polymerisiert u. in das erhaltene Polymerisat eine II einführt, wobei das III bei Polymerisieren des I u. Einführen des II in das Polymerisat prakt. nicht beeinträchtigt werden darf. III ist z. B. Polyäthylen oder Polyvinylchlorid u. wird körnig oder als Film, dem die II einverleibt sind, verwendet. II können Sulfonium-, quatern. Ammonium- oder Aminogruppen sein. I ist in den Mengenbeispielen Styrol. (**D.A.S. 1 082 412** Kl. 39c vom 12/11. 1958, ausg. 25/5. 1960. E. Prior. 20/11. 1957 u. 29/10. 1958.)
H. SCHINDLER. 5827

Imperial Chemical Industries Ltd., London, England (Erfinder: Harold Crosbie Fielding), **Herstellung von zum Kationenaustausch geeigneten Harzen.** Hochpolymere organ., in W. unlösl. Verbb. werden in Abwesenheit von W. u. O_2 mit einem Dialkylchlorphosphin bei 70—140° umgesetzt. Als Kondens.-Mittel dient bei Verw. von Verbb., die keine OH-Gruppen enthalten, wie Polystyrol oder Cl-haltige Verbb. wie Chlorpolyäthylen, Chlorparaffinwachs u. Chlormethylstyrol, $AlCl_3$. Nach dem Hydrolysieren mit W. oder verd. HCl u. anschließender Oxydation mit HNO_3 oder H_2O_2 entsprechen die Rk.-Prodd. der allg. Formel I. Bei Verw. von Polyvinylalkohol, Cellulose oder Stärke u. als Kondens.-Mitteln tert. Basen, wie Pyridin oder Triäthylamin, entsprechen sie der allg. Formel II. Der Geh. an diesen Gruppen beträgt 5—25 Gew.-%.

$$-\overset{\overset{\displaystyle O}{\|}}{P}R_2 \quad \text{I} \qquad -O-\overset{\overset{\displaystyle O}{\|}}{P}R_2 \quad \text{II}$$

Hierin bedeutet R einen Alkylrest. — Zur Herst. werden z. B. 10 (g) Polyvinylalkohol in einem Gemisch von 19,4 Pyridin u. 80 cm³ Tetrahydrofuran (III) suspendiert u. mit einer Lsg. von 30 Diäthylchlorphosphin in 20 III versetzt u. in Ggw. von N_2 6 Std. bei 90° am Rückfluß gekocht. Beim Ausgießen in W. fällt ein gelber fester Nd. aus, der nach 2—4 Std. mit wss. H_2O_2 abgetrennt, gewaschen u. getrocknet wird. Die Ausbeute beträgt 9,2 mit einem P-Geh. von 12,8%. (**E. P. 865 331** vom 23/1. 1959, ausg. 12/4. 1961.)
G. FRIKELL. 5827

Pintsch Bamag Akt.-Ges. (Erfinder: Rudolf Auerbach), Berlin, **Elektrisches Regenerieren von Ionenaustauschern,** wobei ein zwischen Kathoden- u. Anodenkammer befindliches Netz das Vermischen von Kationen- u. Anionenaustauscher verhindert. Vor der Hauptelektrode sind gelochte Vorelektroden vorgesehen, die die gleichmäßige Verteilung der durchströmenden Fl. begünstigen u. durch das an den Elektroden entstehende Gas den elektr. Strom teilweise unterbrechen. — Abbildung. (**D. A. S. 1 115 715** Kl. 12d vom 17/8. 1959, ausg. 26/10. 1961.) O. STEIL. 5827

Rohm & Haas Co. (Erfinder: George Alvin Ruchter jun.), **Ionenaustausch-Verfahren.** Man verwendet *Kunstharzaustauscher in Faserform,* bei denen die zum Austausch befähigten Gruppen möglichst an dem Fasermantel angereichert sind. Zweckmäßig sind Faserbündel mit Längsachse der Fasern in Längsachse des Faserbündels. Derartige Faserbündel können z. B. dadurch verfestigt werden, daß man dem Bündel thermoplast. Fasern zumischt u. das Bündel vorübergehend erhitzt. Auch mit Lsgm. quellbare Fasern können zugemischt, mit Lsgm. behandelt u. dann diese verdampft werden. (**Aust. P. 224 705** vom 7/5. 1958, ausg. 12/11. 1959. A. Prior. 22/5. 1957.)
H. MÖLLERING. 5827

Permutit Co. Ltd. (Erfinder: Thomas Victor Arden), **Kontinuierliches Ionenaustauschverfahren.** Das aus der Eluierung kommende Harzgranulat wird, bevor es in den Austauschbehälter geschwemmt wird, in 2 wechselseitig beschriebenen, den Austauschbehältern vorgeschalteten kleineren Meßbehältern eines geringen Durchmessers sedimentiert, dabei der Menge nach als Sediment dosiert u. von dort in den Austauschbehälter eingeschlemmt. Die Meßbehälter haben gleiche Form u. werden bei der Eluierung mit der gleichen Frequenz gefahren. — Abbildung. (**Aust. P. 224 749** vom 9/12. 1958, ausg. 19/11. 1959. E. Prior. 11/12. 1957.) H. MÖLLERING. 5827

Permutit Co. Ltd. (Erfinder: Thomas Victor Arden), **Verfahren und Vorrichtung zum Ionenaustauschen.** Die Rückgewinnung der Ionen aus dem beladenen Harzaustauscher-Granulat erfolgt im Eluierungsgefäß in der Weise, daß das beladene Granulat vor dem Eintritt in das Eluierungsgefäß mit Eluat, das aus dem Eluierungsgefäß abgeführt wird, vorbehandelt ist. So wird eine zu starke Verdünnung des Eluats vermieden. — Abbildung. (**Aust. P. 224 748** vom 9/12. 1958, ausg. 19/11. 1959. E. Prior. 11/12. 1957.)
H. MÖLLERING. 5827

Douglas Knight Hale, Teddington, England, **Selektiv durchlässige Ionenaustauschermembranen** erhält man, indem man ein Ionenaustauscherharz, das durch ein 100-Maschensieb geht, in der wss. Lsg. eines Bindemittels, das eine entgegengesetzte Ladung trägt wie das Ionenaustauscherharz, dispergiert u. ein oberflächenakt. Mittel zugibt, um ein vorzeitiges Koagulieren der Emulsion zu verhindern. Diese Masse kann dann gespritzt oder gegossen werden, worauf die Membran getrocknet oder koaguliert wird. — Ein stark bas. Anionenaustauscherharz aus vernetztem Polystyrol mit quart. Ammoniumgruppen wurde in die Chloridform übergeführt, das Harz mit W. gewaschen u. dann 16 Std. in einer Kugelmühle mit W. gemahlen. Die Dispersion wurde durch ein 300 Maschen-Sieb filtriert, das Filtrat zentrifugiert u. auf je 6 g des feuchten Harzes 12 g vorvulkanisierter Naturgummilatex gegeben, der durch Zugabe von kation., oberflächenakt. Mittel positiv aufgeladen wurde. Die Mischung wurde 30 Min. gemahlen, auf eine Glasplatte gegossen u. bei 90° 30 Min. getrocknet. Man erhält eine durchsichtige Membran, die sich von der Platte durch Eintauchen in W. ablösen läßt. (**E. P. 818 031** vom 8/11. 1954, ausg. 12/8. 1959.) A. Jahn. 5827

Schering Akt.-Ges. (Erfinder: Jean Barrollier), Berlin, **Papierchromatographische und papierelektrophoretische Trennung** von in einer Fl. enthaltenen Stoffen unter Ausnutzung ihrer verschiedenen Wanderungs-Geschw. in der Fläche eines Papierstreifens (I), dad. gek., daß man die Vorgänge der Papierchromatographie bzw. -elektrophorese an aufgerollten I ablaufen läßt, wobei dafür Vorsorge getroffen ist, daß die einzelnen Lagen der Rolle sich gegenseitig nicht berühren u. kein Fl.-Film zwischen Papier u. Halte-Vorr. entsteht. (**D. A. S. 1 048 715** Kl. 42 l vom 26/5. 1955, ausg. 15/1. 1959.) W. v. Huhn. 5829

Permutit Akt.-Ges., Berlin (Erfinder: Herbert Corte und Karl Henning, Berlin), **Filtrieren von Flüssigkeiten, insbesondere Wasser.** Zur Auflockerung der erschöpften körnigen Filtermasse (I) u. zur Entfernung der auf der Oberfläche der I anfiltrierten Rückstände wird während des Filterbetriebes in den oberen Teil der I ein gegen die Filtrationsrichtung gerichteter Fl.-Strom geleitet. — Zeichnung. (**D. A. S. 1 118 754** Kl. 12d vom 19/10. 1956, ausg. 7/12. 1961.) H. Blachetzki. 5831

Farbenfabriken Bayer Akt.-Ges., Leverkusen, **Calcinieren von Silicaten.** Feststoffe, bes. in W. unlösl. natürliche gepulverte Silicate, wie Ton, Bentonit, Talk, die als Füllstoffe u. als Träger für Katalysatoren Verw. finden u. eine röntgenograph. nachgewiesene Zwei- oder Dreischichtenstruktur besitzen, werden in einem aufwärts strömenden, turbulenten Gasstrom 1 Sek. lang auf 500—1200°, bes. 600—900°, erhitzt u. innerhalb der nächsten 30 Min. auf unter 300° abgekühlt. Zusammensintern des Pulvers auf Grund von Überhitzung der wenig wärmeleitfähigen Prodd. wird so vermieden. (**E. P. 869 966** vom 2/1. 1959, ausg. 7/6. 1961. D. Prior. 2/1. 1958.) G. Frikell. 5839

Destillationstechnik Dr. Hermann Stage, Köln (Erfinder: Emin Ulosoy, Istambul, Türkei), **Automatische Destillation,** bes. für Rektifizierkolonnen in Labor., wobei die Destillatentnahme der einzelnen Fraktionskomponenten (I) bei im wesentlichen konst. Kolonnen-Temp. stattfindet u. die einzelnen kondensierten I in getrennten Aufnahmegefäßen (II) mittels eines Zuflusses eingefüllt werden, dad. gek., daß nach dem Absieden einer I u. während der vorzugsweise automat. erfolgenden Temp.-Umstellung auf die nächst höhersd. I ein von der Temp.-Umstellung ausgelöstes Relais betätigt wird, welches über einen Antrieb, z. B. einen Motor, einen Transport mit den in einer vorgegebenen Reihenfolge angeordneten II für die einzelnen I so weit verstellt, bis das II für die abgesiedete I vom Zufluß entfernt ist u. das in der Transportrichtung folgende II in die Einfüllstellung des Zuflusses gelangt. (**D. A. S. 1 040 824** Kl. 42 l vom 10/2. 1955, ausg. 9/10. 1958.) W. v. Huhn. 8565

Joh. A. Benckiser G. m. b. H., Chemische Fabrik, Ludwigshafen/Rh., **Mittel zur Verbesserung der Lagerfähigkeit und Erhaltung des frei fließenden Zustandes von kristallisierten und/oder pulverisierten Stoffen** oder deren Mischungen, die beim Lagern zusammenklumpen bzw. zum Verkleben neigen, bestehend aus Ca-Salzen der Citronen- u./oder Weinsäure im Gemisch mit Salzen der H_3PO_4, bes. aus Gemischen, die durch gemeinsame Fällung erhalten wurden. — Verbesserung von Speise- oder Steinsalz, kondensierten Phosphaten, NH_4NO_3 (Blumendünger), Citronensäure, Backhilfs- u. blutgerinnungshemmenden Mitteln auf Citratbasis, Dextrin, Rohrohrzucker, Zwiebelpulver u. Brätzusatzmitteln. — Mengenbeispiele, Tabellen. (**D. A. S. 1 117 087** Kl. 12 g vom 16/12. 1959, ausg. 16/11. 1961.) G. Vogel. 5879

Amt für Bodenforschung (Erfinder: Immo Wendt und Ernst Budde), Hannover, **Überwachung und Bestimmung der Konzentration von radioaktiven Stoffanteilen in Fördergut** (I), wie z. B. Kalisalzen, U-Erzen oder dgl., durch Messung der natürlichen Gammastrahlung des I, dad. gek., daß das I im laufenden Förderbetrieb ganz oder zum überwiegenden Teil über einen ständig gefüllten Fallschacht (II) mit einem trichterartig verengten unteren Auslaufende u. einer entsprechend der jeweiligen sekundlichen Fördermenge regelbaren Öffnungsweite an einem koaxial in den II eingehängten, sich nur über einen Teil der II-Höhe erstreckenden Zählrohr oder Szintillometer vorbeigeleitet u. die Radioaktivität als unmittelbares Maß der Konz. laufend in einer Kurve aufgezeichnet wird. (**D. A. S. 1 052 134** Kl. 42 l vom 8/8. 1956, ausg. 5/3. 1959.) W. v. Huhn. 5887

VEB Leuna-Werke „Walter Ulbricht" (Erfinder: Arndt Striegler, Leuna, Günther Herzog, Staßfurt, und Hans Jochen Wölfer, Halle/Saale), **Herstellung aktiver, abriebfester, für Platinkatalysatoren bestimmter Tonerdeträger.** Geformte, trockene Tonerdeträger werden mit der wss. Lsg. eines chloridhaltigen Al-Oxidsols, die 50—400, bes. 120—200 g Al_2O_3 je Liter enthält, getränkt, ggf. alkal. nachbehandelt, getrocknet u. erhitzt, z. B. auf 250 bzw. 450°. Dehydrierung von Cyclohexan zu *Bzl.* bzw. Cyclisieren von n-Heptan zu *Toluol* in Ggw. von 0,45% Pt auf vorst. Katalysator. (**D. A. S. 1 106 294** Kl. 12 g vom 7/3. 1960, ausg. 10/5. 1961.)

H. Roos. 5905

B. F. Goodrich Co., New York, N.Y., V.St.A., *Mehrschichtige Gegenstände.* (**Holl. P. 99 858** vom 14/10. 1955, ausg. 15/12. 1961. A. Prior. 22/10. 1954. — **C. 1960.** 14475 [F. P. 1 146 575].)

Semtex Ltd., London, England (Erfinder: **Peter Harrington Gibbs** und **Peter Hutchinson Robin**), *Füll- und Überzugsmasse.* (**E. P. 877 970** vom 30/1. 1957, ausg. 20/9. 1961. — **C. 1961.** 18817 [D. A. S. 1 107 358].)

Rohm & Haas Co., Philadelphia, Pa., V.St.A., *Herstellung von Harzen.* (**Holl. P. 99 686** vom 29/10. 1957, ausg. 15/11. 1961. A. Prior. 2/11. 1956. — **C. 1960.** 4308 [D. A. S. 1 068 019].)

VEB Farbenfabrik Wolfen, Wolfen (Erfinder: **Friedrich Wolf** und **Manfred Morgner**), *Herstellung von synthetischen Harzen.* (**E. P. 844 687** vom 31/8. 1956, ausg. 17/8. 1960. — **C. 1961.** 4477 [D. A. S. 1 056 371].)

VEB Farbenfabrik Wolfen, Wolfen (Erfinder: **Friedrich Wolf** und **Manfred Morgner**), *Herstellung von unlöslichen Ionenaustauschharzen.* (**E. P. 842 714** vom 29/8. 1956, ausg. 27/7. 1960. — **C. 1959.** 245 [D. P. [DDR] 14 529].)

Wolfgang Mühlberg, Krefeld, *Herstellung von Kationenaustauscherharzen auf Polystyrolbasis.* (**A. P. 2 953 532** vom 3/7. 1956, ausg. 20/9. 1960. D. Prior. 8/7. 1955. — **C. 1959.** 4926 [D. A. S. 1 025 145].)

Paterson Engineering Co. Ltd., London, England, *Filtrieren von Flüssigkeiten über eine Filterhilfsschicht.* (**Belg. P. 561 815** vom 22/10. 1957, ausg. 20/5. 1960. E. Prior. 23/10. 1956 u. 11/10. 1957. — **C. 1961.** 11083 [E. P. 832 638].)

Sulzer Frères, Soc. An., Winterthur, Schweiz, *Filteranlage mit Düsenboden.* (**Belg. P. 560 979** vom 20/9. 1957, ausg. 20/5. 1960. Schwz. Prior. 21/9. 1956. — **C. 1959.** 4589 [D. A. S. 1 037 421].)

Gas Council, London, England (Erfinder: **Frederick James Dent** und **Dennis Hebden**), *Vergasen von Kohlenwasserstoffölen.* (**E. P. 873 832** vom 15/8. 1956, ausg. 26/7. 1961. — **C. 1960.** 12461 [D. A. S. 1 063 126].)

Gesellschaft für Linde's Eismaschinen Akt.-Ges., Höllriegelskreuth, *Trennung von Luft in ihre Bestandteile* (**Holl. P. 99 865** vom 14/12. 1955, ausg. 15/12. 1961. D. Prior. 5/1. 1955. — **C. 1958.** 821 [D. A. S. 1 007 345].)

Joh. A. Benckiser G. m. b. H., Chemische Fabrik, Ludwigshafen/Rh., *Vermeidung von Niederschlägen und Verfärbungen und Maskierung von Metallen in wässerigen Medien.* (**Belg. P. 559 374** vom 19/7. 1957, ausg. 8/4. 1960. D. Prior. 9/8. 1956. — **C. 1961.** 17330 [Oe. P. 208 768].)

Universal Oil Products Co., Des Plaines (Erfinder: **William K. Hunter**, Mount Prospect), Ill., V.St.A., *Herstellung kugeliger Tonerdeteilchen.* (**D. A. S. 1 116 642** Kl. 12m vom 21/2. 1957, ausg. 9/11. 1961. A. Prior. 27/2. 1956. — **C. 1960.** 6948 [E. P. 806 199].)

Universal Oil Products Co. (Erfinder: **Robert Morrill Smith**), *Herstellung halogenhaltiger Trägerkatalysatoren.* (**Aust. P. 225 773** vom 27/9. 1957, ausg. 14/1. 1960. A. Prior. 27/9. 1956. — **C. 1960.** 10012 [D. A. S. 1 048 877].)

Brian Reginald Thomas Frost und **Malcolm Burnham Waldron**, Reaktorwerkstoffe. Braunschweig: Vieweg. 1962. (VIII + 93 S. m. 25 Abb.) 8° = Kerntechnik in Einzeldarstellungen. Bd. 7. DM 10,80.

II. Betriebsschutz. Feuerschutz

Neue Sicherheitseinrichtungen zur Verhinderung von Explosionen. Glayton B. Hammond. (Chem. Engng. **68.** Nr. 26. 85—88. 25/12. 1961. Monsanto Chem. Co.) (Engl.)

Das neue Syst. benutzt die kurze Zeitspanne, die zwischen Zündung u. dem sich bildenden, zerstörenden Druck liegt. Diese Zeitspanne beträgt einige tausendstel Sekunden. An Hand von Abb. werden die neu entwickelten App., die diese Zeitspanne ausnutzen, um den entstehenden Explosionsdruck unschädlich zu machen, erläutert. Eine an einer Hammermühle eingebaute Vorr. wird beschrieben. F. Rosendahl. 5936 □

Zur Toxikologie einiger bei der Herstellung von synthetischen Polymeren angewandter Stoffe. M. L. Rylowa. (Гигиена и Санитария [Hyg. u. Sanitätswes.] **25.** Nr. 8. 74—79. Aug. 1960. Leningrad, Inst. für Arbeitshyg. u. Berufskrankh.) (Russ.)

Literaturübersicht. E. Rentz. 5940 □

Ein neuer Thermalpräzipitator mit Heizband und seine Leistung. Wilhelm Walkenhorst. (Staub **22.** 103—05. 1/3. 1962. Bochum, Silikose-Forsch.-Inst. der Bergbau-Berufsgenossenschaft, Physikal. Abt.) (Dt.)

Als Heizelement dient ein Cr-Ni Band; die Heizstromstärke beträgt 1,25 A, die angesaugte Luftmenge 10 ml/Minute. Der Staubstreifen ist ca. 1,5 mm breit u. im Mittelfeld gleichmäßig belegt. Die gefundene Korngrößen-Zus. stimmt hinreichend genau mit der wirklichen Korngrößenverteilung überein, so daß der mittlere Probenbereich kennzeichnend für den zu untersuchenden Staub ist. W. Wesly. 5940□

Gravimetrisches Staubmeßgerät mit hohem Luftdurchsatz. Erwin Walter. (Staub **22.** 117—18. 1/3. 1962. Bonn, Hauptverb. der gewerbl. Berufsgenossenschaften, Staubforschungsinst.) (Dt.)

Das geplante, aber noch nicht fertiggestellte Gerät enthält nachst. Bauteile: Ansaugkopf mit Ansaug-Geschw. von 1—2 m/Sek., Mikrosorbanfilter mit 16 cm Ø, Summenzähler für Durchflußmenge u. Augenblicksanzeiger, Sauggerät (Staubsaugerturbine) mit Regelwiderstand, Gummischlauch (ca. 30 mm Ø) zur Luftableitung. Die Durchflußmenge beträgt 10—50 m^3/Stunde. W. Wesly. 5940□

Probleme der Luftreinhaltung. Werner Boie. (S.-B. dtsch. Akad. Wiss. Berlin, Kl. Math. Physik Techn. **1960.** Nr. 1. 1—30.) (Dt.)

Besprechung techn. Einrichtung zur Vermeidung der Luftverunreinigung durch Industrieanlagen u. Haushaltsfeuerung u. der damit verbundenen ökonom. Probleme. W. Betcke. 5948□

Verhütung der Verunreinigung der Atmosphäre während des Ausbrennens von Generatorgasabzügen. W. R. Bulcraig, T. Allen und R. Williamson. (J. Inst. Fuel **34.** 163—66. April 1961. St. Helens, Lancashire, Pilkington Brothers Ltd.) (Engl.)

Es wird gezeigt, wie die Verschmutzung der Atmosphäre beim Ausbrennen der teer- u. pechhaltigen Ndd. in den Ableitungen von Generatorgaserzeugern verhindert werden kann. Vff. schlagen dazu eine Brennkammer vor, die vor dem Ausbrennen der Gasabzüge 18 Std. auf 1200° erhitzt wird. Während des Ausbrennens passieren die Gase diese Kammer, in der sie mit Luft gemischt u. verbrannt werden. Auf diese Weise ist es möglich, über 99% der in den Ausbrandgasen befindlichen brennbaren Bestandteile zu beseitigen. K.-H. Rentrop. 5948□

Nu-Swift Ltd., Elland (Erfinder: Eric Edward Cooper, Cawood), England, **Feuerlöschpulver,** bestehend aus 90—98% $KHCO_3$, 1—5% Diatomeenerde, Talkum u. 1—5% feinteiliges Ca-, Mg- oder Al-stearat. (**E. P. 868 993** vom 9/10. 1958, ausg. 25/5. 1961.) A. Gradl. 5945

Farbwerke Hoechst Akt.-Ges., vormals Meister Lucius & Brüning, Frankfurt/M. (Erfinder: Karl Daimler, Ehlhalten), **Wässerige Schaumbildner-Stammlösung** für die Erzeugung von spritzfesten Feuerlöschluftschäumen aus abgebauten Eiweißstoffen u. Cu- u./oder Zn-Verbb., dad. gek., daß die Stamm-Lsg. neutral bis sauer reagiert u. lösl. Zn- u./oder Cu-Verbb. in solchen Mengen enthält, daß der Metall-Geh. mehr als 0,6%, bezogen auf Trockensubstanz, beträgt. (**D. B. P. 975 578** Kl. 61 b vom 19/10. 1955, ausg. 25/1. 1962. Anmeldung bekanntgemacht 27/12. 1956.) A. Gradl. 5945

III. Elektrotechnik

Vernetztes Polyäthylen als neues Isoliermaterial. Jean Feytis und Jean Perrault. (Bull. Soc. franç. Électriciens [8] **2.** 212—26. April 1961. Comp. Française Thompson-Houston.) (Franz.)

Zunächst werden Herstellung von vernetztem Polyäthylen (**I**) u. die elektr., mechan. u. chem. Eigg. dieses Prod. beschrieben, anschließend wird auf die Verw. in Niederspannungsnetzen mit Freiluftleitungen eingegangen. Nach dem Einmischen der Füllstoffe in das **I** (bis 200 Teile Ruß/100 Teile **I** ohne Verschlechterung der Eigg.; Kieselsäure, Kaolin u. Kreide verschlechtern die Eigg.) werden unterhalb ihres Zers.-Punktes *Dicumylperoxid* oder *2.5-Bis-(tert.-butylperoxy)-2.5-dimethylhexan* zugemischt, extrudiert u. die Vernetzung in einem Heißluft- bzw. Dampfrohr vorgenommen. Als Maß für die Vernetzung wird der durch *Toluol* bzw. *Xylol* nicht extrahierbare Anteil des **I** in % gewertet. Die genannten Eigg. werden bei Vernetzungsgraden von 85% erreicht. A. Gude. 5956□

Neue Anwendungen von Wolframcarbid in Elektronenröhren. R. Griffoul und A. Schram. (3. Plansee Seminar „De Re metallica", Hochschmelzende Metalle **1958.** 89—96. 1959. Issy-les-Moulineaux, Seine, Co. Gén. de Radiologie.) (Franz.)

Die Leistung von Röntgenröhren mit rotierenden W-Anoden fällt wegen der hohen Arbeits-Temp. (ca. 2500°) während einer Überbelastung ab. Eine Herabsetzung der Temp. wird mit Überzügen aus WC bzw. W_2C erreicht, da dadurch der Emissionsfaktor der Oberfläche beträchtlich ansteigt. Aber nur bei einer Schicht aus W_2C bleibt die geforderte Stabilität bei hohen Anodenspannungen erhalten. Es ist jedoch vorteilhafter,

die Brennbahn der Anoden vor einer Carburierung elektrolyt. mit einer 2—5 μ dicken Re-Schicht zu überziehen, damit die Brennbahn nicht carburiert wird. Die Carburierung erfolgt bei 1400° unter einem Hexan-Druck von 10—50 Torr; unter diesen Bedingungen wird Re nicht carburiert, es wirkt vielmehr als Katalysator bei der therm. Zers. des KW-Stoffs. Mit carburierten Anoden fällt auch der Anteil der nichtfokussierten Strahlung ab.
HERBERT MÜLLER. 5974□

Philips Electrical Industries Ltd., London, England, **Herstellung von p–n-Übergängen in Germanium.** Beim Aufschmelzen des Fremdstoffes, z. B. *In*, auf die n-leitende Scheibe auf *Ge*, wird zur Erzielung einer festen Haftung als Flußmittel ein chem. gebundenes Halogen, z. B. *HCl* oder eine gesätt. Lsg. von *Pyridinhydrochlorid* oder einem *Anilinhydrochlorid* oder *Dimethylanilinhydrochlorid* oder *Guanidinhydrochlorid* zur Einw. gebracht. (**E. P. 848 331** vom 18/7. 1956, ausg. 14/9. 1960. Holl. Prior. 21/7. 1955.) F. VIER. 5953

Raytheon Co., übert. von: Walter F. Leverton, Waltham, Mass., V.St.A., **Ziehen von Einkristallen** mit gleichförmigem elektr. Widerstand aus einer Schmelze. Es wird aus einem Schmelze enthaltenden Tiegel (I) gezogen, der auf der Schmelze eines größeren Tiegels (II) schwimmt u. im Boden ein enges Loch aufweist. I ist in II frei nach oben u. unten beweglich. Dotierungsstoffe werden ggf. in den schwimmenden Tiegel gegeben. — Abbildung. (**A. P. 2 944 875** vom 13/7. 1953, ausg. 12/7. 1960.)
O. STEIL. 5953

Soc. d'Électronique et d'Automatisme, Courbevoie, Frankreich, **Herstellung von elektrisch leitfähigen Überzügen** mit genau bestimmbarem Widerstand u. Widerstands-Koeff. durch therm. Zers. eines Dampfgemisches, das mindestens 90% *Halogenide von Sn, Si* oder *Ti*, Rest mindestens ein *Halogenid von Hf, Bi, Nb, Ta, W, Ni, Cu, Zn* u. *V* enthält, z. B. 96% $TiCl_4$, 3,5% $HfCl_4$ u. 0,5% $TaCl_5$. Das Dampfgemisch wird in einem N_2- oder H_2- oder NH_3-Strom über die auf ca. 200° erhitzte Unterlage aus elektr. nichtleitendem Wirkstoff geleitet. Durch Zusatz von O_2 zum Trägergas können V_2O_5, ZnO, WO_3, TiO_2, Ta_2O_5 zur Bldg. p-leitender Überzüge oder CuO, NiO zur Bldg. normal leitender Überzüge abgeschieden werden. (**E. P. 853 852** vom 11/2. 1957, ausg. 9/11. 1960. F. Prior. 11/2. 1956.) F. VIER. 5953

General Electric Co., Schenectady, N.Y., V.St.A. (Erfinder: Carolee Crawford Beutler), **Herstellung von photoempfindlichen, halbleitenden Überzügen** aus mit *Cu, Ag* oder *Mn* aktiviertem *PbO* durch Aufdampfen u. Kondensieren bei einem O_2-Druck von $7 \cdot 10^{-4}$ bis $1{,}4 \cdot 10^{-3}$ mm Hg. Die Aufdampfgeschw. soll 0,2—0,003 g cm²/Std. betragen. (**E. P. 847 069** vom 15/10. 1956, ausg. 7/9. 1960.) F. VIER. 5953

N. V. Philips' Gloeilampenfabrieken (Erfinder: Jan van den Boomgaard), **Unterlagen aus Graphit für Halbleiter** werden mit einer Schicht aus harter, reiner Glanzkohle überzogen. Man erhält eine solche Schicht, indem man den auf 900 bis 1200°, bes. 950—1100° durch ein Hochfrequenzfeld erhitzten Graphitteil mit dem Gemisch aus einem inerten Gas u. einem oder mehreren KW-Stoffen, z. B. einem Gemisch aus Butan u. H_2 u./oder N_2 behandelt. Das Gasgemisch wird mit hoher Geschw. aufgeblasen. (**Aust. P. 224 744** vom 4/6. 1958, ausg. 19/11. 1959. Belg. Prior. 7/6. 1957.)
H. MÖLLERING. 5953

James D. Hedges, Havana, Kuba, **Kohleformkörper,** z. B. *Elektroden.* Ein Gemisch aus einem C-haltigen Material mit hohem Geh. flüchtiger, brennbarer Anteile, das zur therm. Spaltung unter Bldg. von etwas festem oder gebundenem C befähigt ist, u. einem C-haltigen Material mit niedrigem Anteil flüchtiger Substanz [z. B. 80 (%) Elektroofengraphit u. 20 bituminöse Kohle] wird in einer Form mit 35—316 kg/cm² gepreßt u. unter Preßdruck durch Stromdurchgang > 500° erhitzt, bis sich die flüchtigen Anteile verflüchtigt haben; anschließend wird unter Erhöhung der Stromstärke höher erhitzt (1106°). (**Oe. P. 210 865** vom 19/11. 1955, ausg. 25/8. 1960. A. Prior. 19/11. 1954.)
O. KAYSER. 5953

Soc. An. des Pneumatiques Dunlop, Frankreich, übert. von: Dunlop Rubber Co. Ltd., **Anstreichen und Überziehen von Isoliermaterial,** z. B. aus Kautschuk, auf elektrostat. Wege, wobei das Material vor oder während der elektrostat. Einw. einer Bestrahlung mit α-, β-, γ- oder Röntgenstrahlen ausgesetzt wird. (**F. P. 1 230 199** vom 9/7. 1959, ausg. 14/9. 1960. E. Prior. 10/7. 1958 u. 24/6. 1959.)
M. F. MÜLLER. 5957

Philips Electrical Industries Ltd., London, England, **Herstellung von magnetisch anisotropen Dauermagneten mit einer Kristallstruktur,** dad. gek., daß eine Leg. mit 15—42 (%) *Co*, 10—20 *Ni*, 6—10 *Al*, bis 86 *Cu*, bis 10 *Ti*, Rest im wesentlichen *Fe*, im fl. Zustand in das obere Ende eines Rohres eingefüllt u. aus dem unteren

Rohrende in Form einer festen Stange entnommen wird, wobei die Temp.-Verteilung u. die Auszieh-Geschw. der Stange so gewählt werden, daß unter Verbesserung der magnet. Eigg. eine gewünschte Kristalltextur während der Erstarrung erhalten wird, worauf die Stange in geeigneter Länge unterteilt wird u. diese Teile in einem Magnetfeld zur Erzielung anisotroper Eigg. mit Wärme behandelt werden. (**E. P. 860 127** vom 1/5. 1957, ausg. 1/2. 1961. Holl. Prior. 4/5. 1956.) H. HOCHSTEIN. 5959

International Business Machines Corp., New York, N.Y., V.St.A., **Schicht für Magnettonfilme.** Die Schicht wird aus einem fl. Gemisch von 3 Komponenten aufgetragen: ein flüchtiger Anteil (I), ein nichtflüchtiger, schichtbildender Anteil (II) u. ein magnetisierbares Pigment (III), ggf. kann noch ein Polymerisationskatalysator, bes. H_3PO_4, zugesetzt werden. — Beispiele für **I**: Gemisch aus aromat. KW-Stoffen wie Xylol u. Toluol mit niedrigmol. aliphat. Alkoholen, Estern oder Ketonen, soweit sie Lsgm. für **II** bilden. Beispiele für **II**: 1—3 (Teile) Polyvinylbutyralharz (**II**) + 1 Melamin–CH_2O-Harz (**V**), das mit Butylalkohol alkyliert ist. Beispiele für **III**: Fe_2O_3, Fe_3O_4, pulverisiertes „Alnico III", „Alnico V", Co–Ni-Legg. u. Stahl mit hohem C-Gehalt. Anzuwendende Menge: 7 **III** auf 3 **II**-Gemisch. Nach dem Auftragen der Schicht läßt man zunächst das Lsgm. verdunsten u. härtet dann durch 15—20 Min. langes Erwärmen auf 250—300° F. — Beispiel: 51,6 (Gew.-%) Toluol, 27,8 n-Butanol, 15,8 A., 11,6 Xylol, 3,2 Methyläthylketon, darin ein Gemisch aus 72,6 Fe_2O_3 + 10 **V** + 17,4 **IV** dispergiert wird. (**E. P. 830 900** vom 22/6. 1956, ausg. 23/3. 1960. A. Prior. 27/6. 1955.) A. KALIX. 5959

Siemens-Schuckertwerke Akt.-Ges., Berlin und Erlangen, **Indirekt beheizbares Bimetallelement** besteht aus 2 Bimetallkomponenten mit verschiedenem Ausdehnungs-Koeff., z. B. *Fe–Ni*-Legg., wobei die Komponente mit dem höheren Ausdehnungs-Koeff. mit einer elektr. isolierenden Schicht, z. B. aus Glas oder Email, z. B. durch Elektrophorese u. folgendes Aufschmelzen, überzogen ist, die etwa die gleichen Ausdehnungs-Koeff. wie die Unterlage hat. Dieser Überzug trägt eine elektr. leitfähige Schicht zum elektr. Beheizen des Elements, z. B. aus *Ag* auf Glas, dem *Ag_2O* zugesetzt ist, das an der Oberfläche in Ggw. von Wasserdampf durch Bestrahlung mit Licht- oder Röntgenstrahlen in Ag umgesetzt wird. (**E. P. 851 511** vom 14/5. 1958, ausg. 19/10. 1960. D. Prior. 21/5. 1957.) F. VIER. 5971

Radio Corp. of America, übert. von: Harold Eugene McCreary, Lititz, Pa., V.St.A., **Herstellung eines wasserfesten Zinkorthophosphat-Leuchtstoffes** durch Rk. von ZnO, H_3PO_4 u. einem Mn-Aktivator in wss. Medium, wobei das Molverhältnis von ZnO:H_3PO_4 zwischen 3:2 u. 3,5:2 u. der Anteil des Mn zwischen 1 u. 10 Mol.-%, bezogen auf Moll. erzeugten Zn-Orthophosphates, liegen u. Glühen des getrockneten Rk.-Prod. bei wenigstens 800°. (**A. P. 2 977 321** vom 29/1. 1957, ausg. 28/3. 1961.) K. DEMMLER. 5975

Westinghouse Electric Corp., Pittsburgh, Pa., übert. von: Anselm Wachtel, Parlin, N.J., V.St.A., **Herstellung eines gelbstrahlenden, mit Kupfer aktivierten elektrolumineszierenden Zink–Cadmiumsulfid-Leuchtstoffes,** der 0,45 bis 1,1 (Grammatom-% des ZnS) Cu in 0,11—0,65 Cl, Br, I oder Al enthält, durch Mischen mit ca. 5 bis ca. 19 Mol.-% des ZnS feinteiligem CdS u. Glühen des Gemischs in inerter Atmosphäre bei 610—750°. (**A. P. 2 968 627** vom 12/2. 1958, ausg. 17/1. 1961.) K. DEMMLER. 5975

Electrochemical Processes, Inc., New York, N.Y., V.St.A., **Elektrolyseverfahren.** Ein Salz, dessen Kation ein Amalgam bilden kann, wird an einer Hg-Elektrode zersetzt, deren Hg dauernd durchfließt. Das amalgamhaltige Hg wird zentrifugiert u. das Hg der Elektrolysenzelle wieder zugeleitet, anschließend wird das Amalgam nach bekannten Verff. zersetzt, u. das hierbei zurückgewonnene Hg ebenfalls wieder dem Elektrolysenraum zugeführt. (**Port. P. 38 026** vom 28/1. 1960, Auszug veröff. 29/3. 1961. A. Prior. 2/3. 1960.) A. KALIX. 5993

Western Electric Co., Inc., New York, N.Y., V.St.A., *Herstellung einer Halbleitervorrichtung.* (**Holl. P. 99 619** vom 13/6. 1956, ausg. 15/11. 1961. A. Prior. 28/6. 1955. — C. **1960.** 253 [D. A. S. 1 046 785].)

Pertrix-Union Co. m. b. H., Ellwangen/Jagst, *Galvanisches Primärelement.* (**E. P. 872 763** vom 21/8. 1959, ausg. 12/7. 1961. D. Prior. 3/10. 1958. — C. **1960.** 7635 [D. A. S. 1 069 726].)

Accumulatoren-Fabrik Akt.-Ges., Hagen/Westf. (Erfinder: **Franz Bronstert,** Frankfurt/M.), *Ringförmiger, dauernd gasdicht verschlossener alkalischer Kleinakkumulator.* (**Schwz. P. 356 805** vom 30/9. 1957, ausg. 31/10. 1961. D. Prior. 11/10. 1956. — C. **1961.** 11845 [A. P. 2 915 577].)

Anton Bopp, Meilen, Schweiz, *Elektrolyt für Akkumulatoren.* (**Schwz. P. 357 772** vom 20/2. 1956, ausg. 15/12. 1961. — C. **1960.** 10013 [Oe. P. 197 452].)

A/B Tudor, Stockholm, Schweden, *Röhrenelektrode für galvanische Elemente.* (**E. P. 874 862** vom 9/9. 1959, ausg. 10/8. 1961. Schwed. Prior. 30/9. 1958. — C. **1961.** 8070 [D. A. S. 1 093 441].)

Lloyd P. Hunter, ed., Handbook of semiconductor electronics. 2nd edit. New York: McGraw-Hill. 1962. $ 18,50.

IV. Wasser. Abwasser

Über die Jodsolen der Mineralquellen der Vorkarpaten. Józef Wojnar. (Wiadomości Naftowe 6. 266—58. Dez. 1960. Kraków, Krosno, Inst. Naft.) (Pol.)
Solequellen bei Krosno, Debowiec u. Bochnia enthalten ca. 40, 140 bzw. 50 mg J/Liter (die Quellen von Iwonicz, des bekannten Jodbades, nur 3—11). Außerdem sind sie reich an Na, K, Mg, Ca, HCO_3^- u. Cl^-. F. Urban. 6012□

Zusammensetzung des Mineralwassers der heißen Quelle von Bath. J. P. Riley. (J. appl. Chem. **11.** 190—91. Mai 1961. Liverpool, Univ., Dep. of Oceanography.) (Engl.)
Vf. teilt eine ausführliche Analyse des Mineralwassers der heißen Quelle von Bath, Somerset, unter Angabe der angewandten Best.-Meth. mit, sowie eine Analyse der die Quelle umgebenden Kalkverkrustungen. Die Konz.-Angaben für die wichtigsten Ionen stimmen gut mit älteren Angaben von Lewis überein, bei den Spurenelementen ist die Übereinstimmung weniger gut. M. Gremminger. 6012□

Abwasserbehandlung und Trinkwassernormen. M. B. Ettinger. (J. Water Pollut. Control Federat. **33.** 1290—92. Dez. 1961. Cincinnati, Ohio, R. A. Taft Sanitary Engin. Center.) (Engl.)
Angesichts der Notwendigkeit, Abwässer so aufzubereiten, daß die Vorfluter später wieder als Trinkwasserquelle verwendet werden können, werden in Anlehnung an die von Hopkins u. Gullans (J. Amer. Water Works Assoc. **52.** [1960.] 1161) mitgeteilten USPHS Standards für Trinkwasser als neue Grenzwerte empfohlen: nicht mehr als eine „coliform group“/100 ml; gelöste Feststoffe bis 500 mg/Liter; Chloride bis 250 mg/Liter; Sulfate bis 250 mg/Liter, Nitrate 45 mg/Liter, Alkylbenzolsulfonate (ABS) 0,5 mg/Liter, Phenole 0,001 mg/Liter, Cyanide 0,01 mg/Liter, Chromate 0,05 mg/Liter. Als neues Kriterium erscheint der Kohle-Chloroform-Extrakt (CCE) mit 0,200 mg/Liter, dessen Best. Vf. in einer früheren Arbeit (C. **1961.** 12599) mitgeteilt hat. M. Gremminger. 6014□

Neue Verfahren der Wasseraufbereitung: Enthärtung bei gewöhnlicher Temperatur (20°) ohne Zufuhr von Wärme. Oskar Bückendorf und Fred W. Kuckey. (Wasser, Luft, Betr. **5.** 373—74. Sept. 1961. Hamburg; Berlin.) (Dt.)
Betrachtung der Wasserenthärtungs-Verff. nach D. B. P. 967190; C. **1958.** 8440 u. D. A. S. 1049794; C. **1959.** 13603: Direkte Behandlung des Rohwassers, unabhängig von seiner Zus., mit techn. Roheisen unter Abscheidung der Erdalkalien als Stearate oder Palmitate im schwach alkal. Medium (0,6—0,8 g NaOH/Liter) u. Filtration. Man erhält ein völlig klares, opalescenzfreies W. der Härte 0° d. H., ggf. nach Vorenthärtung nach bekannten Verfahren. Erforderlich sind nur 2 einfache Behälter mit Rührwerk, es kann jedoch auch in einem Arbeitsgang vollständig enthärtet werden. Die Fettsäuren lassen sich zurückgewinnen. P. Frenzel. 6024□

Katalytische Entcarbonisierung von Flußwasser. H. Reichelt. (Chemiker-Ztg. — Chem. Apparatur **85.** 874—77. 5/12. 1961.) (Dt.)
Vf. berichtet über Betriebserfahrungen mit einer katalyt. Entcarbonisierungsanlage mit einer Normalleistung von 40 m^3/h (maximale Leistung 52 m^3/h), die zur Reinigung von Flußwasser dient (Diagramm). Schwierigkeiten traten auf, wenn im Rohwasser starke Trübungen vorhanden waren. Diese Schwierigkeiten konnten durch Zugabe von geringen Mengen $FeCl_3$ (bis 20 g/m^3) nach Zugabe des Katalysators umgangen werden. Es wurde so stets ein einwandfreies u. trübungsfreies Filtrat erhalten, u. zwar auch dann, wenn die Anlage wesentlich über die maximal zulässige Belastung hinaus beaufschlagt wurde. Eine Verminderung der Filter-Geschw. ohne Änderung der Belastung des Katalysators ergab erst bei Werten von ca. 8 m/h klare Filtrate, die aber im Gegensatz zu den mit $FeCl_3$ erhaltenen schwach gelblich gefärbt waren. H. Schroeder. 6024□

Die Beseitigung der Kieselsäure aus Kesselspeisewasser durch chemische Verfahren. L. Stanisavlievici. (Chaleur et Ind. **41.** 78—82. März 1960. Bucarest.) (Franz.)
Zur Entkieselung von Kesselspeisewasser auf chem. Wege dienen die Fällung mit $Ca(OH)_2$ u. $FeSO_4$ bei 40°, mit $Ca(OH)_2$ bei 85° u. die Filtration über Dolomit mit 56,5 (%) $CaCO_3$ u. 41,4 $MgCO_3$, der bei 650° gebrannt worden ist (98%ig. Zers. von $MgCO_3$) bei 20°. W. Wesly. 6030□

Überblick über die amerikanische Abwasser-Literatur des Jahres 1960. 1. Mitt. Walter Niemitz. (Städtehygiene **12.** 190—94. Sept. 1961. Hamburg.) (Dt.)
Übersicht über städt. Abwässer sowie Schlammbehandlung u. -verwertung. — 34 Literaturangaben. P. Frenzel. 6036□

Literaturschau über den Stand der Trink-, Brauch- und Abwasserchemie sowie -biologie. Gottfried Breitig, Wolfgang Christ, Karl Schieck, Manfred Thonke und Werner Winter. (Wasserwirtsch.-Wassertechn. **9.** 179—82. April. 220 bis 226. Mai. 276—79. Juni. 318—21. Juli. 364—68. Aug. 1959. Berlin.)

Umfangreiche Übersicht über die Gebiete: *Trink-* u. *Brauchwasserchemie* [a) Oberflächengewässer, 23 Literaturhinweise (LH); b) Wasseraufbereitung, 95 LH]. — *Abwasserchemie* [a) Häusliche Abwässer, Belebtschlammanlagen u. Tropfkörper; b) gemeinsame Behandlung häuslicher u. industrieller Abwässer; c) Abwasserchlorung; d) Abwasserteiche, landwirtschaftliche Verwertung, Vorfluter; e) Schlammbehandlung] 109 LH. — *Industrielle Abwässer* [a) Allg.; b) Abwässer mit vorwiegend anorgan. Inhaltsstoffen; c) Abwässer mit vorwiegend organ. Inhaltsstoffen] 139 LH. — *Analytik*, 52 LH. — *Kernchem. Fragen* [a) Oberflächengewässer; b) Aufbereitung; c) hochakt. Abwässer; d) niedrigakt. Abwässer; e) Tracer-Verss.; f) Meßmeth. u. Analytik] 95 LH. — *Allg. Wasserbiologie* u. *Limnologie*, 10 LH [a) Stehende Gewässer, 10 LH; b) Fließgewässer, 10 LH; c) spezielle systemat. ökolog. u. physiolog. Probleme, 20 LH]. — *Trinkwasserbiologie*, 14 LH. — *Brauchwasserbiologie*, 5 LH. — *Abwasserbiologie*, 25 LH. — *Meth. der Limnologie*, 29 LH [a) neue Hilfsmittel in der Mikroskopie u. Mikrophotographie, Kultur-Meth., 8 LH; b) Darst. der Ergebnisse biolog. Gewässer-Unterss., 2 LH]. — *Spezielle Naturschutz-* u. *Gewässerschutzfragen*, 12 LH. — *Mikrobiolog. Fragen*, 55 LH. H. Czech. 6036□

Abwasserpumpstationen: Kreiselpumpe oder Schnecke? K. Tesch. (Wasser Luft, Betr. 5. 367—72. Sept. 1961. Nürnberg.) (Dt.)

Erörterung der Verw. von Kreisel- u. Schneckenpumpen in automat. Abwasserpumpanlagen in Abhängigkeit von der Art der Abwässer. Allg., theoret. Betrachtung der Charakteristik der Schneckenpumpen: Naßaufstellung, Korrosionsschutz, Lagerprobleme. P. Frenzel. 6036□

Teste zur Beurteilung von Abwässern. W. Bucksteeg. (Städtehygiene **12.** 180—84. Sept. 1961. Essen, Ruhrverband.) (Dt.)

Statist. Angaben über BSB_5-Werte u. Einwohnergleichwerte (EG) für 21 Gemeinden sowie über neuberechnete EG für industrielle Abwässer. Best. der Schadwrkg. von Giftstoffen u. über ihren Einfl. auf 1. den biochem. Abbau (Hemmung der O-Aufnahme, 2. enzymat. Vorgänge (Hemmung der Protolyse), 3. die Nitrifikation, 4. Bakterien (*Escherichia coli*), 5. Daphnien u. 6. Fische (Elritzen). Werte für Galvanikabwässer werden tabellar. mitgeteilt. Am geeignetsten erscheint die Best. von 1, die im Warburg-App. mit einer einfachen, mit wenig gewaschenem Belebtschlamm geimpften Standard-Lsg. erfolgt. Weiterhin beschreibt Vf. Tests zur vergleichenden Best. der EG industrieller Abwässer, zum Nachw. von Giftstößen in Kläranlagen bzw. für Aktivitätsmessungen an biolog. Schlämmen (TTC-Verf.). Fischtoxikolog. Unterss., die photochem. Bldg. von HCN aus komplexen Fe-Cyaniden u. geeignete Kostenfaktoren werden erörtert. — 4 Literaturangaben. P. Frenzel. 6036□

Regenwasserüberläufe in Kläranlagen. H. H. Benjes, P. D. Haney, O. J. Schmidt und R. R. Yarabeck. (J. Water Pollut. Control Federat. **33.** 1252—59. Dez. 1961. Kansas City, Mo.) (Engl.)

Bei städt. Kläranlagen mit Mischkanalisation sind Regenwassersammler (Rs) vorzusehen, um einem Überlaufen der Anlage bei Regenfällen vorzubeugen. Bei Regenfällen kann die Wassermenge in der Kanalisation auf das 100—200fache der normalen Wasserführung ansteigen. Da die Kanalisation aus wirtschaftlichen Gründen nicht auf solche Mengen ausgelegt werden kann, wird nur ein Teil des Regenwassers über die Kanalisation der Kläranlage zugeleitet, der andere Teil muß in Rs aufgefangen werden. Dieser Sammleranteil wird meist auf die durchschnittliche Trockenwetterwasserführung (Tw) der Kanalisation bezogen. Vff. untersuchten a) die Regenmengen, die Überläufe veranlassen können; b) Kläranlagenüberläufe bei verschiedener Kapazität der Rs u. c) Häufigkeit u. Dauer der Überläufe bei verschiedener Sammlerkapazität. Aus den Ergebnissen geht übereinstimmend mit Unterss. anderer Autoren hervor, daß man die Kapazität der Rs zweckmäßig nicht auf den Durchschnittswert, sondern auf den Spitzenwert der Tw der Kanalisation bezieht, da sie zumindest für diese Mengen ausreichen muß. Prakt. ausreichend ist dann ein Rs mit der 1,5fachen Kapazität dieser Spitzenwasserführung. Mit dieser Dimensionsangabe sind Vgl. von Stadt zu Stadt ohne Rücksicht auf die Größe der Stadt möglich. Über durch Regenwasserüberläufe bedingte Vorfluterverschmutzungen, ihre Abhängigkeit von örtlichen Gegebenheiten, von Stärke u. Dauer der Regenfälle ist noch wenig bekannt, ebenso fehlen Vgl.-Zahlen aus Vorstadt- u. Landbezirken. — 8 Tabellen, 2 Abbildungen. M. Gremminger. 6040□

Abwässer von Klär- und Kompressionsanlagen. J. Novotný und V. Jirásek. (Paliva **39.** 327—30. Okt. 1959. Běchovice, Úst. pro výzk. a využ. tuhých a plynných paliv.) (Tschech.)

Die Hauptverunreinigung der Abwässer aus Klär- u. Kompressionsanlagen der Kokereien sind aromat. KW-Stoffe, bes. Naphthalin, auch größere Mengen Inden u.

Cumaron können vorkommen. Es ist daher für die Reinhaltung der Abwässer wesentlich diese KW-Stoffe soweit wie möglich aus dem Kokereigas schon vor dem Waschen zu entfernen. R. K. MÜLLER. 6040☐

Untersuchungen an Abwasserstabilisationsteichen in Wisconsin. Kenneth M. Mackenthun und Clarence D. Mc Nabb. (J. Water Pollut. Control Federat. **33.** 1234—51. Dez. 1961. Madison, Wis.) (Engl.)

Vff. berichten ausführlich über das Verh. von Abwasserstabilisationsteichen. Die in der Zeit von Mai 1957 bis Juli 1958 u. von Januar 1959 bis Dezember 1959 beobachteten Veränderungen des W. (BSB, Geh. an Gesamt-N, lösl. P, H_2S u. Coli; O_2-Geh. bzw. %ig. O_2-Sättigung; Wasser-Temp., Lichtdurchlässigkeit u. O_2-Verteilung in verschiedenen Tiefen, O_2-Produktion bei Licht u. Dunkelheit) werden in Form graph. Darst. Tabellen mitgeteilt. U. a. konnte nachgewiesen werden, daß der in oberen Schichten durch Photoplankton produzierte O_2 nicht in tiefere Schichten gelangt. In den tiefgelegenen Schichten sind die Rk.-Geschw. infolge von O_2-Mangel, ungenügender Lichtdurchlässigkeit u. niedriger Wasser-Temp. gering. Es ist dadurch eine gute Stabilisierung zu erzielen. M. GREMMINGER. 6044☐

Belüftungsbecken zur Abwasseraufbereitung in Vorstadtbezirken. Ross E. Mc Kinney und Howard Edde. (J. Water Pollut. Control Federat. **33.** 1277—85. Dez. 1961. Lawrence, Kans., Univ.) (Engl.)

Vff. berichten ausführlich über 6monatige Erfahrungen mit einem Belüftungsbecken (B) zur Aufbereitung häuslichen Abwassers. Zur Belüftung des Beckens diente ein Turbinenbelüfter mit einer Leistung von 2 lb. O_2 pro h/PS. Biolog. ähnelt das B mehr einer langperiod. Belebtschlammanlage als einem konventionellen Oxydationsbecken (Ob) Während beim Ob der O_2 durch die Tätigkeit der Mikroben nur bei Tageslicht geliefert werden kann, erfolgt im B der O_2-Eintrag kontinuierlich über 24 Stunden. Obwohl im B infolge Trübung u. Turbulenz Mikrobenwachstum weitgehend unterbunden wird, ist der Wasserdurchsatz pro Tag u. Vol.-Einheit wesentlich größer als im Ob unter gleichzeitiger Ausschaltung der Geruchsbelästigung. Die besten Ergebnisse lassen sich erzielen, wenn man dem Ob ein B mit 24std. Verweilzeit vorschaltet; in B werden ca. 54%, in Ob ca. 31% des BSB abgesaugt. Das B erfordert keine aufwendige Wartung, vermag überlastete Ob weitgehend zu entlasten u. gute Abflußbeschaffenheit zu garantieren. — 3 Abb., 4 Tabellen. M. GREMMINGER. 6044☐

Überschüssiger Nitritstickstoff in Belebtschlamm. Charles A. Jaworski und Steven A. Stankey. (J. Water Pollut. Control Federat. **33.** 1286—89. Dez. 1961. Fairfield, Conn., State Dep. of Health.) (Engl.)

In einer Belebtschlammanlage in Fairfield erfolgte mehrere Jahre hintereinander plötzlich u. ohne erkennbaren Anlaß ein Ansteigen des Chlorbedarfs in den Abflüssen der Anlage, für den die Kapazität der Chlorungsanlage nicht mehr ausreichte. Diese Verhältnisse traten einmal im Jahr in den Sommermonaten ein u. dauerten 1—2 Wochen. Der extreme Chlorbedarf ließ sich auf überschüssige Nitrit-Geh. in den Abflüssen zurückführen: 1 mg/Liter Nitrit verbraucht 5,1 mg/Liter Cl_2, die Rk. verläuft mit großer Geschwindigkeit. Die unvollständige Nitrifikation des Belebtschlammes war eine Folge ungenügender Belüftung. Mit Intensivierung der Schlammbelüftung verminderte sich der Nitrit-Geh. der Abläufe, der Chlorbedarf ging zurück u. die bakteriolog. Beschaffenheit der Abflüsse wurde besser. M. GREMMINGER. 6044☐

Die direkte Bestimmung von Ammoniak in Seewasser nebst Bemerkungen über „reaktives" Eisen, über Nitrate und über anorganischen Phosphor. J. D. H. Strickland und K. H. Austin. (J. Cons. permanent int. Explorat. Mer **24.** 446—51. Juni 1959. Nanaimo, Brit. Columbia, Fisheries Res. Board of Canada, Pacific Oceanographie Group.) (Engl.)

Zur schnellen Best. von NH_3 im Seewasser wird die spektrometr. Meth. nach KRUSE u. MELLON (C. **1954.** 3079) benutzt. In einer bestimmten Menge Seewasser, das mit Na-Acetat abgepuffert ist, wird nach Zusatz von Chloramin-T mit 3-Methyl-1-phenyl-pyrazolon-(5) eine Additions-Verb. erzeugt, die in CCl_4 aufgenommen u. bei 4500 Å gemessen wird. Blindprobe mit Seewasser, das zuvor entionisiert wurde (über weitere Einzelheiten der Arbeitsweise s. STRICKLAND, Standard Methods of Seawater Analysis, Vol 2). Biolog. akt. Fe (für den Aufbau von Phytoplankton) wird in Form kleiner Teilchen von Hydroxid oder Phosphat mit einem Membranfilter aus dem Seewasser abgetrennt, mit heißer HCl (40 ml HCl, D. 1,18, auf 1000 W.) behandelt, mit Na-Acetat gepuffert, mit α-α-Dipyridyl versetzt, mit Isoamylalkohol extrahiert. Zur Best. von Nitrat durch Red. mit Hydrazin zu Nitrit nach MULLIN u. RILEY (C. **1956.** 4249) sind nach den hier durchgeführten Nachprüfungen Erlenmeyerkolben sowie konst. Temp. (Wasserbad) erforderlich. Die Best. von Phosphat in Seewasser mit dem Gemisch Molybdat–H_2SO_4–

Ascorbinsäure nach MURPHY u. RILEY (J. mar. biol. Ass. U. K. **37.** 9ff.) ist ungenau, wenn auch organ.-gebundener P vorhanden ist. Dann muß mit Zinn(II)-chlorid red. werden.
W. RITTLER. 6060□

Bestimmung der Gesamthärte bei kohlensäurehaltigen Wässern. S. D'Arca. (Nuovi Ann. Igiene Microbiol. **8.** 28—34. Jan./Febr. 1957. Roma, Univ., Ist. di Igiene G. Sanarelli.) (Ital.)

Unterss. an 13 Proben von W. mit CO_2-Geh. bis zu 600 ml/Liter u. verschiedener Härte zeigen, daß die komplexometr. Titration auch zur Best. der Gesamthärte natürlicher oder künstlicher CO_2-haltiger W., selbst bei hohem CO_2-Geh., angewandt werden kann. R. K. MÜLLER. 6062□

Zusammensetzung eines häuslichen Abwassers. H. A. Painter und M. Viney. (J. biochem. microbiol. Technol. Engng. **1.** 143—62. Juni 1959. Stevenage, Herts.; Water Poll. Res. Labor.) (Engl.)

Vff. führten erstmalig eine umfassende Analyse der organ. Bestandteile vom häuslichen Gesamtabwasser durch. Das Abwasser wurde über 24 Std. in 25—37 Einzelproben entnommen, die jeweils ca. 20 m^3 Abwasser entsprachen (Abwasser von Stevenage-New Town, ca. 6000 Einwohner). Die Einzelproben wurden durch Absetzenlassen, Zentrifugieren u. Filtration durch Filterkerzen in 3 Feststoffraktionen (die getrocknet wurden) u. eine fl. Phase (die gefriergetrocknet wurde) getrennt. Es wurden folgende Best. ausgeführt: Trockensubstanz, organ. Kohlenstoff, Gesamtstickstoff, NH_3, anionakt. Detergentien, Harnstoff, organ. Stickstoff, Pentosen, Hexosen, Gesamtzucker, flüchtige Fettsäuren, Gesamtgeh. an organ. Säuren u. Estern, Aminosäuren, Amidstickstoff, Aminozucker, Kreatinin, Sterine u. Phenole. Die Analytik wird eingehend beschrieben. Die mittlere Konz. an organ. C lag in frischem Gesamtabwasser bei 310 mg/Liter. Hiervon entfielen 70% auf suspendierte Stoffe. Die Gesamtkohlenhydrate machen ca. 18, die freien Aminosäuren 1,5, die gebundenen Aminosäuren ca. 10, die höheren Fettsäuren 23, die lösl. Säuren 6, Ester 9, anionakt. Detergentien 4, Aminozucker 0,15, Amide 0,5 u. Kreatinin ca. 3%, insgesamt ca. 75% des organ. C des Gesamtabwassers aus, jedoch nur ca. 50% des organ. N. Dagegen konnte der organ. C der fl. Phase zu 80% 5 Stoffgruppen zugeordnet werden. Durch chromatograph. Verff. wurden die Konzz. an *Essigsäure, Propion-, Butter-* u. *Valeriansäure* zu 10; 2,6; 1,0 u. 0,4 mg/Liter des Filterkerzenfiltrats ermittelt. Die Ggw. anderer Säuren wurde nachgewiesen. In ähnlicher Weise wurden an gelösten Zuckern, *Glucose, Galaktose, Laktose, Saccharose, Arabinose, Xylose* u. *Fructose*, nach Hydrolyse außerdem *Mannose, Maltose, Ribose* u. *Fucose* nachgewiesen.
H. THIELE. 6068□

Bestimmung des gelösten Sauerstoffs mit einer verkürzten polarographischen Methode. Anna Kintzel und Czesław Brodziak. (Przemysł spożywczy **14.** 496—500. 1960.) (Pol.)

Die polarograph. Best. von im Abwasser gelöstem O_2 erfolgt bei konst. Spannung (1 V) durch Messung der Galvanometerabweichung vom Nullwert. Im Bereich 0,1—1,6 V besteht Proportionalität zwischen der Stromstärke u. der O_2-Konzentration.
F. URBAN. 6068□

Philipp Müller Nachf. Eugen Bucher & Co., Stuttgart (Erfinder: Kurt R. Müller, Crailsheim), **Behandlung von Wasser** in zwei Teilströmen. Der erste Teilstrom wird teilweise über einen Wasserstoffionenaustauscher u. teilweise über einen Alkaliionenaustauscher geführt, der zweite Teilstrom mit Ätzkalk behandelt. Die zusammengeführten Teilströme werden durch Ausrieseln von überschüssigem freien CO_2 befreit u. filtriert. (**D. A. S. 1 119 184** Kl. 85b vom 28/7. 1955, ausg. 7/12. 1961. **Zusatz zu D. A. S. 1097 377; C 1961. 9162.**) H. BLACHETZKI. 6025

Philipp Müller Nachf. Eugen Bucher & Co., Stuttgart (Erfinder: Kurt R. Müller, Crailsheim), **Behandlung von Wasser** in zwei Teilströmen. Der eine Teilstrom (A) wird durch Wasserstoffionenaustausch vollentbast, der andere Teilstrom (B) in 2 Ströme (I u. II) unterteilt, wobei I derart bemessen u. mit Ätzkalk gesätt. wird, daß in den vereinigten I u. II die Magnesiahärte ausgefällt ist. B wird filtriert u. mit A vereinigt. (**D. A. S. 1 119 185** Kl. 85b vom 28/7. 1955, ausg. 7/12. 1961. **Zusatz zu D. A. S. 1097 377; C 1961. 9162.**) H. BLACHETZKI. 6025

Hans Börner, Düsseldorf, **Aufbereiten von Badewasser**, das z. B. überchlort ist, durch Alkalisierung u. Filtration, dad. gek., daß das Alkalisierungsmittel, z. B. gebrannter Dolomit oder Magnesit, als Anschwemmschicht auf Filterkerzen oder -platten aufgebaut wird. (**D. A. S. 1 119 183** Kl. 85b vom 19/8. 1953, ausg. 7/12. 1961.)
H. BLACHETZKI. 6025

August Schreiber, Hannover, **Entschlammen biologischer Tropfkörper.** Um die in einem Tropfkörper befindlichen Schlammschichten (I) gleichmäßig zu durchsetzen u. aufzulockern, wird die Mischung von rückgeführtem, ausgespültem Schlamm u. zu reinigendem Abwasser unter verminderter Drehzahl des Tropfkörperverteilers den I aufgegeben. (**D. A. S. 1 118 705** Kl. 85c vom 23/12. 1957, ausg. 30/11. 1961.)
H. BLACHETZKI. 6041

Passavant-Werke, Michelbacher-Hütte, *Reinigen von Wasser mittels Siebbandmaschinen.* (**Belg. P. 554 309** vom 19/1. 1957, ausg. 29/1. 1960. D. Prior. 21/1. 1956. — C. **1961.** 15159 [D. A. S. 1 083 231].)

Magno-Syn-Werk G. m. b. H., Duisburg, *Filtermaterial für die Entsäuerung von Trink- und Brauchwasser.* (**Belg. P. 555 064** vom 16/2. 1957, ausg. 12/2. 1960. D. Prior. 22/2. 1956. — C. **1958.** 11342 [D. A. S. 1 024 025].)

VEB Farbenfabrik Wolfen, Bitterfeld, *Behandlung von Kesselspeisewasser.* (**E. P. 873 309** vom 28/1. 1958, ausg. 19/7. 1961. D. Prior. 28/1. 1957. — C. **1960.** 14478 [Oe. P. 203 421].)

Forschungsgesellschaft der „Wabag" Wasserreinigungsbau Alfred Kretzschmar K.G., Kulmbach (Erfinder: **Ernst Schwinn**), *Entfernen von Schwermetallen aus Wasser und Abwasser.* (**D. A. S. 1 125 365** Kl. 85b vom 23/12. 1955, ausg. 8/3. 1962. — C. **1959.** 17362 [F. P. 1 162 887].)

V. Anorganische Industrie

Reinigung des gasförmigen Schwefels von Arsen durch Kalkmilch. A. W. Awdejewa und A. A. Burba. (Химическая Промышленность [Chem. Ind.] **1959.** 501—02. Sept.) (Russ.)

Der beim Schmelzen von Pyriten erhaltene gasförmige S enthält 0,3—0,5% As. 98% des As werden entfernt, wenn man ihn bei 125° u. 2,5 at während 50 Min. oder im Rührautoklaven mit Kalkmilch (15 g CaO/Liter) behandelt. Bei einer zweiten Wäsche nimmt der As-Geh. auf 10^{-3}% ab. Die Waschlsg. wird mit 76%ig. H_2SO_4 behandelt, um die lösl. As-Verbb. als As_2S_3 u. Ca^{2+} als $CaSO_4$ abzuscheiden; nach Filtration wird die schwach saure Lsg. mit Kalkmilch neutralisiert u. kann nach Absitzen zur Herst. frischer Kalkmilch verwendet werden. Die Abwässer werden aus sanitären Gründen auf einen As-Geh. von 0,05 mg/Liter verdünnt. R. K. MÜLLER. H 253□

Verfahren zum Umgang mit Titantrichlorid. R. W. Lerner. (Ind. Engng. Chem., int. Edit. **53.** Nr. 12. 56 A—58 A. Dez. 1961. Stauffer Chem. Co., Anderson Chem. Div.) (Engl.)

Im Labor. bewahrt man kleine Mengen $TiCl_3$ in Glasflaschen mit gewachstem Schraubdeckel auf. Beim Arbeiten mit $TiCl_3$ vermeidet man eine zu Zers. führende Berührung mit Luft-O_2 u. -feuchtigkeit durch eine N_2-Atmosphäre. Größere Mengen $TiCl_3$ lagert man in Stahltrommeln unter einem Inertgas bei 20°. Das Personal soll beim Transport sicherheitshalber Gummihandschuhe u. säurefeste Kleidung tragen.
W. WESLY. H 321□

Die Erzeugung von elektrolytischem Urandioxid in einer Versuchsanlage. J. R. Chalkley. (J. less-common Metals [Amsterdam] **3.** 98—109. April 1961. Gloucester, Impregnated Diamond Products Ltd.) (Engl.)

Man erhält den zur Gewinnung von UO_2-Kristallen durch Schmelzelektrolyse erforderlichen Elektrolyten (in geschmolzenem NaCl–KCl-Eutektikum gelöstes UO_2Cl_2) durch Chlorierung von UO_2, U_3O_8 u. UO_3 in situ. Die Elektrolyse erfolgt zwischen vorzugsweise senkrechten Graphitelektroden; an der Kathode scheidet sich krist. UO_2 ab. Eine andere Herst.-Art geht von U-Erz oder -Konzentrat aus u. ist 3stufig. Zunächst beseitigt man die Verunreinigungen durch anod. Chlorierung, behandelt in der 2. Stufe das Prod. (99% Reinheit) wie das aus Oxiden bestehende Ausgangsmaterial u. reinigt in der 3. Stufe das gewonnene UO_2Cl_2 unter Verw. einer UO_2-plattierten Kathode als lösl. Anode. Herkunft u. Verh. der Verunreinigungen u. die Bedingungen zur Gewinnung von Verbb. der Zus. UO_2 bis $UO_{2,5}$ werden erörtert. W. WESLY. H 339□

Kali-Chemie Akt.-Ges., Hannover (Erfinder: Ulrich Hauschild, Hannover, und Horst Nicolaus, Nürnberg), **Regenerieren des bei der Herstellung von Wasserstoffperoxid über organische Verbindungen für die Hydrierungsstufe verwendeten Raney-Nickel-Katalysatoren,** dad. gek., daß man den Katalysator mit der alkohol. Lsg. einer Carbonsäure, bes. Essigsäure, behandelt, wobei die Konz. der Carbonsäure im Alkohol bes. zwischen 10 u. 50% liegt u. die Behandlung in einer inerten Gasatmosphäre vorgenommen wird. (**D. A. S. 1 120 432** Kl. 12i vom 5/8. 1960, ausg. 28/12. 1961.)
K. DEMMLER. H 241

Texas Gulf Sulphur Co., New York, N.Y., übert. von: David K. Eads, Pittsburgh, und Gino P. Giusti, New Kensington, Pa., V.St.A., **Rösten von Pyrit**

zur Gewinnung von Schwefel. Feinverteilter Pyrit wird in ein fluidisiertes erhitztes Bett aus Inertmaterial eingetragen u. hierbei der disponible S aus dem Pyrit abgetrieben. Anschließend wird O_2 enthaltendes Gas (O_2-Geh. ausreichend, um den im Pyrit noch enthaltenen S zu verbrennen) mit solcher Geschw. durch die Wirbelschicht geleitet, daß der Abbrand mit dem S u. den gasförmigen Verbrennungs-Prodd. ausgetragen wird. Der Abbrand wird abgetrennt u. anschließend der S durch Kondens. gewonnen. — Verf.-Schema. (**A. P. 2 872 294** vom 16/5. 1952, ausg. 3/2. 1959.) E. MIESSGANG. H 253

Union Carbide Corp., New York, N.Y., übert. von: Charles E. Colwell, Pittsburgh, Pa., V.St.A., **Klärung von Schwefelsäure,** verunreinigt durch kohlenstoffhaltige Teilchen, durch Ausflockung. Der Säure wird wasserlösl. Polyacrylsäure mit hohem Molgew. (180000—1600000) zugesetzt. (**A. P. 2 866 684** vom 3/8. 1956, ausg. 30/12. 1958.) E. MIESSGANG. H 253

United States Borax & Chemical Corp., Los Angeles, Calif., V.St.A., **Gewinnung von Borsäure aus Calciumboraten,** bes. Colemanit (I), erfolgt dadurch, daß man I mit SiO_2 u. CO_2 in wss. Phase bei 250—270° unter Druck in Form einer 4—20% Feststoffe enthaltenden Aufschlämmung reagieren läßt, wobei das Verhältnis $CaO : SiO_2$ = 1 : 1—1 : 2 betragen soll. Das in I enthaltene B findet sich zu 100% im vom Rückstand der umgesetzten Rk.-Masse abgetrennten Filtrat wieder. (**E. P. 863 541** vom 4/11. 1959, ausg. 22/3. 1961. A. Prior. 1/12. 1958.) K. WOLK. H 258

Studiengesellschaft Kohle m. b. H., Mülheim/Ruhr, **Herstellung von Alkali- oder Erdalkaliborhydriden.** Man läßt einen Alkali- bzw. Erdalkali-KW-Stoff mit Diboran, das durch KW-Stoffe mit bis zu 4 C-Atomen substituiert ist, oder einem Borin der allg. Formel $BR(R^1)_2$ [R = KW-Stoff-Gruppe; ein R^1 = H, das andere R^1 = H- oder KW-Stoffrest] in Ggw. von H_2 reagieren. Als KW-Stoff-Reste fungieren bes. Alkylgruppen. Die Umsetzung wird bes. in Ggw. von inerten organ. Fll., bes. Hexan, Bzl., Äthern, unter Inertgasatmosphäre (Beispiel: N_2, Ar), in einer Kugelmühle vorgenommen. — Beispiele für Herst. von $LiBH_4$ u. $Mg(BH_4)_2$. (**E. P. 864 618** vom 28/3. 1957, ausg. 6/4. 1961. D. Prior. 8/3. 1957.) K. WOLK. H 258

Carlo Garbato, Mailand, Italien, **Herstellung von Kohlendioxid.** Man bringt einen gasförmigen oder verdampften KW-Stoff in einem Fließbett mit einem Metalloxid zur Rk., bis das Oxid unter Bldg. von W. u. CO_2 red. ist, worauf man das Oxid durch Behandlung mit Luft regeneriert. Die Temp. hängt von der Natur des verwendeten Metalls ab, bei Cu beträgt sie z. B. 800—1000°. (**It. P. 526 064** vom 12/11. 1954.) K. KOEBKE. H 260

Montecatini Soc. Gen. per l'Industria Mineraria e Chimica, Mailand, Italien (Erfinder: J. Dharma Teja, Whitestone, N.Y., V.St.A.), **Herstellung eines stabilen Kieselsäuresols,** in dem glasbildende (Metall-)Oxide u. als Stabilisatoren organ. Polymere suspendiert wird, für die Erzeugung von Fäden, Filmen u. Überzügen, dad. gek., daß man als Stabilisator eine wss. Dispersion E mindestens eines hydrophilen u. eines hydrophoben, organ. Polymeren einem Gemisch zusetzt, das man aus einer wss. Suspension F von glasbildenden (Metall-)Oxiden u. einer koll. SiO_2-Lsg. G erhält, u. daß man die erhaltene Masse unter Durchblasen von NH_3 bei etwa 700 mm Hg Druck entlüftet. (**D. A. S. 1 121 595** Kl. 12i vom 24/5. 1956, ausg. 11/1. 1962. A. Prior. 25/5. 1955.) A. GRADL. H 261

Atlantic Refining Co., Philadelphia, Pa., übert. von: Edwin R. Birkheimer, Laurel Springs, N.J., V.St.A., **Stabilisieren kolloidaler Kieselsäurelösungen,** dad. gek., daß der wss., von ion. Verunreinigungen freien SiO_2-Lsg. 1,5—6% NH_3 (bezogen auf SiO_2) zugesetzt u. nach mindestens 2std. Einw. dann bis auf einen Rest von wenigen ppm abgetrieben wird. (**A. P. 2 978 419** vom 4/2. 1957, ausg. 4/4. 1961.) A. GRADL. H 261

E. I. du Pont de Nemours & Co., Wilmington, Del., V.St.A. (Erfinder: Carl Marcus Olson), **Reinigung von Siliciumhalogeniden** für die Herst. von reinstem Si dad. gek., daß die dampfförmigen Si-Halogenide 0,1—10 Sek. mit auf 850—925° erhitztem Si in Kontakt gebracht werden. (**E. P. 867 871** vom 12/7. 1957, ausg. 10/5. 1961.) A. GRADL. H 261

Koppers Co., Inc., übert. von: Edward J. Helm und Elwood V. Schulte, Pittsburgh, Pa., V.St.A., **Herstellung von Diammoniumphosphat** aus dem NH_3 von Koksofengasen, dad. gek., daß die Ofengase mit W. aufgenommen u. einer Wasserdampf-Dest. unterworfen u. das so gereinigt anfallende NH_3 mit konz. H_3PO_4 unter verminderter Temp. u. solchen Säurebedingungen, daß eine $(NH_4)_2HPO_4$-Suspension vom pH 5,5 bis 8 resultiert, umgesetzt wird. — Zeichnung. (**A. P. 2 970 888** vom 3/5. 1957, ausg. 7/2. 1961.) A. GRADL. H 264

Atomic Energy of Canada Ltd., Ottawa, Ontario, Canada, übert. von: **Louis Spiegler**, Woodbury, N.J., V.St.A., **Abtrennung von Uran aus Gemischen.** Man erwärmt eine schwefelsaure, U^{6+}, Mg, Ca, F u. Fe enthaltende Lsg. auf 70—100°, stellt auf pH 3—4 ein, trennt die Ndd. nach Kühlung auf 20—45° ab, versetzt mit H_2O_2 unter gleichzeitigem Zusatz von alkal. Reagentien zur Aufrechterhaltung von pH 2,5 bis 3,5 u. sammelt die bei 30—65° ausgeschiedenen Kristalle von *Uranperoxid.* (**Can. P. 554 203** vom 12/10. 1945, ausg. 11/3. 1958. A. Prior. 20/10. 1944.)

L. GROSSNER. H 339

Atomic Energy of Canada Ltd., Ottawa, Ontario, Canada, übert. von: **Louis Spiegler**, Woodbury, N.J., V.St.A., **Gewinnung von Uran aus Metallabfällen.** U-Metallkrätze wird an Luft verbrannt, die erhaltenen U-Oxide werden mit Kalk gemischt, bei 600—1000° an der Luft geröstet, das Röstprod. wird mit 5—50%ig. H_2SO_4 versetzt, wobei für jedes Metallatom mindestens ein Sulfatrest verfügbar ist. Zur Überführung in eine *Uranylsulfat*-Lsg. wird das Gemisch belüftet, ein Peroxid zugesetzt u. von Feststoffen getrennt. (**Can. P. 554 204** vom 12/10. 1945, ausg. 11/3. 1958. A. Prior. 20/10. 1944.)

L. GROSSNER. H 339

Atomic Energy of Canada Ltd., Ottawa, Ontario, Canada, übert. von: **Louis Spiegler**, Woodbury, N.J., V.St.A., **Herstellung und Verwendung von Uranprodukten.** Uranperoxid wird durch Erwärmen mit wss. Soda-Lsg. vom pH 8,5 bis 9 auf 65—75 ° in wasserlösl. U-Verbb. übergeführt. Reinigung von anhaftenden Metallfluoriden, bes. MgF_2, durch Erwärmen mit wss. Soda-Lsg. vom pH 7,6—10,8 auf 60—90°, wobei pro Atom U 4—5 Atome Na angewandt werden, Abtrennung von ungelöstem MgF_2 u. Fällung von *Uranperoxid* durch Ansäuern auf pH 2—5 bei 30—65°. (**Can. P. 554 205** vom 31/10. 1945, ausg. 11/3. 1958. A. Prior. 8/11. 1944.)

L. GROSSNER. H 339

Ethyl Corp., New York, N.Y., übert. von: **Hymin Shapiro**, Detroit, **Earl G. De Witt**, Royal Oak, und **Jerome E. Brown**, Detroit, Mich., V.St.A., **Manganorganische Verbindungen**, bei denen das Mn an Cyclopentadien gebunden ist, werden aus den entsprechenden Verbb. der Alkali- u. Erdalkalimetalle, Zn, Zd, auch aus GRIGNARD-Verbb. mit MnF_2, $MnCl_2$, $MnBr_2$, MnO, Mn_3O_4, MnS, $MnCO_3$, Mn(II)-Acetat, -Nitrat, -Sulfat, -Benzoat, -Oxalat u. -Phosphat in inerten Lsgm. unter N_2 oder anderen Inertgasen hergestellt. — *Bis-cyclopentadienyl-mangan* (52,3%), schwarzbraun, sublimiert bei 130°/2 mm, luftempfindlich aus Cyclopentadien-Na u. wasserfreiem $MnCl_2$ in Tetrahydrofuran unter N_2. — Analog *Bis-methylcyclopentadienyl-Mn* (I) (84,3%), rötlichbraun, an der Luft selbstendzündlich. — *Bis-acetylcyclopentadienyl-Mn.* — *Bis-allylcyclopentadienyl-Mn.* — *Bis-phenylcyclopentadienyl-Mn.* — *Cyclopentadienyl-(methylcyclopentadienyl)-Mn.* — *Bis-indenyl-Mn.* — *Bis-pentamethylcyclopentadienyl-Mn.* — *Bis-(2-octylcyclopentadienyl)-Mn.* — *Bis-(1-naphthyl-2-äthylcyclopentadienyl)-Mn.* — *Bis-(1.3.4.7-tetramethylindenyl)-Mn.* — *Bis-(3-cyclohexylindenyl)-Mn.* — *Bis-(4.5.6.7-tetrahydroindenyl)-Mn.* — *Bis-(1.2.3.4.5.6.7.8-oktahydrofluorenyl)-Mn.* — *Bis-(1.8-diäthylfluorenyl)-Mn.* — *Bis-fluorenyl-Mn.* — I im Autoklavmeter N_2 mit CO bei 148° u. 680—2175 lbs./sq. in. 1. Std. → Methylcyclopentadienyl-Mangan-tricarbonyl. — *Treibstoff-* u. *Schmiermittelzusätze, Zwischenprodd., Therapeutica, Fungicide, Insekticide, Entblätterungsmittel, Wachstumsregler* u. anderes. (**A. P. 2 839 552** vom 8/8. 1955, ausg. 17/6. 1958.)

A. DEBO. H 350

Victor Bayerl, Deutschland, *Gewinnung von Deuterium.* (**F. P. 1 213 247** vom 9/1. 1959, ausg. 29/3. 1960. D. Prior. 20/1. 1958. — **C. 1961.** 4129 [D. P. [DDR] 19 225].)

Deutsche Gold- und Silber-Scheideanstalt vormals Roessler, Frankfurt/M., *Herstellung von Wasserstoffperoxid.* (**Oe. P. 213 838** vom 14/5. 1959, ausg. 10/3. 1961. A. Prior. 22/5. 1958. — **C. 1960.** 16895 [D. A. S. 1 079 604].)

Columbia-Southern Chemical Corp., Pittsburgh, Pa., V.St.A., *Reinigen von Wasserstoffperoxid.* (**E. P. 865 398** vom 26/8. 1957, ausg. 19/4. 1961. A. Prior. 29/11. 1956. — **C. 1960.** 2997 [D. A. S. 1 062 682].)

Columbia-Southern Chemical Corp., V.St.A. (Erfinder: **Peter Ramsey Johnston**), *Wäßrige stabilisierte H_2O_2-Lösungen.* (**F. P. 1 219 592** vom 1/4. 1959, ausg. 18/5. 1960. A. Prior. 1/4. 1958. — **C. 1961.** 2748 [D. A. S. 1 083 789].)

D. Napier & Son Ltd., London, England (Erfinder: **James William Laxton**), *Katalysator für die Zersetzung von Wasserstoffperoxid.* (**E. P. 866 337** vom 30/9. 1957, ausg. 26/4. 1961. — **C. 1960.** 5939 [D. A. S. 1 067 789].)

VEB Leuna-Werke „Walter Ulbricht", Leuna (Erfinder: **Alfred Schäffler, Friedrich Bach** und **Gerhard Meier**), *Herstellung von Hydroxylaminsulfatlösungen.* (**E. P. 830 419** vom 17/4. 1956, ausg. 16/3. 1960. — **C. 1959.** 11694 [D. A. S. 1 041 929].)

Knapsack-Griesheim Akt.-Ges., Knapsack, *Gewinnung von hochkonzentriertem Chlor- oder Bromwasserstoff.* (**Holl. P. 99 676** vom 18/7. 1957, ausg. 15/11. 1961. D. Prior. 19/7. 1956. — **C. 1958.** 13329 [D. A. S. 1 029 351].)

Badische Anilin- & Soda-Fabrik Akt.-Ges., Ludwigshafen/Rh., *Elektrolyse von wäßrigem Chlorwasserstoff.* (**E. P. 865 288** vom 30/7. 1959, ausg. 12/4. 1961. D. Prior. 21/8. 1958. — **C. 1960.** 6956 [D. A. S. 1 071 678].)

Farbenfabriken Bayer Akt.-Ges., Deutschland (Erfinder: **Friedrich Schubert, Konrad Lang, Alex Bürger und Werner Schabacher**), *Herstellung von Alkaliboranaten.* (**F. P. 1 212 817** vom 9/8. 1958, ausg. 25/3. 1960. D. Prior. 12/8. u. 21/9. 1957. — C. **1962.** 1367 [Oe. P. 212 281].)

Monsanto Chemical Co., V.St.A. (Erfinder: **Robert Arthur Ruehrwein** und **Forrest Vaughan Williams**), *Herstellung von kristallisiertem Borphosphid.* (**F. P. 1 221 987** vom 3/3. 1959, ausg. 7/6. 1960. A. Prior. 3/3. 1958. — C. **1961.** 18087 [A. P. 2 966 424].)

Gösta Lennart Flemmert, Schweden, *Behandlung von hydrophober, fluorhaltiger Kieselsäure.* (**F. P. 1 205 252** vom 24/3. 1958, ausg. 2/2. 1960. Schwed. Prior. 25/3. 1957. — C. **1960.** 14483 [D. A. S. 1 075 573].)

Büttner-Werke Akt.-Ges., Deutschland (Erfinder: **Kurt Giesswein**), *Herstellung von Natriumtripolyphosphat.* (**F. P. 1 214 657** vom 28/1. 1959, ausg. 11/4. 1960. — C. **1959.** 12024 [D. A. S. 1 050 737].)

Magneto-Chemie N. V., Holland, *Metallmischoxide.* (**F. P. 1 221 557** vom 17/4. 1959, ausg. 2/6. 1960. Holl. Prior. 17/4. 1958. — C. **1960.** 16897 [D. A. S. 1 083 793].)

Brotherton & Co. Ltd., Leeds, England, *Behandeln von Zinkoxidhydrat.* (**Belg. P. 563 588** vom 28/12. 1957, ausg. 17/6. 1960. E. Prior. 31/12. 1956. — C. **1961.** 5216 [E. P. 838 851].)

Badische Anilin- & Soda-Fabrik Akt.-Ges., Deutschland, *Gewinnung peptisierbarer Aluminiumhydroxide aus Bayerit.* (**F. P. 1 222 215** vom 23/4. 1959, ausg. 8/6. 1960. D. Prior. 30/4. 1958. — C. **1960.** 5284 [D. A. S. 1 068 233].)

National Distillers & Chemical Corp., V.St.A. (Erfinder: **Stuart Schott, Virgil L. Hansley** und **Harry Greenberg**), *Reinigung von Zirkoniumhalogeniden.* (**F. P. 1 222 447** vom 25/7. 1958, ausg. 9/6. 1960. A. Prior. 26/7. 1957. — C. **1961.** 10707 [D. A. S. 1 089 742].)

Rohm & Haas Co., V. St. A. (Erfinder: **Charles Theodore Dickert** und **Albert Ferdinand Preuss jun.**), *Selektive Extraktion von Nitraten aus nitrat- und sulfathaltigen wässerigen Lösungen.* (**F. P. 1 222 428** vom 13/3. 1958, ausg. 9/6. 1960. A. Prior. 20/3. 1957. — C. **1960.** 7973 [D. A. S. 1 068 674].)

VI. Silicatchemie. Baustoffe

Fränkisches Glas. Kurzer Überblick über Form, Verzierung und Verbreitung. Waltraud v. Pfeffer. (Glastechn. Ber. **33.** 136—142. April 1960. Mainz.) (Dt.)

Definition, Eigenarten, Vorbilder u. Typologie des Fränk. Glases. Herausstellung der Unterschiede gegenüber dem röm. Glas. Bes. Aufmerksamkeit wird den Verzierungsarten des Fränk. Glases gewidmet. Ungeklärte Fragen bestehen hinsichtlich techn. Herst.-Verff., ferner der Rohstoffe u. der Standorte der Glashütten. Die Kartierung der Glasfunde u. Karten über die Verbreitung sollen dazu beitragen, einen Teil der ungelösten Fragen zu klären. Für die Zukunft werden entscheidende Resultate weniger von der Archäologie, als vielmehr von der Naturwissenschaft, bes. von der Glasanalyse erwartet. H.-O. MULFINGER. 6168☐

Der Stand der Gemengehomogenisierung. Oscar Knapp. (Silikattechnik **12.** 67—70. Febr. 1961. Budapest.) (Dt.)

Der Vf. teilt die Faktoren, die zur Erreichung eines gut homogenisierten Glases eine Rolle spielen, in 2 Gruppen ein. 1. Faktoren, die auf die Gemengebereitung zurückzuführen sind und 2. Faktoren, die aus dem Schmelzvorgang stammen. Ausführlich wird der Gruppe 1. Erwähnung getan. In diesem Zusammenhang werden die Vorgänge des Zerkleinerns, Trocknens, Siebens, Wägens, Mischens u. der Förderung des Gemenges zum Schmelzofen zusammen mit den erforderlichen Maschinen u. Geräten besprochen. Ferner werden Fragen der Beseitigung des Staubes des Gemenges u. der analyt. Gemengekontrolle eingehend behandelt. Zusammenfassend wird festgestellt, daß der heutige Stand der Rohstoffaufbereitung eine annehmbare Homogenität liefert.

H.-O. MULFINGER. 6168☐

Der Einfluß verschiedener Rohstoffe und ihrer Verunreinigungen auf Glasqualität und Glaseigenschaften. Werner Vogel. (Silikattechnik **12.** 54—63. Febr. 1961. Jena, VEB Jenaer Glaswerk Schott & Gen.) (Dt.)

Im Rahmen dieser ausführlichen Abhandlung behandelt der Vf. die Grundforderungen an Reinheit u. Beschaffenheit einiger Hauptrohstoffe wie Sand, Soda, Kalk, Borsäure, Tonerde, Titandioxid, Lanthanoxid, Mennige usw., die er in einer Tabelle zusammenstellt. Auch die Forderungen an Reinheit u. Beschaffenheit der bei der Glas-Herst. zur Fertigung von Häfen, Wannen, Steinen usw. verwandten keram. Rohstoffe werden eingehend behandelt, da auch diese von Bedeutung für die Glasqualität sind. Nach einer Beschreibung der Auswahl der schmelzgünstigsten Glasrohstoffe gibt der Vf. prakt. Beispiele für den Einfl. verschiedener Rohstoffe u. ihrer Verunreinigungen auf Glasqualität u. Glaseigenschaften. Schließlich werden Störungen der Glasproduktion, u. zwar bes. Entmischung u. Farbe, Entmischung u. Trübung, Entmischung u. chem. Widerstandsfähigkeit, sowie Störungen der Glasproduktion durch Einschlüsse behandelt. 3 Tabellen, 30 Bilder u. Diagramme. H.-O. MULFINGER. 6170☐

Zirkonsand als Feldspatersatz in Hohlgläsern. Béla Löcsei. (Silikattechnik **12.** 64—66. Febr. 1961. Budapest, Zentrales Forsch.-Inst. für Baustoffe.) (Dt.)

Es wird die Frage diskutiert, wie sich der bei der Hohlglas-Herst. verwandte Feldspat — der in Ungarn importiert werden muß — durch andere Zusätze ersetzen läßt.

In diesem Zusammenhang wird zunächst der Einfl. des durch die Feldspat eingeführten Al_2O_3 auf die Glas-Eigg. behandelt, sodann werden die Möglichkeiten, das Al_2O_3 teilweise durch andere Oxide zu ersetzen, erörtert. Von den in Frage kommenden Oxiden einiger Übergangselemente eignet sich hierzu am besten das ZrO_2, das gleiche oder günstigere Wrkg. auf die Verarbeitbarkeit u. auf die physikal.-chem. Glas-Eigg. ausübt als das Al_2O_3. Die Frage, in welcher Form das ZrO_2 eingeführt werden kann, wird auf Grund wirtschaftlicher u. techn. Überlegungen zugunsten des Zirkonsandes entschieden. Seine chem. Zus. wird angegeben. Verss. zur Klärung der Änderung des SiO_2-, Alkalioxid- u. Erdalkalioxid-Geh. bei Zirkonsandzusatz auf die Viscosität, bes. aber auf die Schmelzbarkeit u. Bearbeitbarkeit des Glases wurden durchgeführt. Ferner wurde geprüft, inwieweit sich die Schmelzbarkeit der Gläser durch Zusatz von AlF_3 verbessern läßt. Die Ergebnisse zeigen, daß die Einführung von Zirkonsand in die handelsüblichen Gläser vorteilhaft ist. H.-O. MULFINGER. 6170□

Einrollenmühle mit aufgebauter Trockenstrecke und Windsichter. O. Rücker. (Keram. Z. **13.** 371—72. Juli 1961. Aachen.) (Dt.)

Es wird die Wrkg. der Einrollenmühle bei der Vermahlung keram. Massen beschrieben, das Mahlgut wird hierbei während der Vermahlung aufgetrocknet. Die Endfeuchtigkeit der feingemahlenen Masse beträgt weniger als 0,5%. Die Vorteile dieser Mühle liegen bes. in dem geringen Verschleiß der beanspruchten Teile u. der leichten Zugänglichkeit zu den Mahlteilen bei der Demontage. Die Mühle arbeitet zudem abs. erschütterungsfrei u. ohne störenden Lärm. N. PETERS. 6206□

Aufbereitungsprobleme in der keramischen Industrie. Hans B. Ries. (Keram. Z. **13.** 366—69. Juli 1961. Hardheim/Nordbaden.) (Dt.)

Es wird auf folgende Probleme näher eingegangen: Zerkleinerung, Dosieren u. Mischen, Granulierung. N. PETERS. 6206□

Aufbereitungstechnik im automatisierten keramischen Betrieb. E. Räkers. (Keram. Z. **13.** 358—65. Juli 1961. Mühlacker.) (Dt.)

Es wird ausführlich auf die Gründe für eine weitgehende Rationalisierung bzw. Automatisierung eingegangen; das Ziel ist, eine möglichst geringe Beschäftigtenzahl zu erreichen. Die Grenzen der Automatisation liegen an jenem Punkt, wo die Hilfsgeräte zu empfindlich werden u. die Einsparung einer normalen Arbeitskraft mit zwei Spezialisten bezahlt werden muß. N. PETERS. 6206□

Neue Aufbereitungstechnik in der tonverarbeitenden Industrie. K. Suchowski. (Keram. Z. **13.** 369—70. Juli 1961. Münster/Westf.) (Dt.)

Mit Hilfe eines Schnelltrockners u. der *Novotor*-Mühle konnte erreicht werden, daß aus den so aufbereiteten Tonen Fertigerzeugnisse wie Dachziegel, sehr gute Verblender, Industriefußbodenplatten etc. hergestellt werden konnten. Es konnte mit dieser Aufbereitungs-Meth. erreicht werden, daß die im Rohton vorhandenen fremdartigen Einschlüsse wie Kalkstein u. Pyrit soweit zerkleinert wurden, daß sie im Fertigerzeugnis nicht mehr störend in Erscheinung traten. Die gesamte Aufbereitung ist von den Wetterverhältnissen unabhängig, eine Tatsache, die für bestimmte Betriebe, die bislang Saisonbetrieb hatten, von ausschlaggebender Bedeutung sein kann. N. PETERS. 6206□

Der Mechanismus lokaler Pocken-Bildung und des Überfeuerns. Friedrich Dettmer. (Keram. Z. **13.** 373—74. Juli 1961. Lübeck.) (Dt.)

Störungen im Gleichgewichtszustand des Syst. Fe–O sind die Ursachen für das Aufblähen verglaster keram. Massen. Nach vorübergehender Unterdrückung der Dissoziation u. vorübergehenden Lsg.-Vermögen der Glasphase für Gase kommt es an texturschwachen Stellen im Scherben zur Bldg. erster winziger Gasblasen, die als Kerne u. Initiatoren wirken u. eine stürm. Gas-Entw. auslösen. Sie bleibt entweder auf die texturschwachen Stellen beschränkt (Brennpocken) oder erstreckt sich durch die ganze Scherbenmasse (Überfeuerung). N. PETERS. 6206□

Beitrag zur Bestimmung der Trockenempfindlichkeit grobkeramischer Rohstoffe. Heinz Müller. (Silikattechnik **12.** 71—77. Febr. 1961. Großräschen, Inst. für Grobkeramik.) (Dt.)

Die Verff. zur Trockenempfindlichkeits-Best. werden krit. gesichtet u. der Einfl. der wichtigsten Material-Eigg. auf das Trocknungs-Verh. untersucht: Mineralbestand u. Struktur, Anmachwasser-Geh., Porosität, Trockenschwindung, Enstinwert, Durchlässigkeit, Saugvermögen, Feuchtigkeitsverteilung, Kapillar-Eigg., Krongrößenverteilung. Das Kapillar-Verh. der Tone kann als Maß ihrer Trockenempfindlichkeit verwendet werden. Trockenempfindliche Tone sollten nicht gemagert, sondern mit günstigeren Tonen verschnitten werden (10 Bilder, 8 Tafeln, 17 Literaturangaben). H.-O. MULFINGER. 6208□

Verwendung von Talk in der französischen keramischen Industrie. R. Royer. (Ind. céram. 1960. 171–74. Mai.) (Franz.)

Zus. u. Eigg. von Talk u. deren Einw. auf die keram. Erzeugnisse werden angegeben. Dabei wird die große therm. Ausdehnung hervorgehoben, die er bei Brenn-Temp. unter 1150° bewirkt, im Gegensatz zu der geringen, die infolge Rk. mit den übrigen Gemengebestandteilen bei höheren Temp. auftritt. Es wird dann auf die Besonderheit bei der Verw. von Fayencen, Fließen zum Wand- u. Fußbodenbelag, Tafelporzellan, sanitäre Porzellane, Steingut, hochfeuerfeste Materialien u. Emaillen hingewiesen. L. KÜHNERT. 6208☐

Das chemische Erhärten von feuerfesten Rohstoffen mit verdünnter Phosphorsäure. Erhard Preußer. (Silikattechnik 12. 81–83. Febr. 1961. Eisenberg.) (Dt.)

Es wurden Labor-Verss. durchgeführt, um ungebrannte Schamotte- u. Korundsteine herzustellen, die eine genügend hohe Festigkeit haben, um den mechan. Anforderungen eines Transportes standzuhalten. Um beurteilen zu können, mit welcher Rohstoffkomponente die Phosphorsäure am stärksten reagiert, wurden zuerst die einzelnen Rohstoffe (Korundstaub u. Guttauer Bindeton) mit verd. H_3PO_4 geprüft. Für die Hauptverss. wurden 3 Versätze unter Verw. von Korundstaub (entsprechend K 60) u. ein Versatz aus Schamotte (entsprechend AI) hergestellt. Es wurde mit 2-, 4-, 6-, 10- u. 15%ig. H_3PO_4 gearbeitet (Anmach-Fl. ca. 8 Vol.-% des Masse-Gewichtes, Verformung in einer Kaltdruckpresse, spezif. Preßdruck ca. 250 kp/cm²). Die Trockung erfolgte bei Raum-Temp. u. 100–400°. Sowohl Korund u. Ton, wie auch die mit verd. H_3PO_4 gehärteten Steinmassen zeigten eine sehr gute, fast glasharte Oberfläche u. Kantenfestigkeit. Die glasartige Schicht war ca. 3–4 mm dick. Die Konzz. von mehr als 10% H_3PO_4 u. einem Bindetonzusatz von über 15% lassen sich Druckfestigkeiten von über 150 kp/cm² erreichen. Der Druckfestigkeitsanstieg bei Temp.-Einw. verläuft ohne krit. Temp.-Bereich, d. h. der Übergang von chem. zu keram. Bindung verläuft ohne Festigkeitsverlust (nachgewiesen bis 750°). Die Steine sind den gebrannten Steinen gleichwertig. H.-O. MULFINGER. 6218☐

Äthylsilicat 40 als hydraulisches und keramisches Bindemittel. Rainer Krannich. (Silikattechnik 12. 78–80. Febr. 1961. Freiberg, Inst. für Silikathüttenkunde der Bergakad.) (Dt.)

Nach einer Beschreibung der Darst. u. der Eigg. der Kieselsäureester u. der Charakterisierung der hydraul. u. keram. Bindung beschreibt der Vf. das Bindevermögen in Abhängigkeit vom SiO_2-Geh. der vorhydrolisierten u. einfach hydrolysierten Äthylsilicat-Lösung. Mit Hohenbockaer Sand ergab sich, daß hauptsächlich die Menge des durch Äthylsilicat (I) eingeführten SiO_2 die Brennbedingungen u. die Packungsdichte des Füllmaterials die Festigkeit der Proben beeinflussen. Bei I-gebundenen Korundmassen konnten durch Bldg. von Mullit oberhalb 1000° ausgezeichnete Kaltdruckfestigkeiten erzielt werden. I-gebundene Silicasteine wiesen keine bes. Vorteile gegenüber den kalkgebundenen Silicasteinen auf. Gute Ergebnisse wurden mit I-gebundenen SiC-Massen erzielt. Bei 1750° konnte (bei 2 kp/cm² Belastung) noch keine Druckerweichung festgestellt werden. Orientierende Verss. zeigten, daß solche SiC-Körper weniger korrodieren. Wirtschaftliche Überlegungen zeigen jedoch, daß eine Verw. von I für einfache Massen-Prodd. wegen des hohen Preises unmöglich ist, so daß es vorläufig nur für spezielle, sehr hochwertige Erzeugnisse in Frage kommt. H.-O. MULFINGER. 6220☐

Über den Einfluß der Brenntemperatur auf die Kinetik der Klinkerbildung. I. I. Cholin, J S. Malinin und S. B. Entin. (Silikattechnik 12. 84–86. Febr. 1961. Moskau.) (Dt.)

Die Arbeit beschäftigt sich mit der Erforschung des Einfl. sehr kleiner Temp.-Veränderungen im naheutekt. Intervall auf die Geschw. der Kalkaufnahme durch den Klinker. In Fe-haltigen Klinkern ist bei Temp. über dem Eutektikum eine starke Beschleunigung der Kalkbindung zu beobachten. Dies entspricht der Bldg. von C_3S durch die Schmelze. Auch bei Fe-freien Klinkern ist nach Erreichen der eutekt. Temp. eine starke Beschleunigung der Kalkbindung zu beobachten, jedoch wird hier ein merklicher Anteil des C_3S bereits bei Temp. unterhalb des Eutektikums gebildet. Diese C_3S-Bldg. bei untereutekt. Temp. u. relativ kurzen Verweilzeiten kann durch das Schmelzen kleinster Teilchen des Einsatzgutes unter Bldg. von Mikroschmelzbereichen erklärt werden. Hierdurch entstehen die Voraussetzungen für eine Zwischenphasen-Rk., die schneller abläuft als die Rk. in der festen Phase. H.-O. MULFINGER. 6222☐

Kohlensäurebehandlung von Zellenbaustoffen aus Magnesiabinder. Nikola B. Djabaroff und Wassil S. Slatanoff. (Silikattechnik 12. 83–84. Febr. 1961. Sofia.) (Dt.)

Es werden Verss. beschrieben, den Verw.-Bereich des Magnesiabinders (Sorelzement) durch Carbonatisieren mit Abfallrauchgasen, die CO_2 enthalten, noch mehr zu verbreitern. Die Verss. mit Zellenbeton der Rohdichte 300—500 kg/m³ aus Magnesiazement durchgeführt sowie mit vier Mischungen mit verschiedenen Kalkzusätzen. Die Bearbeitung mit CO_2 wird in einer Kammer ohne Überdruck über eine Dauer von $1^1/_2$ Tagen durchgeführt. Nach Beendigung des Prozesses werden die Proben auf Rohdichte, Druckfestigkeit, Carbonat-Geh. u. Wasserbeständigkeit geprüft. Die Ergebnisse der Festigkeitsprüfung zeigen, daß die Zellenbaustoffe aus Magnesiabinder durch Bearbeitung mit CO_2 eine Festigkeitssteigerung erfahren. Bei den Vers.-Reihen mit Magnesia „300", „400" u. „500" betrug die Festigkeitssteigerung etwa das 2,1, 1,9 u. das 2,2fache. Bei Magnesia + Kalk sogar das 3,6fache. Dadurch ist die Möglichkeit gegeben, auch solche Rohstoffe zu verwenden, die Kalk (CaO) enthalten u. die bisher als unbrauchbar betrachtet wurden. Ein weiterer Vorteil der CO_2-Behandlung ist die große Beschleunigung des Fabrikations-Prozesses. H.-O. MULFINGER. 6222□

Die Korrosion des Betons durch Industriewässer. H. Lafuma. (Bull. Centre belge Étude Doc. Eaux **1961/III**. 153—55.) (Franz.)

Die chem. Veränderung des Betons durch Industriewässer wird durch die Bldg. freien Kalkhydrats u. kalkreicher Aluminate, die den Zement hydrolysefähig u. chem. angreifbar machen, verursacht. Man unterscheidet 1. den Angriff durch Säuren, der den Zusammenhalt der Bindemittel durch Bldg. lösl. Salze zerstört, auf Kosten des freien Kalkhydrats u. des in Silicaten u. Aluminaten gebundenen Kalks u. 2. den Angriff durch Salze, z. B. Se-haltiges W., durch Rk. mit den hydrolisierten Ca-Aluminaten. Die 1. Angriffsart ist häufiger. In der Praxis kann die Korrosion auf 2 Arten hervorgerufen werden; durch chem. Veränderung des Betons u. durch Unterschiede im elektrochem. Verhalten. Maßnahmen zum Korrosionsschutz werden beschrieben.

A. LEIBBRANDT. 6224□

Die Direkte Messung der Teilchengröße. M. Ehrenreich und A. R. Steinherz. (Chem. and Ind. **1959**. 1418. 7/11. Haifa, Technion, Israel Inst. of Technol.; Palestine Portland Cement Works Nesher, Ltd.) (Engl.)

Als Ergänzung zu den mkr. Verff. zur Best. der Teilchengröße wird ein Verf. mit einem Oberflächentastgerät beschrieben. Eine Probe eines *Zement*-Pulvers wurde auf dem Mikroskopschlitten mit Nagellack fixiert u. das Profilogramm aufgenommen. Obgleich die Spitze der Tastnadel größer als die Teilchen ist, ist eine numer. Auswertung des Profilogramms möglich. Bei der untersuchten Fraktion wurde mkr. das Verhältnis von Dicke u. Durchmesser zu 0,510 bestimmt, während die Auswertung des Profilogramms 0,504 ergab. K. ROSS. 6252□

Sven Fernhof, Malmö, Schweden, **Herstellung poröser, keramischer Leichtstoffe.** Keram. Grundstoffe, wie Ton, Schamotte u. dgl., werden im plast. Zustand mit kleinen Teilchen eines organ. Schaumstoffes mit möglichst glatter Oberfläche, z. B. aus einem Polystyrol, vermischt u. nach der Formgebung u. dem Trocknen gebrannt. (**F. P. 1 218 887** vom 13/3. 1959, ausg. 13/5. 1960. **D. P. [DDR] 22 119** K. 80b vom 13/3. 1959, ausg. 10/10. 1961 [Ausschließungspatent]. Beide Schwed. Prior. 15/3. 1958.)

HANS HOFFMANN. 6221

Fabio Ferrari, Ardenza, Livorno, Italien, **Hydraulische Aktivierung von mageren oder fetten Kalken,** von hydraul. Kalken u. bas. Si-Zementen, dad. gek., daß man den Stoffen 10—85 (%) natürliche oder synthet., feinstruktuierte, auf Basis von SiO_2 aufgebaute Stoffe, wie Diatomit, Montmorillonit–Beidellit (Bentonit), Si-Stoff, Riga-Pulver zumischt. Die Stoffe sollen bei Temp. $\geqq 300°$ oder, wenn sie durch Kaolinit verunreinigt sind, 15—30 Min. bei 700° getrocknet sein. Man kann 1—6 $CaSO_4$, 0,5—2 Chloride von Ca oder Na, H_3BO_3, Alkaliborate, Zucker oder andere Katalysatoren, 1—4 organ. Stoffe, wie Hydrocellulose, zugeben. (**It. P. 525 990** vom 27/7. 1954.)

K. KOEBKE. 6227

Luis José Fernandes, Ponte da Barca, Portugal, **Herstellung von Baustoffen.** Holzfasern oder Abfälle werden mit einer Silicat- oder Chlorid-Lsg. getränkt, mit einem hydraul. Bindemittel gemischt, die Mischung in eine Form des gewünschten Bauelements (Platten, Blöcke) gebracht u. leicht gepreßt. Dann werden die Preßstücke aus der Form entnommen, einige Std. an der Luft getrocknet u. nochmals gepreßt, u. zwar erheblich stärker als das erste Mal. (**Port. P. 38 184** vom 17/3. 1961, Auszug. veröff. 27/5. 1961.)

A. KALIX. 6229

Corning Glass Works, Corning, N.Y., V.St.A., *Ätzen von Glas.* (**Holl. P. 98 577** vom 17/2. 1958, ausg. 17/7. 1961. A. Prior. 18/2. 1957. Zusatz zu Holl. P. 76 795; C. 1958. 7342. — C. **1961**. 16973 [D. A. S. 1 088 197].)

Union Chimique Belge Soc. An., Brüssel, Belgien, *Pigmentierte Überzugsmassen zum Wasserabweisendmachen von Baustoffen.* (**Belg. P. 556 493** vom 8/4. 1957, ausg. 26/2. 1960. — C. **1962**. 2510 [E. P. 834 962].)

VII. Agrikulturchemie. Schädlingsbekämpfung

Bodenklassifizierung in Ceylon unter Bezugnahme auf die Grundbedingungen der Boden- und Wassererhaltung. C. H. L. Sirimane. (Trop. Agriculturist **114.** 29—37. Jan./März 1958. Ceylon, Dep. of Mineralogy.) (Engl.)

Vortrag. M. WINIKER. 6304□

Vergleichende Untersuchungen über eine wichtige chilenische Bodenform und ähnliche Bildungen in Spanisch-Guinea und auf den Kanarischen Inseln. A. Mella Lagos. (Z. Pflanzenernähr., Düng., Bodenkunde **83** (**128**). 97—103. Dez. 1958. Santiago de Chile, Landwirtschaftsministerium.) (Dt.)

Unter „Trumao" wird in Chile eine bedeutende Gruppe von Sedimenten von Böden verstanden, die ursprünglich auf vulkan. Material gebildet worden waren. Eine Unters. der Beziehungen zwischen dem chilen. Trumao u. ähnlichen Boden-Bldg. in Spanisch-Guinea u. auf den Kanar. Inseln ergab, daß es sich generell um eine bestimmte Bodenform (vererdeter Braunlehm) u. seine Gefügeeinheiten handelt. Es wird daher vorgeschlagen, die Bezeichnung „Polvillo" (auf den Kanar. Inseln Ausdruck für einen vulkan. Boden, der aus runden Strukturelementen, die tonig, leicht zerstörbar u. von gelber bis braungelber Farbe sind, besteht) in die internationale Nomenklatur für alle Bodenformen, die die beschriebene eigenartige Struktur aufweisen, zu übernehmen.

M. WINIKER. 6304□

Die Tone der quaternären Böden der Pisaner Berge. Goffredo Lotti. (Agrochimica [Pisa] **2.** 309—18. Sept. 1958. Pisa, Univ., Ist. di Chimica Agraria.) (Ital.)

Vf. untersuchte die Tonbestandteile einer Reihe quatern. Böden der Hügel, in denen Materialien aus dem Verrucano der Pisaner Berge vorkommen, sowie die Tonbestandteile einiger Böden, die sich auf diesen Bergen gebildet haben. Er stellte fest, daß die Tone der quatern. Böden im wesentlichen *Illit* u. *Kaolinit* enthalten, während in den Tonen der verrucan. Böden auch größere Mengen von Mineralien des *Chlorit–Vermiculit*-Typs vorkommen. M. WINIKER. 6304□

Salze in Profilen alkalischer Böden. S. P. Mitra und Ragnubir Singh. (An. Edafol. Fisiol. vegetal **18.** 59—66. Juni 1959.) (Span.)

Inhaltlich ident. mit der C. **1960.** 3998 referierten Arbeit. R. K. MÜLLER. 6304□

Die Fruchtbarkeit der Kaffeeböden der Zentralafrikanischen Republik. J. Forestier. (Agronom. tropicale **15.** 9—37. Jan./Febr. 543—46. Sept./Okt. 1960.) (Franz.)

Fortsetzung u. Schluß der C. **1961.** 6283 referierten Arbeit. M. WINIKER. 6304□

Veränderung der Bodenatmung und des Kohlensäuregehaltes in der bodennahen Luftschicht im Laufe des Tages und der Nacht. B. N. Makarow. (Доклады Академии Наук СССР [Ber. Akad. Wiss. UdSSR] **118.** 389—91. 11/1. 1958. Dokutschajew-Inst. für Bodenkunde der Akad. der Wiss. der UdSSR.) (Russ.)

Die Unterss. erstreckten sich auf einen bearbeiteten Grasnarbe–Podsol-Boden, einen solchen unter mehrjährigen Gräsern u. auf einen Torfmoorboden (ebenso unter Gräserbestand). Auf allen Böden betrug die CO_2-Ausscheidung von der Bodenoberfläche in den Tagesstunden (9—15 Uhr) das 1,5 bis 2fache von der in den Morgen- bzw. Nachtstunden. Das Maximum entfiel auf 12—15 Uhr. Die Kurven der CO_2-Ausscheidung stimmten mit denen der Luft- u. Boden-Temp. überein. Die ausgeschiedene CO_2-Menge wurde also durch physikal.-chem. u. biolog. Prozesse im Boden sowie durch die Geschw. der CO_2-Diffusion aus dem Boden in die Atmosphäre bedingt. In der bodennahen Luftschicht (25—40 cm über der Bodenoberfläche) war der CO_2-Geh. auf den beiden untersuchten Böden unter dem Bestand von Gräsern (Photo-Synth. u. Pflanzenatmung) in der Zeit von 8—18 Uhr minimal, stieg dann rasch u. betrug in der Nacht etwa das Doppelte des Geh. am Tage. M. GORDIENKO. 6304

Zufuhr von Stoffen zum Erdboden. Aus der Luft stammende Nährstoffe. Erik Eriksson. (Nord. Jordbrugsforskn., Suppl. I. Nr. **1.** 67—68. 1960. Stockholm, Högskola, Internat. Meteorolog. Inst.) (Schwed.)

Auf Grund von Analysen bzw. Schätzungen werden in einer Tabelle für die verschiedenen Teilgebiete (Provinzen, Bezirke) der skandinav. Länder die dem Boden u. den Pflanzen aus der Luft jährlich zugeführten Nährstoffmengen (N, K, Mg, S, Ca, Cl) zusammengestellt. Ein Teil dieser Stoffe wandert mit dem Flußwasser in das Meer oder kehrt bei Verwitterungsprozessen in die Atmosphäre zurück, bes. die N- u. S-Verbindungen. R. K. MÜLLER. 6304□

Die Auswirkung von Düngung, Wechselkulturen und wiederholtem Anbau über längere Zeit. V. E. Jegorov. (Agrochimica [Pisa] **2.** 284—308. Sept. 1958. Moskau, Akad. der Landwirtschaftswissenschaften.) (Ital.)

Vf. berichtet über im Verlauf von 40 Jahren bei Podsolböden gemachte Erfahrungen. M. WINIKER. 6304□

Einige Probleme bei der Düngung saurer Böden. 3. Mitt. **Die Auswirkung von Bor auf Wachstum und Ertrag von Zwiebeln und Weizen auf tertiärem Mineralboden.** Kameo Nomoto und Norimoto Kubota. (Bull. Tokai-Kinki nat. agric. Exp. Stat., second Agronomy Divis. Nr. **1.** 40—44. März 1959.) (Jap.; Auszug: Engl.)

Auf einem tert. Mineralboden der Mie-Präfektur (Japan) erwiesen sich bei Zwiebelanbau *B*-Gaben (113 g/ha) als unbedingt erforderlich. Bei Weizen wurde auch ohne B-Gaben ein normales Wachstum erzielt. M. WINIKER. 6304□

Einige Probleme bei der Düngung saurer Böden. 4. Mitt. **Der Einfluß von durch Kulturpflanzen aufgenommenem Aluminium auf die Bewegung von Phosphor (in den Pflanzen).** Kameo Nomoto und Tatsuo Kisida. (Bull. Tokai-Kinki nat. agric. Exp. Stat., second Agronomy Divis. Nr. **1.** 45—48. März 1959.) (Jap.; Auszug: Engl.) — 3. vgl. vorst. Referat.

Verss. mit Gerste, Weizen u. Bergreis (in Wasserkultur) deuten darauf hin, daß eine der Ursachen für die Schädigungen, die bei Kulturpflanzen, die auf sauren Böden angebaut werden, auftreten, darin besteht, daß die Pflanzen aus den Böden Al aufnehmen, wodurch die P-Versorgung gestört wird. M. WINIKER. 6304□

Einige Probleme bei der Düngung saurer Böden. 5. Mitt. **Der Einfluß des Phosphorgehalts des Bodens auf die Verwertung des Düngerphosphors durch Kulturpflanzen.** Kameo Nomoto und Tatsuo Kisida. (Bull. Tokai-Kinki nat. agric. Exp. Stat., second Acronomy Divis. Nr. **1.** 49—51. März 1959.) (Jap.; Auszug: Engl.) — 4. vgl. vorst. Referat.

Den Ergebnissen von Gefäß-Verss. mit Weizen zufolge nimmt die Verwertung von Dünger-*P* durch Kulturpflanzen mit steigendem Geh. des Bodens an natürlich vorkommendem *P* ab. M. WINIKER. 6304□

Die Biologie der tropischen Böden. J. A. Meyer und H. Laudelout. (Agricultura [Louvain] [2] **8.** 567—94. Dez. 1960.) (Franz.)

Zusammenfassender Überblick. — 153 Literaturangaben. M. WINIKER. 6306□

Die Wirkung von Temperatur, Eintauchen in Aceton und Schwefelsäure auf fünf Sorten von Okrasamen. J. B. Edmond und W. J. Drapala. (Proc. Amer. Soc. horticult. Sci. **74.** 601—06. Dez. 1959. Mississippi State Univ., State Coll., Agric. Exp. Stat.) (Engl.) — Vgl. C. **1962.** 16249.

Samen von fünf verschiedenen Sorten von Hibiscus esculentus wurden bei mittlerer, hoher u. niedriger Temp. 20 u. 40 Min. in *Aceton* (**I**) bzw. ½—3 Std. in konz. H_2SO_4 (**II**) eingetaucht. Die **I**-Behandlung hatte keinen Einfl. auf Keim-Geschw. u. Keimzahl nach 4 Wochen bei 4 Sorten, wirkte sich bei einer Sorte aber leicht beschleunigend aus. Die **II**-Behandlung erhöhte bei einer Sorte Keimzahl u. -Geschw., machte sich bei den anderen Sorten aber nur schwach bemerkbar. Bei hoher Temp. (78° F) wurde die Keimung im Vgl. zur niedrigen Temp. (68° F) deutlich beschleunigt. WILFRIED WERNER. 6312□

Versuche über die Wirkung von Gibberellsäure auf einige Kulturpflanzen. H.-O. Leh. (Z. Pflanzenernähr., Düng., Bodenkunde **83** (**128**). 234—44. 1958. Berlin, Techn. Univ., Inst. für Pflanzenernährung, Bodenchemie u. Bodenbiol.) (Dt.)

Durch Zusatz von *Gibberellsäure* (**I**; 0,01—100 ppm) zur Nähr-Lsg. wurde bei Erbsen, Hafer u. Mais das Längenwachstum im allg. erhöht. Diese Wachstumsstimulierung beruht nicht nur auf einer erhöhten Wasserretention, sondern auch auf einer echten Substanzvermehrung (Ansteigen der Trockengewichte). Das Wurzelwachstum wurde mit steigender **I**-Konz. zunehmend beeinträchtigt, die Festigkeit des Sproßgewebes nahm ab, vereinzelt traten Veränderungen der Blattform auf. — In weiteren Verss. wurden Digitalis purpurea u. Campanula medium 4mal mit **I**-Lsgg. von 10 bzw. 100 ppm besprüht. Durch diese Behandlung wurde ebenfalls eine erhebliche Wachstumsförderung induziert. Die relative Steigerung des Trocken-Gew. war hier sogar höher als beim Frischgewicht. Gleichzeitig mit der Verbesserung des oberird. Wachstums wurde bei diesen Pflanzen durch **I** auch eine intensivere Durchwurzelung erzielt.

WILFRIED WERNER. 6312□

Epidemiologie und Bekämpfung von Mycosphaerella musicola Leach in Nord-Queensland. W. Pont. (Queensland J. agric. Sci. **17.** 211—72. Dez. 1960.) (Engl.)

Zur Bekämpfung des Schädlings eignen sich *Weißöl* sowie Mischungen von *Malachitgrün* mit *Cu-Oxychlorid, Bordeauxbrühe* oder *Zineb.* — 48 Literaturangaben.

M. WINIKER. 6312□

Über organische Phosphorinsekticide. 2. Mitt. **Einfluß von mineralischen Trägern auf die Entaktivierung von Stäubepräparaten mit organischem Phosphor.** Seizo Matsumoto, Tatsuo Okubo, Issei Uyeda und Yoshio Torikai. (Botyu-Kagaku [Sci. Insect Control] **22.** 327—32. Nov. 1957.) (Jap.; Auszug: Engl.)

Das Ausmaß u. die Geschw. der Zers. von *organ. P-Insekticiden,* wie *Methylparathion* u. *Malathion,* sind eine Funktion der katalyt. Aktivität des jeweiligen mineral.

Trägers, wie Talk, Ton, Kieselgur, Bentonit, Kieselsäure, u. können durch chem. Behandlung der Trägerstoffe eingeschränkt werden. Die Beziehung zwischen der Zers.-Geschw. u. dem P-Geh. sowie der Oberflächenacidität pKa des Trägers werden untersucht. Träger mit pKa <3 können nicht ohne geeignete Entaktivierung verwendet werden. Wirksam für die Stabilisierung von P–Stäube-Präpp. sind vor allem oberflächenakt. Mittel mit Polyoxyäthylenkette. L. Schuler. 6312□

Untersuchungen über die Wirkung von Pesticiden bei Verdampfung. 1. Mitt. Die Wirkung von Insekticiden auf Macrosiphum gobonis Matsumura und Panonychus citri McGregor bei Verdampfung. Shinjirō Yamamoto, Terushi Saga und Kōki Hirota. (Annu. Rep. Takamine Lab. **11.** 209–12. Dez. 1959.) (Jap.; Auszug: Engl.)

Vff. untersuchten die Wrkg. verschiedener Insekticide im Dampfzustand auf Macrosiphum gobonis Matsumura (**a**) u. Panonychus citri McGregor (**b**). Am wirksamsten gegen **a** waren *Parathion* (**I**) u. *Diazinon* (**II**). Weniger wirksam waren *Lindan*, *Malathon* (**III**) u. *DDVP*. Eine sehr schwache Wrkg. hatten *Endrin*, *Ethion* (**IV**) u. *EPN*. Bei den Verss. zur Bekämpfung von **b** wurden folgende Ergebnisse erzielt: Starke miticide Wrkg. hatten **II**, **III**, **IV**, *Trithion* (**V**), **I** u. *DN*. Etwas weniger wirksam war EPN. Wirkungslos waren *CPCBS*, *Neotran* u. *Dimite* (**VI**). Die stärkste ovicide Wrkg. hatten **V** u. **IV**, gefolgt von **II**. EPN u. **III** hatten eine relativ geringe ovicide Wirkung. CPCBS u. **VI** waren nicht ovicid wirksam. M. Winiker. 6312□

Untersuchungen über die Wirkung von Pesticiden bei Verdampfung. 2. Mitt. Über den Einfluß der Erhitzungstemperaturen und der Sättigungstemperaturen auf die insekticide Wirksamkeit von Diazinon. Shinjirō Yamamoto und Terushi Saga. (Annu. Rep. Takamine Lab. **11.** 213–15. Dez. 1959.) (Jap.; Auszug: Engl.) – 1. vgl. vorst. Referat.

Unterss. über die insekticide Wirksamkeit von Dampf, der durch Erhitzen von *Diazinon* (**I**) erhalten wird, ergaben: Die größte Aktivität wurde bei Erhitzung des **I** auf 200–250° erzielt. Wurde dieses Erhitzungsoptimum überschritten, so nahm die insekticide Wirksamkeit infolge Bldg. inakt. Verbb. ab. Auch die „Sättigungs-Temp." [hierunter ist die Temp. zu verstehen, die in der die Vers.-Insekten (Macrosiphum gobonis Matsumara) enthaltenden Gaskammer herrscht] ist auf die insekticide Wirksamkeit des **I**-Dampfs von Einfl.: mit steigender „Sättigungs-Temp." nimmt die insekticide Aktivität zu. M. Winiker. 6312□

Untersuchungen über Parathionrückstände bei der Westindischen Kirsche (Acerola). Julián Roldán. (J. Agric. Univ. Puerto Rico **43.** 147–51. Juli 1959. Río Piedras, Univ. of Puerto Rico, Agric. Exp. Stat.) (Engl.)

Acerola-Bäume wurden zur Blüte einmal bzw. 10 u. 20 Tage später ein zweites oder drittes Mal mit einer Lsg. des Insekticides *Parathion* (**I**) besprüht. Je Spritztermin erhielt ein Baum 2,6 gal. einer Lsg., die 1,5 lbs. eines 15%ig. **I**-Präp. in 100 gal. W. enthielt. Nach der Reife der Kirschen wurden Rückstands-Best. vorgenommen. Die gefundenen **I**-Rückstände in der Fruchtpulpe lagen zwischen 0,050 u. 0,093 ppm. Sie lagen demnach weit unterhalb der von der Gesundheitsbehörde als gefährlich angegebenen Konzentration. Wilfried Werner. 6312□

Orientierende Untersuchung über die Bekämpfung von Icerya purchasii Maskell mittels Insekticide. Silverío Medina Gaud. (J. Agric. Univ. Puerto Rico **43.** 295–99. Okt. 1959. Río Piedras, Univ. of Puerto Rico, Agricult. Exp. Stat.) (Engl.)

Bei Verss. zur Bekämpfung des Schädlings bewährten sich *Parathion* u. *Malathion*. Die Eier des Schädlings werden von den Mitteln allerdings nicht abgetötet. M. Winiker. 6312□

Die Bekämpfung von Heliothrips haemorrhoidalis (Bouché) mit systemischen Insekticiden. Silverío Medina Gaud. (J. Agric. Univ. Puerto Rico **43.** 291–94. Okt. 1959. Río Piedras, Agricult. Exp. Stat., Dep. of Entomology.) (Engl.)

Mit *Systox*, *Thimet* u. *Bayer 19639* wurde ein 2 Monate währender Schutz gegen den Schädling erzielt. *Bayer 23129* schützte nur während eines Monats. M. Winiker. 6312□

Die gegenwärtige Bedeutung der wichtigsten Schädlinge im ostafrikanischen und sudanesischen Kaffeebau und ihre Bekämpfung. H. Schmutterer. (Z. angew. Zool. **48.** 463–73. 1961. Gießen, Univ., Inst. für Phytopathologie.) (Dt.)

Als zur Zeit wichtigste Schädlinge im ostafrikan. u. sudanes. Kaffeebau sind die Wanzen Antestiopsis lineaticollis u. Habrochila ghesquierei, die Käfer Anthores leuconotus u. Hypothenemus hampei sowie die Miniermotten Leucoptera meyricki u. L. caffeina anzusehen. Zu ihrer Bekämpfung werden heute Insekticide mit kurzer Wrkg.-Dauer, wie *Malathion*, *Pyrethrum*, *Parathion* u. *Methylparathion*, bevorzugt. Die früher oft angewendeten Mittel mit langer Wrkg.-Dauer, wie *DDT* u. *Dieldrin*, treten als Blattspritzmittel immer mehr zurück, da sie die natürlichen Feinde verschiedener Kaffeeschädlinge stark dezimieren. M. Winiker. 6312□

Mechanismus der Wirkung von Insekticiden und der Entstehung der Resistenz der Schädlinge. Jan Boczek. (Postępy Nauk rolniczych **8** (13). Nr. 6. 67–79. Nov./Dez. 1961. SGGW, Zakł. Entomolog. Stosow; IUNG, Zakł. Warzywnictwa.) (Pol.)

Übersicht. Aus den Ergebnissen der zitierten Arbeiten folgert Vf., daß die einfachste Meth. zur Verhinderung der Bldg. resistenter Arten eine wechselnde Anwendung verschiedener Insekticide ist. Chlorierte KW-Stoffe begünstigen die Bldg. resistenter Schädlingstypen. — 15 Literaturangaben. F. URBAN. 6312□

Begriff und Bestimmung der Bodenfruchtbarkeit. U. Pratolongo. (Agrochimica [Pisa] **2.** 279–83. Sept. 1958. Milano, Univ., Ist. di Chimica Agraria.) (Ital.)

Vortrag, in dem dargelegt wird, daß die Blattanalyse eine wertvolle Ergänzung der Bodenanalyse darstellt. M. WINIKER. 6320□

Chromatographische Untersuchungen über den Einfluß von Kalium- und Phosphat-Düngung auf den Gehalt von einigen Aminosäuren in Erbsen. F. Scheffer, A. Kloke und Ch. S. Ofori. (Qualitas Plantarum Mater. vegetabiles [Den Haag] **7.** 329–40. 1960. Göttingen, Univ., Agrikulturchem. u. Bodenkundl. Inst.) (Dt.)

Vff. überprüften die Eignung der eindimensionalen Papierchromatographie mit Phenol als Lsgm. zur quant. Best. der Aminosäuren Glutaminsäure, Asparaginsäure, Serin, Glycin u. Threonin in Erbsenhydrolysat. Es zeigte sich, daß bei sorgfältiger Arbeit diese Aminosäuren mit einer Genauigkeit von $\pm 5\%$ erfaßt werden können. Die 5 Aminosäuren machten weniger als 40% des Roheiweißes aus. Zwischen der Düngung u. dem Geh. der Erbsen im Stadium der Grünreife an den untersuchten Aminosäuren bestanden keine gesicherten Beziehungen, obgleich Ertrag u. Rohprotein-Geh. in Abhängigkeit von der P- u. K-Düngung deutlich schwankten. Auch bestimmte Relationen zwischen einzelnen Aminosäuren u. dem Roheiweiß ließen sich nicht feststellen. Im Totreifestadium der Erbsen zeigte sich dagegen, daß die Geh. an den angegebenen Aminosäuren u. an Roheiweiß, abgesehen von unwesentlichen Schwankungen, ein konst. Verhältnis zueinander einnehmen können, welches unabhängig von Art u. Höhe der Düngung sowie der abs. Menge des Roheiweißes ist. WILFRIED WERNER. 6320□

Eignung des Vakuumofens zur Bestimmung von Feuchtigkeit in Düngemitteln. Joseph H. Caro und John H. L. Marshall. (J. Assoc. off. agric. Chemists **44.** 224–29. Mai 1961. Beltsville, Md., Dep. of Agriculture, Soil and Water Conserv. Res. Div.) (Engl.)

Zur Best. der Feuchtigkeit in Düngemitteln gibt eine 2std. Trocknung der Probe bei 50° im Vakuumofen (Vakuum $\leq$20 in.) zuverlässige Werte. W. WESLY. 6322□

Vergleichende polarographische Untersuchungen an organischen Düngern und Mischdüngern. Zoltán Ferenczy und Andor Almásy. (Nehézvegyipari Kutató Intézet Közleményei [Mitt. Forsch.-Inst. chem. Schwerind.] **2.** 155–59. 1960. Veszprém, Nehézvegyipari Kut. Int.) (Ung.)

Zur Best. von PO_4^{3-} in verschiedenen Düngern wurde die polarograph. Meth. von NEUBERGER [1939] angewendet. Titriert wird mit 0,1n $BiOClO_4$; die zu titrierende Lsg. soll 50 mg P_2O_5 in 50 ml W. u. 0,5 ml 60%ig. $HClO_4$ enthalten. Als Bezugselektrode dient eine n-Kalomelelektrode; die Spannung zwischen Anode u. Kathode wird auf 0,5 V eingestellt. Genauigkeit $\pm 1\%$. Störendes SO_4^{2-} wird durch Zugabe von 1 ml 10%ig. Ba-Acetat-Lsg., Fe^{3+} durch $K_4Fe(CN)_6$ (I) u. Ausfällung des überschüssigen I durch $Zn(ClO_4)_2$ entfernt. Zur Best. von PO_4^{3-} nach NOVAK werden 10 ml PO_4^{3-}-Lsg. (mit maximal 1 mg P_2O_5) mit 10 ml W., 5 ml konz. HNO_3, welche pro Liter 30 ml konz. H_2SO_4 enthält, 3 ml 5%ig. $(NH_4)_2MoO_4$ u. 10 ml tert.-Butanol versetzt. Nach Schütteln u. Auswaschen der Butanolphase mit 1nH_2SO_4 werden 2 ml der Butanolphase mit 10 ml einer Mischung von H_2SO_4:W. = 3:1 vermischt u. die Höhe der Mo^{V}–Mo^{III}-Stufe bestimmt. Fe^{3+} stört nicht. Genauigkeit: 1–2%. NO_3^- wurde nach RUZICKA u. TOKUOKA [1934] in 0,05n $La(CH_3COO)_3$: 0,05n $BaCl_2$ = 1:1 als Leitelektrolyt polarograph. bestimmt. Genauigkeit 1–2%. Zur Best. von Alkalimetallen wurde die Meth. von ABRESCH [1935] verwendet. Als Leitelektrolyt diente 0,2m Tetraäthylammoniumhydroxyd. Ca^{2+} wird durch Zugabe von H_3PO_4 entfernt. Zur Best. von K^+ wird dieses mit alkohol. $HClO_4$ ausgefällt u. das $KClO_4$ in W. aufgenommen. Genauigkeit 1–1,5%. Die beschriebenen polarograph. Verff. zur Best. von K^+, PO_4^{3-} u. NO_3^- in Düngemitteln sind zeit- u. materialsparend; ihre Genauigkeit genügt den Anforderungen der Praxis. N. SEILER. 6322□

Photometrisches Verfahren zur direkten Bestimmung von pflanzenverfügbarem Phosphor in Düngemitteln. W. M. Hoffman, J. A. Brabson, W. G. Burch jun., C. W. Gehrke und F. J. Johnson. (J. Assoc. off. agric. Chemists **44.** 233–39. Mai 1961. Beltsville, Md., Dep. of Agriculture, Soil and Water Conserv. Res. Div.; Wilson Dam, Ala., Tennessee Valley Authority, Div. of Chem. Dev.; Columbia, Mo., Univ. of Missouri, Coll. of Agriculture, Dep. of Agricult. Chem.) (Engl.)

Eine Gemeinschaftsprüfung der bei der photometr. P-Best. notwendigen Zers. der neutralen NH_4-Citrat-Lsg. zeigt, daß die Zers. mit $HNO_3 + HClO_4 + H_2SO_4$ nach Gehrke u. Johnson (C. **1962.** 2514) sowie die Zers. mit Chlorat (Kochen mit einem HNO_3–$HClO_4$–$NaClO_3$-Gemisch, Zusatz von HCl, Eindampfen bis zum Auftreten von $HClO_4$-Dämpfen) zu brauchbaren Werten führen. W. Wesly. 6322□

Direktbestimmung des pflanzenverfügbaren Phosphors ohne Filtrierung des Citratextraktes. Charles W. Gehrke, Frank J. Johnson und George H. Kramer. (J. Assoc. off. agric. Chemists **44.** 250—52. Mai 1961. Columbia, Mo., Univ. of Missouri, Dep. of Agricult. Chem.) (Engl.)

Unterss. einer Reihe verschiedener Mischdünger nach dem von Gehrke u. Johnson (C. **1962.** 2514) angegebenen Verf. zur spektrophotometr. Best. von pflanzenverfügbarem P mit u. ohne Fitration des NH_4-Citrat-Extraktes zeigen, daß die Filtration unnötig ist. Die mittlere Abweichung beträgt bei gefilterten Proben ± 0,066 (% P_2O_3), bei ungefilterten ± 0,061. W. Wesly. 6322□

Behandlung von Düngerproben zur Bestimmung des Gesamt-Phosphors durch Zersetzung mit 3 Säuren. Charles W. Gehrke, Frank J. Johnson und George H. Kramer. (J. Assoc. off. agric. Chemists **44.** 252—55. Mai 1961. Columbia, Mo., Univ. of Missouri, Dep. of Agricult. Chem.) (Engl.)

Unterss. einer Reihe verschiedener Mischdünger nach dem von Gehrke u. Johnson (C. **1962.** 2514) angegebenen Verf. zur Best. des Gesamt-P durch Zers. mit einem HNO_3–$HClO_4$–H_2SO_4-Gemisch zeigt, daß das Verf. der amtlichen amerikan. Arbeitsweise (Zers. mit $HNO_3 + HClO_4$) gleichwertig ist u. gut reproduzierbare Werte gibt. Die mittlere Abweichung beträgt ± 0,037 (% P_2O_5) für das 3-Säuren- u. ± 0,050 für das amtliche Verfahren. W. Wesly. 6322□

Weitere Untersuchung über das Natriumtetraphenylboranat-Verfahren zur Bestimmung von Kalium in Düngemitteln. O. W. Ford. (J. Assoc. off. agric. Chemists **44.** 222—23. Mai 1961. Lafayette, Ind., Purdue Univ., Dep. of Biochem.) (Engl.)

Das Verf. gibt in Ggw. organ. Stoffe zu geringe K-Werte. Gemeinschafts-Unterss. zeigen, daß man richtige Werte erhält, wenn man die Probe mit NH_4-Oxalat kocht u. Holzkohle zusetzt. — Weitere Unterss. werden empfohlen. W. Wesly. 6322□

Bericht über landwirtschaftliche Kalkdüngemittel: Bestimmung von Calcium und Magnesium durch Titration mit EDTA. Charles W. Gehrke. (J. Assoc. off. agric. Chemists **44.** 255—57. Mai 1961. Columbia, Mo., Univ. of Missouri, Dep. of Agric. Chem.) (Engl.)

Unterss. über die Best. von Ca^{2+} u. Mg^{2+} in Düngemitteln mit EDTA nach dem Differenz-Verf. (Best. von Ca^{2+} mit Calcein als Indicator, Best. von $Mg^{2+} + Ca^{2+}$ in einer anderen Probe mit Eriochromschwarz als Indicator) ergeben befriedigende Werte; die mittleren Abweichungen betragen ± 0,073 (%) CaO u. ± 0,084 MgO. — Weitere Unterss. werden empfohlen. W. Wesly. 6322□

Ein verbessertes, auf alle Düngemittel anwendbares Verfahren zur Bestimmung von Stickstoff durch Reduktion mit Eisen. Charles W. Gehrke, Billy M. Beal und Frank J. Johnson. (J. Assoc. off. agric. Chemists **44.** 239—45. Mai 1961. Columbia, Mo., Univ. of Missouri, Dep. of Agricult. Chem.) (Engl.)

Zur Best. von *N* in Düngemitteln (auch mit hohem $Cl^-:NO_3^-$-Verhältnis u. organ. Stoffen) wird NO_3^- mit Fe-Pulver red. u. der N nach Kjeldahl ermittelt. Die reduzierende Lsg. muß 3—11,6n H_2SO_4 sein u. 15 Min. lang kochen. Als Katalysator dienen 2 (g) HgO u. 14 K_2SO_4. Die Temp. der Lsg. während der Red. erreicht 360°. Das Verf. ist genau u. rasch ausführbar. W. Wesly. 6322□

Die Bodentextur. Ein symmetrisches System zur Definierung dieser Eigenschaft und zur Klassifizierung mechanischer (Boden-) Analysen. G. H. A. Edwards. (Agric. Progr. **35.** 94—101. 1960. Wolverhampton, Nat. Agric. Adv. Serv., West Midland Region.) (Engl.) M. Winiker. 6324□

Strukturveränderungen des Ackerbodens im Bereich der Krume, der Pflugsohle und des Untergrundes, nachgewiesen durch Strukturdiagnose und Messungen der Grobstruktur. H. Rid. (Z. Acker- u. Pflanzenbau **114.** 58—86. Dez. 1961. München, Bayer. Landesanst. für Pflanzenbau u. Pflanzenschutz.) (Dt.) M. Winiker. 6324□

Richtlinien für die Sammlung und Bearbeitung von Erdproben aus Waldböden. O. Gjems, H. Holstener-Jörgensen, N. Karlsson, C. O. Tamm und T. Troedsson. (Kungl. Skogs-och Lantbruksakad. Tidskr. **99.** 97—104. 1960.) (Schwed.)

Zusammenstellung von Vorschriften für die Probenahme von Waldböden u. ihre Voıbereitung für die Analyse. R. K. Müller. 6324□

Der Begriff des Kohlenstoffmineralisationskoeffizienten der Böden. Y. Dommergues. (Agronom. tropicale **15.** 54—60. Jan./Febr. 1960. Hann Dakar, Centre de pédologie.) (Franz.)

Unter dem Kohlenstoffmineralisations-Koeff. eines Bodens ist der Prozentsatz des im Boden vorhandenen C zu verstehen, der unter bestimmten Bedingungen in CO_2 übergeführt werden kann. — Arbeitsvorschrift. M. WINIKER. 6324□

Methode zur Bestimmung des Düngerbedürfnisses des Bodens für Kalk, Kalium und Phosphorsäure mit Hilfe der Bodenlösung. A. Kawe. (Z. Pflanzenernähr., Düng., Bodenkunde **84** (**129**). Verh. int. bodenkundl. Ges., Hamburg **1.** 224—31. 24. bis 31/8. 1958, herausgeg. 1959. Braunschweig, Landw. Unters.- u. Forschungsanst.) (Dt.)

Zur Best. des Düngerbedürfnisses eines Bodens für *Kalk*, *K* u. *Phosphorsäure* wurde vom Vf. eine Meth. entwickelt, bei der die natürliche Boden-Lsg. selbst als Lsgm. für den betreffenden Boden Verw. findet. Die Durchführung u. die Leistungsfähigkeit dieser Meth. werden beschrieben. M. WINIKER. 6324□

Über die Fraktionierung der Bodenphosphate unter Verwendung eines automatischen Apparates mit Ionenaustauscher. Eugen Barkoff. (Suomen maataloustieteellisen Seuran Julkaisuja [Acta agral. fenn.] **94.** 165—99. 1959. Tikkurila, Zentrale für landw. Forschung, Abt. für Agrikulturchemie u. -physik.) (Dt.)

Ausführliche Beschreibung der Meth. u. ihrer Leistungsfähigkeit. M. WINIKER. 6324□

Bestimmung und Formen des Phosphors in den Böden der Provinz Salamanca. 1. Mitt. **Vergleichende Untersuchung von zwölf Extraktionslösungen für assimilierbaren Phosphor.** A. Martínez de Pancorbo und F. Lucena Conde. (An. Edafol. Fisiol. vegetal **18.** 81—95. Febr. 1959.) (Span.)

12 Extraktions-Verff. der Literatur für die Best. des P_2O_5-Geh. im Boden werden vergleichend auf Böden der Provinz Salamanca angewandt. Die statist. Behandlung der Ergebnisse zeigt keine großen Unterschiede der erhaltenen Werte. Wesentliche Faktoren sind die pH-Werte der Lsgm. u. des Bodens u. die P_2O_5-Konz. im Boden.

R. K. MÜLLER. 6324□

Tragbares Freiland-Laboratorium für die Bestimmung der (pflanzen)verfügbaren Spurenelemente (B, Cu, Zn, Mn, Mo, Co) im Boden. J. V. Peive. (Z. Pflanzenernähr., Düng., Bodenkunde **84** (**129**). Verh. int. bodenkundl. Ges., Hamburg **1.** 231—37. 24. bis 31/8. 1958, herausgeg. 1959. Riga, Academy of Sciences of the Latvian Soviet Socialist Republic.) (Engl.) M. WINIKER. 6324□

Regionale Gegensätze im Vorkommen von Kohlenwasserstoff oxydierenden Mikroben in Böden. J. B. Davis, R. L. Raymond und J. P. Stanley. (Appl. Microbiol. **7.** 156—65. Mai 1959. Dallas, Tex., Magnolia Petroleum Co., Field Res. Labor.) (Engl.)

Bodenproben von verschiedenen Ölfeldern werden nach mehreren Verff. (manometr.; Kolonie-Entw.; radiograph. nach Zusatz von mit ^{14}C markiertem Äthan) auf das Vork. von KW-Stoffe oxydierenden Mikroorganismen untersucht. Die angewandten Meth. erwiesen sich als unterschiedlich geeignet. Alle Verff. zeigten aber, daß im Vork. von Äthan oxydierenden Mikroben regionale Unterschiede bestehen. Demgegenüber waren die regionalen Unterschiede im Vork. von Methan oxydierenden Organismen nur gering. Mit der Platten-Meth. konnten Kolonien von Mycobacterium paraffinicum mit einer ausgeprägten Selektivität für Äthan u. höhere Paraffine identifiziert werden.

WILFRIED WERNER. 6324□

Untersuchungen über landwirtschaftliche Antibiotica. Eine Bewertungsmethode für wasserunlösliche Antibiotica. Hiroichi Yamamoto und Kôiti Nakazawa. (Annu. Rep. Takeda Res. Lab. **18.** 56—60. Okt. 1959.) (Jap.; Auszug: Engl.)

Wenn man Filtrierpapier oder eine Agarscheibe mit dem zu testenden Antibioticum auf eine mit einem empfindlichen Mikroorganismus geimpfte Agarplatte gibt, so ist der Durchmesser der Hemmzone proportional der Wasserlöslichkeit des Antibioticums.

P. GREGORZEWSKI. 6328□

Chromatographischer Nachweis einiger organischer Phosphat-Insekticide. H. F. MacRae und W. P. McKinley. (J. Assoc. off. agric. Chemists **44.** 207—11. Mai 1961. Ottawa, Dep. of Nat. Health and Welfare, Food and Drug Directorate.) (Engl.)

Zur papierchromatograph. Trennung einiger organ. Phosphatinsekticide wird je ein Verf. mit gewöhnlichem Filterpapier (Lsg. von Mineralöl in Ae. als stationäre, Gemisch von Methanol, W. u. NH_3 als mobile Phase) u. mit acetyliertem Papier (Lsg. von Mineralöl in Ae. als stationäre, wss. Aceton-Lsg. als mobile Phase) beschrieben. Der Nachw. beruht auf der Bindung von Fe^{3+} durch die *Phosphatester* (I) u. der Rk. von Fe^{3} mit Sulfosalicylsäure. Die I erscheinen als weiße Flecken auf violettem Hintergrund. Die *Thiophosphate* (II) werden auf gewöhnlichem Filterpapier durch Br_2-Dämpfe in ihre O-Verbb. umgewandelt, die als weiße Flecken auftreten. Die Bromierung auf acetyliertem Papier gibt die II als gelbe, die I als weiße Flecken auf violettem Grunde wieder. W. WESLY. 6328□

C. H. Boehringer Sohn (Erfinder: Herbert Klapproth und Wolfgang Wieland), Ingelheim/Rh., **Herstellung von festen oder flüssigen Düngemitteln aus Gärungsabwässern,** bes. aus den bei der Vergärung von Melasse auf Citronensäure anfallenden Abwässern, dad. gek., daß die nach einer partiellen oder vollständigen Faulgärung auf ca. 20° Bé durch Verdampfung eingeengten Abwässer mit geringen Mengen von Salzen oder Oxiden des Fe u./oder des Mn versetzt werden, worauf die Lsgg. weiterkonz. u. ggf. in den streufähigen Zustand übergeführt werden. Der nach Verdampfung des Wasser-Geh. erhaltene Rückstand wird mit Düngemittelträgerstoffen, wie Torfmull oder Humintorf, innig vermischt. Dem Eindampfrückstand oder Gemisch werden Phosphatdüngemittel zugegeben. Als Zusatzstoffe sind bes. *Raseneisenerz, Braunstein* oder *Mn-Erz* geeignet. Der keimungshemmende u. wachstumsschädigende Einfl. der Ablaugen wird völlig aufgehoben. Die Abwässer sind reich an K u. organ. gebundenem N, die für die Düngung nutzbar gemacht werden. Die Flüsse werden vor weiterer Verschmutzung bewahrt. (**D. A. S. 1 123 346** Kl. 16 vom 15/6. 1960, ausg. 8/2. 1962.) H. KARST. 6295

Badische Anilin- & Soda-Fabrik Akt.-Ges., Ludwigshafen/Rh. (Erfinder: Franz Reicheneder, Karl Dury, Ludwigshafen/Rh., Adolf Fischer, Mutterstadt, Pfalz, und Herbert Stummeyer, Mannheim), **Mittel zur Beeinflussung des Pflanzenwachstums,** enthaltend Pyridazone der allg. Formel I, in der X eine ggf. durch eine oder zwei gleiche oder verschiedene Alkyl-, Hydroxyalkyl-, Cycloalkyl-, Alkenyl-, Aryl- oder Aralkylgruppen substituierte Aminogruppe oder eine Polymethylenimino-, Morpholino- oder Piperazinogruppe u. Y Halogen bedeutet, nach D. A. S. 1 105 232, dad. gek., daß R einen ggf. substituierten Cycloalkylrest bedeutet. Besonders geeignet sind: *1-Cyclohexyl-4-amino-5-chlorpyridazon-(6), 1-Cyclooctyl-4-amino-5-chlorpyridazon-(6),* die bei der Anwendung in Möhrenkulturen bei gleicher Wirksamkeit gegenüber den Unkräutern die Nutzpflanzen weniger schädigen. (**D. A. S. 1 123 510** Kl. 45l vom 19/2. 1960, ausg. 8/2. 1962. **Zusatz zu D. A. S. 1 105232; C. 1961. 14805.**) H. KARST. 6313

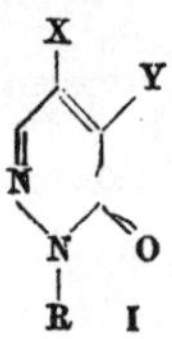

I

N. V. de Bataafsche Petroleum Mij., Den Haag, Holland, **Herstellung eines neuen herbiciden und insekticiden Stoffes** durch Rk. eines aromat. Kerosinextrakts (I) mit einem Acylhalogenid in Ggw. eines FRIEDEL-CRAFTS-Katalysators. — Man suspendiert 75 (Teile) wasserfreies $AlCl_3$ in 200 CS_2, gibt im Verlauf von 105 Min. ein Gemisch aus 100 I, $Kp._{12}$ 35—142°, u. 75 Benzoylchlorid in 100 CS_2 zu, wobei man die Temp. durch Kühlen auf 25° hält, kocht 1 Std. unter Rückfluß, dest. den CS_2 ab, gießt den Rückstand in ein Gemisch aus Eis u. 300 38%ig. HCl, extrahiert mit Ae. u. arbeitet den Extrakt auf. Das erhaltene Prod. hat einen $Kp._1$ von 32—201°. (**Belg. P. 550 952** vom 11/9. 1956, ausg. 18/12. 1959.) C. LÜTTGEN. 6313

N. V. de Bataafsche Petroleum Mij., Den Haag, Holland, **Mittel zur Unkrautvernichtung,** gek. durch den Geh. von Alkylsalicylsäuren u. deren Salzen, bes. tert.-Amyl-, -Isopropyl-, tert.-Butyl-, -Diisopropyl-, -Octyl-, sek.-Hexylsalicylsäure o-, m- u. p-Kresotinsäure u. o-Thymotinsäure. (**Belg. P. 548 224** vom 30/5. 1956, ausg. 6/11. 1959.) C. LÜTTGEN. 6313

Boots Pure Drug Co. Ltd., Nottingham, England, **Fungicides Mittel,** bestehend aus einem fl. Verdünnungsmittel oder einem pulverförmigen Träger mit einem Geh. an 0,001—85% Bis-[4-isothiocyanatophenyl]-sulfon. (**Ind. P. 64 398** vom 16/6. 1958, ausg. 21/3. 1959.) C. LÜTTGEN. 6313

American Cyanamid Co., New York, N.Y., übert. von: Glentworth Lamb, Stamford, und James W. Clapp, Darien, Conn., V.St.A., **Fungicide Mittel,** bestehend aus einem 1.2-Naphthochinon-2-oxim der allg. Formel I, in der X_1—X_6 für H, ein Halogenatom, eine Hydroxy- oder Alkoxygruppe stehen, oder dessen Alkali- bzw. Schwermetallsalz, in Verbindung mit einem üblichen Verdünnungsmittel. — I erhält man durch Rk. von 1-Naphthol oder substituiertem 1-Naphthol mit HNO_2. Die Schwermetallsalze erhält man durch Zufügen einer wss. Metallsalz-Lsg. zu einer wss. Oxim-Lsg., die äquivalente Mengen eines Alkalihydroxyds enthält. — Beispiele für I: *5-Brom-, 4-Chlor-, 5-Hydroxy-, 7-Methoxy-, 4-Brom-5-hydroxy-* oder *6.8-Dibrom-2-methoxy-1.2-naphthochinon-2-oxim.* (**A. PP. 2 935 441** u. **2 935 442** vom 20/8. 1958, ausg. 3/5. 1960.) H. NEBELSIEK. 6313

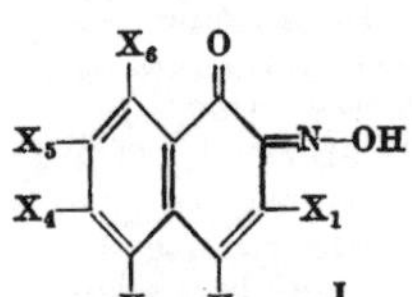

I

American Cyanamid Co., New York, N.Y., übert. von: Glentworth Lamb, Stamford, und James W. Clapp, Darien, Conn., V.St.A., **Fungicide Mittel,** bestehend aus einem 1.2-Naphthochinon-1-oxim oder dessen Alkali- bzw. Schwermetallsalz der allg. Formel I, in der X_1—X_6 für H, ein Halogen, eine Hydroxy- oder Alkoxygruppe stehen, in Verbindung mit einem üblichen Verdünnungsmittel. — Man erhält I durch Rk. von 2-Naphthol oder substituiertem 2-Naphthol mit HNO_2. — Beispiele: *3-Brom-, 6-Brom-, 3.6-Dibrom-, 3-Chlor-, 7-Äthoxy-, 6-Hydroxy-, 6-Methoxy-, 3-Brom-7-hydroxy-, 6.7-Dibrom-3-hydroxy-* oder *6.7-Dihydroxy-3-methoxy-1.2-naphthochinon-1-oxim.* — Bei wss. Lsgg. oder Dispersionen verwendet man 0,15% I, in Stäuben ca. 5% I. — Als Schwermetalle kommen bes. Cu, Zn u. Ag in Frage. (**A. PP. 2 935 440** u. **2 935 443** vom 20/8. 1958, ausg. 3/5. 1960.) H. NEBELSIEK. 6313

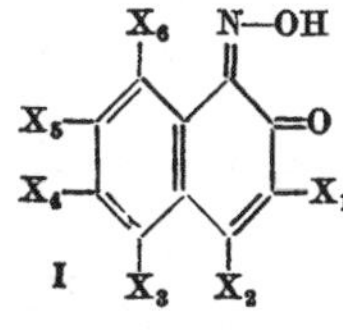
I

Farbenfabriken Bayer Akt.-Ges., übert. von: Alfons Dorlars, Leverkusen, **Herstellung von kernfluorierten Pyridinen, Chinolinen, Isochinolinen und Pyrimidinen,** dad. gek., daß man entsprechende heterocycl. N-Verbb., die im N-Ring in α- oder γ-Stellung eine oder mehrere Hydroxygruppen besitzen u. ggf. noch weitere Substituenten haben, in einem inerten KW-Stoff als Lsgm. bei 40—220°, bes. 50—220°, mit 2.4.6-Trifluor-1.3.5-triazin (I), bes. im Überschuß von I, umsetzt. — Aus 4-Methyl-2-hydroxychinolin u. I im Autoklaven bei 175° → *2-Fluorlepidin,* $Kp._{0,16}$ 140°; aus Chinaldon-(4) = 2-Methyl-4-hydroxychinolin u. I → *4-Fluorchinaldin,* $Kp._{0,16}$ 114°; aus Pyridon-(2) = 2-Hydroxypyridin u. I → *2-Fluorpyridin,* $Kp._{0,76}$ 126°; aus 4-Hydroxychinolon-(2) u. I → *2.4-Difluorchinolin,* $Kp._{0,11}$ 91,5°; aus 1.3-Dihydroxyisochinolin u. I → *1.3-Difluorisochinolin,* $Kp._{0,14}$ 112°. — *Pflanzenschutzmittel* sowie *Zwischen-Prodd.* auch zur Herst. von Farbstoffen u. Arzneimitteln. (**A. P. 2 975 179** vom 20/8. 1958, ausg. 14/3. 1961. D. Prior. 27/8. 1957.) W. HEYER. 6313

Nippon Noyaku Kabushiki Kaisha, Tokyo (Erfinder: Kazuo Fukunaga, Tokyo, Yoshio Kumano, Nishinomiya, und Yoshi Shioyama, Osaka), Japan, **Schädlingsbekämpfungsmittel gegen Reiskrankheiten** aus Verbb. der Formel $X_nC_6H_4AsZ$ (X = Halogen, Alkyl oder Nitro; Z = O oder S; n = 0—2; für n = 2 kann X gleiche oder verschiedene Gruppen bedeuten) oder deren Mischungen mit Phenarsazinoxid, denen man Alkyldithiocarbamate, Alkylthiuramsulfide u./oder N-[Trichlormethylmercapto]-tetrahydrophthalimid zugesetzt hat. — Man nimmt z. B. Mischungen aus „*p-Chlorphenylarsinoxid*" u. Tetramethylthiuramdisulfid oder Zn-Dimethyldithiocarbamat oder aus „*o-Tolylarsinsulfid*" u. Tetramethylthiurammonosulfid. (**Jap. A. S. 950/1960** vom 29/12. 1956, ausg. 18/2. 1960.) M. PANKOW. 6313

American Cyanamid Co., New York, N.Y., übert. von: John F. Hosler und William B. Hardy, Bound Brook, N.J., V.St.A., **Mittel zur Bekämpfung von Nematoden,** bestehend aus *N-Trichlormethylmercapto-1.2.3-benzotriazin-4-on,* F. 142 bis 144°, in Mengen von < 0,1% in wss. Lösung. — Man erhält durch Versetzen einer wss. NaOH-Lsg. bei 5° mit 1.2.3-Benzotriazin-4-on u. anschließendes Zufügen einer Lsg. von Perchlormethylmercaptan in Hexan bei 0—5° unter Rühren. — An Stelle von W. kann man als Verdünnungsmittel auch einen üblichen inerten Trägerstoff verwenden. (**A. P. 2 935 445** vom 21/11. 1957, ausg. 3/5. 1960.) H. NEBELSIEK. 6313

Eastman Kodak Co., Rochester, N.Y., übert. von: Marvin A. McCall und Harry W. Coover jun., Kingsport, Tenn., V.St.A., **Herstellung von S-(2-Cyanalkyl)-dialkylthionthiolphosphaten** der allg. Formel $(RO)_2P(S)-S-CH_2-CH(R^1)-CN$ erfolgt durch Rk. eines Dialkylthionthiolphosphats der allg. Formel $(RO)_2P(S)-SH$ mit einem ungesätt. Nitril der allg. Formel $CH_2=C(R^1)-CN$ bei —25 bis + 150°, bes. 25—100° [R = Alkyl-, Chloralkyl-, Alkoxyalkylrest; R^1 = Dialkylamino-, Piperidinorest, $-CH_2-N(R^2)R^3$, $-CH_2-SO_2R^4$ oder $-CH_2-P(O)R^5R^6$, wobei R^2 u. R^3 = H, Alkyl-, Acetyl-, Carbamoyl- oder Alkylsulfonylrest, R^4 = Alkoxy-, NH_2- oder Dialkylaminogruppe, R_5 u. R_6 = Alkoxy- oder Dialkylaminogruppe]. — Man tropft z. B. 0,1 Mol mit Hydrochinon stabilisiertes α-Dimethylaminoacrylnitril in O.O-Diäthylthionthiolphosphat (I) mit solcher Geschw. ein, daß die exotherme Rk. bei 60° verläuft, rührt dann 1 Std. bei Raum-Temp., erwärmt anschließend noch 15 Min. am Wasserbad u. erhält als dunkles Öl *S-(2-Cyan-2-dimethylaminoäthyl)*-I, $(C_2H_5O)_2P(S)SCH_2-CH(CN)-N(CH_3)_2$; analog erhält man die *O.O-Dimethyl-*, die *O.O-Bis-(2.2.2-trichloräthyl)-* u. die *O-Methyl-O-äthylverbindung.* — I + α-Piperidinoacrylnitril → *S-(2-Cyan-2-piperidinoäthyl)*-I. — Ferner folgende Thiolthionphosphate: *S-(2-Cyan-3-diäthylamino-propyl)-O.O-bis-(2-methoxyäthyl)-, S-(2-Cyan-3-acetamidopropyl)-O.O-diäthyl-, S-[2-Cyan-3-(N-methylacetamido)-propyl]-O.O-diäthyl-, S-(2-Cyan-3-ureidopropyl)-O.O-diäthyl-, S-[2-Cyan-3-(methansulfonamido)-propyl]-O.O-diäthyl-, S-[2-Cyan-3-(methoxysulfonyl)-propyl]-O.O-diäthyl-, S-(2-Cyan-3-sulfamoylpropyl)-O.O-dimethyl-, S-[2-Cyan-3-(N.N-dimethylsulamoyl)-propyl]-O.O-dimethyl-, S-[2-Cyan-3-(dimethylphosphono)-propyl]-O.O-diäthyl-,*

S-[2-Cyan-3-(N.N.N'.N'-tetramethyldiamidophosphono)-propyl]-O.O-diäthyl-. — *Insekticide.* (**A. P. 2 968 669** vom 24/2. 1959, ausg. 17/1. 1961.)
O. MÜLLER-MEININGEN. 6313

May & Baker Ltd., Dagenham, England, *Herbicide.* (**Holl. P. 98 512** vom 2/3. 1957, ausg. 17/7. 1961. E. Prior. 2/3. 1956. — **C. 1958.** 13342 [D. A. S. 1 027 008].)

Badische Anilin- & Soda-Fabrik Akt.-Ges., Deutschland (Erfinder: **Adolf Fischer**), *Selektive Unkrautvernichtungsmittel.* (**F. P. 1 221 917** vom 29/1. 1959, ausg. 7/6. 1960. D. Prior. 1/2. 1958. — **C. 1960.** 1984 [D. A. S. 1 062 482].)

Diamond Alkali Co. (Erfinder: **Henry Bluestone**), Cleveland, Ohio, V.St.A., *Fungicide Präparate.* (**Holl. P. 99 028** vom 3/9. 1955, ausg. 15/9. 1961. A. Prior. 3/9. 1954. — **C. 1958.** 11060 [D. A. S. 1 019 122].)

Badische Anilin- & Soda-Fabrik Akt.-Ges., Deutschland (Erfinder: **Klaus Jürgen Fust** und **Herbert Friederich**), *Halogenierte 5.6-Dimethylenbicyclo-[2.2.1]-heptene-(2).* (**F. P. 1 238 578** vom 5/10. 1959, ausg. 2/12. 1960. D. Prior. 6/10. 1958. — **C. 1960.** 14494 [D. A. S. 1 073 485].)

Parke, Davis & Co., Detroit, Mich., V.St.A., *Herstellung eines Norleucinderivates.* (**Holl. P. 98 648** vom 24/8. 1956, ausg. 17/7. 1961. A. Prior. 25/8. 1955. — **C. 1960.** 1302 [Oe. P. 197 353].)

N. V. Philips' Gloeilampenfabrieken, Eindhoven (Erfinder: **Hendrik Uhlenbroek** und **Jaques Meltzer**, Weesp), Holland, *Mittel gegen Spinnmilben.* (**Schwz. P. 357 584** vom 29/4. 1958, ausg. 30/11. 1961. Holl. Prior. 1/5. 1957. — **C. 1960.** 11444 [Oe. P. 204 329].)

Farbenfabriken Bayer Akt.-Ges., Leverkusen (Erfinder: **Gerhard Schrader**, Opladen), *Thiophosphorsäureester.* (**Schwz. P. 350 963** vom 12/11. 1956, ausg. 15/2. 1961. D. Prior. 22/11. 1955. — **C. 1960.** 4005 [F. P. 1 168 934].)

Farbenfabriken Bayer Akt.-Ges., Leverkusen, *Thiophosphorsäureester.* (**E. P. 864 438** vom 4/2. 1959, ausg. 6/4. 1961. D. Prior. 6/2. 1958. — **C. 1960.** 13818 [D. A. S. 1 074 034].)

Farbenfabriken Bayer Akt.-Ges., Leverkusen, *Thionophosphonsäureamidfluoride.* (**E. P. 883 982** vom 3/3. 1960, ausg. 6/12. 1961. D. Prior. 3/3. 1959. — **C. 1961.** 9181 [D. A. S. 1 099 532].)

Farbenfabriken Bayer Akt.-Ges., Leverkusen, übert. von: **Gerhard Schrader**, Opladen, *Thiolphosphorsäureester.* (**A. P. 2 976 309** vom 29/10. 1956, ausg. 21/3. 1961. D. Prior. 29/10. 1955. — **C. 1959.** 1922 [D. A. S. 1 018 053].)

—, Stand und Leistung agrikulturchemischer und agrarbiologischer Forschung. 8. Frankfurt/M.: Sauerländer. 1961. (VII + 158 S. m. Abb.) 8° = Landwirtschaftliche Forschung. Sonderheft 15. DM 27,50.

VIII. Metallurgie. Korrosion

Prospektierung von Kings-Mountain-Pegmatiten. Thomas L. Kesler. (Mining Engng. **13.** AIME Trans. **220.** 1063—68. Sept. 1961. West Chester, Pa., Foote Mineral Co.) (Engl.)

Beschreibung eines Vork. von *Li*-Mineralien in Nord-Karolina. W. WESLY. 6354□

Kanadische Praxis bei der Erzaufbereitung und extraktiven Metallurgie des Urans. A. Thunaes. (Proc. int. Conf. peaceful Uses Atomic Energy **8.** 81—84. 1956. Ottawa, Eldorado Min. and Refining Ltd.) (Engl.)

Überblick. W. HEIN. 6360□

Die flotative Trennung von Eisen- und Manganoxiden. Ein Beitrag zur Aufbereitung eines nordafrikanischen Eisenmanganerzes. Walter Stark. (Z. Erzbergbau Metallhüttenwes. **14.** 614—25. Dez. 1961. Krefeld.) (Dt.)

Untersucht wurde die Flotierbarkeit eines nordafrikan. Erzes mit 15,9 (%) *Mn* u. 40,9 *Fe*, das *Pyrolusit* u. *Ramsdelit* u. *Limonit* enthielt. Die Verss. wurden in einer neu entwickelten Flotationskleinzelle mit Einwaagen von 5—200 g durchgeführt. Es konnte ein Flotationsmittelrezept mit *Ölsäure, Tallöl, Dieselöl, Gerbsäure* u. *Natronwasserglas* ermittelt werden. Es gelang, das Erz auf 32 Mn u. 18 Fe anzureichern u. somit zur Verhüttung auf *Ferromangan* geeignet zu machen. Die Berge mit 8,5—9 Mn u. 50 Fe sind als Mn-haltige Fe-Erze verwendbar. — 51 Literaturangaben. F. VIER. 6362□

Die feuerfeste Auskleidung von „LD"-Konvertern. F. C. Muttitt. (Proc. Conf., nat. Open Hearth Committee Iron Steel Divis., Amer. Inst. Mining metallurg. Petroleum Engr. **43.** 274—79. April 1960. Sault Ste. Marie, Ontario, Algoma Steel Corp.) (Engl.) — Vgl. C. **1961.** 7376.

Es wird über Verss. zur Verbesserung der Haltbarkeit der feuerfesten Auskleidung in „LD"-Konvertern sowie über die Entw. von aus mehreren Schichten bestehenden dicken Auskleidungen u. über „split"-Auskleidungen unter Verw. verschiedener feuerfester Stoffe berichtet. Eine verbesserte Haltbarkeit der Konverterauskleidung wurde durch eine bestimmte Steinauskleidung unter Verw. nur von 24-in.-Steinen mit darüber angeordneter Stampfmasse erzielt. Obwohl auch diese relativ gleichmäßige Auskleidung nicht als die bestmögliche angesehen wird, bringt sie gegenüber den bisherigen wesentliche Zeiteinsparungen. — Diskussion. H. HOCHSTEIN. 6370□

Fragen zur feuerfesten Ausmauerung bei der Verwendung von Sauerstofflanzen. William A. Bringman. (Proc. Conf., nat. Open Hearth Committee Iron Steel Divis.,

Amer. Inst. Mining metallurg. Petroleum Engr. **43.** 241—51. April 1960. Detroit, Mich., Great Lakes Steel Corp.) (Engl.)

Angaben über den konstruktiven Aufbau der feuerfesten Auskleidung von SIEMENS-MARTIN-Öfen, bes. des Ofengewölbes, sowie des Regenerativ-Speichermauerwerks bei der durch die Verw. von O_2-Lanzen bedingten hohen Temp.-Beanspruchung. Der Ausgleich des Ofenverschleißes durch Verw. hochfeuerfester Materialien, durch Kühlung u. zweckmäßige Ausbesserungen wird erörtert. — Diskussion. H. HOCHSTEIN. 6370□

Entwicklung der Zustellungstechnik von Siemens-Martin-Öfen in Nordamerika. Luis Hütter. (Stahl u. Eisen **80.** 788—96. 9/6. 1960. München.) (Dt.)

Erörtert wird die Erhöhung der SIEMENS-MARTIN-Ofenleistung, bes. durch Anwendung größerer O_2-Mengen, wobei die Auswirkung des O_2-Blasens auf die Haltbarkeit der Auskleidung besprochen wird. Die Entw. neuer Zustellungsformen mit bas. Steinen wird aufgezeigt u. Ausführungsbeispiele bas. Gewölbe u. Decken unter Angabe von Haltbarkeitszahlen mitgeteilt. H. HOCHSTEIN. 6370□

Erfahrungen mit Heißwindkupolofenanlagen in kleinen und mittleren Gießereien. Herbert Sander. (Giessereipraxis **1961.** 233—39. 25/6. 269—76. 10/7. (Dt.)

Die Bauart der für die Winderhitzung verwendeten Rekuperatoren verschiedener Heißwindkupolofenschmelzbetriebe wird erläutert u. Angaben über die Heißwindkupolofenanlagen verschiedener Gießereien mit den festgestellten Betriebsdaten sowie über den unterschiedlichen Einfl. eines CaC_2-Zusatzes u. der Windvorwärmung, über das Einschießen von Spänen u. Leg.-Stoffen sowie über die Entstaubung der Kupolofenabgase gemacht. H. HOCHSTEIN. 6370□

Beitrag zum induktiven Schmelzen von Gußteilen. Fritz Hage. (Giesserei **48.** 676—79. 2/11. 1961. Hildesheim.) (Dt.)

Die Vor- u. Nachteile des Netzfrequenzinduktionsofens werden erörtert u. die Erfahrungen beim Schmelzen im Induktionsofen sowie im Kupolofen gegenübergestellt. Hierbei zeigte sich, daß beim Erschmelzen von hochwertigen u. legierten Gußeisensorten der Netzfrequenzofen wegen seiner Anpassungsfähigkeit an ein vielseitiges Fertigungsprogramm dem Kupolofen überlegen zu sein scheint. H. HOCHSTEIN. 6370□

Der Aufbau von elektrischen Reduktionsöfen zur Erzeugung von Ferrolegierungen. J. J. Coetzee. (J. South African Inst. Mining Metallurgy **61.** 541—61. Juli 1961. African Metals Corp. Ltd., Res. and Dev. Dep.) (Engl.)

Erörterung der Anwendung des elektr. Lichtbogenofens zur Extraktion schwer schmelzbarer Erze, der Entw. der SÖDERBERG-Elektrode u. der die Ofen-Eigg. bestimmenden Faktoren, wie Elektrodengröße, -abstand usw. — Diskussion. W. WESLY. 6370□

Einfluß der Ionisierung auf die Entgasung beim Elektronenstrahlschmelzen. Paul Müller. (Z. Metallkunde **52.** 488—91. Juli 1961. Hanau/Main, W. C. Heraeus GmbH., Abt. der Hochvakuum- u. Vakuummetallurg.) (Dt.)

Die Ionisierung der Gase u. abdampfenden Verunreinigungen beim Schmelzen von Metallen mit Elektronenstrahlen wird untersucht. Ihr Einfl. auf die Betriebssicherheit der Anlage u. auf die Güte der Reinigung durch den Ionenpumpeffekt bei zwei verschiedenen Verff. wird an einem Beispiel abgeschätzt. Es ergibt sich, daß das feldfrei arbeitende Schmelzverf. mit Elektronenkanone prakt. nicht anfällig gegen Durchschläge ist, während beim Schmelzen mit Ringstrahlkathoden, bei dem die Abschmelzelektrode u. das Schmelzbad gleichzeitig Anode sind, Überschläge sehr leicht auftreten u. zu Betriebsunterbrechungen führen. Die im Schmelzofen mit Ringstrahlkathode erwartete Pumpwrkg. durch das Absaugen von Ionen im elektr. Feld ergibt sich als im Vgl. zur Pumpleistung der Vakuumpumpen vernachlässigbar klein. H. HOCHSTEIN. 6380□

Wiedergewinnung von Zink und Zinn aus Nebenprodukten. P. M. Sullivan und D. H. Chambers. (Metal Ind. [London] **99.** 226—29. 22/9. 246—48. 29/9. 1961.) (Engl.)

Beschrieben wird die Wiedergewinnung von *Zn* u. *Sn* aus den Krätzen der schmelzfl. Verzinkung bzw. Verzinnung durch Amalgamelektrolyse. — 12 Literaturangaben. F. VIER. 6380□

Über die Gestaltung und Verwendung von Druckguß. Herbert Schulte. (Giesserei **49.** 235—47. 3/5. 1962. Schmiden bei Stuttgart.) (Dt.) M. GEHLEN-KELLER. 6382□

Mittels Druckguß in Gipsformen erhaltene doppelflächige Aluminium-Modelle. E. Mantle und D. Potts. (Fonderia ital. **10.** 49—54. 1961.) (Ital.)

Überblick über Grundlagen u. Fertigung doppelflächiger Al-Plattenmodelle entsprechend den amerikan. „match-plates“ mit Hilfe mechan. Druckgußverfahren. — 21 Abbildungen. A. SANDER. 6382□

Über die Stickstoffabsorption von Aluminium enthaltenden, 20% Cr–Fe-Legierungen in reinem Stickstoff oder in Luft. Masazo Okamoto und Ōmi Miyakawa. (Nippon Kinzoku Gakkai-Si [J. Japan Inst. Metals] **25.** 520—24. 1961.) (Jap.; Auszug: Engl.)

Unterss. über die N-Absorption von *Fe*-Legg. mit 20 (%) *Cr* u. 0—4 *Al* bei hohen Temp. zeigen, daß die Absorption mit steigendem Al-Geh. zunimmt, wenn in N_2 erhitzt wird, wobei sich hauptsächlich *AlN* bildet. Durch die N-Absorption wird die günstige Wrkg. des Al auf die Oxydationsfestigkeit verschlechtert; die plast. Verformbarkeit der Proben vermindert sich. Der auf der Oberfläche von Proben mit 4% Al entstehende Oxidfilm verhindert die N-Absorption. Von Proben mit ≧4% Al wird beim Erhitzen in Luft infolge des gebildeten, dichten Al_2O_3-Films nur wenig N absorbiert. W. WESLY. 6390□

Prüfung von Stückerzen auf ihr Verhalten im Hochofen. Hans Birnbaum, Ludwig von Bogdandy und Wolfgang Janke. (Stahl u. Eisen **80.** 781—88. 9/6. 1960. Oberhausen.) (Dt.)

Durch Unterss. im Labor. über mechan. Eigg. sowie das Zerplatzen u. die Red.-Geschw. von *Fe*-Erzen ist es möglich, betriebsnahe Kenntnisse abzuleiten. Die Anwendbarkeit dieser Werte wurde in mehrmonatigen Betriebs-Verss. bestätigt. Die Prüfverff. ermöglichen eine Vorausschätzung der Verstaubung u. des Zerfalls von Erzen im Hochofen u. Voraussetzungen über die günstigste Körnung u. den Koksverbrauch. Die auf Grund der Erz-Eigg. vorausgesagten betrieblichen Erwartungswerte gelten hauptsächlich bei einer Arbeitsweise, die dem großen Mittel der mit voll vorbereitetem Möller arbeitenden Werke entspricht. H. HOCHSTEIN. 6390□

Über einige Untersuchungsergebnisse der Desoxydation von Metallschmelzen. A. M. Samarin. (Mber. dtsch. Akad. Wiss. Berlin **2.** 375—85. 1960. Moskau, Baikow-Inst. für Metallurg. der Akad. der Wiss. der UdSSR.) (Dt.)

Es wird die physikal.-chem. Gesetzmäßigkeit der Löslichkeit von O_2 im fl. Fe behandelt u. Angaben über die Desoxydationsfähigkeit der Elemente u. ihr Einfl. auf die O_2-Löslichkeit im fl. Fe gemacht. Dabei wird gezeigt, daß mit Hilfe des Wertes der Änderung der freien Energie einer Desoxydations-Rk. die Gleichgewichts-Konst. dieser Rk. bei einer Temp. berechnet werden kann, die beim Fertigmachen einer Stahlschmelze vorliegt. Die Änderung der Aktivität des in metall. Schmelzen gelösten O_2 wird berechnet u. gezeigt, daß die Erhöhung der O_2-Löslichkeit unter dem Einfl. der Desoxydationselemente erfolgt. — 20 Literaturangaben. H. HOCHSTEIN. 6390□

Schmelzuntersuchungen an direkt reduziertem Eisen in elektrischen und Siemens-Martin-Öfen. O. Masi und P. Cannizzo. (J. Iron Steel Inst. **200.** 199—211. März 1962. Turin, Fiat, Div. Siderurgica.) (Engl.)

Schmelzverss. werden in 60 t-Elektroöfen u. in 50 t-SIEMENS-MARTIN-Öfen an festen Chargen mit einem %-Geh. an nach dem Verf. der R-N CORP., New York, N.Y., hergestellten Briketts von 20 u. 50% durchgeführt. Die wichtigsten Ergebnisse hierbei werden mit normalen Schmelzergebnissen verglichen u. Angaben über Schmelzzeiten, Fe- u. C-Geh., stündliche Schmelzleistungen sowie über den spezif. Kraftverbrauch beim Schmelzen u. Abstechen, über Analysen (*S* u. *P*) gemacht. Es wird festgestellt, daß die verwendeten *R–N*-Briketts vom techn. Standpunkt ein wünschenswerter Bestandteil der Ofenbeschickung sind, vorausgesetzt, daß in den elektr. Öfen der Fe-Gesamtgeh. (Fe_{tot}) wenigstens 90% u. der Fe_{met} Geh. 85% beträgt. H. HOCHSTEIN. 6390□

Induktionszonenreinigung von Eisen auf einem wassergekühlten Kupfertiegel. E. Bull Simonsen. (J. Iron Steel Inst. **200.** 193—98. März 1962. Brüssel, European Res. Assoc., G.A.) (Engl.)

Die Zonen-Reinigungs-Wrkg. beim horizontalen Zonenschmelz-Verf. von Metallen wird auf einem wassergekühlten Tiegel untersucht. Dabei wird diese Meth. durch ein Zonenschmelzen von *Fe* unter wechselnden Bedingungen geprüft. Die Schmelz-Charakteristik u. der Zonenreinigungseffekt werden metallograph., durch Widerstandsmessungen, spektrograph. u. Aktivitäts-Best., autoradiograph. sowie durch radiochem. Analysen unter Verw. von ^{32}P oder ^{58}Co untersucht. Eine arteigene unterbrochene Ablagerung von geschmolzenem Metall aus der aufgefangenen Probe auf dem Tiegel, die ein unreguläres Fortschreiten der Erstarrungsfront ergibt, bewirkt eine Minderung des Zonenreinigungseffektes der Zonenschmelz-Meth. u. ein örtliches Einfrieren der Verunreinigungen sowie eine starke period. Heterogenität über die Länge der Probe. Eine Anzahl von Verss. diente der Minderung dieser Nachteile; jedoch wurde eine Verbesserung nur zum Teil erreicht. Es wird gezeigt, daß die Tiegelart einen großen Einfl. auf den Zonenreinigungseffekt hat. Metallmengen von 300 g oder mehr können ohne Schwierigkeiten behandelt werden u. große Zonen-Geschw. sind zweckmäßig. H. HOCHSTEIN. 6390□

Die Bildung von Graphitisierungszentren nach der plastischen Deformation von weißem Gußeisen. L. I. Koshinski. (Металловедение и Термическая Обработка Металлов [Metallkunde therm. Metallbearb.] **1961.** Nr. 5. 26—28. Mai. Gorki, Polytechn. Inst.) (Russ.)

Bei allseitigem plast. Zusammendrücken von weißem Gußeisen entstehen Makro- u. Mikrorisse. In der Grundmasse des Gußeisens treten Mikroporen auf, in denen während des Glühens Graphitisierungszentren entstehen. Die Mikroporen bilden sich infolge plast. Versetzungen sowohl bei Raum-Temp. als auch bei den Temp. des plast. Bereiches von Gußeisen. Die plast. Warmverformung bedingt eine größere Erhöhung der Zahl der Graphitisierungszentren als die Kaltverformung; daher können die Verfestigungsspannungen nicht der Grund der Zunahme der Graphitisierungszentren während der plast. Verformung sein. H. Hochstein. 6404□

Der Einfluß von Nickel, Kupfer, Molybdän und Bor auf die Härtbarkeit von hochfestem Gußeisen mit kugelförmigem Graphit. M. W. Woloschtschenko. (Металловедение и Термическая Обработка Металлов [Metallkunde therm. Metallbearb.] **1961.** Nr. 5. 30—32. Mai. Inst. für Gießereiwesen der Akad. der Wiss. der UkrainSSR.) (Russ.)

B zeigt bei der Abschreckung von Gußeisen mit Kugelgraphit von 850° keinen Einfl. auf die Durchhärtbarkeit. Wirksamer in dieser Hinsicht ist *Mo*. Bei der Härtung von 900° zeigt hochfestes Gußeisen, das mit *Cu*, *Ni*, *Mo* oder *B* legiert ist, eine höhere Durchhärtbarkeit im Vgl. zu unlegiertem Gußeisen. Bei einer Erhöhung der Abschrecktemp. nimmt die Durchhärtbarkeit bei einer Leg. des Gußeisens mit Ni am intensivsten zu. H. Hochstein. 6404□

Kokillentemperguß, Qualität, Prüfmodus und Normung. Joseph Czikel und Karl Stölzel. (Freiberger Forsch.-H., Reihe B, Heft **59.** 45—63. 1961. Freiberg u. Eibenstock.) (Dt.)

Die Tempergußschmelze u. der Temperrohguß werden behandelt u. Angaben über Aufgabe u. Wrkg. der Wärmebehandlung des Tempergusses gemacht. Auf Grund der Ergebnisse eigener Verss. werden Unterlagen über den Einfl. der Abkühlungs-Geschw. auf die zur Erreichung der geforderten Eigg. notwendige Gesamtglühzeit sowie über den Einfl. gesteigerter *Si*-Geh. bei sonst gleichen Bedingungen erhalten u. hieraus Folgerungen für die Praxis gezogen. Prüfmodus u. Normung von Kokillentemperguß werden erörtert u. dabei nachgewiesen, daß Kokillentemperguß nur eine wesentlich verkürzte Temperzeit erfordert u. deshalb der Carbidzerfall zeitlich vor der Entkohlung abläuft. Dadurch fallen Eigg. an, die anders liegen können als bei den üblichen Tempergußarten. — 24 Literaturangaben. H. Hochstein. 6406□

Ergebnisse über Kurzzeitglühungen von Temperrohguß. Helmut Lehmann. (Giessereitechnik **7.** 21—23. Jan. 1961.) (Dt.)

Durch eine 6std. Kurzzeitglühung bei 1000° u. nachfolgende Abkühlung (ca. 20 bis 30 Min. im Temp.-Bereich von 1000—650°) wird ein Temperguß erzeugt, der innerhalb der Festigkeitsnormen des weißen Tempergusses liegt. Seine Gefügeausbildung entspricht der des weißen bzw. bei einigen Proben der eines perlit., vergüteten Tempergusses. Die verschiedenen Behandlungs-Temp. während der 2. Graphitisierungsstufe zeigten, daß die Glühung bei 700° in 24 Std. zu einem ferrit. Gefüge führt, so daß die Festigkeits-Eigg. des genormten schwarzen Tempergusses erreicht u. überboten werden. Bei 725° ist die Gefügeausbildung etwas ungünstiger. Proben, die bei 650° geglüht wurden, zeigten ein perlit.-ferrit. Gefüge, das im wesentlichen mit dem des weißen Tempergusses übereinstimmt. Die Herst. unterschiedlicher Tempergußqualitäten mit verschiedenen Festigkeits-Eigg. ist somit nach einfachen u. kurzzeitigen Glüh-Verff. möglich. H. Hochstein. 6406□

Über Werkstoffprobleme des Kokillen-Stahlformgusses. Joseph Czikel und Günter Quapil. (Freiberger Forsch.-H., Reihe B, Heft **59.** 26—44. 1961. Freiberg u. Leipzig.) (Dt.)

Der Einfl. höherer Erstarrungs-Geschw. auf die mechan. Eigg. wird an Stahlguß *GS-52* [0,35 (%) *C*, 0,31 *S*, 0,84 *Mn*, 0,047 *P*, 0,030 *S*] ermittelt (Sand- u. Kokillenguß). Der Kokillenguß besaß im Vgl. zu Sandguß bessere Zähigkeits-Eigg., die von der Wanddicke der Gußstücke abhängen, als die Verbesserung mit zunehmender Wanddicke zurückgeht. Bei dickwandigen Stücken bestehen zwischen Sand- u. Kokillenguß kaum nach Unterschiede. Zugfestigkeit u. Streckgrenze werden durch eine erhöhte Erstarrungs-Geschw. nicht verändert. Beim Normalisieren erfordert der Kolkillenguß eine etwas geringere Glühdauer als Sandguß. Metallograph. Unterss. ergeben, daß die Unterschiede in den mechan. Eigg. von Sand- u. Kokillenguß nicht nur auf Unterschiede des Sekundärgefüges, sondern auch der primären Kristallisation, bes. der P-Verteilung, zurückzuführen sind. Bei Kokillenguß ist die P-Verteilung gleichmäßiger als bei Sandguß. — 25 Literaturangaben. H. Hochstein. 6408□

Die Herstellung von weichen, mittleren und harten Stählen durch den basischen Sauerstoff-Prozeß. C. C. Benton. (Proc. Conf., nat. Open Hearth Committee Iron Steel Divis., Amer. Inst. Mining metallurg. Petroleum Engr. **43.** 215—19. April 1960. Sault Ste. Marie, On., Algoma Steel Corp.) (Engl.)

Das seit 1958 laufende Stahlwerk mit bas. O_2-Öfen (LD-Verf.) läßt eine gute Anpassungsfähigkeit des Betriebes in bezug auf die herzustellenden Stahlsorten erkennen. Ohne Schwierigkeiten lassen sich mit diesem O_2-Verf. alle Stahlsorten im Bereich von 0,03—1,05 (%) *C*, 0,15—1,65 *Mn*, bis zu 1,65 *Ni*, 0,24 *Mo*, 0,50 *Cu* u. 1,10 *Cr* erschmelzen. Dabei umfaßt das Herst.-Programm unberuhigte, halbberuhigte u. vollberuhigte Feinkornstähle für schwere Schmiede- u. Stauchstücke. In allen Fällen ist die festgestellte Stahlqualität gleich oder besser als die eines normalen SM-Stahles. Diskussion.
H. Hochstein. 6408□

Entschwefelung von Stahlguß durch Impfung mit Calcium. David A. Colling und Paul J. Ahearn. (J. Iron Steel Inst. **200.** 211—16. März 1961. Watertown, Mass., Ordnance Corps Watertown Arsenal.) (Engl.)

Stähle mit einem geringen *S*-Geh. von nur 0,001—0,002% werden in bas. Induktionsöfen durch eine Impfung der Schmelze mit einer *Ca–Mn–Si*-Leg. zusammen mit einer hohen Schlackenbasizität erzeugt. Die Einfl. des ursprünglichen S-Geh., der Leg.-Elemente u. der Ca-Zusätze auf den Entschwefelungsprozeß werden ermittelt. Die mechan. Eigg. der Stähle vom Typ *4325* u. *4340* mit geringem S-Geh. lassen ein verbessertes Formänderungsvermögen u. eine erhöhte Zähigkeit gegenüber Stählen mit normalem S-Geh. bei sonst gleichen Festigkeitswerten erkennen.
H. Hochstein. 6408□

Die Entschwefelung beim LD-Verfahren. E. Plöckinger und M. Wahlster. (Techn. Mitt. Krupp **19.** 40—58. Juni 1961. Essen, Fa. Fried. Krupp.) (Dt.)

Überblick an Hand von 19 Literaturangaben. F. Vier. 6408□

Der Aufbau von aus Spänen hergestelltem Stahl. I. N. Gontscharow und K. M. Strojewa. (Металловедение и Термическая Обработка Металлов [Metallkunde therm. Metallbearb.] **1961.** Nr. 6. 48—49. Juni. Nowotscherkassk, Polytechn. Inst.) (Russ.)

Untersucht wird der Aufbau von Stahlbriketts geringer Dichte (spezif. Gew. 5,7 bis 5,9), die durch Erwärmung der Späne im Drehtrommelofen mit nachfolgender Verformungsbehandlung des sich aus den Spänen bildenden Stranges durch mehrere Hammerschläge gewonnen werden. Bei der Bewegung der oxydierten Späne tritt während der Erhitzung eine kontinuierliche Absonderung von Oxiden auf, derzufolge der metall. Kontakt beim nachfolgenden Verschweißen erleichtert wird. Die Feinstruktur eines aus Spänen hergestellten Stahles ist durch einen großen Geh. an nichtmetall. Einschlüssen, durch das Fehlen von Perlit u. durch ein grobes Ferritkorn gekennzeichnet. Die nichtmetall. Einschlüsse treten in den Korngrenzen auf, deren Breite beträchtlich ist. Die mechan. Unterss. der aus frischen Spänen hergestellten Stähle ergab, daß die Festigkeits-Eigg. sich von denen eines Stahles 20 nicht wesentlich unterschieden.
H. Hochstein. 6408□

Kornverfeinerung durch Erstarrung in einem elektromagnetischen Drehfeld. F. C. Langenberg, G. Pestel und C. R. Honeycutt. (J. Metals **13.** 895—99. Dez. 1961. Pittsburgh, Pa., Crucible Steel Co. of America.) (Engl.)

Die Erstarrung von Stahl in einem elektromagnet. Drehfeld wirkt sich vorteilhaft in einer verfeinernden Veränderung der Korngröße der Gußstruktur von Stahlblöcken aus. Einige an verschiedenen Stahl-Legg., bes. an den nichtrostenden Stählen *410*, *302* u. *310*, experimentell ermittelte Kornverfeinerungen infolge einer elektromagnet. Umrührung der Schmelze vor u. bei der Erstarrung werden erläutert, das Optimum für die Kornfeinung wird angegeben u. die Vorr. zur Erzeugung des elektromagnet. Drehfeldes beschrieben. H. Hochstein. 6408□

Der Einfluß von Phosphor und Stickstoff auf die Härte von unberuhigtem kohlenstoffarmem Stahl nach verschiedener Vorbehandlung. Albrecht Drevermann. (Stahl u. Eisen **80.** 801—09. 9/6. 1960. Dortmund.) (Dt.)

An Siemens-Martin-Stählen, mit O_2-angereicherter Luft oder mit CO_2–O_2-Gemischen erblasenen Windfrisch-Sonderstählen sowie an Thomas-Stählen u. Reineisen wurde der Einfl. der Geh. an P u. N. auf die Härte nach verschiedener Wärme- u. Verformungsbehandlung untersucht. Die P-Geh. lagen dabei zwischen 0,002 u. 0,152%, die N-Geh. betrugen bis 0,022%. Es zeigte sich, daß die Härte nach Normalglühung mit steigendem Geh. an P u. N geradlinig zunahm, wobei N von ca. 10mal größerem Einfl. als P war. Diese geradlinige Abhängigkeit blieb auch nach einem Abschrecken von 920°

in W. sowie nach Kaltstauchen um ca. 66% bestehen. Auch die Härtezunahme durch Kaltstauchen wurde mit steigenden P- u. N-Geh. größer; beim Abschrecken wurde eine solche Abhängigkeit des Härteanstieges nicht beobachtet. Bei Umrechnung der Härte auf Zugfestigkeit ergab sich, daß im normalgeglühten Zustand bei einer Erhöhung des P-Geh. um je 0,210% die Zugfestigkeit um 0,7 kg/mm², bei einer Erhöhung des N-Geh. um je 0,010% um ca. 8 kg/mm² stieg. Die Ergebnisse von Härtemessungen nach dem Anlassen von kaltgestauchten Proben ergeben eine leichte Verschiebung des Beginns der Kristallerholung u. der Rekristallisation durch N u. P zu höheren Temp. hin. Nach dem Normalglühen, Abschrecken oder nach einem Kaltstauchen um ca. 66% wurde bei gleichen P- u. N-Geh. kein Unterschied in der Härte von windgefrischtem Stahl u. SIEMENS-MARTIN-Stahl festgestellt. Dagegen wurde beim Anlassen nach dem Kaltstauchen oder nach dem Abschrecken ein Einfl. der Herst.-Art dahingehend festgestellt, daß die SIEMENS-MARTIN-Stähle keine ausgeprägte, in einer Härtesteigerung zum Ausdruck kommende Verformungs- oder Abschreckalterung aufwiesen. Die windgefrischten Stähle zeigten dagegen bei den gleichen P- u. N-Geh. beim Anlassen nach dem Kaltverformen eine Härtesteigerung bei 50—100°, beim Anlassen nach dem Abschrecken 2 Bereiche mit einem Härteanstieg, u. zwar bei 50 u. bei 350°. Bei Unterss. über die Verteilung des P- u. N-Geh. in der Rand- u. Kernzone von Knüppeln aus Stählen unterschiedlicher Erschmelzungsart stellte sich heraus, daß der N keine ausgesprochene Neigung zum Seigern besitzt. H. HOCHSTEIN. 6408□

Einfluß der chemischen Zusammensetzung auf Struktur und mechanische Eigenschaften eines martensitischen 13% igen Cr-Stahls. Piero Virdis. (Fonderia ital. **10.** 43—47. 1961. Cagliari, Univ., Ist. metallurg.) (Ital.)

Nach Verss. des Vf. läßt sich die durch zu hohen Si-Geh. verursachte ungenügende Kerbschlagzähigkeit eines 13% ig. Cr-Gußstahls nicht völlig aufheben, wohl aber bis zu einem gewissen Grade verbessern, da das martensit. Gefüge eine völlige Ausscheidung des ferrit. Anteils nicht zuläßt. Die besten Kerbschlag-Zähigkeitswerte wurden mit solchen Stählen durch therm. Behandlung bei 1150° erhalten. — 10 Diagramme u. Gefügebilder. 9 Literaturhinweise. A. SANDER. 6410□

Schnelldrehstähle mit erhöhter Carbid-Ungleichmäßigkeit. Ju. A. Geller, L. Ss. Kremnew und Z. L. Olessowa. (Металловедение и Термическая Обработка Металлов) [Metallkunde therm. Metallbearb.] **1961.** Nr. 6. 25—30. 35. Juni. Allunions-Forsch.-Inst.) (Russ.)

Für Schnelldrehstähle mit höchstens 1,7—1,9 (%) *V* u. guter Polierbarkeit gibt es 2 charakterist. W-Geh.: 1. 7—8 *W*; hierbei treten hohe Warmfestigkeit u. Sekundärhärte u. eine geringe Carbid-Ungleichmäßigkeit bei Überhitzungsempfindlichkeit der Stähle auf; 2. 12—13 W; in solchem Schnelldrehstahl liegt ein feines Korn vor, jedoch ist die Carbidungleichmäßigkeit größer als im Stahl mit 7—8 W. Die Überhitzungsempfindlichkeit der Stähle mit 7—8 W wird durch Zusatz von 0,1—0,2 *Ti* oder 0,01 bis 0,02 *N* oder 0,7—1,0 *Ni* verringert. Diese Zusätze erhöhen die Festigkeit u. verringern die Restaustenitmenge. Zur Verringerung der Carbid-Ungleichmäßigkeit soll der *Cr*-Geh. im Stahl auf 2,8—3,0 gesenkt werden. Hierdurch wird die Festigkeit erhöht u. die Restaustenitmenge vermindert. Eine Abnahme des Cr-Geh. auf unter 2,2—2,5 verhindert die Auflösung komplizierter *W-Carbide* u. senkt die Sekundärhärte in starkem Maße. Für Werkzeuge mit dünner Schneidkante wird die Verw. des Stahles *R 12* mit 0,8 bis 0,9 (%) C, 12—13 W, 2,8—3 Cr, 1,5—1,9 V, 0,3—0,6 Ni (Abschreckung von 1235—1255° in Öl oder in Warmbädern u. 3maliges Anlassen bei 560—570°) empfohlen. Für Werkzeuge zur Bearbeitung von Material mit einer BRINELL-Härte bis zu 200 dient zweckmäßig ein Schnelldrehstahl R 7 T mit 0,75—0,83 C, 7,6—8,2 W, 2,7—3,2 Cr, 1,2—1,5 V, 0,1—0,2 Ti, 0,4—0,8 Ni oder Stahl R 7 dem anstelle von Ti N zugesetzt wird (Abschrecken von 1200—1220° in Öl oder Warmbad, 3maliges je 1std. Anlassen bei 540—550°). H. HOCHSTEIN. 6410□

Einflüsse von Sulfiden auf die mechanischen Eigenschaften von 3%-Ni-Mo-V-Stählen. Jūro Watanabe. (Nippon Kinzoku Gakkai-Si [J. Japan Inst. Metals] **25.** 506—10. 1961.) (Jap.; Auszug: Engl.)

Unterss. über den Einfl. von Sulfiden auf die mechan. Eigg. mehrerer Stähle mit 3 (%) *Ni*, 0,28 *Si*, 0,45 *Mo*, 0,09 *V* u. 0,005—0,090 *S* zeigen, daß die Abnahme der Quer-Verformbarkeit dem *S*-Geh. u. dem Schmiedemaß proportional ist. Der Einfl. kleiner S-Mengen auf die Längs-Kerbzähigkeit ist groß. Die Anisotropie der Dauerfestigkeit steigt mit dem S-Geh.; die Querfestigkeit von Stahl mit 0,090 % S beträgt 73% der Längsfestigkeit. W. WESLY. 6410□

Herstellung von Simplex-Ferrochrom durch das Vakuumverfahren. C. G. Chadwick. (J. Metals **13.** 806—08. Nov. 1961. Niagara Falls, N.Y., Union Carbide Metals Co.) (Engl.)

Bei der Herst. wird von hoch-C-haltigem Ferrochrom ausgegangen, das feingepulvert mit CrO_3 gemischt u. bei 2500° F im Simplex-Vakuumofen der C zu CO umgesetzt. Das End-Prod. enthält 0,01—0,025% C. Die Anlagen werden beschrieben. F. Vier. 6418□

Über die Resultate der Anwendung des Laugenverfahrens mit periodischer Beschickung im Ust-Kamenogorsk Blei–Zink-Kombinat. B. M. Panin. (Цветные Металлы [Nichteisenmetalle] **31.** Nr. 8. 72—73. Aug. 1958.) (Russ.)

Ein optimales Laugen-Verf. kann leicht durchgeführt werden, wenn das Verhältnis zwischen H_2SO_4 u. dem Abbrand sowie die Dauer des Prozesses genau eingehalten werden. Der Löslichkeitsgrad von Zn erreicht bei neutraler Lauge 85—90% gegen 35—70% beim kontinuierlichen Verfahren. Die Pulpe setzt sich mit hoher u. stabiler Geschw. ab. In neutralen Eindickmitteln erfolgt eine gute Klärung. Durch besseres Durchmischen wird die Löslichkeit von Zn gesteigert. Eine bes. Erwärmung der Lsgg. ist nicht erforderlich. H. Treumann. 6430□

Ein neues Verfahren des Entkupferns von Rohblei. Ss. Ss. Nowosselow und M. W. Jakuschin. (Цветные Металлы [Nichteisenmetalle] **31.** Nr. 8. 15—20. Aug. 1958. Allunions-Forsch.-Inst. für Nichteisenmetalle.) (Russ.)

Das Verf. besteht in einer unmittelbaren Extrahierung von *Au, Ag, Sb, As* u. in einem Überführen des *Cu* beim Raffinieren in den Stein u. nicht in den Schlicker, wodurch das Zirkulieren der Grundmetalle im Cyclus der Pb-Gewinnung wesentlich verkürzt wird u. die Verluste infolgedessen geringer werden. Als Sulfidisator wird stückiges *Pyriterz* hinzugefügt. H. Treumann. 6430□

Kupferschmelzen im Konverter. Tamon Tsurumoto. (J. Metals **13.** 820—24. Nov. 1961. Tokyo, Japan, Nippon Mining, Ltd.) (Engl.)

Es wird über Verss. berichtet, Cu-Konzentrate im Konverter zu schmelzen. Die Ergebnisse zeigen, daß eine O_2-Anreicherung der Konverterluft das beste Mittel ist, die Wärmebilanz zu verbessern. *Blisterkupfer* kann in einem einzigen Schritt gewonnen u. H_2SO_4 aus den SO_2-reichen Gasen wiedergewonnen werden. F. Vier. 6432□

Untersuchung über zonenraffiniertes, reinstes Kupfer. 2. Mitt. **Zugprüfungen und Rekristallisation bei Raumtemperatur von zonengeschmolzenem Kupfer.** Tomisaburo Nara und Yoshito Yamada, (Nippon Kinzoku Gakkai-Si [J. Japan Inst. Metals] **24.** 744—48. 1960.) (Jap.; Auszug: Engl.) — 1. vgl. C. **1961.** 14079.

An Cu-Draht, gewonnen aus zonenraffiniertem Cu-Barren mit 99% Dickenabnahme, ausgeführte Zugprüfungen zeigen, daß in den raffinierten, bei Raum-Temp. gealterten Proben große rekrist. Körner vorhanden sind; jedoch tritt in den mit Verunreinigungen angereicherten Proben (Schwarz- u. vakuumgeschmolzenem Cu) keine Rekristallisation auf. In den raffinierten, bei Zimmer-Temp. gealterten Proben zeigt sich eine Verminderung der spezif. Zugfestigkeit u. Vickers-Härte. Die Halbanlaßzeit der reinsten Proben ist viel kürzer als die von OFHC u. entspricht annähernd der von Cu mit 99,999% Reinheit, so daß die Halbanlaßzeit als Maß der Reinheit angewandt werden kann. W. Wesly. 6432□

Untersuchungen über Kupfer–Zirkonium-Legierungen. Masataka Sugiyama, Noboru Makino und Hitoshi Shitara. (Nippon Kinzoku Gakkai-Si [J. Japan Inst. Metals] **25.** 489—93. 1961.) (Jap.; Auszug: Engl.)

Unterss. über den Einfl. von *Zr* auf die Eigg. von *Cu–Zr*-Legg., die warm gewalzt, bei 800—850° lösungsbehandelt, durch Kaltwalzen um 50—75% dickenvermindert u. bei 400—450° gealtert worden sind, zeigen, daß die elektr. Leitfähigkeit mit steigendem Zr-Geh. fällt, aber durch Alterung in beträchtlichem Maße zurückgewonnen wird. Die mechan. Festigkeit steigt mit dem Zr-Gehalt. Die Erweichungs-Temp. steigt bei Zr-Geh. $> 0,1\%$ u. liegt $> 500°$. W. Wesly. 6432□

Über die Ausscheidungshärtung von Zirkonium enthaltenden Kupferlegierungen. Takami Maruta. (Nippon Kinzoku Gakkai-Si [J. Japan Inst. Metals] **25.** 531—35. 1961.) (Jap.; Auszug: Engl.)

Je höher die Abschrecktemp. von *Cu*-Legg. mit 0,1—1,0% *Zr* ist, desto besser sind die Wrkg. der Alterung. Die Abschrecktemp. beträgt 950—970° in der Praxis. Bei 1 std. Alterung bei 550° erhält man ein Höchstmaß an Härte, bei 600° ein Höchstmaß an elektr. Leitfähigkeit. Die Alterung macht sich in kalt bearbeiteten Proben mit $> 60\%$ Dickenabnahme bemerkbar. Legg. mit 0,2—0,3% Zr haben gute mechan. u. elektr. Eigenschaften. Die Ausscheidung in Cu–Zr-Legg. beginnt bei ca. 550° u. endet bei ca. 650°. W. Wesly. 6432□

Der Einfluß von Calcium auf die plastischen Eigenschaften der Legierung EI 765. Ss. A. Iodkowski und A. Ss. Loboda. (Металловедение и Термическая Обработка Металлов [Metallkunde therm. Metallbearb.] **1961**. Nr. 6. 57—59. Juni. Zentr. Forsch.-Inst. für Technol. des Maschinenbaus.) (Russ.)

Eine Modifizierung der *Ni*-Leg. *EI 765* mit *Ca* führt zu einer Säuberung der Korngrenzen von in ihr ausgeschiedener α-Phase, zu einer gleichmäßigen Verteilung derselben über den gesamten Querschnitt der Leg. sowie zu einem schroffen Abfall der technolog. Plastizität u. zum Erscheinen einer beim Ätzen dunkel erscheinenden Phase. Ein längeres Halten der mit Ca modifizierten Leg. im Ofen führt zu einem Ca-Abbrand, zur Zusammenballung der α'-Phase, zu deren Ausscheidung an den Korngrenzen u. zum Verschwinden der dunkelgeätzten Phase. Durch die Modifizierung der *EI 765*-Leg. mit Ca wird ihre technolog. Plastizität verbessert u. die Plastizität bei Unterss. auf Warmfestigkeit auf mehr als das Doppelte erhöht. H. HOCHSTEIN. 6434□

Untersuchungen über reines Chrom. 4. Mitt. **Über die Rekristallisation von reinstem Chrom.** Susumu Yoshida, Yukio Ohba und Norio Nagata. (Nippon Kinzoku Gakkai-Si [J. Japan Inst. Metals] **24.** 760—74. 1960.) (Jap.; Auszug: Engl.) — 3. vgl. C. **1960.** 14504.

Unterss. über die Rekristallisation (RK) von (elektrolyt. aus CrO_3 gewonnenem) *Cr* mit 99,9% Reinheit zeigen, daß die prim. RK den allg. RK-Gesetzen folgt. Die zur prim. RK erforderliche Mindestbearbeitung beträgt ca. 10% Walz-Dickenverminderung. Die Aktivierungsenergie der RK von Proben mit 73% Dickenabnahme entspricht 110—112 kcal/Mol. In Proben mit 6—9% Dickenabnahme wächst beim Anlassen > 1000° das Korn als Folge der Korngrenzenwanderung. W. WESLY. 6440□

Der Einfluß der mineralogischen Zusammensetzung und der Strukturbesonderheiten von Bauxiten auf deren Verhalten beim Bayer-Prozeß. M. F. Kompanijetz. (Цветные Металлы [Nichteisenmetalle] **31.** Nr. 8. 50—52. Aug. 1958. Ural-Aluminiumwerk.) (Russ.)

Die mineralog. Zus. des Bauxits, die Dispersität der Rotschlammteilchen u. ihre Konz. sind Faktoren, die das Verh. des Rotschlamms beim Absetzen beeinflussen. Wenn der Schlamm ein polydisperses Syst. darstellt, in dem neben dem krist. *Hämatit* auch noch kryptokrist. *Fe-Oxid* vorhanden ist, so erfolgt eine bes. schnelle Niederschlagung des Schlammes. Wenn im Bauxit mehr als 10% *Si* vorhanden ist, so verschlechtert sich der Niederschlag. Bei 5% SiO_2 im Bauxit wird der Schlamm besser.
H. TREUMANN. 6446□

Physikalische und mechanische Eigenschaften von durch Natrium reduziertem und von elektroraffiniertem Titan. C. N. Adams und E. D. Hull. (U. S. Dep. Interior, Bur. Mines, Rep. Invest. **1961.** Nr. 5772. 1—12.) (Engl.)

Untersucht wurde Na-red. Ti mit einer BRINELL-Härte von 58 u. elektroraffiniertes mit 60 u. 70 BRINELL-Härte. Die Eigg. waren denen des Jodid-Ti ähnlich. Das Ti konnte ohne Schwierigkeit kalt bearbeitet werden, ohne daß bes. starkes Erhärten auftrat. Die Erhärtung konnte durch Glühen bei 700° von 30 Min. Dauer beseitigt werden. Die Rekristallisationscharakteristiken waren denen von Jodid-Ti im allg. ähnlich. Mit steigender Härte stiegen Zug- u. Kriechfestigkeit an. Die $\alpha \gtrless \beta$-Umwandlungs-Temp. wurde dilatometr. bestimmt. Sie war in Übereinstimmung mit früher ermittelten Werten bei 872—892°. Der lineare Wärmeausdehnungs-Koeff. betrug $7{,}35-7{,}53\cdot10^{-6}/^{0}$ bei 26—200°. — 10 Literaturangaben. F. VIER. 6448□

Gewinnung von Tellur und Indium aus antimonhaltigen Schlacken. Ja. S. Malkin, W. Ja. Ssergijenko, N. W. Bowtuta und I. G. Judelewitsch. (Цветные Металлы [Nichteisenmetalle] **31.** Nr. 8. 34—39. Aug. 1958. Tschimkent, Blei-Kombinat.) (Russ.)

Es wird festgestellt, daß es möglich ist, *In* aus trockenem Schlicker, aus Staub, aus der Schachtofenschmelze eines Agglomerates, aus der Schmelze von Rückgut u. aus Sb-Schlacke beim Schmelzen von *Na-Antimonat* zu gewinnen. Vf. bespricht ein technolog. Verf. für das Ausbringen von *Te* u. *In* mit einem Geh. von 1—2% In aus Antimonschlacken, die sich beim Verarbeiten von Na-Antimonat ergeben.
H. TREUMANN. 6448□

Die Gewinnung von Quecksilber in der Bleihütte des Leningrader Polymetall-Kombinates. L. W. Mantschenko und N. P. Tschirkowa. (Цветные Металлы [Nichteisenmetalle] **31.** Nr. 8. 28—34. Aug. 1958.) (Russ.)

Opimal für die Dest. von *Hg* aus den prim. Sublimaten eines Röstofens sind: Verbrauch an 40% Soda, an 3% Salpeter vom Gewicht der Sublimate; Temp. des Gases in den Retorten 450°; Röstdauer 12 Std.; Unterdruck nach den Retorten 8—12 mm Wassersäule; Temp. der Abgase nicht über 20°. Bei diesen optimalen Bedingungen

wurden folgende technolog. Kenngrößen erzielt: Ausbringen Hg 95,5%; Hg-Verluste mit dem Abbrand 0,4%; Ausbringen von *Tl* u. *Se* in den Abbrand 95,5% bzw. 99%.
H. Treumann. 6456□

Untersuchung über den Oberflächenzustand von Wolframpulver. 3. Mitt. Die Oxydation von Wolframpulver. Shigetoshi Takayanagi. (Nippon Kinzoku Gakkai-Si [J. Japan Inst. Metals] **24.** 756—60. 1960.) (Jap.; Auszug: Engl.) — 2. vgl. C. **1961.** 9577.

Unterss. über die Oberflächenoxydation von W-Pulver bei 150—400° u. O_2-Drücken von 10—400 mm Hg zeigen, daß W-Pulver oberhalb einer von Teilchengröße, Wärmebehandlung, Benetzung u. O_2-Druck abhängigen Temp. pyrophor ist. Unterhalb dieser Temp. bilden sich bei der Oxydation 2 Oxidschichten, deren äußere aus porösem WO_3 u. deren innere Schicht aus einem dichten Film ähnlicher Zus. besteht. Nach einem anfänglichen, dem parabol. Gesetz gehorchenden Filmwachstum verläuft die Oxydations-Geschw. linear. Der Verlauf der Oxydationskinetik wird mittels eines Modells einer Grenzzunderschicht erklärt. W. Wesly. 6474□

Die Durchhärtbarkeit von Stahl bei isothermer Härtung. Je. K. Kowschikow und F. N. Tawadse. (Металловедение и Термическая Обработка Металлов [Metallkunde therm. Metallbearb.] **1961.** Nr. 6. 5—7. Juni. Inst. für Metallurgie der Akad. der Wiss. der GrusinSSR.) (Russ.)

Eine Universal-Vorr. zur Best. der Durchhärtbarkeit von Stählen nach der Meth. der Stirnflächenhärtung der Probe durch W., Öl oder Heißmittel wird entwickelt, bei der die gegenüberliegende Probenstirnseite an Luft oder in einem Röhrenofen mit Temp.-Regelung abkühlen kann. Nicht tief einhärtende Stähle werden an Luft untersucht, während die Unters. der tiefeinhärtenden Stähle so durchgeführt wird, daß die austenitisierte Probe im Röhrenofen verbleibt u. von einer Seite energ. durch einen gegen die eine Stirnfläche gerichteten Strahl des Kühlmittels abgekühlt wird, während die andere Probenstirnfläche die Temp. des sich langsam abkühlenden Ofens aufweist. Mit dieser Vorr. werden Verss. an Proben aus Stahl 5ChNW durchgeführt, deren Ergebnisse in Kurvenform mitgeteilt werden. Die beschriebene Meth. bietet die Möglichkeit, Stähle auf die Durchhärtbarkeit bei der Abkühlung in Heißmitteln (Salpeterbad) zu untersuchen u. ermöglicht die Anwendung einer isotherm. Härtung in Abhängigkeit von der Stahlmarke, der zu fordernden Härte u. des Querschnitts des zu härtenden Gegenstandes. H. Hochstein. 6480□

Eine anomale Härtungserscheinung von Kovar, verursacht durch Umwandlung bei der Kaltbearbeitung. Satoru Mito. (Nippon Kinzoku Gakkai-Si [J. Japan Inst. Metals] **24.** 790—94. 1960.) (Jap.; Auszug: Engl.)

Unterss. über die Bearbeitungshärtung unstabiler *Kovar*-Legg. mit ca. 53 (%) Fe, 28 *Ni*, 18 *Co*, 0,35 *Mn*, 0,15 *Si* (Härteänderungen beim Walzen; Zugspannungs-Dehnungs-Kurve) zeigen, daß Proben mit geringen *Ni*-Geh. bei 40—50% Dickenabnahme eine anomale Härtung aufweisen. Der Härtungsgrad solcher Proben beträgt ca. 100% u. nur ca. 50% in Proben mit hohem Ni-Geh. nach ca. 80% Dickenabnahme. Ein Ni-Geh. von 29—29,5% ist erforderlich, um eine Härutng von *Kovar*-Legg. als Folge einer Umwandlung bei der Kaltbearbeitung zu verhüten. W. Wesly. 6480□

Untersuchungen über Kriechbruch und Veränderungen des Gefüges von austenitischen rostfreien Stählen. Gunji Shinoda, Tadao Sano, Tadakazu Sakurai, Tadashi Kawasaki und Hisashi Izumi. (Nippon Kinzoku Gakkai-Si [J. Japan Inst. Metals] **24.** 818—22. 1960.) (Jap.; Auszug: Engl.)

Die Kriechbruchfestigkeit von rostfreien Stählen *AISI 304*, *304 L* u. *Ni*- u. *Cr*-reichem Stahl *22 A* wird durch Kerben nicht stark beeinflußt. Das Gefüge von Proben, die unter verhältnismäßig hoher Beanspruchung nach kurzer Zeit zu Bruch gegangen sind, weist viele Gleitbanden in jedem Korn u. eine starke Verformung von Einzelkörnern auf. In Proben, die nach langer Zeit zu Bruch gegangen sind, zeigen sich viele Leerräume an den Korngrenzen u. viele Zwillingsbanden an Stelle der Gleitbanden oder der Kornverformung. W. Wesly. 6480□

Über den Steifheitsmodul und die innere Reibung in abschreckgehärteten Stahldrähten. Seita Sakui und Takei Hideo. (Nippon Kinzoku Gakkai-Si [J. Japan Inst. Metals] **24.** 810—13. 1960.) (Jap.; Auszug: Engl.)

Der Steifheitsmodul (SM) von abschreckgehärteten Stahldrähten mit 0,08 oder 0,12% C steigt allmählich mit dem Kaltziehen. Die innere Reibung von angelassenem Draht fällt mit dem Kaltziehen bis zu einer Dickenverminderung von 30%; > 30% ist die Änderung der inneren Reibung gering. Der SM von Drähten, die nach dem Abschrecken kaltgezogen worden sind, steigt etwas durch Tempern bei 100—500° u. fällt > 550°. W. Wesly. 6480□

Einige Beobachtungen über den Bruch von Cermets. Masataka Sugiyama, Hisasi Suzuki und Akio Hara. (Nippon Kinzoku Gakkai-Si [J. Japan Inst. Metals] **24.** 740—43. 1960.) (Jap.; Auszug: Engl.)

Mkr. Unterss. über den Verlauf des Sprödbruches von Cermets (*WC–Co*-zementierte *Carbiden* u. *TiC*-Legg.) zeigen, daß Flockengraphit-Ausscheidungen u. *Cr-Carbid*-Aggregate in TiC-Cermets möglicherweise die mechan. Eigg. verschlechtern u. so zum Riß der Carbidkörner führen. W. WESLY. 6480□

Die Einflüsse von Veränderlichen auf die Charpy-Schlagprüfung. Norbert H. Fahey. (Mater. Res. Standards **1.** 872—76. Nov. 1961.) (Engl.)

Obwohl die CHARPY-Schlagprüfung genaue Meß- u. Prüfungsergebnisse liefert, müssen bei ihrer Durchführung bestimmte Vorsichtsmaßnahmen eingehalten werden. Diese Voraussetzungen werden im einzelnen erörtert; bes. wird dabei auf die Erzielung falscher Energiewerte durch Prüf- u. Prüfgerätveränderliche (Verzögerung der Pendelschwingung) hingewiesen u. Angaben über die dabei möglichen Fehlerquellen gemacht. Richtlinien für genormte Abmessungen von CHARPY-Schlaghämmern werden mitgeteilt. Infolge eines Überschusses an gespeicherten elast. Energien können auch diese Maschinen fehlerhafte Ergebnisse an einer Probe liefern, die normalerweise bei einer Energie weit unterhalb der Maschinenkapazität brechen würde oder wenn beim Bruch der Probe die erforderliche Energie oberhalb der normalerweise erwarteten liegt. H. HOCHSTEIN. 6480□

Hochtemperatur-Zugprüfungen. G. Fitzgerald-Lee. (Iron and Steel **35.** 138—39. April 1962.) (Engl.)

Erörterung bekannter verbesserter Verff. zur Schnellbest. der Zugfestigkeit von hochlegierten, hochfesten Stählen oder Legg. bei Temp. bis zu 1000° u. der hierzu benötigten Prüfapparaturen. H. HOCHSTEIN. 6480□

S–N-Kurven der Stoßermüdung. Über die Bildung und Ausbreitung von Ermüdungsrissen. Koîchi Akizono. (Nippon Kinzoku Gakkai-Si [J. Japan Inst. Metals] **24.** 826—29. 1960.) (Jap.; Auszug: Engl.)

Auf Grund von Stoßermüdungs-Unterss. an gekerbten, angelassenen Stahlproben mit 0,2 u. 0,3% C werden die S–N-Kurven aufgezeichnet. Eine Gleichung für die Beziehung zwischen Länge der Risse, der Zahl der Stöße u. der Geschw. der Rißausbreitung wird angegeben. W. WESLY. 6480□

Lastwechsel im unteren Ermüdungsbereich in bezug auf den Sprödbruch von Flußstahl. G. P. Tilly und P. P. Benham. (J. Iron Steel Inst. **200.** 216—23. März 1961. London, Imp. Coll.) (Engl.)

Platten aus Flußstahl werden Zug–Druck-Wechselbeanspruchungen in einem Beanspruchungsgebiet unterworfen, in dem bei bis zu 10000 Lastwechseln Bruch verursachen kann. Auch werden Kerbzug- u. CHARPY-Kerbschlagprüfungen an dem dauerbeanspruchten u. vorgespannten Material durchgeführt. Die Ansichten über das Auftreten einer rheotrop. Versprödung u. Erholung werden erörtert u. die Veränderungen der tatsächlichen Korngröße zusammen mit einer Kaltverfestigung werden als Erklärung für das Sprödbruch-Verh. der Stähle besprochen. H. HOCHSTEIN. 6480□

Eine theoretische Untersuchung über das Verhalten von Spannung und Dehnung bei der thermischen Ermüdung von 18-8-Niobstahl. Noritada Kato. (Trans. Japan Soc. mechan. Engr. **27.** 1093—98. Juli 1961.) (Jap.; Auszug: Engl.)

Die theoret. Deutung der Experimente in der C. **1961. 5079** referierten Arbeit vermag einige Beobachtungen zu erklären. W. WESLY. 6480□

Der Einfluß der Atmosphäre auf den Frequenzeffekt bei der Ermüdung eines Kohlenstoffstahles bei hoher Temperatur. Kichiro Endo. (Trans. Japan Soc. mechan. Engr. **27.** 1107—12. Juli 1961.) (Jap.; Auszug: Engl.)

Unterss. über den Einfl. der Atmosphäre auf den Frequenzeffekt bei Ermüdung eines Stahles mit 0,39 (%) *C*, 0,26 *Si*, 0,030 *Mn*, 0,029 *S* bei hoher Temp. unter Verw. von Leuchtgas zeigen, daß die Ermüdungsfestigkeit bei 550° im Leuchtgas bei niedriger Last höher als in Luft ist. Bei 400° zeigt sich kaum ein Einfl. des Leuchtgases auf die Ermüdungsfestigkeit. Der Frequenzeffekt auf die Abhängigkeit der Bruchzeit von der Spannung u. der plast. Dehnungsamplitude wird erörtert u. durch Gleichungen ausgedrückt. W. WESLY. 6480□

Über das Verhalten nichtmetallischer Einschlüsse bei Zugprüfungen und die Ermüdungseigenschaften von Stählen. Jūro Watanabe. (Nippon Kinzoku Gakkai-Si [J. Japan Inst. Metals] **25.** 510—15. 1961.) (Jap.; Auszug: Engl.)

Mkr. Unterss. über das Verh. nichtmetall. Einschlüsse mehrerer, unter Zugspannung stehender 3% *Ni–Mo–V*-Stähle zeigen: Bei geringer Belastung über die Streckgrenze hinaus findet man Mikrorisse an den Ecken der nichtmetall. Einschlüsse. *Silicate* verschlechtern die Querermüdungs-Eigg. stärker als *Sulfide*; diese beeinflussen die Ermüdungs-Eigg. nicht über 10%, auch wenn der S-Geh. hoch ist, der Stahl gute Eigg. hat u. die Kerbermüdungsfestigkeit geringe Anisotropie aufweist.

W. Wesly. 6482□

Die elektrolytische Isolierung von Sulfiden aus Eisen und Stahl. Hideo Kaneko, Taiji Nishizawa und Koreaki Tamaki. (Nippon Kinzoku Gakkai-Si [J. Japan Inst. Metals] **24.** 837—41. 1960.) (Jap.; Auszug: Engl.)

Unterss. über die elektrolyt. Isolierung von Sulfiden aus schwach gekohlten, legierten Stählen zeigen, daß dazu die $NaNO_3$-Zelle mit einem aus 15% Na-Citrat u. 1% KBr bestehenden Elektrolyt für fast alle Sulfide außer CrS u. Al_2S_3 geeignet ist. Die mit 0,5 n HCl gefüllte Zelle eignet sich zur Isolierung von *VS, ZrS, TiS, NbS* u. *CrS*. Die Mikrophotographien der isolierten Sulfide zeigen deren kennzeichnende Formen.

W. Wesly. 6482□

Röntgenstrahlenuntersuchung über die Ermüdung von Metallen. Über eine Veränderung der Halbwertsbreite infolge Lastwechseln von Gußeisen und Gußstahl. Shuji Taira und Kazuo Honda. (Trans. Japan Soc. mechan. Engr. **27.** 1066—73. Juli 1961.) (Jap.; Auszug: Engl.)

In Fortsetzung der Arbeit aus Trans. Japan Soc. mechan. Engr. **26.** [1960.] 926 wird auf Grund der Schwankungen der Halbwertbreite (HB) der Intensität von Röntgenstrahlenbeugungslinien von Gußeisen u. Gußstahlproben, die einer Dauerdrehstabfestigkeitsprüfung unterzogen werden, festgestellt, daß die Ermüdung in 3 Stufen verläuft. 1. Stufe: Die HB ändert sich deutlich mit den Lastwechseln. 2. Stufe: Die HB ändert sich stetig mit den Lastwechseln. Feine Ermüdungsrisse entstehen u. wachsen. 3. Stufe. Die HB ändert sich schroff, bis Bruch auftritt; die den Bruch auslösenden Risse werden sichtbar. W. Wesly. 6484□

Die thermomechanische Bearbeitung von Stahl zur Erzielung einer hohen Festigkeit. Ja. M. Potak, Ju. F. Orshechowski, L. M. Pewsner, I. N. Roschtschina und W. N. Jermakow. (Металловедение и Термическая Обработка Металлов [Metallkunde therm. Metallbearb.] **1961.** Nr. 5. 2—9. Mai.) (Russ.)

Die thermomechan. Bearbeitung von legierten Stählen mit 0,33—0,64 (%) *C*, 0,52—1,31 *Mn*, 0,40—1,33 *Si*, 0,59—1,95 *Cr*, 2,18—3,0 *Ni*, 0,98—1,16 *W* ohne oder mit 0,46—0,51 *Mo*, mit den üblichen Verunreinigungen mit einem Verformungsgrad von ca. 90% bei einer Temp. unterhalb der Rekristallisation führt zu Festigkeitswerten von 280—300 kg/mm^2 bei einer Dehnung von 6%. Die Festigkeits-Eigg. sind also besser als nach einer normalen oder Stufenhärtung mit anschließendem niedrigem Anlassen. Mit steigendem C-Geh. (bis 0,5%) nimmt die Festigkeit nach der thermomechan. Bearbeitung (90% Verformungsgrad) zu; bei höherem C-Geh. wird sie infolge eines halbspröden oder Sprödbruches verringert. Ein optimales Verhältnis von Festigkeit u. Bildsamkeit (Plastizität) nach der thermomechan. Bearbeitung wird bei den untersuchten Stählen nach einem Anlassen bei 100° erreicht; mit Erhöhung der Anlaß-Temp. nehmen Festigkeit u. Bildsamkeit ab. Eine Erhöhung des Verformungsgrades von 50 auf 90% im Bereich der Austenitbeständigkeit unterhalb der Rekristallisations-Temp. erhöht stark die Festigkeit. Eine 50%ig. Verformung erhöht hierbei stark die Bildsamkeit, aber nur wenig die Bruchfestigkeit. Der Vorzug einer solchen Verformung liegt in der Möglichkeit seiner Durchführung bei verhältnismäßig hohen Temp., selbst oberhalb der Rekristallisationstemperatur. Die thermomechan. Bearbeitung erhöht die Sprödfestigkeit der Stähle u. wird von einer Verfeinerung der Martensitlamellen u. einer wesentlichen Abnahme der Bereiche der kohärenten Streuung (der Blöckchenabmessungen) begleitet. Offenbar ist die Strukturverfeinerung einer der Faktoren, welche den Widerstand der plast. Verformungs- u. der Abrißfestigkeit erhöhen. H. Hochstein. 6490□

Die thermomechanische Bearbeitung von Stahl und dessen Einfluß auf die mechanischen Eigenschaften. A. P. Guljajew und A. Ss. Schigarew. (Металловедение и Термическая Обработка Металлов [Metallkunde therm. Metallbearb.] **1961.** Nr. 5. 9—12. Mai. Zentr. Forsch-Inst. für Eisenhüttenwesen.) (Russ.)

Eine Verformung eines Stahls mit 0,50 (%) *C*, 1,55 *Cr*, 4,0 *Ni*, 0,31 *Mo*, 0,27 *Mn*, 0,25 *Si* mit den üblichen Verunreinigungen bei 900° mit einem Verformungsgrad von 90% sowie mit nachfolgender Abschreckung in Öl verbessert gleichzeitig die Festigkeits- u. die Plastizitäts-Eigg. des Stahls. Andere Verarbeitungs-Verff. zur Erzielung von *Martensit* (Ölkühlung) führen zu höheren mechan. Eigg. als die normale Abschreckung mit Anlassen, wogegen die Erzielung von *Bainit* (isotherm. Abschreckung) bei der thermomechan. Bearbeitung schlechtere Eigg. ergibt als die normale therm. Behandlung.

H. Hochstein. 6490□

Zerspanende Bearbeitung und Schleifen von Ni-Gußeisen und Ni-Resist-Gußeisen mit Kugelgraphit. C. Vollers. (Metalen **16.** 356—61. 15/11. 372—76. 30/11. 1961.) (Niederl.)

Die Zerspanbarkeit, bes. Schleifen, Honen u. Läppen von *Ni-Resist*-Gußeisen mit ≦ 2,4–3,0 (%) C, 1,0–6,0 Si, 0,4–1,5 Mn, 13,5–36,0 Ni, ≦ 0,5–7,5 Cu, ≦ 0,1 bis 5,5 Cr u. Flockengraphit, sowie *Ni-Resist*-Gußeisen mit ≦ 2,4–3,0 C, 1,5–6,0 Si, ≦ 0,5–2,4 Mn, ≦ 0,08 P, 18,0–36,0 Ni, ≦ 0,5–4,0 Cr u. Kugelgraphit, die Wärmebehandlung u. die erforderlichen Geräte werden erörtert. Empfehlungen für die Ausführung zahlreicher Arbeitsgänge (Drehen, Plandrehen, Bohren, Drillbohren, Aufreiben, Fräsen, Läppen, Gewindeschneiden, Schleifen usw.) werden mitgeteilt. W. WESLY. 6490□

Pressen von Aluminium. J. W. Lengbridge. (Metal Ind. [London] **99.** 2–5. 7/7. 26–30. 14/7. 1961.) (Engl.)

Überblick über Berechnung des Durchmessers u. der Ziehstufen. Erläuterung der Werkzeuge. F. VIER. 6490□

Standzeiterhöhung der Werkzeuge durch Behandlung mit Molybdändisulfid. Josef Strobach. (Fertigungstechn. u. Betr. **11.** 745–46. Nov. 1961. Dresden.) (Dt.) M. GEHLEN-KELLER. 6490□

Metalltexturen und ihre technischen Anwendungen. C. A. Verbraak. (Metalen **16.** 392–402. 15/12. 1961. Metalinst., T.N.O.) (Holl.)

Übersicht über die Theorien der Entstehung der Walz- u. Rekristallisationstexturen. Diskussion. — 24 Schrifttumshinweise. W. WESLY. 6490□

Einfluß der Bearbeitungsverfahren auf die Wechselfestigkeit von Titanlegierungen. H. Wiegand und K. H. Illgner. (Werkstatt u. Betrieb **94.** 949–50. Dez. 1961. Darmstadt.) (Dt.)

Die Unterss. zeigen, daß die Bearbeitungs-Verff. einen erheblichen Einfl. auf die Wechselfestigkeit von Ti-Legg. haben. So können durch Schleifen infolge örtlicher Überhitzungen Zug-Eigenspannungen entstehen, die die Wechselfestigkeit erheblich herabsetzen. Dieser Mangel läßt sich durch eine anschließende Wärmebehandlung bei niedrigen Temp., ca. 300°, beseitigen. F. VIER. 6490□

Bearbeitung und Handhabung von hochschmelzenden Metallen. C. P. Mueller. (J. Metals **13.** 921–26. Dez. 1961. Bridgeville, Pa., Universal-Cyclops Corp.) (Engl.)

Nach einem Überblick über die allgemeinen Gesichtspunkte bei der Verarbeitung der hochschm. Metalle *Nb, Mo, Ta* u. *W* wird bes. auf die Verarbeitung von *Mo*-Blechen u. die Eigg. von Blechen aus einer *Nb*-Leg. mit 10% Mo u. 10% *Ti* eingegangen. F. VIER. 6490□

Die Kinetik des Erhitzens von Stahlerzeugnissen in geschmolzenen Salzen. Je. A. Smolnikow. (Металловедение и Термическая Обработка Металлов [Metallkunde therm. Metallbearb.] **1961.** Nr. 6. 7–13. Juni. Allunions-Forsch.-Inst. für Werkzeuge.) (Russ.)

Der Charakter der Erhitzungskurven der Stahlkernzone einer Probe wird nur durch die chem. Zus. des Stahls u. durch die gewählte Temp.-Höhe des Erhitzungsmittels (Salzbad) im Verhältnis zum A_1-Punkt des zu erwärmenden Stahls bestimmt. Die anderen Parameter beeinflussen nur die Dauer der einzelnen Erhitzungsstufen sowie die Gesamtdauer der Erwärmung. Infolge der verschiedenen Zeit der Perlit-Austenit-Umwandlung im Probenquerschnitt wird ein gleichmäßiger Erhitzungsbereich der Kernzone lange vor Erreichen des A_1-Punktes in dieser Zone verhindert u. die Umwandlung im Inneren der Probe wird auf eine wesentliche Zeitdauer ausgedehnt. Die Dauer der einzelnen Erwärmungsperioden ist gegeben durch $\tau = a \cdot (V/F)^b$, wenn V = Vol., F = Oberfläche. Der Wert des Koeff. a wird durch die Probenform, seine Anfangs-Temp. u. die Erhitzungs-Temp. bestimmt. Der Wert des Koeff. b hängt nur vom Probenmaterial ab u. beträgt 1,2–1,27. Die Erwärmungszeit von Stahlzylindern in einem Salzbad kann mittels eines vorgeschlagenen Nomogrammes berechnet werden. H. HOCHSTEIN. 6492□

Umwandlungen beim Erhitzen von Stahl. W. G. Gorbatsch und B. K. Ssokolow. (Металловедение и Термическая Обработка Металлов [Metallkunde therm. Metallbearb.] **1961.** Nr. 6. 42–44. Juni. Inst. für Metallphysik der Akad. der Wiss. der UdSSR.) (Russ.)

Auf Grund von Verss. über die Umwandlungen gehärteter Stähle in Abhängigkeit von der Erhitzungs-Geschw. wird festgestellt, daß bei schneller Erhitzung der gehärteten Stähle der Prozeß der Strukturveränderung nicht während der Phasenumwandlung, sondern nach Beendigung derselben (im austenit. Bereich) vonstatten geht. H. HOCHSTEIN. 6492□

Über Umwandlungen beim Erhitzen. N. N. Liptschin. (Металловедение и Термическая Обработка Металлов [Metallkunde therm. Metallbearb.] **1961.** Nr. 6. 44–48. Juni. Perm, Polytechn. Inst. (Russ.)

Bei schneller Erhitzung gehärteter Stähle verschiebt sich der Bereich der Phasenumwandlung u. der Begleitprozeß der Kornverfeinerung in den Bereich höherer Tempe-

raturen. Eine Geschw.-Abnahme einer wiederholten Erwärmung bewirkt eine Verdickung u. Beständigkeitserhöhung der groben Ausgangskorngrenzen infolge Ungleichmäßigkeit u. vollständigerer Ausscheidung überschüssiger Phasen aus der festen Lösung.
H. Hochstein. 6492□

Elektrisches Anlassen von chromhaltigem Stahl. W. N. Gridnew und Ju. Ja. Meschkow. (Металловедение и Термическая Обработка Металлов [Metallkunde therm. Metallbearb.] **1961.** Nr. 6. 2—4. Juni. Inst. für Metallphysik der Akad. der Wiss. der UkrainSSR.) (Russ.)

Untersucht wird der Einfl. eines schnellen (1500—2000°/s) elektr. Anlassens (direkter Stromdurchgang) bei Temp. bis 800° von zuvor gehärteten Drähten aus den Cr-Stählen *15 Ch, 38 ChA* u. *SchCh 6* auf die Festigkeitseigenschaften. Hierbei wird festgestellt, daß die elektr. angelassenen Cr-Stähle eine höhere Härte, Festigkeit u. Bildsamkeit besitzen als die gleichen Stähle nach dem üblichen 1 std. Anlassen im Ofen. Die Anwendung eines elektr. Anlassens schafft somit die Möglichkeit, die Durchsatzleistung wesentlich zu erhöhen. H. Hochstein. 6492□

Zur Frage der Wärmebehandlung der 13% igen gegossenen Chromstähle. Stanislav Drápal. (Freiberger Forsch.-H., Reihe B, Heft **59.** 99—121. 1961. Prag.) (Dt.)

Unters.-Ergebnisse bes. über die Austenit-Bldg. u. das Wachsen des Austenitkornes während der Erwärmung u. die Gefügeveränderungen bei der Austenitumwandlung unter den Bedingungen einer kontinuierlichen Abkühlung werden beschrieben. Bei den Gefügeumwandlungen während des Anlassens werden diejenigen Veränderungen ermittelt, welche bei hohen Temp. verlaufen. Auch wurde der Einfl. des C-Geh., des Gußgefüges u. der verschiedenen Wärmebehandlungsbedingungen von gegossenen 13%ig. Cr-Stählen auf die mechan. Eigg. ermittelt. Die Frage des günstigsten C-Geh. u. der Wärmebehandlung der gegossenen Cr-Stähle wurde mit Rücksicht auf die geforderten mechan. Eigg. erörtert. H. Hochstein. 6492□

Zeit–Temperatur-Austenitisierungsdiagramm von untereutektoidem Stahl. Shigeo Owaku und Hideo Akasu. (Nippon Kinzoku Gakkai-Si [J. Japan Inst. Metals] **25.** 515—19. 1961.) (Jap.; Auszug: Engl.)

Aus dem Zeit–Temp.-Austenitisierungsdiagramm von Stählen mit 0,20, 0,40 u. 0,69% *C*, die erst zur Erzielung verschiedener Gefüge (feiner u. grober Perlit, Kugelcementit) wärmebehandelt, im Pb-Bad erhitzt u. in W. abgeschreckt worden sind, geht hervor: Bei gleicher Wärmebehandlung u. verschiedenem C-Geh. beginnt die Austenitisierung gleichzeitig u. endet um so später, je geringer der C-Geh. ist. Bei gleicher Wärmebehandlung u. gleichem C-Geh. beginnt u. endet die Austenitisierung in Proben mit Kugelcementit zuerst, dann folgen Proben mit feinem u. schließlich Proben mit grobem Perlit. W. Wesly. 6492□

Die Abhängigkeit des Gefüges vom Austenitisierungsverfahren von Stahl mit 0,68% Kohlenstoff. Genjiro Mima, Shigenori Hori und Akikazu Nakagiri. (Nippon Kinzoku Gakkai-Si [J. Japan Inst. Metals] **24.** 805—09. 1960.) (Jap.; Auszug: Engl.)

Unterss. über die Umwandlung von Stahl mit 0,68% C nach rascher Erwärmung auf Austenitisierungs-Temp. zeigen, daß die Geschw. der *Austenit* (I)-Bldg. von lamellarem *Perlit* (II) größer als die von kugelförmigem II ist. Feiner II erleidet eine raschere Umwandlung als grober II. Wenn kugelförmiger II Graphit enthält, bedarf es einer langen Zeit zur Erreichung des I-Gleichgewichtes. Die aus Härtemessungen hervorgehenden Austenitisierungskurven von Proben mit kugelförmigem I haben eine σ-Form; die Austenitisierung lamellarer Proben verläuft nach einer gewissen Inkubationszeit rascher.
W. Wesly. 6492□

Untersuchungsergebnisse zu einer neuartigen Fehlererscheinung bei der UP-Schweißung. Werner Günther. (Schweisstechnik [Berlin] **11.** 552—55. Dez. 1961. Rostock, Inst. für Schiffbau.) (Dt.)

Bei der UP-Schweißung kann eine Erscheinungsform des Wurzelfehlers auftreten, für die man die Bezeichnung Poren oder Schlackeneinschlüsse findet. Die vorgeschlagene Bezeichnung „Fehlstelle" umreißt relativ große Hohlräume im Innern der Naht, die die halbe Nahtdicke u. Querschnitte bis 10 mm ∅ erreichen können u. teils mit Schlacke, teils mit Pulver gefüllt sind. Im Röntgenbild erscheinen die Fehlstellen als Schwärzungen in unregelmäßigen oder regelmäßigen Abständen von der Nahtmitte. Die Ergebnisse von Unterss. über den Einfl. der Arbeitstechnik, die Ursachen des Fehlers u. seine Beseitigung oder Einschränkung werden angegeben. W. Wesly. 6506□

Schweißen von Nickel. Hans H. Reinsch. (Schweisstechnik [Wien] **16.** 65—66. Mai 1962. Berlin.) (Dt.) M. Gehlen-Keller. 6506□

Hinweise zur Verwendung von Strahlmitteln. K. A. van Oeteren. (Ind.-Lackier. Betr. **29.** 302—03. Sept. 1961. Düsseldorf.) J. Lehmberg. 6510

Das chemische Polieren von Metallwaren. M. J. Reidt. (Galvanotechniek [Rotterdam] **4.** 218–24. Febr. 1961.) (Holl.)
Übersicht über die Verff. zum chem. Polieren von *Cu*(-Legg.), *Al*(-Legg.), (rostfreien) *Stählen, Ni, Monel, Ag, Pb, Be, Zn, Cd* u. die dazu verwendeten Lösungen. — 13 Schrifttumshinweise. W. Wesly. 6512□

Messung und automatische Kontrolle der Ätzbeständigkeit von Ferrichlorid. Willard N. Greer. (Plating **48.** 1095–96. Okt. 1961. Philadelphia, Pa.) (Engl.)
Bei der Herst. von gedruckten Schaltungen wird den Ätzbädern für die Cu-Folien $FeCl_3$ zugesetzt. Zur Kontrolle der Wirksamkeit dieses Zusatzes, der in sehr engen Grenzen gehalten werden muß, wird ein Meß-Syst. vorgeschlagen. F. Vier. 6512□

Prüfung metallischer Oberflächen auf Fettfreiheit. K. Broockmann und W. Friedrich. (Aluminium **37.** 518–19. Aug. 1961. Köln, Herbol-Werke.) (Dt.)
Die Fettfreiheit einer Metalloberfläche kann an der schnellen gleichmäßigen Ausbreitung des Tropfens einer 0,1%ig. Lsg. von *Fettrot-BB* in A. erkannt werden. F. Vier. 6512□

Ionenaustauscher und ihre technische Anwendung. F. Martinola. (Galvanotechnik **52.** 170–77. 24/4. 1961. Leverkusen, Farbenfabriken Bayer A.G.) (Dt.)
Überblick über die Aufbereitung von Betriebswasser, Reinigung von Beiz- u. galvan. Bädern u. die Wiedergewinnung von wertvollen Metallen u. W. durch Abwasseraufbereitung in Beizereien u. galvan. Betrieben durch Ionenaustauscher. — 15 Literaturangaben. F. Vier. 6512□

Spritzmetallisieren zum Schutz von Kunstbauten. A. Hedde und J. Cauchetier. (Soudage Techn. connexes **15.** 387–92. Sept./Okt. 1961.) (Franz.)
Überblick mit Beispielen. Diskussion. F. Vier. 6516□

Fortschritte in der Nickel- und Chromplattierung. T. E. Such. (Corrosion Prevent. Control **8.** 29–35. Aug. 1961. W. Canning & Co. Ltd.) (Engl.)
Überblick. Diskussion. W. Wesly. 6516□

Kurzzeitprüfung der Chromierungsbäder. Gianfranco Riboldi. (Galvanotecnica [Varese] **12.** 121–23. Juni 1961. Mailand, Rancati Grauer & Weil-AG.) (Ital.)
Beschreibung der potentiometr. Schnellbest. von CrO_3, $Cr(III)$ u. SO_4^{2+}/CrO_4^{2+} in Chromierungsbädern. A. Sander. 6518□

Vorläufige Untersuchungen über die Wirkung von Glanzzusätzen in Nickelsulfatbädern. R. J. Kendrick. (Plating **48.** 1099–1103. Okt. 1961. Nottingham, England, Univ.) (Engl.)
Die Wrkg. von organ. Glanzmitteln zu Watts-Ni-Bädern scheint die Glanz-Wrkg. mit zunehmendem Abstand der funktionellen Gruppen vom *Naphthalin*-Mol. zu erhöhen. Zusammenhänge zwischen dem Glanzmittel u. einer bevorzugten Orientierung bzw. einem ungeordneten Zustand im Nd. konnten nicht ermittelt werden. F. Vier. 6520□

Cyanoaurat(III)-Elektrolyte, ihre Chemie, Zubereitung und physikalischen Eigenschaften. Anton F. Mohrnheim. (Plating **48.** 1104–09. Okt. 1961. Kingston, Rhode Island, Univ. of Rhode Island.) (Engl.)
Beschreibung einer Meth. zur Verhinderung der Au- u. Säureverluste bei der Lsg. von Au in Königswasser. Die Neutralisation von $[HAuCl_4]$, die Bldg. von *Au-Hydroxid* u. das „yellow prussiate gold plating"-Bad werden beschrieben, Herst. u. Eigg. von $Au(CN)_4^-$ u. $KAu(CN)_4$. F. Vier. 6526□

Kraftfahrzeuge, Korrosion und Vorbehandlung — einige neuzeitliche Entwicklungen. H. A. Holden. (Corrosion Prevent. Control **8.** 45–47. 49–51. Okt. 1961.) (Engl.)
Behandelt werden Verf. u. Anlagen zum *Phosphatieren* in der Kraftfahrzeugindustrie. F. Vier. 6532□

Die Äquivalenz der atmosphärischen Korrosion von Zink und Nickel mit dem aus der Luft aufgenommenen Schwefeldioxyd. G. Schikorr. (Metall **15.** 981–87. Okt. 1961. Stuttgart, Chem. Landesuntersuchungsanstalt.) (Dt.)
Unterss. über den Zusammenhang zwischen der Korrosion in der Atmosphäre von Zn u. Ni mit dem aus der Luft aufgenommenem SO_2 — dem sog. Liesegang-Wert — ergaben, daß die Metallflächen meist nur ein Drittel bis zur Hälfte der nach Liesegang von alkal. Flächen gleicher Größe absorbierten SO_2-Menge aufnehmen. Unter Berücksichtigung dieser Tatsache entspricht die Korrosion genau der aufgenommenen Menge SO_2. Bei höherer Luftfeuchtigkeit ist die Korrosion größer, da mehr SO_2 aufgenommen wird. Regen spielt dabei keine wesentliche Rolle. In den kalten Monaten ist die Korrosion von Zn u. Ni etwa gleich, in den warmen Monaten ist sie erheblich geringer, Zn wird dabei stärker angegriffen als Ni. F. Vier. 6538□

Über die Rißlänge und die Tieftemperatur-Sprödigkeit eines der Korrosionsermüdung unterworfenen Stahles. Kichiro Endo, Kin-chi Nagai und Kenji

Arizaki. (Trans. Japan Soc. mechan. Engr. **27.** 1100—05. Juli 1961.) (Jap.; Auszug: Engl.)

Korrosionsermüdungs-Verss. an einem Stahl mit 0,41 (%) *C*, 0,42 *Mn*, 0,19 *Si*, 0,008 *P*, 0,018 *S* in Salz-Lsg. zeigen, daß Risse in der 1. Stufe der Ermüdungsfestigkeit auftreten, die Geschw. ihrer Ausbreitung hängt von der an der Rißwurzel herrschenden Dauerspannung ab. Die Übergangs-Temp. der Proben mit Korrosionsermüdungsrissen u. die Geschw. ihrer Änderung steigt mit steigendem Lastwechselverhältnis sowie mit dem Anstieg der Quadratwurzel der Rißlänge. W. WESLY. 6538□

Einfluß des pH im Bereich 6,6—14,0 auf die aerobe Korrosionsermüdung von Stahl. F. J. Radd, L. H. Crowder und L. H. Wolfe. (Corrosion [Houston] **16.** 415t—418t. Aug. 1960. Ponca City, Okla., Continent. Oil Co.) (Engl.)

Unterss. über die Korrosions-Eigg. von AISI *1036*-Stahl mit 0,30—0,37 (%) *C* u. 1,20—1,50 *Mn* in O_2 (u. *NaOH*) enthaltender 3%ig. *NaCl*-Lsg. bei pH 6,6—14,0 ergeben ein systemat. Verh., das in einer Ermüdungskurve ausgedrückt wird. Die prim. variablen Größen bei der Korrosion sind die Löslichkeit von $Fe(OH)_2$ u. das O-Konz.-Zellensystem. Die Beobachtungen werden theoret. gedeutet. — Diskussion. W. WESLY. 6538□

Die Metallphysik der Spannungskorrosion. A. J. Forty. (TVF tekn.-vetensk. Forskn. **32.** 104—21. 1961. Bristol, Univ.) (Engl.)

Die Bldg. u. Fortpflanzung von Rissen in Einkristallen oder großkörnigen Vielkristallen werden unter solchen Bedingungen erörtert, bei denen bekanntlich Spannungskorrosion auftritt. Es wird ein Modell (α-Messing in NH_3) für die Spannungskorrosion erläutert, das auf einem 2stufigen Versprödungsvorgang mit nachfolgender Sprödrißfortpflanzung beruht, u. es werden einige experimentelle Vers.-Ergebnisse besprochen, welche dieses Modell bestätigen. Es wird als notwendig herausgestellt, daß der Versprödungsprozeß durch die korrosive Umgebung sowie die Möglichkeit der Fortpflanzung des Sprödbruches durch eine flächenzentrierte kub. Leg. nach neuzeitlichen Vorstellungen in der Metallphysik geprüft werden. — Diskussion. 27 Literaturangaben.
H. HOCHSTEIN. 6538□

Die Beziehung zwischen der Feinstruktur und der Spannungskorrosion in Aluminium-Legierungen. B. Ström. (TVF tekn.-vetensk. Forskn. **32.** 122—31. 1961. Finspång, A/B Svenska Metallwerken.) (Engl.)

Unter Zugrundelegung der elektrochem. Korrosionstheorie von DIX wird die Beziehung zwischen der Mikrostruktur von handelsüblichen Al-Legg. mit bes. Neigung zur Spannungskorrosion (*Al-Mg-*, *Al-Cu-Mg-* u. *Al-Zn-Mg*-Legg.) u. ihrer Spannungskorrosionsempfindlichkeit erörtert. Dabei wird auf die Bedeutung des elektrochem. Potentials der verschiedenen Gefügephasen sowie auf die der Zus. u. Wärmebehandlung dieser drei Al-Legg. hingewiesen. Die Wrkg. von Stabilisatoren, z. B. von *Cr*, *Mn* u. *Cu* wird angegeben. In Übereinstimmung mit der elektrochem. Theorie von DIX wird nachgewiesen, daß die Korngrenzenausscheidungen u. das Korninnere der Legg. bei den Unterss. korrodiert werden, während die Zone in der unmittelbaren Umgebung der Korngrenzen die beste Korrosionsbeständigkeit aufweist. H. HOCHSTEIN. 6538□

Zur SO_2- und SO_3-Bildung bei der Verbrennung von schwefelhaltigem Heizöl. Rudolf Rasch. (Seifen-Öle-Fette-Wachse **87.** 303—06. 24/5. 1961.) (Dt.)

Im Zusammenhang mit der Umstellung von Kohle auf Schwerölbeheizung wird die Frage der Schwefelsäurekorrosion durch Rauchgase behandelt. Bei Abgas-Temp. von 140° u. mehr werden Säure-Kondens. vermieden. Rußblasen mit Preßluft vermindern die H_2SO_4-Bldg. auf Nachschaltheizflächen. Additive (*Dolomit* oder *tert. Amine*) zum Öl oder zu den Rauchgasen vermindern die Korrosion. — 19 Literaturangaben.
H. V. ADOLPHI. 6538□

Verschmutzung und Korrosion der Strömungsmaschinen von Gasturbinenanlagen im Hüttenwerk. Hans Pfenninger. (Stahl u. Eisen **80.** 796—801. 9/6. 1960. Baden, Schweiz.) (Dt.)

Die Verschmutzung der Schaufeln von Luftverdichter, Gichtgasverdichter u. Gasturbine durch Staub in der Luft u. im Gichtgas wird behandelt u. ihr Einfl. auf die Leistung u. den Wrkg.-Grad der Anlage sowie ihre Beeinflussung durch Filter aufgezeigt. Unterss. in Prüf- u. Betriebsanlagen über die Korrosion der Gasturbinenschaufeln durch Brennstoffrückstände werden in Abhängigkeit vom Schaufelwerkstoff, von der Temp., von der Menge u. Zus. des Gichtstaubes oder der Brennölschlacke durchgeführt. Zusätze zum Brennöl dienen zum Erhöhen des Schlacken-F. u. damit zum Verringern der Schaufelkorrosion. Die Eignung von Stein- u. Braunkohlenteerölen zum Verfeuern in Gasturbinenanlagen wird erörtert. H. HOCHSTEIN. 6538□

Können galvanische Edelmetallüberzüge die Spannungskorrosion bei Messing verhindern? Albert Keil. (Galvanotechnik **53.** 95—96. 15/2. 1962. Pforzheim.) (Dt.)

Walzharte Blechstreifen aus Messing wurden vergoldet, versilbert u. cadmiert. Korrosions-Verss. ergaben, daß die Edelmetallüberzüge einen dauernden, sicheren Schutz gegen Spannungskorrosion nicht geben. Der unedle Mettallüberzug gibt sogar einen besseren Schutz, da die Korrosions-Prodd. die Poren schließen u. so das Grundmetall geschützt ist. F. VIER. 6538□

Elektrochemische Methoden bei der Spannungskorrosions-Rißbildung. T. P. Hoar. (TVF tekn.-vetensk. Forskn. **32.** 93—103. 1961. Cambridge, Univ.) (Engl.)

Messungen u./oder die Regelung des Elektrodenpotentials sind die leicht anwendbaren elektrochem. Verff. für die Unters. der Spannungskorrosions-Rißbildung. Potentialmessungen können die thermodynam. möglichen Rkk. u. damit den Angriff u. das Fortschreiten der Riß-Bldg. anzeigen. Die Regelung des Potentials kann einen Kathodenschutz oder eine anod. Anregung ergeben u. vermittelt dadurch Aussagen über den Verlauf der Rißbildung. Es werden Beispiele auf dem Gebiete der Leichtmetall-Legg., nichtrostenden Stähle u. von Messing besprochen. — Diskussion. 17 Literaturangaben. H. HOCHSTEIN. 6540□

Spannungskorrosions-Versuche an Al–Mg-Legierungen mit aufgedrücktem Anodenstrom. Anna Prati. (Chim. e Ind. [Milano] **43.** 381—89. April; Ist. sperim. Metalli leggeri, Mem. Rapp. [11] Nr. **272.** 3—13. 1961. Novara, Ist. sperim. Metalli legg., Div. Ric.) (Ital.)

Nach der von HINES u. HOAR (C. **1962.** **5461**) auf der Verw. eines überlagerten Anodenstromes beruhenden Vers.-Meth. zur Best. der Spannungskorrosionssusceptibilität an gewalzten u. stranggepressten, für plast. Verarbeitung bestimmte Al–Mg-Legg. werden untersucht u. gefunden, daß diese Meth. wegen ihrer Zuverlässigkeit u. größeren Schnelligkeit sehr geeignet ist. G. PLATZER. 6540□

Einfluß der Ölschmierung auf den Metallverschleiß. 1. Mitt. **Der Einfluß allgemein verwendeter Schmieröle auf den Verschleiß von Metallen.** Kiyokazu Ogawa und Eiichi Takeuchi. (Nippon Kinzoku Gakkai-Si [J. Japan Inst. Metals] **25.** **494**—98. 1961.) (Jap.; Auszug: Engl.)

An Lager- u. sorbit. C-Stahl mit verschiedenen Schmierölen ausgeführte Verschleiß-Unterss. zeigen, daß der Verschleiß von der Festigkeit des an der Metalloberfläche gebildeten Ölfilms abhängt. Die Wirksamkeit der Schmieröle, d. h. die Verminderung des Verschleißverlustes hängt von der Ölfilmfestigkeit u. dem Koeff. der Grenzflächenreibung ab. W. WESLY. 6546□

Einfluß der Ölschmierung auf den Metallverschleiß. 2. Mitt. **Verbesserung der Schmiereigenschaften von Ölen durch Zusatz von Fettsäuren.** Kiyokazu Ogawa und Eiichi Takeuchi. (Nippon Kinzoku Gakkai-Si [J. Japan Inst. Metals] **25.** **498**—501. 1961.) (Jap.; Auszug: Engl.) — 1. vgl. vorst. Referat.

Zusätze von Fettsäuren zu Schmierölen vermindern den Koeff. der Grenzflächenreibung (KG). Gesätt. Fettsäuren vermindern den KG mit steigender Öl-Temp.; bei Verw. von ungesätt. Fettsäuren wird der höchste KG bei 100° erreicht. Fettsäuren verbessern die Schmier-Eigg. von Ölen < 50°; höhere Temp. bewirken stärkeren Verschleiß. Gesätt. Fettsäuren sind zur Verbesserung der Schmier-Eigg. von Ölen zweckmäßiger als ungesätt. Säuren. W. WESLY. 6546□

Einfluß der Härtung auf die Verschleißfestigkeit von grauem, perlitischem Gußeisen. M. M. Snitkowski. (Металловедение и Термическая Обработка Металлов [Metallkunde therm. Metallbearb.] **1961.** Nr. 5. 32—34. Mai.) (Russ.)

Eine Stauchung vermindert den Verschleiß eines gußeisernen Paares nicht nur bei der Reibung mit Schmierung, sondern auch bei trockener Gleitreibung. Auch die Abnahme des Verschleißes des Gegenelementes des Paares bei trockener Reibung zeugt von einer Verstärkung der inneren Bindungen u. des Widerstandes gegen Ausbrechungen. H. HOCHSTEIN. 6546□

Foundry Services International Ltd., Birmingham, England (Erfinder: David Valentine Atterton, Alfred Tresham Andrew und Joseph Gordon Emmott), **Behandlung von Metallschmelzen zwecks Veränderung ihrer chemischen und physikalischen Eigenschaften,** dabei wird das modifizierende Agens in zerkleinerter Form (Späne) dispergiert in geschmolzenen *Alkali-* oder *Erdalkalichloriden* bzw. deren Mischungen, zugesetzt. (**E. P. 858 958** vom 3/9. 1958, ausg. 18/1. 1961.) C. GÖTZE. 6381

Cesare Chiabotti, Turin, Italien, **Herstellung von Metallgießformen** durch Verw. von bas. Silicaten als Bindemittel, die durch CO_2 verfestigt werden, dad. gek., daß man dem Sand *Harnstoff, Vinyl-Verbb., Mischpolymerisate oxydierbarer Säuren* oder *Acrylharze* zumischt u. zusammen mit dem CO_2 oder in einem getrennten Arbeitsgang, O_2, CH_2O oder andere Gase einbläst, welche als Katalysatoren oder als Rk.-Teilnehmer die Bldg. von Polymerisaten oder Polykondensaten hervorrufen. Die Festigkeit der Formen wird durch das Verf. von 30—35 (kg/cm²) auf ca. 50 erhöht. (**It. P. 526 112** vom 11/12. 1954.) K. Koebke. 6383

Meehanite Metals Corp., Clayton, Miss., V.St.A., **Herstellung von Gußeisen mit Kugelgraphit und einem Rest-Mg-Gehalt von unter 0,04%,** dad. gek., daß der Gußeisenschmelze *CaSi*, CaF_2 u. eine *Mg*-Leg. zugesetzt werden, mit der Maßgabe, daß der Betrag der zugesetzten Mg-Leg. größer ist, als er zur Herst. eines Gußeisens mit 0,04% Rest-Mg erforderlich ist, u. daß die zugesetzte Menge von CaSi u. CaF_2 den Rest-Mg-Geh. unter 0,04% im Gußeisen drückt, worauf die Schmelze vergossen wird. Zweckmäßig wird als Mg-Leg. ein *Mg*-haltiges *Ferrosilicium* verwendet. Das Gußeisen mit Kugelgraphit hat verbesserte mechan. u. physikal. Eigenschaften. — Abbildung. (**E. P. 868 561** vom 16/12. 1959, ausg. 17/5. 1961.) H. Hochstein. 6405

Niederrheinische Hütte Akt.-Ges., Duisburg, **Herstellung von hochwertigem Randstahl** mit einer breiten ferrit., von Oberflächenfehlern freien Randschicht u. mit einer entsprechend kleinen Kernseigerungszone, dad. gek., daß die Schmelze vor dem Abguß mit *naszierendem O* bis zur höchsten Sättigungsgrenze versehen wird. Bes. wird der Schmelze CaH_2 in der Gießpfanne zugesetzt. — Abbildung. (**E. P. 867 387** vom 10/11. 1958, ausg. 10/5. 1961. D. Prior. 14/11. 1957.) H. Hochstein. 6409

Ruhrstahl Akt.-Ges., Hattingen/Ruhr, **Frischen von geschmolzenem Stahl durch Hindurchblasen eines heißen, CO_2-haltigen Gases mit oder ohne CO-Gehalt,** dad. gek., daß wenigstens ein Teil des im heißen Gas enthaltenen CO_2 durch Verbrennung von *CO* mit O_2 erzeugt u. direkt durch die Stahlschmelze hindurchgeblasen wird. Bes. wird die Stahlschmelze unter Vakuum oder unter verringertem Druck behandelt. Auch kann das CO_2-haltige Gas auf die Badoberfläche aufgeblasen werden. Das Frischgas kann auch noch ein Halogengas u./oder eine verdampfte halogenhaltige Verb. enthalten, z. B. $AlCl_3$ oder AlF_3 oder CCl_4. (**E. P. 869 953** vom 25/2. 1958, ausg. 7/6. 1961. D. Prior. 27/2. 1957.) H. Hochstein. 6409

Heinz Teves, Ernst August Teves und Martin Tausend, Frankfurt/M., **Stahllegierung mit großer Hitze-, Zunder- und Korrosionsbeständigkeit sowie mit großer Verschleißfestigkeit und guter Wärmeleitfähigkeit** als Werkstoff für Ventilteile besteht aus 0,5—1,5 (%) *C*, 1,0—1,5 *Mn*, 12,0—30,0 *Cr*, 1,8—6,0 *Mo*, 0,4—2,0 *V*, Rest *Fe*. Vorzugsweise beträgt der C-Geh. 0,8—0,9%. (**E. P. 864 495** vom 21/6. 1957, ausg. 6/4. 1961. D. Prior. 2/8. 1956.) H. Hochstein. 6411

Carpenter Steel Co., Reading, Pa., V.St.A., **Bei großen Querschnitten tief einhärtender Stahl mit hoher Schlagfestigkeit im vergüteten Zustand** besteht aus 0,2 bis 0,8 (%) *C*, 0,5—2,5 *Mn*, 0,5—1,5 *Cr*, 0,25—1,5 *Mo*, 0,65—4 *Cu*, Rest *Fe* mit den üblichen Verunreinigungen, mit der Maßgabe, daß der Cu-Geh. des vereinigten Mn + Cu-Geh. bei C-Geh. von 0,2—0,45% im Bereich von 20 u. 80% u. bei C-Geh. von 0,45—0,8% von 40% an aufwärts liegt, sowie daß Cu vorwiegend in fester Lsg. vorliegt. — Kurvenbilder. (**E. P. 864 811** vom 30/5. 1958, ausg. 6/4. 1961. A. Prior. 31/5. 1957.) H. Hochstein. 6411

Universal-Cyclops Steel Corp., Bridgeville, Pa., V.St.A., **Nichtrostender, austenitischer, spanabhebend leicht bearbeitbarer Cr-Ni-Stahl** besteht aus bis 0,25 (%) *C*, 15—30 *Cr*, 6—40 *Ni*, 0,05—0,20 *S*, 0,25—1,35 *Al*, Rest *Fe*. Dieser Stahl kann noch bis 2 *Mn*, bis 3 *Si*, bis 4 *Mo*, bis 2 *W*, bis 1 *V*, bis 1 *Nb*, bis 1 *Ta*, bis 1 *Ti*, bis 5 *Co*, bis 4 *Cu* u. bis 1 *Zr* enthalten. (**E. P. 869 690** vom 8/5. 1959, ausg. 7/6. 1961. A. Prior. 18/6. 1958.) H. Hochstein. 6411

Soudure Exotherme (Erfinder: Alfred Molnar und Marcel Chaussain), Frankreich, **Herstellung eines Schnelldrehstahl-Werkzeuges,** dad. gek., daß auf einen normalen Stahl als Träger mittels eines elektr. Lichtbogens ein Metall einer Lichtbogenschweißelektrode aufgetragen wird, das aus Schnelldrehstahl mit einem geringeren Anteil an Leg.-Elementen als ein Schnelldrehstahl hoher Güte besteht, u. daß das so erhaltene Werkzeug ohne die sonst üblichen Wärmebehandlungen verwendet wird. Zweckmäßig besteht das aufgetragene Metall aus 0,7 (%) *C*, 6 *W*, 4 *Cr*, 5 *Mo*, 2 *V*, 5 *Co*, Rest *Fe*. (**F. P. 1 227 411** vom 5/3. 1959, ausg. 19/8. 1960.) H. Hochstein. 6411

Sierra Metals Corp., Chicago, Ill., V.St.A., **Austenitische warmfeste Eisen-Nickel-Legierung** besteht aus 0,05—0,25 (%) *C*, 10—20 *Cr*, 18—50 *Ni*, 1,5—8 *W*, 1—5 *Nb* u./oder *Ta*, 2—4 *Ti*, bis zu 10 *Co*, bis zu 0,1 *B*, bis zu 0,3 *Zr*, Rest im wesentlichen *Fe*. Die Leg. besitzt bei 1200° F eine hohe Warmfestigkeit, die sogar noch bei 1500° F beachtlich hoch ist; außerdem läßt sie sich bei 1950—2100° F leicht warmverformen u. besitzt eine hohe Korrosionsbeständigkeit bei 1200—1500° F u. eine gute Temp.-Wechselbeständigkeit. (**E. P. 866 839** vom 29/7. 1958, ausg. 3/5. 1961. A. Prior. 29/7. 1957.) H. Hochstein. 6419

Union Carbide Corp. (Erfinder: Roger Allan Perkins und Claude Rothwell Bishop), New York, N.Y., V.St.A., **Warmverarbeitbare säuerebeständige Eisen-Nickel-Silicium-Legierung** bestehend aus 28—60 (%) *Ni*, 9—12,2 *Si*, Rest *Fe* mit zufälligen Verunreinigungen. Die Leg. läßt sich bei 1050° gut warmverformen u. besitzt eine hohe Beständigkeit gegen H_2SO_4. (**E. P. 868 112** vom 24/12. 1959, ausg. 17/5. 1961. A. Prior. 29/12. 1958.) H. HOCHSTEIN. 6419

Mond Nickel Co. Ltd., England (Erfinder: Clarence George Bieber und George Nesbitt Ziegler), **Nickel-Gußlegierung** besteht aus 6—10 (%) *Mo*, 10 bis 35 *Cr*, 4—8 *Al*, 0,1—3 *Ti*, 0,1—5 *Nb*, 0,001—0,1 *B*, 0—25 *Fe*, 0—25 *Co*, 0—2 *Zr*, Rest *Ni*. Die Lsg. ist hitzebeständig u. wird für *Turbinenschaufeln* verwendet. (**F. P. 1 202 584** vom 15/9. 1958, ausg. 12/1. 1960. A. Prior. 16/9. 1957.) G. APEL. 6435

Vereinigte Deutsche Metallwerke Akt.-Ges., Frankfurt/M., **Herstellung von hochwertigen magnetischen Bändern oder Blechen mit einer ausgesprochen kubischen Textur,** bei der das Gut nach einer Wärmevorbehandlung einer vereinigenden Wärmebehandlung unterworfen, in einem oder mehreren Stichen kaltgewalzt, in letzten Falle zwischengekühlt u. einer Schlußglühung unterzogen wird, dad. gek., daß als Werkstoff eine Fe-Leg. mit 0,5—2,5% *Si* u. ggf. mit 0,1—1,0% *Ni* sowie mit einem Leg.-Zusatz an *Al* verwendet wird, die durch nicht über 10 Stichen, bes. in 2—8 Stichen, auf eine Endstärke von 0,2—0,5 mm durch Kaltwalzen verformt wird. Zweckmäßig beträgt der vorletzte Kaltverformungsgrad 75%. (**E. P. 868 087** vom 7/2. 1958, ausg. 17/5. 1961. D. Prior. 16/2. 1957.) H. HOCHSTEIN. 6491

Handy & Harman Corp., New York, N.Y., V.St.A., **Lot,** bestehend aus einem metall. Skelett u. einem Lotmetall. Das Skelett wird aus vielen zusammenhängenden Metallteilchen von großer Länge u. Dicke gebildet. Diese Teilchen sind prakt. im Lotmetall bei dessen Schmelz-Temp. unlöslich. Das Lotmetall selbst besitzt eine niedrigere Schmelz-Temp. als das Skelettmetall, das *Fe, Co, Ni* oder Legg. derselben sein kann. Das Lot ist z. B. eine Leg. mit mehr als 50% *Ag*, zusammen mit *Cu* u. *Li* (z. B. 92,5 Ag, 7,3 Cu u. 0,2 Li. (**E. P. 861 242** vom 23/3. 1959, ausg. 15/2. 1961. A. Prior. 7/5. 1958.) W. HAUSWALD. 6505

Erie Resistor Corp., Erie, Pa., V.St.A., **Mit einem Lot überzogene Streifen für die Bildung der Enden eines elektrischen Stromteiles.** Auf den Blechstreifen wird ein dünner Überzug eines Lotes aufgebracht, das bis zum F. nicht fließt u. dabei teils so verteilt, daß es längliche Kügelchen von einer Dicke bildet, daß ein hinreichendes Fließen u. eine Lotverbindung mit dem Ende des Stromteiles oder mit einem Metallteil der Verbindung bei Berührung mit demselben zustande kommt, wenn die Schmelz-Temp. des Lotes erreicht ist. (**E. P. 862 919** vom 21/5. 1959, ausg. 15/3. 1961. A. Prior. 24/7. 1958.) W. HAUSWALD. 6505

Diamond Alkali Co., Cleveland, Ohio, V.St.A. (Erfinder: Joseph Adrien Maher Leduc), **Elektrolytisches Polieren von Zink und Zinklegierungen** wird in einem aus 450—900 g/Liter bestehenden *NaOH*- oder *KOH*-Elektrolyten bei einer Temp. von 60—220° F u. einer Stromdichte von 50—800 A/sq.ft. vorgenommen. Hierbei wird eine Kathode verwendet, deren Oberfläche einen Geh. an Fe_3O_4 aufweist oder es werden dem Elektrolyten oxydierende Verbb. wie *Perborate, Peroxide, Nitrate* oder *Erdalkalimetalloxychloride* zugesetzt. Der Elektrolyt kann außerdem 0,003—0,03 Gew.-% eines Entschäumungsmittels, wie *Anisol, Phenol, Kresol, höhere Alkohole, Äther* u. *Ester* enthalten. (**E. P. 869 481** vom 11/5. 1959, ausg. 31/5. 1961. A. Prior. 3/11. 1958.) H. HÄNLE. 6515

DEHYDAG Deutsche Hydrierwerke G. m. b. H., Düsseldorf, **Galvanisches Abscheiden von Metallüberzügen.** Dem galvan. Bad wird als Glanzmittel eine wasserlösl. *organ. Sulfonsäure* der allg. Formel $\overset{R}{\underset{N}{|}}\!\!>C-S-R_1-SO_3H$ oder ein wasserlösl. Salz zugesetzt, in der R eine ggf. substituierte Polymethylenkette mit 3—6 C-Atomen u. R_1 einen 2wertigen KW-Stoff-Rest ggf. mit OH-Gruppen u./oder Halogenatomen bedeutet, z. B. *3-S-Δ^1-pyrrolinyl-(2[1])-mercaptopropansulfonsäure-1* oder *Isocaprothiolactam-S-äthylester-ω-sulfonsäure*. Die Glanzmittel können sauren, cyanid. oder alkal. *Cu-, Zn-, Cd-, Sn-, Messing-, Ag-* oder *Au-Bädern* in einer Menge von 0,01—10 g/Liter zugesetzt werden. (**E. P. 868 898** vom 28/7. 1959, ausg. 25/5. 1961. D. Prior. 29/7. 1958.) H. HÄNLE. 6517

Mullard Ltd., London, England (Erfinder: Derek Ivor Colin Kapp), **Erzeugen von galvanischen Metallüberzügen auf Metallteilen, die von einander getrennt auf einer Isolierplatte befestigt sind.** Die Platten werden mit kleinen Kugeln aus elektr. leitendem Material überschichtet u. in einen drehbaren zylindr. Elektrolytbehälter untergebracht, wobei die Stromzuführung zu den Metallteilen auf der Isolierplatte über die Metallkugelschicht erfolgt, die ihrerseits über in der Zylinderwand angeordnete Stromzuleitungen mit dem negativen Pol der Stromquelle verbunden sind. Die Anode taucht wie üblich in die Bad-Fl. ein. — Abbildung. (**E. P. 867 560** vom 1/1. 1960, ausg. 10/5. 1961.) F. MARKHOFF. 6517

Adolph Miller, New York, N.Y., V.St.A., **Bad für die Eintauchverkupferung von Aluminium** besteht aus der alkal. Lsg. einer komplexen Cu-Verb. eines wasserlösl. organ. Amins mit einem pH-Wert, der genügt, das Al zu depolarisieren. Solche Amine sind *Alkylen-*, *Alkyl-* u. *Alkylolamine*, wie *Äthylendiamin*. Das Al wird z. B. in eine Lsg. von 10 (g) $CuSo_4$, 16,5 *Äthylendiamin* (70% ig. Lsg. in W.) u. 90 W. bei Zimmer-Temp. getaucht u. der entstandene Cu-Überzug durch therm. Nachbehandlung fest mit dem Al verbunden. (**E. P. 869 433** vom 25/11. 1958, ausg. 31/5. 1961.) F. MARKHOFF. 6517

Aluminium-Walzwerke Singen G. m. b. H., Singen, **Elektrolytische Erzeugung von dielektrischen Schichten auf Aluminiumfolien.** Die bandförmige Al-Folie wird kontinuierlich in der Weise durch das elektrolyt. Oxydationsbad geführt, daß das Band beim Eintauchen in das Bad zunächst gegen die elektrolyt. Einw. abgeschirmt u. erst ca. 30 cm unter der Badoberfläche der Strom-Wrkg. ausgesetzt wird. Das Band wird hierbei durch ein Rohr geführt, das über die Badoberfläche hinausreicht u. so die Einw. von Dämpfen des heißen Bades auf die Folie verhindert. Man erhält dann gleichmäßige Oxidschichten auf dem Al bei der Elektrolyse. (**E. P. 865 323** vom 20/11. 1958, ausg. 12/4. 1961. D. Prior. 23/11. 1957.) F. MARKHOFF. 6531

Shell Research Ltd., London, England (Erfinder: John George Robinson, Johan George Albert Bitter, Jan Arie van der Giessen und Arie Pieter Den Hartog), **Aufbringen von Korrosionsschutzmitteln auf die innere Oberfläche von Schiffstanks.** Die Inhibitor-Fl. wird in Form eines feinen Nebels in den Tank gesprüht u. durch die hierbei entstehende Luftbewegung auf der zu schützenden Fläche verteilt. Als Inhibitor-Fl. wird z. B. verwendet eine Lsg. mit 8 (Gew.-%) $NaNO_2$ u. 4 *NaOH* oder eine 11—24% ig. Lsg. von $K_4Fe(CN)_6$. — Abbildung. (**E. P. 867 303** vom 24/2. 1958, ausg. 3/5. 1961.) F. MARKHOFF. 6539

Gesellschaft für Linde's Eismaschinen Akt.-Ges., Höllriegelskreuth bei München (Erfinder: **Karl Pötzl**, München), *Pulver zum Herstellen eisenmetallurgischer Schlacken.* (**D. A. S. 1 109 323** Kl. 31c vom 29/5. 1957, ausg. 22/6. 1961. — C. **1961.** 17739 [Belg. P. 565 314].)

Ferrolegeringar Trollhätteverken Aktiebolag, Trollhättan, Schweden, *Behandlung von sulfidischen Molybdänerzen.* (**E. P. 859 263** vom 10/4. 1959, ausg. 18/1. 1961. Schwed. Prior. 11/4. 1958. — C. **1961.** 17741 [F. P. 1 219 751].)

Canadian Copper Refiners Ltd., City of Toronto, Canada, *Trennen von Palladium von den Platinmetallen.* (**E. P. 863 286** vom 17/11. 1958, ausg. 22/3. 1961. A. Prior. 4/2. 1958. — C. **1960.** 9374 [A. P. 2 875 040].)

General Electric Co. Ltd., London, England, *Herstellung von Legierungen.* (**Holl. P. 99 824** vom 17/6. 1954, ausg. 15/12. 1961. E. Prior. 19/6. 1953. — C. **1959.** 9726 [Oe. P. 194 619].)

Deutsche Edelstahlwerke Akt.-Ges., Krefeld (Erfinder: **Gottfried Becker**, Düsseldorf), *Behandlung von Eisenoberflächen mit gasförmigen Chromhalogenverbindungen.* (**Holl. P. 99 887** vom 30/5. 1956, ausg. 15/12. 1961. — C. **1959.** 287 [F. P. 1 149 816].)

Tainton Co., Baltimore, Md., V.St.A., *Überziehen eines Metallgegenstandes mit einer Metallschicht.* (**Holl. P. 98 545** vom 5/9. 1957, ausg. 17/7. 1961. E. Prior. 10/9. 1956. Zusatz zu Holl. P. 84 445; C. 1959. 8423. — C. **1960.** 10755 [E. P. 807 933].)

Kelite Corp. (Erfinder: **Louis McDonald** und **Dariel Eilert Miller**), *Ätzmittel für Aluminium und seine Legierungen.* (**Aust. P. 225 796** vom 10/4. 1958, ausg. 14/1. 1960. — C. **1961.** 2782 [A. P. 2 853 372].)

W. A. Butalow, Technologie der Metalle. 3. verb. u. vervollst. Ausg. Moskau: Metallurgisdat. 1962. (512 S. m. Abb.) 1 Rbl. 71 Kop. [Russ.]

Konstantin Borisovich Lebedev, The chemistry of rhenium. London: Butterworths. 1962. (X + 105 S. m. Tab. u. Diagr.) 42 s.

R. E. Smallman, Modern physical metallurgy. London: Butterworths. 1962. (XII + 387 S. m. Abb., Tab. u. Diagr.) 50 s.

Ja. M. Sterlin, Metallurgie des Urans (Lehrbuch für Hochschulen der UdSSR, Fachrichtung Metallurgie). Moskau: Gossatomisdat. 1962. (419 S. m. Abb.) 1 Rbl. 15 Kop. [Russ.]

—, Korrosionsschutz durch Legieren. Bericht über die Diskussionstagung Korrosionsschutz durch Legieren in Frankfurt/M. am 2. und 3. März 1961. Weinheim/Bergstr.: Verl. Chemie. 1962. (VIII + 87 S. m. 128 Abb. u. 15 Tab.) DM 20,—.

IX. Organische Industrie

Einfluß der Oberfläche auf die Dampfphasenoxydation und -nitrierung von Propan
Lyle F. Albright, Stephen A. Locke, Donald R. MacFarlane und Gerald L. Glahn. (Ind. Engng. Chem., int. Edit. **52**. 221—26. März 1960. Lafayette, Ind., Purdue Univ.; Norman, Okla., Univ.) (Engl.)

Die Geschw. der Gasphasenoxydation u. -nitrierung von Propan (I) ist in starkem Maße abhängig von dem Wandmaterial des verwendeten Reaktors (Borsilicatglas, C-armer u. C-reicher Stahl, Cu). Oxydation u. Nitrierung werden jeweils entgegengesetzt beeinflußt. Die Nitrierung wird in Ggw. von O_2 erheblich gesteigert. Durch Verw. von geschmolzenem $KNO_3/NaNO_3$ als Reaktorfüllung u. Durchblasen der reagierenden Gase kann der Einfl. des Wandmaterials auf die Rk. prakt. völlig ausgeschlossen werden. Unter diesen Bedingungen wirkt O_2 nicht beschleunigend auf die Nitrierung. Bei der Oxydation von I in der Salzschmelze entfällt die Tieftemp.-Oxydation bei $< 440^0$, die somit im normalen Reaktor auf den Einfl. der Wand zurückzuführen ist.
A. MASCHKE. H 510□

Kinetik der katalytischen Isomerisierung von n-Pentan. Norman L. Carr. (Ind. Engng. Chem., int. Edit. **52.** 391—96. Mai 1960. Crystal Lake, Ill., Pure Oil Co., Res. Center.) (Engl.)

Ausgehend von den reaktionskinet. Daten der katalyt. n-Pentanisomerisierung werden nach den üblichen verfahrenstechn. Berechnungs-Meth. 4 Reaktortypen entworfen. A. MASCHKE. H 510□

Zerlegung von Gasgemischen durch ein Verfahren der selektiven Absorption. Abtrennung des Butadiens von den Butenen. Hans-Martin Weitz, Ulrich Wagner und Otto Hans Schmidt. (Chemie-Ing.-Techn. **32.** 796—801. Dez. 1960. Ludwigshafen/Rh., Bad. Anilin- & Soda-Fabrik AG.) (Dt.)

Bei dem Wirbelschicht-Verf. zur Erzeugung von *Äthylen* aus Rohöl entsteht als Nebenprod. eine C_4-Fraktion, die 45 (Gew.-%) *Butadien* (I), 50 *Butene* u. 5 *Butane* enthält. Zur quant. Abtrennung von I wird ein Verf. der selektiven Absorption (N-Methylpyrrolidon als Lsgm.) ausgearbeitet. Bodenzahlen u. Betriebsgrößen können mit Hilfe eines Iterations-Verf. unter Verw. einer elektron. Rechenanlage berechnet werden. Experimentelle Ergebnisse, die an einer Vers.-Anlage gewonnen werden, stimmen mit den errechneten Werten überein. Reinheit des erhaltenen I $> 99,9$ Gew.-%. — 6 Abb., 15 Literaturhinweise. E. MIESSGANG. H 520□

Darstellung von Essigsäure aus Methanol durch Bortrifluorid-Katalyse unter hohem Druck. Yoshimasa Takezaki, Nobuya Okamoto, Nobuyuki Sugita, Sachio Yuasa, Fumio Tanimoto und Tsuneo Kawatani. (J. chem. Soc. Japan, ind. Chem. Sect. [Kōgyō Kagaku Zassi] **62.** 930—35. Juli 1959. Kyôto, Daigaku, Kagaku-Kenkyûzyo.) (Jap.; Auszug: Engl. S. A 60.) — Vgl. TAKEZAKI u. Mitarbeiter C. **1959.** 757.

Die Darst. von *Essigsäure* (I) aus einem Gemisch $CH_3OH/BF_3/W.$ (1 : 2,5 : 1,5) u. CO wird nach verschiedenen kontinuierlichen Verff. bei 200—260° u. 960—1000 atü untersucht u. festgestellt, daß die geschwindigkeitsbestimmende Rk. nur in fl. Phase stattfindet. Aus einem Gemisch $CH_3OH/BF_3/H_2O$ (1 : 0,25 : 1) kann I auch bei etwas höherer Temp., nämlich 320°, genau so gut dargestellt werden, wobei der größte Teil CH_3OH als Methyläther in der Gasphase vorhanden ist; die Rk. verläuft auch in diesem Fall in fl. Phase. Eine kontinuierliche Arbeitsweise bei Gemischen mit kleinerem BF_3-Geh. ist jedoch viel schwieriger. E. MAEKAWA. H 810□

Alkylierung von Benzol und Toluol. R. A. Sanford, S. M. Kovach und B. S. Friedman. (Ind. Engng. Chem., int. Edit. **52.** 679—80. Aug. 1960. Harvey, Ill., Sinclair Res. Labor.) (Engl.)

Triisobutylenhydrochlorid setzt sich in Ggw. von $AlCl_3$ bei -40 bis -60^0 mit Toluol in ca. 60%ig. Ausbeute zu einem Gemisch isomerer *p-tert.-Dodecyltoluole* um. An Stelle von $AlCl_3$ können auch H_2SO_4 bei -20^0, $FeCl_3$ bei 0^0 oder $AlCl_3/CH_3NO_2$ bei 25^0 verwendet werden, wobei allerdings die Ausbeuten niedriger liegen. Das Gleiche gilt für die Verw. von Olefin u. HCl an Stelle eines Hydrochlorids. Bzl. reagiert schlechter als Toluol. Tetraisobutylen kann nicht als Hydrochlorid eingesetzt werden. Es liefert in Ggw. von $AlCl_3$ bei -35^0 mit Toluol ein Gemisch isomerer *p-tert.-Hexadecyltoluole* in ca. 16%ig. Ausbeute. A. MASCHKE. H 1010□

Darstellung von Phthalsäuren durch Oxydation von teilweise decarboxylierten Oxydationsprodukten der Kohle. Yoshio Kamiya. (J. chem. Soc. Japan, ind. Chem. Sect. [Kōgyō Kagaku Zasshi] **62.** 942—45. Juli 1959. Tôkyô, Tôkyô, Daigaku, Kôgakubu. (Jap.; Auszug: Engl. S. A 60—61.) — Vgl. KAMIYA C. **1960.** 4020; C. **1961.** 10742.

Pulverisierte Kohle wird in Na_2CO_3- oder K_2CO_3-Lsg. im Autoklav unter O_2 (15 bis 25 atü) auf 270—275° erhitzt, das Prod. abfiltriert u. das Filtrat 30 Min. lang auf 300° erhitzt, wobei dem Filtrat evtl. $CuSO_4 \cdot 5\,H_2O$ zugesetzt wird. Es wird mit H_2SO_4 auf pH 1,5 angesäuert, abgesaugt u. das Filtrat unter Zusatz von Na_2SO_4 mit Methyläthylketon ausgezogen. Als wasserlösl. Säuren bilden sich *Benzoe-*, *o-Phthal-* u. *Trimesinsäure*, u. als wasserunlösl. *Iso-* u. *Terephthalsäure*. Bei den Verss. in Na_2CO_3-Lsg. beeinflussen die Decarboxylierung u. die 2. Oxydation kaum die Ausbeute an Phthalsäuren, während sie dadurch bei den Verss. in K_2CO_3-Lsgg. stark verbessert wird. Dieser Unterschied beruht vermutlich auf verschiedener Stabilität der Phthalsäuren in Na_2CO_3- u. K_2CO_3-Lösung. E. MAEKAWA. H 1220□

Texaco Development Corp., Wilmington, Del., übert. von: John K. McKinley, Roy F. Nelson und Gordon S. Bright, Port Arthur, Tex., V.St.A., **Oxydation von makrokristallinem, entöltem Paraffinwachs** mit 20—33, bes. 25—30 C-Atomen u. < 5% Öl-Geh., das durch Lsgm.-Extraktion aus dest. Schmieröl gewonnen wird, mit Luft bei einer Geschw. von 1,5—6, bes. 2—5 Fuß/Sek., einer Luftmenge von 8—35 Kubikfuß/Std./pound Wachs, bei 300—350°, bes. 330—340° F u. < 25 lbs./sq.in., z. B. bei normalem Druck, in Ggw. eines metall. Oxydationskatalysators. Das esterartige Oxydations-Prod. hat eine Neutralisationszahl 70—100, VZ. 210—300, ein Verhältnis von Neutralisationszahl : VZ. zwischen 0,25 u. 0,4, eine Viscosität < 900 S.U.S. bei 210° F u. < 40% Geh. an Unverseifbarem. (**Can. P. 552 444** vom 15/3. 1955, ausg. 28/1. 1958. A. Prior. 4/5. 1954.) H.-J. NITZSCHKE. 6583

N. V. de Bataafsche Petroleum Mij., Holland (Erfinder: Hans A. Benesi und Donald L. Peterson), **Trennung von Olefinen**, dad. gek., daß aus dem Gemisch die an Mol.-Sieben polymerisierbaren Olefine, z. B. Piperylen, an einer Zeolithmasse mit ca. 5 Å Poren-∅ absorbiert werden, wobei NH_3, $H_2NCH_2CH_2NH_2$ oder $(CH_3)_2NH$ als Polymerisationsinhibitoren zugesetzt werden. (**F. P. 1 209 689** vom 28/8. 1958, ausg. 3/3. 1960. A. Prior. 28/8. 1957.) S. BÖTTCHER. H 520

VEB Leuna-Werke „Walter Ulbricht", Leuna (Erfinder: Gerhard Geiseler, Leuna, und Helmut Reinhardt, Weißenfels), **Herstellung von Äthylen** durch Spaltung gasförmiger Paraffine mit hochüberhitztem Wasserdampf, dad. gek., daß aus H_2 u. O_2 ein Knallgasgemisch gebildet wird, in dem H_2 überwiegt, u. in die O_2-freie heiße Zone der Knallgasflamme Paraffine (C_2H_6, Propan) unter turbulenten Strömungsverhältnissen eingeblasen werden. (**D. P. [DDR] 19 095** Kl. 12o vom 10/12. 1957, ausg. 10/6. 1960 [Wirtschaftspatent]. **Zusatz zu D. P. [DDR] 18 584; C. 1962. 2537.**) S. BÖTTCHER. H 520

Solvay & Cie., Brüssel, Belgien, **Herstellung von Monochlorderivaten von Olefinkohlenwasserstoffen**, bes. von *Monochloräthylen* u. von *Allylchlorid*, durch Umsetzung eines entsprechenden Olefins, bes. Äthylen bzw. Propylen, mit Cl_2 im Verhältnis 1 : 1 in einem Fließbett aus adsorbierenden Materialien, bes. Holz- oder Tierkohle, Koks, Silicagel oder Tonerdegel oder bes. Aktivkohle, die ggf. mit einem Metallchlorid imprägniert sind, u. Pyrolyse des bei der Chlorierung gebildeten dichlorierten Prod., bes. des 1.2-Dichloräthans bzw. Dichlorpropans, vorzugsweise in demselben Fließbett bei 350—450° bzw. 400—500°. — Zeichnung. (**Oe. P. 209 322** vom 7/1. 1959, ausg. 25/5. 1960. Belg. Prior. 8/1. 1958.) EBERHARD RIEDEL. H 520

Solvay & Cie., Brüssel, Belgien, **Stabilisierung von chlorierten Kohlenwasserstoffen**, bes. von *Trichloräthylen* (I), *Perchloräthylen*, *CCl_4*, *Dichlor-* oder *Trichloräthan*, dad. gek., daß je Liter I 0,05—0,5 (g) Phenol, 0,5—10 einer Epoxy-Verb., bes. Epichlorhydrin, u. 0,05—0,5 Anilin, Pyrrol bzw. eines Pyrrol-Deriv. oder 0,1—0,25 eines Phenols, 1—3 eines Alkohols, bes. eines tert. aliphat. Alkohols, u. geringer Mengen Anilin u. Pyrrol oder seiner Derivv. zugesetzt werden. (**Oe. PP. 209 883** vom 7/11. 1958, ausg. 25/6. 1960. Belg. Prior. 9/11. u. 28/12. 1957 u. **209 884** vom 18/12. 1958, ausg. 25/6. 1960. Belg. Prior. 19/12. 1957.) EBERHARD RIEDEL. H 520

Soc. d'Électro-Chimie, d'Électro-Métallurgie et des Aciéries Électriques d'Ugine, Frankreich, **Gewinnung von Tri- und Tetrachloräthylen** nach F. P. 1 166 211, dad. gek., daß alle 24—48 Std. der verbrauchte Katalysator unter Einführung eines Stromes feinverteilter Festteilchen ersetzt wird. (**F. P. 72 800** vom 20/1. 1958, ausg. 28/4. 1960. **Zusatz zu F. P. 1 166 211; C. 1959. 15189.**) S. BÖTTCHER. H 520

Columbia-Southern Chemical Corp., Pittsburgh, Pa. (Erfinder: Robert Earl Feathers, New Martinsville, und Roy Harold Rogerson, Moundville, W. Va.), V.St.A., **Perchloräthylen** wird durch Oxydation von $Cl_2CHCHCl_2$ mit O_2 bei 299—500, bes. 360—426° in Ggw. eines mit $CuCl_2$ u. $ZnCl_2$ getränkten, porösen Trägers (Tonerde, Tonerdegel, Kieselerde, Ca-Silicat, Diatomeenerde, Infusorienerde, Bimsstein, Kieselgur) erhalten. Der Träger enthält 5—45% $CuCl_2$ u. $ZnCl_2$ im Verhältnis bes. 1—3,5 Mol $CuCl_2$ je Mol $ZnCl_2$. Als Nebenprodd. entstehen *Trichloräthylen* u. *Pentachloräthan*. Der Katalysator zeigt nach 1500 Std. noch den gleichen Wrkg.-Grad. (**D. A. S. 1 079 031** Kl. 12o vom 29/6. 1957, ausg. 7/4. 1960.) G. KRAUSS. H 520

Distillers Co. Ltd., Edinburgh, übert. von: Clifford William Capp, Ewell, Henry Peter Crocker, Lower Kingswood, und Frederick James Bellringer, Leatherhead, England, **Dichlorbutene** werden durch Rk. von wenigstens 1 Mol Butadien mit 1 Mol Cl_2 in Abwesenheit eines Katalysators in einem leeren Rk.-Raum bei

280—400, bes. 290—330°, u. einer Verweilzeit von 0,23—12 Sek. erhalten; Cl_2 u. Butadien können getrennt auf 150—200° vorerhitzt werden; beste genannte Ausbeute 92,7%. — In einem gefüllten oder einen Katalysator enthaltenden Rk.-Raum wird dagegen die Bldg. von C u. a. Ablagerungen begünstigt. — Vorr., Zeichnung. (**A. P. 2 912 471** vom 6/3. 1957, ausg. 10/11. 1959. E. Prior. 21/3. 1956.) G. KRAUSS. H 520

Dow Chemical Co., Midland, übert. von: Robert A. Stowe, Ludington, und Eric R. Larsen, Midland, Mich., V.St.A., **1.3.4.4-Tetrachlor-1.2.3.4-tetrafluorbuten-(1)**, $C_4Cl_4F_4$, wird durch Dimerisieren von 1.2-Dichlor- 1.2-difluoräthylen bei 150—265, bes. 235—245°, in Ggw. einer katalyt. Menge Cl_2 unter Selbstdruck, z. B. 950—1225 lbs./sq.in. erhalten; Disproportionierung erfolgt nicht. (**A. P. 2 917 557** vom 10/7. 1958, ausg. 15/12. 1959.) G. KRAUSS. H 520

Sinclair Refining Co., V.St.A. (Erfinder: Robert A. Sanford und Seymour H. Patinkin), **Gewinnung der tert.-Isoamylene** [2-Methylbuten-(1) u. -(2)] aus Gemischen, z. B. mit Penten-(1), Penten-(2) u. Isopenten, dad. gek., daß die Gemische mit 50—75%ig. H_2SO_4 behandelt u. dann mit n-Heptan oder Isooctan extrahiert werden. (**F. P. 1 210 556** vom 10/12. 1958, ausg. 9/3. 1960. A. Prior. 10/12. 1957.) S. BÖTTCHER. H 520

Dow Chemical Co., übert. von: Charles R. Noddings, Midland, William E. Miller, Freeland, und Theodore C. Engelder, Midland, Mich., V.St.A., **Diolefine mit konjugierten Doppelbindungen** werden durch Dehydrieren von Olefinen mit 4—6 C-Atomen bei 500—700° in Ggw. von Dampf u. Ca-Ni-Phosphat als Katalysator, der durch ionisierende Bestrahlung (Neutronen, γ- u. Röntgenstrahlen, Protonen, Elektronen, He-Ionen) aktiviert wurde, erhalten. Die Bestrahlung erfolgt z. B. mit 0,5, bes. 2—20·10^6 rep, bes. ^{60}Co. — n-Butene → *Butadien-(1.3)*. (**A. P. 2 905 608** vom 29/12. 1955, ausg. 22/9. 1959. **E. P. 800 563** vom 29/11. 1956, ausg. 27/8. 1958. A. Prior. 29/12. 1955.) G. KRAUSS. H 520

Pechiney Comp. de Produits Chimiques et Électrométallurgiques, Paris (Erfinder: Georges Wetroff, Le Thillay, und André Bergier, La Courneuve), Frankreich, **Herstellung von Isopren** durch Dimerisieren von Propylen (I) in Ggw. eines Organometallkatalysators, bes. von Alkyl-Al, -Ga-, -Be- oder -Ti-Verbb. u. anschließendes oder gleichzeitiges Isomerisieren des Dimeren zu *2-Methylpenten-(2)* (II) in Ggw. eines sauren Katalysators, z. B. H_3PO_4 auf porösem Träger, oder in Ggw. von Oxiden, Tonerde, SiO_2 oder Al-Silicat in einem Rk.-Raum, der mindestens 2 aufeinanderfolgende Zonen verschiedener Temp. aufweist, wobei die Dimerisierungszone die heißeste ist. Die Rk.-Gemische werden durch Fraktionierung an II angereichert u., ggf. in Ggw. entsprechender Crackkatalysatoren, einer therm. Zers. bei 500—900° unterworfen. Die Isomerisierung u. therm. Zers. können ggf. gemeinsam in einem Rk.-Raum mit mindestens 2 Zonen, von denen die Isomerisierungszone die kälteste ist, durchgeführt werden. — 100 (kg) I werden in Ggw. von Trihexyl-Al bei 180° zu 100 95% *2-Methylpenten-(1)* (III) enthaltendem Gemisch dimerisiert, bei 130° durch ein Rohr über H_3PO_4/Bimsstein-Katalysator geführt u. anschließend bei 680° therm. zersetzt: 33 *Isopren*, daneben 11 *Äthylen*, 10,5 *Isobuten*, 10 II/III-Gemisch, 1,6 *Butadien*. (**Oe. P. 211 290** vom 3/2. 1959, ausg. 26/9. 1960. F. Prior. 4/2. 1958.) EBERHARD RIEDEL. H 520

Farbwerke Hoechst Akt.-Ges., vormals Meister Lucius & Brüning (Erfinder: Manfred Schönberg und Rudolf Wirtz), Frankfurt/M., **Niedermolekulare, ungesättigte Kohlenwasserstoffe**, bes. *Acetylen* u. *Äthylen*, werden dadurch erhalten, daß Heizöle, Rohöle u. andere schwer verdampfbare KW-Stoffe oder deren Gemische durch Einspritzen in einen bes. über 2000° heißen Verbrennungsgasstrom (erhalten durch Verbrennen von H_2, CO, CH_4 oder deren Gemischen mit O_2 oder mit diesem angereicherter Luft) verdampft u. therm. gespalten werden u. die erhaltenen, 800—1600°, bes. 1000—1400°, heißen Spaltprodd. dann mit O_2 oder dieses enthaltenden Gasen mit kurzer Flamme verbrannt werden u. dem entstandenen Rauchgas der zu spaltende niedriger sd. KW-Stoff in Gas- oder Dampfform u. ggf. Wasserdampf zugemischt wird, wobei die Verweilzeit bei 800—1600° 10^{-4} bis 10^{-1} s beträgt; anschließend werden die heißen Spaltprodd. durch ein Kühlmittel abgeschreckt. Die Spaltung erfolgt in flüssigkeitsgekühlten Brennkammern. Es werden z. B. 7,2% *Acetylen* u. 17% *Äthylen* erhalten. — Vorr., Zeichnungen. (**D. A. S. 1 122 054** Kl. 12o vom 16/4. 1960, ausg. 18/1. 1962.) G. KRAUSS. H 530

Celanese Corp. of America, New York, N.Y., V.St.A., **Butylenglykol-(1.3)** erhält man aus Acetaldehyd durch Kondens. zu Acetaldol mit anschließender Hydrierung, wobei die Kondens. des Acetaldols unterbrochen wird, bevor die Aldol-Bldg. 44% erreicht. Nicht umgesetzter Acetaldehyd wird mittels Dampf abdestilliert u. das verbliebene Rk.-Prod. neutralisiert. (**E. P. 853 266** vom 22/2. 1957, ausg. 2/11. 1960. A. Prior. 24/2. 1956.) G. KÖNIG. H 570

General Aniline & Film Corp., New York, N.Y., V.St.A., **Katalysator für die partielle Hydrierung von Butindiol-(1.4) zu Butendiol.** Zur Herst. des Katalysators wird ein Trägerstoff (akt. Kohle, Al_2O_3), der in feinster Verteilung Pd (5%) enthält, in einer wss. Lsg. eines Cu-Salzes (Cu-Acetat, 5%ig) suspendiert u. mit einem Red.-Mittel (H_2, N_2H_4) z. B. bei 40° behandelt, wobei metall. Cu auf Pd in situ niedergeschlagen wird. Die Hydrierung von Butindiol-(1.4) in Ggw. des so hergestellten Katalysators wird bei Temp. bis zu 100°, bes. bei 40—75°, u. 1—20 at, bes. 3—10 at, durchgeführt. (**E. P. 832 141** vom 14/5. 1958, ausg. 6/4. 1960. A. Prior. 1/8. 1957.) W. GRÄGER. H 570

Imperial Chemical Industries Ltd. (Erfinder: Alexander Ramsay Maund Gibb und John Whetstone), London, England, **Pentaerythrit (I).** Aus der bei der alkal. Kondens. von CH_3CHO u. CH_2O anfallenden Rohlsg. läßt man I auskristallisieren. Es wird filtriert u. der Mutterlauge eine Mineralsäure in solchen Mengen zugesetzt, daß die Lsg. 0,8—4,0n ist. Die Lsg. wird bis zum Kp. erhitzt u. anschließend neutralisiert. Der Nd. wird abfiltriert, die klare Lauge wird konz. u. I daraus als Kristalle gewonnen. Die anfallende Lauge kann bis zur Trockne eingedampft u. der trockene Rückstand im Vakuum dest. werden. Es wird rohes *Pentaerythritmonoformal* erhalten. Die gleiche Verb. kann auch durch Extraktion erhalten werden. Wird die Mutterlauge nach der 2. Kristallisation wieder angesäuert u. mit überhitztem Dampf oder im Vakuum dest., wird *bicycl. Pentaerythritdiformal* gewonnen. (**E. P. 824 442** vom 12/7. 1957, ausg. 2/12. 1959.) G. KÖNIG. H 580

United States Borax & Chemical Corp., Los Angeles, Calif., V.St.A., **Reine Trialkylborate** werden bei der Rk. von B_2O_3 mit Alkoxysilicium-Verbb., wobei die Alkoxygruppe 1—4 C-Atome enthalten soll, unter Rückfluß in Ggw. eines inerten Lsgm. mit anschließender Dest. des Trialkylborats erhalten. Es werden hergestellt: *Trimethyl-, -äthyl-, -isopropyl-, -n-propyl-* u. *-tert.-butylborat.* (**E. P. 860 911** vom 28/9. 1959, ausg. 15/2. 1961. A. Prior. 30/10. 1958.) G. KÖNIG. H 590

Unilever N. V., Rotterdam, Holland (Erfinder: Vincent Lamberti, Hackensack, N.J., V.St.A.), **Herstellung von Fettsäuretauriden** durch Erwärmen einer Fettsäure mit einem Taurinsalz der allg. Formel R'NH—CH(R)—CH(R)—SO_3M (R' = H oder KW-Stoffrest C_1—C_{20}; R = H u./oder niedermol. Alkyl; M = Kation), dad. gek., daß eine Fettsäure C_8—C_{24} (I) verwendet wird u. in Ggw. von 1—5 Gew.-% der I eines Alkaliphosphits oder -hydrophosphits gearbeitet wird. In den Beispielen werden als I (speziell hydrierte) Talgfettsäuren, Cocosölfettsäure u. Laurinsäure mit Na-N-Methyl-, Na-N-Cyclohexyl-, K-N-Methyltaurid umgesetzt. — Die Prodd. dienen zur Herst. von *Reinigungs-* bzw. *Waschmitteln.* (**D. A. S. 1 120 461** Kl. 12q vom 3/8. 1960, ausg. 28/12. 1961. A. Prior. 4/8. 1959.) O. MÜLLER-MEININGEN. H 600

Imperial Chemical Industries Ltd., England, **Herstellung von Aldehyden und primären aliphatischen Alkoholen** mit 7—17 C-Atomen, dad. gek., daß Propen oder Buten-(1) bei 250—300° u. 225—350 at in Dekalin in Ggw. von 0,5—5 Gew.-% eines Al-Alkyls dimerisiert, das Prod. bei 140—170° u. 200—300 at in Ggw. eines Co-Katalysators carbonyliert u. bei 140—170° u. 200—300 at in Ggw. eines Cu/ZnO-Katalysators hydriert wird. (**F. P. 1 224 115** vom 9/1. 1959, ausg. 22/6. 1960. E. Prior. 10/1. u. 15/12. 1958.) S. BÖTTCHER. H 670

E. I. du Pont de Nemours & Co. (Erfinder: John Oliver Punderson), Wilmington, Del., V.St.A., **Verfahren zur katalytischen Dehydrierung von Methylalkohol zu Formaldehyd.** CH_3OH wird bei ca. 550—750°, bes. 625—675°, in Abwesenheit von O_2 über einen Katalysator geleitet, der aus 0,2—10 Gew.-%, bes. 0,3—5 Gew.-%, Cu, 0 bis ca. 0,4% eines Antisinterungsmittels (Si) u. Ag als Rest besteht. Der Katalysator kann auf Träger (körniger Quarz u. mit Säure gewaschenes körniges SiC), die nicht zu porös sein sollen, aufgebracht sein. Die Umwandlung von CH_3OH bzw. die Ausbeute an *CH_2O* beträgt noch nach dem 9. Durchgang 79—99,6 bzw. 66,5—77,4%. Der Katalysator kann bei Wrkg.-Abfall mit O_2 enthaltenden Gasen reaktiviert werden. (**D. A. S. 1 119 243** Kl. 12o vom 11/2. 1958, ausg. 14/12. 1961. A. Prior. 25/2. 1957.) A. JAHN. H 670

Reichhold Chemicals, Inc., Detroit, Mich., übert. von: Theodore S. Hodgins und Frederic J. Shelton, Seattle, Wash., V.St.A., **Regenerierung eines Eisen und Molybdän enthaltenden Oxydationskatalysators.** Der verbrauchte, an MoO_3 verarmte Katalysator, der z. B. für die *Oxydation von CH_3OH zu Formaldehyd* verwendet wurde, wird mit einer wss. NH_4OH- oder Amin-Lsg. (CH_3NH_2), die die fehlende Menge MoO_3 gelöst enthält, oder mit einer wasserfreien Lsg. einer Mo-Verb. ($MoCl_2$ in A.) 20 Min. bis 1 Std. lang in Berührung gebracht, mit warmer Luft von ca. 180° F getrocknet u. im Luftstrom 10—16 Std. lang auf 220—495° F erhitzt. (**A. P. 2 973 326** vom 26/11. 1954, ausg. 28/2. 1961.) A. JAHN. H 670

Esso Research and Engineering Co., übert. von: Robert B. Long, Carl E. Heath jun., Nixon und Victor Kevorkian, Westfield, N.J., V.St.A., **Acetaldehyd durch nichtkatalytische Gasphasenoxydation** wird erhalten, indem ein Gemisch von C_2H_6 u. O_2 im Mol-Verhältnis 1 zu vorzugsweise 0,15—2, bes. unter 1 : 0,5, das außerdem noch 0,05—8 Vol.-% O_3, bezogen auf O_2, enthält, u. dem ggf. noch Inertgase zugesetzt worden sind, bei 200—700° F, bes. bei 400—600° F, bei Normaldruck oder erhöhtem Druck bis zu 1000 lbs./sq.in. u. höher kurzzeitig, bes. 0,5—4 Sek., im Gleich- oder Gegenstrom über in Bewegung befindliche inerte Festkörper geleitet wird, die Dämpfe kondensiert werden, aus dem Gasstrom CO u. CO_2 entfernt u. die nicht umgesetzten Anteile C_2H_6 u. O_2 in den Kreislauf zurückgeführt werden. — Ein Gemisch von auf 150° F vorerwärmtem C_2H_6 u. O_2 im Mol-Verhältnis 1 : 0,2, das 2 Vol.-% O_3, bezogen auf die O_2-Menge, enthält, wird bei Normaldruck u. ca. 550° F ca. 2 Sek. lang durch das Rk.-Gefäß geleitet u. die Umsetzung auf ca. 15% gehalten, um Überhitzungen zu vermeiden. Das Rk.-Gemisch enthält 80 Gew.-% Oxo-Verbb., davon 60 (%) *Acetaldehyd*, 35 *Formaldehyd* u. *Äthylenoxid* u. 5 eines Gemisches von *Ameisensäure*, *Essigsäure*, *Methanol* u. *Äthanol*. (**A. P. 2 974 173** vom 24/2. 1959, ausg. 7/3. 1961.)
A. JAHN. H 670

Badische Anilin- & Soda-Fabrik Akt.-Ges. (Erfinder: August Weickmann), Ludwigshafen/Rh., **β-Alkoxy- und β-Aralkoxyacroleine** werden durch Erhitzen eines β-Aryloxyacroleins mit einem gesätt. einwertigen höheren aliphat. oder einem araliphat. Alkohol erhalten, dessen Kp. über dem der Phenolkomponente im β-Aryloxyacrolein liegt, unter vermindertem Druck auf eine solche Temp., daß das bei der Rk. gebildete Phenol abdestilliert. — Bei 160° u. 90—100 Torr läßt man zu 444 g β-Phenoxyacrolein 356 g Benzylalkohol langsam zufließen. Das Rk.-Gemisch wird bei 18 Torr auf 200° erhitzt. Es werden 325 g *β-Benzyloxyacrolein*, $Kp._2$ 133—135°, erhalten. Analog: *β-Dodecyloxyacrolein*, $Kp._{18}$ 210—215°. — *Zwischenprod.* für Pharmazeutica. (**D. A. S. 1 116 206** Kl. 12o vom 16/2. 1960, ausg. 2/11. 1961.) A. JAHN. H 690

VEB Leuna-Werke „Walter Ulbricht", Deutschland, **Herstellung von Propionitril**, dad. gek., daß $CH_2{=}CHCN$ in n-Butanol (Hydrochinon als Stabilisator) bei ca. 150 u. 200° an einem Katalysator der Zus. 2 NiS·WS_2 hydriert wird. (**F. P. 1 222 998** vom 28/4. 1959, ausg. 14/6. 1960. Oe. Prior. 14/1. 1959.) S. BÖTTCHER. H 810

Union Carbide Corp., V.St.A. (Erfinder: Fred Wilbur Stone, Charles Dean Hendrix, Lucian Wayne McTeer und Walter Reynolds Privette), **Gewinnung von Acrylsäureestern** aus ihren Gemischen mit wasserlösl. Alkoholen, dad. gek., daß die Lsg. nach Zusatz von ca. 3% eines Halogenids von NH_4^+ oder einem Metall der 1., 2. u. 8. Nebengruppe mit einem mit W. nicht mischbaren organ. Lsgm. (Nonan, Undecan, Äthylbenzol) behandelt wird. — *Acrylsäuremethyl-*, *-äthyl-* u. *-isopropylester*, *Methacrylsäureäthyl-* u. tert. *-butylester* werden von CH_3OH, A., Isopropanol u. tert.-Butanol abgetrennt. — Verf.-Schema. (**F. P. 1 220 771** vom 29/4. 1959, ausg. 27/5. 1960. A. Prior. 2/5. 1958.) S. BÖTTCHER. H 810

Union Carbide Corp., V.St.A. (Erfinder: Jesse Thomas Dunn und William Robert Proops), **Herstellung von Acrylsäureestern**, dad. gek., daß C_2H_2, CO u. ein Alkohol bei höheren Temp. unter Druck in Ggw. eines kombinierten $NiBr_2$/Organophosphat-Katalysators (O.O'-Dikresyldithiophosphorsäure, O.O'-Bis-[2.4-dichlorphenyl]-, O.O'-Bis-[triphenylsilanyl]-, N.N'-Diphenyldiamido-, O.O'-Bis-[4-nitrophenyl]-, O.O'-Diphenyl-, O.O'-Diäthyldithiophosphorsäure, 5.5-Diäthyl-2-mercapto-2-thiono-1.3.2-dioxaphosphorinan) miteinander umgesetzt werden. — *Acrylsäureäthylester*. (**F. P. 1 221 361** vom 19/3. 1959, ausg. 1/6. 1960. A. Prior. 1/4. 1958.) S. BÖTTCHER. H 810

Union Carbide Corp., V.St.A. (Erfinder: Philip Colony Johnson, Fred Wilbur Stone und Leo Vernoy McQuillen), **Herstellung von Acrylsäureestern**, dad. gek., daß 7—40 (Gew.-%) C_2H_2, 10 Ni-Carbonyl, 5—50 HCl in 10—200 W. u. 0—500 Lsgm. (Pentan, Diisopropyläther, Acrylsäure-2-äthylhexylester, Tetrahydrofuran) bei 40—55° mit 0—100 eines Alkohols (A., Decylalkohol, Äthylhexylalkohol) umgesetzt werden. — *Acrylsäureäthyl-* u. *-2-äthylhexylester*. (**F. P. 1 223 009** vom 28/4. 1959, ausg. 14/6. 1960. A. Prior. 2/5. 1958.) S. BÖTTCHER. H 810

Standard Oil Co., V.St.A. (Erfinder: James Daniel Idol jun.), **Herstellung ungesättigter aliphatischer Nitrile**, dad. gek., daß Olefine mit 3—5 C-Atomen, mit einem Paraffin gemischt, in Ggw. eines Si-Bi-Phosphomolybdats bei 287—538° in Ggw. von W. (Mol-Verhältnis Olefin : W. = 1 : 0,25) mit NH_3 (0,5—5 : 1) u. O_2 (1 : 0,5 bis 5) umgesetzt werden. — *Acrylonitril* aus Propylen. (**F. P. 1 222 460** vom 11/9. 1958, ausg. 10/6. 1960. A. Prior. 20/9. 1957.) S. BÖTTCHER. H 810

Distillers Co. Ltd. (Erfinder: David James Hadley und David Gordon Stewart), **Reinigen von Acrylonitril.** Aus einer wss. Lsg., die außer Acrylonitril (I) noch Acrolein u. HCN enthält, wird zuerst über Kopf eine Fraktion abdest., die aus I u. W. besteht. Diese wird ohne Kondens. in eine zweite Dest.-Kolonne mit einer Kopf-Temp. von 48° geleitet, aus der dann über Kopf HCN abdest., während I zurückbleibt. (**Aust. P. 226 309** vom 23/9. 1958, ausg. 4/2. 1960. E. Prior. 10/10. 1957.) H. NEBELSIEK. H 810

Distillers Co. Ltd., Edinburgh, England (Erfinder: David James Hadley und David Gordon Stewart), **Reinigen und Konzentrieren von verdünntem, wässerigem Acrylsäurenitril (I),** das noch Aldehyd u. HCN enthält. Das durch Oxydation von CH_2=CHCHO (II) mit Luft in Ggw. von NH_3 u. Mo-Oxid als Katalysator erhaltene Dampfgemisch, das z. B. aus 6 Mol I, 1 Mol II u. 1 Mol HCN besteht, wird zuerst mit verd. H_2SO_4 zur Entfernung von NH_3 u. dann mit W. gewaschen. Die Extrakte werden in einer Kolonne mit 30 theoret. Böden bei ca. 80° destilliert. Das als Kopffraktion abgezogene Dampfgemisch, das 74% I, 3,8% HCN u. 8,8% II enthält, wird ohne Verflüssigung in eine 2. Kolonne mit 50 theoret. Böden geleitet; das Rückflußverhältnis beträgt 10 : 1, die Kopf-Temp. 48°. Am Kopf der Kolonne wird II u. am Boden I mit 4% II u. II-Cyanhydrin abgenommen. Nach der Schichtentrennung der Bodenfraktion wird I auf reines I verarbeitet. Die wss. Schicht wird in die 1. Kolonne zurückgeführt. — Vorr., Zeichnungen. (**E. P. 835 962** vom 10/10. 1957, ausg. 25/5. 1960.) G. KRAUSS. H 810

Distillers Co. Ltd., Edinburgh, England (Erfinder: David James Hadley und John Bernard Bream), **Reinigung von Acrylsäurenitril (I),** das 5—10, bes. 0,3—0,5 (%) Acrolein (II) u. bis zu 3, bes. 1—2, W. enthält, erfolgt dadurch, daß I fraktioniert dest. wird, wobei als Kopffraktion ein Gemisch aus I, W. u. II u. als Bodenfraktion reines I erhalten wird. Die Kopffraktion trennt sich nach dem Zusatz von W. in 2 Schichten. Die obere I-Schicht wird in die Kolonne zurückgeführt. Das gewonnene I ist 99,8%ig u. enthält 0,05% II. — Vorr., Zeichnungen. (**E. P. 840 831** vom 25/1. 1958, ausg. 13/7. 1960.) G. KRAUSS. H 810

Farbenfabriken Bayer Akt.-Ges., Deutschland (Erfinder: Johannes Casper, Josef Heinen und Wilhelm Müller), **Reinigung von Acrylonitril,** das mit CH_2=$CHCOCH_3$ verunreinigt ist, durch Behandeln mit Thiosäuren, -amiden oder Mercaptanen, z. B. n- oder tert.-Dodecyl-, Octylmercaptan oder Thioharnstoff. (**F. P. 1 228 429** vom 3/4. 1959, ausg. 29/8. 1960. D. Prior. 5/4. 1958.) S. BÖTTCHER. H 810

Escambia Chemical Corp. (Erfinder: Charles Isaac Tewksbury, Leslie Hunt Sutherland und William Fenwick Newell), **Herstellung von Methacrylsäure und deren Estern,** dad. gek., daß dampfförmige α-Hydroxyisobuttersäure oder deren Ester evtl. im Gemisch mit aliphat. u./oder aromat. Alkoholen, bes. CH_3OH, in Ggw. eines Katalysators, der aus einem mit einem Alkaliphosphat, bes. NaH_2PO_3, imprägnierten Träger aus Kieselsäuregel, $CaSO_4$ oder $MgSO_4$ besteht, auf 150—500° erhitzt wird. (**Aust. P. 229 321** vom 17/10. 1958, ausg. 4/8. 1960. A. Prior. 29/10. u. 8/11. 1957.) C. LÜTTGEN H 810

Farbwerke Hoechst Akt.-Ges., vormals Meister Lucius & Brüning, Frankfurt/M. (Erfinder: Walter Protzer, Gersthofen), **Herstellung von Tetrachlorbernsteinsäuredichlorid** ($Kp._{10}$ 99—102°; $Kp._7$ 90—92°), dad. gek., daß man auf CH_3COCl, CH_2Cl—COCl, $CHCl_2$—COCl oder deren Gemische in fl. oder Gasphase unter Bestrahlung bes. mit kurzwelligem Licht bei 50—400°, bes. 100—200°, Cl_2 einwirken läßt. Als Nebenprod. wird dabei u. a. *Trichloracetylchlorid* (Kp. 115—117°) erhalten. — *Zwischenprod.* zur Herst. von Weichmachern, Pflanzenschutzmitteln, Polykondensaten, z. B. Polyesterharzen oder Polyamiden, mit erhöhter Flammfestigkeit u. von Zusatzstoffen für Schmiermittel. (**D. A. S. 1 116 647** Kl. 12o vom 6/3. 1959, ausg. 9/11. 1961.) O. MÜLLER-MEININGEN. H 820

Farbenfabriken Bayer Akt.-Ges., Leverkusen (Erfinder: Hans Holtschmidt, Köln, und Eberhard Degener, Leverkusen), **α-Halogenisocyanate** werden durch Rk. von Alkylisocyanaten oder Alkylcarbaminsäurehalogeniden, die mindestens 1 H-Atom in α-Stellung enthalten, mit Halogenierungsmitteln (Cl_2, Br_2, SO_2Cl_2, SO_2Br_2) bei Raum-Temp. oder ggf. bei erhöhter Temp. u./oder unter Belichtung oder in Ggw. von $FeCl_3$ als Halogenüberträger u. ggf. eines Lsgm. (CCl_4, Trichlorbenzol), erhalten. — Aus 935 Teilen Methylcarbaminsäurechlorid in 2 Liter Chlorbenzol durch Einleiten von Cl_2 bei 40—70° unter Bestrahlen mit UV-Licht u. Kühlung, um Temp.-Erhöhung zu vermeiden, u. nachfolgende Dest. entsteht über Chlormethylcarbaminsäurechlorid *Chlormethylisocyanat*, $Kp._{760}$ 81—82°. — β-Chloräthylisocyanat → *1.1.2.2-Tetrachloräthylisocyanat*, $Kp._{12}$ 70—72°. — Benzylisocyanat → *α-Chlorbenzylisocyanat*, $Kp._{13}$ 120—130°; Ausbeute 68% u. harzartiger Rückstand. — Methylisocyanat →

Gemisch aus *Chlor-, Dichlor-* u. *Trichlormethylisocyanat.* — *α.β-* u. *β.β-Dichlor-* u. *Trichloräthylisocyanate.* — Gemisch aus *Trichlor-, Tetrachlor-* u. *Pentachloräthylisocyanat,* $Kp._{12}$ 70—86°. — Ferner können halogeniert werden: m-Isocyanatobenzyl-, Hexamethylendi-, Dodecyl-, Phenyläthyl-, Carboxyäthylmethylisocyanat. — *Zwischenprodd.* zur Herst. von *Pflanzenschutzmitteln, Heilmitteln, Kunststoffen* u. Hilfsmitteln für diese. (**D. A. S. 1 122 058** Kl. 12o vom 26/8. 1960, ausg. 18/1. 1962.) G. Krauss. H 890

Montecatini Soc. Gen. per l'Industria Mineraria e Chimica (Erfinder: Dino Costabello, Camillo Merli, Giovanni Maiorano und Gioacchino Boffa), Mailand, Italien, **Herstellung von Äthylendiamin aus Äthylendichlorid und NH_3.** Das bei der kontinuierlichen Durchführung der Rk. in einem Kreislauf-Syst. verwendete wasserfreie NH_3 wird von dem beigemischten, als Nebenprod. entstehenden $CH_2{=}CHCl$ (I) u. seinen Polymerisaten dadurch befreit, daß es in einer Fraktionierkolonne bei 13 at dest. wird, wobei ein azeotropes Gemisch aus NH_3 + I übergeht, während die Hauptmenge von NH_3 zurückbleibt. Das Gemisch, das auf 2 kg NH_3 1 kg I enthält, wird durch Einleiten in W. getrennt. Wird bei der Synth. mit wss. NH_4OH-Lsg. gearbeitet, so wird das bei der Expansion auf 10 at entweichende NH_3-Gas bei 40° in 24%ig. NH_4OH-Lsg. geleitet, in der sich I nicht löst, das dabei nicht absorbierte NH_3/I-Gemisch wird durch Einleiten in W. getrennt. (**D. A. S. 1 120 459** Kl. 12q vom 22/9. 1960, ausg. 28/12. 1961. It. Prior. 25/9. 1959.) A. Kalix. H 910

Montecatini Soc. Gen. per l'Industria Mineraria e Chimica (Erfinder: Gerlando Marullo, Dino Costabello, Gioacchino Boffa und Eraldo Fornasieri), Mailand, Italien, **Reinigung von Äthylendiamin.** Das bei der Herst. von Äthylendiamin (I) aus NH_3 u. $ClCH_2CH_2Cl$ entstehende Rk.-Gemisch aus I, NH_4OH, NH_4Cl, I-Hydrochlorid, Polyaminen u. W. wird mit NaOH neutralisiert u. konzentriert. Aus der dabei entstehenden NaCl-Suspension wird NaCl (ggf. wiederholt) durch Zentrifugieren entfernt u. die Temp. im Konz.-Gefäß so eingestellt, daß ein Gemisch aus W. + I + Polyaminen entweicht. Dieses wird in eine Dest.-Kolonne eingeleitet u. bei 70—140° rektifiziert, wobei W. + I verdampfen, während sich am unteren Ende ein Polyaminkonzentrat ansammelt. Das W./I-Gemisch wird in der üblichen Weise getrennt. (**D. A. S. 1 120 458** Kl. 12q vom 22/9. 1960, ausg. 28/12. 1961. It. Prior. 25/9. 1959.) A. Kalix. H 910

Armour & Co., V.St.A. (Erfinder: Milton Aaron Mitz), **Abtrennung und Reinigung von Proteinen, Polypeptiden und Aminosäuren,** dad. gek., daß eine wss. Lsg. mit einem bestimmten CO_2-Geh. mit einem Anionenaustauscher (Aa) behandelt, wieder ein bestimmter CO_2-Geh. eingestellt, mit einem Aa von anderer Basizität behandelt u. der Vorgang wiederholt wird, wobei Fraktionen mit verschiedenem CO_2-Geh. anfallen, deren Affinität zum Aa verschieden groß ist. — Zum Beispiel wird ein Glycin (I)-Diglycin-Gemisch getrennt, indem die wss. Lsg. über eine Polyalkylenaminoharzkolonne gegeben wird, wobei I adsorbiert wird. Ist Triglycin dabei, muß die Kolonne mit CO_2 behandelt werden. — Beschrieben wird die Trennung von *Tyrosin* u. *Dijodtyrosin,* I, *Asparagin* u. *Asparaginsäure, Lysin* u. *Arginin, Insulin, Hämoglobin, Hefenucleinsäure, Albumin, Katalase, Pepsin, Cathepsin.* (**F. P. 1 223 405** vom 30/12. 1958, ausg. 16/6. 1960. A. Prior. 13/1. 1958.) S. Böttcher. H 950

Eagle-Ottawa Leather Co., Grand Haven (Erfinder: Clyde C. DeWitt, Lansing, und Merlyn W. Fogle, Midland), Mich., V.St.A., **Abtrennen von Aminocarbonsäure (I)-Gemischen** aus ihren Rohlsgg., dad. gek., daß man in mehreren Kontaktzonen W. im Gegenstrom zu n-Hexylamin (II) abwärts strömen läßt, die I-Rohlsg. in eine mittlere Zone einführt, die I/II-Lsg. in der Nähe der obersten Zone abzieht u. II von I trennt. So wird z. B. aus 45,3 (kg) hydrolysierter Gelatine ein Gemisch aus 1,6 *Phenylalanin,* 2,9 *Asparaginsäure,* 2,5 *Leucin* u. *Hydroxyleucin,* 1,3 *Valin,* 6,3 *Prolin* u. 9,5 *Hydroxyprolin* u. *Alanin* erhalten. (**D. A. S. 1 122 539** Kl. 12q vom 18/4. 1958, ausg. 25/1. 1962. A. Prior. 25/4. 1957.) O. Müller-Meiningen. H 950

Montecatini Soc. Gen. per l'Industria Mineraria e Chimica, Italien (Erfinder: Gian Paolo Chiusoli und Pierluigi Perazzoni), **Herstellung von ω-Aminocaprylsäureamid,** F. 74—75°, dad. gek., daß aus Chlorcyanbuten, C_2H_2 u. CO 7-Cyanheptadien-(2.5)-säuremethylester hergestellt, dieser im Autoklaven mit 30%ig. NH_4OH 24 Std. lang unter Bldg. von *7-Cyanheptadien-(2.5)-säureamid,* F. 109,5 bis 110,5° gerührt, dieses in A. in Ggw. eines mit Pd imprägnierten $CaCO_3$-Katalysators bei 30° u. 40 at zu *Korksäuremononitrilamid,* F. 77,5—78°, hydriert u. dieses in Dioxan im Autoklaven bei 100° u. 60 at unter Einleiten von NH_3 an Raney-Ni hydriert wird. (**F. P. 1 225 419** vom 26/5. 1959, ausg. 30/6. 1960. It. Prior. 29/7. 1958.) S. Böttcher. H 950

Ajinomoto Co., Inc., Tokyo, Japan, **Reinigung von dl- oder l-Threonin** (I) erfolgt durch Überführen des Rohprod. in sein Cu-Salz, das in Ggw. von wss. K_2CO_3 oder KOH mit CH_2O oder CH_3CHO zu einem hexakoordinierten Cu-I–Aldehyd-Chelat umgesetzt wird; dieses wird aus der Mutterlauge isoliert u. mit einer Säure, NH_4OH oder H_2S unter Gewinnung von reinem I zerlegt. (**E. P. 863 248** vom 28/9. 1959, ausg. 22/3. 1961. Jap. Prior. 9/10. 1958.) O. Müller-Meiningen. H 950

Montecatini Soc. Gen. per l'Industria Mineraria e Chimica, Mailand, Italien, **Herstellung von Methionin** (I), Zum Beispiel wird zu 2 Mol des 0,3 Gew.-% seines NH_4-Salzes enthaltenden fl. CH_3-SH (III) bei 5° 1 Mol frisch dest. u. stabilisiertes CH_2=CHCHO innerhalb von 1 Std. gegeben. Nach Abdestillieren von überschüssigem III werden 101 (g) β-Methylmercaptopropionaldehyd (II), Kp.$_{12}$ 60°; n_D^{20} 1,4811, erhalten. 1 Mol dieser Verb. wird im Autoklav mit einem Gemisch aus 0,85 Liter fl. NH_3, 1,1 Mol NaCN u. 1,2 Mol NH_4Cl 1½ Std. lang bei Raum-Temp. behandelt u. das gebildete I-Nitril isoliert. Dieses wird bei 25° in ein Gemisch aus 196 konz. H_2SO_4 u. 180 W. eingetragen u. 1½ Std. lang gekocht. Nach Neutralisieren mit NH_4OH u. Reinigen werden 128,8 (85%, berechnet auf II) 99,2%ig. I erhalten. (**E. P. 867 966** vom 1/2. 1960, ausg. 10/5. 1961. It. Prior. 4/2. u. 16/10. 1959.) O. Müller-Meiningen. H 950

Ajinomoto Co., Inc., Tokyo, Japan, **Gewinnung von Glutaminsäure** (I) **aus Rübenzuckerabfällen** (II) erfolgt durch Extrahieren von II oder ihrer nach Auskristallisieren von I-Hydrochlorid erhaltenen Mutterlaugen mit Butyl- oder einem höhermol. Alkohol u. anschließendes Erhitzen des Extrakts in Ggw. eines sauren Veresterungskatalysators, anschließendes teilweises Abdestillieren des überschüssigen Alkohols, Waschen mit W., Trennen der erhaltenen Schichten u. Erhitzen der Alkoholschicht mit einer anorgan. Säure oder Alkali, um Pyro-I zu hydrolysieren. Es wird I in 95%ig. Reinheit u. 90—95%ig. Ausbeute erhalten. (**E. P. 868 580** vom 17/9. 1959, ausg. 17/5. 1961. Jap. Prior. 9/7. 1959.) O. Müller-Meiningen. H 950

Ajinomoto Kabushiki Kaisha, Tokyo (Erfinder: Hiroo Kageyama, Kanagawa-Ken, Michiya Sato, Tokyo, und Tetuya Inone, Kanagawa-Ken), Japan, **Trennung von racemischem Natriumglutamat und Natriumsulfat,** dad. gek., daß eine bei >50° an rac. Na-Glutamat wenigstens annähernd u. an Na_2SO_4 gesätt. wss. Lsg. bei gleicher Temp. mit NaCl gesätt. wird, hierbei abgeschiedenes Na_2SO_4 bei gleicher Temp. abfiltriert, das Filtrat auf Raum-Temp. abgekühlt u. das ausgefallene Glutamat abfiltriert wird. — Löslichkeitskurven. (**D. A. S. 1 122 538** Kl. 12q vom 26/4. 1960, ausg. 25/1. 1962. Jap. Prior. 28/4. 1959.) O. Müller-Meiningen. H 950

Sandoz Akt.-Ges., Basel, Schweiz, **Herstellung von L-(+)-Glutamin** (I), F. 187° (Zers.); $[\alpha]_D^{20}$ + 32° (c = 3; 1n HCl), aus einem γ-Ester der L-Glutaminsäure (II), bes. dem γ-Methylester, der ggf. im Rk.-Gemisch durch 4std. Verestern von II mit einem CH_3OH/CS_2-Gemisch in Ggw. von konz. H_2SO_4 bei 20° gebildet wird, dad. gek., daß die Lsg. des Esters in einem niederen aliphat. Alkohol, bes. CH_3OH, in Ggw. von CS_2, bzw. das unaufgearbeitete Veresterungsgemisch bei 0° mit NH_3 gesätt., 3—5 Tage lang bei 20° stehengelassen, nach Einengen u. Ansäuern mit 4n CH_3COOH ½ Std. lang auf 60° erwärmt u. nach Abdestillieren von CS_2 in der Kälte mit CH_3OH versetzt wird; Ausbeute 650 g I aus 1 kg II. (**Oe. P. 208 839** vom 24/4. 1959, ausg. 25/4. 1960. Schwz. Prior. 6/6. 1958.) Eberhard Riedel. H 950

E. I. du Pont de Nemours & Co., übert. von: Bert S. Gorton, Wilmington, Del., und Norman L. Hause, West Chester, Pa., V.St.A., **Herstellung von l-Lysin** (I) erfolgt durch enzymat. Decarboxylierung von vorwiegend in der d-Form vorliegender synthet. α.α'-Diaminopimelinsäure (II) nach: $HOOC-CH(NH_2)-CH_2-CH_2-CH_2-CH(NH_2)-COOH \rightarrow H_2N-(CH_2)_4-CH(NH_2)-COOH + CO_2$ in wss. Lsg. bei 20—45° u. pH 6,5—8,5, worauf nicht umgesetzte II vom I, z. B. über das NH_4-Salz, getrennt, durch Erhitzen mit verd. Säure auf 125—250° racemisiert u. wieder zur Decarboxylierung verwendet wird. Es kommen hierfür in Frage Enzyme von *Aerobacter aerogenes, Escherichia coli, Bacillus sphaericus, Sarcina lutea* u. *Sarcina urea.* (**A. P. 2 976 218** vom 20/3. 1958, ausg. 21/3. 1961.) O. Müller-Meiningen. H 950

Ciba Akt.-Ges., Basel (Erfinder: Robert Schwyzer, Riehen), Schweiz, **Herstellung von Arginin** (I) **enthaltenden Peptiden** (IV) unter gleichzeitigem Schutz der Guanidino- (II) u. der α-Amino (III)-Gruppe von I, dad. gek., daß die II-Gruppe durch einen Arylsulfonyl- (VI), bes. p-Toluolsulfonylrest, u. die III-Gruppe durch einen durch Red. oder milde Verseifungsmittel (V) abspaltbaren Rest, bes. den Carbobenzoxy- oder den p-[p'-Methoxybenzolazo]-benzyloxycarbonylrest, geschützt u. daß aus den anschließend durch Kondens. erhaltenen IV die III-Gruppe durch Red. oder V, wie 2n HBr-Lsg. in Eisessig, freigesetzt u. dann die VI-Gruppe durch Rk. mit Na in fl. NH_3 abgespalten wird. (**D. A. S. 1 121 620** Kl. 12q vom 27/8. 1959, ausg. 11/1. 1962. Schwz. Prior. 5/9. 1958.) O. MÜLLER-MEININGEN. H 950

Purdue Research Foundation, V.St.A. (Erfinder: Herbert Charles Brown), **Umwandlung von Borkohlenwasserstoffen,** die B an ein Ketten-C-Atom gebunden enthalten, in solche, in denen B an ein endständiges C-Atom gebunden ist, durch Erhitzen auf 125—200° in Diäthylenglykoldimethyläther. — *Tri-n-hexyl-B, Tri-n-pentyl-B, Tris-[6-phenyl-n-hexyl]-B, Tri-n-octyl-B,* aus Tri-sek.-hexyl-, -pentyl-, -octyl- bzw. -6-phenyl-3-hexyl-B. (**F. P. 1 225 472** vom 27/5. 1959, ausg. 1/7. 1960. A. Prior. 28/5. 1958.) S. BÖTTCHER. H 980

Ethyl Corp., New York, N.Y., übert. von: David D. Humphreys, Baton Rouge, La., V.St.A., **Dehydrochlorierung von Benzolhexachlorid,** das mindestens z. T. in der Dampfphase vorliegt, an Lignit–Aktivkohle bei 200—450°. — Vgl. A. P. 2 729 686; C. **1957.** 1294. (**Can. P. 552 267** vom 23/9. 1953, ausg. 28/1. 1958. A. Prior. 12/11. 1952.) H.-J. NITZSCHKE. H 1010

Aschaffenburger Zellstoffwerke Akt.-Ges., Redenfelden/Obb. (Erfinder: Otmar Töppel, Aschaffenburg), **Reindarstellung von Vanillin** aus mit Acetovanillon verunreinigten Rohprodukten. Diese werden in Hydrogensulfit-Lsg. (**I**) aufgelöst; vom Unlöslichen wird abgetrennt u. die Fl. wird bei pH 3,5—1,5 bei $<50^0$ mit bei dieser Temp. fl. aliphat. oder aromat. KW-Stoffen oder Chlor-KW-Stoffen extrahiert. Anschließend wird *Vanillin* aus der wss. Lsg. durch Temp.-Erhöhung auf $>130^0$ oder bei $>50^0$ durch Unterstützung mit einem Extraktionsmittel unter Spaltung der Aldehyd-Hydrogensulfit-Verb., ggf. unter Anwendung von Druck abgeschieden. Das organ. Lsgm. u. **I** können im Kreislauf zurückgeführt werden. (**D. A. S. 1 119 244** Kl. 12o vom 17/11. 1959, ausg. 14/12. 1961.) A. JAHN. H 1140

California Research Corp., V.St.A. (Erfinder: Joseph Z. Pasky), **Herstellung aromatischer Nitrile,** z. B. *Isophthalo- Phthalo-, Terephthalo-* u. *Tolunitril,* dad. gek., daß Xylole in Ggw. von V_2O_5 u. Pt mit 3—10 (Mol) NH_3 u. 50—190 Luft auf 370—500° erhitzt werden. (**F. P. 1 226 215** vom 2/6. 1959, ausg. 8/7. 1960. A. Prior. 3/6. 1958.) S. BÖTTCHER. H 1200

Badische Anilin- & Soda-Fabrik Akt.-Ges. (Erfinder: Karl Scherf), Ludwigshafen/Rh., **Gewinnung von reinen Benzoldicarbonsäuredialkylestern** aus den Rohestern durch Trägerdampfdest. mit Dämpfen organ. Lsgm., dad. gek., daß den Rohestern vor der Dest. Carbonsäuren, die schwerer flüchtig sind als der Dialkylester, deren Teilester oder Anhydride oder P_2O_5 zugesetzt werden, z. B. Adipin-, Pimelin-, Sebacin-, Cyclohexanmono- u. -dicarbonsäure oder deren Anhydride. (**D. A. S. 1 119 250** Kl. 12o vom 23/7. 1960, ausg. 14/12. 1961.) L. STADELMANN. H 1220

Imperial Chemical Industries Ltd., London (Erfinder: Walter Theodore Dent, Norton-on-Tees), England, **Herstellung von sekundären Aminen.** Ein carbo- oder heterocycl. Amin der allg. Formel RNH_2 wird mit einer carbo- oder heterocycl. Halogen-Verb. u. einer Verb. der allg. Formel HO—Ar—CONHR [R = (ggf. substituierter) Alkyl-, carbocycl. oder heterocycl. Rest; Ar = aromat. Rest, dessen OH-Gruppe sich zur CONHR-Gruppe in o-Stellung befindet, wobei als Substituent kein Halogenatom in Ar vorhanden sein darf] in Ggw. von K_2CO_3, Na_2CO_3, $NaHCO_3$ oder NaOH erhitzt. Die Rkk. werden bei 100—300° u. bei Drücken zwischen 0,1 u. 50 at ausgeführt. Bevorzugt verwendet werden für RNH_2 Anilin (**I**) u. p-Toluidin (**VI**) für die Halogen-Verb. Jodbenzol (**V**), p-Chlornitrobenzol (**III**) u. o-Chlorbenzoesäure (**IV**), für die 3. Komponente Salicylsäureanilid u. -p-toluidid. Diese kann auch in situ, z. B. durch Rk. eines Amins, RNH_2 mit einem HO—Ar—COOH-Ester, z. B. mit Salicylsäuremethyl- (**II**) oder -phenylester in Ggw. eines säurebindenden Mittels gebildet werden. Das Rk.-Prod. wird zuerst mit W., dann mit 10%ig. NaOH, schließlich mit verd. HCl gereinigt. — Beispiele: Aus **I, II** u. **III** wird nach diesem Verf. *4-Nitrodiphenylamin* mit Ausbeuten bis 84% erhalten; aus **I**; **II** u. **IV** entsteht *N-Phenylanthranilsäure*; aus **I, II** u. **V** wird *Diphenylamin* erhalten; **I, II** u. 2-Chlorpyridin geben *2-Anilinopyridin*; **VI, II** u. **III** geben *4-Methyl-4'-nitrodiphenylamin.* (**D. A. S. 1 117 594** Kl. 12q vom 11/4. 1958, ausg. 23/11. 1961. E. Prior. 12/4., 30/8. u. 2/12. 1957.) A. KALIX. H 1310

Farbenfabriken Bayer Akt.-Ges., Deutschland (Erfinder: Hermann Holzrichter, Theodor König und Helmut Dierichs), **Herstellung von N-Isopropyl-N'-phenyl-p-phenylendiamin,** Ep. 78°, dad. gek., daß p-Aminodiphenylamin unter Druck bei erhöhter Temp. mit Aceton u. H_2 in Ggw. eines Katalysators umgesetzt wird, wobei in mehreren hintereinander geschalteten Kammern in jede Kammer ein Teil des benötigten Acetons eingeführt wird. — Schema der Anlage. (**F. P. 1 228 428** vom 3/4. 1959, ausg. 29/8. 1960. D. Prior. 5/4. 1958.) S. BÖTTCHER. H 1310

E. I. du Pont de Nemours & Co., Wilmington (Erfinder: Robert Kenneth Miller, New Castle), Del., V.St.A., **Herstellung von symmetrischen und asymmetrischen**

Diphenylaminen. Die an sich bekannte Rk. von Ullmann zur Herst. von Diphenylaminen wird erfindungsgemäß dahingehend abgewandelt, daß an Stelle der bisherigen Acetanilide Formanilide (I) verwendet werden, wodurch die Ausbeute erhöht u. die Rk.-Zeit verkürzt wird. Die Rkk. werden mit chlor-, fluor-, alkyl- oder alkoxylsubstituierten I einerseits u. (ggf. durch F u. Cl, Alkyl- oder Alkoxygruppen substituiertem) Brom- oder Jodbenzol andrerseits in Ggw. der üblichen Cu-Katalysatoren u. von Na_2CO_3 oder K_2CO_3 als säurebindenden Mitteln bei 170—240° durchgeführt, u. zwar mit stöchiometr. Mengen der Komponenten ohne Lsgm. u. unter Ausschluß von Wasser. Die Endprodd. werden aus dem Gemisch durch Extraktion mit Bzl., Chlorbenzol oder o-Dichlorbenzol extrahiert, oder das Gemisch wird in W. gegossen, wobei sich eine organ. Schicht abtrennt, aus der die Diphenylamine (II) durch fraktionierte Dest. der Formyl-II (ca. 10%) abgetrennt werden. Auf diese Weise werden bes. asymm. II gewonnen, z. B. *4-Methyl-4'-äthoxy*-II. (**D. A. S. 1 118 213** Kl. 12q vom 17/3. 1960, ausg. 30/11. 1961. A. Prior. 30/3. 1959.) A. Kalix. H 1310

Deutsche Gold- und Silber-Scheideanstalt vormals Roessler, Frankfurt/M. (Erfinder: Ulrich Hoffmann, Bad Homburg v. d. Höhe, Hans-Heinrich Kuhn, Zürich, und Hugo Brugger, Suhr, Schweiz), **Herstellung von Phenyläthanolaminen.** Die an sich bekannte Rk. von Styroloxid (I) mit wss. NH_4OH-Lsg. zu Phenyläthanolamin (II) wird erfindungsgemäß mit wasserfreiem NH_3 durchgeführt oder mit einem Gemisch aus konz. wss. NH_4OH + A., das mit NH_3-Gas gesätt. worden ist. Bei Verw. von fl. NH_4OH wird die Rk. mit 1 Mol I auf 2 Mol NH_3 in einem geschlossenen Gefäß bei 80—90° durchgeführt, aus dem Rk.-Gemisch NH_3 abgetrieben u. der Rest bei 0,05 Torr u. 106° als farblose, leicht kristallisierende Fl. destilliert. Das ggf. zu verwendende Gemisch aus NH_3 + A. wird unter Kühlung mit NH_3 gesätt. u. bei 10 bis 35° mit I umgesetzt. II wird als *Zwischenprod. zur Herst. von Farbstoffen, Textilhilfsmitteln u. pharmazeut. Prodd.* verwendet. (**D. B. P. 975 297** Kl. 12q vom 18/2. 1955, ausg. 2/11. 1961. Anmeldung bekanntgemacht 30/8. 1956.) A. Kalix. H 1320

Imperial Chemical Industries Ltd., England, **Herstellung aromatischer Polyaminosäuren** u. ihrer *Salze*, dad. gek., daß aromat. Bis-[chlormethyl]-Verbb. mit aromat. Aminosäuren oder deren Salzen kondensiert werden. — 19,8 (Teile) Na-Sulfanilat, 17,5 p-Xylylendichlorid, 11 $CaCO_3$, 70 W. u. 25 A. werden unter Rühren 16 Std. lang im Dampfbad erwärmt. A. wird abgetrieben, W. u. konz. HCl werden zugesetzt. Es wird filtriert, in verd. NaOH gelöst u. vom $CaCO_3$ abfiltriert. — Andere Ausgangsstoffe sind Bis-[chlormethyl]-naphthalin, K-Naphthylamin-(2)-disulfonat-(6.8), Na-Naphthylamin-(2)-disulfonat-(4.8), Metanilsäure, p-Aminobenzoesäure. — *Oberflächenakt. Stoffe.* (**F. P. 1 228 460** vom 17/4. 1959, ausg. 31/8. 1960. E. Prior. 18/4. 1958 u. 25/3. 1959.) S. Böttcher. H 1350

Union Carbide Corp., New York (Erfinder: Donald Leroy Bailey, Snyder, und Ronald Marston Pike, Grand Island), N.Y., V.St.A., **Herstellung von Arylaminoalkylsilanen,** dad. gek., daß ein Arylamin der Formel ArRNH, worin Ar ein ggf. substituierter Arylrest ist u. R H oder eine Alkylgruppe mit 1—4 C-Atomen bedeutet, bei erhöhter Temp. mit einem Aminoalkylsilan der Formel $H_2N(CH_2)_nSiB_aY_{3-a}$, worin Y für eine Alkoxygruppe mit 1—4 C-Atomen steht u. B eine Alkyl- oder Arylgruppe, a eine ganze Zahl von 0—3 u. n eine ganze Zahl von 3—8 ist, umgesetzt u. das erhaltene Silan isoliert wird. Die Rk. erfolgt unter NH_3-Abspaltung. — 8 g Anilin, 8,5 g γ-Aminopropyltriäthoxysilan u. 0,2 g Sulfanilsäure werden 48 Std. lang auf 180° erhitzt, wobei *N-[γ-Triäthoxysilylpropyl]-anilin*, $Kp._{0,45}$ 139—140°, n_D^{25} 1,4879 erhalten wird. Weiter werden hergestellt: *N-Methyl-N-[γ-triäthoxysilylpropyl]-anilin*, $Kp._{0,7}$ 127—134°, n_D^{25} 1,4849; *N-[γ-Triäthoxysilylpropyl]-α-naphthylamin*, $Kp._{2,5}$ 185—187°; *N-Methyl-N-[γ-trimethylsilylpropyl]-anilin*, $Kp._3$ 117—120°, n_D^{25} 1,5148; *N-[γ-Triäthoxysilylpropyl]-o-anisidin*, $Kp._{1,4}$ 159,5—161°; *N-[γ-Triäthoxysilylpropyl]-2,5-dichloranilin*, $Kp._{1,2}$ 155—161°; u. *N-[γ-Triäthoxysilylpropyl]-m-nitroanilin*, $Kp._{1,4}$ 176—180°. — Ausgangsstoffe für Si-haltige Farbstoffe. (**D. A. S. 1 124 494** Kl. 12o vom 11/10. 1957, ausg. 1/3. 1962. A. Prior. 12/10. 1956.) J. Mühleisen. H 1380

United States Rubber Co., New York, N.Y., übert. von: Elbert C. Ladd und Merlin P. Harvey, Passaic, N.J., V.St.A., **Organophosphorverbindungen** werden durch Addition von Phosphor-Verbb. mit einer P—H-Bindung, bes. der Formel RM—P(:M)H—R' (R = Alkyl, Alkenyl, Aryl, Aralkyl; M = O oder S; R' = R oder MR) an Verbb. mit einer oder mehreren Doppelbindungen, bes. an Olefine oder Azine innerhalb von 1—10 Std. bei 25—120°, bes. 40—100°, in Ggw. von 0,1—5 % eines bas. Katalysators (Alkali- oder Erdalkalimetallhydroxide, -oxide oder -alkoholate, organ. N-Basen) erhalten. — 0,4 g Na werden in 15,2 g Phosphorigsäurediäthylester (I) gelöst u. unter Rühren u. Kühlen 18,5 g α-Naphthylisocyanat zugegeben. Nach dem Aufarbeiten wird in fast quant. Ausbeute *α-Naphthylaminocarbonylphosphonsäurediäthylester*, F. 93—94°

(A./n-Hexan), erhalten. — Analog wird aus I + N-Benzylidenanilin → *α-[Phenylamino]-benzylphosphonsäurediäthylester*, F. 90—91° (Bzl./n-Hexan), erhalten; Phoron + I → *2.6-Dimethyl-4-oxoheptylen-(2.6)-bis-[phosphonsäurediäthylester]*, viscose Fl., n_D^{20} 1,4538. — Fumarsäurediallylester + I → *Diäthoxyphosphonobernsteinsäurediallylester*, Fl., n_D^{20} 1,4380; der analoge *Dibutylcarbonsäureester*: Fl., n_D^{20} 1,4527. — Acrylsäuremethylester + I → *2-[Methoxycarbonyl]-äthylphosphonsäurediäthylester*, Fl., $Kp._{0,4}$ 103—103,2°, n_D^{20} 1,4334. — CH_2=CHCN + I → *2-Cyanäthylphosphonsäurediäthylester*, in W. lösl. Fl., $Kp._{0,6-0,7}$ 107—111°, n_D^{20} 1,4382. — *Schmierölzusätze, Textilhilfsmittel, oberflächenakt. Mittel, Weichmacher, Antioxydantien, Korrosionsschutzmittel.* (**A. P. 2 971 019** vom 17/3. 1953, ausg. 7/2. 1961.) A. JAHN. H 1380

Imperial Chemical Industries Ltd., London (Erfinder: Joseph Chatt, St. Albans, Frank Alan Hart, Welwyn Garden City, Hertfordshire, und Harold Crosbie Fielding, Nortwich, Cheshire), England, **o-Phenylen-bis-[diäthylphosphin]** wird durch Mischen von o-Halogenlithiumbenzol mit Tetraäthyldiphosphin in Ggw. von Äthern als Lsgm. u. von inerten Gasen bei ca. —120° u. allmähliches Erwärmen des Gemisches auf Normal-Temp. erhalten. — Zu einer auf —120° abgekühlten Lsg. von 39,3 g o-Chlorbrombenzol in 200 ml Ae. werden unter Rühren in 20 Min. eine auf — 120° gekühlte Lsg. von 1 Mol n-Butyl-Li in 438 ml PAe. u. 400 ml Ae. u. nach weiteren 15 Min. bei —120° eine Lsg. von 1 Mol Tetraäthyldiphosphin in 100 ml Ae. gegeben. Das Gemisch wird in 30 Min. auf Normaltemp. erwärmt, mit kaltem W. ausgeschüttelt u. die organ. Schicht destilliert. In 15%ig. Ausbeute wird *o-Phenylen-bis-[diäthylphosphin]*, $Kp._{0,13}$ 103°, erhalten. — *Zwischenprodukt.* (**D. A. S. 1 119 268** Kl. 12o vom 5/3. 1959, ausg. 14/12. 1961. E. Prior. 14/3. 1958 u. 23/2. 1959.) A. JAHN. H 1380

Farbwerke Hoechst Akt.-Ges., vormals Meister Lucius & Brüning, Frankfurt/M.-Höchst, **Diäthinylchinole** werden durch Behandlung von Chinonen in fl. NH_3 bei erniedrigter Temp. mit einer ggf. monosubstituierten Acetylen-Alkalimetall-Verb. gewonnen. — 1.4-Dihydroxycyclohexadiene-(2.5): *1.4-Diäthinyl-*, F. 196° (Bzl./Ligroin/Dioxan), aus 24 (g) p-Benzochinon (I) in Toluol durch Eintragen in eine Lsg. von C_2H_2 (II) u. Na in fl. NH_3 bei 33—40° u. 8—10std. Rühren bei dieser Temp.; Nadeln, aus W. Blättchen; 11—16 g (Ausbeute). *Diacetyl*-Deriv., F. 144—145°. — Analog: *2.3.5.6-Tetrachlor-1.4-diäthinyl-* (III), F. 234° (Zers.; Ligroin/Dioxan), aus 24 Chloranil; 4 g. — *1.4-Bis-[phenyläthinyl]-*, $C_{22}H_{16}O_2$, F. 176—177°, aus Phenylacetylen in Toluol durch Eintragen in eine Lsg. von $Fe(NO_3)_3$ u. Na in fl. NH_3 u. 1std. Rühren bei —35 bis —40°, Zugabe von I in Toluol u. 8std. Rühren; Blättchen; 24%. — *1.4-Bis-[methoxybuten-(3)-in-(1)-yl]-*, F. 168—170° (Pyridin), aus Methoxybutenin durch ½std. Rk. mit einer Lsg. von Li u. $Fe(NO_3)_3$ in fl. NH_3 bei —40°, Zugabe von I in Ae. u. 5std. Rühren bei —40°; 20%. — Analog: *1.4-Bis-[3-methoxypropin-(1)-yl]-*, F. 105° (Essigester), aus Propargylmethyläther u. I; 27%. — *1.4-Bis-[buten-(3)-in-(1)-yl]-*, F. 167° (Zers.; Essigester), aus Vinylacetylen u. I; 60%. — *1.4-Diäthinyl-1.4-dihydroxy-1.4-dihydronaphthalin*, F. 122—123° (Bzl.), aus 1.4-Naphthochinon u. II; Prismen. — 9.10-Dihydroxy-9.10-dihydroanthracene: *9.10-Diäthinyl-*, F. 199° (Zers.; Bzl./Dioxan/Ligroin), aus 20 9.10-Anthrachinon u. II; Blättchen oder Nadeln; 15 g. — *9.10-Diäthyl-*, F. 170° (Ligroin), aus vorst. Verb. durch Hydrieren an RANEY-Ni in alkohol. Lsg.; Nadeln. — *6.13-Diäthinyl-6.13-dihydroxy-6.13-dihydropentacen*, F. >360° (Essigester/Ligroin), aus 2 Pentacenchinon u. II; Mikrokristalle; 2 g. — 9.10-Dihydroxy-9.10-dihydrophenanthrene: *9.10-Diäthinyl-*, F. 196° (Bzl.), aus 19 Phenanthrenchinon u. II; gelbliche Prismen; 12 g. — *9.10-Diäthyl-*, F. 121° (Bzl.), aus vorst. Verb. durch Hydrieren in A. an RANEY-Ni; Nadeln. — *2.3.5.6-Tetrachlor-1.4-diäthinylcyclohexandiol-(1.4)*, F. 136 bis 138° (Ligroin), aus III durch Hydrieren in Essigester an Pd/Kohle; Nadeln. (**Oe. P. 209 892** vom 11/8. 1958, ausg. 25/6. 1960. D. Prior. 13/8. 1957.) EBERHARD RIEDEL. H 1870

Allied Chemical Corp., New York, übert. von: Robert L. Williston, Kenmore, N.Y., V.St.A., **Kontinuierliche Gewinnung von reinem Cyclohexanon (I)** aus Gemischen, die z. B. 80—90% I, 5—10% Cyclohexanol (II) u. 0,5—3% W. enthalten, dad. gek., daß das Ausgangsgemisch in Ggw. von ausreichend Cyclohexen (III) fraktioniert dest., das bei $Kp._{760}$ 70,8° sd. azeotrope Gemisch aus 9 (Teilen) III u. 1 W. als Kopf-Prod. entfernt, kondensiert, ein Teil des Kondensats fortlaufend in den oberen Teil der Fraktionierkolonne zurückgeführt, der andere zur Schichtentrennung einem Behälter zugeführt wird, aus dem kontinuierlich das abgetrennte III, so weit erforderlich, wieder in den 1. Fraktionierturm oder in einen Sammelbehälter geleitet wird. Das aus I u. II bestehende wasserfreie Gemisch wird in einem 2. Fraktionierturm bei einem Druck von <100 Torr fraktioniert destilliert. Bei einer Kopf-Temp. von 70—90° wird sehr reines, z. B. > 99,95%ig. I, das <0,02% W., III bzw. II u. nur Spuren von Phenol enthält, abgezogen, kondensiert, ein Teil des Kondensats als Rückfluß in die 2. Fraktionierkolonne zurückgeführt u. II aus den Boden-Prodd. der 2. Fraktionierkolonne gewonnen. (**A. P. 2 845 384** vom 12/3. 1956, ausg. 29/7. 1958.) R. HAUSS. H 1960

Mid-Century Corp., Chicago (Erfinder: Ellis K. Fields, Chicago), Ill., V.St.A., **Verfahren zur Herstellung von Naphthalin-1.8-dicarbonsäureanhydrid** durch Oxydation von Acenaphthen in fl. Phase bei erhöhter Temp. u. ggf. erhöhtem Druck mit O_2 in Ggw. von Salzen von Schwermetallen wechselnder Wertigkeit, Br_2 u. einer aliphat. Monocarbonsäure mit 2—8 C-Atomen, dad. gek., daß die Oxydation von dem Zeitpunkt an, da der O_2-Geh. des Abgases konst. wird, noch ½—4 Std. lang fortgesetzt wird. Hierdurch wird die Ausbeute wesentlich erhöht. (**D. A. S. 1 124 937** Kl. 12o vom 27/6. 1958, ausg. 8/3. 1962. A. Prior. 1/7. 1957.) L. STADELMANN. H 2700

Union Carbide Corp., V.St.A. (Erfinder: Benjamin Phillips und Paul Spencer Starcher), **Herstellung von Oxiranverbindungen**, dad. gek., daß ein Olefin bei 20—130° mit CH_3CO_2OH durch eine Rk.-Zone von der Länge 100—10000 ($\sqrt{4\ K/\pi}$) geleitet wird (K = Oberflächenminimum, $\sqrt{4\ K/\pi}$ = 0,63—13 cm). — *Propylenoxid, Isobutylenoxid, Butadienmonoxid*, Kp. 67,5—68°, n_D^{30} 1,4120—1,4122, *Butadiendioxid*, Kp.$_{50}$ 65—66°, n_D^{30} 1,4265—1,4270, *Epichlorhydrin, Styroloxid, Vinylcyclohexendioxid, Divinylbenzoldioxid, 2.3-Epoxybuttersäureäthylester*, Kp.$_{50}$ 96°, n_D^{30} 1,4154, *6-Methyl-3.4-epoxycyclohexylmethyl-6-methyl-3.4-epoxycyclohexancarboxylat, Epoxystearinsäure, 3.4-Epoxycyclohexancarbonitril*, Kp.$_{0,3}$ 67°, Kp.$_{0,4}$ 80°, n_D^{30} 1,4719—1,4723, *Bis-[2.3-epoxycyclopentyl]-äther*, Kp.$_2$ 105°, Kp.$_{2,5}$ 120°, *2.3-Epoxy-2-äthylhexanol*, Kp.$_{0,3}$ 58°, n_D^{30} 1,4375, aus Propen, Isobuten, Butadien, Butadienmonoxid, Allylchlorid, Styrol, Vinylcyclohexen, Divinylbenzol, Äthylcrotonat, 6-Methylcyclohexen-(3)-ylmethyl-6-methylcyclohexen-(3)-carboxylat, Ölsäure, Cyclohexen-(3)-carbonitril, Bis-[cyclopenten-(2)-yl]-äther bzw. 2-Äthylhexen-(2)-ol. (**F. P. 1 225 155** vom 4/3. 1959, ausg. 29/6. 1960. A. Prior. 7/3. 1958.) S. BÖTTCHER. H 3030

Union Carbide Corp., New York, N.Y. (Erfinder: Benjamin Phillips und Frederick Charles Frostick jun., Charleston, W.Va.), V.St.A., **Herstellung von Triepoxyverbindungen** der folgenden allg. Formel I, worin die Reste R_2—R_6 für H-Atome oder niedrige Alkylgruppen stehen u. die Gruppe ($C_nH_{2n-1}O$) für eine Epoxyalkylgruppe aus n C-Atomen, 2n — 1 H-Atomen u. einem an benachbarte C-Atome gebundenen O-Atom besteht u. n für eine ganze Zahl von 2—17 steht, dad. gek., daß Δ^3-Cyclohexen-1.1-dimethanoldialkensäureester mit CH_3CO_2OH (II) bei —25 bis +150°, bes. 10—90°, epoxydiert wird. Vorteilhaft werden mindestens 3 (Mol) II pro 1 Dialkensäureester verwendet. — 1 (Mol) Δ^3-Cyclohexen-1.1-dimethanol u. 2 Ölsäure werden mit Toluol gekocht.

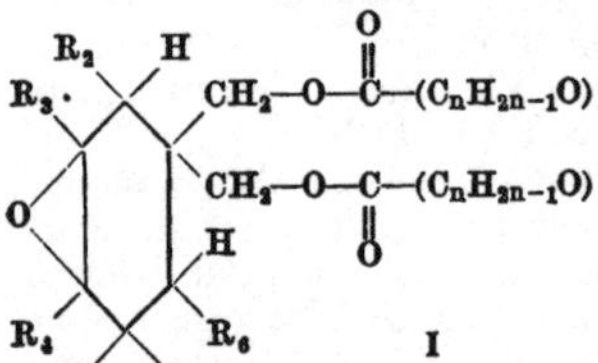

I

W. wird über eine Dekantier-Vorr. bei 200° Boden-Temp. entfernt. Die Veresterung ist nach 20 Std. u. bei 158—178° beendet. Toluol wird bei 250° u. 3 Torr abdestilliert. Es wird *Δ^3-Cyclohexen-1.1-dimethanoldiölsäureester*, D.$_{20}^{20}$ 0,9247, n_D^{20} 1,4735, JZ. 86,0, erhalten. In diese Verb. wurde bei 45—50° II in Aceton allmählich zugetropft. Es wird *3.4-Epoxycyclohexan-1.1-dimethanol-bis-[9.10-epoxystearinsäureester]* mit einem Oxiran-O-Geh. von 5,52, JZ. 0, erhalten. — Δ^3-Cyclohexen-1.1-dimethanoldicrotonsäureester, Kp.$_{1,5}$ 124°, D.$_{20}^{20}$ 1,0620, n_D^{30} 1,4892 mit II in Aceton, gibt *3.4-Epoxycyclohexan-1.1-dimethanol-bis-[2.3-epoxybuttersäureester]* mit einem Oxiran-O-Geh. von 4,83. Herst. von Kondens.-Polymerisaten. (**D. A. S. 1 085 872** Kl. 12o vom 27/12. 1958, ausg. 28/7. 1960. A. Prior. 31/12. 1957.) G. KÖNIG. H 3030

Ciba Akt.-Ges., Basel (Erfinder: Daniel Porret, Monthey, Willi Fisch, Binningen, und Otto Ernst, Pfeffingen), Schweiz, **Herstellung neuer epoxidgruppenhaltiger Diels-Alder-Addukte**, dad. gek., daß halogenierte Cyclopentadiene mit Di- bzw. Polyglycidäthern dienophiler ungesätt. Di- oder Polyalkohole unter Bldg. eines einfach ungesätt. 6gliedrigen carbocycl. Ringes zusammengelagert werden. — Aus 1 (Mol) 1.1-Bis-[hydroxymethyl]-cyclohexen-(3), gelöst in Bzl., u. 2 (Mol) Epichlorhydrin wird in Ggw. von BF_3 *1.1-Bis-[hydroxymethyl]-cyclohexen-(3)-diglycidäther*, Kp.$_{0,01}$ 103—110°, erhalten, der mit 50%ig. mol. Überschuß an Hexachlorcyclopentadien behandelt, ein Addukt liefert, das vornehmlich aus I besteht. — Die Polyglycidäther werden

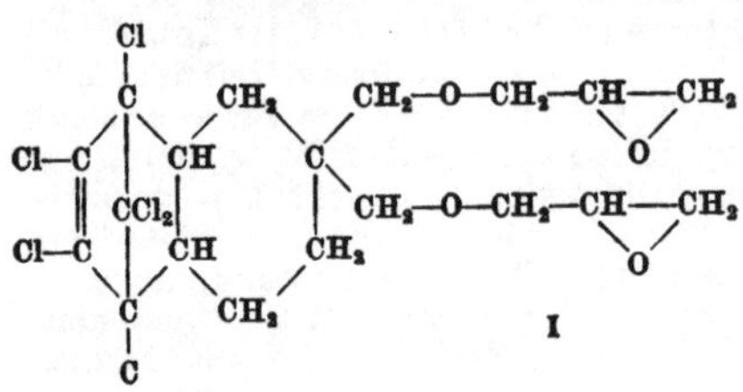

I

in Verbindung mit bekannten sauren oder bas. Härtern als Textilhilfsmittel, Laminierharze, Lacke, Anstrichmittel, Tauchharze, Gießharze, Streich-, Ausfüll- u. Spachtelmassen oder Klebmittel verwendet. (**D. A. S. 1 094 253** Kl. 12o vom 7/7. 1959, ausg. 8/12. 1960. Schwz. Prior. 8/7. 1958.) G. KÖNIG. H 3030

Merck & Co., Inc., V.St.A. (Erfinder: Arthur C. Cope und Tsung-Ying Shen), **Herstellung sustituierter Dimethylfurane.** — Furane: *2.5-Bis-[chlormethyl]-* (I), F. 25—27°, Kp.$_{0,2}$ 53°, n_D^{25} 1,5311, $D._4^{25}$ 1,303, aus dem Diol u. $SOCl_2$; bei Behandeln mit fl. NH_3 wird *5-Amino-2-methylpyridin*, F. 95—97,3°, erhalten. — *2.5-Bis-[brommethyl]-* (II), aus N-Bromsuccinimid. — *2.5-Bis-[dimethylaminomethyl]-*, Kp.$_{0,9}$ 59°, $D._4^{25}$ 0,9299, n_D^{25} 1,4720, aus I oder II u. $(CH_3)_2NH$. — *5-Methyl-N.N-diäthylfurfurylamin*, Kp.$_{22}$ 91°, n_D^{25} 1,4625 (*Hydrochlorid*, F. 128—128,5°; *Pikrat*, F. 109—109,5°), aus $(C_2H_5)_2NH$. — *2.5-Bis-[aminomethyl]-*, Kp.$_{0,5}$ 76°, n_D^{25} 1,5264 (*Dipikrat*, F. 215—218°), aus II u. K-Phthalimid über *2.5-Bis-[phthalimidomethyl]-*, F. 275—278°. — *2.5-Bis-[acetamidomethyl]-*, F. 170—171,5°, aus 2.5-Bis-[aminomethyl]-furan. — Die Prodd. können mit anderen Polymeren zu *Kunstharzen* verarbeitet werden. (**F. P. 1 223 773** vom 5/5. 1959, ausg. 20/6. 1960. A. Prior. 6/5. 1958.) S. BÖTTCHER. H 3061

Merck & Co., Inc. (Erfinder: Robert Ellery Jones, Rahway, und John Douglas Garber, Westfield), N.J., V.St.A., **Herstellung von Derivaten des Tetrahydrofurans** der allg. Formel **I**, dad. gek., daß der Diäther des 5-Hydroxymethylfurfurols in Ggw. von RANEY-Ni als Katalysator sowie von CH_3OH u. NH_3 bei höherer Temp. u. unter hohem H_2-Druck hydriert wird oder daß dieser Diäther in das entsprechende Dioxim übergeführt wird u. dieses in Ggw. von RANEY-Ni als Katalysator, ggf. in Ggw. von fl. NH_3, hydriert wird, Kp.$_{0,3}$ 139—141°. Härtungs- u. Vernetzungsmittel für Epoxyharze, Zwischenprod. für die Herst. von Polyamiden. (**D. A. S. 1 121 063** Kl. 12q vom 28/7. 1958, ausg. 4/1. 1962. A. Prior. 9/8. 1957.) G. KÖNIG. H 3061

I

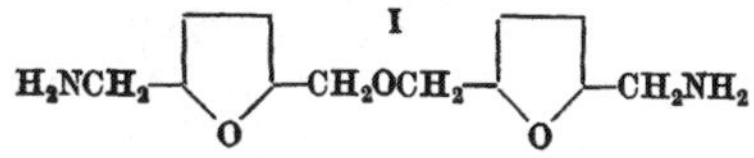

DEHYDAG Deutsche Hydrierwerke G. m. b. H. (Erfinder: Rudolf Heise), Düsseldorf, **Herstellung von am Stickstoffatom monosubstituierten Tetrahydrofurfurylaminen** der allg. Formel I, in der R einen ggf. substituierten aliphat., cycloaliphat. oder aromat. Rest bedeutet u. x die Zahl 1, 2 oder 3 darstellt, durch Kondens. von Furfurol mit einem prim. Mono-, Di- oder Triamin u. katalyt. Hydrierung der gebildeten SCHIFFschen Base, dad. gek., daß ein geringer Überschuß von Furfurol mit dem prim. Mono-, Di- oder Triamin in vorgekühltem Zustand kontinuierlich in einem Mischrohr unter ständiger Ableitung der Kondens.-Wärme umgesetzt wird, hierauf das Kondens.-Prod. kurz vor dem Kontaktofen in die H_2-Leitung eingedrückt u. im Kontaktofen kontinuierlich katalyt. hydriert wird. Es können auch Lsgm. angewendet werden. — Furfurol, Tetrahydrofurfurylalkohol u. n-Decylamin werden unter Kühlung in einem Mischrohr zur Rk. gebracht u. in eine H_2-Leitung eingedrückt, die in den Hydrierapp. führt. Bei 170° u. 260 atü wird hydriert u. das Rk.-Prod. destilliert. Es wird *N-Decyltetrahydrofurfurylamin*, Kp.$_3$ 138°, $D._4^{20}$ 0,879, n_D^{20} 1,456, erhalten. Es werden ferner hergestellt: *N-[β-Hydroxyäthyl]-tetrahydrofurfurylamin*, Kp.$_3$ 97°, $D._4^{20}$ 1,099, n_D^{20} 1,4989. — *N.N'-Bis-[tetrahydrofurfuryl]-hexamethylendiamin-(1.6)*, Kp.$_3$ 190°, $D._4^{20}$ 1,0322, n_D^{20} 1,5062. — *N-Phenyltetrahydrofurfurylamin*, Kp.$_3$ 123°, $D._4^{20}$ 1,0755, n_D^{20} 1,5649. — Vulkanisationsbeschleuniger, Kautschukalterungsschutzmittel, photograph. Entwickler, Umnetzungsmittel beim Flushen von wss. Pigmentpasten, Textilhilfsmittel, Zwischenprod. für organ. Synthesen. (**D. A. S. 1 121 062** Kl. 12q vom 21/11. 1958, ausg. 4/1. 1962.) G. KÖNIG. H 3061

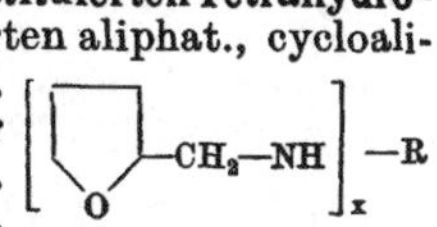

I

Minnesota Mining & Mfg. Co., St. Paul, übert. von: William O. Ney jun., Lincoln Township, Washington County, Minn., V.St.A., **Herstellung von gereinigtem Pyrrolidon-(2)**, dad. gek., daß das rohe Handels-Prod. entwässert, in bes. Toluol oder Xylol gelöst, die Lsg. gekühlt u. das auskristallisierende reine *Pyrrolidon-(2)* isoliert wird. (**A. P. 2 969 375** vom 27/1. 1958, ausg. 24/1. 1961.) W. HEYER. H 3081

Mead Johnson & Co., übert. von: Yao Hua Wu, Evansville, Ind., V.St.A., **Herstellung von 1-Methylpyrrolidyl-(3)-methylalkohol,** Kp.$_{10}$ 85—90°, dad. gek., daß ein 1.3-Dicarbalkoxypyrrolidin, bes. 1.3-Dicarbäthoxypyrrolidin, in Ggw. eines wasserfreien organ. Lsgm. unter Kochen mit Alkali-Al-Hydrid, bes. $LiAlH_4$, red. wird. — *Zwischenprod.* für die Herst. von Heilmitteln. (**A. P. 2 975 191** vom 6/5. 1959, ausg. 14/3. 1961.) W. HEYER. H 3081

E. Merck Akt.-Ges., Darmstadt (Erfinder: Jan Thesing, Trautheim, Günther Mohr, Darmstadt, und Günther Semler, Heppenheim), **Herstellung**

von im Benzolkern halogenierten und/oder nitrierten Indolen, dad. gek., daß ein Salz einer Indolin-2-sulfonsäure, die ggf. N-acyliert oder N-acyliert u. in 5-Stellung halogeniert bzw. nitriert ist, mit einem halogenierenden u./oder nitrierenden Mittel, z. B. KJ u. JCl, u. anschließend das Rk.-Gemisch mit einem Alkalihydroxid behandelt wird. — Aus Na-N-Acetylindolin-2-sulfonat u. Br_2 → *5-Bromindol,* F. 90—91°; *5-Jodindol,* F. 99—100°; *5- u. 7-Nitroindol,* F. 140—141° bzw. 94—97°. — Zwischenprodukte. (**D. A. S. 1 123 668** Kl. 12p vom 1/8. 1959, ausg. 15/2. 1962.)
W. HEYER. H 3081

Merck & Co., Inc., Rahway, N.J., V.St.A., **Herstellung von aliphatischen α-[1-Benzylindolyl-(3)]-carbonsäuren.** Ein Benzylester einer starken Säure, bes. einer Mineralsäure, wird in einer alkal. Lsg. mit einer aliphat. α-[Indolyl-(3)]-carbonsäure umgesetzt, die einen niedrigmol. Alkylrest enthält, u. die in 4-, 5-, 6- oder 7-Stellung durch ein H-Atom oder einen Hydroxyalkylrest substituiert ist. (**Port. P. 37 553** vom 3/9. 1960, Auszug veröff. 27/5. 1961. A. Prior. 3/9. 1959.) A. KALIX. H 3081

Merck & Co., Inc., Rahway, übert. von: Clifford H. Shunk, Scotch Plains, und Karl A. Folkers, Plainfield, N.J., V.St.A., **Herstellung von 4.5.6-Trihalogenbenzimidazolen,** bes. *4.5.6-Trichlorbenzimidazol,* durch Rk. von 1.2.3-Trihalogen-, bes. -Trichlor-4.5-diaminobenzol mit HCOOH u. einer anorgan. Säure, bes. HCl. (**Can. P. 551 331** vom 14/3. 1955, ausg. 7/1. 1958. A. Prior. 12/4. 1954.) H.-J. NITZSCHKE. H 3122

Dow Chemical Co., Midland, Mich., V.St.A., **N-Polyoxyalkylenderivate heterocyclischer Amine** der allg. Formel $R-(Y-O-)_x-H$ (R = Piperidyl, Pyrrolidyl; Y = Äthylen, Propylen, Butylen; x = mindestens 6) werden durch Rk. der entsprechenden heterocycl. Amine mit Alkylenoxiden mit 2—4 C-Atomen in Ggw. von NaOH oder KOH bei 75—175° u. 10—175 lbs./sq.in. erhalten. — Aus 2 Mol Piperidin u. 20 Mol Äthylenoxid bei 100—125° u. 10—20 lbs./sq.in. → *N-[Polyoxyäthylen]-piperidin,* viscose Fl.; Molgew. 523; enthält 10 Oxyäthyleneinheiten; weitere Derivv. mit 10—11 Oxypropylen-, 10 Oxybutylen-, 30 Oxyäthylen- oder 5 Oxyäthylen- u. 5 Oxypropyleneinheiten. Verbb. mit gleichem oder ähnlichem Oxyäthylen-, -propylen- oder -butylen-Geh. werden mit Pyrrolidin hergestellt. — *Insekticide, Fungicide, Germicide, Desinfektionsmittel,* bes. gegen *Salmonella typhosa, Staphylococcus aureus, Aspergillus terreus* u. *Rhizopus nigricans; Netz-, Emulgier-* u. *Dispergiermittel.* (**E. P. 801 710** vom 23/5. 1957, ausg. 17/9. 1958. A. Prior. 2/7. 1956.) G. KRAUSS. H 3231

Allied Chemical & Dye Corp., New York, N.Y., übert. von: Max B. Mueller, Old Tappan, N.J., V.St.A., **Herstellung von Pyridincarbonsäuren,** bes. *Nicotinsäure,* durch höchstens 2std. Einleiten eines Cl_2-Stroms in eine konz. schwefelsaure Lsg. einer den Pyridinring enthaltenden heterocycl. Verb. mit einer oxydierbaren β-ständigen KW-Stoff-Gruppe, bes. Chinolin, Isochinolin u. 2-Methyl-5-äthylpyridin, in Ggw. einer Se-Verb. bei 240—325°, wobei auf 100 (Gew.-Teile) heterocycl. Verb. mindestens 2 Cl_2/Min. eingeleitet werden. (**Can. P. 553 716** vom 12/4. 1955, ausg. 4/3. 1958. A. Prior. 23/7. 1954.)
L. GROSSNER. H 3231

Warner-Lambert Pharmaceutical Co., Morris Plains, übert. von: Roland G. Benner, Summit, N.J., V.St.A., **Herstellung von Nicotinsäure** durch Decarboxylierung bei bes. 190—220° von Isocinchomeronsäure in einem inerten Lsgm., wie Mineralöl, Tetralin oder Wasser. (**A. P. 2 829 144** vom 14/4. 1955, ausg. 1/4. 1958.)
W. HEYER. H 3231

Warner-Lambert Pharmaceutical Co., Morris Plains, N.J., übert. von: Godfrey Wilbert, Carmel, N.Y., Leo Reich, North Arlington, N.J., und Wesley Swigert, Central Valley, N.Y., V.St.A., **Herstellung von Nicotinsäure-n-butylester,** dad. gek., daß Isocinchomeronsäure unter Zusatz von n-Butanol unter Druck bei 180 bis 250° erhitzt wird. Durch Decarboxylierung entstehendes *Niacin* wird hierbei mit dem Alkohol verestert. (**A. P. 2 836 601** vom 9/2. 1956, ausg. 27/5. 1958.)
W. HEYER. H 3231

Armour & Co., V.St.A. (Erfinder: Zinon Basil Papanastassiou und Thomas Joseph Bardos), **Herstellung von Citrazinsäurederivaten** der allg. Formeln I u. II (R = H oder Alkylrest). — *3-Benzolazo-2.6-dihydroxyisonicotinsäure* (**III**), *Methyl-,* F. 223—225°, u. *Äthylester,* F. 260°, aus **III** u. CH_3OH bzw. A. unter Einleiten von HCl. — *3-Amino-2.6-dihydroxyisonicotinsäure, Methylester,* F. 195—197°, *Äthylester,* F. 206—208°, durch Hydrogenolyse von **III** bzw. ihren Estern. — Diazotierung mit Isoamylnitrit in Chlf. oder Essigester in Ggw. von CF_3COOH führt zu *3-Diazo-2-oxid-6-hydroxyisonicotinsäure, Methylester,*

I

II

F. 172—174°, *Äthylester*, F. 162—164°, *Amylester, Decylester, Octadecylester*. (**F. P. 1 225 439** vom 26/5. 1959, ausg. 30/6. 1960. A. Prior. 27/5. 1958.)
S. Böttcher. H 3231

Magyar Állam (Erfinder: Ludwig Guczoghy), Budapest, Ungarn, **2-Methyl-9-phenyltetrahydropyridindenditartrat** wird bei der katalyt. Hydrierung von 2-Methyl-9-phenyldihydropyridinden in einem apolaren Lsgm., z. B. Toluol, u. Eintragen des Rk.-Prod. in die alkohol. Lsg. von Weinsäure erhalten. Als Katalysator wird Raney-Ni verwendet. *Ditartrat*, F. 164°. (**Ung. P. 143 914** vom 6/7. 1955, ausg. 15/1. 1958.)
G. König. H 3231

Wellcome Foundation Ltd., London, England, übert. von: Arthur P. Philipps, New York, N.Y., V.St.A., **Herstellung von 3-[δ-Methylaminobutyl]-piperidin** durch Hydrierung von Nicotindihydrochlorid in CH_3OH in Ggw. von Adams-Katalysator bei 3—4 at oder durch 2-Stufen-Rk., einer 1. Hydrierungsstufe in Ggw. von Pd oder Pd–Kohle u. einer 2. Stufe in Ggw. von Pt- oder Ni-Katalysator. (**Can. P. 552 116** vom 6/2. 1954, ausg. 21/1. 1958.)
Eberhard Riedel. H 3231

Hoffmann-La Roche, Inc., Nutley, übert. von: Charles William Den Hollander, Midland Park, N.J., V.St.A., **Herstellung von Racematen von optisch-aktiven Oktahydroisochinolinderivaten,** wie 1-[p-Methoxybenzyl]- oder 1-[p-Hydroxybenzyl]-1.2.3.4.5.6.7.8-oktahydroisochinolin, dad. gek., daß die Verbb., gelöst in einem niedermol. Alkanol, in Ggw. eines aus Pd, Zn u. Fe im Mol-Verhältnis von 2—9 : 1 : 1 bestehenden Katalysators auf 45—80° erhitzt werden. — *Zwischenprodukte*. (**A. P. 2 819 272** vom 16/1. 1956, ausg. 7/1. 1958.)
W. Heyer. H 3231

Ciba Soc. An., Schweiz, **Herstellung von Chinacridonen,** dad. gek., daß 6.13-Dihydrochinacridone in alkal. Lsg. mit Anthrachinonsulfonsäuren (Anthrachinon-1-, -2-sulfonsäure, -1.5-, -1.6-, -1.7-, -1.8-, -2.6-, -2.7-disulfonsäure) oxydiert werden. — Zu 3,14 (Teilen) 6.13-Dihydrochinacridon in 100 A. u. 2 KOH wird langsam Di-Na-Anthrachinon-2.7-disulfonat in W. zugesetzt, 2 Std. lang gekocht u. *Chinacridon* erhalten. — Analog erfolgt die Oxydation von 2.9-Dimethyl-6.13-dihydro- zu *2.9-Dimethylchinacridon*, von 2.9-Diphenyl-, 2.4.9.11-Tetrachlor-, 3.10-Dichlor- u. 2.3.9.10-Tetrachlor-6.13-dihydrochinacridon. (**F. P. 1 225 352** vom 25/5. 1959, ausg. 30/6. 1960. Schwz. Prior. 11/6. 1958.)
S. Böttcher. H 3231

Union Carbide Corp., New York, N.Y. (Erfinder: Harry Adams Stansbury jun. und Howard Russel Guest, Charleston, W. Va.), V.St.A., **Herstellung von Bis-[aminoäthyl]-spiro-bis-[m-dioxanen]** der allg. Formel **I**, in der R u./oder R_1 H, Alkyl-, Aryl-, Hydroxyalkyl oder Aminoalkylreste darstellen oder R u. R_1 zusammen mit dem N-Atom zu einem heterocycl. Ring verbunden sind, dad. gek., daß 3.9-Bis-[chloräthyl]-spiro-bis-[m-dioxan] der Formel **II** mit NH_3 oder Aminen $HN(R)(R_1)$ umgesetzt wird. Vorteilhaft ist die Ggw. eines Glykoldiäthers als organ. Lösungsmittel. — 0,5 (Mol) 3.9-Bis-[chloräthyl]-spiro-bis-[m-dioxan] in Toluol werden mit 28%ig. u. wasserfreiem NH_3 im Autoklaven 3 Std. lang auf 170° erhitzt. Es wird mit einer wss. Na·OH-Lsg. behandelt, mit Butanol extrahiert u. der Extrakt im Vakuum destilliert. Es wird ein isomeres Gemisch von *3.9-Bis-[aminoäthyl]-spiro-bis-[m-dioxanen]*, $Kp._2$ 169—174°, n_D^{30} 1,4920, erhalten. — Es werden ferner folgende „spiro-bis-[m-dioxan]"-Verbb. hergestellt: *3.9-Bis-[äthylaminoäthyl]-*, $Kp._3$ 190—198°, n_D^{30} 1,4779. — *3.9-Bis-[diäthylaminoäthyl]-*, $Kp._4$ 194—202°, n_D^{30} 1,4718. — *3.9-Bis-[N-(2'-aminoäthyl)-aminoäthyl]-*, $Kp._2$ 226—240°, n_D^{30} 1,5046. — *3.9-Bis-[anilinoäthyl]-*, F. 133—136°. — Härtungsmittel für Epoxidharze u. Vernetzungsmittel. Die nach dem vorliegenden Verf. hergestellten tert. Diamine, wobei R u. R_1 Alkylreste sind, dienen als Katalysatoren für die Polymerisierung von Epoxidharzen. Die Verw. von inerten Lsgm., wie aromat. KW-Stoffen, ist angezeigt. (**D. A. S. 1 092 029** Kl. 12q vom 31/7. 1957, ausg. 3/11. 1960. A. Prior. 1/8. 1956.)
G. König. H 3252

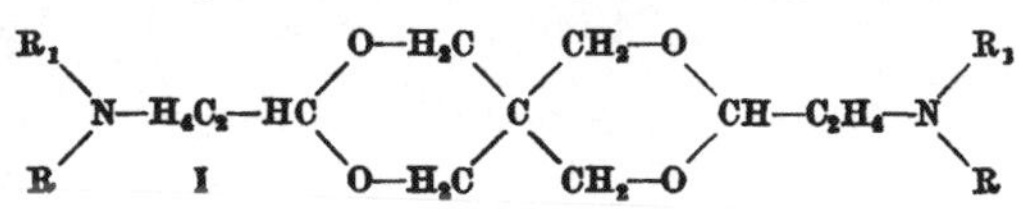

I

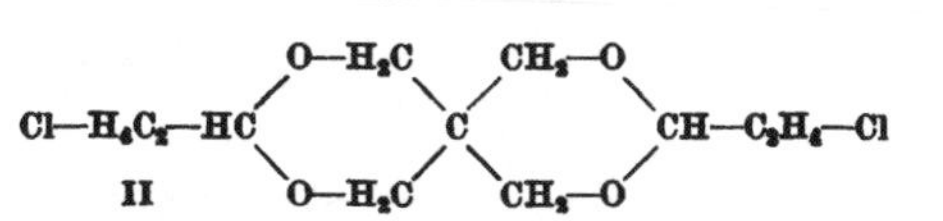

II

Shin-Etsu Chemical Industry Co. Ltd. (Erfinder: Yuji Minemura, Yoichi Enoeda, Tokyo, Shintara Takasugi, Annakacho, und Jun Kanai, Obukemura), Japan, **Herstellung von Melam'n.** Dicyandiamid (I) oder in I überführbare Stoffe werden mittels eines mit einer Geschw. > 2 cm/Sek. nach oben strömenden, aus NH_3 bestehenden oder NH_3 enthaltenden Trägergases in einer Rk.-Kammer in eine aus porösen Adsorbentien (II) bestehende Wirbelschicht gebracht, u. zwar in einer Menge, daß die in 1 Std. eingeführte Menge an I stets kleiner als die in Bewegung befindliche Menge von II ist. Das Gemisch wird auf 180—350° gehalten u. der Dampf aus Trägergas + Melamin (III) in Sublimierungs-Vorr. geleitet. Der Porenquerschnitt von II muß etwas größer sein als der Durchmesser des III-Moleküls. Als II werden Silicagel, Aktivkohle oder Al_2O_3 verwendet. Der NH_3-Druck soll 1,2 at betragen, es kann mit N_2 u. H_2 gemischt werden, ein O_2-Geh. verringert jedoch die Ausbeute an III. (**D. A. S. 1117592** Kl. 12p vom 5/9. 1957, ausg. 23/11. 1961. Jap. Prior. 7/3. 1957.) A. Kalix. H 3313

Rohm & Haas Co., Philadelphia (Erfinder: Charles Harlan McKeever, Meadowbrook, Pa., und Robert Nills Washburne, Houston, Tex.), V.St.A., **Herstellung von 1.8-Diamino-p-menthan** durch Rk. von 1 (Mol) Limonen, Terpinhydrat, α-Terpineol, β-Terpineol oder α-Pinen mit 2—3 HCN, 1,5—5,0 H_2SO_4, u. W. in Mengen von $^1/_{10}$ bis zum 5fachen der H_2SO_4 bis zur Bldg. des Diformamido-Deriv. des Terpens, anschließenden Zusatz von W. in der einfachen bis 9fachen Menge der ursprünglichen H_2SO_4-Menge bei erhöhter Temp.; Neutralisation des Rk.-Gemisches mit einer starken Base, Abtrennen der wasserunlösl. organ. aus 1.8-Diamino-p-menthan bestehenden Schicht, dad. gek., daß das Rk.-Gemisch nach der Zugabe von W. solange der Wasserdampf-Dest. unterworfen wird, bis keine organ. Verbb. mehr übergehen. — 341 g 2.5-Dipenten werden auf 50° erhitzt, 162 g HCN, 553 g 98%ig. H_2SO_4 u. 30 Mol. W. zugesetzt u. die Temp. auf 50° gehalten. Nach 2,5 Std. werden 720 g W. zugesetzt. Es wird zum Sieden erhitzt. Nach 3std. Wasserdampf-Dest. wird abgekühlt u. 50%ig. NaOH zur Neutralisation zugesetzt. Die in W. unlösl. Schicht wird dest.; es wird *1.8-Diamino-p-menthan*, $Kp._{26}$ 130°, erhalten. (**D. A. S. 1 088 952** Kl. 12o vom 20/5. 1959, ausg. 15/9. 1960. A. Prior. 28/5. 1958.) G. König. H 3600

X. Färberei. Organische Farbstoffe

Zu den physikochemischen Grundlagen der Färbeprozesse. J. Bersier, P. Bersier, J. Häusermann und F. Hügli. (Textil-Rdsch. [St. Gallen] **16.** 424—29. Aug. 1961.) (Dt.)

Die elektrochem. Zusammenhänge der Phasengrenzen zwischen Faseroberfläche u. den verschiedenen Fl.-Schichten werden untersucht u. durch Gleichungen ergänzt. Es wird nachgewiesen, daß sich ähnliche Verhältnisse zeigen wie an den Oberflächen von Elektroden. W. Bernard. 7002□

Ein einfaches Verfahren zur Berechnung von Naphthol-Ansatzkonzentrationen beim Naphtholieren im Einzel- oder Sammelbad. B. R. H. Wormgoor. (De Tex **21.** 91—94. Febr. 1962.) (Niederl.)

Die gegebenen Aufziehkurven der Naphthole (I) für verschiedene Flotten können durch eine einzige Kurve ersetzt werden, die die Beziehung zwischen der Menge von fixiertem I je kg Material u. der zugehörigen End-Konz. des Naphtholierungsbades wiedergibt. Mittels dieser Kurve u. einer Gleichung kann die für jede Flotte erforderliche Ansatz-Konz. zum Naphtholieren für jede zu fixierende I-Menge zurückberechnet werden. Zur Berechnung der zum Naphtholieren erforderlichen I-Menge dient ein Rezeptschema. — 6 Abbildungen. W. Wesly. 7020□

Ein Verfahren zur Berechnung des Hydrosulfit-Verbrauches während des Jiggerfärbens. H. Borsten. (De Tex **21.** 95—100. Febr. 1962.) (Holl.)

Der Hydrosulfit (I)-Verbrauch beim Jiggerfärben kann angenähert nach der Gleichung berechnet werden: $H (100\%) = O \cdot n \cdot X + 0{,}3\ p$. Darin bedeuten: H = g I-Verbrauch, O = m^2 Stoffoberfläche, n = Anzahl Passagen, X = Stoff-Konst., ausgedrückt in g I je m^2 Stoff je Passage, p = g Farbstoff. Der Wert für X wird mit Hilfe von Redoxpotential- u. Leitfähigkeitsmessungen für jede Gewebeart ermittelt (Beispiele). — 3 Abb., 2 Tabellen, 5 Literaturhinweise. W. Wesly. 7020□

Das Problem der Anilinschwarz-Färbung. Edmund Trepka und Cyprian Burski. (Zeszyty naukowe Politechn. Łódzkiej, Chem. **1961.** Nr. 9. 103—11. Łódź, Politechn., Kat. Technol. Włók. i Farb.) (Pol.)

Bei der Färbung von Geweben mit Anilinschwarz tritt infolge Abspaltung von HCl aus Anilinhydrochlorid Faserschädigung ein. Durch Zusatz von Anilinöl bei der Ausfärbung wird die Gefahr nicht beseitigt. Wirksamer ist der Ersatz von HCl durch HCOOH. Die optimalen Bedingungen werden erreicht, wenn 10% von HCl durch HCOOH ersetzt werden. Die Intensität der Färbung kann durch Zusatz von 3 g Anilinöl/Liter erhöht werden. Höhere Mengen sind unwirtschaftlich. Das Trocknen der gefärbten Gewebe soll bei 70° erfolgen. Für vergleichende Unterss. kann die Konz. an Anilinschwarz auf der Faser photometr. bestimmt werden. Absolutmessungen sind allerdings so nicht möglich. Die Probe wird in 80%ig. H_2SO_4 gelöst u. die Extinktion der „Lsg." nach 72std. Stehen gemessen. F. URBAN. 7020□

Färben von Polyamidfasern mit sauren Wollfarbstoffen. Willy Festerling. (Chemiefasern **12.** 54—56. Jan. 1962.) (Dt.)

Verff. u. Hilfsmittel werden aufgeführt, die entwickelt wurden, um Polyamidfasern mit sauren Farbstoffen einwandfrei zu färben. Hingewiesen wird bes. auf die Wirkungsweise des anionakt. Hilfsmittels *Lyogen P*, der Nachbehandlung mit Tannin–Brechweinstein, des Säureschock- u. Klotz-Dämpfverf. sowie des Irga-Solventverfahrens. Für die zur Gruppe der Nachchromierungsfarbstoffe gehörigen *Telonchrom*-Farbstoffe werden Färberezepte angegeben. L. JENTGEN. 7020□

Problem der Bestimmung der Schweißechtheit von Textilausfärbungen. Vladimír Kočvara. (Textil [Praha] **16.** 268—70. 1961. Pardubice-Rybitví, SODB-Kolorist. střed.) (Tschech.)

Es wird eine neue Prüfmeth. unter Verw. von Histidin vorgeschlagen u. mit den anderen internationalen Prüfmeth. verglichen. Die Verss. werden mit Färbungen mit 1 : 2-Metallkomplex- u. Säurefarbstoffen auf Wolle u. Naturseide u. mit substantiven Farbstoffen auf Baumwolle durchgeführt. Die Prüfungen werden nach der alkal. u. sauren Meth. nach DIN 54020, SVN 95824, SDC u. AATCC verglichen. — 3 Tabellen, 4 Literaturhinweise. W. BERNARD. 7028□

Quantitative Bestimmung von Dianthrimid. A. A. Tscherkasski und N. P. Winogradowa. (Заводская Лаборатория [Betriebs-Lab.] **27.** 279—82. 1961. Woroschilow-Forschungsinst. für organ. Zwischenprodd. u. Farbstoffe.) (Russ.)

2 Best.-Meth. für Dianthrimid (**I**) werden erörtert. Die colorimetr. Meth. beruht auf der Bldg. des blaugefärbten **I**-H_3BO_3-Komplexes in H_2SO_4-haltigem Medium. Die Fehlergrenze der Best. beträgt ca. 1%. Bei der gravimetr. Best. wird die zu untersuchende Substanz durch Erwärmen in einem Bzl./Polychlorid-Gemisch (Kp. 165—175°) gelöst, die Lsg. abgekühlt (partielle Ausfällung von **I**) u. mit Aceton verd. (Fällung von restlichem **I**). S. BARYSCHNIKOW. 7086

Montecatini Soc. Gen. per l'Industria Mineraria e Chimica (Erfinder: Ubaldo Riboni und Luigi Bartolucci), Mailand, Italien, **Verbesserte Anfärbbarbarkeit von Polyolefinfäden** wird durch Behandeln des Gutes mit (fl.) $ClCO_2$ u. ggf. Nachwäsche mit wss. Säuren oder Laugen erreicht. — *Polypoprylen*-Gewebe wird 16 Std. lang bei 50° in $COCl_2$-Gas gehalten u. mit wss. 0,12%ig. NaOH-Lsg. gewaschen u. mit bas. oder Dispersfarbstoffen gefärbt. — Auch aus einem 90 : 10-Gemisch von Polypropylen u. Epoxyharz gesponnene Fäden können so behandelt, ggf. mit z. B. einer $H_2NCH_2CH_2NH_2$-Lsg. aminiert u. dann gefärbt werden. (**D. A. S. 1 124 917** Kl. 8k vom 7/4. 1960, ausg. 8/3. 1962. It. Prior. 9/4. 1959.) H. MÖLLERING. 7017

Chemstrand Corp., Decatur, Ala., V.St.A. (Erfinder: Edward Vernon Burnthall und Thomas Elmer Croxson), **Färben von Fasermischungen aus Wolle und Acrylonitrilmischpolymerisaten** (**I**) mit mindestens 80 (Gew.-%) $CH_2{=}CH{-}CN$ u. 2—10 Vinylpyridin unter Reservierung des Wollfaseranteils. Es werden Säurefarbstoffe, saure metallisierte Farbstoffe oder neutralfärbende, vormetallisierte Farbstoffe mit großer Affinität für **I** in stark saurem Bad u. geringer Naßechtheit auf Wolle verwendet. Es wird in einem Bad, das 6—10 (%, bezogen auf Faser-Gew.) H_2SO_4, 0,25—2,5 eines Äthylenoxid-Kondens.-Prod. höherer Fettalkohole oder -säuren u. 0,1—2 eines Rk.-Prod. von $ClCH_2CH_2OH$ mit dem Kondens.-Prod. aus äquimol. Mengen Hydroxyäthyläthylendiamin u. Stearinsäure enthält, gefärbt. Die gefärbten Fasern werden einer alkal. u. dann einer reduktiven Nachbehandlung unterworfen. Das 1. Nachbehandlungsbad soll einen pH-Wert von 7—8 aufweisen u. ein Äthylenoxid-Kondens.-Prod. von höheren Fettalkoholen oder -säuren oder von Phenolen enthalten. Das 2. enthält ein Metall-CH_2O-Sulfoxylat. — Vgl. E. P. 846 500; C. **1962.** 8428. (**E. P. 857 270** vom 21/5. 1958, ausg. 29/12. 1960.) F. BÖHM. 7021

Badische Anilin- & Soda-Fabrik Akt.-Ges., Ludwigshafen/Rh. (Erfinder: Harry Distler, Karl Merkel, Roland Müller, Ludwigshafen/Rh., Arnold Tartter, Lambsheim, Hermann Weissauer und Heinz-Ulrich Werner, Ludwigshafen/Rh.), **Färben und Bedrucken von Textilmaterialien** aus natürlichen, regenerierten, halb- u. vollsynthet. Fasern. Sulfonsäurehydrazidgruppen enthaltende Farbstoffe der Tetrazaporphinreihe oder die Methylol-Verbb. dieser Farbstoffe werden in Ggw. von Säuren oder sauer wirkenden Stoffen zusammen mit härtbaren Aminoplasten oder deren Ausgangsstoffen, ggf. zusammen mit Aldehyden oder CH_2O abspaltenden Verbb., aufgebracht. Anschließend wird auf höhere Temp. erhitzt. Zur Herst. eines geeigneten Farbstoffs wird z. B. Cu-Phthalocyaninsulfonsäurechlorid mit $N_2H_4 \cdot H_2O$, Eisessig u. Eis angeteigt, der pH-Wert mit CH_3COONa auf 5 eingestellt u. nach 24 Std. mit

10% ig. HCl versetzt. Baumwollgewebe wird mit einer Lsg. des so gewonnenen Farbstoffs, die N.N'-Dimethylolglyoxalmonoureid u. NH_4NO_3 enthält, geklotzt, getrocknet u. auf 150° erhitzt. (**D. A. S. 1 099 986** Kl. 8m vom 3/10. 1959, ausg. 23/2. 1961.)
F. BÖHM. 7023

Farbenfabriken Bayer Akt.-Ges., Deutschland (Erfinder: Karl Heinz Schündehütte, Fritz Suckfüll, Horst Nickel und Karl Heinz Schmidt), **Herstellung von 1-Halogenaminonaphthalinsulfonsäuren**, dad. gek., daß 2-Aminonaphthalinsulfonsäuren, die in 1-Stellung einen beweglichen Substituenten tragen können, mit Cl_2 oder Br_2 umgesetzt werden. — *1-Chlor-2-amino-6-nitronaphthalin-4.8-disulfonsäure*, aus 2-Amino-6-nitronaphthalin-4.8-disulfonsäure; das Prod. wird diazotiert u. mit 2-Hydroxynaphthalin-3.5-disulfonsäure zu einem *blauen Farbstoff* gekuppelt. — *1-Brom-2-amino-6-nitronaphthalin-4.8-disulfonsäure, 1-Chlor-5-benzolsulfonyloxy-* u. *-5-hydroxy-2-aminonaphthalin-7-sulfonsäure*, aus 5-Benzolsulfonyloxy-2-aminonaphthalin-7-sulfonsäure oder -1.7-disulfonsäure. — *1-Chlor-2-aminonaphthalin-5.7-disulfonsäure*, aus 2-Aminonaphthalin-5.7-disulfonsäure oder -1.5.7-trisulfonsäure. (**F. P. 1 223 037** vom 29/4. 1959, ausg. 14/6. 1960. D. Prior. 30/4. 1958.)
S. BÖTTCHER. 7049

Ciba Akt.-Ges., Basel (Erfinder: Christian Zickendraht, Binningen, und Arthur Bühler, Rheinfelden), Schweiz, **Herstellung chromhaltiger Azofarbstoffe.** Monoazofarbstoffe der allg. Formel I (R_1 = Benzolrest in o-Stellung zur OH-Gruppe an die Azogruppe gebunden mit 2 S-freien Substituenten; R_2 = ggf. substituierter Benzolrest; Y = ggf. hydrierter Benzolrest u. X = $-SO_2-$ an einen der Reste R_2 u. Y über ein N-Atom an den anderen Rest direkt gebunden; die Farbstoffe müssen frei von SO_3H- u. COOH-Gruppen sein) werden mit Cr-haltigen Mitteln so behandelt, daß pro Mol. Monoazofarbstoff weniger als ein Atom Cr komplex gebunden wird. Es können auch Mischchromkomplexfarbstoffe hergestellt werden. Die Farbstoffe eignen sich für Lacke, sowie zum Färben von Natur- u. Kunstharzen. Ferner können sie zum Färben von Fasern aus Polyamiden u. -urethanen verwendet werden. Bei entsprechender Löslichkeit ist auch die Färbung von Wolle, Seide u. Leder möglich. — *6-Nitro-4-chlor-2-amino-1-hydroxybenzol* → *1-Phenyl-3-methylpyrazolon-(5)-3'-sulfonsäure-N-phenylamid.* Der Farbstoff wird mit chromsalicylsaurem Na chromiert u. färbt Wolle u. Polyamidfasern gut echt blaustichigrot. (**D. A. S. 1 110 349** Kl. 22a vom 29/12. 1958, ausg. 6/7. 1961. **F. P. 1 217 315** vom 17/12. 1958, ausg. 3/5. 1960. Beide Schwz. Prior. 30/12. 1957.)
F. RATH. 7053

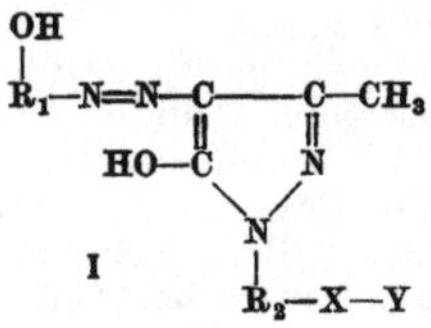

I

Farbenfabriken Bayer Akt.-Ges., Leverkusen (Erfinder: Karl-Heinz Schündehütte, Leverkusen, Horst Nickel und Karl Heinz Schmidt, Köln, und Fritz Suckfüll, Leverkusen), **Herstellung von Azofarbstoffen und deren Metallkomplexverbindungen.** 2.5-Diaminonaphthalin-4.8-di- oder -8-monosulfonsäure wird mit einer aromat. Diazo-Verb. in o-Stellung zur 5-ständigen Aminogruppe gekuppelt. Der erhaltene Farbstoff wird triazoliert, weiterdiazotiert u. mit einer aromat. Amino-Verb. in p-Stellung zur Aminogruppe gekuppelt. Die endständige Aminogruppe wird in ein mindestens 2 N-Atome enthaltendes Brückenglied umgewandelt. Die Farbstoffe eignen sich zum Färben von bes. Baumwolle u. Viscose. — *2.5-Diaminonaphthalin-4.8-disulfonsäure* ← *1-Aminobenzol-4-sulfonsäure.* Der Farbstoff wird mit ammoniakal. $CuSO_4$-Lsg. triazoliert, dann diazotiert u. mit 1-Amino-3-methylbenzol gekuppelt. Der Farbstoff wird erneut diazotiert u. mit 2-Aminonaphthalin-6-sulfonsäure gekuppelt u. wie oben triazoliert. Der isolierte u. getrocknete Farbstoff ist ein braunes Pulver u. färbt Baumwolle gelb u. sehr echt. (**D. A. S. 1 115 865** Kl. 22a vom 14/1. 1959, ausg. 26/10. 1961. **F. P. 1 245 256** vom 14/1. 1960, ausg. 1/2. 1961. D. Prior. 14/1. 1959.) F. RATH. 7055

Ciba Ltd., Basel, Schweiz, **Herstellung von 1-Amino-2-nitro-4-acylaminoanthrachinonen** durch Behandeln von 1.4-Bis-[acylamino]-2-nitroanthrachinonen der allg. Formel I mit Hydrolysiermitteln in der Weise, daß nur die Acylaminogruppe in 1-Stellung desacyliert wird. In der Formel bedeuten R einen aliphat. C_1-C_6-Rest, X Halogen u. n 1 oder 2. — 3,17 Teile eines Gemisches von 1.4-Diamino-2-nitro-6- u. -7-chloranthrachinon, 2 Butyrylchlorid u. 2 Dimethylanilin werden in 150 trocknem Chlorbenzol 1 Std. lang gekocht, eine große Menge PAe. wird zugegeben, in Eis gekühlt u. filtriert. Das erhaltene Prod. färbt Polyesterfasern in reinblauen Tönen von guter Lichtechtheit. (**Ind. P. 62 134** vom 29/10. 1957, ausg. 21/1. 1959.)
C. LÜTTGEN. 7059

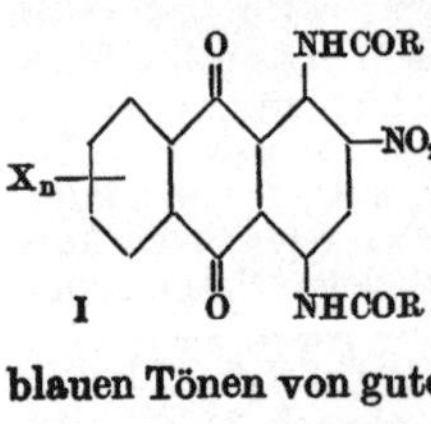

I

A. C. N. A. Azienda Colori Nazionali Affini, Mailand, Italien, **Herstellung von Schwefelfarbstoffpräparaten.** 100 (kg) des 20—30% ig. Filterkuchens, wie er bei Sulfurierung des aus Carbazol u. Nitrosophenol erhaltenen Indophenols anfällt, werden unter Rühren in 300 Liter W. von 60° suspendiert u. 37,5 NaOH von 36° Bé u. 10—12 $NaHSO_3$ zugegeben. Die klare Lsg. wird mit 10—20 eines Methylendinaphthalindisulfonats (oder eines anderen geeigneten Dispergiermittels) versetzt u. mit O_2 oxydiert. Die Lsg. ist unmittelbar zur Pigmentfärbung brauchbar. Es kann auch mit 15% ig. H_2O_2 oder mit Persalz-Lsgg. oxydiert werden. Die Lsg. kann auf die Hälfte ihres Vol. eingeengt u. mit einem neutralen Verdicker zu einer verdünnbaren lagerfähigen Paste oder zu einem leicht wieder auflösbaren Pulver getrocknet (Sprühtrocknung) werden. (**It. P. 526144** vom 17/12. 1954.) K. Koebke. 7071

Ciba Akt.-Ges., Basel, Schweiz, *Herstellung von Mischpolymerisaten.* (**Oe. P. 205 741** vom 1/8. 1958, ausg. 10/10. 1959. Schwz. Prior. 2/8. 1957. — C. **1962.** 4352 [F. P. 1 212 797].)

J. R. Geigy Soc. An., Basel, Schweiz, *Präparate für das Färben und Bedrucken von Textilien.* (**Belg. P. 565 424** vom 5/3. 1958, ausg. 15/7. 1960. A. Prior. 6/3. 1957. — C. **1962.** 1804 [E. P. 830 872].)

S. A. I. C. A. Soc. An. Italiana Colori Affini, Mailand, Italien, *Wasser-in-Öl-Emulsion zum Färben und Bedrucken von Textilien.* (**It. PP. 540 901** vom 20/6. 1952, **540 902** vom 22/10. 1952 u. **540 903** vom 29/11. 1952. Zusätze zu It. P. 518 705; C. 1962. 5859. — C. **1956.** 6813 [E. P. 733 099].)

Farbenfabriken Bayer Akt.-Ges., Deutschland (Erfinder: **Carl Taube** und **Klaus Böckmann**), *Nachbehandlungsmittel für direkte Färbungen.* (**F. P. 1 190 220** vom 17/1. 1958, ausg. 9/10. 1959. D. Prior. 19/1. 1957. — C. **1961.** 13727 [Oe. P. 201 027].)

J. R. Geigy Akt.-Ges., Basel, Schweiz (Erfinder: **Leslie L. Balassa**, Scarborough, N.Y., V.St.A.), *Herstellung von wäßrigen Farbpigmentteigen mit hohem Pigmentgehalt.* (**D. A. S. 1 121 580** Kl. 8m vom 9/7. 1959, ausg. 11/1. 1962. A. Prior. 23/7. 1958. — C. **1961.** 13727 [Schwz. P. 347 169].)

Farbwerke Hoechst Akt.-Ges., vormals Meister Lucius & Brüning, Frankfurt/M., *Verbesserung der Anfärbbarkeit von Fasern oder Filmen aus Polyestern.* (**E. P. 855 546** vom 11/3. 1957, ausg. 7/12. 1960. D. Prior. 10/3., 31/3. u. 15/11. 1956. — C. **1957.** 12017 [D. A. S. 1 006 383], C. **1958.** 7927 [D. A. S. 1 014 958] u. C. **1959.** 7298 [D. A. S. 1 031 274].)

Dow Chemical Co., V.St.A. (Erfinder: **Theodore B. Lefferdink, Teddy G. Traylor** und **Mary Jean Charlesworth**), *Gut färbbare Polyacrylonitrile.* (**F. P. 1 177 761** vom 2/5. 1957, ausg. 29/4. 1959. A. Prior. 21/5. 1956. — C. **1962.** 5106 [Jap. A. S. 6734/1959].)

Farbwerke Hoechst Akt.-Ges., vormals Meister Lucius & Brüning, Frankfurt/M., *Erzeugung unlöslicher Azofarbstoffe auf der Faser.* (**E. P. 864 228** vom 18/7. 1957, ausg. 29/3. 1961. D. Prior. 18/7. 1956. — C. **1959.** 8722 [D. A. S. 1 041 463].)

Farbwerke Hoechst Akt.-Ges., vormals Meister Lucius & Brüning, Frankfurt/M., *Fixierung von Pigmenten auf Folien und Fasermaterial.* (**E. P. 868 935** vom 8/7. 1957, ausg. 25/5. 1961. D. Prior. 6/7. 1956. — C. **1959.** 9406 [D. A. S. 1 041 466].)

Montecatini Soc. Gen. per l'Industria Mineraria e Chimica, Mailand, Italien, und **Karl Ziegler**, Mülheim/Ruhr (Erfinder: **Francesco Vacanti**, Mailand, Italien), *Herstellung gleichmäßig gefärbter Fasern und Filme.* (**Oe. P. 214 565** vom 14/11. 1957, ausg. 10/4. 1961. It. Prior. 15/11. 1956.—C. **1960.** 7004 [F. P. 1 185 971].)

Celanese Corp. of America, New York, N.Y., V.St.A., *Färben von Textilmaterial mit Dispersionsfarbstoffen.* (**E. P. 840 326** vom 25/1. 1957, ausg. 6/7. 1960. A. Prior. 27/1. 1956. — C. **1960.** 11826 [A. P. 2 880 050].)

Ciba Ltd., Basel, Schweiz, *Färben von Cellulosetextilmaterial.* (**E. P. 867 521** vom 2/8. 1957, ausg. 10/5. 1961. Schwz. Prior. 10/8. 1956. — C. **1962.** 8428 [Belg. P. 559 943].)

Ciba Ltd., Basel, Schweiz, *Färben von Cellulosetextilmaterial.* (**E. P. 868 492** vom 13/8. 1957, ausg. 17/5. 1961. **Belg. P. 560 032** vom 13/8. 1957, ausg. 22/4. 1960. Beide Schwz. Prior. 14/8. 1956 u. 11/1. 1957. — C. **1960.** 3046 [D. A. S. 1 058 467].)

Ciba Ltd., Basel, Schweiz, *Erzeugung echter Färbungen auf Cellulosetextilmaterial.* (**E. P. 869 549** vom 27/8. 1958, ausg. 31/5. 1961. Schwz. Prior. 4/9. 1957. — C. **1961.** 8480 [D. A. S. 1 091 980].)

Cassella Farbwerke Mainkur Akt.-Ges., Frankfurt/M., *Färben von Cellulosetextilien mit Schwefelfarbstoffen.* (**E. P. 874 151** vom 25/2. 1960, ausg. 2/8. 1961. D. Prior. 28/2. 1959. — C. **1961.** 7405 [D. A. S. 1 085 493].)

Badische Anilin- & Soda-Fabrik Akt.-Ges., Ludwigshafen/Rh. (Erfinder: **Willy Braun**, Heidelberg, **Otto Trauth** und **Egon von Gross**, Ludwigshafen/Rh.), *Färben von Fasern aus synthetischem Material.* (**D. A. S. 1 108 658** Kl. 8m vom 29/4. 1955, ausg. 15/6. 1961. — C. **1959.** 12389 [E. P. 792 396].)

Farbwerke Hoechst Akt.-Ges., vormals Meister Lucius & Brüning, Frankfurt/M., *Färben von Material aus Polyolefinen.* (**Belg. P. 562 893** vom 2/12. 1957, ausg. 3/6. 1960. D. Prior. 1/12. 1956. — C. **1961.** 18138 [F. P. 1 187 431].)

Vereinigte Glanzstoff-Fabriken Akt.-Ges., Wuppertal, *Färben von textilen Gebilden aus Polyolefinen.* (**Belg. P. 558 813** vom 28/6. 1957, ausg. 8/4. 1960. D. Prior. 31/7. 1956. — C. **1961.** 1021 [E. P. 814 582].)

Vereinigte Glanzstoff-Fabriken Akt.-Ges., Deutschland, *Färben von Textilien aus Polyolefinen.* (**F. P. 1 176 678** vom 12/6. 1957, ausg. 14/4. 1959. D. Prior. 31/7. 1956. — C. **1961.** 1021 [E. P. 814 582].)

Farbenfabriken Bayer Akt.-Ges., Leverkusen, *Färben von geformten Gebilden aus Polyestern oder Cellulosetriacetat.* (**E. P. 841 169** vom 20/12. 1957, ausg. 13/7. 1960. D. Prior. 24/1. 1957. — C. **1959.** 5304 [D. A. S. 1 036 806].)

Farbenfabriken Bayer Akt.-Ges., Leverkusen (Erfinder: **Walter Hees** und **Otto Schneider**, Köln), *Färben von geformten Gebilden aus Polyestern oder Cellulosetriacetat.* (**Holl. P. 99 963** vom 22/8. 1957, ausg. 15/12. 1961. D. Prior. 30/8. 1956. — C. 1959. 6640 [D. A. S. 1 039 478].)

Farbwerke Hoechst Akt.-Ges., vormals Meister Lucius & Brüning, Frankfurt/M. (Erfinder: **Paul Schlack**, Frankfurt/M., **Rolf Schwalenstöcker**, Bobingen, und **Friedrich Schloßnagel**, Augsburg), *Herstellung von gefärbtem und stabil gekräuseltem Faden- oder Fasermaterial aus linearen Polyestern.* (**D. A. S. 1 123 797** Kl. 29b vom 30/7. 1954, ausg. 15/2. 1962. — C. **1960.** 13851 [E. P. 812 362].)

Farbwerke Hoechst Akt.-Ges., vormals Meister Lucius & Brüning, Frankfurt/M., *Färben von Polyesterfasern.* (**E. P. 839 130** vom 19/12. 1956, ausg. 29/6. 1960. D. Prior. 24/12. 1955. Zusatz zu E. P. 824 269; C. 1961. 15576. — **C. 1958.** 9619 [D. A. S. 1 011 848].)

Farbwerke Hoechst Akt.-Ges., vormals Meister Lucius & Brüning, Frankfurt/M., *Färben von geformten Gebilden aus Polyestern.* (**E. P. 869 631** vom 20/11. 1957, ausg. 7/6. 1961. D. Prior. 20/11. 1956. Zusatz zu E. P. 809 221; C. 1960. 7693. **Belg. P. 562 542** vom 20/11. 1957, ausg. 3/6. 1960. D. Prior. 20/11. 1956. Zusatz zu Belg. P. 538 885; C. 1960. 12511. — **C. 1959.** 13642 [D. A. S. 1 044 759].)

Farbwerke Hoechst Akt.-Ges., vormals Meister Lucius & Brüning, Deutschland, *Färben von geformten Gebilden aus organischen Polyestern.* (**F. P. 1 179 045** vom 17/7. 1957, ausg. 20/5. 1959. D. Prior. 17/7. 1956. — **C. 1958.** 8764 [D. A. S. 1 020 955].)

Farbwerke Hoechst Akt.-Ges., vormals Meister Lucius & Brüning, Deutschland, *Färben von Polyestertextilmaterial.* (**F. P. 1 201 252** vom 11/8. 1958, ausg. 29/12. 1959. D. Prior. 10/8. 1957. — **C. 1961.** 7405 [D. A. S. 1 083 224].)

Badische Anilin- & Soda-Fabrik Akt.-Ges. (Erfinder: **Roland Mueller** und **Julius Eisele**), Ludwigshafen/Rh., *Herstellung von Farbstoffen zum Färben und Bedrucken von Fasermischungen, die acrylonitrilhaltige Fasern enthalten.* (**Schwz. P. 352 437** vom 17/4. 1957, ausg. 14/4. 1961. D. Prior. 18/4. 1956. — **C. 1962.** 658 [A. P. 2 922 690].)

Farbenfabriken Bayer Akt.-Ges., Deutschland (Erfinder: **Walter Hes, Mathieu Quaedvlieg** und **Gerhard Ruhlig**), *Färben von Acrylonitrilgebilden.* (**F. P. 1 191 542** vom 14/2. 1958, ausg. 20/10. 1959. D. Prior. 15/2. u. 31/10. 1957. — **C. 1962.** 313 [E. P. 832 444].)

Ciba Ltd., Basel, Schweiz, *Färben von Polyacrylonitrilfasern.* (**E. P. 866 335** vom 25/7. 1957, ausg. 26/4. 1961. **Belg. P. 559 678** vom 30/7. 1957, ausg. 8/4. 1960. Beide Schwz. Prior. 31/7. u. 10/10. 1956. — **C. 1961.** 14470 [Oe. P. 199 605].)

Badische Anilin- & Soda-Fabrik Akt.-Ges., Ludwigshafen/Rh., *Färben von Gegenständen aus Polyamid.* (**Belg. P. 560 344** vom 27/8. 1957, ausg. 22/4. 1960. D. Prior. 8/9. 1956. — **C. 1958.** 12249 [D. A. S. 1 022 549].)

Imperial Chemical Industries Ltd., England (Erfinder: **Walter Percival Mills, Jan Durham Rattée** und **William Elliot Stephen**), *Färben von Seiden und Textilien auf Superpolyamidbasis.* (**F. P. 1 186 861** vom 7/3. 1957, ausg. 3/9. 1959. E. Prior. 7/3. 1956 u. 27/2. 1957. — **C. 1960.** 16600 [Aust. P. 215 226].)

Farbwerke Hoechst Akt.-Ges., vormals Meister Lucius & Brüning, Frankfurt/M., *Färben von geformten Gebilden aus aromatischen Polyestern.* (**Belg. P. 561 223** vom 30/9. 1957, ausg. 20/5. 1960. D. Prior. 29/9. 1956. — **C. 1959.** 4313 [D. A. S. 1 028 532].)

Farbenfabriken Bayer Akt.-Ges., Leverkusen, *Färben von geformten Gebilden aus Polyäthylenterephthalat.* (**E. P. 865 409** vom 23/7. 1957, ausg. 19/4. 1961. D. Prior. 27/7. 1956. — **C. 1960.** 6329 [D. A. S. 1 061 284].)

Comp. Française des Matières Colorantes, Paris, Frankreich (Erfinder: **P. Petitcolas** und **A. P. Richard**), *Lösungen von Azofarbstoffkomponenten.* (**Belg. P. 569 321** vom 10/7. 1958, ausg. 21/4. 1961. F. Prior. 23/7. 1957 u. 4/3. 1958. — **C. 1962.** 3270 [A. P. 2 926 986].)

Farbenfabriken Bayer Akt.-Ges., Deutschland (Erfinder: **Friedrich Schubert, Dieter Goerrig** und **Manfred Söll**), *Verküpen von Küpenfarbstoffen.* (**F. P. 1 199 313** vom 30/1. 1958, ausg. 14/12. 1959. D. Prior. 2/2. 1957. — **C. 1959.** 8722 [D. A. S. 1 041 462].)

Farbenfabriken Bayer Akt.-Ges., Leverkusen (Erfinder: **Kuno Wagner, Richard Schwaebel, Wilhelm Graulich**, Leverkusen, **Wilhelm Kass** und **Helmut Kleiner**, Köln-Stammheim), *Färben und Bedrucken von Textilien mit Pigmenten.* (**Oe. P. 204 995** vom 21/11. 1957, ausg. 25/8. 1959. **F. P. 1 188 642** vom 27/11. 1957, ausg. 24/9. 1959. Beide D. Prior. 1/12. 1956. — **C. 1960.** 15913 [D. A. S. 1 074 002].)

Farbwerke Hoechst Akt.-Ges., vormals Meister Lucius & Brüning, Frankfurt/M., *Färben und Bedrucken von geformten Gebilden aus linearen aromatischen Polyestern.* (**E. P. 860 441** vom 29/4. 1957, ausg. 8/2. 1961. D. Prior. 28/4. 1956. — **C. 1958.** 3169 [D. A. S. 1 014 962].)

Joh. A. Benckiser G. m. b. H., Chemische Fabrik, Ludwigshafen/Rh., *Bedrucken von Geweben.* (**Holl. P. 99 855** vom 26/9. 1955, ausg. 15/12. 1961. D. Prior. 6/11. 1954. — **C. 1958.** 10786 [Oe. P. 191 376].)

Imperial Chemical Industries Ltd., England (Erfinder: **Frederick Richard Alsberg**), *Bedrucken von Textilien aus Cellulosematerial.* (**F. P. 1 182 005** vom 4/9. 1957, ausg. 22/6. 1959. E. Prior. 4/9. 1956 u. 7/8. 1957. — **C. 1962.** 3993 [Ind. P. 61 542].)

Cassella Farbwerke Mainkur Akt.-Ges., Deutschland, *Färben und Bedrucken von Cellulosefasern.* (**F. P. 1 193 706** vom 5/12. 1957, ausg. 4/11. 1959. D. Prior. 6/12. 1956. — **C. 1961.** 9603 [E. P. 827 570].)

Farbenfabriken Bayer Akt.-Ges., Leverkusen (Erfinder: **Wilhelm Graulich, Wolfgang Lehmann, Otto Bayer**, Leverkusen, **Wilhelm Kass** und **Wilhelm Berlenbach**, Köln), *Haltbare Zusammensetzung zum Bedrucken oder Klotzen von Faserstoffen.* (**Schwz. P. 354 414** vom 9/4. 1956, ausg. 15/7. 1961. D. Prior. 30/4. 1955. — **C. 1959.** 13643 [D. A. S. 1 045 973].)

Badische Anilin- & Soda-Fabrik Akt.-Ges., Ludwigshafen/Rh. (Erfinder: **H. Wirth, A. Blum, E. Pochert** und **G. Bernardy**), *Bedrucken und Beizen von Textilien.* (**Belg. P. 569 140** vom 4/7. 1958, ausg. 24/3. 1961. D. Prior. 31/7. 1957. — **C. 1961.** 10756 [E. P. 829 936].)

Farbwerke Hoechst Akt.-Ges., vormals Meister Lucius & Brüning, Frankfurt/M., *Ätzdruck auf Polyesterfasern.* (**E. P. 859 015** vom 9/12. 1957, ausg. 18/1. 1961. **Belg. P. 563 058** vom 9/12. 1957, ausg. 3/6. 1960. Beide D. Prior. 8/12. 1956 u. 26/6. 1957. — **C. 1959.** 12703 [D. A. S. 1 044 030] u. **C. 1962.** 8072 [D. A. S. 1 101 354].)

Farbenfabriken Bayer Akt.-Ges. (Erfinder: **Berthold Bienert, Kurt Breig, Manfred Groll** und **Heinrich Gutjahr**), *Herstellung von Buntätzen mit Küpenfarbstoffen und Weißätzen auf Ätzböden von Benzoazoporphinen.* (**Aust. P. 229 944** vom 21/4. 1958, ausg. 15/9. 1960. D. Prior. 20/4. 1957. — **C. 1960.** 13851 [D. A. S. 1 068 662].)

Badische Anilin- & Soda-Fabrik Akt.-Ges. (Erfinder: **Werner Dietrich**, Mannheim, **Manfred Kracht** und **Hans Funk**), Ludwigshafen/Rh., *Verhinderung der Korrosion durch Metallbäder, die beim Färben von Textilmaterial verwendet werden.* (**E. P. 838 691** vom 16/10. 1958, ausg. 22/6. 1960. D. Prior. 23/11. 1957. — **C. 1959.** 16794 [D. A. S. 1 055 492].)

Dow Chemical Co., Midland, Mich., V.St.A., *Verbesserung der Färbbarkeit von Acrylsäurenitril-Polymeren.* (**E. P. 843 063** vom 30/6. 1958, ausg. 4/8. 1960. A. Prior. 13/9. 1957. — **C. 1961.** 18513 [Holl. P. 96 100].)

Farbwerke Hoechst Akt.-Ges., vormals Meister Lucius & Brüning, Deutschland, *Verbesserung der Waschechtheit substantiver Farbstoffe auf Cellulosefasern.* (**F. P. 1 200 679** vom 26/7. 1958, ausg. 23/12. 1959. D. Prior. 26/7. 1957. — **C. 1962.** 1419 [Oe. P. 209 305].)

Farbenfabriken Bayer Akt.-Ges., Leverkusen (Erfinder: **Carl Taube**, Leverkusen, und **Klaus Böckmann**, Köln), *Herstellung von polyquartären Verbindungen.* (**Schwz. P. 357 408** vom 16/8. 1957, ausg. 30/11. 1961. D. Prior. 8/9. u. 20/10. 1956. — **C. 1961.** 12653 [F. P. 1 182 074].)

Farbwerke Hoechst Akt.-Ges., vormals Meister Lucius & Brüning, Frankfurt/M., *Fixierung von Pigmenten auf Fasermaterial.* (**E. P. 866 767** vom 21/8. 1957, ausg. 3/5. 1961. D. Prior. 21/8. 1956. Zusatz zu E. P. 810 548; C. 1960. 6367. — **C. 1962.** 5107 [A. P. 2 961 349].)

Imperial Chemical Industries Ltd., London (Erfinder: **David Alexander Whyte Fairweather** und **John Finnie McGechen**, Blackley, Lancashire), England, *Anthronderivate.* (**D. A. S. 1 128 863** Kl. 12q vom 6/2. 1957, ausg. 3/5. 1962. E. Prior. 6/2. 1956 u. 11/1. 1957. — **C. 1960.** 656 [E. P. 806 384].)

General Aniline & Film Corp., New York, N.Y., V.St.A. (Erfinder: **Albert F. Strobel**, Albany, N.Y., V.St.A., und **William Wilson Williams**, Zürich, Schweiz), *Eisen-nitroso-β-naphtholfarbstoffe.* (**Schwz. P. 359 229** vom 15/2. 1957, ausg. 15/2. 1962. A. Prior. 17/2. 1956. — **C. 1961.** 13729 [F. P. 1 168 596].)

Badische Anilin- & Soda-Fabrik Akt.-Ges., Ludwigshafen/Rh. (Erfinder: **Hans Baumann**, Ludwigshafen/Rh., und **Siegfried Hünig**, Marburg/Lahn), *Herstellung basischer Farbstoffe.* (**D. A. S. 1 117 233** Kl. 22a vom 14/6. 1955, ausg. 16/11. 1961. — **C. 1961.** 14472 [F. P. 1 151 304].)

Imperial Chemical Industries Ltd., England, *Herstellung von sauren Farbstoffen mit Halogenpyrimidinringen.* (**F. P. 1 182 006** vom 4/9. 1957, ausg. 22/6. 1959. E. Prior. 4/9. 1956 u. 21/8. 1957. — **C. 1962.** 3633 [Ind. P. 61 548].)

Imperial Chemical Industries Ltd., London, England, *Herstellung von Monoazofarbstoffen.* (**Ind. P. 62 757** vom 6/1. 1958, ausg. 27/6. 1960. E. Prior. 23/1. 1957. — **C. 1960.** 16601 [E. P. 829 042].)

Imperial Chemical Industries Ltd., London (Erfinder: **William Elliot Stephen**, Manchester), England, *Herstellung von Monoazofarbstoffen.* (**Schwz. P. 352 430** vom 17/11. 1955, ausg. 14/4. 1961. E. Prior. 29/11. 1954 u. 9/11. 1955. — **C. 1961.** 7761 [F. P. 1 139 795].)

Comp. Française des Matières Colorantes, Paris (Erfinder: **René Gangneux**, Rouen), Frankreich, *Herstellung von Dialkalisalzen von o.o'-Dihydroxyazofarbstoffsulfonsäuren.* (**Schwz. P. 357 492** vom 28/12. 1956, ausg. 30/11. 1961. F. Prior. 4/1. 1956. — **C. 1958.** 11082 [F. P. 1 140 955].)

Farbwerke Hoechst Akt.-Ges., vormals Meister Lucius & Brüning, Frankfurt/M.-Hoechst, *Azofarbstoffe mit 1.3-Dihydroxyphenylketon-Gruppen.* (**E. P. 860 279** vom 28/10. 1957, ausg. 1/2. 1961. D. Prior. 27/10. 1956. Zusatz zu E. P. 854 404; C. 1962. 3996. — **C. 1961.** 2797 [D. A. S. 1 072 764].)

Farbenfabriken Bayer Akt.-Ges., Leverkusen, *Herstellung wasserunlöslicher Azofarbstoffe.* (**Holl. P. 98 534** vom 10/7. 1957, ausg. 17/7. 1961. D. Prior. 11/7. 1956. — **C. 1960.** 16601 [D. A. S. 1 049 020].)

Ciba Ltd., übert. von: **Paul Rhyner**, Basel, Schweiz, *Wasserunlösliche Azofarbstoffe.* (**A. P. 2 971 953** vom 2/12. 1958, ausg. 14/2. 1961. Schwz. Prior. 11/12. 1957. — **C. 1962.** 1805 [D. A. S. 1 108 355].)

Badische Anilin- & Soda-Fabrik Akt.-Ges., Ludwigshafen/Rh., *Monoazofarbstoffe und deren Metallkomplexverbindungen.* (**E. P. 858 590** vom 14/1. 1958, ausg. 11/1. 1961. D. Prior. 18/4. 1957. — **C. 1962.** 660 [D. A. S. 1 099 105].)

Farbenfabriken Bayer Akt.-Ges., Leverkusen (Erfinder: **F. Suckfüll** und **H. Nickel**), *Metallhaltige Azofarbstoffe.* (**Belg. P. 569 789** vom 26/7. 1958, ausg. 16/6. 1961. D. Prior. 27/7. 1957. — **C. 1962.** 1037 [D. A. S. 1 061 461].)

Farbenfabriken Bayer Akt.-Ges., Leverkusen, *Herstellung von metallhaltigen Azofarbstoffen.* (**E. P. 864 276** vom 17/7. 1958, ausg. 29/3. 1961. D. Prior. 27/7. 1957. — **C. 1962.** 1037 [D. A. S. 1 061 461].)

General Aniline & Film Corp., New York (Erfinder: **Albert Frederick Strobel**, Albany, und **William Wilson Williams**, New York), N.Y., V.St.A., *Herstellung von metallhaltigen Monoazofarbstoffen.* (**Schwz. P. 356 857** vom 1/9. 1956, ausg. 31/10. 1961. — **C. 1961.** 668 [A. P. 2 834 772].)

Farbenfabriken Bayer Akt.-Ges., Leverkusen (Erfinder: **W. Benade**, **G. Dittmar** und **W. Scholl**), *Chromhaltige Monoazofarbstoffe.* (**Belg. P. 570 127** vom 6/8. 1958, ausg. 11/8. 1961. D. Prior. 7/8. u. 18/10. 1957 u. 24/5. 1958. — **C. 1961.** 16664 [F. P. 1 211 508].)

J. R. Geigy Akt.-Ges. (Erfinder: **Guido Schetty**), Basel, Schweiz, *Herstellung von chromhaltigen Monoazofarbstoffen.* (**Schwz. P. 357 493** vom 29/3. 1957, ausg. 30/11. 1961. — **C. 1960.** 17624 [D. A. S. 1 077 351].)

Farbenfabriken Bayer Akt.-Ges., Leverkusen (Erfinder: **Klaus Böckmann**, Köln, und **Carl Taube**, Leverkusen), *Herstellung von Disazofarbstoffen.* (**Holl. P. 98 542** vom 16/8. 1957, ausg. 17/7. 1961. D. Prior. 16/8. 1956. — **C. 1960.** 16946 [D. A. S. 1 047 344].)

Farbenfabriken Bayer Akt.-Ges., Leverkusen (Erfinder: **F. Graf** und **H. Raab**), *Kupferhaltige Disazofarbstoffe.* (**Belg. P. 570 254** vom 11/8. 1958, ausg. 25/8. 1961. D. Prior. 14/8. 1957. — **C. 1961.** 17016 [D. A. S. 1 061 464].)

National Cash Register Co., Dayton, Ohio, V.St.A., *Herstellung von N-Arylleukauramin.* (**Holl. P. 99 084** vom 22/11. 1956, ausg. 15/9. 1961. A. Prior. 10/1. 1956. — **C. 1960.** 10770 [E. P. 804 087].)

Farbenfabriken Bayer Akt.-Ges., übert. von: **Günter Gehrke**, Leverkusen, *Farbstoffe für synthetische Fasern.* (**A. P. 2 990 413** vom 23/9. 1958, ausg. 27/6. 1961. D. Prior. 7/3. 1955. — **C. 1959.** 5636 [E. P. 787 379] u. **C. 1961.** 4893 [E. P. 834 518].)

Ciba Akt.-Ges., Basel (Erfinder: **Paul Großmann**, Binningen), Schweiz, *Färben und Bedrucken von Polyäthylenterephthalatfasern.* (**D. A. S. 1 107 634** Kl. 8m vom 16/7. 1957, ausg. 31/5. 1961. Schwz. Prior. 17/7. 1956 u. 3/7. 1957. — **C. 1961.** 17016 [F. P. 1 180 736].)

Sandoz Ltd., Basel, übert. von: **Ernst Merian**, Bottmingen, Schweiz, *N.N'-Diarylnaphthochinonimine.* (**A. P. 2 982 596** vom 6/11. 1958, ausg. 2/5. 1961. Schwz. Prior. 15/1. 1954. — **C. 1958.** 11376 [D. B. P. 965 523].)

Ciba Akt.-Ges. (Erfinder: **Jakob Brassel** und **Max Stäuble**), Basel, Schweiz, *Farbstoffe der Anthrachinonreihe.* (**D. A. S. 1 128 939** Kl. 22b vom 4/9. 1957, ausg. 3/5. 1962. Schwz. Prior. 12/9. 1956, 19/2. u. 23/7. 1957. — **C. 1961.** 14840 [F. P. 1 182 124].)

Ciba Ltd. (Erfinder: **Jakob Brassel** und **Max Staeuble**), *Neue Farbstoffe der Anthrachinonreihe.* (**Aust. P. 227 463** vom 11/9. 1957, ausg. 14/4. 1960. Schwz. Prior. 12/9. 1956, 19/2. u. 23/7. 1957. — **C. 1961.** 14840 [F. P. 1 182 124].)

Imperial Chemical Industries Ltd., London, England, *Herstellung von Anthrachinonfarbstoffen.* (**Belg. P. 556 092** vom 23/3. 1957, ausg. 26/2. 1960. E. Prior. 23/3. 1956 u. 13/3. 1957. — **C. 1961.** 18884 [Ind. P. 59 914].)

Imperial Chemical Industries Ltd., London (Erfinder: **Richard Budziarek** und **Samuel Coffey**, Manchester, Lancashire), England, *Herstellung von α-Hydroxy-β-nitroanthrachinonen.* (**D. A. S. 1 126 890** Kl. 12q vom 16/9. 1958, ausg. 5/4. 1962. E. Prior. 25/9. 1957 u. 11/8. 1958. — **C. 1961.** 4528 [E. P. 827 563].)

Ciba Ltd., Basel, Schweiz, *Anthronfarbstoff.* (**Holl. P. 97 734** vom 31/1. 1958, ausg. 17/4. 1961. Schwz. Prior. 20/8. 1954. — **C. 1959.** 1613 [A. P. 2 805 225].)

Ciba Ltd., Basel, Schweiz, *Herstellung von Chlorverbindungen.* (**Holl. P. 99 847** vom 25/5. 1955, ausg. 15/12. 1961. Schwz. Prior. 26/5., 11/6. 1954 u. 6/5. 1955. — **C. 1961.** 11907 [D. A. S. 1 063 302 u. Schwz. P. 329 726].)

General Aniline & Film Corp., New York, N.Y. (Erfinder: **David Irwin Randall**, New Vernon, N.J., und **Wilhelm Schmidt-Nickels**, Little York, N.Y.), V.St.A., *Küpenfarbstoffe.* (**D. A. S. 1 128 940** Kl. 22e vom 31/12. 1956, ausg. 3/5. 1962. A. Prior. 30/12. 1955. — **C. 1961.** 13009 [F. P. 1 166 578].)

Ciba Akt.-Ges., Basel (Erfinder : **Kurt Hölzle**, Liestal), Schweiz, *Flockulationsbeständige Kupferphthalocyaninpigmente.* (**D. A. S. 1 128 065** Kl. 22e vom 9/7. 1958, ausg. 19/4. 1962. Schwz. Prior. 19/7. 1957. — **C. 1962.** 6979 [F. P. 1 207 824].)

Durand & Huguenin Akt.-Ges., Basel (Erfinder: **Willy Brentano**, Arlesheim/Basel-Land), Schweiz, *Herstellung von 3'-Hydroxy-4'-carboxyphenylestern von Kupferphthalocyanintetrasulfonsäuren.* (**Schwz. P. 357 820** vom 27/3. 1957, ausg. 15/12. 1961. Zusatz zu Schwz. P. 306 387; C. 1957. 3670. — C. **1961.** 4174 [D. A. S. 1 083 460].)

Farbenfabriken Bayer Akt.-Ges., Leverkusen, *Basische Phthalocyaninfarbstoffe.* (**Holl. P. 97 888** vom 28/7. 1955, ausg. 15/5. 1961. — **C. 1960.** 5700 [E. P. 803 525].)

VEB Leuna-Werke „Walter Ulbricht", Leuna, *Prüfung fester Stoffe auf Anwesenheit von Azofarbstoffe bildenden Substanzen.* (**Ung. P. 144 474** vom 12/7. 1955, ausg. 1/11. 1958. — **C. 1961.** 7763 [D. A. S. 1 062 034].)

XIa. Farben. Anstriche. Lacke. Naturharze

Reflexion von Sonnenstrahlen an Anstrichen. R. N. C. Strain. (J. Oil Colour Chemists' Assoc. **44.** 689—712. Okt. 1961. Farnborough, Hants., Royal Aircraft Establ.) (Engl.)

Die Wirksamkeit einer Oberfläche kann nur dann definiert werden, wenn die Energie der Strahlungsquelle bei jeder Wellenlänge bekannt ist. Die Reflexionsintensität wird zweckmäßig nicht aus der absorbierten Wärme gemessen, sondern durch Integrierung der reflektierten Energie des Strahlungsspektrums. Die Energie des Sonnenspektrums gleicht näherungsweise der eines schwarzen Körpers bei 6000° K ohne Strahlung unter 0,3 μ. Weiß gestrichene Oberflächen sind weniger wirksam als polierte Metalle, aber sie sind wegen ihrer Stabilität u. Schutzwerte vorzuziehen. Die mit TiO_2 pigmentierten Anstriche zeigen das beste Reflexionsvermögen trotz bedeutender Absorption im UV-Gebiet u. können eine Intensität von 77,6% besitzen. Bei jedem weißen Anstrich-Syst. ist die Zunahme der Strahlenwellenlänge mit einer zunehmenden Durchdringung des Films verbunden. Da UV-Strahlung nah der Oberfläche reflektiert wird, kann ein Überzug mit einem nichtabsorbierenden Pigment, wie bas. Bleiweiß, die Reflexion eines TiO_2-Anstriches auf 82,6% erhöhen. Ein einfaches theoret. Modell des Reflexionsprozesses wurde entwickelt, das gute quant. Übereinstimmung mit den experimentellen Ergebnissen zeigt. K. WEKUA. 7106□

Einige Gesichtspunkte der physikalischen Beurteilung von Filmen aus Emulsionspolymeren. H. Williams. (J. Oil Colour Chemists' Assoc. **44.** 713—28. Okt. 1961. Sully, Near Penarth, Glamorgan, Brit. Resin Prod. Ltd.) (Engl.)

Meth. zur Unters. der Eigg. von innen u. außen weichgemachten PVA-Emulsionen bzgl. ihrer Verw. als Oberflächenschutzmittel werden beschrieben. Zwei hauptsächlich angewandte Meth. sind die Best. der Zerreißfestigkeit, der Bruchdehnung u. des Elastizitätsmoduls der Filme u. die Best. der Haftfestigkeit der Emulsionsanstrichfilme auf glänzenden Alkydharzanstrichoberflächen. Vf. beabsichtigte, die Meth. zur Gewinnung des besten PVA-Emulsionsanstrichfilms zu prüfen, bes. hinsichtlich der Menge der zu verwendenden Weichmacher u. ihres Einfl. auf die Widerstandsfähigkeit gegen Scheuern u. das Festhalten von Schmutz. Der Verlust an Weichmacher, bes. bei erhöhten Temp., wurde ebenfalls untersucht. K. WEKUA. 7106□

Über die Härtung von Epoxyharzen mit Polyaminen. Oskar Lissner. (Farbe u. Lack **66.** 14—21. Jan. 1960. Ludwigshafen/Rh.) (Dt.)

Rk.-Lacke aus Epoxyharzen u. Polyaminen (zur Härtung) werden zweckmäßig als Polyaminlacke bezeichnet. Bei der Härtung bildet sich Polyoxyamin. Zur Verfolgung des Härtungsverlaufes wurden IR-spektroskop. Unterss. durchgeführt u. der Einfl. der

Konst. verschiedener Polyamine auf die Härtungs-Rk. festgestellt. Aliphat. Polyamine verursachen bei sofortiger Verarbeitung der Lacke trübe Filme, so daß eine Vor-Rk. erforderlich ist, deren Dauer vom Äquivalent-Gew. des Polyamins, der Konz., der Temp. u. der Luftfeuchtigkeit abhängt. Beste Ergebnisse wurden mit Polyaminen erzielt, die eine am N gebundene cycloaliphat. Gruppe enthalten. Auf lösungsmittelfreie Polyaminlacke wird hingewiesen. H. VÖLZ. 7106□

Stirnflächenschweißung von Folien aus thermoplastischen Materialien mit Wärmeimpulsen. A. D. Dudnikow. (Сварочное Производство [Schweisstechn. Betr.] **1961.** Nr. 6. 30—32. Allunions Forschungsinst. für Elektroschweißausrüstung.) (Russ.)

Beschrieben wird eine neue Meth. der Schweißung von Schichten aus Kunststoffen, bei der die Schichtstirnflächen bis auf Schweißtemp. durch eine bandförmige Heizvorr. erhitzt werden, durch die ein Stromimpuls von bestimmter Höhe u. Dauer läuft. Es werden Angaben über die Konstruktion der laboratoriumsmäßigen Anlage für die Ausführung einer Schweißung nach dieser Meth. gemacht u. prakt. Durchführungsbeispiele besprochen. H. HOCHSTEIN. 7106□

Über die Analyse von Mischungen chlorierter Lösungsmittel durch Gaschromatographie bei niederer Temperatur und elektrochemischer Anzeige. Marcel Guillot und Alain Berton. (C. R. hebd. Séances Acad. Sci. **250.** 1857—58. 7/3. 1960. Paris, Fac. de Pharm., Labor. de Phys.) (Franz.)

Beschreibung einer Meth. zur gaschromatograph. Best. eines Gemisches techn., chlorierter organ. Lsgm. bei 20° mit nachfolgender Pyrolyse u. Anzeige durch sehr empfindliche Detektoreinheiten. P. NACHTWEY. 7156□

Die Bestimmung der Phenylquecksilberverbindungen und des Gesamtquecksilbergehaltes in Anstrichmitteln. E. Hoffmann. (Z. analyt. Chem. **182.** 193—96. 1961. Victoria, Australia, Commonwealth Sci. and Ind. Res. Organizat., Div. Build. Res.) (Engl.)

Vff. extrahieren die Phenyl-Hg-Verb. aus 50—100 mg abgelöster Farbschicht mit 1n CH_3COOH durch 2std. Kochen am Rückfluß. Die neutralisierte Lsg. wird mit Bzl. extrahiert u. der Phenyl-Hg-Geh. im Extrakt mit Diphenylcarbazon colorimetr. bestimmt. Zur Best. des Gesamt-Hg-Geh. werden 50—100 mg Farbschicht in einem ERLENMEYER-Kolben, der 3 ml konz. HNO_3 enthält, in O_2 nach SCHOENIGER verbrannt, neutralisiert u. der Hg-Geh. in einem aliquoten Teil ebenfalls mit Diphenylcarbazon colorimetr. bestimmt. H. NENTWIG. 7158□

Dainippon Toryo Kabushiki Kaisha, Osaka (Erfinder: Eijiro Abe und Shigeru Nishida, Tokyo), Japan, **Strahlenschutzanstrich** gegen α-, β- u. γ-Strahlen. Man verwendet Indanthrenfarbstoffe in Vinylchloridmischpolymerisat, z. B. 20 (Teile) Vinylit VYHH-Vinylharz, 9 Tri-[2-äthylhexyl]-phosphat, 32 Methyläthylketon, 32 Methylisobutylketon, 3 Anon u. 3 Indanthrenblau-RS. (**Jap. A. S. 336/1960** vom 15/10. 1956, ausg. 19/1. 1960.) M. PANKOW. 7107

Asahi Dow Kabushiki Kaisha, Tokyo (Erfinder: Yoshio Sumida, Tokyo, Yuji Kobayashi, Itsuho Aijima und Noburu Doke, Nobeoka), Japan, **Herstellung von licht- und klebfesten Vinylidenmischpolymerisaten** durch Emulsionspolymerisation einer Mischung aus 10—50 (Gew.-Teilen) Vinylidenchlorid (I), 90 bis 50 Vinylchlorid (II) u. 0,01—3 einer mischpolymerisierbaren Divinyl-Verb., eines Allylesters einer mehrbas. organ. Säure oder eines Esters eines ungesätt. Alkohols u. einer ungesätt. aliphat. Säure, z. B. einer Mischung aus 30 **I**, 70 **II**, 1 Diallylmaleat, 4 Na-Alkylbenzolsulfonat „Neogen", 1,3 Na_2SO_4, 0,07 $K_2S_2O_8$, 96 W., die man 60 Std. bei 40° hält, wobei man einen 50%ig. Latex erhält, der $>$100° oder nach Zusatz von 20 einer 50%ig. Chlorparaffinemulsion bei 80—90° einen guten *Film* gibt. (**Jap. A. S. 187/1960** vom 30/9. 1957, ausg. 14/1. 1960.) M. PANKOW. 7107

Montecatini Soc. Gen. per l'Industria Mineraria e Chimica, Mailand, Italien, und Karl Ziegler, Mülheim/Ruhr (Erfinder: Aldo Camerini und Vincenzo Rusignuolo, Mailand, Italien), **Verbesserung der mechanischen Eigenschaften von Filmen, Bändern, Folien und anderen geformten Gegenständen aus linearen, kristallisierbaren α-Olefinpolymeren mit hohem Molekulargewicht.** Die Filme aus den Polymeren, bes. *Polypropylen,* werden zwischen Druckwalzen gestreckt, wobei man zweckmäßig bei 80—130° arbeitet u. die Polymeren noch kurz therm. stabilisiert. So walzt man einen Film nach dem Auspressen zwischen Walzen von 100° u. kann ihn unter Streckung noch über schneller laufende Walzen ziehen. Die Zugfestigkeit wird dadurch verachtfacht. (**D. P. [DDR] 20942** Kl. 39a vom 2/10. 1958, ausg. 17/2. 1961 [Ausschließungspatent]. **F. P. 1212887** vom 6/10. 1958, ausg. 28/3. 1960. Beide It. Prior. 10/10. 1957.) M. PANKOW. 7107

Merck & Co., Inc., Rahway (Erfinder: Michel Boudart, Princeton, und Peter Immanuel Pollak, Scotch Plains), N.J., V.St.A., **Überziehen von Oberflächen**, auch von Si-Oberflächen, *mit Silicium*, dad. gek., daß die Oberflächen mit unbeständigen Hydriden des Si der Formel SiH_x (x = 1, 2 oder 3), die durch Rk. von Si mit atomarem H gebildet werden, außerhalb des Feldes, in dem der atomare H erzeugt wird, in Berührung gebracht werden. (**D. A. S. 1 119 837** Kl. 12i vom 3/3. 1960, ausg. 21/12. 1961. A. Prior. 25/3. 1959.) A. Gradl. 7107

Johannes Kleine, München, *Herstellung makromolekularer Polyester*. (**Holl. P. 99 836** vom 17/1. 1955, ausg. 15/12. 1961. D. Prior. 29/1. u. 20/10. 1954. — C. **1958**. 8485 [Oe. P. 192 623].)

N. V. de Bataafsche Petroleum Mij., Den Haag, Holland (Erfinder: **Edward Charles Shokal**, Walnut Creek, Calif., V.St.A.), *Herstellung von harzartigen Polyäthern*. (**D. A. S. 1 121 815** Kl. 39c vom 25/2. 1957, ausg. 11/1. 1962. A. Prior. 27/2. 1956. — C. **1962**. 8079 [F. P. 1 172 415].)

Beck, Koller & Co. Ltd., Liverpool, übert. von: **Geoffrey Swann**, Hunts Cross, Woolton, und **Peter Gilbert Evans**, Liverpool, England, *Kunstharzmischung aus einem modifizierten Polyamid und einem Epoxydharz*. (**A. P. 2 952 647** vom 10/1. 1957, ausg. 13/9. 1960. E. Prior. 19/1. 1956. — C. **1961**. 1025 [F. P. 1 164 831].)

Badische Anilin- & Soda-Fabrik Akt.-Ges., Ludwigshafen/Rh., *Herstellung von Lack*. (**Holl. P. 99 873** vom 27/1. 1956, ausg. 15/12. 1961. D. Prior. 29/1. 1955. — C. **1957**. 11445 [D. A. S. 1 006 101].)

Chemische Werke Albert (Erfinder: **Felix Schlenker**), Wiesbaden, *Verbesserung der Trocknungseigenschaften von autoxydativ trocknenden Kunstharzen, Ölen, Anstrichmitteln, Kitten und Klebstoffen*. (**D. B. P. 975 321** Kl. 39c vom 29/12. 1951, ausg. 9/11. 1961. Anmeldung bekanntgemacht 10/3. 1955. — C. **1955**. 3979 [Oe. P. 179 652].)

E. I. du Pont de Nemours & Co., Wilmington, Del., V.St.A., *Thixotrope Überzugsmittel*. (**Belg. P. 554 392** vom 22/2. 1957, ausg. 29/1. 1960. A. Prior. 25/1. 1956. — C. **1960**. 5329 [E. P. 806 556].)

A. Boake, Roberts & Co. Ltd., Stratford, England, *Überzugsmassen zum Schutz von Metallen gegen Korrosion*. (**Belg. P. 555 831** vom 15/3. 1957, ausg. 12/2. 1960. E. Prior. 19/3. 1956. — C. **1960**. 5655 [D. A. S. 1 068 408].)

United States Steel Corp., Pittsburgh, Pa., V.St.A., *Korrosionsschutzbehandlung von verzinntem Eisen*. (**Belg. P. 556 127** vom 25/3. 1957, ausg. 26/2. 1960. A. Prior. 26/4. 1956. — C. **1962**. 7340 [E. P. 845 096].)

Hubert Edouard Henri Raskin, Brüssel, Belgien, *Druckverfahren*. (**E. P. 866 625** vom 18/2. 1959, ausg. 26/4. 1961. Belg. Prior. 21/2. 1958. Holl. Prior. 30/9. 1958. — C. **1961**. 11537 [Belg. P. 565 051].)

H. Fulenwider jun. und **M. K. Fulenwider** in Firma **Easy Glitter Wax Co.**, West Palm Beach, Fla., V.St.A., *Selbstversprühbare Wachsemulsionen*. (**Belg. P. 557 344** vom 8/5. 1957, ausg. 11/3. 1960. A. Prior. 16/5. 1956. — C. **1961**. 4177 [E. P. 813 471].)

XIb. Plaste (Kunstharze. Plastische Massen)

Methoden zur Feuerhemmung bei Kunststoffen. C. H. Carpenter und G. P. Mack. (Kunststoffe-Plastics [Solothurn] **9**. 24—26. 1962. New York, N.Y.) (Dt.)

Es wird allg. über vier feuerhemmende Syst. berichtet: 1. Zusatzmittel (ZM) auf Sb-Basis, 2. P-haltige, monomere, weichmachende ZM, 3. durch Halogen ersetzte Polyesterbestandteile u. 4. polymere ZM. — 60 Literaturangaben (Patente).

Klaus Schmidt. 7170□

Neue Gesichtspunkte beim Spritzgießen thermoplastischer Kunststoffe. Hans Beck. (Plastverarbeiter **11**. 441—47. Okt. 1960. Ludwigshafen/Rh., Anwendungstechn. Abt. der BASF.) (Dt.)

Es wird gezeigt, daß die Schneckenplastifizierung bei Spritzgußmaschinen der Kolbenplastifizierung in verfahrenstechn. u. kommerzieller Hinsicht weit überlegen ist. Ihre Anwendung vergrößert die Zahl der verwendbaren Kunststoffe u. erlaubt die Herst. größerer Werkstücke. H. Drechsel. 7170□

Pfropf-Copolymerisation. 3. Mitt. **Nicht strahlenchemische Pfropf-Copolymerisationsverfahren.** J. Techel. (Plaste u. Kautschuk **7**. 489—92. Okt. 1960. Radebeul.) (Dt.) — 2. vgl. C. **1961**. 11911.

Vf. behandelt Pfropf-Copolymerisation durch chem. Anregung sowie Anregung an ungesätt. Polymeren, vernetzte Pfropf-Copolymerisate u. Pfropfung durch Additions-Kondens.-Rkk. (bes. an ungesätt. Polymeren), teilt die theoret. Grundlagen mit u. führt die wichtigsten Verff. zur Herst. von Pfropf-Copolymerisaten an. — 22 Literaturangaben. H. Völz. 7170□

Über den Einfluß der Vernetzung auf die Eigenschaften von Polymeren. K. Thinius und G. Lommatzsch. (Mber. dtsch. Akad. Wiss. Berlin **1**. 559—64. 1959. Leipzig, Inst. für Chem. u. Technol. der Plaste der Dt. Akad. Wiss.) (Dt.)

Ein durch Löslichkeit begrenzter 7- bzw. 4%ig. Zusatz von *Hexahydro-1.3.5-triacryloyltriazin* (I) zu *Styrol* (II) u. *Methacrylsäuremethylester* (III) erhöht die Wärme- bzw. Formbeständigkeit nach Vicat ihrer Polymerisate um 30 bzw. 40°. Biege- u. Zugfestigkeit sowie Schlagzähigkeit (SZK) erhöhen sich analog dem prozentualen Zusatz von **I** u. zeigen in den angegebenen Konzz. ein Maximum (Tabellen u. Kurven). Die Erhöhung der mechan. Werte bei Vernetzung mit **I** wird mit einem positiven Einfl. der drei gleichmäßig angeordneten Doppelbindungen auf die Raumnetzstruktur erklärt. Zusatz von Acrylonitril (**IV**) (30%) zu mit **I** vernetzten **II**-Polymeren zeigt keinen Einfl. auf deren mechan. Eigenschaften. Dagegen weisen Mischpolymere aus **III** u. **IV** (30 : 70), die eine hohe SZK (50 cmkp/cm²) erreichen, nach **I**-Zusatz (0,4%) einen bezeichnenden Abfall der SZK auf (10 cmkp/cm²). KLAUS SCHMIDT. 7170□

Zwei zähe Kunststoffe mit großen industriellen Verwendungsmöglichkeiten. E. A. M. Bradford. (Kunststoffe-Plastics [Solothurn] **9.** 1962. 27—28.) (Dt.)

Polytetrafluoräthylen („Fluon") (**I**), ein sowohl als Granulat als auch in wss. Dispersion (Imprägnierungsmittel) verwendbares plast. Polymere (Spezif. Gew. 2,15—2,22) wirkt wasserabstoßend, selbstschmierend, isolierend u. ist bei Temp. von —1 bis +250° bearbeitbar. **I** ist bis 400° beständig, nichttox. u. verändert seine physikal. u. chem. Eigg. im Bereich von +25 bis —80° nicht, so daß es als Verpackungsmaterial (Folien) für Lebensmittel (VML), als Korrosionsschutz sowie für gepreßte Lager u. elektr. Einrichtungen geeignet ist. — *Polyäthylenterephthalat* („Melinex") (**II**), als Folie gezogen u. hitzegehärtet, ist undurchlässig für Gase, relativ beständig gegen Chemikalien, ungiftig u. geruchlos. **II** läßt sich bedrucken u. färben u. ist als VML verwendbar.

KLAUS SCHMIDT. 7172□

Herstellung und Verwendung von PVC-Schaumstoffen. J. Kistler. (Kunststoffe-Plastics [Solothurn] **9.** 23—24. 1962. Zürich.) (Dt.)

Es werden allg. Bemerkungen über Herst., Eigg., Verw. u. Wirtschaftlichkeit von Schaumstoffen aus Polyvinylchlorid gemacht. KLAUS SCHMIDT. 7172□

Über das Heißsiegeln und Schweißen dünner Hart-PVC-Folien. Günther Bauer. (Plastverarbeiter **11.** 217—24. Mai 1960.) (Dt.)

Für beschichtete u. unbeschichtete Hart-PVC-Folien werden optimale Verarbeitungsbedingungen beim Schweißen u. Heißsiegeln bestimmt. Beim HF-Schweißen beeinflußt die Art der Ausbildung der Schweißwulst die Spaltfestigkeit. H. DRECHSEL. 7172□

Die Zukunft der Silicium-Stickstoff-Polymeren. E. G. Rochow. (Chim. et Ind. **85.** 897—900. Juni 1961. Cambridge, Mass., Harvard Univ.) (Franz.)

Vf. beschreibt die Synth. u. Eigg. von Polymeren mit Si—N-Bindungen, die mit Metallchloriden unter vermutlich koordinativer Brückenbindung reagieren bzw. von ihnen umgelagert werden. Polymeres (**I**): gelbes, viscoses Öl, Molgew. ca. 2000, Synth. aus *Dimethyldichlorsilan* u. *Äthylamin* in Xylol unter schonenden Bedingungen. **I** reagiert mit wasserfreiem $BeCl_2$ in sd. Xylol zu einem harten Harz mit einem Be^{2+} : N-Verhältnis von 1 : 12. Die Verseifungs-Geschw. des Harzes ist in Ae./W./Eisessig halb so groß wie die von **I**. Polymeres (**II**): (Umlagerungs-Prod. von **I**, Leiterform mit C_2H_4-Brücken), gelbes, wachsartiges Prod., aus **I** mit wasserfreiem $CuCl_2$ (oder $CoCl_2$) in sd. Xylol. Die Verseifungs-Geschw. von **II** beträgt nur $^1/_3$ der von **I**. A. GUDE. 7188□

Über die Dauerfestigkeiten von Glasfasern. H. J. Poegel. (Kunststoff-Rdsch. **9.** 176—79. April 1962. Jugenheim.) (Dt.)

Übersicht über Struktur, Dauerfestigkeit, Zus., Oberflächenschutz u. -haftung der zur Verstärkung von Kunststoffen dienenden Glasfasern. — 6 Schrifttumshinweise.

W. WESLY. 7204□

Gerät zur Untersuchung der Verschleißfestigkeit und der Antifriktionseigenschaften von Plasten. M. D. Besborodko, L. I. Schabarow, Ju. Ja. Podolski und G. W. Winogradow. (Заводская Лаборатория [Betriebs-Lab.] **27.** 104—06. 1961.) (Russ.)

CH. WEISKE. 7210□

Chemische Werke Hüls Akt.-Ges. (Erfinder: Siegfried Berg und Walter Haag), Marl, **Aufarbeitung von Waschlösungen,** die bei der *Niederdruckpolymerisation nach* ZIEGLER in Ggw. von Verdünnungsmitteln mit Hilfe von Mischkatalysatoren aus Verbb. von Metallen der 4.—6. Nebengruppe des Period. Syst. einerseits u. reduzierend wirkenden Stoffen andererseits nach Zers. der Katalysatoren durch Behandlung der Rk.-Gemische oder der abgetrennten Polymerisate mit Alkoholen u. nach Abtrennung der Niederdruckpolymerisate anfallen, durch Zugabe von alkal. Stoffen, dad. gek., daß man die Wasch-Lsgg., ggf. nach Zugabe von W. u. Entfernung des größten Teils der Verdünnungsmittel, mit wss. Alkalilauge bis zu einem pH ca. 8 versetzt, den dabei ausfallenden Nd. abtrennt u. dann, ggf. nach Zusatz eines Schleppmittels, fraktioniert. Die Einhaltung eines pH-Bereiches nicht über 8 ist wesentlich, da sich bei stärkerer Alkalität lösl. Titanate u. Aluminate bilden. (**D. A. S. 1 121 806** Kl. 39c vom 12/2. 1959, ausg. 11/1. 1962.) M. MAIERHAUSER. 7171

Badische Anilin- & Soda-Fabrik Akt.-Ges., Ludwigshafen/Rh., **Katalysatorsystem für Olefinpolymerisation,** bestehend aus einem erhitzten Gemisch eines Ti-Tetrahalogenids, eines Metalls der Gruppen 1—3 des Period. Syst. u. eines Arylhalogenids. — Beispiele mit Chlorbenzol, Al, $AlCl_3$ u. $TiCl_4$ im Mol.-Verhältnis 8 : 2 : 0,002 : 1, die 30 Min. auf 80° erhitzt werden. Hiermit erhaltene Polyäthylene u. -propylene zeichnen sich durch hohe Reinheit u. FF. von 127—131° aus. (**E. P. 826 289** vom 23/7. 1957, ausg. 31/12. 1959. D. Prior. 1/8. 1956. **Zusatz zu E. P. 781 837; C. 1959. 1621.**)
H. SCHINDLER. 7173

Badische Anilin- & Soda-Fabrik Akt.-Ges., Ludwigshafen/Rh. (Erfinder: Max Fischer, Mannheim, Hans Lautenschlager und Gerhard Staiger, Ludwigshafen/Rh.), **Herstellung von Polyolefinen** mit mittleren oder niederen Molgew. durch Erhitzen von hochmol. Polyolefinen (I) mit Grenzviscositäten > 5 auf 150—200° in Abwesenheit von O_2 oder oxydierenden Verbb., dad. gek., daß man die therm. Behandlung in Ggw. geringer Mengen von BF_3 vornimmt. Im allg. setzt man dem abzubauenden I ca. 0,1—1% BF_3 zu. Man vermeidet so die beim therm. Abbau in Ggw. von O_2 auftretende Bldg. O-haltiger Abbauprodukte. (**D. A. S. 1 122 257** Kl. 39c vom 8/4. 1960, ausg. 18/1. 1962.)
M. MAIERHAUSER. 7173

Riedel-de-Häen Akt.-Ges., Seelze bei Hannover (Erfinder: Alfred Müller, Alexander Stassen, Ludwigshafen/Rh., Herbert Haeussler und Wolf-Dietrich Arndt, Seelze bei Hannover), **Stabilisieren von Polyolefinen,** wie Polyäthylen, -propylen, -isobutylen durch Zusatz von 0,001—2, bes. 0,01—0,5 Gew.-% von 1.1'-Spiro-bis-indanen der Formel I (X_1—X_8 = H, Alkyl, Aryl, OH, Alkoxy; R_1—R_8 = H, Alkyl; R_1 u. R_2, R_3 u. R_4, R_5 u. R_7 jeweils zusammen auch Polymethylen, wie Trimethylen oder Pentamethylen), bes. *5.6.5'.6'-Tetrahydroxy-3.3.3'.3'-tetramethyl-1.1'-spiro-bis-indan, 5.6.5'.6'-Tetrahydroxy-3.3'.2-trimethyl-3.3'-diäthyl-1.1'-spiro-bis-indan, 5.6.5'.6'-Tetrahydroxy-3.3'-dimethyl-2-äthyl-3.3'-dipropyl-1.1'-spiro-bis-indan.* Man stellt sie durch Erhitzen von 2 Mol Brenzcatechin mit 3 Mol eines aliphat. oder cycloaliphat. Ketons, z. B. Aceton, Methyläthylketon, Methylpropylketon, Diäthylketon, Propyläthylketon, Cyclohexanon in Ggw. von Säuren her. (**D. A. S. 1 092 648** Kl. 39b vom 11/12. 1958, ausg. 10/11. 1960.)

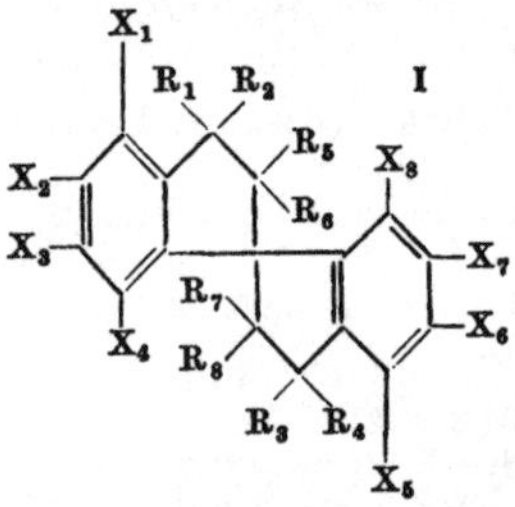

I

A. JAHN. 7173

Imperial Chemical Industries Ltd., London, England, **Stabilisierung von Polymerisaten aus α-Olefinen.** Den Polymerisaten wird ein Gemisch aus 2 Komponenten zugesetzt. Die erste besteht aus einer S-Verb. (I) mit einem Molgew. < 300, die 2 mindestens zweiwertige S-Atome enthält, die an ein C-Atom, an eine CS-, CC- oder CH-Gruppe gefunden sind. I enthält außerdem eine zweiwertige Gruppe —X—C=Y oder —X—C(Z-)=Y. In dieser sind X u. Z O- oder S-Atome oder —NR-Reste u. Y ein O- oder S-Atom, R ist ein H-Atom, oder ein KW-Stoffrest, an den noch andere organ. Reste gebunden sein können. Die 2. Stabilisator-Komponente ist ein Phenol (II) mit mindestens 2 OH-Gruppen u. einem $Kp._1$ < 200°. Beispiele für I: Dialkyl- u. Dialkylalkyliden-xanthate, Mercaptane, Aryliden- u. Hydroxyarylidenmercaptide, Thioester, bes. von Alkylenglykolen, mit Thiodialkoncarbonsäuren z. B. von γ-Thiodibuttersäure, Polythioamide, Diisothiocyanate, Polythioharnstoffe, Polythiourethane, Alkylendithiole, ferner Kondens.-Prodd. dieser S-Verbb. mit (ggf. substituierten) Benzaldehyden, Glykolen usw. Beispiele für II: Poly-(oxyaryl)-alkane, Poly-(oxyaryl)-aralkyl-, -cyclo- u. oxacycloalkane, Kondens.-Prodd. aus II u. (ggf. substituierten) Aldehyden, Dialdehyden, Ketonen u. Diketonen mit 1—20 C-Atomen. Bevorzugt werden 3-Methyl-, 3-Äthyl-, 3-Methoxy- u. 3-Äthoxyalkylphenole, z. B. 2.6-Dimethyl-II, ferner α-Kresol. An Stelle der II können mit gleicher Wrkg. ihre Kondens.-Prodd. mit CH_2O verwendet werden, z. B. solche vom Typus der „Novolake". (**Port. P. 38 170** vom 16/3. 1961, Auszug veröff. 27/5. 1961. E. Prior. 17/3. 1960 u. 8/3. 1961.)
A. KALIX. 7173

Argus Chemical Corp., Brooklyn (Erfinder: William Edwards Leistner, Olgo Helen Knoepke, Brooklyn und Arthur Calvin Hecker, Forest Hills), N.Y., V.St.A., **Stabilisieren von Polyolefinen gegen Viscositätsminderung,** bes. Polyäthylen oder -propylen durch Zusatz von 0,01—2% einer Sn-organ. Verb. der Formel $R_xSn(SR')_{4-x}$ (R = 1wertiger KW-Stoffrest mit 1—18 C-Atomen, wie Butyl, Hexyl, Dodecyl, Cyclopentyl, Cyclohexyl, Hexahydrotoluyl, Phenyl, Naphthyl, Benzyl; R' = R, der ggf. durch OH, verestertes OH, Carboxyl, verestertes oder amidiertes Carboxyl oder den

Xanthogenatrest substituiert sein kann; x = 1, 2 oder 3). Beispiele: $(C_4H_9)_3Sn{-}S{-}C(:S){-}O{-}C_3H_7$, $(C_4H_9)_2Sn(S{-}C_{12}H_{25})_2$, $(C_4H_9)_2Sn(S{-}CH_2{-}COO{-}C_8H_{17})_2$, $(C_4H_9)_3\cdot Sn{-}S{-}C_3H_6{-}C(:O)N(C_4H_9)_2$. (**D. A. S. 1 088 709** Kl. 39b vom 20/3. 1958, ausg. 8/9. 1960.) A. JAHN. 7173

Ruhrchemie Akt.-Ges., Oberhausen (Erfinder: Theodor Lattenkamp, Friedrich Rappen, Helmut Kolling und Nikolaus Geiser, Oberhausen), **Entaschung von Polyolefinen,** bes. von Polyäthylen, hergestellt mit Katalysatoren aus Gemischen von metallorgan. Verbb. u. Metall-Verbb. der 4.—6. Nebengruppe des Period. Syst. bei Temp. bis ca. 100° u. Drucken < ca. 100 kg/cm², durch Behandeln mit HCl u. Alkoholen oder Gemischen organ. Lsgm. unter Säurezusatz nach vorhergehender Abtrennung der Hauptmenge der bei der Polymerisation verwendeten Hilfsfl. oder deren restloser Entfernung, dad. gek., daß man das Polymerisat (I) bei Temp. < ca. 100° mit HCl u. einer Mischung von fl. KW-Stoffen mit Alkoholen, die < 5% W. enthalten, behandelt u. nach Abtrennen des zur Entaschung verwendeten Fl.-Gemisches durch Filtration das I in an sich bekannter Weise neutral wäscht u. anschließend trocknet. Bes. enthält das zur Entaschung benützte Fl.-Gemisch < 0,5% HCl. Man erhält Prodd. mit Asche-Geh. bis < 0,01 Gew.-%. (**D. A. S. 1 122 705** Kl. 39c vom 21/3. 1958, ausg. 25/1. 1962.) M. MAIERHAUSER. 7173

Chemische Werke Hüls Akt.-Ges. (Erfinder: Hermann Röhl, Erhard Lange, Alfred Schmidt und Franz Broich), Marl, **Aufarbeiten von Niederdruckpolyolefin-Dispersionen (I),** die bei der Niederdruckpolymerisation von Olefinen mittels Mischkatalysatoren aus Alkoxy-Verbb. der Übergangselemente u. metallorgan. Verbb. des Al in inerten Verdünnungsmitteln (II) anfallen, durch Behandlung mit Alkoholen (III), dad. gek., daß man die I bei Temp. von ca. 10—70° mit 0,1—0,5 Vol.-%, bezogen auf das inerte II, an ungesätt. aliphat. III, die in den inerten II u. in W. lösl. sind, behandelt, dann das Niederdruckpolyolefin abtrennt, mit dem II u./oder W. wäscht u. trocknet, wobei man ggf. die I vor der Behandlung mit ungesätt. aliphat. III mit O_2 oder O_2-enthaltenden Gasgemischen oxydiert. Als III wird bes. Allylalkohol verwendet. Die 1. Wasserwäsche wird bes. bei 0—10° vorgenommen. Die Oxydation erfolgt bes. in Ggw. eines Oxydationsbeschleunigers, z. B. von Tetrahydrofuranperoxid. Zur Regeneration des zum Auswaschen verwendeten Dispergiermittels wäscht man die darin gelösten Katalysator-Komplex-Verbb. mit W. aus u. verwendet es nach Trocknung erneut zum Auswaschen der Polyolefine. Man erhält Polymerisate mit einem Asche-Geh. von 0,02% u. weniger. (**D. A. S. 1 121 807** Kl. 39c vom 10/2. 1960, ausg. 11/1. 1962.) M. MAIERHAUSER. 7173

Esso Research and Engineering Co., Elizabeth, N.J. (Erfinder: Georg Oliver Hillard jun. und Lawrence Wesley McLean, Baton Rouge, La.), V.St.A., **Aufarbeiten und Reinigen** von Lsgg. von Homopolymerisaten von Isoolefinen oder Mischpolymerisaten von Isoolefinen mit Multiolefinen oder aromat. Vinyl-KW-Stoffen, die in Ggw. von FRIEDEL-CRAFTS-Katalysatoren in Nicht-KW-Stoffen als Verdünnungsmittel bei niedriger Temp. erhalten worden sind, dad. gek., daß man eine Lsg. des Polymerisats oder Mischpolymerisats in einem Nicht-KW-Stoff (I) mit einem KW-Stoff-Lsgm. behandelt, dessen Kp. über dem des I liegt, die entstehende Mischung bis zur Entfernung des I erhitzt u. anschließend die Polymerisat-Lsg. zuerst mit einer verd. wss. Säure u. dann mit W. wäscht. Das Verf. eignet sich bes. für *harzartige Polymerisate aus Styrol u. Isobutylen* in CH_3Cl unter Verw. von Heptan als KW-Stoff-Lösungsmittel. Man erhält Polymerisate mit < 0,01 Gew.-% Aschegehalt. (**D. A. S. 1 121 809** Kl. 39c vom 2/8. 1958, ausg. 11/1. 1962.) M. MAIERHAUSER. 7173

Esso Research and Engineering Co., Elizabeth (Erfinder: Lewis W. Bowman, Westfield), N.J., V.St.A., **Mischpolymerisate von Äthylen mit Buten-(1)** mittels Katalysatoren aus einem Al-Trialkyl, -aryl oder einem Al-Alkyl- oder -arylhalogenid u. einer reduzierbaren Verb. von Metallen der 4.—8. Nebengruppe des Period. Syst. durch Polymerisation eines Gemisches von 90—99,8 Vol.-% Äthylen u. 0,2—10 Vol.-% 1-Buten. Man verwendet bes. Katalysatoren aus 1 Mol Ti-Tetrahalogenid u. 0,6—3 Mol einer Al-Alkyl-Verb. mit 2—8 C-Atomen je Alkylgruppe, bes. solche aus 1 Mol $TiCl_4$ u. 1—2 Mol $Al(C_2H_5)_3$. Man erhält flexible Polymerisate mit Zugfestigkeiten von 175 bis 351 kg/cm², Molgew. von ca. 50000—500000 u. einem Torsionsmodul zwischen ca. $0{,}002\cdot 10^5$ u. $0{,}035\cdot 10^5$ kg/cm² bei 25° u. nicht mehr als $0{,}084\cdot 10^5$ kg/cm² bei —50°. — Diagramm der Dehnbarkeit verschiedener Polyalkene. (**D. A. S. 1 121 808** Kl. 39c vom 22/3. 1958, ausg. 11/1. 1962. A. Prior. 17/4. 1957.) M. MAIERHAUSER. 7173

E. I. du Pont de Nemours & Co. (Erfinder: Edwin David Johnson), Wilmington, Del., V.St.A., **Trennung hochmolekularer und niedrigmolekularer Fraktionen linearer Äthylenpolymerisate und -mischpolymerisate,** dad. gek., daß man eine Lsg. eines Gemisches der Fraktionen in einem KW-Stoff bei einem solchen Druck auf eine

Temp. (I) oberhalb der krit. I des Lsgm. (II) erhitzt, daß die Dichte des II in der Polymerisat-II-Phase (III) oberhalb der „Ausfälldichte“ gehalten wird, dann durchDruckverminderung ein Absinken der Dichte des II in der III unter die Ausfälldichte bewirkt, wobei die I > die krit. I des II gehalten wird, u. das hochmol. Polymerisat u. ein Gemisch aus II u. niedrigmol. Polymerisat in Form gesonderter Phasen gewinnt. Bes. geeignet ist Cyclohexan als II, wobei die Polymerisat-Lsg. auf mindestens 281° u. einen Druck von mindestens 106 kg/cm² gebracht u. dann unter Beibehaltung einer I > 281° durch Drucksenkung die Dichte des II < 0,520 g/cm³ gebracht wird. Man erzielt so eine raschere u. stetig durchführbare Abtrennung niedermol. Anteile. (**D. A. S. 1 123 831** Kl. 39c vom 21/2. 1958, ausg. 15/2. 1962. A. Prior. 1/3. 1957.) M. MAIERHAUSER. 7173

Centre National de la Recherche Scientifique, Paris (Erfinder: Adolphe Chapiro, Paris, Michel Magat, Bourg-la-Reine, Seine, und Jeanne Danon geb. Sebban, Paris), Frankreich, **Herstellung von gepfropften Mischpolymerisaten,** bei der zuerst ein Polymerisat (I) in Ggw. von O_2 zur Ausbldg. von akt. Zentren in I einer ionisierenden Strahlung ausgesetzt u. das bestrahlte I dann mit durch freie Radikale polymerisierbaren Monomeren (II) nach D. A. S. 1 070 825 umgesetzt wird, dad. gek., daß die Rk. des Stamm-I mit dem II unterbrochen wird, wenn erst ein Teil der akt. Zentren verbraucht ist u. anschließend das gebildete Pfropf-I mit wenigstens einem anderen II umgesetzt wird, so daß ein gepfropftes Misch-I entsteht, dessen Stamm von dem ursprünglichen I gebildet wird u. dessen aufgepfropfte Seitenketten aus den durch Polymerisation der verschiedenen II gebildeten Polymeren besteht. Das 1. II soll bei tieferer Temp., z. B. 20—50°, mit dem Stamm-I umgesetzt werden als das 2. II, z. B. 50—80°. — In den Mengenbeispielen wird von Polyäthylen u. Polypropylen als Stamm-I ausgegangen, auf das Methylmethacrylat u. Acrylnitril als II aufgepfropft werden. — Vgl. D. A. S. 1 056 829; C. **1960.** 2020. (**D. A. S. 1 086 047** Kl. 39c vom 25/7. 1957, ausg. 28/7. 1960. F. Prior. 27/7. 1956. **Zusatz zu D. A. S. 1070 825; C. 1960. 8703. Schwz. P. 356 914** vom 22/7. 1957, ausg. 31/10. 1961. F. Prior. 27/7. 1956. **Zusatz zu Schwz. P. 351 406; C. 1962. 2195.**) H. SCHINDLER. 7173

Farbwerke Hoechst Akt.-Ges., vormals Meister Lucius & Brüning (Erfinder: Karl-Heinz Kahrs und J. Wolfgang Zimmermann), Frankfurt/M., **Herstellung von Pfropfpolymerisaten** nach D. A. S. 1 077 430, dad. gek., daß man Polalkylenoxide bzw. Polyalkylenglykole (I) u./oder Polyalkylenglykol-Derivv. (II) in Acrylsäureestern oder deren Derivv. oder deren Mischungen ggf. unter Zusatz weiterer Lsgm. löst u. diese Lsg. unter Zusatz radikal. Aktivatoren u./oder durch Bestrahlung wie üblich polymerisiert. Als I verwendet man bes. Polyäthylen- oder Polypropylenglykole oder Polyadditions-Verbb. von höheren Homologen des Propylenoxids, die ein Molgew. > 1000 haben. Als II wurden oxäthylierte Polypropylenglykole oder solche I verwendet, deren endständige OH-Gruppen mit mono- oder mehrfunktionellen Verbb. verestert oder veräthert sind. Schließlich können als II auch N-haltige I eingesetzt werden. Durch den Einbau von z. B. Polyäthylenglykolen läßt sich ein Polyacrylester hydrophylieren u. durch Polypropylenglykol die mechan. Eigg. wie Reißdehnung oder Reißfestigkeit stark beeinflussen. (**D. A. S. 1 084 917** Kl. 39c vom 17/12. 1958, ausg. 7/7. 1960. **Zusatz zu D. A. S. 1 077 430; C. 1961. 3501.**) H. SCHINDLER. 7173

Mauser K. G., Köln (Erfinder: Eugen Dumont und Curt Schneider, Frankfurt/M.), **Verfahren zum Vernetzen von Formkörpern aus Polyäthylen,** bes. Rohre, Platten oder Folien. Man bringt diese bei 50—120° ggf. in Ggw. von $AlCl_3$ u. ggf. bei einem Druck von 1—10 at mit niedrigen, aliphat., unverzweigten, gesätt. Dicarbonsäuredichloriden (I), ggf. unter Zusatz eines indifferenten organ. Quellungsmittels (CCl_4), in Berührung. — Beispiele für I: *Bernsteinsäuredichlorid* (II) u. *Sebacinsäuredichlorid.* — Man behandelt ein Polyäthylenrohr in einer mit Umlaufpumpe, Heizwicklung u. Thermometer u. Rückflußkühler versehenen Rk.-Rohr, das mit II gefüllt ist, 24 Std. bei 90°, wäscht das Rohr mit verd. Soda-Lsg. u. dann mit W. säurefrei. Dadurch wird das Rohr reißfester, beständiger gegen Lsgm. u. Temp.-Einwirkung. (**D. A. S. 1 072 803** Kl. 39b vom 13/5. 1958, ausg. 7/1. 1960.) A. JAHN. 7173

Esso Research and Engineering Co., Elizabeth, N.J., V.St.A., **Herstellung von Harzen durch Polymerisation dampfgecrackter Erdölfraktionen** mit $AlCl_3$, dad. gek., daß man als Ausgangsstoff eine von 38—120° sd. Fraktion (I) verwendet, die aus einem Prod. abgetrennt wurde, das aus einer schweren I mit Kp. 200—510°, einer Dichte von 0,780—0,904 bei 15,6° u. einem Geh. an Aromaten von 0—45 Gew.-% durch Cracken bei 540—900° in Ggw. von 50—95 Mol.-% Wasserdampf bis zu einem solchen Grad, daß im Crackprod. der Geh. an KW-Stoffen mit nicht > 3 C-Atomen 30—45 Gew.-% beträgt, gewonnen wurde. Die von 38—120° sd. I soll zur Entfernung der Cyclodiene in der Wärme behandelt worden sein. Vgl.-Beispiele über den Einfl. der Crackstärke auf die aus unbearbeitetem Gasöl mit 16,5 u. 33% Aromatengeh. erhaltenen Harzausbeuten. — Tabellen. Kurven. (**D. A. S. 1 091 330** Kl. 39c vom 19/7. 1956, ausg. 20/10. 1960.) H. SCHINDLER. 7173

Farbenfabriken Bayer Akt.-Ges., Leverkusen (Erfinder: Paul Schneider, Opladen, Gottfried Scriba und Wilhelm Graulich, Leverkusen), **Schlag- und kerbschlagfeste Formmassen mit verbesserter Wärmebeständigkeit** aus kautschukelast. Butadien-Acrylsäurenitril-Mischpolymerisaten u. thermoplast. Acrylsäurenitril-Styrol-Mischpolymerisaten werden dadurch verbessert, daß man Styrol (II) ganz oder teilweise, bes. mindestens 20 Gew.-%, durch α-Methylstyrol ersetzt. Bevorzugt sind Gemische aus 5—45 Gew.-% Acrylsäurenitril (I) u. 55—95 Gew.-% α-Methylstyrol (III) oder tern. Mischpolymerisate aus 5—45 Gew.-% I u. 55—95 Gew.-% eines Gemisches aus II u. III. (**D. A. S. 1 078 324** Kl. 39b vom 11/6. 1958, ausg. 24/3. 1960. **Zusatz zu D. A. S. 1053779; C. 1961. 680.**) A. JAHN. 7173

Röhm & Haas G. m. b. H. (Erfinder: Günter Schröder und Klaus Tessmar), Darmstadt, **Herstellung stickstoffenthaltender Derivate der Polymethacrylsäure** aus Polymethylmethacrylat bzw. aus zum überwiegenden Teil aus Methacrylsäuremethylester aufgebauten Mischpolymerisaten nach D. A. S. 1 077 872, dad. gek., daß neben oder anstatt wss. NH_3 die wss. Lsg. prim. u./oder sek. Amine verwendet wird. Nach den Beispielen verwendet man Methyl- u. Dimethylamin, wobei man zu bes. gut filtrierbaren Endprodd. kommt, wenn man die Rk. in wss. Lsg. von $CaCl_2$ oder $(NH_4)_2SO_4$ durchführt. (**D. A. S. 1 088 231** Kl. 39c vom 26/3. 1959, ausg. 1/9. 1960. **Zusatz zu D. A. S. 1077872; C. 1961. 318.**) H. SCHINDLER. 7173

W. R. Grace & Co., New York, N.Y. (Erfinder: Frank Andrew Mirabile, Silver Spring, und Frank Xavier Werber, Kensington, Md.), V.St.A., **Polymerisation von Methylmethacrylat, Styrol oder Vinylacetat.** Sie wird in Ggw. von Al-Trialkyl u. O_2 bei —80 bis +80°, bes. bei —80 bis 0° mit oder ohne Lsgm. durchgeführt. Das Molverhältnis liegt im Bereich von 3 : 2 bis 1 : 1000, bes. bei 1 : 1. (**D. A. S. 1 123 472** Kl. 39c vom 31/3. 1960, ausg. 8/2. 1962.) L. STADELMANN. 7173

Nippon Carbide Kogyo Kabushiki Kaisha, Tokyo (Erfinder: Yasusuke Saito und Tadashi Sakihiro, Namerikawa), Japan, **Emulsionspolymerisation von Vinylchlorid** in wss. Medium, das ein Vinylacetat–Maleinsäureanhydrid-Mischpolymerisat (I) oder dessen Salze u. Polyvinylalkohol (5—100% des Mischpolymerisats) enthält. — 100 (Teile) Vinylchlorid, 0,2 Lauroylperoxid, 200 W., 0,2 I u. 0,1 Polyvinylalkohol werden im 300 Liter-Autoklaven 15 Std. bei 55° gehalten. Gleichmäßige Teilchengröße des Polymeren, fast kein Belag an der Innenwand des Autoklaven. (**Jap. A. S. 496/1960** vom 19/9. 1957, ausg. 26/1. 1960.) M. PANKOW. 7173

Dynamit-Akt.-Ges., vormals Alfred Nobel & Co., Troisdorf (Erfinder: Otto Fuchs, Oberlar/Troisdorf), **Herstellung von weichmacherhaltigen Schaumstoffen aus Polymerisaten und Mischpolymerisaten des Vinylchlorids.** Man sättigt zunächst einen Weichmacher (I) mit einem Gas unter Druck in einem Rühr-, Schüttel-, Dreh- oder Gasrührautoklaven oder durch Einspritzen des I in ein Druckgefäß, u. läßt den mit Gas gesätt. I in ein unter gleichem Druck stehendes Gefäß fließen, welches das trockene Polymerisatpulver enthält, wobei durch Rühren die Bldg. der Paste erfolgt. Die unter Gasdruck befindliche Paste wird herausgepreßt, dabei entspannt u. durch Erhitzen gelatiniert, wobei die entweichenden Gase Schaum erzeugen. (**D. A. S. 1 065 169** Kl. 39b vom 15/2. 1958, ausg. 10/9. 1959.) A. JAHN. 7173

Farbwerke Hoechst Akt.-Ges., vormals Meister Lucius & Brüning (Erfinder: Ludwig Orthner, Horst Herzberg und Hans-Helmut Frey), Frankfurt/M., **Herstellung elastifizierter Formmassen auf der Grundlage von Vinylchlorid (I)-Polymerisaten** oder überwiegend I enthaltenden Mischpolymerisaten, dad. gek., daß man in einer wss. Dispersion des Polyvinylchlorids oder von I-Mischpolymerisaten eine Lsg. eines chlorierten Polyäthylens bzw. Polypropylens oder eines Mischpolymerisats aus Äthylen u. Propylen in einem wasserunlösl. Lsgm. fein verteilt oder indem man trockenes Polyvinylchloridpulver oder trockenes Pulver von überwiegend I enthaltenden Mischpolymerisaten in einer Lsg. eines chlorierten Polyäthylens bzw. Polypropylens oder eines Mischpolymerisats aus Äthylen u. Propylen in einem wasserunlösl. organ. Lsgm. fein verteilt u. anschließend das Lsgm. u. ggf. das W. wie üblich entfernt. — Mengenbeispiele. (**D. A. S. 1 109 365** Kl. 39b vom 21/7. 1956, ausg. 22/6. 1961. **Zusatz zu D. A. S. 1045089; C. 1961. 17405. E. P. 861 854** vom 19/7. 1957, ausg. 1/3. 1961. D. Prior. 21/7. 1956.) G. VOGEL. 7173

Metallgesellschaft Akt.-Ges., Frankfurt/M. (Erfinder: Oskar Dorschner, Bad Homberg v. d. Höhe), **Kontinuierliche Blockpolymerisation von Styrol** mit einem

Monomeren-Geh. von ≧ 0,5% in senkrechten Rk.-Räumen bei von oben nach unten mit fortschreitender Polymerisation durch indirekten Wärmeaustausch ansteigender Temp., dad. gek., daß der Wärmeaustausch indirekt mittels eines Gemisches zweier oder mehrerer unter vollständigem Rückfluß sd. Fll. erfolgt, daß durch die Zus. des Fl.-Gemisches die Temp. des Polymerisationsgutes stetig der fortschreitenden Polymerisation angepaßt wird u. daß der Durchmesser der Rk.-Räume so bemessen wird, daß über den ganzen Querschnitt jeweils ca. gleiche Temp. herrschen. Die Siedekurve des Fl.-Gemisches soll in ihrem ersten Teil langsam u. dann stark ansteigen, z. B. bei ca. 50° beginnen u., ohne scharfe Knicke aufzuweisen, bei einer Temp. enden, die 80 bis 100°, bes. 30—60°, über der Fließtemp. des polymerisierten Styrols liegen. Polymerisation u. wärmeaustauschende Mittel werden unter Druck gehalten. Eine Wärmezuführung erfolgt zum unteren Teil des oder der Rk.-Räume, in denen sich die Wärmeaustauschmittel befinden. Als solche sind in der Beschreibung des Verf. u. der Vorr. ein Gemisch aus 50 (%) Bzn. mit Kp. 50—200° u. 50 Dieselöl mit Kp. 200—300°, genannt. Man erhält z. B. 50 g/Std. Polystyrol mit Viscositätszahl 75 u. Molgew. 250000. — Zeichnungen. (**D. A. S. 1 102 409** Kl. 39c vom 2/1. 1959, ausg. 16/3. 1961.)
H. SCHINDLER. 7173

Monsanto Chemical Co., St. Louis, Mo., übert. von: Robert E. Colwell und Norbert Platzer, Springfield, Mass., V.St.A., **Verschäumbare Massen aus Styrolpolymerisaten und -mischpolymerisaten.** Man mischt die Polymerisate (I) mit 0,5—20%, bes. 0,5—3%, C_{12}—C_{20}-Fettsäuren (II), deren Salzen, z. B. stearinsaures Na, Ca oder Zn, oder Estern, z. B. Butylstearat, zerkleinert die Mischung bis zu einer Durchschnittsgröße von < 10 Maschen u. tränkt sie mit einem fl. KW-Stoff, Kp. 10—80°, bes. n-Pentan. Als I kommen Polymerisate von Styrol, Vinyltoluol, p-Äthylstyrol u. 2.4-Dimethylstyrol, sowie deren Mischpolymerisate mit sich selbst oder mit ≦ 15 Butatien in Frage. Die I nehmen mit dem Zusatz bis zu zweimal mehr Lsgm. auf wie ohne den Zusatz der **II**. Beim Erwärmen der **I** bilden sie einen Schaum, dessen Zellen einen Durchmesser von 0,015—0,032 Zoll aufweisen. — Vgl. A. P. 2 857 339; C. **1962.** 9175. (**A. P. 2 857 341** vom 28/12. 1955, ausg. 21/10. 1958.) C. LÜTTGEN. 7173

Farbenfabriken Bayer Akt.-Ges., Leverkusen (Erfinder: Wilhelm Graulich, Dormagen, Gottfried Scriba, Leverkusen, und Paul Schneider, Opladen), **Thermoplastische schlagfeste Formmassen,** bestehend aus a) 25—90 (Gew.-%) eines Styrol (I)-Acrylnitril (II)-Mischpolymerisats (55 : 45—95 : 5) u. b) 10—75 eines kautschukelast. Butadien (**III**)-**II**-Mischpolymerisats, das neben **III** u. 5—45 **II** noch 0,1—20 eines dritten Monomeren einpolymerisiert enthält, das bei erhöhten Temp. eine Vernetzung des kautschukelast. tern. Mischpolymerisats bewirkt, nach D. A. S. 1 053 779, dad. gek., daß letzteres Mischpolymerisat b) als dritte Komponente Verbb. enthält, die N-Methylolcarbonamid-, verätherte N-Methylolcarbonamid-, Dioxolan-, Ureido- oder 2-Methylen-1.3-dioxoreste aufweisen. Zweckmäßig mischt man Latices der elast., selbstvernetzende Gruppen tragenden Komponente u. des thermoplast. **II**–**I**-Mischpolymerisats nach der Emulsionspolymerisation der Latices u. erhitzt das getrocknete Mischkoagulat unter Einw. von Scherkräften kurz auf ca. 130—220°. Man walzt z. B. ein Mischpolymerisat aus 61 **III**, 36 **II** u. 3 Methylenacetylaceton (Defo-Wert 2000/35,0) nur 12 Min. bei 160° zu einem Prod., das zu 61% in $CH_3COC_2H_5$ unlösl. ist. 300 (Teilen) dieses Prod. mischt man während 10 Min. 700 des **I**–**II**-Mischpolymerisats u. 100 TiO_2 zu. Als dritte Komponenten sind noch genannt: Divinylbenzol, Methylenacetessigester, Methacrylamid-N-methylolmethyläther, Methacrylsäure-β-ureidoäthylester, β-Ureidoäthylvinyläther, Ester aus Methacrylsäure u. 4-Hydroxy-1.1.-dimethyldioxolan. — Beispiele, Tabellen. Vgl. F. P. 1 154 914; C. **1960.** 8699. (**D. A. S. 1 119 508** Kl. 39b vom 13/6. 1956, ausg. 14/12. 1961. **Zusatz zu D. A. S. 1 053 779; C. 1961. 680.**)
G. VOGEL. 7173

Deutsche Gold- und Silber-Scheideanstalt vormals Roessler, Frankfurt/M. (Erfinder: Jürgen Behrends, Hanau/M., Otto Schweitzer, Königstein/Taunus, Heinrich Hopff, Zürich, Schweiz, und Werner Kern, Mainz), **Herstellung von Eupolyoxymethylenen** durch katalyt. Polymerisation von monomerem CH_2O, dad. gek., daß ein möglichst weitgehend von Feuchtigkeit, bes. bis auf ≦ 0,1%, befreiter CH_2O in Ggw. von in trockenem Bzn u./oder Dekahydronaphthalin suspendiertem oder gelöstem S polymerisiert wird. (**D. A. S. 1 123 469** Kl. 39c vom 7/1. 1959, ausg. 8/2. 1962.) W. OVERBECK. 7177

E. I. du Pont de Nemours & Co., Wilmington, Del., V.St.A., **Stabilisieren von hochmolekularem Polyoxymethylen,** dad. gek., daß man ihm 0,001—50%, bes. 0,1 bis 10%, eines synthet. Polyamids, bes. N-Methoxymethylpolyhexamethylenadipamid, zusetzt. (**Ind. P. 61 064** vom 11/7. 1957, ausg. 22/11. 1959.) C. LÜTTGEN. 7177

Comp. de Saint Gobain, Paris (Erfinder: Henri Jean, Palaiseau), Frankreich, **Herstellung von Formaldehyd-Polymerisaten,** dad. gek., daß die Polymerisation des CH_2O in der Gasphase durch gleichzeitige Einführung eines kontinuierlichen Stromes von gasförmigem CH_2O-Monomerem u. eines Polymerisationskatalysators, z. B. eines gasförmigen tert. aliphat. Amins in Dampf- oder Aerosolform in die Rk.-Kammer durchgeführt u. das gebildete Polymerisat als trockenes Pulver im untersten Teil der Rk.-Kammer abgezogen wird. (**D. A. S. 1 123 107** Kl. 39c vom 24/9. 1959, ausg. 1/2. 1962. F. Prior. 24/9. 1958.) W. OVERBECK. 7177

Polygram Casting Co. Ltd., Tunbridge Wells, England, **Herstellung wärmehärtender Mischungen.** Die Mischungen bestehen aus 4 Komponenten: einem Kohlehydrat (I), einer Carbonsäure (II), einem Amin (III) u. einem „Bindemittel" (IV). Beispiele für I: Mono- u. Disaccharide, bes. Dextrose, Glucose, Lactose, Maltose u. Saccharose; Beispiele für II: aromat. Poly- u. Polyhydroxycarbonsäuren, bes. Gallussäure u. Citronensäure; Beispiele für III: aromat. Di- u. Polyamine mit mindestens einem Rk.-fähigen H-Atom; Beispiele für IV: CH_2O, Paraldehyd, Maleinsäure- u. Phthalsäureanhydrid, Hexamethylentetramin. Dosierungen: Geh. an II: 5—20% des Gewichts von I; Geh. an III: 1—15% des Gewichts von I; Geh. an IV: 0,2—5% des Gewichts von I; außerdem können noch bis 6% des Gewichts von I einer Mineralsäure oder eines Salzes davon vorhanden sein, weiterhin ein wärmebeständiges Pigment in der 5—20fachen Gewichtsmenge von III. Die Komponenten außer III u. IV werden gemischt, auf 100—140° erhitzt u. mit einem Zusatz von III + IV versehen. (**Port. P. 38 012** vom 26/1. 1961, Auszug veröff. 29/3. 1961.) A. KALIX. 7177

Mid-Century Corp., Chicago (Erfinder: Ellis Kirby Fields, Chicago), Ill., V.St.A., **Carboxyphenylderivate des 5wertigen Phosphors** der Formel [$(HOOC)_n$ — 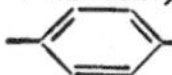 —$]_xP(:O)(OR_1)_y$ (R_1 = H oder Alkyl; n u. x = ganze Zahl von 1—3; y = ganze Zahl von 0—2; x + y = 3) erhält man durch Rk. von Verbb. der Formel $R_xP(:O)(OR_1)_y$ (R = Phenylrest mit 1—3 Methylresten) mit O_2 oder freien O_2 enthaltenden Gasen bei ca. 120—260° u. einem Überdruck von 0—105 kg/cm² in Ggw. eines Katalysators, der, ein Co- oder Mn-Salz oder deren Gemische u. Br oder eine organ. Br-Verb. (HBr, NH_4Br, NaBr, KBr, Tetrabromäthan, Äthylbromid, Benzylbromid) enthält u. in Ggw. einer niederen gesätt. aliphat. Monocarbonsäure als Lsgm. (wasserfreie Essigsäure). — Man stellt zunächst aus m-Tolyl-MgBr u. $POCl_3$ in Ae. *Tri-(m-tolyl)-phosphinoxid* (I), F. 110—111°, her. Eine Mischung aus 32 g I, 150 g Eisessig u. 6 ml einer wss. Lsg., die 0,2 g Mn-Acetat, 0,4 Co-Acetat u. 0,5 g NH_4Br gelöst enthielten, wird bei 205° u. 28,1 at mit Luft oxydiert (0,00368 m³/Min.). Nach dem Aufarbeiten erhält man 34,2 g *Tris-(m-carboxyphenyl)-phosphinoxid,* F. 335—337°. — Analog: *Äthyl-bis-(2.5-dimethylphenyl)-phosphinat,* F. 102—103° → *Bis-(2.5-dimethylphenyl)-phosphinsäure,* F. 184—185° → *Bis-(2-methyl-5-carboxyphenyl)-phosphinsäure,* F. 212—214°; *2-Methyl-2'.5.5'-tricarboxy-diphenylphosphinsäure,* F. 278—282°; *Methylcarboxyphenylphosphonsäure,* F. 275—277°. — *Weichmacher, Flammfeste Alkydharze.* (**D. A. S. 1 122 521** Kl. 12o vom 8/9. 1958, ausg. 25/1. 1962. A. Prior. 9/9. 1957.) A. JAHN. 7177

Röhm & Haas G. m. b. H. (Erfinder: Klaus Tessmar und Fritz Kollinsky), Darmstadt, **Herstellung ungesättigter Polyester** erfolgt durch Rk. von trimeren bis hexameren Estern der Methacrylsäure bzw. deren Carbonsäuren oder deren Gemischen mit 2- oder mehrwertigen Alkoholen. Verestert wird z. B. eine Mischung aus 79% dimerem, 17% trimerem Methacrylsäuremethylester u. höheren Oligomeren mit Diäthylenglykol in Ggw. von Zn-Borat bei 210°. (**D. A. S. 1 112 630** Kl. 39c vom 9/2. 1955, ausg. 10/8. 1961.) F. KOCH. 7177

Sumitomo Kagaku Kogyo Kabushiki Kaisha, Osaka, Japan (Erfinder: Tzeng Jiucq Suen und Yun Jen, Conn., V.St.A.), **Herstellung von kationischen Harzkondensationsprodukten.** Man setzt CH_2O mit Amino-Verbb., die mit CH_2O in der Wärme härtende Harze bilden, u. linearen Polymeren mit Carbonamidgruppen um, die mit CH_2O reagieren, u. behandelt nach der Rk. oder in einem beliebigen Stadium mit einem sauren Medium. — Man rührt langsam zu 189 (g) Tetraäthylenpentamin in 500 W. 178 Epichlorhydrin u. hält unter 50°, bis die Lsg. viscos wird u. verd. mit W. auf 15% Feststoffgehalt. Je 50 cm³ der Lsg. u. einer aus 1 Mol CH_2O pro 1 Monomereneinheit von Polyacrylamid erhaltenen 15%ig. Lsg. von Polymethylolpolyacrylamid läßt man bei pH 9 u. 20° stehen u. kondensieren. Man red. den viscosen Sirup auf 2% Feststoff-Geh. u. hält 1 Std. bei pH 3, wobei ein kation. Rk.-Prod. entsteht. — *Klebemittel, Ionenaustauscher, Behandlungsmittel für Fasermaterial, Gewebe, Geflecht, Filz, Filme.* (**Jap. A. S. 344/1960** vom 20/3. 1957, ausg. 19/1. 1960. A. Prior. 26/3. 1956.) M. PANKOW. 7181

Farbenfabriken Bayer Akt.-Ges. (Erfinder: Wolfram Neumann und Otto Bayer), Leverkusen, **Stickstoffhaltige Kunstharze** erhält man durch Rk. von akt. H-Atome aufweisenden Verbb. (Polyester u. Polyglykole), bes. mit endständigen OH- u. COOH-Gruppen, mit ggf. verkappten Rk.-Prodd. (I) aus mehrwertigen OH-Verbb. (2-Äthylhexan-1.3-diol, Ricinusöl, Propan- u. Butandiol u. Polyglykole) u. überschüssigem 1.3-Diisopropylbenzol-4.6-diisocyanat, bes. im äquivalenten Verhältnis. Die I haben den Vorteil der bes. Löslichkeit in KW-Stoffen, wie Testbenzin. Herst. von Flächengebilden, wie Filmen, Folien, Verklebungen, Kaschierungen oder Präparierungen von Trägermaterialien. (**D. A. S. 1 108 902** Kl. 39b vom 29/7. 1959, ausg. 15/6. 1961.) G. TEWES. 7181

N. V. Onderzoekingsinstituut Research (Erfinder: Heine Gerke Nicolai Tiemersma), Arnheim, Holland, **Herstellung von linearen Polyamiden und Polymethylenterephthalaten,** bes. Polyamiden aus Diaminen u. Dicarbonsäuren, wobei eine Fl., die einen oder mehrere Polykondens.-Prodd. bildende Stoffe oder deren Vorkondensat enthält, bei bes. ca. 275° in Form einer umhüllenden Schicht über die Oberfläche eines vertikal angeordneten, langgedehnten Körpers geführt wird, dad. gek., daß das zu kondensierende Gemisch in einer gleichmäßigen Schichtdicke, die im Verhältnis zum Durchmesser des Drahtes groß ist, über die Oberfläche eines vertikal angeordneten Drahtes geführt wird. Beschreibung einer Vorr. zur kontinuierlichen Durchführung des Verfahrens. — 1 Zeichnung. (**D. A. S. 1 118 967** Kl. 39c vom 19/8. 1958, ausg. 7/12. 1961. Holl. Prior. 28/9. 1957.) W. OVERBECK. 7181

Cassella Farbwerke Mainkur Akt.-Ges. (Erfinder: Wilhelm Kunze), Frankfurt/M., **Herstellung von heiß verformbaren, wasser- und alkaliunlöslichen, stickstoffhaltigen Polymeren auf Basis von (alkylsubstituiertem) Acrylamid** in saurem Medium, dad. gek., daß man wss. Lsgg. von (alkylsubstituierten) Polyacrylamiden oder Mischpolymerisaten mit überwiegendem Anteil davon mit Mineralsäuren oder organ. Sulfosäuren erhitzt. Die Säurebehandlung, wobei 3—20% des Rk.-Gemisches an Säure zugegen sein sollen, wird bei 60—120° vorgenommen. In den Beispielen werden H_2SO_4, HCl, H_3PO_4, HBF_4 u. Benzolsulfonsäure eingesetzt. (**D. A. S. 1 115 021** Kl. 39c vom 14/4. 1959, ausg. 12/10. 1961.) H. SCHINDLER. 7181

Kabushiki Kaisha Meidensha und Union Varnish Kabushiki Kaisha (Erfinder: Eikichi Ishida), Tokyo, Japan, **Herstellung alkylendioxylierter Polyalkoxytriazine.** Man verteilt 2 Mol Cyanurchlorid u. 1 Mol eines aliphat. gesätt. oder ungesätt. 2wertigen Alkohols in einem geeigneten Lsgm. in An- oder Abwesenheit von Allylalkohol (I), setzt bei 0—5° 0,2—1 Mol über die äquivalente Menge hinaus NaOH zu, läßt reagieren, gibt sofort 4—5 Mol I u. bei 5—10° Innen-Temp. 0,2—1 Mol weniger als die äquivalente Menge NaOH zu u. führt die Allyloxylierung durch. — Man rührt bei 0° 92 (g) Cyanurchlorid, 16 Äthylenglykol u. 150 cm^3 Aceton ein, setzt 30 45%ig. wss. NaOH tropfenweise zu u. hält bei 0—5° u. gibt sofort danach 73 I zu, tropft bei 0—10° 33 45%ig. NaOH-Lsg. zu, rührt 2 Std. bei 10—25° u. 1 Std. bei 30°, verd. mit der 4fachen Wassermenge, wäscht den Nd. mit W. aus, löst in Chlf., trocknet mit Na_2SO_4, saugt ab, trennt durch Vakuum-Dest. W., I usw. ab. u. erhält eine farblose, durchsichtige Flüssigkeit. — Die erhaltenen Prodd. können mit Peroxiden, auch zusammen mit anderen Vinyl-Verbb. oder in Mischung mit Polyestern zu wärmehärtbaren *Harzen* polymerisiert werden. (**Jap. A. S. 945/1960** vom 15/2. 1957, ausg. 18/2. 1960.) M. PANKOW. 7181

Farbenfabriken Bayer Akt.-Ges., Leverkusen (Erfinder: Rudolf Merten und Günther Braun, Köln), **Polyurethane, die gegebenenfalls verschäumt sind** erhält man durch Rk. von Polyisocyanaten (I), ggf. W. u. Vernetzern (II), Katalysatoren (tert. Amine oder Metall-Verbb.), Schaumstabilisatoren, Emulgatoren [(alkoxylierte) Silicone, Paraffinöl u. zusätzlichen Treibmitteln u. OH-Gruppen aufweisenden Anlagerungs-Prodd. von Alkylenoxiden (III) an Kohlehydrate, die in wss. sauren Lsgg. (IV) invertiert wurden u. anschließend bis unter 1% Wasser-Geh. entwässert worden sind]. — I: Auch Vorpolymere mit freien NCO-Gruppen aus Di- u. Triolen (auch verkappte). II: W., Glykole, Amine oder Aminoalkohole. III: (alkylarylsubstituiertes) Äthylenoxid, Butylen-Styroloxid, Epichlorhydrin oder 1 Allyloxy-2.3-epoxypropan. **IV**: Anorgan., organ. oder LEWIS-Säuren, Sulfonsäuren, $AlCl_3$ oder saure Ionenaustauscher, Vernetzung kann auch mit S_2, Peroxiden oder CH_2O erfolgen. (**D. A. S. 1 125 167** Kl. 39b vom 3/3. 1960, ausg. 8/3. 1962.) E. DÖRFEL. 7181

Farbenfabriken Bayer Akt.-Ges. (Erfinder: Kuno Wagner, Leverkusen, und Julius Peter, Odenthal), **Gegebenenfalls verschäumte, Thioäthergruppen aufweisende, stickstoffhaltige Kunstharze** erhält man durch Rk. mit Sulfoniumkomplexe zerstörenden Agentien (prim., sek. u. tert. Amine, Hydrazin-Deriv., NH_3, Metallalkoholate u. -phenolate, Mercaptide, rhodanwasserstoffsaure Salze anorgan. oder organ. Basen u. Malonsäurediäthylester), z. B. bei 70—180°, ggf. in Ggw. von W., Alkoholen oder Thiolen, vorbehandeltem Polythioäther (aus polyfunktionellen Thioalkoholen, wie Thiodiglykol u. ggf. mehrwertigen Alkoholen, wie Diäthylenglykol) mit Polyisocyanaten (1.5-Naphthylendiisocyanat) u. ggf. Vernetzern (Glykole, W. u. Paraformaldehyd). — Herst. bes. in W. beständiger *Elastomerer*. (**D. A. S. 1 108 903** Kl. 39b vom 21/11. 1959, ausg. 15/6. 1961.) G. TEWES. 7185

Georg Schäfer und Tim Tügel, Hamburg, **Plastische Masse,** dad. gek., daß sie vorwiegend aus einer innigen feuchten Mischung von *Ton* mit ausgefällter *Cellulose* besteht, die noch *Leime* u. *Füllmittel*, wie Mineralpulver, Holzstaub, Farbpulver, feinfaserige Substanzen, enthalten kann u. die an der Luft u./oder unter Einfl. gelinder Wärme zur Endfestigkeit erhärtet. (**D. A. S. 1 122 695** Kl. 39b vom 5/10. 1957, ausg. 25/1. 1962. D. Ausstellungs-Prior. 28/9. 1957.) W. OVERBECK. 7199

Farbenfabriken Bayer Akt.-Ges. (Erfinder: Erwin Müller), Leverkusen, **Hochelastische, vernetzte Polyurethane** werden hergestellt durch Rk. eines aus einem linearen Polyäthylenoxid oder Polyacetat (I) mit Molgew. <750 u. einem Unterschuß an organ. Diisocyanat (II) hergestellten Polyäther- bzw. Polyacetalurethans mit überschüssigem II u. Aushärten der Masse durch organ. Vernetzer (mehrwertige Alkohole u. Diamine) unter Formgebung. — Zu 1207 (g) eines aus 1170 Butan-1.4-β-dihydroxyäthyläther u. 145 Paraformaldehyd erhaltenen I (OH-Zahl 162) werden bei 90° 210 2.4-Toluylendiisocyanat getropft. 200 des nach Rk. bei 130° erhaltenen Öls (OH-Zahl 53) wird bei 90° mit 60 1.5-Naphthylendiisocyanat verrührt, die Temp. auf 130—140° gesteigert, nach 10 Min. 15,1 Butandiol-(1.4) eingerührt u. sofort verformt. Nach 24 std. Nacherhitzen bei 100° erhält man einen *kautschukelast. Körper*. — Herst. von *Platten, Rohren, Ringbelägen* für *Kugelmühlen, Fußmatten, Absätzen, Pfropfen* u. *Dichtungen*. (**D. A. S. 1 108 901** Kl. 39b vom 27/4. 1959, ausg. 15/6. 1961.) G. TEWES. 7205

Montecatini Soc. Gen. per l'Industria Mineraria e Chimica, Mailand, Italien, und Karl Ziegler, Mülheim/Ruhr (Erfinder: Giuseppe Guzetta und Franco Sabbioni, Mailand, Italien), **Herstellung von Formkörpern aus kristallisierbaren Polymeren,** sog. isotakt. Polymeren mit einer Übergangs-Temp. 1. Ordnung >200° u. 2. Ordnung > Raumtemperatur. Die auf den F. oder darüber erhitzten Polymeren werden so schnell abgekühlt, daß sie amorph sind u. bei Kristallisations-Temp. geformt, worauf man sie nach Auskristallisation aus der Form nimmt. — Man spritzt isotakt. Polystyrol aus der Strangpresse bei 230° zu Fäden in kaltes W., man granuliert die Fäden, preßt diese Körner in einer plattenförmigen Form bei 170° 10 Min. u. nimmt das Material aus der heißen Form. (**F. P. 1 216 397** vom 21/11. 1958, ausg. 25/4. 1960. **D. P. [DDR] 21 040** Kl. 39a vom 24/11. 1958, ausg. 4/4. 1961 [Ausschließungspatent]. Beide It. Prior. 27/11. 1957.) M. PANKOW. 7205

Dr. Kurt Herberts & Co. vorm. Otto Louis Herberts, Wuppertal-Barmen (Erfinder: Hans-Heinrich Böhlk, Neviges/Rhld.), **Herstellung biegefähiger, flächenförmiger Schichtkörper mit ausgehärteter Oberflächenschicht auf Kondensationsharzbasis.** Man imprägniert ein saugfähiges, ggf. gefärbtes u./oder mit Mustern versehenes Papier mit einer wss. Kunstharzdispersion, die Polyvinylacetat, Polyacryl- oder -methacrylsäureester enthält, trocknet u. verpreßt es mit einem Melamin-Formaldehydharz getränktem Seidenpapier bei 90—150° u. einem Druck von ca. 15—120 kg/cm². — *Dekoratives Verkleidungsmaterial*. (**D. A. S. 1 075 828** Kl. 39b vom 28/5. 1958, ausg. 18/2. 1960.) A. JAHN. 7205

Th. Goldschmidt Akt.-Ges., Essen (Erfinder: Fritz Heß, Mannheim), **Herstellung von geformten, bituminösen Produkten** aus geschmolzenen, bituminösen Massen (I) durch Einfließenlassen der I aus Düsen (II) in W., dad. gek., daß geschmolzene I, gefüllt oder ungefüllt, durch Ausfließenlassen aus II über eine veränderliche Luftstrecke in W., welches ein Gegenstrom gegen den aus II austretenden Strang (III) geführt wird, in endlose III konstanten Querschnittes übergeführt werden, die anschließend aufgerollt oder durch Zerschneiden zu einem Granulat zerkleinert werden. — Zeichnung. (**D. A. S. 1 118 082** Kl. 80b vom 18/3. 1959, ausg. 23/11. 1961.) M. BÖTTCHER. 7205

Chemische Werke Hüls Akt.-Ges., Marl, Kr. Recklinghausen, *Herstellung von freifließendem, polyvinylchloridhaltigem Weichmacher*. (**E. P. 844 008** vom 22/7. 1958, ausg. 10/8. 1960. D. Prior. 31/8. 1957. — C. 1962. 1432 [F. P. 1 200 555].)

American Cyanamid Co., New York, N.Y., V.St.A., *Herstellung von Pfropfpolymerisaten*. (**E. P. 851 059** vom 29/3. 1957, ausg. 12/10. 1960. A. Prior. 12/4. u. 14/12. 1956. — C. 1961. 17023 [D. A. S. 1 082 408].)

Monsanto Chemicals Ltd., London (Erfinder: **David Samuel Petrie Roebuck**, Newport, Monmoutshire), England, *Herstellung von Pfropfpolymerisaten.* (**D. A. S. 1 125 654** Kl. 39c vom 20/11. 1957, ausg. 15/3. 1962. E. Prior. 21/11. 1956 u. 16/10. 1957. — C. **1961.** 16298 [E. P. 822 751].)

Phillips Petroleum Co., Bartlesville, Okla., V.St.A., *Gewinnung von Polymeren aus ihren Lösungen.* (**E. P. 830 974** vom 16/5. 1956, ausg. 23/3. 1960. A. Prior. 31/5. 1955. — C. **1961.** 15583 [F. P. 1 153 543].)

Distillers Co. Ltd., Edinburgh, England (Erfinder: **Alaric Louis Jeffrey Raum**), *Katalysatorsystem für Polymerisation.* (**E. P. 827 462** vom 20/10. 1955, ausg. 3/2. 1960. — C. **1960.** 12177 [F. P. 1 158 724].)

Phillips Petroleum Co., Bartlesville, Okla., V.St.A., *Polymerisation von polymerisierbaren Kohlenwasserstoffen.* (**E. P. 829 127** vom 3/9. 1956, ausg. 24/2. 1960. A. Prior. 16/9. 1955. — C. **1961.** 15942 [F. P. 1 158 037].)

Western Electric Co., Inc., New York, N.Y., V.St.A., *Stabilisieren von Kohlenwasserstoffpolymerisaten und -mischpolymerisaten.* (**E. PP. 835 640** vom 26/11. 1957, ausg. 25/5. 1960 u. **832 024** vom 26/11. 1957, ausg. 6/4. 1960. **Belg. PP. 561 970** vom 28/10. 1957 u. **561 998** vom 29/10. 1957, beide ausg. 20/5. 1960. Alle A. Prior. 29/11. 1956. — C. **1960.** 3056 [Oe. PP. 202 773 u. 202 774].)

Western Electric Co., Inc., New York, N.Y., V.St.A., *Stabilisierte Kohlenwasserstoffpolymerisate und -mischpolymerisate.* (**E. PP. 834 355** u. **834 356** vom 26/11. 1957, ausg. 4/5. 1960. **Belg. PP. 562 107** vom 4/11. 1957 u. **562 481** vom 19/11. 1957, beide ausg. 3/6. 1960. Alle A. Prior. 29/11. 1956. — C. **1960.** 3056 [Oe. PP. 203 212 u. 203 213].)

Western Electric Co., Inc., New York, N.Y., V.St.A., *Stabilisieren von Kohlenwasserstoffpolymerisaten und -mischpolymerisaten.* (**Belg. PP. 561 883** vom 24/10. 1957 u. **561 944** vom 26/10. 1957, beide ausg. 20/5. 1960. Beide A. Prior. 29/11. 1956. — C. **1960.** 3056 [Oe. PP. 203 209 u. 203 210].)

Western Electric Co., Inc., New York, N.Y., V.St.A., *Stabilisieren von Kohlenwasserstoffpolymerisaten und -mischpolymerisaten.* (**Belg. P. 562 623** vom 23/11. 1957, ausg. 3/6. 1960. A. Prior. 29/11. 1956. — C. **1960.** 3056 [Oe. P. 203 211].)

Imperial Chemical Industries Ltd., London, England (Erfinder: **Vivien Reid**), *Polymere Massen.* (**E. P. 838 325** vom 8/11. 1957, ausg. 22/6. 1960. — C. **1960.** 12517 [Oe. P. 207 117].)

United States Rubber Co., New York, N.Y., V.St.A., *Plastische Massen.* (**E. P. 840 153** vom 30/9. 1958, ausg. 6/7. 1960. A. Prior. 13/12. 1957. — C. **1962.** 4003 [Holl. P. 96 123].)

Western Electric Co., Inc., New York, N.Y. (Erfinder: **Walter Lincoln Hawkins**, Montclair, **Vincent Leonard Lanza**, Summit, und **Field Howard Winslow**, Springdale, N.J.), V.St.A., *Gegen Oxydation stabilisierte Formmasse.* (**D. A. SS. 1 118 450** u. **1 118 451** Kl. 39b vom 14/10. 1957, ausg. 30/11. 1961. Beide A. Prior. 29/11. 1956. — C. **1960.** 3056 [Oe. PP. 202 774 u. 203 212].)

Imperial Chemical Industries Ltd., London, England (Erfinder: **Kenneth Barry Jarrett** und **Arthur Alan Williams**), *Schlagfeste thermoplastische Massen.* (**E. P. 844 315** vom 3/1. 1958, ausg. 10/8. 1960. — C. **1962.** 8807 [Aust. P. 227 910].)

Badische Anilin- & Soda-Fabrik Akt.-Ges. (Erfinder: **Hans Fikentscher** und **Karl Herrle**), Ludwigshafen/Rh., *Thermoplastische Massen.* (**E. P. 848 153** vom 15/7. 1958, ausg. 14/9. 1960. D. Prior. 20/7. 1957. — C. **1961.** 3500 [D. A. S. 1 081 659].)

Phillips Petroleum Co., Bartlesville, Okla., V.St.A., *Polymerisation von Olefinen.* (**E. P. 827 620** vom 18/10. 1956, ausg. 10/2. 1960. A. Prior. 19/10. 1955. — C. **1961.** 15582 [F. P. 1 161 227].)

Phillips Petroleum Co., Bartlesville, Okla., V.St.A., *Polymerisation von Olefinen.* (**E. P. 828 830** vom 4/10. 1956, ausg. 24/2. 1960. A. Prior. 10/10. 1955. — C. **1961.** 8494 [F. P. 1 158 311].)

Phillips Petroleum Co., Bartlesville, Okla., V.St.A., *Polymerisation von Olefinen.* (**E. P. 831 089** vom 12/9. 1956, ausg. 23/3. 1960. A. Prior. 20/9. 1955. — C. **1961.** 8132 [F. P. 1 160 745 u. Jap. A. S. 8299/1958].)

Bergwerksgesellschaft Hibernia Akt.-Ges., Herne, *Kontinuierliche Herstellung von Polyolefinen.* (**E. P. 832 505** vom 21/2. 1956, ausg. 13/4. 1960. D. Prior. 5/11. 1955. — C. **1958.** 7272 [Oe. P. 193 602].)

Phillips Petroleum Co. (Erfinder: **Robert Louis Banks** und **John Paul Hogan**), Bartlesville, Okla., V.St.A., *Olefinpolymerisation.* (**Schwz. P. 354 253** vom 22/1. 1955, ausg. 30/6. 1961. A. Prior. 20/12. 1954. — C. **1960.** 7011 [E. P. 804 641].)

Farbwerke Hoechst Akt.-Ges., vormals Meister Lucius & Brüning, Frankfurt/M. (Erfinder: **Werner Grundmann**, **Ditmar Bachmann**, **Rudolf Halder**, Hofheim/Taunus, und **Hans Gampp**, Queiros, Brasilien), *Polymerisation von Olefinen.* (**Schwz. P. 357 552** vom 3/11. 1956, ausg. 30/11. 1961. D. Prior. 4/11. 1955. — C. **1960.** 2705 [F. P. 1 159 508].)

Phillips Petroleum Co., Bartlesville, Okla., V.St.A., *Katalytische Herstellung von Olefinpolymerisaten.* (**E. P. 831 806** vom 7/11. 1956, ausg. 30/3. 1960. A. Prior. 14/11. 1955. — C. **1961.** 17404 [F. P. 1 162 777].)

Distillers Co. Ltd., Edinburgh, England (Erfinder: **Alaric Louis Jeffrey Raum** und **Donald Alexander Fraser**), *α-Olefinpolymerisation.* (**E. P. 827 461** vom 8/2. 1956, ausg. 3/2. 1960. — C. **1960.** 12176 [F. P. 1 166 184].)

E. I. du Pont de Nemours & Co., Wilmington, übert. von: **Herrick Ransom Arnold**, Wilmington, und **Robert Everett Foster**, Hockessin, Del., V.St.A., *Katalysator für Olefinpolymerisation.* (**A. P. 2 943 066** vom 8/5. 1956, ausg. 28/6. 1960. — C. **1961.** 13019 [E. P. 825 306].)

Farbwerke Hoechst Akt.-Ges., vormals Meister Lucius & Brüning, Frankfurt/M., übert. von: **Otto Fuchs**, Hofheim/Taunus, und **Ernst Junghanns**, Frankfurt/M., *Stabilisieren von Olefinpolymeren.* (**A. P. 2 955 105** vom 18/3. 1957, ausg. 4/10. 1960. D. Prior. 22/3. 1956. — C. **1960.** 12510 [Oe. P. 207 112].)

Hercules Powder Co., Wilmington, Del., V.St.A., *Chlorieren von Polyolefinen.* (**E. P. 861 505** vom 23/11. 1959, ausg. 22/2. 1961. A. Prior. 12/2. 1959. — C. **1962.** 2192 [A. P. 2 926 159].)

Gelsenberg Benzin Akt.-Ges., Gelsenkirchen, übert. von: **Karl Peterlein**, Gladbeck, *Äthylenpolymerisation.* (**A. P. 2 956 994** vom 31/1. 1956, ausg. 18/10. 1960. D. Prior. 4/2. 1955. — C. **1961.** 2462 [Holl. P. 93 177].)

Soc. des Usines Chimiques Rhône-Poulenc (Erfinder: **Gilbert Bo** und **Philippe Perras**), *Polymerisation von Äthylen.* (**Aust. P. 225 797** vom 17/4. 1958, ausg. 14/1. 1960. F. Prior. 30/4. 1957. — C. **1961.** 7770 [F. P. 1 173 854].)

Distillers Co. Ltd., Edinburgh, England (Erfinder: **Henry Malcolm Hutchinson** und **Alaric Louis Jeffrey Raum**), *Äthylenpolymerisation.* (**E. P. 829 098** vom 10/8. 1955, ausg. 24/2. 1960. — C. **1960.** 9740 [F. P. 1 156 611].)

Soc. des Usines Chimiques Rhône-Poulenc, Paris, Frankreich, *Polymerisation von Äthylen.* (**E. P. 836 305** vom 14/4. 1958, ausg. 1/6. 1960. F. Prior. 30/4. 1957. — C. **1961.** 7770 [F. P. 1 173 854].)

L'Air Liquide Soc. An. pour l'Étude et l'Exploitation des Procédés Georges Claude, Paris (Erfinder: **Étienne Szarwasé**, La Celle Saint-Cloud), Frankreich, *Äthylenpolymerisation.* (**D. A. S. 1 125 653** Kl. 39c vom 7/10. 1958, ausg. 15/3. 1962. F. Prior. 14/10. 1957 u. 30/5. 1958. — C. **1962.** 2923 [F. P. 1 184 303].)

Hercules Powder Co. (Erfinder: **David Samuel Breslow**), Wilmington, Del., V.St.A., *Äthylenpolymerisation.* (**Schwz. P. 354 945** vom 27/9. 1956, ausg. 31/7. 1961. A. Prior. 27/9. 1955 u. 23/8. 1956. — C. **1959.** 5967 [F. P. 1 158 049].)

Imperial Chemical Industries Ltd., London (Erfinder: **Leslie Seed**, Northwich), England, *Herstellung fester Äthylenpolymerer.* (**Schwz. P. 353 899** vom 16/1. 1957, ausg. 15/6. 1961. E. Prior. 16/1. u. 12/12. 1956. — C. **1960.** 12176 [F. P. 1 169 647].)

Phillips Petroleum Co. (Erfinder: **Peter John Canterino**), *Chlorierung von Polyäthylen.* (**Aust. P. 225 757** vom 27/8. 1956, ausg. 14/1. 1960. A. Prior. 9/9. 1955. — C. **1961.** 18892 [Holl. P. 95 980].)

Phillips Petroleum Co., Bartlesville, Okla., V.St.A., *Herstellung von chloriertem Polyäthylen.* (**E. P. 826 495** vom 7/9. 1956, ausg. 6/1. 1960. A. Prior. 9/9. 1955. — C. **1961.** 4901 [Jap. A. S. 8087/1958].)

Phillips Petroleum Co. (Erfinder: **Peter John Canterino**), Bartlesville, Okla., V.St.A., *Chlorieren von Polyäthylenen.* (**Schwz. P. 354 256** vom 8/9. 1956, ausg. 30/6. 1961. A. Prior. 9/9. 1955. — C. **1961.** 4901 [Jap. A. S. 8087/1958].)

Hercules Powder Co. (Erfinder: **Edwin James Vandenberg**), Wilmington, Del., V.St.A., *Polymerisation äthylenisch ungesättigter Kohlenwasserstoffe.* (**Schwz. P. 354 255** vom 27/7. 1956, ausg. 30/6. 1961. A. Prior. 29/7. 1955. — C. **1959.** 316 [Oe. P. 196 620].)

Solvay & Cie. (Erfinder: **Georges Pirlot, Félix Bloyaert** und **Nestor Denet**), *Polymerisation und Copolymerisation von Verbindungen, die CH_2:CH-Gruppen enthalten.* (**Aust. P. 225 764** vom 6/5. 1957, ausg. 14/1. 1960. Belg. Prior. 7/5. u. 29/12. 1956. — C. **1961.** 9616 [Oe. P. 208 068].)

E. I. du Pont de Nemours & Co., Wilmington, Del., V.St.A., *Mischpolymere von Äthylen und Vinylacetat.* (**E. P. 835 466** vom 21/6. 1957, ausg. 18/5. 1960. A. Prior. 2/7. 1956. — C. **1961.** 4181 [Belg. P. 558 851].)

Farbenfabriken Bayer Akt.-Ges. (Erfinder: **Anton Robert Heinz** und **Wilhelm Graulich**), Leverkusen, *Herstellung von Mischpolymerisaten aus 2-Chlorbutadien-(1.3) und Acrylnitril.* (**F. P. 1 208 125** vom 6/12. 1958, ausg. 22/2. 1960. D. Prior. 7/12. 1957. — C. **1962.** 6989 [E. P. 858 444].)

National Smelting Co. Ltd., London, übert. von: **William Hopkin** und **Anthony Kenneth Barbour**, Avonmont, England, *Mischpolymerisate von Oktafluorcyclohexadien.* (**A. P. 2 958 683** vom 15/9. 1958, ausg. 1/11. 1960. E. Prior. 18/9. 1957. — C. **1962.** 669 [D. A. S. 1 103 589].)

Imperial Chemical Industries Ltd., London, England (Erfinder: **Henry Brunner** und **Derek John Walbridge**), *Polymerisate von Diisopropenylbenzol.* (**E. P. 864 275** vom 20/6. 1958, ausg. 29/3. 1961. Zusatz zu E. P. 850 363; C. 1961. 13736. — C. **1961.** 13737 [D. A. S. 1 102 408].)

Hercules Powder Co. (Erfinder: **Edwin James Vandenberg**), *Herstellung von Polymethylmethacrylat.* (**Aust. P. 225 990** vom 9/4. 1957, ausg. 21/1. 1960. A. Prior. 23/4. u. 8/8. 1956. — C. **1960.** 7358 [D. A. S. 1 030 562].)

Hercules Powder Co. (Erfinder: **Edwin James Vandenberg**), Wilmington, Del., V.St.A., *Polymerisation von Kohlenwasserstoffen mit mindestens 1 Vinylgruppe.* (**Schwz. P. 353 898** vom 27/7. 1956, ausg. 15/6. 1961. A. Prior. 29/7. 1955. — C. **1959.** 14268 [E. P. 795 182].)

Farbwerke Hoechst Akt.-Ges., vormals Meister Lucius & Brüning, Frankfurt/M. (Erfinder: **Werner Langbein**, Lorsbach/Taunus), *Herstellung von hochviscos-löslichen, partiell veräthern Polyvinylalkoholen.* (**Schwz. P. 357 873** vom 9/4. 1957, ausg. 15/12. 1961. D. Prior. 11/4. 1956. — C. **1960.** 666 [D. A. S. 1 038 756].)

Ferro Corp., Cleveland, übert. von: **Charles H. Fuchsman**, University Heights, **Baruch Zaremsky**, South Euclid, und **Floyd R. Hansen**, Bedford, Ohio, V.St.A., *Stabilisierte Vinylchloridharze.* (**A. P. 2 949 439** vom 20/9. 1957, ausg. 16/8. 1960. — C. **1961.** 14847 [E. P. 833 853].)

Chemische Werke Hüls Akt.-Ges., Marl, Kr. Recklinghausen, *Weichmacher für Vinylchloridpolymere.* (**E. P. 841 805** vom 17/11. 1958, ausg. 20/7. 1960. D. Prior. 7/5. 1958. — C. **1961.** 7050 [Oe. P. 207 571].)

Rohm & Haas Co., Philadelphia, Pa., V.St.A., *Weichmacher für Vinylharze.* (**E. P. 840 778** vom 23/1. 1957, ausg. 13/7. 1960. A. Prior. 2/2. 1956. — C. **1960.** 8361 [D. A. S. 1 035 898].)

Styrene Products Ltd. (Erfinder: **Philibert Camille Chaumeton**), *Herstellung von auftreibbarem, thermoplastischem Material (Polystyrol).* (**Aust. P. 225 793** vom 20/3. 1958, ausg. 14/1. 1960. E. Prior. 22/3. 1957. — C. **1960.** 8700 [Oe. P. 204 786].)

Union Carbide Corp., New York, N.Y., V.St.A., *Polymerisieren von Alkylenoxid.* (**E. P. 869 115** vom 28/5. 1957, ausg. 31/5. 1961. A. Prior. 29/5. 1956. — C. **1960.** 7359 [Oe. P. 200 340].)

Union Carbide Corp., New York, N.Y. (Erfinder: **Benjamin Phillips, Paul Spencer Starcher**, Charleston, **Charles Wesley McGary jun.**, South Charleston, und **Charles Theo Patrick jun.**, St. Albans, W.Va.), V. St. A., *Herstellung härtbarer Polyätherharze.* (**D. A. S. 1 112 637** Kl. 39c vom 28/5. 1957, ausg. 10/8. 1961. A. Prior. 1/6. 1956. — C. **1960.** 15592 [E. P. 806 447].)

British Celanese Ltd. (Erfinder: **James Gordon Napier Drewitt** und **James Lincoln**), London, England, *Hochmolekulare, lineare Polyester.* (**D. A. S. 1 120 692** Kl. 39c vom 19/3. 1955, ausg. 28/12. 1961. E. Prior. 2/4. 1954. — C. **1958.** 8203 [E. P. 764 964].)

Farbenfabriken Bayer Akt.-Ges., Leverkusen, *Ungesättigte Polyesterharze.* (**E. P. 869 298** vom 2/10. 1957, ausg. 31/5. 1961. D. Prior. 3/10. 1956. — C. **1961.** 11165 [Oe. P. 211 407 u. F. P. 1 183 457].)

Union Carbide Corp., New York, N.Y., V.St.A., *Herstellung von Polymeren des Bis-(2.3-epoxycyclopentyl)-äthers.* (**E. P. 863 714** vom 18/12. 1957, ausg. 22/3. 1961. A. Prior. 20/12. 1956. — C. **1960.** 9046 [Oe. PP. 204 279, 204 278, 204 784 u. 204 783].)

Esso Research and Engineering Co., Del., übert. von: **Louis A. Mikeska**, Westfield, und **Donald F. Koenecke**, Elizabeth, N.J., V.St.A., *Lineare Polymere von bishalogenmethylierten aromatischen Verbindungen und Alkalimetallalkylestern.* (**A. P. 2 939 863** vom 30/12. 1953, ausg. 7/6. 1960. — C. **1958.** 8490 [F. P. 1 116 684].)

Union Carbide Corp., New York, N.Y., V.St.A., *Hitzehärtbare Epoxidverbindungen enthaltende Mischungen.* (**E. P. 864 350** vom 7/6. 1957, ausg. 6/4. 1961. A. Prior. 8/6. 1956. — C. **1961.** 4905 [Belg. P. 558 211].)

Union Carbide Corp., New York, N.Y., V.St.A., *Verbesserungen bei Epoxidmischungen.* (**E. P. 866 740** vom 21/1. 1958, ausg. 26/4. 1961. A. Prior. 22/1. 1957. — C. **1961.** 14117 [Belg. P. 564 172 u. D. A. S. 1 101 756].)

General Electric Co., Schenectady, N.Y., V.St.A., *Lineare Polycarbonatharze.* (**E. P. 835 464** vom 21/6. 1957, ausg. 18/5. 1960. A. Prior. 19/7. 1956. — C. **1961.** 18150 [F. P. 1 178 682].)

Badische Anilin- & Soda-Fabrik Akt.-Ges., Ludwigshafen/Rh., *Herstellung von bei Zimmertemperatur flüssigen Cyclooctanonoximhydrochloriden.* (**E. P. 834 513** vom 1/9. 1958, ausg. 11/5. 1960. D. Prior. 3/9. 1957. — C. **1961.** 678 [D. A. S. 1 065 411].)

Farbenfabriken Bayer Akt.-Ges., Leverkusen, *Herstellung von Polyurethanelastomeren.* [**E. P. 873 665** vom 11/8. 1959, ausg. 26/7. 1961. D. Prior. 12/8. 1958. — C. **1960.** 14885 [D. A. S. 1 076 359].)

General Motors Corp. (Erfinder: **John Columbus Rill jun.**), *Polyurethanschaumstoffe.* (**Aust. P. 228 367** vom 29/4. 1958, ausg. 16/6. 1960. A. Prior. 29/5. u. 28/10. 1957. — C. **1961.** 13740 [E. P. 833 152].)

Farbenfabriken Bayer Akt.-Ges., Leverkusen, *Vernetzte Polyurethankunststoffe.* (**E. P. 868 604** vom 30/10. 1958, ausg. 17/5. 1961. D. Prior. 9/11. 1957. — C. **1960.** 12179 [D. A. S. 1 063 374].)

Velsicol Chemical Corp., Chicago, Ill. (Erfinder: **John C. Tapas**, Evanston, und **Israel J. Dissen**, Chicago, Ill.), V.St.A., *Herstellung schwer brennbarer Schaumstoffe.* (**Schwz. P. 357 868** vom 14/9. 1956, ausg. 15/12. 1961. A. Prior. 20/9. 1955. — C. **1959.** 8727 [D. A. S. 1 033 891].)

N. V. Onderzoekingsinstituut Research, Arnheim (Erfinder: **Jacob Christoffel Ferdinand Kessler**, Velp, und **Harm Rolf Spreenwers**, Arnheim), Holland, *Gleitmittel für Polyamidpreßmassen.* (**D. A. S. 1 114 634** Kl. 39b vom 17/2. 1960, ausg. 5/10. 1961. Holl. Prior. 23/2. 1959. — C. **1962.** 7720 [F. P. 1 248 873].)

Dow Corning Akt.-Ges., Basel, Schweiz (Erfinder: **Thomas D. Talcott**, Midland, Mich., V.St.A.), *Hitzestabile Organopolysiloxanelastomere.* (**D. A. S. 1 116 898** Kl. 39b vom 28/8. 1957, ausg. 9/11. 1961. A. Prior. 28/8. 1956. — C. **1960.** 6342 [E. P. 809 238].)

Union Carbide Corp., New York (Erfinder: **Milton Leon Dunham jun.**, Kenmore, und **Clarence Lloyd Bitner jun.**, Grand Island), N.Y., V.St.A., *Herstellung von Organopolysiloxanelastomeren.* (**D. A. S. 1 125 172** Kl. 39b vom 30/4. 1957, ausg. 8/3. 1962. A. Prior. 30/4. 1956. — C. **1961.** 1031 [E. P. 821 477].)

Union Carbide Corp., New York, N.Y. (Erfinder: **Benjamin Phillips, Paul Spencer Starcher**, Charleston, **Charles Wesley McGary jun.**, South Charleston, und **Charles Theo Patrick jun.**, St. Albans, W.Va., V.St.A., *Herstellung von Polyätherharzen.* (**D. A. S. 1 112 636** Kl. 39c vom 28/5. 1957, ausg. 10/8. 1961. A. Prior. 1/6. 1956. — C. **1961.** 16301 [A. P. 2 917 491].)

Geigy Co. Ltd., Manchester (Erfinder: **Stuart Walter Critchley**, Sale), England, *Dicarbonsäureglykol-Mischester.* (**Schwz. P. 357 385** vom 17/4. 1956, ausg. 30/11. 1961. E. Prior. 26/4. 1955. — C. **1959.** 5315 [F. P. 1 153 887].)

Dunlop Rubber Co. Ltd. (Erfinder: **Colin Thomas Gildea** und **Frederick Charles Jennings**), London, England, *Polyurethanharz-Bindemittel für Fasermaterial.* (**E. P. 869 606** vom 12/1. 1957, ausg. 31/5. 1961. — C. **1962.** 673 [Belg. P. 563 871].)

General Tire & Rubber Co., Akron (Erfinder: **Orin Clawson Keplinger**, Cuyahoga Falls, **Otto Charles Elmer** und **Jol Shannon Dancan**, Akron), Ohio, V.St.A., *Vernetzen gesättigter Polyesterurethane durch Diorganoperoxyde.* (**D. A. S. 1 122 246** Kl. 39b vom 4/11. 1958, ausg. 18/1. 1962. A. Prior. 4/11. 1957. — C. **1962.** 4371 [A. P. 2 953 539].)

Walter Bucksch und **Herbert Briefs**, Preßwerkzeuge in der Kunststofftechnik. 2., verb. Aufl. Berlin, Göttingen, Heidelberg: Springer. 1962. (VIII + 213 S. m. 230 Abb.) 8° = Chemie, Physik und Technologie der Kunststoffe in Einzeldarstellungen. 4. DM 36,—.

Walter Brenner, High-temperature plastics. New York: Reinhold. 1962. (231 S. m. Abb.) $ 7,95.

William F. Christopher, Polycarbonates. New York: Reinhold. 1962. (182 S. m. Abb.) $ 7,95.

Karl August Wolf, Hrsg., Struktur und physikalisches Verhalten der Kunststoffe. Berlin, Göttingen, Heidelberg: Springer. 1962. (XV + 974 S. m. 582 Abb.) 4° = Kunststoffe Bd. 1 = Chemie, Physik und Technologie der Kunststoffe in Einzeldarstellungen. 6. DM 168,—.

XII. Kautschuk

Statistische Untersuchungen über die Struktur des Kautschuks. J. Scanlan und W. F. Watson. (Rubber Chem. Technol. **33.** 1201—17. Dez. 1960. Shawbury, Shrewsbury, Shropshire, Res. Assoc. of Brit. Rubber Manufacturers.) (Engl.)

Vff. geben eine mathemat. Interpretation der Kettenlängenverteilung u. des mittleren Molgewichts. Der Abbau unvulkanisierten Kautschuks durch mechan. Einfl. oder O_2 wird behandelt, sowie die Vernetzung u. Netzwerk-Bldg. u. die elast. Eigg. vulkanisierten Kautschuks. — 43 Literaturangaben. H. JACOBI. 7220□

Untersuchungen über die Reibung kautschukähnlicher Produkte. F. S. Conant und J. W. Liska. (Rubber Chem. Technol. **33.** 1218—58. Dez. 1960. Akron, Ohio, The Firestone Tire and Rubber Co., Chem. and Phys. Res. Labor.) (Engl.)

Vff. erörtern den Mechanismus der Reibung, wobei sie auf die äußere (Adhäsion) u. innere (Deformation) Reibung, die Gesetzmäßigkeiten der Reibung u. die mit ihr im Zusammenhang stehenden Einfl. (Verschleiß, Temp., Geräusch, elektr. Eigg.) eingehen. — 165 Literaturangaben. H. JACOBI. 7220□

Übersicht über die Untersuchungen der Zucker in der Hevea Brasiliensis und über deren Änderung. J. d'Aujac und S. Pujarniscle. (Rev. gén. Caoutchouc **38.** 1131 bis 1139. Juli/Aug. 1961. Vietnam, Inst. Recherch. Caoutchouc.) (Franz.)

Vff. untersuchten die Möglichkeit der Beeinflussung des Zucker-Geh. in der Rinde oder im Latex der Hevea Brasiliensis infolge verschieden intensiver Latexzapfung. Weder wiederholte Zapfungen am gleichen Tag, noch tägliches Zapfen während eines Jahres oder Entfernung der Blätterkrone führten zu einer deutlichen Änderung an Hexosen, Monosacchriden u. Reservestoffen in der Rinde. Diese Befunde u. die Ergebnisse der Latex-Unterss. werden hinsichtlich der Latexerzeugung u. -ausbeute erörtert.
R. Schäff. 7222□

Verarbeitung und Anwendungen der Fluorelastomeren. Gérard le Guellec. (Rev. gén. Caoutchouc **38.** 1110—12. Juli/Aug. 1961. Soc. Impervia.) (Franz.)

Die Verarbeitung u. Anwendung F-haltiger Elastomerer (F-Silicone: *Silasten LS 53* u. *-LS 63, Kel-F-3700* u. *-5500, Viton A, -AHV* u. *-B* u. *Fluorel 2.140* u. *-2.141*) werden erörtert.
R. Schäff. 7224□

Die Sorption gelöster Antioxydantien. E. N. Novikova. (Rubber Chem. Technol. **33.** 528—34. April/Juni 1960.) (Engl.)

Die Adsorption von Inhibitoren (Amin, Hydroxylamin, Naphthol) aus W. u. A. durch synthet. Kautschuk wurde mit Hilfe der Interferometrie bzw. der Spektrophotometrie untersucht. Styrol–Butadien-Kautschuk (SKS-30) nimmt größere Mengen an 1-Naphthylamin auf. Die Adsorption von Naphthol aus W. erfolgt umgekehrt proportional zu seinem Dipolmoment u. steht in Beziehung zu seiner Aktivität als Antioxydans. — Polarer Kautschuk (SKN-40) adsorbiert aus A. am besten Amine. In der Reihenfolge Phenyl-2-naphtholamin, 2-Naphthylamin, Diphenylamin, die ihrer Wrkg. als Antioxydantien entspricht.
H. Jacobi. 7226□

Messungen der Schallgeschwindigkeit von Plasten nach dem Durchstrahl- und Echoverfahren. J. Nittel. (Exp. Techn. Physik **7.** 14—19. 1959. Leipzig.) (Dt.)

Vf. beschreibt die Umgestaltung eines Ultraschallimpulsgerätes, um in stark absorbierenden Stoffen, bes. Hochpolymeren, Schall-Geschw. nach dem Ultraschallimpuls-Verf. messen zu können. Meßergebnisse an Bunagummi werden mitgeteilt. Die Messungen erfolgten bei 800 kHz, die Probendicke betrug 80—100 mm.
H. Völz. 7248□

Bestimmung der Wärmeleitfähigkeit von Kautschukvulkanisaten in Abhängigkeit von der Dehnung. H. Tautz. (Exp. Techn. Physik **7.** 1—14. 1959. Leipzig.) (Dt.)

Um den Zusammenhang der bei Dehnung von vulkanisiertem Kautschuk eintretenden Erhöhung des Ordnungszustandes mit der Wärmeleitfähigkeit (WL) verfolgen zu können, wurde eine App. zur Best. der WL fadenförmiger Materialproben (nach einer Vgl.-Meth.) entwickelt. Vers.-Aufbau sowie Maßnahmen u. zusätzliche Messungen zur Ermittlung hinreichend genauer Werte werden beschrieben. Die Ergebnisse der Unterss. an 8 verschiedenen Kautschukproben zeigen ein beträchtliches Anwachsen der WL mit zunehmender Dehnung.
H. Völz. 7248□

Monsanto Chemicals Ltd., London (Erfinder: William Macgillivray Morgan, Amersham, Buckinghamshire), England, **Kautschukfüllstoff.** Verw. von monomerem organ. Orthosilicat mit $\geqq 1$ mehr als 5 C-Atome aufweisenden aliphat. Rest als bei tiefen Temp. elastizitätsverbessernder Zusatzstoff. — Beispiele: *Tetrahexyl-(heptyl-* usw.)*-orthosilicat, Dioctyl-* (*nonyl-* usw.)*-diphenyl-* (oder *-kresyl-*)*-orthosilicat.* (**D. A. S. 1 122 692** Kl. 39b vom 25/2. 1955, ausg. 25/1. 1962. E. Prior. 26/2. 1954 u. 2/2. 1955.)
W. Overbeck. 7227

Imperial Chemical Industries Ltd., London, England, **Stabilisierung von Polymerisaten aus α-Olefinen.** Den Polymerisaten wird ein Gemisch aus folgenden Komponenten zugesetzt: a) eine organ. S-Verb. (I) vom Typus —R—S— oder —R—S_2—, wobei R ein 3wertiger organ. Rest ist, der durch ein aliphat. C-Atom an S gebunden ist auf der anderen Seite ist R an Halogen oder H-Atome, ein- oder 2wertige organ. Reste gebunden, z. B. an Thioäther-, Sulfhydryl-, Disulfid-, Äther- oder OH-Gruppen, jedoch nicht an KW-Stoffreste, wobei das Molgew. von **I** <250 sein muß. Als 2. Stabilisator wird ein Phenol (**II**) mit mindestens 2 OH-Gruppen im Mol. verwendet, u. dessen $Kp._1$ $< 200^0$ ist. — Beispiele für **I** Alkylmono- u. -disulfide, Polymono- u. -disulfide, Mercaptane u. Mercaptide von aromat. Aldehyden u. Ketonen. — Beispiele für **II**: Hydroxyarylalkane Poly-(oxyaryl)-arylalkane, Poly-(oxyaryl)-cycloalkane u. Poly-(oxyaryl)-oxacycloalkane; bevorzugt verwendet werden: 3-Methyl-6-alkyl-, 3-Äthyl-6-alkyl-, 3-Methoxy-6-alkyl- u. 3-Äthoxy-6-alkylphenole, z. B. 9-Methyl-6-tert.-butylphenol. An Stelle der **II** können mit gleicher Wrkg. Kondensations-Prodd. der **II** mit CH_2O verwendet werden, z. B. Verbb. vom Typus der „Novolake“. Dosierung der **II**: 0,001—0,5, bes. 0,02 bis 0,01% vom Gew. der Polymerisate; Dosierung der **I**: nicht angegeben. Verw.: bes. zur *Stabilisierung von Butylkautschuk.* (**Port. P. 38 146** vom 4/3. 1961, Auszug veröff. 27/5. 1961. E. Prior. 4/3. 1960.)
A. Kalix. 7227

Goodyear Tire & Rubber Co., Akron, Ohio, V.St.A., **Vulkanisieren von Butylkautschuk,** dad. gek., daß dieser mit 2.6-Dimethylol-3.5-dimethyl-4-chlorphenol vermischt u. nach Verformung in üblicher Weise vulkanisiert wird. Als Aktivator kann $SnCl_2$ oder ein anderes Schwermetallhalogenid, chlorierter Butylkautschuk, chlorsulfoniertes Polyäthylen oder chloriertes Paraffinwachs zugesetzt werden. (**D. A. S. 1 122 693** Kl. 39b vom 15/10. 1959, ausg. 25/1. 1962. A. Prior. 24/12. 1958.) W. OVERBECK. 7229

Continental Gummi-Werke Akt.-Ges. (Erfinder: Karl Brünger und Fritz Koch), Hannover, **Herstellung von Mischungen aus Kautschuk** unter Zusatz von Isocyanaten u. Verbb. mit reaktionsfähigen OH- u./oder NH_2-Gruppen, dad. gek., daß die Rk.-Fähigkeit der Isocyanatgruppen bzw. der OH- u./oder NH_2-Gruppen durch Verw. von Isocyanaten bzw. Verbb. mit reaktionsfähigen OH- u./oder NH_2-Gruppen in bei Raum-Temp. festem Aggregatzustand oder durch Anwesenheit von Substanzen mit akt. Oberfläche gehemmt wird. (**D. A. S. 1 118 447** Kl. 39b vom 5/8. 1959, ausg. 30/11. 1961.) W. OVERBECK. 7231

W. F. Drosdowsskij und Ss. A. Ssokolow, **Regenerierung von Gummi** unter Verw. von Aktivatoren, dad. gek., daß als Aktivatoren die *Zn-Salze* von *Trichlorthiophenol* u./oder *Hexadecylmercaptan* verwendet werden, die gegenüber den freien Verbb. den Vorzug geringerer Toxizität, Geruchlosigkeit u. Lagerfähigkeit besitzen. (**UdSSR. P. 118 172** vom 21/8. 1958.) L. GROSSNER. 7233

Rhein-Chemie G. m. b. H., Heidelberg (Erfinder: Wilhelm Goyert, Ludwigshafen/Rh., und Rudolf Kern, Neustadt/Weinstr.), **Aufarbeiten von Altstoffen** aus vulkanisiertem *Kautschuk* unter Vermischen mit Salzen von Fettsäuren, dad. gek., daß den zerkleinerten Altstoffen Fettsäuresalze des Zn, der Schwermetalle, bes. solcher mit verschiedenen Wertigkeiten oder deren Gemische zugesetzt werden u. daß das Gemisch in Ggw. von Luft u./oder Wasserdampf auf $>100^0$ erhitzt wird. (**D. A. S. 1 123 102** Kl. 39b vom 23/12. 1952, ausg. 1/2. 1962.) W. OVERBECK. 7233

Goodrich-Gulf Chemicals, Inc., Cleveland, Ohio, V.St.A., *Herstellung von (Misch-)Polymerisaten von konjugierten Polyolefinkohlenwasserstoffen.* (**E. P. 827 365** vom 22/11. 1955, ausg. 3/2. 1960. A. Prior. 2/12. 1954 u. 21/4. 1955. — C. **1960.** 8706 [Belg. P. 543 292].)

E. I. du Pont de Nemours & Co., Wilmington, Del., V.St.A. (Erfinder: **August Henry Frazer, Joseph Clois Shivers** und **John Joseph Verbanc**), *Herstellung von Polymeren aus organischen Diisocyanaten und Verbindungen mit aktivem Wasserstoff.* (**Jap. A. S. 5097/1960** vom 29/3. 1957, ausg. 13/5. 1960. A. Prior. 29/3. 1956. — C. **1962.** 9927 [F. P. 1 173 432].)

Imperial Chemical Industries Ltd., London (Erfinder: **Isaac Goodman, Arthur Lambert, Gwyn Eifion Williams,** Blackley, Manchester, England, und **John Frederick Smith,** Vancouver, British Columbia, Canada), *Oxydationsschutzmittel für Kautschuk.* (**D. A. S. 1 125 644** Kl. 39b vom 2/12. 1953, ausg. 15/3. 1962. E. Prior. 3/12. 1952. — C. **1957.** 3968 [E. P. 732 928].)

DEHYDAG Deutsche Hydrierwerke G. m. b. H., Düsseldorf, übert. von: **Werner Stein** und **Willy Offermann,** Düsseldorf, *Weichmacher.* (**A. P. 2 985 536** vom 27/3. 1957, ausg. 23/5. 1961. D. Prior. 27/3. 1956. — C. **1959.** 13336 [F. P. 1 166 940].)

Chemische Werke Albert, Wiesbaden, *Vulkanisierverfahren.* (**E. P. 879 233** vom 1/10. 1959, ausg. 11/10. 1961. D. Prior. 31/12. 1958. — C. **1961.** 7425 [D. A. S. 1 086 882].)

United States Rubber Co., New York, N.Y. (Erfinder: **Marvin Charles Brooks,** Packanack Lake, und **Roswell Horr Ewart,** Bloomfield, N.J.), V.St.A., *Kautschuk-Formartikel.* (**D. A. S. 1 124 684** Kl. 39b vom 20/8. 1952, ausg. 1/3. 1962. A. Prior. 10/10. 1951. — C. **1955.** 4719 [F. P. 1 065 701].)

XIV. Zucker. Kohlenhydrate. Stärke

Einfluß einiger Spurenelemente auf den Wurzelertrag und Zuckergehalt der Zuckerrübe. L. Vinduška. (Sborník českoslov. Akad. zemědělských Věd, rostlinná Výroba **4 (31).** 1419—28. Nov. 1958. Smčice, ČSAZV, Výzk. úst. řep., odd. agrotechn.) (Tschech.)

In Gefäß- u. Feld-Verss. (6 Tabellen) wird der Einfl. von *Mn, Zn, B* u. *Br* auf Ertrag/ha u. Zucker-Geh. im Zuckerrübenanbau untersucht. Bei den Verss. werden 2000 Liter Lsg./ha mit einem Geh. von 135 mg reinem Spurenelement/Liter W. verwendet. In einzelnen Jahren zeigt sich ein deutlicher Einfl., bes. bei $KMnO_4$, $Na_2B_4O_7$ u. $ZnSO_4$, im Durchschnitt läßt sich aber keine sichere Aussage über den Vorteil irgendeiner Kombination machen. Die Wrkg. steht im Zusammenhang mit dem Bodenchemismus. E. ROTTER. 7406 □

Die Wirkung der Beregnung auf die Qualität der Zuckerrübe. H. Lüdecke und A. von Müller. (Zucker **14.** 311—20. 15/6. 1961. Göttingen, Inst. für Zuckerrübenforschung.) (Dt.)

Gemeinschaftliche Düngungs-Beregnungs-Verss. wurden 6 Jahre lang als Nährstoff-Steigerungs-Verss. u. 4 Jahre lang gleichzeitig zur Prüfung später Kopfdüngung angelegt.

Die Verss. werden einzeln besprochen u. weisen in den Ergebnissen eine große Streubreite auf, die teilweise vom Witterungsverlauf her erklärbar ist. Die Beregnung wurde örtlich dem Witterungsverlauf angepaßt u. in ihrer Wrkg. dem unberegneten Block gegenübergestellt. Die Beregnung kann auf leichten Böden nicht nur die Rentabilität des Rübenbaus sichern, sondern auch die Qualität der Zuckerrübe verbessern. Die Beregnung hat einzusetzen, wenn der geschlossene Rübenbestand etwa die Hälfte der verfügbaren Bodenfeuchte verbraucht hat. Ein lohnender Einsatz der Hackfruchtberegnung auf leichten Böden wurde von Ende Juni bis September in 7 von 10 Jahren, auf schweren Böden von Juli bis Anfang Sept. in 4 von 10 Jahren festgestellt. — 32 Literaturangaben. R. WALCKER. 7406□

Extraktion von Zucker aus Rüben. H. H. Yang und J. C. Brier. (A. I. Ch. E. Journal **4.** 453—59. Dez. 1958. Ann Arbor, Mich., Univ.) (Engl.)

Die Ergebnisse u. theoret. Erwägungen einer früheren Arbeit von BRIER u. YANG [1955] über die kontinuierliche Gegenstromdiffusion von Zuckerrüben werden mitgeteilt. Die Beziehung zwischen der kontinuierlichen u. der einfachen Diffusion wird vom Standpunkt der Extraktions-Geschw. diskutiert. Die Unters. der Beziehung zwischen beiden Diffusionsarten ergibt, daß man das Syst. der kontinuierlichen Diffusion als aus unendlich vielen Syst. einfacher Diffusion bestehend annehmen kann. J. MARTINS. 7406□

Der Einfluß des Alters von Zuckerrohr auf einem Blattnährstoff (N-P-K)-Gehalt. George Samuels. (J. Agric. Univ. Puerto Rico **43.** 159—70. Juli 1959. Río Piedras, Univ. of Puerto Rico, Agric. Exp. Stat.) (Engl.)

Der N-Geh. von Zuckerrohrblättern fiel mit zunehmendem Alter, u. zwar bes. stark in den ersten 6 Monaten u. bei nicht-bewässertem Zuckerrohr. In den Schößlingen sank der N-Geh. schneller ab als in den Pflanzen. Ein Einfl. von Jahreszeit u. Sorte bestand nicht. Der P-Geh. fiel in unbewässertem Zuckerrohr bis zu 4 Monaten scharf ab u. blieb von 4—6 Monaten nahezu konstant. Im bewässerten Zuckerrohr verlief der P-Abfall etwas langsamer u. hielt bis 9 Monate an. Anschließend stieg er bis 14 Monate an, um dann wieder abzufallen. Der K-Geh. fiel zunächst leicht ab, um später mit zunehmendem Alter erheblich anzusteigen. Der Anstieg begann bei unbewässertem Zuckerrohr nach ca. 5½, bei bewässertem nach 15 Monaten. — Auf Grund dieser zeitlichen Variation der Nährstoff-Geh. hält Vf. es für erforderlich, bei der Blattanalyse zur Ermittlung des Nährstoffstatus von Zuckerrohr Zeit-Korrekturfaktoren anzuwenden.
WILFRIED WERNER. 7440□

Die Ausrottung von Crypeus rotundus L. M. B. Tippannavar, S. V. Hiregoudar und H. R. Arakeri. (Mysore agric. J. **34.** 122—26. Juli/Dez. 1959. Mandya, Sugarcane Res. Stat.) (Engl.)

Cyperus rotundus L. ist ein gefährliches perennierendes Unkraut in bewässerten Zuckerrohrfeldern. Die Bekämpfung ist mit ackerbaulichen Maßnahmen möglich, wie auch durch Ausbringen von 2.4-D-Mitteln (Hedanol). Durch Verss. wurde eine ökonom. Kombination von Ackerbau u. Spritzung gefunden: 2 Wochen nach dem Pflügen wurde bewässert, 1 Woche später geeggt, wieder 2 bzw. 6 Wochen später die 1. bzw. 2. Spritzung vorgenommen. Eine Spritzung erwies sich als nicht ausreichend. Im günstigsten Fall wurde eine 90% ig. Vernichtung des Unkrautes erzielt durch 2 Spritzungen mit je 1,5 lb. 2.4-D in 60 Gal. W. je 400 Quadratfuß. WILFRIED WERNER. 7440□

Enzymatische Umwandlung von Gersten-Kohlenhydraten in Sirup. M. J. Houle und K. J. Goering. (Food Technol. **15.** 25—28. Jan. 1961. Bozeman, Mont., Montana State Coll., Chem. Dep.) (Engl.)

Durch Säurehydrolyse wurden nur kleine Ausbeuten mit unerwünschten geschmackgebenden Substanzen erreicht. Die in Gerste anwesende β-Amylase in Verbindung mit Aspergillus oryzae ergab geschmacklich einwandfreien Sirup in guter Ausbeute. Die Zus. der End-Prod. kann durch Abstimmung der verwendeten Enzyme weitgehend beeinflußt werden. K. SCHLEICH. 7446□

Zur Frage der Anwendung des geschlossenen Verfahrens zur Verarbeitung von Mais auf Stärke im Maiskombinat Beslanow. B. K. Bytschkow. (Сахарная Промышленность [Zucker-Ind.] **34.** Nr. 11. 60—62. Nov. 1960. Beslanow, Maisstärkekombinat.) (Russ.)

Im Maisstärkekombinat Beslanow, das bisher nach dem nichtgeschlossenen Verf. arbeitet, wurden die Abwässer bei den verschiedenen Arbeitsgängen auf Menge u. Zus. untersucht. Laut Berechnungen sind bei Anwendung der geschlossenen Technologie der Maisstärkeproduktion für die Verarbeitung von 1000 kg abs. trockenem Mais folgende Wassermengen (in kg) erforderlich: beim Quellprozeß 130, bei der Schrotung 75, bei der Auswaschung der Pülpe 330, bei der Auswaschung der Keime 110 u. für den Betrieb des SO_2-Turms 70. Der Wasserbedarf für die beiden letztgenannten Zwecke wird durch

Nutzung des Filtrats sowie des Waschwassers der Vakuumfilterabteilung gedeckt. Vf. zieht den Schluß, daß sich das geschlossene Verf. vom Standpunkt des Wasserbedarfs im Maiskombinat einführen läßt. Um das für den hydraul. Transport benutzte W. weiter verwenden zu können, muß man es vorher nach einem zuverlässigen Verf. von Schwemmstoffen reinigen. Dabei läßt sich der Trockensubstanzverlust um 1—1,2% senken. Bei Verw. von Spezialseparatoren zur Trennung von Stärke u. Gluten sowie zur Eindickung des Glutens vereinfacht sich die Einführung des geschlossenen Verf. der Maisstärkeproduktion wesentlich. S. AUGUSTAT. 7448□

Eine pneumatische Anlage zur Stärketrocknung. A. I. Jeremejew. (Сахарная Промышленность [Zucker-Ind.] **34.** Nr. 11. 63—67. Nov. 1960.) (Russ.)

An Hand einer schemat. Abb. wird ein in der Stärkeindustrie verwendeter pneumat. Steigtrockner beschrieben. Als Trockenagens dienen die Rauchabgase (Temp. 230—360°) einer Kesselanlage mit Ölfeuerung sowie Luft von 150°. Die prakt. Erprobung dieses Vers.-Trockners führte zu höheren technolog. u. wärmetechn. Kennzahlen im Vgl. zu älteren Trocknertypen. Theoret. Überlegungen ergaben, daß sich Maisstärke am besten unter Bedingungen trocknen läßt, bei denen die Temp. eines feuchten Thermometers 64—65° u. die der atmosphär. Luft 450° beträgt. Bei Verw. eines entsprechenden Rotorsteigtrockners ist die Herst. von Stärke mit gleichmäßigem Wasser-Geh. u. einem Grieß-Geh. <1% möglich. An Hand einer weiteren Abb. wird ein Rotorsteigtrockner mit einer Leistung von 35 t Stärke je Tag (mit 13% W.) beschrieben, bei dem als Trockengas Luft von 230° verwendet wird. Für die Serienproduktion empfiehlt Vf. den pneumat. Rotorsteigtrockner, der mit Heißluft von 450° arbeitet u. den Ausstoß von hochwertiger Stärke gewährleistet. S. AUGUSTAT. 7448□

Eine vorläufige Mitteilung über den Einfluß des pH-Wertes auf die Sedimentationsgeschwindigkeit der Cassavastärke im Wasser. F. A. Soliven und E. Bonecilio. (Philippine J. Sci. **88.** 103—17. März 1959. Manila, Nat. Inst. of Sci. and Technol.) (Engl.)

Verss. mit frischer Stärke (pH neutral) in 25 ml-Säurebüretten zeigten, daß Zusätze von NaOH, KOH, NH_4OH oder Salzen starker Basen mit schwachen Säuren wegen Gelatinierung der Stärke, bes. bei erhöhter Temp., ungeeignet sind, andere Salze (NaCl, KCl, Na_2SO_4, KNO_3) in 2%ig. Konz. die Sedimentation leicht verbessern, aber nach dem Trocknen des Prod. einen Geschmack hinterlassen. Geeignet sind Säuren (HNO_3, H_2SO_4) oder wss. Lsgg. von SO_2 (beste Farbe des Prod.), NO_2 u. Cl_2, optimal bei pH 1,9 bis 2,1 u. einer Konz. von 0,0336 g/ml für frische bzw. 0,0532 g/ml für 2 Tage alte oder gefrorene, 4 Tage alle Wurzeln (Sedimentation nach 12—14 Min.). G. VOGEL. 7448

Quantitative chromatographische Bestimmung von Aminosäuren in Melassen. 3. Mitt. E. Mariani, G. Torraca und A. Ciferri. (Int. Sugar J. **108.** 334—36. Dez. 1956. Roma, Univ., Ist. di Chim. Appl. ed Ind.) (Engl.) — 2. vgl. C. **1957.** 3411.

Vff. benutzen das Verf. von STEIN u. MOORE unter Verw. von zwei „Dowex-50 X-8-Harz"-Säulen von 110 bzw. 18 cm Höhe u. zeigen die Resultate in Kurven u. einer Tabelle für „Trinidad"- u. „Réunion"-Zuckerrohrmelassen, wobei bei Verw. von rohen Melassen große Abweichungen von den Werten normaler Papierchromatogramme auftreten, bes. bei Threonin. Um richtige Werte zu erhalten, werden die Aminosäuren der Melassen von anorgan. Salzen, Zuckern u. Koll. befreit. Hierzu werden 1—2 g Melasse in wenigen ml W. gelöst, mit Salzsäure angesäuert, durch ein dünnes, vorher mit Salzsäure behandeltes Harzbett geschickt, das Bett mit 100 ml dest. W. gewaschen, mit 100 ml 5%ig. NH_3-Lsg. eluiert, das Eluat auf 5 ml bei vermindertem Druck u. 40° eingedickt u. 0,5—1 ml des bei —2° wochenlang haltbaren Konzentrats untersucht. Das Diagramm zeigt klar ausgebildete Spitzen, konst. Nullwerte u. läßt eine genaue Identifizierung der einzelnen Aminosäuren zu, deren Konz. bei „Réunion"-Melassen größer als bei „Trinidad"-Melassen ist. Qual. Unterss. stimmen nun mit dem Papierchromatogramm überein. Unterschiede von Rübenmelassen sind qual. u. quant. erfaßbar.

G. VOGEL. 7476□

Methode zur Beurteilung der Echtheit von Malzextrakten. Francesco Muntoni und Adriana Cesari. (Boll. Lab. chim. provinc. **10.** 3—11. Jan./März 1959. Roma, Ist. Super. di Sanità, Labor. di Chim.) (Ital.)

Die Echtheit von Malzextrakten (I) kann auf Grund des Verhältnisses Maltose/Glucose beurteilt werden. Die Best. wurden mit I von zuverlässiger Echtheit ausgeführt u. ergaben, daß das Verhältnis Maltose/Glucose in den echten I nie $<3{,}20$ ist. Nach der Entfernung der Dextrine durch doppelte Fällung mit A. wurden beide Zucker polarimetr. u. reduktometr. bestimmt. — 17 Literaturhinweise. G. PLATZER. 7488□

Die internationale Standardisierung auf dem Gebiet der Stärkeanalytik. M. Ulmann. (Getreidemühle **5.** Nr. 6. Beil.: Standardisier. getreideverarb. Ind. Nr. 3. 11—14. Juni 1961. Potsdam-Rehbrücke, Inst. für Ernährung.) (Dt.)

Vff. geben einen Überblick über die Verss. zur Normung der analyt. Meth. auf dem Stärkegebiet in verschiedenen Ländern. Folgende 8 Arbeitsgruppen sollen einzeln bearbeitet werden: Best. von Stärke (Großbritannien); Feuchtigkeits-Geh. von Stärke (Deutschland); Protein-Geh. von Stärke (Dänemark); Rheologie der Stärke (Holland); Trockensubstanz in Stärkehydrolysen-Prodd. (Deutschland); DE-Wert von Stärkehydrolysen-Prodd. (Norwegen); Farbe, Verfärbung u. Trübung von Stärkesirupen (Holland) u. Bonbontest von Stärkesirup (Großbritannien). Vorgesehen sind noch Arbeiten über Probenahme u. Fachterminologie auf dem Stärkegebiet, die Best. von Stärke in Rohstoffen, über gemeinsame Normen mit der Getreide verarbeitenden, der Zucker- u. Klebstoffindustrie, ferner ein Sachwortverzeichnis mit 2000 Begriffen in Deutsch, Englisch u. Russisch u. ein mehrsprachiges Wörterbuch. G. VOGEL. 7490□

Die Quellung der Weizenstärke durch eine mikrophotographische Technik. R. Collison. (Stärke **13.** 9—10. Jan. 1961. Chorleywood/Hertshire.) (Engl.)

Statt der üblichen indirekten Meth. durch Best. der Viscosität, des Sediment-Vol. bzw. Messung mit dem BRABENDER-Amylographen, wobei auch andere Faktoren den Quellwert beeinflussen, wird eine direkte Meth. beschrieben. Es wird z. B. eine 0,5%ig. Stärkesuspension im Mikroskop zwischen Objektträger u. Deckglas von 30° auf 85° bei Temp.-Steigerungen von ca. 2°/Min. erhitzt, dabei mikrophotographiert u. der Quellwert (Verhältnis des Korndurchschnitts bei den einzelnen Temp. zum Korndurchschnitt bei 30°) graph. dargestellt (Durchschnittswert aus jeweils 15 Körnern). Die Quellung beginnt in W. bei 49—55° (maximale Quellung 1,62) bzw. in 0,513m NaCl-Lsg. bei 60° (maximale Quellung 2,06). G. VOGEL. 7490□

Der Nachweis von Schwermetallen im Stärkesirup auf papierchromatographischem Wege. H. Wegner. (Stärke **13.** 1—4. Jan. 1961. Berlin.) (Dt.)

Nachdem die Sulfidfällung der Schwermetallionen aus dem Sirup nur bei Cu gelang u. auch das Na-Sulfid-Reagens-DAB VI nur den qual. Nachw. (außer Zn) zuließ, führte die Metallabscheidung durch einen Kationenaustauscher (Permutit RS), Auswaschen des Sirups, Eluieren des Metalls mit verd. Salzsäure, Eindampfen der Lsg. u. papierchromatograph. Trennung der Metalle nach der „aufsteigenden" Meth. (ohne Spezialgefäße) zum Ziele. Wichtig ist dabei die Wahl eines solchen Lsgm.-Gemisches, z. B. CH_3OH + Salzsäure + W. für Fe usw., daß sich für die einzelnen Metallionen verschiedene Steig (R_F)-Werte ergeben, so daß auch nichtspezif. Reagentien für das Metall genügen. Die minimalen Metallmengen erfordern bes. Filterpapiere (SCHLEICHER & SCHÜLL Nr. 2043b Mgl). Die Meth. läßt auch quant. Schlüsse zu. G. VOGEL. 7490□

Soc. Industrielle et Agricole de la Somme et Raffinerie François, Paris, übert. von: Albert René Grandadam, Saint-Maur, Frankreich, **Scheidesaturation von Rohzuckersäften,** dad. gek., daß dem Rohsaft kontinuierlich u. gleichzeitig Kalk, CO_2 u. SO_2 zugesetzt werden, u. zwar in solchen Mengen u. Geschw., daß der pH-Wert langsam bis zur optimalen Filtrierbarkeit ansteigt. (**A. P. 2 977 253** vom 12/3. 1958, ausg. 28/3. 1961. F. Prior. 4/3. 1957.) A. GRADL. 7413

Nippon Tensai Seito Kabushiki Kaisha, Hokkaido, und Kabushiki Kaisha Nihon Organo Shokai, Tokyo (Erfinder: Hiroshi Shimizu, Ahimitu Miyahara, Tokyo, Shozo Aihawa und Osamu Nasu, Hokkaido), Japan, **Reinigung von Rübenzuckerrohsäften,** dad. gek., daß man die Säfte zunächst über einen Mischbettaustauscher, bestehend aus einem schwach sauren Kationenaustauscher mit einer Carboxylgruppe u. einem schwach- oder mittelbas. Anionenaustauscherharz mit einer prim., sek. oder tert. Aminogruppe, führt u. die anfallende Lsg. dann über einen aus dem schwach sauren Kationenaustauscherharz u. einem starkbas. Anionenaustauscherharz mit einer quart. NH_4-Base bestehenden Mischbettaustauscher leitet. (**D. A. S. 1 119 790** Kl. 89c vom 25/7. 1958, ausg. 14/12. 1961. Jap. Prior. 27/7. u. 28/12. 1957.) A. GRADL. 7413

XV. Gärungsindustrie

Die Verzuckerung von Kartoffelmaischen in landwirtschaftlichen Brennereien mit einem Präparat aus dem Abfallmycel nach der Erzeugung von Citronensäure. Karel Beran, Mikuláš Burger und Zdeněk Fencl. (Nahrung **4.** 719—37. 1960. Prag, Tschechoslowak. Akad. der Wiss., Biolog. Inst., Mikrobiolog. Abt.) (Dt.)

Aus dem nach der Citronensäuregewinnung zurückbleibenden Abfallmycel von Aspergillus niger ließ sich ein akt. amylolyt. Präp. gewinnen. Dabei mußte die Citronensäure möglichst weitgehend in der Kälte durch Auswaschen u. Pressen entfernt, durch 24—32std. Autolyse bei 40° die Aktivität um ca. 50% erhöht u. das Präp. bei 40 u.

später 50° getrocknet werden. Eine Veränderung der Aktivität des feingemahlenen Präp. trat im Verlaufe eines Jahres nicht ein. Bei prakt. Verss. im Brennereibetrieb wurden die Kartoffelmaischen mit dem Mycel-Präp. nach dem warmen, kalten u. halbkalten Verzuckerungs-Verf., deren Einzelheiten eingehend dargestellt werden, behandelt. Vergleichs-Verss. führte man mit Grünmalz durch. Nach der warmen Arbeitsweise konnte mit einem Einsatz von 3,7% Grünmalz u. 17% des Mycel-Präp. eine Ausbeute von 58,52 Litern, dem kalten Verzuckerungs-Verf. mit 8,8% Grünmalz u. 10% Mycel-Präp. eine Ausbeute von 65,41 Litern u. dem halbkalten Arbeits-Verf. mit 6% Grünmalz u. 10% Mycel-Präp. eine Ausbeute von 66,08 Liter abs. Alkohol/100 kg Stärke erzielt werden. Als wichtigste amylolyt. Komponente des Mycel-Präp. gilt die Pilzmaltase, neben der aber auch noch andere Enzyme anwesend sind, die auch andere Polysaccharide als Stärke zu hydrolysieren vermögen. Bei der Verfütterung sämtlicher erhaltener Schlempen an Rinder wurden keine ungünstigen Wrkg. auf den Gesundheitszustand, die Milchleistung oder die Gew.-Zunahme beobachtet. — 31 Literaturangaben.

W. KREIPE. 7536□

Untersuchungen an Gerste und Malz. 15. Mitt. Der Einfluß von Wuchsstoffen und anderen Komponenten auf die Keimruhe der Gerste. J. R. A. Pollock. (J. Inst. Brewing **65.** ([N. S.] **56.**) 334—37. Juli/Aug. 1959. Nutfield, Surrey, Brewing Ind. Res. Found.) (Engl.) — 13. vgl. C. **1960.** 8038.

Kinetin (I; 6-Furfurylaminopurin), verschiedene Analoge von **I** u. *Gibberellsäure* (**II**) wurden mit u. ohne Zusatz von H_2S auf ihre Wrkg. untersucht, die Keimruhe von Gerste abzubrechen. Dabei stellte Vf. fest, daß der Zusatz von H_2S eine additive Wrkg. ausübt, die aber nicht durch eine entstandene chem. Verb. zwischen den jeweiligen Komponenten verursacht wird. Dieses Verh. wird erklärt durch die verschiedene Wrkg. der Stimulatoren. Während **I** u. **II** direkt auf den Embryo einwirken, beseitigt H_2S den hemmenden Einfl., der vom Perikarp ausgeht. Die Wrkg. von **II** ist dabei wesentlich stärker als die von **I**, da **II** auch Körner zum Keimen bringt, die sich in sehr tiefer Keimruhe befinden.

S. ZAAKE. 7540□

Über den Einfluß von Salzlösungen verschiedener Art und Konzentration auf den Weich- und Keimvorgang beim Mälzen. Karl Schuster und Hermann Eppinger. (Brauwissenschaft **12.** 162—69. Juli/Aug. 1959. Beil. zu: Brauwelt, Ausg. B **12.** 191—96. München, TH, u. Weihenstephan, Chem.-Technol. Inst.) (Dt.)

Der Einfl. verschiedener bas., neutraler u. saurer Salze sowie starker Alkalien auf die Weich- u. Keimungsvorgänge beim Mälzen u. auf die Malz-Zus. wurde untersucht u. die Wasseraufnahme in Abhängigkeit von Salz-Konz., Art der Ionen, pH, Härte u. Temp. des Weichwassers sowie Einfl. der bas. Salze auf die Farbstoffauslaugung während der Weiche ermittelt. Die Resultate waren von der Gerstensorte unabhängig Bei der Weiche wurden dem W. Salze zugesetzt u. mit dest. W. verglichen. Es war eine ansteigende Hemmung der Wasseraufnahme bei folgenden Ionen zu verzeichnen: Anionen OH^-, HPO_4^{2-}, CO_3^{2-}, SO_4^{2-}, HCO_3^-, $H_2PO_4^-$, NO_3^-, Cl^-, NO_2^-; Kationen Ca^{2+}, Mg^{2+}, K^+, Na^+. Nitrite üben schon bei n/100 Lsg. einen ungünstigen Einfl. auf die Keimung aus, während bei den übrigen Salzen durch n/10 Lsgg. Beeinträchtigung der Keimung festgestellt werden konnte. Eine nachteilige Beeinflussung der Keimung durch die Anionen der Neutralsalze nahm wie folgt zu: SO_4^{2-}, NO_3^-, Cl^-, NO_2^-; bei Kationen Ca^{2+}, Mg^{2+}, K^+, Na^+ u. bei alkal. wirkenden Salzen HPO_4^{2-}, CO_3^{2-}, HCO_3^-, OH^-. — 54 Literaturangaben.

K.-U. RIEDEL. 7540□

Trocknung, Konservierung und Verwendung des Hopfens in der Brauerei. H. de Backer. (Petit J. Brasseur **67.** 825—29. 18/12. 1959. I.S.F.G., Stat. d'Essais.) (Franz.)

Übersicht über das Verh. des Hopfens, bes. der darin enthaltenen Bittersäuren bzgl. Aroma u. bitteren Geschmack bei der Trocknung, Konservierung u. Verw. in der Brauerei.

W. WESLY. 7540□

Untersuchung der Anwendungsmöglichkeit von Heißwasserverdrängungsspeichern in Brauerei- und Mälzereibetrieben. Horst Engerth und Georg Beer. (Brauwissenschaft **14.** 187—95. April 1961. Beil. zu: Brauwelt, Ausg. B. München-Weihenstephan, TH, Inst. für Energiewirtsch. der Brauerei.) (Dt.)

Vff. untersuchten die Anwendungsmöglichkeit von Heißwasserverdrängungsspeichern. Eine Rentabilität wurde vor allem für Brauereien mit angeschlossener Mälzerei ermittelt. — 26 Literaturangaben.

S. ZAAKE. 7544□

Ascorbate als Antioxydantien für Bier. Irwin Stone und Philip P. Gray. (Wallerstein Lab. Commun. **24.** 179—92. Aug. 1961.) (Engl.)

Vff. geben einen Überblick über die Entw. u. Anwendung von Antioxydantien, die den amerikan. Bieren zugesetzt werden. Den anderen Mitteln erwiesen sich vor allem die Ascorbinsäure, deren iso-Form u. die Na-Salze überlegen, da sie keinerlei Geschmacksveränderungen im Bier verursachen. Außerdem verzögern sie das Auftreten der Oxydationstrübung, verhindern Nachdunkeln u. evtl. Wildwerden des Bieres. Die physikal. u. chem. Eigg. werden angegeben. Zur Bindung von 0,2 ml Sauerstoff oder 1 ml Luft werden 3,5 mg Ascorbinsäure oder 4 mg Na-Isoascorbatmonohydrat benötigt. Biere mit ITT-Werten von Null weisen auf die Ggw. von unoxydierten Ascorbaten hin. — 47 Literaturangaben. S. ZAAKE. 7550□

Kältebeständigkeit und Stabilisierung des Bieres. Leo Wallerstein. (Wallerstein Lab. Commun. **24.** 158—68. Aug. 1961.) (Engl.)

Vf. beschreibt die Entw. u. Wrkg. des im Handel befindlichen *Collupulin* auf die Eiweißstabilität des Bieres. Bei der Anwendung des aus proteolyt. Enzymen bestehenden Präp. muß dafür gesorgt werden, daß die Enzyme die Pasteurisation überleben. Die Wrkg. läßt sich einmal an der Abnahme der mit Tannin, Ammoniumsulfat u. Trichloressigsäure fällbaren Eiweißstoffe, zum anderen durch einen angegebenen „Forciertest" ermitteln. — 56 Literaturangaben. S. ZAAKE. 7550□

Versuche über wildes Bier. Philip P. Gray und Irwin Stone. (Wallerstein Lab. Commun. **24.** 103—13. Aug. 1961.) (Engl.)

Vff. untersuchten verschiedene Einfl., die ein Wildwerden des Flaschenbieres verursachen. Lagerung bei kalten Temp., Vibration, zunehmende Luftmengen im Flaschenhals u. Zusatz von Fe begünstigten das Wildwerden. Bei Zusatz von Suspensionen, wie Kaolin, Talkum, Aktivkohle (I) u. a., trat ebenfalls heftiges Überschäumen ein. Blieb das mit Suspensionen versetzte Bier jedoch 24 Std. stehen, so daß diese sedimentieren konnten, trat nur bei I Überschäumen auf. Nach Pasteurisation von wildem Bier trat unmittelbar danach kein Überschäumen auf, sondern erst nach 3wöchiger Lagerung bei -2^0. S. ZAAKE. 7550□

Durch Metalle verursachtes Wildwerden des Bieres. Philip P. Gray und Irwin Stone. (Wallerstein Lab. Commun. **24.** 197—218. Aug. 1961.) (Engl.)

Vff. stellten Unterss. über das Wildwerden des Bieres nach dem Abfüllen an. Unter Wildwerden versteht man die plötzliche CO_2-Entbindung beim Öffnen der Flasche. Gewisse „Kerne", die sich in latentem Zustand befinden, verursachen diese explosionsartige Entbindung. Eine Voraussetzung, die zur Bldg. solcher „Kerne" führt, ist das Vorhandensein hochmol. koll. Stoffe. Beim Bier konnten Vff. nachweisen, daß es neben einer langen u. kalten Lagerung (bei -2^0) vor allem Metalle sind, die das Wildwerden begünstigen. Die Metalle nahmen in dieser Folge an Aktivität ab: Sn, Ti, U, Y, La, Bi, Ni, Fe u. Mo. Cu wies keine Aktivität auf. Fördernd auf das Wildwerden des Bieres erwies sich der Luftsauerstoff, hemmend dagegen erniedrigte pH-Werte. Eine Ca-Oxalat-Trübung, wie sie im Bier auftreten kann, zeigte prakt. keine Wirkung. Suspensionen von Kaolin usw. hemmten die plötzliche Gasentbindung, vermutlich durch ihr großes CO_2-Adsorptionsvermögen; dagegen verursachte Aktivkohle ein starkes Überschäumen. Als wirksamstes Mittel, auch in Ggw. von Metallen, ein Wildwerden zu unterbinden, erwies sich der Zusatz von Äthylendiamintetraessigsäure (I). Gegenüber Ti u. U war jedoch auch der Zusatz von I ohne Wirkung. Vff. nehmen an, daß die Wrkg. von I auf Bindung der Metalle in Komplex-Verbb. beruht. S. ZAAKE. 7550□

Über einige Verbesserungen in der Erzeugung von Dessert- und Wermutweinen. Erich Minárik. (Vinařství **53.** 58—59. April 1960. Bratislava.) (Slowak.) — Vgl. C. **1960.** 12867.

Bei der Herst. von Dessert- u. Wermutweinen werden die mit bes. ausgesuchten Hefen aus zuckerreichen Mosten erhaltenen Grundweine ohne weiteren A.-Zusatz nur mit Zucker bzw. Kräutern versetzt, wodurch Weine gewonnen werden, die den gespriteten überlegen sind. R. K. MÜLLER. 7554□

Kohlenhydrate in der chemischen Industrie. 3. Mitt. **Gärungsprozesse.** Greville Machell. (Manufact. Chemist **32.** 159—61. April 1961.) (Engl.) — 2. vgl. C. **1962.** **1440.**

Überblick über den Einsatz von Kohlenhydraten zur gärungschem. Herst. von Aceton u. Butanol (mit Vitaminen der B-Reihe u. A. als Neben-Prodd.), Antibiotica, 2.3-Butylenglykol, Citronensäure, Dextran, A., Glucuronsäure, Glycerin, Itaconsäure u. Milchsäure. Die Verw.-Zwecke dieser Prodd. werden erwähnt. W. WILLENBERG. 7578□

Untersuchung der flüchtigen Bestandteile des Bieres. H. Jenard. (Petit J. Brasseur **67.** 830—32. 18/12. 1959. [Franz.]; Brewers Digest **35.** Nr. 4. 58—60. April 1960.) (Engl.)

Zur Best. der in Bier enthaltenen höheren Alkohole u. Ester empfiehlt sich die Fl.-Gas-Verteilungschromatographie nach Anreicherung durch fraktioniertes Ausfrieren, Extraktion mittels nichtwss. Lsgm. oder Abtreiben durch ein Gas. Der verschiedene Geschmack von ober- u. untergärigem Bier erklärt sich aus den unterschiedlichen Geh.

an flüchtigen Alkoholen u. Estern. So enthält ober (unter)-gäriges Bier in % der Gesamtalkohole u. -ester: 47,7 (11,2) Äthylacetat, 20,0 (8,37) Butylacetat, 9,5 (8,94) Amylacetat, 2,88 (13,4) n-Butylalkohol, 19,8 (36,3) Isoamylalkohol u. Spuren (21,8) n-Amylalkohol. W. Wesly. 7600□

Neue Methoden zur Bestimmung der Isohumulone in Bier. M. Verzele. (Wallerstein Lab. Commun. **22.** 173—84. Sept. 1959. Gent, Univ., Labor. for organ. Chem.) (Engl.)

Das vorgeschlagene, modifizierte Gegenstromverteilungs-Verf. besteht darin, das mit H_2SO_4 versetzte Bier mit Isooctan (I) zu extrahieren, das I-Vol. zu messen, den Abdampfrückstand im Gegenstromverteilungs-App. mit I u. Phosphat–Citrat-Puffer-Lsg. (pH 5,75 bis 5,80) 15mal zu behandeln, durch Zusatz von H_2SO_4 die Isohumulone in die obere Phase überzuführen u. die Absorption bei 276 mμ zu bestimmen. Die mit dem Verf. erhaltenen Ergebnisse stimmen gut mit den Werten des Säure–Methanol-Gegenstromverteilungs-Verf. von Rigby u. Bethune [1956] überein. Dagegen erweist sich das direkt anzeigende Verf. von Moltke u. Meilgaard [1957] als unzuverlässig. Nach dem neuen, konduktometr. Titrations-Verf. extrahiert man die mit H_2SO_4 versetzte Probe mit I, schüttelt die I-Schicht mit H_2SO_4, filtriert, mißt das Vol., versetzt den Abdampfrückstand mit einem Methanol–W.-Gemisch (60:40) u. titriert mit KOH oder NaOH, in Methanol–W.-Gemisch gelöst. Die Ergebnisse stimmen gut mit den Werten des Gegenstromverteilungs-Verf. überein. Die potentiometr. Titration der in I gelösten Isohumulone mit Na-Isopropylat gibt gute Werte. W. Wesly. 7600□

Der Borgehalt der Weine von Palmi. Ettore Bruno. (Rassegna Chim. **12.** Nr. 2. 20—23. März/April 1960. Messina, Univ., Ist. di Merceologia.) (Ital.)

Übersicht über die Meth. der Best. von B im Wein u. über Unterss. von Weinen von Palmi mittels colorimetr. Messung der Intensität der bei der Rk. von H_3BO_3 u. Acetylchinalizarin (I) entwickelten Färbung. In 15 Proben wurden 40—53 mg H_3BO_3/Liter (durchschnittlich 42,6 mg) gefunden. — 47 Literaturangaben. G. Platzer. 7606□

Joh. A. Benckiser G. m. b. H., Chemische Fabrik, Ludwigshafen/Rh., **Aufschluß schwer autolysierender Mikroorganismen** nach D. B. P. 937 635, dad. gek., daß die aufzuschließende Pilzmasse nach deren Beimpfung in ständiger Bewegung gehalten wird. Zweckmäßig wird gleichzeitig belüftet. — Beispiel, Tabelle. (**D. A. S. 1 118 723** Kl. 6b vom 29/7. 1954, ausg. 7/12. 1961. **Zusatz zu D. B. P. 973635; C. 1960. 15933.**) G. Vogel. 7509

Wissenschaftliche Station für Brauerei in München e. V. (Erfinder: Ernst Paukner), München, **Quantitative Bestimmung in Flüssigkeiten gelöster Gase,** bes. von *CO_2 in Bier*, nach dem Henry-Daltonschen Gesetz, dad. gek., daß der in der Gasphase (I) herrschende Druck (II) gemessen, hierauf entweder ein aliquoter Teil der I durch den eigenen II abgelassen oder durch Einleiten einer Verdrängungs-Fl. die I quant. verdrängt wird, worauf durch *volumetr. Gasanalyse* mit Hilfe des ursprünglichen Gleichgewichtsdruckes der Partialdruck der einzelnen Gase berechnet u. aus den entsprechenden Löslichkeitstabellen der zugehörige Gas-Geh. der Fl. ermittelt wird. (**D. A. S. 1 051 029** Kl. 42l vom 21/1. 1953, ausg. 19/2. 1959.) W. v. Huhn. 7601

Walter Brogsitter, Spirituosen Jahrbuch. 1962. Jahrgang 13. Berlin: Versuchs- und Lehranstalt für Spitituosenfabrikation. 1961. (584 S.) 8°. DM 8,80.

—, European Brewery Convention, Congress. Proceedings 1961. Vienna, Amsterdam: Elsevier; London: Van Nostrand. 1961. (XI + 460 S. m. Abb., Taf., Tab. u. Diagr.) 70 s.

XVI. Nahrungs-, Genuß- und Futtermittel

Identifizierung der in „pre-ferments" gebildeten Carbonylverbindungen. Byron S. Miller, John A. Johnson und Robert J. Robinson. (Cereal Chem. **38.** 507—15. Nov. 1961. Manhattan, Kansas Agric. Exp. Stat., Dep. of Flour and Feed Milling Ind.) (Engl.)

In Ae.-Extrakten von „pre-ferment"-Gäransätzen konnten gaschromatograph. nur die 4 flüchtigen Hauptkomponenten A., Äthylacetat, Isobutanol u. Isoamylalkohol ermittelt werden. Durch Umsetzung der entwickelten Gase mit Dinitrophenylhydrazin, Spaltung mit α-Ketoglutarsäure u. Gaschromatographie wurden Formaldehyd, Acetaldehyd, Aceton, Isobutyraldehyd, n-Butyraldehyd, Methyläthylketon, Isovaleraldehyd u. n-Valeraldehyd bestimmt. Säulen- u. Papierchromatographie lieferten die gleichen Verbb. u. zusätzlich 2-Methylbutyraldehyd. Zur Identifizierung wurde die Best. der Absorptionsmaxima im UV u. die Aufnahme der IR-Spektren herangezogen. M. W. Rothe. 7674□

Untersuchungen über die Verbesserung der Haltbarkeit von Backpulver mit Hilfe von Magnesiumstearat. Zbigniew Raciszewski und Eugeniusz Pijanowski. (Zeszyty naukowe Szkoły głównej Gospodarstwa wiejskiegow Warszawie, Rolnictwo **1961.** Nr. 1. 239—45. Warszawa, SGGW, Kat. Przem. Roln.-Spoż.) (Pol.)

Zusatz von 0,3% *Mg-Stearat* (I) zu Backpulver, das aus $NaHCO_3$, Citronensäure oder $Na_2H_2P_2O_7$ u. Kartoffelstärke besteht, verlängert die Haltbarkeit des Pulvers auf mindestens 1 Jahr auch bei Aufbewahrung unter normalen Temp.- u. Feuchtigkeitsbedingungen ohne bes. Schutz. In Ggw. von Weinsäure ist ein I-Zusatz ohne Wirkung. I verhindert auch das Zusammenbacken des Pulvers. Paraffin oder Paraffinöl haben keine Wrkg. auf die CO_2-Abgabe des Backpulvers. F. URBAN. 7674□

Milcheiweißprodukte als Ei-Austauschmittel für Bäckerei- und Konditorei-Erzeugnisse. Gerhard Laue. (Bäcker u. Konditor **14.** 72—73. März. 103—05. April 1960. VEB Elektrochemisches Kombinat Bitterfeld.) (Dt.)

Zusammenfassender Überblick. — 50 Literaturangaben. M. WINIKER. 7674□

Über Spezialbrot mit nährwerterhöhenden Zusätzen. M. Rothe. (Bäcker u. Konditor **14.** 199—202. Juli 1960. Potsdam-Rehbrücke, Inst. für Ernährung.) (Dt.)

M. WINIKER. 7674□

Wissenswertes über Diabetikergebäck und seine Herstellung. K. Fuchs. (Bäcker u. Konditor **14.** 267—69. Sept. 1960. Potsdam-Rehbrücke, Inst. für Ernährung.) (Dt.)

Allg. Ausführungen mit Rahmenrezepten. M. WINIKER. 7674□

Nährwert einiger Früchte des Kaschmir-Tales. S. M. H. Andrabi und N. G. Magar. (Indian J. appl. Chem. **22.** 231—38. 1959. Bombay, Inst. of Sci., Dep. of Biochem.) (Engl.)

Zusammenstellung der Geh. von Äpfeln, Birnen u. Quitten des Kaschmir-Tales an Säure, reduzierendem u. Gesamtzucker, Roheiweiß, Fett, Gerbstoffen, Aminosäuren, Spurenelementen, Vitaminen u. mikrobiolog. Prüfung der Wirksamkeit von Vitamin B_{12} u. der Folsäure. W. WESLY. 7688□

Einfluß von γ-Strahlen auf die Lagerbeständigkeit von Erdbeeren. L. P. Kowalskaja, T. Ss. Buschkanetz und Je. W. Dorofejewa. (Консервная и Овощесушильная Промышленность [Konserven- u. Dörrgemüse-Ind.] **16.** Nr. 11. 28—31. Nov. 1961. Zentr. Forsch. Inst. für Konserven- u. Dörrgemüseind.) (Russ.)

Durch Bestrahlung von Erdbeeren mit 0,4—0,6 Mr kann infolge der Zerstörung von Botrytis cinerea u. Rhiropus nigricans die Lagerungsdauer des Prod. um 2—3 Tage verlängert werden. Die Behandlung beeinflußt die organolept. Eigg. der Beeren nicht, vermindert aber ihren Vitamin-C-Geh. um 10—15% u. beeinträchtigt vorübergehend die Färbung des Produktes. Das Verf. verbessert die Konsistenz der gelagerten Beeren (Hemmung des Überganges von Protopektin in lösl. Pektin). S. BARYSCHNIKOW. 7688

Kohlensäurelagerung von Äpfeln 1954—1957. Åke Nyhlén und Torsten Nilson. (Kungl. Skogs-och Lantbruksakad. Tidskr. **99.** 171—211. 1960. Alnarp, Statens Trädgårdsförsök.) (Schwed.)

In 3 Ernteperioden durchgeführte Verss. mit Lagerung von Äpfeln in einer CO_2-Luftatmosphäre mit $CO_2 : O_2 = 8 : 13\%$ (bei Cox Orange $5 : 3\%$) bei $+ 4^0$ im Vgl. mit ohne CO_2-Zusatz gelagerten Äpfeln zeigen, daß die durch CO_2 bewirkte Verzögerung der Reifung zu einem geringeren Befall der Äpfel durch die meisten Krankheiten u. sonstigen Störungen führt. Daneben spielt aber auch der Zeitpunkt der Ernte, also der Reifegrad bei der Ernte, eine wesentliche Rolle. R. K. MÜLLER. 7688□

Die Geschwindigkeit des Übergangs von Vitamin C aus Früchten in den sie umgebenden Zuckersirup. K. Bogdański, H. Bogdańska, M. Wierzbicki und I. Ostrowska. (Roczniki Technol. Chem. Żywności **8.** 47—74. 1961. Skierniewice, Inst. Sadownictwa.) (Pol.; Auszug: Franz.)

Die Acidität von Früchten (Erdbeeren, schwarze Johannisbeeren), die kurze Zeit in Zuckersirup getaucht werden, ändert sich prakt. nicht. *Vitamin C* (I) geht in demselben Maß aus den Früchten in den sie umgebenden Sirup über wie die Fruchtsäuren. Bei schnellem Einfrieren der Früchte wird der Übergang gehemmt. Nach dem Auftauen geht I aus dem Sirup in die beschädigten Zellen um so leichter über. — 12 Literaturangaben. F. URBAN. 7688□

Pasteurisation von Sauerkohl durch γ-Strahlen. L. P. Kowalskaja, T. Ss. Buschkanetz, Je. W. Dorofejewa und K. W. Jegorowa. (Консервная и Овощесушильная Промышленность [Konserven- u. Dörrgemüse-Ind.] **16.** Nr. 6. 9—12. Juni 1961. Zentr. Forsch.-Inst. für Konserven- u. Dörrgemüseind.) (Russ.)

Um das Dunkelwerden des gelagerten Sauerkohls u. die Herabsetzung seines Vitamin-C-Geh. zu vermeiden, soll das Prod. mit $\leqq 0,5$ Mrad bestrahlt werden. Nach einer Lagerung von 14 Tagen vermindert sich der Geh. an Vitamin C des unbestrahlten bzw. vorher mit 0,3, 0,5 oder 1 (Mrad) bestrahlten Prod. um 15 bzw. 30, 50 oder 75%. Die Geschw. des Verderbs des bestrahlten Prod. ist vom Mikrobenbefall des Prod. u. bes. von der Zahl der Hefezellen in der Brühe abhängig. So konnte das Prod. mit unbedeutender Mikrobenzahl, davon bis 20% Hefezellen, das mit 1,5—2 Mrad bestrahlt wurde, bei 20° nur 5—6 Tage aufbewahrt werden. Prodd. mit 10^6 Zellen/ml, davon aber nur 1—2% Hefe, hatten dagegen nach einer Bestrahlung von 0,5 Mrad eine Lagerfähigkeit von mehreren Monaten. Vff. empfehlen die Bestrahlung des abgefüllten Prod. sofort nach Beendigung des Hauptsäuerungsprozesses. S. BARYSCHNIKOW. 7690

Die Qualitätsüberwachung und Verwertung der Waldbeerenernte 1959 im Bayerischen Wald mit Kennzahlen von Himbeermuttersäften. Werner Bötticher. (Flüssiges Obst **27.** Nr. 5. 25—26. Mai 1960. München, Zentralstelle für Pilzforschung u. Pilzverwertung.) (Dt.) — Vgl. C. **1961.** 15957. M. WINIKER. 7706□

Die Erhaltung der natürlichen Werte der Früchte in unserem Fruchtsaft. Josef Herrmann. (Flüssiges Obst **28.** Nr. 12. 8—15. Dez. 1961. Berlin.) (Dt.)

Vortrag. — 6 Literaturangaben. M. WINIKER. 7706□

Automatische und halbautomatische Heißfüllung von Süßmosten auf Flaschen. Jos. Baumann. (Flüssiges Obst **28.** Nr. 2. 13—17. Febr. 1961.) (Dt.)

Allg. Ausführungen. M. WINIKER. 7706□

Untersuchung der baktericiden Wirksamkeit von Apfelmost und -saft. J. Pitre und J. Obaton. (Ind. aliment. agric. **78.** 1233—40. Dez. 1961. Caen, Labor. de Biol. et d'Hygiène.) (Franz.)

Die baktericide Wirksamkeit (BW) nicht fermentierter Apfelsäfte u. -moste ist gering, so daß Keime von Paratyphus, Colibacillus u. Shigella Flexner in Saft u. von Staphylococcen in Most erst in 3—10 Tagen verschwinden. Die BW verschwindet durch Neutralisation, nicht aber durch Erhitzen auf 80° oder Eliminierung der flüchtigen Bestandteile durch längeres Kochen. Da die durch Dest. gewonnenen flüchtigen Bestandteile keine BW zeigen, rührt die BW der ungegorenen Säfte von *Äpfelsäure* (I) her. Staphylokokken werden von 10 (g/Liter) I in 5 Tagen, Paratyphusbazillen durch 4 I in derselben Zeit vernichtet. I sensibilisiert die Keime beim Pasteurisieren; sie werden bei um so niedriger Temp. zerstört, je saurer der Saft ist. In sauren Säften werden die Keime durch Erhitzen auf 67°, in ungewöhnlich süßen Säften durch Erhitzen auf $>82°$, zerstört. W. WESLY. 7706□

Orientierende Untersuchungen über die Verpackungscharakteristika von Dattelpalmengur. N. Balasubrahmanyam, H. B. N. Murthy und N. V. R. Iyengar. (Food Sci. [India] **10.** 252—54. Aug. 1961. Mysore; Centr. Food Technol. Res. Inst.) (Engl.)

Während *Gur* bisher hauptsächlich aus Zuckerrohr hergestellt wurde, hat in letzter Zeit die Produktion aus Dattelpalmensaft stark zugenommen. Beide Prodd. sind gegenüber Feuchtigkeit bes. empfindlich u. dunkeln während der Lagerung nach. Vff. zeigen, daß mikrobieller Verderb bei Lagerung bei 43—56% relativer Feuchtigkeit u. 24—38° prakt. nicht auftritt. Der krit. Wasser-Geh. liegt bei ca. 8%. Bei einem Ausgangs-Wasser-Geh. von 5,8% können also ohne Bedenken noch 2,2% W. aufgenommen werden. Das Nachdunkeln wird durch höhere Temp. u. relative Feuchtigkeit begünstigt. Bei 6,2° bleibt die Farbe über mindestens 6 Monate konstant. Licht u. Ggw. von Luft sind ohne Einfl. auf die Farbänderung. Eine wasserdichte Verpackung dürfte ebenfalls Verderb u. Nachdunkeln ausschalten bzw. vermindern. HANS THIELE. 7706□

Teilweise Charakterisierung der Geschmacksstoffe von oxydiertem Butterfett. A. M. El-Negoumy, D. M. Miles und E. G. Hammond. (J. Dairy Sci. **44.** 1047—56. Juni 1961. Ames, Iowa, Iowa State Univ., Dep. of Dairy and Food Ind.) (Engl.)

Zur Unters. der Geschmacksstoffe von oxydiertem Butterfett (I) wurde I bei 40° oxydiert. Die bei der Molekular-Dest. entweichenden Gase wurden in einer mit fl. N_2 gekühlten Vorlage aufgefangen u. mit PAe. aufgenommen. Die Geschmackskonzentrate wurden gaschromatograph. mit Butandiol–Bernsteinsäure-Polyester als stationäre Phase fraktioniert. Die meisten der Verbb. hatten Carbonylgruppen u. wurden durch die Retentionszeit bei der Gaschromatographie oder als 2.4-Dinitrophenylhydrazone papierchromatograph. identifiziert. Die gaschromatograph. Fraktionen wurden außerdem in einwandfreier Milch oder in Butterfett aufgenommen u. organolept. geprüft. Hierbei wurde festgestellt, daß nicht die in größerer Menge gefundenen Carbonyl-Verbb. hauptsächlich den Oxydationsgeschmack hervorrufen, sondern die in geringen Mengen vorkommenden noch nicht identifizierten Verbb., die in der Nähe von Octanal- u. α-Heptenal-Fraktionen gefunden wurden. Dieselbe Geruchskomponente wurde auch in Leinsamen, Heringsöl u. Safloröl gefunden. Es wird angenommen, daß sie aus Linolsäure entsteht u. eine Carbonyl-Verb. ist. E. WIEHR. 7758☐

Eine Methode zur Bestimmung der relativen Anteile an Weizenmalz-, Pilz- (Aspergillus oryzae) und Bakterien-α-Amylase (Bacillus subtilis) im Gemisch und ihre Anwendung auf Weizenmalz. James R. Fleming, Byron S. Miller und John A. Johnson. (Cereal Chem. **38.** 479—86. Nov. 1961. Manhattan, Kansas Agric. Exp. Stat., Dep. of Flour and Feed Milling Ind.) (Engl.)

Die Hitzeempfindlichkeit der verschiedenen Amylasearten nimmt in der Reihenfolge *Bakterienamylase* (**I**), *Getreideamylase* (**II**), *Pilzamylase* (**III**) zu. Durch Ermittlung der Gesamtaktivität nach Erhitzen auf 65, 70 u. 75° ließen sich bei Kenntnis der unter den vorliegenden Bedingungen gegebenen Verlustraten die relativen Anteile an **I**, **II** u. **III** errechnen. Die Ggw. von **III** in Weizenmalz hängt vom Ausmaß des Schimmelbefalls ab, der Anteil an **III** erreicht in stark verschimmeltem Material maximal 15% der Gesamtaktivität. **I** war durchweg nur in sehr geringer Menge vorhanden. Die Hitzeempfindlichkeit der **II** von Malz verschiedener Weizensorten sowie von Gersten-, Mais- u. Sorghummalz ist annähernd gleich (Aktivitätseinbußen ab 75°), allein Hafermalz-**II** wird schon bei 65° geschädigt. M. W. ROTHE. 7796☐

Untersuchung des Abbaus der Stärke in einigen Getreideprodukten. Marcel Kapp, Charles Legrand und Jean-Jaques Trillat. (C. R. hebd. Séances Acad. Sci. **251.** 490—94. 25/7. 1960. Laboratoire de Rayons X du C.N.R.S., Laboratoire de la Biscuiterie Alsacienne.) (Franz.)

Vff. untersuchten mittels der Meth. der Röntgenstrahlbeugung den Abbau des Kristallinitätsgrades der Stärke von 1 Std. schwinggemahlenem Weizenmehl bzw. von Teigen u. Backwaren, die aus Weizenmehl hergestellt worden waren. Die in den einzelnen untersuchten Prodd. zu beobachtenden Veränderungen im Kristallinitätsgrad der Stärke werden an Hand der aufgenommenen Diagramme diskutiert. Die Diagramme zeigen charakterist. Unterschiede, so daß die angewandte Meth. von den Vff. als für die Qualitätskontrolle an Getreide-Prodd. (Best. der Verdaulichkeit) geeignet angesehen wird. S. AUGUSTAT. 7800

Bestimmung von Blattminierermaden in Spinat. Frank R. Smith. (J. Assoc. off. agric. Chemists **44.** 338—39. Mai 1961. Washington, D. C., Food and Drug Admin., Div. of Microbiol.) (Engl.)

Man kocht den Spinat ca. 30 Min., rührt ca. 5 Min., versetzt mit heißem W., rührt, läßt absitzen, dekantiert u. wiederholt diese Arbeitsgänge so oft, bis sich die Maden am Boden des Gefäßes abgesetzt haben u. betrachtet die Maden bei 10—15facher Vergrößerung. W. WESLY. 7810☐

Schnellbestimmung von Carotin in Konserven. I. G. Mochnatschew, L. G. Sserdjuk und R. G. Chudjakowa. (Консервная и Овощесушильная Промышленность [Konserven- u. Dörrgemüse-Ind.] **16.** Nr. 11. 38—41. Nov. 1961. Krasnodar, Forsch.-Inst. für Nahrungsmittelind.) (Russ.)

Die vereinfachte Meth. der Schnellbest. von *Carotin* nach SSAPOSHNIKOW u. Mitarbeitern (vgl. C. **1959.** 4536) ermöglicht es, den *Carotin*-Geh. in Konserven in 30 Min. mit prakt. genügender Genauigkeit zu bestimmen. S. BARYSCHNIKOW. 7810

Methoden der Schnellbestimmung von Wasser in Zuckerwaren. L. Dabrowski. (Przemysł spożywczy **15.** 31—33. 1961. Zabrze, Labor. Przem. cukiern.) (Pol.)

Übersicht über die Trocknungs-Meth., die refraktometr. Meth. u. die KARL-FISCHER-Titration zur Best. von W. in Süßwaren während der Produktion. F. URBAN. 7816☐

Zur Qualitätsbeurteilung schwarzer Johannisbeer-Muttersäfte. Walter Fink-Ullepitsch. (Fruchtsaft-Ind. **6.** 205—07. Juni 1961. Graz, Landw. chem. Vers.- u. Unters.-Anst.) (Dt.)

Unterss. an Muttersäften von 10 Sorten von schwarzen Johannisbeeren steir. Provenienz ergaben: Die im Handel übliche Bewertung der Rohware nach dem Säure-Geh. hat eine gewisse Berechtigung. Zur Erkennung einer Wässerung der Muttersäfte wird am zweckmäßigsten der Geh. an Asche u. an zuckerfreiem Extrakt vorgenommen. Ein relativ niedriger Geh. an Mn (unter 2 mg/Liter im Muttersaft bzw. 0,6 mg/Liter im trinkfertigen Saft) läßt auf Verschnitt mit Säften aus roten Johannisbeeren schließen. M. WINIKER. 7818☐

Spektrophotometrische Analyse farbiger Säfte und Fruchtsirupe. 1. Mitt. Untersuchung von Säften rotgefärbter Früchte sowie der Einfluß einiger physikalischer und chemischer Faktoren auf den Charakter der Absorptionskurven. Maria B. Wojtowiczowa. (Zeszyty naukowe Szkoły głównej Gospodarstwa wiejskiego Warszawie, Rolnictwo **1961.** Nr. 1. 149—95. Warszawa, SGGW, Kat. Przem. Roln.-Spož.) (Pol.)

Frischer Saft rotgefärbter Früchte hat die für Anthocyane charakterist. Extinktionskurve im Bereich 400—650 mμ. Die Lsgg. erfüllen das LAMBERT-BEERsche Gesetz. Gemische verschiedener Säfte lassen sich auf Grund der Lage des Absorptionsmaximums in manchen Fällen identifizieren. Älterer Saft zeigt Abweichungen in der Absorption. Es ist auf Grund der Abweichung in der Form der Kurve möglich, auf die Art der Veränderung des Saftes (Einfl. von Ascorbinsäure, Luft-O_2, SO_2, therm. Schädigung) zu schließen. Bei Zusatz alkohol. $AlCl_3$-Lsg. verschiebt sich das Absorptionsmaximum nach längeren Wellen. Die Rk. dient zur Identifizierung von Anthocyanen. — 41 Literaturangaben. F. URBAN. 7818□

Spektrophotometrische Analyse farbiger Säfte und Fruchtsirupe. 2. Mitt. **Versuch der Qualitätsbewertung von Säften und Sirupen an Hand der Absorptionskurven.** Maria B. Wojtowiczowa. (Zeszyty naukowe Szkoły głównej Gospodarstwa wiejskiego Warszawie, Rolnictwo **1961.** Nr. 1. 197—238.) (Pol.) — 1. vgl. vorst. Referat.

Aus dem Vgl. der Extinktion des Fruchtsirups (Kirschen, Himbeeren, Johannisbeeren, Heidelbeeren) vor u. nach Zugabe einer alkohol. $AlCl_3$-Lsg. läßt sich der Zustand des Naturfarbstoffs im Saft erkennen. Frische u. gut konservierte Säfte zeigen in Ggw. von alkohol. $AlCl_3$-Lsg. eine Verschiebung des Extinktionsmaximums von 520 nach 530mμ. Die Färbung der Säfte läßt sich nicht nach dem C. I. E.-Syst. festlegen, da die Unterschiede in den Farbkoordinaten zu klein sind. Dagegen ist die Best. der Farbe in Anlehnung an die Meth. von MESCHTER in Gelb- u. Roteinheiten möglich. Benötigt werden dazu die Extinktionen des Saftes bei 420 u. 530 mμ nach Zusatz von $AlCl_3$ u. bei 650 mμ ohne Zusatz von $AlCl_3$. — 29 Literaturangaben. F. URBAN. 7818□

Bestimmung von geringer Verschmutzung bei gemahlenem Zimt. William V. Eisenberg. (J. Assoc. off. agric. Chemists **44.** 336—38. Mai 1961. Washington, D. C., Food and Drug Amin., Div. of Microbiol.) (Engl.)

Eine Nachprüfung des Verf. zur Best. von leichten Verunreinigungen in gemahlenem Zimt (mkr. Unters. des Rückstandes, der auf dem Papierfilter nach Behandlung der Probe mit einer Lsg. von Kerosin in Isopropylalkohol zurückbleibt) ergibt höhere Werte für Insektenfragmente u. Nagetierhaare als die bisher angewandten Arbeitsweisen. Das Verf. soll einer weiteren Unters. unterzogen werden, um seine Eignung für Proben stärkerer Größe zu prüfen. W. WESLY. 7826□

Über die Feststellung des optimalen Röstungsgrades von Kaffee. B. W. Artemjew. (Консервная и Овощесушильная Промышленность [Konserven- u. Dörrgemüse-Ind.] **16.** Nr. 12. 22—26. Dez. 1961. Zentr. Forsch-Inst. für Konserven- u. Dörrgemüse ind.) (Russ.)

Sowohl das Aroma als auch der Geschmack des gerösteten Kaffees werden durch die flüchtigen Komponenten des Prod. bedingt. Es wird gezeigt, daß zwischen dem Geh. des Prod. an Extrakt u. an aromat. Substanzen einerseits u. dem „Koeff. der Oxydierbarkeit" (KO) lineare Beziehungen bestehen. Zur Best. des KO werden 8g gerösteten u. gemahlenen Kaffees mit heißem W. zu 100 ml ergänzt u. 5 Min. bei 90—92° digeriert. Nach Filtrierung wird abgekühlt. Durch 50 ml des Filtrats wird 6 Min. bei Raum-Temp. ein Luftstrom mit einer Geschw. von 2,2 Liter/min durchgeleitet; die Absorption der mitgerissenen flüchtigen Bestandteile erfolgt in einer Lsg. von 50 ml 0,005n $KMnO_4$-Lsg. in 1n NaOH. Nach m Ansäuern der alkal. $KMnO_4$-Lsg. mit 10 ml 6n H_2SO_4, Zugabe von 5 ml 20%ig. KJ-Lsg. u. 5 Tropfen 1%ig. Stärke-Lsg. wird mit 0,005n $Na_2S_2O_3$-Lsg. zurücktitriert. Bei ein u. derselben Kaffeesorte zeigt der KO den Aroma-Geh. annähernd richtig an. Der KO ist jedoch nicht beim Vgl. verschiedener Kaffeesorten anwendbar. S. BARYSCHNIKOW. 7828

Eine Schnellbestimmung des wahren spezifischen Gewichtes von Tabak. John J. Westbrook, III, S. W. Pleasants und L. S. Harrow. (J. Assoc. off. agric. Chemists **44.** 352—56. Mai 1961. Richmond, Va., Philip Morris, Inc.) (Engl.)

Beschreibung, Eichung u. Anwendung eines Gerätes zur Best. des spezif. Gew. von porösen, festen Stoffen mittels des Gas (N_2)-Verdrängungs-Verf., ausgeführt an verschiedenen Tabakarten unter Berücksichtigung der Teilchengröße, Feuchtigkeit u. Temperatur. W. WESLY. 7836□

Behandlung von Blätterproben in Eluierungssäulen für flammenphotometrische Bestimmungen. 1. Mitt. **Bestimmung von Kalium in Tabak.** James T. Dobbins jun. (J. Assoc. off. agric. Chemists **44.** 360—66. Mai 1961. Winston-Salem, N. C., R. J. Reynolds Tobacco Co.) (Engl.)

Unterss. über die zur *K*-Best. in Tabak notwendige Vorbereitung der Probe zeigen, daß durch Extraktion mit W. oder HCl Werte gefunden werden, die mit der Extraktionsdauer schwanken. Nach einem Höchstwert finden sich niedrigere Gleichgewichtswerte.

Das deutet darauf hin, daß ein Kationenaustausch zwischen K^+ u. der Cellulose des Tabaks stattfindet. Diese Schwierigkeit wird vermieden, wenn man die Probe mit Celite 545 gemischt auf eine chromatograph. Säule gibt, mit verd. HCl eluiert u. K^+ im Eluat flammenphotometr. bestimmt. W. WESLY. 7836□

Bestimmung von Petrolätherextrakten von Tabak. J. E. Wickham und L. S. Harrow. (J. Assoc. off. agric. Chemists **44.** 357—60. Mai 1961. Richmond, Va., Philip Morris Res. Center.) (Engl.)

Zur Extraktion von Tabak mit PAe. dienen ein GOLDFISCH-Extraktionsgerät u. ein SOXHLET-Gerät. Gemeinschafts-Unterss. zeigen, daß mit letzterem die geringsten Schwankungen der Ergebnisse erzielt werden. Weitere Unterss. werden empfohlen. W. WESLY. 7836□

Einige halbquantitative, gaschromatographische Untersuchungen über die organischen Säuren von Tabak und seinem Rauch. Louis D. Quin, Walter George und Betsy S. Menefee. (J. Assoc. off. agric. Chemists **44.** 367—73. Mai 1961. Durham, N. C., Duke Univ., Dep. of Chem.) (Engl.)

Zur Unters. dient das von QUIN u. HOBBS (C. **1959.** 10427) beschriebene gaschromatograph. Gerät. Nichtflüchtige Säuren werden nach kontinuierlicher Extraktion einer wss. Lsg. mit Ae. durch Methylierung mit Diazomethan in flüchtige Verbb. umgewandelt. Die in Tabak u. Zigarettenrauch ermittelten Mengen flüchtiger u. nichtflüchtiger Säuren werden (Zahlentafeln) angegeben. Ihre Herkunft wird erörtert. W. WESLY. 7836□

Probenahme bei frischem Fleisch für Annäherungsanalysen. Fergus Hill. (J. Assoc. off. agric. Chemists **44.** 282—83. Mai 1961. Dublin, Agric. Inst.) (Engl.)

Unterss. über die Probenahme von frischem Fleisch nach dem von BENNE u. Mitarbeitern (C. **1958.** 3475) angegebenen Verf. zeigen, daß die Geh. der Proben an Feuchtigkeit (Best. durch azeotrope Dest., durch 16—18std. Trocknung bei 100° im Trockenschrank, durch die Differenz zwischen Ursprungs-Gew. u. dem Gew. von Fett + Rückstand ohne Fett) gut miteinander übereinstimmen, woraus geschlossen wird, daß die Probenahme zu homogenen, repräsentativen Mustern führt. W. WESLY. 7850□

Beziehung zwischen ^{40}Kalium-Konzentration und Gehalt an fettfreiem Magerfleisch von Schinken. Roman Kulwich, Louis Feinstein und Ernest C. Anderson. (Science [Washington] **127.** 338—39. 14/2. 1958. Beltsville, Md., U. S. Dep. of Agric., Agric. Marketing Serv.; Los Alamos, N. Mex., Univ. of California, Los Alamos Scient. Labor.) (Engl.)

An frischem Schweineschinken wurde durch Messung der γ-Strahlenaktivität der Geh. an ^{40}K in den vollständigen Schinken, im fettfreien Magerfleisch u. im Fett bestimmt. Da der Geh. an ^{40}K im fettfreien Magerfleisch nahezu konst., aber größer als im Fett ist, bietet die Messung der γ-Strahlenaktivität eine Möglichkeit zur raschen u. zerstörungsfreien Ermittlung des Magerfleischanteils in Fleisch u. lebendem Schlachtvieh. K. PAVEL. 7850

Die Zähigkeit von Fleisch. Fergus Hill. (Food Manufact. **36.** 511—16. 528. Dez. 1961. Dublin, Agric. Inst., Meat Res. Dep.) (Engl.)

Vf. vermittelt einen Überblick über die derzeitigen Kenntnisse bzgl. der Faktoren, die die Zähigkeit von Fleisch bedingen, sowie über die Meth. u. Geräte zur Best. der Mürbheit von Fleisch. — 52 Literaturangaben. M. WINIKER. 7850□

Zum Nachweis von Mono- und Polyphosphaten in „phosphatfrei" bezeichneten Mitteln zur Verhinderung der Blutgerinnung und zur Brühwurstherstellung. F. Ruf, K. Glandorf und O. Gehrig. (Mitt. Gebiete Lebensmitteluntersuch. Hyg. [Bern] **51.** 533—39. 1960. Ludwigshafen/Rh., Joh. A. Benckiser GmbH., Chem. Fabrik.) (Dt.)

Bei der Anwendung der papierchromatograph. Meth. nach THILO u. GRUNZE zum Nachw. von *Mono-* u. *Polyphosphaten* zeigte sich, daß *Citronensäure* bzw. deren Na-Verbb. im aufsteigenden Chromatogramm eine nach längerer Zeit wieder verschwindende Blaufärbung an der Stelle des Monophosphats ergeben. Weiter zeigte sich, daß *Kochsalz* mit dem Phosphatentwickler in H_2S-Atmosphäre an der Stelle des Diphosphats einen bräunlich-blauen Fleck liefert. Dieser Fleck bleibt nicht nur bestehen, sondern seine Farbe nimmt mit der Zeit an Intensität zu. Die in phosphatfreien Brätzusatzmitteln u. Mitteln zur Verhinderung der Blutgerinnung vorhandenen Citrate u. das Kochsalz können somit einen Geh. an Mono- bzw. Diphosphat vortäuschen. Die bei der Papierchromatographie erhaltenen Flecke sind demzufolge qual. auf ihren Geh. an Phosphat zu prüfen. M. WINIKER. 7850□

Die Rolle des Amylalkohols bei der Fettbestimmung nach Gerber. H. Hänni. (Mitt. Gebiete Lebensmitteluntersuch. Hyg. [Bern] **51.** 515—24. 1960 Liebefeld-Bern, Eidg. milchwirtschaft. Versuchsanst.) (Dt.)

Sowohl bei Milch als auch bei Rahm u. Käse führt die Fett-Best. nach GERBER zu Ergebnissen, die nicht genau mit denjenigen übereinstimmen, die mittels der gewichtsanalyt. Verff. nach RÖSE u. GOTTLIEB oder SCHMID u. BONDZYNSKI erzielt werden. Diese Differenzen sind in erster Linie auf gewisse Verunreinigungen zurückzuführen, die in dem bei der GERBER-Meth. benutzten Amylalkohol enthalten sind. Mittels der Gaschromatographie gelingt es relativ leicht, die Eignung eines Amylalkohols des Handels für die Fett-Best. festzustellen. M. WINIKER. 7856□

Glidden Co., Cleveland, Ohio, übert. von: Walter M. Cochran, Highland Park, und Fred Eber, Northbrook, Ill., V.St.A., **Herstellung von Hefe-Backwaren.** Man vermischt mit den trockenen Bestandteilen des Rezeptes für die Backwaren feinverteilte, frei fließende, genießbare Emulgatoren mit einer Teilchengröße $<150\,\mu$ u. von einer chem. Zus., welche die Emulgatoren in festem Zustand bei Normaltemp. haben. Die Emulgatoren bestehen im wesentlichen aus Partialestern des Glycerins, die nur Acyloxyreste enthalten von: 1. mindestens einer genießbaren Fettsäure mit 16—24 C-Atomen u. einem F., der mindestens so hoch wie derjenige der Palmitinsäure ist u. 2. <2 Mol. pro Mol. des Fettsäuregemisches an genießbarer niedermol. Hydroxycarbonsäure mit 2—6 C-Atomen. (**A. P. 2 978 329** vom 29/7. 1957, ausg. 4/4. 1961.) H. MAASS. 7675

Soluble Nutrients, Inc., Chicago, übert. von: Forest H. Clickner, Mendota, Ill., V.St.A., **Stabilisiertes flüssiges Tier- und Geflügel-Beifuttermittel.** Fermentationsbrühen aus Brauereien, aus der Zucker-, Käse-, Fisch- u. Fleischverarbeitung werden mit nicht polaren, nicht tox. Kohlenhydraten, z. B. unraffiniertem Mais-, Rüben- oder Rohrzuckersirup u. Fruchtsäften, in solchen Mengen vermischt, daß der osmot. Druck der Lsg. 85—100 at beträgt, worauf das pH durch Zusatz von Milchsäure oder H_3PO_4 auf 4,0—5,8 eingestellt wird. Man vermengt z. B. 12—40 (Teile) Fermentationsbrühe, 55—78 Zuckersirup u. 1—15 Vitamin-B_2- u. -B_{12}-Brühen u. fügt dann die Säure zu. Die Fll. können ohne Gefrieren in Tanks oder Trommeln aufbewahrt u. verschifft werden. Als Ergänzungsfutter zu normalen Futtermitteln bewirken sie eine Beschleunigung des Wachstums der gefütterten Tiere u. eine Erhöhung ihres Gewichts. (**A. P. 2 965 489** vom 26/12. 1957, ausg. 20/12. 1960.) H. KARST. 7787

Swift & Co., Chicago, übert. von: Jack F. Beuk, Hinsdale, und John M. Hogan, Oak Lawn, Ill., V.St.A., **Verwendung von proteolytischen Enzymen in Geflügelfuttermitteln.** Den normalen Futtermitteln für Geflügel, z. B. aus Mais-, Sojabohnen-, Fisch-, Alfalfa-, Hafermehl, Getreideabfällen, Knochen u. Fleischschrot, Mineralsalzen, Spurenelementen, Vitaminkonzentraten, Antibiotica u. dgl. werden ca. 0,00044—0,022% eines proteolyt. Enzyms, bes. *Papain, Trypsin, Bromelin, Pankreatin, Ficin* u. *Kathepsin* oder ein Gemisch dieser, beigemischt. Die Enzyme können auch den mineral. Beifuttermitteln, die den normalen Futtermitteln in Mengen von 2—3 (%) zugefügt werden, in Mengen von 0,11—0,73 einverleibt werden. Je 0,45 kg Lebend-Gew. des Geflügels sollen täglich 0,1—70,0 mg Enzym verabreicht werden. Man erreicht eine Beschleunigung des Wachstums des gefütterten Geflügels, bes. bei *Enten, Küken* u. *Puten*, u. eine bessere Futterausnutzung. (**A. P. 2 878 123** vom 15/8. 1956, ausg. 17/3. 1959.) H. KARST. 7787

Commercial Solvents Corp., übert. von: Jerome L. Martin, Terre Haute, Ind., V.St.A., **Entenfuttermittel.** Den normalen, ausgeglichenen Futtermittelgemischen für Enten, z. B. aus Mais-, Hafer-, Sojabohnen-, Fisch-, Alfalfamehl, getrockneter Molke, Mineralsalzen, Vitaminkonzentraten, Spurenelementen u. dgl., wird als Wirkstoff eine Nitro-Verb., z. B. ein Carbamat der allg. Formel I beigemischt, in der R H, Alkyl, Hydroxy, Hydroxyalkyl, Carbamyl oder Carbamylalkyl bedeuten. Bes. geeignet sind: *2.2-Dinitropropan, 2.2-Dinitro-1-propanol, 2.2-Dinitro-1-propanolcarbamat, 2.2-Dinitro-1.3-propandiol, 2.2-Dinitro-1.3-propandioldicarbamat, 2.2-Dinitrobutan, 2.2-Dinitro-1-butanol, 3.3-Dinitropentan* u. *3.3-Dinitro-1-pentanol.* Je t Futtermittel werden 5—500 g des Wirkstoffes bzw. 0,0005—0,06% verwendet. Der Fett-Geh. der gefütterten Enten wird herabgesetzt. (**A. P. 2 924 527** vom 29/5. 1958, ausg. 9/2. 1960.) H. KARST. 7787

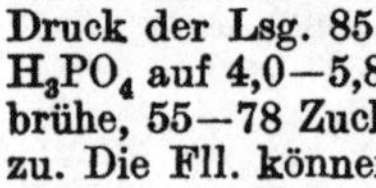

I

Fritz-Günther Keitel, Hamburg, *Haltbare Säfte aus Wurzelvegetabilien.* (**E. P. 864 758** vom 28/6. 1957, ausg. 6/4. 1961. — C. **1959.** 14588 [D. P. [DDR] 16 245].)

Unilever N. V., Rotterdam, Holland (Erfinder: **Heinrich Wissebach**, Emmerich), *Herstellung eines kakaobutterähnlichen Fettes.* (**D. A. S. 1 119 097** Kl. 53h vom 17/4. 1957, ausg. 7/12. 1961. E. Prior. 17/4. 1956. — C. **1960.** 17313 [F. P. 1 171 689].)

XVII. Fette. Seifen. Wasch- u. Reinigungsmittel. Wachse. Bohnermassen usw.

Ölrückgewinnung aus Raffinationsrückständen mittels Filtration. Antoine F. Alciatore. (Riv. ital. Sostanze grasse **38.** 448—51. Okt. 1961. Los Angeles, Calif.) (Ital.)
Für die Ölrückgewinnung aus Raffinationsrückständen bewährte sich ein nach dem Rotationsprinzip arbeitendes Vakuumfilter, das mit Kieselgur beschickt wird. Die Arbeitsweise der App. wird ausführlich beschrieben. H. P. Fiedler. 7872□

Fällungsemulsionen. W. Ruziczka. (Österr. Chemiker-Ztg. **62.** 81—82. März 1961. Wien.) (Dt.)
Beständige Emulsionen werden erhalten, wenn man 0,1 g Fettsäure oder Ricinusöl in 10 ml 96%ig. A. bzw. 0,1 g fettes Öl oder Öllack in 2 ml Ae. löst u. 10 ml A. zufügt u. hierauf in beiden Fällen mit 100—200 ml W. emulgiert. Auf diese Weise kann man mit einem Colorimeter die Emulgierbarkeit von Ölen bestimmen. Wenig raffinierte Öle sind im allg. besser emulgierbar als durch Raffination gereinigte Öle. Ch. Weiske. 7888□

Zur Alkoholyse von Fettstoffen. Jean Poré. (Oléagineux **15.** 13—19. Jan. 1960. Paris, Univ.) (Franz.) — Vgl. C. **1961.** 3185.
Übersicht über Meth. zur Gewinnung von Estern einwertiger Alkohole u. Fettsäuren aus Fetten u. Diskussion der Wirtschaftlichkeit. Herst. chem. reiner Testsubstanzen u. Unters. der Rk.-Kinetik sowie der Ausbeute. G. Meinhardt. 7908□

Fettchemische Analysenmethoden. J. Holmberg. (Nord. Jordbrugsforskn. **42.** 4—10. 1960. Bromma, LKB, Forskningslabor.) (Schwed.)
Im Anschluß an eine Klassifikation der Lipide u. der lipidartigen Stoffe (Tabelle) wird der Einfl. des verwendeten Lsgm. u. des Wasser-Geh. auf die Best. der Gesamtlipoide erörtert. Die verschiedenen Meth. der Best. der Gesamtlipoide u. ihrer Komponenten werden krit. besprochen unter bes. Berücksichtigung der Chromatographie u. der Gaschromatographie. R. K. Müller. 7930□

Die chromatographische Analyse der Fettstoffe. S. Anselmi. (Riv. ital. Sostanze grasse **38.** 433—35. Okt. 1961. Rom, Ist. Super. di Sanità, Labor. di chim.) (Ital.)
Inhaltlich ident. mit der C. **1962.** 1454 referierten Arbeit. H. P. Fiedler. 7932□

Schnellmethode zur Bestimmung von Fett in Nahrungsmitteln und Industrieprodukten. Ida Invernizzi und Carlo Sampietro. (Boll. Lab. chim. provinc. **10.** 27—32. Jan./März 1959. Como, Labor. chim. provinc.) (Ital.)
Zur Best. von Fett in Nahrungsmitteln u. Industrie-Prodd. wägt man 5 g einer homogenen Probe in einem Zentrifugenglas, löst mit 10 ml heißem W., fügt nach dem Abkühlen 2mal je 15 ml Bzl. zu, verschließt das Glas, schüttelt mehrmals, zentrifugiert, pipettiert aus der benzol. Schicht 15 ml ab, überführt die Lsg. in eine tarierte Porzellanschale, verdampft das Lsgm. u. trocknet 1 Std. im Ofen bei 100°. Das gefundene Gew. mit 40 multipliziert ergibt den %-Geh. an Fett. Die Analysenergebnisse von Fleischsuppenwürfeln, Kakao- u. Schokolade-Prodd., Karamellen u. Seifen sind mit den durch Ae.-Extraktion im Soxhlet-App. erhaltenen vergleichbar. G. Platzer. 7932□

Fettsäurezusammensetzung und andere Charakteristiken von Unterhautfett neuseeländischer Ochsen und Schafe. L. Hartmann und F. B. Shorland. (New Zealand J. Sci. **4.** 16—25. März 1961. Wellington, New Zealand, Dep. of Sci. and Ind. Res., Fats Res. Labor.) (Engl.)
Vff. untersuchen 7 verschiedene Proben Unterhautfett (UF) von Schafen und Ochsen u. bringen einen tabellar. Vgl. der chem. u. physikal. Konst. bzw. Kennzahlen von Fett u. Fettsäuren (FS) mit bekannten Werten von Nierenfett (NF). Nach Überführung der FS in ihre Methylester wird die FS-Zus. durch Gas-Fl.-Chromatographie bestimmt sowie nach Alkaliisomerisierung die Dien- bzw. Polyen-Konz. ermittelt. Außer erhöhten Werten an *Ölsäure* bzw. geringeren an gesätt. FS im Vgl. zu NF werden im UF von Ochsen wesentlich höhere Konzz. an *Palmitölsäure* (7—9% gegenüber 2—4% im NF) gefunden. UF zeichnet sich weiterhin durch geringere Oxydationsanfälligkeit sowie ein erhöhtes Verhältnis Palmitinsäure: Stearinsäure (2—3:1 gegenüber 1:1 im NF) aus, was seinen Einsatz für die Margarine- u. Seifenindustrie begünstigt.
Klaus Schmidt. 7932□

Fettsäuren von elf Margarinesorten. Rosemarie Ostwald. (J. Amer. dietet. Assoc. **39.** 313—16. Okt. 1961. Berkeley, Univ. of Calif., Dep. of Nutrition.) (Engl.)
Im Hinblick auf die ernährungsphysiolog. Bedeutung ungesätt. Fettsäuren (FS) untersucht Vf. gaschromatograph. die FS-Zus. von 11 aus verschiedenen pflanzlichen Rohstoffen hergestellten gängigen Margarinesorten sowie 2 Vgl.-Proben von Butter auf ihren Geh. an *Linolsäure* (**I**), *Ölsäure* (**II**), *Laurinsäure, Myristinsäure, Palmitinsäure* (**III**), *Stearinsäure* sowie Gesamtzahl gesätt. FS. Während der Gesamtgeh. an ungesätt.

FS innerhalb der Sorten relativ konst. bleibt, differieren I zwischen 8 u. 35%, II zwischen 20 u. 60% u. III zwischen 7 u. 18%. — 18 Literaturangaben. Klaus Schmidt. 7934 □

Zur Bestimmung von Methylbenzolsulfonaten neben Tetrapropylenbenzolsulfonat in flüssigen Waschmitteln. E. Heinerth, H. van Raay und G. Schwarz. (Fette, Seifen, Anstrichmittel **62.** 825—26. Sept. 1960. Düsseldorf, Analyt. Labor. der Henkel-Werke.) (Dt.)

Die UV-spektrophotometr. Best. von *Toluol-* (I) u. *Xylolsulfonaten* (II) neben *Tetrapropylenbenzolsulfonat* (III) ist möglich, indem die wss. Lsg. der A.-lösl. Waschmittelanteile in Ggw. von Chlf. als 2. Phase gegen Bromphenolblau mit einer kationenakt. Substanz (Dodecylpyridiniumchlorid bzw. Dimethylcetylbenzylammoniumchlorid) titriert wird. III wird Chlf.-lösl., der I- u. II-Geh. ist aus Extinktionsmessungen der wss. Phase bei 220 mμ bestimmbar ($\pm$0,3% Fehlerbreite.) Klaus Schmidt. 7942 □

Die Gaschromatographie in der Stearinfabrikation. R. Aeschbacher. (Mitt. Gebiete Lebensmittelunters. Hyg. Bern **51.** 525—32. 1960. Zürich, Seifenfabr. F. Steinfels AG.) (Dt.)

Kurzvortrag über die gaschromatograph. Unters. der Ausgangs-, der Zwischen- u. der End-Prodd. Stearin u. Olein bei der techn. Stearinfabrikation in Form ihrer Methylester. H.-P. Rettig. 7944 □

Die Bestimmung der Säure- und Verseifungszahl von Wachsen mit Hilfe von Fluorescenz-Indicatoren. 2. Mitt. W. Hessler und H. Marsen. (Fette, Seifen, Anstrichmittel **63.** 924—27. Okt. 1961. Wiesbaden u. Mainz.) (Dt.) — 1. vgl. C. **1962.** 10312.

Die in der 1. Mitt. beschriebene Titrations-Meth. zur Best. von SZ u. VZ von gefärbten Wachsen mit dem Fluorescenzindicator Methylumbelliferon wird durch Änderung der App. wesentlich vereinfacht. Das Spektralphotometer wird z. B. durch ein Interferenzfilter u. eine Photozelle mit Galvanometer ersetzt, als Titrierkolben dient ein Rundkolben mit einer abgeflachten Seite. Zahlreiche Unters.-Ergebnisse mit der veränderten App. werden angegeben. E. Wiehr. 7944 □

Antonio Segura Arroyo, Spanien, **Extraktion von Olivenöl.** Man schlägt das ölhaltige Material heftig unter gleichzeitigem Besprühen mit W. in Form eines Wasserregens oder eines Wasserstrahls in solcher Menge, daß der koll. Charakter der Pflanzensäfte zerstört wird. (**F. P. 1 156 191** vom 29/8. 1956, ausg. 13/5. 1958. Span. Prior. 21/1. 1956.) T. Oppermann. 7895

Organol Soc. An. (Erfinder: Dirk Bieselaar, Yoland Pierre Paul Mayor und Pierre François Tord), Paris, Frankreich, **Herstellung von oberflächenaktiven Produkten** durch Hydrolyse von S-haltigen Proteinen, bes. Skleroproteinen, dad. gek., daß man diese mit HNO_3, $HClO_3$, CrO_3, H_2O_2, Alkali- oder Erdalkalihypochlorit, Alkalipermanganat, Peroxiden oder Persalzen, bes. in alkal. Medium oxydiert u. anschließend mit einem Alkali, einer Säure oder einem Enzym hydrolysiert. Als Ausgangs-Prodd. kann man z. B. die beim Kardieren von Wolle erhaltenen Abfälle verwenden. (**D. A. S. 1 119 292** Kl. 12q vom 9/3. 1960, ausg. 14/12. 1961. F. Prior. 13/3. 1959.) O. Müller-Meiningen. 7913

British Petroleum Co. Ltd., London (Erfinder: Demetrios Theodore Emmanuel Zalichi und Aleksander Groszek, Sunbury-on-Thames), England, **Gewinnung von carboxylgruppenhaltigen oberflächenaktiven Stoffen aus Erdöl-Mikrowachs (I)-Oxydaten,** dad. gek., daß man Luftoxydations-Prodd. von I, bes. in n-Heptan oder PAe. gelöst, mit einem Adsorbens (II), bes. MgO oder $Ca(OH)_2$, behandelt u. die hierbei adsorbierten oberflächenakt. Prodd. nach Abtrennung der nichtadsorbierten Anteile des Oxydats bes. mit n-Heptan, PAe., Bzl., Aceton, Chlf. oder Isopropanol durch Lösen des II in einer Säure freisetzt. Die harzartigen Prodd. werden beim Lagern hart u. spröde u. sind in vielen organ. Lsgm., auch Erdölfraktionen, löslich. — *Emulgier- u. Dispergiermittel,* bes. für wss. Lsgg. anorgan. Salze in Ölen. (**D. A. S. 1 120 441** Kl. 12o vom 20/10. 1959, ausg. 28/12. 1961. E. Prior. 31/10. 1958.) O. Müller-Meiningen. 7913

Davies-Young Soap Co., übert. von: Ralph B. Trusler, Dayton, Ohio, V.St.A., **Trockenreinigung von Textilien** u. anschließendes *Antistatischmachen.* Die Textilien werden in einem 0,05—10% eines Netzmittels enthaltenden Trockenreinigungs-Lsgm. gewaschen, anschließend oder gleichzeitig mit einem Trockenreinigungsmittel, welches antistat. Mittel dispergiert enthält, imprägniert u. dann getrocknet. (**Can. P. 551 567** vom 7/11. 1955, ausg. 14/1. 1958. A. Prior. 8/9. 1955.) H.-J. Nitzschke. 7915

Procter & Gamble Co., V.St.A. (Erfinder: Benjamin R. Britt), **Körniges Reinigungsmittelgemisch** aus 70—98 (Gew.-%) eines gekörnten Reinigungsmittels u., darin gleichmäßig verteilt, 2—30 eines körnigen, z. B. mit Rhodamin B, Erioglaucin, Amaranthrot gefärbten Reinigungsmittels (Korngröße des Gemisches > 0,2 mm.) (**F. P. 1 154 891** vom 29/6. 1956, ausg. 17/4. 1958. A. Prior. 23/4. 1956.)
T. OPPERMANN. 7917

Reckitt & Colman Ltd., England (Erfinder: Richard Skipworth Howard), **Reinigungsmittelgemische in komprimierter Form,** z. P. Pastillen, aus ca. 99—30 (Gew.-%) eines in W. lösl. Reinigungsmittels (z. B. Na_2CO_3, wasserfreies Na_3PO_4) u. ca. 1—70 Perborat (z. B. Na-, K-, NH_4-, Ca-, Mg-Perborat). (**F. P. 1 156 144** vom 27/8. 1956, ausg. 13/5. 1958. E. Prior. 1/9. 1955 u. 1/8. 1956.) T. OPPERMANN. 7917

Farbwerke Hoechst Akt.-Ges., vormals Meister Lucius & Brüning, Frankfurt/M. (Erfinder: Josef Kaupp und Albert Thalhofer, Gersthofen), **Herstellung von harten Esterwachsen,** dad. gek., daß man Di- u./oder Polyhydroxyhexaalkylbenzole (I) allein oder im Gemisch mit anderen Alkoholen (II) mit Carbonsäuren, die mindestens 12, bes. > 18 C-Atome, enthalten, verestert, wobei man bes. durch Bleichung von Rohmontanwachs u./oder durch CrO_3- Behandlung von Paraffin-Luftoxydations-Prodd. erhaltene Wachssäuren verwendet. Die I kann man zuerst mit C_2H_4O, C_3H_6O oder C_4H_8O hydroxyalkylieren u. sie dann allein oder im Gemisch mit anderen II verestern. Anschließend an die Veresterung neutralisiert man bes. einen Teil der noch freien COOH-Gruppen mit Basen von Metallen der 1. bis 3. Gruppe des Period. Systems. — Die Prodd. dienen bes. zur Herst. von *Selbstglanzemulsionen* für *Metall-, Fußboden-* u. *Lederpflegemittel* u. als Glanz u. Härte steigernde Zusätze für Wachse, bes. Montanwachsveredelungsprodukte. (**D. A. S. 1 121 601** Kl. 12o vom 31/7. 1958, ausg. 11/1. 1962.) O. MÜLLER-MEININGEN. 7927

Hibernia-Chemie G. m. b. H., Gelsenkirchen (Erfinder: Gerhard Benthin, Wanne-Eickel), **Herstellung von zur Bereitung von Selbstglanzemulsionen geeigneten Wachsen** aus von weichen Bestandteilen (I) befreiten anoxydierten FISCHER-TROPSCH-Paraffinen durch partielle Verseifung, dad. gek., daß man das Paraffin (II) bei höchstens ca. 120° bis zur VZ. 40—60 katalyt. mit Luft oxydiert, das Oxydations-Prod. in Ggw. von W. mit ca. $^1/_3$—$^2/_3$ der der erreichten SZ. äquivalenten Menge Alkalilauge verseift, die erhaltene Alkaliseife mit einer wss. Lsg. eines Al-Salzes, z. B. von $Al_2(SO_4)_3$, in die Al-Seife überführt, das sich auf der Wasseroberfläche sammelnde Wachs abtrennt u. es durch mäßiges Erwärmen trocknet. Bes. verwendet man ein Hart-II, das vor der Oxydation so weit von I befreit wurde, daß es eine Penetrationszahl von ca. 1 u. einen Ep. am rotierenden Thermometer von ca. 95—100° hat. Die End-Prodd. dienen zur Herst. von *Putzmitteln.* (**D. A. S. 1 122 051** Kl. 12o vom 16/12. 1958, ausg. 18/1. 1962.)
O. MÜLLER-MEININGEN. 7927

Feinseifenwerk Walter Rau & Co. (Erfinder: Kurt Röth), Stuttgart, **Erkennen und Bestimmen grenzflächenaktiver Stoffe (I),** bes. von **Fettmengen,** dad. gek., daß der durch das Aufbringen einer kleinen oder kleinsten Menge des I auf die von einer Fl. getragenen Spreitschicht eines anderen Stoffes entstehende Spreitfleck in seiner Größe festgestellt wird. Als tragende Fl. dienen W., wss. Lsgg. oder andere Fll. hoher Oberflächenspannung. Der Spreitfleck kann durch Berührung mit einem Papierstück kopiert u. seine Größe an der Kopie festgestellt werden. (**D. A. SS. 1 027 429** Kl. 421 vom 25/10. 1954, ausg. 3/4. 1958 u. **1 052 711** [Zusatz-Anmeldung] Kl. 421 vom 25/10. 1956, ausg. 12/3. 1959.) W. v. HUHN. 7933

Unilever N. V., Rotterdam, Holland (Erfinder: Kurt Goldsmith, Claughton, Peter W. Heselgrave, Hove, und Nivian D. Worstall, Bebington, England), **Messen der Änderungen des Grades der Ungesättigtheit eines tierischen und pflanzlichen Öles** oder einer daraus stammenden Fettsäure (I), dad. gek., daß die Änderung der DK des Öles oder der I bei einer Frequenz unterhalb derjenigen gemessen wird, welche eine Lockerung der Dipole der Moll. erzeugt. (**D. A. S. 1 034 885** Kl. 421 vom 13/6. 1952, ausg. 24/7. 1958.) W. v. HUHN. 7933

Unilever Ltd., Port Sunlight, England, *Flüssiges Waschmittel.* (E. P. 870 081 vom 1/11. 1957, ausg. 14/6. 1961. A. Prior. 2/11. 1956. — C. 1960. 6700 [A. P. 2 859 182].)

Gerhard Gawalek, Wasch- und Netzmittel. Berlin: Akademie-Verl. 1962. (232 S. m. 31 Abb. u. 3 Tab.) 8° = WTB. Wissenschaftliche Taschenbücher. Reihe Chemie, Bd. 2. DM 12,50.

XVIII a. Holz. Cellulose. Zellstoff. Papier. Papierdruck. Celluloid. Linoleum

Natürliche Variabilität bei Populus tremuloides Michx. J. P. van Buijtenen, D. W. Einspahr und Philip N. Joranson. (Tappi **42.** 819—23. Okt. 1959. Appleton, Wis., Inst. of Paper Chem.) (Engl.)

Messungen von äußeren u. inneren Merkmalen bei *Populus tremuloides* werden durchgeführt. Verglichen werden die Klone eines Individuums u. Klone untereinander auf verschiedenen Böden. Stammdurchmesser, Zuwachsrate, Dichte u. Faserlänge schwanken stark innerhalb eines Klons, sind also abhängig von der Umwelt, während Wuchshöhe, Bauform u. Blattcharakter ziemlich konst. innerhalb eines Klons sind u. als Selektionsmerkmale benutzt werden können. — 1 Abb., 5 Tabellen, 10 Literaturhinweise. W. Wergin. 7952□

Die Grundlagen der auf Molekularkräften in der Cellulose beruhenden Adhäsion. A. H. Nissan. (Tappi **42.** 928—33. Dez. 1959. Troy, N.Y.; Rensselaer Polytechn. Inst.) (Engl.)

Die in Makro-Moll. für Adhäsion u. Kohäsion verantwortlichen Anziehungskräfte, die Struktur von Cellulose (I) u. ein vereinfachtes Modell für I-Schichten werden besprochen. Auf der Grundlage von H-Bindungen wird eine Theorie der Kohäsionskräfte in I-Schichten u. ein annähernd quant. Gesetz für die Zugfestigkeit entwickelt. Die Theorie baut sich darauf auf, daß eine Kette so stark ist wie das schwächste Glied u. daß statist. mit steigender Kettengliederzahl das schwächste Glied immer schwächer wird, bezogen auf die Gesamtbruchenergie. Längere I-Ketten sind relativ schwächer, obwohl sie höhere Bruchenergie erfordern als kürzere. Die Theorie deckt sich hinreichend mit Beobachtungen an von Hand hergestellten I-Papieren u. erlaubt in einem verfeinerten I-Modell auch die van der Waalsschen Kräfte einzuschließen. — 6 Abb., 1 Tabelle, 13 Literaturhinweise. M. Hagedorn. 7954□

Untersuchungen über einige Faktoren bei Zellstoffbleiche in einer Elektrolytzelle. David R. Gustafson. (Tappi **42.** 612—16. Juli 1959. Orono, Maine, Univ. of Maine.) (Engl.)

Einfl. von Temp., Stoffdichte, Konz. des Elektrolyten, Bleichdauer u. Stromdichte bei der Bleiche von ungebleichtem Sulfitzellstoff in einer Elektrolytzelle ohne Diaphragma werden untersucht. Als Anode wird Pt, als Kathode der rostfreie Stahl des Behälters, bei einigen Verss. werden Cu- u. Ag-Kathoden verwendet. Als optimale Bedingungen in bezug auf Weißgrad u. Festigkeit des gebleichten Zellstoffs werden Temp. von 30° u. NaCl-Konzz. von 5% unter intensivem Rühren gefunden. Vom wirtschaftlichen Standpunkt aus ist es zweckmäßig, die Bleiche in 2 Stufen bei einer Stoffdichte von mehr als 3% durchzuführen. Der Weißgrad von 80% kann ohne Verlust an Festgkeit erreicht werden. — 7 Abb., 1 Tabelle, 4 Literaturhinweise. T. Lukanoff. 7956□

Tallöl. Louis A. Agnello. (Ind. Engng. Chem., int. Edit. **52.** 726—32. Sept. 1960. Savannah, Ga., Union Bag-Camp Paper Corp.) (Engl.)

Allg. Übersicht über die geschichtliche Entw. der Tallölgewinnung u. -verwertung. Bes. eingehend werden 2 Verff. zur chargenweisen bzw. kontinuierlichen Aufbereitung von Rohtallöl diskutiert, die bei der Union Bag-Camp Paper Corp. durchgeführt werden. Bei diesen Verff. werden Fett- u. Harzsäuren (im wesentlichen Öl- u. Abietinsäure) von den anderen Bestandteilen des Tallöls (Mercaptanen, Disulfiden, Lignin u. färbenden Bestandteilen) abgetrennt. F. Lang. 7966□

Niedermolekulare Polyäthylene in der Papierbeschichtung. Robert Rosenbaum. (SPE Journal **16.** Nr. 1. 90—92. Jan. 1960. Semet-Solvay Petrochem. Div., Allied Chem. Corp.) (Engl.) — Vgl. C. **1961.** 12688. H. Jacobi. 7982□

Struktur und Eigenschaften von Papier. 13. Mitt. Eine strukturelle Interpretierung des Zugdehnung–Spannungsverhaltens. A. W. McKenzie. (Austral. J. appl. Sci. **11.** 451—61. Dez. 1960. Melbourne, C.S.I.R.O., Div. of Forest Prod.) (Engl.) — 12. vgl. C. **1961.** 17794.

Zur Klärung der Beziehungen zwischen den herstellungsbedingten Unterschieden der Papiersorten (Unterschiede in Zus. u. Mahlgrad) u. ihrem Verh. gegen Kraft-Einw. werden die Kraft–Dehnungs-Linien von 53 Papieren untersucht. Danach erweist sich gut geleimtes Papier als ein Feststoff mit typ. H-Bindung. Der E-Modul besitzt — unabhängig von der Papier-Zus. — bei allen Sorten einer Festigkeit von über $55 \cdot 10^5$ dyn den gleichen Wert, nämlich $1{,}0 \cdot 10^{11}$ dyn/cm², wie für Syst. mit H-Bindung zu erwarten ist. Bei weniger gut geleimten Papieren werden Abweichungen von diesem Verh. festgestellt, was auf das Vorhandensein von starken Spannungszentren in der Nähe der Faserbindungen zurückgeführt wird. Die Kraft-Einw. verursacht je nach ihrer Größe entweder eine elast. oder eine plast. Dehnung, die um einen durch die Anzahl zerstörter H-Bindungen bestimmten Wert geringer ist, als nach dem Hookeschen Gesetz zu erwarten steht, oder eine bleibende Verformung, in deren Bereich die Anzahl zerstörter H-Bindungen direkt proportional der Zunahme der einwirkenden Kraft ist. — 3 Abb., 3 Tabellen, 29 Literaturhinweise. H. SONTAG. 7984□

Verbesserte Dimensionsstabilität beschichteter Landkartenpapiere. Gerald L. McLeod und Thelma L. Worksman. (Tappi **41.** 484—86. Sept. 1958. Washington, D. C., Nat. Bur. of Standards.) (Engl.)

Durch beidseitige Beschichtung mit Polyäthylenterephthalat kann die Feuchtdehnung von Landkartenpapier erheblich verringert werden. Es werden auf 2 mm u. 4 mm starkem Landkartenpapier Beschichtungen von 0,5 u. 1 mm Dicke aufgebracht. Bei Änderung der Luftfeuchtigkeit zwischen 50 u. 65% wird die größte Verringerung der Feuchtdehnung in Quer- u. Maschinenrichtung mit einer 1 mm starken Beschichtung auf dem 2 mm-Papier erzielt. Bei dickerem Papier oder dünnerer Beschichtung ist die Abnahme der Feuchtigkeitsdehnung kleiner. Durch eine Beschichtung werden außerdem andere Papier-Eigg. wie Falzzahl, Reißlänge, Berstdruck, verbessert, deren Zahlenwerte mit den Werten der üblichen naßfesten Landkartenpapiere verglichen werden. — 2 Abb., 3 Tabellen, 5 Literaturhinweise. H. MEYER. 7984□

Untersuchung über den Mechanismus der Naßfestigkeitsentwicklung. A. Jurecic, T. Lindh, S. E. Church und V. Stannett. (Tappi **41.** 465—68. Sept. 1958. Syracuse, N.Y., State Univ., Coll. of Forestry.) (Engl.)

Verschiedene Kraftzellstoffpapiere, Cellulosepapier sowie ein Glasfaserpapier werden mit Formaldehyd-Harnstoffharz imprägiert u. die Trocken- u. Naßreißfestigkeit in Abhängigkeit von der Trocknungsdauer u. -Temp. untersucht. Es stellt sich heraus, daß die Entw. der Naßfestigkeit unabhängig von der Faser ist u. nur durch die Kondens. des Harzes bedingt wird, das zu wasserunlösl. Kondens.-Prod. polymerisiert. Bei der Kondens. des Harzes wird die Anzahl der Bindungen zwischen Fasern u. Harz wahrscheinlich nicht erhöht. — 5 Abb., 5 Tabellen, 11 Literaturhinweise. H. MEYER. 7984□

Beständigkeit von mit Polyvinylidenchlorid behandeltem Papier gegen Feuchtigkeit. Bunshichi Takeda. (J. chem. Soc. Japan, ind. Chem. Sect. [Kōgyō Kagaku Zasshi] **62.** 1152—55. Aug. 1959. Tôkyô-Meguro, Tôkyô-Daigaku, Kôkû-Kenkyûzyo.) (Jap.; Auszug: Engl. S. A 74.)

Glattes Papier zeigt nach dem Behandeln mit Mischpolymerisat-Latex aus Vinyliden- u. Vinylchlorid ungefähr so gute Feuchtigkeitsbeständigkeit wie der Film aus demselben Mischpolymerisat, während rauhes Papier nach dieser Behandlung im Vgl. mit dem Polymerfilm nur geringe Beständigkeit gegen Feuchtigkeit zeigt. E. MAEKAWA. 7984

Änderung der Radiokohlenstoffkonzentration in neuzeitlichem Holz. Kunihiko Kigoshi und Yoshio Tomikura. (Bull. chem. Soc. Japan. **33.** 1576—80. Nov. 1960. Tokyo, Gakushuin Univ., Dep. of Phys. and Chem.) (Engl.)

Messungen des ^{14}C-Geh. der Jahresringe von Japancedern (*Cryptomeria japonica*), die nach Standort u. Fällung bekannt sind, ergeben in der Atmosphäre eine konst. ^{14}C-Konz. von 1782—1950, mit einem Rückgang von $< 2‰$ innerhalb dieses Zeitraums. Dann erfolgt an allen Standorten ein Anstieg der ^{14}C-Konz., bes. seit 1953, übereinstimmend mit Jahresringmessungen in Kalifornien. Innerhalb eines Jahres schwankt der ^{14}C-Geh. in der gemäßigten Zone der nördlichen Halbkugel wenig; der ^{14}C der südlichen hinkt um mehrere Monate nach. Beschreibung der App.; ^{14}C-Best. durch Überführen der Holzsubstanz in *Acetylen* u. Messen im Zähler. — 4 Abb., 2 Tabellen, 14 Literaturhinweise. M. HAGEDORN. 8004□

Vergleichende Prüfungen des Brandgeschehens bei Holz und Holzwerkstoffen im unbehandelten und imprägnierten Zustand mittels verschiedener Kleingeräte. Franz Kollmann. (Svensk Papperstidn. **63.** 208—17. 15/4. 1960. München, Inst. für Holzforsch. und Holztechn.) (Dt.)

Zur Brandprüfung werden mit 6 verschiedenen Prüfgeräten in 270 Verss. 8000 Einzelwerte beigebracht. Es werden jeweils Gew.-Verlust u. eine charakterist. Temp. als Zeitfunktion aufgezeichnet; die Kurven sind qual. ähnlich, im einzelnen aber erheblich unterschiedlich. Nach der Entzündung der Probe wird der Brennvorgang stationär u. die Gew.-Abnahme ist proportional der Aufheizzeit. Die Temp.-Zeit-Kurven charakterisieren Holzprobe u. Brenn-Verf. ebenfalls gut. Aus der Energiebilanz wird ein dimensionsloses Brennmaß (Verhältnis der beim Brennen freiwerdenden Energie zur Gesamtenergie) abgeleitet. Es nimmt mit der Intensität des Brennvorgangs zu; daher sollte es im Interesse einer strengen Brandprüfung für ungeschütztes Holz möglichst hoch liegen. Die Brandkammer nach BRAUNS u. das Plattenschlot-Verf. sind darin den anderen Geräten überlegen. — 16 Abb., 2 Tabellen, 10 Literaturhinweise. M. HAGEDORN. 8004□

Methoden zur Bestimmung der Carboxylgruppen in Cellulosematerialien. G. Je. Kritschewski und F. I. Ssadow. (Известия Высших Учебных Заведений (Иваново), Технология Текстильной Промышленности [Hochschulnachr. (Iwanowo), Technol. Textil-Ind.] **1961.** Nr. 2. 115—19. Moskau, Textilinst.) (Russ.)

Ausgehend von verschiedenen *Monocarboxycellulosen* u. *Dicarboxycellulosen* werden die Meth. der Carboxylgruppen-Best. unter Verw. von Ca-Acetat, Ag-o-Nitrophenolat u. $NaHCO_3$ verglichen. Das letzte Verf. ist am empfehlenswertesten, schon weil die Probe mehrfach für die Best. verwendet werden kann. Die übliche Titration von nicht umgesetztem $NaHCO_3$ unter Verw. eines Indicators nach erfolgtem Ionenaustausch, wobei mit einem Puffergemisch von 0,1 n NaCl + 0,005 n $NaHCO_3$ (pH 8,4) gearbeitet wird, wird zweckmäßig durch eine potentiometr. Titration ersetzt. M. Ulmann. 8006 □

Eine neue Methode zur Bestimmung der Nachverformbarkeit von Hochdruckbeschichtungen. C. Elmer und W. A. Laurie. (Tappi **41.** 500—06. Sept. 1958. Springfield, Mass., Monsanto Chem. Co., Plastics Div.) (Engl.)

Eine neue Meth. zur Messung der nachträglichen Verformbarkeit von Beschichtungen wird entwickelt. Bei dieser Meth. werden die Proben während der Biegebeanspruchung erwärmt; so werden bessere Meßergebnisse erzielt als bei der früheren Meth., bei der die Proben vor der Beanspruchung erwärmt wurden. An einigen Beispielen wird die Genauigkeit u. Reproduzierbarkeit der Meth. im Vgl. mit anderen Meß-Meth. gezeigt. Auf die Nachverformbarkeit sind die Härtungsbedingungen, die Zus. u. die Dicke der verwendeten Harze von Einfluß. Die neue Meth. soll auch zur Überwachung u. Steuerung der Produktion geeignet sein. — 20 Abb., 4 Literaturhinweise.
H. Meyer. 8010 □

Teuvo Esko Heikki Vilamo, Valkeakoski, Finnland, **Imprägnieren von pflanzlichem Fasermaterial mit Kochflüssigkeit für die Zellstofferzeugung.** Das mit Koch-Fl. versetzte Rohmaterial wird einer Druckwechselbehandlung unterworfen, wobei die Drucksenkung plötzlich, z. B. innerhalb höchstens 20 Sek., durch rasches Ablassen der sich im oberen Teil des Kochers ansammelnden Gase bzw. der aus dem Holz ausgetriebenen Luft, ggf. unter gleichzeitigem Ablassen von Koch-Fl. an einer beliebigen Stelle des Kochers, erfolgt. Der Druckwechsel kann ein oder mehrere Male wiederholt werden. Der bis zu 6 at betragende Höchstdruck wird um mindestens 1,5 at gesenkt. Die Höchst- u. Mindestwerte des Druckes sind bei mehrfacher Behandlung im wesentlichen gleich. (**Oe. P. 218 847** vom 7/1. 1955, ausg. 27/12. 1961. Finn. Prior. 6/10. 1954.)
W. Wittholz. 7957

Canadian International Paper Co., Montreal, Quebec, übert. von: William B. Cranford und Frederick W. Major, Hawkesbury, Ontario, Canada, **Herabsetzung der Viscosität bei der Zellstoffbleiche,** dad. gek., daß der Stoff in saurem Medium in Ggw. einer V-Verb. (Na-, NH_4-Vanadat oder V_2O_5) chloriert wird. Eine Cl-Dünnstoffbleiche von Sulfitzellstoff in Ggw. von V bei 25° gibt z. B. bei anschließender Behandlung mit 5% NaOH (auf Faser bezogen) eine Viscosität von 14,3 cP, beim Blind-Vers. (ohne V) von 22,5 cP. — Mengenbeispiele, Tabellen. (**A. P. 2 975 169** vom 22/8. 1957, ausg. 14/3. 1961.) G. Vogel. 7957

Aktiebolaget Rosenblads Patenter, Stockholm, Schweden, **Eindampfen von Calcium als Base enthaltender Sulfitablauge.** Die durch die Verbrennung der eingedampften Lauge erhaltene Laugenasche wird der einzudampfenden Lauge zugemischt, wodurch $CaSO_4$ als Dihydrat in der Lauge gefällt wird, worauf die mit $CaSO_4$ gemischte Lauge eingedampft wird. Die Asche kann in teilweise eingedampfte Lauge eingemischt werden, ggf. unter Zugabe von 0,1—10 Teilen akt. SiO_2 je Million. Der aus $CaCO_3$, CaO u. $CaSO_4$ bestehende Aschenzusatz wird so gehalten, daß der pH-Wert der Lauge während des Eindampfens zwischen 2 u. 5, bes. zwischen 2,5 u. 4, liegt. (**Oe. P. 219 965** vom 25/9. 1959, ausg. 26/2. 1962. Schwed. Prior. 14/10. 1958.)
W. Wittholz. 7963

E. I. du Pont de Nemours & Co., Wilmington, Del., übert. von: Wilfred John Arthur, Charleston, W.Va., V.St.A., **Schutz von Zellstoffmaterial gegen Mikroorganismen und Insekten,** dad. gek., daß der Stoff (Holzschliff, -schnitzel, Papierstoffbrei, Baumwolltextilien, Leinen) bei 10—45°, 0,2—20 at u. pH 6—8 mit einer wss. Lsg. behandelt (imprägniert) wird, die ca. 9—20 (%) $HCOONH_4$ u. ca. 0,15—15 Cu-NH_4-Formiat (durch Rk. von Malachit, NH_4OH u. $HCOOCH_3$ erhalten) enthält, von überschüssiger Lsg. befreit u. daß durch Erhitzen auf 100—200° das Cu auf den Fasern fixiert wird, so daß das Prod. 0,5 bis ca. 8 Cu enthält, wovon ca. 0,3—6 chem. an Cellulose gebunden, d. h. mit 4%ig. wss. NH_4OH-Lsg. nicht auswaschbar sind. — Mengenbeispiele, Schemazeichnung. (**A. P. 2 976 183** vom 27/8. 1958, ausg. 21/3. 1961.)
G. Vogel. 7983

Sherwin-Williams Co., Cleveland, Ohio, übert. von: Corliss W. Abbott, Cranford, und Howard I. Freeman, Franklin Park, N.J., V.St.A., **In Wasser dispergierbare Papierstreichmasse,** bestehend aus ca. 3—30 (Trockenteilen) eines Bindemittels, das ca. 1—100 eines Schutz-Koll. (Stärkekleister, Casein, Alginate, Methylcellulose, Sojaprotein, Zein, Traganth- u. Guargummi) in wss. Lsg. auf 1 eines Polyesters enthält u. ca. 97—70 Kaolinton, wobei der Polyester aus Phthalsäure (I), Isomeren oder des Anhydrids von I, Mono-, Di-, Tri-, Tetrachlorphthalsäure, Alkyl-Derivv. von I oder deren Anhydriden u. einem Glykol mit 2—6 C-Atomen oder einem mehrwertigen Alkohol mit 3—10 C-Atomen hergestellt ist, in dem ≥ 3 OH-Reste an verschiedene C-Atome gebunden sind, u. der nur C, H u. O enthält, u. im Ester mit einer SZ. von ca. 30—65 auf ca. 0,9 OH-Reste ca. 1,9 COOH-Reste kommen. Der Ester wird z. B. aus Dipropylenglykol, I-Anhydrid u. Pentaerythrit hergestellt. Erzeugung von *Druck-* u. *Farbendruckpapieren,* deren Ausschuß, Altpapier usw. leicht aufarbeitbar ist. — Mengenbeispiele, Tabellen. (**A. P. 2 975 147** vom 5/5. 1958, ausg. 14/3. 1961.) G. VOGEL. 7985

American Cyanamid Co., New York, N.Y., übert. von: Tzeng-Jiueq Suen, Stamford, Conn., V.St.A., **Säure- und naßfestes Papier** ist imprägniert mit dem gehärteten Kondens.-Prod. aus CH_2O, einem wasserlösl. Salz einer Aminosulfonsäure, bes. Sulfanilsäure, u. Phenol, Kresol, Xylenol u./oder Resorcin; Verhältnis Aminosulfonsäure : Gesamtphenol = 0,01 : 1 bis 0,3 : 1, Resorcin : Phenol = 0,2 : 1 bis 1 : 1. — Vgl. A. P. 2 639 242; C. **1954.** 5884. (**Can. P. 557 236** vom 16/10. 1950, ausg. 13/5. 1958. A. Prior. 14/8. 1950.) L. GROSSNER. 7987

Heinrich Nicolaus G. m. b. H., Kempten (Erfinder: Werner Schoppmeyer, München, und Horst-Georg Schmidt, Kempten/Allgäu), **Herstellung von wasserdampf- und fettdichtem, naßfestem Verpackungsmaterial** aus einseitig mit Kunststoff beschichtetem Pergamentpapier, dad. gek., daß auf eine Bahn dünnen (20—30 g/m²) Pergamentrohpapiers eine Kunststoffschicht, bes. *Polyäthylen,* einseitig u. in erweichtem bzw. geschmolzenem Zustand aufgebracht u. diese Kombination in bekannter Weise pergamentiert wird. Das Prod. kann mit anderen Bahnen, bes. Al-Folien, heiß verbunden werden. — Beispiel. (**D. A. S. 1 112 693** Kl. 55f vom 27/6. 1959, ausg. 10/8. 1961.) G. VOGEL. 7987

Monsanto Chemical Co. (Erfinder: Oscar Paul Cohen und John Franklin Heaps), **Streichpapier,** gek. durch einen Auftrag eines Veresterungsgemisches aus 25—95 (%) *Stärke* u. 75—5 *Mischpolymerisat* aus äquimol. Mengen Maleinsäure (anhydrid) oder deren partiellen Estern u. C_2H_4, Propylen, Isobutylen, aromat. Monovinyl-Verbb., Vinylalkyläther oder Carbonsäurevinylester. — 50 (Teile) *Styrol/Maleinsäureanhydrid-Zwischenpolymerisat* u. 50 *Stärke* werden im Mischer mit 25 NaOH-Lsg. (50% ig.) besprüht u. 1 Std. lang bei 95—105° gemischt. 5 Prod. werden bei 95° in 95 W. gelöst u. angewendet. (**Aust. P. 224 473** vom 21/7. 1958, ausg. 5/11. 1959. A. Prior. 23/7. 1957.) H. MÖLLERING. 7987

Farbwerke Hoechst Akt.-Ges., vormals Meister Lucius & Brüning, Frankfurt/M. (Erfinder: Herbert Bestian, Frankfurt/M., und Joachim Lange, Neuenhain/Taunus), **Herstellung von wachsartigen, niedermolekularen Polyäthylenen** mit einem Fließ-Tropfpunkt von 106—109°, einer Schmelzviscosität bei 120° von 400—2000 cSt u. einem kristallinen Anteil von 60—65%, dad gek., daß ein Gemisch aus 90—85 (Vol.-%) C_2H_4 u. 10—15 H_2 bei 150—180° u. 300—500 at in Ggw. von Di-tert.-butylperoxid, ggf. in Bzl., polymerisiert wird. Variationsbeispiele u. Tabellen. Die Prodd. sind bes. *zur Herst. hochglänzender sog. Wachspapiere* geeignet, die sich durch Härte, Festigkeit u. Flexibilität auszeichnen. (**D. A. S. 1 091 332** Kl. 39c vom 19/12. 1957, ausg. 20/10. 1960.) H. SCHINDLER. 7987

Omnium de Produits Chimiques pour l'Industrie et l'Agriculture O.P.C.I.A. und Isorel, Soc. pour la Fabrication d'Isolants et Revêtements Ligneaux, Paris, Frankreich, *Feuerfestmachen von Holz.* (**E. P. 873 516** vom 6/11. 1957, ausg. 26/7. 1961. F. Prior. 6/11. 1956 u. 4/11. 1957. — C. **1960.** 14910 [D. A. S. 1 081 652].)

Joh. A. Benckiser G. m. b. H., Chemische Fabrik, Deutschland, *Bekämpfung der Stauungen und Verstopfungen in den Leitungssystemen und Apparaturen der Papier- und Zellstoffindustrie.* (**F. P. 1 246 071** vom 26/1. 1960, ausg. 3/2. 1961. D. Prior. 13/5. 1959. — C. **1961.** 13763 [D. A. S. 1 101 935].)

Udic Soc. An., Zug, Schweiz (Erfinder: **Theodor Riehm,** Mannheim), *Gewinnung von Zuckerlösungen.* (**Schwz. P. 358 047** vom 12/12. 1956, ausg. 15/12. 1961. — C. **1960.** 7379 [Oe. P. 205 946].)

XVIIIb. Textilfasern

Fabrikation und Einsatz von Wasserstoffsuperoxid. R. Graf, W. E. Edinger und A. Sigg. (Textil-Rdsch. [St. Gallen] **16.** 321—23. Juni 1961. Aarau, ELFA Akt.-Ges.) (Dt.)

Es wird über ein Verf. zur H_2O_2-Herst. (BECCO Chemical Div. of FMC, Buffalo, USA) berichtet, das dad. gek. ist, daß unter Umgehung der Salzstufe von $K_2S_2O_8$ in der Elektrolyse gebildetes $(NH_4)_2S_2O_8$ direkt der Hydrolyse unterworfen wird. Nach diesem vollkontinuierlichen u. halbautomat. Verf. wird H_2O_2 in einer Konz. bis zu 70% in techn. Maßstab gewonnen. Bezüglich des Einsatzes von H_2O_2 wird bes. auf seine Verw. in der Textilbleiche eingegangen. Ein Vgl. der Schädigung von Polyamidfasern durch Bleichen nach den 3 üblichen Verff.: Chloritbleiche, Peressigsäurebleiche, u. Oxon-Bleiche (mit K_2SO_5), zeigt die stärkere Aggressivität der Peressigsäurebleiche, u. zwar sind die Unterschiede zu den beiden anderen Bleich-Verff. bei Nylon 6-Fasern ausgeprägter als bei Nylon 66-Fasern. H. SONTAG. 8026□

Neue Klebe- und Waschmaterialien. P. Ja. Muchanow. (Текстильная Промышленность [Textil-Ind.] **19.** Nr. 8. 76—79. Aug. 1959.) (Russ.)

Für das Schlichten von Ketten wird Sulfitzellstoffextrakt empfohlen. Nach teilweiser Neutralisation (1 kg Soda auf 1000 Liter 15%ig. Extrakt) hat er einen pH-Wert von 6,7—7,0. Für wollene u. halbwollene Ketten soll eine Schlichte mit 8—10% Extrakt u. 0,2% Netzmittel OP-10 von 55—65° verwendet werden. Nachteilig ist die dunkle Färbung des Extrakts. Für das Schmälzen, Walken u. Waschen wird das Präp. ShSK (sulfonierte Fettsäure) empfohlen. N. STSCHERBINA. 8030

Anwendung von Schall und Ultraschall bei Verfahren der chemischen Technologie. 2. Mitt. Ch. Weimann. (Teintex **26.** 265—77. 15/4. 1961.) (Franz.) — 1. vgl. C. **1962.** 250.

Die Vorteile der Anwendung von Schall- u. Ultraschallwellen bei der Herst. homogener u. stabiler Emulsionen u. Dispersionen in der Ausrüstung u. Färberei gegenüber mechan. Verf. werden dargelegt. Die Ergebnisse von Labor.-Verss. in bezug auf die Wirksamkeit mit Magnetostriktionsschallgebern, piezoelektr. Quarz- u. hydrodynam. Schallgebern werden mitgeteilt. Zur Herst. von Emulsionen unter Betriebsbedingungen eignen sich die letzten am besten; der vom Vf. verwendete App. wird beschrieben. Hingewiesen wird auf die Rolle der Beschallung bei Massenveränderungen auf dem Gebiet der Diffusion u. der Kolloidchemie, sowie beim Destillieren, beim Trocknen fester Substanzen, bei der Kristallisation, bei der Extraktion u. der Depolymerisation. L. JENTGEN. 8032□

Bewertung des Aufhellungseffektes der optischen Aufheller. Jiří Šrámek. (Textil [Praha] **16.** 394—95. Okt. 434—36. Nov. 1961. Dvůr Králové n. L., Výzk. úst. zušlechtovací.) (Tschech.) — Vgl. C. **1962.** 3309.

Verss. der Fluorescenzmessung bei verschiedenen opt. Aufhellern u. unterschiedlichem Material (Baumwolle, Leinen, Cuprofaser, Viscose u. Polyamide) werden beschrieben. In einer Tabelle werden die Werte von 133 Prodd. angeführt. W. BERNARD. 8032□

Chemische Untersuchung der Rohfaser von Boehmeria nivea (L.) Hooker et Arnot. St. A. Iwanow. (Известия на Института по Растениевъдство, Българска Академия на Науките [Bull. Inst. Cult. Plantes, Acad. Sci. Bulg.] **7.** 195—202. 1959.) (Bulg.; Auszug: Dt.)

Der bulgar. Ramiebast enthält 61,5—67,4% Reincellulose, 6,1—7,0% Pentosan, 3,7—4,9% Lignin, 2,2—2,6% Pektinstoffe, 5,1—8,3% N-freie Stoffe, 2,7—3,7% Eiweiße, 6,5—9,1% Feuchtigkeit u. 3,8—4,3% Asche (alle Werte in % der abs. Trockensubstanz). Untersucht werden die 1. u. 2. Ernte. Der Bast der 2. Ernte zeigt eine bessere Qualität: 3,0—3,5% mehr Reincellulose, 1,8% mehr α-Cellulose in der degummierten Faser, um 1,3 kg höhere Festigkeit der Rohfasern u. um 4,6 kg höhere Festigkeit der degummierten Faser. CH. HEESE. 8050□

Veränderungen der Wolleigenschaften von der Schweißwolle bis zum fertigen Tuch. Günther Satlow. (Faserforsch. u. Textiltechn. **12.** 409—23. Sept. 1961. Aachen; TH, Dt. Wollforschungsinst.) (Dt.)

Ausführliche Unterss. über die Veränderungen der spezif. Eigg. von Wolle während der Verarbeitung bis zum fertigen Tuch. Im einzelnen werden nachfolgende Arbeitsgänge besprochen: Wollwäsche, Carbonisieren, Bleichen, Färben, Dämpfen, Antifilzausrüstung sowie die Sirosetausrüstung u. das Arbeiten auf der HOFFMANN-Presse. — 41 Literaturhinweise, 25 Abb., 5 Tabellen. H. G. FRÖHLICH. 8060□

Methodik zur biologischen Prüfung von Wollschutzmitteln gegen Larvenfraß der Kleidermotte. W. Frey. (Melliand Textilber. **42.** 102—07. Jan. 1961. Berlin-Dahlem, Biolog. Bundesanstalt, Inst. für Vorratsschutz.) (Dt.) — Veränderter u. gekürzter Abdruck der C. **1959.** 9432 referierten Arbeit. H. G. FRÖHLICH. 8062□

Kombinierte Harzausrüstungen der Gewebe aus regenerierter Cellulose. Miloslav Horálek. (Textil [Praha] **16.** 265—67. 1961. Brno, Výzk. úst. vlnařský.) (Tschech.)

Durch Zusatz von Weichmachern zu Hochveredlungsappreturen läßt sich der Faserverlust beim Waschen u. der Festigkeitsabfall verringern. Als Hochveredlungsvorkondensat wurde ein Harnstoff–Formaldehyd-Harz verwendet. — 2 Tabellen, 6 Literaturhinweise. W. BERNARD. 8074□

Moleküle in der Sicht des Herstellers von synthetischen Fasern. J. Corbière. (Teintex **26.** 869—87. 15/12. 1961. Soc. Rhodiaceta, Serv. des Rech.) (Franz.)

Von dem Gedanken ausgehend, daß das Herausbringen einer neuen Textilfaser vom „Autor", d. h. Hersteller, eine sorgfältige Unters. der Technologie, Eigg. u. möglichen Verw., Verfügbarkeit von Rohmaterialien u. Wirtschaftlichkeit des Verf. erfordert, werden die verschiedenen Polymeren u. deren Eigg. auf Grund ihrer Konstit., die die Voraussetzung für das Spinnen brauchbarer Fäden bilden, erörtert. Die verschiedenen Profilierungen, die durch die Düsenform u. -bohrungen bedingt sind, die Form der Fäden u. ihrer Querschnitte u. deren Beeinflussung durch die Spinn- u. Streckvorgänge sowie das Fixieren werden ausführlich unter dem erwähnten Gesichtspunkt diskutiert. — 16 Abb., 18 Literaturhinweise. L. JENTGEN. 8080□

Herstellung von Polyvinylchloridfasern. 20. Mitt. **Änderungen der Faserstruktur.** Tamio Yoshioka. (J. Soc. Textile Cellulose Ind., Japan [Sen-i Gakkaishi] **13.** 722—26. Nov. 1957. Tokyo, Japan, Tohō Rayon Co. Ltd.) (Jap.; Auszug: Engl.) — 15. vgl. C. **1958.** 4661.

Der Einfl. des Verstreckens (100—500%) in der Kälte u. bei 100—107° von aus Polyvinylchlorid/Tetrahydrofuran-Lsgg. hergestellten Fasern auf die Festigkeit, den Faserquerschnitt, den Kristallisations- u. Orientierungsgrad wird untersucht. Wie die Ergebnisse zeigen, werden die höchsten Festigkeiten bei einem Verstreckungsgrad von 400% erhalten. Die Querschnittsform geht hierbei von einer symm. Bohnenform in eine flache Bohnenform mit erhöhtem Fasermantel über, während der Kristallisationsgrad nur wenig beeinflußt wird. Wird die Verstreckung bei erhöhter Temp. durchgeführt, so steigt der Kristallisationsgrad bes. stark an, wenn ohne Spannung verstreckt wird. Gleichzeitig fällt der Orientierungsgrad ab. Erfolgt die Hitzeverstreckung jedoch unter Spannung, so bleibt der Orientierungsgrad unverändert. — 5 Tabellen, 7 Diagramme, 5 Mikrofotos, 9 Literaturhinweise. H. G. FRÖHLICH. 8080□

Über die nichthydrolytische Caprolactam-Polymerisation mit Chlorwasserstoff. Manfred Rothe, Gerhard Reinisch und Werner Jäger. (Faserforsch. u. Textiltechn. **12.** 448—49. Sept. 1961. Teltow–Seehof, DAW zu Berlin, Inst. f. Faserstoff-Forsch.) (Dt.)

Die nichthydrolyt. Caprolactam-Polymerisation mit wasserfreier HCl unterscheidet sich von denen mit Aminhydrochloriden sowie ε-Aminocapronsäure durch den geringeren Lactamumsatz u. durch eine schon nach kurzer Zeit folgende Begrenzung des Ketten-Wachstums. Daher besitzen die HCl-Polymerisate einen hohen Geh. an niedermol. Verbindungen. — 9 Literaturhinweise. H. G. FRÖHLICH. 8080□

Zur Entschlichtung von Glasseidengeweben. Gerhard Höhne. (Silikattechnik **12.** 536—38. Dez. 1961. Dresden, Inst. für Technol. der Fasern; DAW Berlin.) (Dt.)

Die Entfernung von textiler Schlichte bei Glasfasern, die zur Plastverstärkung eingesetzt werden sollen, wird beschrieben. Der Prozeß geht in einem elektr. beheizten Muffelofen vor sich. An Hand von 2 Geweben wird der Entschlichtungseffekt durch Haft- u. Reißkraft-Best. gemessen. N. PETERS. 8082□

Eine Untersuchung über Gewebescheuerteste. 9. Mitt. Hōsaku Uchida, Yasumasa Numano und Katsushige Tomizuka. (J. Soc. Textile Cellulose Ind., Japan [Sen-i Gakkaishi] **13.** 762—64. Nov. 1957. Tokyo, Japan, Tokyo Inst. of Technol.) (Jap.; Auszug: Engl.) — 7. vgl. C. **1961.** 705.

10 verschiedene Gewebeproben werden auf 3 verschiedenen Scheuerprüfgeräten (Universaltyp, Schoppertyp u. UM-Typ) gescheuert. Die hierbei erhaltenen Ergebnisse werden miteinander verglichen u. diskutiert. — 1 Abb., 3 Tabellen, 2 Literaturhinweise. H. G. FRÖHLICH. 8096□

Prüfung von Tauwerk aus natürlichen und synthetischen Fasern auf Widerstandsfähigkeit gegen Bohrasseln. Günther Becker und Helmut Kühne. (Melliand Textilber. **42.** 1352—56. Dez. 1961.) (Dt.)

Tauwerkproben aus Cocos, Manila, Sisal, Jute, Hanf, Baumwolle, Glasseide sowie aus Polyamid, Polyester u. Polyäthylen werden im Labor. auf Widerstandsfähigkeit gegen Bohrasseln der Art *Limnoria tripunctata* MENZIES geprüft. Gleichzeitig wird die Einw. von Mikroorganismen beobachtet. Von den Naturfasern erweist sich Cocos am beständigsten. Baumwolle u. Hanf werden von Bohrasseln kaum befallen, verlieren aber ihre Festigkeit durch Bakterien. Manila, Sisal u. Jute werden von Bohrasseln u. zusätzlich Mikroorganismen stark zerstört. Tauabschnitte aus synthet. Material u. aus Glasfasern blieben während des Vers. unzerstört. L. JENTGEN. 8096□

Eine neue Schnellmethode zur Bestimmung des Trockengehaltes von Präparationslösungen, Schlichten, Imprägnierlösungen, Lacken und dergleichen. H. vom Hove. (Textil-Rdsch. [St. Gallen] **16.** 419—24. Aug. 1961. Domat-Ems, Emserwerke AG, Grilonwerk.) (Dt.) — Vgl. C. **1962.** 3678.

Ein Sieb aus Edelmetall oder Edelstahl wird empfohlen, auf das die Lsg., Dispersion oder Emulsion aufgetropft wird, worauf das gewogene Sieb getrocknet u. wieder ausgewogen wird, in Tabellen u. Diagrammen wird die Sicherheit der Meth. bewiesen. W. BERNARD. 8098□

Bestimmung des Chlorgehaltes, der in Form von Chloraminen auf den Geweben festgehalten wird. Miloš Šmíd. (Textil [Praha] **16.** 270—71. 1961. Důvr Králové n. L., Výzk. úst. zušlechtovací.) (Tschech.)

Eine neue Meth. zur Best. des Cl-Geh. von Chloraminen auf Cellulosefasern wird beschrieben. Chloramine führen zum Vergilben u. zur Faserschädigung beim Lagern. — 1 Literaturhinweis. W. BERNARD. 8102□

Unterscheidung der Art der Wollschädigung mit Hilfe der KMV-Reaktion und durch Ausfärbungsprüfungen. Vladimír Wagner. (Textil [Praha] **16.** 396—98. Okt. 1961. Brno, Výzk. úst. vlnařský.) (Tschech.)

Wollschädigungen werden mit einer modifizierten KRAIS-MARKERT-VIERTEL-Meth. vorgenommen u. Anfärbungen mit Methylenblau u. Indigocarmin gegenübergestellt. — 3 Abb., 4 Tabellen, 2 Literaturhinweise. W. BERNARD. 8108□

Zeppelin-Chemie Konstanz Dr. Helmut von Zeppelin, Konstanz (Erfinder: Helmut von Zeppelin), **Herstellung emulgierbarer Öle und Fette.** Kondens.-Prodd. (I) aus höheren Fettsäuren u. Eiweißabbau-Prodd. (II) in freier Form, wie sie durch Säureumsetzung der gewöhnlichen II entstehen, werden mit Fetten u. Ölen, wie Mineralöl, Vaseline, Tran, Mohnöl usw., gemischt. Es werden solche I-Prodd. verwendet, die in den zu emulgierenden Fetten u. Ölen lösl. sind. Es können noch zusätzlische Hilfs-Lsgm., wie Isopropylalkohol, zugesetzt werden. Die so hergestellten emulgierbaren Fette können z. B. als *Textilhilfsmittel* Verw. finden. (**D. B. P. 971 003** Kl. 12s vom 8/5. 1949, ausg. 4/12. 1958. Anmeldung bekanntgemacht 5/4. 1951.) H. RAEITHEL. 8029

Ciba Akt.-Ges., Basel (Erfinder: Otto Albrecht, Neue Welt), Schweiz, **Dicarbonsäuremonoester und deren Alkalisalze,** die *Weichmacher* für *Textilien* sind, werden durch Rk. von 1 Mol einer aliphat. Verb. mit wenigstens 12 C-Atomen u. wenigstens einer Doppelbindung, die mindestens eine alkohol. OH-Gruppe u. mindestens ein die C-Atomkette unterbrechendes Heteroatom, jedoch kein bas. N-Atom enthält, mit 1 Mol einer Dicarbonsäure, die Doppelbindungen höchstens in aromat. Ringen besitzt, oder mit deren Derivv. erhalten. — Aus 464 Teilen N-[β-Hydroxyäthyl]-ölsäureamid u. 221 Teilen Phthalsäureanhydrid (I) bei 95—100° → $C_{17}H_{33}CONHCH_2CH_2OCOC_6H_4\cdot COONa$: Weichmacher für *Cellulosefasern*. — Ölsäure-β-hydroxyäthylester + I → $C_{17}H_{33}\cdot COOCH_2CH_2OCOC_6H_4COONa$. — Bernsteinsäureanhydrid → $C_{17}H_{33}CONHCH_2CH_2\cdot OCOCH_2CH_2COONa$. Weitere Ausgangsstoffe sind: N-[β-Hydroxyäthyl]-ricinolsäureamid; N-[2-Hydroxypropyl]-ölsäureamid; Oleylalkohol-β-hydroxyäthyläther u. Malon-, Adipin-, Terephthal-, Naphthal-, Tetrahydrophthalsäure u. deren Anhydride. — *Schaum-* u. *Reinigungsmittel*, bes. in hartem W.; die damit behandelten Textilien besitzen einen weichen, fließenden Griff. — Vgl. F. P. 924 448; C. **1947.** E. 305. (**D. B. P. 975 561** Kl. 12o vom 1/1. 1949, ausg. 18/1. 1962. Anmeldung bekanntgemacht 20/3. 1952. Schwz. Prior. 27/2. 1946.) G. KRAUSS. 8029

Magyar Állam (Erfinder: Frau des Stefan Komárom und Emmerich Garai), Budapest, Ungarn, **Schlichtemittel für Textilien** enthält neben bekannten Textilhilfsmitteln oder an deren Stelle *Bentonit*, ggf. in aktiviertem Zustand. (**Ung. P. 143 760** vom 3/10. 1950, ausg. 15/10. 1957.) G. KÖNIG. 8031

Chemische Fabrik Grünau G. m. b. H. (Erfinder: Peter Ney), Frankfurt/M., **Stabilisieren von wäßrigen Peressigsäurelösungen,** dad. gek., daß den Lsgg. je (g) CH_3COOOH berechnet als H_2O_2, 0,05—0,5 eines Kondens.-Prod. von abgebautem Eiweiß mit Fettsäuren für sich oder im Gemisch mit anderen Netzmitteln zugesetzt u. die stabilisierte Lsg. auf pH ca. 3,5—6,0 eingestellt wird. — Die Lsgg. dienen gleichzeitig als *Bleich-* u. als *Netzmittel* für die *Textilbehandlung*. (**D. A. S. 1 119 841** Kl. 12o vom 4/4. 1959, ausg. 21/12. 1961.) O. MÜLLER-MEININGEN. 8033

Böhme Fettchemie G. m. b. H. (Erfinder: Hans Markert und Herbert Frotscher), Düsseldorf, **Antistatische Ausrüstung von Textilien** aus *Polyamiden*,

-estern, -vinyl-Verbb., Celluloseacetat oder (synthet.) *Eiweiß* erfolgt mit wss. Lsg. oder Dispersionen von *Kondensaten aus Aminotriazinen u. Oxoverbb.* unter Zusatz von *Polyalkylenoxiden*, wobei das imprägnierte Gut bei 60—150°, vorzugsweise 80°, getrocknet wird, ggf. unter Zusatz bekannter Härtungskatalysatoren. — Geeignet ist ein Ansatz aus 6 (Mol) CH_2O-Lsg. (30% ig.), 1 Melamin u. 2 Polyäthylenoxid (Molgew. 1000), der bis 150° erhitzt wird. Eine 15% ig. Lsg. des Ansatzes unter Zusatz von NH_4NO_3 dient zur *Imprägnierung von* Polyamidtaft, der anschließend bei 80—100° getrocknet wird. (**D. A. S. 1 120 422** Kl. 8k vom 29/8. 1957, ausg. 28/12. 1961.) H. MÖLLERING. 8037

American Cyanamid Co., New York, N.Y., V.St.A., **Hydrophobierungsmittel für Textilien,** bestehend aus einem Gemisch von methyliertem Methylolmelamin (I), Alkali- oder Aminseife, Fettsäureamid u. einem nichtion. netzakt. Fettsäuresorbitester oder Äthoxylierungsprodukt. — Ansatz: 1710 (Teile) I (80% Festanteil), 424 CH_2O-Lsg. (37% ig.), 1360 Stearinsäureamid, 47,6 Stearinsäure u. 76 in 567 W. gelöstem Petroleumsulfonat mit 22,5 KOH in 200 H_2O. Das bei 104° hergestellte Gemisch wird bei 25° in der Menge von 635 (Teilen) mit 13,2 Nonylphenol-Äthylenoxid-Addukt in 365 W. vermischt. Für die Anwendung werden 10 Gemisch mit 90 W., 0,2 Dicyandiamid u. 1,6 $MgCl_2$-Lsg. (30% ig.) angesetzt. (**E. P. 858 860** vom 21/3. 1957, ausg. 18/1. 1961. A. Prior. 12/4. 1956.) H. MÖLLERING. 8037

Quaker Chemical Products Corp., Conshohocken, übert. von: Bernard H. Kress, Lafayette Hill, Pa., V.St.A., **Textilbehandlung** zur Erhöhung der Bügelechtheit mit einem Dialdehyd mit 2—4 CH_2-Gruppen (Succin-, Glutar-, Hydroxyadipin-, Methylglutardialdehyd) u. Pentaerythrit oder einer diesen durch Hydrolyse liefernden Verb. in wss. Medium u. Erhitzen des so behandelten Materials unter sauren Bedingungen. — Vgl. F. P. 1 133 319; C. **1958.** 3775 u. A. PP. 2 785 947—2 785 949 u. 2 785 996; C. **1958.** 5545. (**Can. P. 551 712** vom 14/2. 1957, ausg. 14/1. 1958.) H.-J. NITZSCHKE. 8039

Chemische Fabrik Pfersee G. m. b. H. (Erfinder: Heinz Enders, Rolf Zörkendörfer und Günther Pusch), Augsburg, **Mittel zur Knitterecht-Ausrüstung von (Cellulose-) Textilien,** bestehend aus der wss. Lsg. einer *veräthertem Methylol-Verb. des Harnstoffs* u./oder seiner Derivv. u./oder von Aminotriazinen, wobei die Äthergruppen niedermol. Alkylreste mit 1—3 C-Atomen sind, sowie $Zn(NO_3)_2$ als Härtungsmittel. — Blau gefärbte *Baumwollpopeline* wird auf dem 2-Walzenfoulard mit der Lsg. mit einem Geh. von 8% mit CH_3OH *veräthertem Hexamethylolmelamin* u. 2% $Zn(NO_3)_2$ imprägniert, auf 70% Flottenaufnahme abgequetscht u. 5 Min. lang auf 140° erhitzt. (**D. A. S. 1 118 153** Kl. 8k vom 4/6. 1959, ausg. 30/11. 1961.) H. MÖLLERING. 8045

Algemeene Kunstzijde Unie N. V., Arnheim, Holland (Erfinder: Charles Leroy Henry, Chandler, N.C., V.St.A.), **Gekräuselte Fäden oder Fasern aus Viscoseseide** werden durch Verspinnen von Viscose in ein H_2SO_4-Spinnbad erhalten, wenn Bedingungen folgender Formel eingehalten werden: K = Gew.-% Alkali in Viscose (% NaOH)/[Gew.-% H_2SO_4 —0,35 (Gew.-% Na_2SO_4 —18) + 0,6 (Gew.-% $ZnSO_4$ —4)]. Dabei soll K = mindestens 7,5 sein. Viscose u. Spinnbad sollen Modifizierungsmittel enthalten, wie Kondensate aus Di- oder

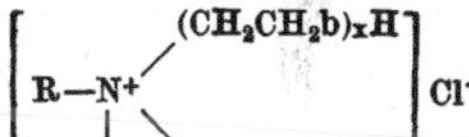

I

Tetrahydroabietinsäure u. 20 Mol Äthylenoxid oder Verbb. der allg. Formel **I**, in der R ein von Cocosölfettsäuren abgeleiteter Alkylrest u. x + y ca. 15 ist. (**D. A. S. 1 117 817** Kl. 29b vom 13/1. 1958, ausg. 23/11. 1961. A. Prior. 29/1. 1957.) H. MÖLLERING. 8075

Union Carbide Corp., New York, N.Y., V.St.A., **Herstellung eines Folienschlauches zum Verpacken von Lebensmitteln.** Um auf Folie aus regenerierter Cellulose eine für Wasserdampf undurchlässige, gut haftende Schicht zu bilden, wird der Folienschlauch von außen mit einer Dispersion eines Mischpolymerisats aus einer Vinyl-Verb. mit mindestens 5% einer Vinyliden-Verb. überzogen, bei 90—120° in aufgeblasenem Zustand solange getrocknet, bis der Überzug prakt. nicht mehr klebrig ist u. abschließend 1—5 Min. lang auf 150—190° erhitzt. Eine geeignete Dispersion enthält z. B. ein Gemisch aus 15 (Gew.-%) Phthalsäuredibutylester u. 85 eines Mischpolymerisats aus 80 $H_2C{=}CCl_2$ u. 20 $CH_2{=}CHCN$. (**Holl. P. 98 488** vom 9/10. 1956, ausg. 17/7. 1961. A. Prior. 12/10. 1955.) F. BÖHM. 8075

De Wit's Textiel Nijverheid N. V., Helmond, Holland (Erfinder: Hermann Behneke, Wolfgang Dattenberg, Frankfurt/M., und Klaus Wollmann, Eschhofen), **Verbesserung der Bauschelastizität von mit Polyäthylenimin ausgerüsteten (Regenerat-)Cellulosetextilien** (vgl. D. A. S. 1 081 410; C. **1961.** 2482) erfolgt durch

Behandeln mit *organ. Si-Verb.*, derart, daß ein Vorpolymerisat eines Siliconkautschuks in wss. Emulsion bei < 100° verwendet wird. – Wie angegeben ausgerüstete *Zellwolle* wird in eine Emulsion aus 100 (Teilen) Siliconvorpolymerisat, 3 Polyäthylenimin u. 15 äthoxyliertem Phenyläthyläther in 1000 W. nach Katalysatorzusatz eingetaucht, abgequetscht u. bei 80° getrocknet. Das Gut ist geschmeidig u. schiebefest. (**D. A. S. 1 119 815** Kl. 8k vom 26/10. 1956, ausg. 21/12. 1961.) H. MÖLLERING. 8075

Phrix-Werke Akt.-Ges., Hamburg (Erfinder: Franz Kaiser und Paul Weber, Siegburg/Rhld.), **Reinigung der schwefelwasserstoffhaltigen Abluft von Viscose verarbeitenden Fabriken** mit alkal. Fe_2O_3-Hydrat (I)-Suspensionen. Das an sich bekannte Verf. wird kontinuierlich durchgeführt, indem die auf pH 7–13,5 eingestellte Reinigungssuspension im Gleich- oder Gegenstrom zur Abluft durch einen Reinigungsturm geführt, nach einer Kontaktzeit von < 30 Sek. durch eine Rohrleitung, in welche Luft eingeblasen oder eingesaugt wird, abgezogen u. in einen Vorratsbehälter geführt wird, in dem unter weiterem Einleiten von Luft in bekannter Weise die vollständige Regeneration der Reinigungssuspension unter S-Abscheidung stattfindet. Nach Abtrennung von S u. ggf. Auffrischung mit I wird die Reinigungssuspension wieder in den Reinigungsturm zurückgeführt. (**D. A. S. 1 110 814** Kl. 29b vom 27/3. 1957, ausg. 13/7. 1961.) F. BÖHM. 8075

Dow Chemical Co., V.St.A. (Erfinder: Clyde W. Davis und Forrest A. Ehlers), **Herstellung von Lösungen zum Verspinnen von Polyacrylnitril.** CH_2=CHCN oder seine Gemische mit anderen mischpolymerisierbaren Monomeren werden in $(CH_3)_2SO$ (I) oder Äthylencarbonat (II) bei 25–100° u. 5–25 Gew.-% bei I oder 40–100° u. 5–35 Gew.-% bei II polymerisiert, so daß die Lsgg. 10–15% Polymeres enthalten. Bei Verw. von II können geringe Mengen W. zugesetzt werden. – 15 (Teile) CH_2=CHCN u. 0,3 Azo-bis-isobutyronitril werden in 84,7 II 16 Std. lang bei 50° gehalten. Viscosität der 50° warmen Lsg. 2060 P., Molgew. des Polymeren 53500; Geh. der Lsg. an Polymerem 14,6%. (**F. P. 1 174 238** vom 13/4. 1957, ausg. 9/3. 1959. A. Prior. 23/4. 1956.) M. PANKOW. 8081

Josef Prokopec, Svit pod Tatrami, Tschechoslowakei, **Herstellung spinngefärbter Fäden aus Polyacrylnitril.** Dem üblichen, aus W., Hexantriol oder Glycerin bestehenden Fällbad werden lösl. oder feindispergierte Farbstoffe, z. B. saure, bas. oder Küpenfarbstoffe, zugesetzt. (**D. A. S. 1 104 115** Kl. 29b vom 10/7. 1959, ausg. 6/4. 1961.) F. BÖHM. 8081

Joh. A. Benckiser G. m. b. H., Chemische Fabrik, Ludwigshafen/Rh., **Veredeln von vollsynthetischen stickstoffhaltigen Fasern,** z. B. aus Polyamiden oder Polyacrylnitril, zwecks Verbesserung der Wasserresistenz, Anfärbbarkeit, Weichheit u. so weiter. Die Fasern werden bei oder nach dem Verspinnen mit Lsgg. von polymeren Phosphaten oder ihrer Substitutions-Prodd. oder anion. Metallkomplex-Verbb. in W. oder organ. Lsgm. behandelt, oder die genannten Verbb. werden der Spinnmasse zugesetzt. Zum Beispiel wird Polyamidgarn 30 Min. lang bei auf 90° ansteigender Temp. mit einer Flotte, die 5 g Na-Polymetaphosphat/Liter enthält (pH 5,4), behandelt. (**D.A.S. 1096542** Kl. 29b vom 17/7. 1952, ausg. 5/1. 1961.) F. BÖHM. 8081

E. I. du Pont de Nemours & Co., Wilmington, Del. (Erfinder: Hugh Grenville LeClair, Grand Island, N.Y.), V.St.A., **Bestrahlen von dünnen, aufwickelbaren Gebilden aus hochpolymeren Stoffen,** z. B. Filmen, Geweben, Garnen, bes. aus Polyäthylen mit energiereichen Strahlen, bei dem das Gebilde während der Bestrahlung ab- u. aufgewickelt wird, dad. gek., daß ein Bündel energiereicher Strahlen auf die Oberfläche einer aus mehreren Schichten des Gebildes bestehenden umlaufenden Rolle gerichtet wird, wobei die Anzahl der Schichten des Gebildes auf der Rolle sich während des Bestrahlens durch Ab- oder Aufwickeln ständig ändert. Verbesserung der physikal. u. chem. Eigg. durch die Bestrahlung. Bei festem Polyäthylen Erhöhung der Zug- u. Schlagfestigkeit u. Verbesserung der Beständigkeit gegen viele Lösungsmittel. (**D. A. S. 1 108 897** Kl. 39a vom 9/4. 1956, ausg. 15/6. 1961. A. Prior. 10/5. 1955.) H. NATHER. 8081

Reichhold Chemie Akt.-Ges. (Erfinder: Hermann Delius), Hamburg, **Formteile aus festen, ungesättigten Polyestern (I).** Formenmassen auf Grundlage ungesätt. N-haltiger, bei Raum-Temp. fester Verbb. mit der Gruppierung: –NH–COOR (R = β,γ-ungesätt. Alkenylrest) u. fester I werden, ggf. noch mit festen, anpolymerisierbaren Komponenten, gemischt, bei höherer Temp. ausgehärtet. Diese Preßmassen werden bes. zum *„Imprägnieren" von Glasfasermatten* verwendet. (**D. A. S. 1 117 306** Kl. 39b vom 30/3. 1960, ausg. 16/11. 1961.) F. KOCH. 8083

Textilforschungsanstalt Krefeld e. V. (Erfinder: Hans Modlich), Krefeld, **Prüfung der wasserabweisenden Eigenschaften von Fäden und Gespinsten (I)** aus Textilmaterial, dad. gek., daß eine Anzahl von I mit vorgegebener Spannung ggf.

frei, dicht aneinander anliegend auf einen Probenhalter aufgebracht u. einer Benetzung (II), vorzugsweise durch künstlich erzeugte Beregnung, ausgesetzt wird u. dann die Zeitdauer von Beginn der II bis zu der infolge der Durchnetzung auftretenden Längenänderung bestimmt wird. (**D. A. S. 1 052 135** Kl. 421 vom 22/4. 1958, ausg. 5/3. 1959.)
W. v. HUHN. 8097

E. Merck Akt.-Ges., Darmstadt (Erfinder: Ernst Kühnel, Niklasdorf, Steiermark), **Anfärben von Faserstoffen (I)** mit wesentlichen Mengen ligninhaltiger Anteile zwecks Durchführung von *Faserstoffanalysen*, gek. durch die Verw. von Supranolblau (II) oder eines Wollfarbstoffes der Triphenylmethanreihe ähnlicher Konstitution. — Beispiele: Ligninhaltige I werden zwecks Herst. makroskop. oder mkr., Präpp. mit 1%ig. II-Lsg. gefärbt; gemischte I, bes. Gemenge von Holzschliff u. Zellstoff, werden zwecks quant. Best. der Komponenten mit einem Gemisch einer 0,5%ig. I-Lsg. u. einer 0,6%ig. Siriusrot-Lsg. angefärbt. (**D. A. S. 1 044 459** Kl. 421 vom 15/11. 1956, ausg. 20/11. 1958.)
W. v. HUHN. 8101

XIX. Brennstoffe. Erdöl. Mineralöle

Untersuchung der Wassereigenschaften und der Torfstruktur mit Hilfe radioaktiver Isotope. 2. Mitt. **Veränderung der Wassereigenschaften und der Struktur bei der Dispergierung und beim Pressen von Torf.** M. P. Wolarowitsch, N. I. Gamajunow, S. A. Starikowa und N. W. Tschurajew. (Коллоидный Журнал [Kolloid-J.] **21.** 257—62. Mai/Juni 1959. Moskau, Torfinst., Lehrstuhl für Phys.) (Russ.) — 1. vgl. C. **1960.** 11867.

Beim Dispergieren u. Pressen von Torf geht, wie mit Hilfe von radioakt. Na_2SO_4 festgestellt wird, ein Teil des unbeweglichen, nämlich intercellulares W., in freies W. über, wodurch die akt. Porosität des Torfes erhöht wird, was bei der Dispergierung bemerkbar ist. Beim Dispergieren u. Pressen tritt Anwachsen der spezif. kinet. Oberfläche u. Verkleinerung der Poren ein, die den Charakter der Bewegung von W. im Torf bestimmen. Die Anzahl der Poren vergrößert sich jedoch. Der zum Übergang von intercellularem W. in freies W. erforderliche Druck ist mit ca. 0,5—1,0 kg/cm² gering.
J. v. SCHROEDER. 8122□

Einige Betrachtungen über die Konstitution der Kohle. B. K. Mazumdar, S. K. Chakrabartty und A. Lahiri. (Fuel **41.** 129—39. März 1962. Jealgora, Bihar, India, Central Fuel Res. Inst.) (Engl.)

Auf Grund von chem. Unterss. werden Strukturparameter für Kohlen aufgestellt, mit deren Hilfe ein Strukturmodell entwickelt wird. Bes. wird dabei die ungleichmäßige Konstit. der Ring-Syst. u. das Aussehen einer „Einheit" berücksichtigt u. weiterhin die konst. statist. Natur der Summe der Aromaten u. der Alicyclen von Ligniten bis zu hochwertigen bituminösen Kohlen verfolgt. Es wird festgestellt, daß die Aromatizität u. die Größe der aromat. Kerne auf Kosten der Alicyclen während der fortschreitenden Metamorphose wachsen können. — 1 Abb., 5 Tabellen, 42 Literaturhinweise.
F. ROSENDAHL. 8126□

Reflexion und Mikrostruktur bewetterter Kohlen. D. Chandra. (Fuel **41.** 185—93. März 1962. Sheffield, Nat. Coal Board, Coal Survey Labor.) (Engl.)

Wenn auch bewetterte u. ursprüngliche Kohlen chem. verschieden sind, so sind die Reflexion in Öl u. Luft u. der Brechungsindex beider Proben fast gleich. Die Reflexion der Kohlen in höheren Schichten ist ein guter Hinweis auf die darunterliegenden Schichten. Bei bewetterten Kohlen konnte am Rand keine Oxydation festgestellt werden, doch sind die Mikrorisse, -spalten u. -poren für solche Kohlen kennzeichnend. — 4 Abb., 3 Tabellen, 12 Literaturhinweise. F. ROSENDAHL. 8126□

Sauerstoffgruppen in Donbass-Kohlen. Samir Sarkar. (Fuel **41.** 206—08. März 1962. Bombay, Indian Inst. of Technol., Dep. of Chem. Engng., Fuel Technol. Div.) (Engl.)

In den Don-Bass-Kohlen sind noch Reste von bituminösen u. Langflammkohlen u. z. T. auch Reste von Anthraziten u. Semi-Anthraziten enthalten. Die Anzahl der O enthaltenden Gruppen nimmt mit zunehmendem Alter ab, so daß bei Kohlen mit 86% C kein Carboxyl-O mehr vorhanden ist, Carbonyl fehlt erst bei 90% C. Die OH-Gruppe nimmt schnell von 6,8 auf 1,3 ab, doch dann langsamer bis zu 0,6% bei Kokskohlen. — 2 Abb., 1 Tabelle, 7 Literaturhinweise. F. ROSENDAHL. 8126□

Weitere Untersuchungen über die Dehydrierung von Kohlen mit Schwefel. B. K. Mazumdar, S. K. Chakrabartty, N. G. De, S. Ganguly und A. Lahiri. (Fuel **41.** 121—28. März 1962. Jealgora, Bihar, India, Central Fuel Res. Inst.) (Engl.)

Unter Anwendung der Meth. von VESTERBERG wird die Dehydrierung von Kohlen mit S untersucht, um festzustellen, wieweit S auf die Seitenketten von KW-Stoffen einwirkt. Dabei wird beobachtet, daß kurze Seitenketten (CH_3-Gruppen) an Aromaten dehydriert werden können, so daß bei symm. Diphenyl-Derivv. Dreiring-Syst. entstehen können. Bei Unters. von mehrkernigen Aromaten oder teilweise pyrolisierten Kohlen muß ein Korrektionsfaktor angewendet werden, wodurch es möglich ist, die Aromatizität von Kohlen verschiedenen Alters zu bestimmen. — 1 Abb., 3 Tabellen, 11 Literaturhinweise. F. ROSENDAHL. 8126□

Chemische Zusammensetzung von Kohle. 8. Mitt. Chromatographische Untersuchung von unterwertigen Huminsäuren, die durch Oxydation von Huminsäuren mit Wasserstoffsuperoxid erhalten wurden. R. D. Hartley und G. J. Lawson. (Fuel **41.** 177—83. März 1962. Birmingham, Univ., Dep. of Mining and Minerals Engng., Coal Constit. Labor.) (Engl.) — 7. vgl. C. **1961.** 17064.

Die erhaltenen unterwertigen Huminsäuren werden fraktioniert dialysiert u. mit Ae. in in Ae. lösl. u. unlösl. Anteile zerlegt. Aus dem in Ae. lösl. Anteil wird *Oxalsäure* (I) erhalten, aus der Mutterlauge *Malonsäure* (II) mit Anionaustauschharzen. I entspricht 1,1 u. II 1,5% vom C der ursprünglichen Huminsäure. — 4 Tabellen, 5 Literaturhinweise. F. ROSENDAHL. 8126□

Die Verwendung des gut durchgerührten Reaktors. Theorie zur Voraussage über das Arbeiten von Verbrennungskammern. H. C. Hottel, G. C. Williams und A. H. Bonnell. (Combust. and Flame **2.** 13—34. März 1958. Cambridge, Mass., Massachusetts Inst. of Technol.) (Engl.)

An Hand dreier Modelle wird auf Grund mathemat. Überlegungen gezeigt, wieweit sich an Verbrennungskammern die Energieabgabe voraussagen läßt. — 16 Abb., 9 Literaturhinweise. E. ROEDER. 8128□

Die Verkokung von Braunkohlen. Béla Móry. (Nehézvegyipari Kutató Intézet Közleményei [Mitt. Forsch.-Inst. chem. Schwerind.] **2.** 27—35. 1960. Veszprém, Nehézvegyipari Kut. Int.) (Ung.)

Über Erfahrungen mit einer Verkokungsanlage für Braunkohlen wird berichtet. Mit dieser Anlage kann bei geringem Wärmebedarf Gas von hohem Verbrennungswert (4000 Kcal/Nm^3) erzeugt werden. — 1 Abb., 2 Tabellen. N. SEILER. 8140□

Untersuchungen über die Faktoren, die das Verhalten des Kohlenschwefels während der Verkokung beeinflussen. S. Černič-Simić. (Fuel **41.** 141—51. März 1962. Ljubljana, Jugoslavia, Kem. Inšt. „Boris Kidrič".) (Engl.)

Kohlen verschiedenen Alters mit unterschiedlichem Geh. an Mineralstoffen u. S werden unter normalen Bedingungen verkokt. In den bei 500, 600 u. 900°) erhaltenen Koksen wird die Menge an Total-S u. S in seinen verschiedenen Formen bestimmt. Die gleichen Kohlen werden auch unter Zumischung von radioakt. Pyrit verkokt. In den Rückständen wird ^{35}S in anorg. u. organ. Form bestimmt. Die gleichen Best. werden nach einer Verkokung unter H_2, NH_3 u. überhitztem Wasserdampf vorgenommen. Das Alter der Kohlen, die Menge u. Zus. der Mineralstoffe u. die Menge an Total-S in den Kohlen bestimmen das Verh. von Kohlen-S während der Verkokung in organ. u. anorgan. Bindung, bes. den Geh. von S im Koks. — 7 Abb., 2 Tabellen, 6 Literaturhinweise. F. ROSENDAHL. 8140□

Untertagevergasung von Kohle: Zweiter Versuch zur Herstellung eines Weges durch ein Kohleflöz mittels hydraulischer Durchbrechung. J. P. Capp, K. D. Plants, M. H. Fies, C. D. Pears und L. L. Hirst. (U.S. Dep. Interior, Bur. Mines, Rep. Invest. **1961.** Nr. 5808. 1—32.) (Engl.)

Der Einfl. eines gröberen Sandes u. einer größeren Fl.-Menge auf das Ausmaß der durchbrochenen Kohlefläche, die Aufnahmefähigkeit der Kohle für Luft sowie die Geschw. mit der der Vergasungsweg hergestellt werden kann, wird untersucht u. Menge, Zus. u. Heizwert des gewonnenen Gases bestimmt. — 19 Abb., 7 Tabellen, 18 Literaturhinweise. H.-P. RETTIG. 8148□

Erdöl. Paolo Bellino. (Chimica [Milano] **35.** 1—4. Jan. 1959.) (Ital.)

Übersicht über Vork. von Erdöl nach Gebieten [67 (%) in USA, 10 in Südamerika, 15 in Europa, 8 in Asien u. 0,1 in Afrika], chem. Zus., physikal. Eigg., Bohrung u. deren Typen, Förderung u. Rektifikation. G. PLATZER. 8188□

Untersuchungen zur katalytischen Spaltung von Braunkohlenteeröl unter Zusatz von Wasserdampf. K. Wencke. (Mber. dtsch. Akad. Wiss. Berlin **1.** 499—502. 1959. Berlin, DAW, Inst. für Katalyseforsch., Arbeitsbereich anorg. Katalyse.) (Dt.)

Es wird nach einem Katalysator gesucht, der zur Erzeugung von stadtgasähnlichem Gas die schweren KW-Stoffe von Braunkohlenteerölen in leichte spaltet u. gleichzeitig in Ggw. von Wasserdampf teilweise CO u. H_2 erzeugt, ohne daß er wie bisher durch Kohlenstoffablagerungen inakt. wird. Gebrannter Dolomit, mit einem Ni-Salz belegt, entspricht diesen Anforderungen. Mit steigender Rk.-Temp. steigen der H_2-, CO- u. CO_2-Geh., der Geh. an KW-Stoffen sinkt. Als Trägergas kann rückgeführtes Rk.-Gas dienen. Die Verss. werden auch im Fließbett ausgeführt, so daß ein kontinuierliches Verf. entwickelt werden kann. W. HOLLAND. 8196□

Verfahren zur Gewinnung von Reinaromaten aus Hydrierraffinaten und Reformaten. K.-H. Eisenlohr und J. Wirth. (Chemie-Ing.-Techn. **32.** 789—95. Dez. 1960. Frankfurt/M., Lurgi Ges. für Mineralöltechn.) (Dt.)

Überblick über verschiedene Verff. zur Gewinnung von Reinaromaten aus den heute zur Verfügung stehenden Rohprodukten. Bes. wird auf die Verarbeitung von Hydrierraffinaten u. Reformaten durch feindest. Azeotrop-Dest., Extraktiv-Dest. u. fl.-fl.-Extraktion (sowie auf die Reinaromatengewinnung durch Adsorption u. Kristallisation) eingegangen. Die Anwendungsmöglichkeiten u. Grenzen der einzelnen Verff. werden erörtert. — 13 Abb., 4 Tabellen, 28 Literaturhinweise. E. MIESSGANG. 8202□

Anwendungseigenschaften von Vergaser-Kraftstoffen. F. Pass. (Erdoel-Z. Bohr- u. Fördertechn. [Wien] **77.** 603—14. Dez. 1961.) (Dt.)

Vortrag über die Probleme der Bedarfsdeckung an Vergaserkraftstoffen, die gerade in Österreich wegen der Vielfalt der zugelassenen Kraftfahrzeugtypen bes. groß sind. Besprochen werden vor allem Flüchtigkeit, Klopf-Verh. u. Zusätze. — 21 Abb., 6 Tabellen, 22 Literaturhinweise. W. HOLLAND. 8204□

Direkte Bestimmung des Natriumgehaltes von Braunkohle aus Victoria. C. McL. Matheson. (Fuel **41.** 204—05. März 1962. Melbourne, Australia, State Labor.) (Engl.)

Bei Anwendung der von DURIE (Fuel **40.** [1961.] 146) entwickelten Meth. wird nur bei 2 austral. Braunkohlen eine Abweichung von 8—9% vom tatsächlichen Wert festgestellt. — 1 Tabelle. F. ROSENDAHL. 8244□

Bestimmung von Spurenelementen in Braunkohlenasche. Robert L. O'Neil und Norman H. Suhr. (Appl. Spectroscopy **14.** 45—50. 1960. University Park, Pa., Pennsylvania State Univ., Coll. of Miner. Ind.) (Engl.)

Zur spektrograph. Best. von Spurenelementen in Braunkohle wird die Probe durch 1std. Erhitzen auf 110°, 2std. auf 225° u. schließlich 5std. Erhitzen auf 450° verascht. Als innerer Standard (IST) dient ein Gemisch von 2,5% Lu_2O_3 in $CaCO_3/K_2SO_4$ (1:1), das zur Best. der nichtflüchtigen Elemente mit 10 Teilen Probe u. 20 Teilen Graphitpulver gemischt wird. Emissionslinien u. Genauigkeit sind für V, Ni, Co, Mo, Mn, Zr, Sr, Ba, Cu, Cr, Ti, As, Zn, Ga, Ge, Pb, Sn, Ag aufgeführt (2 Kohleproben). Für die Best. von B u. Ga wird ein Gemisch von 1,4% BeO + 14% In_2O_3 in K_2SO_4 als IST verwendet. Zur Unterdrückung der CN-Banden werden die Analysen unter CO_2 durchgeführt. — Für die Best. der flüchtigen Elemente wird als IST ein Gemisch von 0,5% Sb_2O_3 + 1,4% CdO in K_2SO_4 verwendet. Das Analysengemisch (Probe:IST:Graphit = 10:1:1) wird in Form von gepreßten Kügelchen auf die Elektrode gebracht. Der mittlere Fehler beträgt 2—5%. Die Emissionslinien u. unteren Nachw.-Grenzen sind für As, Pb, Ga, Sn, Ag, Zn u. Ge angegeben. W. BETCKE. 8244□

Aschegehaltsbestimmung von Braunkohle mittels β-Rückstreuung. E. Dahn. (Isotopentechnik **1.** 150—51. 1960/61. Leipzig, Inst. für angew. Radioaktivität.) (Dt.)

Auf Grund der Tatsache, daß die Rückstreurate einer β-Strahlung von der Ordnungszahl des rückstreuenden Materials abhängt, nämlich proportional der Wurzel der mittleren Ordnungszahl ist, wird ein Verf. entwickelt, das die Verunreinigungen in Braunkohlepulvern, z. B. Sand oder Pyrit, quant. zu bestimmen gestattet. Mittlerer Fehler ± 1%. Durch absorbierende Al-Folien kann die Empfindlichkeit erhöht werden. Über die Art der Verunreinigungen, die annähernd bekannt sein müssen, sagt das Verf. nichts aus. — 4 Abbildungen. W. HOLLAND. 8244□

Verteilung von Sauerstoff in einem Vitrinit und dessen Extraktionsprodukten. A. Halleux, S. Delavarenne und H. Tschamler. (Nature [London] **190.** 437. 29/4. 1961. Brussels, Europ. Res. Assoc.) (Engl.)

24 Std. lang wird in der Siedehitze unter N_2 ein Vitrinit (petrograph. Reinheit 99%) zuerst mit Pyridin (I), dann der in I lösl. Anteil mit Bzl. u. schließlich der in Bzl. lösl. Anteil mit PAe. (Kp. 40—60°) extrahiert u. die Verteilung von O in den verschiedenen Fraktionen untersucht. Der Gesamt-Geh. des feuchtigkeits- u. aschefreien Materials an O beträgt 8,0 (%), u. zwar 4,2 in Hydroxylbindung, ca. 1,0 in Chinonbindung u. ca. 2,8 in anderer Form. In den einzelnen Fraktionen liegen folgende Verteilungen vor (Reihenfolge der %-Angaben wie oben): In I unlösl. Teil: 9,0; 4,5; ca. 1,7; ca. 2,8; in I lösl. Teil: 7,2; 3,3; 1,0—1,2; 2,7—2,9; in Bzl. unlösl. Teil: 8,5; 3,7; 1,6—1,8; 2,8

bis 3,0; in Bzl. lösl. Teil: 4,4; 1,8; —; 2,6; in PAe. unlösl. Teil: 5,3; 2,5; —; 2,8; in PAe. lösl. Teil: maximal 3,1; ca. 0,5; —; ca. 2,6; „Neutralöl“: maximal 3,1; —; —; 3,1. Es wird vermutet, daß der größte Teil des Rest-O in zumindest teilweise aromat. Ätherstrukturen vorliegt. J. Kraetsch. 8246☐

Infrarotabsorptionsspektrum von Kohle mit 73% C und von daraus erhaltenen Huminsäuren. Leszek Czuchajowski. (Arch. Górnictwa Hutnictwa 5. 359—70. 1960. Kraków, Akad. Górnicze-Hutniczej, Katedra Chem. Gorniczej.) (Pol.)

Die IR-Absorption von aus junger Steinkohle (73% C) durch Oxydation mit 20%ig. H_2O_2 u. von aus Kohle (83% C) mit 2n HNO_3 erhaltenen regenerierten Huminsäuren wird im Bereich von 4000—750 cm^{-1} mit einem 2-Strahlenbündel-Hilger-H-800-Spektrometer untersucht. Die Spektren von natürlichen u. durch Oxydation der Kohle erhaltenen regenerierten Huminsäuren weisen Unterschiede hauptsächlich bei 1690 cm^{-1} auf (Schwingungen der COOH-Gruppe). Natürliche Huminsäuren sind bei 1690 cm^{-1} ohne Einfl. auf die Absorption der oxydierten — alle Oxydations-Prodd. enthaltenden — jungen Steinkohle, verstärken jedoch die Absorption bei 1270 u. 1210 cm^{-1}, wahrscheinlich infolge stärkerer Neigung zur Bldg. von Phenolgruppen. — Huminsäuren u. oxydierte Kohle weisen bei 1020 cm^{-1} eine Linie auf, die im Spektrum der Kohle (73% C) nur schwach sichtbar ist. — Die Spektren der mit verschiedenen Oxydationsmitteln u. aus Kohle verschiedenen Alters erhaltenen regenerierten Huminsäuren weisen keine speziellen Unterschiede auf. — 6 Abb., 2 Tabellen, 12 Literaturhinweise.
M. Szmytówna. 8246☐

Die Stärke der Streuung der Röntgenstrahlen bei Anthraziten und Meta-Anthraziten. M. Mentser, H. J. O'Donnell und S. Ergun. (Fuel 41. 153—61. März 1962. Pittsburgh, Pa., U.S. Dep. of Interior, Bur. of Mines, Pittsburgh Coal Res. Center.) (Engl.)

Die zur Unters. verwendeten Anthrazite (I) u. Meta-Anthrazite (II) waren entascht. Zum Vgl. wird eine Kohle aus der Pennsylvanian geolog. Periode aus dem Vorkambrium u. eine teilweise umgewandelte Kohle herangezogen. I u. II geben die dreidimensionalen Reflexionen von Graphit (III), so daß also die Kohlen während der Metamorphose in III übergehen. Diese Umbildung erfolgt ohne Rücksicht auf die Art der Metamorphose u. der geolog. Periode. Die Röntgenstrahlen-Diffraktion von hochwertigen bituminösen Kohlen u. Anthraziten jüngeren Alters beruhen auf der zweidimensionalen (h k) u. der Reflexion von Aromatenhaufen (o o l). Eine gute Graphitierung ist dann erreicht, wenn die III-Schichten eine Stärke von 25—30 Å haben im Vgl. zu 100 Å bei wärmebehandelten amorphen bituminösen Kohlen. Bei II sind die III-Schichten bis zu 3000 Å stark, doch der H_2-Geh. nimmt nicht entsprechend ab, was auf eine Störung in den Schichten hinweist. Eine besondere Unterscheidung zwischen I u. II erfolgt jedoch durch dreidimensionale Kristallisierbarkeit, so daß ein Teil von I zu II gerechnet werden muß. — 4 Abb., 2 Tabellen, 15 Literaturhinweise. F. Rosendahl. 8246☐

Die Dichtigkeit von Kohlepulvern. R. W. Heckel. (Fuel 41. 163—66. März 1962. Wilmington, Del., E. I. du Pont de Nemours & Co., Engng. Res. Labor.) (Engl.)

Ein Verf. zur Best. von Dichte/Druck-Kurven an gepulvertem Material wird angegeben u. seine Eignung an zwei Kohlepulvern nachgewiesen. — 3 Abb., 1 Tabelle, 4 Literaturhinweise. F. Rosendahl. 8246☐

Die Bestimmung des Heizwerts von Kohlen durch radioaktive Strahlung. J. Kakas, M. Nagy, K. Varga, A. Bisztray-Balku und A. Lévai. (Isotopentechnik 1. 144—46. 1960/61. Csepel, Eisen- u. Metallwerke; Budapest, Kraftwerk-Projektionsbüro.) (Dt.)

Da zwischen der (scheinbaren) Dichte u. dem Heizwert einerseits, der Dichte u. dem Schwächungs-Koeff. einer γ-Strahlung andererseits ein enger Zusammenhang besteht, ist es möglich, aus letzterem auf den Heizwert einer Kohlesorte zu schließen. Die Beziehung ist linear nach $\mu = -0{,}08 \cdot 10^{-4}\,F + 0{,}135$, μ ist der Schwächungs-Koeff. in cm^{-1}, F der Heizwert in kcal/kg. Genauigkeit ± 230 kcal/kg. Die Messung wird am besten an lufttrockener Kohle ausgeführt. — 5 Abb., 2 Tabellen, 2 Literaturhinweise. W. Holland. 8246☐

Untersuchung der Zusammensetzung des hochmolekularen Kohlenwasserstoffanteils der Erdöle des Bitkow-Vorkommens mit Hilfe der Infrarotabsorptionsspektren. A. F. Malnew, W. T. Skljar, I. M. Michlina, G. A. Putschkowskaja, L. I. Schuljak und Je. F. Schewtschenko. (Известия Академии Наук СССР, Серия Физическая [Nachr. Akad. Wiss. UdSSR, physik. Ser.] 23. 1192—93. Okt. 1959.) (Russ.)

Der bei $>300^0$ sd. KW-Stoff-Anteil von Erdölen aus 3 Bohrungen eines Vork. wird durch Abkühlung auf 0 u. -18^0 in feste u. fl. Stoffe getrennt. Die Feststoffe werden nach Abtrennung der Aromaten in mit Harnstoff (I) komplexbildende u. nichtkomplexbildende Anteile zerlegt. Der fl. Teil wird chromatograph. an Silicagel in eine Paraffin/Naphthen-Fraktion (II) u. mono-, bi- u. polycycl. Aromaten zerlegt, II wiederum durch Komplex-Bldg. mit I u. Thioharnstoff in 3 Gruppen: n-Paraffine, Isoparaffine (III) + monocycl. Naphthene u. III + bicycl. Naphthene. Von allen Fraktionen u. Gruppen werden die IR-Spektren bei 2—15 μ aufgenommen u. im einzelnen erörtert. Es zeigt sich, daß die Zus. der Erdöle aus den 3 Bohrungen verschieden ist.

R. K. MÜLLER. 8252□

Ringanalyse und spektrale Charakterisierung von Pechharzen aus Tieftemperaturteeren. C. Karr jun., J. R. Comberiati und Patricia A. Estep. (Fuel **41**. 167—76. März 1962. Morgantown, W.Va., Bur. of Mines, Morgantown Coal Res. Center.) (Engl.)

Die aus den Pechen von Ligniten, hochbituminösen u. bituminösen Kohlen erhaltenen Harze (I) sind bas.-aromat. Natur mit 4 oder 5 Ringen im Mol., die ihrerseits Haufen von mono- oder bicycl. Aromaten darstellen. Auch gesätt. Ringe mit Äthergruppen sind im Mol. vorhanden. I mit niederem Molgew. haben 1 oder 2 gesätt. Ringe je Aromat in gerader Kette, während bei I mit höherem Molgew. 5—7 gesätt. Ringe je Aromat vorliegen. Je Mol. sind 2—6 O-Atome vorhanden. CO-Gruppen sind mit aromat. Ringen oder olefin. Gruppen oder beiden verbunden, während die phenol. OH-Gruppen den größten Teil an O enthalten. OH- u. COOH-Gruppen sind nicht an benachbarte C-Atome gebunden, die CO-Gruppen sind nicht chinoider Natur. Fast alle Aromaten haben höchstens 2 Substituenten: CH_3-Gruppen u./oder ankondensierte gesätt. Ringe. Bei I mit niederem Molgew. sind mehr Alkylgruppen vorhanden. — 3 Tabellen, 8 Literaturhinweise.

F. ROSENDAHL. 8264□

Pure Oil Co., Chicago, übert. von: Le Roi E. Hutchings, Crystal Lake, Ill., V.St.A., **Gewinnung von aromatischen Kohlenwasserstoffen aus Kohlenwasserstoffgemischen.** Das KW-Stoffgemisch wird mit einem Lsgm., wie 2-Hydroxyäthyl-N-methylcarbamat, 2-Hydroxyäthyl-N-äthylcarbamat, 2-Hydroxyäthyl-N-isopropylcarbamat, Dimethylammoniumdimethylcarbamat, 2-Hydroxyäthyl-N.N-dimethylcarbamat, Methyläthylammoniummethyläthylcarbamat oder Benzylammonium-N-benzylcarbamat, das 8—15 Gew.-% W. enthält, in einer 1. Extraktionszone extrahiert. Der Extrakt wird nach dem Abtrennen vom Raffinat mit hochsd. Paraffinen oder Alkylaten in Kontakt gebracht. Die 2. Extraktphase besteht aus Aromaten u. den hochsd. KW-Stoffen. Das 1. Raffinat wird mit W. behandelt u. dadurch das Lsgm. entfernt. Das 2. Raffinat wird mit dem vom Lsgm. freien Raffinat in Kontakt gebracht. Aus der 3. Extraktionszone werden eine an Lsgm. reiche Phase u. eine an Raffinat reiche Phase abgezogen. Die an Lsgm. reiche Phase u. das vom Lsgm. freie Raffinat werden zur 1. Extraktionszone zurückgeleitet. Die 2. Extraktphase wird mit W. behandelt u. so vom Lsgm. befreit. Die 3. u. 4. Extraktphase werden zusammen dest. u. so das Lsgm. sowie W. zurückgewonnen, die wieder in die entsprechenden Zonen zurückgeleitet werden. — Zeichnung. (**A. P. 2 915 569** vom 23/12. 1957, ausg. 1/12. 1959.) E. KAHLES. 8195

Vereinigte Glanzstoff-Fabriken Akt.-Ges., Deutschland, **Entwässern von flüssigen Kohlenwasserstoffen,** dad. gek., daß die KW-Stoffe über oder durch natürliche oder regenerierte Cellulose (z. B. Ringen, Kugeln oder Tabletten aus Filtrierpapier, Viscoseschwamm) gegeben werden. (**F. P. 1 150 267** vom 28/5. 1956, ausg. 9/1. 1958. D. Prior. 22/6. 1955.) T. OPPERMANN. 8195

Croning & Co., Wedel (Erfinder: Manfred Lottermoser, Hamburg), **Umwandlung hochsiedender Kohlenwasserstoffe in niedrigsiedende Kohlenwasserstoffe** durch Erhitzen mit W. u. Alkalihydroxiden, dad. gek., daß bei vorgegebener Temp. das Verhältnis von Alkalihydroxid zu W. in einer solchen Größe gewählt wird, daß der Partialdruck von W. in der Gasphase des Rk.-Raumes auf jeder gewünschten Größe gehalten bzw. ganz beseitigt werden kann. (**D. A. S. 1 121 251** Kl. 23b vom 8/3. 1960, ausg. 4/1. 1962.) E. KAHLES. 8201

Bray Chemical Co., Los Angeles, übert. von: Ulrick B. Bray, Pasadena, Calif., V.St.A., **Motortreibstoff** mit einem Zusatz von 0,00025—0,05 eines öllösl. Erdalkalimetallsulfonats (Mineralölsulfonate) mit titrierbarem Alkaliwert, frei von wasserlösl. Sulfonsäuren, zusammen mit einem niedrigsd. Schmieröl. (**Can. P. 551 883** vom 9/11. 1953, ausg. 21/1. 1958. A. Prior. 14/11. 1952.) H.-J. NITZSCHKE. 8205

Shell Research Ltd., London, England, **Treibstoff für Benzinmotore,** bestehend aus Gasolin (III) mit einem Geh. an Pb-haltigen Antiklopfmitteln (I) u. einer B-Verb. (II), bes. Borazol, Tris-[diisobutylcarbinyl]-borat, zur Vermeidung von Verbrennungsrückständen, wobei die Menge von II $\geqq$ 50% der theoret. erforderlichen Menge entsprechen u. der Geh. des III an S- u. P-Verbb. in der gleichen Größenordnung liegen muß. (**Ind. P. 62 985** vom 30/1. 1958, ausg. 12/5. 1960. E. Prior. 1/2. 1957.)

C. LÜTTGEN. 8205

Standard Oil Co., Cleveland, übert. von: Samuel M. Darling und Philip S. Fay, Lyndhurst, und Lorraine S. Szabo, Cleveland, Ohio, V.St.A., **Motorkraftstoff,** der pro Gallone 6 cm^3 $(C_2H_5)_4Pb$, die gleichmol. Menge $BrCH_2CH_2Br$ u. eine Verb. der allg. Formel **I** (X = H oder die Reste **A** oder **B**; R = in α- u. β-Stellung gebundene Alkylenreste mit 3—20 C-Atomen) in solcher Menge enthält, daß 0,002—0,1% B im Kraftstoff vorliegen. (**Can. P. 552 820** vom 26/8. 1955, ausg. 4/2. 1958. A. Prior. 15/10. 1954.) H.-J. Nitzschke. 8207

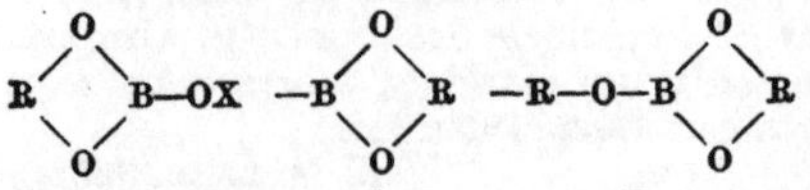

I A B

E. I. du Pont de Nemours & Co., Wilmington, Del., V.St.A., **Brennöle,** enthaltend 0,05—50 g pro Gall. eines Li-Salzes einer tert. Säure, wie 1.2.2.3-Tetramethylcyclopentancarbonsäure, 2.2-Dimethylpropionsäure oder 2-Methyl-2-äthylbuttersäure. (**E. P. 862 228** vom 6/2 .1958, ausg. 8/3. 1961. A. Prior. 18/2. 1957.) E. Kahles. 8217

L. Sonneborn Sons, Inc., übert. von: Leo Liberthson, New York, N.Y., und Manuel Blumer, Petrolia, Pa., V.St.A., **Stabilisierte Mineralölsulfonate** werden durch Behandeln von Mineralschmierölsulfonaten in einem gegenüber Chloriten inerten Lsgm. mit einer 1—5%ig. wss. Alkalichlorit-Lsg. bei pH 6,5—7 erhalten. (**Can. P. 552 079** vom 14/7. 1947, ausg. 21/1. 1958. A. Prior. 7/1. 1941.) H.-J. Nitzschke. 8221

Columbia-Southern Chemical Corp., Pittsburgh, Pa., übert. von: Henry W. Rahn, Corpus Christi, Tex., V.St.A., **Bohrflüssigkeit.** Wss. Alkalihydroxid wird mit einer ligninhaltigen Substanz erhitzt u. die Alkalität des erhaltenen Prod. durch Rk. mit Gerb- u. Huminsäuren vermindert. — Zum Beispiel wird ein natürliches, Gerbsäuren enthaltendes Material mit W. extrahiert, der Rückstand mit NaOH erhitzt u. der saure Extrakt zugegeben. (**Can. P. 551 234** vom 20/4. 1954, ausg. 7/1. 1958.) H.-J. Nitzschke. 8221

Indugas Gesellschaft für industrielle Gasverwendung m. b. H. (Erfinder: Theodor Schmidt und I. Wünning), Essen, **Bestimmung des Kohlenstoffpegels von Ofenatmosphären** durch Messung des elektr. Widerstandes von Probekörpern (**I**) aus C lösenden Stoffen, wie Fe oder Fe-Legg., die zu diesen Zwecken in den Ofenraum eingebracht werden, dad. gek., daß neben dem als Meßwiderstand dienenden, von der zu messenden Ofenatmosphäre umspülten **I** zumindest ein als Vgl.-Widerstand (**II**) dienender **I** zur Temp.-Kompensation in den Meßraum eingeführt sowie der **II** von einem von außen zugeführten Gasgemisch bekannten C-Pegels umspült wird. (**D. A. S. 1 071 378** Kl. 421 vom 20/12. 1956, ausg. 17/12. 1959.) W. v. Huhn. 8251

XX. Schieß- und Sprengstoffe. Zündmittel

Die Entzündung brennbarer Gase durch Flammen. H. G. Wolfhard und D. S. Burgess. (Combust. and Flame **2.** 3—12. März 1958. Pittsburgh, Pa., U. S. Dep. of Interior, Bur. of Mines, Region V, Div. of Explosives Technol.) (Engl.)

Die Entzündung stöchiometr. *CH_4/NO*-Gemische durch Flammen wird untersucht, indem diese Gemische am Boden senkrecht stehender, 6 cm weiter u. 50 cm langer Rohre eingeleitet werden, in denen über konzentr. angebrachten Rohren von 0,04—0,7 cm Weite laminare Lockflammen vorgemischter Gase, wie CO, CH_4, H_2 oder C_2H_2 im stöchiometr. Verhältnis mit O_2, dem unterschiedliche Mengen N_2, CO_2 oder Ar zugesetzt werden, brennen. Durch Variieren der Gemische u. der Zuströmungs-Geschw. der Gase zur Lockflamme wird die Energiezufuhr u. die Temp. T_f der Flamme zum äußeren Rohr in definierter Weise verändert. Ebenso wie bei der Zündung von Gasgemischen durch Funken oder Heizdraht Mindest-Temp. u. -energien notwendig sind, spielen diese Größen auch bei der Zündung durch Flammen eine Rolle. So kann eine Lockflamme in einem für sich brennbaren Gemisch beliebig lange unverändert weiter brennen. Der minimal notwendige Energiezufluß $E_{Min.K}$ (in cal/s) für kontinuierliche Entzündung des CH_4/NO-Gemisches wird in Beziehung zur Mindestzündungsenergie $E_{Min.P}$ für spontane Entzündung gesetzt. Beträgt $E_{Min.P}$ ca. 10 mJ, so $E_{Min.K}$ für das gleiche Gasgemisch 2,5 cal/s, d. h. ca. 10 J/s. Der Zeitfaktor beträgt dabei 10^{-3} Sekunden. Während bei sehr kleinen Lockflammen $E_{Min.}$ die entscheidende Größe ist, wird bei großen Lockflammen die Mindest-Temp. $T_{Min.}$ die wichtigere Größe. $T_{Min.}$ ist jedoch gering gegenüber der für spontane Entzündung notwendigen Temperatur. Die Entzündung des CH_4/NO-Gemisches beginnt nicht nahe des brennenden Konus der Lockflamme, sondern am Ende der leuchtenden Rk.-Säule, wo die Rk.-Geschw., die Diffusionsvorgänge u. der Wärmetransport die maßgeblichen Vorgänge darstellen. — 6 Abb., 5 Literaturhinweise. E. Roeder. 8292 □

Haveg Industries, Inc., V.St.A. (Erfinder: John Michael Ward), **Gegen hohe Temperaturen beständige Verbrennungskammer von Raketen,** dad. gek., daß die Teile der Kammer, welche Temp. von ca. 1100—2760° ausgesetzt sind, mit ein oder mehreren Schichten aus einem einen hohen F. besitzenden Stoff (z. B. einem Metalloxid, einem hochschm. Silicat, Asbestfasern) u. einem in der Wärme härtenden Kunstharz (z. B. Phenol-CH_2O-, Furfurylalkohl-, Melamin-CH_2O-, Aminotriazin-Aldehyd-, Kresol-CH_2O-Harz) als Bindemittel ausgekleidet sind oder aus solchen Schichten bestehen. — 7 Zeichnungen; Diagramm. (**F. P. 1 197 035** vom 20/12. 1957, ausg. 27/11. 1959. A. Prior. 21/12. 1956.) T. Oppermann. 8299

Paul René de Wilde, Genf, und Soc. Suisse des Explosifs, Gamsen (Erfinder: Paul René de Wilde, Genf), Schweiz, **Plastischer Sprengstoff,** bestehend aus der Dispersion eines festen Explosivstoffes großer Detonations-Geschw. in einer teigigen Masse aus einem NH_4-, Alkali- oder Erdalkalinitrat, einem wasserlösl. Geliermittel u. W., gek. durch den Zusatz eines Alkylammoniumnitrates, bes. Äthanolammoniumnitrat, bes. in Mengen von 6—10%. (**D. A. S. 1 119 740** Kl. 78c vom 7/4. 1960, ausg. 14/12. 1961. Schwz. Prior. 17/7. u. 23/10. 1959.) A. Gradl. 8305

Dynamit Nobel Akt.-Ges., Troisdorf (Erfinder: Adolf Berthmann und Ernst Grosch, Leverkusen), **Plastische Sprengstoffe,** bestehend aus sensiblen, hochbrisanten kristallinen Explosivstoffen u. Mineralölen als Plastifizierungsmittel, mit verbesserter Plastizitätskonstanz über einem weiten Temp.-Bereich, gek. durch den Zusatz von Ba-Salzen langkettiger Fettsäuren, bes. von Ba-Lauroat oder -palmitat, u. bes. in Mengen von 0,5—10%. (**D. A. S. 1 119 741** Kl. 78c vom 16/2. 1960, ausg. 14/12. 1961.) A. Gradl. 8305

Rheinmetall G. m. b. H. (Erfinder: Franz Schaadt und Theodor Weber), Düsseldorf, **Zündladung,** bes. für die Anfeuerung von Treibladungen, dad. gek., daß sie aus einem Gemisch von porösem Nitrocellulosepulver u. Nitroglycerinpulver im Mischungsverhältnis 2:1—7,5:1 besteht. Vorzugsweise wird das Nitroglycerinpulver in Form einer Folie in die Zündschraube eingesetzt oder letztere damit abgedeckt. (**D. A. S. 1 119 743** Kl. 78e vom 27/4. 1960, ausg. 14/12. 1961.) A. Gradl. 8309

XXI. Leder. Gerbstoffe

Kollagenase und ihre Wirkung. A. Nordwig. (Leder **13.** 10—19. Jan. 1962. München, Max-Planck-Inst. für Eiweiß- u. Lederforschung.) (Dt.)

Kollagenasen sind Fermente, die natives Kollagen proteolyt. abbauen. Sie werden aus Kulturfiltraten der Gasbranderreger *Clostridium histolyticum* u. *C. perfringens* gewonnen. Auch die Larven von Schmeiß- u. Dasselfliegen produzieren Kollagenasen. An Hand der Literatur wird über die Reinigung der Kollagenasen, ihre Eigg., die Best. ihrer Aktivität sowie über die Anwendungsmöglichkeiten zu Struktur-Unterss. von Kollagen berichtet. — 104 Literaturangaben. H. G. Fröhlich. 8334□

Neuere Fortschritte beim Konservieren von Häuten mit Salzlake. Fred O'Flaherty. (J. Amer. Leather Chemists Assoc. **57.** 71—77. Febr. 1962. Cincinnati, Ohio Univ., Tanners' Council Labor.) (Engl.)

Es wird über Konservierungs-Verss. an Rindshäuten berichtet, u. zwar mit dem Ziel einer Vereinheitlichung von Arbeits-Meth., die sowohl in großen Schlachthäusern, als auch in kleineren Betrieben angewandt werden können. Hierfür scheinen vor allem Konservierungen mit Salzlake geeignet. Die frischen Häute werden unmittelbar nach dem Abziehen gewaschen, entfleischt u. dann in Holländern, Gruben oder Fässern mit Salzlake behandelt. H. G. Fröhlich. 8334□

Nachteile des Pickelvorganges und wie man sie vermeidet. G. Otto. (Leder **13.** 25—29. Febr. 1962. Ludwigshafen/Rhein, BASF, Ledertechn. Labor.) (Dt.)

Die Vor- u. Nachteile verschiedener Pickel-Meth., ausgehend vom klass. Mineralsäure-NaCl-Pickel über neutralsalzfreie CH_2O-enthaltende Pickel zur Harzvorgerbung mit Methylolgruppen-tragenden Harzvorgerbstoffen werden besprochen. Hierbei wird darauf hingewiesen, daß die Haut in dem üblichen Säure-Salz-Pickel eine Entquellung erfährt, die durch die nachfolgende Gerbung fixiert wird u. sich nachteilig auf das fertige Leder auswirkt. Interessant ist die Beschleunigung des Pickels bei der Cr-Gerbung durch CH_2O-Zusätze oder die Vorbehandlung der gebeizten Blöße mit Methylol-Verbb. geeigneter Stickstoffbasen. H. G. Fröhlich. 8334□

Über die Gerbstoffe der Fichtenrinde. 15. Mitt. Gesamtanalyse der Polyhydroxyphenole des Fichtenbastes. H. Endres. (Leder **12.** 152—57. Juni 1961. München, Max-Planck-Inst. für Eiweiß- u. Lederforschung.) (Dt.) — 14. vgl. C. **1962.** 5298.

Durch Extraktion von frischem Fichtenbast mit einem A.–W.-Gemisch (1:1) konnten ca. 85% der im Bast nach der offiziellen Hautpulver-Meth. adsorbierbaren Verbb. gewonnen werden. Das hierbei erhaltene, hellgelb gefärbte Material enthält nahezu die gesamten, im Bast enthaltenen Polyhydroxyphenole. Papier- u. säulenchromatograph. Unterss. ergaben, daß dieser Extrakt die gleiche Zus. wie der früher vom Vf. untersuchte Essigesterextrakt aufwies. Hauptkomponente mit ca. 50% waren Glucoside des Piceatannols. Im ganzen wurden 90—95% der Polyhydroxyphenole des Fichtenbastes isoliert u. identifiziert. — 16 Literaturangaben.

H. G. FRÖHLICH. 8336□

Bemerkungen zur Theorie und Praxis eines vegetabilischen Schnellgerbverfahrens. E. Komarek, W. Luck und G. Mauthe. (Leder **13**. 1—9. Jan. 1962. Leverkusen, Farbenfabriken Bayer AG., Ledertechn. Abt.) (Dt.)

Behandlung experimenteller Grundlagen über die Gesetzmäßigkeiten in einem geschlossenen Gerb-Syst. hinsichtlich der Wechselwrkg. bei Anwendung von pulverförmigen oder hochkonz. Extrakten zwischen dem W. der Haut u. den angewandten Gerbstoffen. — 20 Literaturangaben. H. G. FRÖHLICH. 8336□

Pflanzliche Einbad-Vorgerbung in gepufferten Lösungen. Ernesto Mezei. (J. Amer. Leather Chemists Assoc. **57**. 64—70. Febr. 1962. Buenos Aires, Productos Químicos Derma S. A.) (Engl.)

Es wird ein Schnellgerb-Verf. unter Verw. von Puffersalzgemischen beschrieben. Ein solcher Puffer besteht z. B. aus: 57,2 (%) Na_2SO_3, 5 $Na_2S_2O_3$, 21,4 $Na_2B_4O_7$, 3,6 H_3BO_3, 7,1 HCOONa u. 5,7 $(COOH)_2$. Die Blöße wird in Fässern mit derartigen Salz-Lsgg. von 100—250 g/Liter versetzt, u. dann wird der pulverförmige Gerbstoff portionsweise zugegeben. Nach einer Behandlungsdauer von 24 Std. ist die Gerbung beendet. Der Gerbstoff-Geh. der Restbrühe liegt danach nur noch bei 1—2%. Das erhaltene Leder weist eine Durchgerbungszahl auf, wie nach einer 4wöchigen Grubengerbung. H. G. FRÖHLICH. 8336□

Moderne Chrom-Gerbmethoden für Oberleder. P. J. van Vlimmeren. (J. Amer. Leather Chemists Assoc. **57**. 52—63. Febr. 1962. Waalwijk, Holland; Lederinst. T.N.O.) (Engl.)

Vf. beschreibt ausführliche Unterss. über den Einfl. verschiedener Maskierungsmittel, wie Formiat, Phthalat, Acetat, Oxalat u. Sulfat bei der Cr-Gerbung auf die Lederqualität. Wie die Verss. zeigen, gibt es für jedes Maskierungs-Prod. eine optimale Konz., bei welcher das betreffende Maskierungsmittel die beste Wrkg. auf die Leder-Eigg. ausübt. — 21 Literaturangaben. H. G. FRÖHLICH. 8336□

Vergleichende Untersuchungen zur Bestimmung der Festigkeitseigenschaften und des Dehnungsverhaltens von Leder. Beiträge zur Untersuchung von Leder. 1. Mitt. H. Herfeld und G. Königsfeld. (Leder **13**. 30—40. Febr. 1962. Reutlingen, Westdeutsche Gerberschule.) (Dt.)

Vf. beschreibt ausführliche Unterss. zur Best. der Festigkeits-Eigg. u. des Dehnungs-Verh. von Leder im Hinblick auf den prakt. Gebrauchswert. Auf Grund der Ergebnisse werden für künftige Güterichtlinien folgende Best. vorgeschlagen. Für Unterleder Best. der Zugfestigkeit, der Stichausreißfestigkeit u. der Bruchdehnung; für Oberleder u. sonstige Flächenleder Best. der Zugfestigkeit u. Weiterreißfestigkeit sowie der Dehnbarkeit bei niedriger Belastung (10 kg/cm²). Für die Best. der Dehnungselastizität von Narben- u. Deckschichten wird zweckmäßig das BALLY-Tensometer verwendet. H. G. FRÖHLICH. 8368□

Badische Anilin- & Soda-Fabrik Akt.-Ges. (Erfinder: Hans-Joachim Nebel, Otto Hertel und Friedrich-Wilhelm Guthke), Ludwigshafen/Rh., **Herstellung lichtechter Kondensationsprodukte** durch Rk. sulfonierter, von kondensierten Ringen freier Phenole mit $CO(NH_2)_2$ u. CH_2O u. Nachbehandlung der erhaltenen Kondensate mit Phenolen (I) u. CH_2O, dad. gek., daß man hierfür solche I verwendet, die im Kern zusätzliche niedermol. Äthergruppen enthalten. — *Weißgerbstoffe*, ferner Färbereihilfs- u. Dispergiermittel. (**D. A. S. 1 122 543** Kl. 12q vom 24/3. 1960, ausg. 25/1. 1962.) O. MÜLLER-MEININGEN. 8337

Deutsche Gold- und Silber-Scheideanstalt vormals Roessler, Frankfurt/M. (Erfinder: Walter Greiner, Hanau/M.), **Herstellung eines im Griff trockenen Kunstleders** durch Aufbringen mehrerer Beschichtungen auf eine Unterlage (I), z. B. Papier- oder Metallfolie, Abdecken der letzten Schicht mit einem Gewebe (II) u. Abziehen des ganzen Schichtkörpers von der Folie, dad. gek., daß die I zunächst mit einem Lack auf Basis von Polyacrylsäure- oder Polymethacrylsäureester überzogen wird, worauf mit einer gebräuchlichen Polymerisatkunstlederpaste, z. B. weichmacherhaltiger

PVC-Paste, ein oder mehrere Male beschichtet wird, worauf nach Gelatinierung bei höherer Temp. der Textilträger z. B. ein II oder ein Gewirke, aufgeklebt u. anschließend von der I abgezogen wird. (**D. B. P. 975 459** Kl. 81 vom 20/1. 1954, ausg. 30/11. 1961. Anmeldung bekanntgemacht 30/8. 1956.) M. Böttcher. 8353

Fred 'O'Flaherty and others, The chemistry and technology of leather. Vol. 3: Process control of leather quality. New York: Reinhold; London: Chapman & Hall. 1962. (IX + 518 S. m. Abb., Tab. u. Diagr.) = American Chemical Society. Monographs no. 134. 6 £.

XXII. Leim. Klebstoffe usw.

Adhäsion an faserigem Material. J. J. Bikerman. (Adhäsion **5.** 628—30. Dez. 1961. Cambridge, Mass., Mass. Inst. Technol., Adhesives Lab.) (Dt.)

Die Natur der Adhäsion faseriger Werkstoffe wird diskutiert. Verschiedene Faktoren, die auf die Geschw. des Klebens u. des Abbindens Einfl. haben, werden erörtert u. z. T. mathemat. formuliert. H. Liese. 8380□

Die Wirkung energiereicher Strahlen auf Metallkleber. A. Matting und K. F. Hahn. (Atomkernenergie **4.** 64—67. Febr. 1959. Hannover, TH, Inst. für Werkstoffkunde.) (Dt.)

Vff. untersuchen den Einfl. von γ-Strahlung auf hochpolymere Metallkleber (Metallon KP, Agomet R). Veränderungen durch Abwandlung des Vernetzungsgrades können die Kleberfestigkeit steigern aber auch herabsetzen. Die Wrkg. hängt vom Kleber u. von der Strahlendosis ab. Die Ergebnisse werden an Metallkleberverbindungen nachgeprüft. Änderungen des Elastizitätsmoduls im Kleber lassen eine Festigkeits-Steigerung der Klebverbindungen bei erhöhter Temp. erreichen.
Gerhard Schmidt. 8380□

Klebstoffansätze und die Rolle des Glycerins. F. N. Reckless. (Manufact. Chemist **32.** 404—06. 10. Sept. 1961.) (Engl.)

Übersicht über die Eigg. des Glycerins u. seine Verw. als Bestandteil von Klebstoffen, von denen eine große Zahl von Ansätzen angegeben wird. W. Wesly. 8388□

Polyurethanklebstoffe als Verbindungselemente von Leichtmetallen. Heinz Müller. (Fertigungstechn. u. Betr. **11.** 45—50. Jan. 1961. Wolfen, VEB Farbenfabrik u. Magdeburg, Hochsch. für Schwermaschinenbau, Inst. für Schweißtechn.) (Dt.)

Die physikal.-chem. Eigg. der Polyurethane als Leichtmetallklebstoffe u. die Film-Herst. werden erläutert u. einige Belastungsfälle in Abhängigkeit von der Kleber- u. Metallart u. der Überlappungslänge untersucht, berechnet u. durch Gleichungen ausgedrückt. W. Wesly. 8388□

Antonio Florio, Mailand, Italien, **Tischlerleim (I),** der bei Normal-Temp. halbfl. bleibt, erhält man, indem man 40—60 (%) handelsüblichen festen I in W. löst u. der Lsg. ca. 20 Butylphthalat zugibt. (**It. P. 534 340** vom 25/8. 1954.)
K. Koebke. 8385

M. Ss. Akutin, L. A. Rodiwilowa und N. A. Lasarewa, **Herstellung eines synthetischen Klebstoffes,** bes. für *Al* u. seine Legg., sowie andere Metalle, auf Methylolpolyamidharz (I)-Basis, dad. gek., daß zur Erhöhung der Adhäsion *Resorcinorthotitanat* (II) zugesetzt wird. — Zu einer 20—30%ig. wss.-alkohol. Lsg. von 100 (Gew.-Teilen) I werden 40—50 Dibutylphthalat gegeben, dem ausgeschiedenen Harz 30 II zugesetzt u. 1½—2 Std. bei 50—60° homogenisiert. Der Kleber härtet bei 100° während 2½—3 Std. unter 0,5—1 kg/cm². (**UdSSR. P. 118 092** vom 5/8. 1958.)
L. Grossner. 8389

Minnesota Mining & Mfg. Co., St. Paul, übert. von: Walter H. Pahl, Falcon Heights, Willis A. Sandholtz, St. Paul, Minn., Nicholas R. Elerts und Richard E. Goggin, Chicago, Ill., V.St.A., **Elastisches gummiertes Blatt mit hoher Klebkraft,** bestehend aus einer faserigen Unterlage (Papier) u. einer normal nicht klebrigen Schicht mit 5—15 pounds/ream (Ries) Trocken-Gew., die mit W. klebrig wird, dad. gek., daß der Klebstoff aus einer innigen Mischung von $\leqq$95 (%), bes. 40 bis 75, hochlösl. Dextrin (Viscosität <50 cP nach Brookfield bei 100° F in 30%ig. wss. Lsg.), bes. 5—40 weniger lösl. Dextrin ($\geqq$90 in W. von 77° F lösl.) u. 5—40 wasserlösl. Polyacrylsäure oder Polyacrylamid besteht. Herst. von *Schachtelverschlüssen.* — Mengenbeispiele, Tabellen, Zeichnung. (**A. P. 2 976 178** vom 22/4. 1957, ausg. 21/3. 1961.) G. Vogel. 8389

Kendall Co. (Erfinder: James Frank Morris), **Herstellung mehrschichtiger Bänder,** bes. *Klebbänder,* die aus thermoplast. Stoffen von verschiedener chem. Zus.

bestehen. Man bringt auf eine bewegliche Fläche, bes. eine Walze, deren Temp. auf 190° F gehalten wird, eine 340° F heiße Schmelze eines Gemisches aus 85 (%) Polyäthylen u. 15 Polyisobutylen in der gewünschten Stärke auf u. beschichtet diese mit der 300° F heißen Schmelze einer üblichen Klebmasse auf Kautschukbasis. — Zeichnung. (**Aust. P. 227 540** vom 8/10. 1958, ausg. 28/4. 1960.) C. LÜTTGEN. 8389

Rohm & Haas Co. (Erfinder: **Charles Augustus Carr jun.** und **Louis Erwin Kelley**), *Wasserlöslicher Klebstoff.* (**Aust. P. 225 965** vom 10/6. 1958, ausg. 21/1. 1960. A. Prior. 1/7. 1957. — **C. 1960.** 7397 [D. A. S. 1 063 307].)

Arthur D. Little, Inc., V.St.A. (Erfinder: **Charles Gordon Harford, Paul Noble jun.** und **James Louis Zeigler**), *Klebmittel in Schaumform.* (**F. P. 1 243 411** vom 9/10. 1958, ausg. 16/2. 1961. A. Prior. 25/11. 1957. — **C. 1961.** 6366 [D. A. S. 1 083 461].)

B. B. Chemical Co., Boston, übert. von: **Thomas C. Morris**, Lexington, und **Eric C. Johnson**, Somerville, Mass., V.St.A., *Lösungsmittelfreier thermoplastischer Klebstoff.* (**A. P. 2 894 925** vom 24/6. 1954, ausg. 14/7. 1959. — **C. 1959.** 8020 [E. P. 793 444].)

B. B. Chemical Co. Ltd., Leicester, England, *Klebstoff in Form dünner Bänder und Stränge.* (**E. P. 834 458** vom 25/1. 1957, ausg. 11/5. 1960. A. Prior. 26/1. 1956. Zusatz zu E. P. 793 444; C. 1958. 8020. — **C. 1959.** 15236 [D. A. S. 1 050 475].)

Bakelite Ltd., London, übert. von: **Anthony Charles Davis**, Solihull, und **Robert Fergus Hunter**, Olton, Birmingham, England, *Herstellung mehrkerniger Epoxyharze.* (**A. P. 2 986 550** vom 18/5. 1956, ausg. 30/5. 1961. — **C. 1959.** 8380 [E. P. 789 392].)

XXIII. Tinte. Hektographenmassen und andere Spezialpräparate

Herstellung von Kugelschreibertinten. E. A. Apps. (Paint Manufact. **32.** 5—7. Jan. 1962.) (Engl.)

Übersicht über verschiedene Typen von Kugelschreibertinten (Tinten auf Ölbasis, schnell trocknende Tinten, Tinten in Pastenform), deren notwendige Eigg. u. Zusammensetzungen. — 9 Literaturangaben. L. KEMPF. 8420

Bestimmung von Chrom und Kupfer an dreimetallischen lithographischen Druckplatten. Rubin Shapiro und Kenneth H. Colberg. (Analyt. Chem. **34.** 435—36. März 1962. Barrington, Ill., Amer. Can Co., Res. Div.) (Engl.)

Zur Ermittlung der Schichtdicken der einzelnen Metallagen von Dreimetalldruckplatten (Cr auf Cu auf Stahl) wird die Metallprobe zunächst in verd. $HClO_4$ getaucht u. erwärmt, bis Cr gelöst ist u. die Cu-Schicht freiliegt. Zur vollständigen Oxydation des Cr wird die erhaltene Lsg. bis zur Entw. weißer $HClO_4$-Dämpfe erhitzt, 50 ml W. u. 2 g festes $NaHCO_3$ zugegeben, zur Beseitigung von Cl_2 5 Min. lang gekocht, auf Raum-Temp. abgekühlt, eine abgemessene Menge 0,1 n Fe-Ammoniumsulfat-Lsg. mit 10 ml konz. H_2SO_4 pro Liter u. danach 0,3 ml 0,05%ig. Na-Diphenylaminsulfonat-Lsg. u. 10 ml sirupöse H_3PO_4 zugegeben. Mit 0,100 n $K_2Cr_2O_7$-Lsg. wird zurücktitriert. — Zur Cu-Best. wird die von Cr befreite Probe in konz. HNO_3 getaucht, bis das Cu gelöst ist u. anschließend in Methanol gewaschen. Die Lsg. wird 5 Min. zur Entfernung nitroser Gase gekocht u. danach abgekühlt; tropfenweise wird konz. NH_4OH bis zur Blaufärbung der Lsg. zugefügt, danach festes NH_4HF_2, mit W. auf 100 ml verd., 2 g festes KJ zugegeben u. anschließend mit 0,1 n $Na_2S_2O_3$-Lsg. titriert. G. PANKOW. 8502 □

E. I. du Pont de Nemours & Co., Wilmington, Del., übert. von: Ray Allen Clarke, Pitman, N.J., V.St.A., **Erzeugung von gefärbten Verbindungen aus farblosen Triarylmethanverbindungen** wie deren Leuko- oder Carbinol-Verbb., niederen Alkyläthern oder inneren Carboxyestern von Triarylmethancarbinolen, dad. gek., daß man die farblosen Verbb. in Abwesenheit anderer Oxydationsmittel mit einem Ferricyanid von Cu, Ag, Zn, Cd oder Hg umsetzt. Man überzieht bes. 1000 square feet Schreibmaschinendurchschlagpapier mit 5—500 g Zn-Ferricyanid (unter Zusatz von Stärke-Lsg. u. Polyäthylenglykol als Feuchtmittel) u. das „Kohlepapier" mit o-Chlorphenyl-bis-[4-äthylamino-m-toluyl]-methan, wobei die Farbe durch den Druck der Tasten entsteht. — Mengenbeispiele. (**A. P. 2 978 352** vom 25/7. 1957, ausg. 4/4. 1961.) G. VOGEL. 8421

Geha-Werke G. m. b. H., Hannover, **Herstellung von Kohlepapier** durch Imprägnieren der später die Farbschicht tragenden Oberfläche des Rohpapiers mit einer die Saugfähigkeit herabsetzenden, die Oberflächenstruktur des Papiers aber nicht verändernden Lsg., dad. gek., daß man die Imprägnier-Lsg. auf das Rohpapier mit einer Anilindruckmaschine so verd. u. hauchdünn aufdruckt, daß das trockne Papier nur 0,5—0,8 g/m² an Gew. zunimmt. Man druckt z. B. eine Lsg. von 50 Polyvinylacetat u. 50 Trikresylphosphat als Weichmacher in 2450 Spiritus auf das Rohpapier bei ca. 0,5 g/

m² Gew.-Zunahme u. dann die Schreibschicht auf. — Beispiel. (**D. B. P. 975 625** Kl. 55f vom 18/11. 1950, ausg. 1/3. 1962. Anmeldung bekanntgemacht 18/9. 1952.) G. VOGEL. 8423

Columbia Ribbon & Carbon Mfg. Co., Inc., übert. von: Douglas A. Newman, Glen Cove, Allan T. Schlotzhauer, Locust Valley, Alfred M. Vogel, Wantagh, Donald B. Albert, Flushing, und Joseph J. Quattrone, Whitestone, N.Y., V.St.A., **Wärmeempfindliches Kopierpapier.** Die Schicht enthält eine farblose Farbstoffbase, eine Kupplungskomponente dafür, u. zwar Arylamide von o-Hydroxycarbonsäuren oder Acylacetarylamiden, u. eine unter 60° feste, schmelzbare Säure, z. B. 2.5-Dimethylbenzoesäure, Naphthalinessigsäure. Die Verbb. werden in einem durchsichtigen plast. Bindemittel in dünner Schicht aufgetragen u. das Kopieren wird bei 60—120° mittels UV-Strahlung vorgenommen. — Zeichnung. (**A. P. 2 967 784** vom 2/5. 1958, ausg. 10/1. 1961.) K. KITTLER. 8423

N. V. de Bataafsche Petroleum Mij., Holland (Erfinder: **Willem Dorst**), *Rußpaste*. (**F. P. 1 206 244** vom 16/6. 1958, ausg. 8/2. 1960. Holl. Prior. 17/6. 1957. — C. **1961.** 6020 [Holl. P. 94 334].)

Allied Chemical Corp., New York, N.Y., V.St.A., *Farbloses Kohlepapier*. (**E. P. 875 764** vom 12/5. 1959, ausg. 23/8. 1961. A. Prior. 12/5. 1958. — C. **1962.** 717 [D. A. S. 1 107 679].)

Wilhelm Ritzerfeld und **Gerhard Ritzerfeld**, Berlin, *Filz für Feuchtanordnung an Vervielfältigern*. (**E. P. 865 086** vom 23/7. 1959, ausg. 12/4. 1961. D. Prior. 13/8. 1958 u. 11/7. 1959. — C. **1961.** 1433 [D. A. S. 1082 283].)

XXIV. Photographie

Unsere derzeitigen Kenntnisse über die Spektralsensibilisierung. B. H. Carrol. (Photogr. Sci. Engng. **5.** 65—78. März/April 1961. Rochester, N.Y., Eastman Kodak Comp., Res. Labor.) (Engl.)

Vf. gibt eine krit. Zusammenfassung der Arbeiten auf dem Gebiet der spektralen Sensibilisierung, einschließlich der auf dem Internationalen Kolloquium für Wissenschaftliche Photographie in Lüttich 1959 vorgetragenen Referate. Folgende zwei Hypothesen werden als gesichert angesehen: 1. Die Spektralsensibilisierung wird durch einen Primärprozeß bewirkt. Dabei wird ein Elektron durch die Anregungsenergie des adsorbierten Farbstoffs auf das Leitfähigkeitsband des Halogensilbers gehoben. Der Sekundärprozeß ist dann der gleiche, als wenn die Energie vom Halogensilber absorbiert würde. Geschw. u. Wrkg.-Grad des Sekundärprozesses in einer Emulsion können jedoch durch Änderung in der Umgebung beeinflußt werden. Beispielsweise kann die Ggw. eines Sensibilisierungsfarbstoffs solche Änderungen verursachen. 2. An der Bldg. des latenten Bildes sind Oberflächenzustände des Halogensilbers mit Quantenmengen beteiligt, die kleiner sind als die, die vom Halogensilber selbst absorbiert werden. — Es konnte bisher noch nicht versuchsmäßig bewiesen werden, ob der Primärprozeß auf der Übertragung eines Elektrons vom Farbstoff-Mol. oder auf einer Energieübertragung beruht. Die Desensibilisierung durch einen Farbstoff wird durch seine Fähigkeit erklärt, Bromionen einzufangen u. ihre Wiedervereinigung mit Elektronen zu erleichtern. — 97 Literaturangaben. W. GÜNTHER. 8604□

Die Adsorption von Entwicklungshemmkörpern an Silber und ihre Wirkung auf die physikalische Entwicklung. R. J. Newmiller und R. B. Pontius. (Photogr. Sci. Engng. **5.** 283—87. Sept./Okt. 1961. Rochester, N.Y., Eastman Kodak Company, Res. Labor.) (Engl.)

1-Phenyl-5-mercaptotetrazol (I), *Benztriazol* (II) u. *KJ* verzögern die Entw. photograph. Materialien. Zur Aufklärung der Vorgänge bei der physikal. Entw. wurde die Adsorption von I, II u. KJ an reinen, metall. Ag-Oberflächen gemessen. Es wurde festgestellt, daß I eine Ag-Oberfläche vollständig mit einer monomol. Schicht bedeckt, während II nur maximal 10—15% der Oberfläche bedeckt. KJ bedeckt bei Luftausschluß nur 5% der Ag-Oberfläche, während es in Ggw. von Luft schnell adsorbiert wird u. eine mol. Deckschicht bildet. — Diese Ergebnisse lassen Rückschlüsse auf die Vorgänge bei der physikal. Entw. zu. Setzt man den genannten Verbb. in Konzz., die einer maximalen Adsorption auf der Kornoberfläche entsprechen, Entwickler-Lsgg. zu, so zeigt sich, daß I die Entw. vollständig hemmt, während II nur eine geringe Wrkg. hervorruft. Die Zugabe von KJ bestätigt die Annahme, daß zuerst eine Adsorption von Ag-Ionen notwendig ist, wenn Jodid die Entw. hemmen soll. Das 3.3'-Diäthylthiacyanin-Farbstoffkation wird auf metall. Ag sowohl in Ggw. als auch in Abwesenheit von Luft adsorbiert. Bei Zugabe zu einem jodidhaltigem physikal. Entwickler bildet der Farbstoff auf dem Korn eine Isolierschicht u. unterdrückt wie AgJ die Entwicklung. — 11 Literaturhinweise. W. GÜNTHER. 8610□

Neue photographische Verfahren. 1. Mitt. Das System Arylamin–Tetrabromkohlenstoff liefert Auskopier-Farbbilder. R. H. Sprague, H. L. Fichter und E. Wainer. (Photogr. Sci. Engng. **5.** 98–103. März/April 1961. Cleveland, Ohio, Horizons, Inc., Chemistry Dep.) (Engl.)

Es wird ein neues photograph. Syst. beschrieben, das aus einer lichtempfindlichen Mischung von sek. oder tert. Arylaminen u. einer Polyhalogen-KW-Stoff-Verb. besteht. Wainer hatte beobachtet, daß bei der Belichtung einer Lsg. von *Diphenylamin* in Bzl. mit UV-Licht in Anwesenheit von *CBr_4* ein blauer Farbstoff entsteht. Vff. konnten den Rk.-Mechanismus der Farbstoff-Bldg. aufklären. Der blaue Farbstoff ist ein *Triphenylmethanfarbstoff*, dem Formel I zukommt. Es wird angenommen daß sich unter der Einw. von UV-Strahlen freie Radikale bilden, die bei der Farbstoff-Bldg. als Zwischen-Prodd. auftreten. Durch Einführung weiterer Substituenten ins Diphenylamin u. durch Verw. anderer Halogen-KW-Stoff-Verbb., z. B. $CBrCl_3$, CJ_4, Hexachloräthan, Benzotrichlorid, Benzotribromid, CHJ_3, werden andere Farbtöne erhalten (Tabellen vgl. Original). Wichtig ist die Auswahl des geeigneten Bindemittels, z. B. Polystyrol in Bzl., Nitrocellulose in Methanol oder Aceton, Polyvinylidenchlorid oder Polyvinylacetat in Methanol. Als Unterlage wird ein Film aus Polyvinylchlorid verwendet. Man erhält mit dem Material auf direktem Weg Kopien, wenn man durch ein Negativ belichtet. Bewährt hat sich z. B. folgende Mischung: 1 ml Eicosan $C_{20}H_{42}$ (25% ig. in Bzl.), 19 ml Polystyrol (10% ig. in Bzl.), 2,4 g Diphenylamin, 2,8 g CBr_4 u. 0,6 g Hexachloräthan. Damit erhält man Kopien guter Dichte, wenn man mit einer General Electric Sunlamp von 275 W im Abstand von 10 in. 2 Sek. lang belichtet. Danach ist das neue Material ca. 20mal so empfindlich wie normales Diazopapier. Die Stabilisierung des Materials nach der Belichtung erfolgt so, daß man entweder nicht umgesetztes CBr_4 durch Anwendung von Wärme verflüchtigt oder durch Extrahieren mit Bzl. oder Äthylacetat der Schicht entzieht. Da Triphenylmethanfarbstoffe relativ instabil sind, empfiehlt es sich, die Kopie in einer Lsg. von Phosphorwolframsäure zu baden. Die Gradation des neuen Materials entspricht etwa der eines Kontaktpapieres. Da das Bild aus Farbstoff-Moll. aufgebaut wird, ist das Auflösungsvermögen sehr hoch. Es besteht die Möglichkeit, die Empfindlichkeit noch weiter zu treiben. W. Günther. 8646□

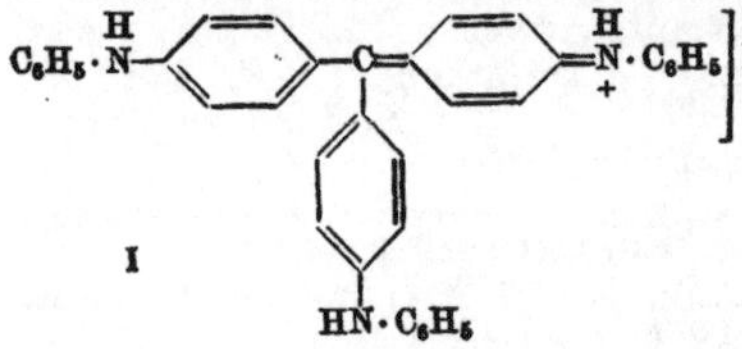

I

Zukünftige militärische und wirtschaftliche Anwendungen photographischer Techniken, die sofort betrachtbare Aufnahmen ergeben. Edward K. Kaprelian. (Photogr. Sci. Engng. **5.** 115–17. März/April 1961. Fort Monmouth, N.J., U.S. Army Signal Res. and Dev. Labor.) (Engl.)

Übersicht. H. Czech. 8662□

National Cash Register Co., übert. von: **Elliot Berman,** Dayton, Ohio, V.St.A., *Phototrope Schichten für Karteikarten.* (A. P. 2 953 454 vom 23/4. 1957, ausg. 20/9. 1960. — C. 1961. 1080 [D. A. S. 1 082 119].)

Redaktionsschluss: 7. Juli 1962

Herausgeber: Prof. Dr. Heinrich Bertsch, Berlin, u. Prof. Dr. Dr. h. c. Wilhelm Klemm, Münster. Chefredakteure und verantwortlich für den Inhalt: Dr. Eugen Klever, Berlin W 30, Geisbergstraße 39, Fernsprecher: 249541 u. Dr. Willi Barz, Berlin N 4, Schiffbauerdamm 19, Fernsprecher: 425571

©

Verlag: Akademie-Verlag GmbH, Berlin W 8, Leipziger Str. 3–4 (Fernsprecher: 220441, Telex-Nr. 011773, Postscheckkonto Berlin 35021), und Verlag Chemie, GmbH, Weinheim/Bergstr. (Fernsprecher: Weinheim 3635 [Sammelnummer]; Fernschreiber: 0465516 chemieverlwhn; Postscheckkonten: Frankfurt/M. 145314 u. Berlin [West] 7430). Bestellnummer: 1007/133. Das Chemische Zentralblatt erscheint wöchentlich. Preis des Jahrganges einschl. Autoren-, Patent-, Sach- u. Formelregister: DM 1200,—; einseitig bedruckte Ausgabe: DM 1350,—. Abgabe der Zeitschrift nur mit sämtlichen Registern. Abbestellungen nur bis spätestens 6 Wochen vor Ablauf des Kalenderjahres.

Satz u. Druck: VEB Leipziger Druckhaus, Leipzig, III/18/203. IX. 62.
Veröffentlicht unter der Lizenznummer ZLN 5002 des Ministeriums für Kultur, Hauptverwaltung Verlagswesen.
Printed in Germany.

FSC
www.fsc.org
MIX
Papier | Fördert
gute Waldnutzung
FSC® C083411

Zeitfracht Medien GmbH
Ferdinand-Jühlke-Straße 7
99095 Erfurt, Deutschland
produktsicherheit@kolibri360.de